RD-III-18

DAS ENERGIE HAND BUCH

Autoren

Prof. Dr.-Ing. Friedrich Adler
Institut für Bergbauwissenschaften, Technische Universität Berlin

Dipl.-Ing. Otto Arnold
Rheinische Braunkohlenwerke, Köln

Prof. Dr. Gerhard Bischoff
Geologisches Institut, Universität Köln

Dr.-Ing. E. h. Christoph Brecht
Ruhrgas AG, Essen

Dr. Ing. E. h. Erwin Gärtner (†)

Prof. Dr. Dr. Werner Gocht
Forschungsinstitut für Internationale Technische und Wirtschaftliche Zusammenarbeit
der RWTH Aachen

Dipl.-Ing. Gerhard Hoffmann
Ruhrgas AG, Essen

Dr. Peter Kausch
Rheinische Braunkohlenwerke, Köln

Dr.-Ing. Eugen Koros
Isny

Dr. Ulf Lantzke
OECD, International Energy Agency, Paris

Dipl.-Ing. Werner Mackenthun
Bad Homburg v. d. Höhe

Dr.-Ing. Armin Mareske
BEWAG Berlin

Prof. Dr. Walter Rühl
Hamburg-Blankenese

Prof. Dr.-Ing. Helmut Schaefer
Forschungsstelle für Energiewirtschaft, München

Dr. Gerhard Schmidt
Berlin

Dr. Dieter Schmitt
Energiewirtschaftliches Institut, Universität Köln

Prof. Dr. Hans K. Schneider
Energiewirtschaftliches Institut, Universität Köln

Herausgeber Gerhard Bischoff / Werner Gocht

DAS ENERGIE HAND BUCH

4., vollständig neu bearbeitete und erweiterte Auflage

Mit 232 Bildern und 105 Tabellen

Friedr. Vieweg & Sohn   Braunschweig/Wiesbaden

CIP-Kurztitelaufnahme der Deutschen Bibliothek

Das Energiehandbuch / Hrsg. Gerhard Bischoff;
Werner Gocht. [Autoren Friedrich Adler ...]. —
4., vollst. neu bearb. u. erw. Aufl. — Braunschweig;
Wiesbaden: Vieweg, 1981.
  ISBN 3-528-38279-1
NE: Bischoff, Gerhard [Hrsg.]; Adler, Friedrich
[Mitverf.]

Verlagsredaktion: Alfred Schubert

1. Auflage 1970
2., vollständig neu bearbeitete und erweiterte Auflage 1976
3., vollständig neu bearbeitete und erweiterte Auflage 1979

Alle Rechte vorbehalten
© Friedr. Vieweg & Sohn Verlagsgesellschaft mbH, Braunschweig 1981

No part of this publication may be reproduced, stored in a retrieval system or transmitted, mechanical, photocopying, recording or otherwise, without prior permission of the Copyright holder.

Umschlagentwurf: Peter Morys, Salzhemmendorf
Satz: Friedr. Vieweg & Sohn, Braunschweig
Druck: E. Hunold, Braunschweig
Buchbinder: W. Langelüddecke, Braunschweig
Printed in Germany

ISBN 3-528-38279-1

Vorwort

Die Versorgung der Menschheit mit Energie ist im Zeitalter der Technik zu einem der wichtigsten Probleme unserer Zeit geworden. Die Nutzung aller Energieträger der Erde ist jedoch mit so vielfältigen technischen und ökonomischen Problemen verbunden, daß diese von einem Einzelnen kaum noch ganz zu überblicken sind. Die Autoren des vorliegenden Buches haben sich deshalb zusammengefunden, um in einem gemeinsamen Werk das Wesentliche ihrer jeweiligen Fachbereiche darzustellen. Dadurch kann sich der Leser einen Überblick über die grundlegenden Fragen der Energiebereitstellung verschaffen, ohne den eine sachliche Diskussion ebensowenig möglich ist wie die Vorbereitung weitsichtiger Entscheidungen.

Eine langfristig gesicherte und gleichzeitig möglichst preisgünstige Energieversorgung ist das Anliegen jeden Landes der Erde. Spätestens 1973 wurde den Menschen bewußt, daß die Energieversorgung das Fundament industrialisierter Wirtschaft und des Wohlstandes ist. Zugleich aber zeigen die gegenwärtigen Versorgungsprobleme und der Strukturwandel in der Weltwirtschaft, daß die Konzentration der Energiegewinnung auf einige wenige Länder zum Welt-Politikum erster Ordnung wurde.

Die Herausgeber konnten auch für die 4. Auflage noch einige Experten als Autoren hinzugewinnen und durch deren Beiträge das Werk erneut erweitern und abrunden. Darüber hinaus erfuhren alle Kapitel eine gründliche Überarbeitung, um den in der Energiewirtschaft verantwortlich Tätigen und den an energiepolitischen Entscheidungen Mitwirkenden notwendiges, aktuelles Informationsmaterial in die Hand geben zu können. Wie die Verbreitung der vorangegangenen Auflagen zeigt, konnten auch weite Kreise derjenigen Öffentlichkeit angesprochen werden, die sich über eines der weltpolitisch bedeutsamsten Wissengebiete unserer Zeit ausreichend informieren wollen. Bei der Überarbeitung des Handbuches sind auch diese Interessen gebührend berücksichtigt worden.

Köln / Aachen im Oktober 1981

Gerhard Bischoff

Werner Gocht

Inhaltsverzeichnis

Einleitung 1
G. Bischoff

I Verbreitung der Energieträgervorkommen auf der Erde 4
G. Bischoff

1	Was sind Lagerstätten?	4
2	Die Lagerstättengebiete der Erde	4
3	Holz	6
3.1	Wald und Holzwirtschaft	6
3.2	Das Holz als Energieträger	7
4	Torf	8
5	Braunkohle	9
5.1	Weltweite Verbreitung	9
5.2	Regionale Braunkohlen-Lagerstätten	10
5.2.1	Europa	10
5.2.2	Asien	13
5.2.3	Nordamerika	14
5.2.4	Lateinamerika	14
5.2.5	Afrika	14
5.2.6	Australien und Ozeanien	14
6	Steinkohle	15
6.1	Weltweite Verbreitung	15
6.2	Regionale Steinkohlen-Lagerstätten	15
6.2.1	Europa	15
6.2.2	Asien (außer UdSSR)	17
6.2.3	Nordamerika	18
6.2.4	Lateinamerika	19
6.2.5	Afrika	19
6.2.6	Australien und Ozeanien	20
7	Erdöl	20
7.1	Weltweite Verbreitung	20
7.2	Regionale Erdöl-Lagerstätten	22
7.2.1	Europa	22
7.2.2	Asien (außer UdSSR)	28
7.2.3	Nordamerika	29
7.2.4	Lateinamerika	31
7.2.5	Afrika	32
7.2.6	Australien und Ozeanien	34
8	Ölschiefer und Ölsande	34
8.1	Ölschiefer	34
8.2	Ölsande (Teersande)	35
9	Erdgas	37
9.1	Weltweite Verbreitung	37
9.2	Regionale Erdgas-Lagerstätten	37
9.2.1	Europa	37
9.2.2	Asien (außer UdSSR)	40
9.2.3	Nordamerika	40
9.2.4	Lateinamerika	41
9.2.5	Afrika	41
9.2.6	Australien und Ozeanien	41
10	Uran und Thorium	42
10.1	Weltweite Verbreitung	42
10.2	Regionale Uran-Lagerstätten	42
10.2.1	Europa	42
10.2.2	Asien	42
10.2.3	Australien und Ozeanien	43
10.2.4	Afrika	44
10.2.5	Nordamerika	44
10.2.6	Lateinamerika	44
10.2.7	Ozeane und Meere	45
11	Wasserkraftpotential der Erde	45
12	Geothermische Energie	46
13	Sonstige Energieträger der Erde	47

Literatur 47

II Die Entstehung organischer Energieträger 49
G. Bischoff, E. Gärtner, F. Adler, W. Rühl

1	Inkohlung	49
2	Entstehung der Humuskohlen	49
3	Entstehung der Bitumenkohlen	50
4	Entstehung des Erdöls	51
5	Bildung von Erdgasen	52

Literatur 52

Erdgeschichtliche Zeittafel 53

III Braunkohle 54
E. Gärtner, P. Kausch

1	Abbau	54
1.1	Allgemeines	54
1.2	Gewinnung und Verkippung	55
1.3	Betriebsüberwachung und Planung	61
1.4	Wasserhaltung der Tagebaue	61
1.5	Umsiedlung, Rekultivierung und Landschaftsgestaltung	62
2	Transport	62
3	Verwertung und Marktverhältnisse	64
3.1	Allgemeines zur Wettbewerbssituation	64
3.2	Gewinnung und Nutzung in Westeuropa	65
3.3	Energiewirtschaftliche Bedeutung in der BR Deutschland	66

3.4	Förderung und Verwertung in der BR Deutschland	66
3.5	Produktion und Absatz von Braunkohlenbriketts	67
3.6	Die Braunkohle in der Stromerzeugung	67
4	**Veredlung**	**68**
4.1	Veredlungsperspektiven	68
4.2	Feste Produkte	69
4.3	Vergasung	70
4.4	Verflüssigung	72
4.5	Konkurrenzfähigkeit der Braunkohlenprodukte	72
4.6	Energie- und Rohstoffversorgung auf Basis Braunkohle und Kernenergie	74
Literatur		**74**

IV	**Steinkohle**	**76**
	F. Adler	
1	**Einleitung**	**76**
2	**Wesensmerkmale von Steinkohlenlagerstätten**	**76**
2.1	Gesichtspunkte zur Lagerstättenbeurteilung	76
2.2	Spezifische Eigenschaften wichtiger Steinkohlenlagerstätten der Erde	78
3	**Bergbau auf Steinkohle**	**78**
3.1	Erkundung von Steinkohlenlagerstätten	78
3.2	Tagebau und oberflächennaher Abbau	79
3.3	Tiefbau	80
3.3.1	Bemessung der Betriebsgröße	80
3.3.2	Abteufen von Tagesschächten	81
3.3.3	Aus- und Vorrichtung	82
3.3.4	Herstellung und Unterhaltung der Grubenbaue	84
3.3.5	Bewetterung, Grubenklima und Wetterkühlung	88
3.3.6	Abbau	89
3.3.6.1	Abbauverfahren	89
3.3.6.2	Abbauführung und Abbaurichtung	91
3.3.6.3	Gewinnung	92
3.3.7	Versatz	97
3.3.8	Förderung und Transport	98
3.3.9	Betriebsüberwachung	100
3.4	Aufbereitung	100
3.4.1	Rohstoff	100
3.4.2	Verwendungsmöglichkeiten der Kohle	100
3.4.3	Aufbereitungsverfahren	100
4	**Veredlung der Steinkohle**	**102**
4.1	Brikettierung	102
4.2	Kokserzeugung	103
4.2.1	Konventionelle Horizontalkammerverkokung	103
4.2.2	Neue Entwicklungen auf dem Gebiet der konventionellen Verkokung	104
4.2.3	Formkoksherstellung	104
4.3	Vergasung von Kohle	104
4.3.1	Konventionelle Vergasung	105
4.3.1.1	Kommerziell betriebene Verfahren	105
4.3.1.2	Weiterentwicklung konventioneller Verfahren	106
4.3.2	Vergasung von Kohle mit Kernreaktorwärme	107
4.4	Herstellung flüssiger Kohlenwasserstoffe	108
4.5	Strom- und Wärmeerzeugung	109
4.6	Kohlechemie	110
5	**Forschung und Entwicklung im Steinkohlenbergbau**	**111**
6	**Steinkohlenbergbau und Energiewirtschaft**	**113**
6.1	Weltkohlenmarkt	113
6.2	Deutscher Steinkohlenmarkt	115
6.2.1	Deutsche Steinkohle	116
6.2.2	Importkohle	117
Literatur		**117**

V	**Erdöl und Erdgas**	**120**
	W. Rühl	
1	**Einführung**	**120**
1.1	Kohlenwasserstoffe	120
1.2	Physikalische Eigenschaften der Erdöle	121
1.3	Physikalische Eigenschaften der Erdgase	122
2	**Lagerstättenbildung**	**123**
2.1	Sedimentbecken	123
2.1.1	Beckentiefen und Prospektionsaussichten	123
2.1.2	Inhalt der Becken an Öl und Gas und deren Verteilung	126
2.2	Migration in Fallen	127
2.2.1	Migration	127
2.2.2	Fallentypen	128
2.2.3	Lagerstättendruck und -temperatur	132
2.2.4	Lagerstätteninhalt	132
2.3	Eigenschaften von Speichergesteinen	133
2.3.1	Porosität und Speicherpotential	133
2.3.2	Durchlässigkeit und Fließkapazität	133
2.3.3	Mehrphasen-Fluß im porösen System	135
3	**Erkundungsverfahren**	**135**
3.1	Geologische und geochemische Methoden	135
3.2	Geophysikalische Methoden	136
3.2.1	Seismik	136
3.2.2	Gravimetrie und Magnetik	139

4	**Erfolgsaussichten des Aufschlusses**	139
5	**Gewinnung**	141
5.1	Bohrtechnik	141
5.1.1	Rotary-Bohren	141
5.1.2	Sonstige Bohrverfahren	142
5.1.3	Offshore-Bohren	142
5.1.4	Bohrlochspülung	143
5.1.5	Verrohrung, Zementation, Perforation, Teste	143
5.1.6	Bohrkosten	144
5.2	Grundzüge der Öl- und Gasfeldentwicklung	144
5.3	Lagerstättengrundlagen	145
5.3.1	Natürliche Energieformen	145
5.3.2	Fließverhalten in der Lagerstätte	146
5.3.3	Entwicklung der Öl-, Gas- und Wasserförderung	146
5.3.4	Lagerstättentechnische Verfahren	147
5.3.4.1	Sekundärverfahren	147
5.3.4.2	Tertiärverfahren	148
5.3.4.3	Bohrlochs- und Lagerstättenbehandlungen	149
5.3.5	Vorratsberechnungen und gewinnbare Reserven	149
5.3.5.1	Berechnung des Lagerstätteninhaltes	149
5.3.5.2	Gewinnbare Erdöl-Reserven	150
5.3.5.3	Gewinnbare Erdgas-Reserven	151
5.3.6	Die Lebensdauer von Öl- und Gasfeldern	151
5.4	Fördertechnische Verfahren	151
5.4.1	Eruptiv-Förderung	151
5.4.2	Förderhilfsmittel	152
5.4.3	Erdgasbohrungen	153
5.5	Erdöl- und Erdgasmanipulation einschließlich Aufbereitung	153
5.5.1	Erdöl	153
5.5.2	Erdgas	153
5.5.3	Injektionswasser	156
5.5.4	Offshore-Anlagen	156
5.6	Bohrloch-Vermessung und -Perforation	158
6	**Transport von Erdöl und Erdgas**	158
6.1	Land- und Wasserfahrzeuge zum Transport von Erdöl und Mineralölprodukten	158
6.2	Wasserfahrzeuge zum Transport von verflüssigtem Erdgas (LNG)	159
6.3	Rohrleitungen	159
6.3.1	Rohrleitungen für den Öltransport	159
6.3.2	Rohrleitungen für den Erdgastransport	159
7	**Verarbeitung von Erdöl**	160
7.1	Technische Verfahren und Erdölprodukte	160
7.2	Entwicklungs-Tendenzen	163
8	**Lagerung von Erdöl und Erdgas**	165
8.1	Oberirdische Lagerung in Behältern	165
8.2	Unterirdische Lagerung	165
8.2.1	Porenspeicher für Gaseinlagerung	165
8.2.2	Kavernen-Speicher	166
9	**Schweröle, Asphalte, Schieferöle**	167
9.1	Schweröle, Teersande	167
9.2	Asphalt, Ozokerit	168
9.3	Erdöl-Bergbau	168
9.4	Ölschiefer	168
10	**Erdöl- und Erdgasrecht, Konzessionswesen**	170
10.1	Konzessionsbedingungen	170
10.2	Beteiligungsformen von Gesellschaften	173
11	**Finanzierung und Wirtschaftlichkeit**	174
11.1	Investitionen der Mineralölwirtschaft	174
11.2	Bewerten von Aufschlußprojekten und Öl- und Gaslagerstätten	174
12	**Erdöl- und Erdgas-Ressourcen und die Probleme ihrer Nutzbarmachung**	176
12.1	Beziehungen zwischen Leichtöllagerstätten und Schweröl- und Ölschiefervorkommen	176
12.2	Potentielle Gasträger und Erdgas-Potential	177
12.3	Die Aussichten auf Erdöl-Erfolge	180
12.4	Ausblick	182
Literatur		182
VI	**Uran und Thorium** O. Arnold	186
1	**Radioaktivität**	186
2	**Geochemie**	186
3	**Erzminerale**	186
3.1	Uranminerale	187
3.2	Thoriumminerale	187
4	**Lagerstätten**	187
4.1	Entstehung	187
4.2	Vorräte und wirtschaftliche Bedeutung der Uranerz-Lagerstätten	189
4.3	Thoriumerzlagerstätten	192
4.4	Aufsuchung der Lagerstätten	192
5	**Bergbau und Aufbereitung**	193
5.1	Bergbau	193
5.2	Bergrecht	197
5.3	Aufbereitung	198
6	**Brennstoffkreislauf**	202
7	**Zukunftsaussichten des Urans**	203
Tabellen		204
Literatur		210

VII Wasserkraft 212
E. Koros

1 Das Wasser als Energieträger 212
1.1 Allgemeines 212
1.2 Wassermengen und Wassermengenmessungen 212
1.3 Fallhöhe 215

2 Das Wasserkraftpotential 216
2.1 Bruttopotential 216
2.2 Technisch ausnutzbares Potential 216
2.3 Wirtschaftlich ausbauwürdiges Potential . 216

3 Ausgebaute und ausbauwürdige Wasserkräfte in der BR Deutschland 217

4 Arten der Wasserkraftwerke 217
4.1 Leistung von Wasserkraftwerken 217
4.2 Laufwasserkraftwerke 219
4.2.1 Stufentreppen, Schwellbetrieb 220
4.2.2 Wehre 221
4.2.3 Krafthäuser 221
4.3 Speicherwasserkraftwerke und Pumpspeicherwerke 221
4.3.1 Krafthäuser der Speicherwasserkraftwerke 223
4.3.2 Pumpspeicherwerke 223
4.3.3 Luftpumpspeicherwerke 224
4.3.4 Triebwasserleitungen 224
4.4 Gezeitenkraftwerke 225
4.5 Gletscher-Schmelzwasser 226

5 Wirtschaftlichkeit von Wasserkraftwerken 227
5.1 Allgemeine Gesichtspunkte zur Bewertung der Wasserkräfte 227
5.2 Eingliederung in die elektrische Verbundwirtschaft 227
5.3 Anlagekosten 228
5.4 Verluste in den hydraulischen und elektrischen Maschinen 229
5.5 Mehrzweckanlagen 229
5.6 Gestehungskosten der Wasserkraftenergie 229

6 Talsperren und Staudämme 230

7 Rechtliche Grundlagen für die Nutzung von Wasserkräften 231
7.1 Staatliche Gesetzgebung 231
7.2 Grenzflüsse, Internationale wasserrechtliche Regelungen 232

8 Ökologische Probleme 233
8.1 Speicherwerke 233
8.2 Flußkraftwerke 234

9 Zukunftsaussichten der Wasserkraft . . . 234

Literatur 236

VIII Sonstige Energieträger 237
H. K. Schneider, D. Schmitt, M. Meliß

1 Allgemeines 237

2 Geothermische Energie 239
2.1 Überblick 239
2.2 Potential 239
2.3 Bisherige Nutzung und Entwicklungsstand 240
2.4 Wirtschaftlichkeit und Ausblick 240

3 Gezeitenenergie 242
3.1 Beschreibung und Potential 242
3.2 Bisherige Nutzung, Wirtschaftlichkeit und Ausblick 242

4 Sonnenenergie 242
4.1 Überblick 242
4.2 Potential 243
4.3 Bisherige Nutzung und Entwicklungsstand 244
4.3.1 Allgemeines 244
4.3.2 Elektrizitätserzeugung 244
4.3.3 Wärmebereitstellung 248
4.3.4 Brennstoffbereitstellung 250
4.4 Wirtschaftlichkeit und Ausblick 251

5 Energiepolitische Würdigung 252

Literatur 253

IX Kernenergie 254
G. Schmidt

Zur Lage 254

1 Kernenergie und Stromerzeugung 254
1.1 Deckung des Energiebedarfs 255
1.1.1 Welt 255
1.1.2 Bundesrepublik Deutschland 255

2 Kernkraftwerke: Technischer Teil 257
2.1 Sicherheit der Kernkraftwerke 257
2.2 Grundlagen der Kernkraftwerkstechnologie 258
2.3 Reaktoraufbau und Reaktortypen 260
2.3.1 Druckwasserreaktoren 260
2.3.2 Siedewasserreaktoren 261
2.3.3 Schwerwasserreaktoren 262
2.3.4 Graphitmoderierte Reaktoren 262
2.3.5 Anreicherungsverfahren 262
2.3.6 Standardisierung der Kernkraftwerke mit Leichtwasserreaktoren 262
2.3.7 Neue Reaktorkonzepte 263
2.3.7.1 Hochtemperaturreaktoren 263
2.3.7.2 Schnelle Brüter 264
2.4 Kernkraftwerke in der Bundesrepublik Deutschland 264

2.4.1	Versuchs- und Demonstrationskraftwerke 264	6	**Stromwirtschaft** 297
2.4.2	Kernkraftwerke mit Siedewasserreaktoren 265	7	**Elektrizitätsanwendung** 303
2.4.3	Kernkraftwerke mit Druckwasserreaktoren 266	8	**Informationstechnik der Elektrizitätsversorgung** 305
2.4.4	Besondere Kernkraftwerksanlagen . . 266	8.1	Allgemeines 305
2.5	Exportierte deutsche Kernkraftwerke . . . 267	8.2	Grundformen der Übertragungstechnik . 305
2.6	Kernkraftwerke in der DDR 268	8.3	Technik der Betriebsnachrichtennetze . . 306
2.7	Kernkraftwerke anderer Länder 268	8.4	Fernwirktechnik 306
3	**Kernkraftwerke: Wirtschaftlicher Teil** . . . 270	8.5	Informationsverarbeitung 306
3.1	Strom- und Wärmebedarf 270	8.6	Elektrische Beeinflussungstechnik 307
3.2	Stromerzeugungskosten (Kostenanalyse) . 271	9	**Fernwärmeversorgung** 307
3.2.1	Anlagekosten 271	9.1	Stand der Fernwärmeversorgung 307
3.2.2	Betriebs- und Unterhaltungskosten . . . 271	9.2	Entwicklungsmöglichkeiten 308
3.2.3	Brennstoffkreislaufkosten 272	10	**Elektrizitätsversorgung und Umweltschutz** 309
3.2.4	Aufschlüsselung der Brennstoffkreislaufkosten 273	11	**Öffentlichkeitsarbeit** 312
3.2.5	Stromerzeugungskostenvergleich von Kernkraftwerken und konventionellen Wärmekraftwerken 273	**Literatur** 313
3.3	Kernenergie und Volkswirtschaft 273		
4	**Ökologie (Umweltbeeinflussung)** 274	**XI**	**Gasversorgung** 315
4.1	Emissionen 274		Chr. Brecht, G. Hoffmann
4.2	Abwärme 274	1	**Die Gasquellen** 315
5	**Nukleare Entsorgung** 275	1.1	Allgemeine Angaben 315
5.1	Zwischenlagerung 275	1.2	Erdgas 315
5.2	Wiederaufarbeitung 276	1.3	Kokereigas und Stadtgas 315
5.3	Endlagerung 276	1.4	Flüssiggas (LPG) 316
6	**Nichtverbreitungsvertrag (Kernwaffensperrvertrag)** 277	1.5	Gaserzeugung durch Spaltung von flüssigen Kohlenwasserstoffen 317
7	**Ausblick: Die kontrollierte Kernfusion** . . 277	1.6	Gaserzeugung durch Kohlevergasung . . 317
Erläuterungen zum Text 278	1.6.1	Kohlevergasung im Rahmen der Gaswirtschaft 317
Literatur 280	1.6.2	Gesamtkomplex einer Kohlevergasungsanlage 318
	1.6.3	Kohlevergasung im Vergleich zur Kohlehydrierung und Kohleverstromung 320
X	**Elektrizitätsversorgung** 281	1.6.4	Kohleveredlungsprogramm der BR Deutschland 320
	W. Mackenthun, A. Mareske	1.6.5	Zeitfaktor bei der großtechnischen Einführung der Kohlevergasung 320
1	**Allgemeines** 281	1.7	Sonstige Brenngase 321
2	**Rechtliche Grundlagen** 283	2	**Die Gasarteneigenschaften und -qualitäten** 321
3	**Planungsgrundsätze und Investitionen** . . 285	2.1	Allgemeine Angaben 321
4	**Stromerzeugungsanlagen** 287	2.2	Die wichtigsten Kenndaten 322
4.1	Allgemeiner Überblick 287	2.3	Die Gasfamilien 323
4.2	Kraftwerksbau und -betrieb 291	3	**Gastransport, -verteilung und -speicherung** 324
5	**Netzanlagen** 293	3.1	Allgemeine Angaben 324
5.1	Allgemeines 293	3.2	Struktur der Transport- und Verteilungssysteme 324
5.2	Das deutsche Verbundnetz 293		
5.3	Das westeuropäische Verbundnetz 295	3.3	Der Ferntransport in Rohrleitungen . . . 325
5.4	Hochspannungs-Gleichstrom-Übertragung 296		

3.3.1	Transportkapazitäten 325		4	Schlußbemerkung 357
3.3.2	Planung neuer Transportsysteme 326		Literatur 358	
3.3.3	Bau von Gastransportleitungen 326			
3.3.4	Bau von Offshore-Leitungen 328		XIII	Weltwirtschaft der primären Energieträger — 359
3.3.5	Verdichteranlagen 328			W. Gocht
3.3.6	Gasmengenmessung 330		1	Allgemeines 359
3.3.7	Überwachung und Instandhaltung 330		2	Energievorräte der Welt 359
3.3.8	Gasnetzsteuerung 331		3	Weltproduktion und Weltverbrauch . . . 360
3.4	Gasverteilung 332		4	Internationale Organisationen und ihre Energiepolitik 362
3.5	Reservehaltung und Spitzenbedarfsdeckung 332		4.1	OPEC, OAPEC 362
3.6	Verflüssigtes Erdgas (LNG) 334		4.2	Energiepolitik der Verbraucherländer . . . 364
4	Die Gaswirtschaft 335		4.3	Weitere überregionale Vereinigungen und Konferenzen der Energiewirtschaft . 365
4.1	Allgemeine Angaben zur Gaswirtschaft . . 335		5	Braunkohle — Welthandel und Vorräte . . 366
4.2	Anteile der verschiedenen Gasverbraucher 337		5.1	Wichtige Export- und Importländer 366
4.3	Europäischer Erdgasverbund 337		5.2	Vorräte 366
4.4	Das Ferngasnetz der Bundesrepublik Deutschland 338		6	Steinkohle — Welthandel und Vorräte . . . 367
5	Gasverwendung 339		6.1	Exportländer 367
5.1	Allgemeine Angaben 339		6.2	Importländer 368
5.2	Gasverwendung in Haushalt und Gewerbe 339		6.3	Vorräte 369
5.3	Gasverwendung in der Industrie und in Kraftwerken 339		7	Erdöl — Welthandel und Vorräte 369
5.4	Gas als Rohstoff 340		7.1	Rohöl-Exportländer 369
5.5	Gas als Treibstoff 341		7.2	Rohöl-Importländer, Raffineriestandorte, Tankerflotte, Tankerrouten 370
5.6	Technologien zur Einsparung von Erdgas . 341		7.3	Internationale Mineralölgesellschaften . . 372
6	Neue, auf Gas basierende Energiesysteme 343		7.4	Preisentwicklung 374
6.1	Nukleare Fernenergie 343		7.5	Vorräte 377
6.2	Wasserstoff 343		8	Erdgas — Welthandel und Vorräte 378
6.3	Biogas 344		8.1	Wichtige Export- und Importländer, LNG- und LPG-Transporte 378
6.4	Brennstoffzellen 344		8.2	Erdgas-Preise 380
7	Öffentlichkeitsarbeit 344		8.3	Vorräte 380
	Literatur 345		9	Uran und Thorium — Welhandel und Vorräte 380
XII	Wege und Techniken zur rationelleren Energiebedarfsdeckung — 348		9.1	Exporte und Importe 380
	H. Schaefer		9.2	Vorräte 381
1	Vorbemerkungen 348		10	Wasserkraft 382
2	Ansatzpunkte für rationelleren Energieeinsatz 348		Tabellen:	Weltproduktion von Kohlen, Erdöl und Erdgas 383
2.1	Vermeiden unnötigen Verbrauchs 350		Literatur 387	
2.2	Senken des spezifischen Nutzenergiebedarfs 350			
2.3	Verbessern der Nutzungsgrade 351		Nachwort: Die politischen Perspektiven der Energieversorgung — 388	
2.4	Energierückgewinnung 353		U. Lantzke	
2.5	Nutzung regenerativer Energiequellen . . 354			
3	Probleme und Grenzen rationeller Energienutzung 356		Sachwortverzeichnis 391	

Ausgewählte Maße und Gewichte der Energiewirtschaft

1 barrel petrol = 42 gallons = 158,99 l
  (7,2–7,6 barrels petrol = 1 t Rohöl)
1 US-barrel = 31,5 gallons = 119,228 l
1 US-gallon (gal.) = 4 quarts = 3,7854 l
1 US-quart (qt.) = 2 pints = 0,9464 l
1 Imperial gallon = 4,5461 l
1 cubic foot (cu.ft) = 1728 cubic inches = 0,02832 m^3
1 m^3 = 35,315 cubic feet = 1,3079 cubic yards

1 inch (in.) = 2,54 cm
1 foot (ft.) = 12 inches = 30,48 cm
1 yard (yd.) = 3 feet = 91,44 cm

1 long ton (lg.t./tn.l.) = 1016,05 kg
1 short ton (sh.t./tn.sh.) = 907,185 kg
1 t = 1000 kg = 0,9842 long ton = 1,102 short tons

1 B.t.u. (British thermal unit, auch BTU oder B.Th.U.)
     = 0,252 kcal = 1,055 kJ = 0,000293 kWh
1 kcal = 4,1868 kJ (Kilo Joule) = 0,0041868 MJ (Mega Joule)
     = 3,9687 B.t.u. = 0,001163 kWh
1 Joule = 0,2388 cal
1 therm = 100 000 B.t.u. = 25 210 kcal = 105,55 MJ
1 Thermie = 1 000 kcal = 4,19 MJ
1 SKE (Steinkohleneinheit) = 7000 kcal/kg = 29,31 MJ
1 OE (Öleinheit, oil equivalent) = 10 000 kcal/kg = 42,25 MJ

1 t Flüssiggas = etwa 600 m^3 Erdgas
1 SCF (Standard Cubic Feet) = 1000 B.t.u. = 0,293 kWh
1 Normkubikmeter (m^3_n, Nm^3, m$^3_{V_n}$) Gas bei
   1013,25 mbar, 0 °C, trocken

1 Mrd. cu. ft Erdgas = 26,87 Mio. m^3 (V$_n$) Erdgas
(30 inch Hg, 60° F, trocken) (1013,25 mbar, 0 °C, trocken)
API-Wichten: 25° API = 0,904   (7 barrel = 1 t)
             30° API = 0,876   (7,2 bbl = 1 t)
             35° API = 0,850   (7,4 bbl = 1 t)
             40° API = 0,825   (7,6 bbl = 1 t)
(Wichten von Rohöl: 0,80–0,97)
Barrel/day (bbl/d) × 50 = Mio. t/Jahr (Umrechnungsfaktor für internationale Statistiken)

1 t Uran = 7 kg U^{235}
1 kg U^{235} = 90 Mrd. MJ

Heizwerte und Umrechnungsfaktoren von wichtigen Primär-Energieträgern

Energieträger	Einheit	Heizwert in kcal	in MJ	SKE	B.t.u.
Steinkohlen	kg	7000	29,308	1,000	27776
Rohbraunkohlen	kg	1991	8,338	0,284	7902
Hartbraunkohlen	kg	3713	15,550	0,531	14737
Pechkohlen	kg	5000	20,930	0,710	19840
Brenntorf	kg	3400	14,235	0,486	13494
Brennholz (1 fm = 0,7 t)	kg	3500	14,654	0,500	13888
Erdgas	m^3	7579	31,736	1,083	30077
Erdölgas	m^3	10000	41,868	1,429	39687
Erdöl	kg	10178	42,622	1,454	40393
Wasserkraft	kWh	2300	9,619	0,328	9128
Elektrischer Strom	kWh	860	3,600	0,120	3412

Quelle: Statistik der Kohlenwirtschaft e.V., Essen 1980

Einleitung

G. Bischoff

Als 1970 „Das Energiehandbuch" mit der ersten Auflage erschien, konnten Herausgeber und Autoren nicht ahnen, daß bereits 1973 die Menschheit mit ernsten Energieversorgungsproblemen konfrontiert würde, die als „Energiekrise" dargestellt, das Strukturbild der Weltwirtschaft von Grund auf verändern würde. Unerwartet kamen die überstürzten Ereignisse des Jahres 1973 im Gefolge des politischen Geschehens im Nahen Osten. Dennoch zeichnete sich bereits bei Drucklegung der ersten Auflage dieses Buches ab, daß die Überschußjahre der „Golden Sixties" zu Ende gingen. Blind in ihrem Glauben an „unendliche Reichtümer der Erde" und an „Alles ist machbar" rannte die Menschheit in die Krise.

Schon 1970 warnten die Autoren dieses Buches vor einem Entwicklungsprozeß, der auch ohne politische Einflüsse etwa um 1980 zur Krise geführt hätte. Deshalb kann die Situation auch heute nicht besser dargestellt werden, als durch die folgende aktualisierte und ergänzte Wiedergabe der 1970 geschriebenen Einleitung der ersten Auflage.

Wenn man dem Hunger auf der Welt und der Armut in vielen Entwicklungsländern ernsthaft begegnen will, so wird im Hinblick auf die extrem schnell wachsende Menschheit der Erfolg dieser Bemühungen ganz wesentlich davon abhängen, ob der weltweite Industrialisierungsprozeß durch ein reichhaltiges Angebot möglichst preiswerter Energie gestützt werden kann und ob das Energieangebot langfristig ausreichend gesichert ist.

Die Weltbevölkerung beträgt zur Zeit 4,5 Mrd. Menschen. Über Jahrtausende gab es auf dieser Welt ein ausgeglichenes Verhältnis zwischen Bevölkerung, Beschäftigung der Menschen und Ernährung. Über Jahrtausende galt etwa, daß jeweils von 100 arbeitenden Menschen 80 landwirtschaftlich tätig waren gegenüber 20 in anderen Berufen. Mit Beginn der industriellen Revolution vor etwa 150 Jahren begann eine völlige Strukturveränderung dieser Gesellschaftsordnung. In den Vereinigten Staaten von Nordamerika, dem größten Nahrungsmittelproduzenten der Welt, sind heute zum Beispiel 4 Menschen in der Landwirtschaft tätig, um 96 für andere Berufe freizugeben. Diese Entwicklung konnte nur stattfinden, weil der Faktor Energie in der Landwirtschaft ebenfalls durchgreifende Systemveränderungen nach sich zog. Von der insgesamt im landwirtschaftlichen Prozeß eingesetzten Energie gehen rund 50 % in den Betrieb landwirtschaftlicher Maschinen, Transport, Verpackung u.a., während die anderen 50 % in Düngemitteln, die hochgradig energieaktiv sind, verbraucht werden. — Da nun die Industrialisierung auch auf die Entwicklungsländer überspringt, vollzieht sich ein erschreckendes Phänomen derart, daß die Weltbevölkerung nicht nur auf etwa 6,5 Mrd. Menschen allein bis Ende dieses Jahrhunderts ansteigt, sondern daß gleichzeitig immer mehr Menschen aus der Landwirtschaft in die Städte abwandern, weil landwirtschaftliche Maschinen ihre Arbeitskraft übernehmen. In den Städten aber brauchen sie Arbeitsplätze, die wiederum viel Energieeinsatz verlangen. Und da die Landwirtschaft nur dann in der Lage ist, die vielen Menschen in den Städten zu ernähren, wenn sie zusätzlich rigoros Düngemittel — also ebenfalls Energie — einsetzt, dreht sich das Rad der Menschheit in Richtung „Kollaps" — es sei denn, wir vertrauen auf die dem Menschen gegebenen technischen und geistigen Möglichkeiten und bejahen den Fortschritt, der sich auf eine Endstabilisierung der Weltbevölkerung bei 10—12 Mrd. einstellt. Das aber kostet viel Energie, verbunden mit dem Mut zum Risiko, ohne das ein Leben in Wohlstand nicht denkbar ist.

Gleichzeitig mit diesem Aufwärtstrend der Nachfrageentwicklung setzt nun in den achtziger Jahren in der Energieerzeugung ein Phänomen ein, das der Tendenz genau entgegengesetzt ist. Spätestens vom Beginn der „Energiekrise" an bedeutet allein schon Null-Zuwachs in der Energiebereitstellung die Notwendigkeit, ständig mehr Energie zu produzieren! Der Grund dafür liegt darin, daß immer tiefer gebohrt werden muß, — daß die Bergwerke tiefer werden, daß die Exploration in immer entlegenere Räume vordringt und daß immer geringer konzentrierte und unbedeutendere Lagerstätten angegriffen werden müssen, gleichgültig, ob es sich um Kohle, Erdgas, Erdöl, Uran, andere Bergbauprodukte oder die Ausbeutung von Ölschiefern und Ölsanden mittels energieaktiver Tertiärmethoden handelt. Alles das verlangt einen vielfachen Energieaufwand für das gleiche Ergebnis wie bisher.

Die Deckung des Energiebedarfszuwachses ist deshalb ein Problem, das große Anstrengungen von den beteiligten Industrien verlangt, das zu politischen Verwicklungen und Umstürzen in Brennpunktgebieten der Lagerstättendistrikte von Energieträgern führen kann und das nicht zuletzt große Anforderungen an den Kapitalmarkt stellen wird.

Mit diesem Buch wurde der Versuch unternommen, die umfassenden Probleme der Energieversorgung in einem Handbuch zusammenzufassen. Es soll dazu dienen, Verständnis für die Vielgestalt der Energieversorgung zu erwecken, um Möglichkeiten und Grenzen eines naturwissen-

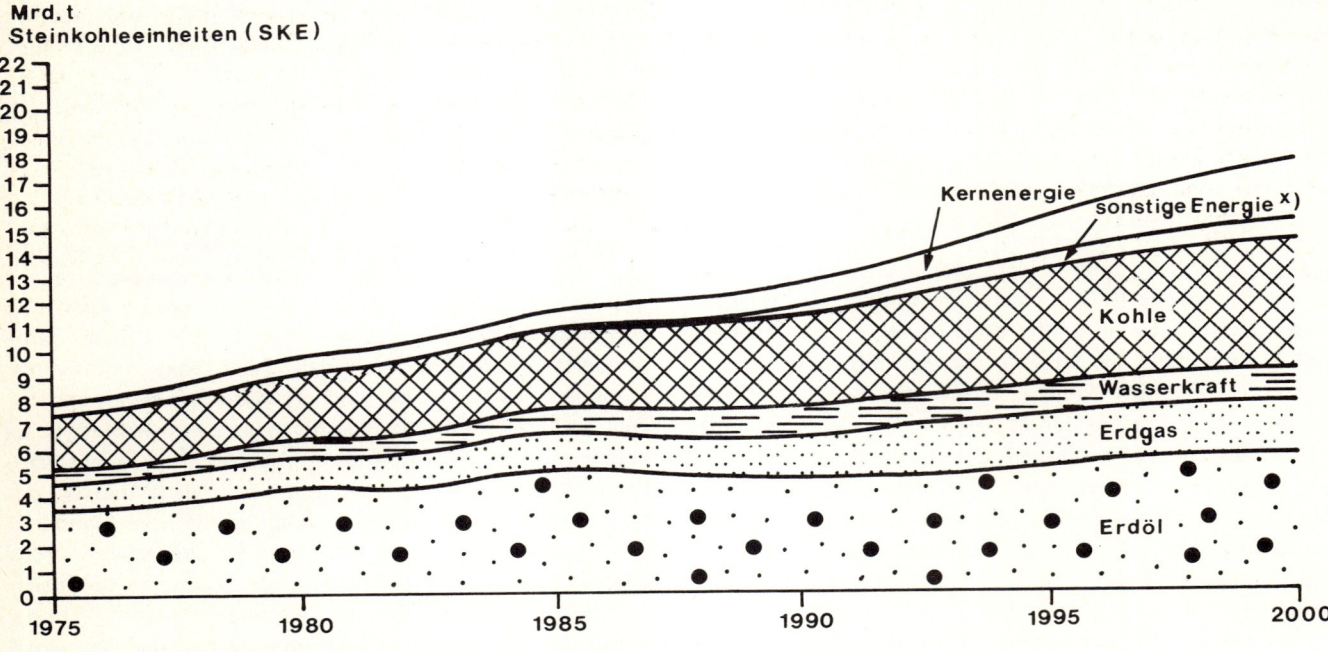

Bild E.1 Voraussichtliche Entwicklung des Weltenergiebedarfs bis zum Jahr 2000 und die Verteilung auf die einzelnen Energieträger (Entwurf: G. Bischoff — 1981)

schaftlich-technischen Gebietes zu erkennen, das wie kaum ein anderes in das politische Geschehen unserer Zeit einwirkt und in Zukunft die Geschicke der Menschen beeinflussen wird.

Energie ist die Basis unserer hochtechnisierten Welt und der Schlüssel für ein friedliches Zusammenleben der Völker. — Die Kohle ermöglichte den Eingang in das Zeitalter der Technik — Erdöl revolutionierte den Verkehr und brachte die Völker einander näher — aber auch schwere Konflikte —, und die Kernenergie ist dabei, das menschliche Leben auf der Erde grundsätzlich zu verändern und über Wohl und Weh zukünftiger Generationen zu entscheiden.

Um die volle Tragweite dieser Aussagen zu begreifen muß man sich die Tatsache vor Augen halten, daß in den vergangenen 36 Jahren nach dem II. Weltkrieg weit mehr Energieträger verbraucht wurden als vom Eintreten des Menschen in die Erdgeschichte vor vielen hunderttausend Jahren bis zu diesem Zeitpunkt. Wenn dieser Beschleunigungsprozeß so weitergeht wie bisher, ist zu ernsten Sorgen Anlaß gegeben. In vielen 100 Millionen Jahren hat die Natur die Rohstoffe angereichert, — aber der Mensch ist dabei, sie in wenigen Jahrzehnten zu verbrauchen. Und was kommt dann?

Der einzige Ausweg liegt deshalb in der Kernenergie in Verbindung mit der besseren Nutzung der übrigen Energieträger. Zukunftsweisend könnte eine echte Ehe zwischen Kernenergie und Kohle zum Zwecke der Kohlevergasung sein, um ein modernes neues Basissystem unserer Energieversorgung zu schaffen. Energie hat die technische Evolution möglich gemacht; aber durch Wissenschaft und Technik wurden auch die größten Probleme heraufbeschworen, denen sich die Völker der Erde je gegenüber sahen.

Dreimal so groß wie heute wird im kommenden Jahrhundert der Verbrauch an Rohstoffen, Industriegütern, Chemikalien und Nahrungsmitteln sein, damit es gelingt, den Hunger auf der Welt einzudämmen. Aber auch dreimal so viele Abfallstoffe werden in die Flüsse, in das Meer und in die Luft gehen. Dadurch wird das biologische Gleichgewicht weiterhin gestört und nur technische Gegenmaßnahmen werden in der Lage sein, die Vergiftung unserer Lebenssphäre zu verhindern. Das aber wiederum bedeutet einen Masseneinsatz von Energie.

Wird es der Menschheit gelingen, den größten Wandlungsprozeß ihrer Geschichte zu meistern? Technik und Energie allein können die kommenden Probleme nicht lösen. Wenn es nicht gelingt, die Reichtümer dieser Erde gerecht zu verteilen, wenn die wohlhabenden Völker nicht erkennen, daß ein friedliches Nebeneinander nur denkbar ist, wenn alle Menschen vom Fortschritt profitieren, dann eskaliert sich mit der weiteren Technisierung die Gefahr einer Weltkatastrophe. Die ungleiche Verteilung der Energie-

Einleitung

träger auf der Erde kann Ursache zu schweren Krisen und Machtkämpfen werden. Heute verdanken die Industrieländer einen Großteil ihres Reichtums den Rohstoffen der Entwicklungsländer. Der Rohstoffbedarf wird weiterhin gewaltig wachsen. Also liegt auf der Hand, daß gerade auf dem Rohstoffsektor die Möglichkeit gegeben ist, in einsichtiger Partnerschaft Hunger und Elend zu bekämpfen. Die Energieträger nehmen dabei eine besondere Rolle ein. Rohstoffe sind ein Geschenk der Natur, mit dem nicht sorgsam genug umgegangen werden kann. Im Hinblick auf den riesigen Energiebedarf der Zukunft sollte sich die Erkenntnis durchsetzen, daß *alle* Energieträger von großem Wert sind. Die Marktverhältnisse werden sich wie bisher verändern — da aber die Investitionen und technischen Operationen der Energieversorgung sehr umfangreich und langfristig sind, sollte eine abgewogene Nutzung aller Energieträger zum Wohle der wachsenden Menschheit ein erstrebsames Ziel sein. — Die Herausgeber hoffen, daß dieses Buch zur Vertiefung dieser Idee einen Beitrag leisten kann.

I Verbreitung der Energieträgervorkommen auf der Erde

G. Bischoff

Inhalt	Seite
1 Was sind Lagerstätten?	4
2 Die Lagerstättengebiete der Erde	4
3 Holz	6
4 Torf	8
5 Braunkohle	9
6 Steinkohle	15
7 Erdöl	20
8 Ölschiefer und Ölsande	34
9 Erdgas	37
10 Uran und Thorium	42
11 Wasserkraftpotential der Erde	45
12 Geothermische Energie	46
13 Sonstige Energieträger der Erde	47
Literatur	47

1 Was sind Lagerstätten?

Unter Lagerstätten versteht man natürliche Konzentrationen nutzbarer Rohstoffe, die unter besonderen geologischen und physiko-chemischen Bedingungen angereichert wurden. Alle Elemente sind weltweit geringfügig verteilt, aber erst Anreicherungen erlauben die Bezeichnung Lagerstätte.

Für jede Lagerstätte ist die Bauwürdigkeit entscheidend, die von vielen Faktoren abhängt, z. B. vom Vorrat, der Konzentration (Verhältnis des gewinnbaren Rohstoffes zur Tonne Gestein oder zum mitzufördernden Abraum), von der Lagerstättenmächtigkeit, der Lagerstättentiefe, der geologischen Lagerung, den Umweltbedingungen. Neben den geologischen Faktoren einer Lagerstätte ist für deren Bewertung z. B. das Verhältnis der Erkundungs-, Erschließungs-, Gewinnungs- und Transportkosten zum Verkaufserlös ausschlaggebend, das durch Art und Menge des zu gewinnenden Stoffes und seiner Nebenprodukte, durch die wirtschaftsgeographische und wirtschaftspolitische Lage der Lagerstätte, der marktwirtschaftlichen Bedeutung der gewinnbaren Produkte usw. bestimmt wird.

In den folgenden Abschnitten werden abrißartig die Vorkommen von Energieträgern der Erde behandelt, die nach heutigen wirtschaftlichen Gesichtspunkten abbauwürdig sind und somit als Energieträger-Lagerstätten zu gelten haben.

2 Die Lagerstättengebiete der Erde

Die Erde läßt sich in großräumige geologische Einheiten unterteilen, die im Wandel der Erdgeschichte entstanden. Alle Kontinente haben alte, sogenannte kristalline Kerne. Diese Urkontinente fielen im Laufe der Erdgeschichte mehr und mehr der Abtragung zum Opfer. Aus den Erosionsprodukten bildeten sich Sedimente, die in Senkungsräumen und Schelfgebieten abgelagert wurden. In tief absinkenden Gebieten kam es zur Anhäufung besonders mächtiger mariner Sedimente. Diese Gebiete waren oft instabile Zonen in der Erdrinde, so daß bei späteren Verschiebungen der Erdplatten die dicken Sedimentpakete dieser „Geosynklinalen" zu Faltengebirgen zusammengeschoben wurden. So kam es, daß die Faltengebirge wie Girlanden die Erde umlaufen und randlich zu den Kontinentaltafeln liegen. Erst seit den sechziger Jahren weiß man wirklich, daß die Kontinente aus einem System von Platten bestehen, die auf der Erde „driften". Bei diesem Vorgang öffnen sich die Ozeane, so daß — wie zum Beispiel im mittleren Atlantik im Gebiet der zentralen Schwelle — immer neues heißes Material aus dem Erdinneren aufdringt und eine ständige Dehnung des ozeanischen Raumes bewirkt. So entsteht ozeanische Kruste. An anderer Stelle wird diese ozeanische Kruste von den Platten der Kontinente wieder „überfahren" und dabei schräg nach unten tief in die Erde hineingedrängt, wie zum Beispiel an der Westküste Südamerikas. Bei diesen tektonischen Bewegungen entstehen Brüche in der Erdrinde, in denen wiederum heißes Material aus dem Erdinneren auch im Bereich der Kontinente aufdringt. Der Bau der Erdrinde ist also das Resultat von wechselndem Aufbau und Zerstörung.

Da Lagerstätten aber Anreicherungen von umgesetzten Material an bestimmten Punkten und in bestimmten Regionen der Erde sind, stehen sie in Abhängigkeit von den großräumigen Vorgängen auf der Erde, deren Folge die großräumige geologische Gliederung auf und in der Erdkruste ist. Erdöl ist zum Beispiel fast immer ein Produkt des Meeres. Also findet man es vorzugsweise dort, wo Meeressedimente zur Ablagerung kamen, auch wenn diese heute in alten

2 Die Lagerstättengebiete der Erde

Sedimentbecken auf der Erdkruste liegen und zum Festland geworden sind. Kohle ist aus der Anreicherung von vielen Pflanzenresten in Flözen entstanden. Sie bildeten sich im Laufe der Erdgeschichte in flachen großflächigen Dellen auf der Erdkruste, oft im Übergangsbereich zwischen Kontinenten und Meeren. Die meisten Erze — und dazu gehört auch der Energieträger Uran — gehen primär auf Aufschmelzungsvorgänge in der tieferen Erdkruste zurück und reicherten sich beim Aufstieg von Gesteinsschmelzen, zum Beispiel in Graniten und in Gangspalten durch Abkühlungsprozesse aus Lösungen und Gasen wieder an. Da solche Primärerzzonen oft durch die Erosion wieder zerstört wurden, gelangte ein Teil der Erze wieder in den Ablagerungszyklus hinein und wurde in kontinentalen oder marinen Sedimentbecken auf der Erdkruste abgelagert. Solche Sedimentbecken gibt es innerhalb der Kontinente ebenso wie im Schelfbereich der Ozeane. Da die Faltengebirge der Erde ebenfalls aus Sedimenten aufgebaut werden, können sie auch sedimentäre Lagerstätten enthalten. Da während der Faltung aber in ihnen auch plutonische Schmelzen aus dem Erdinneren aufdrangen, gibt es auch viele Erzganglagerstätten in solchen Gebieten.

Grundsätzlich führten diese Gesetzmäßigkeiten dazu, daß man die verschiedenen Energieträger also nur in ganz bestimmten Regionen der Erde finden kann und in anderen Regionen keinerlei Aussicht besteht, Lagerstätten zu entdecken. So ist die Exploration auf Erdöl in den kristallinen Urkontinenten der Erde absolut aussichtslos. Uran zu finden ist aber in gerade diesen Gebieten besonders erfolgversprechend. Zum Beispiel gibt es im kanadischen Schild kein Erdöl, wohl aber viel Uran. Deshalb hat auch ein Land wie Brasilien große Chancen, Uran zu finden, Erdöl aber fast nur vor seinen Küsten im Sedimentbereich der Schelfe.

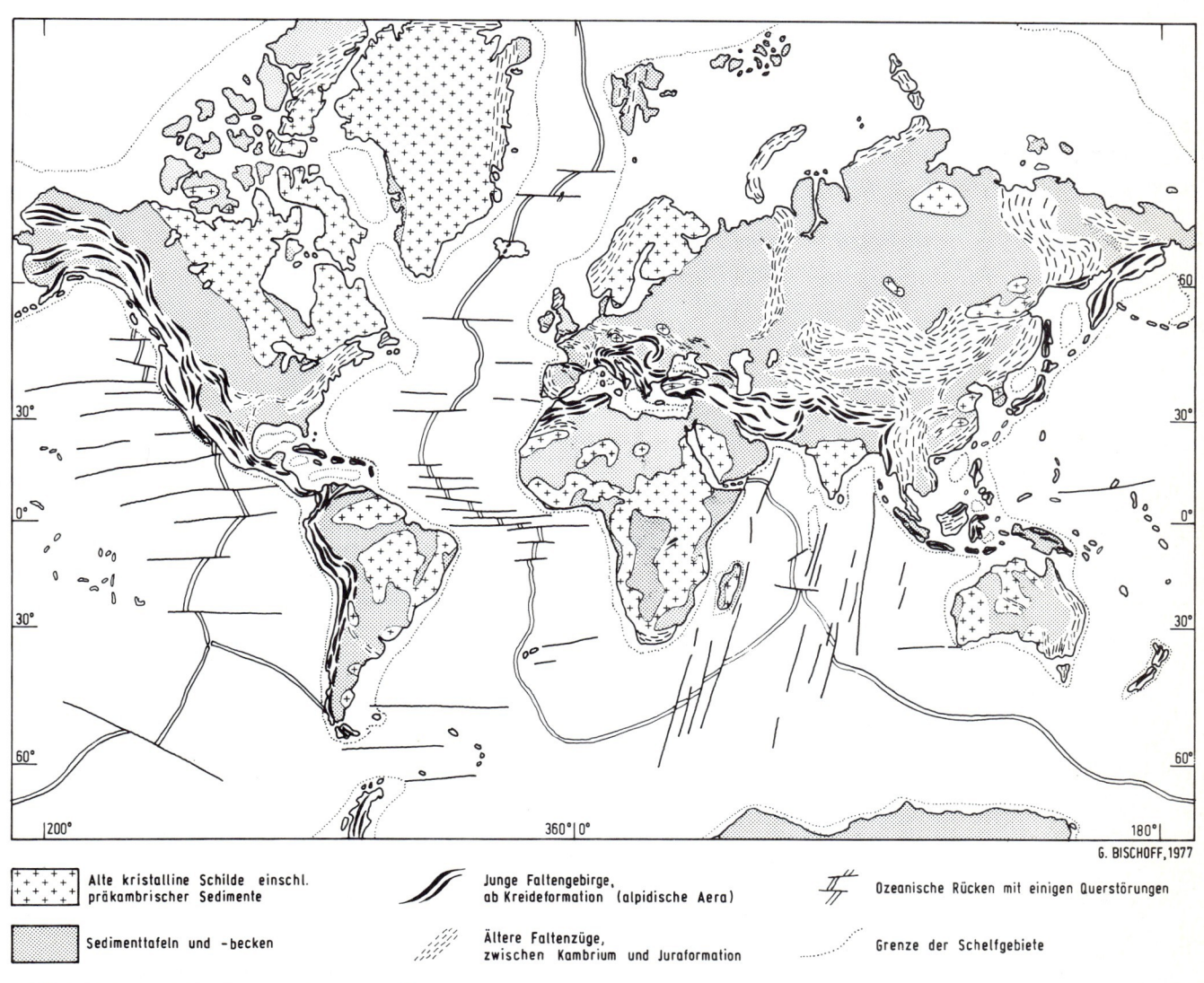

Bild I.1 Geologische Großraumgliederung der Erde

Natürlich ist es im Rahmen eines solchen Buches ganz ausgeschlossen, auf Details der vielseitigen Geologie einzugehen. Hier soll lediglich eine Anregung dafür gegeben werden, zu verstehen, warum in dem einen Gebiet bestimmte Lagerstätten zu finden sind und in anderen Gebieten nicht. Da aber heutzutage die großräumige Gliederung der Erde in Sedimentationsbecken und Urkruste, in Gräben und Faltengebirge bekannt ist, kann man sich doch schon recht genaue Vorstellungen über mögliche Vorkommen der gesuchten Rohstoffe und deren mögliche Reserven machen. Zur Erläuterung soll die beigefügte Karte beitragen (Bild I.1), aus der die Verteilung von Urkontinenten, Sedimentbecken und Faltengebirgen hervorgeht.

3 Holz

3.1 Wald und Holzwirtschaft

Die Waldfläche der Erde macht etwa 43 Mio. km^2 aus. Rund 50 % davon sind praktisch ungenutzter Urwald. Etwa 8 % der Waldfläche der Erde hat der Mensch abgeholzt. 42 % unterliegen einer wirtschaftlichen Nutzung, aber nur annähernd 12 % einer geregelten, nachhaltigen Forstwirtschaft. Da weite Waldgebiete auf der Erde Buschwälder, Moorwälder, Naturschutzgebiet usw. sind, ist nach *Trendelenburg, H./Mayer-Wegelin* – 1955 [27] bis auf weiteres von der Gesamtwaldfläche der Erde nur 60 %, das sind etwa 26 Mio. km^2, produktiver Wald. Die großen unberührten Holzreserven der Erde stehen in den Urwäldern Nordasiens und Südamerikas. (Die Verteilung der Waldflächen ist in Tabelle I.1 zusammengefaßt.)

Tabelle I.1: Die Verteilung des Waldes auf der Erde

	Landfläche Mio. km^2	Waldfläche[1] Mio. km^2	Anteil der Waldfläche an der Landfläche	Wälder Mio. km^2
Europa (ohne UdSSR)	4,98	1,44	29 %	1,38
UdSSR	22,27	9,10	41 %	7,38
Asien (ohne UdSSR)	26,70	5,50	21 %	5,00
Afrika	30,12	7,10	24 %	7,00
Nordamerika	19,35	7,50	39 %	7,13
Mittelamerika	2,75	0,76	28 %	0,71
Südamerika	17,74	8,90	50 %	8,30
Australien und Ozeanien	8,55	2,55	30 %	2,54
insgesamt (ohne Grönland und Antarktis)	132,46	42,85	32 %	39,44

[1] Yearbook of Forest Products Statistics FAO – Rom 1966 und review 1961–1972. (Neuere Daten nicht verfügbar. Evt. Veränderungen nur geringfügig.)

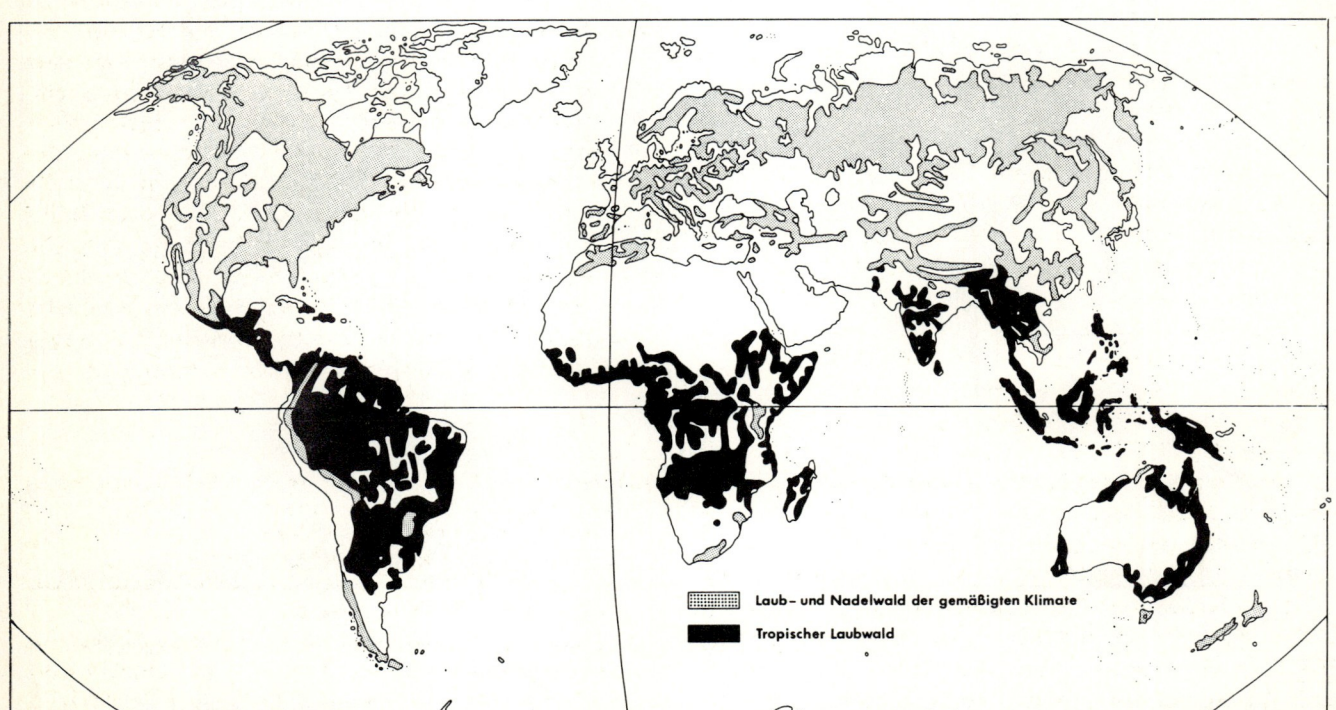

Bild I.2 Die Waldgebiete der Erde (nach *Trendelenburg* und *Mayer-Wegelin*)

3 Holz

Die Gesamterzeugung an Rundholz lag 1972 bei 2,454 Mrd. fm. Demgegenüber steht ein jährlicher Zuwachs von etwa 3 Mrd. fm. Völlig unbekannt ist die Menge des vermodernden Holzes in den Urwaldgebieten der Erde. Der jährliche Holzzuwachs ist nach Standortverhältnissen sehr unterschiedlich und beträgt pro km² in den bewirtschafteten Wäldern Westeuropas nach *Trendelenburg/H. Mayer-Wegelin* [27] etwa 400 bis 800 fm, im nordischen Nadelwald unter 100 fm, in günstigen Lagen des nordamerikanischen Felsengebirges bis zu 2 000 fm und in tropischen Urwäldern zwischen 300 und 700 fm. Diese Daten zeigen, daß noch große ungenutzte Holzreserven aus den Wäldern der Erde zu erwirtschaften sind, wenn die auf Zukunft eingestellte Forstwirtschaft intensiviert wird. Die Gesamtholzbestände auf der Nordhalbkugel der Erde betragen nach *Trendelenburg, H./Mayer-Wegelin* [27] etwa 60 Mrd. fm. Der Gesamtholzbestand der Erde dürfte demnach etwa bei 140 Mrd. fm liegen (entsprechend 45 Mrd. t SKE, vgl. Abschnitt 3.2).

Fast die Hälfte der Waldfläche der Erde ist mit tropischem Laubwald bestanden. Die andere Hälfte besteht hauptsächlich aus Nadelwäldern, mit erheblichen Anteilen an Laubwäldern in den gemäßigten Zonen. (Die Verteilung der Wälder auf der Erde ist in Bild I.2 dargestellt.)

3.2 Das Holz als Energieträger

Die Bedeutung des Holzes als Energieträger hat prozentual im Zuge der fortschreitenden Industrialisierung der Welt in den letzten 100 Jahren ständig abgenommen. Während das Holz im Mittelalter praktisch der einzige Energieträger gewesen war, wurde es mit Beginn des Zeitalters der Technik zunächst von der Kohle und später vom Erdöl verdrängt, so daß sein Anteil an der Gesamtenergieerzeugung in Westeuropa heute unter 1 % abgesunken ist. Weltweit betrachtet spielt das Holz als Energieerzeuger (Brasilien z.B. ≈ 15 %) noch immer eine sehr beachtliche Rolle. Der tatsächliche Holzverbrauch für Energiezwecke ist nur sehr ungenau zu ermitteln, da es für weite Gebiete der Erde darüber kaum genügende Aufzeichnungen gibt. Aus den vorhandenen Daten (FAO — 1972) läßt sich ermitteln, daß der Pro-Kopf-Verbrauch an Brennholz auf der Welt 1972 bei etwa 0,33 Festmetern pro Jahr lag. Der Weltverbrauch lag 1976 bei 1,200 Mrd. fm. Daraus ergibt sich ein Gesamtenergieinhalt von etwa 390 Mio. t SKE[1]) (Holz mit 14,65 MJ/kg im Durchschnitt — 1 fm = 650 kg = 325 kg SKE). Im Vergleich zum Gesamtenergieverbrauch von rund 9,5 Mrd. t SKE 1980 heißt das, daß der Anteil des Brennholzes am Gesamtenergieverbrauch der Welt 1980 immerhin noch 4 % betrug. In diesem Wert ist die Energiemenge enthalten, die aus Holzkohle gewonnen wird. Rechnet man die in der Kleinwirtschaft unbekannte Energieschöpfung aus Holz und Torf hinzu, so dürfte sich wohl annähernd ergeben, daß der Anteil von Holz und Torf am Gesamtenergiebedarf der Welt theoretisch zur Zeit noch bei 5 % liegen könnte. (Wegen der hohen Energieverluste und geringen tatsächlichen Ausschöpfung ist in dem Energieverbrauchsdiagramm, Bild E.1, der Anteil geringer ausgewiesen).

Aus Vergleichsgründen zum Energieinhalt der übrigen Energieträger ist es ganz interessant herauszustellen, daß die gesamten Wälder der Erde mit einem Holzbestand von etwa 140 Mrd. fm einen Energieinhalt von rund 45 Mrd. t SKE verkörpern, was etwa 35 % des Energieinhalts der gegenwärtig nachgewiesenen und 12 % der wahrscheinlichen Erdölvorräte und weniger als etwa 1 % des Energieinhalts der Weltkohlenreserven entspricht. Für den Weltenergiehaushalt ist diese Zahl jedoch relativ belanglos, weil lediglich die Summe des nachwachsenden Holzes in Betracht gezogen werden darf, die rund 3 Mrd. fm (900 Mio. t SKE) jährlich beträgt. Da aber rund die Hälfte des Holzes jedoch für Industriezwecke verbraucht wird (1972 = 1,313 Mrd.[1]) fm), andererseits eine erhebliche Steigerung der Holzproduktion durch bessere Forstwirtschaft gegeben ist, wäre etwa eine Verdoppelung der energiewirtschaftlichen Nutzung der Wälder der Erde möglich.

Tabelle I.2: Der Brennholzverbrauch der Welt (einschließlich Holzkohle) 1972 (detaillierte neuere Daten nicht greifbar)

	Mio. fm		Mio. t SKE
Europa (ohne UdSSR)	58,575	=	19,042
UdSSR	85,400	=	27,763
Asien (ohne UdSSR)	479,181	=	155,780
Afrika	265,323	=	86,256
Nordamerika	26,306	=	8,552
Mittelamerika	24,080	=	7,828
Südamerika	194,837	=	63,341
Australien und Ozeanien	7,410	=	2,409
Welt	1 141,112	=	370,971
1976 insgesamt	~ 1 200	=	390

---

[1]) Diesem Durchschnittswert (einschließlich minderwertiger Hölzer usw.) stehen reale Heizwerte gegenüber
 für trockene Nadelhölzer 15,91 MJ/kg
 für trockene Laubhölzer 14,78 MJ/kg
 Das Gewicht von 1 fm = 650 kg ist ein angenommener Durchschnittswert der Nutzhölzer der Erde.

Holzproduktion der Welt 1972 = 2,453596 Mrd. fm
Brennholzproduktion der Welt 1972 = 1,140294 Mrd. fm
Industrieholzproduktion der Welt 1972 = 1,313302 Mrd. fm

(vgl. Yearbook of Forest Products Statistics, FAO-Rom review 1961–1972).

4 Torf

Der Torf hat weltstatistisch als Energieträger eine fast belanglose Stellung. Energieerzeugung aus Torf ist bisher nur in wenigen Ländern von Bedeutung.

Das Datenangebot über die Torfvorkommen und die Torfwirtschaft ist spärlich. Neuere Angaben legte die Bundesstalt für Geowissenschaften und Rohstoffe in ihrem umfassenden Report "Survey of Energy Resources" für die Weltenergiekonferenz München 1980 vor[1]. Wegen des zur Zeit nur geringen Anteils des Torfs an der Weltenergiebilanz (0,2 %), scheint die Gegenüberstellung alter Daten mit den jetzigen wichtig, um Erkenntnisse über energiehistorische Abläufe zu vermitteln.

Nach Angaben des Staatlichen Torfinstituts Hannover wurden 1964 rund 33,3 Mio. t SKE Energie aus Torf auf der ganzen Welt erzeugt, was etwa 0,6 % der Weltenergieerzeugung entsprach.

Mit 96 % der Welttorfproduktion lag die UdSSR, die 1964 59,4 Mio. t. Brenntorf (das entspricht bei durchschnittlichem Heizwert rechnerisch 31,4 Mio. t SKE = 3,6 % der sowjetischen Gesamtenergieproduktion) und 99 Mio. t Torfmull produzierte, an der Spitze der torferzeugenden Länder. 1957 wurden noch 7 % der Elektrizität der UdSSR auf Torfbasis (1937 = 18 %) erzeugt, z.T. in leistungsfähigen Kraftwerken mit mehr als 100 MW (u.a. Schatura 225 MW, Utkin 200 MW, Dubrowka 200 MW und Iwanowa 125 MW). In Irland, dem zweitgrößten Torfproduzenten der Welt, wurden 1964 36 % der elektrischen Energie in Torfkraftwerken erzeugt.

Auch in der BR Deutschland existierte in Rühle/Emsland noch ein kleines Torfkraftwerk. 1964 wurden noch 45 % der Torfproduktion der BR Deutschland zur Energieversorgung verwendet, 1974 dagegen nichts mehr.

Die Angaben über die nachgewiesenen Welttorfreserven schwanken stark. Nach sowjetischen Quellen betragen die Trockentorfvorräte der Erde (25 % Wassergehalt) etwa 267 Mrd. t, nach *Terres* dagegen etwa 573 Mrd. t, wovon 160 Mrd. t Trockentorf auf die UdSSR, je etwa 30 Mrd. t auf Finnland und Schweden, je 8 Mrd. t auf USA, Kanada, Irland, Großbritannien und die BR Deutschland entfallen sollen. *Meyers* „Handbuch über die Technik" gibt 600 Mrd. t Welttorfvorräte an. Alle Angaben sind grobe Schätzungen ohne Torflagerstätten in Afrika, Lateinamerika und Asien. Einige Zahlen aus dem Jahr 1975 finden sich in einer Veröffentlichung der BGR/Hannover, wonach die technisch gewinnbaren Welttorfreserven mit 210 Mrd. t = 90 Mrd. t SKE Energieinhalt angegeben werden, wovon 33 Mrd. t SKE auf die westlichen Industrieländer, 48 Mrd. t SKE auf die sozialistischen Länder und 9 Mrd. t SKE auf die Entwicklungsländer entfallen. (Die unterschiedlichen Heizwerte gehen auf Wassergehaltsdifferenzen zurück — vgl. Tabelle II.1).

[1] im weiteren Text BGR/WEK 1980 genannt [8]

Aufschlußreich sind auch die Angaben *v. Bülows*, der die Welttorfmoorflächen mit etwa 2 Mio. km^2 angibt, wovon 1,214 Mio. km^2 mit ziemlich sicheren Angaben durch die Veröffentlichung des Zweiten Welttorfkongresses in Leningrad 1963 belegt sind.

Hinzu kommen nach Angaben der Staatlichen Moorversuchsstation Bremen weitere 400 000 km^2 Moorflächen in Alaska. Mindestens etwa 400 000 km^2 Torfmoore sind in Südamerika, Afrika, Asien und Australien nachgewiesen, von denen aber genauere Daten noch nicht vorliegen, so daß diese Gebiete in der Tabelle I.4 nicht enthalten sind. Die durchschnittlichen maximalen Mächtigkeiten der bisher gemuteten Torfvorkommen der Erde be-

Tabelle 1.3: Torfvorräte auf der Erde in Mio. t (nach BGR/WEK 1980) [8]

Afrika	Burundi	500
	Ruanda	2 000
Amerika	Kanada	88 207
	USA	23 000
	Argentinien	140
	Chile	190
	Kuba	280
	Falkland Inseln	28
	Uruguay	46
Asien	Bangladesh	133
	Indonesien	19 300
	Israel	500
	China, VR	1 100
	Japan	500
	Sri Lanka	51
UdSSR		135 250
Europa	Österreich	56
	Belgien	25
	Bulgarien	2
	Tschechoslowakei	70
	Dänemark	561
	Finnland	18 000
	Frankreich	308
	BR Deutschland	1 070
	DDR	900
	Großbritannien	4 400
	Griechenland	4 000
	Ungarn	238
	Island	2 400
	Irland	303
	Italien	309
	Niederlande	64
	Norwegen	2 100
	Polen	3 160
	Rumänien	16
	Spanien	30
	Schweden	9 000
	Schweiz	14
	Jugoslawien	35
Neuseeland		80
	Total	318 366

5 Braunkohle

Tabelle I.4: Flächenhafte Welttorfvorkommen nach *Taylor* [26]

Land	Torffläche 1000 km²	Land	Torffläche 1000 km²
UdSSR	730	Island	3
Finnland	100	Tschechoslowakei	3
Kanada	95	Japan	2
USA (ohne Alaska)	75	Neuseeland	1,65
		Dänemark	1,2
Deutschland (BRD und DDR)	52,5	Italien	1,2
		Frankreich	1,2
Großbritannien und Irland	52,5	Ungarn	1
		Niederlande	0,45
Schweden	50	Argentinien	0,45
Polen	15	Rumänien	0,45
Indonesien	13,5	Österreich	0,22
Norwegen	10	Jugoslawien	0,15
Kuba	4,5	Spanien	0,06

total = 1 229 030 km²

tragen 9–12 m. Aber über 52 km² ausgedehnte Vorkommen von Philippin in Griechenland z. B. weisen eine durchschnittliche Mächtigkeit von 30 m auf. Die maximalen Mächtigkeiten betragen dort 100 m, was als außergewöhnlich anzusehen ist. Die tropischen Torfmoore in Borneo sollen 18 m Mächtigkeit erreichen. Die 600 km² großen Moore in Ruanda haben eine nachgewiesene Mächtigkeit von 50–60 m. In den ausgedehnten Torfflächen in der UdSSR und in Finnland beträgt dagegen die durchschnittliche Mächtigkeit nur 4–6 m.

Während in den gemäßigten Zonen der Wassergehalt des Torfes im Durchschnitt 90 % ausmacht, ist der Feuchtigkeitsgehalt der tropischen und subtropischen Moore zum Teil erheblich niedriger, so daß z. B. *Putzer* von Trockentorfen spricht bzw. diese Vorkommen schon als feuchte Braunkohlen bezeichnet.

Nach BGR/WEK 1980 betrug die Torferzeugung der Welt 1978 48,4 Mio. t (durchschnittlicher Heizwert von Brenntorf 15,49 MJ/kg, lufttrocken mit 30 Gew. % Wasser, 4 Gew. % Asche und 66 Gew. % brennbaren Bestandteilen. Von den in Tabelle I.3 angegebenen 318,366 Mrd. t gelten 56,7 Mrd. t als nachgewiesen (= 20,7 Mrd. t SKE).

5 Braunkohle

5.1 Weltweite Verbreitung (vgl. Bild I.3)

Aus der Verbreitung der rezenten Moore, etwa zwischen dem 35. und 70. Breitengrad der nördlichen und südlichen Halbkugeln, ist zu erkennen, daß die günstigsten Bildungsbedingungen für die Lignit-Ursprungssubstanz in den gemäßigten Breiten bestehen. Auch die wesentlichen Braunkohlenvorkommen aus geologischer Vergangenheit liegen im gleichen Verbreitungsgebiet und weisen damit auf analoge Bildungsbedingungen hin. Allerdings gibt es auch Großmoore in tropischen Regionen, wie z.B. in Ruanda. Außer unter günstigen klimatischen Voraussetzungen für die Entstehung der Ursprungssubstanz kam es nur dort zur Bildung einer Kohlenlagerstätte, wo die Ausgangssubstanz in größerer Mächtigkeit angehäuft und konserviert wurde. Durch Inkohlung, die im Laufe der Erdgeschichte kontinuierlich fortschritt, wurden die älteren Ablagerungen meist zu Steinkohlen verändert (vgl. Kap. II).

Ältere Braunkohlenlagerstätten gibt es nur in tektonisch kaum veränderten innerkontinentalen Becken, wie in der Umgebung von Moskau, wo unterkarbonische Braunkohlen weit verbreitet sind. Das liegt daran, daß der Inkohlungsgrad auf der erdgeschichtlich stabilen Russischen Tafel außerordentlich gering gewesen ist.

Sonst finden sich große Braunkohlenlagerstätten nur in tektonisch kaum oder wenig beeinflußten Becken der jüngeren Erdgeschichte, wozu die riesigen Ablagerungen Nordamerikas, Sibiriens und auch Mitteleuropas zu rechnen sind, die vorzugsweise dem Tertiär angehören.

Die in der Literatur angegebenen Braunkohlenvorräte schwanken in weiten Grenzen, so daß auch die in Tab. I.5 angegebenen Werte nicht ohne Vorbehalt zu betrachten sind. Nach den heutigen Vorstellungen erwartet man in den noch unzureichend durchforschten Gebieten Asiens, Afrikas und Südamerikas keine wesentlichen Neuentdeckungen von Braunkohlenlagerstätten. Die Bilanz der Kohlenvorräte wird deshalb auch bei abweichenden Schätzungen der Vorräte dieser Gebiete kaum beeinflußt. Dagegen können unterschiedliche Schätzungsmethoden bei den riesigen Vorräten, z. B. in der UdSSR und in den USA, zu erheblichen Änderungen der Weltvorräte führen die bis zu 3570 Mrd. t veranschlagt werden (BGR 1975).[1]

Der Bericht der Bergbau-Forschung GmbH Essen für die Weltenergiekonferenz 1977, stellt die Braunkohlenvorräte in Millionen Tonnen SKE dar, was sicherlich zweckmäßig ist, da die Braunkohlen sehr unterschiedliche Heizwerte haben. Erfaßt wurden alle gemeldete Reserven bis zu einer Tiefe von 1500 m. Danach betragen die geologischen Vorräte der Welt 2 398 880 Mio. t SKE (2,4 Bill. t SKE), was größenordnungsmäßig den von der BGR 1975 in Mrd. t angegebenen Reserven entspricht, weil darunter auch Glanzkohlen usw. mit über 16,75 MJ/kg enthalten sind. – Die zur Zeit technisch wirtschaftlich gewinnbaren Welt-Braunkohlenvorräte werden von der Bergbau-Forschung GmbH mit 143 657 Mio. t SKE angegeben. Vergleiche Tabellen I.5 und XIII.8.

---

[1]) Neuere Daten gibt die BGR in "Survey of Energy Resources" für die Weltenergiekonferenz 1980 [8].

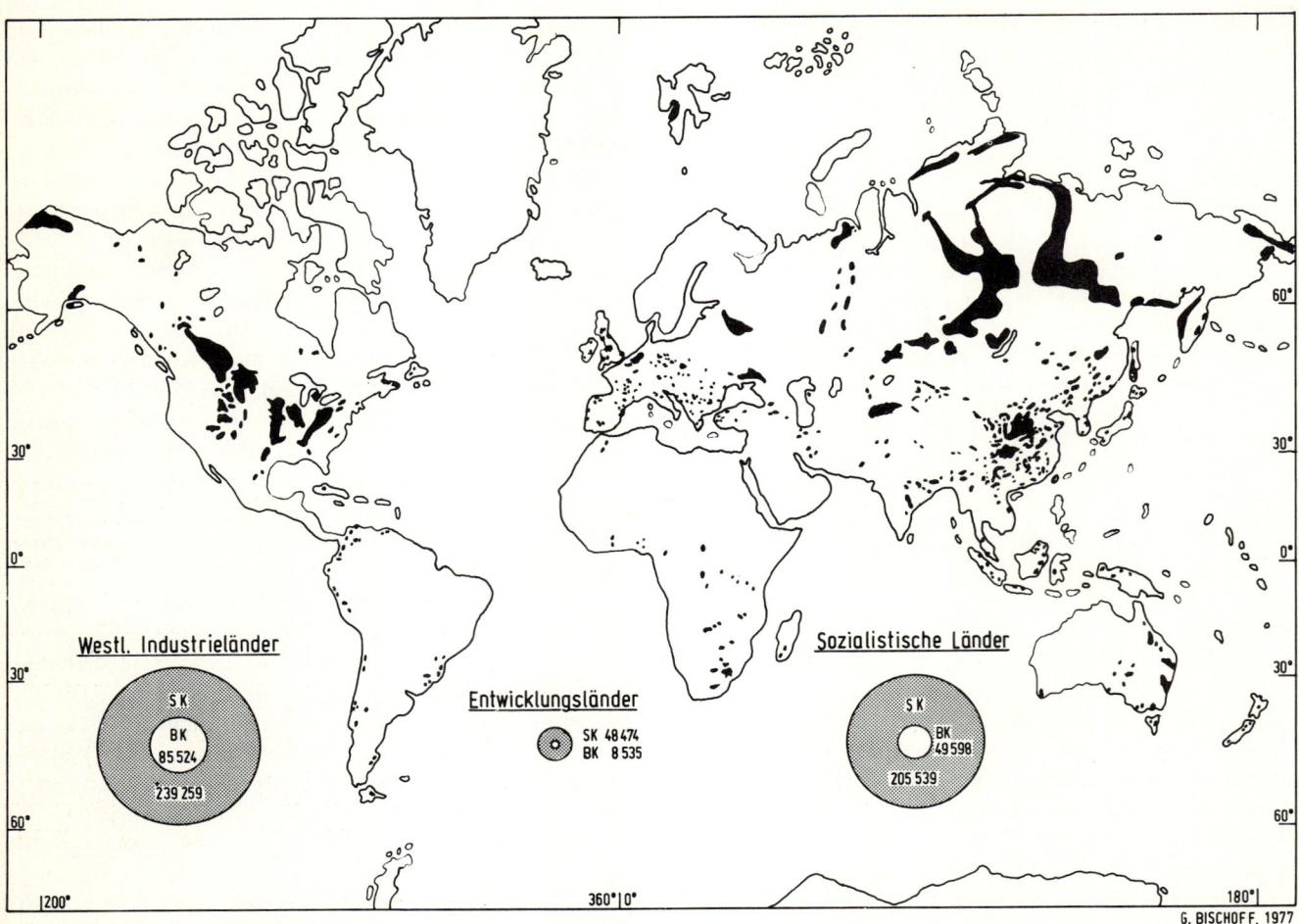

Bild I.3 Die Stein- und Braunkohlenlager der Erde und ihre technisch-wirtschaftlich gewinnbaren Reserven in Millionen Tonnen SKE (vgl. dazu Tabelle I.5).

5.2 Regionale Braunkohlen-Lagerstätten

5.2.1 Europa

Die wichtigsten Braunkohlenländer Europas sind Deutschland (auf BR Deutschland und DDR zusammen entfallen fast 40 % der Weltförderung!), Polen, UdSSR, Tschechoslowakei und Jugoslawien. Im Weltmaßstab kommen Nordamerika und Australien hinzu. Die Nutzung der gewaltigen Vorräte Nordamerikas ist vorläufig noch sehr gering, weil dort aus ökonomischen Gesichtspunkten die Erschließung der Steinkohle, die größtenteils im Tagebau zugänglich ist, vorrangig erfolgt.

Die große Bedeutung der Braunkohle für beide Länder Deutschlands liegt vor allen Dingen am hohen Einsatzgrad zur Elektrizitätserzeugung. In der BR Deutschland werden rund 27 % des gesamten Stroms auf Braunkohlenbasis erzeugt; die Gesamtförderung betrug 1979 130,535 521 Mio. t.

BR Deutschland

Die größte geschlossene Braunkohlenlagerstätte Deutschlands (rd. 2 500 km^2) entstand während des Miozäns und liegt in der *niederrheinischen Bucht* zwischen Köln und Aachen mit rd. 55 Mrd. t geologischen Gesamtvorräten, von denen bisher rd. 4,5 Mrd. t abgebaut worden sind. Von den gesamten Vorräten im rheinischen Revier lassen sich bei dem gegenwärtigen Energiepreisniveau ca. 35 Mrd. t Braunkohle, das sind rd. 10,5 Mrd. t SKE, wirtschaftlich erschließen. Zur Zeit sind rd. 9 Mrd. t = rd. 2,7 Mrd. t SKE in Aufschlußplanung und Betrieb. Der Aufschluß weiterer 26 Mrd. t Braunkohle zu wirtschaftlichen Bedingungen ist möglich (Hambacher Forst) und wird zur Zeit in Angriff genommen.

Die größten Flözmächtigkeiten betragen bei Bergheim 90 bis 95 m, im Schnitt betragen sie in der Ville- und Erft-Scholle 30 bis 70 m; nach Osten und Westen keilen sie langsam aus. In der Ville-Scholle beträgt die

5 Braunkohle

Tabelle I.5: Die Kohlenreserven der Erde

Die Tabelle I.5 weist die geologischen und zur Zeit wirtschaftlich-technisch gewinnbaren Reserven in Mio. t SKE* für Steinkohle und Braunkohle aus (vgl. auch Tab. XIII.10).

Kriterien:
- geologische Reserven: bei Steinkohle bis 2 000 m, bei Braunkohle bis 1 500 m
- wirtschaftlich-technisch gewinnbare Reserven: bei Steinkohle bis 1 500 m, bei Braunkohle bis 600 m

SK = Steinkohle
BK = Braunkohle

* Steinkohle 29,31 MJ/kg = 1,00 SKE
  Rohbraunkohle 7,95 MJ/kg = 0,27 SKE
  Hartbraunkohle 14,65 MJ/kg = 0,50 SKE
  Grenze Braun-/Steinkohle bei 23,86 MJ/kg

(Im Gegensatz hierzu findet man im Text die Reserven in Tonnen nach unterschiedlichen Kriterien angegeben).

Amerika

Länder	Geologische Ressourcen in Mio. t SKE		Technisch und wirtschaftlich gewinnbare Reserven in Mio. t SKE	
	SK*	BK*	SK	BK
Argentinien	–	384	–	100
Brasilien	4 040	6 042	2 510	5 588
Chile	2 438	2 147	36	126
Kanada	96 225	19 127	8 708	673
Kolumbien	7 633	685	397	46
Mexiko	5 448	–	875	–
Peru	3 862	–	105	–
Venezuela	1 630	–	978	–
Vereinigte Staaten von Amerika	1 190 000	1 380 398	113 230	64 358
Übrige Länder	55	5	–	–
Summe	1 311 331	1 408 788	126 839	70 891

Europa

Länder	Geologische Ressourcen in Mio. t SKE		Technisch und wirtschaftlich gewinnbare Reserven in Mio. t SKE	
	SK*	BK*	SK	BK
Belgien	253	–	127	–
Bulgarien	34	2 599	24	2 179
BR Deutschland	230 300	16 500	23 919	10 500
DDR	200	9 200	100	7 560
Frankreich	2 325	42	427	11
Griechenland	–	895	–	400
Großbritannien	163 576	–	45 000	–
Jugoslawien	104	10 823	35	8 430
Niederlande	2 900	–	1 430	–
Polen	121 000	3 000	20 800	990
Rumänien	590	1 287	50	363
Spanien	1 786	512	322	215
Tschechoslowakei	11 573	5 914	2 493	2 322
Ungarn	714	2 839	225	725
Übrige Länder	309	130	58	57
Summe	535 664	53 741	95 010	33 752

Quelle: Eine Abschätzung der Weltkohlenreserven und ihrer zukünftigen Verfügbarkeit. – Diskussionsgrundlage für die Weltenergiekonferenz 1977. Bergbau-Forschung GmbH, Essen 1977.

Afrika

Länder	Geologische Ressourcen in Mio. t SKE		Technisch und wirtschaftlich gewinnbare Reserven in Mio. t SKE	
	SK*	BK*	SK	BK
Botsuana	100 000	–	3 500	–
Mozambique	400	–	80	–
Nigeria	–	180	–	90
Republik von Südafrika	57 566	–	26 903	–
Rhodesien	7 130	–	755	–
Swasiland	5 000	–	1 820	–
Sambia	228	–	5	–
Übrige Länder	2 390	10	970	–
Summe	172 714	190	34 033	90

Australien und Ozeanien

Länder	Geologische Ressourcen in Mio. t SKE		Technisch und wirtschaftlich gewinnbare Reserven in Mio. t SKE	
	SK*	BK*	SK	BK
Australien	213 760	48 374	18 128	9 225
Neuseeland	130	660	36	108
Übrige Länder	–	–	–	–
Summe	213 890	49 034	18 164	9 333

Asien

Länder	Geologische Vorräte in Mio. t SKE		Technisch und wirtschaftlich gewinnbare Vorräte in Mio. t SKE	
	SK*	BK*	SK	BK
Bangladesh	1 649		517	2
Indien	55 575	1 224	33 345	355
Indonesien	573	3 150	80	1 350
Iran	385	–	193	–
Japan	8 583	58	1 000	6
Nordkorea	2 000	–	300	180
Südkorea	921	–	386	–
Türkei	1 291	1 977	134	624
UdSSR	3 993 000	867 000	82 900	27 000
VR China	1 424 680	13 365	98 883	k. A.
Übrige Länder	5 368	353	1 488	74
Summe	5 494 025	887 127	219 226	29 591

Mächtigkeit der Deckgebirgsschichten nur 15 bis 40 m, in der Erft-Scholle dagegen 200 bis 500 m (vgl. Bild III.1).

Die niederrheinische Braunkohle hat einen Heizwert zwischen 6,7 und 12,14 MJ/kg und wird zum Teil brikettiert; etwa 3/4 der Förderung werden zur Elektrizitätserzeugung verwendet. Der Wassergehalt schwankt zwischen 47 und 64 %, der Aschengehalt beträgt 1 bis 3 % und der Teergehalt rund 4 %.

In *Niedersachsen* liegt das wirtschaftlich wichtigste Braunkohlenvorkommen im Raume Helmstedt. Dort gibt es drei eozäne Braunkohlenflöze. Die beiden oberen Flöze die zusammen im Durchschnitt etwa 32 m mächtig sind, werden bis zu einer Teufe von 110 m abgebaut. Starke Durchsetzung der obersten Kohlenschichten mit Schwefelkies macht eine gesonderte Gewinnung und Aufbereitung erforderlich. Das ältere Unterflöz liegt 150–200 m tiefer und wurde früher teilweise im Tiefbau abgebaut.

Der durchschnittliche Heizwert der bitumenreichen Kohle liegt bei 11,72 MJ/kg, der Wassergehalt zwischen 46 und 50 %.

In *Hessen* gibt es in der niederhessischen Senke verschiedene Braunkohlenvorkommen eozänen und oligozänen Alters, die aber neben einigen lokal interessanten Vorkommen wirtschaftlich unbedeutend sind. In dem rd. 25 km langen und 2–7 km breiten Braunkohlenbecken bei Borken ist ein 8–12 m mächtiges Flöz abgelagert, dessen durchschnittlicher Wassergehalt 48 % beträgt und das bei 9 % Asche einen Heizwert von 6,91 bis 11,72 MJ/kg hat. In kleineren Mulden östlich davon sind 2 bis 5 oberoligozäne Flöze vorhanden, von denen bei Frielendorf das untere 15 m und das obere 25 m Mächtigkeit erreicht. Die Heizwerte liegen bei 9,21–10,47 MJ/kg.

Teilweise sind die niederhessischen Braunkohlen, wie am Meißner, durch vulkanisch ausgeflossene Basaltdecken überlagert und durch Erhitzung veredelt worden, wodurch Heizwerte von 12,56 bis zu 20,93 MJ/kg erreicht werden.

Die oberhessischen und pfälzischen Braunkohlen haben nur lokale Bedeutung.

Bayern hat wirtschaftlich bedeutende Braunkohlenvorräte nur in der Oberpfalz und im Alpenvorland. In der Oberpfalz entstanden Braunkohlenvorkommen vor allem im Naab- und Regental in kleineren Becken bei Schwandorf.

Südlich von München treten im Alpenvorland bei Peißenberg, Penzberg und Hausham geringmächtige Braunkohlenflöze im Oberoligozän zwischen gefalteten Molasseschichten auf. Bis zu acht dieser Flöze sind bei Mächtigkeiten zwischen 0,4 und 1 m bei Teufen von etwa 800 m im Tiefbau abbauwürdig, was darauf beruht, daß die Kohle durch tektonischen Druck bei der Faltung zur Pechkohle mit hohem Inkohlungsgrad wurde. Sie ist mit 8–17 % Asche stark verunreinigt; ihr Wassergehalt liegt bei 6–12 % und ihr Heizwert zwischen 20,1 und 21,77 MJ/kg. Die wirtschaftliche Nutzung ist unter gegenwärtigen Bedingungen kaum noch rentabel.

In Niedersachsen, Hessen und Bayern stehen rd. 500 Mio. t gewinnbare Braunkohle an.

DDR

Die vorhandenen Vorräte werden insgesamt auf ca. 30 Mrd. t beziffert.

Die *westelbischen* eozänen und oligozänen Braunkohlenvorkommen erstrecken sich über die innerdeutsche Grenze von Helmstedt bis nach Torgau und Borna. Im Gebiet Halle — Bitterfeld — Leipzig — Borna sind meist zwei bis drei Flöze mit einer Mächtigkeit von 3–25 m vorhanden. Im Geiseltal erreicht das Flöz eine Mächtigkeit von 100 m. Im Raum Helmstedt — Magdeburg — Halle sind ein bis drei bauwürdige Flöze abgelagert, die bis 25 m, bei Aschersleben sogar bis über 50 m, mächtig werden.

Bei Heizwerten zwischen 8,79 MJ/kg und 11,3 MJ/kg enthält die Kohle im allgemeinen 46–56 % Wasser, 5–15 % Asche und 6–8 %, örtlich auch bis zu 25 % Bitumen. Die Salzkohlenfelder im Raum Staßfurt — Egeln und Wallendorf südlich Halle weisen 8–10 %, örtlich sogar 30 % Na_2O in der Asche auf.

Ausgedehnte miozäne, zum Teil auch oberoligozäne Braunkohlenvorkommen liegen *östlich der Elbe* in der Lausitz und erstrecken sich nach Osten bis zur Linie Görlitz — Frankfurt/Oder. Südlich Görlitz und bei Zittau liegen zwei Vorkommen in tektonischen Gräben. Im Niederlausitzer Revier (Lübben, Cottbus, Muskau, Senftenberg) stehen drei bis vier Flöze an; das über 20 m mächtige Oberflöz ist bereits abgebaut. Das weit verbreitete sog. Unterflöz ist im allgemeinen 12 m mächtig; die Mächtigkeiten der beiden tieferliegenden Flöze betragen maximal 8–10 m. Größte Kohlenmächtigkeiten von 60 m und mehr treten im Egertalgraben südlich von Görlitz auf; die xylitreiche Kohle enthält normalerweise 56–64 % Wasser, 3–6 % Asche und weniger als 4 % Bitumen; der Heizwert liegt zwischen 7,12 und 8,79 MJ/kg.

Westeuropäische Länder

Die Braunkohlenvorkommen *Österreichs* sind über das ganze Land verstreut. Die Bildung der Braunkohle und die lokale Umwandlung bis zu Glanzkohlen sowie die meist gestörten Lagerungsverhältnisse stehen mit der alpinen Tektonik in Zusammenhang. Zum Mitteleozän gehören z. B. die kleinen Glanzkohlenvorkommen bei Guttaring. Dem Oligozän werden die Vorkommen westlich von Wien, bei Vorarlberg und bei Häring in Tirol zugeordnet. Die bedeutendsten Braunkohlenlager kommen im Miozän vor. Bei Köflach–Voitsberg, westlich Graz, werden zwei 10–15 m mächtige, schiefrige Weichbraunkohlenflöze mit einem Heizwert von 12,56–18,84 MJ/kg abgebaut. Zahlreiche kleinere Braunkohlenvorkommen liegen im Mur- und Mürzgebiet mit dem Mittelpunkt Leoben. Das 2–12 m mächtige Glanzkohlenflöz in der Fohnsdorfer Mulde mit einem Heizwert von 23,03 MJ/kg ist von diesen das wichtigste. Auch im Pliozän kam es zur Braunkohlenbildung, so z. B. südwestlich Linz, wo zwei Flöze von 4–5 m Mächtigkeit mit einem Heizwert von 12,56–16,75 MJ/kg vorkommen. Die Braunkohlenvorräte des Landes werden insgesamt auf 143 Mio. t geschätzt.

Ebenfalls klein und nur von örtlicher Bedeutung sind die Braunkohlenvorkommen Frankreichs, Italiens, Spaniens, Portugals, der Niederlande und Dänemarks. (Über die Vorräte der dortigen Lagerstätten gibt die Tabelle I.5 Auskunft.) Zunehmend an Bedeutung gewinnt die Braunkohlenförderung in Griechenland, wo bereits heute 50 % des Stroms auf Braunkohlenbasis erzeugt wird.

Osteuropäische Länder

Die Braunkohlenvorkommen *Polens* bilden die Fortsetzung der ostdeutschen Braunkohlenvorkommen mit analogen Asche- und Energiewerten. Die bedeutendsten Vorkommen liegen zwischen Oder und Warthe im Ost-Oder-Bereich, Posener Bereich und im Gebiet des Katzengebirges. Nördlich von Krakau werden im Gebiet von Zawiercie Glanzkohlen des Keuper abgebaut. Die Glanzkohlen werden gut 1 m mächtig und haben einen Heizwert von 16,75–20,93 MJ/kg bei bis 25 % Asche- und bis zu 10 % Wassergehalt. Polens Braunkohlenvorräte dürften bei 10 Mrd. t liegen.

Die *tschechoslowakischen* Braunkohlenvorkommen gehören zu einer Tertiärmulde südlich des Erzgebirges, die sich von Aussig bis nach Eger erstreckt. Darin liegen drei bedeutende Braunkohlenbecken, das Brüx-Komotau-Revier im Osten, das Falkenauer Revier und im Westen das Eger-Revier. In den oligozänen Ablagerungen tritt ein bis zu 2 m mächtiges Glanzkohlenflöz auf. Über dem Oligozän folgt im Miozän ein bis zu 40 m mächtiges Braunkohlenflöz, dessen liegende Partien aber starke Toneinschaltungen haben, so daß die reale Mächtigkeit des Flözes auf 28 m anzusetzen ist. Die Mattbraunkohle hat einen Heizwert von 17,58–19,26 MJ/kg bei einem Ascheanteil von 20–30 % und 2–9 % Wassergehalt.

Stellenweise ist die oligozäne Braunkohle durch Vulkanismus in Glanzkohle umgewandelt worden. Die Glanzkohle hat einen Heizwert von 23,03–29,31 MJ/kg bei einem Wassergehalt von 8–18 %.

Das Falkenauer Becken zeigt einen ähnlichen Aufbau wie das Komotauer Becken. Die Braunkohlen haben einen Heizwert von 14,65–16,75 MJ/kg bei einem Wassergehalt von 30–40 %.

Im Eger-Revier ist nur ein Flöz mit Mächtigkeiten bis zu 30 m ausgebildet. Der Wassergehalt der Eger-Braunkohle beträgt 40–45 %, daher liegt der Heizwert auch nur zwischen 12,56 und 14,65 MJ/kg. In der Slowakei hat die Glanz- und Mattbraunkohle von Handlova einen Wassergehalt von 15–20 % und einen Heizwert von 18,84–20,93 MJ/kg, maximal sogar von 25,12 MJ/kg. Die Braunkohlenvorräte der Tschechoslowakei werden insgesamt auf 11 Mrd. t geschätzt, wovon allein 8 Mrd. t auf das bedeutende Revier von Brüx-Komotau entfallen (insgesamt 4,8 Mrd. t SKE).

Die Braunkohlenvorkommen des europäischen Teils der *UdSSR* liegen hauptsächlich im Moskauer Becken, das sich in einem etwa 100 km breiten Gürtel von Scherechowitschi im Norden über Wjasma bis in die Gegend von Rjasan SE von Moskau erstreckt.

Die Mattbraunkohlen, Kennelkohlen und Bogheadkohlen sind unterkarbonischen Alters und zählen damit zu den ältesten Braunkohlen der Welt. Im südlichen Revier sind zwei Hauptflöze mit bis zu 4 m Kohlemächtigkeit vorhanden, die im nordwestlichen Revier nur maximal 2,5 m mächtig sind. Im Südrevier wird die Kohle hauptsächlich im Tiefbau, im Nordwestrevier jedoch im Tagebau abgebaut. Obgleich es sich bei den Vorkommen im Moskauer Becken um sehr alte Kohlen handelt, ist deren Inkohlungsgrad nur gering, da sie keinen tektonischen Beanspruchungen – wie etwa die ebenfalls karbonischen Steinkohlen des Ruhrgebiets – ausgesetzt waren. Die Kohlen des Moskauer Beckens haben nur einen geringen Heizwert um 10,47 MJ/kg, bei einem Wassergehalt bis zu 35 %, einem Aschegehalt bis zu 20 % und 6 % Schwefelgehalt.

Im Petschora-Gebiet gibt es ein 1 1/2 m mächtiges Glanzkohlenflöz permischen Alters und im östlichen Ural stehen bei Tscheljabinsk und Krasnoturinsk unterjurassische Glanzkohlen an.

Die Braunkohlenvorräte des gesamten europäischen Teils der UdSSR werden auf > 100 Mrd. t geschätzt.

Die Braunkohlenvorräte von Rumänien, Ungarn und Bulgarien sind relativ klein, so daß hierzu auf die Tabelle I.5 verwiesen wird. Jugoslawien verfügt über 27 Mrd. t (= 10,8 Mrd. t SKE).

5.2.2 Asien

Mit Ausnahme des asiatischen Teils der UdSSR und Chinas gibt es in Asien nur Braunkohlenvorkommen von regionaler Bedeutung. In China z. B. betragen die Vorräte insgesamt 30 Mrd. t, in Indien 2,02 Mrd. t. Das bedeutendste indische Vorkommen ist das von Neyveli südlich Madras, das zur Zeit mit 2 Mrd. t Vorräten als Kraftwerksbasis im weiteren Ausbau ist. Zahlreiche kleine Lagerstätten, die man eigentlich nur als Linsen bezeichnen kann, und die nur ganz örtlichen Charakter haben, gibt es in Japan, in der Mongolei, in Korea, Hinterindien, Pakistan und Afghanistan. In der Türkei werden neben Erdbraunkohlen an einigen Stellen auch hochwertige Glanzkohlen gefördert. Schwerpunkt des türkischen Braunkohlenbergbaus ist das Becken von Kütahya, dessen ständig wachsende Förderung in Kraftwerken verbraucht wird. Die Vorräte der Türkei liegen bei 6 Mrd. t, wovon etwa 1,9 Mrd. t als z. Z. gewinnbar ausgewiesen sind.

Im asiatischen Teil der Sowjetunion ist bei Krasnojarsk am Jenissei-Fluß ein jurassisches Braunkohlenflöz von 1—14 m Mächtigkeit über 10 000 km^2 verbreitet. Die dortigen Braunkohlenvorräte sollen mindestens 160 Mrd. t betragen und Heizwerte um 16,75 MJ/kg haben.

Auch entlang der Lena vermutet man mindestens 200 Mrd. t Braunkohle. Die übrigen sibirischen Braunkohlen verteilen sich auf zahlreiche kleinere Einzelbecken, z. B. bei Tscheljabinsk, ferner in Kasachstan, Turkmenien und Kirgisien.

Schwerpunkt des Braunkohlenbergbaus in Transbaikalien ist, neben weiteren Vorkommen im Jagoda-Becken, die Grube von Tschernowskije. Die wahrscheinlichen Vorräte betragen dort etwa 81 Mio. t.

Zahlreiche Fundorte sind aus dem Amurgebiet bekannt. Das Hauptvorkommen befindet sich im Bureja-Becken, das 187 Mio. t Braunkohle, vornehmlich Glanzbraunkohle, enthalten soll. Ein vermutlich ausgedehntes Vorkommen wurde am Kolyma-Mittellauf am Polarkreis aufgefunden. Braunkohlenvorkommen sind auch auf der Tschuktschen-Halbinsel, in Kamtschatka und am Ussuri unweit Wladiwostok festgestellt worden. Die Gesamtvorräte der UdSSR betragen mehr als 2 500 Mrd. t, von denen als z. Z. gewinnbar etwa 75 Mrd. t gelten (= 27 Mrd. t SKE).

5.2.3 Nordamerika

Nordamerika ist ein an Braunkohlen reicher Kontinent.

In *Kanada* wird mindestens mit einem Vorrat von 60 Mrd. t vorwiegend Mattbraunkohlen gerechnet. Die Kohle enthält durchschnittlich 26 % Wasser und rd. 7 % Asche. Die Hauptvorkommen liegen in den Provinzen Alberta und Saskatchewan.

Die wichtigsten Braunkohlenlagerstätten der *USA* liegen in den Staaten Dakota und Montana. Fünf Flöze erreichen eine Mächtigkeit von 2—5 m, maximal 7 m. Die ins Eozän zu stellenden Kohlen weisen einen Wassergehalt von 35—45 %, einen Aschegehalt von 7—9 % und einen Heizwert von durchschnittlich 14,65 MJ/kg auf. In der sog. Golf-Provinz reicht das kohlenführende Tertiär von der mexikanischen Grenze im Süden bis zu den Appalachen im Norden. Die Gesamtvorräte der USA an Mattbraunkohle und an Glanzbraunkohle (mit z. Teil hohen Kalorienwerten) werden auf rund 3 000 Mrd. t mit 1 380 Mrd. t SKE veranschlagt.

Der gewinnbare Braunkohlenvorrat (bis 914 m Tiefe und Flözmächtigkeiten über 76 cm) wird mit rd. 406 Mrd. t angegeben, von denen in Nord-Dakota 304 Mrd. t, in Montana 79,2 Mrd. t, in Texas 20,8 Mrd. t, in Süd-Dakota 1,8 Mrd. t, in Arkansas 0,08 Mrd. t und in den übrigen Staaten 0,04 Mrd. t anstehen sollen.

In *Alaska* schätzt man die Vorräte an Mattbraunkohle auf über 30 Mrd. t. Durch tektonischen Einfluß kam es auch zur Entstehung von ca. 3—4 Mrd. t Glanzkohlen.

5.2.4 Lateinamerika

Die Braunkohlenvorkommen Lateinamerikas sind relativ klein und von lokaler Bedeutung. Sie treten hauptsächlich im Gebiet der Anden in Argentinien, Chile und Kolumbien auf. Daneben sind Glanz- und Braunkohlen aus Minas-Gerais, Bahia und Pernambuco in Brasilien bekannt, außerdem sollen im oberen Amazonasgebiet Lignitvorkommen auftreten, die aber noch nicht näher erforscht sind (Vorräte vgl. Tabelle I.5).

5.2.5 Afrika

Abgesehen von ganz kleinen, örtlich abgebauten Braunkohlenflözen in Algerien, Tunesien, Ägypten, Sudan, Äthiopien und Somalia wird am Unterlauf des Niger bei Onitsha und Asaba in Nigeria ein 23 m mächtiges Braunkohlenflöz abgebaut. Die Kohle ist sehr aschenreich und läßt sich gut brikettieren. Weiter östlich liegt bei Udi in geringer Tiefe eine ausgedehnte Lagerstätte jungkretazischer bis alttertiärer Glanzkohle. Die fünf Flöze mit einer Gesamtmächtigkeit von 4—5 m werden in einem Grubenbetrieb abgebaut und dienen der Versorgung der von Port Harcourt nach Norden zum Benue führenden Eisenbahn. Die Braunkohlenvorräte des Landes werden auf 500 Mio. t geschätzt.

Angeblich größere Braunkohlenvorräte von Zaire verteilen sich auf ein Vorkommen westlich Stanleyville und ein weiteres in der Provinz Katanga. Mit einem Vorrat von 74 Mio. t Lignit rechnet man in *Rhodesien* (letztere sind wegen ihrer Unsicherheit in der Tabelle I.5 nicht erfaßt); als sicher gelten 33 Mio. t in Madagaskar.

5.2.6 Australien und Ozeanien

Australien ist der kohlenreichste Südkontinent. Die an einigen Stellen vorkommenden tertiären Braunkohlen haben im Rahmen eines staatlichen Entwicklungsprogramms eine nicht unerhebliche wirtschaftliche Bedeutung erlangt. Die Lagerstättenverhältnisse sind denen in Mitteleuropa sehr ähnlich.

Australiens Braunkohlenvorräte betragen rund 150 Mrd. t (48 Mrd. t SKE). Davon entfallen 60 Mrd. t allein auf das Vorkommen im Latrobe-Tal im Staate Victoria. Die Braunkohlen am Latrobe River haben im Durchschnitt einen Wassergehalt von 60 %, einen Aschegehalt bis zu 2,5 % und 18 % flüchtige Bestandteile. Der Heizwert liegt bei etwa 8,37—9,21 MJ/kg.

In *Neuseeland* baut man in der Nähe von Auckland einige Glanzkohlenflöze, die bei Waikato bis 17 m mächtig werden, ab. Auf der Südinsel Neuseelands wird im Ohai-Revier ein 9 m mächtiges Braunkohlenflöz mit 16—30 % Wassergehalt abgebaut. Im Otago-Revier werden diese Kohlen bis zu 25 m mächtig. An der Südspitze der Südinsel treten am Wakaia-River Dysodil-Braunkohlen auf, die bei 60 % flüchtigen Bestandteilen, 18 % Wassergehalt und

6 % Asche einen Heizwert von 25,12 MJ/kg haben. Die sicheren und wahrscheinlichen Braunkohlenvorräte Neuseelands betragen etwa 1,8 Mrd. t (660 Mio. t SKE).

Unbedeutende, aber örtlich nutzbare Braunkohlenvorkommen gibt es auf den Philippinen (31 Mio. t Glanzkohle, 0,2 Mrd. t Lignit). Indonesiens Vorräte in Kalimantan (Borneo) und Sumatra mit Heizwerten von 16,75 MJ/kg werden auf 6 Mrd. t eingeschätzt.

6 Steinkohle

6.1 Weltweite Verbreitung

Zwei große Steinkohlen-Lagerstättengürtel umspannen die Erde. Der eine verläuft auf der Nordhalbkugel von den riesigen Lagern in Nordamerika über Mitteleuropa und die Sowjetunion bis nach China hinein. Diese Steinkohlenlager gehören stratigraphisch fast ausnahmslos ins Karbon und Perm und liegen vorzugsweise am Rande der variskisch gefalteten Gebirge und sind somit weitgehend in den Rand- und Innensenken der variskischen Geosynklinalgebiete entstanden. Demgegenüber gibt es aber auch auf der Nordhalbkugel Kohlenablagerungen aus dieser Zeit, die auf den Kontinentaltafeln in Senken entstanden, aber — wie das Beispiel des Moskauer Beckens zeigt —, oft nicht den gleichen hohen Inkohlungsgrad erreicht haben wie die später meist gefalteten Flöze des zuerst genannten Typus. Zu dem zweiten Typus gehören die Karaganda Kohlen Sibiriens ebenso wie diejenigen des nordamerikanischen Tafellandes (stable Region).

Die gürtelartige Verteilung auf der Nord- wie auf der Südhalbkugel versteht man besser, wenn man sich die Kontinente zur Permokarbonzeit noch als größere Landmassen zusammenliegend vorstellt.

Der Steinkohlengürtel der Südhalbkugel verläuft von Südbrasilien über Südafrika nach Ostaustralien. Diese Kohlen sind in permokarbonischen Senkungsräumen des ehemaligen Gondwana-Kontinents abgelagert worden. Da dieser Kontinent auch im Verlauf der späteren Erdgeschichte zerbrach, gehören die Steinkohlen Indiens, das als Scholle dieses Kontinents weit nach Norden driftete, zum Gondwana-Steinkohlentypus der Südkontinente. Der relativ hohe Inkohlungsgrad der Gondwanakohlen muß wohl damit erklärt werden, daß es zur Zeit vor dem Zerbrechen des Kontinents, also in der Trias und im Jura, zu einer relativ kräftigen Durchwärmung der Erdrinde kam, was sich am Aufdringen von Basaltschmelzen in diesen Räumen zeigt.

6.2 Regionale Steinkohlen-Lagerstätten

6.2.1 Europa

Die Steinkohlenvorräte Westeuropas betragen rund 402 Mrd. t, wovon 149,7 Mrd. t sicher nachgewiesen sind.

Von den Vorräten der Ostblockländer (außer UdSSR) von 133 Mrd. t wovon 38,5 Mrd. t sicher nachgewiesen sind, entfallen rund 121 Mrd. t auf Polen. Die Reserven der UdSSR sollen 3993 Mrd. t umfassen; etwa 165,8 Mrd. t sind sicher nachgewiesene Reserven. Die größten Steinkohlenvorkommen Westeuropas liegen in der BR Deutschland und in Großbritannien, die zusammen rund 95 % der sicheren Steinkohlenreserven Westeuropas besitzen.

Deutschland

Die wahrscheinlichen Kohlenvorräte der BR Deutschland bis 2000 m Teufe betragen mindestens 230 Mrd. t, wovon 23,9 Mrd. t abbauwürdig sind. Sie liegen in den Hauptlagerstättengebieten des Niederrheinisch-Westfälischen Reviers, des Aachener Reviers und im Saarrevier.

230 Mrd. t sind nach *Hellweg* und *Treptow* die sicheren und wahrscheinlichen Vorräte bis 2000 m Teufe. (Diese Angabe ist mit dem Bericht der Bergbau-Forschung GmbH von 1977 identisch).

Als sichere Vorräte bis 1500 m Teufe sind für „World Power Conference, Survey of Energie Resources 1972" 44 Mrd. t angegeben worden.

Als bauwürdige Vorräte sind für „World Power Conference Survey" 30 Mrd. t mit der Abgrenzung > 60 cm Flözmächtigkeit und bis 1500 m Teufe genannt worden. Davon liegen 24 Mrd. t in den Feldern der bergbautreibenden Gesellschaften. Der Anteil der Kokskohle beträgt nach den Unterlagen rd. 60 %.

Da aber Kokskohle in aller Welt stark gefragt und relativ teuer ist, ist Deutschland der wichtigste Kokskohlenlieferant der EG-Länder.

Im Niederrheinisch-Westfälischen und Aachener Gebiet liegen am Nordrand des Rheinischen Schiefergebirges mehrere tausend Meter mächtige Karbon-Ablagerungen, die marine Serien und im Oberkarbon Kohlenflöze einschließen. Sie tauchen nach Norden unter jüngere Sedimente ab. Diese, am Außenrand der variskischen Geosynklinale entstandenen Kohlen, nennt man paralisch. Die Gesamtkohlenmächtigkeit im Ruhrgebiet beträgt rund 59 m bei durchschnittlich 1,50 m mächtigen abbauwürdigen Flözen. Vom Anthrazit bis zu Flammkohlen kommen sämtliche Kohlenarten vor, von besonderer Bedeutung sind aber die großen Vorkommen an Fett- und Gaskohlen (rund 64 % der Kohlenflöze), die die Ausgangsbasis für die Hüttenkokserzeugung sind. Die großen Kokskohlenvorräte Deutschlands erklären sich dadurch, daß die Kohlen im Gegensatz zu den amerikanischen Lagerstätten tektonisch stärker beansprucht wurden. Dadurch kam es in Verbindung mit Erwärmung zu erheblicher Inkohlung, so daß gerade Fett- und Gaskohlen entstanden. Allerdings ergaben die Faltungen zusammen mit späterer Bruchbildung ungünstige Abbaubedingungen.

Im Aachener Revier beträgt die Gesamtkohlenmächtigkeit etwa 32 m bei ungefähr 40 abbauwürdigen

Flözen. Das Aachener Karbon ist ähnlich dem im Ruhrgebiet aufgefaltet worden und mit tektonischen Störungen durchsetzt.

Nördlich des Hauptkohlengürtels im Ruhrgebiet tritt das Karbon bei Ibbenbüren noch einmal zutage. Der Steinkohlenbergbau beschränkt sich dort auf 900 m bergmännisch erschlossene Schichten des Westfal B bis D. Der Anteil der Kohlenflöze an den Sandsteinen, Konglomeraten und Schiefertonen beträgt wie im Ruhrgebiet und Aachener Revier etwa 3 %.

Im Gegensatz zu den paralischen Kohlenvorkommen des Ruhrgebiets und des Aachener Reviers entstanden die Lagerstätten des Saargebiets in Innensenken des variskischen Gebirges ohne marine Einflüsse. Man bezeichnet sie als limnische Kohlen. Über einem etwa 200 m mächtigen unterkarbonischen Kohlenkalk folgt im Saargebiet etwa 4 500 m mächtiges Oberkarbon. Eine 2 200 m mächtige Schichtfolge vom Westfal C bis ins Stefan C führt zahlreiche Kohlenflöze. Von „anthrazitischen Magerkohlen" (mit 6—9 % flüchtigen Bestandteilen) im Westen des Saargebiets werden die Flöze zum Osten hin gasreicher (14—24 % flüchtige Bestandteile, die teilweise sogar bis über 40 % erreichen).

Aus den Lagerstätten der BR Deutschland sind bisher etwa 10 Mrd. t Steinkohle abgebaut worden. Von den verbliebenen und als bauwürdig erklärten 23,9 Mrd. t bis 1 500 m Tiefe gehören 25 % den Flamm- und Gaskohlen, 55 % den Fettkohlen, 16 % den Eß- und Magerkohlen und 4 % dem Anthrazit an.

In der DDR liegen kleinere karbonische Steinkohlenvorkommen bei Zwickau und bei Doberlug Kirchhain. Die dort wirtschaftlich gewinnbaren Vorräte belaufen sich auf rund 100 Mio. t von 200 Mio. t Gesamtreserven.

Westeuropäische Länder

Der nordwesteuropäische Kohlengürtel setzt sich vom Ruhr- und Aachener Revier weiter über die Benelux-Staaten und Frankreich nach Großbritannien fort. Im belgischen Karbon sind 45 bauwürdige Flöze mit Mager-, Fett- und Gaskohlen bekannt. Die bedeutendsten niederländischen Vorkommen liegen im Limburger Becken und im Peel-Horst.

Die französischen Vorkommen liegen hauptsächlich im Nordfranzösischen Becken, das sich an das Südbelgische Becken anschließt. Im rund 1 700 m dicken Oberkarbon liegen dort etwa 60 Flöze mit 34 m Gesamtmächtigkeit. Diese Kohle hat 6—32 % flüchtige Bestandteile.

Großbritannien ist mit 163 Mrd. t geologischen, rund 100 Mrd. t nachgewiesenen und 45 Mrd. t zur Zeit wirtschaftlich gewinnbaren Reserven wie die BR Deutschland ein kohlenreiches Land. Die Förderung betrug 1975 rund 128 Mio. t. Über dem „Carboniferous Limestone" (karbonische Kalke) sowie den Sandsteinen und Schiefertonen des Millstone Grit folgen im Ober-Namur und im Westfal die produktiven „coalmeasures", wobei die stärkste Flözbildung im Westfal B und C auftritt.

Die bedeutendsten britischen Kohlenvorkommen liegen in Schottland, Durham, Cumberland, Northcumberland, Kent und Süd-Wales. Die produktiven Vorkommen liegen fast alle im Oberkarbon in flach einfallenden Becken bei ziemlich störungsfreier Lagerung. Neben Anthrazit treten alle Kohlenarten bis zu Flammkohlen auf. Der Anteil der Kokskohlenförderung liegt bei 20 %.

Spanien besitzt relativ bedeutende Steinkohlengebiete in Asturien im Kantabrischen Gebirge zwischen Oviedo und Santander und im Süden des Landes, in der Sierra Morena zwischen Puertollano und Belmez.

Die Mächtigkeit des Karbons beträgt in der nördlichen Kohlenzone fast 3 000 m. Im Westfal kommen 41 bauwürdige Flöze vor, die einzeln aber selten eine Mächtigkeit von 1 m erreichen. Die Flöze sind stark gefaltet. Charakteristisch ist infolge der starken tektonischen Beanspruchung ein hoher Anteil der Anthrazitkohlen, daneben treten Fett-, Gas- und Gasflammkohlen auf.

Im südlichen Steinkohlengebiet Spaniens werden Steinkohlen stefanischen Alters aus Flözen bis zu 2,5 m Mächtigkeit bei Puertollano gefördert. Bei Belmez werden aus einer 60 km langen und 2,5 km breiten Karbonmulde Anthrazit- und Fettkohlen gefördert. Hier treten 6 bauwürdige Flöze mit 8 m Kohle auf, lokal schwillt das Hauptflöz sogar auf über 10 m an. Die Förderung Spaniens liegt bei etwa 10 Mio. t Steinkohle im Jahr.

Im Rahmen der europäischen Steinkohlenvorkommen sind auch die oberdevonischen, unterkarbonischen, Unterkreide- und Tertiärkohlen auf *Spitzbergen* zu erwähnen. Es handelt sich hauptsächlich um Gasflamm- und Glanzkohlen. Kohlenbergbau wird bei Longyearbyen und Alesund in Westspitzbergen betrieben.

Osteuropäische Länder (außer UdSSR)

Die bedeutendsten tschechoslowakischen Steinkohlenvorkommen liegen im Ostrau-Karwiner-Gebiet, sowie im Gebiet Kladno-Rakovnik und bei Pilsen.

In *Polen* gibt es 32,4 Mrd. t sichere und 121 Mrd. t geologische Reserven, die weitgehend im oberschlesischen und niederschlesischen Becken vorkommen. Als wirtschaftlich gewinnbar gelten 20,8 Mrd. t.

Das niederschlesische Becken liegt hufeisenförmig zwischen Eulen- und Riesengebirge. Rund 20—25 Flöze sind dort bauwürdig mit zusammen etwa 25 m Kohle. Es handelt sich hauptsächlich um Fett- und Gaskohlen mit ziemlich hohen Ascheanteilen.

Zwischen den Oberläufen der Weichsel und der Oder erstreckt sich über eine Fläche von 6 500 km² das oberschlesische Kohlenbecken. Es handelt sich um eine große Mulde, deren Nord- und Westränder aufgefaltet sind.

Das Karbon ist im Westen rund 7 000 m, im Osten dagegen nur 2 500 m mächtig. Rund 450 Flöze sind bekannt, wovon im Westen 95 Flöze mit 135 m Kohle und im Osten 50 Flöze mit 90 m Kohle abbauwürdig sind. Hauptsächlich werden Fett-, Gas- und Gasflammkohlen gewonnen.

UdSSR (einschließlich asiatischem Teil)

Die *UdSSR* ist das steinkohlenreichste Land der Erde mit rund 3 993 Mrd. t Kohlenvorräten, wovon etwa 166 Mrd. t sicher nachgewiesene Reserven sind. Wirtschaftlich gewinnbar sollen zur Zeit 83 Mrd. t sein.

Die wichtigsten Steinkohlenvorkommen im europäischen Teil der UdSSR liegen im Donez-Becken. In rund 9 000 m mächtigen Permokarbon-Schichten gibt es dort rund 30 abbauwürdige Flöze mit Gesamtmächtigkeiten bis zu 28 m. Von der Flammkohle bis zum Anthrazit sind alle Kohlenarten vorhanden.

An der Westflanke des Ural erstrecken sich über 2 300 km Kohlenvorkommen, die dem Karbon, Perm und Jura angehören. Die bedeutendsten Kohlenreviere an der Westflanke des Urals sind die von Wischere, von Kisel und von Tschussowaja bei Swerdlowsk.

Auch im Petschora-Gebiet zwischen Ural und Timan-Gebirge gibt es karbonische und permische Kohlen.

Im asiatischen Teil der UdSSR zählt das Kuznezk-Becken zu den größten Kohlenbecken der Erde. Es liegt zwischen Ausläufern des Altai-Gebirges und hat eine Länge von 360 km bei einer Breite von 120 km. In dem 26 000 km² großen Becken liegen etwa 644 Mrd. t Kohle. Die Kohlenführung setzt mit einigen dünnen Boghead-Flözen bereits im Devon ein, dem marines Unterkarbon folgt und über dem schließlich mehr als 8 000 m kohlenführende Schichten liegen. Die Flözführung dieser Serie beginnt im oberen Visé mit stärkerer Ausprägung im Westfal C + D und im Stefan, vor allem aber im Perm. Im Jura gibt es dann wieder Flöze, die im Tagebau abgebaut werden. [Die angegebenen Reserven enthalten alle Flöze ab 70 cm Mächtigkeit bis in 1 800 m Tiefe.]

Abbauwürdig sind rund 28 Flöze, deren untere hauptsächlich anthrazitische Kohlen führen, wogegen in den höheren Eß-, Fett- und Gaskohlen angetroffen werden.

Östlich des Kuznezk-Beckens am Jenissei liegt das Steinkohlenbecken von Minussinsk, eine flache Mulde von 200 km Länge und 100 km Breite. Neben dem Minussinsk-Becken sind noch andere Vorkommen in dieser Region im Aufschluß, so in der Abakan-Mulde bei Moissjewka, das Vorkommen von Altai und vom Berg Ubrus.

Im Minussinsk-Becken sind die Kohlen, wie im Kuznezk-Becken, permischen Alters. Hauptsächlich werden Gasflammkohlen und Flammkohlen mit 35–45 % flüchtigen Bestandteilen abgebaut, der Heizwert der Minussinsk-Kohlen wird mit 23,86–32,66 MJ/kg angegeben. Die Vorräte sollen mindestens 21 Mrd. t betragen.

Große Hoffnungen liegen in den zum großen Teil noch unerforschten Vorkommen an der Unteren Tunguska in Sibirien. Die kohlenführenden Schichten des Karbons und des Perms sollen im Tungusischen Revier bis zu 1 000 m betragen, mit mehreren Flözen von mindestens 13 m Gesamtkohlenmächtigkeit bei nahezu ungestörter Lagerung. Lagergänge des sibirischen Trapp haben die Kohlen teilweise veredelt. Die Schätzungen der Vorräte für das tungusische Revier schwanken allerdings zwischen 30 und 440 Mrd. t Kohle.

Im Karaganda-Gebiet sollen mindestens 60 Mrd. t unterkarbonischer Kohle in 30 Flözen mit insgesamt 60 m Kohlenmächtigkeit nachgewiesen worden sein. Es soll sich um eine gute Kokskohle, allerdings mit hohem Aschegehalt, handeln.

Im Irkutsk-Becken kommen westlich des Baikal-Sees jurassische Kohlen in ungestörter und flacher Lagerung unter geringmächtigem Deckgebirge vor. Die Gesamtkohlenmächtigkeit wird mit 9 m angegeben. Es soll sich um Koks- und Gasflammkohlen handeln. Die Vorräte werden auf 80–130 Mrd. t geschätzt. Neben Steinkohlen kommen im Irkutsk-Gebiet auch Boghead- und Glanzbraunkohlen vor.

Neben diesen Hauptvorkommen sind in der UdSSR noch kleinere Steinkohlenvorkommen auf der Hauptinsel Sachalin, im Primorsk-Gebiet bei Wladiwostok, im Amur-Gebiet, in Transbaikalien, in Turkestan und Turkmenistan zu nennen.

Erwähnenswert ist schließlich noch die Schungit-Lagerstätte auf der Halbinsel Saoneschje am Onegasee. Dort befindet sich in präkambrischen Tonschiefern und Dolomiten ein 1–3 m mächtiges, nahezu horizontal gelagertes Schungit-Flöz (wahrscheinlich ein aus Sapropeliten entstandener präkambrischer Anthrazit).

Der Schungit enthält 93–95 % Kohlenstoff und ist teilweise pyritreich. Seine praktische Bedeutung erhält er durch seinen hohen V_2O_5-Gehalt (bis 1,6 %); daneben treten CuO, NiO und MoO_3 auf. Der Schungit wird nicht wegen seines hohen Kohlenstoffgehalts, sondern als Vanadiumerz abgebaut.

6.2.2 Asien (außer UdSSR)

In Asien kann man mit rund 1 528 Mrd. t nachgewiesener und geschätzter Steinkohlenvorräte (sichere Vorräte 332 Mrd. t) ohne die asiatischen Lagerstätten der UdSSR, rechnen. Von diesen enormen Vorratsmengen liegen 1 425 Mrd. t in China. Neben den chinesischen Lagerstätten sind in Asien nur noch die Kohlenlager Indiens und Japans erwähnenswert.

Die Steinkohlenvorräte *Japans* belaufen sich auf 8,6 Mrd. t geologische Reserven. Die Kohlenlagerstätten Japans sind sehr jung, denn sie gehören hauptsächlich dem älteren und mittleren Tertiär an, sind jedoch durch tektonische Vorgänge und Vulkanismus stark inkohlt. An gewinnbaren Reserven verfügt das Land über rund 1 Mrd. t.

Die bedeutendsten japanischen Vorkommen liegen auf Kyushu im Chicuho-Feld im Nordwesten der japanischen Südinsel, wo tertiäre Gasflammkohlen mit einem Durchschnittsgehalt von 42 % flüchtigen Bestandteilen und 4,2 % Wasser bei einem Heizwert von 30,14 MJ/kg gewonnen werden. In Kyushu liegen etwa 52 % der japanischen Steinkohlen, etwa 40 % auf der Insel Hokkaido, der Rest auf Honshu und Shikoku.

Die Kohlenvorräte *Chinas* (sichere Vorräte < 300 Mrd. t), werden auf 1425 Mrd. t eingeschätzt. Die größten Vorkommen liegen in Nordchina, hauptsächlich in den Provinzen Schansi, Schensi, Kansu und West-Hopeh. Dort werden in 2000 m mächtigen Karbonschichten, teilweise im Tagebau, in der oberen Flözgruppe zwei bis zu 2 m mächtige Fettkohlenflöze und in der unteren Flözgruppe ein bis zu 7 m mächtiges Anthrazitflöz abgebaut. — Neben den nordchinesischen Vorkommen spielen die Kohlenvorkommen Südchinas eine große Rolle. Die südchinesischen, gefalteten Kohlenvorkommen sind jünger als die nordchinesischen und gehören dem Permokarbon und dem Jura an. Die größten Vorkommen dürften im „Roten Becken" in der Provinz Szetschuan liegen sowie in Südostchina in den Provinzen Hunza, Kiangshi und Fukien.

Besonders wichtig für China ist die Mandschurei, weil hier die Kohlenvorkommen in der Nähe erschlossener Industriegebiete liegen. Das bedeutendste Vorkommen in der Mandschurei bildet die Tertiärkohle von Fushun. Dort liegt ein bis zu 60 m mächtiges flachlagerndes Flöz mit bis zu 40 m reiner Kohle. Die Durchschnittswerte der Fushun-Kohle sind: Heizwert 29,31–33,49 MJ/kg, 4,3 % Wassergehalt, 5 % Aschegehalt und 0,3–1,5 % Schwefelgehalt. Die Fushun-Kohle wird im Tagebau abgebaut. Das Deckgebirge besteht aus 150 m mächtigen Ölschiefern und Ölsanden mit rund 6 % Ölinhalt, das als Nebenprodukt gewonnen wird.

Chinas jährliche Kohlenförderung liegt bei 480 Mio. t.

Die Steinkohlenvorräte *Indiens* (sichere Vorräte 33,3 Mrd. t) werden auf 56 Mrd. t veranschlagt. Die Steinkohlen Indiens gehören zum Gondwanatypus der Südkontinente. Die Hauptkohlenvorkommen finden sich in Bengalen, Bihar, Orissa und Haiderabad. Meist werden Gasflammkohlen und Fettkohlen gefördert, die im Tief- und Tagebau gewonnen werden können.

6.2.3 Nordamerika

Die Steinkohlenreserven Nordamerikas betragen 1286 Mrd. t wovon allein 1190 Mrd. t auf die USA entfallen. Davon sind 326 Mrd. t sicher nachgewiesen. Die Kohlenvorkommen der *USA* verteilen sich über weite Gebiete der Vereinigten Staaten, aus denen zur Zeit rund 113 Mrd. t wirtschaftlich gewonnen werden könnten (Tabelle I.5). Diese Daten wurden auch von R. H. Quenon für die Weltenergiekonferenz 1980 übernommen [34].

[Die Reserven werden sehr unterschiedlich betrachtet. Aus anderen Darstellungen sind Steinkohlenreserven Nordamerikas in der Größenordnung von 2383 Mrd. t (vgl. Energiehandbuch 2. Auflage) zu entnehmen. Die Unterschiede resultieren offensichtlich aus der Grenzziehung zwischen Stein- und Braunkohle, da bei hohen Steinkohlenreservenangaben die Braunkohlenreserven entsprechend geringer veranschlagt werden. Wichtig ist daher die Angabe der Gesamtreserven von Stein- und Braunkohle mit 2686 Mrd. t SKE (vgl. Tabelle I.5).]

Große Kohlenfelder sind an die Appalachen und das Alleghany-Gebirge gebunden. Die appalachische Kohlenprovinz wird in drei Becken eingeteilt: in das Anthrazitbecken Pennsylvaniens und in das nördliche und südliche Steinkohlenbecken. Im Anthrazitbecken ist die Kohlenführung an das Oberkarbon in den Appalachen gebunden, das tektonisch verstellt worden ist. Die Gesamtmächtigkeit der Kohlen beträgt dort rund 42 m, wobei ein Flöz allein bis zu 30 m mächtig wird. Die Kohle hat einen geringen Aschegehalt und nur 4–5 % flüchtige Bestandteile. Die appalachischen Steinkohlenbecken liegen an der westlichen und südlichen Randzone der Appalachen und wurden tektonisch wesentlich weniger gestört als z. B. die Lagerstätten des Ruhrgebietes. Mit der Entfernung vom Gebirge wird die Lagerung der Schichten flacher. Im nördlichen Becken sind die oberkarbonischen Schichten produktiv, nach Süden zu nimmt das Oberkarbon stark ab und die unterkarbonische Pottsville-Formation bildet die produktive Hauptschicht. Neben Kokskohlen werden Gaskohlen, Gasflammkohlen und Flammkohlen gewonnen. Die Flözmächtigkeiten betragen rund 1–2 m, können aber lokal auf 3–6 m ansteigen. *Rund 65 % der Kohlenproduktion der USA stammen aus der appalachischen Provinz!*

Zu der inneren Kohlenprovinz der USA gehören die Becken von Illinois, das Missouri-Becken und das Michigan-Becken. Im Becken von Illinois liegen im Oberkarbon 8 abbauwürdige Flöze, hauptsächlich von Gasflammkohlen mit rund 40 % flüchtigen Bestandteilen. Auch im Mississippi-Becken sind im Oberkarbon etwa 4 Flöze bauwürdig mit 5–10 m Kohle. Die Kohle wird teilweise im Tagebau gewonnen. Sie hat etwa 30–35 % flüchtige Bestandteile, 10–25 % Aschegehalt, 15–19 % Wassergehalt und bis zu 5 % Schwefel, ist also nicht besonders wertvoll. Auch in Texas treten geringmächtige Kohlenflöze mit 30–40 % flüchtigen Bestandteilen auf.

Im Michigan-Becken ist das Karbon nur etwa 200 m mächtig, liegt flach und enthält insgesamt etwa 3 m bauwürdige Kohlenflöze einer Gaskohle.

Neben den Karbonkohlen gibt es in den USA noch große Steinkohlenvorkommen in der Kreide und Tertiärformation (Triasvorkommen sind unbedeutend), die hauptsächlich flachgelagert im Streichen der Rocky Mountains auftreten, so daß die Kohle teilweise im Tagebau gewonnen werden kann.

Die meist flache Lagerung der Steinkohle in den USA, ihre geringe Tiefe und relativ große Flözmächtigkeit ermöglicht einen sehr kostengünstigen Abbau der Kohle, womit sie eine preiswerte Basis zur Elektrizitätserzeugung ist. Kokskohle ist dagegen knapp und relativ teuer, da nur etwa 1 % der Gesamtvorräte gute Kokskohlen sind.

Über die zukünftigen Förder- und Exportmöglichkeiten der USA herrschen extrem unterschiedliche Vorstellungen und Angaben vor. *R. H. Quenon* [34] geht davon aus, daß die Produktion in den kommenden Jahren um 6 % jährlich gesteigert werden kann, so daß eine Förderung von fast 2 Mrd. t im Jahr 2000 erreichbar erscheint. Dabei wird sich die Produktion regional von Osten nach Westen verschieben. Während 1980 noch rund 80 % der US-Kohlenförderung aus den östlichen und zentralen Becken stammen, läßt sich das angestrebte Produktionsziel bei erträglichen Förderkosten nur durch Verlagerung der Großförderung in Tagebauanlagen im Westen der Staaten erreichen. — *R. H. Quenon* führt weiterhin aus, daß mit namhaften Exporten aus USA nicht vor 1990 zu rechnen ist und deshalb eine gesteigerte Nachfrage auf dem Weltmarkt zunächst von Australien, Südafrika und Polen gedeckt werden müsse.

In *Kanada* bilden die Kohlen der Kreidezeit in British-Kolumbien die Fortsetzung der US-amerikanischen Kohlen der Rocky Mountains-Provinz. Jedoch sind die Kreidekohlen nicht mehr, wie in den USA, flach gelagert, sondern gefaltet worden. Durch den tektonischen Druck bei der Faltung sind Kokskohlen und teilweise Anthrazite entstanden.

Die Kohlen im Osten Kanadas gehören zum appalachischen Bezirk. In Neu-Braunschweig, Neu-Schottland und Neufundland liegt das Karbon unmittelbar über präkambrischem Kristallin. 97 % der kanadischen Karbonkohlen-Produktion kommt aus Neu-Schottland. Dort wird ein 6—7 m mächtiges Fettkohlenflöz (12—16 % flüchtige Bestandteile) auf der Insel Cape Breton teilweise unter dem Meer abgebaut. Die Gesamtvorräte Kanadas werden mit 96 Mrd. t veranschlagt (davon 8,7 Mrd. t sichere Vorräte).

6.2.4 Lateinamerika

Lateinamerika ist relativ arm an Kohlenlagerstätten. 9,2 Mrd. t Steinkohle sind als sichere Vorräte nachgewiesen; 23 Mrd. t Vorräte wurden geschätzt. Die Vorkommen haben verschiedenes geologisches Alter vom Permokarbon bis Tertiär. Die meisten Kohlenlagerstätten sind an das Andengebiet gebunden. Venezuela, Kolumbien, Ecuador, Peru und Argentinien haben lediglich sehr kleine Lagerstätten, die nur von lokaler Bedeutung sind. In *Chile* findet man im Distrikt Bio-Bio jurassische Anthrazite sowie Stein- und Glanzkohlen in der Provinz Aranco. Dort gibt es Flözmächtigkeiten von 20 m, jedoch haben die Kohlen oft einen hohen Wassergehalt. Daneben treten kleine Kohlenvorkommen im Süden des Landes auf.

Bei den Steinkohlenvorkommen *Mexikos* handelt es sich um eine Fortsetzung der nordamerikanischen Kreidekohlenvorkommen. Am Rio Grande bei Portitio Dias kommen in den Kohlenfeldern Sabina und Barroteran 2 Flöze mit einer Kohlenmächtigkeit bis zu 6 m vor. Es handelt sich um gut verkokbare Fettkohlen.

In *Brasilien* werden Fettkohlen des Gondwanasystems in den Provinzen Rio Grande do Sul, Santa Catharina und Paraná abgebaut. Die Flöze sind 1—2 m mächtig, aber die Kohle hat einen hohen Aschegehalt von rund 28 %.

6.2.5 Afrika

Die bedeutendsten Steinkohlenvorkommen Afrikas liegen im Süden des Kontinents und gehören dem Gondwanasystem an. In Nordafrika ist Karbon in europäischer Fazies erschlossen worden, jedoch sind die Vorkommen im südlichen *Algerien* (Grube Kenadsa) und die Anthrazitvorkommen im Grenzgebiet zu Marokko sehr klein und mehr für die lokale Versorgung von Bedeutung.

Das Hauptsteinkohlenvorkommen *Rhodesiens* liegt im Wankie-Feld, etwa 100 km südöstlich der Viktoriafälle an der Grenze zum Betschuana-Land. Ein 2—13 m mächtiges Flöz enthält gut verkokbare Kohle mit 19—23 % flüchtigen Bestandteilen und einem Aschegehalt von rund 10 %. Die Vorräte im Wankie-Feld betragen etwa 3,6 Mrd. t, davon 1,2 Mrd. t sichere Vorräte. Die Gesamtvorräte Rhodesiens werden auf rund 7,1 Mrd. t veranschlagt und die des Swazilandes auf 5 Mrd. t.

Die Steinkohlenvorräte *Südafrikas* betragen 57 Mrd. t, wovon etwa 27 Mrd. t sicher nachgewiesen sind. Etwa 93 % liegen in Transvaal, der Rest in Natal und im Orange-Freistaat. 27 Mrd. t sind z. Z. wirtschaftlich gewinnbar.

Die Flözausbildung tritt hauptsächlich in der oberkarbonischen, mittleren Ecca-Serie in unzusammenhängenden Feldern auf. Erwähnenswert ist außerdem die südafrikanische Boghead-Kohle von Ermeloo und Wakkerstroom in Transvaal. Die Boghead-Kohle ist bis zu 60 cm mächtig, und der Vorrat wird auf 100 Mio. t geschätzt. Aus der Boghead-Kohle lassen sich pro Tonne 150 Liter Benzin gewinnen.

Bei den Ecca-Kohlen handelt es sich hauptsächlich um Eß- und Fettkohlen mit etwa 20 % Ascheanteil. Kokskohle ist nur in geringem Ausmaße in Südafrika vorhanden. Zur Zeit werden jährlich 6 Mio. t Kokskohle gewonnen. Die Vorräte dürften aber in 20 Jahren erschöpft sein, da die thermisch beeinflußten Kokskohlen nur im Bereich von vulkanischen Lagergängen auftreten, hauptsächlich in Natal, wo die Kohlen als Halbanthrazit mit etwa 10 % flüchtigen Bestandteilen vorhanden sind.

Die wichtigsten Kohlenvorkommen in *Transvaal* sind die Felder von Wirbank-Middelburg östlich von Pretoria und Johannesburg mit Flözmächtigkeiten von 0,5–9 m, lokal bis auf 20 m ansteigend, und die von Vereeniging, südlich von Johannesburg mit 5–24 m mächtigen Flözen.

Die südafrikanische Kohle kann wegen der flachen Lagerung, dem geringmächtigen Deckgebirge und wegen der billigen Arbeitskräfte sehr kostengünstig gewonnen werden. Besonders große Reserven an Steinkohle von insgesamt 100 Mrd. t, von denen zur Zeit 3,5 Mrd. t technisch gewinnbar sind, hat Botswanaland.

Weitere Gondwanakohlen von geringer Qualität und nur lokaler Bedeutung liegen in den Karroo-Schichten von Zaire, in Madagaskar sowie in der Gegend von Tete in Mozambique.

Die Steinkohlenvorräte Afrikas werden mit 173 Mrd. t veranschlagt.

6.2.6 Australien und Ozeanien

Die Steinkohlenvorräte Australiens werden auf rund 214 Mrd. t geschätzt, wovon 25,8 Mrd. t sichere Vorräte sind. Den Hauptanteil bilden die permokarbonischen Kohlen, daneben treten aber auch mesozoische und jurassische Kohlenlagerstätten auf. — Das bedeutendste Kohlenvorkommen Australiens liegt in *Neusüdwales* im Sydneybecken, das sich zwischen Wollongong und Newcastle nach Nordwesten erstreckt. In den mächtigen Schichten des Permokarbons sind zwei Hauptkohlenserien vorhanden, die Upper und die Lower Coal Measures. In den Lower Coal Measures sind zwei Hauptflöze mit zusammen 14 m Mächtigkeit enthalten, wovon das Flöz Greta allein bis zu 10 m mächtig ist. Es handelt sich um Gasflammkohlen mit 41 % flüchtigen Bestandteilen, knapp 6 % Aschegehalt und 2 % Wassergehalt. In den Upper Coal Measures treten zwei Kohlenhorizonte auf, die East Mailand Coal Measures mit sechs Flözen und zusammen etwa 10 m Kohle und die Newscastle Coal Measures mit 13 Flözen und zusammen etwa 40 m Kohle. Es handelt sich dabei um Fett- und Gasflammkohlen mit flüchtigen Bestandteilen zwischen 23 und 40 %, bei einem Aschegehalt, der bis auf über 10 % steigen kann. Rund 85 % der australischen Kohlenförderung stammt aus den Kohlenfeldern von Neusüdwales.

An der Ostküste von *Queensland* liegt ein weiteres Kohlenbecken permokarbonischen bis mesozoischen Alters. Dort werden die größten Flözmächtigkeiten Australiens mit 22–30 m im Blair-Athol-Becken erreicht. Da das Deckgebirge hier nur bis zu 50 m mächtig wird, kann im Blair-Athol-Feld die Kohle im Tagebauverfahren gewonnen werden. Die Kohlen haben im Schnitt 28 % flüchtige Anteile, 8 % Aschegehalt und einen Wassergehalt von 1,5 %. Mesozoische Fettkohlen treten hauptsächlich im Rosewood-Ipswich-Feld westlich von Brisbane auf.

Auch an der Nordküste *Tasmaniens* wird ein 6 m mächtiges Flöz permokarbonischer Kohle im Wynyard-Feld bei Latrobe abgebaut.

Neben den schon erwähnten größeren Braunkohlenvorkommen sind in *Neuseeland* geringe Vorräte von Gasflammkohlen im Buller-Mokihiwui-Kohlenfeld an der Nordwest-Küste der Südinsel zu finden. Es handelt sich um ein bis zu 16 m mächtiges Flöz mit 34–42 % Gasgehalt. Anthrazitische Kohlen gibt es am Fox-River in mehreren Flözen von 2–6 m Mächtigkeit. Die Steinkohlenreserven Neuseelands werden auf 130 Mio. t geschätzt, von denen nur 36 Mio. t als zur Zeit wirtschaftlich gewinnbar gelten.

7 Erdöl[1]

7.1 Weltweite Verbreitung (Bild 1.4)

Erdöl ist meist ein Meeresprodukt und deshalb fast immer an marine Sedimentserien gebunden. Es gibt jedoch Ausnahmen; zum Beispiel gelten die chinesischen Öllagerstätten von Tasching als limnisch.

Von den Sedimentablagerungen sind es aber nur einige in ganz bestimmten Räumen der Erde, die Erdöllagerstätten führen. Um eine Systematik in die Vielfalt der einzelnen Lagerstätten zu bringen, in der gleichzeitig eine geologische wie wirtschaftliche Aussage liegt, ist eine Gliederung in vier Großtypen möglich:
1. Weiträumige Becken mit flachliegenden marinen Sedimentserien im Bereich der Kontinentaltafeln.
2. Rand- und Zwischenbecken der großen jungen Faltengebirge der Erde.
3. Sedimentfüllungen in tektonischen Gräben.
4. Schelfgebiete der Erde.

Die Natur geologischer Strukturen bringt es mit sich, daß sich scharfe Grenzen zwischen den genannten Typen nicht ziehen lassen, sondern Übergänge zwischen ihnen vorhanden sind, was sich besonders auf den Schelftypus bezieht, weil sich in vielen Fällen die unter 1. bis 3. genannten Typen über den Kontinentalrand hinweg durch den Schelf ins offene Meer hinein fortsetzen.

Die intensive Suche nach Erdöl im letzten Jahrzehnt in aller Welt hat dazu geführt, daß man schon eine Aussage über gewisse Gesetzmäßigkeiten in der regionalen Verbreitung der Erdöllagerstätten auf der Welt machen kann und damit auch Hinweise in der Hand hat, in welcher Weise sich etwa die zukünftige Erdölexploration auf der Erde entwickeln wird. Die unterschiedliche regionale Ver-

---

[1] mit Beiträgen von W. Rühl. — Alle Angaben von Produktion und Reserven in diesem Kapitel nach: "Survey of Energy Resources 1980", BGR Hannover für 11. WEK-München [8].

7 Erdöl

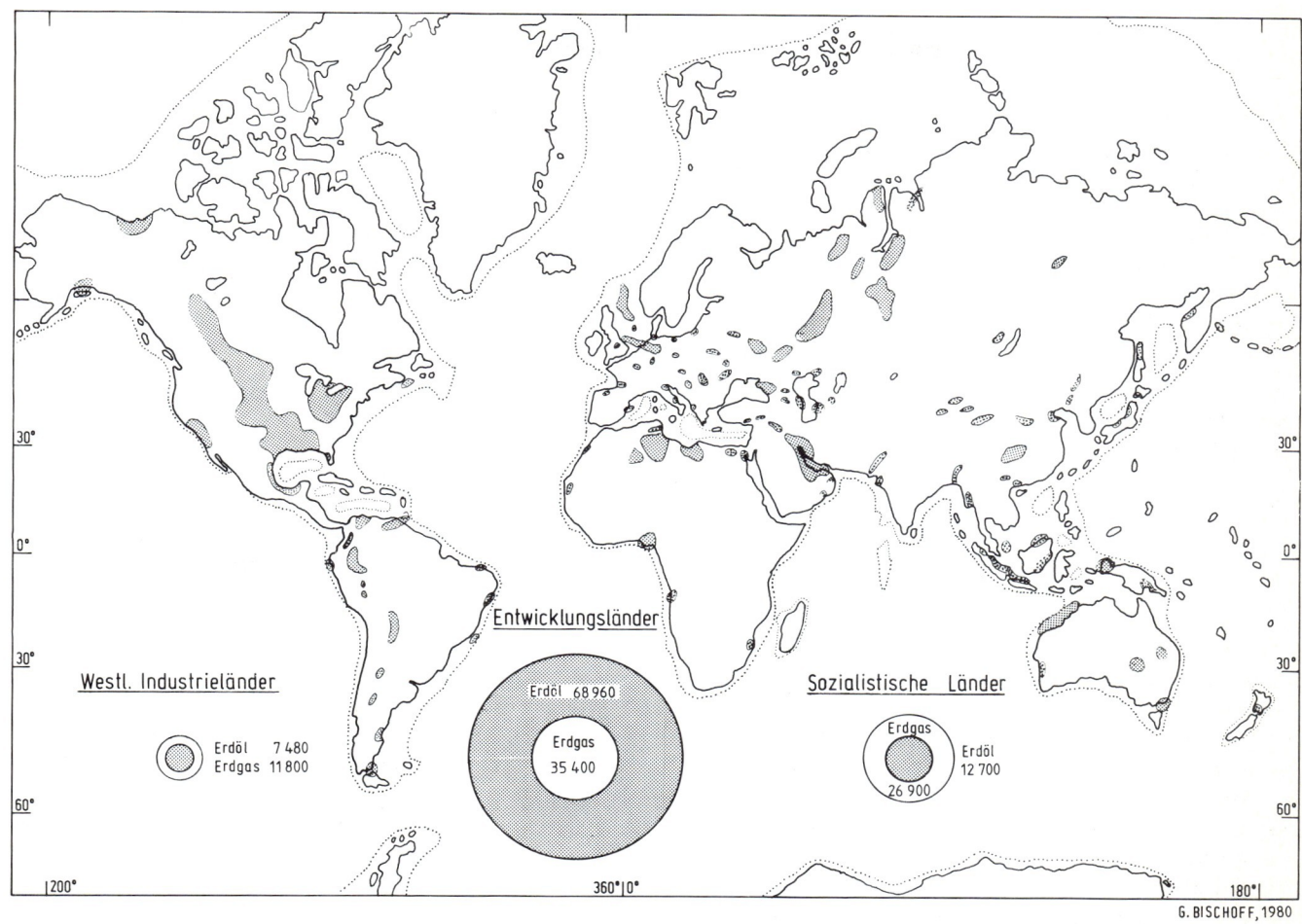

Bild I.4 Die Erdöl/Erdgas-Vorkommen auf der Erde und die Verteilung der Reserven in Millionen Tonnen beim Erdöl und Milliarden Kubikmeter beim Erdgas. (Stand: 1.1.79). *Quelle* BGR/WEK 1980.
Erdöl: 89 140 Mio. t nachgewiesene Reserven weltweit,
Erdgas: 74 100 Mrd. m³ nachgewiesene Reserven weltweit.

teilung ist den genannten Großtypen untergeordnet. In diesem Sinne ergeben sich wichtige Folgerungen: Das mit Abstand größte von allen 1980 bekannten Erdölgebieten der Erde (68 % der nachgewiesenen Welterdölreserven) liegt in den südlichen Randbecken des ehemaligen Tethys-Meeres (Schelf) am afrikanisch-arabischen Schild vom Mittelmeerraum bis zum Persischen Golf. — Bis zum heutigen Tage sind trotz gewaltiger Anstrengungen der Ölindustrie praktisch alle Versuche negativ verlaufen, in den paläozoischen Gondwanabecken auf den Südkontinenten größere Erdöllagerstätten zu finden, womit wohl der Schluß berechtigt ist, daß es in diesen Becken kaum kommerziell bedeutende Lagerstätten gibt. Das gilt vom brasilianischen Amazonasbecken bis nach Zentral- und Südafrika.

Die weiträumigen Becken auf den Kontinenten der Nordhalbkugel führen Erdöl, das, obwohl reichlich vorhanden, im Vergleich mit den Lagerstätten am Persischen Golf aus vielen Bohrungen und zahlreichen Lagerstätten gefördert werden muß. Beachtliche Lagerstätten scheinen im Randgebiet des nördlichen Polarbeckens zu liegen, worauf die Funde in Alaska und Nordsibirien hinweisen.

Aus den heutigen Schelfgebieten bis zu 300 m Wassertiefe kommt mittlerweile bereits > 20 % der Erdölproduktion. Daraus darf nicht der Schluß gezogen werden, daß grundsätzlich alle Schelfgebiete erdölführend sind, denn > 80 % dieser Produktion stammt aus solchen Schelfräumen, in denen geologische Verhältnisse vorliegen, die vom Festland ins Meer hinein ihre Fortsetzung finden. Besonders ergiebig sind geologische Becken, deren Zentren auch heute noch vom Meer bedeckt sind und die folglich zu den Schelfen gerechnet werden. Dazu gehören die Offshore-Lagerstätten des Persischen Golfes, der Nordsee, des Maracaibobeckens usw.. In anderen Fällen setzen sich die Sedimente von den Kontinenten ins Meer hinein fort und beiderseits der Küstenlinie finden sich große Öllagerstätten. Das bedeutendste Beispiel für diesen Typus ist die Golfküste der amerikanischen Südstaaten über Texas bis nach Mexiko. Erdöl- und Erdgas-führend sind mitunter auch große und alte Deltabildungen, wie das Nigerdelta z. B., dessen Ausläufer im Meer auch zum Schelf gehören.

In den Schelfgebieten vor den kristallinen Urkontinenten sind bisher mit großem Aufwand, weltwirtschaftlich betrachtet, nur kleine bis mittlere Lagerstätten gefunden worden, aus denen die Ölgewinnung relativ teuer ist, wofür Brasilien gut als Beispiel angeführt werden kann.

Infolge ihres sehr unterschiedlichen Typus ist die Produktivität der Lagerstättenregionen der Erde ebenfalls außerordentlich verschieden. Es gibt Gebiete, in denen Erdöl so verteilt ist und in denen so zahlreiche kleine Strukturen vorhanden sind, daß das Öl mit einer großen Zahl von Bohrungen erschlossen werden muß, während in anderen Gebieten wenige Bohrungen aus weiträumigen Großstrukturen produzieren. So kommt es, daß zum Beispiel in USA aus rund 510 000 alten und neuen Bohrungen die durchschnittliche Produktion pro Bohrloch lediglich bei 2,3 Tonnen pro Tag liegt, während am Persischen Golf je nach Land zwischen 340 und 1425 Tonnen täglich den Bohrlöchern entfließen. In Venezuela oder der Sowjetunion liegen die Größenordnungen mit 20–130 Tonnen pro Bohrloch täglich bei mittleren Werten. Entsprechend unterschiedlich verhalten sich die Produktionskosten des Erdöls zueinander. Während am Persischen Golf eine Tonne Öl für rund 4–8 Dollar produziert werden kann, liegen die Produktionskosten in USA im Durchschnitt bei neuem Öl zwischen 30–100 Dollar pro Tonne und in der südlichen Nordsee rechnet man 30–50 Dollar gegenüber 60–100 Dollar pro Tonne in der nördlichen Nordsee an Produktionskosten.

Um einigermaßen annähernd die möglichen Gesamtvorräte an Erdöl in der Welt zu berechnen, kann man den Gesamtsedimentinhalt der ölhöffigen Sedimentgebiete in Relation zu deren durchschnittlicher Dichte der Lagerstätten betrachten. Natürlich ergeben sich auf diese Weise unterschiedliche Auffassungen verschiedener Autoren. Aber dennoch bewegen sich die Schätzungen fast alle in der Größenordnung zwischen 450 und 700 Mrd. t Oil in place (absolut vorhandenes Öl im Boden) wovon 180–280 Mrd. t als gewinnbar eingeschätzt werden (ohne Öl aus Ölschiefern und Ölsanden). Die nachgewiesenen Erdölreserven der Welt lagen am 1.1.1977 nach ‚International Petroleum Encyclopedia', Tulsa, bei 88 Mrd. t. Die BGR/Hannover gibt für die Weltenergiekonferenz 1980 per 1.1.1979 89,140 Mrd. t an.

Die in allen Ölfeldern der Welt bis 1980 geförderte Ölmenge von etwa 60 Mrd. t stellt nur einen Bruchteil der bisher entdeckten und noch entdeckbaren Resourcen dar. Die derzeitigen Reserven, von denen u.a. 71 % im Mittleren Osten und im Ostblock und nur 3,7 % in Westeuropa liegen, können direkt und im Einsatz von Sekundärverfahren gewonnen werden. Aber in Erprobung stehende neue Verfahren (Tertiärverfahren) können wahrscheinlich weitere 55 Mrd. t hinzufügen, sofern die wirtschaftlichen Bedingungen das zulassen. Damit könnte der Entölungsgrad bis auf 50 % steigen.

Der weitaus größte Teil der bisher in der Welt gebohrten rund 3,3 Mio. Bohrungen, von denen 650 000 Aufschluß-Bohrungen waren (davon jeweils 75 % in USA und 15 % in USSR), dienten der Erdöl-Gewinnung.

Das Verhältnis der gewinnbaren Reserven zur Jahresförderung ist seit etwa 30 Jahren von etwa 10 : 1 auf 30 : 1 beständig angestiegen, ein Erfolg intensiver Aufschluß-Bemühungen und verbesserter Entölungs-Methoden. Dennoch gehen die Meinungen über die zukünftigen Erfolgsaussichten auseinander. Manche Sedimentgebiete sind schwer zugänglich, andere sind privatwirtschaftlicher Initiative entzogen. Während die Schelfgebiete allmählich bekannt werden, herrscht über das Potential der Kontinentalabhänge und der Tiefsee völlige Unklarheit. Auch muß berücksichtigt werden, daß zur Erreichung höherer Entölungsgrade immer mehr Energie eingesetzt werden muß, so daß bei etwa 50 % die Grenze wirtschaftlich sinnvoller Produktion erreicht werden dürfte.

7.2 Regionale Erdöl-Lagerstätten

7.2.1 Europa

BR Deutschland

Von allen westeuropäischen Ländern ist die BR Deutschland mit 5 Mio. t Jahresförderung der größte Onshore Produzent. Die Förderung stammt aus rund 100 Feldern. Die Förderkapazitäten schwanken z.B. zwischen über 700 000 Jahrestonnen aus dem Feld Rühlermoor und 10 Jahrestonnen des Feldes Esche. Innerhalb der BR Deutschland verteilt sich die Förderung auf 6 regionale Gebiete, die prozentual etwa folgendermaßen an der Gesamtförderung beteiligt sind:

1. Schleswig Holstein 10 %
2. Hannover 27 %
3. Weser Ems 28 %
4. Emsland 29 %
5. Oberrheintal 2 %
6. Alpenvorland 4 %

Das nordwestdeutsche Erdölbecken gehört zu einem zusammenhängenden Sedimentationsraum, der sich zwischen Nord- und Ostsee und den Mittelgebirgen von den Niederlanden bis nach Polen erstreckt.

Die Produktion erfolgt aus unterschiedlichen Speichergesteinen, die meist dem Mesozoikum angehören. Im Osten des nordwestdeutschen Erdölgebietes kommt das Öl häufig in Verbindung mit Salzstöcken vor, während westlich der Weser und im Emsland hauptsächlich Antiklinallagerstätten die Ölträger sind.

7 Erdöl

In den letzten Jahren wird versucht, auch Förderhorizonte unterhalb 3 000 m Tiefe zu erschließen. Hierbei konzentriert sich die Suche auf ölhöffige und gashöffige Schichten im Zechstein, im Rotliegenden und im Karbon.

Von 1964 bis 1967 wurde recht intensiv im Schelf der Nordsee innerhalb der Deutschen Bucht auf Erdgas und in zweiter Linie auf Erdöl exploriert. Bis 1977 wurde in diesem Raum keine kommerziell interessante Lagerstätte gefunden.

Im Oberrheintal ist die Erdölförderung sehr gering und erfolgt hauptsächlich aus dem Tertiär (Pechelbronner Schichten), sowie stellenweise aus Keuper- und Doggersandsteinen. Die Lagerstätten sind meist an Fallen, Verwerfungen und Brüche gebunden.

Auch im Alpenvorland ist die Förderung im Vergleich zur Produktion der nordwestdeutschen Erdölfelder klein. Die Lagerstätten liegen im bayerischen Molassetrog. Es handelt sich um Lagerstätten, die aus tertiären Sandsteinen und Kalken produzieren.

Die 1979 angegebenen sicheren Ölreserven der BR Deutschland liegen bei 42 Mio. t. Die gestiegenen Preise für Erdöl erlaubten 1980 teuere und risikoreichere Explorationstätigkeit auf tiefere Lagerstätten. Erste Erfolge, wie der Fund bei Wümme, lassen auf zusätzliche Reserven hoffen.

Westeuropäische Länder

Die Erdölproduktion der *Niederlande* betrug 1979 1,4 Mio. t. Die Förderung stammt zu 40 % aus den Valendis-Sanden der Lagerstätte Schoonebeck. Der Rest wird in den Lagerstätten des westholländischen Reviers, das ebenfalls aus der Unterkreide fördert, gewonnen.

In *Frankreich* wurden 1979 rund 1,9 Mio. t Erdöl gefördert. Die Produktion kommt zu etwa 80 % aus den Erdöllagerstätten im Äquitanischen Becken. Die Hauptlagerstätte ist das Ölfeld Parentis, in der aus dolomitischen Kalken des Neokom gefördert wird. Daneben gibt es Lagerstätten im Pariser Becken und im Oberrheintalgraben bei Pechelbronn.

Rund 96 % der *italienischen Erdölförderung* (1979, 1,4 Mio. t) stammen aus den Feldern Ragusa und Gela auf Sizilien, deren Speichergesteine aus Dolomiten triassischen Alters bestehen. Kleine Felder gibt es in der Po-Ebene und in Mittelitalien. Anfang 1974 wurde ein größerer Ölfund in der Adria gemeldet. Die sicheren Vorräte wurden 1979 mit 51 Mio. t beziffert.

Das Haupterdölgebiet *Österreichs* mit rund 90 % der österreichischen Förderung liegt im Wiener Becken.

Die Onshore-Erdölförderung *Spaniens* ist nur unbedeutend. Vor Spaniens Küste liegt südlich Barcelona das Amposta Feld, das etwa 1 Mio. t jährlich fördert. 1979 lag Spaniens Ölproduktion bei 1,1 Mio. t.

Die Länder Westeuropas haben seit 1958 neben vielen Einzelfunden die nicht zur Feldentwicklung führten, etwa 150 in Förderung befindliche Ölfelder (mit mindestens 1000 t/J) und 125 Gasfelder (mit mindestens 1 Mio. m^3 Gas/J) entwickelt. Davon fördern etwa 30 sowohl Öl als auch Erdgas. Die Fördermenge von 11,9 Mio. t/J bzw. 134 Mrd. m^3 Gas in 1978 stellt nur 0,4 bzw. 10 % der Weltförderung dar. Die Nordsee-Felder konnten weitere 72,5 Mio. t Erdöl zu dem 700 Mio. t betragenden Verbrauch beitragen, so daß 88 % importiert werden mußten. Mit dem weiteren Ausbau von Bohrungen und Leistungen kann man aber damit rechnen, daß 1985 bereits 80 % der geförderten Rohölmenge von etwa 230 Mio. t aus der Nordsee stammen. Damit werden 25 % des Erdölverbrauchs Europas von 760 Mio. t gedeckt.

Nordsee

Seit 1965 wurden bisher 41 Öl- und 36 Gasfelder gefunden und zusätzlich 88 einzelne Öl- und 72 Gasfunde gemacht. Diese 77 Felder haben 3,3 Mrd. t Öl und etwa 3 Bill. m^3 Erdgas an gewinnbaren Reserven erschlossen. 2/3 davon entfallen auf die Britische Nordsee, in der 1965 erstmals Gas im Rotliegenden des Feldes Leman erschlossen wurde, dem 1968 das dänische Ölfeld Dan und das norwegische Ekofisk folgten. 1979 wurden bereits 100 Mio. t Öl gefördert.

Geologisch kann man die produzierenden Erdöl- und Erdgasfelder der Nordsee in 3 Provinzen zusammenfassen (Bilder I.5 und I.6).

In der südlichen Rotliegend Provinz, aus der ausschließlich Erdgas gefördert wird, gilt als Muttergestein für das Erdgas die unter dem Perm liegende Steinkohle. Der Gasfeldgürtel reicht von Groningen in Holland bis an die englische Küste und schließt die großen Erdgasfelder vor der englischen Küste und im holländischen Teil der Nordsee ein (Gewinnbare Gasreserven über 1000 Mrd. m^3). — Die tektonischen Hauptelemente bis zum 62° n.Br. sind die des N-S verlaufenden Central-Grabens von 500 km Länge und 100 km Breite und des nördlich anschließenden Viking-Grabens von 450 km Länge und 50 km Breite. Durch die W-O verlaufende Jütland-Schwelle wird das südliche vom nördlichen Nordsee-Becken getrennt. Während die Gasfelder der britischen und holländischen Nordsee ihr Gas aus dem Sandstein des Rotliegenden beziehen, liegen die Lagerstätten aller sonstigen Öl- und Gasfelder innerhalb der beiden Grabenzonen mit tertiärer und mesozischer Sedimentfüllung, wobei aber auch schon Devon ölführend angetroffen wurde. Die Muttergesteine sind im mittleren und oberen Jura zu suchen. Im Central-Graben sind Paläozän und Oberjura-Sande, im dänischen und südnorwegischen Teil aber vor allem die Kreidekalke des Maastricht ölführend, bei deren zwar hohe Porosität, aber minimaler Permeabili-

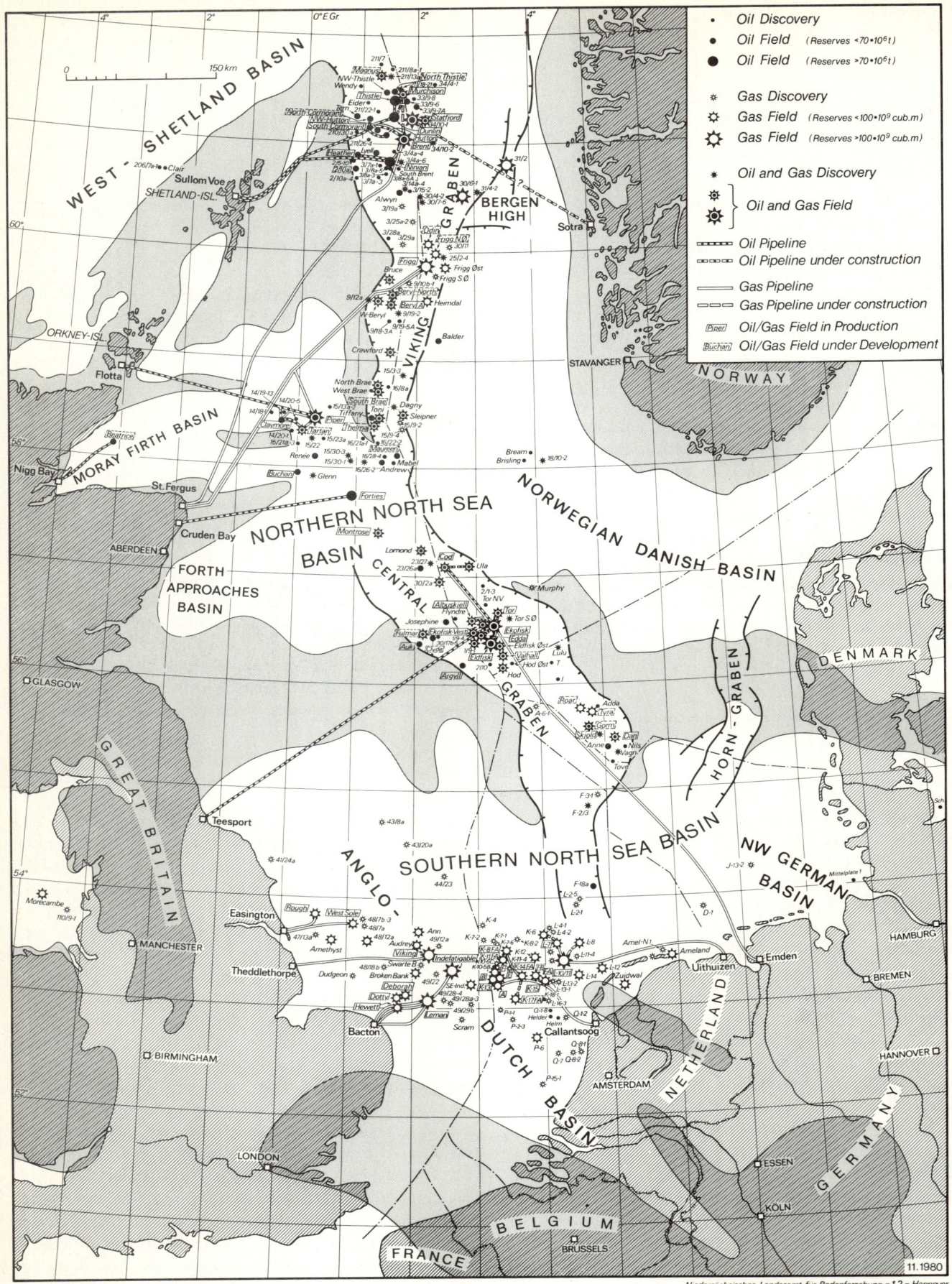

Bild I.5 Erdöl- und Erdgasfelder in der Nordsee

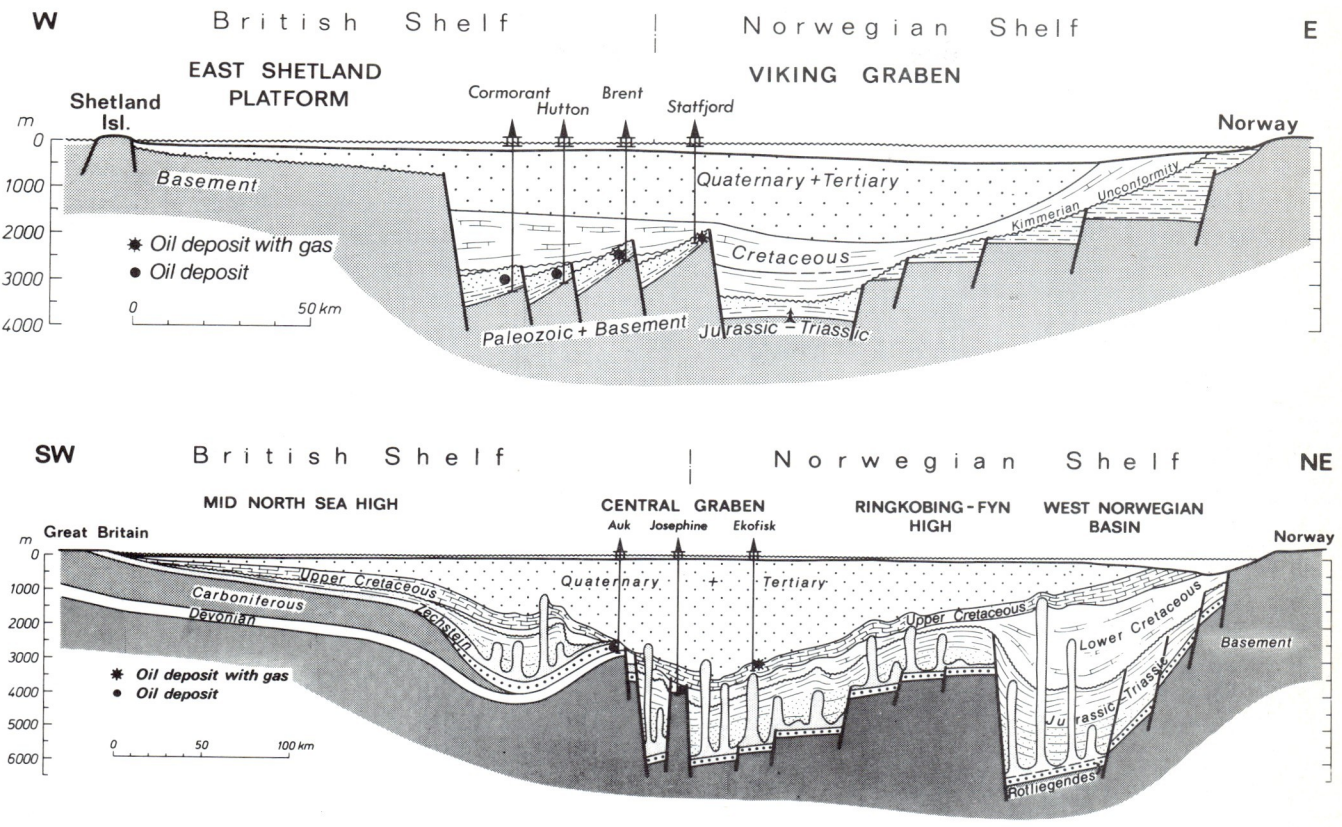

Bild I.6 Geologische Profile durch die Erdöl- und Erdgasfelder der Nordsee (Ergänzung zu Bild I.5)

tät schwierigen Entölungsproblemen ausgesetzt. Im Viking-Graben liegen 75 % der Reserven im Alttertiär, Dogger und Lias der Feldergruppe Brent, Ninian und Statfjord. Bei 150 m Sandmächtigkeit werden hier Förderraten eines Öls der Dichte 0,86 g/cm^3 mit 0,35 % Schwefel und 5,5 % Paraffin bis 1500 t/T/Bohrung erzielt, was in manchen Fällen Nahost-Verhältnissen entspricht. Das aus dem Eozän fördernde Gasfeld Frigg verfügt mit 220 Mrd. m^3 Gas-Reserven über ebensoviel wie 30 deutsche Gasfelder zusammen.

Erfolge verspricht man sich auch von der demnächst beginnenden Erschließung der Nordsee nördlich des 62. Breitengrads und in der Barent-See, die ähnlich wie die arktischen Bering- und Tschucktschen-See, die 8 große Becken beherbergen, mit bis zu 10 000–15 000 m mächtigen Sedimenten gefüllt sind.

Mitte 1979 arbeiteten etwa 40 Bohrgeräte in der Nordsee, davon 15 Plattformen im südlichen Teil mit Wassertiefen bis 50 m, und 25 Halbtaucher im tieferen Wasser bis zu 200 m. Jährlich werden 250–300 Bohrungen dazu gebohrt werden bis etwa 3000 m Teufe in je etwa 6 Wochen mit einem Aufwand von je 10–20 Mio. DM. Die Förder-Plattformen kosten pro Stück 300–500 Mio. DM bei 250– 300 m Höhe ab Meeresboden und 350 000 t Gewicht. Von jeder von ihnen können bis zu 60 Bohrungen in alle Richtungen gebohrt werden. 150 Versorgungsschiffe bedienen die Plattformen der Nordsee.

Britischer Sektor:

1976 kam die Erdölförderung aus der Nordsee sprunghaft in Gang. Zu den bereits fördernden Ölfeldern Forties und Argyll kam im Februar das Feld Auk, Beryl im September, Montrose im Oktober und Brent und Piper im Dezember hinzu. Im Frühjahr 1977 erreichte die Produktion aus diesen sieben Feldern eine Jahresleistung von 30 Mio. t. Das Feld Elagmore ging im Frühjahr 1977 in Produktion und das Thistle-Feld, an dem die Deminex mit gut 40 % beteiligt ist, zum Jahresende 1977. 1978/79 nahmen die Felder Brent und Ninian sowie deren benachbarte Felder die Produktion auf (vgl. Bilder I.5 und I.6). Die genannten Felder haben noch nicht ihre Maximalproduktion erreicht, das Thistle-Feld zum Beispiel Ende 1979 eine Produktion von 5 Mio. t jährlich. Brent wird für 1982 auf 22,5 Mio. t Öl, 5 Mio. t Kondensate und 6,5 Mrd. m^3 Gas eingestuft.

Norwegischer Sektor:

Die Entwicklung der Felder Ekofisk, Statfjord und Friggs (vgl. Bild I.5) hat erhebliche Fortschritte gemacht, während die Exploration im norwegischen Sektor wegen der Restriktions- und Sicherheitspolitik der Regierung nur zögernd vorankam. 1976 wurden 25 Explorationsbohrungen niedergebracht und 1977 dürften es wohl ebenso viele sein.

Wie lange die Erschließung eines so großen Feldes wie Statfjord dauert, sei kurz geschildert. 89 % liegen auf norwegischem, 11 % auf britischem Gebiet. 1974 gefunden, beginnt 1979, wenn 3 Plattformen aufgestellt und alle Bohrungen gebohrt sind, die Öl- und 1984, wenn alle Anschlußleitungen gelegt sind, die Gasabgabe. Das Feld hat 45 Mio. t/Jahr Ölkapazität, d.h. 8 mal so viel wie alle 100 deutschen Ölfelder zusammen. Die Gesamtinvestitionen werden bei 25 Mrd. DM liegen. Die Investitionsbelastung von 10 000 $/BOPD (Barrel Oil per Day) ist viel höher als im Mittleren Osten, dessen Transportkosten nach Europa dafür ungleich höher sind. [Bei den hohen Kosten bleibt ein relativ hoher Prozentsatz der Felder noch unwirtschaftlich.] Um 1984 soll das Produktionsmaximum mit 45 Mio. t jährlich erreicht werden. Die Reserven dieses Feldes werden auf 540 Mio. t Öl plus assoziiertem Gas geschätzt, womit das Statfjord-Feld das größte bisher in der Nordsee gefundene Ölfeld ist und das viertgrößte Offshore Feld auf der Welt. – Die Produktion des Ekofisk-Feldes lag im Frühjahr 1977 bei 18 Mio. Jahrestonnen. Das Öl geht durch eine Pipeline nach Teesside in England. Das West-Ekofisk- und Cod-Feld nahmen ebenfalls 1977 nach Fertigstellung der Kondensatanlagen die Produktion auf. (Von Ekofisk nach Emden wurde 1977 die größte Unterwasser-Pipeline der Welt in Betrieb genommen. Vgl. Kap. XI.3.2.2).

1976 wurde im Block 33/9 nördlich des Statfjord-Feldes eine Explorationsbohrung fündig, die auf 1250–1700 t pro Tag getestet wurde und eine weitere im Block 7/12 nahe des Cod-Feldes wurde auf 1 000 t Öl plus erhebliche Mengen Gas getestet. Die Produktion kommt aus der Jura-Formation.

Bis 1975 waren in der Nordsee 75 Mrd. DM investiert, weitere 100 Mrd. DM werden bis 1985 folgen. Dafür werden dann jährlich 200 Mio. t Öl und 100 Mrd. m^3 Gas zur Verfügung stehen. Das bedeutet völlige Import-Unabhängigkeit für England und Norwegen und daß ganz Westeuropa 1985 etwa 18 % des Primärenergiebedarfs mit Öl und 9 % mit Erdgas, d.h. insgesamt 27 % aus der Nordsee decken können wird. 1976 waren es nur 4 %. Damit werden 25 % des westeuropäischen Verbrauchs an Öl und 40 % an Erdgas aus der Nordsee kommen.

Die insgesamt nachgewiesenen Reserven der Nordsee liegen zur Zeit bei 3,3 Mrd. t, die absoluten Reserven mögen 5 Mrd. t Erdöl erreichen. Dennoch darf diese Zahl nicht darüber hinwegtäuschen, daß Europa nur über einen Zeitraum von etwa 20 Jahren in erwähntem Umfang aus der Nordsee versorgt werden kann.

Osteuropäische Länder (außer UdSSR)

Rumänien ist neben der UdSSR der bedeutendste Erdölproduzent Osteuropas. Die Förderung kommt aus den tertiären Molassebecken und betrug 1978 15,0 Mio. t. Neben der traditionellen Förderregion Ploiesti, die etwa 30 % der rumänischen Produktion liefert, werden etwa 20 % aus den Lagerstätten West-Rumäniens in Oltenien, etwa 25 % aus der Region Arges und etwa 20 % aus der westlich der Siret gelegenen Region Bacau gefördert.

Kleinere Ölfelder mit geringer Produktion gibt es in den osteuropäischen Ländern in Ungarn (Produktion 2,3 Mio. t), der Tschechoslowakei, in Polen, Bulgarien, Albanien und der DDR, die alle zusammen 1978 0,5 Mio. t produziert haben.

UdSSR (einschließlich asiatischer Teil)

Die UdSSR steht mit einer Jahresförderung von 586 Mio. t aus 55 000 Bohrungen an der Spitze der ölfördernden Länder der Welt. Das liegt nicht zuletzt an der Weite des Landes, das vermutlich noch enorme unentdeckte Reserven an Öl und Gas beherbergt. Die Fördersteigerung der letzten Jahre geht vor allen Dingen auf die Entwicklung von Sibirien zurück, während in den klassischen Ölgebieten des europäischen Teils der UdSSR die Produktion stagniert, bzw. sogar rückläufig ist. Dagegen weisen auch der Komi-Distrikt (Petchora Gebiet) und die Perm-Orenburg-Distrikte steigende Förderzahlen auf. – Wenn auch wirtschaftlich zweitrangig, so ist es doch ganz interessant zu erfahren, daß die jungen Ölfelder in der Umgebung von Kaliningrad, dem ehemaligen Königsberg im ehem. Ostpreußen, bereits über 5 Mio. t jährlich produzieren und somit, ebenso wie mit 40 Mio. t nachgewiesenen Reserven die Erdöl-Größenordnung der BR Deutschland erreicht haben!

1974 wurde in der UdSSR aus etwa 600 Erdölfeldern gefördert. Rund 50 % der Förderung stammten aus 50 Großlagerstätten. Die Erdölvorräte betrugen 1978 in der UdSSR 9,7 Mrd. t (BGR-WEK 1980).

Das Kaukasusgebiet („Erstes Baku"), das bis zum Zweiten Weltkrieg den größten Anteil der sowjetischen Erdölförderung lieferte, ist jetzt nur noch mit rund 3 % an der Gesamtförderung beteiligt. Die Felder um Baku auf der Halbinsel Apscheron und die Offshore-Felder vor Apscheron sind an Antiklinalen gebunden. Die Speicher sind dort tertiäre Sande, hauptsächlich des Pliozäns. Die Tschelekenfelder in Westturkmenistan liegen in der Fortsetzung der Baku-Felder. Der Ölgürtel durchkreuzt das Kaspische Meer. Die Offshore-Exploration befindet sich in

7 Erdöl

der weiteren Entwicklung. Rund 70 % der Förderung Aserbaidschans stammen schon aus Offshore-Bohrungen. Andere kaukasische Lagerstätten sind Kaikop und die Terek- und Daghestan-Felder.

Ein bedeutender Förderbezirk der UdSSR ist immer noch das Wolga-Ural-Gebiet, das „Zweites Baku" genannt wird und 1976 noch 212 Mio. t Erdöl (etwa 36 % der sowjetischen Erdölproduktion) lieferte. In diesem Gebiet muß man nach geologischen Kriterien zwei sehr unterschiedliche Lagerstättenregionen unterscheiden.

Unmittelbar westlich vor dem Ural, der in der Endphase des Paläozoikums zum Faltengebirge wurde, liegt eine tiefe Randsenke mit karbonisch-permischer Sedimentfüllung. Die Öllagerstätten dieses Raumes sind weitgehend an Riffe gebunden, wie zum Beispiel die Lagerstätte Ishimbay.

Mit zunehmender Entfernung vom Ural gehen die Randsenkensedimente nach Westen in die bis zu 3 000 m mächtigen paläozoischen Ablagerungen der Russischen Tafel über. Die dortigen Lagerstätten, wie zum Beispiel Romashkino und Tujmasy unter vielen anderen, sind vorrangig an weite Antiklinalen gebunden. Südwestlich davon schließt sich an der unteren Wolga der Lagerstättendistrikt um Saratow an.

Weitere Erdöl- und Erdgasprovinzen im europäischen Teil der UdSSR sind das Ostseegebiet, die Petschoraprovinz, die Prepiatsenke am Dnjepr, die Schelfgebiete am Asowschen Meer, und nicht zuletzt das Nördliche Eismeer. Alle diese Gebiete fördern relativ untergeordnete Ölmengen. Die Petschoraprovinz, deren geologische Konzeption sich bis in die Barent-See fortsetzt, fördert zwar z.Z. erst etwa 2 % der sowjetischen Gesamtproduktion, jedoch wird diesem Gebiet eine gute Entwicklungschance zugesprochen. West-Kasachstan ist etwa mit 4 % an der Gesamtförderung der UdSSR beteiligt. Neben dem seit 1911 bekanntgewordenen Emba-Gebiet nördlich des Kaspi-Sees ist jetzt das Mangyschlak-Becken in der Erschließung begriffen, das allerdings Erdöl mit hohem Schwefelgehalt bei hoher Viskosität liefert.

Die Erdölförderung Mittelasiens beträgt rund 3 % der russischen Gesamtförderung.

Aus der Ukraine und Belorußland kommen etwa 4 % der russischen Erdölförderung. Die Felder liegen in der Karpatenvorlandzone in Galizien und im Ukrainischen Graben, wo aus tertiären Lagerstätten, die oft an Salzstrukturen gebunden sind, gefördert wird.

Auf Sachalin im Fernen Osten ist die Produktion gering. Das Schelfgebiet um Sachalin im Ochotskischen Meer gilt aber als erdölhöffig.

Einen gewaltigen Aufschwung nahm in den letzten Jahren die Entwicklung der schon in den sechziger Jahren entdeckten Erdölfelder Westsibiriens, die auch ihrer Bedeutung entsprechend „Drittes Baku" genannt werden.

Wie die Tabelle I.6 zeigt, kam 1976 schon rund 35 % der Gesamtproduktion der UdSSR aus Westsibirien, das waren 181 Mio. t. 97 % der westsibirischen Produktion kommt aus einem relativ konzentrierten Gebiet von 40 000 km^2 und 300 km Länge am Mittellauf des Ob im Raum von Surgut. Erst 1969 begann die Produktion aus dem Riesenfeld Samotlar. 1976 förderte es 111 Mio. t, etwa 60 % des westsibirischen Öls, und 1979 150 Mio. t. Die Maximalproduktion des vollentwickelten Feldes könnte

Tabelle I.6 Die Rohölproduktion der Sowjetunion nach Regionen gegliedert (Mio. t)

Region		1965	1970	1971	1972	1976
Europäischer Teil der UdSSR						
Tatar ASSR		76,7	97,8	98,7	97,8	102
Bashkir ASSR	Ural-Wolga-Distrikt	39,3	37,4	37,4	38,5	40
Kuibyshev Oblast		31,6	33,6	34,5	34,5	33
Perm Oblast		9,6	15,3	16,3	17,3	24
Orenburg Oblast		2,9	6,7	7,7	88,6	12,7
Komi ASSR (Petchora)		1,9	5,7	5,7	5,7	8,3
Checheno-Ingush. ASSR		8,6	19,1	21,0	19,1	
Aserbaidshan, SSR		21,0	19,1	18,2	17,3	
Ukraine SSR		7,7	13,4	13,4	13,4	80
Beloruss. SSR		0	3,8	4,8	5,7	
andere Gebiete		17,3	21,0	22,0	22,0	
Asiatischer Teil der UdSSR						
West-Sibirien		1,0	29,7	42,2	60,4	181
Turkmen. SSR		9,6	13,4	14,4	15,3	15
Kazach. SSR		1,9	12,5	15,3	17,3	20
andere Gebiete		2,9	5,8	4,8	4,8	5
total		232,0	334,3	356,4	377,7	521

Quelle: Soviet Economic Prospects for the Seventies, p. 286 und Intern. Petroleum Encyclopedia 1977.

noch höher liegen. Andere Großfelder dieses Gebietes sind Ust-Baly mit 15 Mio. Jahrestonnen Kapazität und Kholmogor soll 1980 8 Mio. t jährlich erreichen. Von den Feldern Megiou und Zapadno-Surgut nimmt man an, daß ihre Produktion schon langsam zurückgeht, ebenso wie diejenige vieler Felder im Shaim-Distrikt, der nahe dem Ural etwa 500 km südwestlich der Felder um Surgut liegt.

In dem großen Becken Westsibiriens von bis zu 8 000 m Sedimentdicke wurden bis 1974 bereits 1 200 Strukturen und 220 Öl- und Gasfelder gefunden, darunter 6 riesige und 31 sehr große mit 20—100 m mächtiger Öl- oder Gasführung. 73 Ölfelder mit je über 50 Mio. t Reserven enthalten 59 % aller Reserven der UdSSR. Davon fördern 5,2 % aus Tertiär, 33,7 % aus Mesozoikum und 21,0 % aus Paläozoikum. Diese spektakulären Erfolge wurden mit einem gewaltigen Einsatz von 3 760 Bohrgeräten, doppelt so viel wie in den USA, erzielt.

Die Ergiebigkeit pro Feldproduktionsbohrung liegt jedoch mit etwa 100 t pro Tag keineswegs übermäßig hoch. Da die Produktionshorizonte der Unterkreide aber im Durchschnitt nur um 2 000 m tief liegen, können sie relativ schnell erschlossen werden. In der Entwicklungsphase wurde im Samotlor-Feld zum Beispiel im Durchschnitt alle zwei Tage eine Bohrung fertig, Pipeline-Systeme verbinden die Lagerstätten mit dem europäischen Teil der Sowjetunion und der Großraffinerie in Omsk an der Transsibirischen Eisenbahn.

Weitere Felder liegen im Balyk- und im Wartha-Revier, die ebenfalls aus Unterkreide-Sandsteinen fördern.

Andere Vorräte besitzt die UdSSR in der Ostsibirischen Tafel zwischen Jenissei und Lena. Bis jetzt sind Felder in der Taimyr- und Werchojansk-Vortiefe, in der Riesenstruktur Sredne-Wiljui (14 000 km^2) und in der Angarsk-Senke gefunden worden.

7.2.2 Asien (außer UdSSR)

Das bedeutendste Erdölgebiet der Welt ist der *Mittlere Osten*[1]) mit den Ländern am Persischen Golf, in denen 1979 51 Mrd. t Vorräte, das sind 60 % der bis heute nachgewiesenen Welterdölreserven, lagen (vgl. Bild V.42).

Die Erdölzone des Mittleren Ostens ist an ein Sedimentationsbecken gebunden, das sich zwischen dem Südstrang der persischen Faltengebirge und dem Arabisch-Afrikanischen (Nubischen) Schild bis nach Syrien hinein erstreckt. Der Persische Golf ist gewissermaßen ein Restmeer dieser ehemaligen Meereszone.

Die Ölförderung stammt aus verschiedenen Horizonten. Im Südosten, also in Saudi-Arabien, Qatar, Abu Dhabi usw. liegt das Öl hauptsächlich in Kalken und Sandsteinen des Jura und der Kreide. Das größte Feld dieses Raumes ist die 230 km lange Ghawar-Antiklinale, deren Öl aus Oberjura-Kalken der Arab-Serie kommt. In Kuwait liegt das große Burganfeld, dessen Ölträger der unterkretazische Burgansandstein ist.

Einen entscheidenden Anteil an der starken Erhöhung der Erdölreserven im Mittleren Osten haben die Offshore-Gebiete des Persischen Golfes und die Lagerstätten der Vereinigten Emirate gehabt. Explorationsobjekte sind dort klüftige oder poröse, recht mächtige Kalke zwischen Jura und Kreide in meist ganz flachen, großflächigen Aufwölbungen, die zuweilen auf kambrische Salzdiapire zurückzuführen sind. — Aus Oman kommen rund 16 Mio. t jährlich.

Während der Persische Golf selbst bereits durch starke seismische und bohrtechnische Tätigkeit als regionalgeologisch relativ gut erschlossen gelten kann, dürften die weiten Wüstengebiete Arabiens in Zukunft noch ganz erhebliche neue Reserven bringen. Das Gesamtpotential Saudi Arabiens kann man auf 40 Mrd. t schätzen.

In den beiden nördlicheren Ländern, Irak und Iran, stammt die Erdölförderung hauptsächlich aus tertiären Speichergesteinen, vornehmlich dem oligozänen Asmari-Kalk, der von den abdichtenden tonigen Schichten der miozänen Fars-Serie überlagert wird. Große Antiklinalen, gewissermaßen Vorfalten der iranischen Ketten (Zagrosgebirge), bilden dort den Typ der größten Lagerstätten (z.B. Kirkuk-Feld im Irak und Gach-Saran-Feld im Iran).

Syrien fördert etwa 9 Mio. t jährlich.

Relativ kleine Ölfelder gibt es in einigen anderen asiatischen Ländern, wie in Pakistan z.B. — Brunei, Indien und Malaysia sind mit je etwa 10 Mio. Jahrestonnen einzuschätzen. Die malaysischen Felder Sarawak und Sabah liegen vor der Küste Nordborneos. Möglichkeiten bietet der bisher nur wenig explorierte Golf von Thailand, wo bislang nur kleine Vorkommen gefunden wurden. Auch das Schelfgebiet von Vietnam ist im Gespräch.

Ein großes Erdölland ist *Indonesien*. Die klassischen Lagerstätten dieses Landes wurden lange vor dem 2. Weltkrieg von der Shell in Sumatra aufgeschlossen. Heute konzentriert sich die Exploration hauptsächlich auf Offshore-Gebiete. Die Produktion stieg von 37 Mio. t 1969 auf über 81 Mio. t 1978 an. Indonesiens Ölreserven liegen bei etwa 1,5 Mrd. t. Die bedeutenden Offshore-Felder liegen in der Java-See und vor der Ostküste Borneos, wo es küstenparallel auch größere Onshore-Felder gibt. Die Explorationstätigkeit in Indonesien dürfte weiterhin beachtliche Größenordnung haben und anwachsen.

Der zweitgrößte Ölimporteur der Welt (nach USA), *Japan*, produzierte aus einer großen Zahl ganz kleiner Felder lediglich rund 500 000 t Erdöl im Jahr 1978.

---

[1]) Die Begriffe Naher und Mittlerer Osten werden in der deutsch- bzw. englischsprachigen Literatur unterschiedlich gebraucht. Das Gebiet um den Persischen Golf muß nach heute üblicher deutscher Nomenklatur zum Nahen Osten gezählt werden, gilt aber in der Ölsprache als „Middle-East".

Ein völlig neues Erdölland der Weltszene ist *China*, das in den letzten Jahren spektakuläre Erdölexplorationserfolge aufzuweisen hatte. 1959 wurde man im intramontanen mit 7 000 m Sediment gefüllten, über 200 000 km² großen ostchinesischen Becken der Mandschurei auf der mit 30 000 km² Fläche riesigen Aufwölbung von Taching fündig. Seitdem haben 7 000 Bohrungen die 3 500 km² große ölführende Fläche abgebohrt. Aus bis zu 19 feinstsandigen Horizonten der U-Kreide im 1 000—1 200 m Teufe wurden 1975 11,5 Mio. t Öl vom spez. Gew. 0,86—0,88 mit 0,5 % Schwefel, aber bis zu 20 % Paraffin gefördert. Die durchschnittliche Tagesförderung von 4 t/Tag macht die Anwendung von Wasserfluten verständlich. Die Reserven sollen bei 400—900 Mio. t liegen. Weitere Vorkommen bei Takan an der Küste in 1 000—3 000 m Teufe, Shengli an der Mündung des Gelben Flusses, Karamai, Yumen und Lenghu vervollständigen die Liste der zahlreichen Ölfelder, die sogar in den Pohai-Golf hinausziehen.

In den etwa 30 (24 on- und 6 offshore), mit paläozoischen bis pleistozänen, vorwiegend kontinentalen, limnisch-paralischen und untergeordnet marinen Sedimenten gefüllten Becken, deren größtes 500 000 km² groß ist, waren bis 1978 etwa 125 Öl- und 25 Gasfelder bekannt, aus denen 1979 106 Mio. t gefördert wurden, womit China an 7. Stelle der Weltliste stand. Einige hundert Strukturen ebenso wie Tiefenlagerstätten unterhalb etwa 3 000 m wurden noch nicht untersucht. Die gewinnbaren Reserven werden zur Zeit auf etwa 5 Mrd. t Öl onshore und 6 Mrd. t offshore, sowie auf 5,5 Bill. m³ Erdgas onshore und weitere 3 Bill. m³ offshore geschätzt. Bei dem derzeitigen Erschließungsstand sind diese Zahlen möglicherweise als recht konservativ anzusehen.

Im zentralchinesischen Szechwan-Becken gibt es 250 Oberflächenstrukturen, die zum Teil bis über 6 000 m abgebohrt wurden. Aus bisher über 1 000 Aufschlußbohrungen waren bis vor kurzem 50 Gas- und 10 Ölfelder entstanden. Das Gasfeld Weiyuan ist 200 km² groß und fördert aus 200 m mächtigen Kluftkalken. Wenn man berücksichtigt, daß ein Gasleitungsnetz in China noch fehlt, stellt die aus 1978 gemeldete Förderung von 13 Mrd. m³ schon eine beachtliche Leistung dar.

1979 betrug die Förderung 106 Mio. t und brachte China damit an die 9. Stelle in der Weltliste. 1990 wird eine Förderung von 200 Mio. t erwartet, wovon 25 % exportiert werden sollen. Dem Abtransport dient eine 1973 fertig gewordene 1 200 km lange Pipeline zum Chinesischen Meer.

7.2.3 Nordamerika

Die Rohölförderung der *USA* betrug 1978 427 Mio. t (bzw. 476 Mio. t einschl. Kondensat[1])), somit rd. 15 % der Welterdölförderung. Der Verbrauch an Rohöl ist aber weitaus größer als die Förderung, er betrug 1978 850 Mio. t, das sind rund 28 % der Weltförderung. Die nachgewiesenen Erdölreserven betrugen zu Ende des Jahres 1978 4 250 Mio. t[1]); im Vergleich zum Verbrauch des Jahres 1978 ergibt sich ein Verhältnis Verbrauch — Reserven von gut 1:5, ein Verhältnis Förderung — Reserven von gut 1:10.

Das Golfgebiet, aus dem fast 1/3 der amerikanischen Ölförderung kommt, fördert in seinem nördlichen Teil hauptsächlich aus Kreide-Sandsteinen, und zwar in den Staaten Louisiana, Arkansas und Texas im Bereich des Tyler-Beckens und der Sabine-Aufwölbung. An der Flanke des Sabine-Uplifts z. B. liegt das East-Texas-Feld, das mit etwa 65 km Länge und 8 km Breite und einer Tageskapazität von 65 000—100 000 t zu den großen Welterdöllagerstätten zählt. Im südlichen Teil des Golfgebietes wird im Küstenbereich der Staaten Louisiana und Osttexas hauptsächlich aus tertiären Salzstocklagerstätten, in Westtexas aus Antiklinallagerstätten und stratigraphischen Fallen aus Tertiärsanden gefördert. Im Schelfgebiet vor der Küste liegen viele Lagerstätten, die aus Schichten jurassischen bis tertiären Alters fördern. Bis zu 30 übereinanderliegende Sande u.a. an Salzstockflanken, angefüllt mit ganz jung eingewandertem, gasgesättigtem Öl, wurden dort durch rund 10 000 Bohrungen untersucht. Vor der mexikanischen Küste exploriert man auf die Fortsetzung des hochproduktiven Golden-Lane-Riffs vom Lande her.

Im sogenannten Perm-Becken, das aus dem Delaware-, Val-Verde- und dem Midland-Becken besteht, wird hauptsächlich aus kalkigen Schichten des Perms gefördert, daneben auch aus Horizonten des Devons, Karbons und Kambro-Silurs.

Das Midcontinent-Gebiet, das sich etwa von Colorado-City nach Kansas City erstreckt, liefert Öl hauptsächlich aus paläozoischen Sand- und Kalksteinen (Kambrium bis Perm) und aus Kreideschichten.

Tabelle I.7 Wichtige Erdöl-Produktionsgebiete in den USA

Gebiet	Anteil der Förderung
1. Golfgebiet	28 %
2. Perm-Becken	20 %
3. Midcontinent-Becken	17 %
4. Rocky-Mountains-Gebiet	10 %
5. Kalifornien	8 %
6. Midwest-Gebiet	6 %
7. Appalachen-Becken	1 %
8. Alaska	z. Z. noch ~ 10 % steigend

---
[1]) Viele Produktions- und Reserve-Angaben schließen die Kondensate aus dem Erdgas ein. Solche Angaben liegen in USA im Durchschnitt um 13 % höher als die reinen Rohölziffern.

Im Rocky-Mountains-Gebiet liegen die Erdöllagerstätten hauptsächlich in intramontanen Becken auf Faltungsstrukturen. Besonders wird aus kretazischen und tertiären, aber auch aus paläozoischen Schichten gefördert.

Die kalifornischen Erdöllagerstätten liegen im Bereich der Küstenkordillere in intramontanen Becken, sowie in der pazifischen Küstenebene. Hauptförderhorizonte sind tertiäre und kretazische Speichergesteine.

Die Midwest-Ölregion reicht von Michigan bis in den Bereich des Zusammenflusses von Mississippi-Ohio. Gefördert wird aus vielen paläozoischen Horizonten, hauptsächlich aus karbonischen Sandsteinen.

Das Appalachen-Becken ist das älteste und klassische amerikanische Ölgebiet, das heute nur noch geringe Bedeutung hat. Vornehmlich aus Antiklinallagerstätten mit Sandsteinspeichern karbonischen und devonischen Alters wird dort nur noch etwa 1 % der amerikanischen Förderung aus unzähligen Bohrungen gewonnen.

In jüngster Zeit entwickelte sich *Alaska* zu einer neuen amerikanischen Erdölprovinz. 1964 wurden dort erst 5 000 t täglich im Cook Inlet bei Anchorage gefördert.

Mit Prudhoe wurde 1968 das größte Ölfeld Nordamerikas gefunden. Es liegt in der 1200 km langen, mit mesozoischen Sedimenten gefüllten Küstenebene nördlich der paläozoischen Brooks Range Mts. und besitzt mit Mittelöl gefüllte, bis zu 200 m mächtige Lagerstätten. 1980 soll es 30 Mio. t fördern, während die maximale Kapazität sogar bei etwa 100 Mio. t/Jahr liegen soll. Wenn nach einem Bohraufwand von über 4 Mrd. $ und über 1600 Bohrungen auch 1–2 Mrd. t Öl und 200 Mrd. m³ Gas gefunden wurden, so liegt doch das Potential einschließlich der Arktischen Inseln um das Vielfache höher. Von besonderem Interesse ist die kürzlich fertiggestellte 1300 km lange Ölleitung von 1 m Durchmesser, die mit einem Aufwand von 8 Mrd. $ zur Südküste nach Valdez gelegt wurde. Gasleitungen von 4000 km Länge und 1,2 m Durchmesser nach Ostkanada und USA und von 2 500 km Länge nach Alberta sind mit Milliardenaufwand im Bau.

Um die amerikanische Erdölsituation richtig einzuschätzen, muß man in Rechnung stellen, daß deren wirtschaftliche Struktur grundsätzlich anders ist als in den übrigen Kontinenten. Die extrem privatwirtschaftliche Orientierung der US Erdöl-Exploration und -Förderung hat dazu geführt, daß es eine Unmenge kleiner und kleinster Ölgesellschaften gibt bis hin zu den Stripper-Wells von Farmern, die sich darum bemühen, mit einer Unzahl von Bohrungen auch kleinste Erdölvorkommen zu erschließen. Während in USA zum Beispiel 1973 27 602 Bohrungen niedergebracht wurden, waren es 1979 schon über 52 000. Es gibt rund 510 000 fördernde Bohrlöcher. Diese Entwicklung geht nicht zuletzt auf die geologischen Voraussetzungen in diesem Land zurück, das über sehr große Gebiete mit flächenhaften Anreicherungen von Öl und Gas in relativ geringer Tiefe verfügt. Dadurch ist aber auch die Reservenstruktur in Relation zur Zahl der Bohrlöcher außerordentlich klein und so niedrig wie sonst nirgends auf der Welt.

(Im allgemeinen werden zur Zeit in USA Bohrprojekte als wirtschaftlich erachtet, die einen Kapitalrückfluß von 1 : 3 innerhalb von 20 Jahren erwarten lassen. Das heißt zum Beispiel, daß bei rund 600 000 $ Bohrkosten für 2 000–2 500 m tiefe Bohrungen lediglich 10 000 Tonnen förderbare Ölreserven ausreichen, um Bohrprojekte durchzuführen. Aus diesen Rechnungen erklärt sich der sprunghafte Anstieg der Bohraktivität nach dem Ölpreissprung von 1973/74. Andererseits ergibt sich daraus aber auch die klare Erkenntnis, daß der Ölpreis weiterhin steigen muß, um die noch ölärmeren Lagerstätten zu erschließen, wenn die Importabhängigkeit des Landes nicht noch weiter steigen soll).

Wie immer man die Dinge aber betrachtet, — die Ölvorräte Amerikas gehen der Neige zu.

In *Kanada*, das 1978 eine Förderung von 64 Mio. t aufwies, liegen Lagerstätten in einem Sedimentationsbecken, das im Westen vom Felsengebirge und im Osten vom Kanadischen Schild begrenzt wird. Der größte Anteil der kanadischen Förderung (über 63 %) stammt aus den Feldern der Provinz Alberta, die, wie im Gebiet Turner Valley, aus Kalken und Dolomiten des Unterkarbons, im Gebiet der Felder Leduc und Redwater aus Riffen devonischen Alters produzieren. Die größte Lagerstätte Kanadas mit mindestens 1 Mrd. t Ölinhalt ist das 1953 entdeckte Feld Pembina. Pembina hat eine Längserstreckung von 200 km und fördert aus Sandsteinen kretazischen Alters. Rund 32 % der kanadischen Förderung stammt aus den Feldern der Provinzen Saskatchewan und Manitoba. Der Rest der Förderung kommt aus Britisch-Kolumbien und aus den sehr erdölhöffigen Nordwest-Territorien. Explorationsaktivitäten sind auf den arktischen Inseln Kanadas unter extremen Bedingungen und Kosten im Gange. Erfolgreich gebohrt wurde in den letzten Jahren im Gebiet des Mackenzie Deltas in die Beaufort-See, wo Ölfelder bei Arkinson Point gefunden wurden. Die Schätzungen des Potentials im Beaufortgebiet liegen jetzt bei 800 Mio. Tonnen, nachdem vorangegangene Schätzungen schon erheblich höher lagen. — So sieht das gesamte kanadische Ölpanorama nicht sehr rosig aus. Nachdem das Land von 1960 bis 1974 Öl exportierte, wurde es 1975 wieder zum Importeur mit steigender Tendenz, zumal auch die Möglichkeiten der Ölgewinnung aus den Athabasca Teersanden jetzt wesentlich pessimistischer eingeschätzt werden als noch vor wenigen Jahren (vgl. Kap. V.9 und Abschnitt 8.2).

Bereits 1977 mußte das Land etwa 30 Mio. t Öl importieren und der Bedarf, der zur Zeit bei 95 Mio. t jährlich liegt, steigt ständig weiter. Demgegenüber stellen die zum 1.1.1979 nachgewiesenen Reserven von 729 Mio. t nur Vorräte für relativ kurze Zeit dar. Sicherlich wird es in Kanada weitere Ölfunde geben, jedoch paßt der Gesamtausblick zu dem amerikanischen Panorama.

7.2.4 Lateinamerika

Mexiko machte als Erdölförderland in den letzten Jahren spektakuläre Fortschritte. 1978 erreichte das Land bereits 63 Mio. Jahrestonnen Produktion und die Planung läßt für 1982 schon eine Förderung von über 100 Mio. Jahrestonnen erwarten. 1972 fand die staatliche Ölgesellschaft Pemex in den Provinzen Chiapas und Tabasco neue Felder in Sedimenten der Kreideformation. Mittlerweile wurden in dieser Region 17 Ölfelder gefunden (Reforma-Fields), die einen maßgeblichen Anteil daran haben, daß die Reserven des Landes schon auf 3–5 Mrd. t veranschlagt werden. Allein die Reforma-Felder förderten aus weniger als 100 Bohrungen Ende 1976 schon über 25 Mio. Jahrestonnen. Die Produktion kommt aus einer mächtigen Serie von klüftigen Kalken aus Tiefen unterhalb von 3 750 m. Einige Bohrungen erreichten über 5 500 m Tiefe. Die klassischen Ölfelder Mexikos, die Faja de Oro zwischen Tampico und Poza Rica im Norden, die Veracruz-Zone und die Südzone am Isthmus von Tehuantepec, alle am Golf von Mexiko gelegen, förderten 1976 rund 20 Mio. t.

Venezuela war noch 1970 der drittgrößte Ölproduzent der Welt. Unter seiner Initiative wurde 1960 in Bagdad die OPEC gegründet. In den 70er Jahren verlor es seine Vormachtstellung in der OPEC. Mit einer Jahresproduktion von 113,6 Mio. t steht das Land 1979 in der Mitte der in der OPEC vereinten Länder. Die Reserven Venezuelas werden auf rund 2,6 Mrd. t eingeschätzt; der größere Teil liegt in den Feldern des Gebietes um den „Lago Maracaibo" und rund 1/3 im Orinoco-Becken in Nordostvenezuela, woher etwa 15 % der Produktion kommen. Die Förderung des Maracaibo-Gebietes konzentrierte sich bisher auf relativ flache Lagerstätten in tertiären Sanden, aber auch auf Kalke der Kreideformation. Die Maracaibo-Zone gilt nach wie vor als Zukunftsgebiet für Tiefbohrungen mit erheblichem Potential. – In Ostvenezuela sind die Förderhorizonte hauptsächlich tertiäre Sande (Miozän und Oligozän) und Träger der Kreideformation. Große Hoffnungen setzt das Land in den sogenannten Orinoco-Oil-Belt, – das ist eine Zone mit hochviskosem Öl zwischen 8° und 12° API nördlich des Orinoco Flusses in Tiefen zwischen 200 und 1 200 Metern (vgl. Abschnitt 8.2).

Kolumbien förderte 1978 6,8 Mio. t Erdöl und lag an siebenter Stelle der lateinamerikanischen Länder. Die Produktion stammt aus dem Barco-Revier an der Grenze von Venezuela und dem De-Mares-Revier am Rio Magdalena. Die Felder des Barco-Reviers gehören zur Maracaibo-Senke und produzieren aus Antiklinallagerstätten mit Sandsteinspeichern der Oberkreide und des Eozäns. Die Felder des De-Mares-Reviers sind an Antiklinalen und Störungen gebunden und fördern aus Sandsteinen eozänen Alters. Weitere Felder liegen im Süden des Landes bei Dina am Rio Magdalena und bei Orito in Putumayo.

Ecuador ist 1969 plötzlich in die Reihe der größeren Ölländer gerückt, seit im östlichen Andenvorland bei Lago Agrio bedeutende Ölfelder entdeckt wurden. 1978 förderte das Land rund 10,2 Mio. t über eine etwa 400 km lange transandine Pipeline, die das Erdöl aus etwa 10 Feldern bei Lago Agrio sammelt. Weitere Ölfelder im Osten von Shushufindi sind entdeckt worden, aber noch nicht an das Pipelinesystem angeschlossen. Insgesamt wäre eine Jahresproduktion von etwa 20 Mio. t aus dem Urwaldgebiet von Ecuador denkbar. Die nachgewiesenen Reserven dürften etwa bei 220 Mio. t liegen.

Ein gewisses Potential, wenn auch eher für Erdgas, existiert im Golf von Guayaquil, nördlich der peruanischen On- und Offshore-Lagerstätten des Talara-Gebietes, die zu den ältesten Erdölfeldern Amerikas gehören und etwa 3 Mio. t im Jahr fördern. 1970 begann in *Peru* östlich der Anden eine intensive Explorationsphase. Bisher wurden Erdölfelder mit etwa 200 Mio. t Reserven in der südöstlichen Fortsetzung der Felder von Ecuador in Kreidehorizonten des Marañon-Beckens gefunden. Eine Pipeline über die Anden zum Pazifischen Ozean wurde 1977 fertiggestellt. Die Pipeline geht bis nach Bajovar, südlich der klassischen Ölfelder Perus bei Talara, die schon seit 1871 bekannt waren. Durch die Aufnahme der Produktion aus den Amazonas-Feldern konnte das Land 1980 den Eigenbedarf von über 6 Mio. t Jahrestonnen bei einem Exportüberschuß von 3 Mio. t decken. Das Potential der ostandinen Vorsenke ist noch nicht zu übersehen. Dort liegen die kleinen Ölfelder Maquia und Agua caliente in Peru und die bolivianischen Felder von Santa Cruz und Camiri. Vor allem in Bolivien herrscht noch Bohraktivität, nachdem 1975 das Gasfeld mit Ölkondensat von Tita gefunden wurde. Bolivien förderte 1980 2 Mio. t, was zur Eigenversorgung des Landes bei etwa 1 Mio. t Export ausreicht.

Argentiniens sichere Ölreserven betragen etwa 340 Mio. t, bei einer Jahresförderung von 23 Mio. t 1978. Die Förderung verteilt sich auf fünf Reviere. Das aus der Oberkreide fördernde Feld von Commodoro Rivadavia der atlantischen Küstenregion von Patagonien ist mit 65 % Förderanteil das bedeutendste argentinische Ölgebiet. Am Rande der Anden liegen die Felder in Salta, Plaza Huincul, Mendoza und auf Feuerland; letztere ziehen nach Chile hinein. Die argentinischen Ölfelder zeichnen sich durch eine große Zahl von Förderbohrungen aus. Die Produktion des Landes ist nur durch ständiges Entwicklungsbohren aufrecht zu erhalten, was auch im schlechten Verhältnis von Produktion und Reserven zum Ausdruck kommt.

Das riesige *Brasilien* förderte 1980 aus kleinen Feldern lediglich 9 Mio. t, vornehmlich aus dem Reconcavo-Becken bei São Salvador (Bahia) und aus atlantischen Schelflagerstätten, die aus Kreide und Tertiärschichten fördernd vor der Küste von Alagoas und Sergipe liegen. Gewisse Aussichten auf fündige Bohrungen versprechen die jungen Sedimente bei São Luiz in Maranhão. Die mit ungeheuren Kosten realisierten Explorationen in den paläozoischen Amazonas-, Parnaiba- und Paranà-Becken blieben negativ, obwohl es im Paranà-Becken die zweitgrößten Ölschiefervorkommen der Welt gibt. Seit 1974 wurden vor der Küste, 200 km östlich von Rio de Janeiro, in relativ tiefen Gewässern im Campos-Becken 10 kleinere Ölfelder entdeckt, deren Entwicklung extrem hohe Kosten verursachen (3–6 Mrd. Dollar), aber etwa 5 Mio. Jahrestonnen Produktionskapazität besitzen sollen. Im Gegensatz zu den anderen brasilianischen Ölfeldern fördern die Offshore Felder des Campos-Beckens aus zerklüfteten Kalken. Trotz intensivster Anstrengungen, mehr Erdöl zu fördern, läuft der Verbrauch der Förderung weiterhin voran. An eine Selbstversorgung des Landes ist nicht zu denken. In diesem Zusammenhang sind die Bemühungen Brasiliens zu sehen, den Treibstoffbedarf über Alkohol aus Zuckerrohrproduktion abzudecken.

7.2.5 Afrika

Der Aufschwung der Erdölförderung dieses Kontinents wird deutlich beim Vergleich der afrikanischen Förderung von 1955 und 1978, denn 1955 wurden erst 2 Mio. t, 1978 dagegen bereits 302 Mio. t gefördert. Nach den ersten Bohrerfolgen 1953 wurde zunächst Algerien der führende afrikanische Erdölproduzent. Aber bereits 1964 wurde die Erdölförderung Algeriens von Libyen übertroffen. Schließlich überholte 1970 auch Nigeria die algerische Erdölförderung und 1974 zog Nigeria mit dem größten Erdölproduzenten Afrikas, Libyen, gleich, das 1970 seine Produktion aus entwicklungspolitischen Gründen drastisch gekürzt hatte.

Obwohl der zweitgrößte Kontinent der Erde, ist Afrika mit rund 10 % relativ geringer an der Welterdölförderung beteiligt, was nicht zuletzt an der geologischen Struktur des Kontinents liegt, der — als das ehemalige Herz des Gondwanakontinents — aus relativ viel kristallinem Grundgebirge mit auflagernden Becken vom Gondwanatyp besteht. So sind eben vor allem nur die Randschelfe und -becken des ehemaligen Tethysmeeres in der nördlichen Sahara, der grabenförmige Golf von Suez, das Nigerdelta und Off/Onshore Gebiete wie in Gabun zum Beispiel um den Kontinent herum erdölführend.

Die Förderung *Algeriens* stammt aus den Ölfeldern um Hassi-Messaud im sogenannten Trias-Becken und aus den Feldern um In-Amenas im Polignac-Becken mit hauptsächlich paläozoischen Speichergesteinen. Die Produktion des Landes liegt schon seit Jahren bei 55 Mio. t. Größere Anstrengungen werden unternommen, um eine Steigerung zu erreichen. Die eigentliche Stärke Algeriens liegt aber in seinem Erdgasreichtum.

Der große Aufschwung der Erdölexploration in *Libyen* begann 1960 und führte zu einem der gewaltigsten Aufstiege eines bis dahin armen Landes. Anfang der siebziger Jahre erreichte die Ölproduktion 165 Mio. t jährlich. Die Restriktionspolitik der libyschen Regierung brachte die Produktion aus rund 900 Bohrungen etwa auf die Größenordnung von 100 Mio. t, die in einem vernünftigen Verhältnis zu den 3,3 Mrd. t nachgewiesenen Reserven steht. Die Hauptlagerstätten liegen in der landeinwärts verlängerten Großen Syrte Bucht, die sich seit der Kreidezeit langsam verkleinernd vom Festland zurückzog und dabei mächtige Ablagerungen der Kreide und des Tertiärs hinterließ. Vor allem mächtige paläozäne Riffkalke und oberkretazische Speichergesteine bilden die wichtigsten Förderhorizonte. In seinen rund 700 000 km² vergebenen Konzessionsflächen verfügt Libyen noch über große Zukunftsmöglichkeiten. Allein das große Serir-Feld soll 1980 30 Mio. t/Jahr fördern und damit den größten Feldern der Welt ebenbürtig sein.

In *Ägypten* herrscht zur Zeit eine rege Explorationstätigkeit von insgesamt 35 internationalen Ölgesellschaften zusammen mit der ägyptischen Staatsgesellschaft. Besonders im Golf von Suez kam es in den letzten Jahren zu mehreren neuen Feldentdeckungen neben dem schon länger bekannten El Morgan Feld. Nachdem auch die Felder von Abu Rudeis auf Sinai wieder von den Ägyptern genutzt wurden, ist die Produktion des Landes 1978 auf 24 Mio. Jahrestonnen angestiegen. Ehrgeizige Pläne erhoffen um 1982/84 eine Produktionskapazität von 50 Mio. t jährlich zu erreichen. Dem steht keine gute Reservenbasis gegenüber, da 1978 nur 440 Mio. t nachgewiesen waren. Die anfänglich auf die „Western Desert" gerichteten großen Hoffnungen haben sich nicht erfüllt, obwohl kleine Felder bei El Alamein und Abu Gharadig mit etwa 750 000 t jährlich am Gesamtpetroleumbudget des Landes teilhaben. Demnach ist Ägypten schon jetzt zum Erdölexporteur geworden, dem jedoch ein schnell wachsender Eigenbedarf gegenübersteht.

Das Borma-Feld in *Tunesien* (5,0 Mio. jato) gehört zum Typus der algerischen Sahara-Felder. Kleine Felder gibt es auch in *Marokko*.

Nigeria ist durch die etwa 115 Ölfelder im Niger-Delta on- und offshore inzwischen an die 8. Stelle in der Welt gerückt und damit vom Potential her etwa Libyen gleichwertig, obwohl seine etwa 1 250 Förderbohrungen auf nur etwa 70 000 km² Konzessionsfläche verteilt sind. 1978 betrug die Förderung 98 Mio. t, bei 2,5 Mrd. t sicheren Reserven. Die Ölfelder liegen im Nigerdelta und offshore und produzieren aus kretazischen und tertiären Speichergesteinen. Das Potential des Landes ist noch keineswegs erschöpft, so daß mit weiteren größeren Funden gerechnet werden kann.

Größere Öllagerstätten gibt es auch auf dem Schelfrand von Gabun, Zaire, Cabinda und Angola. Die Lagerstätten von *Gabun* entsprechen geologisch denjenigen von Bahia auf der anderen Seite des Atlantischen Ozeans, was u. a. ein Beweis für die Kontinentalverschiebung ist.

7 Erdöl

Tabelle I.8 Die größten Erdölfelder der Welt mit über 150 Millionen Tonnen restlicher Reserven mit ihren wesentlichsten Daten.

Ölfeld	Land	Fundjahr	Anz. d. Bohr.	Prod. 1976 Mio. Tonnen	nachgew. verbl. Res. Mio. Tonnen	Förder-Horizont (m-Tiefe)	API°	Ölfallentyp
Burgan	Kuwait	1938	342	49,3	7 671,2	Burgan, 1464	31,3	Dom
Ghawar	Saudi Arabien	1948	372	259,5	6 235,8	Arab, Jubaila, 2 044	35,0	Antikline
Safania	Saudi Arabien	1951	97	31,1	1 967,3	Cretaceous, 1 556	27,0	Antikline
Samotlor	UdSSR	1965	1 700	111,0	1 656,2	L. Cret., 2 231	35,0	Antikline
Rumaila	Irak	1953	30	41,1	1 521,2	Zubair, 3 294	35,0	Antikline
Prudhoe Bay	USA	1968	5	0,7	1 369,9	Triassic, 2 504	...	Antikline
Salym	UdSSR	1963	25	1,4	1 368,4	Cretaceous, 2 196	33,0	
Kirkuk	Irak	1927	45	47,9	1 185,6	Reef, 854—1 281	36,0	Antikline
Manifa	Saudi Arabien	1957	2	0,003	1 163,4	Arab, 2 425	28,0	Antikline
Marun	Iran	1963	44	67,4	1 040,0	Asmari, 3 355	32,9	Antikline
Sarir	Libyen	1961	68	13,6	1 006,3	U. Cret., 2 745	37,2	gestörte Antikl.
Gachsaran	Iran	1937	30	31,0	998,1	Asmari, 2 745	31,1	Antikline
Ahwaz Asmari	Iran	1958	48	46,8	965,6	Asmari, 2 654	31,9	Antikline
Bibi Hakimeh	Iran	1961	21	11,6	937,0	Asmari, 1 647	29,7	Antikline
Berri	Saudi Arabien	1964	45	40,4	875,1	Arab, 2 272	33—38	Antikline
Raudhatain	Kuwait	1955	41	10,0	827,7	Zubair, 2 593	34, 8	Antikline
Chiapas	Mexiko	1974	270	27,7	753,2	Cretaceous	...	Antikline
Zuluft	Saudi Arabien	1965	12	0,14	715,6	..., 1 769	32,0	Antikline
Minas	Indonesien	1944	235	17,8	704,1	Miocene, 732	35,4	Antikline
Khafji	Neutrale Zone	1961	132	10,0	696,8	„A", 1 312—3 660	28,4	Antikline
Hassi Messaoud	Algerien	1956	108	11,2	630,5	Cambrian, 3 355	49,0	gestörte Antikl.
Uzen	UdSSR	1961	1 350	15,8	604,1	Jurassic, 813	33,9	Antikline
Khurais	Saudi Arabien	1957	13	1,5	586,4		...	Antikline
Statfjord	Norwegen	1974			534,2	Jurassic	37,0	Antikline
Romashkino	UdSSR	1948	8 000	78,1	530,1	Devonian, 1 766	31,7	Antikline
Abqaiq	Saudi Arabien	1940	64	41,2	528,9	Arab, 2 034	38,0	Antikline
Sabriya	Kuwait	1956	36	0,27	519,2	..., 2 440	32,9	Antikline
Abu-Safah	Saudi Arabien	1963	16	5,1	511,9	Arab, 2 028	30,0	Antikline
Amal	Libyen	1959	69	3,3	507,0	Cambro-Ord., 3 019	36,0	Intra-Kraton.
Agha Jari	Iran	1936	43	42,6	489,3	Asmari, 2 288	33,8	Antikline
Zubair	Irak	1948	33	9,6	479,0	Zubair, 3 355	34,2	Antikline
Pazanan	Iran	1961	7	1,8	459,5	Asmari, 2 288	33,6	Antikline
Shaybah	Saudi Arabien	1968			391,1		...	Antikline
Gialo	Libyen	1961	155	13,3	390,1	Eocene, 671—1 922	35,7	Antikline
Qatif	Saudi Arabien	1945	20	4,1	364,0	Arab, 2 150	31,0	Antikline
Wafra complex	Neutrale Zone	1953	295	5,3	364,0	Yamama, etal., 1 312—3 660	24—34	Antikline
Paris	Iran	1964	20	17,8	307,8	Asmari, 2 288	34,2	Antikline
Lama	Venezuela	1957	171	7,4	299,6	Tertiary, 2 538	32,6	gestörte Antikl.
Rag-e-Safid	Iran	1964	18	10,0	289,6	Asmari, 2 288	28,5	Antikline
Brent	Großbrit.	1971			286,3	Jurassic	...	Antikline
Arlan	UdSSR	1955	3 000	20,5	285,6	Carbon, 1 351	27,2	Antikline
Ust-Balyk	UdSSR	1961	820	15,1	280,4	L. Cret., 2 698	29,0	Antikline
Forties	Großbrit.	1970	9	5,5	268,8	Paleocene, 610—2 440	36,6	Antikline
Idd El Shargi	Qatar	1960	4	0,55	268,2	Arab. Fadhili, 2 516	35,0	Antikline
Lagunillas	Venezuela	1926	2 689	26,8	247,5	Tertiary, 915	24,4	Strat. + Tekt. F.
Minagish	Kuwait	1959	7	2,9	243,3	Minagish, 3 050	33,9	Antikline
Khursaniyah	Saudi Arabien	1956	16	2,3	242,6	Arab, 2 059	31,0	Antikline
Duri	Indonesien	1941	426	1,6	238,9	Miocene, 183	21,1	Antikline
Umm Shaif	Abu Dhabi	1958	26	8,5	225,2	..., 2 791	37,0	Antikline
East Texas	USA	1930	12 709	9,2	222,2	Woodbine, 1 098	39,0	Strukturnase
Bachaquero	Venezuela	1930	2 156	18,5	212,2	Tertiary, 1 050	22,6	Strat. Falle
Masjid-e-Suleiman	Iran	1908	22	0,55	206,8	Asmari, 497	40,3	Antikline
Tia Juana	Venezuela	1928	1 732	11,5	193,6	Tertiary, 915	20,0	Strat. Falle
Mamontovo	UdSSR	1965	450	9,6	185,2	Cretaceous, 1 922	27,0	Antikline
Ekofisk	Norwegen	1970	29	12,1	182,0	Danian, 3 050	37,0	Antikline
Sovet	UdSSR	1962	200	6,8	178,1	Cretaceous, 3 395	34,0	Antikline
Marjan	Saudi Arabien	1967	11	0,41	175,1		...	Antikline
Zakum	Abu Dhabi	1964	47	12,1	168,0	..., 2 776	39,8	Salzstock
Ninian	Großbrit.	1974			164,4	Jurassic	...	Antikline
Dukhan	Qatar	1940	60	12,1	161,8	Arab, 1 998	41,1	Antikline
El Morgan	Ägypten	1965	43	4,5	154,0	Paleozoic, 3 447	...	gestörte Antikl.
Bu Hasa	Abu Dhabi	1962	51	25,1	151,5	..., 2 593	40,0	Riff
Intisar „A"	Libyen	1967	9	3,0	150,0	„A", 2 974	45,0	Riff

Quelle: „Petroleum 2000", August 1977, 75. Anniversary Issue/Oil & Gas Journal, p. 102—103.

Ähnlichkeiten gibt es auch zwischen den Cabinda-Feldern und den neuen Ölfunden bei Campos vor Brasiliens Küste. — Die Lagerstätten in diesem Raum haben etwa zusammen ein Potential von 20 Mio. t Jahresproduktion (Gabun 1978 = 11,0 Mio. t).

7.2.6 Australien und Ozeanien

Seit der Entdeckung des kleinen Erdölvorkommens in Rough Range in Westaustralien im Jahre 1953 und dem Vorkommen bei Moonie im südlichen Queensland im Jahre 1961 wurde in Australien intensiv exploriert. Moonie selbst verfügt nur noch über relativ geringe Reserven. Die Lagerstätten des Surat-Beckens liegen in jurassischen und kretazischen Sedimenten. 1967 stand einem Verbrauch Australiens von 22 Mio. Jahrestonnen eine Produktion von 0,9 Mio. t gegenüber. Schon 1978 konnte das Land mit einer Produktion von 20,3 Mio. t 70 % seines Ölbedarfs aus eigenen Lagerstätten decken, denn allein 90 % der Produktion kam aus den im Gippsland-Becken offshore in der Bass-Strait inzwischen gefundenen Feldern Kingfish, Halibut und Barracouta. Mackarel ging 1977 in Produktion mit etwa 3,5 Mio. Jahrestonnen Kapazität. — Im Cooper-Becken wurden im Nordwesten des Staates South Australia einige kleinere Felder wie Fly Lake etc. gefunden. Die Bedeutung dieses Gebietes liegt vor allen Dingen in der Gasproduktion, wie Australien überhaupt ein erdgasreiches Land ist (vgl. Abschnitt 9.2.6).

Große Hoffnungen kann man auf den Nordwest-Schelf des Kontinents legen, nachdem erhebliche Mengen an Erdgas- und Kondensat-Reserven von Barrow Island beginnend, in nordöstlicher Richtung gefunden wurden. Insgesamt sind 900 000 km^2 höffige Gebiete mit paläozoischen bis kretazischen Sedimenten an der über 3000 km langen Westküste vorhanden, die sich jeweils zu 50 % auf offshore bzw. onshore Gebiete verteilen. Das größte bisher gefundene Feld ist Barrow-Island mit etwa 40 Mio. t förderbarer Reserven (100 Mio. t O.i.p). 50 Mio. t Kondensat enthalten die Gasreserven der 1972 gefundenen 4 Gasfelder mit 3 Bill. m^3 Erdgas. Die Tätigkeit von rund 100 Gesellschaften verspricht weitere Funde (vgl. 9.2.6). — Kleinere Felder gibt es in Papua auf australischem Territorium von Neu-Guinea.

In Neuseeland ist die Ölexploration noch nicht weit gediehen. Es gibt bisher nur sehr kleine Vorkommen.

8 Ölschiefer und Ölsande

Die Ölvorräte, die in den Ölschiefern und Ölsanden der Erde stecken, wurden im allgemeinen bis zum Beginn der Welterdölkrise kaum erwähnt oder doch ganz erheblich unterschätzt. Tatsächlich kann man die Ölvorräte der Ölschiefer auf ~500 Mrd. t und die der Ölsande auf ~450 Mrd. t schätzen, so daß die Gesamtmenge in diesen Lagerstätten etwa der vierfachen Größenordnung des gewinnbaren freien Öls entspricht, unter Berücksichtigung aller Ölschiefer und Ölsande, die bis zu 1500 m tief unter der Erdoberfläche lagern. Allerdings muß hier besonders betont werden, daß die Gewinnung dieser Reserven außerordentlich energieaktiv ist, d.h., daß die in diesen Lagerstätten steckende Nettoenergie maximal auf 50 % der Reserven eingeschätzt werden kann. Insgesamt gelten jedoch zur Zeit nur etwa maximal 30 Mrd. t Öl aus Ölschiefern und rund 100 Mrd. t aus Ölsanden langfristig als förderbar. Die Förderung dürfte wegen der ökonomischen und Kapazitätsprobleme nur langsam in Gang kommen, so daß geschätzt aus allen diesen Vorräten um 1990 etwa 50 Mio. t jährlich auf dem Weltmarkt angeboten werden können.

8.1 Ölschiefer (vgl. Kap. II.4 und V.9.3/4)

Ölschiefer sind Gesteine sedimentären Ursprungs, die sowohl in Salzwasser, Brack- oder Süßwasser entstanden sein können. Es besteht kein genetischer Unterschied zwischen dem Ursprung von Erdöl und dem des Kerogens der Ölschiefer. Das Kerogen hat aber einen höheren Stickstoffgehalt als klassisches Erdöl. Bei den Ölschiefern ist das Bitumen (Kerogen) fest mit den Tonschiefern verbunden. Es kann aus dieser Verbindung nur durch Wärmezufuhr herausgeschwelt werden. Folglich müssen die Schiefer entweder bergmännisch abgebaut und dann in zerkleinerter Form in Retorten bei etwa 500 °C aufbereitet werden, oder aber man erhitzt die Ölschiefer „in situ" durch Einpressung von heißer Luft oder Gasen. Alle diese Methoden haben jedoch ihre Probleme, vor allem in der Undurchlässigkeit der Schiefer für die zuzuführende Heizsubstanz, so daß Versuche laufen, zum Beispiel durch kleinere Atomsprengungen das Gestein zu frakturieren. Kommerzielle Anwendung der einen oder anderen Methode, wie auch die elektrische Aufheizung sind nicht vor 1985 zu erwarten. Unter den gegenwärtigen ökonomischen Bedingungen scheinen sich maximal in USA 10 Mrd. t Öl in Schiefern, in Brasilien 5 Mrd. t und in Europa ebenfalls 5 Mrd. t erreichen zu lassen. Um größere Mengen zu erschließen, muß man kostspielige Tiefbergbau- oder Tertiärförderverfahren in Kauf nehmen, die nach heutigen Vorstellungen erst dann wirtschaftlich werden, wenn der inflationsbereinigte Erdölpreis weiterhin ansteigt. Hierbei ist jedoch zu bemerken, daß der hohe Energieeinsatz zur Gewinnung von Öl aus Ölschiefern die Rentabilitätsgrenze immer vor sich her schiebt, so daß auch jetzt die Gewinnung erst in relativ begrenzten Mengen denkbar erscheint und keine wesentliche Entlastung für den Welterdölmarkt mitsichbringt.

Die gegenwärtige Ölgewinnung aus Ölschiefern ist gering und wird nur in der Mandschurei und in Estland

8 Ölschiefer und Ölsande

industriell betreiben. Produktionsversuche laufen unter anderem mit den Ölschiefern der Green-River-Formation in den USA.

Die größten *Ölschiefervorkommen* der Welt sind eozäne Sedimente der Green-River-Formation in den *US-Staaten* Wyoming, Utah und Colorado, die im Beckentiefsten der Piceance-, Uinta-, Washakie- und Green-River-Becken mehrere hundert Meter Mächtigkeit erreichen. Die Ölschiefer der Green-River-Formation haben eine Ausdehnung von 42 000 km^2 und enthalten Erdölreserven von etwa 250 Mrd. t. Im Piceance-Becken wurden mit 95 l Ölausbeute pro Tonne Ölschiefer die höchsten Ölgehalte dieser Vorkommen ermittelt.

Der Bergbau auf Ölschiefer in den USA unterliegt den gleichen bergmännischen Problemen wie der Kohlenbergbau, allerdings kommt als ganz wesentliche Belastung hinzu, daß im Gegensatz zum Kohlenbergbau nur max. 10 % der bergmännisch gewonnenen Substanz in Form von Schweröl Verwendung finden kann, so daß erhebliche Probleme mit der Lagerung der Rückstände entstehen. Das ist ein ganz gewaltiger Kostenfaktor im Großbetrieb und außerdem ein nicht zu unterschätzendes Umweltproblem. Wassermangel ist eine weitere Schwierigkeit.

Die Ölgewinnung aus Ölschiefern ist in den USA noch keineswegs über Versuchsanlagen hinausgewachsen. Die optimistischsten Prognosen gehen von einer Gewinnung von 50 Mio. t in 1990 aus, was dann etwa 5 % des US-ölbedarfs entspricht. Es ist anzunehmen, daß in den USA die Hydrierung von Benzin aus Steinkohle wirtschaftlicher als die Ölgewinnung aus Ölschiefer ist, da zur Gewinnung von einer Tonne Treibstoff nur etwa 2,8 Tonnen Steinkohle als Ausgangsmaterial erforderlich sind, im Gegensatz zu etwa 10 Tonnen zu bewegender Ölschiefer, um die gleiche Menge Öl zu erschließen. (Die Kohlenvorräte der USA sind so groß und auch relativ gut zugänglich, daß von der Mengenseite keine Probleme entstehen werden.)

Die in absehbarer Zeit gewinnbare Ölausbeute aus den *brasilianischen* Ölschiefervorkommen wird mit 5 Mrd. t angegeben, die aus den permischen Iratischiefern und jüngeren Ölschiefern in Nordbrasilien gewonnen werden können. Die brasilianischen Ölschiefervorkommen haben einen Ölinhalt von über 150 Mrd. t, allerdings nur, wenn man diejenigen dazuzählt, die im Tiefbauverfahren bis 1500 m bergmännisch abgebaut werden müßten, was sehr teuer ist.

Die Schieferölmengen der *UdSSR* werden auf mehrere Mrd. t geschätzt. Die größten Mengen dürften in den Kukkersit-Schichten des Ordoviziums stecken. Kukkersitablagerungen, die eine Ölausbeute von 5–20 % ergeben, stehen zwischen Reval und Leningrad an. Daneben sind Ölschiefervorkommen permokarbonischen Alters aus Kasachstan und kambrische Ölschiefer in Ostsibirien bekannt.

In *China* werden jährlich etwa 2 Mio. t Öl aus Ölschiefern produziert. Die größten Ablagerungen bilden die Felder bei Fushun und Huaticu, wo Ölschiefer oligozänen Alters mit einem Ölgehalt von 6–10 % abgebaut werden. Die in Ölschiefern vorhandenen gewinnbaren chinesischen Ölreserven werden auf etwa 5 Mrd. t geschätzt.

Die *afrikanischen* Ölschiefervorkommen liegen in den triassischen Schiefern von Stanleyville im Kongobecken (Zaire).

Die bedeutendsten *europäischen* Ölschiefervorkommen sind die von Schweden und Schottland. Die schwedischen altpaläozoischen Alaunschiefer haben neben ihrem Ölgehalt eine große wirtschaftliche Bedeutung wegen ihres Urangehaltes, so daß bei der Urangewinnung Öl als Nebenprodukt (oder umgekehrt) anfallen könnte. In Schottland sind die karbonischen Kännelschiefer ölhaltig.

8.2 Ölsande (Teersande) (vgl. Kap. V.9.1/2)

Günstigere Voraussetzungen für die Ölgewinnung bieten die *Ölsande*, vor allem Kanadas und Venezuelas, an. Ölsande sind durch eingewandertes Erdöl entstanden, das in der Nähe der Erdoberfläche durch Oxydation seine Viskosität verschlechterte und unter Verlust seiner Fließfähigkeit in Form von Asphalt oder Aromaten in porösen Sanden angereichert wurde, wobei die leicht flüchtigen Bestandteile verlorengingen.

Gewaltige Ölsandvorkommen gibt es in der kanadischen Provinz Alberta. Die 60 m dicken Athabasca-Sande erstrecken sich auf ein Gebiet, das etwa so groß wie Bayern ist; aber große Bereiche liegen in Tiefen bis zu 600 m, so daß ihr Abbau ebenfalls ein bergmännisches Problem ist. Die Gesamtölvorräte in den Athabasca-Sanden können auf 120 Mrd. t veranschlagt werden. Im Augenblick gelten jedoch nur solche Mengen als gewinnbar, die in Sanden stecken, welche unter einer Abraumdecke bis zu 46 Metern (150 Fuß) liegen. Die Durchtränkung der Sande mit Schweröl beziehungsweise Asphalt ist jedoch sehr unterschiedlich. Es gelten nur solche Partien als abbauwürdig, in denen mindestens 5 Gewichtsprozent Bitumenanteile enthalten sind. Diese beiden Grenzwerte berücksichtigt, gibt es in den Athabasca-Sanden zur Zeit etwa 5,2 Mrd. t bergmännisch gewinnbares Öl, von dem unter Annahme der bisherigen Erfahrungen bei der Aufbereitung 3,62 Mrd. t Rohöl gewonnen werden können. Vergleicht man diese Menge mit dem Jahreserdölbedarf Nordamerikas in 1980, dann entspricht sie etwa dem Verbrauch von rund vier Jahren oder den Reserven von Alaska. Unter diesen Umständen ist verständlich, daß die kanadische Regierung keineswegs auf eine schnelle Erschließung der Ölsande drängt, sondern die Vorkommen als „nationale Reserven Kanadas" betrachtet (vgl. *Govier, G. W.*, 1973 [13]).

Insgesamt gehen kanadische Schätzungen dahin, daß um 1995 etwa 32 Mio. t Öl jährlich aus den Ölsanden Kanadas gewonnen werden. Die Kosten lagen 1980 bei > 30 $[1]) pro Barrel (1 Barrel = 159 l).

---

[1]) Wenn nichts anderes angegeben, ist mit $ stets US-$ gemeint.

An der Erdoberfläche hat das zähflüssige Öl etwa 100 000 Poise Viskosität und in 600 m Tiefe bei etwa ± 28 °C Temperatur auch noch etwa 750 Poise. In keinem Teufenbereich findet somit eine eigene Drainage statt. Der Ölsand muß vielmehr im Tagebau-Betrieb abgetragen und mittels eines Heißwasserverfahrens (80 °C mit kaust. Soda) oder aber durch einen Thermalprozeß über engstehende Bohrungen entölt werden (vgl. V.9.1).

Obwohl die Teersande Albertas schon seit 200 Jahren bekannt sind, hat der erste großindustrielle Abbau erst 1967 durch Great Canadian Oilsands Ltd. begonnen, nachdem die Regierung von Alberta ihre Bedenken zurückgestellt und den Investitionen von 200 Mio. $ zugestimmt hatte. Seit 20 Jahren betriebene Forschungsarbeiten haben dazu geführt, das mit Heißwasser extrahierte Öl, das einen hohen Erstarrungspunkt, Aromaten- und 5 % S_2-Gehalt hat, durch einen Coking- und Hydriervorgang auf eine gute Dieselöl-Qualität zu bringen.

Zur Zeit werden etwa 4 Mio. t Öl jährlich gewonnen mit einer Steigerung auf zunächst 16 Mio. t aus 3 Großprojekten. Weitere Großanlagen sehen eine Verdopplung der Produktion längerfristig vor. Man muß sich vergegenwärtigen, daß an Investitionen rund 35 000 $ pro Barrel Tageskapazität erforderlich sind und daß davon rund 25–30 % auf Bohrungen, Großraumbagger, Trennanlagen für Heiß- und Kaltwasserbetrieb, Ton- und Sandabschneider, Kesselanlagen zur Dampferzeugung usw. entfallen, während 50–55 % für Raffinerieanlagen und 15–20 % für den Pipeline-Bau nach Edmonton ausgegeben werden müssen. Demgegenüber wird die Entwicklung auf Melville-Island noch auf sich warten lassen.

Auf lange Sicht erhöhen sich die gewinnbaren Ölmengen aus diesen Ölsanden dadurch, daß „in situ" Gewinnungsmethoden für diejenigen Bereiche entwickelt werden können, die mit mehr als 46 Meter Abraum bedeckt sind. Nimmt man eine Ausbringungsquote von mehr als 20 % an, dann könnten auf diese Weise aus den bergmännisch zugänglichen Bereichen und Tiefen mehr als 15 Mrd. t Öl gewonnen werden, zusätzlich 750 Mio. t bei jeweils nur einprozentiger Steigerung der Ausbringungsquote. Die Anwendung solcher Methoden erwartet die zuständige kanadische Regierungsbehörde nicht vor 1990 und auch dann nur bei vergleichsweise noch höheren Erdölpreisen als gegenwärtig.

Die dargelegten Zahlen zeigen, daß die Erdölgewinnung aus Ölsanden und Ölschiefern in absehbarer Zeit keine Alternative zur Erdölförderung aus konventionellen Erdölreserven der Welt sein kann, sondern immer nur ein

Tabelle I.9 Wichtige Schweröl-Vorkommen der Erde (nach *W. Rühl* [23] u. a.)

Land	Lagerstätte	Alter	Fläche (km^2)	Mächtigkeit (m)	Sättigung (%-Gew.)	Spez. Gew. (API)	Schwefel (%)	Hangendes (m)	oip (10^6 Barrel oil)
Kanada	Athabasca	U.-Kreide	32 000	0–120	2–18	10,5	4,5	0– 780	711 000
	Melville Isl.	Trias	?	20– 25	–16	10	0,9–2,2	0– 600	100
O-Venezuela	Oficina	Oligo-Miozän	32 000	10–100		10		0–1 000	700 000
Madagaskar	Bemolange	Trias	380	25– 90	10		0,7	0– 30	1 750
USA	Asphalt (Utah)	Oligozän O-Kreide	44	3– 75	11	8,6–12	0,5	0– 600	900
	Sunnyside (Utah)	O-Eozän	136	3–100	9	10–12	0,5	0– 45	500
Albanien	Seleniza	Mio-Pliozän	21	10–100	8– 4	5–13	6,1	flach	370
USA	Whiterocks (Utah)	Jura	8	270–300	10	12	0,5	—	250
	Edna (Calif.)	Mio-Pliozän	26	0–360	9–16	< 13	4,2	0– 200	165
	Peor Springs (Utah)	O-Eozän	7	1– 75	9			flach	90
O-Venezuela	Guanoco	Holozän	4	0,5– 3	64	8	5,9	—	60
Trinidad	La Brea	O-Miozän	0,4	0– 80	54	1– 2	6–8	—	60
USA	Sta Rosa (Utah)	Trias	> 18	0– 30	4– 8			0– 12	60
	Sisquoc (Calif.)	O-Pliozän	0,6	0– 55	14–18	4– 8		5– 20	50
	Asph. (Kent)	Pennsylvanian	28	2– 12	8–10			2– 10	50
Rumänien	Derna	Pliozän	2	2– 8	15–22		0,7	flach	25
UdSSR	Cheildag	Miozän	0,3		5–13			flach	25
USA	Davis (Kent)	Pennsylvanian	8	3– 15	5			5– 9	20
	Sta. Cruz (Calif.)	Miozän	5	2– 12				0– 30	20
	Kyrock (Kent)	Pennsylvanian	4	5– 12	6– 8			5	20

parallel laufender Vorgang, der dadurch in Gang gehalten wird, daß die Weltmarktpreise für Energieträger ein hohes Niveau beibehalten, dessen Steuerung zur Zeit einzig und allein in den Händen der OPEC-Staaten liegt (vgl. Kap. XIII.4).

Eine weitere große Ölsandlagerstätte bildet der Officina-Temblador-Belt nördlich des *Rio Orinoco in Ostvenezuela,* der eine Länge von etwa 400 km hat. Der Ölgehalt in den ostvenezoelanischen Ölsanden wird auf > 100 Mrd. t geschätzt. Das Schweröl mit 8–12° API liegt in tertiären (Unter-Miozänen) Sanden in Tiefen zwischen 200 und 1200 m. Das Öl fließt aufgrund seiner hohen Viskosität nicht von allein. Da die Sande eine gute Permeabilität aufweisen, kann an Gewinnungsverfahren mittels Heizmedien gedacht werden; überhitzter Wasserdampf mit Temperaturen um 350 °C bietet sich dann an. Um eine großtechnische Gewinnung einzuleiten, muß billige Energie für den Heizprozeß bereitstehen. (Eventuell könnte hier die Anwendung von Überschußwärme aus Kernreaktoren in Betracht gezogen werden. Anderenfalls müßte bis zu 50 % des Öls verbrannt werden, um den notwendigen Dampf zu erzeugen).

In Afrika sind besonders die Ölsande von Bemolunga auf Madagaskar bedeutend.

Außer den eigentlichen Teersanden gibt es in vielen Ländern Schweröl-Vorkommen, deren Öle ein spez. Gew. von etwa 0,95–1,0 haben. So rechnet man in USA 550 Lagerstätten hierzu, von denen 40 % in Kansas, Oklahoma und Missouri und 19 % als Ölasphalt in Kentucky liegen. Aber auch Kalifornien, Utah, Ohio, Pennsylvanien beherbergen Schweröle vom Karbon bis zum Tertiär.

In der UdSSR gibt es vor allem in Sibirien beachtliche Ölsandvorkommen, die aber gegenwärtig neben den produktiven Ölfeldern dieser Region noch keine ökonomische Entwicklungsmöglichkeit haben.

9 Erdgas[1]

9.1 Weltweite Verbreitung

Die Erdgaslagerstätten sind wie die Erdöllagerstätten an die großen Sedimentgebiete der Erde gebunden. Bei der Erdölgewinnung fallen oft erhebliche Mengen an Begleitgasen an, die entweder abgefackelt oder aber wieder in die Erdöllagerstätten zur Aufrechterhaltung des Felddruckes eingepreßt werden. In zunehmendem Maße werden die Begleitgase nun auch zur Energieerzeugung oder zur Meerwasseraufbereitung als Energiequelle verwandt.

Sehr häufig treten in Verbindung mit Erdöllagerstätten auch reine Erdgaslager auf. Wie in Begleitung des Erdöls größtenteils Erdgas vorkommt, so gibt es umgekehrt Erdgaslagerstätten mit einem mehr oder weniger hohen Anteil an flüssigen Kohlenwasserstoffen, die als sogenanntes Kondensat bei der Förderung vom Erdgas getrennt und gesammelt werden. Schließlich gibt es mitunter sehr große Erdgaslagerstätten in solchen Gebieten, in denen kein Erdöl vorhanden ist. Das Erdgas kann in solchen Fällen, wie zum Beispiel in Holland aus tiefer liegender Steinkohle ausgewandert sein. In Deltagebieten kann Methangas durchaus auch als sogenanntes „Sumpfgas" entstanden sein. Das Erdgas von Bangladesh könnte auf diese Weise entstanden sein, da das Ganges-Brahmaputra Delta schon seit dem mittleren Tertiär existiert und seit dieser Zeit viele tausend Meter Sedimente abgelagert wurden. Die größten Erdgasgebiete der Welt sind aber im allgemeinen etwa auch mit den Erdölgebieten identisch.

Die Erdgas-Reserven der Welt werden 1980 mit rund 74 Bill. m^3 (V_n) sicher und etwa der doppelten Menge als wahrscheinlich bis möglich angenommen. Davon entfallen je 1/3 auf UdSSR und Nahost, je 1/12 auf USA und Nordafrika und in 1/6 teilen sich Westeuropa, Fernost und Südamerika. Bisher gefördert wurden 25 Bill. m^3 (V_n) bzw. 10,6 % der ursprünglichen Gesamtreserven. Der derzeitige Welt-Verbrauch liegt bei 1,3 Bill. m^3 (V_n)/J, der freilich weiter ansteigen wird. In Westeuropa entfallen von insgesamt etwa 10 Bill. m^3 (V_n) Reserven rund die Hälfte auf die Nordsee und Holland. Die BR Deutschland führt mit 0,6 Bill. m^3 (V_n) die Reihe der übrigen Länder an.

9.2 Regionale Erdgas-Lagerstätten

9.2.1 Europa

Während die Vereinigten Staaten von Amerika schon seit langer Zeit ein intensiver Erdgasnutzer waren, setzte sich das Erdgas als Energieträger im großen Stil in Europa erst seit den sechziger Jahren durch. Geradezu phantastisch war der Aufstieg dieser Energieart in den Niederlanden und Großbritannien. Aber auch in der BR Deutschland stieg die Erdgasgewinnung in den letzten Jahren sprunghaft an. Größere Reserven liegen in Italien und Frankreich. Die Erdgasversorgung Großbritanniens stammt hauptsächlich aus der südlichen Nordsee.

Diese Entwicklung ist zu einem guten Teil der Erkenntnis zu danken, daß das flözführende Karbon das Muttergestein für das in Rotliegend-Sandstein und Zechstein-Karbonate einwandernde Erdgas war. Beide enthalten zum Teil mächtige terrestrische, permeabel gebliebene Sandsteine unter einer mächtigen Salzdecke, die sogar Ursache für eine gewisse N_2-Anreicherung war.

Die Gesamtziffer der über 275 Öl- und Gasfelder hat sich aus etwa 600 Funden ergeben, die wiederum das Ergebnis von rund 6000 Aufschlußbohrungen im Laufe von etwa 100 Jahren Explorationstätigkeit waren.

---
[1] mit Beiträgen von W. Rühl

BR Deutschland

Die Erdgasgewinnung der BR Deutschland betrug 1978 20,2 Mrd. m³. Außerdem werden etwa 500 Mio. m³ aus Steinkohlenlagerstätten gewonnen. Die Erdgasreserven der BR Deutschland wurden 1978 mit 265 Mrd. m³ sicheren Vorräten beziffert (BGR/WEK 1980).

Die größten deutschen Erdgasvorkommen liegen im Gebiet zwischen der Weser und der niederländischen Grenze. Die Lagerstätten Nordwestdeutschlands sind hauptsächlich an den Plattendolomit und den Hauptdolomit des Zechsteins (Perm) gebunden, einige kommen aber auch im Buntsandstein vor.

Die meisten und größten Erdgaslagerstätten Norddeutschlands sind im Durchschnitt an ältere Speichergesteine gebunden als die Erdöllagerstätten. Das Gas dürfte vor allem im Verlauf der Inkohlung der darunter liegenden oberkarbonischen Steinkohlenflöze entstanden sein. Außerdem gilt der Stinkschiefer als Erdgasmuttergestein. — Die Lagerstätten Süddeutschlands sind unbedeutend im Vergleich zu den norddeutschen Lagerstätten. Im Oberrheintal wird aus jungtertiären Schichten und in der Molassezone des Alpenvorlandes aus dem Tertiär gefördert; daneben wurden dort auch kleine Funde im Mesozoikum gemacht. Im Gegensatz zu den norddeutschen Erdgaslagerstätten besteht in Süddeutschland ein deutlicher Zusammenhang zwischen Erdgas- und Erdölvorkommen.

1980 wurden in der BR Deutschland 65 Mio. t SKE Erdgas verbraucht, was 16 % des gesamten Primärenergieverbrauches entspricht. Davon stammten 40 % aus inländischer Förderung. Der prozentuale Anteil der Gewinnung von Erdgas aus deutschem Boden wird in der zweiten Hälfte der achtziger Jahre auf etwa 25 % zurückgehen, was aber daran liegt, daß der Einsatz von Erdgas insgesamt in der BR Deutschland bis 1990 weiterhin stark steigen wird, der Rückgang an Eigenproduktion also relativ gesehen werden muß.

Nordsee

Im Abschnitt 7.2.1 wurden die geologischen Verhältnisse der Nordsee im Hinblick auf die Erdöl- und Erdgaslagerstätten in großen Zügen beschrieben. Auch die Erdgasvorkommen liegen in den drei hauptsächlichen Fördergebieten. Besonders große reine Erdgaslagerstätten liegen im sogenannten südlichen Permbecken, das sich gürtelförmig von Nordwestdeutschland durch die Niederlande hindurch in den britischen Teil der Nordsee erstreckt (vgl. Bild V.41). In diesem Gebiet stammt das Erdgas aus der dem Rotliegenden unterlagernden oberkarbonischen Steinkohle. Die Gesamtreserven an Erdgas werden in der Nordsee zur Zeit mit 3 000 Mrd. m³ beziffert, von denen 1 200 Mrd. m³ auf den südlichen Bereich, 1 000 Mrd. m³ auf die zentrale Nordsee und 800 Mrd. m³ auf den nördlichen Viking-Graben entfallen. Das Potential der Nordsee ist noch keineswegs erschöpft. Es ist durchaus denkbar, daß die Erdgasreserven tatsächlich zwei- bis dreimal so groß sind wie die zur Zeit nachgewiesenen [Karten im Kapitel V.].

Im deutschen Sektor der Nordsee wurden bisher 25 Strukturen erbohrt, aber erst in jüngster Zeit zeichnen sich in küstennahen Gebieten wirtschaftliche Erfolge ab.

Im niederländischen Sektor gab es 1976 einen Bohrerfolg im Block F-2, während sonst hauptsächlich zwischen den bekannten Feldern nach weiteren Gasreserven gesucht wurde und es auch zu mehreren neuen Funden kam. 1980 wird die Offshore Gasproduktion 10 Mrd. m³ erreichen, was einer Energiemenge von rund 8 Mio. t Erdöl gleichzusetzen ist.

Im norwegischen Sektor konzentrierte sich die Entwicklung hauptsächlich auf die Felder Ekofisk/Elkfisk, Frigg und Statfjord. Entscheidend war in diesem Zusammenhang 1977 die Fertigstellung der längsten Unterwasser-Erdgaspipeline der Welt von Ekofisk nach Emden in der BR Deutschland. Das Gas vom Frigg-Feld geht per Pipeline nach St. Fergus in Schottland und vom Statfjord/Brent-Feld (letzteres im britischen Sektor gelegen) nach St. Fergus (daß Pipeline-Projekte zur norwegischen Küste bisher nicht realisiert wurden, liegt an den großen Wassertiefen der Rinne vor dem norwegischen Festland).

Im britischen Sektor der Nordsee geht die Entwicklung rapide weiter. Im Gespräch ist der Bau eines Sammelpipeline-Systems zu 14 Öl/Gasfeldern nördlich des 56. Breitengrades. Die für dieses Projekt von insgesamt 1 350 km Länge notwendigen 4 Mrd. $ zeigen einmal mehr die Aufwendigkeit der Öl- und Gaserschließung in der nördlichen Nordsee. Allein das Brent-Feld wird ab 1982, wenn die Gaspipeline liegt und das Feld voll entwickelt ist, jährlich 6,5 Mrd. m³ Gas fördern, zu dem noch 5 Mio. t Kondensat hinzukommen neben 22,5 Mio. t Erdöl. Damit wird das Brent-Feld das größte produzierende Feld in der britischen Nordsee sein (Entwicklungskosten 5 Mrd. $).

Die Erdgaswirtschaft nimmt in Großbritannien ständig zu. 1977 erreichte der Anteil des Erdgases an der Gesamtprimärenergiebilanz rund 20 %. 1978 produzierten 6 Felder vor der englischen Küste insgesamt 33 Mrd. m³, entsprechend 28 Mio. t Öläquivalent, aus einer Gesamtproduktion des Landes von 38,5 Mrd. m³.

Westeuropäische Länder

Die *Niederlande* besitzen eine Reihe von Erdgaslagerstätten, die mehr als 2 500 Mrd. m³ gewinnbare Vorräte beinhalten. Davon liegen die meisten in der Großlagerstätte Slochteren bei Groningen, die damit nach dem Panhandle-Hugoton-Feld in Texas die zweitgrößte Erdgaslagerstätte der Welt ist. Das Erdgas des Groningen-Feldes ist an eine im Durchmesser etwa 35 km große Struktur gebunden und fördert aus 100—200 m mächtigen Sandsteinen des unteren Perms (Rotliegendes). Das Erdgas dürfte aus der oberkarbonischen Steinkohle in die Sandsteine des Rotliegenden eingewandert sein. Hollands Gesamtproduktion lag 1978 bei 92,3 Mrd. m³.

Die *französischen* Erdgasvorkommen, die 1978 mit 180 Mrd. m³ ausgewiesen sind, liegen im Aquitanischen Becken, südlich von Bordeaux, wovon allein 120 Mrd. m³ auf die Großlagerstätte Lacq entfallen. Das Gasfeld von Lacq im Pyrenäenvorland ist an eine Antiklinallagerstätte von 13 km Länge und 5 km Breite gebunden. Gefördert wird aus 450 m mächtigen Kalken des Neokom. 31 Bohrungen in Lacq können täglich 20 Mio. m³ Erdgas fördern. Das Erdgas von Lacq hat aber einen hohen Anteil von H_2S (15 %) und CO_2 (10 %). Es muß daher speziell aufbereitet werden. Bei der Reinigung des französischen Erdgases fallen 2 Mio. t Schwefel im Jahr an, wodurch Frankreich zum größten Schwefelproduzenten Westeuropas geworden ist.

Die *italienischen* Erdgasreserven betrugen 1978 190 Mrd. m³, wovon etwa 50 % auf die Felder der Poebene entfallen. Der Rest verteilt sich auf die Vorkommen in Sizilien, Mittel- und Süditalien. 1978 wurden in Italien 13,7 Mrd. m³ Erdgas gefördert, davon stammen > 10 Mrd. aus den Lagerstätten der Poebene. Die Lagerstätten der Poebene, ein Sedimentationsbecken mit mächtigen tertiären und quartären Ablagerungen, fördern aus gashaltigen Sanden des Miozäns und Pliozäns.

Die *österreichische Erdgasförderung* betrug ca. 2,5 Mrd. m³ im Jahr bei vorhandenen Reserven von 9,5 Mrd. m³. Die Erdgasfelder Österreichs sind an das Wiener Becken gebunden, aus dem auch die Haupterdölförderung Österreichs stammt. Im Ölfeld Maatzen wird Erdgas aus tertiären Sanden gewonnen. Das größte österreichische Erdgasvorkommen ist das von Zwerndorf an der österreichisch-tschechoslowakischen Grenze. Auch bei dieser Antiklinallagerstätte wird aus Sanden des Tertiärs gefördert.

Bei der Gasförderung Westeuropas von rund 250 Mrd. m³ (V_n) in 1983 werden rund 42 % aus der Nordsee kommen. Vom Verbrauch von 340 Mrd. m³ (V_n) sind dies 31 %. Einen weiteren nicht unwesentlichen Beitrag werden aber noch die Gasfelder onshore leisten. Insgesamt werden rund 43 % des Gesamtverbrauchs importiert werden müssen.

Osteuropäische Länder (einschließlich UdSSR)

Im Ostblock förderte Rumänien 1978 rund 32 Mrd. m³, die UdSSR 372 Mrd. m³. Die Erdgasförderung der restlichen Ostblockstaaten ist gering. *Rumäniens* bedeutendste Erdgasfelder liegen in der transsylvanischen Hochebene.

Die *UdSSR* ist nach den USA der zweitgrößte Erdgasproduzent der Welt. 1958 betrug die Gasproduktion erst 28 Mrd. m³, 1966 aber schon fast 143 Mrd. m³. Die Reserven wurden 1965 mit 2 780 Mrd. m³ angegeben, 1968 dagegen schon mit 4 420 Mrd. m³ und 1978 mit 25 800 Mrd. m³. Die Erschließung des Erdgases nahm in der Sowjetunion noch schneller zu als die des Erdöls. 6 Riesenfelder, 4 davon in Westsibirien, enthalten 50 % und 55 Felder 80 % der UdSSR-Reserven. [V.141] Westsibirien vereint 61 % der UdSSR-Reserven auf sich, allerdings werden auch große Hoffnungen auf das Kaspi-Gebiet, Turkmenien, Usbekistan, Orenburg und Ostsibirien gesetzt. Noch 1976 war die Ukraine die größte Gasprovinz der Sowjetunion mit einer Förderung von rund 68 Mrd. m³, was 21 % der Gesamtproduktion der Sowjetunion entsprach. Aber die turkmenistanische Gasprovinz lag mit 61 Mrd. m³ schon dicht hinter der Ukraine. So machte die Produktion aus den Gasprovinzen von Orenburg (Ural-Wolga Distrikt) und von Westsibirien 1976 einen großen Sprung nach vorne. Östlich von Turkmenistan in der usbekistanischen Gasprovinz erreichte die Produktion 34 Mrd. m³, dicht gefolgt vom Orenburg Gebiet mit 30 Mrd. m³. Im Komi Distrikt (Petchora-Gebiet) kam die Gasförderung auf 19 Mrd. m³. Ein weiteres großes Gasgebiet ist die Nordkaukasus Region (Stavropol Area) aus der 1976 etwa 36 Mrd. m³ jährlich kamen. Wie sehr die sowjetische Gasproduktion von Großfeldern beeinflußt wird sieht man zum Beispiel daran, daß allein im Shatlyk-Feld in Turkmenistan 1975 die Gasproduktion von 16 auf 29 Mrd. m³ emporschnellte. Der Orenburg Progreß beruht auf dem steigenden Ausstoß des Feldes Orenburg. In Westsibirien hatte das einzige voll produzierende Feld Medvezhye allein zwei Drittel der Förderung der Region bestritten. 95 % der Gasproduktion des Petchora-Gebietes kam vom Vuktyl-Feld. Dagegen sank die Produktion des Shebelinka-Feldes in der Ukraine und des Gazli-Feldes in Usbekistan langsam ab. — 12 Großfelder förderten 1976 in der Sowjetunion über 70 % des gesamten Erdgases.

Die großen Gasreserven der Westsibirischen Tafel liegen in einem mit bis zu 8 000 m mächtigen Jura-, Kreide- und Tertiär-Sedimenten gefüllten Becken zwischen Ural und Jenissei. Neben 30 kleineren Gasfeldern am Westrand des Westsibirischen Beckens liegen zahlreiche Lagerstätten mit jeweils mehr als 1 000 Mrd. m³ Vorräten in der Nordprovinz der Westsibirischen Tafel. Die Antiklinal-Lagerstätten Urengoy, Zapolyarnoye, Medvezhe, Novo Portov, Jamal, Gubklin und Yamburg waren 1976 in stetiger Entwicklung.

Auch in Ostsibirien wurden große Gasfelder gefunden. Einige Lagerstätten befinden sich in der Entwicklung. Kleinere Lagerstätten gibt es schließlich an der Nordspitze der Insel Sachalin.

1980 kamen 50 % der Förderung aus nicht europäischen Gebieten der UdSSR. Urengoy, das größte Erdgasgebiet der Welt lieferte schon 1978 aus 1 000 Förderbohrungen aus 1 300–1 500 m Teufe 100 Mrd. m³ (V_n) pro Jahr. Weitere 500 Bohrungen sollen neue Gashorizonte in größeren Tiefen erschließen. Um diese Fördermengen abzutransportieren, kamen 1976–1980 neben den bereits bestehenden 110 000 km weitere 18 000 km Gasleitungen hinzu, so daß die Deckung des Primärenergie-Bedarfs durch Erdgas bis 1980 auf 27 % ansteigen konnte.

9.2.2 Asien (außer UdSSR)

In den Ländern um den Persischen Golf muß das meiste, als Nebenprodukt bei der Erdölförderung anfallende Gas mangels Absatzmöglichkeiten abgefackelt werden. Der *Iran* verfügt über die meisten Reserven in diesem Raum, die 1978 insgesamt mit 14 000 Mrd. m^3 angegebenen sind, wogegen auf den Irak 790 Mrd. m^3 entfallen. Die Entwicklung des Erdgasabsatzes wird im Iran mächtig vorangetrieben. Aus den zentraliranischen Gasfeldern Agha-Jari und Marun wird Erdgas in den Süden der Sowjetunion geliefert. Insgesamt betrug die Förderung 1978 50 Mrd. m^3.

Lediglich im *Irak* mit einer Förderung von rund 3,3 Mrd. m^3 ist sonst eine relativ bescheidene Erdgasverwertung in Gang gekommen. In den übrigen Golfstaaten gibt es ein großes Potential, das mangels eines Marktes noch nicht erschlossen ist.

Obwohl die Aufschlußarbeiten in der Vergangenheit ausschließlich dem Erdöl galten, so sind doch seit 1955 eine ganze Reihe von Erdgasfeldern gefunden worden. Jedes Erdölland hat zwangsläufig sein „Gasproblem" in Gestalt des im Rohöl gelösten Erdölgases, das mit anfällt und nur dort verwertet werden kann, wo die Nähe eines Verbrauchers dies zuläßt. Sofern das Gas nicht für chemische Zwecke (bevorzugt mehr oder weniger reines Methangas) eingesetzt werden kann, was in vielen Entwicklungsländern noch nicht möglich ist, und auch kein Wärmebedarf besteht, geht es in die Luft. Allein in Nahost dürften das 50—100 Mrd. m^3 (V_n) im Jahr sein. Es ist daher nicht zu verwundern, daß in den nächsten Jahren verstärkte Bemühungen einsetzen werden, den riesigen Gasreichtum dieses Raumes ebenso wie Afrikas für die europäischen und nordamerikanischen sowie fernöstlichen Industriemärkte bereitzustellen. Bis in die 80er Jahre sollte das derzeit größte Projekt der Welt vom Iran realisiert sein. Bis dahin sollten nämlich mit einem Aufwand von rund 10 Mrd. $ 70—80 Mrd. m^3 (V_n) Erdgas durch 6 000 km neue Leitungen über die UdSSR, über eine direkte Leitung nach Westeuropa und über 30—40 zu bauende Flüssig-Erdgastanker von der offenbar riesigen Offshore-Struktur „C" nach Westeuropa, USA und Japan fließen [V.132, 157]. (Durch die politischen Ereignisse im Iran und Irak sind diese Projekte in Frage gestellt oder zumindest zeitlich erheblich verschoben).

In einem weiteren Riesenprojekt wurden seit 1975 eine Anzahl der alten Ölfelder wie Haf Kel, Paris, Gasaran, Agha Jari u.a., deren Lagerstättendruck stark abgefallen ist, nach Vollentwicklung des auf mehrere Milliarden Dollar Kosten geschätzten Projektes einer Gasinjektion mit dem Ziel unterworfen, den Entölungsgrad des Asmari-Kalkes von etwa 25 auf 40 % zu steigern. In der Spitze wurden 350 Mio. m^3 (V_n) pro Tag Gas eingedrückt, wovon 40 % bislang abgefackeltes Erdölgas waren. Da es sich dabei um ein Kreislaufverfahren handelt, wird der Wert des Gases dabei gleich zweimal genutzt [V.110].

Die großen Ölländer *Saudi Arabien* und *Kuwait* sind zur Zeit dabei, unter Aufwand erheblicher Kapitalien, die Erdgasnutzung zu erschließen, wobei an petrochemische Fabriken ebenso wie an Verflüssigungsanlagen gedacht ist.

Auch in *Indonesien* steht die Erdgasgewinnung in keinem Verhältnis zur Erdölförderung. Jedoch lag 1978 die Produktion schon bei 16 Mrd. m^3. Die Erdgasreserven des Landes von 680 Mrd. m^3 dürften erheblich größer sein, als sie z.Z. nachgewiesen sind, da es keine planmäßige Exploration auf Erdgas gibt.

In *Brunei*/Nordborneo liegen nennenswerte Gasreserven von 230 Mrd. m^3.

Besonders erwähnt werden soll, daß *Bangladesh*, eines der ärmsten Länder der Erde, über ein beachtenswertes Erdgaspotential verfügt, das ein Schlüssel für die wirtschaftliche Entwicklung sein kann. Mit lediglich rund 25 Bohrungen wurden 200 Mrd. m^3 Erdgas nachgewiesen. Die Reserven liegen wahrscheinlich erheblich höher.

Chinas Gasproduktion stieg in den vergangenen Jahren rapide an. Zwischen 1968 und 1974 verdreifachte sich die Förderung. 1978 lag die Förderung bei 66 Mrd. m^3, was einem Öläquivalent von rund 55 Mio. t entspricht. Fast die ganze Produktion stammt aus dem Szechuan-Becken, wo auch das schon 1 000 Jahre bekannte Tzukung-Feld liegt. Weil es noch keine größeren Gaspipelines im Land gibt, dient das Gas noch örtlichen Industrien und Städten. Insgesamt soll es in dieser Region über 200 Gasstrukturen geben, die noch längst nicht erschlossen sind.

Japan förderte 1978 aus mehreren kleinen Feldern nur 2,6 Mrd. m^3 Erdgas, trotz enormer Bohraktivitäten on- und offshore.

9.2.3 Nordamerika

Die *USA*, der größte Erdgasproduzent der Welt, decken etwa 30 % ihres Energiebedarfs mit Erdgas. Die Förderung betrug 1976 560 Mrd. m^3, die Reserven betrugen 1976 6 232 Mrd. m^3. Ein großer Teil der amerikanischen Erdgasproduktion stammt aus der größten Erdgaslagerstätte der Welt, dem Hugoton-Panhandle-Feld, das eine Größe von 240 × 65 km hat und aus Kalken, Dolomiten und Arkosesandsteinen des Oberkarbons und des Perms fördert. Die Reserven dieses Riesenfeldes betragen mehr als 1 000 Mrd. m^3. Weitere große Erdgaslagerstätten liegen im Paläozoikum des Appalachen-Troges, im Gebiet der Erdöllagerstätten von Oklahoma, Texas und der Golfküste, im San Juan-Becken in New Mexiko und in Kalifornien. Außerdem fallen bedeutende Mengen Erdölbegleitgas bei der Erdölproduktion an. Bei der Aufbereitung des Erdgases werden etwa 60 Mio. t Kondensat gewonnen. Seit etwa 5 Jahren gehen die nachgewiesenen Erdgasreserven der USA rigoros zurück, was auch eine Ursache der amerikanischen Energiekrise ist. Die Meinungen über das zukünftige Erdgaspotential der USA gehen weit auseinander.

Sicherlich spielt bei der Produktionskapazität der staatlich gesteuerte Erdgaspreis eine große Rolle, da nur ein marktwirtschaftlich freier Gaspreis genügend Anreiz für gesteigerte Explorationsaktivitäten wäre. Grundsätzlich gilt jedoch dasselbe wie das schon im Kap. Erdöl über die USA Gesagte. Die meisten heute erschlossenen Gaslagerstätten sind an flächenhafte Sandsteine in mäßigen Tiefen gebunden, so daß die Förderung aus unzähligen Bohrungen erfolgt. Während 1973 rund 27 600 Bohrungen auf Öl und Gas in USA niedergebracht wurden, waren es 1979 bereits 52 000. Trotzdem sind die Gasreserven auf 5540 Mrd. m³ Ende 1978 zurückgegangen, weil der Konsum ungebrochen groß ist und die Förderung 1978 on- und offshore 682 Mrd. m³ betrug [BGR/WEK 1980–8].

Eine sehr kostspielige Erschließung der tiefen Lagerstätten (im Anadarko-Becken zum Beispiel aus über 5000 m) würde vermutlich die Reserven wieder erhöhen, was jedoch nicht darüber hinwegtäuschen darf, daß bei steigendem Verbrauch auch diese Mengen nur noch relativ kurzlebig sind. Gegen Ende dieses Jahrhunderts dürfte das amerikanische Erdgaspotential weitgehend erschöpft sein.

Kanada liegt mit einer Förderung von fast 71 Mrd. m³ Erdgas an dritter Stelle der Weltförderung. Rund 80 % der kanadischen Erdgasförderung stammt aus den Lagerstätten der Provinz Alberta. Gefördert wird aus Speichergesteinen des Devons, Karbons, der Trias und der Kreide. Die Felder in British-Columbia fördern hauptsächlich aus der Trias. Die Erdgasreserven Kanadas betrugen 1978 1802 Mrd. m³.

9.2.4 Lateinamerika

Die *mexikanische* Erdgasförderung lag 1976 bei 26 Mrd. m³, die zum größten Teil aus den Feldern am Rio Grande im Nordosten des Landes stammte. Die Reserven Mexikos beliefen sich 1978 auf 1669 m³.

Die Erdgasproduktion der Länder Südamerikas stammt hauptsächlich aus den bei der Erdölgewinnung anfallenden Begleitgasen, die zum größten Teil wieder in die Erdöllagerstätten zur Druckerhaltung eingepreßt werden. Daher ist *Venezuela* größter Produzent. Die Vorräte sollen 1951 Mrd. m³ betragen und die Förderung stieg von rund 27 Mrd. m³ im Jahre 1955 auf rund 35 Mrd. m³ 1978. Nach dem Ausbau eines Pipelinenetzes soll die Erdgasgewinnung noch gesteigert werden. – Daneben besitzen *Argentinien* und *Chile* eine nennenswerte Erdgasförderung, die hauptsächlich aus den Feldern um Comodoro Rivadavia im Süden und Campo Duran im Norden gefördert und über Gasleitungen nach Buenos Aires geliefert wird, sowie aus Feuerland stammt.

Erdgasfelder mit rund 170 Mrd. m³ nachgewiesenen Vorräten liegen bei Santa Cruz im Osten *Boliviens,* die durch eine Gasleitung nach Argentinien erschlossen sind und 1978 etwa 3,7 Mrd. m³ produzierten. (Eine Pipeline nach São Paulo ist in der Diskussion, die eine Mindestkapazität von 4 Mrd. m³ jährlich haben müßte.)

9.2.5 Afrika

Algerien besitzt die größten Erdgaslagerstätten Afrikas mit mehr als 5150 Mrd. m³ Reserven. Bisher wird aus dem Feld „Hassi R'Mel" Erdgas aus Sandsteinen der Trias produziert. Das Gas der Lagerstätte, deren Reserven auf ca. 1500 Mrd. m³ geschätzt werden, wird über eine Gas-Pipeline nach Arzew geleitet. Dort und in Skidda liegen große Gasverflüssigungsanlagen.

Algeriens Bedeutung liegt auf dem Gebiet des Erdgas-Exports. Rund 900 Bohrungen sollen in der ersten Hälfte der 80er Jahre die Erfüllung der bereits abgeschlossenen Lieferverträge über etwa 71 Mrd. m³ (V_n) pro Jahr erlauben, von denen etwa 2/3 als Flüssig-Erdgas von 46 Tankern nach USA und Westeuropa und der Rest über 2 Mittelmeer-Gasleitungen nach Italien und Spanien und von dort weiter in andere Länder geliefert werden. Bereits 1964 hatte der Transport mit einigen Methan-Tankern nach London und LeHavre begonnen.

Auch in *Libyen* fallen große Erdölgasmengen an, die bisher auf den Ölfeldern abgefackelt wurden; Eine Gasleitung vom Zelten-Feld nach Marsa el Brega, (1974 = 1,2 Mrd. m³), wo das Gas verflüssigt und dann nach Europa transportiert wird, wurde 1968 fertiggestellt.

Nigeria verfügt im Nigerdelta über etwa 1200 Mrd. m³ Reserven und hat 1978 17 Mrd. m³ gefördert. Um die jährlichen, durch Abfackeln von 98 % des mit dem Öl mitgeförderten Gases verursachten hohen Verluste von etwa 20 Mrd. m³ (V_n) – (diese Menge entspricht etwa der Erdgasförderung der BR Deutschland) – zukünftig zu vermeiden, ist eine Verschiffung als Flüssig-Erdgas mittels Tanker nach Europa im Aufbau.

Ägypten verfügt über relativ geringe Erdgasreserven in den Feldern Abu Gharadiq in der „Western Desert" und Abu Madi im Nildelta, die aber für die Industrialisierung des Landes von wesentlicher Bedeutung sind. Im Nildelta existiert in tertiären Sedimenten durchaus die Chance, neue Gasfelder (Methan) zu entdecken. Das Erdgas der Suez-Ölfelder, das etwa 8 % des Energieinhaltes des geförderten Öls hat, wird zur Zeit noch abgefackelt, soll aber als Rohstoffbasis zukünftiger Düngemittelfabriken usw. dienen.

9.2.6 Australien und Ozeanien

Australiens Erdgasindustrie ist noch sehr jung. Die erste nennenswerte Förderung betrug 1962 2 Mio. m³, doch stiegen die Aussichten durch Funde in der Bass-Strait erheblich, so daß man schon 1969 damit begann, die Gasversorgung von Melbourne auf Erdgas umzustellen. Die Reserven des Feldes Barrarouta in der Bass-Strait werden auf 425 Mrd. m³, die des Feldes Marlin auf mindestens 450 Mrd. m³ geschätzt. Das Land hat mit 317 Mrd. m³ nachgewiesenen Reserven eine ausgezeichnete Gasbasis bekommen. Die entwickelten und noch nicht entwickelten geschätzten Reserven betragen rund 2 800 Mrd. m³, denen 1978 ein nationaler Konsum von 7,6 Mrd. m³ gegenüberstand. Die Zukunftsprojekte sind deshalb auf den Export von LNG nach Japan und USA gerichtet. Beachtliche Bohrerfolge wurden auf dem Nordwest-Schelf erzielt, von wo das Gas über eine Pipeline nach Dampier gebracht werden soll. — Felder im Perth-Becken nördlich von Perth versorgen diese Stadt. Aus dem zentralen Cooper-Becken fließt Erdgas über Pipelines nach Adelaide und Sydney. Das klassische Ölgebiet des Bowen-Surat-Beckens liefert Erdgas nach Brisbane, und schließlich gibt es noch Gasreserven im Amadeus-Becken Zentralaustraliens.

Neuseelands Gasfelder, deren Reserven mit 169 Mrd. m³ veranschlagt werden, liegen im Süden der Nordinsel und in der Cook Straße offshore.

10 Uran und Thorium

10.1 Weltweite Verbreitung[1]

Uran gehört nicht zu den seltenen Elementen und kommt häufiger vor als zum Beispiel Silber. Es ist in der Erdrinde fein verteilt und deshalb für den Menschen nur begrenzt nutzbar. Immerhin gibt es in der festen Erdkruste etwa 3–4 g Uran in der Tonne Gestein und etwa 3 mg in 1 m³ Meerwasser. Die weitreichende Verteilung hat in erdgeschichtlicher Hinsicht dazu geführt, daß das Uran in sehr vielseitigen Lagerstättentypen vorkommt. Zu den sedimentären Lagerstätten gehören die Uran-Anreicherungen in Sandsteinen, in denen 33 % aller Uran-Konzentrationen der Welt vertreten sind. Mit 20 % haben die ebenfalls sedimentären Konglomeratlagerstätten Anteil und 2 % finden sich in Verwitterungslagern. Die Uran-Anreicherungen der magmatischen Abfolge sind mit jeweils 15 % durch hydrothermale und pegmatitische Anreicherungen beteiligt. In sonstigen Lagerstätten, wie schwarze Schiefer, Phosphate und Kohle, die jedoch zur Zeit kaum auf Uran abbauwürdig sind, liegen weitere 15 %.

Die bisherige Einteilung der Uranlagerstätten in Preiskategorien sind heutzutage nicht mehr zweckmäßig, da die im Zuge der allgemeinen Primärenergieverteuerung auch beim Uran aufgetretenen Preissprünge auf Marktpreise zu beziehen sind, die 1981 bei 50 $ pro kg U_3O_8 liegen und weiterhin schwanken dürften.

Zur Zeit sind in den Industrieländern der westlichen Welt und in der Dritten Welt gut 2 Mio. t Uranreserven sicher nachgewiesen und fast 4 Mio. t gelten als wahrscheinlich (vgl. Tabelle XIII.17).

Thorium hat zur Zeit nur eine relativ geringe Nachfrage und folglich sind Thoriumlagerstätten weit weniger exploriert oder bekannt. Die Vorräte der kostengünstigen Thoriumreserven der westlichen Welt werden zur Zeit auf mindestens 4 Mio. sh t nachgewiesene und wahrscheinliche Reserven geschätzt.

10.2 Regionale Uran-Lagerstätten (Bild I.7)

10.2.1 Europa

Von den westeuropäischen nachgewiesenen und wahrscheinlichen Uranreserven liegen 101 000 t in *Frankreich*, in *Portugal* 10 700 t und in *Spanien* 250 000 t. In etwas höherer Preisgruppe gibt es 304 000 t in *Schweden*, das damit die größten Reserven in Westeuropa hat (Schwarzschiefer). Kleinere Lagerstätten findet man in *Finnland*. Abgesehen von den möglicherweise 27 000 t in Sandsteinen *Jugoslawiens* und den schwedischen „Kolm"-Schieferlagerstätten mit einem U_3O_8-Gehalt von 0,02–0,03 % handelt es sich in Europa um Ganglagerstätten der magmatischen Abfolge. Die Uranvorkommen bei Aue im Erzgebirge sind an hydrothermale Gänge im Bereich größerer Granitmassive gebunden. Dort treten Uranminerale neben Silber, Kobalt, Nickel, Wismut, Eisenglanz und Flußspat auf.

Die möglichen Reserven der DDR werden mit 560 000 t veranschlagt! Die Tschechoslowakei hat 145 000 t, Rumänien 70 000 t und Ungarn und Bulgarien gelten mit je 45 000 t nachgewiesenen Reserven als potentielle Uran-Länder (Tabelle XIII.17).

10.2.2 Asien

Kleinere Uranvorkommen gibt es in der *Türkei*, die sich auf 3 100 Tonnen sichere Reserven belaufen sollen.

Indien besitzt rund 30 000 t Uran. Weit wichtiger sind in Indien jedoch die Thoriumvorkommen in den Küstensanden bei Chavara und Mänavala-Kurichi in den Bundesstaaten Kerala und Madras im Südwesten und in Andara an der Ostküste, sowie die Lagerstätten in Bihar und West-Bengalen, die alle neben Thorium auch Uran enthalten. — Reserven werden mit 319 000 sh t ThO_2 angegeben.

In *Japan* haben neben einigen Uranvorkommen in Pegmatiten und kleinen Ganglagerstätten die Uran-Anreicherungen in Sandsteinen bei Ningyô-Tôgé Bedeutung.

Über die Uranvorkommen der *UdSSR* und *Chinas* gibt es wenig Veröffentlichungen. Bekannte Lagerstätten

---
[1] Reserven nach BGR/WEK 1980 [8].

10 Uran und Thorium   43

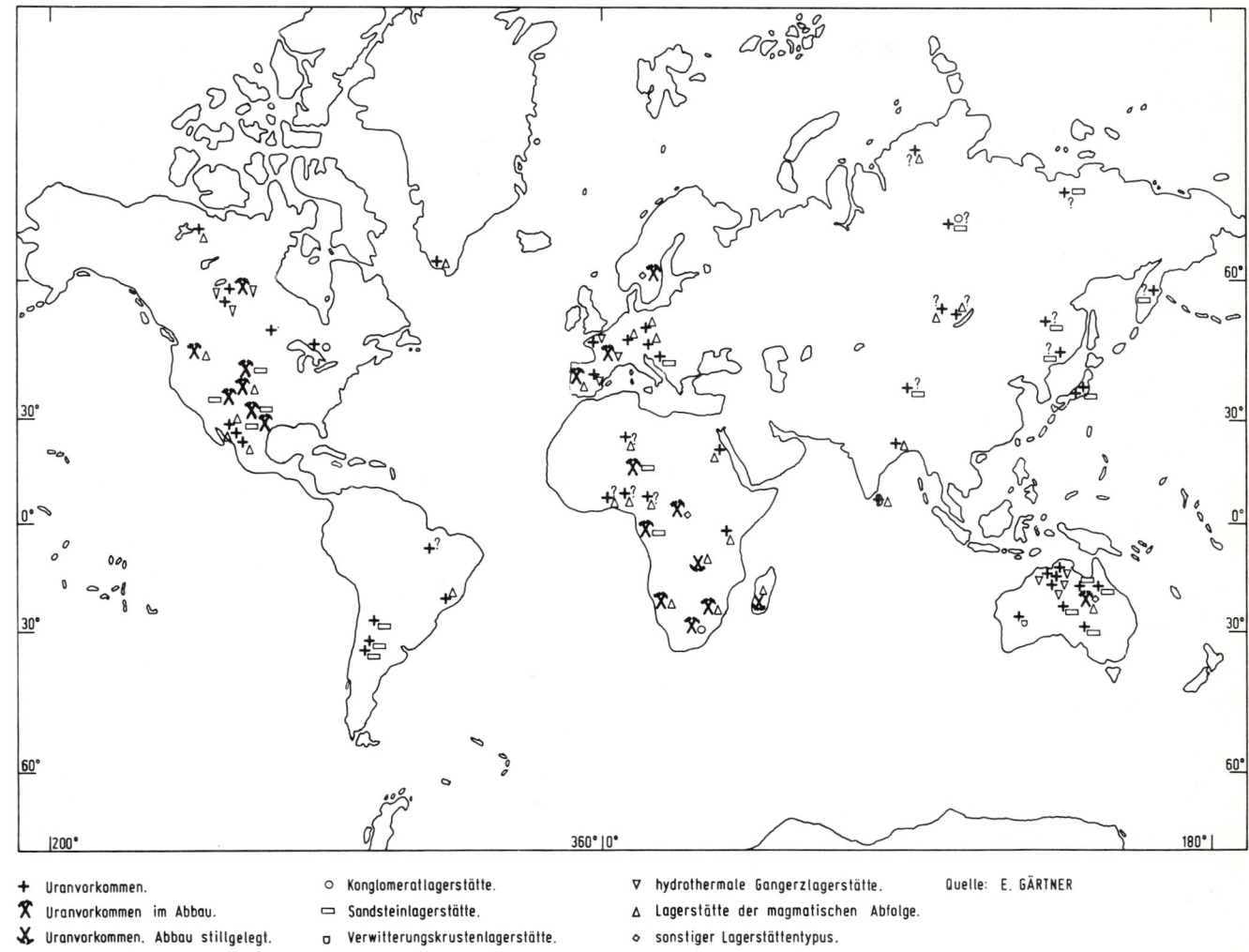

Bild I.7 Die Uranlagerstätten der Erde und ihr geologischer Habitus (Vorräte siehe Tabelle XIII.17 und in diesem Text).

der UdSSR sind Uran-Vanadium-Lagerstätten in Terghana und in einem Gürtel von Samarkand bis nach Tuya-Muyun im Grenzgebiet der Staaten Kasachstan und Tadjikistan. Andere Lagerstätten magmatischen Ursprungs liegen bei Irkutsk, im Angaragebiet, bei Janskij und bei Norilsk in Nordsibirien. Im Zentrum Sibiriens gibt es im Tunguska Gebiet Uranlagerstätten in Konglomeraten und Sandsteinen. Die Lagerstätten im Osten der UdSSR auf der Kamtschatka Halbinsel, im Sutchau- und Selemdscha-Becken sind ebenfalls an Sandsteine gekoppelt. Die Vorräte der UdSSR an nachgewiesenen und wahrscheinlichen Uranreserven werden mit 960 000 t angegeben. In China weiß man von einer Sandsteinlagerstätte bei Wulumtschi.

10.2.3 Australien und Ozeanien

In Australien gibt es sehr bedeutende Uranlagerstätten. Abgebaut wird zur Zeit die magmatische Lagerstätte von Mary Kathleen in Queensland. Weitere Ganglagerstätten gibt es in der weiteren Umgebung östlich Darwin - [Nabarlek, Jabiluka, Ranger] in Nordaustralien. Die Lagerstätten von Westmoreland und Maureen sind ebenso Anreicherungen in Sandsteinen wie diejenigen südlich von Alice Springs in Zentralaustralien und im Lake Form Becken in Südaustralien. Auf dem westaustralischen Schild existiert eine Verwitterungslagerstätte (Calcrete) bei Yee Lirrie. Die Vorräte Australiens werden auf 358 000 t Uran veranschlagt.

Thorium tritt in den Monazit-Sanden an der Küste der Provinzen Queensland und Neu-Süd-Wales wie auch an der Küste von West-Australien auf. Man schätzt die australischen ThO_2-Reserven etwa auf 21 000 sh t.

10.2.4 Afrika

Die wichtigsten Uranlagerstätten Afrikas liegen in *Südafrika* in den präkambrischen Konglomeraten des Witwatersrand. Ferner gibt es dort eine Reihe pegmatitischer Lagerstätten, die wirtschaftlich aber im Vergleich zu den sedimentären Lagerstätten von geringerer Bedeutung sind. Die Minen liegen hauptsächlich auf der Linie Krugersdorp—Johannesburg—Nigel. Der Urangehalt liegt durchschnittlich bei 0,02 % U_3O_8. Die Vorräte in Südafrika betragen derzeit 530 000 sh t. Uran kann in Südafrika trotz geringer Metallkonzentration kostengünstig gewonnen werden, weil es zum Teil als Nebenprodukt bei der Goldgewinnung anfällt. In *Namibia* (Südwestafrika) gibt es eine magmatische Lagerstätte bei Rössing mit 186 000 t Reserven.

Im Copper Belt von Sambia-Katanga liegen in *Zaire* die Uranlagerstätten Luiswichi, Shinkolobwe, Kalongwe und Swambo. Sie waren in den 20er Jahren, als man hauptsächlich Radium suchte, die bedeutendsten Uranproduzenten der Welt, haben aber heute durch die Entdeckung der großen sedimentären Lagerstätten in Nordamerika und Südafrika ihre wirtschaftliche Bedeutung verloren.

Die bekannten, aber nicht im Abbau befindlichen Vorkommen in *Tansania*, in *Nigeria*, *Togo*, in *Algerien* (Hoggar) und *Ägypten* sind magmatischer Natur. Bei Bakouma in der *Zentralafrikanischen Republik* liegt eine im Abbau befindliche Lagerstätte, in der das Uran aus Phosphaten gewonnen wird.

In *Gabun* wird bei Mounana aus Sandsteinen seit 1961 Uran abgebaut, das einen durchschnittlichen Gehalt von 0,4 % U_3O_8 hat. Die Reserven liegen bei 37 000 t.

Bedeutende Vorräte wurden in der Republik *Niger* im Gebiet von Arlit prospektiert. Die in Sandsteinen vorhandenen Verwitterungserze befinden sich gegenwärtig in der Erschließungsphase und im Abbau (Vorräte 213 000 t).

In *Madagaskar* gibt es neben einer unbedeutenden plio-pleistozänen Sandstein-Lagerstätte bei Antsirabé eine Reihe von Ganglagerstätten im Gebiet um Tranomaro. In den bauwürdigen Urano-Thorianit-Lagerstätten, die im Tagebau abgebaut werden, schwanken die Thorianitgehalte in Erzlinsen zwischen 0,3 und 0,4 %.

Ägypten verfügt über erhebliche Thoriumreserven, die auf insgesamt 295 000 t veranschlagt werden.

10.2.5 Nordamerika

Rund 90 % der bekannten und nachgewiesenen 963 000 t Uranreserven *Kanadas* sind an die präkambrischen Konglomerate der Huron-Formation im Blind-River/Lake Elliot-Lake Agnew-Gebiet gebunden. 6 % der Reserven liegen in den pechblendehaltigen Gängen bei Beaverlodge in Saskatchewan, zu denen auch ein Vorkommen bei Port Radium im hohen Norden gerechnet werden muß, und 1—2 % gibt es in der Pegmatit-Zone bei Bancroft (Ontario).

Die *USA* sind mit Abstand das an Uran-Reserven reichste Land der westlichen Welt, was letztlich wohl auch dem hohen Explorationsgrad des Landes zugeordnet werden muß. Unter gegenwärtigen Bedingungen gelten rund 708 000 t sichere Reserven als abbauwürdig und 1 160 000 t kommen an wahrscheinlichen Reserven hinzu.

Etwa 95 % der kostengünstigen Uranreserven der *USA* gehören zu den Lagerstätten des Konglomerat- und Sandstein-Typs. Die Sandstein-Lagerstätten des Colorado-Plateaus allein haben einen Anteil von 60 %, die Lagerstätten in Wyoming von 35 % an den Reserven. In der Nähe der kanadischen Grenze liegt die magmatisch entstandene Lagerstätte der Sunshine-Midnight Mine. Im New Mexico District wird Uran aus Sandsteinen produziert und ebenfalls Sandsteine sind die Träger der Lagerstätten im Gulf-Coast District.

Im Südosten *Grönlands* gibt es im Ilimaussaq-Gebiet Uran- und Thorium-Vorkommen, die an einen Alkali-Uranit-Pluton gebunden sind. Hyperalkalische Silikate enthalten 100—1000 g/t U_3O_8 und die zwei- bis vierfache Menge ThO_2. Lokale Anreicherungen erreichen sogar 6 000 g/t in den Silikaten. Sicher nachgewiesen sind 27 000 t U_3O_8 und 54 000 t ThO_2, das als Nebenprodukt bei der Urangewinnung anfällt, — weitere wahrscheinliche Reserven kommen hierzu.

10.2.6 Lateinamerika

In *Mexiko* gibt es drei wichtige magmatische Uranvorkommen, — die Ganglagerstätten im Staat Chihuahua und die Lagerstätte von Ciudad Ocampa. In den Lagerstätten von Chihuahua wird Uran zusammen mit Gold aus Quarz- und Kalzitgängen gewonnen (9 700 t).

In *Brasilien* sind zwei Gebiete mit Uranvorkommen zu nennen, die Nordostregion mit Seifenlagerstätten in der Serra de Jacobina und die Südostregion mit Pegmatitvorkommen, wo Uran neben Gold, Platin, Wismut und Diamanten vorkommt. 1980 werden die Vorräte an Uran in Brasilien auf rund 141 000 t einschließlich neuer Funde im Norden des Landes südlich des Amazonas in Pará angesetzt.

Die bedeutendsten Thoriumvorkommen in Brasilien liegen in pliozänen bis rezenten Monazitsanden, die an den Küstenregionen der Staaten Espirito Santo und Bahia gefunden wurden. Die nachgewiesenen sicheren Reserven betragen 70 300 t ThO_2. Jedoch werden die Lagerstätten weit größer (ca. 1 200 000 t) eingeschätzt.

In *Argentinien* treten in den Provinzen Cordoba, San Luis und Rioga Uranvorkommen auf, die an Pegmatite und Gänge gebunden sind. In der Provinz Mendoza (Malargüe-Distrikt) liegen die Uranvorkommen in Sandsteinen und Konglomeraten. Andere Uranvorkommen sind in den kambro-ordovizischen Alaunschiefern von Calingasta und Rodeo und ordovizischen Tonschiefern von Jachal in der Provinz San Juan bekanntgeworden. Dort wurden Erze mit einem Gehalt von 20–30 g/U_3O_8 neben Nickel, Kupfer- und Vanadiummineralien gefunden.

10.2.7 Ozeane und Meere

Große Uranreserven gibt es in den Weltmeeren, die man auf rund 4 Mrd. Tonnen einschätzen muß. Da die Konzentration im Meerwasser jedoch nur 0,003 g pro m^3 beträgt, ist die Gewinnung des Urans aus dem Meer nach heutigen Kostenvorstellungen noch viel zu teuer. Das bezieht sich auch auf die ins Gespräch gekommenen Urananreicherungen am Boden des Schwarzen Meeres, die zwar erheblich konzentrierter als im Meerwasser sind, aber dennoch aus Gewinnungskostengründen erst abbauwürdige Reserven nach dem Jahr 2000 darstellen dürften.

11 Wasserkraftpotential der Erde

Die Wasserkräfte sind ein Energiepotential, das sich selbst mit Hilfe der Sonnenenergie immer wieder neu regeneriert. Die Wasserkräfte aller Ströme und Flüsse der Erde werden von *Siebinger* [25] auf 5,6 Mrd. kW, von *Vosnesensky* [29] dagegen auf 3,7 Mrd. kW geschätzt.

Diesen Schätzungen liegt die gesamte latente hydroelektrische Energie oder auch das theoretische Gesamtdargebot der Flüsse und Ströme zugrunde. Bei einer wirtschaftlich orientierten Beurteilung des Wasserkraftpotentials muß man drei Größenordnungen unterscheiden (vgl. auch Kap. VII.2):
1. Bruttowasserkraftpotential,
2. technisch nutzbares Wasserkraftpotential und
3. wirtschaftlich ausbauwürdiges Wasserkraftpotential.

Unter dem *„Bruttowasserkraftpotential"* (Gross Water Power Potential) ist das theoretische Wasserkraftpotential oder Gesamtpotential der einzelnen Flußsysteme von den Quellen bis zur Mündung zu verstehen.

Das *„Technisch ausnutzbare Wasserkraftpotential"* (Technical Water Power Potential) ist wesentlich geringer als die nach dem Bruttowasserkraftpotential berechnete latente hydroelektrische Energie, da die oberen und unteren Abschnitte der Bäche und Flüsse meist ein zu geringes Gefälle haben und deshalb die Zuflußmengen nicht voll gespeichert und die Bruttofallhöhe nicht günstig ausgenutzt werden kann.

Das *„Wirtschaftlich ausbauwürdige Wasserkraftpotential"* (Economic Water Power Potential) kann nicht genau definiert werden, da es von zu vielen Faktoren abhängt. Bei der Beurteilung des ausbauwürdigen Wasserkraftpotentials sind u.a. geologische und topographische Verhältnisse, Entwicklungsstand und Kostensituation der Bautechnik und anderer Energiequellen, die Verbundwirtschaft sowie der Grad der Industrialisierung bzw. des Energiebedarfs eines Landes zu berücksichtigen.

Neben der Gewinnung von Energie ergeben sich beim Bau von Wasserkraftanlagen meist andere wesentliche Vorteile. Daher sind die bisher gebauten Wasserkraftanlagen zumeist Mehrzweckanlagen, die neben der Elektrizitätserzeugung auch der Bewässerung, dem Hochwasserschutz, der Verbesserung der Schiffahrtswege, der Fischzucht, der Wasserversorgung und der Trockenlegung von Sumpfgebieten dienen.

Berechnungen und Schätzungen des Wasserkraftpotentials in den einzelnen Regionen der Erde haben in neuerer Zeit *Baade, Siebinger, Vosnesensky* und *Vischer* vorgenommen (Tabelle I.9).

Da langjährige genaue Abflußmengenmessungen nur aus Europa und Nordamerika vorliegen, können nur die Werte aus diesen Kontinenten Anspruch auf Genauigkeit erheben.

Bei der Gegenüberstellung der Schätzungen des Bruttowasserkraftpotentials der Erde durch verschiedene

Tabelle I.9 Technisch ausnutzbares Wasserkraftpotential (Technical Water Power Potential)

Kontinente	nach *Baade*		nach *Vosnesensky*		nach *Vischer*		
	GW_I Mio. kW	TWh Mrd. kWh	GW_M Mio. kW	TWh Mrd. kWh	GW_I Mio. kW	GW_M Mio. kW	TWh Mrd. kWh
Europa	153	674	120	1 050	290	165	1 450
Asien	330	6 490	670	5 875	1 330	760	6 650
Nordamerika	189	830	350	3 075	380	217	1 900
Lateinamerika	150	660	300	2 625	690	395	3 450
Afrika	612	2 690	350	3 075	1 065	605	5 325
Australien und Ozeanien	45	198	85	750	205	117	1 025
Erde	1 479	6 542	1 875	16 450	3 960	2 259	20 655

Tabelle I.10 Installierbare Leistung bestehender Wasserkraftanlagen der Erde nach *Vischer* [28]

Kontinente	Installierbare Leistung „Technical Water Power Potential" in Mio. kW
Europa	290
Asien	1 330
Nordamerika	380
Lateinamerika	690
Afrika	1 065
Australien und Ozeanien	205
Erde	3 960

Autoren fallen große Differenzen auf, die wahrscheinlich auf unterschiedlichen Angaben der Abflußmengen bzw. Abflußschätzungen der einzelnen Flußsysteme beruhen. Aus diesem Grund schwanken konsequenterweise auch die Angaben des technisch nutzbaren Wasserkraftpotentials und des wirtschaftlich ausbauwürden Wasserkraftpotentials. *Vosnesensky* setzt nach russischen Erfahrungswerten das technisch ausnutzbare Wasserkraftpotential mit 50 % des Bruttowasserkraftpotentials an. Nach dem gleichen Autor schwankt dieser Prozentsatz in den einzelnen Ländern stark. In der ECE-Studie „Hydro-Electric-Potential in Europe" wird er für die Bundesrepublik Deutschland mit 23,4 %, für Frankreich mit 44 % und für die Schweiz mit 48,6 % angegeben.

Man kann auch keinen repräsentativen Mittelwert für das wirtschaftlich ausnutzbare Wasserkraftpotential angeben. In hochindustrialisierten und dichtbevölkerten Ländern ergeben sich andere Werte als in Afrika oder Lateinamerika.

Deutschland, die Schweiz, England, Finnland, Frankreich, Italien und Japan gehören zu den Ländern, die mehr als 60 % der ausbauwürdigen Wasserkräfte genutzt haben. Ein Vergleich der Kontinente zeigt, daß Europa rund 50 % aller ausbauwürdigen Wasserkräfte nutzt, Nordamerika 22 %, während in den übrigen Kontinenten die Nutzung noch unter 5 % liegt (Tabelle I.10).

Das Wasserkraftpotential der Erde ist sehr ungleichmäßig verteilt und liegt oft in wirtschaftlich ungünstigen und unerschlossenen Gebieten, wo es zum großen Teil noch völlig ungenutzt ist. Erst in den letzten Jahren hat man bedeutende Wasserkraftanlagen auch in wirtschaftlich unerschlossenen Gebieten gebaut (Sibirien, Yukon) und dort Verbrauchszentren der elektrochemischen und elektrometallurgischen Industrie angesiedelt oder überträgt die gewonnene Energie über weite Entfernungen zu bestehenden Wirtschaftszentren. In den Trockengebieten der Erde werden die Wasserkraftanlagen meist mit Bewässerungsanlagen für die Landwirtschaft kombiniert (Ägypten, Indien, Pakistan, Süden der UdSSR, Peru u. a.).

Neben dem landwirtschaftlichen Nutzen wird dadurch auch eine industrielle Entwicklung in diesen Gebieten gefördert. Dafür mag als Beispiel besonders auch der Ausbau großer Wasserkraftanlagen in Brasilien dienen.

Langfristig rechnet man bis zum Jahre 2000 etwa mit einer Verdopplung der Hydroenergieerzeugung. Der Anteil der Wasserkraft an der Energieerzeugung wird sich aber wegen des schnelleren Energiebedarfszuwachses von jetzt 6 % auf 5 % verringern.

Der Anteil der Wasserkraft an der Elektrizitätserzeugung liegt in Nordamerika bei 19 %, in Lateinamerika bei 76 %, in Europa bei 20 %, in Asien bei 24 %, in der UdSSR bei 27 %, in Australien/Ozeanien bei 30 %, in Afrika bei 35 % und im Weltdurchschnitt bei 23 %.

12 Geothermische Energie

Geothermische Energie ist im Prinzip unerschöpflich. Ihr Anteil an der Weltenergieversorgung beträgt jedoch zur Zeit erst 0,1 % und wird auch in Zukunft etwa 2 % kaum übersteigen. Die Gewinnung von geothermischer Energie ist — speziell zur Elektrizitätserzeugung — nur dort möglich, wo es anomal hohe Wärmegradienten gibt. Normalerweise steigt die Temperatur zum Erdinnern mit 3 °C pro 100 m an, man müßte also etwa 7–8 000 m tief bohren, um 200 °C zu erreichen.

Wärmeanomalien sind an die Begrenzungen der geotektonischen Platten gebunden und kommen entweder an den Subduktionszonen der Erde oder an den Riftgrabensystemen vor. Beide Zonen sind von Vulkanismus und Erdbeben gekennzeichnet, da an ihnen die Bewegungen der Platten vorsichgehen und entsprechend tiefreichende Spalten bis zum Erdmantel aufreißen (vgl. Bild I.1).

Voraussetzung für die Nutzung geothermischer Energie ist neben hoher Wärmekonzentration in relativ geringen Tiefen das Vorhandensein von Wärmeaustauschsystemen, da der Wärmefluß in der Erdrinde nur außerordentlich langsam vor sich geht. Solche Systeme können entweder vorhandene Heißwasserreservoire in porösen oder klüftigen Gesteinen sein oder in künstlich erzeugten Kluftflächen liegen, die mehrere Bohrungen in genügend heißen Gesteinen verbinden, um über Wassereinpressung zur Gewinnung von Dampf zu kommen. (Vgl. Kap. VIII – Sonstige Energieträger). Mitunter kommt in natürlichen Kluftsystemen bei über 200 °C auch Trockendampf vor. Der Dampf tritt mit hohen Drücken auf und ist meist frei von Verunreinigungen, so daß er wie z.B. in Kalifornien (The Geysers) direkt zum Antrieb elektrischer Turbinen verwandt werden kann und dort fast die gesamte Stromversorgung von San Franzisko bestreitet. Andere Vorkommen dieser Art liegen in Matsukawa in Japan und in Larderello in Italien. – Bei Heißwassersystemen liegt die Temperatur durchschnittlich etwa 100 °C tiefer als bei Trockendampf, aber auch bis über 200 °C. In ihnen, wie zum Beispiel in Nordmexiko (Cierro Prieto) und im Imperial Valley Südkaliforniens, treten erhebliche Verunreinigungen durch Salze auf, die zu erheblichen Umweltproblemen und zu Korrosionserscheinungen in den technischen Anlagen führen, da 20 %ige Salzlösungen durchaus „normal" sein können. Kraftwerke auf der Basis von Wasserhochdrucksystemen arbeiten in Neuseeland, Japan, in der UdSSR, Island, Mexiko und dem Westen der USA. — Mittel- und Tieftemperatursysteme werden für den nicht elektrischen Bedarf wie Heiz-, Klimatisierungs- und auch Kurzwecke verwandt, insbesondere in Island, Japan, Italien in der UdSSR und in USA [5].

Geothermische Energie ist nicht billig. Im Westen der USA liegen die Investitionskosten etwa bei 3 000 $ pro kW installierter Leistung. Die derzeit in USA installierte Leistung von rund 800 MW entspricht etwa 11 Mio. Barrel (1,5 Mio. t) Erdöl. 1990 wird in USA aus geothermischer Energie rund 4 400 MW elektrische Leistung erzeugt werden, was etwa dann 0,5 % der Gesamtstromerzeugung des Landes entspricht.

In der BR Deutschland scheint die Erzeugung von Elektrizität auf geothermischer Basis nicht möglich zu sein. Die Bohrung Urach in der Schwäbischen Alb erbrachte zu geringe Temperaturwerte. Ein zweiter Versuch soll auf der in der Bundesrepublik größten vorhandenen Wärmeanomalie bei Landau im Oberrheintalgraben unternommen werden.

Geothermische Energie wird seit Beginn des 20. Jahrhunderts genutzt, wie z.B. die heißen Dampfquellen von Lardarello in Italien. Dort treten in den Soffioni mit Drücken bis zu 25 bar und Temperaturen bis zu 230 °C überhitzte Dämpfe aus. Aus über 100 Bohrlöchern entströmen pro Jahr etwa 26 Mio. t Dampf, der etwa 2 Mrd. kWh Energie pro Jahr liefert. Als Nebenprodukte werden Borsäure, Ammoniak, Kohlensäure und Edelgase gewonnen. Auch auf Island wird ein Teil der 700 Heißwasser- und Dampfquellen zur Energieerzeugung genutzt. Zur Zeit werden dort auf diese Weise Heizungen von Wohnungen für 100 000 Personen versorgt. — Bei einem vollen Ausbau der geothermischen Energiegewinnung auf Island sind Anlagen von Raumheizungen für 1,5 Mio. Menschen möglich.

13 Sonstige Energieträger der Erde

Hier wäre zum Beispiel die Möglichkeit zu nennen, die Gezeitenströme der Erde zur Energiegewinnung auszunutzen. Es gibt bis heute nur ein derartiges Kraftwerk an der Rance-Mündung in Frankreich. Gezeitenkraftwerke verlangen neben großem Tidenhub, der nur regional auf der Erde vorhanden ist, gleichzeitig günstige Flußmündungsformen, die die Errichtung einer kostengünstigen Staumauer bei zugleich großem Stauraum ermöglicht. Solche Plätze gibt es nur relativ wenig auf der Erde, zumal sie in günstiger Entfernung zu besiedelten Räumen liegen müssen.

Wellenenergie kann nur durch großdimensionierte und damit teure Anlagen gewonnen werden. Außerdem verlangt das ungleichmäßige Angebot der Wellen kostspielige Speicheranlagen, um einen gleichmäßigen Energiefluß zu garantieren.

Andere Projekte befassen sich mit der Möglichkeit, das Wärmegefälle im Meerwasser zur Tiefe hin auszunutzen. Allen diesen „alternativen" Energieformen sind hohe Kosten bei geringer Leistungsfähigkeit gemeinsam, so daß sie kaum eine Chance haben, wesentlich zur Energieerzeugung beizutragen.

Literatur

[1] *Bender, F.:* The Importance of the Geosciences for the Supply of Mineral Raw Materials. Schweizerbart'sche Verlagsbuchhandlung, Stuttgart 1977.

[2] *Bentz, A.* und *Martin, H. J.:* Lehrbuch der Angewandten Geologie, Band 1 bis 3. Enke Stuttgart 1968.

[3] *Bischoff, G.:* Die Energievorräte der Erde. Möglichkeiten und Grenzen weltwirtschaftlicher Nutzung. Glückauf. Jahrg. 110. No. 14, Essen 1974.

[4] Grundlagen der Energiepolitik — Möglichkeiten und Grenzen. Kommunal-Verlag Recklinghausen 1980.

[5] *Bischoff, G.* und *Windheuser, H. W.:* Grundlagen der geothermischen Energiegewinnung. Braunkohle Heft 1/2, Düsseldorf 1980.

[6] *Brown, R.:* World Requirements and Supply of Uranium. Atomic Ind. Forum Conf., Genf 1976.

[7] *Bundesanstalt für Geowissenschaften und Rohstoffe:* Die künftige Entwicklung der Energienachfrage und deren Deckung — Perspektiven bis zum Jahr 2000. Abschnitt III — Das Angebot von Energie-Rohstoffen — Hannover 1976.

[8] Survey of Energy Resources 1980. — für 11. Weltenergiekonferenz. World Energy Conference, London 34 St. James's Street 1980 (im Text BGR/WEK 1980 genannt).

[9] *Burchard, H. J.:* Energieversorgung der Zukunft. Erste Ergebnisse der XI. Weltenergiekonferenz München 1980. ACO Druck GmbH, Braunschweig.

[10] *Fettweis, G. B.:* Weltkohlenvorräte. Verlag Glückauf GmbH, Essen 1976.
Wie groß sind die in absehbarer Zeit nutzbaren Kohlenvorräte der Erde? Glückauf 113, No. 12, Essen 1977.

[11] *Friedensburg, F.:* Die Bergwirtschaft der Erde. 6. Auflage, Enke Stuttgart 1965.

[12] *Gärtner, E.:* Die Bedeutung des Energieträgers Uran. Braunkohle 29, 1977 (Vortrag im Kolloquium des Geologischen Instituts der Univ. zu Köln). Uran. Verlag Glückauf GmbH, Essen 1977 (Sonderdruck aus Jahrb. f. Bergbau, Energie, Mineralöl und Chemie 77/78).

[13] *Govier, G. W.:* Alberta's oil sands in the energy supply picture. California State Polytechnic Symposium, Calgery 1973.

[14] *Kegel, K. E.:* Finding Funds for Uranium Exploration — the Bottleneck for the Future. Uranerzbergbau GmbH u. CoKG, Bonn. Annual Meeting World Nuclear Fuel Market, London 1976.

[15] *Khane, A.-el Rahman:* Perspektiven der Rohstoffversorgung aus der Sicht der Dritten Welt. Geol. Inst. Univ. Köln, Glückauf-Verlag, Essen 1978.

[16] *Matthöfer, H.:* Energiequellen für morgen? Umschau Verlag, Frankfurt 1976.

[17] *Meyerhoff, A. A.:* Das Kohle-, Erdöl- und Erdgaspotential Chinas. Geol. Inst. Univ. Köln, Glückauf-Verlag, Essen 1979/80.

[18] *OECD:* Energy Prospects to 1985. Paris 1974. Uranium, Resources, Production, Demand. Dec. 1975.

[19] *Oil & Gas Journal:* Petroleum 2000. 75. Anniversary Issue, Vol. 75, No. 35, August 1977.

[20] *Patterson, J. A.:* US. Uranium Production Outlook. Atomic Ind. Forum Conf., Genf 1976.

[21] *Petroleum Publishing Comp.:* Petroleum Encyclopedia 1979. Tulsa, Oklh. 1979.

[22] *Pluhar, E.:* Potential und Perspektiven der Erdölversorgung in der UdSSR. Dipl. Arbeit, Geol. Inst. FU Berlin — 1976.

[23] *Rühl, W.:* Schwerstölsande und Ölschiefer. OEL — Zeitschrift für die Mineralölwirtschaft, Hamburg August 1974.

[24] *Schieweck, E.:* Weltenergie-Evolution. Verlag Glückauf GmbH, Essen 1976.

[25] *Siebinger, W.:* Statistik aller bestehenden Wasserkraftquellen. IV. Bericht 9, Sektion H1. Weltkraftkonferenz London 1950.

[26] *Taylor, I. A.:* Distribution and Development of the Worlds Peat Deposits. Nature, Februar 1964.

[27] *Trendelenburg, H.* und *Mayer-Wegelin:* Das Holz als Rohstoff. Hanser München, 1955.

[28] *Vischer, D.:* Die Wasserkräfte der Erde. Schweizerische Bauzeitung 1966.

[29] *Vosnesensky, A. N.:* Water Power Resources of the USSR. — 5. Weltkraftkonferenz, Wien 1956.

[30] *W. A. E. S.:* Energy — Global Prospects 1985 — 2000. McGraw Hill, New York usw. 1977.

[31] *Wilson, C. L.* et al.: Coal-Bridge to the Future. Report of the World Coal Study — WOCOL. Ballinger Publ. Comp. Cambridge Massachusetts 1980.

[32] *Wirtschaftsvereinigung Bergbau:* Das Bergbauhandbuch. Verlag Glückauf GmbH, Essen 1976.

[33] *World Energy Conference:* Coal Resources 1985—2020. (An Appraisal of World Coal Resources and their future Availability, W. Peters, H. D. Schilling, Bergbau-Forschung GmbH, Essen 1977.

[34] Weltenergiekonferenz München 1980. Veröffentlichungsreihe, 4 Bände und zahlreiche Einzelhefte. London 1980 (vgl. BGR/WEK 1980).

[35] *Yearbook of Forest Products Statistics:* FAO-Rom Review 1961—1972.

[36] *Young, I. L.:* Summary of Developed and Potential Water Power. Geological Survey Circular 583, Washington 1964.

Zeitschriften:

Braunkohle, Düsseldorf.
Die Energiewirtschaft, Braunschweig.
Die Mineralölwirtschaft, Hamburg.
Erdöl und Kohle, Hamburg.
Glückauf, Essen.
OEL, Hamburg.
Oil and Gas Journal, Tulsa USA.
Energie, München.
WID-Energiewirtschaft, Essen.
Zeitschrift der Deutschen Geologischen Gesellschaft.
Geologische Rundschau.
Die Erde, Berlin.

II Die Entstehung organischer Energieträger

G. Bischoff E. Gärtner † F. Adler W. Rühl

Inhalt

1 Inkohlung	49
2 Entstehung der Humuskohlen	49
3 Entstehung von Bitumenkohlen	50
4 Entstehung des Erdöls	51
5 Bildung von Erdgasen	52
Literatur	52

Da die folgenden Kap. III bis V (Braunkohle, Steinkohle, Erdöl und Erdgas) zur Einleitung in die Materie je einen Überblick über die Entstehung des jeweiligen Energieträgers verlangen, die Genese der organischen Energieträger aber ein in sich zusammenhängender Vorgang ist, wird diesen Kapiteln hier eine Einleitung über die Entstehung der organischen Energieträger vorangestellt, denn alle Kohlen und Kohlenwasserstoffe sind organischer Herkunft. Organismen, Tiere und Pflanzen hat es zu geologischen Zeiten in reicher Vielfalt gegeben. Ob die sie aufbauenden Grundsubstanzen komplexer Bauart, Fette, Eiweiße und Zellulosestoffe nach dem Organismentod bis zu den wesentlichen Elementen Kohlenstoff, Wasserstoff, Stickstoff und Sauerstoff abgebaut wurden, hing vor allem vom Sauerstoff-Gehalt des Umweltmilieus ab.

1 Inkohlung

Pflanzen terrestrischer Lebensweise verwesen oder oxydieren zu H_2O und CO_2 bzw. inkohlen im Laufe der Erdgeschichte über Torfe, Braunkohle, Steinkohle zu Anthrazit. Beim Inkohlungsvorgang, der mit dem Absinken in größere Teufenbereiche abläuft, reichert sich der Kohlenstoff beständig an, während die flüchtigen Bestandteile abnehmen (*Hilt*sche Regel). In der Anfangsphase führt die aerobe Zersetzung zur vorwiegenden Bildung von H_2O, CO_2 und auch N_2. Mit fortschreitender Zeit verlagert sich das Schwergewicht immer mehr zugunsten der Methan-Bildung. Der Wassergehalt sinkt dabei vom Torf bis zum Anthrazit von über 60 % auf 1 %, der an flüchtigen Bestandteilen von 75 % auf 10 %, der des H_2 von 7 % auf 3 % und der des O_2 von 20 % auf 2 %. Unter Abspaltung einer in dieser Reihe beständig anwachsenden Menge CH_4 bzw. abfallenden Menge CO_2 reichert sich relativ der C-Gehalt von etwa 50 % bis auf über 90 % an (Tabelle II.1).

2 Entstehung der Humuskohlen

Nach *H.* und *R. Potonié* sind die Kohlelagerstätten aus Flachmooren, die etwa den Waldmoorgebieten Sumatras oder den Everglades Floridas geähnelt haben mögen, entstanden. Die jungen Braunkohlenlagerstätten zeigen entsprechende Pflanzenvergesellschaftungen (Mammutbaum, Sumpfzypresse), dagegen zeigen die permokarbonischen Kohlenlager überwiegend eine Vergesellschaftung von Sporenpflanzen. Für die Ausbildung von ausgedehnten Sumpfmooren und zur Vertorfung und Inkohlung bedarf es verschiedener Voraussetzungen.

Es mußte ein feuchtwarmes Klima herrschen, so daß ein üppiges Pflanzenwachstum gewährleistet war. Die abgestorbene Pflanzensubstanz aus etwa 70 % Zellulose mit nicht mehr als 45 % Kohlenstoff, aus etwa 25 % Lignin mit etwa 60 % Kohlenstoff und aus 5 bis 10 % Eiweiß, bildete die Ausgangssubstanz für die Kohlebildung. Da der Vertorfungsprozeß nur unter direktem Luftabschluß vor sich geht, muß ein hoher Grundwasserspiegel vorherrschen.

Tabelle II.1 Inkohlungsreihe (nach *Petraschek* u. a.) (bezogen auf aschen- und schwefelfreie Substanz)

Inkohlungsreihe	Spez. Gewicht	Heizwert		Wasser in %	Flüchtige Bestandteile in % der Trockensubstanz	Kohlenstoff in % der Trockensubstanz
		MJ/kg	kcal/kg			
Holz	0,2–1,3	~ 14,65	~ 3 500	(trocken)	80	50
Torf	1,0	6,28– 8,37	1 500–2 000	60–90	65	55–65
Weichbraunkohle	1,2	7,54–12,56	1 800–3 000	30–60	50–60	65–70
Hartbraunkohle	1,25	16,75–29,31	4 000–7 000	10–30	45–50	70–80
Flamm-Fettkohle	1,3	29,31–33,40	7 000–8 000	3–10	17–45	80–90
Eß-Magerkohle	1,35	33,49–35,59	8 000–8 500	3–10	7–17	90–93
Anthrazit	1,4–1,6	35,59–37,68	8 500–9 000	1– 2	4– 7	93–98

Zur Ausbildung mächtiger Lagerstättenflöze sind viele Pflanzengenerationen nötig, deren Ablagerungen normalerweise bald über den Grundwasserspiegel reichen. Wenn eine Senkung des Untergrundes eintrat, blieben die Bedingungen für eine weitere Vertorfung zugunsten mächtiger Flözbildung bestehen.

Die biochemische Phase der Inkohlung bewirkt die Humusbildung, Vertorfung und Weichbraunkohlebildung. Unter vermindertem Luftsauerstoffzutritt werden die abgestorbenen Pflanzensubstanzen durch Oxydation, Pilze und Bakterien zersetzt. Proteine und Zellulose werden dabei zerstört, unter Bildung von Methan, Kohlendioxid und Wasserstoff; Kohlenstoff wird dabei relativ angereichert. Es kommt zur Bildung der Weichbraunkohle, die stark hygroskopisch ist (infolge des kolloidalen Charakters der Humussäuren). Der Kohlenstoffgehalt, bezogen auf wasser- und aschefreie Substanz, hat sich dabei auf etwa 65 bis 70 % angereichert, der Heizwert der grubenfeuchten Kohle schwankt zwischen 7,54 und 12,56 MJ/kg (Tabelle II.1). Die deutschen Braunkohlelagerstätten werden fast ausschließlich aus Weichbraunkohlen aufgebaut.

Weitere biochemische Veränderungen können auch in geologisch langen Zeiträumen nicht mehr auftreten, was die unterkarbonischen Weichbraunkohlevorkommen des Moskauer Beckens beweisen. Zeit allein genügt nicht, den Inkohlungsgrad der Kohlen heraufzusetzen. Für die geochemische Phase der Inkohlung sind höhere Temperaturen erforderlich. Je kleiner die geothermische Tiefenstufe ist, d. h., je schneller die Temperatur mit der Teufe zunimmt, desto höher wird der Inkohlungsgrad der Kohlen. Das bedeutet aber, daß der Inkohlungsgrad nicht vom geologischen Alter, sondern von den geologischen Bedingungen abhängig ist, vor allem von kleinen geothermischen Tiefenstufen, wie sie etwa im Bereich von intensivem Vulkanismus oder in Faltungsräumen auftreten.

Infolge der Mächtigkeit der später abgelagerten Sedimente kommt es zu einer Verdichtung (Diagenese) der Flöze und einer Verminderung des Wassergehalts der Kohlen, wobei Humusgele ausfallen. Die Gelifikation ist der Beginn der chemischen Inkohlung und bewirkt den Übergang der Weichbraunkohle in Hartbraunkohle.

Neben der Gelifikation ist, wie erwähnt, der Wärmeeinfluß (Thermometamorphose) für die Hartbraunkohle-Bildung von Bedeutung. An vielen Stellen der Erde sind Weichbraunkohlen durch Thermometamorphose in Hartbraunkohlen, sogar in Steinkohlen und Anthrazite umgewandelt worden. Diese geologisch gesehen nur kurze Hitzeeinwirkung geht auf oberflächennahe Plutonite (Intrusiva) oder auf Ergußgesteine (Extrusiva) zurück. Beispiele für die geologisch kurze Intrusiv-Thermometamorphose bilden die pliozänen Palembang-Kohlen in Indonesien und die Anthrazite, Naturkokse und Stengelkohlen in Hessen an der Kontaktzone Basalt–Kohle.

Hartbraunkohlen haben, bezogen auf wasser- und aschefreie Substanz, einen Kohlenstoffgehalt von 70 bis 80 %. Der Wassergehalt der grubenfeuchten Kohle beträgt 10 bis 30 %, während der Heizwert der Rohkohle zwischen 16,75–29,31 MJ/kg betragen kann. Zu den Hartbraunkohlen gehören z. B. die nordböhmischen und slowakischen Braunkohlevorkommen. Neben der Intrusiv-Thermometamorphose, die nur für lokale Kohlevorkommen von Bedeutung ist, ist die geologisch lang andauernde Versenkungs-Thermometamorphose hervorzuheben. Durch Einwirkung der Erdwärme (kleine geothermische Tiefenstufe) wird die weitere Umwandlung (höhere Inkohlung) der Kohlen gefördert.

Je tiefer Braunkohlenflöze abgesenkt wurden, desto größer wurde die Einwirkung der Versenkungs-Thermometamorphose. Die unterkarbonischen Braunkohlen des Moskauer Beckens kamen nie in den Bereich der Thermometamorphose und sind so im Gegensatz zu den Steinkohlengürteln der Nord- und Südhalbkugel, die karbonisches bis permisches Alter haben, im Stadium der Weichbraunkohle verblieben.

3 Entstehung von Bitumenkohlen

Im Gegensatz zu den aus Pflanzensubstanz durch Vertorfung und Inkohlung entstandenen Humuskohlen, bilden bei Faulschlamm- oder Bitumenkohlen auch Fette und Proteine das Ausgangsmaterial.

Die Fette und Proteine werden am Boden von Stillwassern als Faulschlamm abgesetzt und durchlaufen unter vollkommenem Luftabschluß mit Hilfe anaerober Bakterien einen Fäulnisprozeß. Im Gegensatz zur Humifikation, bei der Kohlenstoff angereichert wird, werden bei der Bituminierung weitgehend wasserstoff- und kohlenstoffreiche Verbindungen gebildet (Bild II.1).

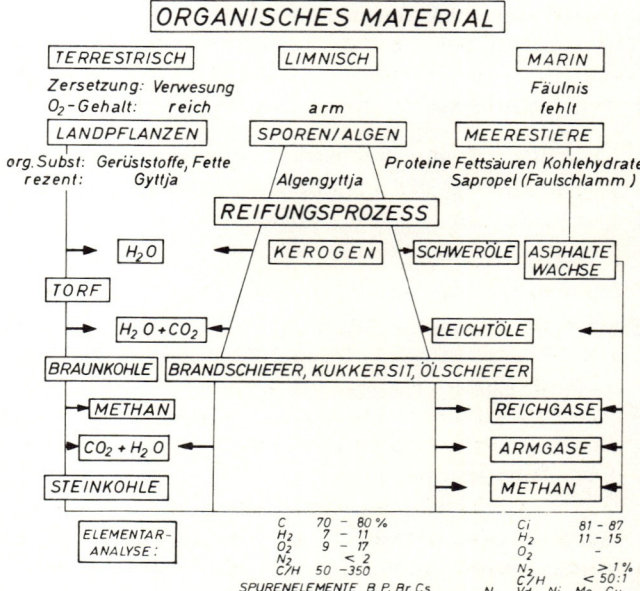

Bild II.1 Schema der Kohle- und Kohlenwasserstoff-Genese (nach *Gedenk* 1968, u. a.)

Bogheadkohlen entstanden im wesentlichen aus ölhaltigen Algen. Kennelkohlen sind stark sporenhaltig. Dysodilkohlen sind schiefrige, diatomeenhaltige Kohlebildungen. Diese Kohlearten können als bitumenreiche Lagen in Braun- und Steinkohlenlagerstätten aber auch als selbständige, nur gering mächtige Flöze auftreten. Teilweise werden solche Kohlenflöze abgebaut und verschwelt (Tasmanien, Südafrika, Schottland, Messel/Darmstadt).

4 Entstehung des Erdöls

Als Ausgangsmaterial der Erdölbildung gelten Eiweißstoffe, Fette und Kohlehydrate, die aus abgestorbenen, wasserbewohnenden Kleinlebewesen (pflanzliches und tierisches Plankton und Bakterien) stammen. Diese organischen Reste können unter bestimmten geochemischen Bedingungen einen Bituminierungsprozeß durchlaufen. Als Bildungsraum werden sauerstofffreie Stillwasser angesehen. Solche Verhältnisse finden sich heute z.B. im Schwarzen Meer in Tiefen unter ca. 150 m, wo rezente Faulschlammablagerungen bis zu 30 % organische Substanz enthalten. Nach russischen Untersuchungen werden pro Jahr im Schwarzen Meer 21 Mrd. t organische Substanz erzeugt, die zu 2 % oder 0,4 Mrd. t in den Faulschlamm sedimentiert wird. Daran sind überwiegend Bakterien, zu 13 % Plankton und zu 1 % größere Organismen beteiligt. Andere Gebiete reichen organischen Wachstums (z.B. die Mischzonen kalten und warmen bzw. süßen und salzhaltigen Wassers an den Kontinentalhängen oder im Tiefenschelf vor den großen Flußdeltas) sind Ablagerungszentren von Faulschlamm und fossil daher von explorativem Interesse. Der Faulschlamm ist Ausgangssubstanz des Erdöls und von vielen Erdgasen.

Infolge fehlender Durchlüftung der Bodenwasserschichten wird die organische Substanz einem Fäulnisprozeß ausgesetzt. Anaerobe Bodenbakterien, die auch im Erdöl gefunden wurden, spalten aus der organischen Substanz Fettsäuren ab, die durch bakterielle Gärung in Kohlenwasserstoffe umgewandelt werden. Desulfurierende und denitrifizierende Bakterien zersetzen anorganisches Material (Reduktion von Sulfaten und Nitraten), wobei Stickstoff und Schwefelwasserstoff entstehen. Neben den im Erdöl nachgewiesenen anaeroben Bakterien wurden Vanadin- und Eisenkomplexe von Chlorophyll (Blattgrün) und Hämin (Blutfarbstoff), die nur unter Luftsauerstoffabwesenheit und Temperaturen bis etwa 200 °C beständig sind, gefunden. Damit wird die Auffassung gestützt, daß Erdöl organischer Herkunft ist und unter anaëroben Bedingungen bei niedrigen Temperaturen gebildet wurde.

Aus Bild II.1 läßt sich erkennen, daß der Sauerstoffgehalt im Anfangsstadium der Zersetzung der Proteine und Fette ausschlaggebend ist. Ist er wie bei der Inkohlung vorhanden, d.h., spielt sich die Zersetzung im Flachwasserbereich ab, entstehen Ölschiefer bzw. bituminöse Kohlen, Bogheads usw. Fehlt O_2 praktisch völlig, tritt Fäulnis und

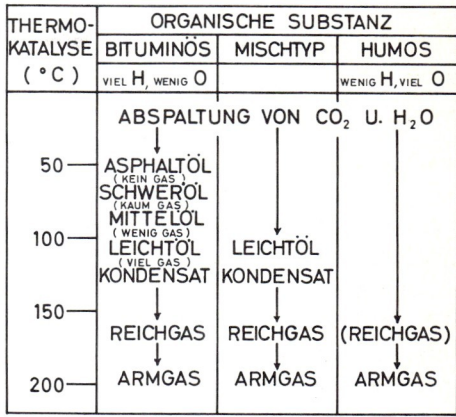

Bild II.2 Umwandlung organischer Substanz zu KW-Stoffen unter Temperatureinfluß (nach *Gedenk* 1976).

eine Faulschlammbildung ein, d.h., das C/H-Verhältnis wird im Gegensatz zur Inkohlung mit fortschreitender Sapropelitisierung immer kleiner, weil der vorhandene Wasserstoff von Sauerstoff nicht mehr genügend zu Wasser gebunden werden kann. Auf natürlichem Wege tritt hier in geologischer Zeit eine Hydrierung ein.

Bei der Absenkung des Sediments zerfällt das Kerogen, d.h. die an das Sediment gebundene organische Substanz, unter dem Einfluß der Temperatur. Handelt es sich um bituminöse Substanz, d.h. mit hohem H/O-Verhältnis, so entstehen daraus immer leichtere Kohlenwasserstoffe bis zum Armgas. Humöse Substanz dagegen mit niedrigem H/O-Verhältnis läßt bei steigender Temperatur ohne Zwischenglieder Armgas entstehen (Bild II.2). Eine andere Darstellung von der Diagenese organischer Substanz erfolgt mit Hilfe der Beziehung H/C gegen O/C. Hier kann man den Bereich flüssiger Kohlenwasserstoffe in 3 Typen durch die Temperaturgrenzen von etwa 50—100 °C charakterisieren (Bild II.3). Alle 3 enden im Gas-Stadium.

Marine pelitische Faulschlammgesteine sind somit als Erdölmuttergesteine zu betrachten. In diesen Sapropeliten ist das Öl diffus auf feine Poren verteilt. Der Gehalt von Kohlenwasserstoffen in diesen Erdölmuttergesteinen schwankt zwischen 5—5 000 g/t.

Die aërob entstandenen Ölschiefer nehmen genetisch eine Art Zwischenstufe zwischen Kohle und Erdölen ein, gleichgültig ob letztere heute in Sanden oder Kalken in Form von Ölsandsteinen, Teersanden, Asphaltkalken oder in freier Form von Erdöl- oder Erdgasaustritten zu Lande oder unter Wasser oder auf Asphaltseen vorkommen (vgl. Bitumenkohlen).

Ölschiefer befinden sich stets auf primärer Lagerstätte, sie sind genetisch autochthon, die Erdgas- und Erdöllagerstätten sind dagegen fast durchweg sekundär durch Einwanderung der gasförmigen oder flüssigen Kohlenwasser-

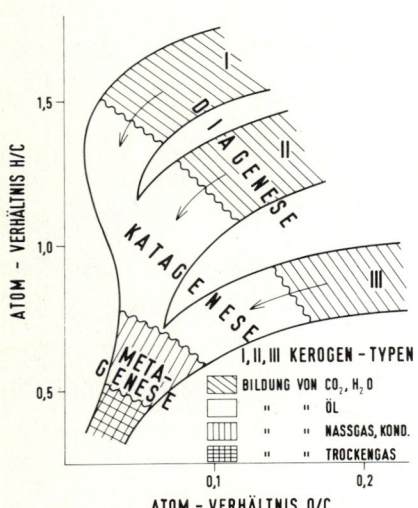

Bild II.3 Umwandlung organischer Substanz (Kerogen) im H/C-O/C-Diagramm beim thermischen Abbau (nach *Welte* 1977 u. *Tissot* 1975).

stoffe in poröse Speichergesteine gebildet worden. Für sie stellt die Migration eine entscheidende Phase dar (vgl. Kap. V).

Eine Detail-Analyse der Kohlenwasserstoffe zeigt eine reiche Auswahl an Spurenelementen wie Cu, Ag, Au, V, Ti, Cr, P, Br, Mn, Ni, Co und auch U_2O_3. Alle diese Elemente bzw. deren Oxide lassen sich in bituminösen Muttergesteinen bzw. Erdölen in einer Konzentration von $10-1000$ g/m^3 feststellen. Sie haben vor allem paläozoischen und bituminösen Schiefern (Alaun- und Graptolithen-Schiefer) den Ruf eines gewissen Uran-Reichtums eingebracht.

Die beckentiefen Stinkschiefer des norddeutschen Zechsteins ebenso wie die triassischen Bitumen-Mergel der europäischen Tethys, die liassischen Posidonienschiefer, die unterkretazischen Fischschiefer Norddeutschlands oder die tertiären Bitumen-Mergel der alpidisch-kaukasischen Vortiefen gelten als potentielle sapropelitische Muttergesteine für Erdöl und Erdgas. Muttergesteine sind in allen geologischen Perioden abgelagert worden, besonders aber in den periodisch wiederkehrenden Warmzeiten, in denen keine Poleis-Kappen existieren und sich in warmen tropischen Gewässern, in denen die O_2-Löslichkeit ohnehin niedrig ist, ein großer tierischer Arten- und Individuen-Reichtum entfalten konnte. Das gilt besonders für marine oder küstennahe Mischwasser-Gebiete mit Delta-Bildungen, Lagunen und Riffen. Meere normaler Salinität sind wohl stets biologisch bevorzugt gewesen, wie auch ein Vergleich rezenter Meere zeigt.

5 Bildung von Erdgasen

Erdgase sind stets ein Gemisch von Gasen, deren wichtigste Bestandteile die Kohlenwasserstoffe sind. Neben dem stets gasförmigen Methan kommen Äthan, Propan, Butan und höhere Kohlenwasserstoffe vor (vgl. Kap. V, Tabelle V.3). Daneben sind Stickstoff und Schwefelwasserstoff die häufigsten Komponenten. Ihr Anteil kann bis zu 60–80 % Stickstoff und 5–15 % Schwefelwasserstoff betragen. Bei einem hohen Anteil von schwereren Kohlenwasserstoffen spricht man von Kondensat-Lagerstätten.

Die Erdgase sind entweder im Zusammenhang mit der Bildung von Erdöl entstanden, oder sie gehen auf die Methanbildung beim Inkohlungsprozeß zurück. Bei der thermischen Diagenese organischer Substanz oberhalb etwa + 150 °C bilden sie sich bei einem hohen Wärmegradient im Sedimentbecken schon in geringer Tiefe. Sonst treten sie zunehmend in Tiefen unterhalb 2–3 000 m auf (vgl. Kap. V, Abschnitt 2.1.1).

Der Befund, daß die Kohle als Gas-Lieferant für die norddeutschen Karbon-, Perm- und Trias-Felder sowie für holländische und englische Gasfelder vor der Küste in der Nordsee sowie russische Gasfelder in Frage kommt, ist für die Erdgas-Exploration von großer Bedeutung (vgl. Kap. V).

Während des gesamten Inkohlungsprozesses bilden sich rund 300–400 Nm^3 CH_4 pro t Endsubstanz und die gleiche Menge CO_2. Etwa 50 % CH_4 bilden sich dabei bis zur Magerkohle, der Rest bis zum Anthrazit. Die Nachinkohlung der letzten Inkohlungsphase im Zuge der Beckenabsenkung in große Tiefen spielt dabei also eine besondere Rolle. Demgegenüber fallen etwa 50 % CO_2 schon in der ersten Diagenese-Phase bis zur Hartbraunkohle an, die restlichen 50 % dann erst während der gesamten Steinkohlen-Bildung bis zum Anthrazit. Dieses freiwerdende CO_2 sorgt für intensive geochemische Prozesse, z.B. Karbonatisierung, SiO_2-Verdrängung usw., d.h. also für Verdichtungsvorgänge in bis dahin porös gebliebenen Begleitsandsteinen der Kohlenflöze.

In der Kohle selbst speicherfähig sind aber bei Drücken von 1 bar nur rund 3–10 Nm^3/t und bei 800 bar rund 30–70 Nm^3/t. Es müssen also ganz erhebliche Mengen CH_4 während des Inkohlungsprozesses auswandern. Dies sind bis zur Bildung der Flammkohle rund 50 Nm^3/t, bis zur Fettkohle rund 150 Nm^3/t, bis zur Magerkohle rund 200 Nm^3/t und bis zum Anthrazit rund 250–350 Nm^3/t.

Literatur

[1] *Degens, E.*: Diagenesis in Sediments. Elsevier Publ. Comp., 1967.
[2] *Gedenk, R., Hedemann, H. A.* und *Rühl, W.*: Ober-Karbongase, ihr Chemismus und ihre Beziehungen zur Steinkohle. 5. Congr. Int. de Stratigraphie et de Géol. du Carbonifere Paris, 1963.

[3] *Hunt, J. M.:* How gas and oil form and migrate. World Oil p. 140 (1968).
[4] *Jüntgen, H.* und *Karweil, J.:* Gasbildung und Gasspeicherung in Steinkohlenflözen. Erdöl & Kohle 19, 251, 339 (1966).
[5] *Jüntgen, H.* und *Klein, J.:* Entstehung von Erdgas aus kohligen Sedimenten. Erdöl & Kohle 28, 65 (1974).
[6] *Kartsev, A. A. et al.:* The principal stage in the formation of petroleum. 8. World Petr. Congress, Moskau, PD 2, 1971.
[7] *van Krevelen, D. W.:* Coal. Elsevier Publ. Comp., 1961.
[8] *Koslow, W. P.* und *Tokarew, L. W.:* Gasbildung in sedimentären Schichten. Zeitschrift f. Angew. Geol. 6, 537 (1960).
[9] *Krejci-Graf, K.:* Diagnostik der Herkunft des Erdöls. Erdöl & Kohle 12, 706, 805 (1959).
[10] *Krejci-Graf, K.:* Über die Zukunft der Erdöl-Prospektion. Erdöl & Kohle 27, 185 (1974).
[11] *Kröger, C.:* Betrachtungen zum Inkohlungsablauf. Erdöl & Kohle 19, 638 (1966).
[12] *Patijn, R. J. H.:* Die Entstehung von Erdgas infolge der Nachinkohlung im NO der Niederlande. Erdöl & Kohle 17, 2 (1964).
[13] *Patteisky, K.* und *Teichmüller, M.:* Inkohlungsverlauf, Inkohlungsmaßstäbe und Klassifikation der Kohlen aufgrund von Vitrit-Analysen. Brennstoff-Chemie 41, 79, 97, 133 (1960).
[14] *Pusey, W. C.:* The ESR-Kerogen Method. Petr. Times 17.1.1973.
[15] *Radchenko, O. A.:* Über den Mechanismus der Erdölbildung. Z. Angew. Geol. 15, 411 (1969).
[16] *Rudakow, G. W.:* The origin of petroleum at depth. Erdöl & Kohle 23, 404 (1970).
[17] *Teichmüller, R.* und *M.* in: *Murchinson, D.* und *Westoll, T. S.:* Coal and Coal bearing strata. Edinburgh — London (1968).
[18] *Tissot, B. P.* und *Welte, D. H.:* Petroleum Formation and Occurrence. — (Springer), Berlin-Heidelberg-New York 1978.
[19] *Welte, D.:* Relation between petroleum and source rock. AAPG Bull. 4, Nr. 12, 1965.
[20] *Welte, D.:* Petroleum Exploration and organic Geochemistry. J. Geochem. Explor. 1, No. 1, 1972.

Tabelle II.2 Erdgeschichtliche Zeittafel

Zeitalter (Aera)		System (Periode)	Abteilung (Epoche)	Zeit
Känozoikum		Quartär (Q)	Holozän Pleistozän	1,8 Mio. J.
		Tertiär (T)	Pliozän Miozän Oligozän Eozän Paläozän	65 Mio. J.
Mesozoikum		Kreide (K)	Oberkreide Unterkreide	141 Mio. J.
		Jura (J)	Malm Dogger Lias	195 Mio. J.
		Trias (Tr)	Ober- (Keuper) Mittel- (Muschelkalk) Unter- (Buntsandstein)	230 Mio. J.
Paläozoikum		Perm (P)	Ober- (Zechstein) Unter- (Rotliegendes)	280 Mio. J.
		Karbon (C)	Ober- (Siles) Unter- (Dinant)	345 Mio. J.
		Devon (D)	Oberdevon Mitteldevon Unterdevon	395 Mio. J.
		Silur (S)	Obersilur (Salop) Untersilur	435 Mio. J.
		Ordovizium (O)	Oberordovizium Unterordovizium	500 Mio. J.
		Kambrium (Ca)	Oberkambrium Mittelkambrium Unterkambrium	570 Mio. J.
Prä-kambrium (PC)	Proterozoikum	Ober-Präkambrium	Algonkium	1 600 Mio. J.
		Mittel-Präkambrium		2 600 Mio. J.
	Archäozoikum	Unter-Präkambrium	Archaikum	4 500 Mio. J.

Quelle: Van Eysinga, F. W. B.: Geological Time Table, Elsevier, Amsterdam 1975

III Braunkohle

E. Gärtner†

Überarbeitet von P. Kausch

Inhalt

1	Abbau	54
2	Transport	62
3	Verwertung und Marktverhältnisse	64
4	Veredlung	68
	Literatur	74

1 Abbau

1.1 Allgemeines

Die Braunkohlenvorkommen der Welt stellen eine bedeutende Energiereserve dar; die Vorräte werden auf ca. $4{,}7 \cdot 10^{12}$ t [35] geschätzt (vgl. Abschnitt XIII.5). Die Weltförderung an Braunkohle erreichte im Jahre 1979 rd. $989 \cdot 10^6$ t, sie lag damit um $134 \cdot 10^6$ t über dem Förderergebnis des Jahres 1970 und zeigt weiterhin ansteigende Tendenz. Fast drei Viertel der gesamten Braunkohlenförderung der Welt entfielen im Jahre 1979 auf die Ostblockländer, die im Rahmen ihrer Gesamtplanungen eine weitere Ausweitung der Braunkohlenförderung vorsehen. In der westlichen Welt gewinnt die Braunkohle jetzt auch in den Ländern wachsende Bedeutung, die noch über umfangreiche andere Energiequellen verfügen. Die USA und Australien wollen angesichts der hohen Energiepreise und der wachsenden Belastung ihrer Zahlungsbilanzen durch Energieimporte ihre bedeutenden Braunkohlenvorkommen verstärkt in der Energie- und Rohstoffversorgung einsetzen. Westeuropa hält einen Anteil von rd. 18 % der Weltförderung. Hauptförderland in Westeuropa ist die BR Deutschland.

Braunkohle wird wegen ihrer oberflächennahen Lagerung überwiegend im Tagebau gewonnen. Dabei nehmen die Tagebaue des Rheinlandes hinsichtlich ihrer Produktionskapazität eine Spitzenstellung in der Welt ein. Außer im Rheinland wird in der BR Deutschland noch in Niedersachsen, Hessen und Bayern Braunkohle gefördert, wo aber die Vorräte allmählich zur Neige gehen. In der DDR werden Braunkohlenvorkommen im Gebiet Magdeburg — Bitterfeld — Halle — Leipzig und östlich der Elbe in der Niederlausitz abgebaut. Durch Aufschluß neuer und Erweiterung bestehender Tagebaue sowie durch technische Verbesserungen wird die Braunkohle in der DDR ihre hervorragende Bedeutung für die Energieversorgung behalten.

Der Braunkohlenbergbau entwickelte sich in Deutschland während der zweiten Hälfte des vorigen Jahrhunderts aus kleinen Tiefbaubetrieben. Er gewann volkswirtschaftlich immer größere Bedeutung, nachdem durch die Erfindung der Exterschen Brikettpresse Braunkohlenbriketts ohne Bindemittel in industriellen Großanlagen hergestellt werden konnten und durch die Errichtung von Kraftwerken und Fernleitungen die überregionale Versorgung mit Braunkohlenstrom ermöglicht wurde.

Die deutschen Braunkohlenflöze sind von wenig verfestigten Abraumschichten überlagert, die aus Kiesen, Sanden und Tonen bestehen und ohne Sprengarbeit mit kontinuierlich arbeitenden Geräten abgeräumt werden. In der ersten Hälfte dieses Jahrhunderts nahm mit dem steigenden Bedarf an Braunkohlenbriketts und Strom die Braunkohlengewinnung in großen Tagebauen stark zu. Die oberflächennahen Flöze wurden zuerst abgebaut; heute wird die Braunkohle aus tiefen Tagebauen gewonnen. In der BR Deutschland dringt der Braunkohlenbergbau in immer größere Teufen vor, so daß die zu bewältigenden Abraummassen ständig zunehmen (Tabelle III.1). Die Wirtschaftlichkeit der Braunkohlengewinnung konnte jedoch durch bedeutende Rationalisierungserfolge sichergestellt werden.

Beim Übergang zu tiefen Tagebauen hatte der Braunkohlenbergbau schwierige Probleme zu lösen, die sich u.a. aus der Lagerung der Braunkohlenvorkommen ergaben. So sind im rheinischen Revier die Braunkohlenflöze durch tektonische Vorgänge in zahlreiche Schollen zerbrochen (Bild III.1). Wiederholtes Vordringen des Meeres im Tertiär führte zur Ablagerung mehrerer unterschiedlich mächtiger Flöze. Die tiefliegenden, von mächtigen und stark grundwasserhaltigen Abraumschichten überdeckten Flöze glaubte man zunächst im Tiefbau abbauen zu können. Von mehreren Braunkohlengesellschaften wurden zwei Schächte abgeteuft, doch mußte man feststellen, daß die im Mittel 50 m mächtige Braunkohle bei nicht entwässertem Deckgebirge im Untertagebau wirtschaftlich nicht abgebaut werden konnte. So begann im *Rheinland* Mitte der 50er Jahre der Aufschluß von tiefen Tagebauen, die heute Teufen von über 300 m erreichen. Die Braunkohle im rheinischen Revier hat einen Heizwert von 6,7 bis 12,1 MJ/kg; der Durchschnitt liegt bei 8,2 MJ/kg.

In *Niedersachsen* wird das bei Helmstedt gelegene eozäne Vorkommen gewonnen. Die Braunkohle ist hier in

1 Abbau

Tabelle III.1 Abraum- und Kohlenförderung in den Braunkohlenrevieren der BR Deutschland, 1950 bis 1976 (in 10⁶ m³ Abraum bzw. 10⁶ t Kohle)

Jahr	BR Deutschland		Rheinland		Niedersachsen		Hessen		Bayern	
	Abraum	Kohle	Abraum	Kohle	Abraum	Kohle	Abraum	Kohle	Abraum	Kohle
1950	77,9	75,8	49,0	63,7	22,5	7,6	5,2	2,9	1,2	1,7
1960	194,6	96,1	157,0	81,4	20,1	6,8	7,8	3,7	9,7	4,3
1970	209,4	107,8	186,4	93,0	7,6	5,5	9,0	4,1	6,4	5,2
1975	293,1	122,4	260,5	107,4	15,8	4,9	10,7	3,1	6,0	8,0
1979	383,1	130,6	354,7	116,4	15,7	4,4	7,9	2,8	4,9	7,0

Quelle: Statistik der Kohlenwirtschaft e.V. [32]

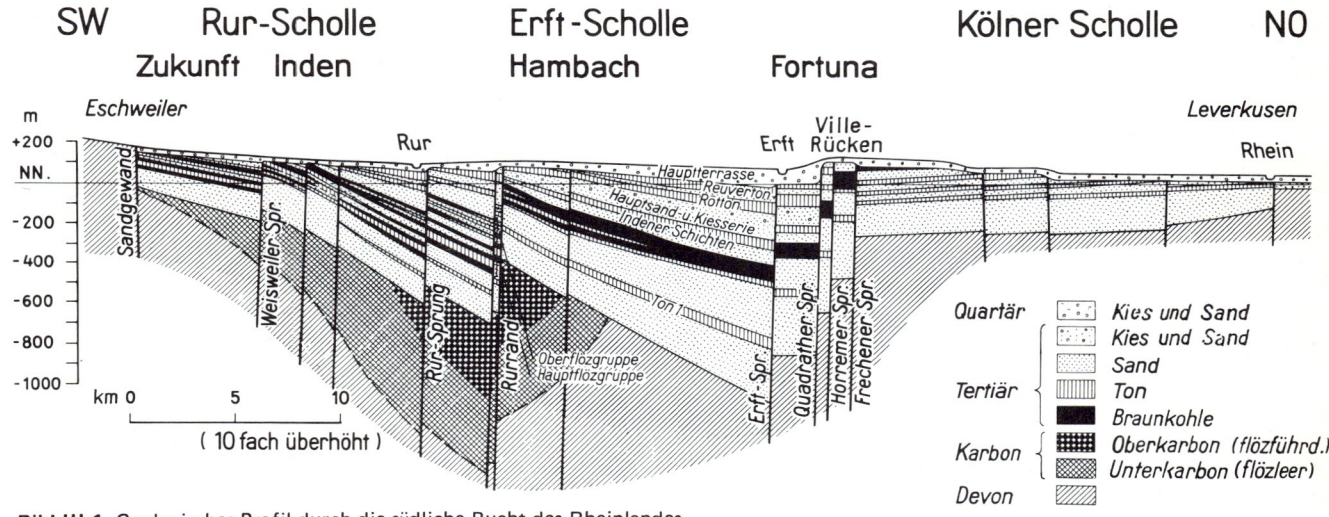

Bild III.1 Geologisches Profil durch die südliche Bucht des Rheinlandes.

zwei je 10 km langen und 1,7 km breiten Mulden abgelagert, die durch einen Buntsandstein-Zechstein-Horst getrennt sind. Von den drei vorhandenen Flözen werden zwei mit einer mittleren Mächtigkeit von zusammen 32 m in bis zu 110 m tiefen Tagebauen abgebaut. Die früher auch im Tieftagebau gewonnene bitumenreiche Kohle hat einen Heizwert von rund 11,7 MJ/kg. Die in Niedersachsen anstehende Salzkohle ist trotz des ungünstigen A:K-Verhältnisses von 6:1 wirtschaftlich gewinnbar und wird zukünftig in der Stromerzeugung eingesetzt.

In *Hessen* stehen die Braunkohlenlager, die überwiegend im Tagebau, teilweise aber auch im Tiefbau gewonnen werden, in einzelnen Feldern innerhalb der niederhessischen Senke an. Der Heizwert der hessischen Braunkohle liegt zwischen 6,9 und 11,7 MJ/kg. Die hohe Abraumüberdeckung und die ungünstigen Lagerungsverhältnisse erschweren den Abbau der hessischen Braunkohlenvorkommen. Die Vorräte erschöpfen sich allmählich; die Förderung wird voraussichtlich Ende der 80er Jahre auslaufen.

In *Bayern* geht das miozäne Braunkohlenvorkommen der Oberpfalz im Naabtal bei Schwandorf der Auskohlung entgegen. Die Gewinnung der Braunkohle, deren Heizwert zwischen 7,5 und 8,4 MJ/kg liegt, wird bald eingestellt. Die Rekultivierung dieser Lagerstätten stellt an den Bergbau hohe Anforderungen.

1.2 Gewinnung und Verkippung

Im Braunkohlenbergbau wurde schon frühzeitig die bergmännische Handarbeit mit Hacke und Schaufel durch den Einsatz von Maschinen abgelöst. Aus den erstmals beim Bau des Nord-Ostsee-Kanals verwendeten Baggertypen wurden Eimerkettenbagger entwickelt, die man seit 1890 auch im Braunkohlenbergbau einsetzte. Die im Rheinland zuerst abgebauten, hochliegenden Flözteile waren 50 m mächtig und von nur 30 m starken Abraumschichten überlagert. Die Abraumschichten aus Kies, Sand und Ton waren

Bild III.2
Rekultiviertes Wald-Seen-Gebiet.

frei von Grundwasser führenden Horizonten. Es waren also gute Vorbedingungen für die Entwicklung und den Einsatz kontinuierlich arbeitender, hochleistungsfähiger Bagger zur Abraumbeseitigung gegeben. Für den Abbau der mächtigen Kohlenflöze wurden Kratzbagger mit großen Abtragshöhen und hohen Leistungen gebaut. Die in manchen Bereichen weiträumig flache Flözablagerung erlaubte zeitweilig auch die Verwendung von Förderbrücken und Kabelbaggern mit dem Vorteil kurzer Transportwege für den Abraum. Die geringen Abraummengen reichten für eine vollständige Wiederverfüllung der ausgekohlten Tagebaue nicht aus. Die angekippten Landflächen wurden aufgeforstet; die Restlöcher der ehemaligen Tagebaue haben sich mit Wasser aufgefüllt. So entstand ein Wald-Seen-Gebiet, das als Erholungsgebiet von der Bevölkerung allgemein geschätzt wird (Bild III.2).

Nachdem am Ende des Zweiten Weltkrieges im rheinischen Revier die oberflächennahen Braunkohlenflöze weitgehend erschöpft waren und Tiefbauversuche nicht zum Erfolg geführt hatten, mußte der Abbau der in größere Tiefe verworfenen Flözteile im Tagebau projektiert werden. Umfassende technisch-wirtschaftliche Planungs- und Aufschlußarbeiten waren hierfür notwendig. Die Umweltbelastungen und die hohen Kosten für Entwässerung, Umsiedlung und Rekultivierung sowie der verstärkte Abraumanfall durch den hohen Böschungsanteil in tiefen Tagebauen waren zu berücksichtigen. Um die Wirtschaftlichkeit der Tieftagebaue zu erreichen, mußten möglichst große Tagebaufelder geschaffen werden. Hierfür hat der rheinische Braunkohlenbergbau schon frühzeitig den Weg der Unternehmenskonzentration auf freiwilliger, privatwirtschaftlicher Ebene beschritten.

Jede Fördersohle erfordert für technische Einrichtungen und Personal einen bestimmten Mindestaufwand, der von der Fördermenge weitgehend unabhängig ist. In den tiefen Tagebauen (Bild III.3) werden deshalb möglichst wenige Fördersohlen eingerichtet. Da bei Massenbewegungen nur große Einheiten die Kosten niedrig halten, mußten zur Beseitigung der mächtigen Abraumschichten Bagger mit großer Abtragshöhe und hoher Leistung entwickelt werden. Diese mußten zugleich in der Lage sein, die bei gestörten Lagerungsverhältnissen auf gleicher Sohle anstehenden Abraum- und Kohleschichten getrennt zu baggern. Beim Baggern von Brikettierkohle ist besonders sorgfältig darauf zu achten, daß Beimischungen von Sand und Ton vermieden werden. Um diesen Anforderungen, nämlich hohe Leistung und selektives Baggern von Abraum und Kohle, gerecht zu werden, wurden in Zusammenarbeit mit den deutschen Baggerbaufirmen für die tiefen Tagebaue des rheinischen Reviers in den 50er Jahren Schaufelrad-

1 Abbau

Bild III.3
Luftbild des Tagebaues Fortuna-Garsdorf

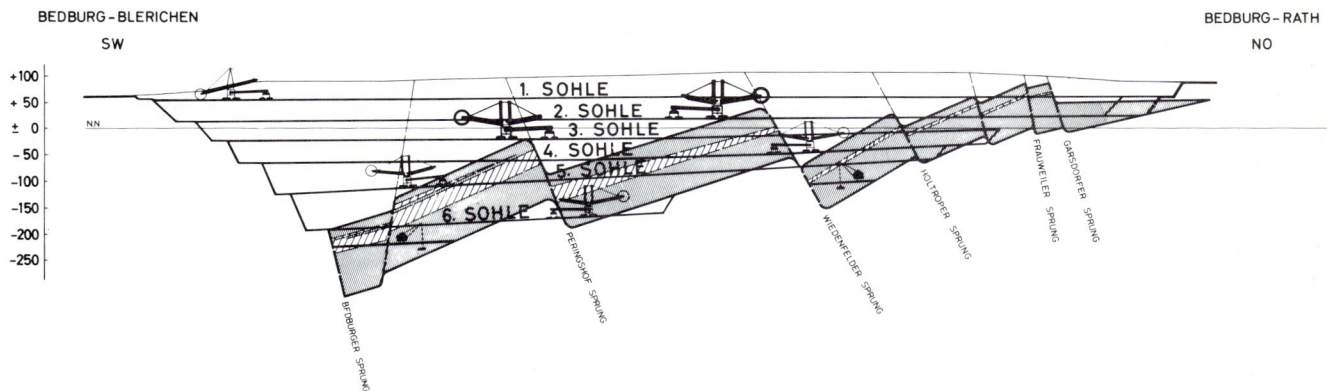

Bild III.4 Abbauprofil des Tagebaus Fortuna-Garsdorf

bagger mit Tagesleistungen von 100 000 fm³ Abraum oder Kohle entwickelt. Zur Erweiterung der Förderkapazität bestehender Tagebaue und für den neuen Tagebau Hambach wurden Gerätesysteme mit mehr als doppelt so hoher Leistung entwickelt. Diese Anlagen, bestehend aus Bagger, Bandanlagen und Absetzer, sind seit 1976 in Betrieb und erbringen Tagesleistungen von 240 000 fm³.

Die Einrichtungen zum Abtransport der Kohle und des Abraumes sind in einem solchen Gesamtsystem unter Berücksichtigung des ungleichmäßigen Anfalls des Fördergutes auf eine Stundenleistung bis zu 39 000 t ausgelegt. Schwierige planerische Aufgaben bestehen vor allem darin, den Abbaufortschritt und die Verteilung des Fördergutes an Kohleabnehmer und Verkippungsstellen mengenmäßig und zeitlich aufeinander abzustimmen.

Schaufelradbagger mit Tagesleistungen von 30 000 bis 40 000 fm³ waren schon in den 30er Jahren gebaut worden. Auch im bayerischen Braunkohlengebiet läßt sich die in gestörten Lagerstätten liegende Braunkohle wirtschaftlich nur mit Hilfe der Schaufelradbaggertechnik gewinnen. Der erste große Schaufelradbagger mit einem Hochschnitt von 40 m wurde im Jahre 1955 im Tagebau „Garsdorf" des rheinischen Braunkohlenreviers in Betrieb genommen. Heute beträgt die Abtragshöhe im Hoch- und Tiefschnitt unter Ausnutzung der Etagenbaggerung bei den Geräten rd. 100 m.

Die Schaufelradbagger sind in drei Baugruppen geteilt: Gewinnungsteil, Verladeteil und die Verbindungsbrücke (Bilder III.5 und III.6). Bei den neuen Schaufelradbaggern wurden der Aufbau und weitgehend auch die Abmessungen der bewährten 100 000er Geräte beibehalten. Die wesentlichen Unterschiede bestehen darin, daß der Durchmesser des Schaufelrades von 17 m auf 21 m und seine Antriebsleistung von 1 500 kW auf 3 300 kW vergrößert wurden; das Schaufelrad ist mit 18 Eimern von je 6,3 m^3 Nenninhalt bestückt; die Förderbänder im Gewinnungsgerät erhielten eine Gurtbreite von 3 200 mm gegenüber bisher 2 600 mm.

Der Gewinnungsteil besteht aus dem auf Raupen verfahrbaren Unterteil und dem darauf aufgesetzten, um 360° schwenkbaren Oberteil mit Schaufelradausleger und Gegengewicht. Die Schaufelradbagger erhalten aus Gründen des Konstruktionsgewichts keinen Vorschub. Gewinnungs- und Verladeteil sind durch die teleskopartig verschiebbare Verbindungsbrücke so miteinander verbunden, daß der Verladeteil sowohl in bezug auf den Abstand als auch in bezug auf die Winkelstellung unabhängig verfahrbar ist. Mit dieser Konstruktion wird erreicht, daß der Bagger einen Bereich bis zu rd. 100 m vom Abbaustoß zum Verladepunkt überbrücken kann, ohne daß die Gleise oder Bandanlagen nachgerückt werden müssen. Die gesamte Dienstmasse der neuen Geräte beträgt rd. 13 000 t bei einer installierten Antriebsleistung von rd. 14 000 kW.

Die Schaufelradbagger werden von fünf Mann bedient: dem Baggerführer, der das Schaufelrad hebt, senkt und schwenkt, und dem Verlader, der den Massenstrom auf das Fördermittel lenkt, außerdem sorgen ein Schlosser, Elektriker und Reiniger für ständige Betriebsbereitschaft.

Die Unterbringung der im Tagebaubetrieb anfallenden großen Abraummengen stellt den Bergbau vor schwierige Aufgaben. Da beim Aufschluß eines Tagebaues bis zum Erreichen der tieferen Sohlen zuerst ein offener Betriebsraum geschaffen werden muß, ist es notwendig, den Abraum zunächst einmal auf Außenkippen unterzubringen. Aus Gründen der Landschaftsgestaltung wird dieser Abraum überwiegend für die Verfüllung der Restlöcher zuvor ausgekohlter Tagebaue verwendet. Dabei ist die Überwindung größerer Strecken erforderlich. Nach der Schaffung ausreichenden Betriebsraums ist die wirtschaftliche Verkippung im ausgekohlten Teil des Tagebaues selbst möglich (Bild III.7). Wegen der ungleichmäßig anfallenden Fördermassen ist die Kapazität der Absetzer höher dimensioniert als die der Schaufelradbagger; die neuen Absetzer haben eine Tagesnennleistung von 250 000 m^3 gewachsenem Boden, entsprechend 320 000 bis 350 000 m^3 oder rd. 560 000 t geschütteter Massen. Auch bei den neuen Absetzern wurden Bauprinzip und Abmessungen der bisherigen Geräte im wesentlichen beibehalten. Die Aufgabebrücke ist jedoch nicht mehr frei aufgehängt, sondern zur Gewichtseinsparung auf einem Doppelfahrwerk abgestützt. Die Leistungssteigerung wurde durch eine Verbreiterung der Fördergurte auf 3 200 mm und durch die Erhöhung der Gurtgeschwindigkeit auf 7,5 m/s am Abwurfband erreicht. Die gesamte Dienstmasse eines neuen Absetzers beträgt 5 300 t (Bild III.8). Um von der Kippstrosse aus eine möglichst große Kipphöhe und -tiefe zu erreichen, haben die Absetzer einen 100 m langen Ausleger. So kann das Verkippungsgerät auf einem standfesten Teil des Kippbodens stehen und mit seinem weit über die Böschungsgrenze hinausreichenden Ausleger das Abraummaterial in die Tiefe verstürzen.

Durch ständige Verbesserungen der Bagger-, Transport- und Verkippungstechnik ist es dem deutschen Braunkohlenbergbau gelungen, auch die tiefliegenden Flözteile wirtschaftlich abzubauen. Die gesteckten Ziele wurden erreicht: Gewinnung großer Massen zu niedrigen spezifischen Kosten, genaue Trennung von Abraum und Kohle schon bei der Gewinnung sowie Senkung der Abbauverluste bei der Kohle unter 5 %. Die hohen Mann- und Schichtleistungen bringen die Rationalisierungserfolge deutlich zum Ausdruck. Im leistungsfähigsten Tagebau des Rheinlandes betrug im Jahre 1979 die Förderleistung je Mann und Schicht einschließlich des Belegschaftsanteils der Betriebs-, Haupt- und Zentralwerkstätten 126,3 t Rohkohle.

Als Ersatz für auslaufende Tagebaue dienen der neue Tagebau Hambach I (2,5 · 10^9 t Kohleinhalt) und der noch zu erschließende Tagebau Bergheim (0,24 · 10^9 t Kohleinhalt). Hambach erstreckt sich mit seinen Abbaufeldern I und II über eine Fläche von rd. 12 300 ha und hat einen Inhalt von 4,5 · 10^9 t Kohle oder 47 EJ. Das Abraum-Kohle-Verhältnis beträgt 6,9 : 1, die maximale Tagebauteufe 520 m. Außer Frimmersdorf werden im Jahre 2000 alle derzeit betriebenen Tagebaue und auch der Tagebau Bergheim ausgekohlt sein. Dann wird die Förderung im rheinischen Revier nur noch aus drei großen Tieftagebauen kommen:

Frimmersdorf   45–55 · 10^6 t/a
Hambach   45–55 · 10^6 t/a
Inden   20–25 · 10^6 t/a.

Eine wesentliche Ausweitung dieser Förder-Kapazität würde den Aufschluß zusätzlicher Tagebaue erfordern. Dies wird aber unter dem Aspekt des Flächenbedarfs und der Probleme der Landschaftsgestaltung kaum realisierbar sein.

1 Abbau

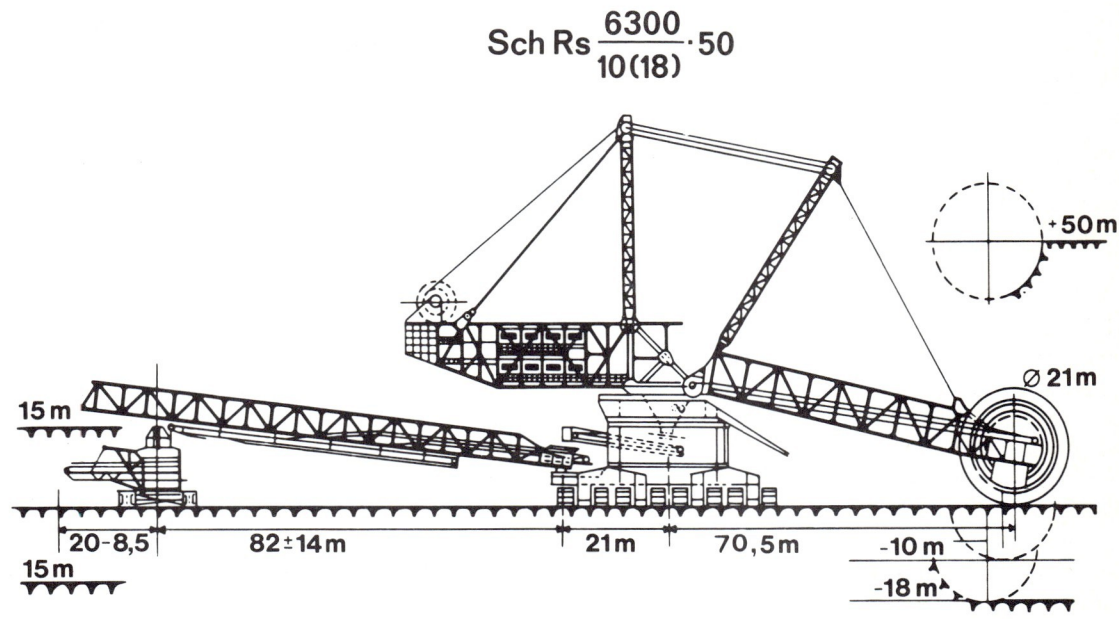

Bild III.5 Schaufelradbagger mit einer Leistung von 240 000 fm³/Tag

Bild III.6
Schaufelradbagger mit
240 000 fm³/Tag im Einsatz

Bild III.7 Absetzer 240 000 fm³/Tag im Einsatz

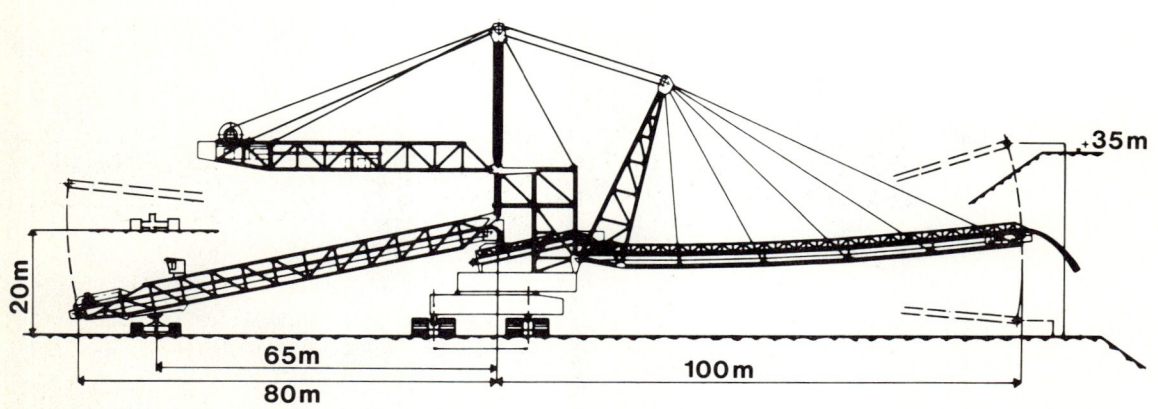

Bild III.8 Absetzer mit einer Leistung von 240 000 fm³/Tag

1.3 Betriebsüberwachung und Planung

Die hohen Förderleistungen im rheinischen Braunkohlenbergbau werden durch Einhaltung des Prinzips der Einheit der Betriebsführung bei der Betriebsplanung, der Produktion und des Reparaturwesens erzielt. Der Betriebsdirektor mit seinem Stab bergmännischer, maschinentechnischer und elektrotechnischer Ingenieure bestimmt den Einsatzplan und den Reparaturplan der Tagebaugeräte. Die fortlaufende Betriebsüberwachung ist eine wichtige Voraussetzung für einen ständig hohen Leistungsgrad. Dafür ist am Rand jedes großen Tagebaues eine Betriebsüberwachungsstelle eingerichtet. Durch Kontrolleuchten auf Pulten werden Betrieb oder Stillstand bei sämtlichen Gewinnungs- und Fördergeräten angezeigt. Fernsprech- und Funkverbindungen bestehen zu jedem Bagger und Absetzer. Die jeweiligen Transportmengen auf den Bändern in t/h werden von Waagen, die in den einzelnen Bandstraßen eingebaut sind, ständig ermittelt. Alle Daten werden in Computern erfaßt und ausgewertet. So ist der Disponent über den Leistungsstand der Geräte laufend unterrichtet. Zur Behebung kleinerer Schäden kann er Reparaturtrupps anfordern, bei länger dauernden Ausfällen unterrichtet er die Betriebsleitung und stellt durch Umstellen der Förderanlagen die Kohlengewinnung sicher. Hierzu kann die Kohle auch in Grabenbunker geleitet werden, in denen Brikettier- und Kraftwerkskohle getrennt gelagert werden, so daß sowohl die Kraftwerke als auch die Brikettfabriken bei Betriebsstörungen oder Stillständen für eine gewisse Zeit mit Kohle versorgt werden können.

Die technische Ausrüstung tiefer Tagebaue mit großer räumlicher Ausdehnung erfordert Investitionssummen von mehreren Milliarden DM (Tagebau Hambach z.B. über $5 \cdot 10^9$ DM). Zum Aufschluß solcher Tagebaue bedarf es exakter und umfassender Planungsarbeiten. Schon vor Aufschlußbeginn müssen Abraum- und Kohlenförderung eines Tagebaues, dessen Lebensdauer mehrere Jahrzehnte beträgt, für jedes Jahr ungefähr vorausbestimmt werden, wozu die anstehenden Abraum- und Kohlenmengen genau zu berechnen sind. Auf Änderungen in der Energiepolitik oder auf sonstige von außen kommende Einflüsse müssen sich Planungen und Betriebsabläufe flexibel anpassen können. Im rheinischen Braunkohlenrevier werden Massenberechnungen mit Computern durchgeführt. Monats- und Vierteljahreswerte der gebaggerten Massen werden aufgrund von Luftbildern ermittelt, die mit Reihenbild-Meßkameras vom Flugzeug aus in regelmäßigen Abständen gemacht werden. Aus den Unterschieden in den Abbauständen, wie sie aus zwei aufeinanderfolgenden Aufnahmen ersichtlich sind, lassen sich für den dazwischenliegenden Zeitraum die gebaggerten Massen mittels fotogrammetrischer Methode errechnen.

1.4 Wasserhaltung der Tagebaue

Beim Abbau der tiefliegenden Kohle stellt das im Deckgebirge anstehende Grundwasser ein schwerwiegendes Problem dar, das hier am Beispiel des rheinischen Braunkohlenbergbaus erläutert werden soll. Im rheinischen Braunkohlenrevier mußte im Bereich des Ville-Rückens einerseits das im eigentlichen Tagebaubereich anstehende Grundwasser abgesenkt und andererseits vor allem die Westseite der Tagebaue gegen das Grundwasser des angrenzenden Erftbeckens abgedichtet werden. Die üblichen Verfahren der Erdbautechnik waren aber wegen zu hoher Anlagekosten, unzureichender technischer Sicherheit und wegen des starken Liegendauftriebs mit Drücken bis zu

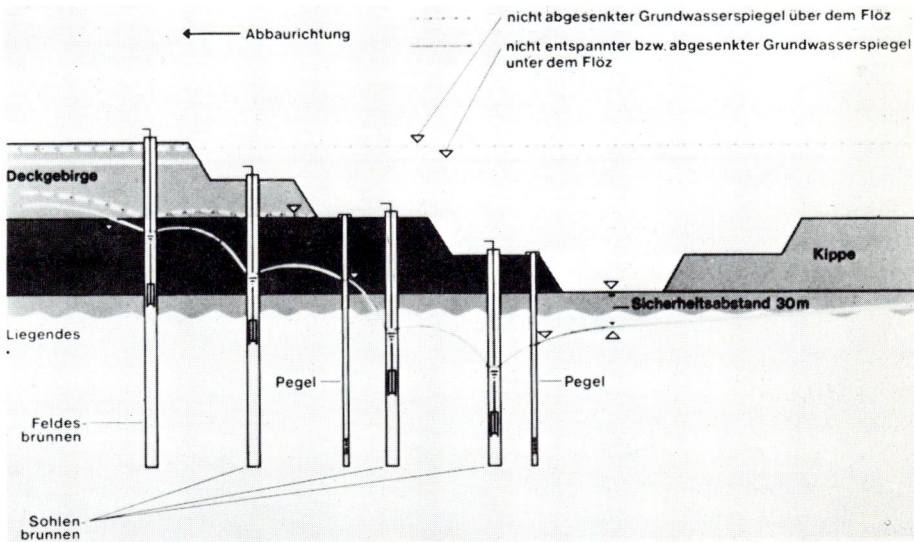

Bild III.9
Absenkung des Grundwasserspiegels in Braunkohlen-Tagebauen durch Brunnengalerien

2,75 MPa = 27 atü nicht anwendbar. Es wurde ein neues, wirtschaftliches Verfahren entwickelt, wonach die zu beseitigenden Wassermassen mittels zahlreicher Kiesschüttungsfilterbrunnen großen Durchmessers und großer Teufen gehoben und danach abgeleitet werden. So entstanden entlang der Tagebaue des rheinischen Reviers Brunnengalerien. Die Brunnen werden im Lufthebeverfahren ohne Verrohrung der Bohrlöcher niedergebracht. Sie sind bis zu 500 m tief und mit Unterwasserpumpen ausgerüstet, die im Dauerbetrieb den Grundwasserspiegel bis unter die tiefste Tagebausohle absenken (Bild III.9). Die Tauchpumpen haben Motorleistungen bis zu 1600 kW, Betriebsspannungen bis zu 10 kV und können bei 352 m Förderhöhe 15 m^3 Wasser pro Minute heben. Da trotz der Kiesummantelung der Brunnenrohre (Durchmesser: 800 mm) nicht immer verhindert werden kann, daß mit dem Wasserstrom Feinsand oder Schluff mitgeschwemmt wird, und da das Grundwasser oft einen hohen Eisengehalt hat, kommt es vielfach im Laufe der Zeit zu Verschleißerscheinungen an den Pumpen und zu Verockerungen der Brunnen. Die Brunnen werden regelmäßig überprüft, wobei zur Feststellung von Schäden Fernsehkameras eingesetzt werden.

Im rheinischen Braunkohlenrevier wurde mit den Brunnengalerien ein Absenkungstrichter geschaffen, der die Tagebauböschungen zum Erftbecken hin trocken hält und Rutschungen verhindert. Die abgepumpten Grundwässer werden zu einem Teil zur öffentlichen und industriellen Versorgung herangezogen, im wesentlichen aber dem Fluß Erft als natürlichem Vorfluter zugeleitet. Zusätzlich wurde eine künstliche Verbindung zum Rhein geschaffen. Sie besteht aus einem 6 km langen Stollen durch das Vorgebirge der Ville (Villestollen) und einem anschließenden 18 km langen Kanal (Kölner Randkanal).

1.5 Umsiedlung, Rekultivierung und Landschaftsgestaltung

Der Braunkohlenabbau im Tagebau macht die Inanspruchnahme großer Wirtschaftsflächen erforderlich, wobei Dörfer, Straßen, Eisenbahnen und Flüsse verlegt werden müssen. Gesetzliche Bestimmungen verlangen in Deutschland nach Beendigung des Abbaues die Rekultivierung der Landschaft. Für die umzusiedelnden Dörfer baut man abseits der Durchgangsstraßen neue Ortschaften, wobei die Gesichtspunkte moderner Orts- und Landschaftsgestaltung berücksichtigt werden. Straßen, Bahnen und Flüsse werden so verlegt, daß sie den Zielen der Landesplanung entsprechen.

Insgesamt hat der rheinische Braunkohlenbergbau rd. 188 km^2 in Anspruch genommen und davon rd. 126 km^2 wieder rekultiviert. Im einzelnen ergibt sich für die

forstwirtschaftliche Rekultivierung	56 km^2
landwirtschaftliche Rekultivierung	54 km^2
sonstige Rekultivierung	16 km^2
Betriebsfläche	62 km^2.

Auf die fertiggestellte Rohkippe werden bei landwirtschaftlichen Flächen 1–2 m Löß entweder mit dem Absetzer aufgetragen oder mit Wasser vermischt in Polder gespült. Der Löß steht in einigen Bereichen des Reviers in ausreichender Mächtigkeit an, wird dort selektiv gewonnen und über Entfernungen bis zu 30 km zu den Rekultivierungsstellen transportiert. Wenn der Bodenauftrag und das Planieren abgeschlossen sind, werden die Flächen fünf Jahre lang vom Bergbau selbst intensiv bewirtschaftet und dann an Landwirte zurückgegeben. Die Erträge auf diesen rekultivierten Böden entsprechen bei Weizen, Roggen und Zuckerrüben denen gewachsener Flächen im Revier.

Bei forstwirtschaftlicher Rekultivierung wird auf die Rohkippe eine 4 m mächtige sogenannte Forstkiesschicht aufgetragen, die aus Kies, Sand und Schotter mit einem Anteil von mindestens 20 % Löß besteht. Anschließend erfolgt der Direktanbau wertvoller standortgerechter Gehölze, die sowohl den Forderungen der Forstwirtschaft als auch denen der erholungssuchenden Bevölkerung entsprechen. In einigen Bereichen des Reviers sind außerdem Seen bis zu einer Größe von 70 ha angelegt worden.

2 Transport

In den Braunkohlentagebauen der BR Deutschland wurden im Jahre 1979 rd. 820 · 10^6 t Abraum und Kohle transportiert. Zum Vergleich: Die Deutsche Bundesbahn und die nicht bundeseigenen Eisenbahnen haben im Jahre 1979 Güter im Gesamtgewicht von 354 · 10^6 t befördert, jedoch über erheblich größere Entfernungen. Der Transport von Kohle und Abraum zu den Verarbeitungsbetrieben und Kippen ist im Braunkohlenbergbau ein bedeutender Kostenfaktor, auf den annähernd 35 % der gesamten Gewinnungskosten entfallen. Allein in den Betrieben der Rheinischen Braunkohlenwerke AG liegen 390 km Gleise und 75 km Bandanlagen, über die im Jahre 1979 rd. 754 · 10^6 t Abraum und Kohle transportiert wurden. Zwischen den Brikettfabriken und den Bahnen des öffentlichen Verkehrs, hauptsächlich der Deutschen Bundesbahn, stellen Grubenanschlußbahnen die Verbindungen her.

Im Transportwesen des Braunkohlenbergbaues ist man im eigentlichen Tagebaubereich vom Zugbetrieb immer mehr zur Bandförderung übergegangen. Im rheinischen Braunkohlenbergbau hat die Bandförderung, in Tonnen-Kilometern (tkm) gerechnet, inzwischen einen Anteil von 84 % am gesamten Massentransport erreicht. Beide Transportsysteme haben Vor- und Nachteile:

Der Zugbetrieb ist auf größeren Strecken mit geringen Steigungen, die nicht mehr als 2 % betragen sollten, wirtschaftlicher. Die Bandförderung dagegen vermag große Höhenunterschiede bis zu 33 % Steigung zu überwinden, wofür der Zugbetrieb lange Rampen und Serpentinen benötigen würde. Die Bandanlage hat außerdem den Vorteil, daß sie einen nur geringen Lastenzug verursacht und sich

2 Transport

deshalb auf den rückbaren Bagger- und Kippstrossen mit oft ungünstigen Untergrundverhältnissen besser eignet als Gleise mit schweren Fahrzeugen. Deswegen wird die Bandförderung, insbesondere bei starken Höhenunterschieden, im engeren Tagebau- und Kippenbereich bevorzugt. Beide Systeme werden vielfach kombiniert eingesetzt, indem beim Abraumtransport zu einer Außenkippe z.B. Band-Zug-Band hintereinander geschaltet werden.

Der Zugbetrieb wurde immer rationeller gestaltet. Für das rheinische Revier wurden Fahrzeuge mit großer Tragkraft entwickelt, wodurch ein günstiges Verhältnis von Nutzlast und Eigengewicht und eine für den Tagebau zweckmäßige, kurze Zuglänge erreicht wurden. 4 m breite Spezialwagen sind mit weiten Füllöffnungen versehen, um den vom Bagger kommenden breiten Massenstrom aufnehmen zu können. Das Fassungsvermögen beträgt bei den Abraumwagen 96 m³ und bei den Kohlenwagen 114 m³ (= rd. 90 t). Die als Seitenkipper konstruierten Abraumwagen erreichen eine Gesamtmasse bis zu 270 t, während für den Kohlentransport Sattelwagen eingesetzt werden, die wegen des geringen Schüttgewichts der Rohkohle (etwa 0,75 t/m³) ein um etwa die Hälfte geringeres Gesamtgewicht aufweisen. Acht Abraumwagen mit einer Anhängemasse von 8 × 270 t = 2 160 t werden normalerweise zu einem Zug zusammengestellt, der von einer Elektro-Lokomotive gezogen wird. Die Fahrdrahtspannung beträgt 6 000 V-Einphasenwechselstrom mit einer Frequenz von 50 Hz. Auf der Lokomotive wird der Wechselstrom durch Thyristoren in Gleichstrom umgeformt. Die vier Gleichstrommotoren der Lokomotive haben eine Stundenleistung von je 465 kW.

Für den Massentransport im Braunkohlenbergbau wird ein leistungsfähiger Zugbetrieb mit dichter Zugfolge benötigt. Von wenigen Zentralstellwerken aus werden zahlreiche kleinere Stellwerke ferngesteuert bedient. Elektrische Meldeanlagen und Lokfunk erleichtern den Ablauf des Zugbetriebes.

Die Bandanlagen (Bilder III.10 und III.11) sind in ihrer Förderkapazität dem Leistungsstand der Schaufelradbagger und Absetzer angepaßt. Innerhalb des Systems der 100 000er Geräte sind die Bandanlagen mit 2,20 m breiten

Bild III.10
Bandanlagen im Braunkohlentagebau

Bild III.11
Bandsammelpunkt im Tagebau Fortuna Garsdorf.

Fördergurten ausgerüstet, die mit einer Geschwindigkeit von 5,2 m je Sekunde laufen. Im Innern der Gummigurte sind Stahlseile eingebettet, um die enormen Zugkräfte beim Anfahren und beim Betrieb dieser Bänder aufzunehmen. Dabei werden Stahlseilfördergurte mit Nennfestigkeiten von 245,3 bis 304,1 N/cm Gurtbreite für 100 000 fm³ Tagesleistung eingesetzt. Die Bandanlagen haben eine stündliche Transportleistung von 16 000 t. Am Kopf der bis zu 2,5 km langen Bandabschnitte befinden sich Antriebsstationen, die mit jeweils 4 Motoren von je 630 kW Leistung bestückt sind. Die Heckstationen an den Enden der Bänder können zusätzlich mit zwei Motoren gleicher Leistung versehen werden. Die Bandstraßen bestehen aus zahlreichen Einzelbändern mit vielfältigen Umschaltmöglichkeiten. Das Umschalten erfolgt elektrisch ferngesteuert, und die Bänder können in beliebiger Reihenfolge elektrisch verriegelt werden. Die Anfahr- und Stillsetzungsvorgänge der einzelnen Bänder in den Bandstraßen laufen automatisch ab. Ebenso erfolgen Überwachung und Störungsmeldungen zum Teil automatisch mit dem Ziel möglichst großer Betriebssicherheit und hoher Ausnutzungszeiten.

Mit der weiteren Steigerung der Baggerleistung auf täglich 240 000 fm³ war auch die Transportkapazität der Bandstraßen entsprechend zu erhöhen. Die neu entwickelten Bandanlagen haben Gurtbreiten von 2,8 m und Geschwindigkeiten von 7,5 m/s. Die Stahlseilfördergurte weisen Nennfestigkeiten von 441,5 bis 539,6 N/cm Gurtbreite aus. Diese Bandanlagen sind für Stundenleistungen von 39 000 t ausgelegt. Ihre Antriebsleistung beträgt maximal 8 × 2000 kW je Band. Innerhalb des technischen Systems der 200 000- bis 250 000 fm³-Geräte werden als Transportmittel im eigentlichen Tagebaubereich und für den Langstreckentransport bis 20 km zu den Außenkippen ausschließlich Bandanlagen eingesetzt, während der Zugbetrieb auf den Kohletransport von den Tagebauen zu den Veredlungsbetrieben beschränkt bleibt.

3 Verwertung und Marktverhältnisse

3.1 Allgemeines zur Wettbewerbssituation

Wirtschaftlichkeit und Leistungsfähigkeit im Braunkohlenbergbau werden weitgehend von der technischen Ausrüstung bestimmt und beruhen auf der Konzentration der Förderung auf wenige Tagebaue mit hoher Leistung. Gerade bei der Produktion von Massengütern gilt es, die Vorteile der Kostendegression zu nutzen. Nur durch Einsatz leistungsfähiger maschineller Einrichtungen lassen sich so hohe Produktionsleistungen erzielen, daß Braunkohle und ihre Veredlungsprodukte zu konkurrenzfähigen Preisen angeboten werden können. Beim heutigen Stand der Technik ist eine außerordentlich hohe Produktivität der Braunkohlengewinnung erreichbar; also lassen sich die spezifischen Förderkosten niedrig halten. Mit der Weiterentwicklung der Tagebautechnik konnten zugleich die mit dem Kohlenabbau zusammenhängenden Probleme des Grundwassers, der Böschungsstabilisierung und der Umweltbeeinflussung wirtschaftlich gelöst werden. So sind die Voraussetzungen gegeben, auch Braunkohle, die in großen

3 Verwertung und Marktverhältnisse

Teufen gewonnen wird, zu wettbewerbsfähigen Preisen auf den Markt zu bringen.

Die substanzielle Konsistenz der Braunkohle und ihre physikalischen Eigenschaften bestimmen die Möglichkeit ihrer Nutzung. Rohbraunkohle über größere Strecken zu transportieren ist im allgemeinen nicht wirtschaftlich, da bei dem hohen Wasser- und Aschegehalt unverhältnismäßig hohe Frachtkostenbelastungen entstehen. Deshalb ist die Verwendung der Rohbraunkohle begrenzt; sie beschränkt sich auf die Umwandlung in Sekundärenergien gleich am Ort der Gewinnung. In Form von festen Produkten (Briketts, Staub und Koks), Strom, Gas und von flüssigen Produkten kann sie dann wirtschaftlich auch in entfernt liegende Verbrauchsgebiete geliefert werden.

Während die Braunkohle zunächst nur zu Briketts verarbeitet wurde, fand sie dann in immer stärkerem Maße auch in der Stromerzeugung Verwendung. Z.Z. werden in der BR Deutschland rd. 87 % der gesamten Braunkohlenförderung in Strom umgewandelt. Die feste Position der Braunkohle in der Stromerzeugung beruht vor allem auf ihren günstigen Wärmepreisen. Zudem besitzt die Braunkohle für den Einsatz in Kraftwerken vorteilhafte Eigenschaften, weil sie einen geringen Schwefelgehalt hat und fast schlackenlos verbrennt. Die ständigen Fortschritte in der Tagebautechnik sowie im Feuerungs- und Kesselbau haben den Braunkohleneinsatz in Kraftwerken immer rationeller werden lassen. Zukünftig wird aber die Braunkohle nicht mehr ausschließlich im Energiebereich verwendet werden, sondern in Form von Kohlenwasserstoffen auch zur Rohstoffversorgung beitragen.

3.2 Gewinnung und Nutzung in Westeuropa

In Westeuropa[1]) wurden im Jahre 1979 rd. $187 \cdot 10^6$ t Braunkohle gefördert, das waren 19 % der Weltbraunkohlengewinnung. Der Braunkohleneinsatz in Kraftwerken stieg hier von 1950 bis 1979 um mehr als das Sechsfache auf rd. $157 \cdot 10^6$ t an, womit sich der Anteil der Kraftwerkskohle am gesamten Braunkohlenverbrauch von 28 % auf 84 % erhöhte. Im gleichen Zeitraum verminderte sich der Anteil für die Herstellung von Briketts, Staubkohle und Koks von 57 % auf 9 % und der Anteil des Direktabsatzes von Rohbraunkohle an Industriebetriebe und sonstige Abnehmer von 16 % auf 7 % (Tabelle III.2). Die Stromerzeugung auf Braunkohlenbasis stieg in Westeuropa von rd. $12 \cdot 10^9$ kWh im Jahre 1950 auf rd. $124 \cdot 10^9$ kWh im Jahre 1979. Zugleich sank der spezifische Brennstoffverbrauch der Braunkohlenkraftwerke von durchschnittlich 2,16 kg/kWh auf 1,27 kg/kWh.

Über zwei Drittel der gesamten Braunkohlengewinnung in Westeuropa entfallen auf die BR Deutschland, dem nach der DDR und der Sowjetunion drittgrößten Braunkohlenproduzenten der Welt. Der Rest verteilt sich auf sechs weitere Förderländer: Türkei, Griechenland, Österreich, Frankreich, Italien und Spanien. Die Gewinnung in diesen Ländern wird, obwohl sie meist nur über relativ geringe Braunkohlenvorräte verfügen, aufrechterhalten und teilweise noch gesteigert. Maßgeblich hierfür sind die niedrigen Gewinnungskosten der Braunkohle sowie beschäftigungs- und devisenpolitische Gesichtspunkte. In den letztgenannten sechs europäischen Ländern wurden im Jahre 1979 rd. $56 \cdot 10^6$ t Braunkohle gefördert. Davon wurden etwa vier Fünftel in Kraftwerken für die Stromerzeugung verwendet, das restliche Fünftel wurde fast ausschließlich in Form von Rohkohle unmittelbar dem Verbrauch in Industrie und Haushalten zugeführt. Im Vergleich zur BR Deutschland hat die Braunkohle dieser Länder einen relativ hohen Heizwert und ist deshalb auch für den Direktverbrauch geeignet.

---

[1]) Europäische OECD-Länder

Tabelle III.2 Förderung und Verbrauch von Braunkohle in Westeuropa[1]) (in 10^6 t)

Jahr	Förderung[2])	Verbrauch			
		Gesamt	Kraftwerke	Fabrikbetriebe[3])	Sonstiges
1950	87,7	89,1	24,9	49,9	14,3
1960	116,3	117,1	56,9	46,6	13,6
1965	125,1	125,4	76,2	37,4	11,8
1970	132,1	133,0	95,3	25,4	12,3
1975	159,3	160,6	137,2	14,6	8,8
1979	186,5	188,1	157,4	16,4	14,3

[1]) Europäische OECD-Länder
[2]) Einschl. Pechkohle
[3]) Herstellung von Briketts, Staub und Koks
(p) vorläufig

Quelle: OECD Energy Statistics [29], Monthly Bulletin of Statistics, United Nations [37]

3.3 Energiewirtschaftliche Bedeutung in der BR Deutschland

In der BR Deutschland hat sich der Braunkohlenbergbau zu einem kapitalintensiven und leistungsstarken Industriezweig entwickelt. Das gesamtwirtschaftliche Potential und die Wirtschaftskraft des westdeutschen Braunkohlenbergbaues werden aus folgenden Daten ersichtlich:

Die gesamten Braunkohlenvorräte in der BR Deutschland werden auf $56 \cdot 10^9$ t veranschlagt; davon liegen im rheinischen Braunkohlenrevier $55 \cdot 10^9$ t, von denen beim gegenwärtigen Energiepreisniveau rd. $35 \cdot 10^9$ t, das sind rd. 320 EJ, wirtschaftlich gewinnbar sind. Der Wert der verwertbaren Braunkohlenförderung der BR Deutschland betrug im Jahre 1979 rd. 2,2 Mrd. DM oder 16,72 DM/t [38]. Bei der anhaltenden Verteuerung der Energierohstoffe ist zu erwarten, daß diese bedeutende Energiereserve zukünftig durch den Aufschluß weiterer neuer Tagebaue genutzt wird.

Das gesamte eingesetzte Kapital im Braunkohlenbergbau (einschl. Kraftwerke) kann mit einem Zeitwert von etwa $20 \cdot 10^9$ DM veranschlagt werden. Seit 1950 wurden erhebliche Kapitalbeträge investiert, allein im rheinischen Revier $15 \cdot 10^9$ DM (einschl. Kraftwerke).

Der westdeutsche Braunkohlenbergbau beschäftigte im Jahre 1979 rd. 20 500 Arbeitskräfte; hinzu kamen über 10 000 Beschäftigte der öffentlichen Braunkohlenkraftwerke und der vom Bergbau beauftragten Fremdunternehmen. Im gleichen Jahr zahlte der westdeutsche Braunkohlenbergbau an seine Belegschaften rd. 757 Mio. DM an Löhnen und Gehältern, eine Summe, deren Kaufkraft der gesamten Wirtschaft in den Braunkohlenrevieren zugute kam.

Die Bedeutung der Braunkohle in der deutschen Energieversorgung kommt mit voller Deutlichkeit in ihren eigentlichen Verwendungsbereichen, der Stromversorgung und der Hausbrandversorgung, zum Ausdruck. Die Braunkohle war im Jahre 1979 an der Stromerzeugung aller Wärmekraftwerke (öffentliche und industrielle) mit 25 % beteiligt. Im gleichen Jahr trug das Braunkohlenbrikett mit $5,0 \cdot 10^6$ t zur Deckung des Energiebedarfs der Haushalte und der gewerblichen Verbraucher bei.

In der BR Deutschland zählt der Braunkohlenbergbau zu den Industriezweigen, denen hohe Sonderbelastungen für Bergschäden, Umsiedlung und Wiederherstellung des Landschaftsbildes auferlegt sind. Dennoch ist die Braunkohle der kostengünstigste Brennstoff für die Stromerzeugung. Obwohl ihr Abbau in immer größere Teufen vordringt, ist durch die Konzentration der Förderung auf wenige große Tagebaue mit hoher Leistung und durch die Weiterentwicklung der Tagebautechnik sichergestellt, daß Braunkohle auch zukünftig als wettbewerbsfähige Primärenergie angeboten wird.

3.4 Förderung und Verwertung in der BR Deutschland

In der BR Deutschland wurden im Jahre 1979 rd. $131 \cdot 10^6$ t Braunkohle gefördert gegenüber $90 \cdot 10^6$ t im Jahre 1955. Förderung und Beschäftigung des Braunkohlenbergbaues werden durch den Absatz der derzeitigen Hauptprodukte, der Kraftwerkskohle, des Braunkohlenbriketts und des Braunkohlenstaubs bestimmt. Der Absatz dieser Produkte entwickelte sich sehr unterschiedlich, wodurch eine beträchtliche Umschichtung in der Verwendungsstruktur der Rohkohle stattfand. Die Herstellung von Briketts verringerte sich zunächst — in den Jahren von 1955 bis 1963 — verhältnismäßig geringfügig. Die Fabrikbetriebe waren in dieser Zeit weitgehend ausgelastet, weil die Kapazität in Erwartung eines strukturellen Absatzrückganges schon vorsorglich eingeschränkt wurde. Im Jahre 1964 setzte dann auch ein stärkerer Absatzrückgang bei Braunkohlenbriketts ein, und demgemäß fiel der Rohkohlenbedarf für die Briketterstellung von $40,6 \cdot 10^6$ t im Jahre 1964 auf $9,8 \cdot 10^6$ t im Jahre 1978. Im folgenden Jahr nahm der Bedarf wieder stark zu. Der Anteil der in den Fabrikbetrieben (ohne Grubenkraftwerke) eingesetzten Förderkohle an der gesamten Braunkohlenförderung sank von 56 % im Jahre 1955 auf 10 % im Jahre 1977 und betrug 12 % im Jahre 1979.

Die Ausweitung der Braunkohlenförderung in der BR Deutschland stützt sich auf den erhöhten Rohkohlenbedarf der Kraftwerke. Im Zeitraum von 1955 bis 1979 stieg der Einsatz von Rohbraunkohle für die Stromerzeugung (öffentliche und industrielle Kraftwerke) von rd. $34 \cdot 10^6$ t auf rd. $114 \cdot 10^6$ t. Der Anteil der Kraftwerkskohle an der gesamten Braunkohlenförderung der BR Deutschland erhöhte sich damit von 37 % im Jahre 1955 auf 87 % im Jahre 1979 (Tabelle III.3).

Die übrigen Braunkohlenprodukte — Braunkohlenstaub und Braunkohlenkoks — gewinnen wieder an Bedeutung. Das einzige Schwelkokswerk in der BR Deutsch-

Tabelle III.3 Förderung und Verwendung von Braunkohle in der BR Deutschland (in 10^6 t)

Jahr	Förderung	Verbrauch Kraftwerke	Fabrik betriebe[1])	Sonstiges
1955	90,3	33,8	51,0	5,5
1960	96,1	46,5	45,4	4,2
1965	101,9	62,4	36,6	2,9
1970	107,8	80,4	25,4	2,0
1975	123,4	108,6	13,2	1,6
1979	130,6	113,6	15,6	1,4

[1]) Ohne Grubenkraftwerke

Quelle: Statistik der Kohlenwirtschaft e.V. [31]

land, das in Niedersachsen betrieben wurde, war im Jahre 1967 stillgelegt worden. Im Jahre 1976 wurde im Rheinland erstmalig die Erzeugung von Feinkoks aufgenommen. Ein wachsender Bedarf an Braunkohlenstaub (1979: $1,4 \cdot 10^6$ t) besteht vor allem in der Industrie der Steine und Erden. Außerdem wurden an die Industrie, hauptsächlich an die Kohlechemie, rd. $1,4 \cdot 10^6$ t Braunkohle als Rohstoff direkt geliefert.

3.5 Produktion und Absatz von Braunkohlenbriketts

Der Absatz der BR Deutschland an Braunkohlenbriketts im In- und Ausland hielt sich in den Jahren von 1955 bis 1964 auf einem Niveau von ca. $20 \cdot 10^6$ t. Während dieser Zeit reichten die einheimischen Produktionskapazitäten für die Deckung des Bedarfs nicht aus, und es wurden jährlich über $4 \cdot 10^6$ t aus der DDR bezogen. Der Absatz an Braunkohlenbriketts war von 1964 bis 1978 rückläufig und stieg 1979 wieder auf rd. $5 \cdot 10^6$ t. Diese Menge stammte zu 85 % aus eigener Produktion, während der übrige Teil des Marktes im wesentlichen dem „Rekord"-Brikett aus der DDR vorbehalten blieb (Tabelle III.4).

Der Absatzrückgang beim Braunkohlenbrikett ist strukturell bedingt, weil Industriebetriebe und Haushalte ihren Bedarf an Wärmeenergie in der Vergangenheit zunehmend mit Heizöl deckten und neuerdings Strom und Gas bevorzugen. Bei den industriellen Verbrauchern ist der Umstellungsprozeß vom Brikett auf andere Energieträger bereits seit Mitte der 50er Jahre im Gange. Im Haushaltssektor setzte er im Jahre 1964 ein. Der Strukturwandel in der Hausbrandversorgung ist in erster Linie auf die starke Verbreitung der Zentralheizung zurückzuführen. In der BR Deutschland wurden in den letzten Jahren die Neubauwohnungen fast ausschließlich mit Zentralheizung ausgestattet. Auch die Altbauwohnungen werden von der Einzelofenbeheizung auf Zentralheizung umgestellt. Ende 1979 waren fast 70 % aller Wohnungen in der BR Deutschland mit Zentralheizung ausgestattet. Diese Entwicklung wird sich in der Tendenz, wenngleich mit erheblicher Verlangsamung, fortsetzen und die Absatzbasis des Braunkohlenbriketts in der Hausbrandversorgung weiter einengen.

3.6 Die Braunkohle in der Stromerzeugung

Die Stromerzeugung auf Braunkohlenbasis entwickelt sich in der BR Deutschland etwa parallel mit der Gesamtstromerzeugung. Von 1955 bis 1979 stieg die Stromerzeugung auf Braunkohlenbasis um rd. $70 \cdot 10^9$ kWh (+ 347 %) auf rd. $90 \cdot 10^9$ kWh, die gesamte Stromerzeugung um rd. $295 \cdot 10^9$ kWh (+ 383 %) auf $372 \cdot 10^9$ kWh. Die feste Position der Braunkohle in der westdeutschen Elektrizitätswirtschaft gründet sich auf ihre gleichbleibend günstigen Wärmepreise, ihre vorteilhaften Brenneigenschaften und darauf, daß sie in bedeutenden Mengen ständig sicher verfügbar ist. Große Kraftwerkseinheiten mit hohen Leistungen sind die weitere Voraussetzung, daß Braunkohlenstrom kostengünstig erzeugt und über weitreichende Hochspannungsnetze auch in entfernt liegende Verbrauchergebiete geleitet wird. Als größtes Wärmekraftwerk Europas gilt z.Z. das Braunkohlenkraftwerk Niederaußem im rheinischen Revier mit einer installierten Leistung von 2 700 MW. Die gesamte Kraftwerkskapazität auf Braunkohlenbasis (einschließlich Hartbraunkohle) wurde in der BR Deutschland von 1955 bis 1979 um 10 400 MW auf 14 000 MW erhöht. Allein 11 900 MW (85 %) hiervon entfallen auf das rheinische Braunkohlenrevier, den bedeutendsten Schwerpunkt der westeuropäischen Stromerzeugung (Tabelle III.5).

Die Braunkohlenkraftwerke übernehmen im allgemeinen die Grundlast der Elektrizitätserzeugung, weil ihr Gesamtkostenniveau niedrig liegt. Sie kommen deswegen auch zu einer überdurchschnittlich hohen Auslastung, die dem Braunkohlenbergbau eine gleichmäßige Beschäftigung seiner Abbaubetriebe verschafft.

Tabelle III.4 Braunkohlenbrikettabsatz der BR Deutschland (in 10^6 t)

Jahr	gesamter Absatz	Export	Inlandabsatz		
			gesamt	Haushalte und Kleinverbraucher	Industrie und Sonstige
1955	20,0	1,5	18,5	12,3	6,2
1960	19,3	1,3	18,0	13,4	4,6
1965	16,0	1,2	14,8	12,6	2,2
1970	11,0	0,9	10,1	9,2	0,9
1975	5,7	0,5	5,2	4,0	1,2
1979	5,4	0,6	4,8	3,6	1,2

Quelle: Statistik der Kohlenwirtschaft e.V. [31]

Tabelle III.5 Stromerzeugung auf Braunkohlenbasis in der BR Deutschland (in 10^9 kWh)

Jahr	gesamte Braunkohlen-Stromerzeugung	davon in	
		öffentlichen Kraftwerken	industriellen Kraftwerken
1955	20,2	16,6	3,6
1960	30,8	26,9	3,9
1965	44,5	38,4	6,1
1970	59,6	55,1	4,5
1975	83,6	79,9	3,7
1979	90,3	86,2	4,1

(p) Vorläufige Werte

Quelle: Bundeswirtschaftsministerium

Zwischen dem Braunkohlenbergbau und der Elektrizitätswirtschaft hat sich ein enges Verbundsystem entwickelt, wie man es in der Industrie bisher kaum irgendwo antrifft. Die wachsende Stromerzeugung auf Braunkohlenbasis und der hohe Kapitalbedarf für die Finanzierung großer Tagebaue und Kraftwerkseinheiten haben zu diesem Verbund geführt. Er hat sich als sehr vorteilhaft erwiesen, denn beide Seiten sind daran interessiert, daß Tagebaue und Kraftwerke gleichermaßen auf hohem technischen Niveau gehalten und ständig voll ausgelastet werden. So besteht in Nordrhein-Westfalen der Verbund zwischen dem Rheinisch-Westfälischen Elektrizitätswerk-AG (RWE), Essen, und den Rheinischen Braunkohlenwerken AG, Köln. Auch in den anderen Braunkohlenrevieren gibt es enge Verflechtungen zwischen Unternehmen der Elektrizitätsversorgung und des Bergbaus, so in Niedersachsen und Hessen zwischen der VEBA AG, Bonn, und den Braunschweigischen Kohlenbergwerken AG (BKB), Helmstedt, bzw. den Bergbauabteilungen (Borken und Wölfersheim) der Preußenelektra in Hessen, und in Bayern zwischen der Bayernwerk AG, München, und der Bayerischen Braunkohlenindustrie AG (BBI), Schwandorf.

Für die Strompreisbildung in der BR Deutschland hat der Braunkohlenstrom besondere Bedeutung. Das Strompreisniveau nämlich ist ein Mittelwert, der sich aus den Kosten für Braunkohlenstrom und den wesentlich höheren Kosten für Strom aus Steinkohle und anderen Einsatzenergien ergibt. Jede Verlagerung innerhalb der deutschen Stromerzeugung zu ungunsten der Braunkohle muß daher schon von sich aus zu einer Anhebung der Gesamtkosten führen. Demzufolge ist eine im Vergleich zur gesamten Stromerzeugung ebenso starke Entwicklung der Stromerzeugung auf Braunkohlenbasis eine Voraussetzung dafür, daß die durchschnittlichen spezifischen Kosten der Stromerzeugung und damit auch die Strompreise auf einem möglichst niedrigen Niveau gehalten werden.

Wenn die Kernenergie in der Lage ist, die Stromversorgung in der BR Deutschland in der Grundlast weitgehend zu übernehmen, ist vorgesehen, die Auslastung der Braunkohlenkraftwerke zurückzunehmen und veraltete Anlagen auslaufen zu lassen. Effizienter als in der Stromerzeugung läßt sich nämlich die Braunkohle in veredelter Form in verschiedenen Industriebereichen nutzen. Die in der Stromerzeugung nicht mehr benötigte Kohle soll im wesentlichen für die Herstellung von Kohlenwasserstoffen eingesetzt werden, wobei vor allem an die Braunkohlenvergasung gedacht ist, denn gerade hierfür besitzt die Braunkohle besonders günstige Eigenschaften. Jedoch ist auch die Herstellung flüssiger Produkte aus Braunkohle geplant.

4 Veredlung

4.1 Veredlungsperspektiven

Angesichts der angespannten Lage auf den Energiemärkten erhebt sich die Forderung, die verfügbaren Energielagerstätten möglichst rationell und schonend zu erschließen und die gewonnene Rohenergie effizienter als bisher zu nutzen. Das bedeutet für den Braunkohlenbergbau, daß es seine wichtigste Zukunftsaufgabe ist, die Braunkohle nicht nur für die Erzeugung von Strom, Briketts, Staub und Koks zu verwenden, sondern auch für andere Wirtschaftsbereiche nutzbar zu machen, teilweise als Ersatz von Mineralöl und Erdgas (Bild III.12).

Dafür bieten sich an:
- Feste Produkte
  (Die Herstellung von Braunkohlenstaub und Braunkohlenkoks),
- Gasförmige Produkte
  (Die Vergasung von Braunkohle zur Erzeugung von Synthesegas ($CO + H_2$) und von künstlichem Erdgas (CH_4)),
- Flüssigprodukte
  (Die Verflüssigung von Braunkohle zur Erzeugung von Chemierohstoffen und Kraftstoffen).

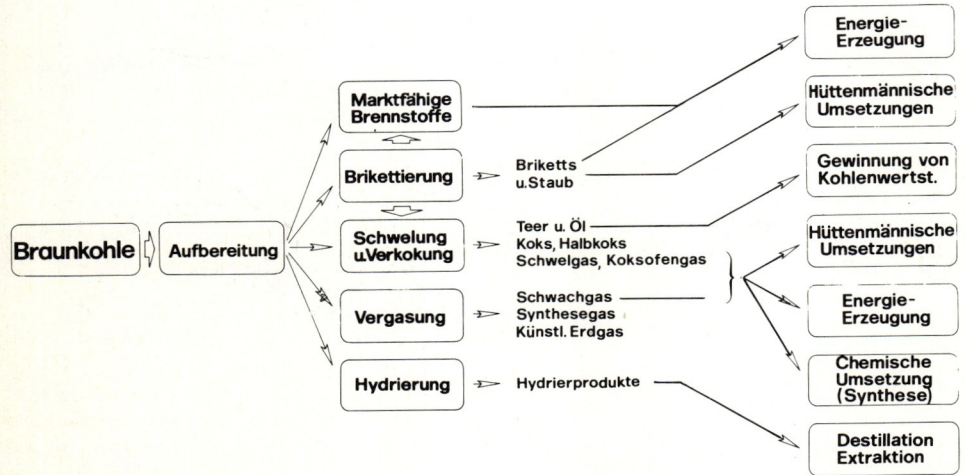

Bild III.12 Veredlung von Braunkohlen

4 Veredlung

Für die Versorgung mit Strom und Wärme (Raum- und Prozeßwärme) stehen Kernenergie und Kohle zur Verfügung. Für die Chemie, die Metallurgie, den Kraftstoffmarkt und einen Teil des Wärmemarktes werden als Ersatz oder zur Ergänzung von Öl und Erdgas die oben genannten Veredlungsprodukte aus Kohle in Zukunft dringend benötigt.

4.2 Feste Produkte

Die Braunkohle wird in den Fabrikbetrieben bei jeder Art der Veredlung vorher zerkleinert und getrocknet. Die Trockenkohle ist das Ausgangsprodukt für jede weitere Veredlung, beispielsweise für die Herstellung von Briketts, Staub, Koks, Gasen und Ölen aus Braunkohle (Bild III.13).

Die Veredlungsanlagen des Braunkohlenbergbaus verfügen derzeit über eine Kapazität für die Erzeugung von $7 \cdot 10^6$ t/a festen Veredlungsprodukten; der Rohkohlenbedarf beträgt hierfür rund $18 \cdot 10^6$ t/a.

Trockenkohle wird seit dem vergangenen Jahrhundert in Strangpressen ohne Zusatz von Bindemitteln zu Briketts gepreßt. Ihr Marktanteil bei den Festbrennstoffen beträgt in der BR Deutschland derzeit rund 50 %. Das Braunkohlenbrikett wird hauptsächlich für die Hausbrandversorgung und in kleinerem Umfang auch in Industriebetrieben benötigt.

Braunkohlenstaub ist aufgemahlene Trockenbraunkohle, deren Partikel kleiner als 0,3 mm sind; sein unterer Heizwert beträgt 21 MJ/kg. Braunkohlenstaub wird zunehmend anstelle von Heizöl bei der Herstellung von Zement, Kalk, Straßenbaustoffen und Roheisen eingesetzt (Bild III.14).

Durch Verkokung der Rohbraunkohle mit einem Heizwert von ca. 8,3 MJ/kg entsteht ein hochwertiges Kohlenstoffkonzentrat, das einen Heizwert von ca. 29,3 MJ/kg besitzt und einen niedrigen Flüchtigen-Gehalt hat. Der Braunkohlenkoks kann als Sinterbrennstoff, als Adsorptionsmittel oder Reaktionspartner bei der Karbid- und Phosphorproduktion dienen, wobei in den elektrochemischen und elektrometallurgischen Prozessen seine spezifischen Eigenschaften, wie hohe Reaktivität, hoher elektrischer Widerstand und niedriger Schwefelgehalt, besonders vorteilhaft zur Geltung kommen. Braunkohlenkoks wird im Rheinland bereits in einer Demonstrationsanlage nach dem Herdofen-

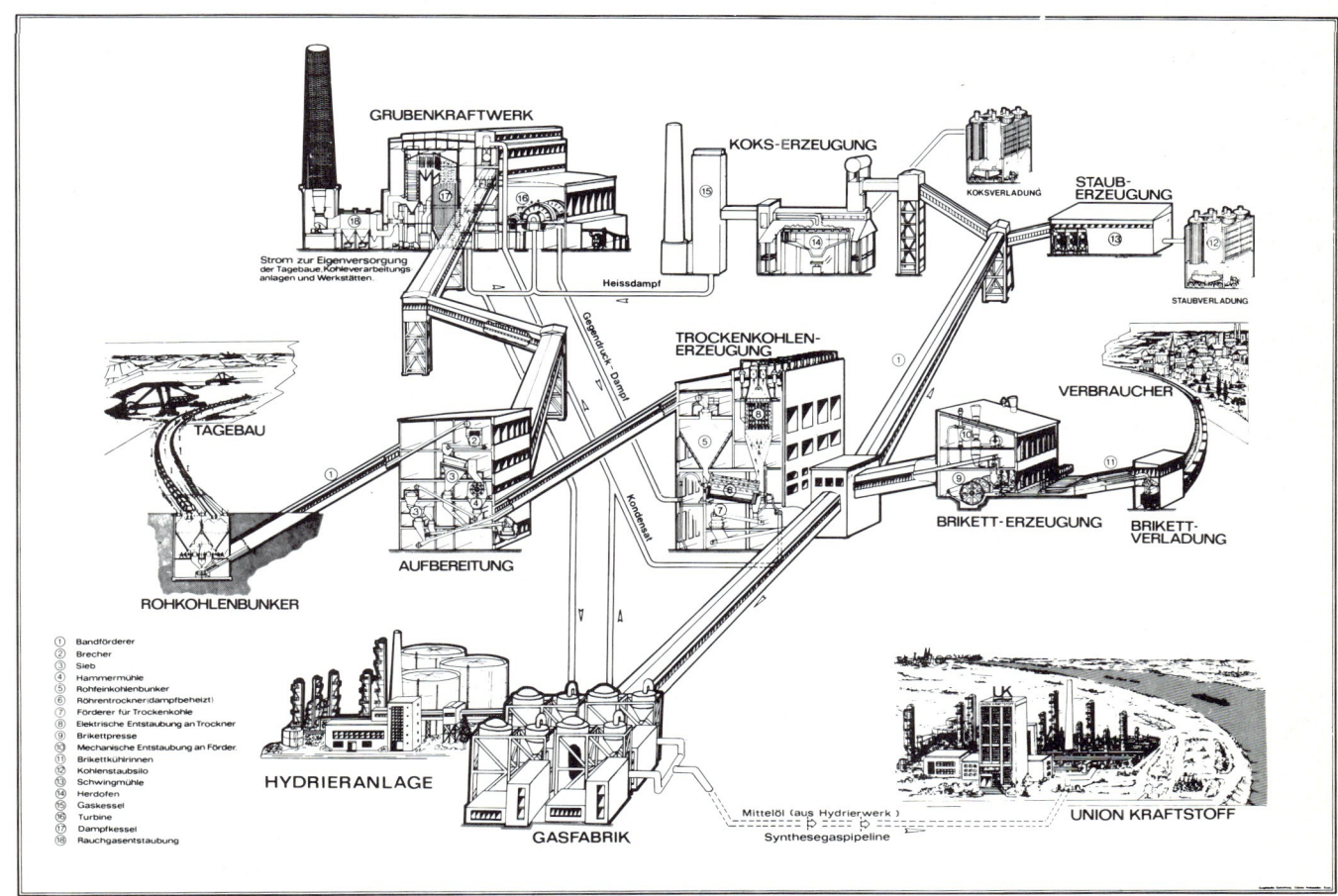

Bild III.13 Veredlungsanlagen für Braunkohlen

prinzip mit einer Produktionskapazität von ca. 110 000 t/a hergestellt (Bild III.15). Die erforderliche Verkokungswärme wird durch Verbrennung der ausgetriebenen flüchtigen Bestandteile in dem Raum über der rotierenden Herdplatte gewonnen.

Braunkohle wird, wenn auch mengenmäßig gering, zur Humusanreicherung von Böden benutzt. Der Bodenverbesserer besteht aus Braunkohle und verschiedenen biologisch abbaubaren Substanzen. Die Erfahrungen der Landwirtschaft und des Weinbaus über den Nutzen dieses Bodenverbesserers für den Boden selbst und die Pflanzen sind sehr positiv.

4.3 Vergasung

Der Vergasung von Braunkohle wird für die zukünftige Sicherung der Energieversorgung besondere Bedeutung beigemessen. Im Gas vereinigen sich zahlreiche positive Eigenschaften, die sonst nur partiell für andere Energieträger gelten: Gas ist leicht und bequem zu handhaben, es ist umweltfreundlich, läßt sich leicht transportieren, es ist speicherfähig, und der Transport von Energie in Form von hochkalorischem Gas in Pipelines verursacht die weitaus geringsten Kosten im Vergleich zu anderen Energieträgern und liegt auch niedriger als der Transport von elektrischem Strom. Außerdem ist Gas wie kein anderer Energierohstoff universell einsetzbar, und zwar als schwachkalorisches Gas bei der Stromerzeugung, als Synthesegas für die chemische Industrie, als Reduktionsgas für die Eisenhüttenindustrie und schließlich als Stadtgas oder künstliches Erdgas (SNG), insbesondere für Haushalt und Kleinverbrauch. Gas wird besonders in den Bereichen der Energie- und Rohstoffversorgung Bedeutung erlangen, die mit Kernenergie nicht abgedeckt werden können.

Die Entwicklungslinien auf dem Sektor der Kohlevergasung laufen im wesentlichen in zwei Richtungen:
- Weiterentwicklung der autothermen Vergasungsverfahren
- Entwicklung von nuklearen Verfahren zur Kohlevergasung.

Bei den autothermen oder auch konventionellen Verfahren wird ein Teil der insgesamt eingesetzten Kohle verbrannt, um die nötige Vergasungswärme bereitzustellen.

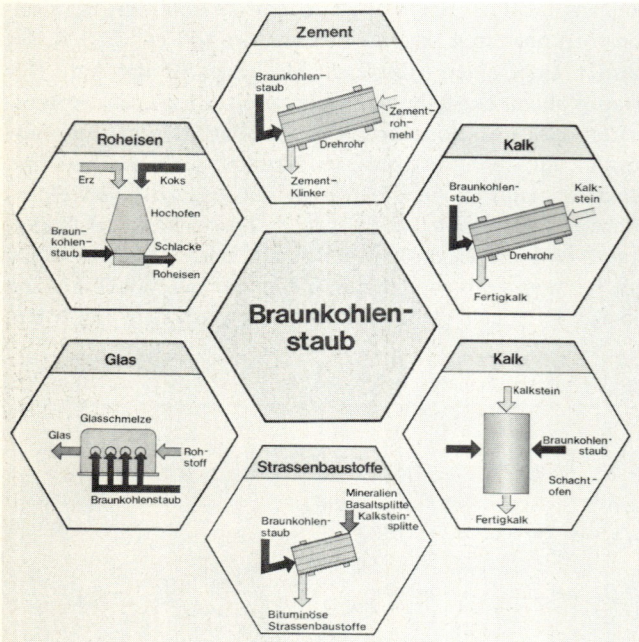

Bild III.14 Einsatzbereiche für Braunkohlenstaub

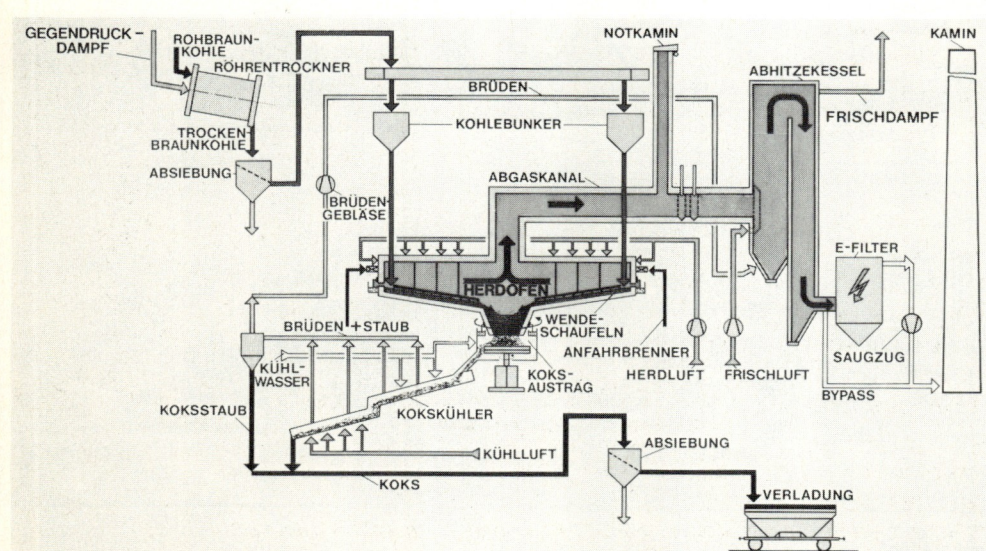

Bild III.15 Einsatz von Braunkohlenkoks im Herdofen

4 Veredlung

In der BR Deutschland, wie in anderen Industriestaaten, werden konventionelle Vergasungsverfahren, die sich zum Teil schon vor dem 2. Weltkrieg im großtechnischen Einsatz bewährt haben, mit Nachdruck weiterentwickelt. Dabei wird das Anwendungsspektrum im Hinblick auf die einsetzbare Kohle (Backeigenschaften, Körnung usw.) erweitert, die Einheitsgröße der Vergaser gesteigert und insgesamt die Prozeßökonomie verbessert.

Eine solche Weiterentwicklung stellt das Hochtemperatur-Winkler (HTW)-Vergasungsverfahren dar. Im Vergleich zu dem bekannten Winkler-Verfahren wird bei dem HTW-Verfahren feinkörnige Braunkohle bei höherer Temperatur und unter Druck im Wirbelbett umgesetzt, womit eine höhere spezifische Leistung und eine verbesserte Wirtschaftlichkeit erreicht wird. Seit 1978 wird eine Versuchsanlage mit einem Rohkohlenbedarf bis zu 3 t/h betrieben (Bild III.16). Aufbauend auf den in dieser Versuchsanlage gewonnenen Ergebnissen und Erfahrungen wird derzeit eine Demonstrationsanlage im industriellen Maßstab gebaut, deren 1. Strang 1983/84 und die übrigen drei Stränge 1987 in Betrieb gehen sollen; im Endausbau wird diese Anlage $1,0 \cdot 10^9$ m^3/a Synthesegas erzeugen. Dieses Synthesegas wird zur Methanolerzeugung eingesetzt werden.

Bei der Vergasung von Kohle mit Wärme aus Kernreaktoren stellen diese die für den eigentlichen Vergasungsvorgang notwendige Wärmeenergie teilweise — bei Einsatz von Hochtemperatur-Kernreaktoren durch das heiße Helium vollständig — bereit. Damit entfällt die bei den konventionellen Verfahren übliche Verbrennung eines Teils der benötigten Kohle, so daß bis zu 40 % der Einsatzkohle gespart bzw. aus der gleichen Kohlenmenge eine entsprechend größere Gasmenge produziert werden kann. Dem geringen spezifischen Kohleeinsatz steht allerdings ein höherer Kapitaleinsatz gegenüber. Für dichtbesiedelte und hochindustrialisierte Regionen ist es von besonderer Bedeutung, daß bei der Kohlevergasung mit Nuklearwärme die sonst durch die Verbrennung der Kohle bedingte Umweltbelastung vermieden wird. Für die Einbindung nuklearer Prozeßwärme eignet sich hervorragend das Verfahren der hydrierenden Kohlevergasung, das aus Braunkohle unter Einsatz von Wasserstoff als Vergasungsmittel und unter hohem Druck (ca. 100 bar) ein methanreiches Gas liefert, das als künstliches Erdgas verwendet werden kann.

Eine Versuchsanlage mit einem Rohkohlebedarf von 0,5 t/h ist seit 1975 auf dem Gelände der Union Kraftstoff, Wesseling, erfolgreich in Betrieb; eine Pilotanlage mit einem Rohkohlebedarf von 25 t/h ist zur Zeit im Bau; sie wird 1981 in Betrieb gehen. Eine erste Demonstrationsanlage kommerzieller Größe mit einer SNG-Produktion von rund $0,7 \cdot 10^9$ m^3/a und konventioneller Energieversorgung soll etwa 1990 fertiggestellt werden.

Das Verfahren der hydrierenden Kohlevergasung hat den Vorteil, daß es konventionell oder nuklear betrieben werden kann (Bild III.17), d.h., die für die Ver-

Bild III.16 HTW-Versuchsanlage

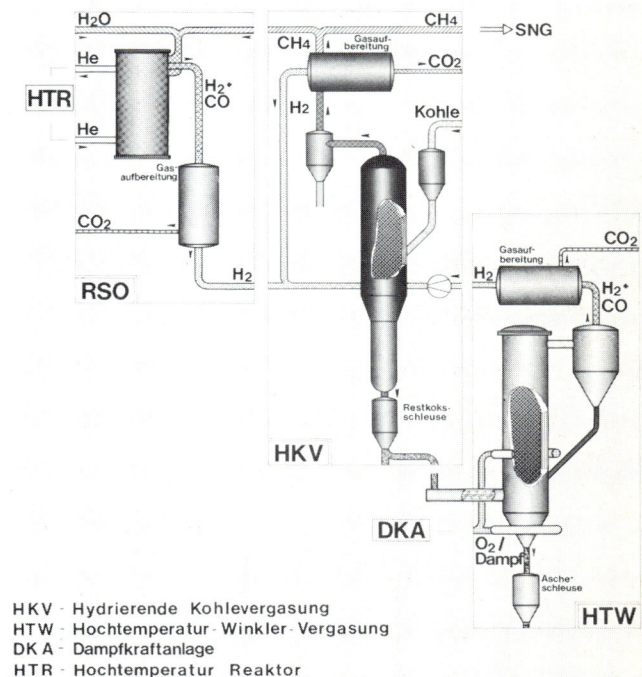

HKV - Hydrierende Kohlevergasung
HTW - Hochtemperatur-Winkler-Vergasung
DKA - Dampfkraftanlage
HTR - Hochtemperatur Reaktor
RSO - Röhrenspaltofen

Bild III.17 Verfahren der Kohlevergasung

gasung benötigte Energie kann in Form von Wasserstoff durch konventionelle oder nukleare Wasserstofferzeugungsprozesse bereitgestellt werden. Weiterhin spricht für dieses Verfahren die Unabhängigkeit von Sauerstoff, eine hohe Raum-Zeit-Ausbeute im Wirbelbett und die Eignung für verschiedene Kohlesorten.

Der bei der Vergasung anfallende Restkoks kann zur Stromerzeugung im Mittellastbereich und in der industriellen Kraftwirtschaft, aber auch in konventionellen Vergasungsprozessen zu Gas umgesetzt werden. Aus dem Restkoks ließe sich z.B. in einem HTW-Vergaser Wasserstoff erzeugen, der seinerseits den Wasserstoffbedarf der hydrierenden Vergasung decken könnte.

4.4 Verflüssigung

Bei knapp und teurer werdendem Angebot von Erdöl sind Flüssigprodukte aus Kohle wirtschaftlich herzustellen. Ein wirkungsvoller Beitrag von Flüssigprodukten aus Kohle zur Energieversorgung und zur Substitution von Öl erfordert jedoch erheblichen zeitlichen, technischen und wirtschaftlichen Aufwand. Das bedeutende Potential der im Krieg gewonnenen Erfahrungen über die Verflüssigung von Kohle durch Hydrierung oder Fischer-Tropsch-Synthese ist Grundlage der Fortentwicklung dieser Techniken.

Ziel ist es, ein Verfahren mit hohem Wirkungsgrad zu entwickeln, mit dem aus Braunkohle kostengünstige flüssige Kohlenwasserstoffe für Kraftfahrzeuge und für die Chemie hergestellt werden können. Besonders vorteilhaft ist die Braunkohle für die hydrierende Verflüssigung, weil sie aufgrund ihrer chemischen Zusammensetzung hoch reaktiv ist und kostengünstig gewonnen wird. Die Arbeiten zur Fortentwicklung der hydrierenden Verflüssigung stützen sich auf die in den 20er und 30er Jahren von Bergius und Pier geschaffenen Grundlagen und auf den Erfahrungen des Betriebs der früheren großtechnischen Hydrieranlage auf dem Gelände der Union Rheinische Braunkohlen Kraftstoff AG, Wesseling. Durch hydrierende Verflüssigung der Braunkohle können alle Produkte wie bei der Rohölverarbeitung gewonnen werden. Dies ist bei stärker inkohlter Kohle nicht ohne weiteres möglich.

Die Weiterentwicklung der sogenannten Sumpfphasehydrierung der Braunkohle hat folgende wesentlichen Verbesserungen gebracht: Verringerung des Verfahrensdruckes, des Kohlenbedarfs, des Wasserstoffbedarfs, der Umweltbelastung und Steigerung des Kohlendurchsatzes. Eine kontinuierlich betriebene Technikumsanlage (Bild III.18) hat die Durchführbarkeit des Verfahrenskonzeptes bestätigt; hier werden heute die günstigsten Prozeßparameter ermittelt.

Ab 1985 werden in einer Pilotanlage die Prozeßbedingungen und die Ausrüstung einer kommerziellen Demonstrationsanlage für die hydrierende Verflüssigung von Braunkohle geprüft; die Demonstrationsanlage wird zu Beginn der 90er Jahre in Betrieb gehen.

4.5 Konkurrenzfähigkeit der Braunkohlenprodukte

Synthesegas aus Braunkohle kann in der Chemischen Industrie Synthesegas aus Erdölrückständen und

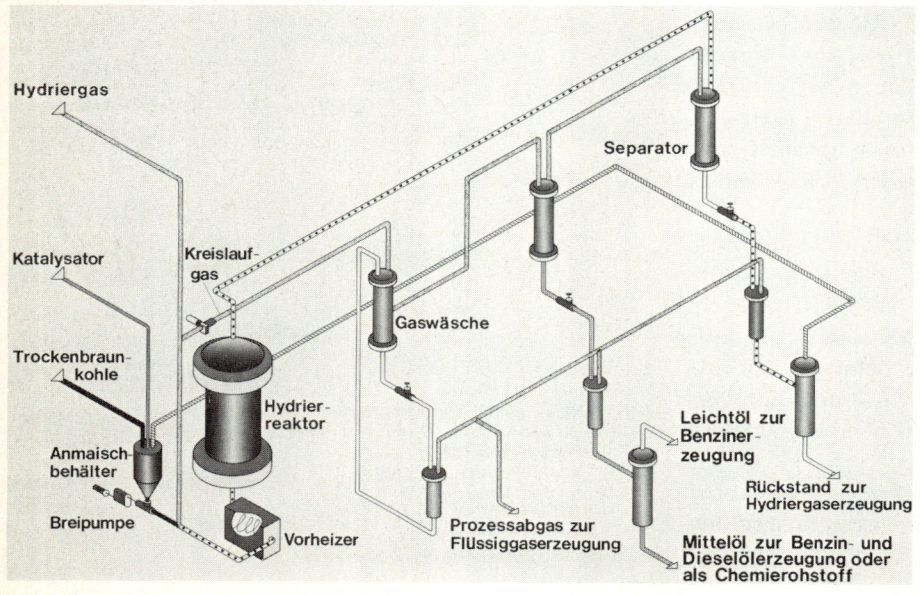

Bild III.18 Hydrierende Verflüssigung von Braunkohle

4 Veredlung

Erdgas ersetzen und erreicht hier am leichtesten die Konkurrenzfähigkeit (Bild III.19). Kostengleichheit wird beispielsweise bei den derzeitig kalkulierten Kosten des Braunkohlensynthesegases erreicht bei Erdgaskosten in Höhe von rund 0,25 DM/m³ und bei Kosten des Rückstandsöls von 250,– DM/t.

Konkurrenzfähig ist SNG aus Braunkohle mit Erdgas im Augenblick noch nicht; bei den steigenden Erdgaspreisen wird dies aber schon nach Abschluß der Entwicklungszeit für das SNG-Verfahren zu erwarten sein. Die Produkte der hydrierenden Verflüssigung von Braunkohle (Chemierohstoffe und Treibstoffe) sind gegenüber den Erdölprodukten derzeit ebenfalls noch nicht konkurrenzfähig (Bild III.20).

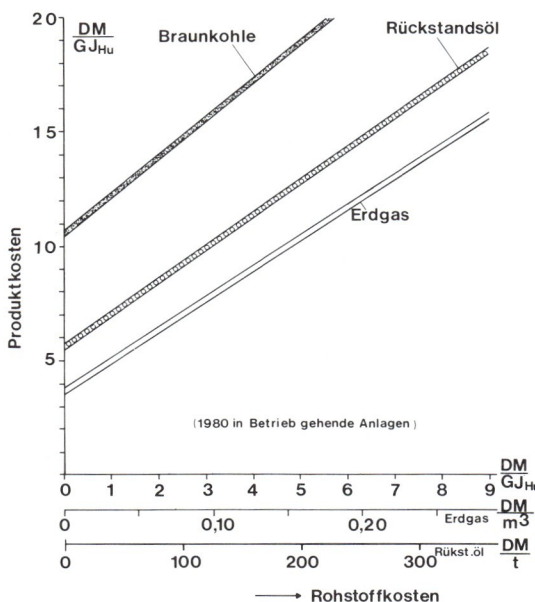

Bild III.19 Kostenvergleich für Braunkohlesynthesegas

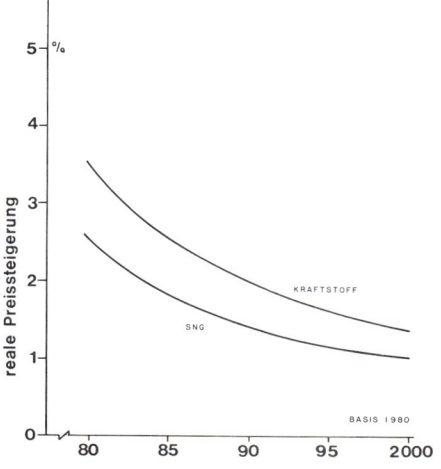

SNG: Hydrierende Kohlevergasung mit Hochtemperatur Winkler Vergasung

Kraftstoff: Hydrierende Kohleverflüssigung

Bild III.20 Kostenvergleich für SNG

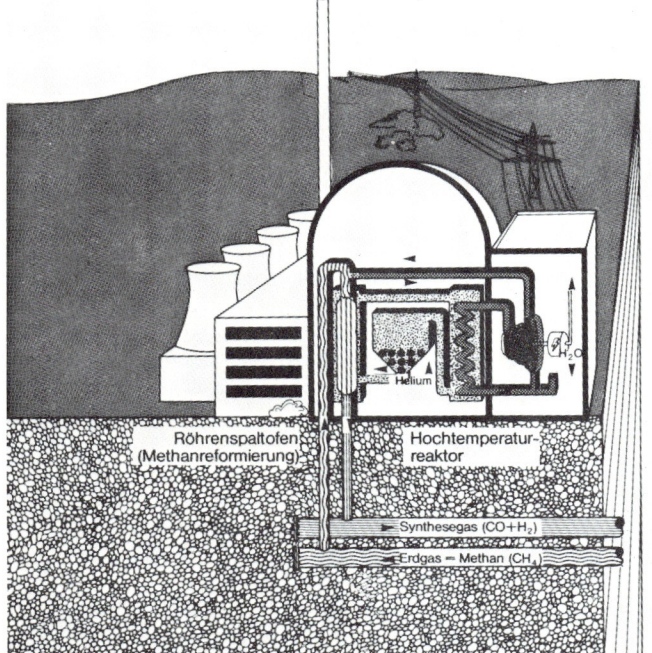
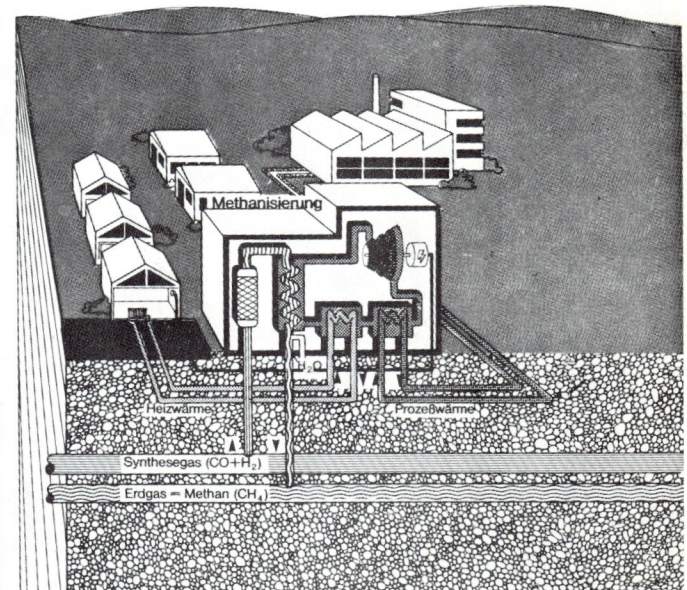

Bild III.21 Kopplung von Kernenergie und Methanisierung von Braunkohlen

4.6 Energie- und Rohstoffversorgung auf Basis Braunkohle und Kernenergie

Der fossile Brennstoff, der bei konventionellen Verfahren für die Heiz- oder Prozeßwärme benötigt wird, kann bei den beschriebenen Vergasungsverfahren und im Stromerzeugungsbereich durch Kernenergie ersetzt werden. Kernenergie, die bisher nur in Form von Strom verteilbar ist, kann jedoch auch zur direkten Lieferung von Heiz- und Prozeßwärme eingesetzt werden. Ein technisch und wirtschaftlich realisierbarer Weg zur Ausschöpfung des beachtlichen Potentials stellt das Projekt „Nukleare Fernenergie" dar (Bild III.21). Durch Einbindung von Kernwärme in chemische Prozesse, in denen eine endotherme chemische Reaktion am Ort der Wärmequelle (Methanreformierung) mit einer exothermen Reaktion am Ort des Wärmeverbrauchs (Methanisierung) gekoppelt wird, ist es möglich, Kernwärme aus Hochtemperaturreaktoren zu transportieren und zu verteilen. Dieses System kann im geschlossenen oder im offenen Kreislauf kombiniert mit der Kohlevergasung betrieben werden und kommt den Forderungen nach verbesserten Methoden des Energietransportes, nach umweltfreundlicher Energiedarbietung und Ausnutzung von Substitutionsmöglichkeiten für Importenergien weitgehend entgegen.

Die langfristig zur Verfügung stehende Braunkohle des rheinischen Reviers könnte in bedeutendem Umfang Erdöl und Erdgas substituieren. Entscheidende Voraussetzung hierfür ist der weitere Ausbau der Kernkraftwerkskapazität und die dann mögliche Reduzierung der Stromerzeugung aus Braunkohle. Nur so können die Braunkohlenmengen freigestellt werden, die für die Erzeugung der Veredlungsprodukte benötigt werden, die anstelle der immer teurer und knapp werdenden Importenergie genutzt werden können.

Der Übergang von der Verstromung zur Vergasung und Verflüssigung der Braunkohle wird sich nicht abrupt, sondern allmählich vollziehen, wobei folgende Aspekte zu beachten sind: Einerseits ist die Ablösung der Braunkohle durch die Kernenergie im Grundlastbereich der Stromerzeugung technisch möglich und andererseits wird die Verarbeitung der Rohbraunkohle zu gasförmigen und flüssigen Produkten schon in absehbarer Zeit wirtschaftlich sein. Dagegen ist energiepolitisch der unbedingt notwendige weitere Ausbau der Kernkraftwerkskapazität in der BR Deutschland erst noch sicherzustellen, was allerdings dringend erforderlich ist, damit die öffentliche Stromwirtschaft ihre Versorgungsverpflichtungen uneingeschränkt erfüllen kann.

Die marktwirtschaftlichen Aussichten der Braunkohlenveredlung sind jedenfalls bei dem zu erwartenden weiteren starken Anstieg der Importpreise von Erdöl und Erdgas einerseits und bei den weniger stark steigenden Kosten der Kohleveredlung andererseits äußerst günstig zu beurteilen.

Literatur

[1] Braunkohlen-Veredlung. Sonderdruck aus Braunkohle, Tagebautechnik und Energieversorgung. Band 27, Heft 11, 1975.

[2] *Franke, Jäger, Meraikib*: Adsorptionskoks aus Braunkohle zur Luftreinigung. Chemie, Ingenieur, Technik, Heft 18, 1971.

[3] *Gärtner, E.*: Entwicklung und Stand der Geräte und Einrichtungen für Braunkohlentagebaue. Braunkohle, Wärme und Energie, 5. Jg. 1953, Heft 17/18, S. 346–373.

[4] *Gärtner, E.*: Entwicklungstendenzen in der Geräte- und Fördertechnik der rheinischen Braunkohlentagebaue. Braunkohle, Wärme und Energie, 7. Jg. 1955, Heft 11/12, S. 226–241.

[5] *Gärtner, E.*: Braunkohle: Energie und Rohstoff. Jahrbuch für Bergbau, Energie, Mineralöl und Chemie, 1974, Essen 1974.

[6] *Goedecke, H.*: Das Rheinische Braunkohlenrevier. Braunkohle, Tagebautechnik und Energieversorgung. Band 28, Heft 5, 1976, S. 145–151.

[7] *Goergen, H.*: Massentransport im Tagebaubetrieb. Fördern und Heben, 17, 1967.

[8] *Teggers, H.*: Methanreformierung und Methanisierung – Ein neues Verfahren des Transports von Hochtemperaturwärme. Berichte d. Bunsenges. Phys. Chem. 84, 1013–1022 (1980), Verlag Chemie, D-6949 Weinheim, 1980, 0005–9021/80/1010–1013.

[9] *Leuschner, H.-J.*: Entwicklungstendenzen 70 der Tagebautechnik des rheinischen Braunkohlenreviers. Braunkohle, Wärme und Energie, 1970, S. 370–380.

[10] *Leuschner, H.-J.*: Planungskriterien für den Aufschluß des Braunkohlentagebaues Hambach. Braunkohle, Wärme und Energie, 1972, S. 41–50.

[11] *Leuschner, H.-J.*: Der rheinische Braunkohlenbergbau als landschaftsprägender Faktor. Mitteilungen aus dem Markscheidewesen, 78, Jg., 1971, Heft 4, S. 148–164.

[12] *Leuschner, H.-J.*: Die Bedeutung der Braunkohle für die Energieversorgung der Bundesrepublik. Energiewirtschaftliche Tagesfragen, Heft 1/2, Januar/Februar 1975.

[13] *Leuschner, H.-J.*: Der Braunkohlentagebau Hambach – eine Synthese von Rohstoffabbau und Landschaftsgestaltung –. Braunkohle, Tagebautechnik u. Energieversorgung. Band 28, Heft 5, 1976, S. 111–123.

[14] *Leuschner, H.-J.*: Braunkohlengewinnung im Rheinischen Revier im Einklang mit Umwelt und Gesellschaft, 11. Weltenergiekonferenz, München 1980, Vol. 4B, S. 295–313.

[15] *Meraikib, Franke*: Vergasung von Kohlenstoffträgern nach dem Hochtemperatur-Winkler-Prozeß. Chemie, Ingenieur, Technik, 1970, Heft 12.

[16] *Peretti, K.*: Die Entwicklung der deutschen Tagebautechnik in der Welt (ausgewählte Beispiele). Braunkohle, Tagebautechnik und Energieversorgung. Band 28, Heft 5, 1976, S. 167–178.

[17] *Raack, W.*: Der Braunkohlenbergbau in der Bundesrepublik. Glückauf GmbH, Essen, 1962.

[18] *Rauch, K.*: Das rheinische Braunkohlenrevier und seine Nord-Süd-Bahn. Eisenbahntechnische Rundschau 10, 1955.

[19] *Speich, P.*: Zukunftsaspekte – Energiedargebot – Umwelt. Wasserwirtschaft 63, Heft 11/12, S. 383–392.

[20] *Speich, P.*: Kohlevergasung mit nuklearer Prozeßwärme. VGB-Kraftwerkstechnik 54, Juli 1974, Heft 7, S. 438.

[21] *Speich, P.*: Verwendung und Veredlung von Braunkohle. Braunkohle, Tagebautechnik und Energieversorgung. Band 29, Heft 4, 1977, S. 124–132.

Literatur

[22] *Speich, P.*: Die Vergasung von Kohle und der Energietransport mit Hilfe thermochemischer Prozesse, Jahrbuch der Dampferzeugungstechnik, 4. Ausgabe 1980/81, Vulkan-Verlag, Essen.

[23] *Speich, P.*: Verbund von Kohle und Kernenergie zur Sicherung der Rohstoff- und Energieversorgung, VGB Kraftwerkstechnik, 58. Jahrgang, Heft 9, September 1978, S. 628–634.

[24] *Speich, P.*: Technische und wirtschaftliche Gesichtspunkte der Braunkohleveredlung, Brennst.-Wärme-Kraft 32 (1980) Nr. 8, August.

[25] *Teggers, H.*: Hydrierende Vergasung von Kohle, gwf. Gas/Erdgas, 115. Jg., 1974, Heft 12, S. 532–537.

[26] *Teggers, H.*: Hydrogasification of Hard and Brown Coal by Using Heat from Gas Cooled High Temperatur Nuclear Reactors, BNES International Conference, London, November 26–28, 1974.

[27] *Henning, D.*: Einsatzplanung und Inbetriebnahme von 200 000er Geräten und 3-m-Bandanlagen im Tagebau Fortuna, Braunkohle, Heft 1/2, Jan./Febr. 1977.

[28] *Kommission der Europäischen Gemeinschaften*: Die gegenwärtige Lage des Energiemarktes in der Gemeinschaft. Brüssel.

[29] *OECD*: Energy Statistics, Paris, verschiedene Jahrgänge.

[30] *Statistisches Amt der Europäischen Gemeinschaft*: Energiestatistik, Luxemburg, verschiedene Jahrgänge.

[31] *Statistik der Kohlenwirtschaft e.V.*: Der Kohlenbergbau in der Energiewirtschaft der Bundesrepublik, Essen, verschiedene Jahrgänge.

[32] *Statistisches Landesamt Nordrhein-Westfalen*: Beiträge zur Statistik des Landes Nordrhein-Westfalen, Düsseldorf.

[33] *United Nations*: World Energy Supplies, New York, verschiedene Jahrgänge.

[34] *United Nations*: Statistical Yearbook, New York, verschiedene Jahrgänge.

[35] Jahrbuch für Bergbau, Energie, Mineralöl und Chemie 1979/80, Verlag Glückauf GmbH, Essen.

[36] Survey of Energy Resources 1978 World Energy Conference 1978.

[37] United Nations: Monthly Bulletin of Statistics, New York, verschiedene Jahrgänge.

[38] Der Bergbau in der Bundesrepublik Deutschland 1978, 31. Jahrgang 1980, Ed. Piepersche Buchdruckerei und Verlagsanstalt Clausthal-Zellerfeld.

[39] United Nations: Quarterly Bulletin of Coal Statistics for Europe, Vol. XXVIII No. 4.

IV Steinkohle

F. Adler[1]

Inhalt

1 Einleitung 76
2 Wesensmerkmale von Steinkohlenlagerstätten 76
3 Bergbau auf Steinkohle 78
4 Veredelung der Steinkohle 102
5 Forschung und Entwicklung im Steinkohlenbergbau 111
6 Steinkohlenbergbau und Energiewirtschaft 113
Literatur 117

1 Einleitung

Steinkohle wird bereits seit vielen Jahrhunderten als Brennstoff verwendet. Die Erfindung der Dampfmaschine durch James Watt im Jahre 1765 leitete die industrielle Revolution ein und die Bedeutung der Steinkohle nahm sprunghaft zu; für viele Jahrzehnte wurde sie zur wichtigsten Energiequelle. Zusätzliche Absatzbereiche wurden der Steinkohle durch die Entwicklung des Hochofens und Fortschritte auf dem Gebiet der chemischen Technologie eröffnet. Die „neuen" Primärenergieträger Erdöl und Erdgas haben die Steinkohle inzwischen keineswegs verdrängen können. Vielmehr wurde die absolute Höhe der Steinkohlenförderung in den letzten Jahren gesteigert. Weltweit gesehen ist die Steinkohle auch heute noch mit etwa 25 % am Primärenergieaufkommen beteiligt.

In den folgenden Ausführungen wird versucht, einen Überblick über den Steinkohlenbergbau und seine angeschlossenen Bereiche zu vermitteln. Wie die meisten mineralischen Rohstoffe wird Steinkohle auf ihrer natürlichen Lagerstätte bergmännisch gewonnen, so daß der Bergbau den Schwerpunkt dieser Ausführungen bildet. Der große Einfluß der Lagerstätteneigenschaften auf die Bergtechnik und damit auch auf den wirtschaftlichen Erfolg des Abbaues machen es erforderlich, die Wesensmerkmale der Lagerstätten kurz zu umreißen. Neben der Beschreibung der verschiedenen bergmännischen Verfahren zur Gewinnung der Steinkohle wird auch auf die Weiterverarbeitung, den Absatz sowie auf die Stellung der Steinkohle in der Wirtschaft eingegangen. Auf die Bedeutung der Forschungs- und Entwicklungsarbeiten im Steinkohlenbergbau wird in einem abschließenden Abschnitt hingewiesen.

[1]) Unter Mitarbeit von: H.-G. Belka, R. von der Gathen, H. B. Giesel, B. Haxter, W. Peters.

2 Wesensmerkmale von Steinkohlenlagerstätten

2.1 Gesichtspunkte zur Lagerstättenbeurteilung

Das Bewerten einer Lagerstätte und die Planung des Abbaus setzen eine Wirtschaftlichkeitsberechnung zur Ermittlung der Bauwürdigkeit voraus, die im wesentlichen von

- der Qualität und Menge der Steinkohle in Verbindung mit dem Verwendungszweck,
- den lagerstättenbedingten Faktoren, die den Abbau und damit die Kosten beeinflussen, und
- der geographischen Lage der Lagerstätte

abhängig ist.

In erster Linie muß eine Lagerstätte einen genügend großen Vorrat erwünschter Qualität aufweisen, wobei die Qualitätsansprüche vom Verwendungszweck der Steinkohle bestimmt werden. Die eisenschaffende Industrie z.B. verlangt Kokskohle mit weniger als 7 % Aschegehalt, etwa 18–28 % flüchtigen Bestandteilen und einem Schwefelgehalt von nicht mehr als 1 %. Kohlekraftwerke hingegen bewerten die Einsatzkohlen in erster Linie nach ihrem Heizwert, dem Ballastgehalt und dem Gehalt an flüchtigen Bestandteilen.

Die wichtigsten lagerstättenbedingten Faktoren sind die Teufe, die Mächtigkeit und das Einfallen der Flöze, die Nebengesteins- und Deckgebirgsbeschaffenheiten, die Tektonik, die Ausgasung und die Wasserzuflüsse. Im folgenden werden diese Einflußgrößen näher erläutert.

Teufe: Die Mächtigkeit und Standfestigkeit der die Lagerstätte überdeckenden Gesteine ist für die Form des Aufschlusses von wesentlicher Bedeutung. Während die Mächtigkeit des Deckgebirges und die sich daraus ergebenden technischen und wirtschaftlichen Probleme über die Aufschlußform — Tagebau oder Tiefbau — entscheiden, hat die Standfestigkeit des Deckgebirges auf die Aufschlußarbeiten einen Einfluß. Zunehmende Teufe wirkt sich insbesondere auf die Kosten des Aufschlusses der Lagerstätte sowie beim späteren Abbau auf die Förderkosten und infolge des steigenden Gebirgsdruckes auch auf die Kosten für das Offenhalten der Grubenräume aus. Ferner erfolgt mit wachsender Teufe eine Zunahme der Gebirgstemperatur, die z.B. in Westeuropa um etwa 3 °C je 100 m Teufenzuwachs ansteigt, entsprechend einer geothermischen Tiefenstufe von etwa 33 m/°C. Die aus der zunehmenden Gebirgstemperatur resultierende Verschlechterung des

2 Wesensmerkmale von Steinkohlenlagerstätten

Grubenklimas stellt erhöhte Anforderungen an die Wetterführung (Grubenbelüftung).

Nebengesteins- und Deckgebirgsbeschaffenheit: Als Nebengestein werden die eine Lagerstätte umgebenden Gesteinsschichten bezeichnet. Die Beschaffenheit des Nebengesteins — fest oder weich, glatt oder klüftig — ist für die Durchführung bergmännischer Arbeiten von großer Bedeutung. Bei klüftigem und mürbem Nebengestein ist das Ausbauen und Offenhalten der Grubenbaue schwieriger als bei festem Nebengestein.

Der Aufschluß durch einen Schacht wird erleichtert, wenn standfestes Deckgebirge vorhanden ist, während lockere Sedimente das Schachtabteufen erschweren können. Die Wasserdurchlässigkeit des Deckgebirges spielt insofern eine Rolle, als alle der Lagerstätte zufließenden Wasser den wirtschaftlichen Erfolg des Abbaues wesentlich beeinträchtigen können.

Mächtigkeit der Flöze: Das Vorhandensein von Flözen mit Mächtigkeiten von weniger als 1 m und mehr als 5 m stellt unterschiedliche Anforderungen an die Gewinnung. Bei geringmächtigen Flözen — Mächtigkeiten unter 80 cm — wird die Arbeit im Gewinnungsraum (Streb) erschwert, während große Flözmächtigkeiten vor allem Ausbauprobleme mit sich bringen. Flözmächtigkeiten über 3 m können es erforderlich machen, den Abbau nacheinander in zwei Scheiben durchzuführen.

Die wirtschaftlich günstigsten Mächtigkeiten liegen im Bereich von 1,20 m bis 2,80 m. Die Kosten der technischen Betriebsmittel für das Hereingewinnen und das Abfördern der Kohle bei geringmächtigen und bei mächtigen Flözen weichen nicht sehr voneinander ab. Doch muß bei geringmächtigen Flözen eine größere Fläche abgebaut (verhauen) werden, um die gleichen Kohlemengen zu fördern. Wenn z. B. in einem geringmächtigen Flöz je m^2 nur 1 t Kohle ansteht, muß in einem Gewinnungsbetrieb (Streb) für eine Förderung von 900 t/Tag eine Fläche von 900 m^2 abgebaut werden, was bei einer Streblänge von 200 m einem „Verhiebsfortschritt" von 4,5 m/Tag entspricht. In einem Flöz, in dem pro m^2 3 t Kohle anstehen, wird eine Förderung von 900 t/Tag bei sonst gleichen Bedingungen bereits bei einem Flächenverhieb von 300 m^2 erreicht, was einem Abbaufortschritt von 1,5 m/Tag entspricht. Auch muß bei einem geringmächtigen Flöz in den Abbaustrecken, die den Streb begleiten, mehr Nebengestein hereingewonnen werden als in mächtigeren Flözen. Das hat zur Folge, daß die spezifischen Kosten für die Streckenauffahrung im allgemeinen mit sinkender Flözmächtigkeit steigen.

Flözeinfallen: Die ursprünglich flach gelagerten Schichten sind oft durch tektonische Vorgänge mehr oder weniger stark gefaltet und gestört. Dadurch können Steinkohlenflöze ein sehr unterschiedliches Einfallen aufweisen. Im westdeutschen Steinkohlenbergbau werden folgende vier Lagerungsgruppen unterschieden:

1. flache Lagerung — Flözeinfallen 0–20 gon
2. mäßig geneigte Lagerung — Flözeinfallen 20–40 gon
3. stark geneigte Lagerung — Flözeinfallen 40–60 gon
4. steile Lagerung — Flözeinfallen 60–100 gon

Den größten wirtschaftlichen Erfolg erzielt man im allgemeinen in der Lagerungsgruppe 1, da hier das Hereingewinnen der Kohle, das Ausbauen des ausgekohlten Raumes und das Abfördern des Rohstoffes die geringsten Schwierigkeiten bereitet. Mit steigendem Einfallen nehmen die technischen Probleme zu. Sie sind in den Lagerungsgruppen 3 und 4 nur durch besondere Verfahren und Vorkehrungen zu beherrschen.

Tektonik: Unter Tektonik versteht man im Bergbau die Auswirkungen von Gebirgsbewegungen, deren Folge beispielsweise das unterschiedliche Einfallen der Flöze ist. Neben der Veränderung des Einfallens der Flöze ist das Auftreten von Störungen, d. h. Unterbrechungen des natürlichen Schichtenverbandes, ein wichtiger den Abbau beeinflussender Faktor. Die Störungen entstehen durch Bewegungsvorgänge längs bestimmter Bewegungsflächen und werden daher nach der Art des Bewegungsvorganges und der daraus entstehenden Bewegungsfläche eingeteilt. Man unterscheidet bei den Bewegungsvorgängen zwischen Überschiebungen, Aufschiebungen, Abschiebungen und Horizontalverschiebungen, während bei den Bewegungsflächen eine bergmännische Einteilung in Wechsel, Schaufelflächen, Blätter und Sprünge vorgenommen wird. Die Störungen werden in drei Gruppen zusammengefaßt:

1. Überschiebungen auf Wechseln und Aufschiebungen auf Schaufelflächen,
2. Verwerfungen auf Sprüngen,
3. Verschiebungen auf Blättern.

Großtektonische Störungen sind Störungen, die mit dem Abbau aus bergtechnischen Gründen nicht durchörtert werden können und daher für Abbaubetriebe natürliche Abbaugrenzen darstellen. Sie gliedern das Grubenfeld in Baufelder und haben daher entscheidenden Einfluß auf deren Zuschnitt. Geophysikalische Messungen sowie Aufschlußbohrungen ermöglichen die Projektierungen dieser Störungen, wobei Aufschlüsse von Nachbarschachtanlagen und eventuell vorhandene Aufschlüsse auf höheren Sohlen diese Arbeiten erleichtern können.

Als kleintektonische Störungen werden die Störungen bezeichnet, die mit dem Streb durchörtert werden können. Sie weisen seigere Verwurfshöhen bis zur mehrfachen Flözmächtigkeit auf. Nach betrieblichen Erfahrungen liegt die Grenze der möglichen Durchörterung aus bergtechnischen Gründen bei Störungen mit seigeren Verwurfshöhen von etwa dreifacher Flözmächtigkeit, maximal bei etwa 5 m. Nur in Ausnahmefällen werden Störungen mit seigeren Verwurfshöhen von mehr als 5 m mit dem Streb durchörtert. Wie sehr die geologischen Verhältnisse den wirtschaftlichen Erfolg eines Abbaus beeinflussen, zeigt folgendes Beispiel nach Albrecht [2]: Setzt man die durchschnittlichen Revierselbstkosten einer Schachtanlage gleich 100 %, so liegt die maximale Schwankung der durch die Tektonik verursachten Kosten zwischen 33 % und 542 %.

Ausgasung: Die Methanausgasung kann eine Behinderung der Gewinnung durch Begrenzung der Abbaugeschwindigkeit zur Folge haben, da die Grubenwetter im deutschen Bergbau nicht mehr als 1 % CH_4 (mit Sondergenehmigung der Bergbehörde 1,5 %) enthalten dürfen. Stark ausgasende Flöze können in der Regel nur mit Hilfe geeigneter Bewetterungsformen (z. B. H-Bewetterung) und zusätzlichen Maßnahmen der Gasabsaugung vor oder während der Gewinnung abgebaut werden.

Wasserzuflüsse: In großen Mengen auftretendes Grubenwasser kann sowohl in der Gewinnung als auch in der Förderung erhebliche Schwierigkeiten bereiten und Sondermaßnahmen zur Wasserhaltung erforderlich machen. Gleichzeitig tritt eine Verschlechterung des Grubenklimas sowie eine Beeinträchtigung der Festigkeit des Nebengesteins auf.

Geographische Lage: Neben den besonderen lagerstättenbedingten Faktoren ist die Standortgebundenheit des Bergbaus an die Lagerstätte von besonderer Wichtigkeit. Entscheidenden Einfluß auf die Wirtschaftlichkeit des Bergbaus haben dabei die Infrastruktur des betreffenden Gebietes, insbesondere die Anwerbungsmöglichkeiten von Arbeitskräften, die verkehrstechnische Erschließung und die Energieversorgung, ferner die Absatzmöglichkeiten der Kohle sowie die zu berücksichtigenden Gesetzesvorschriften (z. B. Steuergesetze, Umweltschutzgesetze).

2.2 Spezifische Eigenschaften wichtiger Steinkohlenlagerstätten der Erde

Die vorausgehenden Ausführungen lassen erkennen, daß die Bergtechnik und der wirtschaftliche Erfolg eines Steinkohlenbergwerks wesentlich von den natürlichen Gegebenheiten einer Lagerstätte beeinflußt werden. Die Steinkohlenlagerstätten der Welt weisen sehr unterschiedliche Eigenschaften auf. Um eine Vergleichsbasis zu erhalten, ist es daher notwendig, die typischen Eigenschaften der Lagerstätten in den USA und in Westeuropa kurz zu beschreiben.

In den *USA* sind die Kohlenflöze über weite Entfernungen störungsfrei und meist flach gelagert. Das Nebengestein — mit einem starken Anteil an Sandstein — ist standfest und weitgehend ohne oder mit leichtem Hilfsausbau (Ankerausbau) zu beherrschen. Ein hochmechanisierter, weitflächiger Abbau im sog. Room-and-Pillar-System ist möglich. Die Gewinnung erfolgt hierbei in mehreren miteinander in Verbindung stehenden Kammern, wobei das Hangende durch stehenbleibende Kohlepfeiler gestützt wird. Die Gewinnungsteufe liegt im amerikanischen Tiefbau zwischen 50 und 300 m, die Flözmächtigkeiten unterscheiden sich dabei kaum von denen der europäischen Lagerstätten.

Ein entscheidender Vorteil der Lagerstätten, z. B. in den Appalachen, liegt darin, daß sie durch einschneidende Täler leicht zugänglich sind und somit das Aufschließen der Lagerstätten mit geringen Kosten verbunden ist. Der Bergbau kann sich daher durch Stillegungen oder Neuaufschlüsse sehr schnell an veränderte Marktsituationen anpassen.

Die Steinkohlenflöze in *Großbritannien* sind ebenfalls weitgehend flach gelagert und nur relativ wenig gestört. Es handelt sich um verhältnismäßig harte Gaskohle, die überwiegend schneidend gewonnen wird. Die harte Kohle erlaubt es, eine mehr oder weniger dicke Kohlenschicht am Hangenden stehenzulassen (Anbauen der Firste) und so ein gut beherrschbares Hangendes zu schaffen. Hierdurch wird die Gewinnungsarbeit und der Einsatz des schreitenden Ausbaus (vollmechanisierten Ausbaus) begünstigt. Die durchschnittliche Gewinnungsteufe liegt zwischen 300 und 600 m.

Die Lagerstätten *Frankreichs, Belgiens* und der *BR Deutschland* weisen alle Einfallsgruppen der Flöze auf, wobei aus wirtschaftlichen Gründen vorwiegend die flachen und mäßig geneigten Flöze abgebaut werden. Durch das häufige Vorkommen von Tonschiefern sind die Nebengesteinsverhältnisse in diesen Ländern wesentlich ungünstiger als in Großbritannien bzw. in den USA. Die Flöze sind durch tektonische Bewegungen vielfach gestört. Die vorwiegend weichen Fettkohlenflöze werden überwiegend schälend hereingewonnen. Die Gewinnungsteufe liegt zwischen 800 m und 1200 m mit Spitzenwerten bis knapp 1400 m.

3 Bergbau auf Steinkohle

Unter „Steinkohlenbergbau" werden sämtliche Arbeiten zum Aufsuchen, Gewinnen, Fördern und Aufbereiten von Steinkohle auf ihren natürlichen Lagerstätten zusammengefaßt. Entsprechend dieser Definition werden im folgenden die wesentlichen bergmännischen und technischen Verfahren des Steinkohlenbergbaus beschrieben.

3.1 Erkundung von Steinkohlenlagerstätten

Am Beginn des Bergbaus auf Steinkohle steht das Aufsuchen der Lagerstätten. Hierzu bedient man sich geologischer und geophysikalischer Untersuchungsverfahren (vgl. *Dobrin* [20]). Die Untersuchungsverfahren dienen der Ermittlung der notwendigen Daten über die Kohlenarten, Anzahl und Lage der Flöze, deren Ausdehnung und Kohlenvorrat sowie der Tektonik und der Gebirgsverhältnisse. Während die geophysikalischen Meßergebnisse, bei sedimentären Lagerstätten insbesondere seismische Messungen, das Erkennen von großtektonischen Störungsflächen ermöglichen, können die spezifischen Eigenschaften der Lagerstätte selbst nur durch Schürfarbeiten festgestellt werden. Je nach Lagerungsverhältnissen sind im Rahmen der Schürfarbeiten das Anlegen von Schürfschächten bzw. Schürfstollen und bei größeren Teufen das Ansetzen von Kern- und Meißelbohrungen erforderlich.

Die Auswertung der Untersuchungsergebnisse ist die Grundlage für die Berechnung und Bewertung des Kohlenvorrates und die Planung der Schachtanlagen.

Im Untertagebereich werden durch die Entwicklung schlagwettergeschützter Meßapparaturen in Zukunft mit Hilfe der Flözwellenseismik zusätzlich verbesserte Möglichkeiten der Vorfeldaufklärung erwartet.

3.2 Tagebau und oberflächennaher Abbau

Das Aufschließen einer für bauwürdig gehaltenen Lagerstätte kann im Tagebau oder im Tiefbau erfolgen. Unter Tagebau versteht man dabei den Abbau von Lagerstätten von der Tagesoberfläche aus nach Abräumen der die Lagerstätte überdeckenden Gesteine (Abraum). Die Entscheidung über die Aufschlußform „Tagebau" oder „Tiefbau" muß von Fall zu Fall getroffen werden, da sie im starken Maße von lagerstättenbedingten Faktoren und vom Stand der Gewinnungs- und Fördertechnik abhängig ist.

Tagebau auf Steinkohle ist aus den USA, der UdSSR, Australien, Süd-Afrika sowie Indien und China bekannt. In den westeuropäischen Ländern wird mit Ausnahme von Großbritannien (ca. 12 % der Gesamtförderung kommt aus Tagebauen) dagegen kaum noch Tagebau auf Steinkohle, wohl aber auf Braunkohle betrieben. Führend auf dem Gebiet des Steinkohle-Tagebaus sind die USA, wo bereits 60 % der Gesamtförderung im Tagebau gewonnen wird und in den kommenden Jahren mit einer Zunahme dieses Anteils zu rechnen ist.

Die Entscheidung, ob ein Steinkohlenflöz oder eine Flözgruppe im Tagebau gebaut werden sollen oder nicht, ist allgemein von dem Verhältnis Abraum zu Kohle (A : K) abhängig, d.h. von dem Verhältnis der zu bewegenden Abraummenge zu der dadurch freigelegten Kohlenmenge. Im Steinkohlentagebau der USA geht man heute bis zu einem A : K-Verhältnis von etwa 20 : 1. Da diese Verhältnisgröße von den zur Verfügung stehenden Gewinnungs- und Transportgeräten sowie von anderen Faktoren, wie der Härte des Deckgebirges, der Qualität der Kohle, den Arbeits- und Materialkosten und den erzielbaren Erlösen für die zu gewinnenden Kohlen abhängig ist, kann sie von Fall zu Fall sehr verschieden sein.

Die Entscheidung zugunsten Tagebau oder Tiefbau wird darüber hinaus in verstärktem Maße von den gesetzlichen Regelungen zum Umweltschutz und zur Rekultivierung der ausgekohlten Grubenfelder beeinflußt.

Wesentliche Vorteile des Tagebaus gegenüber dem Tiefbau liegen vor allem in der vergleichsweisen kurzen Anlaufzeit zum Erreichen der geplanten Förderung, in den Einsatzmöglichkeiten leistungsstarker Großgeräte, in den geringeren Abbauverlusten, in höheren Schichtleistungen sowie in der Möglichkeit, sich Bedarfsschwankungen schnell anpassen zu können. Nachteile des Tagebaubetriebes liegen u.a. in der Bewegung großer unproduktiver Massen, seiner Witterungsabhängigkeit und den möglichen Auswirkungen auf das Ökosystem (z.B. Grundwasserabsenkung, Abraumhalden).

Der Tagebau auf Steinkohle unterscheidet sich vom Tagebau auf Braunkohle grundsätzlich darin, daß beim Steinkohlentagebau Geräte zum Einsatz kommen müssen, die in der Lage sind, härteres Deckgebirge abzuräumen. Meistens werden hierbei verschiedene Geräte zum Abräumen des Deckgebirges und zur Gewinnung der Kohle eingesetzt, während im Braunkohlentagebau oftmals das gleiche Gerät beide Zwecke erfüllt. Ferner ist es im Steinkohlentagebau oft notwendig, das Deckgebirge durch Schießarbeit zu zerkleinern, um es ladefähig zu machen.

Die wichtigsten Gewinnungsgeräte des Steinkohlentagebaues sind der Löffelbagger und der Schürfkübelbagger (dragline). Als weitere Gewinnungsgeräte kommen Fahrlader, Scraper (Schürfkübelwagen), Eimerkettenbagger und bei günstigen Deckgebirgsverhältnissen auch Schaufelradbagger zum Einsatz.

Aus Bild IV.1 ist die Leistungsentwicklung im nordamerikanischen Steinkohlentagebau im Vergleich zu der Produktivitätsentwicklung in den Tiefbaugruben der USA, Großbritanniens und der BR Deutschland seit dem Jahre 1964 zu ersehen. Danach stieg die Leistung im Steinkohletagebau der USA von knapp 30 t/MS[1] im Jahre 1964 auf 36,2 t/MS im Jahre 1970 an. Aufgrund verschärfter Sicherheits- und Umweltschutzgesetze fiel die Leistung allerdings auf rd. 27 t/MS im Jahre 1977 ab und stagniert seitdem. Auf die Produktivitätsentwicklung im westdeutschen Steinkohlenbergbau wird später noch näher eingegangen.

Eine moderne Ergänzung der Tagebautechnik stellt der im Jahre 1952 erstmals durchgeführte Bohrbergbau (Auger-Mining) dar. Bei diesem Verfahren werden mit dem „Auger-Miner" an den Flözausbissen parallele Löcher bis zu etwa 100 m in das Flöz gebohrt und die Kohlen durch das schneckenförmig ausgebildete Bohrgestänge aus den Bohrlöchern ausgetragen. Voraussetzung für den wirtschaftlichen Einsatz eines „Auger-Miners" ist eine relativ flache und ungestörte Lagerung des Flözes. Beim Auger-Mining handelt es sich um eine Art Teilabbauverfahren, bei dem je nach Bohrlochdurchmesser und Größe der stehenbleibenden Sicherheitsfesten Abbauverluste von etwa 30 %–50 % auftreten. Die durchschnittliche Leistung in Auger-Miner-Betrieben lag im Jahre 1972 bei etwa 55 t/MS,

---

[1] Die Leistung im Bergbau wird in Tonnen pro Mann und Schicht (t/MS) gemessen.

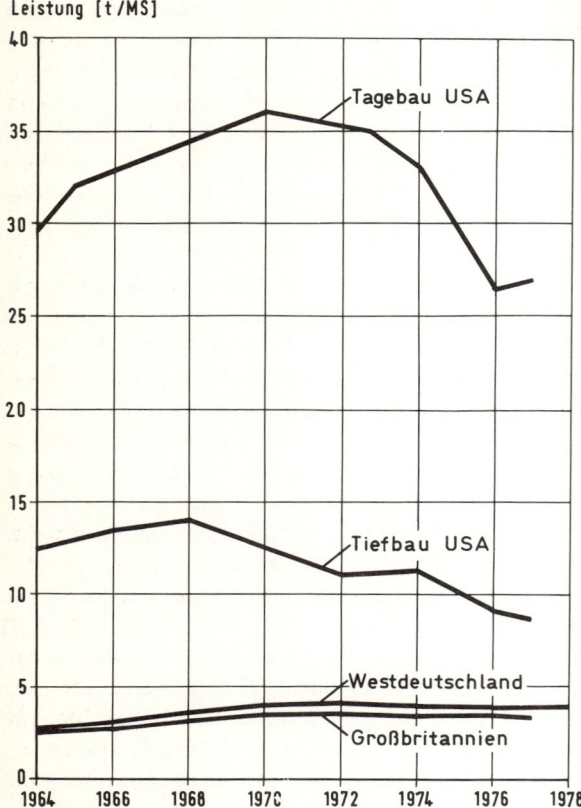

Bild IV.1 Leistungsentwicklung im Steinkohlenbergbau der USA (Tiefbau und Tagebau), Großbritanniens und der BR Deutschland.

in Spitzenbetrieben wurden 150 t/MS erreicht. Eine Übertragung des Prinzips des Auger-Mining auf den Untertagebereich im westeuropäischen Steinkohlenbergbau brachte bisher keine wirtschaftlichen Erfolge.

Eine andere Art oberflächennahen Bergbaus ist der Stollenbetrieb. Wenn in hügeligem Gelände Kohle oberhalb der Talsohle ansteht, kann diese durch einen söhligen Stollen aufgeschlossen werden. Dieses Verfahren wird ebenso wie der Bohrbergbau in den Appalachen angewendet. Von einer Trasse aus, die gleichzeitig den Standort für die Tagesanlagen bildet, werden im Flöz zwei parallele Stollen bis in festes, tragfähiges Gestein vorgetrieben. Von dort aus wird das Hauptstreckennetz entwickelt und das Grubenfeld zum Abbau ausgerichtet. Soweit die Kohle unterhalb der Talsohle liegt, werden im Gestein aufgefahrene Bandberge zum Aufschluß und zur Förderung benutzt. In geneigter Lagerung bis etwa 20 gon werden die Förderstrecken auch im Flöz aufgefahren.

Im europäischen Steinkohlenbergbau hat der Stollenbetrieb seit etwa 60 Jahren kaum noch Bedeutung. Dagegen wird der Stollenbau auch heute noch in neuerschlossenen Steinkohlengebieten außerhalb Europas angewendet, da der Aufschluß einer Flözgruppe schnell und mit geringem Kostenaufwand erfolgen kann.

3.3 Tiefbau

Der Tiefbau auf Steinkohle ist dadurch gekennzeichnet, daß das Aufschließen der Lagerstätte von der Tagesoberfläche aus durch Schächte erfolgt. Der Begriff „Aufschließen" bedeutet im Tiefbau neben dem Abteufen von Schächten das Auffahren von Strecken mit dem Ziel, die Lagerstätte dem Abbau zugänglich zu machen. Der Tiefbau ist in den meisten Steinkohlengebieten der Welt das einzig technisch und wirtschaftlich mögliche Verfahren zum Abbau der Lagerstätten. Der Tiefbau nimmt vor allem in Westeuropa aufgrund der großen Deckgebirgsmächtigkeiten eine überragende Stellung ein.

Den Aufschlußarbeiten gehen grundsätzlich umfangreiche Planungsarbeiten voraus, die den Zuschnitt des Grubengebäudes sowie die Auslegung der unter- und übertägigen Anlagen nach den natürlichen Gegebenheiten der Lagerstätte und der vorgesehenen Kapazität der geplanten Schachtanlage festlegen.

3.3.1 Bemessung der Betriebsgröße

Zunächst muß die Betriebsgröße bzw. die Sollförderung einer Schachtanlage bestimmt werden. Neben den Absatzmöglichkeiten sind hierbei insbesondere die geologische Ausbildung der Lagerstätte sowie die Investitions- und Betriebskosten zu berücksichtigen. Um ein Maximum an wirtschaftlichem Erfolg zu erzielen, muß die Betriebsgröße so gewählt werden, daß die Gesamtkosten je Fördereinheit über die gesamte Lebensdauer der Schachtanlage ein Minimum bilden. Grundsätzlich sprechen die Investitionskosten, vor allem für die Schächte und die Tagesanlagen, nach dem betriebswirtschaftlichen Gesetz der Größendegression für eine möglichst hohe Tagesförderung, während die Betriebskosten in Abhängigkeit von der dazu erforderlichen Größe des Grubenfeldes und den dadurch verursachten Infrastrukturkosten nach Durchlaufen eines Minimums wieder ansteigen können.

Neben der technischen Kapazität der Bergwerke ist jedoch die geologische Kapazität ebenso wichtig. Das bedeutet, daß die erforderliche Anzahl der Abbaubetriebe bei weitgehender Konzentration im Grubenfeld auf günstige Lagerstättenteile beschränkt bleiben muß. Es muß bereits bei der Auslegung der technischen Kapazität darauf hingewirkt werden, daß nicht unter dem Zwang einer vorgegebenen Sollförderung Grenzbetriebe mit überhöhten Abbaukosten in Betrieb genommen werden müssen.

Diese vielfältigen und komplizierten Abhängigkeiten hat v. Wahl [75] mathematisch formuliert und damit einen wichtigen Beitrag für die Gestaltung von Steinkohlenbergwerken geliefert.

Unter den Bedingungen des Ruhrreviers wird die optimale Größe eines Steinkohlenbergwerkes heute mit

3 Bergbau auf Steinkohle

12 000–20 000 t/d angegeben. Die durchschnittliche Betriebsgröße an der Ruhr liegt zur Zeit bei rd. 9 000 t/d.

Das vorgegebene Grubenfeld einer Schachtanlage wird in das Kernbaufeld (um die Hauptschächte) und in Außenfelder unterteilt. Dabei ist die Bemessung der jeweiligen Baufeldgröße vor allem von folgenden Gesichtspunkten abhängig:
- Wetterführung,
- Fahrungszeit,
- Feldesausnutzung.

Die Notwendigkeit, jedem Bereich des Grubengebäudes eine bestimmte Wettermenge zuzuführen, macht es erforderlich, das Grubenfeld nur so groß zu wählen, daß unter Berücksichtigung der technischen, wirtschaftlichen und sicherheitlichen Gesichtspunkte die Wetterführung sichergestellt ist. Dadurch ist der Baufeldgröße von vornherein eine Grenze gesetzt.

Ein weiterer begrenzender Faktor für die Baufeldgröße ist die Fahrungszeit der Belegschaft. Da alle Wege untertage (Fahrungszeit) in die Schichtzeit fallen, beträgt die effektive Arbeitszeit vor Ort bei einer Schichtzeit von 480 Minuten nur etwa 300 bis 360 Minuten. Aus diesem Grunde versucht man, die Fahrungszeit möglichst kurz zu halten, was durch eine geringere Bemessung des Betriebsfeldes, d.h. durch kurze Fahrwege, durch Personenbeförderungsmittel (Personenzug, Bandfahrung, Sessellift usw.) oder durch die Errichtung von Außenseilfahrtschächten erreicht werden kann. Im letzteren Fall müssen jedoch die Kosten der Errichtung und des Betriebes der Außenschachtanlagen den Einsparungen durch die erhöhte Arbeitszeit vor Ort gegenübergestellt werden.

Die dritte Einflußgröße ist die Feldesausnutzung. Sie gibt die Höhe der Tagesförderung bezogen auf 1 km^2 des Grubenfeldes an (auch Feldesbelastung genannt). Für das Ruhrgebiet wird mit einem Durchschnittswert von 300–600 t verwertbare Förderung je km^2 (t v.F./km^2) und Tag gerechnet. Im allgemeinen wird eine große Feldesausnutzung angestrebt, da in diesem Falle eine starke Konzentration sowohl der Abbaubetriebe als auch der nachgeschalteten Betriebe möglich ist, was sich nachhaltig auf die Höhe der Kosten auswirkt.

Eine umfassende Darstellung der bei der Planung neuer Steinkohlenbergwerke im Ruhrrevier zu berücksichtigenden Einflußgrößen und deren Zusammenhänge gibt *Reuther* [58].

3.3.2 Abteufen von Tagesschächten

Die besondere Stellung eines Schachtes als einzigem Verbindungsweg nach untertage, die hohen Abteufkosten und die meist lange Lebensdauer erfordern hinsichtlich seiner Lage und Bemessung ein sorgfältiges Abwägen der relevanten Einflußgrößen.

Bei der Wahl des Schachtansatzpunkts müssen die durch die Übertagesituation und die Lage und Erstreckung der Lagerstätte gegebenen Voraussetzungen aufeinander abgestimmt werden. Übertage muß vor allem eine ausreichende Fläche für die notwendigen Tagesanlagen zur Verfügung stehen und alle gesetzlichen Auflagen (z. B. Anlage der Bergehalde, Lärmpegel) müssen erfüllbar sein. Die Eigenschaften des Deckgebirges spielen für das Abteufen der Schächte nicht mehr die entscheidende Rolle wie früher, da heute eine Reihe von Sonderabteufverfahren zur Verfügung stehen, mit denen auch schwierige Gebirgsschichten durchteuft werden können. Dennoch ist in jedem Fall das Teufen im standfesten Gebirge anzustreben. Entscheidend für die Wahl der Lage des Schachtes ist darüber hinaus das Bestreben, einerseits die im Schachtsicherheitspfeiler anstehenden Kohlenvorräte – soweit sie nicht durch die Wahl der Abbauführung ohne Beschädigung des Schachtes abgebaut werden können – möglichst klein zu halten, andererseits einen Förderschacht möglichst in den Förderschwerpunkt zu legen, um die Förderwege und damit die Förderkosten zu minimieren.

Die Bemessung des Schachtdurchmessers hängt von der für die Bewetterung des Grubengebäudes erforderlichen Wettermenge und bei Benutzung des Schachtes als Förderschacht von der zu fördernden Rohkohlenmenge ab. Da der Wettergeschwindigkeit in Hauptförderschächten Grenzen gesetzt sind, ergibt sich der freie Querschnitt eines Schachtes aus der erforderlichen Wettermenge und der zulässigen Wettergeschwindigkeit. Oft ist jedoch auch der Platzbedarf der einzubauenden Fördereinrichtungen für die Bemessung der Schachtscheibe entscheidend. In der Regel beträgt der Durchmesser von Hauptschächten 7–8 m.

Das Aufschließen der Lagerstätte kann sowohl durch senkrechte (seigere) als auch durch schräge (tonnlägige) Schächte erfolgen. Die Bedeutung von Schrägschächten nimmt bis zu einer gewissen Lagerstättenteufe, die durch die notwendige Länge der Schrägschächte bei etwa 15–18 gon Einfallen bestimmt wird, wieder zu, da in den Schrägschächten mit Hilfe von Bandanlagen ein ungebrochener Förderfluß vom Abbaubetrieb bis übertage möglich wird. Zusätzlich läßt sich auch der Materialtransport nach untertage durch eine Verringerung des Materialumschlages erheblich rationalisieren.

Der hohe zu beherrschende Gebirgsdruck und die oft vorhandenen Wasserzuflüsse führen dazu, daß die seigeren Schächte meist mit kreisförmigem Querschnitt abgeteuft werden. Für das Abteufen selbst gibt es folgende Möglichkeiten:
- Das konventionelle Verfahren mit dem Arbeitszyklus Bohren – Sprengen – Wegfüllen – Ausbauen; dabei konnte das Bohren mit Hilfe von Bohrbühnen und das Wegfüllen durch Hydraulikgreifer mechanisiert werden. Zur Entflechtung der Arbeitsvorgänge besteht die Möglichkeit, den endgültigen Schachtausbau erst 10–

20 m über der Schachtsohle einzubringen. Abteufgeschwindigkeiten von 100 m/Monat und mehr sind dabei heute üblich.
- Das neuerdings angewendete Schachtbohrverfahren entweder nach dem Rotaryverfahren oder dem gestängelosen Abteufverfahren mit einer Abteufmaschine. Beim Rotaryverfahren bereitet insbesondere die Kraftübertragung auf den Bohrkopf, bei der Abteufmaschine der Transport der Berge nach übertage Schwierigkeiten. Bisher ist der Durchbruch beim Bohren aus dem Vollen im standfesten Gebirge über 2,5 m Durchmesser, wie es für Tagesschächte notwendig wäre, noch nicht gelungen. Das Schachtbohren im standfesten Gebirge ohne Vorbohrloch wird jedoch weiterentwickelt und kann in Zukunft eine größere Bedeutung gewinnen.

Außergewöhnliche geologische Gegebenheiten, wie z. B. wasserführende Gesteinsschichten oder Störungszonen, können beim Abteufen große Schwierigkeiten mit sich bringen, die sich nicht nur in einer Verringerung der Teufleistung äußern, sondern auch zur Anwendung besonderer Teufverfahren zwingen können. Bei Wasserzuflüssen in standfestem Gestein besteht die Möglichkeit, durch Einpressen von Zement oder Chemikalien entweder von der Tagesoberfläche oder jeweils von der Schachtsohle aus, die Wasserzuflüsse abzudichten. In lockeren Sedimenten (z. B. Schwimmsande) ist oft die Anwendung des Gefrierverfahrens unerläßlich. Unter diesem Verfahren versteht man das Herstellen eines künstlichen Frostzylinders im Gebirge, in dessen Schutz das Abteufen nach konventioneller Methode mit Bohr- und Sprengarbeit vor sich gehen kann.

Die wichtigsten Ausbauarten in Tagesschächten sind Tübbingausbau, Stahlmantelausbau, Betonformsteinausbau und Betonmantelausbau oder eine Kombination zwischen diesen Ausbauarten.

Auf weitere Einzelheiten des Abteufens und den verschiedenen Ausbauarten von Schächten kann hier nicht näher eingegangen werden (vgl. dazu *Vaßen* [73] und *Fritzsche* [25]).

3.3.3 Aus- und Vorrichtung

Nach Abteufen der Tagesschächte wird die Lagerstätte untertage ausgerichtet und zum planmäßigen Abbau vorgerichtet. Unter Ausrichtung versteht man die Herstellung aller Grubenbaue, die dazu bestimmt sind, die Lagerstätte zugänglich zu machen und für den Abbau in geeignete Bauabschnitte zu unterteilen. Die aufgefahrenen Grubenbaue dienen der Förderung von Kohle, Versatz und Material, der Wetterführung, der Personenfahrung, der Wasserhaltung und der Energieversorgung.

Die Verbindung zwischen der Ausrichtung und dem Abbau stellen die sogenannten Vorrichtungsbaue her. Im Steinkohlenbergbau verlaufen diese grundsätzlich in der Lagerstätte und werden vor Abbaubeginn hergestellt.

Beim Strebbau gehören zur Vorrichtung die Auf- oder Abhauen im Flöz, die die Ausgangsbasis für einen anlaufenden Streb bilden, die Abbaubegleitstrecken und die Basisstrecken.

Man unterscheidet zwischen söhliger (horizontaler) Ausrichtung durch Richtstrecken und Querschläge und seigerer (vertikaler) Ausrichtung durch Blindschächte und Gesteinsberge. Richtstrecken verlaufen in Richtung des Generalstreichens einer Lagerstätte — im Ruhrrevier von Ostnordost nach Westsüdwest —, wobei unter „Streichen" die horizontale Erstreckung eines Flözes verstanden wird. Als Querschläge werden die Gesteinsstrecken bezeichnet, die quer zum Streichen verlaufen und bei geneigter Lagerung mehrere Flöze durchschneiden. Blindschächte sind seigere Grubenbaue, die zwei oder mehrere Sohlen bzw. Ausrichtungsebenen miteinander verbinden. Im Gegensatz zu den Tagesschächten haben sie keine Verbindung mit der Tagesoberfläche. Gesteinsberge sind geneigte Strecken, die ebenfalls zur Überwindung des Teufenunterschiedes zwischen den Sohlen dienen.

Im westdeutschen Steinkohlenbergbau herrscht im allgemeinen eine zweisöhlige Ausrichtung vor, d. h., die Lagerstätte wird in zwei Ebenen durch Gesteinsstrecken ausgerichtet. Die tiefere Sohle dient gewöhnlich als Fördersohle für die Massengutförderung, während die obere Sohle vorwiegend für die Wetterführung bestimmt ist. Dieses Ausrichtungsschema wird als Zweisohlenbergbau bezeichnet.

Die Ausrichtung einer Lagerstätte im Zweisohlensystem ist ein sehr komplexes Problem, das eine eingehende Gesamtplanung des Bergwerkbetriebes voraussetzt. Neben den geologischen Verhältnissen sind die technischen Möglichkeiten und Kapazitäten der verfügbaren Betriebsmittel zu berücksichtigen, um durch die Wahl des richtigen Sohlenabstandes sowie der günstigsten Lage der Richtstrecken und der Querschläge optimale Bedingungen für den Abbau und die nachgeschalteten Betriebsvorgänge zu schaffen.

Sehr wichtig ist weiterhin die Wahl eines günstigen Zuschnitts, d. h. die Aufteilung eines Baufeldes in einzelne Bauhöhen. Entscheidende Kriterien sind dabei u. a. die Breite und Länge der einzelnen Bauhöhen, die Auswirkungen der Abbaugeometrie in Hinsicht auf innere und äußere Bergschäden, die Höhe der Abbauverluste durch Rand- und Restpfeiler sowie die durch diese Pfeiler im Gebirge hervorgerufenen Zonen erhöhten Gebirgsdrucks. Zur Erfassung dieser Zusammenhänge wurden bereits früher umfangreiche Untersuchungen durchgeführt und Berechnungsverfahren entwickelt.

So hat z. B. *Cloos* [17] alle relevanten Einflußfaktoren, die den Sohlenabstand bestimmen, untersucht und daraus eine Kostenkurve bei zunehmendem Sohlenabstand abgeleitet (Bild IV.2). Die gesuchte Zielgröße ist der Sohlenabstand, bei dem die geringsten Produktionskosten anfallen. Die Lage des Minimums der Kostenkurve hat dabei nur für die in der Untersuchung betrachteten speziellen Lagerstättenparameter Gültigkeit.

3 Bergbau auf Steinkohle

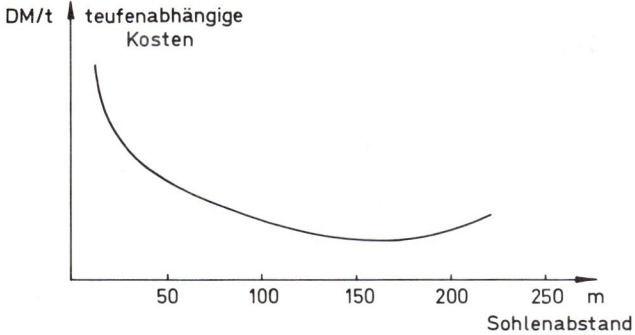

Bild IV.2 Kostendegression bei zunehmendem Sohlenabstand.

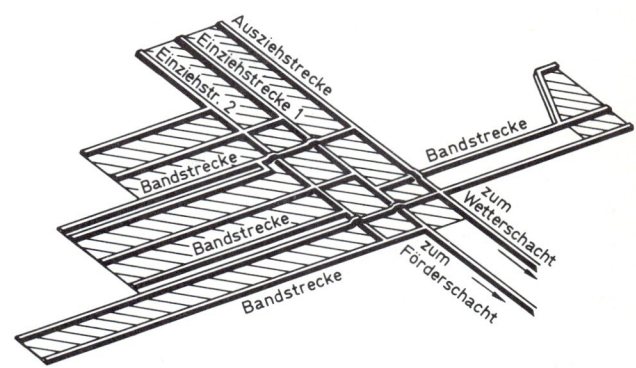

Bild IV.3 Flözgeführte Ausrichtung (in-the-seam-mining).

In den letzten Jahren wurden eine Reihe von Rechenmodellen als Planungshilfen für den Steinkohlenbergbau entwickelt. Zur Ermittlung alternativer Zuschnittslösungen steht heute ein Rechenmodell zur Verfügung, mit dem die kostenmäßige Erfassung von Zuschnittslösungen sowohl einzelner Bauhöhen als auch kompletter Baufelder und Grubenfelder möglich ist [64]. Als Vergleichsmaßstab dient dabei der Deckungsbeitrag in DM/t v.F.. Mit dem neu entwickelten Programmsystem „SIGUT" wird die Simulation des Grubenbetriebes untertage angestrebt. Ferner stehen für die Lösung einer Reihe von Teilproblemen im Rahmen der Gesamtplanung einer Schachtanlage wie z.B. Verfahrensauswahl der Hauptstreckenförderung, Wetternetzberechnung, Grubenklimavorausberechnung und Gebirgsdruckberechnung verschiedene Rechenprogramme zur Verfügung.

Die genannten Rechenprogramme bauen im wesentlichen auf Verfahren der Netzplantechnik, der Korrelationsrechnung, der linearen Optimierung und der Simulationstechnik auf. Da bei der Anwendung dieser Programme in der Regel eine Vielzahl von Einzeldaten zu verarbeiten sind, müssen die Berechnungen auf elektronischen Datenverarbeitungsanlagen erfolgen. Die wesentliche Schwierigkeit der modellhaften Abbildung bzw. der rechnerischen Erfassung eines Teilbereichs oder des gesamten Grubenbetriebs liegt in der Vielzahl und der gegenseitigen, oftmals nur ungenau bekannten Abhängigkeiten, geologischer, maschinentechnischer, organisatorischer und menschlicher Einflußgrößen, die für eine realitätsnahe Planung unbedingt zu berücksichtigen wären. Um die Programme jedoch übersichtlich und vor allem benutzbar zu gestalten, müssen sie nach wie vor erhebliche Vereinfachungen der komplexen Wirklichkeit darstellen. Dies ist auch einer der Gründe für die bisher nur sehr zögernde Verbreitung der dargestellten Planungshilfen.

Im Gegensatz zum Zweisohlenbergbau wird in Großbritannien und in den USA der Einsohlenbergbau (in-the-seam-mining) bevorzugt, bei dem die gesamte Ausrichtung weitgehend in das Flöz gelegt wird. Dieses Ausrichtungsschema (Bild IV.3) setzt eine flache oder annähernd flache Lagerung und eine bestimmte Mindestflözmächtigkeit voraus. Aus Gründen der Wetterführung ist die Auffahrung von mindestens zwei, häufig sogar drei oder vier parallelen Strecken erforderlich, zwischen denen Kohlenpfeiler von 5—50 m Breite stehenbleiben.

Beide Ausrichtungssysteme haben grundsätzliche Vor- und Nachteile, die jedoch nur in enger Verbindung mit den jeweiligen Lagerstättenverhältnissen beurteilt werden können. Der Zweisohlenbergbau ermöglicht es, durch die Wahl eines geeigneten Sohlenabstandes gleichzeitig mehrere Flöze oder Flözgruppen aufzuschließen und bei vorgegebener Fördermenge die erforderlichen Abbaubetriebe räumlich zu konzentrieren. Dieses System erlaubt ferner eine vergleichsweise einfache Organisation der Förderung, des Materialtransportes und der Personenfahrung sowie eine gute Ausnutzung der aufgefahrenen Grubenräume und eine klare Trennung zwischen ein- und ausziehenden Wetterströmen. Demgegenüber stehen der erhebliche Zeitaufwand für die Auffahrung einer neuen Sohle (3–5 Jahre) und die wesentlich höheren Kosten für den unproduktiven Streckenvortrieb im Gestein, die allerdings teilweise durch die im Verhältnis zu Flözstrecken geringeren Unterhaltungskosten in den Gesteinsstrecken wieder ausgeglichen werden.

Die Vorteile des Flözbergbaus liegen zunächst darin, daß die Streckenauffahrung erheblich billiger ist und gleichzeitig ein verkaufsfähiges Produkt liefert. Allerdings müssen sich die Strecken der z. T. wechselnden Lagerung des Flözes anpassen. Sie können nicht horizontal oder mit vorgegebenem Gefälle aufgefahren werden, wodurch gewisse fördertechnische Probleme entstehen. Der Zeitaufwand bis zur Aufnahme der ersten Förderung kann verhältnismäßig kurz gehalten werden, und es entfällt jegliche seigere Zwischenförderung zwischen Abbau- und Sohlenniveau, die beim Zweisohlenbergbau mit Blindschächten einen unerwünschten Knick im Massenguttransport bildet. Das Grubengebäude muß im Verhältnis zur Fördermenge relativ groß gehalten werden, da die Förderung je Flächeneinheit (Feldesausnutzung) beim Abbau nur eines Flözes entsprechend gering ist. Das bewirkt längere Transport- und Förderwege und einen erhöhten Schichtenaufwand in den dem Abbau vor- und nachgeschalteten Betrieben. Die flözgeführte Ausrichtung hat zusätzlich erhebliche Schwierigkeiten in der Wetterführung zur Folge. Das betrifft vor allem die längeren Wetterwege, die Vermeidung von Wetterkurzschlüssen, die Erwärmung der Wetter und die Abführung von Grubengas.

Im Steinkohlenbergbau der USA ist die ausschließliche Anwendung des „in-the-seam-mining" hauptsächlich auf die bereits beschriebenen, außerordentlich günstigen Flözverhältnisse — flache und wenig gestörte Lagerung, geringe Ausgasung und gute Nebengesteinsverhältnisse — zurückzuführen. In Westeuropa liegen diese günstigen Bedingungen im allgemeinen nicht vor. Nur in Großbritannien hat sich der Einsohlenbergbau durchgesetzt, da hier die Flözfolge wesentlich niedriger ist als im übrigen Westeuropa. Um hier im Zweisohlenbergbau die erforderliche Kohlenmenge aufzuschließen, müßte der Abstand zwischen den Sohlen so groß gehalten werden, daß er technisch und wirtschaftlich nicht vertretbar ist. Außerdem spielen in diesem Zusammenhang ebenfalls die speziellen geologischen Bedingungen des britischen Steinkohlenbergbaus eine Rolle.

Im Steinkohlenbergbau des Ruhrreviers hat die flözgeführte Ausrichtung in den vergangenen Jahren wieder an Bedeutung gewonnen, vor allem als Kombination zwischen Zweisohlenbergbau und ''in-the-seam-mining''. Eine wesentliche Ursache dafür liegt in der sogenannten negativen Rationalisierung, d.h. in der Beschränkung des Abbaus auf die wirtschaftlich am günstigsten zu gewinnenden Flöze, die durch den Wettbewerbsdruck auf die Steinkohle und durch den damit verbundenen Zwang zu verstärkter Mechanisierung erforderlich geworden ist. So kann z.B. die söhlige Ausrichtung weitgehend im Niveau des obersten angefahrenen Flözes konzentriert werden. Von dort aus schließt man dann die darunter liegenden Flöze durch seigere Verbindungen oder Gesteinsberge auf.

Eine weitere Möglichkeit der Kombination zwischen Zweisohlenbergbau und flözgeführter Ausrichtung besteht darin, daß die Ausrichtung eines Feldesteiles oder Außenfeldes, in dem nur ein oder zwei bauwürdige Flöze anstehen, im Flöz erfolgt und an das übrige Grubengebäude angeschlossen wird. Ebenso werden geeignete Flöze ober- und unterhalb der Sohlen durch Flözstrecken und Bandberge mit dem Zweisohlensystem verbunden.

3.3.4 Herstellung und Unterhaltung der Grubenbaue

Im westdeutschen Steinkohlenbergbau verursachen alle Bereiche des Vortriebs zusammengenommen, also das Auffahren der Strecken und Berge, das Abteufen seigerer Grubenbaue und das Herstellen untertägiger Sonderbauwerke etwa 24 % des Gesamtschichtenaufwandes des Untertagebetriebes. Da der Vortrieb somit sehr arbeitsintensiv ist, kommt seiner Mechanisierung und damit einer Steigerung der Vortriebsleistungen eine besondere Bedeutung zu.

Gesteinsstreckenvortrieb

Der Gesteinsstreckenvortrieb geschieht auch heute noch überwiegend im konventionellen Vortriebsverfahren, das durch die aufeinander folgenden Arbeitsvorgänge Bohren — Sprengen — Wegfüllen — Ausbauen gekennzeichnet ist [4]. Zunächst wird dabei die Ortsbrust mit Bohrhämmern oder einem Bohrwagen (Bild IV.4) nach einem vorgegebenen Schema abgebohrt. Daran anschließend

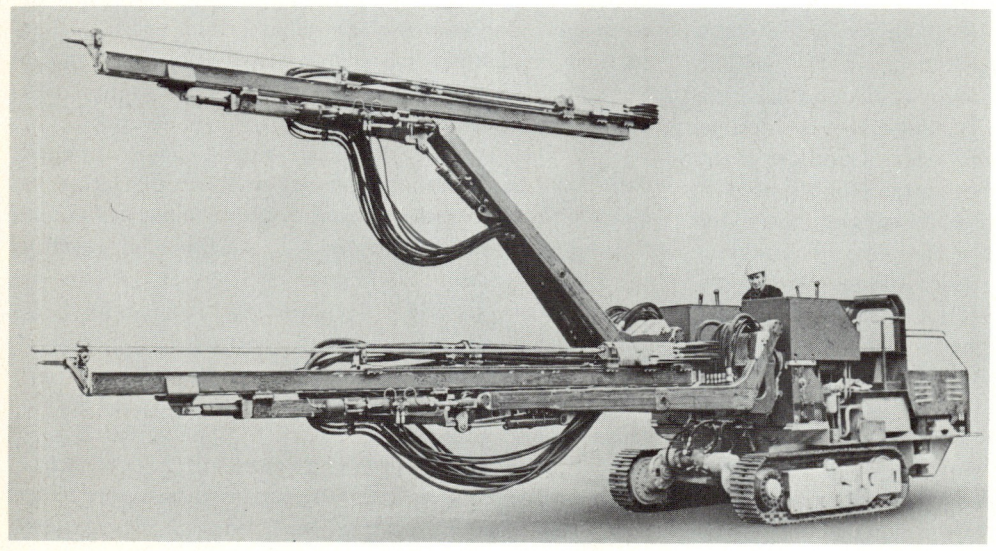

Bild IV.4 Bohrwagen

3 Bergbau auf Steinkohle

Bild IV.5 Seitenkipplader

werden diese Bohrlöcher mit Gesteins- oder Wettersprengstoff besetzt und der Abschlag gesprengt. Das hereingewonnene Haufwerk wird mit Lademaschinen wie Schrapper, Wurfschaufellader oder Seitenkipplader (Bild IV.5) in Wagen oder auf Stetigförderer geladen. Danach wird in den neuen Streckenabschnitt mit entweder kreisförmigen, rechteckigen oder bogenförmigen Querschnitt der Ausbau, in der Regel Profilstahl, eingebracht. Für die Verhältnisse im deutschen Steinkohlenbergbau mit seinen großen Teufen und damit auch hohen Gebirgsdrücken stellt dabei nach den neueren Erkenntnissen in Hinsicht auf die Standfestigkeit der Strecken die Bogenform die optimale Ausbauform dar.

Die durchschnittliche Vortriebsgeschwindigkeit im konventionellen Gesteinsstreckenvortrieb lag im Jahre 1978 bei einem durchschnittlichen Ausbruchsquerschnitt von 23,5 m² bei rd. 2,5 m/d, Spitzenbetriebe erreichten bei einem Streckenquerschnitt von 28 m² etwa 5,5 m/d.

Die Rationalisierungsbemühungen im Streckenvortrieb führten bei der Bohrarbeit zu einem verstärkten Einsatz von schweren, lafettengeführten Bohrhämmern. Als Lafettenträger kommen ein- oder mehrarmige Bohrwagen, Bohrbühnen oder Bohrgondeln in Frage. Eine Steigerung der Bohrleistung erscheint auch durch den Einsatz hydraulischer Bohrhämmer, bei denen ein stufenloser Übergang zwischen schlagendem und drehendem Bohren möglich ist, erreichbar. Bei der Rationalisierung der Sprengarbeit stehen eine Vergrößerung der Patronendurchmesser bei dann verringerter Zahl von notwendigen Bohrlöchern sowie das profilgenaue Sprengen mit Hilfe der Sprengschnur zur Vermeidung von Mehrausbruch im Mittelpunkt. Durch die Entwicklung von Sprengschlämmen, die ein vollständiges Ausfüllen der Bohrlöcher ermöglichen, ist eine Erhöhung der Sprengkraft zu erwarten.

Bei der Wegfüllarbeit konnte sich der Seitenkipplader immer stärker durchsetzen, da er sich aufgrund seiner hohen Beweglichkeit zusätzlich als Transport- und Ausbauhilfe verwenden läßt.

Das Einbringen des Ausbaus benötigt in mechanisierten Streckenvortrieben über 50 % des gesamten Zeitaufwandes. Zur Erhöhung der Vortriebsgeschwindigkeit wird eine räumliche und zeitliche Aufteilung der Ausbauarbeit in Teilvorgänge, die teils an der Ortsbrust, teils in einiger Entfernung davon durchgeführt werden können, angestrebt. Dafür gibt es im wesentlichen zwei Lösungswege:

- Einsatz von Ausbauhilfen zur maschinellen Einbringung des vormontierten Endausbaus vor Ort; im Einsatz sind Ausbaumanipulatoren sowie Kappenhubvorrichtungen, die auf unter der Firste hängenden Schienen verfahrbar sind.
- Verkürzen der Zykluszeit durch Aufteilung in vorläufigen Ausbau vor Ort (Anker oder Spritzbeton) und Einbringen oder Vervollständigen des endgültigen Ausbaus im Abstand bis zu 40 m hinter der Ortsbrust. Dieses Verfahren beruht auf Erkenntnissen, die Eigentragfähigkeit des Gebirges möglichst schnell wieder herzustellen, um die Konvergenz der Strecken zu reduzieren.

Durch das Hinterfüllen des Ausbaus mit hydraulisch abbindenden Baustoffen (z.B. Fertigmörtel, Anhydrit) kann ein kraft- und formschlüssiger Verbund zwischen dem eingebrachten Stahlausbau und dem anstehenden Gebirge und damit eine Vervielfachung des Ausbauwiderstandes erreicht werden. In diesem Zusammenhang wird der Entwicklung des Einsatzes von Haufwerksbeton zum Hinterfüllen des Ausbaus besondere Aufmerksamkeit geschenkt. Ein weiterer Schwerpunkt liegt in der Weiterentwicklung des Ankerausbaus, z.B. als Verbundausbau aus Ankern, Spritzmörtel und Baustahlgewebe oder in Form der Sohlenankerung. Für die Vortriebstechnik bedeutet diese Umstellung auf Anker- und Ankerspritzmörtel-Ausbau den Schritt zu einem mechanisier- und automatisierbaren Ausbauverfahren und eine wesentliche Vereinfachung des Transports der Ausbaumaterialien.

Da der stets wiederkehrende Arbeitsablauf Bohren – Sprengen – Wegfüllen – Ausbauen sehr schichtenaufwendig ist, und da sich die Sprengarbeit vielfach nachteilig auf das Nebengestein auswirkt, wurden in den vergangenen Jahren verstärkt Anstrengungen unternommen, kontinuierlich arbeitende Streckenvortriebsmaschinen zu entwickeln [35].

Für die vollmechanische Auffahrung von Gesteinsstrecken mit kreisrundem Querschnitt verschiedenen Durchmessers stehen heute erprobte Vollschnittmaschinen zur Verfügung (Bild IV.6). Vollschnittmaschinen gewinnen das anstehende Gestein mit Hilfe von Rollenbohrwerkzeugen schneidend herein. Der Bohrkopf, auf dem die Schneidwerkzeuge montiert sind, hat einen Durchmesser bis zu etwa 6 m, die installierten Leistungen liegen zwischen

Bild IV.6 Vollschnittmaschine

700 und 1 000 kW. Die Einsatzmöglichkeiten von Vollschnittmaschinen sind systembedingt durch den hohen Transport-, Montage- und Demontageaufwand und dem daraus resultierenden wirtschaftlichen Zwang zu großen, zusammenhängenden Auffahrlängen von mindestens rd. 3 000 m stark eingeschränkt. Im westdeutschen Steinkohlenbergbau kommen pro Jahr nur etwa 10 km Gesteinsstrecken für die vollmechanische Auffahrung in Frage.

Die durchschnittliche Vortriebsgeschwindigkeit liegt heute bei etwa 12 m/d, Spitzenbetriebe erreichen über 30 m/d.

Wesentliche Verbesserungen der Einsatzmöglichkeiten von Vollschnittmaschinen sind durch die Weiterentwicklung von Verfahren zur Durchörterung von Störungszonen, der Schneidbarkeit auch stark abrasiven Gesteins sowie durch konstruktive und organisatorische Verbesserungen (z. B. beim Einbringen des Ausbaus) zu erwarten. Darüber hinaus sind neuartige Methoden der Gesteinszerkleinerung, insbesondere durch Höchstdruck-Wasserstrahlen in Verbindung mit Diskenmeißeln, vorgesehen.

Flözstreckenvortrieb

Für den konventionellen Flözstreckenvortrieb gelten im Grundsatz die gleichen Mechanisierungsbedingungen wie im Gesteinsstreckenvortrieb, da im wesentlichen die gleichen Betriebsmittel zum Einsatz kommen. Aufgrund des geringeren Streckenquerschnitts von Flözstrecken ist zwar die Rationalisierung der Bohr- und Ausbauarbeit erschwert, im Hinblick auf den erheblichen Umfang aufzufahrender Strecken (in der BR Deutschland im Jahre 1979 rd. 580 km) dennoch besonders wichtig. Erleichtert werden die Mechanisierungsbestrebungen durch die Tendenz, sowohl aus wettertechnischen Gründen als auch aufgrund der erwarteten Konvergenz die Flözstreckenquerschnitte zu erhöhen. So nahm der durchschnittliche Streckenquerschnitt der Flözstrecken von 17,2 m² im Jahr 1974 auf 19,3 m² im Jahre 1978 zu.

Die besonderen Anforderungen an eine leistungsfähige und vor allem schnelle Flözstreckenauffahrung, um

Bild IV.7 Teilschnittmaschine

entweder hohe Abbaugeschwindigkeiten oder einen Vorrichtungsvorsprung für den Rückbau zu erreichen, gaben der Entwicklung des maschinellen Flözstreckenvortriebs starke Impulse [31]. Inzwischen stehen eine Reihe betriebserprobter und bewährter sogenannter Teilschnittmaschinen zur Verfügung (Bild IV.7). Teilschnittmaschinen schneiden mit einem meißelbestückten Quer- oder Längsschneidkopf, der auf einem schwenkbaren Ausleger montiert ist, die Ortsbrust frei. Verbesserte Maschinenausführungen mit installierten Leistungen am Schneidkopf bis zu 200 kW können dabei auch Nebengestein bis zu 8000 N/cm² Druckfestigkeit mitschneiden. Probleme bereitet bei der schneidenden Gewinnung neben dem Verschleiß der Schneidwerkzeuge vor allem die starke Staubentwicklung, die aufwendige Entstaubungseinrichtungen notwendig macht.

Da die Ausbauarbeit, während der die Teilschnittmaschine nicht arbeiten kann, teilweise bis zu 70 % der Gesamtarbeitszeit in Anspruch nimmt, ist der Maschinenausnutzungsgrad heute meist noch unbefriedigend. Die Wirtschaftlichkeit von Teilschnittmaschinen wird zusätzlich durch die hohen Vorkosten wie Transport und Montage bestimmt, woraus sich ein Zwang zu möglichst großen zusammenhängenden Einsatzlängen ergibt. Diese Forderung ist in erster Linie durch eine geeignete Zuschnittsplanung erfüllbar.

Im Jahre 1978 wurden im deutschen Steinkohlenbergbau rd. 20 % der Flözstrecken maschinell aufgefahren, die durchschnittliche Vortriebsgeschwindigkeit lag bei etwa 8 m/d, einige Flözstreckenvortriebe erreichten um 20 m/d. Im Saarrevier gelang es bereits, mit einem Vortriebssystem eine Auffahrgeschwindigkeit von 1000 m/Monat zu erreichen.

Die Weiterentwicklung der Teilschnittmaschinen zielt u. a. auf die Gestaltung und Bestückung des Schneidkopfes zur Erhöhung der Schneidleistung, die Verbesserung der Staubbekämpfung sowie das vollautomatisch gesteuerte Schneiden des gewünschten Streckenprofils ab. Zur Mechanisierung der Ausbauarbeit, deren Ziel die Trennung der Schneidarbeit der Teilschnittmaschine und der Ausbauarbeit ist, um diese Tätigkeit parallel statt nacheinander ausführen zu können, wurde ein Teil der Maschinen mit Transport- und Hubhilfen für die Kappen bzw. dem komplett vormontierten Ausbau ausgerüstet. Daneben sind von den Vortriebsmaschinen unabhängig mitgeführte Ausbauhilfen (z. B. am Ausbau geführt) und ein schreitender Vor-Ort-Ausbau im Einsatz.

Für die maschinelle Auffahrung vornehmlich mit- und nachgefahrener Flözstrecken wurde die Schlagkopfmaschine (Impact Ripper) entwickelt, die das Haufwerk schlagend aus dem Gebirgsverband löst (Bild IV.8).

Sowohl für den Flöz- als auch den Gesteinsstreckenvortrieb bietet sich für eine weitere Rationalisierung die LHD-Technik (Load = Laden, Haul = Fahren, Dump = Entladen) mit gleislosen, gummibereiften Dieselfahrzeugen (Fahrlader, Bohrwagen, Sprengstoffwagen usw.) an (Bild IV.9). In einigen französischen Steinkohlenbergwerken konnte sich das LHD-Verfahren bereits durchsetzen. Voraussetzung für einen wirtschaftlichen Einsatz ist u. a. die abwechselnde Bedienung mehrerer Betriebspunkte zur Vollauslastung der eingesetzten Fahrzeuge. Wesentliche Probleme dieselbetriebener Gleislosfahrzeuge im Steinkohlenbergbau liegen vor allem in der Gruben- und der Arbeitssicherheit hinsichtlich des Schlagwetter- und Brandschutzes sowie der Schadstoff-Emission von Dieselmotoren.

Bild IV.8 Schlagkopfmaschine

Bild IV.9 Fahrlader

Blindschächte

Das Abteufen von Blindschächten geschieht noch meist analog dem Streckenvortrieb im sich stets wiederholenden Arbeitszyklus Bohren — Sprengen — Wegfüllen — Ausbauen. Die Mechanisierung des Teufens bleibt dabei auf den Einsatz von Bohrbühnen und Hydraulikgreifern zum Wegfüllen beschränkt. Die Teufleistung im konventionellen Betrieb liegt bei etwa 30 m/Monat.

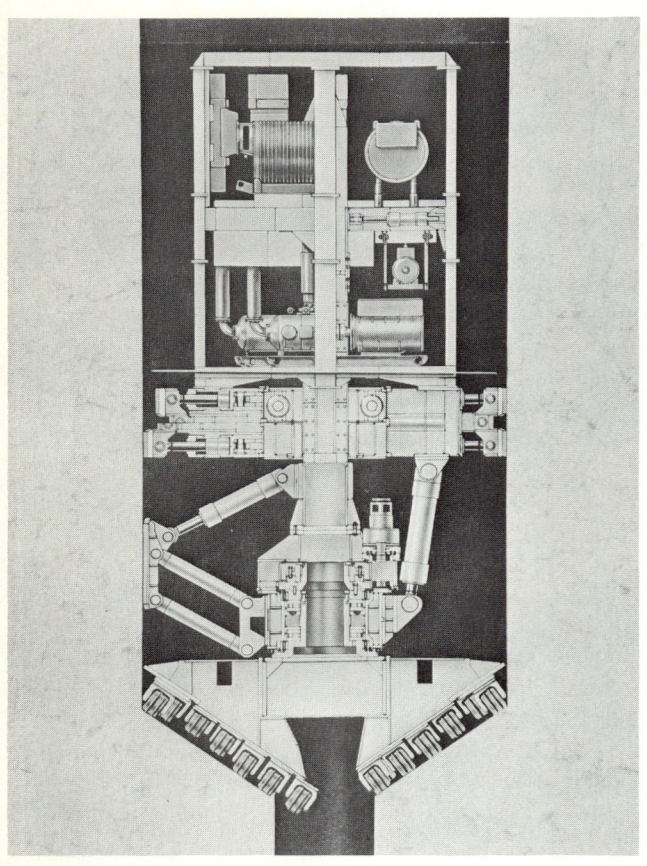

Bild IV.10 Schnitt durch eine Gesenkbohrmaschine

Bild IV.11 Senklader

Gewisse Erfolge konnten in der seigeren Ausrichtung beim Blindschachtbohren erzielt werden. Voraussetzung ist die Unterfahrung des vorgesehenen Blindschachtes, um ein Vorbohrloch herstellen zu können. Die Zielgenauigkeit der ersten Bohrung kann dabei bei einfallendem Schichtverlauf erhebliche Schwierigkeiten bereiten. Durch das Vorbohrloch wird bei der Erweiterung auf den endgültigen Blindschachtdurchmesser das gelöste Haufwerk durch die eigene Schwerkraft abgefördert. Zur Erweiterung des Vorbohrloches dient in erster Linie die Gesenkbohrmaschine, die nach dem Prinzip einer Vollschnittmaschine arbeitet (Bild IV.10). Die hohen Vorleistungsarbeiten für das Blindschachtbohren erfordern in der Regel eine Mindestteufe des Blindschachtes von etwa 200 m. Bei 5,5 m Blindschachtdurchmesser wurde mit einer Gesenkbohrmaschine bereits eine Abteufleistung von 200 m/Monat erreicht.

In der Erprobung befindet sich eine Gesenkbohrmaschine, bei der das Haufwerk hydraulisch nach oben abgefördert wird. Das Vorbohrloch entfällt damit und eine vorherige Unterfahrung des Blindschachtes ist nicht mehr erforderlich. Der abgeschlossene erste Betriebseinsatz verlief noch nicht befriedigend, lieferte aber wertvolle Erkenntnisse für den geplanten Einsatz einer verbesserten Gesenkbohrmaschine.

Unterhaltung der Grubenbaue

Mit zunehmender Teufe und damit ansteigendem Gebirgsdruck nimmt die Konvergenz zu und der Streckenunterhaltung kommt somit eine wachsende Bedeutung zu. Die wichtigsten Unterhaltungsarbeiten sind das Senken der Streckensohle und das Durchbauen der Streckenfirste. Bei der Senkarbeit gelang die Mechanisierung des Löse- und Ladevorganges mit Hilfe des Senkladers (Bild IV.11), beim Durchbauen sind dagegen bis heute keine nennenswerten Mechanisierungserfolge zu verzeichnen. Lediglich zum Nachreißen der Firste bietet sich die Schlagkopfmaschine an.

Um die arbeitsintensive und schichtenaufwendige Streckenunterhaltung möglichst gering zu halten, versucht man heute, der erwarteten Streckenkonvergenz bereits durch Maßnahmen bei der Streckenauffahrung zu begegnen. Neben einer Vergrößerung des Streckenquerschnitts, um trotz des Quellens des Liegenden einen ausreichenden Querschnitt zu behalten, wird versucht, die Eigentragfähigkeit des Gebirges besser zu nutzen, die jeweils geeignetste Ausbauart einzubringen sowie den Ausbauwiderstand allgemein zu erhöhen. Zusätzlich können die Abbaustrecken in bestimmten Fällen in Bereiche gelegt werden, in denen sie den durch die Abbaueinwirkungen verursachten Zusatzdrücken im Gebirge nur vermindert ausgesetzt sind.

3.3.5 Bewetterung, Grubenklima und Wetterkühlung

Eine einwandfreie Bewetterung des Grubengebäudes ist die Grundvoraussetzung für sämtliche Arbeiten untertage. Ziel der Bewetterung ist es,
- dem untertage tätigen Menschen ausreichende Mengen an Frischluft zuzuführen sowie durch Abfuhr von Wärme und Feuchtigkeit bestmögliche klimatische Bedingungen zu schaffen, und
- die bei der Gewinnung und im alten Mann auftretenden Grubengase bis zur Unschädlichkeit zu verdünnen.

Die Bergverordnung des Landesoberbergamtes NRW schreibt vor, daß je Mann und Minute mindestens 6 m^3 frische Wetter dem Grubengebäude zugeführt werden müssen. In den Wettern dürfen die maximalen Arbeitsplatzkonzentrationen (MAK-Werte) von 1 % CH_4 (mit Sondergenehmigung 1,5 % CH_4), 0,5 % CO_2, 0,005 % CO und 0,01 % H_2S nicht überschritten werden. Die Wettergeschwindigkeit in den Grubenbauen ist mit Ausnahme in Tagesschächten auf max. 6 m/s begrenzt.

Je nach der Zusammensetzung der Wetter spricht man von

- matten Wettern, wenn der Sauerstoff der Luft infolge zunehmender Gehalte an N_2, CO_2, CH_4 und H_2 verringert ist,
- giftigen Wettern, die eine gesundheitsschädliche und u. U. sogar tödliche Konzentration an giftigen Gasen wie CO, H_2S, NO usw. aufweisen und
- schlagenden Wettern, die durch eine erhöhte Konzentration an CH_4 gekennzeichnet und bei 4–15 % CH_4-Gehalt explosionsfähig sind.

Das zur Bewetterung des Grubengebäudes notwendige Druckgefälle wird mit Hilfe von axial oder radial arbeitenden Grubenlüftern in den ausziehenden Schächten erzeugt, bei deren Dimensionierung die erforderliche Wettermenge und der Widerstand des von den Wettern durchströmten Grubengebäudes maßgebend sind. Die Berechnung des Strömungswiderstandes der Grubenbaue unterliegt den gleichen Gesetzen wie z. B. die Berechnung des Widerstandes in einer Rohrleitung und ist von der Wettergeschwindigkeit, dem Querschnitt und der Länge der Grubenbaue sowie dem Reibungswiderstand abhängig, den der Ausbau und die Einbauten den Wettern entgegensetzen.

Für die Förderhöhe aus einem Betriebspunkt ergeben sich aus den vorgeschriebenen Höchstwerten für die Wettergeschwindigkeit und für den Gehalt an CH_4 Beschränkungen. Die zur Verdünnung des auftretenden Methans benötigten Wettermengen können nur durch eine Vergrößerung der Streckenquerschnitte den Abbaubetrieben zu- und abgeführt werden. Dabei stellt allerdings der Strebquerschnitt einen Engpaß dar, weil aus sicherheitlichen Gründen der Strebraum nicht beliebig groß gehalten werden kann. Für die Strebbewetterung wird es dann notwendig, statt der üblichen U-Bewetterung die Form der Y-, H- oder W-Bewetterung zu wählen. Eine zusätzliche Möglichkeit besteht darin, den CH_4-Anfall bei der Gewinnung von vornherein durch Gasabsaugungsmaßnahmen zu verringern.

Mit zunehmender Teufe kommt neben der Wettermenge dem Grubenklima eine wachsende Bedeutung zu. Die mittlere Gewinnungsteufe an der Ruhr lag im Jahre 1978 bei 850 m und nimmt seit 1972 je Jahr um rund 11 m zu. Die Gebirgstemperatur in 835 m Teufe liegt im Ruhrgebiet bereits bei etwa 40 °C (vgl. [34]).

Das Grubenklima hängt in erster Linie von der Wettertemperatur, die u. a. von der Selbstverdichtung der Luft, der Gebirgswärme und der Wärmeabgabe der Betriebsmittel bestimmt wird, der Feuchtigkeit und der Wettergeschwindigkeit ab. Als Maßeinheit dient die Effektivtemperatur, bei der die drei genannten Einflußfaktoren berücksichtigt sind. Seit 1977 gilt im westdeutschen Steinkohlenbergbau eine neue Klimaverordnung, nach der bei Erreichen bestimmter Effektivtemperaturen eine stufenweise Reduzierung der Arbeitszeit untertage vorgeschrieben ist, ab einer Effektivtemperatur von 32 °C ist aus gesundheitlichen Gründen jegliche Arbeitstätigkeit untersagt.

Die Bemühungen zur Verbesserung des Grubenklimas in großen Teufen führten neben den Maßnahmen der Wettermengenerhöhung und veränderter Bewetterungsarten zur Wetterkühlung in Streckenvortrieben und im Abbaubereich. Bei der Strebwetterkühlung gibt es die Möglichkeit der Wetterkühlung eines einzelnen Strebes, wobei dann alle maschinellen Einrichtungen untertage installiert sind, oder aber eine zentrale Wetterkühlanlage übertage, an die mehrere Strebbetriebe angeschlossen sind. Die Leistungen von Wetterkühlanlagen untertage liegen bei etwa 600 kW (500 Mcal/h), bei zentralen Kühlanlagen bei etwa 2,5 MW (2,2 Gcal/h).

3.3.6 Abbau

Nachdem die Gesichtspunkte für das Aufschließen einer Steinkohlenlagerstätte durch Schachtabteufen, Ausrichtung und Vorrichtung erläutert worden sind, soll nachfolgend der Abbau behandelt werden. Dabei wird grundsätzlich zwischen den Verfahren des planmäßigen Abbaus (Abbauverfahren) und der Durchführung unterschieden, nach denen der planmäßige Abbau erfolgt (Abbauführung).

3.3.6.1 Abbauverfahren

Die Ziele bei der Wahl eines Abbauverfahrens sind in erster Linie ein Höchstmaß an Sicherheit für die im Abbaubereich tätigen Bergleute, das vollständige Hereingewinnen des Lagerstätteninhaltes sowie die Minimierung der Gewinnungskosten.

Vom Untersuchungsausschuß „Abbauverfahren" des Fachausschusses für Bergtechnik der Gesellschaft Deutscher Metallhütten- und Bergleute ist vor einigen Jahren eine Einteilung und einheitliche Bezeichnung sämtlicher im Bergbau vertretener Abbauverfahren vorgenommen worden [21]. Als Gliederungskriterien dienen dabei die Bauweise (langfrontartig, stoßartig, pfeilerartig, kammerartig und blockartig) und die Dachbehandlung (Festenbau, Versatzbau und Bruchbau). Im Steinkohlentiefbau haben vor allem die langfrontartige und kammerartige Bauweise mit Versatz oder als Bruchbau Bedeutung.

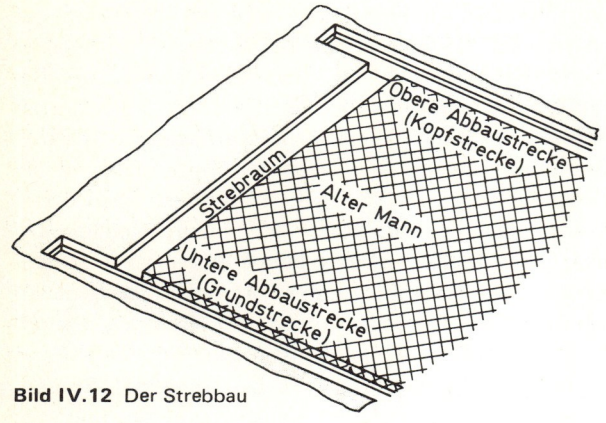
Bild IV.12 Der Strebbau

Hauptvertreter der langfrontartigen Bauweise ist der Strebbau, der im westeuropäischen Steinkohlenbergbau in flacher bis mäßig geneigter Lagerung das ausschließlich angewandte Abbauverfahren darstellt. Kennzeichnend für dieses Abbauverfahren ist, daß ein Bauabschnitt (Bauhöhe) von einem Ende zum anderen in breiter Front abgebaut wird (Bild IV.12). Die Streblänge liegt in der Regel zwischen 200 m und 250 m, die Länge einer Bauhöhe wird im wesentlichen durch die geologischen Verhältnisse und dem Zuschnitt des jeweiligen Baufeldes bestimmt. Im deutschen Steinkohlenbergbau lag im Jahre 1979 die mittlere geplante Baulänge bei rd. 930 m.

Rechtwinklig zum Strebraum werden an den Rändern Abbaubegleitstrecken mitgeführt bzw. im voraus aufgefahren, die der Versorgung des Abbaubetriebes sowie dem Abtransport der gewonnenen Kohle dienen. Probleme bereitet beim Strebbau insbesondere der Strebrandbereich, also der Übergang von den Abbaubegleitstrecken zum Strebraum, da an diesen Stellen die Abstützung des Hangenden besonders schwierig ist und eine Reihe von Arbeitsvorgängen, wie z.B. teilweises Entfernen des Streckenausbaus, Auskohlen der Maschinenställe, Rücken der Antriebe und Einbringen der Streckendämme gleichzeitig durchzuführen sind.

Der Strebbau ist sowohl in Form des Versatzbaus als auch des Bruchbaus möglich.

Eine Abwandlung des Strebbaus für die stark geneigte und steile Lagerung stellt der Schrägbau dar, bei dem die Strebfront schräg zu den Begleitstrecken gestellt ist. Die Schrägstellung ist in diesen Lagerungsgruppen erforderlich, um bei der Gewinnung von Hand mehrere Ansatzpunkte für die Strebbelegschaft und ein gefahrloses Abfördern der Kohle zu ermöglichen.

Während in der flachen Lagerung für die Abförderung der hereingewonnenen Kohle Fördermittel im Strebraum unerläßlich sind, kann in der steilen Lagerung die Schwerkraft zur selbsttätigen Förderung auf Rutschen ausgenutzt werden. Da die Mechanisierungsbemühungen in der stark geneigten und steilen Lagerung, wie z.B. der Schießstreb, das Schrämkeilverfahren oder das Rammverfahren aus verschiedenen Gründen in der Regel keine wirtschaftlichen Erfolge brachten, ging der Förderanteil aus diesen beiden Lagerungsgruppen ständig zurück. Im Jahre 1978 lag der Förderanteil der Lagerungsgruppe 40 gon bis 100 gon bei nur noch etwa 3 %.

Die Verfahren der kammerartigen Bauweise sind vor allem im nordamerikanischen Steinkohlenbergbau weit verbreitet, da die bisher geringe Gewinnungsteufe, die flache Lagerung und das wenig gestörte Nebengestein in den dortigen Lagerstätten einen ausbaulosen Abbau bzw. einen Ausbau mit Ankern begünstigen. Das in der flachen Lagerung des Steinkohlenbergbaus der USA angewandte „Room-and-Pillar"-System ist eine allgemeine Bezeichnung für viele Verfahren der kammerartigen Bauweise. Kennzeichnend ist vor allem das Mehrfachstreckensystem, das sowohl aus sicherheitlichen als auch aus organisatorischen Gründen aufgefahren wird. Das „Room-and-Pillar"-System ist ein Teilabbauverfahren, bei dem die Abbauverluste zwischen 15 und 50 % liegen. Bei der Anwendung des „Room-and-Pillar"-Abbaus wurden die Pfeiler bisher vorwiegend nach der Abbaudynamik bemessen und nicht nach Gesichtspunkten der Bergschadensverhütung. Aufgrund der neueren nordamerikanischen Gesetzgebung ist der Bergbau nunmehr gezwungen, die Erdoberfläche stärker zu schonen. Aus diesem Grund und wegen der vergleichsweise geringeren Abbauverluste, die vor allem beim Abbau von Qualitätskohlen und beim Vordringen in größere Teufen von Bedeutung sind, hat auch in den USA der Strebbau (longwall) in den letzten Jahren eine stärkere Verbreitung gefunden. Der Anteil des Strebbaus an der Gesamtförderung lag in den USA im Jahre 1976 bei 4,4 %; für das Jahr 1985 wird mit einem Anteil von etwa 12 % gerechnet.

Neben dem Strebbau nach europäischem Muster gibt es in den USA auch das Abbauverfahren mit Kurzstreben (shortwall), das eine Synthese zwischen dem Abbauverfahren „longwall" und dem „Room-and-Pillar"-Verfahren darstellt. Die Abbaufront hat dabei eine Länge bis zu etwa 30 m.

Im deutschen Steinkohlenbergbau steht ein erheblicher Teil der Vorräte in steiler Lagerung an, die teilweise bereits vollständig ausgerichtet, im Schrägbau jedoch nicht wirtschaftlich gewinnbar sind. Aus der Notwendigkeit, steil gelagerte Steinkohlenflöze aus sicherheitlichen Gründen möglichst ohne menschliche Arbeitskraft im Abbauraum abzubauen, ist die Anwendung des Örterpfeilerbaus bzw. des Teilsohlenbruchbaus auf die steile Lagerung ausgedehnt worden. Hier wurden in den vergangenen Jahren verschiedene neue Abbauverfahren entwickelt. Nach dem gegenwärtigen Stand der Technik hat bei geeigneten Hangend- und Liegendverhältnissen insbesondere der Teilsohlen-Pfeilerbruchbau mit hydromechanischer Gewinnung (Wasserdruck rd. 100 bar) gute Aussichten, auf breiter

3 Bergbau auf Steinkohle

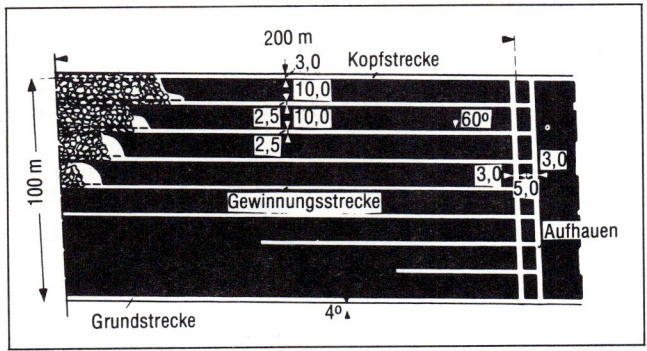

Bild IV.13 Streichender Teilsohlenbruchbau mit hydromechanischer Gewinnung.

Basis Anwendung zu finden. Bild IV.13 zeigt dieses Verfahren im Prinzip. Das Flöz wird durch Aufhauen in etwa 200 m Abständen in streichender Richtung eingeteilt. Anschließend werden Teilsohlen in etwa 10–15 m Abstand unter rd. 5 gon Anstieg bis jeweils zur Abteilungsgrenze hydromechanisch aufgefahren. Danach gewinnt man die Pfeiler vom Ende der Teilsohlen ausgehend ebenfalls hydromechanisch herein, wobei der Abbau im oberen Pfeiler jeweils dem Abbau im nächst tieferen Pfeiler um 10–15 m voreilt.

Neben den sicherheitlichen Aspekten ist die Ausnutzung des Wassers als Gewinnungs- und gleichzeitig auch als Transportmittel (stark verminderter Staubanfall) ein wesentlicher Vorteil dieses Abbauverfahrens.

3.3.6.2 Abbauführung und Abbaurichtung

Zur Begrenzung bestimmter Betriebsbereiche innerhalb eines Grubenfeldes verwendet man den Begriff der Bauabteilung, worunter beim Zweisohlenbergbau der zwischen den Sohlen liegende Gebirgskörper verstanden wird, dessen Mineralinhalt vom gleichen Querschlag aus gelöst und abgefördert wird. Die Bauabteilung wird in streichender Richtung durch den gewählten Querschlagsabstand begrenzt, der seinerseits durch den Ausrichtungsplan vorgegeben ist.

Bei der Abbauführung ist zwischen Vorbau und Rückbau zu unterscheiden. Unter Vorbau versteht man eine Führung des Abbaus vom Abteilungsquerschlag weg in Richtung auf die Feldes- oder Baufeldgrenze. In einigen Fällen werden beim Vorbau die Abbaubegleitstrecken bereits vor Abbaubeginn aufgefahren, in der Regel geschieht die Auffahrung jedoch entsprechend dem Abbaufortschritt. Die Abbaustrecken können dabei im Verhältnis zur Strebfront zwischen 10–50 m vorgesetzt, mit- oder auch nachgefahren sein. Im westdeutschen Steinkohlenbergbau werden überwiegend sowohl die Kopf- als auch die Bandstrecke der Strebfront vorgesetzt. In Großbritannien überwiegen dagegen mit- und nachgefahrene Abbaustrecken.

Beim Rückbau müssen die Abbaustrecken in jedem Fall zunächst bis zur vorgesehenen Bauhöhengrenze vorgetrieben sein, um von dort ausgehend den Abbau zu beginnen. Förderfluß und Abbaufortschritt sind beim Rückbau somit gleichgerichtet. Der Rückbau hat im deutschen Steinkohlenbergbau in den vergangenen Jahren an Bedeutung gewonnen, im Jahre 1979 lag der Anteil bei etwa 25 %. Allerdings ist er nur dort möglich, wo der in die Abbaubegleitstrecken eingebrachte Ausbau den dem Streb vorauseilenden Abbaudruck ohne zu starke Querschnittsverengungen tragen kann. Aus diesem Grunde ist nur ein Teil aller Baufelder für die Abbauführung im Rückbau geeignet.

Jacobi [37] hat einige Vorschläge zur gebirgsmechanisch günstigen Führung der Abbaustrecken entwickelt, wodurch bei entsprechenden Nebengesteinsverhältnissen eine Ausweitung des Rückbaus möglich erscheint.

Die Vorteile des Rückbaus gegenüber dem Vorbau liegen insbesondere darin, daß eine Vorerkundung des Flözverlaufes und eine günstigere Wetterführung (Y- oder H-Bewetterung) möglich wird, ferner der Streckenvortrieb unabhängig vom Abbaubetrieb leistungsfähig durchgeführt werden kann und schließlich der Abbaufortschritt des Strebbetriebes nicht durch die gleichzeitige Streckenauffahrung behindert wird. Die räumliche und zeitliche Trennung des Streckenvortriebes und des Strebbetriebes bedeuten zusätzlich eine vereinfachte Organisation im Strebrandbereich und eine damit verbundene Leistungssteigerung.

Nachteilig wirken sich beim Rückbau allerdings die Zinskosten aus, da das gesamte zur Auffahrung der Abbaubegleitstrecken notwendige Kapital vor Beginn des Abbaus investiert werden muß.

Bei günstiger flacher Lagerung besteht die Möglichkeit, den sogenannten vereinigten Vor- und Rückbau anzuwenden. Hierbei wandert der Abbau großräumig in einer Richtung über mehrere Abteilungen hinweg, so daß abwechselnd im Vor- und Rückbau gearbeitet wird. Dies gibt die Möglichkeit eines günstigen Feldeszuschnitts und erspart eine Anzahl von Aufhauen sowie das mehrmalige Herrichten des Strebs.

Bei bestimmten geologischen Voraussetzungen besteht zur Verlängerung der Bauhöhen auch die Möglichkeit, den gesamten Streb bis zu 180° zu schwenken. Dadurch wird ebenfalls der schichtenaufwendige Strebumzug sowie das Herstellen eines oder mehrerer Aufhauen eingespart.

Die Abbaurichtung kann dem Prinzip nach streichend (Strebfront rückt im Streichen vorwärts), fallend (Strebfront wandert im Einfallen vorwärts) oder schwebend (Strebfront rückt entgegen dem Einfallen vor) gewählt werden (vgl. [30]). In der flachen und mäßig geneigten Lagerung wird insbesondere im Ruhrrevier fast ausschließlich der streichende Strebbau gewählt. Gründe für die Wahl des schwebenden oder fallenden Strebbaus sind u. a. der Verlauf größerer geologischer Störungen, sicherheitliche

Aspekte (vor allem bei stärkerem Flözeinfallen) sowie der in der Regel geringere Aufwand für die Ausrichtung (z. B. keine Blindschächte). Beim schwebenden Strebbau ist in jedem Fall Vollversatz (z. B. in Form des Spülversatzes) notwendig.

Die durchschnittliche Abbaugeschwindigkeit lag im deutschen Steinkohlenbergbau im Jahre 1979 bei 2,88 m/d, die durchschnittliche Flözmächtigkeit ohne Bergemittel betrug 1,51 m.

3.3.6.3 Gewinnung

Unter bergmännischer Gewinnung versteht man ganz allgemein das Herauslösen des Lagerstätteninhalts aus dem Gebirgsverband. Nach der im westdeutschen Steinkohlenbergbau angewandten Kostenstellengliederung des Bergbau-Kosten-Standardsystems (vgl. [59]) gehören hierzu die Arbeitsvorgänge Lösen der Kohle, Laden des Haufwerks und Einbringen des Ausbaus zur Sicherung des ausgekohlten Raumes.

Die Gewinnung war im deutschen Steinkohlenbergbau früher die Kostenstelle mit dem höchsten Schichten- und Kostenaufwand des gesamten Untertagebetriebes. Alle Rationalisierungsbestrebungen konzentrierten sich daher zunächst auf diesen Betriebsbereich, in dem noch bis zum Jahre 1950 die Gewinnungsarbeit fast ausschließlich von Hand mit Abbauhämmern erfolgte. Wegen der Vielzahl der lagerstättenbedingten Einflußgrößen und wegen der stets wandernden Abbaufront ist eine Mechanisierung im Vergleich mit einem ortsfesten, gut überschaubaren Fabrikationsbetrieb jedoch weit schwieriger.

Für den Übergang vom Handbetrieb mit Abbauhammer auf die vollmechanische Kohlengewinnung waren vor allem zwei Entwicklungsstufen entscheidend, nämlich die Entwicklung und Einführung des metallenen Strebausbaus und des Kettenstegförderers. Durch den Stahlausbau mit vorkragenden Kappen war erstmalig die Verwirklichung einer stempelfreien Abbaufront möglich, die die unabdingbare Voraussetzung für die heute üblichen Gewinnungsgeräte wie Hobel und Schrämmaschine darstellt. Der robuste und leistungsfähige Kettenstegförderer brauchte als erstes Strebfördermittel nicht mehr auseinandergenommen und umgelegt zu werden, sondern konnte in festem Verband mit Hilfe von Druckzylindern der fortschreitenden Abbaufront nachgerückt werden. Gleichzeitig bot er eine sichere seitliche Führung für die Gewinnungsgeräte.

Auf diesen Voraussetzungen aufbauend konnten eingehende Versuche zur Entwicklung geeigneter Gewinnungsmaschinen und -verfahren unternommen werden. Besonders seit dem Jahre 1950 erhielt die Mechanisierung starke Impulse. Heute ist im deutschen Steinkohlenbergbau die Gewinnung zu 99 %, der Strebausbau zu rd. 94 % vollmechanisiert. In der Entwicklung lassen sich dabei drei Entwicklungsabschnitte kennzeichnen:

1. Von 1950–1958 sind die Produktionskosten je t v.F. trotz steigender Mechanisierung stark angestiegen, da Anfangsschwierigkeiten überwunden werden mußten und die erforderliche Auslastung der kapitalintensiven Betriebsmittel noch nicht gegeben war.
2. Von 1958 bis 1973 hat die Mechanisierung in Verbindung mit einer zielbewußt durchgeführten Rationalisierung zu einem erheblichen Produktivitätsfortschritt geführt, durch den die Lohnkostensteigerungen, die gerade den arbeitsintensiven Steinkohlenbergbau (rund 50 % Arbeitskostenanteil) stark belasten, teilweise aufgefangen werden konnten. Der Anteil der Sach- und Kapitalkosten in der Kostenstruktur ist trotz der erhöhten Investitionsaufwendungen für die technische Betriebsausrüstung annähernd gleich geblieben.
3. Seit 1974 stagniert die Schichtleistung untertage trotz der Einführung des Schildausbaus und verbesserter Gewinnungsmaschinen im Abbaubereich. Gründe für diese Leistungsentwicklung sind neben den Schwierigkeiten aufgrund der zunehmenden Gewinnungsteufe u. a. ein verstärkt notwendiger Aus- und Vorrichtungsaufwand, zusätzliche Verlagerung von Arbeiten in Vorleistungsbereiche, Feierschichten und sonstige betriebliche Maßnahmen zur Anpassung der Förderung an die wechselnde Absatzlage, der dadurch bedingte unzureichende Ausnutzungsgrad der Betriebsmittel im Abbaubereich sowie die bisher nur teilweise gelungene Mechanisierung und Rationalisierung in den Bereichen Aus- und Vorrichtung, Förderung, Material- und Personentransport sowie Unterhaltung der Grubenbaue.

Insgesamt stieg die Schichtleistung untertage zwischen 1958 und 1973 von 1,651 t v.F./MS auf 4,068 t v.F./MS. Im Jahre 1979 lag sie bei 4,024 t v.F./MS.

In engem Zusammenhang mit der Strebmechanisierung steht die Erhöhung der Abbaukonzentration, die für die Leistungs- und Kostenentwicklung sowohl der Abbaubetriebe als auch der vor- und nachgeschalteten Betriebsbereiche von größter Bedeutung ist. Bei der Abbaukonzentration konnten in den vergangenen Jahren beachtliche Erfolge erzielt werden (Bild IV.14). Danach stieg die tägliche Fördermenge je Abbaubetriebspunkt (ABP) von 310 t v.F./d im Jahre 1960 auf 1383 t v.F./d im Jahre 1979. Die Zahl der fördernden Abbaubetriebspunkte ging im gleichen Zeitraum von 1631 auf 234 zurück.

Gewinnungstechnik

Grundsätzlich wird nach der Art des Lösevorgangs zwischen schälender und schneidender Gewinnung unterschieden. Zur ersten Gruppe gehören vor allem die Kohlenhobel und zur zweiten die Schrämmaschinen. Während sich im britischen Steinkohlenbergbau vor allem wegen der größeren Kohlenhärte weitestgehend die schneidende Gewinnung durchgesetzt hat, herrscht im westdeutschen Steinkohlenbergbau die schälende Gewinnung vor. Rund 57 %

3 Bergbau auf Steinkohle

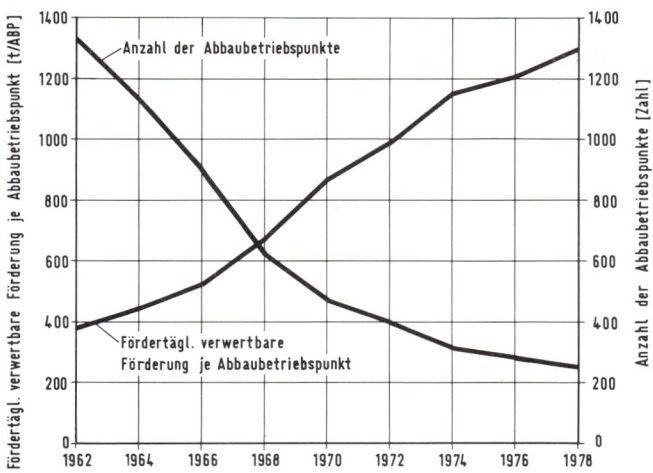

Bild IV.14 Entwicklung der verwertbaren Förderung je Abbaubetriebspunkt und Anzahl der Abbaubetriebspunkte.

Bild IV.15 Reißhakenhobel

der Gesamtförderung der BR Deutschland wurden im Jahre 1978 mit Kohlenhobeln gewonnen.

Bereits vor dem 2. Weltkrieg hat man im Steinkohlenbergwerk Ibbenbüren versucht, die Kohle mit Hilfe eines Kohlenhobels zu lösen. Der Durchbruch der schälenden Gewinnung gelang Ende der 40er Jahre mit der Entwicklung des sogenannten Schnellhobels durch *W. Löbbe*. Richtungsweisend waren dabei die Führung des Hobels in Form eines den Förderer untergreifenden Schwertes, die Vereinigung von Hobel- und Förderantrieb und die hohe Marschgeschwindigkeit. Der große Nachteil der frei am Abbaustoß laufenden Hobelkette führte im weiteren zu Hobelkonstruktionen mit versatzseitiger Hobelkettenführung, wobei der Hobel am Schwert gezogen wird. Als Reißhaken- und Megahobel (Bild IV.15) fand diese Hobelbauart die weiteste Verbreitung. Heute ermöglichen die installierten Antriebsleistungen (z. B. 2 × 160 kW) und polumschaltbare Motoren Hobelgeschwindigkeiten bis 3 m/s. Ganz wesentlich für die erreichbare Strebfördermenge ist das Verhältnis der Hobelgeschwindigkeit zur Strebförderergeschwindigkeit (z. B. 3 : 1). Aufgrund der unbefriedigenden Höhensteuerung der versatzseitig gezogenen Hobelbauarten wurde der auf einer Gleitrampe laufende sogenannte Gleithobel entwickelt (Bild IV.16). Seine Kennzeichen sind der schwertlose Hobelkörper, die kohlenstoßseitige Führung des Hobels und der Hobelkette sowie die definierte Schnittiefe.

Einen vorläufigen Abschluß hat die Entwicklung der Hobeltechnik im Kompakthobel gefunden. Die wesentlichen Konstruktionsmerkmale sind die kohlenstoßseitige Führung des Hobels an einer Gelenkführung, die definierte Schnittiefe sowie die Steuerung durch eine nicht an den Ausbau gebundene Steuerbracke.

Die Staubbekämpfung erfolgt bei der schälenden Gewinnung vor allem durch eine vom Hobel gesteuerte Hobelgassenbedüsung.

Die schneidende Gewinnung ist wesentlich älter als die schälende Gewinnung. Bereits vor dem 1. Weltkrieg wurde versucht, mit Hilfe von Maschinen den anstehenden Kohlenstoß zu schlitzen oder zu unterschrämen, um dadurch die Lösearbeit des Bergmanns zu erleichtern. Bis nach dem 2. Weltkrieg bestimmten Kettenschrämmaschinen das Bild der schneidenden Gewinnung. Aus Großbritannien hat der deutsche Steinkohlenbergbau später die sogenannte Schrämwalze übernommen. Die in der Regel zweigängige Schrämwalze bohrt sich durch Rotation des Walzenkörpers bis etwa 70 cm in das anstehende Kohlenflöz und schneidet dann die gesamte Flözmächtigkeit in einem oder zwei Schnitten herein. Die Weiterentwicklung der Schrämwalze führte insbesondere zu zusätzlichen Räumeinrichtungen wie z. B. Räumhobel oder Räumschild sowie zum hydraulisch heb- und senkbaren Walzenkörper. Mit Hilfe von Walzenschrämladern ist heute die vollmechanische Hereingewinnung selbst härtester Kohlenflöze möglich. Die aufgrund des schneidenden Lösevorganges erhebliche Staubentwicklung wird ausschließlich durch Bedüsungseinrichtungen an der Schrämwalze bekämpft, da sich eine Staubabsaugung bisher nicht bewährt hat. Eine zusätzliche Maßnahme zur Staubbekämpfung ist das Tränken der anstehenden Kohle vor der Gewinnung mit Wasser oder netzmittelhaltigen Lösungen. Dazu werden entweder von den Abbaubegleitstrecken oder von der Strebfront aus Bohrlöcher hergestellt, in die man Wasser bzw. Lösungen pumpt. Das Tränkverfahren ist in der gleichen Weise auch in Hobelstreben gebräuchlich.

Bild IV.16 Gleithobel

Bild IV.17 Doppelwalzenlader

Die vorläufig letzte Entwicklungsstufe ist der zweiseitig arbeitende Doppelwalzenschrämlader mit Räumschild (installierte Leistung etwa 600 kW), der am besten mit dem Schildausbau zu kombinieren ist und fast immer eine stallose Gewinnung möglich macht (Bild IV.17). Statt der bisher frei im Streb gespannten Zugkette, an der sich der Walzenschrämlader fortbewegt, gelangen heute verstärkt kettenlose Vorschubsysteme zum Einsatz.

Die Vor- und Nachteile der schälenden bzw. schneidenden Gewinnung sind seit jeher heftig diskutiert worden, da eine Vielzahl von Einflußfaktoren wie z. B. Flözeigenschaften, Ausnutzungsgrad, Arbeitsablauforganisation, Investitionsaufwand und Unfallhäufigkeit eine Rolle spielen. Die Gesichtspunkte für und wider das eine oder andere Verfahren wurde dabei ständig durch die technische Entwicklung mitbestimmt. Während früher die Kohlenhärte das wichtigste Kriterium darstellte, gilt dies heute nicht mehr in demselben Maße, da es durch die modernen Hobelverfahren mit geringen Schnittiefen und hohen Schnittgeschwindigkeiten möglich geworden ist, auch festere Kohlen schälend hereinzugewinnen. Der Vorteil des Hobels liegt u.a. in seinen vergleichsweise geringen Anschaffungskosten und einer einfacheren Betriebsorganisation. Die Vorteile der schneidenden Gewinnung liegen vor allem darin, daß durch ein günstiges Verhältnis von Walzenschnittbreite zum Schrittmaß des Ausbaus ein Betriebsablauf mit geringer Ausbauverzögerung (wichtig zur Sicherung des Hangenden) ein hoher Maschinennutzungsgrad und damit hohe Leistung erzielt werden kann. Darüber hinaus hat sich gezeigt, daß die Walzenschrämlader die bessere Eignung für schwierige Einsatzbereiche mit harter Kohle, Bergemittel, welligem Flözliegendem und geologischen Störungen besitzen. Da Walzenschrämlader mit höhenverstellbaren Walzentragarmen die gesamte Flözmächtigkeit definiert schneiden sind sie besonders für den Einsatz in Flözen ab 1,30–1,80 m geeignet. Im Mächtigkeitsbereich unter 1,30 m ist in der Regel die schälende Gewinnung die geeignetste Gewinnungsmethode, solange die Flöze mit der weiterentwickelten Gleithobeltechnik hobelbar sind.

Im Entwicklungsstadium befindet sich zur Zeit der Schneidscheibenlader, dessen Schneidscheibe den Abbaustoß auf eine vorgegebene Böschung von etwa 75° schneidet. Damit werden Hangendausbrüche weitgehend vermieden und durch das Schneid-Brech-Prinzip dieser Gewinnungstechnik zusätzlich der Staubanfall beim Lösevorgang entscheidend verringert.

Strebförderung

In den Strebbetrieben der flachen und mäßig geneigten Lagerung finden heute ausschließlich Kettenkratzerförderer Verwendung. Das Prinzip des Kettenkratzerförderers besteht darin, daß ein, zwei oder drei endlose Stahlgliederketten mit Querstegen das Fördergut in Stahlrinnen mitschleifen. Die Ketten sind im Ober- und Untertrum der Rinnen zwangsgeführt und werden über Kettensterne an den Umkehren, d. h. an den beiden Strebenden, angetrieben.

Die besonderen Eigenschaften dieses Fördermittels liegen darin, daß es

- auf der gesamten Länge mit Kohle beladen werden kann,
- durch Rückzylinder ohne Demontage abschnittsweise gerückt werden kann,
- gute Möglichkeiten zur Führung der Gewinnungsmaschinen bietet,
- als Widerlager für den mechanischen Ausbau dient und damit zum Bindeglied zwischen Ausbau und Gewinnungsgerät wird (Bild IV.18),
- zum Transport für das Ausbaumaterial und das Haufwerk aus den Streckenvortrieben der Abbaustrecken genutzt werden kann,
- wegen seiner robusten Bauweise relativ störungsfrei ist.

Diese hohen und vielseitigen Beanspruchungen führten zu ständigen Verbesserungen der Kettenkratzerförderer, insbesondere der Förderrinnenverbindungen, der Verschleißfestigkeit und der Zugkraft der Ketten.

Eine Weiterentwicklung stellt der Mittenkettenförderer mit einer oder zwei Ketten, die in der Mitte der Förderrinnen laufen, dar. Statt der Ketten werden bei dieser Konstruktion die Querstege in den Förderrinnen zwangsgeführt.

Der entscheidende Nachteil des Kettenkratzerförderers ist die aufgrund der gleitenden Reibung des Fördergutes, der Querstege und der Ketten in der Förderrinne erforderliche hohe Antriebsenergie. Trotz intensiver Bemühungen zeichnet sich heute noch keine Ersatzlösung für den Kettenkratzerförderer ab.

Strebausbau

Der Strebausbau hat die Aufgabe, den ausgekohlten Strebraum offenzuhalten, solange er benötigt wird und die Sicherheit der im Streb tätigen Bergleute zu gewährleisten. Der Ausbau soll das Hangende schonend behandeln,

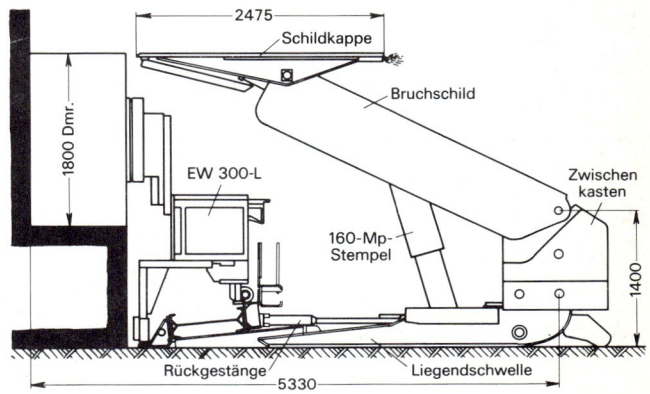

Bild IV.18 Schnitt durch einen Streb [19] 160 Mp = 1,6 kN

damit Ausbrüche soweit wie möglich vermieden werden. Dabei kommt es vor allem darauf an,
- einen hohen Ausbauwiderstand (N/m^2) zu erzeugen, um die sich absenkenden Dachschichten zu tragen,
- den Ausbau möglichst frühzeitig nach der Freilegung des Hangenden unmittelbar bis zum Kohlenstoß vorzubringen und
- den Ausbau an schwankende Flözmächtigkeiten anpassen zu können.

Der Ausbau mit Holz, Reibungsstempeln oder hydraulischen Einzelstempeln kann diese Aufgabe nicht oder nur teilweise erfüllen. Seit 1965 konnte sich daher der mechanische Schreitausbau, dessen Entwicklung von Großbritannien ausging, immer stärker durchsetzen. Das Bild IV.19 zeigt die Entwicklung der verschiedenen Ausbauarten im Streb im deutschen Steinkohlenbergbau seit dem Jahre 1960.

Beim schreitenden Ausbau handelt es sich dem Prinzip nach um eine konstruktive Verbindung mehrerer hydraulischer Einzelstempel, Kappen, Stabilisierungselementen und Bodenplatten, die über fest eingebaute Schreitzylinder vorgerückt werden. Dabei laufen nach manueller Aus-

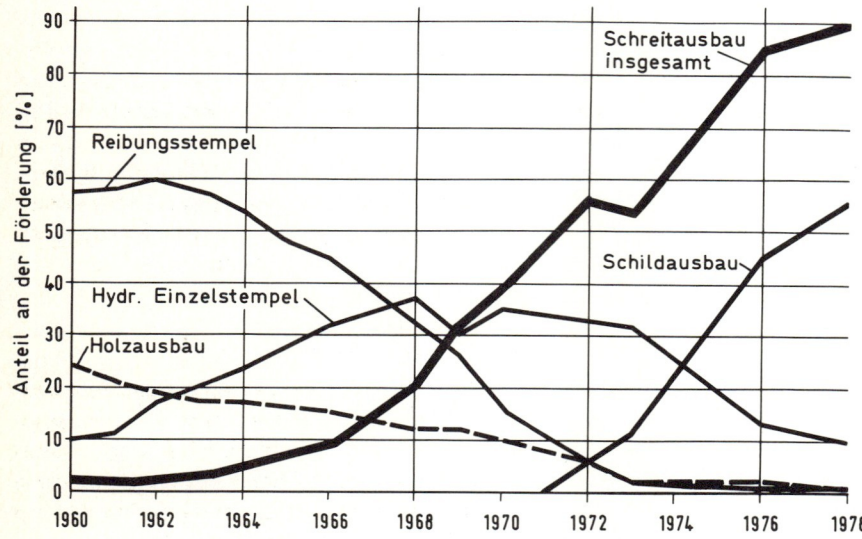

Bild IV.19
Anteil der Ausbauarten an der Förderung

Bild IV.20 Schildausbau

lösung die Arbeitsvorgänge Rauben, Schreiten und Setzen durch hydraulische Kraftübertragung selbsttätig ab. Mit Hilfe der Ausbaurahmen und Ausbauböcke gelang es zwar, den Ausbau zu mechanisieren, die Hangendausbrüche und das Zulaufen der Gestelle durch Berge aus dem Bruchraum, verbunden mit hohen mechanischen Beanspruchungen, bereiteten jedoch weiterhin große Schwierigkeiten.

Einen wesentlichen Fortschritt bedeutet der seit 1972 zum Einsatz kommende Schildausbau (Bild IV.20), der eine weitgehende Abdichtung des Strebraums gegen das Hangende und den Bruchraum gewährleistet und zudem eine hohe innere Stabilität aufweist. Der Schildausbau ist mit dem Strebförderer verbunden, so daß die Schilde am Förderer vorgezogen werden können. Der Ausbauwiderstand beim Schildausbau liegt in der Regel bei $400-600$ kN/m^2. Der Anwendungsbereich des Schildausbaus reicht inzwischen von $0{,}7-4{,}0$ m Flözmächtigkeit und $0-50$ gon Einfallen. Der Förderanteil aus Streben mit Schildausbau lag im Jahre 1978 bereits bei annähernd 60 %. Immer noch unbefriedigend ist allerdings der Abstand zwischen Kappenspitze und Kohlenstoß mit den daraus resultierenden Hangendausbrüchen. Mit dem Schildausbau können diese Ausbrüche jedoch wesentlich besser unterfangen und unterfahren werden.

Die neueste Entwicklung führte zu einer Synthese des Schildausbaus und dem früheren Ausbaubock zum sogenannten Bockschild, um die Vorzüge beider Ausbauarten miteinander zu vereinen (Bild IV.21). Der Bockschild zeichnet sich insbesondere durch seine hohe Tragfähigkeit, eine gute Abschirmung des Hangenden und des Bruchraumes, eine fast senkrechte Höhenverstellbarkeit der Kappe, einen großen Wetterquerschnitt und einen ausreichenden Fahrweg aus.

Der Einsatz von Schildausbau und Bockschilden hat dazu beigetragen, daß Flöze mit schwierigem Nebengestein, die bisher der negativen Rationalisierung zum Opfer fielen, teilweise wieder bauwürdig wurden.

Bild IV.21 Bockschildausbau

Die Wirtschaftlichkeit des vollmechanischen Ausbaus war aufgrund des vergleichsweise hohen Investitionsaufwandes (ein Schild mit 1,5 m Breite kostet bis zu 50 000,— DM) lange Zeit umstritten. Durch die reine Einsparung an Arbeitskräften, die sich aus einer Erhöhung der Ausbauleistung ergibt, können die höheren Kapital- und Sachkosten nur bedingt ausgeglichen werden. Zusätzliche Vorteile des vollmechanischen Ausbaus sind u. a. die Verringerung der Ausbauverspätung und damit weniger Hangendausbrüche, ein besserer Ausnutzungsgrad der Betriebsmittel, eine höhere Abbaugeschwindigkeit und die verbesserten Möglichkeiten, Flözstörungen mit dem Streb zu durchörtern.

Die Versuche zur Automatisierung der Arbeitsvorgänge im Streb, insbesondere das vollautomatische Rücken des Ausbaus, mit dem Ziel des mannlosen Strebs, zeigten bisher keine wesentlichen Erfolge, da dies einen enormen finanziellen und technischen Aufwand erfordert. Insbesondere die aufwendige Übertragungs- und Steuerungstechnik verlangt Wartungspersonal, das den eingesparten bergmännischen Arbeitern fast entspricht.

Verbundausrüstungen

Der Ausnutzungsgrad der Betriebsmittel im Abbaubereich, insbesondere die Laufzeit der Gewinnungsmaschinen, ist trotz vielfältiger technischer und organisatorischer Verbesserungen noch immer unbefriedigend und bietet einen entscheidenden Ansatzpunkt für eine weitere Leistungssteigerung. Eine Voraussetzung dafür ist eine stärkere Abstimmung und gegenseitige Integration von Gewinnungsgerät, Strebförderer und Strebausbau, wie z. B. aufeinander abgestimmte und flexibel verbundene Strebsysteme mit Walzenschnittiefen, die auf das zweckmäßige Schrittmaß des Strebausbaus abgestimmt sind. Bei den Bestrebungen, die einzelnen Arbeitsvorgänge im Strebbereich zu einem optimalen Betriebsablauf zusammenzufügen, bekommen wichtige Integrationsmittel wie Sprechfunk, Fernwirktechnik und optische Kontrollanzeigen eine immer stärkere Bedeutung. Eine zentrale Stellung nimmt dabei die Strebwarte zur Überwachung und Steuerung des Betriebsablaufs und des Förderstroms sowie zur Kontrolle sicherheitlicher und betrieblicher Kenndaten ein.

3.3.7 Versatz

Wie bereits erwähnt wurde, kann der Abbau von Steinkohlenflözen sowohl im Bruchbau als auch mit Versatz durchgeführt werden. Mit Bruchbau bezeichnet man das planmäßige zu Bruch werfen des Hangenden hinter dem Abbauraum, während beim Versatzbau die durch den Abbau entstandenen Hohlräume mit taubem Gestein verfüllt werden. Die wichtigsten Vollversatzverfahren sind der

Sturzversatz (in der steilen Lagerung), der Spülversatz und der Blasversatz. Beim Blasversatz werden die Versatzberge mit Druckluft durch verschleißfeste Rohrleitungen in das ausgeraubte Versatzfeld eingeblasen, das mit Versatzmatten oder in anderer Weise gegenüber dem übrigen Strebraum abgeschirmt wird. Eine in der Kopfstrecke installierte Blasversatzmaschine dient dazu, die Versatzberge vom Förderband in die Blasleitung zu schleusen.

Im deutschen Steinkohlenbergbau ist die Bedeutung des Versatzes immer stärker in den Hintergrund getreten, weil u.a. die Hangendbeherrschung als Argument für den Versatz praktisch keine Rolle mehr spielt, die Organisation eines Versatzstrebes komplizierter als die eines Bruchbaustrebes ist und der Abbaufortschritt vom Zeitaufwand für das Einbringen des Versatzes bestimmt wird. Hochleistungsstreben müssen daher zwangsläufig Bruchbaustreben sein. Der Förderanteil aus Vollversatzstreben, der im Jahre 1960 noch bei etwa 28 % lag, betrug im Jahre 1978 nur mehr 6,4 %. Voraussetzung für den Bruchbau ist, daß das Hangende nach dem Rauben des Ausbaus schnell und regelmäßig hereinbricht; eventuell muß beim Anlaufen eines Strebes das Hangende hereingeschossen werden.

Wenn in Zukunft wieder mit einer gewissen Zunahme des Vollversatzes gerechnet wird, so hat dies u.a. folgende Gründe:
- Verringerung von inneren und äußeren Bergschäden, insbesondere in stark durchbauten Feldesteilen,
- Blasversatz ist mit das wirksamste Mittel zur Verbesserung des Grubenklimas, da z.B. das Hereinbrechen des Hangenden, bei dem zusätzlich Wärme und Grubengas frei wird, vermieden wird,
- der Versatzbau ermöglicht eine ausgeglichene Bergewirtschaft; der Bergeanteil in der Förderung liegt heute bereits durchschnittlich über 40 % und die Anlage von Bergehalden übertage wird immer schwieriger und kostenintensiver.

Eine interessante Neuentwicklung in Blasversatzbetrieben stellt die rückbare Blasversatzleitung mit seitlichen Austrägen im Abstand von etwa 5 m dar (Bild IV.22). Dieses Verfahren schafft die Grundlage für eine Mechanisierung des Versatzeinbringens und eignet sich besonders in Verbindung mit dem Schild- und Bockschildausbau. Der wesentliche Vorteil gegenüber der herkömmlichen Blasleitung ist, daß der Umbau der schweren Rohrteile überflüssig wird.

3.3.8 Förderung und Transport

Neben der Aus- und Vorrichtung bilden die Förderung und der Transport mit ihren vielfältigen Aufgaben einen weiteren Schwerpunkt im Untertagebetrieb einer Steinkohlenzeche. Nach dem Betriebsbereich unterscheidet man zwischen
- Abbauförderung,
- Abbaustreckenförderung,
- Hauptstreckenförderung,
- seigerer Förderung in Blindschächten und Tagesschächten.

Auf die Abbauförderung wurde bereits bei der Gewinnung eingegangen. In den Abbaubegleitstrecken werden für die Kohlenförderung ausschließlich Gurtbandanlagen installiert. Sie können dem z.T. wechselnden Einfallen der Strecken und den Veränderungen im Liegenden, vor allem in zum Quellen neigenden Strecken, am besten angepaßt werden. Für den Materialtransport sind dabei allerdings zusätzliche Transporteinrichtungen erforderlich.

Für die Hauptstreckenförderung stehen heute Wagenförder- und Gurtförderanlagen, die zwar den beengten Raumverhältnissen untertage angepaßt sind, sich sonst aber durchaus mit modernen Übertage-Einrichtungen messen können, zur Auswahl. Bei Neuausrüstung einer Fördersohle ermöglichen Rechenprogramme eine schnelle Entscheidung zugunsten des einen oder anderen Verfahrens. Wesentliche Entscheidungskriterien sind dabei u.a. die Feldesbeaufschlagung (t/km² d), die Streckendichte (m/km²), die Flexibilität in Hinsicht auf Fördermengenschwankungen und kurzfristigen örtlichen Verlagerungen der Gewinnungsbetriebe, erforderliche Bunkerkapazitäten, zu überwindende Höhenniveaus und zusätzlich notwendige Transporteinrichtungen für den Materialtransport.

Die Zugförderung wird mit Elektro- und Diesellokomotiven und modernen Seiten- oder Bodenentleerungswagen mit bis zu 15 m³ Wageninhalt abgewickelt. Nach Möglichkeit wird für die Züge ein Kreisverkehr mit wenigen Zugeinheiten angestrebt. Die Automation der Gesamtanlage mit mannlosem Lokbetrieb und Überwachung des Zugbetriebs von einem zentralen Stellwerk ist die derzeit optimale Ausführung. Besondere Vorteile dieser Lösung

Bild IV.22 Am Ausbau aufgehängte Versatzleitung mit seitlichem Austrag.

3 Bergbau auf Steinkohle

sind der hohe Sicherheitsstandard und die relativ geringen Betriebskosten.

In den letzten Jahren gewann auch in Hauptstrecken, insbesondere bei verhältnismäßig kurzen Förderwegen, in Bergen und zwischen Sammelladestellen und den Förderschächten die Bandförderung stärkere Bedeutung. Wichtige Voraussetzung ist die Bereitstellung einer ausreichenden Bunkerkapazität entweder im Haupt- oder im Nebenschluß zum Auffangen von Förderspitzen und zur Vergleichmäßigung der Bandbeaufschlagung. Wesentliche Vorteile einer Gurtbandförderung sind die Möglichkeit eines ungebrochenen Förderflusses vom Strebbetrieb bis zum Förderschacht, die problemlose Überwindung von Höhenunterschieden und die hohe Förderkapazität (bis 2000 t/h). Bandanlagen sind mit eingebauten Meßgeräten gut zu überwachen und mit Hilfe der Fernwirktechnik zu steuern. Damit ergibt sich die Möglichkeit, umfangreiche Bandfördersysteme incl. Bunkern zu konzipieren und zentral zu überwachen bzw. mit Hilfe von Prozeßrechnern zu steuern. Richtungsweisend dafür ist das bereits verwirklichte Rohkohlenfließfördersystem der Schachtanlage Haus Aden.

Die seigere Zwischenförderung der Kohlen zwischen Flözniveau und Fördersohle geschieht vorwiegend in sogenannten Wendelrutschen durch die eigene Schwerkraft des Fördergutes. Diese spiralenförmigen Stahlblechförderer sind sehr leistungsfähig und arbeiten nahezu wartungsfrei.

Für den Materialtransport kommt entweder der gleisgebundene Transport oder insbesondere in den Abbau-

Bild IV.23 Schienenflurbahn

strecken der Transport mit Schienenflurbahnen (Bild IV.23) und Einschienenhängebahnen (Bild IV.24) in Frage. Der Antrieb dieser Transportmittel geschieht mit Haspel und Seil, bei verzweigten Streckensystemen mit Diesel-Zuglaufkatzen. Zur Rationalisierung des Materialumschlags an Knickpunkten im Transportfluß kommt der Verwendung von Paletten und Behältern eine entscheidende Bedeutung zu. Für die Personenbeförderung gibt es neben dem schienengebundenen Personenzug die Möglichkeit der Bandfahrung und in den Bergen des Einsatzes von Sesselliften.

Bild IV.24
Einschienenhängebahn

Am wichtigsten für die seigere Förderung sind die Fördereinrichtungen in Blindschächten und Tagesschächten, die sowohl als Gestellförderanlage (Wagenförderung) oder als Gefäßförderanlage (Skipförderung) ausgebildet sein können. Verfahrensbedingt handelt es sich hierbei um eine intermittierende Förderung, wobei im Fall der Gestellförderung im Gegenstrom Kohle aufwärts und Material oder Berge abwärts gefördert werden können. In der Regel sind diese Fördereinrichtungen ebenso wie die Beschickungseinrichtungen heute bereits weitgehend vollautomatisiert.

3.3.9 Betriebsüberwachung

Die Komplexität der Organisationsstrukturen und der Arbeitsabläufe im Untertage-Bereich verbunden mit der ständigen Konzentration der Gewinnung auf wenige Abbaubetriebe bedingt eine stärkere Überwachung und sicherheitliche Kontrolle des gesamten Grubenbetriebes. Für diese Aufgaben ist übertage die sogenannte Grubenwarte eingerichtet, in der Informationen aus den Gewinnungsbetrieben (z. B. Stillstandszeiten der Gewinnungsmaschinen) und aus den Betriebsbereichen der Förderung zentral gesammelt und aufgezeichnet werden. Darüberhinaus werden in der Regel Daten über den Grubengasanfall, die Grubenbewetterung, die Grubenwasserhaltung, die Stromversorgung etc. erfaßt und Kontrolldaten gegenübergestellt. Abweichungen der Sollwerte können so schnell erkannt und Gegenmaßnahmen ergriffen werden. Durch den Einsatz von Prozeßrechnern nehmen die Grubenwarten in verstärktem Maße eine steuernde Funktion wahr. So ist es möglich, das gesamte Bandfördersystem einer Schachtanlage und selbst die Strebbetriebe von der Grubenwarte aus zu steuern.

3.4 Aufbereitung

Die Steinkohlenaufbereitung ist ein Teil des Bergwerksbetriebes mit der Zielsetzung, aus dem Fördergut verkaufsfähige und technologisch verwertbare Produkte mit physikalisch-technischen Verfahren zu erzeugen. Die Auswahl des Aufbereitungsverfahrens für den jeweiligen Einsatzfall hängt ab von
- Rohstoff
- Verwendungsmöglichkeit der Kohle
- Markt.

3.4.1 Rohstoff

Der Rohstoff ist gekennzeichnet durch Eigenschaftsmerkmale, die
- von der Aufbereitung nicht bzw. nur unwesentlich beeinflußbar sind,
- durch Aufbereitung in weiten Grenzen verändert werden können.

Nicht beeinflußbar durch Aufbereitung sind als Haupteigenschaftsmerkmale
- die Flüchtigen Bestandteile der Reinkohle, also der Dichtestufen $< 1,5$ kg/l,
- der Dilatationskontraktionsverlauf der Reinkohle, also das Verhalten der Kohle bei Zufuhr von Wärme unter Luftabschluß und
- der organisch gebundene Schwefelgehalt der Reinkohle.

Die Flüchtigen Bestandteile bilden für die Steinkohle der BR Deutschland das Hauptunterscheidungsmerkmal. Sie nehmen von der Anthrazitkohle über die Mager-, Eß-, Fett-, Gas- und Gasflammkohlen zu und sind bei den Flamm- und Pechkohlen am größten. Die Flüchtigen Bestandteile — wie Methan, Benzol, Ammoniak, Schwefelwasserstoff, Stickstoff usw. — werden bei der trockenen Destillation der Kohle (Verkokung) frei.

Gemeinsam mit den Flüchtigen Bestandteilen wird der Dilatationskontraktionsverlauf für die Beurteilung der Verkokbarkeit von Kohlen herangezogen, und zwar über den G-Wert, der u.a. aus diesen beiden Einflußgrößen gebildet wird.

Von der Aufbereitung zu beeinflussende Eigenschaftsmerkmale sind
- Dichte- und Ascheverteilung, die sich aus dem Berge- und Aschegehalt ergeben,
- Schwefelverteilung des anorganischen Schwefels,
- Korngrößenverteilung,
- Wassergehalt.

3.4.2 Verwendungsmöglichkeiten der Kohle

Hauptabnehmergruppen der Steinkohle sind
- die Eisenschaffende Industrie
- Kraftwerke und
- in wieder zunehmendem Umfang Kleinverbraucher.

Abhängig von der jeweiligen Technologie der Kokerei bzw. des Kraftwerkes werden von den Kunden des Bergbaus Wasser- und Aschegehalte in engen Bandbreiten verlangt. Die sich verschärfende Umweltschutz-Gesetzgebung begrenzt zunehmend auch den Schwefelgehalt und weitere Schadstoffe in den Fertigprodukten, vor allem für den Einsatz in Kraftwerken.

3.4.3 Aufbereitungsverfahren

Der Aufbereitung stehen für die ihr gestellten Aufgaben, nämlich die inhomogene Rohkohle zu einsatzfähigen Produkten zu verarbeiten, grundsätzlich folgende Verfahren zur Verfügung (Bild IV.25):
- Zerkleinern
- Vergleichmäßigen von Rohkohlen/Fertigprodukten
- Sortieren
- Entwässern, Klassieren, Eindicken

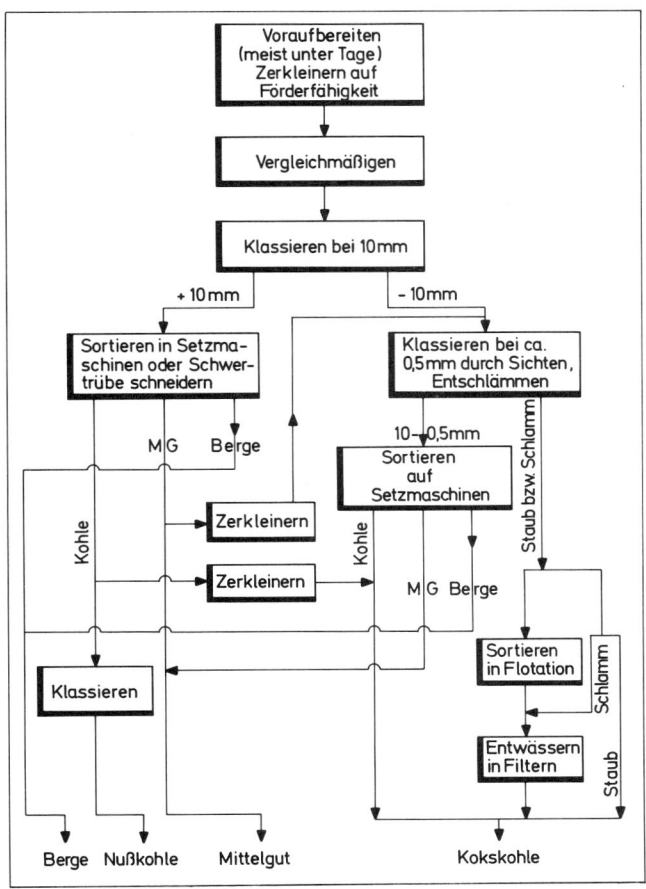

Bild IV.25 Verfahrenskombination für die Steinkohlenaufbereitung

In der BR Deutschland haben sich folgende Verfahrenskombinationen für die Aufbereitung am zweckmäßigsten erwiesen:

Die Aufbereitung beginnt häufig untertage mit dem Absieben und Brechen der Rohkohle sowie dem Aushalten von Fremdkörpern wie Eisenteilen und Holz. Um eine hohe Kapazitätsauslastung und eine gleichmäßige Beaufschlagung der Übertageanlagen zu gewährleisten, sowie das Ausbringen zu maximieren, wird die Rohkohle in einer Vergleichmäßigungsanlage vergleichmäßigt.

Nach Aufgabe auf die Aufbereitung wird mit Hilfe von Sieben die Rohkohle in Grob- und Feinkorn klassiert.

Aus der Feinkohle wird das Korn $< 0,5$ mm entweder trocken in Sichtern oder naß in Entschlämmungsapparaten abgetrennt. Wegen der steigenden Feuchtigkeit in der Rohkohle sind Windsichter immer weiter entwickelt worden, die auch noch bei höheren Wassergehalten der Rohfeinkohle ($> 5\,\%$) einwandfrei sichten, ohne zu verstopfen.

Die Sortierung gilt als das Herzstück der Kohlenaufbereitung. Rohstoffeigenschaften, Marktanforderungen, Kosten und Erlöse sind bei der Auswahl der Verfahren und Maschinen gegeneinander abzuwägen. Je nach Rohstoff wird die klassierte Rohkohle auf Setzmaschinen (Bild IV.26), in Schwertrübesinkscheidern oder Schwertrübezyklonen sortiert.

Zur Sortierung des Kornes $< 0,75$ mm wird in der Regel die Flotation verwandt.

An die Sortierung schließt die Entwässerung an. Beim Grobkorn ist Klassierung mit Sieben ausreichend,

Bild IV.26 Setzmaschine

während die Entwässerung des Feinkornes in 2 Stufen auf Sieben und danach in Zentrifugen durchgeführt wird. Die Entwässerung des Feinstkornes < 0,5 mm wird meist mit Vakuum-Filtern erreicht.

Der Wasserkreislauf einer Aufbereitungsanlage ist in der Regel geschlossen, d.h., es geht außer dem Wasser, das mit den bereits entwässerten Produkten zwangsläufig die Wäsche verläßt, kein Abwasser verloren. Zur Klärung werden die Kreislaufwässer auf Kläreinrichtungen — wie Spitzkästen, Rundeindicker usw. — aufgegeben, um nach dem Abscheiden der Feststoffanteile erneut als Brauchwasser Verwendung zu finden.

Die Maschinentechnik der Aufbereitung hat in den letzten Jahren eine stürmische Entwicklung gehabt. Der Durchsatz je Maschineneinheit ist gesteigert worden, so daß nunmehr in einer 1000-t/h-Aufbereitung in jedem Verfahrensschritt nur noch eine Maschine zum Einsatz kommt:

Tabelle IV.1 Art und Anzahl von Aufbereitungsmaschinen

Anzahl Aufbereitungsmaschinen	vor 1970	1977
Vorklassiersiebe	3	1
Sichter	4	1
Grobkornsetzmaschine	2	1
Feinkornsetzmaschine	3	1
Entwässerungsschleudern	3	1
Flotation	3	1
Filter	3	1
Nußmühlen	3	1

Bei der Aufbereitung der Rohkohle ergeben sich meist 4 Produkte (vgl. Bild IV.25):
1. In geringem Umfang (ca. 5 Gew.-%) Nußkohlen > 10 mm
2. Reinkohle 10–0 mm (ca. 50 Gew.-%) mit einem Aschegehalt von weniger als 10 Gew.-% sowie einem Wassergehalt von 8 bis 12 Gew.-%. Verwendungszweck: Kokereien, Großkraftwerke, Brikettfabriken.
3. Mittelgut (5 Gew.-%) mit einem mittleren Aschegehalt von etwa 30 Gew.-%
4. Berge (40 Gew.-%) mit einem mittleren Aschegehalt von 70 bis 80 Gew.-%, die aufgehaldet oder in besonderen Fällen einer Verwertung zugeführt werden.

4 Veredlung der Steinkohle

Die aus der Grube geförderte Rohkohle ist zur direkten Verwendung praktisch nicht geeignet. In jedem Falle müssen die mineralischen Bestandteile mit Hilfe von mechanischen Aufbereitungsverfahren weitgehend abgetrennt werden. Doch nur ein geringer Teil der ballastarmen Aufbereitungsprodukte wird heute noch direkt zur Wärmeerzeugung, beispielsweise im Haushaltssektor, eingesetzt.

Die weitaus größte Menge wird zu höherwertigen Sekundärenergieträgern weiterverarbeitet.

Um der Steinkohle auch in Zukunft ihren Marktanteil an der Energieversorgung zu sichern, wird es wichtig sein, sie kostengünstig in höherwertige und für den Verbraucher komfortable Produkte umzuwandeln. Dazu müssen geeignete Veredlungsverfahren zur Verfügung stehen. Die Anstrengungen des Steinkohlenbergbaus zielen daher auf eine Verbesserung der bekannten Umwandlungsprozesse sowie auf die Entwicklung neuer Technologien, wobei besonders die Wirtschaftlichkeit, ein hoher Wirkungsgrad, die Umweltfreundlichkeit der Verfahren und der Verbrauchskomfort des Produktes im Vordergrund stehen.

Die hier angesprochenen Veredlungsverfahren lassen sich in drei Kategorien einteilen. Zunächst sind die mechanischen Veredlungsverfahren zu nennen, zu denen die Kohlenaufbereitung (s. Abschnitt 3.4) und die Brikettierung gehören. Die zweite Gruppe umfaßt die Verfahren zur Umwandlung der Kohle in Sekundärenergieträger. Hierunter faßt man Verkokung, Vergasung, Verflüssigung und Stromerzeugung zusammen. In der dritten Gruppe sind die Prozesse zur nichtenergetischen Kohlenveredlung wie Kohlenwertstoffgewinnung, Aktivkohlenherstellung und Werkstoffertigung aufgeführt [61].

Nachfolgend werden die Grundzüge der Veredlungsverfahren kurz dargelegt, wobei für weitergehende technische Einzelheiten auf das angegebene Schrifttum verwiesen sei.

4.1 Brikettierung

Um die nicht verkokbare und nicht in den Kraftwerken gebrauchte Anthrazit-, Mager- und Eßfeinkohle im Korngrößenbereich von 6 bis 8 mm direkt in Kleinfeuerungen verwerten zu können, ist die Herstellung von Stückgut aus diesen Kohlen durch Brikettierung erforderlich. Dies kann mit oder ohne Zugabe von Bindemitteln geschehen, wobei die bindemittellose Brikettierung sehr hohe Drücke und auch relativ hohe Temperaturen erfordert.

Die Herstellung von Steinkohlenbriketts geht im allgemeinen folgendermaßen vor sich: Die Brikettierkohle wird in Umlauftrocknern durch heiße Verbrennungsgase getrocknet. Zusammen mit dem Bindemittel — verwendet werden Steinkohlenteerpech, Bitumen oder Sulfitablaugen — wird die Kohle im Knetwerk unter Einleitung von überhitztem Wasserdampf durchgeknetet und auf etwa 95 °C erhitzt. Die heiße Mischung wird danach in einer Walzenpresse zu Ei- oder Kissenformbriketts verpreßt. Die verwendeten Doppelwalzenpressen arbeiten mit einem Preßdruck von 150 bis 250 bar, ihre Durchsatzleistung liegt bei 25 bis 50 t/h [14, 61].

Die Briketts fanden früher in steigendem Maße in den Haushalten Verwendung. Infolge der starken Einbußen auf dem Hausbrandsektor, die die Kohle in den letzten

4 Veredlung der Steinkohle

Jahren hinnehmen mußte, ist auch die Briketthérstellung stark zurückgegangen. Außerdem wird das Verbrennen pechgebundener Briketts durch das Bundesimmissionsschutzgesetz weiter eingeschränkt.

In den letzten 15 Jahren sind aus diesem Grunde die Bestrebungen zur Herstellung raucharm verbrennender Steinkohlenbriketts erheblich verstärkt worden. Dieses Ziel wird erreicht durch die Verwendung von Sulfitablaugen [67], die in der Zellstoffindustrie anfallen, oder von Bitumen, ferner durch die Heißbrikettierung mit backender Kohle anstelle von Pech als Bindemittel (s. auch Abschnitt 4.2.3) oder durch eine oxidative, thermische Nachbehandlung pechgebundener Briketts [55].

4.2 Kokserzeugung

4.2.1 Konventionelle Horizontalkammerverkokung

Rund 47 % der in der Bundesrepublik Deutschland geförderten Steinkohlen gelangten 1979 in die Zechen- und Hüttenkokereien des In- und Auslandes, in denen sie in metallurgischen Koks, der überwiegend zur Poduktion von Eisenerz im Hochofen eingesetzt wird, umgewandelt werden. Dabei findet die Verkokung auch heute, wie seit mehr als hundert Jahren, im Horizontalkammerofen statt. Aufbauend auf diesem Prinzip sind im Laufe der Zeit viele Koksofensysteme entwickelt worden. Sie sind technisch gleichwertig und unterscheiden sich nur durch die Art der Ausbildung der Heizzüge und der Beheizung. Die modernen Öfen werden als Regenerativ-Verbundöfen gebaut, die sowohl mit dem bei der Verkokung anfallenden Starkgas (Kokereigas) als auch mit einem Schwachgas (Gicht- oder Generatorgas) beheizt werden können (Bild IV.27). Auf weitere technische Einzelheiten kann hier jedoch nicht näher eingegangen werden [8, 23, 24, 61].

Die normalen Koksöfen haben eine Höhe von 4 bis 6 m und eine Länge von 13 bis 16 m. Die Kammerbreite liegt bei 400 bis 500 mm. Neuere Kokereien werden heute mit Großraumöfen von 8 m Höhe und 17 m Länge ausgestattet, so daß sich Nutzvolumina bis zu ca. 68 m^3 pro Kammer ergeben. Bei einem Schüttgewicht der Kohle von 0,8 t/m^3 (feucht) und einer Garungszeit von 16 Stunden würde der maximale Durchsatz 82 t pro Tag und Kammer betragen. Die Heizzugtemperaturen der indirekt beheizten Öfen liegen zwischen 1100 und 1400 °C. Damit ergeben sich Garungszeiten zwischen 16 und 24 Stunden. Im allgemeinen werden 20 bis 80 Koksöfen zu einer Koksofenbatterie zusammengefaßt.

Zur Verkokung eignen sich in erster Linie die gut backenden Kohlen der Gas- und Fettkohlen-Gruppe im Bereich 35 bis 19 % flüchtiger Bestandteile, bezogen auf die wasser- und aschefreie Substanz. Bis zu einem bestimmten

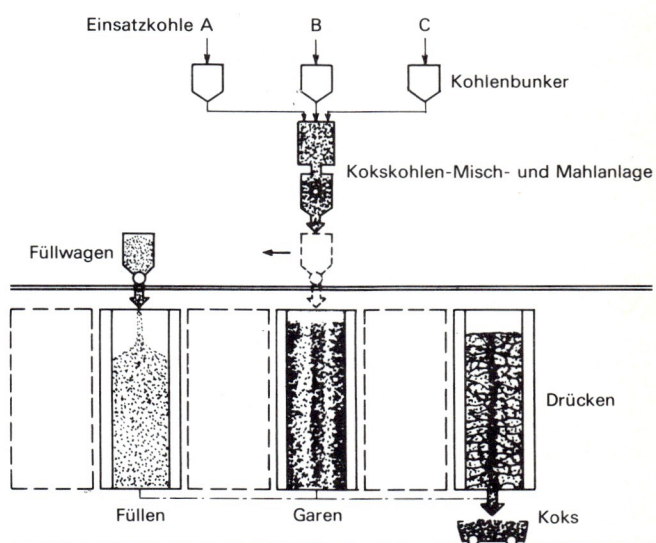

Bild IV.27 Kokserzeugung im Regenerativ-Verbundofen

Anteil können auch Kohlen mit niedrigerem Backvermögen verwendet werden.

Die Kokskohlen werden normalerweise mit einem Wassergehalt von 8 bis 12 % in den Koksofen eingefüllt. Ihre Körnung liegt unter 3,5 mm, wobei der Anteil > 2 mm rund 15 %, der Anteil < 0,5 mm etwa 35 % betragen sollte.

Der Verkokungsvorgang läuft folgendermaßen ab: Die im Schütt- oder Stampfbetrieb – das Stampfen der Kokskohle dient zur Erhöhung der Schüttdichte – eingebrachte Kohle wird von den Kammerwänden her erhitzt. In der Kohle verdampft, von der Wand zur Ofenmitte fortschreitend, oberhalb von 100 °C zunächst das Wasser; adsorbierte Gase werden ausgetrieben. Bei rund 250 °C destillieren einige Kohlenwasserstoffverbindungen aus der Kohle. Bei 350 bis 420 °C geht die Kohle in einen plastischen Zustand über, der mit einem Erweichen der Kohle beginnt und bei rund 500 °C mit einer Verfestigung zum Halbkoks endet. Während dieser Phase hat eine starke Entgasung stattgefunden, die dem Koks seine Porosität verleiht.

Der Halbkoks mit seinem Gehalt an flüchtigen Bestandteilen von 12 bis 15 % entgast bei weiterer Wärmezufuhr. Erst bei weniger als 1 % flüchtiger Bestandteile ist der Koks ausgegart. In Abhängigkeit von der Koksendtemperatur spricht man von Schwelkoks (550–700 °C), Mitteltemperaturkoks (700–900 °C) und Hochtemperaturkoks (> 900 °C). Ist der Verkokungsvorgang beendet, wird der glühende Koks aus der Ofenkammer herausgedrückt und gelöscht. Da der anfallende Koks aus einer Mischung unterschiedlicher Stückgröße besteht, deren Bereich sich vom Grobkoks > 80 mm bis zum Koksgrus < 10 mm erstreckt, ist eine Siebung in verschiedene Kornklassen notwendig, um sich den Marktanforderungen und dem Verwendungszweck optimal anpassen zu können.

4.2.2 Neue Entwicklungen auf dem Gebiet der konventionellen Verkokung

Der Hochofenkoks muß bestimmte Anforderungen erfüllen, die durch den Verhüttungsprozeß vorgegeben werden. Wichtig sind vor allen Dingen seine Stückigkeit, Festigkeit und sein Abrieb. Außerdem spielen für den Einsatz im Hochofenprozeß Schüttdichte, Porosität, Reaktionsverhalten, Gehalt an flüchtigen Bestandteilen, Wasser-, Schwefel-, Phosphor- und Aschegehalt eine Rolle. Um diese vorgegebenen Qualitätskenngrößen des Produktes zu erhalten, war es früher notwendig, in Versuchskoksöfen in systematischen Versuchsreihen optimale Kohlenmischungen zu ermitteln. Die Entwicklung von mathematischen Verkokungsmodellen hat zu einer Reduzierung des Versuchsaufwandes geführt, da sie es gestatten, mit Hilfe von in Laboratorien ermittelten Rohstoffkennwerten von Kohlen optimale Kohlenmischungen vorauszuberechnen [69]. Damit ist es möglich geworden, auch weniger gut kokende Kohle bei der Verkokung einzusetzen.

In den letzten Jahren sind große Anstrengungen unternommen worden, die spezifische Durchsatzleistung von Koksöfen, d.i. der Koksausstoß pro Stunde und m^3 Ofeninhalt, zu steigern und den spezifischen Unterfeuerungsverbrauch zu verringern [48]. Dazu bieten sich die Erhöhung der Heizzugtemperaturen bis auf 1400 $^\circ$C und der Einsatz dünnerer Läufersteine, die Ofenkammer und Heizzug voneinander trennen, mit höherer Wärmeleitfähigkeit an [60]. Die programmierte Beheizung ermöglicht eine optimale Wärmeausnutzung durch Einsparung von Unterfeuerungsgas, da die verschiedenen Verkokungsstadien unterschiedliche Wärmezufuhr erfordern. In die Richtung der Energieoptimierung zielt auch die Entwicklung von Verfahren zur trockenen Kokskühlung, mit deren Hilfe man die Rückgewinnung der im Koks gespeicherten Wärme beabsichtigt [11].

Eine Möglichkeit zur Erweiterung der zur Hochofenkokserzeugung verwendbaren Kohlen, die heute bereits in der Technik Zugang gefunden hat, stellt die Verkokung vorerhitzter Kohlenmischungen dar. Bei dem von der Bergbau-Forschung GmbH Essen, entwickelten Precarbon-Verfahren wird die Einsatzkohle in zweistufigen Flugstromtrocknern auf ca. 200 $^\circ$C vorerhitzt und dann mit einem Kettenförderer zu den Öfen transportiert. Der Verkokungsvorgang selbst läuft unter Umgehung der zeitaufwendigen Trocknung wie oben beschrieben ab. Neben der Verbreiterung der Kohlenbasis kann entsprechend den eingestellten Produktionsbedingungen bei gleicher Koksqualität der Durchsatz erhöht und damit die Garungszeit verringert werden oder aber bei Verzicht auf Leistungssteigerung die Qualität bei schwach kokenden Einsatzkohlen verbessert werden [9, 32].

Eine weitere Möglichkeit zur Verbreiterung der Kokskohlenbasis bietet der Stampfbetrieb, bei dem die Einsatzmischung in einem Stampfkasten verdichtet wird. Wahlweise können noch zusätzlich Bindemittel hinzugefügt werden. Diese Technik wird schon seit Jahrzehnten im Saarland durchgeführt [7].

Weitere Entwicklungsarbeiten betreffen die Verbesserung des Umweltschutzes auf Kokereien. Dazu gehören die Verminderung von Staub- und Gasemissionen beim Füllen, Betrieb und Drücken des Koksofens sowie die Reinigung der Kokereiabwässer. Bei der Abwasserreinigung werden die biologisch nicht abbaubaren, organischen Substanzen durch Adsorption an Aktivkoksen, die nach Beladung aus dem Reaktor ausgeschleust, regeneriert und in den Adsorber zurückgeführt werden, aus dem Abwasser entfernt. Dieses Verfahren wurde bereits in einer Pilotanlagen für einen Durchsatz von 30 m^3 Kokereiabwasser pro Stunde angewendet [38, 40]. Kommerzielle Anlagen sind in Japan und Italien in Betrieb.

4.2.3 Formkoksherstellung

In den letzten zwei Jahrzehnten hat man in vielen Ländern damit begonnen, kontinuierlich arbeitende Verfahren zur Formkoksherstellung zu entwickeln. Neben wirtschaftlich-technischen Überlegungen und einer Verminderung der Staubemissionen wird eine weitgehende Unabhängigkeit von den im herkömmlichen Sinne bezeichneten Kokskohlen angestrebt. Bisher sind etwa 25 verschiedene Verfahrensvorschläge bekannt geworden, von denen einige bereits im großtechnischen Versuchsstadium betrieben worden sind. In der Bundesrepublik Deutschland ist von der Bergbau-Forschung GmbH und der Lurgi GmbH gemeinsam das BFL-Formkoksverfahren und vom Eschweiler-Bergwerksverein das Ancit-Verfahren entwickelt worden [23, 29, 42, 54, 61].

Als besondere Merkmale der kontinuierlichen Verkokungsverfahren gelten:
- hohe Leistungsdichte,
- Flexibilität,
- gute Wärmeausnutzung,
- Umweltfreundlichkeit,
- Verbreiterung der Kokskohlenbasis.

Trotz dieser Vorteile ist bisher eine kommerzielle Einführung der Formkoks-Verfahren wegen der im Vergleich zur Horizontalkammerverkokung sehr viel schwierigeren, weil mehrstufigen, Technologie noch nicht gelungen.

4.3 Vergasung von Kohle

Bei der Vergasung wird die Kohle durch die Anwendung sehr hoher Temperaturen von über 900 $^\circ$C mit Hilfe von Wasserdampf, der sich dabei zersetzt, in die kleinsten brennbaren Gasmoleküle Wasserstoff und Kohlen-

4 Veredlung der Steinkohle

monoxid zerlegt. Bei der Vergasung bedarf es erheblicher Wärmezufuhr. Diese kann durch Zugabe von Sauerstoff und Verbrennung von etwa 1/3 der Kohle im Vergasungsreaktor selbst aufgebracht werden. Man spricht dann von autothermen Verfahren. Eine andere Möglichkeit ist die, über Wärmeaustauscher Prozeßwärme, die zum Beispiel einem Hochtemperaturreaktor entnommen werden kann, bei Temperaturen über 900 °C einzukoppeln. Man spricht dann von allothermen Verfahren [52].

Das primär anfallende Mischgas aus Wasserstoff und Kohlenmonoxid würde sich schon so als Brennstoff eignen. Vorteilhafter ist aber die Verwendung als Synthesegas zum katalytischen Aufbau von Kohlenwasserstoffen: So führt die Methanisierung zu Erdgasaustauschgas (SNG), die Fischer-Tropsch-Synthese zu Chemieprodukten bzw. Benzin, die Methanolsynthese zu Methanol und über den Prozeß der Mobil-Oil schließlich auch zu Benzin. Daneben kann durch Konvertierung auch Wasserstoff als Endprodukt gewonnen werden, dem in ferner Zukunft große Chancen als umweltfreundlicher Brenn- und Treibstoff eingeräumt werden.

4.3.1 Konventionelle Vergasung

4.3.1.1 Kommerziell betriebene Verfahren

Zur Kohlenvergasung existieren heute mehr als 35 Verfahrensvorschläge, von denen jedoch nur wenige bis zum großtechnischen Maßstab entwickelt worden sind [66]. Nachfolgend werden die kommerziellen Verfahren gemäß Bild IV.28 vorgestellt [13, 53].

Die größte Bedeutung hat die autotherme Vergasung unter Druck erlangt (Bild IV.28, links). Bei diesem Verfahren, das in den 30er Jahren von der Lurgi GmbH, Frankfurt, entwickelt wurde, wird in einem Festbettreaktor von rund 3 m Durchmesser stückige, nicht backende Kohle mit einem Wasserdampf-Sauerstoffgemisch als Vergasungsmittel bei rund 20 bar vergast. Die Kohle wird über eine Kohlenschleuse zugegeben und durchwandert den Generator von oben nach unten. Das Vergasungsmittel, Luft und Sauerstoff, wird im Gegenstrom von unten eingeführt. Es entsteht ein Synthesegas, das wegen des hohen Druckes, bei dem die Reaktion abläuft, bis 10 % auch noch erhebliche Mengen Teer enthält. Hinter dem Vergaser ist eine umfangreiche Gasaufbereitung notwendig (s. Kap. XI, Gasversorgung).

In der BR Deutschland ist dieses Verfahren bis in die Mitte der 60er Jahre mit dem Ziel betrieben worden, das erzeugte Synthesegas zu Ferngas aufzuarbeiten. Die letzte Anlage in Dorsten lieferte rund 0,5 Mrd. m³ Stadtgas pro Jahr. Seit 1955 wird in Sasolburg, Südafrika, die Lurgi-Vergasung betrieben. In der ersten Anlage Sasol I wurden rund 2,6 Mrd. m³ Synthesegas pro Jahr erzeugt, das in nach-

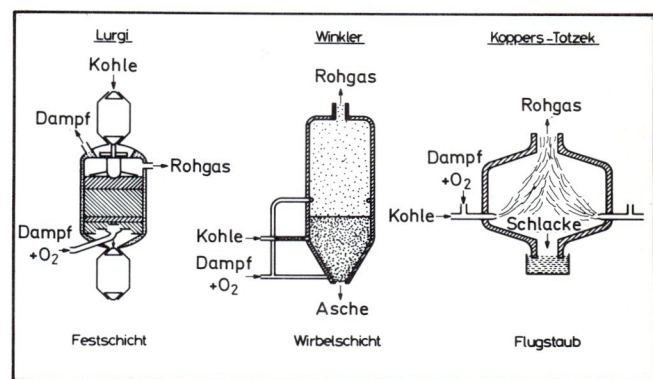

Bild IV.28 Typen industrieller Gasgeneratoren

geschalteten Synthesegasanlagen zu Treibstoffen weiterverarbeitet wurde. Seit 1980 ist die Anlage Sasol II in Betrieb, die jährlich aus 9 Mio. t die Herstellung von rund 2 Mio. t Flüssigprodukten gestattet.

Den zweiten Verfahrenstyp (Bild IV.28, Mitte) stellt die Vergasung in der Wirbelschicht dar, wie sie in den zwanziger Jahren bereits von Winkler entwickelt wurde. Hierbei handelt es sich um ein Gleichstromverfahren, das bei einer Temperatur arbeitet, die unter dem Ascheschmelzpunkt liegen muß. Wegen des Gleichstromprinzips ist dieser Verfahrenstyp energetisch ungünstiger als ein Festbettreaktor. Bei Atmosphärendruck lassen sich eigentlich nur Braunkohlen mit genügender Umsatzgeschwindigkeit vergasen. Backfähige Steinkohlen, wie sie an der Ruhr vorkommen, bereiten Schwierigkeiten. Nach dem Winkler-Verfahren sind bisher etwa 35 Generatoren gebaut und betrieben worden. Heute wird noch in einigen Entwicklungsländern nach diesem Verfahren Synthesegas erzeugt, das in der Düngemittelindustrie eingesetzt wird.

Rechts in Bild IV.28 ist das Koppers-Totzek-Verfahren, das nach dem Kriege in der BR Deutschland entwickelt wurde, dargestellt. Hierbei wird das Vergasungsmittel mit feingemahlener Kohle im Gleichstrom (Flugstrom) geführt. Die Umsetzung findet bei einer Spitzentemperatur über 1500 °C mit sehr hoher Reaktionsgeschwindigkeit statt. Der Vorteil dieses Verfahrens liegt darin, daß es unabhängig ist von der Kohlenart, so daß sich praktisch alle Kohlen, die dazu fein aufgemahlen werden müssen, verarbeiten lassen. Dieser Verfahrenstyp ist wegen der hohen Vergasungstemperaturen und des Gleichstromprinzips energetisch am ungünstigsten. Auch diese Verfahren — bisher sind 13 Anlagen mit 39 Generatoren weltweit errichtet worden — wird heute noch in Entwicklungsländern zur Herstellung von Synthesegas für die Düngemittelindustrie eingesetzt.

Nach den oben beschriebenen Verfahren könnten bereits heute in großem Maßstab Gaserzeugungsanlagen gebaut werden.

4.3.1.2 Weiterentwicklung konventioneller Verfahren

Die im vorangehenden Kapitel beschriebenen Vergasungsverfahren weisen noch ein erhebliches Entwicklungspotential auf, ebenso auch einige bisher noch nicht kommerziell eingesetzte Technologien. Aus diesem Grunde wird im Rahmen des Energieforschungsprogramms der BR Deutschland und innerhalb des Technologieprogramms Energie des Landes Nordrhein-Westfalen an der Weiterentwicklung von 9 Verfahren gearbeitet (Tabelle IV.2). Dieses breit angelegte Entwicklungsprogramm könnte um das Jahr 1983/84 abgeschlossen sein und dann die Entscheidung gestatten, welche der eingeschlagenen Wege vorzuziehen sind, um sie im Betriebsmaßstab weiter zu verfolgen [56].

Das Lurgi-Verfahren (Bild IV.28, links) wird von den Firmen Ruhrgas AG, Ruhrkohle AG und Steag AG, Essen, seit September 1979 in einer Versuchsanlage in Dorsten mit einem Durchsatz von 3 bis 7 t/h Förderkohle weiterentwickelt. Das Versuchsprogramm dauert voraussichtlich 4 Jahre. Hauptentwicklungsschwerpunkte sind

- die Steigerung des spezifischen Kohlendurchsatzes durch Erhöhung des Betriebsdruckes von bisher 30 bar auf 100 bar.
  Dadurch ergibt sich eine Verdoppelung des Methangehaltes;
- Erweiterung der Kohlenbasis auf backende Kohlen, die bisher zum Hängen der Schüttsäule im Vergaser führten, und auf Feinkohlen, die bei der mechanischen Kohlenförderung heute vermehrt anfallen;
- Reduzierung des Anfalls von Nebenprodukten;
- Anpassung des Verfahrens an die zu erzeugende Gasqualität durch thermische oder katalytische Nachbehandlung des Gases [43].

Ein weiteres Verfahren zur Festbettvergasung wird von der Kohlegas Nordrhein GmbH entwickelt, mit dem eine wirtschaftliche Nutzung des bei der Förderung anfallenden Ballastkohlenanteils möglich ist. In einem Rostgenerator wird dazu die Kohle mit einem Luft/Wasserdampfgemisch bei Atmosphärendruck vergast, wobei Vergasungsmittel und Feststoff im Gegenstrom geführt werden. Je nachdem, ob der Vergaser kontinuierlich oder diskontinuierlich betrieben wird, erhält man ein für Feuerungszwecke geeignetes Generatorgas oder ein Synthesegas für die chemische Industrie. Im März 1979 wurde auf einer Schachtanlage in Hückelhoven eine Demonstrationsanlage mit einem Kohlendurchsatz von rd. 1 t/h und einer Produktgasmenge von rd. 2 500 m^3/h in Betrieb genommen [74].

Das Winkler-Verfahren (Bild IV.28, Mitte) wird von der Rheinischen Braunkohlenwerke AG, Köln, weiterentwickelt. Im August 1978 wurde in Frechen eine Hochtemperatur-Winkler-Anlage mit einem Durchsatz bis 3 t/h Rohbraunkohle, das sind bis zu 1500 m^3 Gas/h, in Betrieb genommen. Im Vergleich zu den früher betriebenen Winkler-Generatoren sind die Temperaturerhöhung bis auf 1100 °C (bisher 800 bis 900 °C) und die Druckerhöhung auf 11 bar (bisher 1,5 bar) Gegenstand der Weiterentwicklung. Das erzeugte Produktgas eignet sich als Synthesegas, als Reduktionsgas für die Hüttenindustrie und als Brenngas für Kraftwerke (siehe auch Kapitel Braunkohle) [50].

Die Staubvergasungsverfahren weisen das höchste Entwicklungspotential auf. Aus diesem Grunde wird in der BR Deutschland an 3 Staubvergasungsverfahren gearbeitet. Im April 1978 wurde von der Ruhrkohle AG, Essen, und der Ruhrchemie AG in Oberhausen eine Staubvergasungsanlage, die nach dem Prinzip des Texaco-Verfahrens zur Schwerölvergasung arbeitet, in Betrieb genommen. In dieser Anlage werden stündlich bei einem Druck bis 40 bar aus 6 t Kohle rund 12 000 m^3/h Rohgas erzeugt. Es können alle Kohlenarten, besonders auch schwefel- und aschereiche Ballastkohlen (bis zu 40 %), vergast werden. Darüber hinaus ist das Verfahren auch zur Vergasung von Rückständen aus

Tabelle IV.2 Demonstrationsanlagen zur Kohlevergasung in der BR Deutschland

Nr.	Verfahren	Betreiber	Standort	Anlagengröße	Inbetriebnahme
1	Saarberg-Otto	Saarbergwerke, Dr. C. Otto	Völklingen	11 t/h	1979
2	Ruhr 100 (Lurgi)	Ruhrgas, Ruhrkohle Steag	Dorsten	7 t/h	1979
3	Texaco	Ruhrkohle, Ruhrchemie	Oberhausen	6 t/h	1978
4	Shell-Koppers	Shell	Hamburg	6 t/h	1979
5	KGN-Verfahren	Kohlegas Nordrhein	Hückelhoven	1 t/h	1979
6	Hochtemperatur-Winkler	Rheinische Braunkohlenwerke	Frechen	1 t/h	1978
7	VEW-Kohleumwandlung	Vereinigte Elektrizitätswerke	Werne	1 t/h	1976
8	Wasserdampf-Verg. (mit Kernenergie)	Bergbau-Forschung	Essen	0,2 t/h	1976
9	Hydrierende Verg. (mit Kernenergie)	Rheinische Braunkohlenwerke	Wesseling	0,2 t/h	1975

4 Veredlung der Steinkohle

Anlagen zur Kohlenhydrierung vorgesehen. Auch hier ist das Rohgas frei von Teer und höheren Kohlenwasserstoffen [18].

Die Deutsche Shell AG, Hamburg, hat im Jahre 1979 auf ihrem Raffineriegelände in Hamburg-Harburg eine Anlage nach dem Shell-Koppers-Prozeß mit einem Durchsatz von 6 t/h in Betrieb genommen. Im Vergleich zum atmosphärisch betriebenen Koppers-Totzek-Verfahren werden nun Drücke zwischen 20 und 40 bar aufgewendet. Das entstehende Synthesegas ist qualitativ hochwertig, da nahezu keine Nebenprodukte wie Teere, Phenole und Methan gebildet werden. Nach zweijährigem Betrieb dieser Anlage glaubt man etwa 1981/82 die technischen Voraussetzungen mit einem Reaktordurchsatz von etwa 40 t/h geschaffen zu haben [45].

Die dritte Verfahrensentwicklung wird von der Saarbergwerke AG, Saarbrücken, in Zusammenarbeit mit Dr. C. Otto, Bochum, durchgeführt, Basierend auf dem bei Normaldruck arbeitenden Rummel-Otto-Schlackenbadgenerator wurde eine Versuchsanlage für einen Druck bis 25 bar gebaut und 1979 in Völklingen-Fürstenhausen in Betrieb genommen. Die Demonstrationsanlage ist für einen Kohlendurchsatz von 11 t/h entsprechend rund 22 000 m³/h Rohgas ausgelegt. Das Verfahren eignet sich für alle fossilen Brennstoffe ohne Einschränkung durch Backeigenschaft, Ascheschmelzverhalten oder Körnung [63].

Von der Vereinigten Elektrizitätswerke Westfalen AG (VEW), Dortmund, wird ein Verfahren entwickelt, bei dem die Kohle bei atmosphärischem Druck mit Luft und Wasserdampf teilvergast wird. Das entstehende Schwachgas wird nach Abwärmenutzung und Gasreinigung in einer Gasturbine eingesetzt, die einem Dampferzeuger vorgeschaltet ist. In diesem Dampferzeuger wird der anfallende heiße Feinkoks mit dem noch Restsauerstoff enthaltenden Abgas der Gasturbine verbrannt. Das Verfahren ist bisher in einer Versuchsanlage mit 1 t/h Kohlendurchsatz im Gersteinwerk der Vereinigten Elektrizitätswerke AG, Werne, betrieben worden. Eine weitere Anlage für einen Durchsatz von 15 t/h Kohle befindet sich in der Planung und soll 1981 in Betrieb gehen.

Um auch die nicht mit bergmännischen Methoden abbaubaren Kohlenvorkommen für die Energieversorgung zu nutzen, wird weltweit an Verfahren zur in-situ-Vergasung von Kohle gearbeitet. Nach heutigem Kenntnisstand ist es noch nicht vorhersehbar, ob und wann die Untertagevergasung technisch und wirtschaftlich realisiert werden kann.

4.3.2 Vergasung von Kohle mit Kernreaktorwärme

Als Alternative zu den oben beschriebenen autothermen Vergasungsverfahren gilt ein allothermes Verfahren, bei dem die Wärme außerhalb des Reaktionsraumes

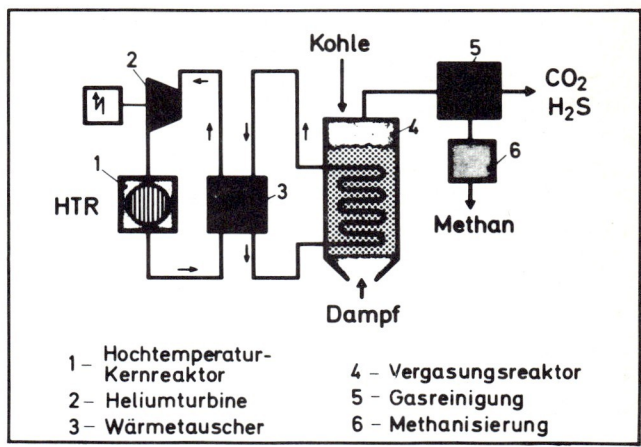

Bild IV.29 Kohlevergasung mit HTR-Wärme.

in einem gasgekühlten Hochtemperaturreaktor (HTR) erzeugt wird. Ein entsprechender Versuchsreaktor mit 45 MW thermischer Leistung wird seit über 10 Jahren erfolgreich in der Kernforschungsanlage Jülich GmbH betrieben. Mit ihm sind bereits Gasaustrittstemperaturen von 950 °C erreicht worden [5, 23, 39, 53].

Bild IV.29 vermittelt einen stark vereinfachten Überblick über eine der in Aussicht genommenen Verfahrensvarianten, die Wasserdampfvergasung von Kohle. Die Kopplung von Kernreaktor und Vergaser erfolgt hier über einen Zwischenkreislauf, der mit Helium als Wärmeübertragungsmittel betrieben wird. Im Hochtemperatur-Reaktor wird das Helium durch die bei der Kernspaltung freiwerdende Wärme überhitzt.

Das im Wärmetauscher sekundärseitig überhitzte Helium strömt im Kreislauf in ein Heizregister, das in einen Wirbelschichtvergaser mit Dampf als Anströmmedium eingetaucht ist. Über die Heizschlangen des Registers wird die Wärme des Heliums an das Vergasungsbett abgegeben. Dabei kühlt sich das Helium bis auf die Reaktionstemperatur innerhalb des Vergasers ab, die bei Steinkohle etwa 800 °C und bei Braunkohle etwa 700 °C beträgt. Dann wird das Helium zur Nutzung seiner Restwärme über eine Gasturbine oder über einen Dampfkessel geleitet, bevor es in den Kernreaktor zurückströmt. Im Vergasungsreaktor entsteht entsprechend der Wassergas-Reaktion ein Rohgas, das im wesentlichen ein Gemisch aus Wasserstoff, Kohlenmonoxid und Methan darstellt. In nachgeschalteten Anlagen wird das Rohgas gereinigt und je nach Verwendungszweck in Synthesegas für die chemische Industrie, in ein methanreiches Gas, das mit Erdgas ausgetauscht werden kann, oder in ein kokereiähnliches Stadtgas aufgearbeitet.

Dieses neue Kohlenvergasungsverfahren unter Nutzung von Kernreaktorwärme besitzt die Vorteile eines besseren Umweltschutzes und besserer Nutzung der Kohlenreserven.

Ein weiteres in der Entwicklung befindliches Kombinationssystem von Kernreaktor und Vergasungsanlage ist die hydrierende Vergasung, bei der Methan direkt erzeugt wird. Die Kernwärme dient in diesem Prozeß nur der Spaltung eines Teils des erzeugten Methans mit Wasserdampf zu Wasserstoff und Kohlenmonoxid, um den zur Vergasung benötigten Wasserstoff bereitzustellen. Die Vergasungsreaktion selbst ist exotherm, d.h., es wird Wärme frei. Bei diesem Verfahren gelingt es aber nicht, die Einsatzkohle vollständig in Gas umzusetzen. Je nach Kohlenart verbleibt ein Restkoks in Höhe von 30–50 %.

Die Verfahren werden in gemeinsamer Arbeit von der Kernforschungsanlage Jülich GmbH, der Rheinischen Braunkohlenwerke AG und der Bergbau-Forschung GmbH entwickelt. Die Technologie befindet sich, was die Vergasung betrifft, im halbtechnischen Maßstab. Mit einer erfolgreichen Realisierung kann frühestens Mitte der 90er Jahre gerechnet werden.

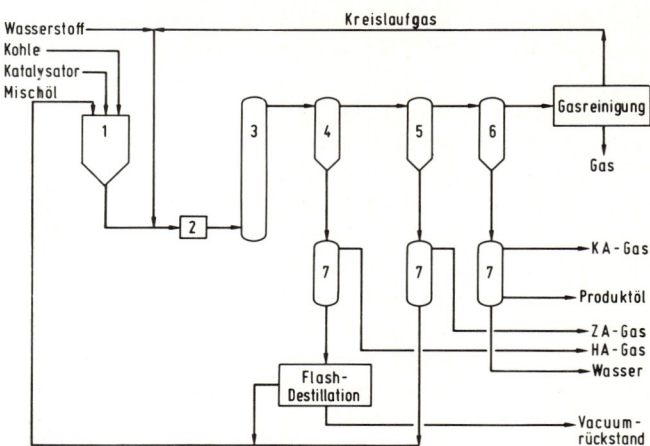

Bild IV.30 Anlage zur Kohlehydrierung

4.4 Herstellung flüssiger Kohlenwasserstoffe

Die Grundlagen der heute bekannten Prozesse zur Kohlenverflüssigung durch Synthese oder Direkthydrierung sind bereits in den 20er und 30er Jahren entwickelt worden. Aufbauend darauf wurden in Deutschland bis Kriegsende Anlagen zur Benzinherstellung betrieben, die jedoch nicht kostendeckend arbeiteten. Die Kapazität der während des Krieges betriebenen Hydrierwerke betrug 4,3 Mio. t/a, die Kapazität der Synthese (Fischer-Tropsch)-Anlagen 0,7 Mio. t/a. Nach dem Kriege mußten wegen der geänderten wirtschaftlichen Voraussetzungen die Anlagen aufgegeben werden.

Alle Verfahren zur Kohlenverflüssigung beruhen auf dem Prinzip, die großen wasserstoffarmen Kohlenmoleküle zu spalten und kleine, wasserstoffreiche Moleküle durch Wasserstoffanlagerung (Hydrierung) zu erzeugen.

Beim Pott-Broche-Verfahren wird die Kohle in einem Lösungsmittel bei Temperaturen um 400 °C und Drücken um 100 bar hydrierend extrahiert. Das so erzeugte Kohlenöl ist bei Zimmertemperatur fest und oberhalb 180 °C flüssig und damit pumpfähig. Dieser Extrakt ist außerdem schwefel- und ascheärm und eignet sich als Ersatz für schweres Heizöl in Kraftwerken. Stärkere Hydrierung liefert ein auch bei Normaltemperatur flüssiges Kohlenöl. Die größte Schwierigkeit dieses Verfahrens besteht darin, die Rückstände, wie Asche und nicht umgesetzte Kohle, vom Produkt zu trennen.

Das Bergius-Pier-Verfahren zielt darauf ab, durch stufenweise Hydrierung in einer Sumpf- und einer Gasphase flüssige Produkte bis zum Benzin herzustellen. Die Sumpfphasenhydrierung ähnelt dem Extraktionsverfahren, wobei die Hydrierung durch bestimmte Katalysatoren günstig beeinflußt wird. Die Temperatur liegt bei etwa 470 °C und der Druck über 300 bar. Es entstehen Schwer- und Leichtöl,

Benzine und Gase. Die leichteren Produkte werden aus dem Prozeß entfernt, während die mittleren Öle weiter hydriert werden. Das Hauptprodukt ist Benzin. Jedoch können durch andere Betriebsbedingungen auch leichtere Heizöle erzeugt werden.

Seit 1975 wird in der BR Deutschland wieder an der Kohlehydrierung gearbeitet. Dabei mußte man wieder von vorne, d.h. im Labormaßstab, anfangen, da die Hydriertechnik in den 30 Jahren seit 1945 nicht mehr angewendet wurde und damit in Vergessenheit geraten ist. In der Folgezeit wurden 1975 bei der Saarbergwerke AG, Saarbrücken, und 1976 bei der Bergbau-Forschung GmbH, Essen, (Bild IV.30), zwei kleine Technikumsanlagen mit 10 bis 20 kg/h Kohlendurchsatz in Betrieb genommen. In diesen Anlagen sollten die bei dem früheren Hydrierbetrieb aufgetretenen Schwierigkeiten untersucht und neue Verfahrenskomponenten entwicklet werden. Dazu gehören beispielsweise Verbesserung der Katalysatoren, Optimierung der Wärmewirtschaft, Erhöhung des Kohlendurchsatzes und der Flüssigproduktausbeute und Verbesserung der Rückstandabtrennung, um nur einige Schwerpunkte zu nennen. Ferner sollten durch den Betrieb dieser Technikumsanlagen Auslegungsdaten für den Betrieb von größeren Versuchsanlagen ermittelt werden [10, 12, 51, 62, 81].

Von der Saarbergwerke AG, Saarbrücken, wird 1980/81 in Völklingen eine Pilotanlage mit einem Kohlendurchsatz von 6 t/d in Betrieb genommen werden, in der die im Technikum erhaltenen Ergebnisse überprüft werden sollen. Dieses Projekt wird innerhalb des Rahmenprogramms Energieforschung des Bundesministeriums für Forschung und Technologie gefördert [81].

Im Rahmen des Technologieprogramms Energie des Landes Nordrhein-Westfalen wird eine größere Demonstrationsanlage zur Kohlenhydrierung mit einem Kohlendurchsatz von 200 t/d von der Ruhrkohle AG, Essen, und Veba Öl AG, Gelsenkirchen, gebaut. Die Anlage soll 1981/82 auf dem Gelände der Zeche Prosper in Bottrop ihren Betrieb aufnehmen. Die im Versuchsbetrieb erhaltenen Produkte werden bei der Veba AG weiterverarbeitet [51].

Darüber hinaus beteiligen sich deutsche Unternehmen, vornehmlich die Ruhrkohle AG, Essen, mit Unterstützung des Bundesministeriums für Forschung und Technologie an Verfahrensentwicklungen in den USA [79].

Einen ganz anderen Weg, flüssige Produkte aus Kohle herzustellen, stellt die Kombination von Vergasung und Fischer-Tropsch-Synthese dar. Zunächst wird die Kohle mit einem Sauerstoff/Wasserdampfgemisch als Vergasungsmittel in Synthesegas umgewandelt, wozu sich eines der im vorigen Kapitel beschriebenen Vergasungsverfahren eignet. Unter Einwirkung von Katalysatoren können aus dem Synthesegas unter Druck und bei relativ niedrigen Temperaturen leichte und schwere Kohlenwasserstoffverbindungen, im wesentlichen jedoch Aliphate, erzeugt werden. Die Synthesereaktionen können in mehrstufigen Festbett-, Flüssigphasen- und Flugstaubreaktoren durchgeführt werden. Die erzeugte Produktpalette hängt von der Wahl der Katalysatoren — Eisen- oder Kobaltverbindungen —, von den Reaktionsbedingungen und vom jeweiligen Reaktortyp ab. Die Forschungsarbeiten zielen heute vor allen Dingen auf die Weiterentwicklung der Katalysatoren im Hinblick auf eine größere Selektivität [23, 61].

In Südafrika werden heute aus den billigen südafrikanischen Kohlen sowohl Fischer-Tropsch-Benzin als auch Chemierohstoffe hergestellt. Die beiden Anlagen Sasol I und Sasol II erzeugen rund 2,4 Mio. t Flüssigprodukte pro Jahr. Da sich im Gegensatz zu den stark ballasthaltigen und bitumenarmen südafrikanischen Kohlen die deutschen Kohlen gut zur Hydrierung eignen, scheint die FT-Synthese in der BR Deutschland mittelfristig nur geringere Aussichten zu haben.

Eine weitere Möglichkeit, Benzin aus Kohle zu erzeugen, ermöglicht der Mobil-Oil-Prozeß. Zunächst wird die Kohle vergast und das entstandene Synthesegas in Methanol umgewandelt. Dieses Methanol, das sich auch als Beimischung zum Motorenkraftstoff eignet, wird anschließend an Zeolith-Katalysatoren (Aluminium-Silikate) in Kohlenwasserstoffe mit einer Kohlenstoffzahl von maximal 11 umgewandelt. Dies entspricht in etwa der Benzinfraktion in einer Mineralölraffinerie. Es ist geplant, eine Anlage nach dem Mobil-Oil-Verfahren bei der Union Rheinische Braunkohlen Kraftstoff AG in Wesseling zu bauen [49].

4.5 Strom- und Wärmeerzeugung

Die in der Kohle gebundene chemische Energie erfährt bei ihrer Überführung in elektrische Energie in einem Dampfkraftwerk eine mehrmalige Umwandlung. Zunächst wird die Kohle in einer Brennkammer, die heute vorwiegend als Schmelzkammerfeuerung ausgebildet ist, verbrannt. Die dabei freiwerdende Wärme dient der Erzeugung von überhitztem Wasserdampf, dessen Temperatur maximal 540 °C und dessen Druck bis 240 bar beträgt. Der Wasserdampf ist das Arbeitsmittel für den nachgeschalteten Dampfturbinenprozeß. In der Turbine wird die thermische Energie des Wasserdampfes durch Expansion bei gleichzeitiger Abkühlung in mechanische Energie umgewandelt. Die mechanische Energie wird von der Turbine über eine Welle zum Generator übertragen, in dem elektrische Energie erzeugt wird. Der Turbinenabdampf wird in einem Kondensator niedergeschlagen und das Kondensat zum Kessel zurückgeführt. Die Kondensationswärme ist Verlustwärme, die durch Kühlung abgeführt werden muß [68].

Unter Berücksichtigung aller Umwandlungsverluste und der thermodynamischen Prozeßbedingungen wird ein Wirkungsgrad, das ist das Verhältnis von Nutzenergie zu eingesetzter Energie, von maximal 39 % netto erreicht.

Aufbauend auf dem hier beschriebenen Konzept arbeiten heute die meisten Steinkohlenkraftwerke. Sie sind technisch ausgereift und wirtschaftlich nicht weiter zu verbessern. Über die heute betriebene Höchstleistung von 700 MW pro Block hinaus ist auch durch eine Vergrößerung kein kostenmindernder Effekt zu erreichen. Außerdem ist zu berücksichtigen, daß die heutigen Kraftwerke langfristig aufgrund der Umweltbestimmungen mit schwefelhaltiger Kohle nicht mehr betrieben werden können. Deshalb zielen die gegenwärtigen Bemühungen darauf hin, erstens Technologien zur kurzfristigen Senkung der Emissionen aus Kraftwerken zu entwickeln und zweitens gänzlich neue Kraftwerkskonzepte mit dem langfristigen Ziel einer höheren Umweltfreundlichkeit bei verbesserter Wirtschaftlichkeit zu entwickeln.

Die kurzfristigen Maßnahmen beziehen sich insbesondere auf die Verminderung der Schwefeldioxid-Emissionen. Man kann dies sowohl durch eine Entschwefelung der Einsatzkohle vor ihrer Verbrennung als auch durch die Entschwefelung der Verbrennungsgase erreichen. Im Bereich der Rauchgasentschwefelung sind weltweit etwa 70 Verfahren in der Entwicklung und Erprobung. Hier sei auf eine Studie der Technischen Vereinigung der Großkraftwerksbetreiber, Essen, hingewiesen [28, 72].

Der Durchbruch zu entscheidenden Verbesserungen im Bereich der Kohlenverstromung gelingt nur durch Neuentwicklungen. Ein vielversprechendes Konzept, die Kombination von Kohlendruckvergasung und Gas-/Dampfturbinenprozeß, ist bereits in einem Versuchskraftwerk mit 170 MW betrieben worden. Wegen einiger noch ungeklärter technischer Probleme ist eine größere Anlage bisher nicht gebaut worden [41].

Eine weitere Möglichkeit zur Stromerzeugung stellt die Wirbelschichtfeuerung dar, deren Arbeitsweise in Bild IV.31 wiedergegeben ist [53, 56, 65]. Die Wirbelschicht befindet sich oberhalb eines Anströmbodens, durch

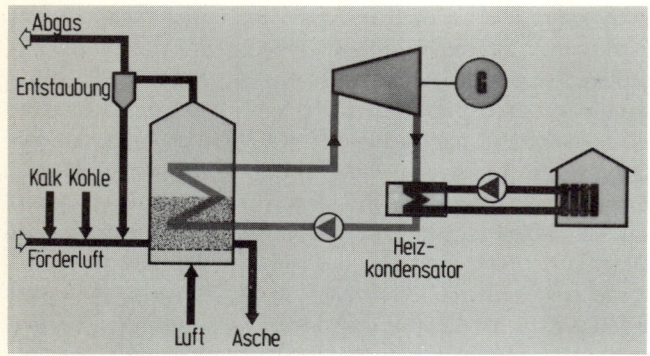

Bild IV.31 Kraft-Wärme-Kopplung mit Wirbelschichtfeuerung

den von unten vorgewärmte Luft so eingeblasen wird, daß die Schicht aus feinkörniger Kohle und zugesetztem inerten Material in der Schwebe gehalten wird. Die durch die Kohlenverbrennung auf einem Temperaturniveau von 800 bis 1000 °C erzeugte Wärme wird auf Dampferzeuger übertragen, die in die Schicht eingetaucht sind. Der auf diese Weise erzeugte Dampf wird wie in der konventionellen Kraftwerkstechnik auf eine Dampfturbine gegeben. Die Entschwefelung wird dadurch erreicht, daß der Wirbelschicht Kalk zugesetzt wird, der das Schwefeldioxid quantitativ bindet. Wegen der im Vergleich zum konventionellen Dampfkessel niedrigen Verbrennungstemperatur sind auch die Stickoxid-Emissionen erheblich reduziert. Gelingt es außerdem, die Wirbelschicht unter Druck zu betreiben, so kann das Abgas nach erfolgter Staubreinigung auf eine Gasturbine gegeben werden. Damit wird dann auch hier sowohl von einer Dampf- als auch einer Gasturbine Strom erzeugt. Neben ihrer Umweltfreundlichkeit besteht ein weiterer Vorteil darin, daß sich auch hochballasthaltige Feinkohlen in der Wirbelschicht verbrennen lassen.

Die Saarbergwerke AG, Saarbrücken, bauen in ihr Modellkraftwerk Völklingen eine Wirbelschichtfeuerung mit einer thermischen Leistung von 100 MW ein, die mit einem konventionellen staubgefeuerten Kessel kombiniert ist. Die Anlage soll 1981 ihren Betrieb aufnehmen. Eine weitere Anlage wird von der Elektrizitätswerke AG in Afferde in Niedersachsen mit einer thermischen Leistung von rd. 125 MW gebaut und voraussichtlich 1982 angefahren werden [47, 78].

In den letzten Jahrzehnten hat die Kohle auf dem Wärmesektor immer mehr an Bedeutung verloren, da mit Erdöl und Erdgas vergleichsweise preiswerte, umweltfreundliche und für den Verbraucher leicht zu handhabende Energieträger zur Verfügung standen. Mit der Wirbelschichtfeuerung steht heute eine Technologie zur Verfügung, um diesen Verbrauchsbereich auch wieder für die Kohle interessant zu machen, beispielsweise als Feuerungssystem für kleinere Heizwerke oder Heizkraftwerke.

Aus diesem Grunde werden innerhalb des Rahmenprogramms Energieforschung drei weitere Projekte zur Wirbelschichtfeuerung gefördert. Von der Ruhrkohle AG, Essen, sind im Jahre 1979 zwei Heizwerke mit einer thermischen Leistung von 6 MW in Recklinghausen und 35 MW in Düsseldorf ohne Komplikationen in Betrieb genommen worden. Im Jahre 1980 wird von der Ruhrkohle AG in Dortmund die Anlage Gneisenau mit einer thermischen Leistung von 35 MW angefahren. Als Brennstoff dienen hier Flotationsberge, wie sie bei der Aufbereitung von Steinkohle anfallen [6, 70].

4.6 Kohlechemie

Ende der 50er Jahre verlor die Kohle ihre dominierende Stellung an der Erzeugung von Primärchemikalien an die neuen Chemierohstoffe Erdöl und Erdgas, die sowohl in jeder gewünschten Menge als auch preiswerter als Kohle angeboten wurden. Diese sind aufgrund ihrer einfacheren chemischen Struktur und ihres flüssigen bzw. gasförmigen Aggregatzustandes chemisch, physikalisch und verfahrenstechnisch viel einfacher zu handhaben. Diese Vorteile waren Grundvoraussetzung für den Aufbau von großen Chemieanlagen und den damit einhergehenden Massenproduktionen von beispielsweise Kunststoffen, Kunstfasern und Düngemitteln. Ohne die Verfügbarkeit von Erdöl ist die expansive Entwicklung der chemischen Großprodukte nicht möglich. Die Kohle hat ihre Bedeutung als Rohstoffbasis nur noch bei der Herstellung von Spezialchemikalien halten können. Die sich seit Jahren zugunsten der Kohle ändernden Rohstoffpreise könnten in Zukunft bei einigen Verfahren eine Rückkehr zur Kohle als Rohstoff einleiten. Dies gilt zunächst für die bei der Verkokung anfallenden Nebenprodukte. In ferner Zukunft könnten auch Chemierohstoffe auf der Basis Synthesegas interessant werden. Nachfolgend wird kurz auf einige spezielle Bereiche der Kohlenchemie hingewiesen.

Das bei der Verkokung anfallende Rohgas mit seinen Hauptkomponenten Wasserstoff (ca. 60 %), Methan (ca. 25 %), Kohlenmonoxid (ca. 5 %) und Kohlendioxid (ca. 2 %) wird vor seiner Verwendung, früher beispielsweise als Stadtgas oder als Unterfeuerungsgas für die Koksöfen, gekühlt und gereinigt. Dabei werden neben Ammoniak und Schwefelwasserstoff die Kohlenwertstoffe abgeschieden. Schwefelwasserstoff wird zu Schwefelsäure aufgearbeitet, die zusammen mit dem Ammoniak zu Ammoniumsulfat, einem Düngemittel, umgesetzt werden kann. Die Blausäure kann in Rhodanide, Grundsubstanzen für die Erzeugung von Insektiziden, umgewandelt werden. Bei Wirtschaftlichkeitbetrachtungen zur Verkokung sind auch die Erlöse für die Kohlenwertstoffe mit zu berücksichtigen. Zu diesen zählt man Teer und Teerinhaltsstoffe, Pyridinbasen, Benzol und Phenole. Von den Teerinhaltsstoffen kommen Naphthalin und Anthracen besondere Bedeutung zu. Sie werden zu Weichmachern und Harzen verarbeitet, in der Farbstoffindustrie verwendet oder zur Herstellung von Insektiziden eingesetzt. Phenole dienen als Grundsubstanzen für Kunststoffe, Pyridinbasen als Ausgangsstoffe für die Pharmaindustrie, und Benzole werden als Antiklopfmittel dem Motorenbenzin zugesetzt.

Das aus der Kohle durch Vergasung erzeugte Synthesegas kann nach bekannten Verfahren zu Massenprodukten weiterverarbeitet werden. So werden heute in vielen Entwicklungsländern Kohlenvergasungsanlagen zur Erzeugung von Synthesegas betrieben, um den Wasserstoff für die Ammoniakherstellung nach der Haber-Bosch-Synthese bereitzustellen. Das Ammoniak ist Grundsubstanz für die Düngemittelindustrie. Das Synthesegas kann auch zur Fischer-Tropsch-Synthese eingesetzt werden. In diesem Falle wird nicht, wie im Kapitel Kohlenverflüssigung beschrieben, Benzin als Hauptprodukt erzeugt, sondern durch geeignete Katalysatorauswahl und Reaktionsbedingungen wird eine Produktzusammensetzung mit dem Schwergewicht auf Äthylen/Propylen, den Basisstoffen der heutigen Petrochemie bei der Kunststoffherstellung, angestrebt. Schließlich kann das Synthesegas auch in Methanol umgewandelt werden. Diese Verfahren werden aber erst dann zum Einsatz kommen, wenn es gelingt, Synthesegas aus Kohle wirtschaftlich zu erzeugen, und wenn Erdöl und Erdgas in Zukunft knapper werden.

Eine bisher untergeordnete Bedeutung im Bereich der Kohlenchemie besitzen Aktivkokse, die aus Steinkohlen durch gezielte thermische und chemische Behandlung erzeugt werden. Die Vorteile der mit einem definierten Porensystem versehenen A-Kokse beruhen unter anderem auf ihrer großen Härte, ihrer geringen Wasseraufnahme und ihrem hohen Zündpunkt. Neben der traditionellen Verwendung von Aktivkoks bei der Rückgewinnung von Lösungsmitteldämpfen haben sich in den letzten Jahren neue Verwendungsgebiete ergeben, so die trockene Entschwefelung von Rauchgasen aus fossil befeuerten Kraftwerken, die schon in einer großtechnischen Anlage von 45 MW im Kraftwerk Kellermann, Künen, betrieben wird. Besondere Aktivkokse lassen sich auch zur Wasserreinigung einsetzen. Auch hier ist bereits ein Verfahren zur Reinigung von Kokereiabwässern entwickelt, das in einer Pilotanlage mit 30 m³/h Durchsatz angewendet wurde. Die Möglichkeit, geeignete Molekularsiebkokse aus Steinkohle zu erzeugen, hat zur Entwicklung von Verfahren zur Stickstoffgewinnung aus der Luft und Wasserstoffgewinnung aus Kokereigas geführt.

5 Forschung und Entwicklung im Steinkohlenbergbau

Besondere Anstrengungen im Bereich der Forschung und Entwicklung sind heute in allen Industriezweigen erforderlich, um die Wettbewerbsfähigkeit der Unternehmen auch für die weitere Zukunft zu sichern. Das gilt insbesondere für den Steinkohlenbergbau, der zumindest in Westeuropa seit Jahrzehnten in äußerst scharfem Wettbewerb mit den übrigen Energieträgern steht.

Als Reaktion auf die Energiekrise im Oktober 1973 hat die Bundesregierung das Rahmenprogramm Energieforschung verabschiedet. Im Rahmen der zweiten Fortschreibung werden zwischen 1977–80 390 Mio. DM für Forschungen im Energiesparbereich und 900 Mio. DM für die Entwicklung neuer Technologien, insbesondere auf dem Gebiet des Kraftwerksbaus, der Kohlevergasung- und verflüssigung sowie der Erschließung, Gewinnung und Aufbereitung der Steinkohle bereitgestellt.

Darüber hinaus fördern die Bundesländer mit Kohlevorkommen und die Kommission Europäischer Gemeinschaften Forschungsprojekte im Bereich des Steinkohlebergbaus.

Charakteristisch für die Forschungs- und Entwicklungsarbeit im Steinkohlenbergbau fast aller Länder ist es, daß diese, z.T. mit staatlicher Unterstützung, überwiegend zentral oder zumindest unter zentraler Leitung durchgeführt wird. So ist die Forschungs- und Entwicklungstätigkeit z.B. in den USA beim Department of Energie (Abteilung Research and Development), in Großbritannien beim National Coal Board das Coal Research Establishment in der Nähe von Celtenham und das Mining Research and Development Establishment (MRDE) in der Nähe von Burton-on-Trent, sowie in Frankreich bei der Charbonnages de France konzentriert. Im westdeutschen Steinkohlenbergbau wird die Forschung und Entwicklung zentral vom Steinkohlenbergbauverein mit der Bergbau-Forschung GmbH in Essen-Kray wahrgenommen. Darüber hinaus sind die fachbezogenen Hochschulinstitute auf dem Gebiet der wissenschaftlichen Forschung für den Steinkohlenbergbau tätig.

Das ständige Vordringen in größere Teufen hat zur Folge, daß verstärkte Anstrengungen zur Überwindung von Schwierigkeiten, die durch größeren Gebirgsdruck, zunehmendem Grubengasanfall und höherer Gebirgstemperatur entstehen, erforderlich werden.

In den Abbaubetrieben ist man durch Entwicklungen der letzten Jahre, wie z.B. größerer Gewinnungsmaschinen und dem Schildausbau, in der Lage, bis zu 7 500 t täglich zu gewinnen. Um den Einsatz dieser hochmodernen Anlagen so effektiv wie möglich zu gestalten, müssen bei der Vorfelderkundung zuverlässige Verfahren entwickelt werden. In den der Kohlegewinnung vor- und nachgeschalteten Bereichen sind noch Forschungs- und Entwicklungsarbeiten an Verfahren der Vortriebstechnik und der Gestaltung untertägiger Fördersysteme für den Güter-, Material- und Personentransport erforderlich.

In der Kohleveredlung ist neben der Verbesserung der konventionellen Verkokungstechnik auch die Entwicklung neuer Verkokungsverfahren Ziel der Forschung. Daneben wird an Verfahren zur Umwandlung von Kohle in leicht zu handhabende und umweltfreundliche Brennstoffe, wie Kohlevergasung und Kohleverflüssigung, gearbeitet. Um die immer noch schweren Arbeitsbedingungen der untertägigen Belegschaft zu verbessern, wird im Rahmen eines Forschungsprogrammes „Humanisierung des Arbeitslebens" versucht, die Belastung durch Staub, Klima und Lärm zu vermindern, sowie die Unfallgefahr herabzusetzen.

Im folgenden sollen einige Schwerpunkte der Forschungs- und Entwicklungsarbeit dargestellt werden. Dabei wird unterschieden zwischen

- Grundlagenforschung,
- Entwicklung in der Bergtechnik und Verbesserung der Arbeitsbedingungen,

Grundlagenforschung

Der Betriebsablauf in einem Bergwerk und sein wirtschaftlicher Erfolg werden im Vergleich zur übrigen Industrie von einigen zusätzlichen Einflußgrößen bestimmt, die im wesentlichen durch die Lagerstätten vorgegeben sind. Es sind dies vor allem

- der Gebirgsdruck,
- die Geologie der Lagerstätte und der Grad ihrer Aufklärung,
- das Grubenklima,
- das Herauslösen des nutzbaren Lagerstätteninhalts aus dem Gebirgsverband und
- die Faktoren, die die Sicherheit beeinflussen, wie CH_4- und CO_2-Ausgasung, Staub, Wasserzuflüsse usw..

Dies sind gleichzeitig die Gebiete, auf die sich die bergbautypische Forschungsarbeit konzentriert.

Obwohl gerade die Gebirgsdruckforschung in den vergangenen Jahren wichtige neue Erkenntnisse über die gebirgsdynamischen Vorgänge im Streb gebracht hat, liegt hier auch in Zukunft die dringlichste Aufgabe der bergbaulichen Grundlagenforschung. Der mit zunehmender Gewinnungsteufe wachsende Einfluß des Gebirgsdrucks auf sämtliche bergmännischen Arbeiten ist so groß, daß ein verstärkter Ausbau allein keine Lösung bedeutet. Nur sehr eingehende Untersuchungen des Gebirgsdrucks und die Entwicklung neuer Verfahren zur Vermeidung oder zumindest Verminderung von dessen Auswirkungen, werden die Probleme in größeren Teufen wirkungsvoll lösen helfen.

Fast ebenso große Bedeutung hat die Feldesvoraufklärung, da die tektonischen Störungen einen erheblichen Einfluß auf das Abbauverfahren sowie den gesamten Betriebszuschnitt haben. Bis heute gibt es noch kein betriebsreifes Verfahren, um die Kleintektonik in einem Baufeld mit einiger Sicherheit vorausbestimmen zu können.

Die zur Klimatisierung von Abbaubetrieben in großen Teufen notwendigen Kühlanlagen sind weiter zu entwickeln.

Die ständig steigende Betriebspunktförderung hat zur Folge, daß auch die CH_4-Ausgasung ansteigt. Obschon hier in den letzten Jahren durch die Entwicklung leistungsfähiger CH_4-Absauganlagen und durch gezieltes Über- bzw. Unterbauen von besonders CH_4-führenden Flözen bemerkenswerte Fortschritte erzielt worden sind, muß auf diesem Gebiet weitergearbeitet werden, um die Sicherheit und Leistungsfähigkeit zu erhöhen.

Bei den vorherrschenden Gewinnungsarten für Steinkohle durch schälende Gewinnung in Form des Kohlenhobels und durch schneidende Gewinnung durch Walzenschrämlader fällt verfahrensbedingt erheblicher Staub an, der zu Belastungen der Belegschaft führt. Es wird daher an Verfahren gearbeitet, die durch besondere Tränkverfahren die Staubentstehung vermindern, sowie den entstandenen Staub durch gezielte Bedüsungsmaßnahmen niederschlagen.

Entwicklung der Bergtechnik

Um die Betriebssicherheit und damit die Leistungsfähigkeit der im Bergwerk eingesetzten Betriebsmittel zu erhöhen, wird die in den Bereichen

- Vortriebstechnik,
- Ausbautechnik,
- Abbautechnik,
- Förder- und Versorgungstechnik

verwendete maschinelle Ausrüstung ständig weiterentwickelt und neuartige Verfahren erprobt, um Störungsursachen zu vermeiden.

In der Vortriebstechnik wird neben der Vervollkommnung der konventionellen Verfahren und der maschinellen Vortriebstechnik ein neuartiges Verfahren erprobt, bei dem mit Hilfe von Höchstdruckwasserstrahlen Strecken aufgefahren werden.

Mit Schild- und Bockschildausbau waren im westdeutschen Steinkohlenbergbau im Jahre 1978 rund 57 % der Strebe ausgerüstet. Entwicklungsarbeiten sollen den Anwendungsbereich dieser Ausbauart vergrößern, um den Schildausbau auch bei großem Einfallen und geringen Mächtigkeiten einzusetzen. Auch die Kombination von Bockschildausbau und Blasversatz wird erprobt.

Im Bereich des Streckenausbaus besteht noch ein großer Nachholbedarf, da sich bisherige Entwicklungen im Bereich der Vortriebstechnik hauptsächlich auf den Lösevorgang konzentriert haben.

Die zukünftige Entwicklung geht zu einem flächenhaft tragenden Ausbau, der schneller, sicherer, und einfacher einzubringen ist als konventioneller Bogenausbau, der in seiner Ausbildung als Verbundausbau die Ausbauqualität steigert.

Auf dem Gebiet der Abbautechnik wird an der Weiterentwicklung der Gewinnungssysteme Hobel und Walzenschrämlader sowie der Kohlegewinnung mit Höchstdruckwasserstrahlen gearbeitet.

Neuartige Hobelarten mit verschiedenen Führungsvarianten werden auf ihren praktischen Einsatz hin überprüft.

Sicherheitliche und gewinnungstechnische Vorteile gegenüber der frei im Streb gespannten Kette ergeben sich bei neuartigen Vorschubsystemen für Walzenschrämmaschinen, die auf Versuchsständen erprobt werden.

Ein anderes Gewinnungsverfahren ist die hydromechanische Kohlengewinnung, die vor allem in der UdSSR entwickelt worden ist. Die Gewinnung erfolgt dabei im Teilsohlenbruchbau mit Hilfe eines Wasserwerfers. Durch die kinetische Energie des Wassers wird die Kohle gelöst und in Rinnen oder Rohrleitungen abgefördert.

Die Anwendung dieses Verfahrens ist aber erst dann konkurrenzfähig, wenn die Grube vom Kohlenstoß bis übertage auf die hydromechanische Gewinnung zugeschnitten ist. Eine Schachtanlage im Ruhrgebiet ist für dieses Verfahren ausgerichtet worden, um die Anwendbarkeit im praktischen Großversuch zu testen.

Die Entwicklung leistungsfähiger Gewinnungsgeräte hat es erforderlich gemacht, die Kapazitäten der eingesetzten Fördermittel den Gewinnungsgeräten anzupassen. Da der Verschleiß gerade an Kettenkratzförderern immer noch hoch ist, werden hier neue Materialien und Antriebssysteme erprobt, die die Störanfälligkeit herabsetzen sollen.

Forschungs- und Entwicklungsarbeiten im Transportwesen untertage beschäftigen sich mit der Erprobung von gleislosen Geräten sowie mit der Vervollkommnung bestehender Transportanlagen und der Konzipierung neuartiger Verfahren wie z. B. pneumatische und hydraulische Fördereinrichtungen.

6 Steinkohlenbergbau und Energiewirtschaft

6.1 Weltkohlenmarkt

Die energiewirtschaftliche Entwicklung wird seit langem durch folgende Faktoren bestimmt:
- Die Vorräte an Erdöl und Erdgas sind, gemessen am mittel- und längerfristigen Bedarf, knapp und können daher nur noch in abnehmendem Maß zur Deckung des wachsenden Energiebedarfs beitragen (Bild IV.32).
- Damit geht ein starker Anstieg des Energiepreisniveaus einher.
- Politische Risiken gefährden und verteuern die Energieversorgung der Verbraucherländer zusätzlich. Solche Risiken gehen insbesondere von Ländern der Organization of Petroleum Exporting Countries (OPEC) aus, wie die Ölkrise von 1973/74 und der zweite starke Ölpreisschub von 1979 verdeutlicht haben.
- Erdöl und Erdgas müssen deshalb zunehmend durch andere Energieträger ergänzt und ersetzt werden. Die

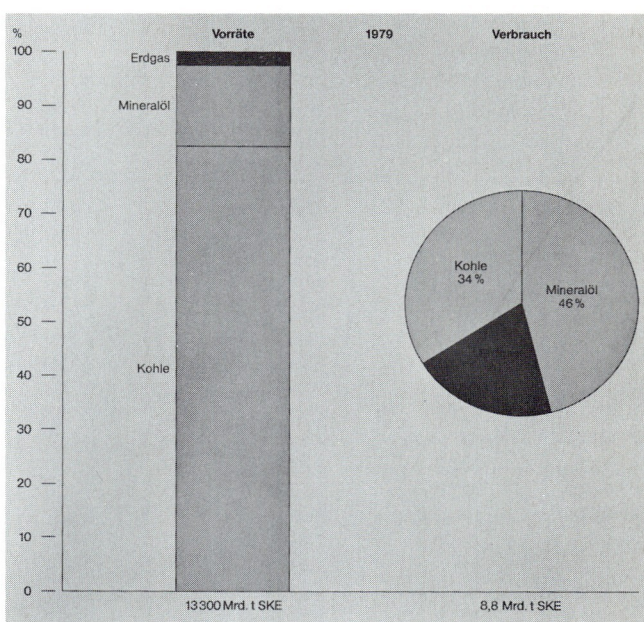

Bild IV.32 Vorräte und Verbrauch von Kohle, Mineralöl und Erdgas in der Welt

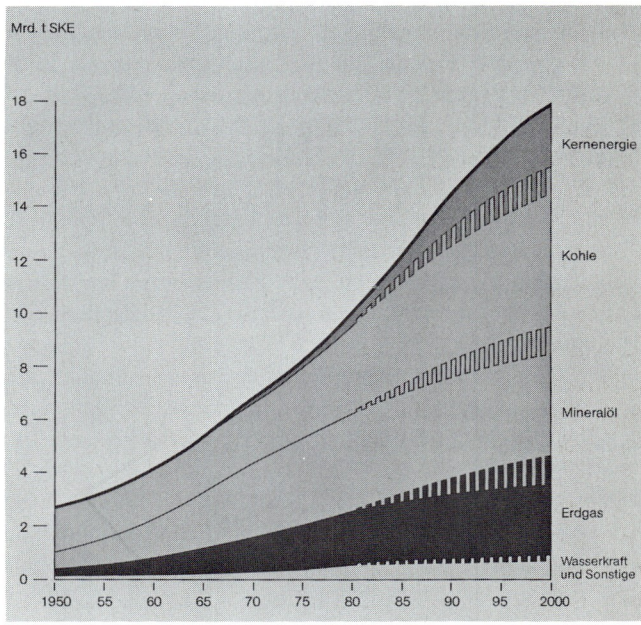

Bild IV.33 Primärenergiebedarf der BR Deutschland und seine Deckung 1950–2000

Hauptlast ist dabei von Kohle und Kernenergie zu tragen (Bild IV.33).

Im Mai 1980 hat eine Gruppe von Experten aus 16 kohlefördernden und -verbrauchenden Ländern eine umfassende Welt-Kohlen-Studie mit dem Titel ''Coal — Bridge to the Future'' vorgelegt. Ihre wesentlichen Aussagen sind:

Tabelle IV.3 Entwicklung der Steinkohlenförderung in der Welt

Jahr	BR Deutschland	Europäische Gemeinschaft	Übrige Welt	Insgesamt
	Mio. t (t = t)			
1957	155,6	481,3	1 259	1 740
1960	148,0	436,8	1 379	1 816
1965	141,0	414,7	1 639	2 054
1966	131,6	387,7	1 705	2 093
1967	116,8	364,6	1 653	2 018
1968	117,2	348,1	1 711	2 059
1969	117,0	330,0	1 780	2 110
1970	117,0	315,3	1 868	2 183
1971	117,1	312,3	1 871	2 183
1972	108,7	271,6	1 940	2 212
1973	103,7	270,3	1 970	2 240
1974	101,5	242,6	2 056	2 299
1975	99,2	256,9	2 174	2 431
1976	96,3	247,7	2 242	2 490
1977	91,3	240,5	2 355	2 595
1978	90,1	238,1	2 403	2 641
1979	93,3	238,7	2 553	2 792

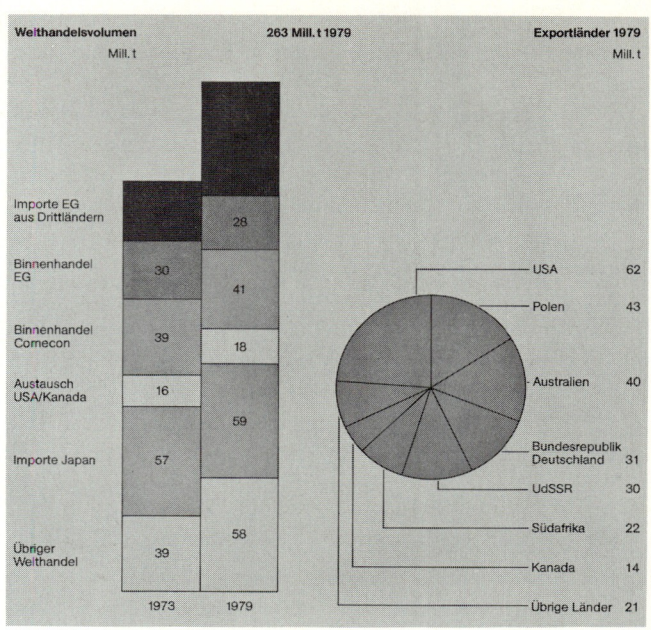

Bild IV.34 Weltkohlenhandel

Tabelle IV.4 Weltvorräte an Kohle

Region	Mrd. t SKE	%
Westeuropa	90,5	13,2
Osteuropa	46,4	6,7
UdSSR	165,5	24,1
VR China	99,0	14,4
Ferner Osten	16,0	2,3
Japan	1,1	0,2
USA	190,9	27,8
Kanada	4,4	0,6
Mittelamerika	1,5	0,2
Südamerika	3,0	0,4
Südafrika	25,3	3,7
Übriges Afrika	7,4	1,1
Australien	36,5	5,3
Insgesamt	687,5	100,0

1980 wirtschaftlich gewinnbare Vorräte bei jetzigem Stand der Technik

Quelle: Weltenergiekonferenz

- Die Weltkohlenförderung muß bis zum Jahr 2000 auf bis zu 7 Mrd. t SKE gesteigert und damit gegenüber heute wesentlich mehr als verdoppelt werden, um die erforderliche Energie für ein auch nur mäßiges Wirtschaftswachstum bereitzustellen (Tabelle IV.3).
- Im OECD-Raum wird die Kohle dann bis zu zwei Dritteln des zusätzlichen Energiebedarfs decken müssen.
- Die Kohlennachfrage der OECD-Länder kann bis zur Jahrtausendwende auf bis zu 3 Mrd. t SKE pro Jahr steigen — gegenüber dem Verbrauchsniveau von heute fast eine Verdreifachung. Der Kohlenverbrauch würde damit den gesamten Ölverbrauch der OECD-Region übersteigen.
- An diesem Verbrauchszuwachs werden alle Märkte der Kohle beteiligt sein. Sektoren mit hohen Zuwachsraten sind die Stromerzeugung, der Wärmemarkt und die Kohlenveredlung.
- Die Deckung dieses Bedarfs setzt voraus, daß der Weltkohlenhandel bis zu einer Größenordnung von 1 Mrd. t SKE expandiert und sich damit gegenüber dem heutigen Niveau vervierfacht (Bild IV.34).
- Die wirtschaftlich gewinnbaren Kohlenreserven werden für den erwarteten Verbrauchsanstieg nur zu einem kleinen Teil benötigt. Weitere Reserven können erschlossen werden (Tabelle IV.4).
- Im Gefolge des steigenden Preisniveaus auf dem Weltenergiemarkt werden sich auch die Kohlenpreise erhöhen. Aufgrund des erwarteten überproportionalen Preisanstiegs bei Öl und Gas dürfte sich jedoch die Wettbewerbsposition der Kohle weiter verbessern.

Diese Zielprojektion wird nur dann Realität werden — und dies ist eine zentrale Aussage der Studie —, wenn die dazu notwendigen Entscheidungen unverzüglich getroffen werden. Das gilt ebenso für die Bergbauunternehmen wie für die Energieverbraucher und die Energiepolitik. Wegen der langen Vorlaufzeiten der Investitionen in die Kohlenförderung und in die erforderliche Infrastruktur muß über das Kohlenangebot in den 90er Jahren bereits heute entschieden werden. Die Initialzündung dazu sollten die Verbraucher durch ihre Investitionsentscheidungen und entsprechende Lieferverträge geben. Aufgabe der Regierungen ist es, hierfür geeignete Rahmenbedingungen und Vertrauen in deren Stabilität zu schaffen, klare und feste Umweltstandards zu erlassen, Verzögerungen bei Genehmigungen zu vermeiden und den internationalen Handel zu fördern.

6.2 Deutscher Steinkohlenmarkt

Für die BR Deutschland schätzen die Welt-Kohlen-Studie und andere Untersuchungen, daß der Steinkohlenbedarf bis zum Jahr 2000 auf 130 bis 140 Mio. t SKE ansteigen kann. Das entspräche etwa 25 % des dann erwarteten Primärenergiebedarfs. Im Jahr 1979 betrug der Steinkohlenverbrauch rund 76 Mio. t SKE; das sind rund 19 % des gesamten Primärenergieverbrauchs (Bild IV.35).

Märkte mit wachsendem Kohlenverbrauch sind insbesondere die Elektrizitätswirtschaft und der allgemeine Wärmemarkt.

- Im Elektrizitätssektor werden im Jahr 2000 voraussichtlich etwa 70 Mio. t SKE Steinkohle gebraucht. Der Einsatz inländischer Steinkohle wird nach dem im Frühjahr 1980 abgeschlossenen Vertragswerk zwischen der Elektrizitätswirtschaft und dem deutschen Steinkohlenbergbau bis 1995 allein auf 45–50 Mio. t SKE steigen. Insgesamt würden damit rund 30 % des Strombedarfs durch Steinkohle – inländische und Importkohle – gedeckt. Von dem Stromverbrauchszuwachs bis zum Jahr 2000 würde die Steinkohle etwa ein Drittel bestreiten. Voraussetzung hierfür ist aber, daß genügend Steinkohlenkraftwerke verfügbar sind, d.h., daß die mehr als 30 000 MW, die derzeit in Planung und z.T. im Bau sind, zügig realisiert werden. Zwei Drittel des Strombedarfzuwachses müssen aber selbst dann von anderen Energieträgern – praktisch im wesentlichen von der Kernenergie – gedeckt werden (Bild IV.36).
- Auf dem allgemeinen Wärmemarkt, der derzeit knapp 15 Mio. t aufnimmt, ist bis zum Jahr 2000 mit einem Anstieg des Steinkohlenbedarfs auf 40 bis 50 Mio. t SKE zu rechnen. Dabei wird die Kohle in verschiedenen Darbietungsformen zur Verfügung stehen:
  - Zunächst als fester Brennstoff, der zunehmend in modernen, umweltfreundlichen Verbrennungsanlagen zum Einsatz kommt. Dies dürfte sich weniger im Bereich der privaten Haushalte vollziehen, sondern vor allem in der Industrie, insbesondere bei industriellen Großverbrauchern.
  - Eine besonders zukunftsträchtige Darbietungsform ist die Fernwärme. Der Steinkohleneinsatz dafür, der heute über 3 Mio. t SKE liegt, könnte bis zum Jahr 2000 auf 10 Mio. t SKE anwachsen, und zwar überwiegend in Heizkraftwerken.
  - Daneben werden Kohlegas und Kohleöl besondere Bedeutung gewinnen. Exakte Schätzungen hierfür bis zum Jahr 2000 sind einstweilen schwierig. Es ist mög-

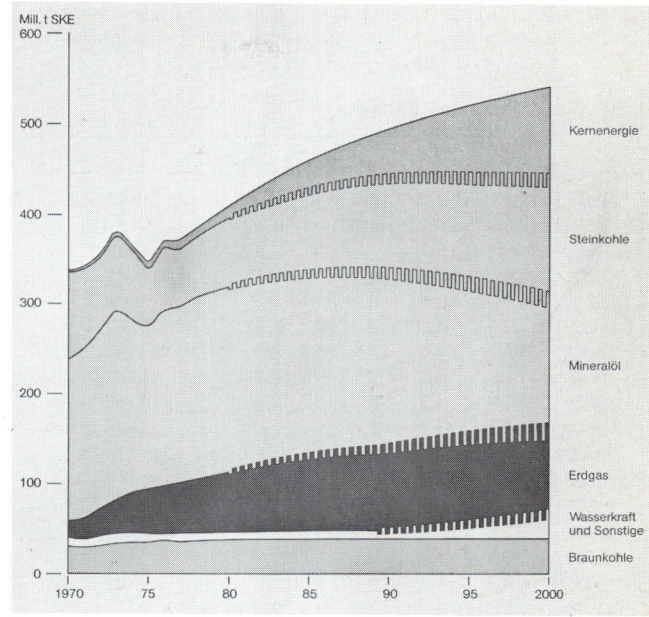

Bild IV.35 Primärenergieverbrauch

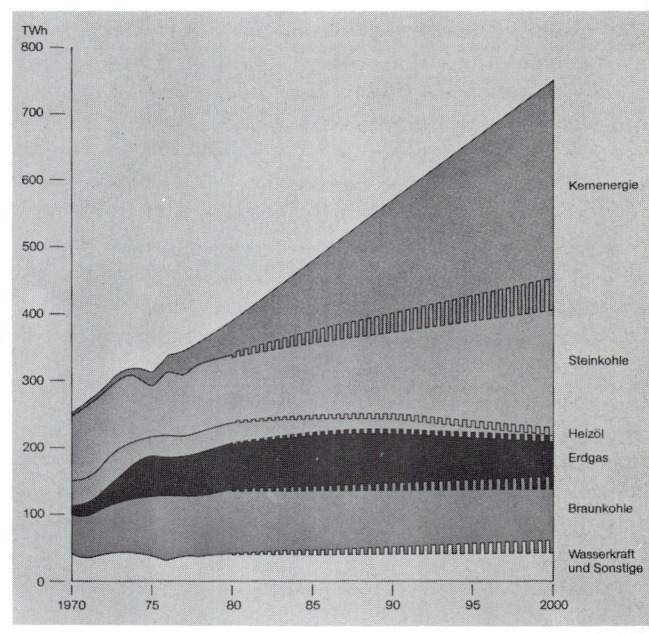

Bild IV.36 Strombedarfzuwachs

lich, daß der Steinkohleneinsatz für die Öl- und Gaserzeugung bis dahin 20 Mio. t SKE erreicht.
- Der Bedarf der deutschen Stahlindustrie an Kokskohle und Koks ist bis zum Jahr 2000 schwer vorauszuschätzen. Wahrscheinlich wird er in der bisherigen Größenordnung von 20 bis 25 Mio. t SKE jährlich bleiben.

Tabelle IV.5 Steinkohlenförderung in der Bundesrepublik

Jahr	Revier				Bundesrepublik Deutschland
	Ruhr	Saar	Aachen	Ibbenbüren	
	Mio. t v. F.				
1957	123,2	16,3	7,6	2,3	149,4
1958	122,3	16,2	8,0	2,3	148,8
1959	115,4	16,1	7,9	2,3	141,7
1960	115,5	16,2	8,2	2,4	142,3
1961	116,1	16,1	8,3	2,2	142,7
1962	115,9	14,9	8,0	2,3	141,1
1963	117,1	14,9	7,8	2,3	142,1
1964	117,6	14,6	7,7	2,3	142,2
1965	110,9	14,2	7,8	2,2	135,1
1966	102,9	13,7	7,4	2,0	126,0
1967	90,4	12,4	7,0	2,2	112,0
1968	91,0	11,3	7,3	2,4	112,0
1969	91,2	11,1	6,7	2,6	111,6
1970	91,1	10,5	6,9	2,8	111,3
1971	90,7	10,7	6,6	2,8	110,8
1972	83,3	10,4	6,3	2,5	102,5
1973	79,8	9,2	6,0	2,3	97,3
1974	78,3	8,9	5,8	1,9	94,9
1975	75,9	9,0	5,7	1,8	92,4
1976	72,8	9,3	5,4	1,8	89,3
1977	68,1	9,3	5,2	1,9	84,5
1978	67,1	9,3	5,0	2,1	83,5
1979	68,7	9,9	5,0	2,2	85,8

Von den im Jahr 2000 insgesamt erforderlichen 130 bis 140 Mio. t SKE wird die inländische Steinkohle bis zu 90 Mio. t SKE zur Verfügung stellen können (Tabelle IV.5). Dabei ist eine Gesamtförderung in der Größenordnung von 100 Mio. t SKE, möglicherweise auch etwas mehr, vorausgesetzt. Die Differenz wird wahrscheinlich gebraucht werden, um mindestens in diesem Umfang den Export, insbesondere an die Stahlindustrien in der übrigen Europäischen Gemeinschaft, fortzuführen.

Wie das skizzierte Bild zeigt, wird der steigende Beitrag der Steinkohle zur Energieversorgung der Bundesrepublik sowohl vom inländischen Bergbau als auch von der Importkohle getragen werden müssen. Dabei wird auf die Importkohle längerfristig ein wachsender Anteil entfallen.

6.2.1 Deutsche Steinkohle

Der deutsche Steinkohlenbergbau steht zur Zeit in der Übergangsphase zwischen der vergangenen Kohlenkrise und der künftigen Renaissance der Kohle. Um nach der Kohlenkrise auch diese Übergangsphase zu bewältigen, bedarf es weiterer konsequenter Anstrengungen, und zwar sowohl von seiten der Bergbauunternehmen als auch von seiten der Energiepolitik:

- Die Schrumpfung des Steinkohlenbergbaus, dessen Produktion von 1957 bis 1978 von etwa 150 Mio. t SKE auf rund 85 Mio. t SKE gesunken war, ist beendet. Im Jahr 1979 ist die deutsche Steinkohlenförderung erstmals nach mehr als 15 Jahren wieder angestiegen, und zwar auf mehr als 87 Mio. t SKE.
- Das energiepolitische Ziel für die inländische Steinkohle ist nunmehr, die Förderung zu stabilisieren und eine angemessene Wiederausweitung vorzubereiten. Die Förderung könnte bis 1990 auf etwa 95 Mio. t SKE und bis zum Jahr 2000 auf 100 Mio. t SKE oder leicht darüber hinaus ansteigen.
- Gleichzeitig müssen ausreichende Verbrauchskapazitäten für Steinkohle geschaffen werden, um die Kohle im Ausmaß des erwarteten Bedarfsanstiegs praktisch einsetzen zu können.

Der deutsche Steinkohlenbergbau verfügt hierfür über ausreichende Kohlenvorräte. Die wirtschaftlich gewinnbaren Vorräte liegen in der Größenordnung von 24 Mrd. t. Das ist ein Reservoir, das noch für viele Generationen ausreicht.

Für die Gewinnung dieser Vorräte verfügt der Bergbau über eine hochentwickelte Technik, die für den Kohlenabbau auch in größeren Teufen geeignet ist und gezielt weiterentwickelt wird.

Ebenso notwendig ist eine bergbauliche Belegschaft von ausreichender Größe und Qualifikation. Die Probleme, die hier in der Vergangenheit aufgelaufen sind, insbesondere die ungünstige Altersstruktur, werden von den Bergbauunternehmen zunehmend bereinigt.

Die Stabilisierung und Wiederausweitung der Steinkohlenförderung erfordert aber vor allem Investitionen in beträchtlichem und steigendem Umfang. Das Gesamtvolumen der investiven Aufwendungen im Steinkohlenbergbau lag 1979 bei etwa 2,5 Mrd. DM. Es wird in Anbetracht des Nachholbedarfs, der angestrebten erhöhten Förderung und der erforderlichen Explorationen in den kommenden Jahren auf eine Größenordnung von mindestens 3,5 Mrd. DM jährlich ansteigen müssen.

Den Bergbauunternehmen ist es zur Zeit noch nicht möglich, diesen investiven Aufwand in vollem Umfang aus der Ertragskraft ihrer inländischen Kohlenproduktion zu leisten. Dies würde voraussetzen, daß sie für ihre Produkte in allen wesentlichen Absatzmärkten kostengerechte Preise erzielen und damit auch in Zukunft genügend verläßlich rechnen könnten, und zwar mit einer ausreichenden Marge für den investiven Mehraufwand, der sich aufgrund des steigenden Investitionsvolumens sowie der steigenden Wiederbeschaffungspreise zwangsläufig ergibt. Die energiewirtschaftliche Entwicklung läßt zwar erwarten, daß diese Voraussetzungen in absehbarer Zeit eintreten werden. Gegenwärtig sind sie jedoch nur für einen Teil des Absatzes gegeben. Nach mehr als 20 Jahren Kohlenkrise verfügen die Bergbauunternehmen auch nicht über ausreichende Reserven, um die Zeit bis zur Wiedergewinnung der notwendigen Ertragskraft zu überbrücken.

Die investiven Aufwendungen des Bergbaus können aber nicht bis zu diesem Zeitpunkt verschoben werden. Bei ihrer langen Ausreifungszeit wäre es dann zu spät, um das energiepolitische Ziel — Stabilisierung und Wiederausweitung der Kohlenförderung — rechtzeitig zu erreichen. Dieses Dilemma kann nur die Energiepolitik lösen.

6.2.2 Importkohle

Der erwartete starke Anstieg des Steinkohlenbedarfs in der Bundesrepublik macht es notwendig, sowohl die inländischen Fördermöglichkeiten auszuschöpfen als auch den ergänzenden Beitrag der Importkohle wesentlich zu erhöhen.

Dabei ist zu unterscheiden zwischen Importkohlenmengen, die schon in den kommenden Jahren auf den deutschen Markt gelangen, und Lieferungen, die auf Basis langfristiger Einfuhrverträge erst in späteren Jahren durchgeführt werden. Denn der effektive Bedarf wird nach aller Voraussicht nicht schon in der ersten Hälfte der 80er Jahre, sondern erst danach in wirklich bedeutendem Umfang wachsen.

Eine Weichenstellung in diesem Sinn ist inzwischen mit der gesetzlichen Neuregelung der Kohleneinfuhren ab 1981 erfolgt, die bis 1995 reicht. Sie sieht bedeutende und stark steigende Kohleneinfuhren entsprechend der Bedarfsentwicklung und den Möglichkeiten der Ölsubstitution vor.

Mit der stärkeren Öffnung des Inlandsmarktes für Importkohle ist es jedoch allein nicht getan. Die Kohlenmengen, die nicht nur für die BR Deutschland, sondern weltweit benötigt werden müssen für den Weltkohlenmarkt verfügbar gemacht werden. Dabei sind Probleme von außerordentlichen Größenordnungen zu lösen (Bild IV.37).

- Zunächst und vor allem: Der Bau neuer Bergwerke, und zwar weltweit, also in allen Ländern mit bedeutenden Kohlenlagerstätten.
- Die Finanzierung der dazu erforderlichen enormen Investitionen.
- Als Basis dafür die Sicherung der Rentabilität dieser Investitionen, insbesondere durch langfristige Lieferverträge.
- Der große Zeitbedarf, der sich aus der besonderen Langfristigkeit der bergbaulichen Investitionen ergibt.
- Die Hemmnisse für Investitionsentscheidungen aufgrund der zunehmenden Verschärfung der Vorschriften über Umweltschutz.
- Sodann: Der zusätzliche Investitions- und Zeitbedarf, um Bergleute und Bergingenieure heranzubilden und in entlegenen Gebieten mit geringem Zivilisationskomfort unterzubringen.
- Und schließlich: Der Aufbau umfangreicher zusätzlicher Einrichtungen für den Land- und Wassertransport, insbesondere Eisenbahnen, Frachter sowie Häfen in den Export- und Importländern.

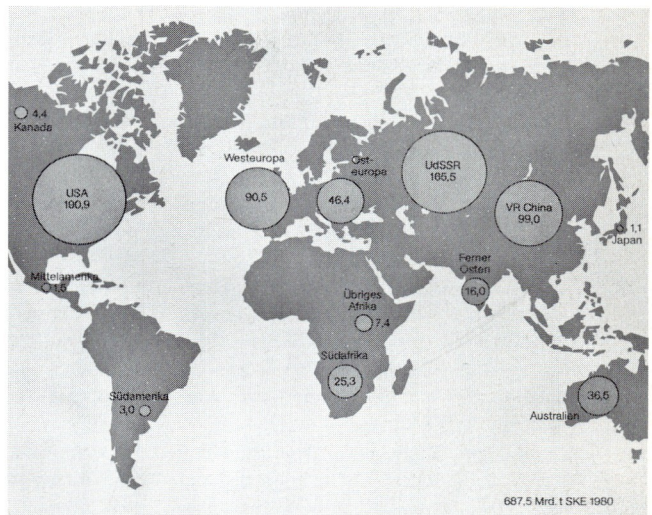

Bild IV.37 Weltkohlenmarkt

Angesichts dieser Lage auf dem Weltkohlenmarkt sollte die zusätzliche Versorgung des Inlandsmarktes mit Importkohle auf einer Doppelstrategie basieren:

- Für einen Teil der künftigen Kohlenimporte sollten langfristige Lieferverträge abgeschlossen werden. Die gesetzlichen Voraussetzungen dafür sind nach der kürzlichen Novellierung der Kohleneinfuhrregelung gegeben.
- Ein weiterer wesentlicher Teil der Kohleimporte sollte aus Lagerstätten im Ausland kommen, die deutschen Unternehmen gehören oder an denen deutsche Unternehmen beteiligt sind. Ansätze dazu sind bereits gemacht. Sie müssen fortgeführt und ausgebaut werden. Diese Engagements bedürfen jedoch nachhaltiger energiepolitischer Unterstützung, wie sie bei anderen Energieträgern zur Sicherung der künftigen Versorgung schon seit längerem erfolgt sind, so beim Mineralöl und beim Uran. Das Instrumentarium dafür sollte den besonderen Risiken angepaßt werden, die mit der Aufnahme bergmännischer Tätigkeit im überseeischen Kohlenbergbau verbunden sind.

Literatur

[1] *Adler, F.:* Forschung und Entwicklung im Steinkohlenbergbau des Landes Nordrhein-Westfalen. Gutachten, Berlin 1966.

[2] *Albrecht, E.:* Untersuchungen über die wirtschaftlich günstigste Führung der Abbaubetriebe der flachen Lagerung des Ruhrbergbaus. Diss., Berlin, 1968.

[3] *Albrecht, W., Weinzierl, K.:* Ergebnisse aus dem Betrieb der 1 t/h Versuchsanlage für das VEW-Kohlenumwandlungsverfahren. Chemie-Ingenieur-Technik **51** (1979) 505–508.

[4] *Althaus, G.:* Vortriebstechnik mit Sprengarbeit, Vortrieb 1979, S. 16.

[5] *Arndt, E., Fischer, R., Fröhling, W., Jüntgen, H., Teggers, H., Weisbrodt, I.:* Synthetisches Erdgas aus Kohle und Hochtemperaturreaktor-Wärme. Erdöl und Kohle **32** (1979) 17–23.

[6] *Asche, V.:* Beseitigung von Flotationsbergen durch Wirbelschichtverbrennung — Projekt Gneisenau. VDP-Berichte **322** (1978) 45–48.

[7] *Autorenkollektiv:* Der Stampfbetrieb auf der Kokerei Fürstenhausen der Saarbergwerke AG. Leit. Angestellte 30 (1980) Nr. 7, Beil. Führungskraft 44, (1980) Nr. 7, S. XII–XVI.

[8] *Beck, K. G.:* Die Veredlung der Steinkohle in K. Winnacker–L. Kückler: Chemische Technologie, Bd. 3, 1, Carl Hauser Verlag, München 1971.

[9] *Beck, K.-G.:* Das Precarbon-Verfahren zur Herstellung von Hochofenkoks aus vorerhitzten Kokskohlenmischungen. Stahl und Eisen **99** (1979) 323–327.

[10] *Bergbau-Forschung GmbH:* Coal Liquefaction. Position Paper for Round Table 1, 11. Weltenergiekonferenz 1980 in München

[11] *Bertling, H.:* Energierückgewinnung durch trockene Kokskühlung. Glückauf **114** (1978) 611–619.

[12] *Bönisch, U., Friedrich, F., George, D., Kölling, G., Romey, I., Strobel, B.:* Das Technikum Kohleöl der Bergbau-Forschung GmbH. Compendium 1978/79 der DGMK-Tagung, Bd. 2, 1151–1164.

[13] *Brecht, Ch., Gratkowski, H. W. von, Hoffmann, G.:* Vergasung und Hydrierung von Kohle — Eine tabellarische Übersicht der in- und ausländischen Entwicklungen sowie der großtechnisch eingesetzten Verfahren. Gaswärme internat. **29** (1980) 367–387.

[14] Brikettierung der Steinkohle in: Der deutsche Steinkohlenbergbau, Technisches Sammelwerk Bd. 3, Verlag Glückauf, Essen, 1958.

[15] *Bund, K.:* Die Energieversorgung der BR Deutschland in den achtziger Jahren, Internationale Aspekte — nationale Folgerungen, in: Jahrbuch für Bergbau, Energie, Mineralöl und Chemie 1980/81, Essen, 1980.

[16] *Claes, F.* und *Berse, G.:* Die Abbaustrecken im deutschen Steinkohlenbergbau 1975. Glückauf **112** (1976), Nr. 22, S. 1272/1276.

[17] *Cloos, E.:* Berechnung des günstigsten Abstandes der Sohlen und Abteilungsquerschläge von Bergwerksanlagen unter besonderer Berücksichtigung des Steinkohlenbergbaus. Bergbauarchiv **7**, 7/28 (1947).

[18] *Cornils, B., Ruprecht, P., Langhoff, J., Dürrfeld, R.:* Stand der Texaco-Kohlevergasung in der Ruhrchemie/Ruhrkohle-Variante. Stahl und Eisen **100** (1980) 388–392.

[19] *Dietrich, W.:* Abbau mächtiger Flöze in geneigter Lagerung auf dem Bergwerk Warndt. Glückauf, 113, 111–114, Essen 1977.

[20] *Dobrin, Milton B.:* Introduction to geophysical prospecting. 2nd Edition, New York 1960.

[21] *Dorstewitz, G., Fritzsche, H., Prause, H.:* Zur Einteilung und Bezeichnung der Abbauverfahren. Erzmetall **12** (1959), S. 429/436.

[22] Energieprogramm der Bundesregierung. Zweite Fortschreibung vom 14.12.1977. Informationsanlage. S. 28 ff. Bundesministerium für Wirtschaft, Bonn.

[23] *Falbe, J.:* Chemierohstoffe aus Kohle. Georg Thieme Verlag, Stuttgart 1977.

[24] *Franck, H.-G., Knop, A.:* Kohleveredlung: Chemie und Technologie Berlin, Heidelberg, New York: Springer, 1979.

[25] *Fritzsche, C. H.:* Lehrbuch der Bergbaukunde Band I und II, 10. Auflage, Berlin, Göttingen, Heidelberg 1962.

[26] *Gesamtverband des deutschen Steinkohlenbergbaus,* Jahresbericht 1979/80. Essen 1980.

[27] *Giesel, H. B.:* Vor einem neuen Kohlezeitalter? Erdöl und Kohle, Erdgas. Petrochemie. Heft 12/1977, Bd. 30, S. 543/551.

[28] *Goldschmidt, K.:* Zusammenfassung der Ergebnisse mit bisher in der BR Deutschland betriebenen Rauchgasentschwefelungsanlagen Bergbau **29** (1978) 150–155.

[29] *Goossens, W., Zischkale, W., Reiland, R.:* Die Heißbrikettierung von Steinkohlen nach dem Ancit-Verfahren und Verhüttungsversuche im Hochofen. Stahl und Eisen **92**, 1039 (1972).

[30] *Haarmann, K.-R.:* Abbauverfahren für Steinkohlenbergwerke in Abhängigkeit von den Besonderheiten der Lagerstätte. Erzmetall, Bd. 26 (1973), H. 6, S. 276/283.

[31] *Haarmann, K.-R.:* Maschineller Flözstreckenvortrieb. Vortrieb 1979, S. 25.

[32] *Habermehl, D., Rohde, W.:* Die Verbesserung der Koksqualität durch thermische Vorbehandlung der Kokskohle. Glückauf-Forschungshefte **40** (1979) 241–244.

[33] Handbuch der Mechanisierung der Kohlengewinnung. Glückauf Betriebsbücher, Bd. 6, 4 Auflage, Essen 1974.

[34] *Harnisch, H.:* Notwendige Entwicklung moderner Bergwerke im Ruhrrevier. Glückauf **112** (1976) Nr. 10, S. 549/554.

[35] *Hövelhaus, H.-W.:* Maschineller Gesteinsstreckenvortrieb. Vortrieb 1979, S. 31.

[36] *Hoffmann, F.:* Die Steinkohlenförderung der Welt im Jahre 1976. Glückauf **113** (1977), S. 722/724.

[37] *Jacobi, O.:* Praxis der Gebirgsbeherrschung, Essen 1976.

[38] Jahresbericht 1978 Steinkohlenbergbauverein, Essen.

[39] *Jüntgen, H., Heek, K. H. van:* Grundlagen, Anwendung und Weiterentwicklung der Kohlenvergasung, Teil III. Gas- und Wasserfach Gas **121** (1980) 6–13.

[40] *Klein, J., Jüntgen, H.:* Adsorption zur Reinigung hochbelasteter Abwässer. Umwelt (1977) 465–470.

[41] *Krieb, H.-H., Dorstewitz, Rhein, H.:* Weiterentwicklung einer 170 MW-Prototypanlage eines in Lünen mit Kohledruckvergasung und Gas/Dampfturbine arbeitenden Kraftwerkes. Bundesministerium für Forschung und Technologie. Forschungsbericht T 79–78, Dezember 1979.

[42] *Langhoff, J.:* Entwicklung von Formkoksverfahren. Aufbereitungstechnik **15** (1974) 181.

[43] *Lehmann, C., Röbke, G.:* Das Kohlenvergasungsprojekt Dorsten, Lurgi-Ruhr 100 — Bisherige Betriebserfahrungen. Gas- und Wasserfach Gas **121** (1980) 359–363.

[44] *Leininger, D., F. P. Monostory:* Kohlenentschwefelung durch aufbereitungstechnische Maßnahmen. Glückauf **111**, 1079 (1975).

[45] *Linke, A., Vogt, E. V.:* Die Druckvergasung von Kohle im Flugstrom nach Shell-Koppers. Chemie-Ingenieur-Technik **52** (1980) 742–745.

[46] Lueger Lexikon der Technik. Bd. 4: Lexikon des Bergbaus, Stuttgart 1962.

[47] *Meyer, W.:* Steinkohlengefeuerter Kombiblock mit Wirbelschichtfeuerung. Brennstoff-Wärme-Kraft **30** (1978) 45–48.

[48] *Nashan, G., Stewen, W.:* Begründung und Zielsetzung für ein umfassendes Verkokungsmodell. Glückauf **114** (1978) 1021–1027.

Literatur

[49] Ohne Umweg — Direktumwandlung von Methanol als Alternative zur Beimischung. Energie **32** (1980) 387—388.

[50] *Pattas, E., Adlhoch, W.:* Zum Stand der Entwicklung des HTW-Verfahrens zur Kohlenvergasung. Stahl und Eisen **100** (1980) 376—379.

[51] *Peters, W.:* Die Kohlenverflüssigung in der BR Deutschland. Glückauf **115** (1979) 325—329.

[52] *Peter, W.:* Kohle statt Erdöl und Erdgas — Entwicklungsstand und Erwartungshorizont. Glückauf **115** (1979) 1159—1163 u. 1168.

[53] *Peters, W.:* Möglichkeiten und Grenzen des zukünftigen Einsatzes von Kohle in der Energieversorgung. Brennstoff-Wärme-Kraft **32** (1980) 367—372.

[54] *Peters, W.:* Von der Schnellentgasung zu Formkoksverfahren. Glückauf **112**, 8 (1976).

[55] *Peters, W., Schmeling, G., Kleisa, K.:* Erzeugung nicht rauchender Brennstoffe durch Oxydation pechgebundener Steinkohlenbriketts im Sandbettofen nach Inichar. Glückauf-Forschungshefte **26**, 67 (1965).

[56] *Peters, W., Bertmann, U.:* Die Rolle der Kohlenveredlung für die zukünftige Energieversorgung. Techn. Mitteilungen HdT **73** (1980) 543—548.

[57] *Rellensmann, K.:* Die Grubenwarte als Hilfsmittel für die Organisation von Abbaubetrieben des Steinkohlenbergbaus mit schälender Gewinnung. Diss., Berlin 1968.

[58] *Reuther, E.-U.:* Planung neuer Steinkohlenbergwerke, Essen 1980.

[59] Richtlinien für das betriebliche Rechnungswesen im Steinkohlenbergbau (RBS). Essen 1958.

[60] *Rohde, W., Beck, K. G.:* Steigerung des Koksofendurchsatzes durch Verwendung dünnerer Läufersteine. Glückauf **112**, 927 (1976).

[61] Rohstoff Kohle: Eigenschaften, Gewinnung, Veredlung; von einem Autorenteam: *F. Benthaus* u.a., 1. Auflage — Weinheim, New York; Verlag Chemie 1978.

[62] *Romey, I.:* Stand der Kohlehydrierung in Europa. Erdöl und Kohle **33** (1980) 314—321.

[63] *Rossbach, M., Meyer, A., Hornung, V.:* Das Saarberg-Otto-Kohlevergasungsverfahren. Stahl und Eisen **100** (1980) 383—387.

[64] *Rusche, E.:* Ein neues Verfahren für die Zuschnittsplanung. In: Unternehmensforschung im Bergbau, Hrsg.: Dorstewitz u.a., 1973, S. 58 f.

[65] *Schilling, H.-D.:* Die Wirbelschichtfeuerung als neue Technologie zur Strom- und Wärmeerzeugung aus Kohle. Glückauf **114** (1978) 142—147.

[66] *Schilling, H.-D., Bonn, B., Krauß, U.:* Kohlevergasung, Verlag Glückauf, Essen, 1976.

[67] *Schinzel, W.:* Raucharme Briketts aus mit Sulfitablauge gebundenen Steinkohlen. Erdöl und Kohle **25**, 65 (1972).

[68] *Schröder, K.:* Große Dampfkraftwerke I–III. Springer Verlag, Berlin, Göttingen, Heidelberg 1959.

[69] *Simonis, W.:* Mathematische Beschreibung der Hochtemperaturverkokung von Kokskohle im Horizontalkammerofen bei Schüttbetrieb. Glückauf-Forschungs-Hefte **29**, 103 (1968).

[70] *Stroppel, K. G., Langhoff, J.:* Demonstrationsanlagen König Ludwig und Flingern der Ruhrkohle AG, Essen. VDI-Berichte **322** (1978) 37—43.

[71] Symposium on Gasification and Liquefaction of Coal. Hrsg. *Giesel, H. B.* und *W. Peters.* Reihe Rohstoffwirtschaft International, Bd. 5. Verlag Glückauf GmbH, Essen, 1976.

[72] Systemanalyse Entschwefelungsverfahren. VGB Technische Vereinigung der Großkraftwerksbetreiber e.V. Essen, 1972.

[73] *Vaßen, P.:* Neue Schachtbautechnik, Vortrieb 1979, S. 9.

[74] Vergasung von Ballastkohlen. Werkszeitschrift Sophia-Jacoba 1977, Heft 2, 7—8.

[75] *v. Wahl, S.:* Überlegungen und Rechnungen zur Frage der günstigsten Größe von Grubenbetrieben. Glückauf Forschungshefte **28** (1967), S. 117/125 und 169/180.

[76] *Weber, H.:* Der Weg zum Hochleistungsabbaubetrieb. Glückauf **113** (1977), Nr. 1, S. 5/16.

[77] *Wersch, B.:* Das Auffahren von Strecken mit Bohr- und Sprengarbeit. Glückauf **110** (1974), Nr. 10, S. 370/382.

[78] *Wied, E., Spangenberg, W.:* Konzeption des Projektes Afferde der Elektrizitätswerke Wesertal. VDI-Berichte **322** (1978) 49—55.

[79] *Wolowski, E., Funk, O.:* Stand der Kohlehydrierung außerhalb von Europa. Erdöl und Kohle **33** (1980) 321—326.

[80] World Coal Study — Coal — Bridge to the Future, Cambridge (USA), 1980
— Future Coal Prospects, Country and Regional Assessments, Cambridge (USA), 1980.

[81] *Würfel, H. E.:* The Saarberg coal liquefaction process. Fuel Process. Technol. **2** (1979) 227—233.

V Erdöl und Erdgas

W. Rühl[1]

Inhalt

1	Einführung	120
2	Lagerstättenbildung	123
3	Erkundungsverfahren	135
4	Erfolgsaussichten des Aufschlusses	139
5	Gewinnung	141
6	Transport von Erdöl und Erdgas	158
7	Verarbeitung von Erdöl	160
8	Lagerung von Erdöl und Erdgas	165
9	Schweröle, Asphalte, Schieferöle	167
10	Erdöl- und Erdgasrecht, Konzessionswesen	170
11	Finanzierung und Wirtschaftlichkeit	174
12	Entwicklungstendenzen	176
	Literatur	182

1 Einführung

1.1 Kohlenwasserstoffe [1, 2, 65, 66]

Erdöle und Erdgase sind Gemische verschiedenartiger Kohlenwasserstoffe, deren Moleküle im wesentlichen aus Kohlenstoff (C) und Wasserstoff (H), vereinzelt mit Stickstoff-, Sauerstoff- und Schwefel-Verbindungen aufgebaut sind. Bei entsprechenden Druck- und Temperaturbedingungen können sie vom flüssigen in den gasförmigen Zustand oder umgekehrt überführt werden (vgl. 1.2). In natürlichen Vorkommen treten sie gasförmig, flüssig, pastenartig oder fest auf. In der gleichen Reihenfolge steigt ihre Viskosität und ihre Molekülgröße an.

Die gesättigten *Paraffine* gehorchen der Summenformel C_nH_{2n+2}. Vertreter sind Methan (CH_4), Äthan (C_2H_6), Propan (C_3H_8), bei atmosphärischen Bedingungen gasförmig, Butan (C_4H_{10}), Pentan (C_5H_{12}) usw. flüssig oder z.B. Docosan ($C_{22}H_{46}$) fest. Während es für jede Molekülgröße nur 1 Normal-Paraffin gibt, kann die Zahl der möglichen Isomeriefälle mit der Zahl der C-Atome bzw. der Molekülgröße bis auf mehrere Tausend ansteigen. Bei somit gleichbleibender Summenformel verändern sich dabei Eigenschaften wie Siedepunkt, Flamm- und Stockpunkt, Viskosität, Oktanzahl usw.

[1]) Mit Beiträgen von *K. Böhm, H. J. Klatt, Chr. Schmid, H. W. Schünemann, M. Stanciu, P. Waldt, H. Wolke* (sämtlich Deutsche Texaco Aktiengesellschaft, und *G. Hoffmann* (Ruhrgas A.G.))

Ungesättigte Kohlenwasserstoffe der Formel C_nH_{2n} mit Doppelbindungen bezeichnet man als *Olefine*. Sie kommen in natürlichen Ölen nur untergeordnet vor. *Naphthene* sind abgesättigte, ringförmig angeordnete Paraffine (Cycloparaffine). *Aromaten* mit der Formel C_nH_n sind dagegen ungesättigte ringförmige Kohlenwasserstoffe mit Doppelbindungen und chemisch recht stabil.

Im allgemeinen sind Paraffine, Naphthene und Aromaten in Rohölen unterschiedlich enthalten. Man spricht daher z.B. von paraffin- oder naphthenbasischen Ölen. So haben die Emsland-Öle etwa 82–92 % Paraffine, bis zu 15 % Naphthene und bis zu 12 % Aromaten. Bei den Destillations-Schnitten enthalten Benzine mehr Paraffine und Olefine als die schwereren Bestandteile, Schmier- und Heizöle dagegen mehr Aromaten. Nach dem spezifischen Gewicht lassen sich Schwer-, Mittel- und Leichtöle unterscheiden. Schweröle (spez. Gew. > 0,92) enthalten einen niedrigen, Leichtöle (spez. Gew. < 0,875) einen höheren Anteil an niedrigsiedender Benzin-Fraktion (Tabelle V.1).

Tabelle V.1 Trennschnitte einiger Rohöle (in Vol. %)

Ölfelder	Benzinfraktion (< 180 °C)	Mitteldestillate (180–350 °C)	Rückstand (> 350 °C)
Rühlermoor (Emsland)	8	18	74
Hankensbüttel (Niedersachsen)	19	27	54
Kuwait	21	27	52
Agha Jari (Iran)	25	32	43
Hassi Messaoud (Algerien)	32	38	30

Im Rohöl gelegentlich vorhandene Naphthensäuren, Merkaptane, Asphaltene, Harzstoffe oder Spurenmetalle können sowohl die Aufbereitungstechnik wie die Wirtschaftlichkeit beeinträchtigen. Wenn z.B. Schwefel in paraffinösen Leichtölen meist nur in Spuren bis zu etwa 0,5 % vorhanden ist, so kann er bei Schwerölen bis zu 5 % (Athabasca) ansteigen. Tabelle V.2 zeigt deutlich, daß die afrikanischen und nordamerikanischen Rohöle schwefelärmer sind als die südamerikanischen und nahöstlichen.

Der *Asphalt* von Trinidad besteht zu etwa je 1/3 aus hochmolekularem Bitumen, Mineralstoffen und emulgiertem Salzwasser neben Schwefel- und Sauerstoff-Verbindungen.

1 Einführung

Tabelle V.2 Schwefelgehalte von Rohölen [3] — (Anteil an der Fördermenge in %)

Gew.-%:	0–0,25 %	0,25–0,5 %	0,5–1,0 %	1,0–2,0 %	über 2,0 %
USA	40,4	25,4	13,1	13,0	8,1
Kanada	35,1	5,8	33,7	12,7	12,7
S-Amerika	1,6	1,3	3,5	15,2	78,4
Afrika	63,7	14,4	21,6	–	0,3
Nahost	–	–	–	44,8	55,2

Tabelle V.3 Zusammensetzung einiger Erd- und Erdölgase (in Vol. %)

Vorkommen		CH_4	C_2H_6	C_3H_8	$C_4H_{10}<$	CO_2	N_2	H_2S
Gaslagerstätten								
Rehden (O-Karbon)	BR Deutschland	82,1	0,6	0,1	–	10,2	7,0	–
Emlichheim (Zechstein)	BR Deutschland	84,5	0,6	–	–	5,1	9,8	–
Bentheim (Zechstein)	BR Deutschland	90,0	1,0[1])	–	–	2,0	6,5	0,5
Hassi-Rmel (Trias)	Algerien	83,5	7,9	2,1	1,0	–	5,3	–
Slochteren (Perm)	Holland	82,0	2,7	0,4	0,2	0,7	14,0	–
Cortemaggiore (Tertiär)	Italien	91,0	4,4	1,5	1,4	–	1,7	–
Lacq (Kreide, Jura)	Frankreich	69,5	2,8	1,2	1,6	9,5	0,3	15,2
Wolfersberg (Tertiär)	BR Deutschland	93,9	1,4	2,1	1,9	0,3	0,4	–
Wertz-Dome	Wyoming	26,8	6,3	3,3	4,3	42,0	4,1	1,1
Petrolia	Texas	52,7	9,3	–	–	0,2	37,8	–
Leman-Hewett (Rotl.)	Nordsee	94,4	3,1	0,6	0,2	0,1	1,4	–
Matzen (Sarmat)	Österreich	98,9	0,1	0,1	–	0,3	0,6	–
Gase aus Erdöl-Lagerstätten								
Hohne (Lias)	BR Deutschland	63,2	8,3	9,6	11,1	5,1	2,7	–
Plön (Dogger)	BR Deutschland	56,9	12,9	16,5	12,7	0,3	0,7	–
Minfeld (Tertiär)	BR Deutschland	64,9	10,0	10,4	15,7	–	–	–

[1]) Äthan und schwerer

Ozokerite und Erdwachse dagegen sind die hochmolekularen Bestandteile von Paraffinen. Während Asphalte meist Sande oder Kalke zu Teersanden oder Asphaltiten imprägnieren, treten Erdwachse meist in Klüften auf (Abschnitt 8.2).

Die im Erdöl gelösten und beim Fördern freiwerdenden *Erdölgase* unterscheiden sich von reinen Erdgasen ohne Kontakt zu Erdölen im wesentlichen durch einen höheren Gehalt an höheren Kohlenwasserstoffen bzw. größeren Heizwert (Tabelle V.3).

Erdgase enthalten mitunter hohe Prozentsätze von N_2, CO_2 oder H_2S und verlieren damit u.U. sogar ihre Brennfähigkeit (vgl. Abschnitt 1.3). Bei N_2-Gehalten von 60–40 % sinkt der Heizwert etwa auf Stadtgas-Qualität von 17,58–18,42 MJ (4200–4400 kcal).

Hohe Gehalte von H_2S, die z.B. im karbonatischen Zechstein des Weser-Ems-Gebiets bis über 20 Vol. % ansteigen können, erfordern eine kostspielige Behandlung in Entschwefelungsanlagen [166].

1.2 Physikalische Eigenschaften der Erdöle [2, 4]

Dichte und Viskosität als wichtigste Parameter nehmen mit steigendem Druck und steigender Temperatur sowie mit steigendem Gehalt an gelöstem Gas ab. Die Gaslöslichkeit steigt mit dem Druck an, während höhere Temperatur sie verringert. Mit der Menge des gelösten Gases vergrößert sich auch das Volumen (Formationsvolumenfaktor) der Flüssigkeit.

Oberhalb eines Sättigungsdrucks bleibt überschüssiges Gas ungelöst frei, in einer Öllagerstätte z.B. in Form einer leichteren Gaskappe über dem schwereren Öl. Die meisten Öle sind indessen aus Mangel an eingewandertem Gas untersättigt, z.B. in Nordwestdeutschland. Der kritische Druck, bei dem sich auch in untersättigten Öllagerstätten das gelöste Gas entlöst, wird als Gasentlösungsdruck (P_B in Bild V.1) bezeichnet. In ihm hat ein Öl-Gas-Gemisch sein größtes Volumen und seine niedrigste Visko-

Tabelle V.4 Physikalische Eigenschaften von Rohölen und Mineralölprodukten

	Spez. Gew. (15 °C)	Viskosität cP (20 °C)	Stockpunkt (°C)	Siedebereich (°C)
1. Rohöle				
Libyen	0,83–0,85	10– 30	– 10 bis + 20	+ 30
Nahost	0,85–0,86	10– 30	– 30 bis ± 0	+ 30
Venezuela	0,85–0,93	15– 800	– 40 bis + 20	+ 30 bis + 100
BR Deutschland				
Leicht- und Mittelöl	0,82–0,90	5– 150	– 20 bis + 45	+ 30
Schweröl	0,90–0,95	150–4000	– 30 bis + 5	+ 75
2. Mineralölprodukte				
Fahr- und Flugbenzin	0,70–0,80	0,7	unter – 50	+ 30 bis + 210
Petroleum und Düsentreibstoff	0,77–0,83	2– 4	unter – 50	+ 150 bis + 290
Heizöl EL und Dieselkraftstoff	0,81–0,86	2– 6	– 5 bis – 20	+ 170 bis + 370
Schmieröle	0,80–0,95	über 5	– 40 bis ± 0	über 250
Heizöl schwer	0,90–0,98	gestockt	+ 20 bis + 45	über 200

sität; unterhalb des Gasentlösungsdrucks verliert das Öl sein Volumen, es schrumpft bis auf Tankölzustand bei Atmosphärendruck, es gibt sein Gas ab, und seine Viskosität steigt an.

Während in der Lagerstätte bei gleichbleibender höherer Temperatur der Lagerstättendruck infolge Ölförderung u.U. bis unter den Gasentlösungsdruck abfallen kann, tritt beim Aufstieg in den Steigerohren der Förderbohrungen eine weitgehende Druckentlastung und Temperaturerniedrigung ein. Die damit verbundenen Erscheinungen lassen sich aus Bild V.1 leicht ablesen

Für den Transport, die Verpumpung und Lagerung sind Viskosität und Stockpunkt von besonderer Bedeutung. Beim Stockpunkt kristallisiert gelöstes Paraffin aus und läßt das Öl dann u.U. zu einer zähen Masse erstarren (Tabelle V.4).

1.3 Physikalische Eigenschaften der Erdgase [2, 5, 6]

Dichte und Heizwert eines Erdgases lassen sich aus den Daten der Einzelkomponenten errechnen, wenn die Zusammensetzung des Gases bekannt ist. Die relative Dichte steigt von 0,56 (Luft = 1) für Methan auf 1,56 für Propan, 2,1 für Butan, 2,67 für Pentan usw., der Heizwert von 39,86 MJ pro m^3 (V_n) für Methan über 101,82 MJ für Propan auf 160,15 MJ für Pentan usw. Vorwiegend aus Methan bestehendes Erdgas besitzt einen oberen Heizwert von 35,59–39,77 MJ/m^3 (V_n). Dagegen kann ein feuchtes Gas den doppelten Heizwert erreichen.

Nichtbrennbare Gase wie Stickstoff, Kohlendioxid u.a. lassen den Heizwert von Erdgasen u.U. so stark absinken, daß eine wirtschaftliche Entwicklung solcher Lagerstätten nicht mehr gewährleistet ist.

Kohlenwasserstoffe können rein oder gemischt unter Anwendung eines höheren Druckes bei Raumtemperatur verflüssigt werden, wenn die kritische Temperatur höher als die Raumtemperatur ist. Dazu gehören Propan-Butan und Isobutan (Flüssiggas).

Methan wird bei Normaldruck verflüssigt, wenn es auf die Siedetemperatur von etwa – 161 °C abgekühlt wird. Bei der Wiederverdampfung entstehen aus 1 m^3 verflüssigtem ungefähr 600 m^3 (V_n) gasförmiges Methan. Diese Beziehungen sind für Erdgas-Transport und Lagerung wichtig.

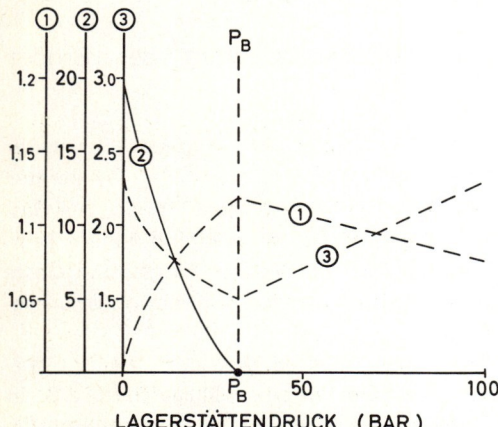

Bild V.1 Druck-Temperatur-Volumen-Beziehungen von Öl-Gas-Gemischen
1 Formations-Volumen-Faktor (F.V.F. = B, β)
2 Gas-Öl-Verhältnis nach Gasentlösung
3 Ölviskosität (cP)
P_B Gas-Entlösungsdruck

Bei der Vorratsberechnung reiner Erdgaslagerstätten ist das abweichende Kompressibilitätsverhalten eines Erdgases vom Verhalten eines idealen Gases zu berücksichtigen (vgl. 5.3.5). Reale Gase gehorchen der Zustandsgleichung $pV = RTz$, wobei z als Abweichungsfaktor die Druck- und Temperaturabhängigkeit höhermolekularer Kohlenwasserstoffe als Bestandteile realer Gase berücksichtigt. Der z-Faktor kann im allgemeinen zwischen etwa 0,8 und 1,6 liegen [5].

Schließlich muß auf das abweichende Verhalten in meist großer Tiefe von über 3000 m liegender sog. Kondensat-Lagerstätten hingewiesen werden. In ihnen kondensiert bei Druckabfall ein Teil der höheren Kohlenwasserstoffe „retrograd" in der Lagerstätte und geht dadurch verloren, sofern nicht der Druckabfall durch laufende Injektion eines Trockengases (Cycling) verhindert wird. Meist kommt dies nur bei großen Vorkommen und guten Flüssiggas-Erlösen in Betracht.

Darüber hinaus geben die Zusammenhänge zwischen Druck und Temperatur und die Phasenverhältnisse der Kohlenwasserstoffe einen eindeutigen Hinweis darauf, daß mit steigender Teufe die Tendenz zur Molekülverkleinerung und Einphasigkeit sichtbar wird. Außerdem zeigt die Erfahrung, daß ab 4000—6000 m nur in Ausnahmefällen noch Erdöl gefunden wird.

Mit dem in allen Lagerstätten vorhandenen Wasser, das entweder als Wasserdampf oder als Kondenswasser mit dem Gas gefördert wird, bilden Methan, Äthan, Propan und i-Butan bei niedrigen Temperaturen feste Gas-Hydrate. Sie verstopfen Leitungen und Ventile, wenn keine Alkohol-Injektion erfolgt, oder andere Gegenmittel wie Gastrocknung oder Isolierung oder Beheizung von Leitungen und Armaturen angewendet werden.

Die heutigen Kontinentalränder einschließlich deren Schelfgebiete bis 200 m Wassertiefe müssen nicht die geologische Grenze für Erdöl- und Erdgasvorkommen darstellen. Die Forschungsergebnisse der Kontinentalverschiebungs-Theorie bzw. der Tektonik und Bewegung der Krustenplatten der Erde haben vielmehr die Wahrscheinlichkeit erhärtet, bis in große Wassertiefen Erdöl und Erdgas zu gewinnen und an den Kontinentalrändern sehr mächtige Sapropel-Tonsteine anzutreffen [135, 165].

Da sie im Laufe der geologischen Geschichte der Kontinentaldrift Beckencharakter mit Mutter- und Speichergesteinsablagerungen hatten, wie sie im Gebiet der heutigen Landfläche die Grundlage der Prospektion bilden, werden sie in Zukunft verstärktes Aufsuchungsobjekt sein. Dabei kann einerseits zwischen dem atlantischen Typ der auseinanderdriftenden Schollen beiderseits des Atlantischen Ozeans mit Zerrungscharakter und andererseits dem pazifischen Typ beiderseits des Pazifischen Ozeans mit Unterschiebungs- und Stauchungscharakter, im letzteren Falle mit orogenetischen Begleiterscheinungen (Inselbögen des Fernen Ostens), unterschieden werden [99]. In beiden Fällen aber dürfte mit Muttergesteinen und Fangstrukturen zu rechnen sein. Eine Ausnahme davon bildet aber die eigentliche Tiefsee unterhalb etwa 4000 m, in der meist magmatische Gesteine vor jüngeren Sedimenten dominieren.

Alle Sedimentgebiete nehmen im Schelfgebiet der wasserbedeckten Kontinentalränder bis 300 m Wassertiefe 27,5 Mio. km^2, d.h. 7,6 % aller Meeresgebiete ein [9], und weitere 34 Mio. km^2 umfassen bis 1000 m Wassertiefe vorwiegend mesozoisch-känozoische Sedimente. Hinzu kommen wahrscheinlich weitere mindestens 15 Mio. km^2 bis etwa 3000 m Wassertiefe. Von insgesamt etwa 70—80 Mio. km^2 unter dem Wasser gelegenen Sedimentgebieten sind allerdings wohl nur ein Drittel explorationswürdig, und davon wieder nur ein Teil wirklich als aussichtsreich zu beurteilen.

2 Lagerstättenbildung

2.1 Sedimentbecken [7, 8]

Die großen Sedimentgebiete der Welt umfassen mit 55 Mio. km^2 etwa 38 % der Landfläche (Bild V.2, 3). Jedes von ihnen ist indessen unterteilt in eine ganze Anzahl kleinerer Beckeneinheiten (weltweit etwa 600) die durch geologisch ältere Hoch- oder Schwellengebiete voneinander getrennt sind. Explorativ von Interesse sind davon, z.B. in USA etwa 5 Mio. km^2, in UdSSR etwa 12 Mio. km^2.

Am Beispiel Westeuropas (Bild V.3) kann gezeigt werden, daß ähnlich wie in USA die Erdöl- und Erdgasvorkommen von N nach S zu in geologisch jünger werdenden Schichten liegen (Bild V.4). Sie folgen den großtektonischen Vorgängen vom paläozoisch gefalteten Norden zur Tethys-Geosynklinale, aus der sich das alpidische Faltensystem herausbildete.

2.1.1 Beckentiefen und Prospektionsaussichten

Die Sediment-Mächtigkeit ist bei schnell einsinkenden Geosynklinalen oft außerordentlich groß. So erreicht sie im Golf von Mexiko Werte von weit über 20 000 m für Jura bis Tertiär, wobei auf Miozän allein die Hälfte entfallen. Demgegenüber hat das riesige Amazonas-Becken auf dem alten Brasilia-Massiv im Laufe von 400 Mio. Jahren nur max. 4000 m Sediment zurückgelassen. Im allgemeinen kann die Regel gelten, daß mit der Sedimentmächtigkeit auch die Chancen für Öl- und Gasbildung bzw. -vorkommen zunehmen.

Die Diagenese der organischen Substanz unter Druck- und Temperaturanstieg bei der Beckenabsenkung führt zu einer Spaltung der komplexen Moleküle, und zwar zwischen etwa 75—150 °C zu einer flüssigen Phase. Das

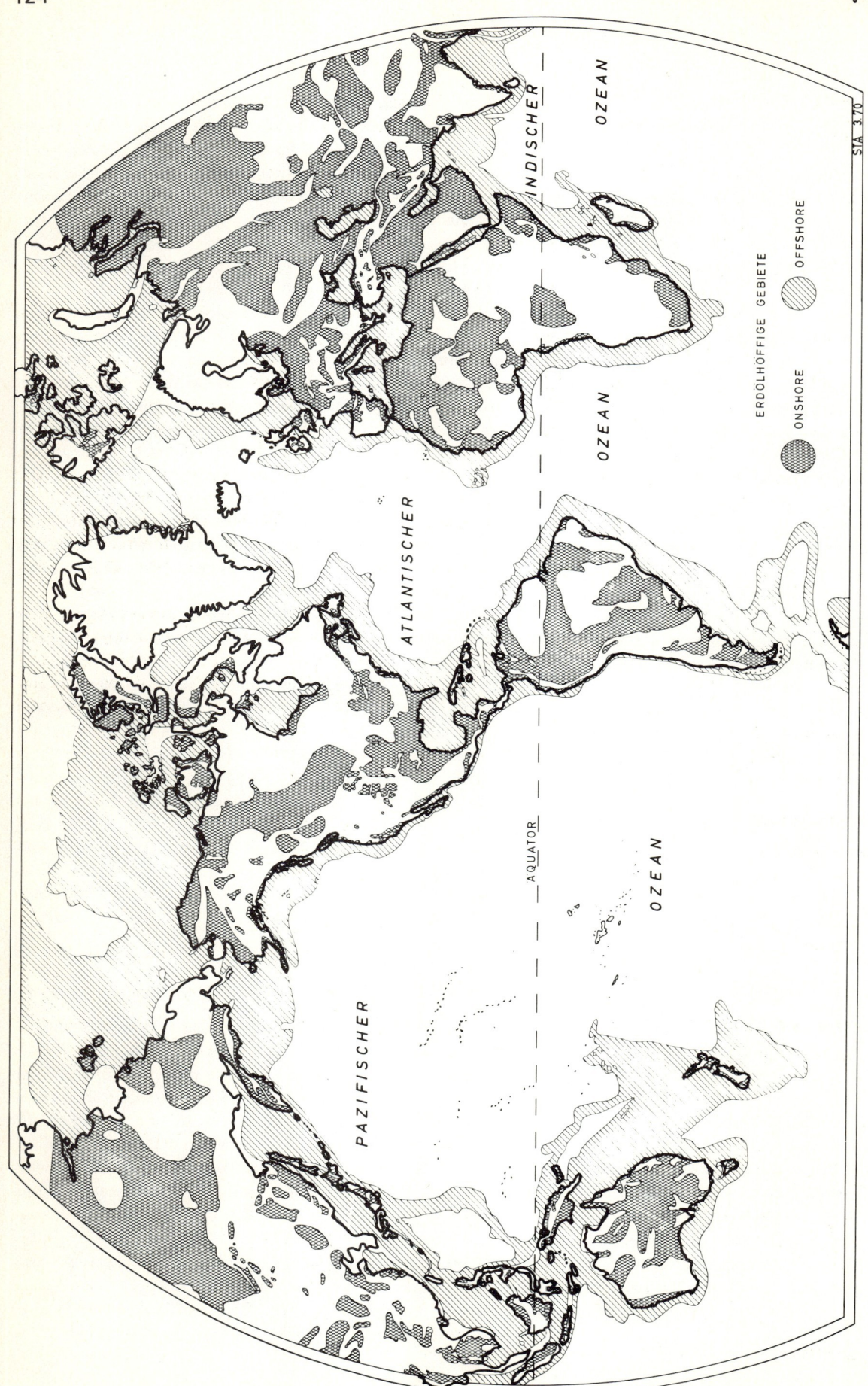

Bild V.2 Erdöl- und Erdgas-höffige Gebiete der Welt (nach U.S. Geol. Survey, 1969)

2 Lagerstättenbildung

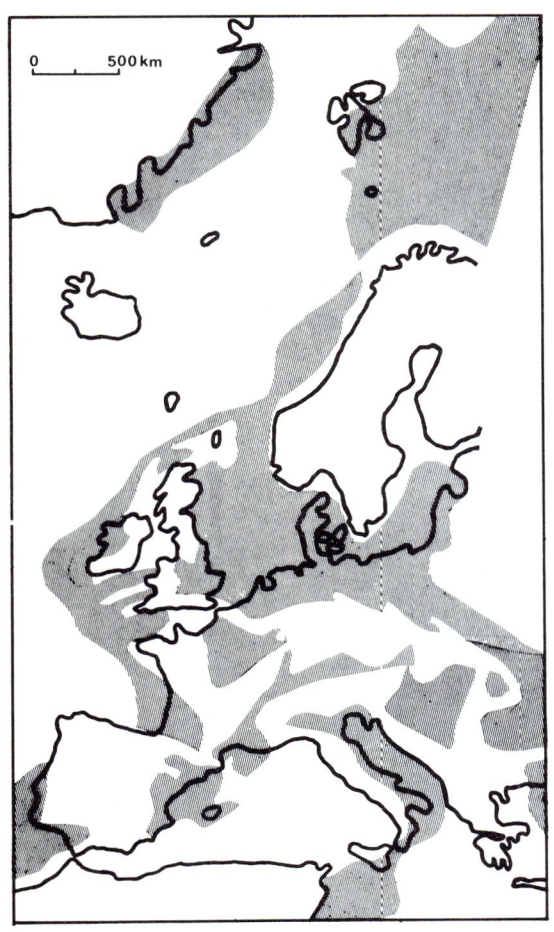

Bild V.3 Erdöl- und Erdgas-höffige Sedimentgebiete Europas (nach BOIGK & HARK, 1974)

„liquid-window"-Konzept erklärt, daß flüssige Kohlenwasserstoffe nur bei niedrigem Temperaturgradienten bis ca. 4 °C/100 m auch in größerer Teufe vorkommen. Bei hohem Gradienten ab etwa 4–6 °C/100 m findet sich schon ab etwa 3–4000 m vorwiegend Erdgas. Hier liegt also die Erklärung dafür, daß mit zunehmender Teufe Leichtöle, Kondensate oder Erdgase gefunden werden [116]. Die geochemische Analyse eines bituminösen Sediments läßt den jeweiligen Maturationsgrad erkennen (vgl. Abschnitt 12.3).

In den Randmulden der jungen Kettengebirge zu beiden Seiten der Rocky Mountains, der Anden und des alpidischen Systems von Südeuropa über Kaukasus bis zum Himalaya können wir mit 5–10 000 m Mächtigkeit jüngerer Sedimente rechnen. Aber auch die mesozoisch-jungpaläozoischen Becken, wie z.B. das nordwestdeutsche, erreichen ähnliche Mächtigkeiten über dem gefalteten Untergrund. Auch das Perm-Becken von Texas z.B. hat 10 000 m Mächtigkeit, allerdings findet sich auch hier unterhalb 5000 m praktisch kein Öl mehr. Dasselbe gilt für das Tertiär des Golfes von Mexiko, in dem 54 % aller Kohlenwasserstoffe oberhalb 2400 m und nur 10 % unterhalb 4800 m vorkommen.

In NW-Europa steht das Paläozoikum für die Erdgas-Suche z.Z. hoch im Kurs, seitdem das drittgrößte Gasfeld der Welt, Slochteren im Rotliegenden Hollands, und seitdem weitere Felder in der englischen Nordsee gefunden wurden. Hier gilt das kohleführende Karbon als Ursprungsgestein für das Erdgas.

		Großbrit.	Holland	Nord-Dtschl.	Nordsee	Nord-Frankr.	Süd-Frankr.	Süd-Dtschl.	Österr.	Italien	Ungarn Jugosl.
TERTIÄR	Jung							☼	☼ ●	☼ ●	●
	Alt				☼ ●			☼ ●	●	●	
KREIDE	Ober-				●	●		●			
	Unter-		☼ ●		●		●	☼			
JURA	Malm			☼	●	●		☼			
	Dogger	●			●	●					
	Lias				●						
TRIAS	Keuper				☼		●		☼ ●	●	●
	Muschelk.										
	Buntsandst.	☼		☼		☼	●				
PERM	Zechstein	☼ ●	☼ ●	☼		☼ ●					
	Rotlieg.		☼	☼		☼ ●					
KARBON	Ober-	●	☼	☼							
	Unter-	☼ ●									
DEVON	Ober-								☼=GAS		
	Mittel-								●=Öl		
	Unter-										

Bild V.4 Stratigraphische Verteilung der Erdöl- und Erdgas-Lagerstätten in Europa

2.1.2 Inhalt der Becken an Öl und Gas und deren Verteilung

Man hat berechnet, daß alle Sedimentbecken der Welt 3000 Billionen t organisches Material enthalten haben, wovon 60 Billionen t, d.h. nur 2 % zu Kohlenwasserstoffen umgewandelt wurden. Von dieser Menge dürften nur wieder 1–2 %, d.h. 1000 Mrd. t als Erdöl erhalten geblieben sein. Diese schlechte Bilanz ist auf die wechselvolle geologische Geschichte der Becken und auf die Vergänglichkeit organischer Substanz zurückzuführen [11].

Hinsichtlich der Verteilung von Erdöl und Erdgas gelten folgende Erfahrungswerte [134]:

Känozoikum	26 % Erdöl	12 % Erdgas
Mesozoikum	68 % Erdöl	62 % Erdgas
Paläozoikum	6 % Erdöl	26 % Erdgas

Von 82 % der Ölreserven der Welt, die in 42 Sedimentbecken mit 236 Vorkommen lagen, befanden sich 1963 [13]:

2 % oberhalb	300 m,
18 % zwischen	300– 900 m,
50 % zwischen	900–1800 m,
26 % zwischen	1800–2700 m,
4 % unterhalb	2700 m.

Davon fördern 63 % Leichtöl mit spez. Gew. unter 0,875 (81 % aller Reserven). 20,5 % aller Felder haben Mittelöl mit spez. Gew. von 0,875 bis 0,920 (10 % aller Reserven); der Rest ist Schweröl (ohne Teersande).

Der Charakterisierung der unterschiedlichen Feldverteilung in Sedimentbecken mögen noch einige Aufstellungen dienen. Es bedarf freilich kaum des Hinweises, daß die Exploration nicht nur auf die großen und wirtschaftlich günstigeren Objekte gerichtet werden kann. Es ist auch nicht zu verwundern, daß wirkliche Großfunde nicht in jedem Jahr gemacht werden. In USA wurden Großfunde mit über je 4 Mio. t Öl oder 5 Mrd. m³ (V_n) Gas an gewinnbaren Reserven in den letzten Jahren fast gar nicht gemacht (vgl. Abschnitt 4).

Kennzeichnend für die Bewertung der Aufschluß-Bemühungen und der Wirtschaftlichkeit ist die Verteilung von Feldern und Reserven gewinnbaren Öls. Von schätzungsweise 30 000 Öl- und Gaslagerstätten in der Welt liegen etwa 18 000 in USA auf nur 7 % der Landfläche der Welt. Davon enthalten 515 (3 %) aber 76 % der sicheren und wahrscheinlichen Öl- und 66 % der Gasreserven (Meyerhoff 1979). 430 Öl- und Gasfelder der Welt mit je über 90 Mio. t Öläquivalent enthalten 70–75 % der Reserven der Welt, und selbst in den USA haben weniger als 1 % (nämlich 58 Felder von 18 000) 45 % der gewinnbaren Reserven [109]. 264 Ölfelder mit je über 68 Mio. t Ölreserve enthalten 72 %, und 15 Riesenfelder allein 35 % der Weltreserven. Davon liegen 11 in Nahost und 4 in der UdSSR, Venezuela und den USA [118]. Interessant ist auch, daß 78 % aller Lagerstätten jünger als Lias sind und 80–85 % aller Reserven enthalten. Nicht eingerechnet sind hier Schwerölsande, sogenannte Teersande.

Ferner enthalten in:

USA
5 % aller Ölfelder	50 % der Reserven,
35 % aller Ölfelder	45 % der Reserven,
60 % aller Ölfelder	5 % der Reserven;

BR Deutschland

5 % aller Ölfelder ($>$ 7,5 Mio. t)	38 % Reserven[1],
35 % aller Ölfelder (0,75–7,5 Mio. t)	42 % Reserven,
60 % aller Ölfelder ($<$ 0,75 Mio. t)	20 % Reserven.

In der UdSSR enthielten von 548 Gasfeldern:

14 (d.h. 2,6 %)	je über 100 Mrd. m³ (V_n) Reserven,
32 (d.h. 5,8 %)	je 30–100 Mrd. m³ (V_n) Reserven,
502 (d.h. 91,6 %)	je unter 30 Mrd. m³ (V_n) Reserven,

bzw.

9 % Felder (je über 20 Mrd. m³ (V_n) mit 81 % Reserven,
37 % Felder (je 1–20 Mrd. m³ (V_n) mit 18 % Reserven,
54 % Felder (je unter 1 Mrd. m³ (V_n) mit 1 % Reserven.

Der Durchschnitt liegt bei 14 Mrd. m³ (V_n). Die 14 größten Felder enthalten 80 % aller Reserven.

---

[1]) Bisherige Kumulativförderung und derzeitige Reserven.

Tabelle V.5 Die vier größten Gasfelder der Welt (Stand 1978)

Gasfelder	Teufe (m)	Fläche (km²)	Reserven (10^9 m³ (V_n))	Spez. Reserven $\left(\dfrac{10^6 \text{ m}^3 (V_n)}{\text{km}^2}\right)$
Panhandle-Hugoton, Texas	800	16 800	1950	116
Hassi Rmel, Algerien	2100	3 500	1400	400
Slochteren, Holland	3000	1 500	2000	1300
Urengoy, UdSSR	1080	2 100	$>$ 2600	865

2 Lagerstättenbildung

In Kanada enthielten 1964 von 277 Gasfeldern mit 550 Lagerstätten

10 % Felder je über 5 Mrd. m³ (V_n)
40 % Felder je 0,5–5 Mrd. m³ (V_n)
50 % Felder je unter 0,5 Mrd. m³ (V_n).

Der Durchschnitt liegt hier bei 4 Mrd. m³ (V_n) pro Feld.

In den europäischen Ländern BR Deutschland, Frankreich, Italien, Holland und Österreich gab es 1966 etwa 215 Ölfelder, aus denen bis dahin 168 Mio. t Öl gefördert wurden und die 214 Mio. t Reserven enthielten. 15 % größere Felder mit je fast 10 Mio. t Reserven beherbergten 85 % der Gesamtreserven, während die restlichen 182 Felder (85 %) zu je nur 0,35 Mio. t nur 15 % der Reserven enthielten. Wenn damit auch noch keine Aussagenmöglichkeiten über die Rentabilität verbunden sind, so ist doch kein Zweifel, daß diese bei den großen Feldern besser ist. Ebensowenig zweifelhaft ist auch, daß die Funde kleiner Felder nicht zu vermeiden sind, sondern einen notwendigen Teil der gesamten Aufschlußtätigkeit darstellen.

Unter den Gasfeldern Westeuropas überragt das 1956 entdeckte Slochteren mit fast 2000 Mrd. m³ (V_n) Reserven alle anderen weit, wenn auch in den letzten Jahren weitere bemerkenswerte Funde in Holland, der BR Deutschland und der Nordsee gemacht werden konnten, und Felder wie Lacq (Frankreich) mit 200 Mrd. m³ (V_n) und Zwerndorf (Österreich) schon zu den Ausnahmen zählen. Die statistische Durchschnittsgröße der etwa 50 deutschen Felder liegt bei rund 6 Mrd. m³ (V_n) Reserven (vgl. auch Tabelle V.5).

Zum Vergleich Slochteren: Teufe 3000 m, Rotliegend-Sandstein 120 m, Lagerstättendruck 360 bar, 25 Plattformen mit je 8 Bohrungen, Gasqualität siehe Tabelle V.3.

2.2 Migration in Fallen [7]

2.2.1 Migration

Das Problem der Lagerstättenbildung ist eng an die Migration organischer bzw. in Umsetzung begriffener Substanz aus kompaktierenden Tonen in poröse Gesteine unter sich laufend verändernden geochemischen und physikalischen Verhältnissen gebunden [15, 16, 17, 18].

In einer ersten Phase der Ton-Kompaktion bilden sich aus im Ton vorhandenen oder aus bei der Umsetzung organischer Substanz freiwerdendem Wasser lösliche Micellen von Naphthensäure-Seifen, die Kohlenwasserstoffe und Asphaltene eingeschlossen halten. Diese von hydrodynamischen Wasserbewegungen mitgeführten Micellen geben später ihre Kohlenwasserstoffe nach Koagulation als separate Phase in permeablen Speichersystemen frei. Nach anderer Auffassung wirken die im Wasser löslichen Alkalisalze organischer Säuren als Emulgatoren für eine kolloid-disperse Öl-in-Wasser-Emulsion (Asphaltene), die in dieser stabilisierten Form wandert.

Aus der Porphyrin-Forschung weiß man, daß bei der Kohlenwasserstoff-Bildung weder hohe Drücke noch hohe Temperaturen geherrscht haben. Demgegenüber fällt den katalytischen Vorgängen an den extrem großen inneren Ton-Oberflächen und wohl auch radioaktiven Vorgängen eine wesentliche Bedeutung zu.

Die zweite Migrationsphase erfolgt in Form freien Öls bzw. Gases im Wasser nach den physikalischen Prinzipien der kapillaren Verdrängung.

Die freien Kohlenwasserstoffe, die im hochporösen Speichergestein, hydrodynamisch unterstützt oder behindert, auf diese Weise weiterwandern, werden in Fallen gefangen oder wandern an die Erdoberfläche und asphaltieren dort unter Eintreten von Oxydations- und Polymerisationserscheinungen (Bildung von Schwerölsanden).

Ob Strukturen als Fallen wirken können, hängt von ihrer Dichtigkeit nach oben bzw. dem Kapillar- bzw. Verdrängungsdruck zwischen dem in den wassergefüllten Porenraum einwandernden Öl (Bild V.5) und den hydrodynamischen Kräften im porösen System ab (Bild V.6) [19]. Fallen bilden sich in Richtung auf ein Potential-Minimum, das jeweils in tektonischen Strukturen ausgebildet ist. Während sich in faziellen und strukturellen Anomalien die wandernden Kohlenwasserstoffe entlösen, fließt das Migrationswasser, unterstützt von den aus den Beckentiefen infolge fortschreitender Kompaktion nachströmenden Wassermengen, mit 1–2 m/a Geschwindigkeit nach oben weiter.

Bei längeren Wanderwegen im porösen System kommt es ferner leicht zu gravitativen Differenzierungen der einzelnen Kohlenwasserstoffe des wandernden Ge-

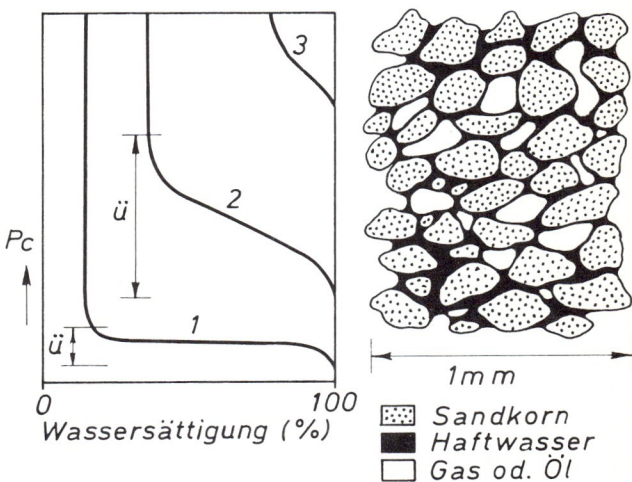

Bild V.5 Kapillardruckkurve und Porengeometrie
1 homogener, hochpermeabler Sand
2 heterogener, niedrigpermeabler Sand
3 niedrigstpermeabler Ton
Ü Übergangszone
P Kapillar- bzw. Verdrängungsdruck zwischen Öl und Wasser

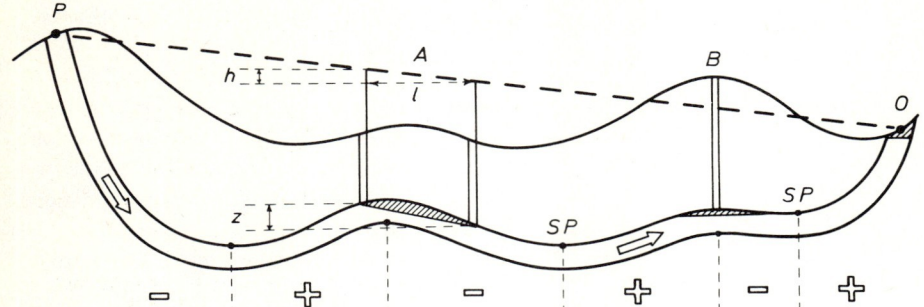

Bild V.6
Prinzipien der Hydrodynamik und Fallenbildung
PO potentiometrisches Niveau
SP Spill-Point
O   Ölausbiß
$\frac{dz}{dl}$ Ausdehnung der Ölansammlung
A   Antiklinale unter Überdruck (A) bzw. Unterdruck (B)

misches und dabei zu stärkeren Auswirkungen des unterschiedlichen Auftriebs für Gas- und Ölphase. Auf diese Weise lassen sich in Großbecken (z.B. Alberta) muldentief gelegene Gaslagerstätten und strukturhöhere Öllagerstätten erklären, obwohl man zunächst das Umgekehrte erwartet.

Die Wanderwege in tiefen Lagerstätten sind meist relativ kurz, bei oberflächennahen Schwerölsanden oft aber über 100 km lang. Die Bildungszeiten sind geologisch oft recht gut festzulegen (z.B. zwischen Unter- und Oberkreide im jurassischen Gifhorner Trog Norddeutschlands) [20, 21].

2.2.2 Fallentypen [7]

Wir können 5 Typengruppen von strukturellen Fallen unterscheiden, in denen sich Öl und Gas gefangen haben kann: 1. in *Domen, Falten, Antiklinalen,* 2. an *Brüchen,* 3. an *Diskordanzen* zwischen älteren und jüngeren Schichten, 4. an *Faziesbarrieren* und in *Riffen* und schließlich 5. an den *Flanken von* oder auf *Salzstöcken* (Bild V.7).

Störungen können wenige bis mehrere hundert Meter Sprungbetrag und Neigungswinkel bis zu 50–60° haben. Flachgelagerte Überschiebungen können über 10–20 km Länge haben (Bild V.8). Solche Vorgänge sind mit Stauchungen und Störungen verbunden, an denen sich Öl und Gas sammeln kann. Andererseits bieten stark gestörte Gebiete mit junger Tektonik (z.B. Oberrheintalgraben) oft keine günstigen Bedingungen für die Erhaltung von Öl-Lagerstätten.

Aufsteigende Salzstöcke sind meist von randparallelen oder radialen Störungen begleitet (Bild V.7), die häufig die Abführwege für sich ansammelnde Öle oder deren leichte

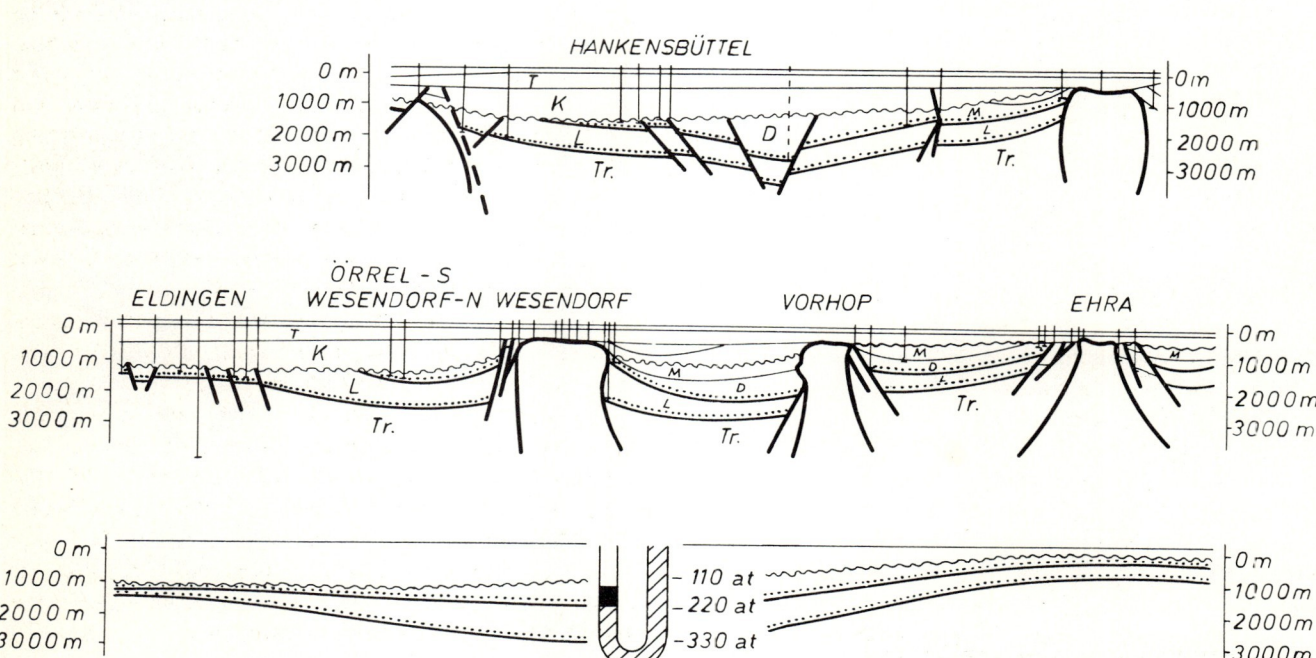

Bild V.7 Geologische Profile durch den Gifhorner Trog [20]; Ölführung in Domungen (Eldingen), Transgressionsfallen mit Fangstörungen (Hankenbüttel, Örrel-Wesendorf), Salzstockflanken (Wesendorf, Vorhop, Ehra). Unten Schema zur Erläuterung des hydrostatischen Drucks.
T Tertiär, K Kreide, M Malm, D Dogger, L Lias, Tr Trias

2 Lagerstättenbildung   129

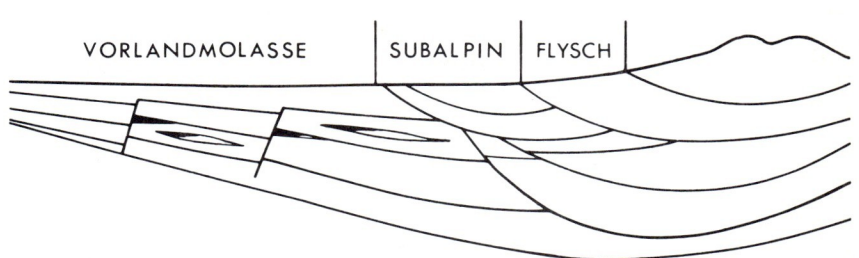

Bild V.8 Schematisches Profil durch das Molassebecken des Alpenvorlandes mit antithetischen Bruchfängern und Faziesfallen. (Potentielle Fallen sind auch die Überschiebungsflächen)

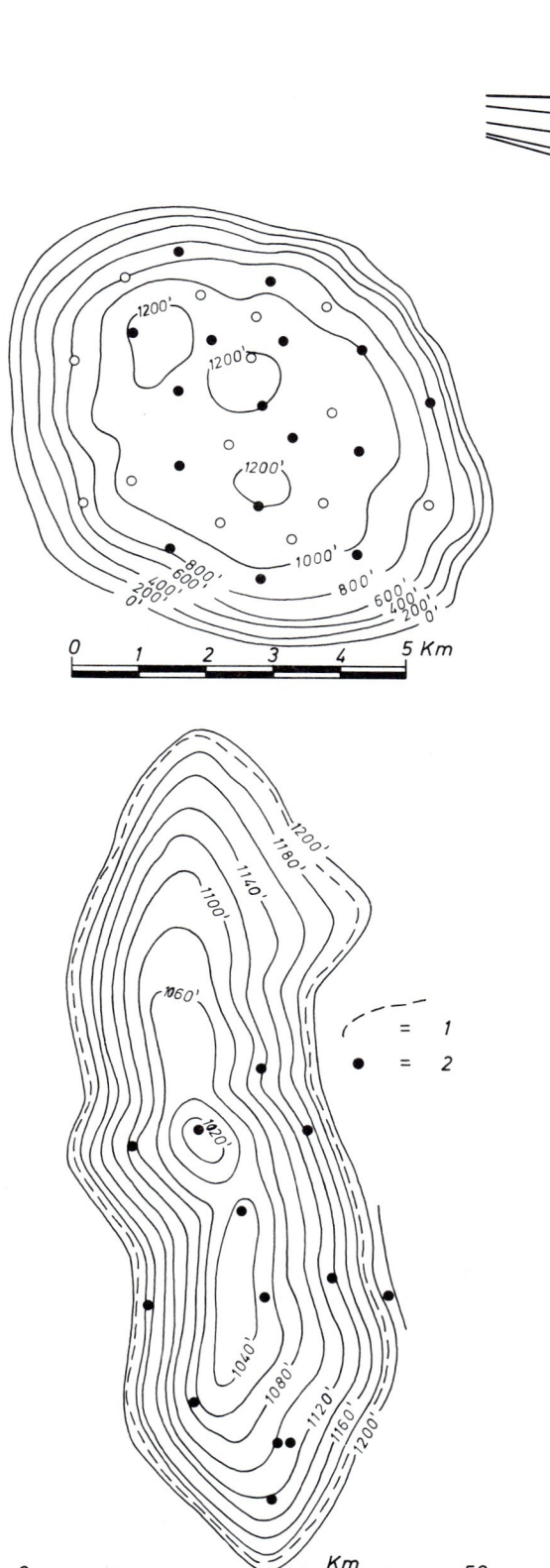

Bild V.9 Domartige Großstrukturen Sarir/Libyen (Öl) und Urengoj/Sibirien (Gas)
1 Randwasserlinie   2 Bohrungen

Komponenten sind. Daher finden sich auf Salzstöcken oft Schweröle.

Mobile Brüche und Klüfte gestatten natürlich u. U. auch zirkulierenden Wässern Auf- und Abstieg und damit den Zutritt zu chemisch oder physikalisch reagierenden Sedimenten wie Karbonaten oder Salzen. Auf diese Weise lassen sich Porosifizierungen von Kalken oder aber auch Anhydritisierung und Zementierungen ursprünglich poröser Gesteine erklären.

Nach Abklingen der Bewegung schließen sich ältere Störungen, Klüfte und Risse meist völlig und wirken von da ab als Ölfänger für in Sandsteinen wandernde Kohlenwasserstoffe.

Ebenso wie die Beiträge der Brüche können die domartigen Aufwölbungen wenige bis mehrere hundert Meter betragen und Flächen mit Kohlenwasserstoff-Führung von ganz geringem Umfang bis mehrere 100 km² einschließen. Hier gibt es weder Regeln oder Grenzen, immerhin zählen schon Kohlenwasserstoff-führende Flächen von 50—100 km² zu den Ausnahmen. So erreicht die Ölführung großer Ölfelder wie Sarir und Amal in Libyen etwa 400 km², die des um ein Mehrfaches an Reserven reicheren Burgan-Feldes in Kuwait mit dafür größeren Sandmächtigkeiten etwa 270 km² (Bild V.9). Die größten deutschen Ölfelder sind nur wenige Quadratkilometer groß (Bild V.10). Gasführende Strukturen sind oft in ihrer flächenhaften Ausdehnung viel größer. Die 4 größten Gasfelder der Welt haben Flächen von 1500—17 000 km² (Tabelle V.5).

Eine besonders intensive Bewegungs-Komponente ist im diapirischen Aufstieg von Salzstöcken zu sehen. Im Zechstein-Becken Norddeutschlands sind rund 150, im Gebiet Texas-Louisiana 340, im russischen Emba-Gebiet etwa 1200 bekannt. Sie steigen oft aus großer Tiefe erst langsam unter Bildung von Salzkissen, dann schneller auf und durchbrechen dabei alle bereits abgelagerten Schichten (Bild V.11). Die Salzstöcke Norddeutschlands begannen ihre Aufwölbung vielfach schon in der Trias, bewegten sich am raschesten aber während der Kreide [23, 24, 25, 26]. Vereinzelt steigen sie heute noch mit 0,5—1 mm/Jahr an. Z.T. bleiben sie in größerer Tiefe stecken oder kommen

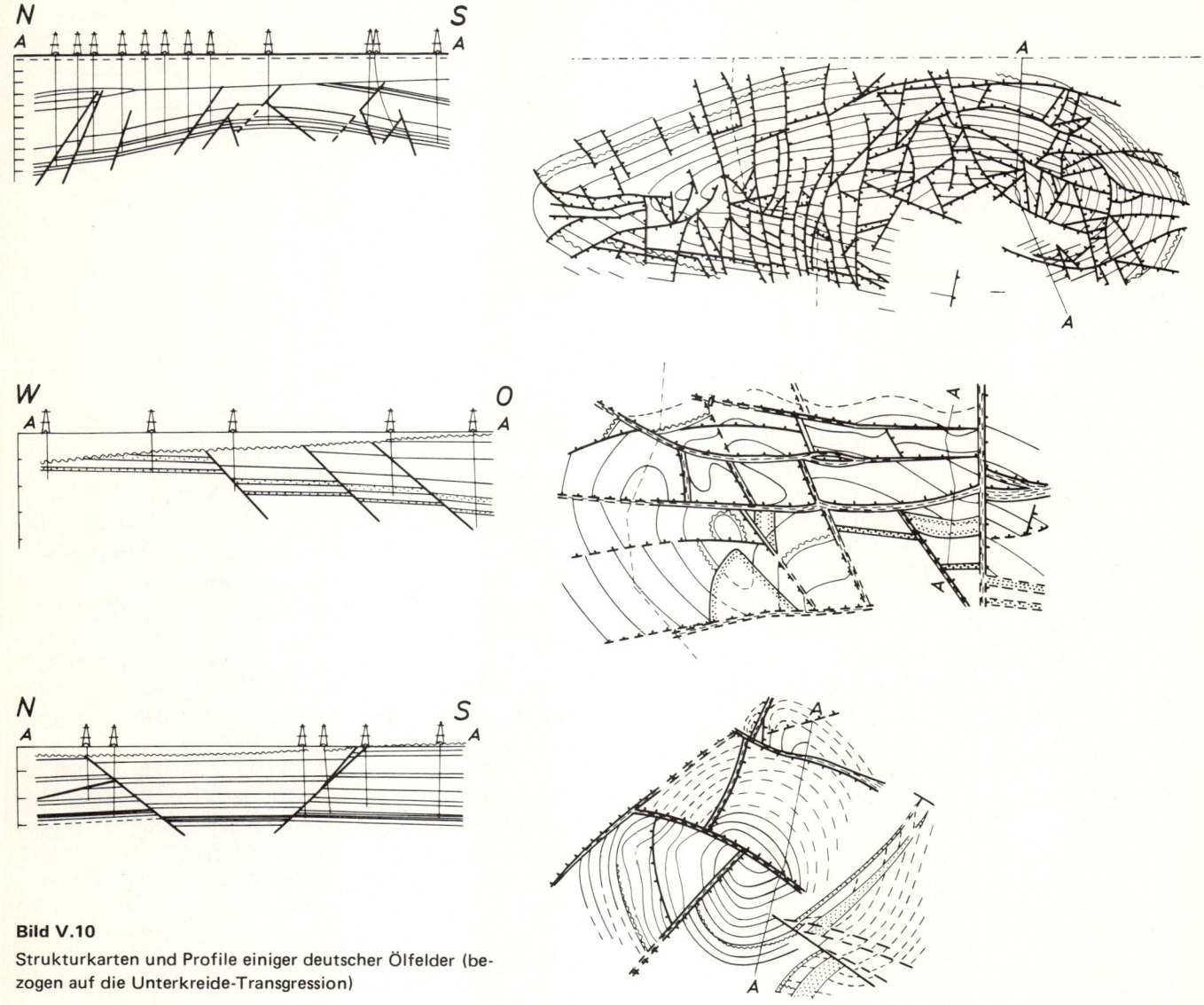

Bild V.10
Strukturkarten und Profile einiger deutscher Ölfelder (bezogen auf die Unterkreide-Transgression)

sogar bis zur Erdoberfläche, sie haben eine rundliche Form von etwa 1 km Durchmesser oder sind langgestreckt, z.B. mit 100 km Länge und 7 km Breite wie in Holstein (Bild V.12).

Bilder I.5 und I.6 zeigen den großstrukturellen Bau der Nordsee. Nahezu alle Öl- und Gasfelder des Mesozoikum liegen im Viking- und Central-Graben, während die Gasfelder im südlichen Nordsee-Becken ebenso wie das holländische Gasfeld Slochteren aus dem Rotliegenden fördern.

Während Gaslagerstätten oder gasgesättigte Öle an Salzstockflanken in Europa bisher unbekannt sind und an diesen gewöhnlich auch nur ein bis zwei Sand-Horizonte hochviskose Öle führen, gehören in schnell absinkenden jungen Becken wie im Golf von Mexiko mit laufend eingeschütteten Sandschichten 20–30 Horizonte mit gasgesättigtem Öl nicht zu den Seltenheiten. Somit ist nicht zu verwundern, daß diese Salzstockgebiete zu den ölreichsten gehören. Teerkuhlen an der Oberfläche (Wietze, Hänigsen, Ölheim) oder Ölimprägnationen der hochporösen weißen Kreide in Holstein sind dagegen letzte Reste von an Salzstockflanken aufgestiegenen Ölmengen.

Im Nahen Osten, im Vorland der Tauriden-Ketten, haben sich postmiozän parallellaufende Faltenzüge z.T. bis etwa 1500 m Höhe gebildet, die aus der Türkei in den Iran ziehen. Sie sind echte, z.T. asymmetrische Antiklinalen mit z.T. 40–50° einfallenden Flanken und beherbergen vorwiegend in Kreide- und Tertiär-Kalken Öl-Lagerstätten. Demgegenüber sind auch disharmonische Falten bekannt, die aus einer Mobilisation des Lower-Fars-Salzes resultieren, bei der der bekannte oligozäne Asmari-Kalk in Falten gelegt

2 Lagerstättenbildung 131

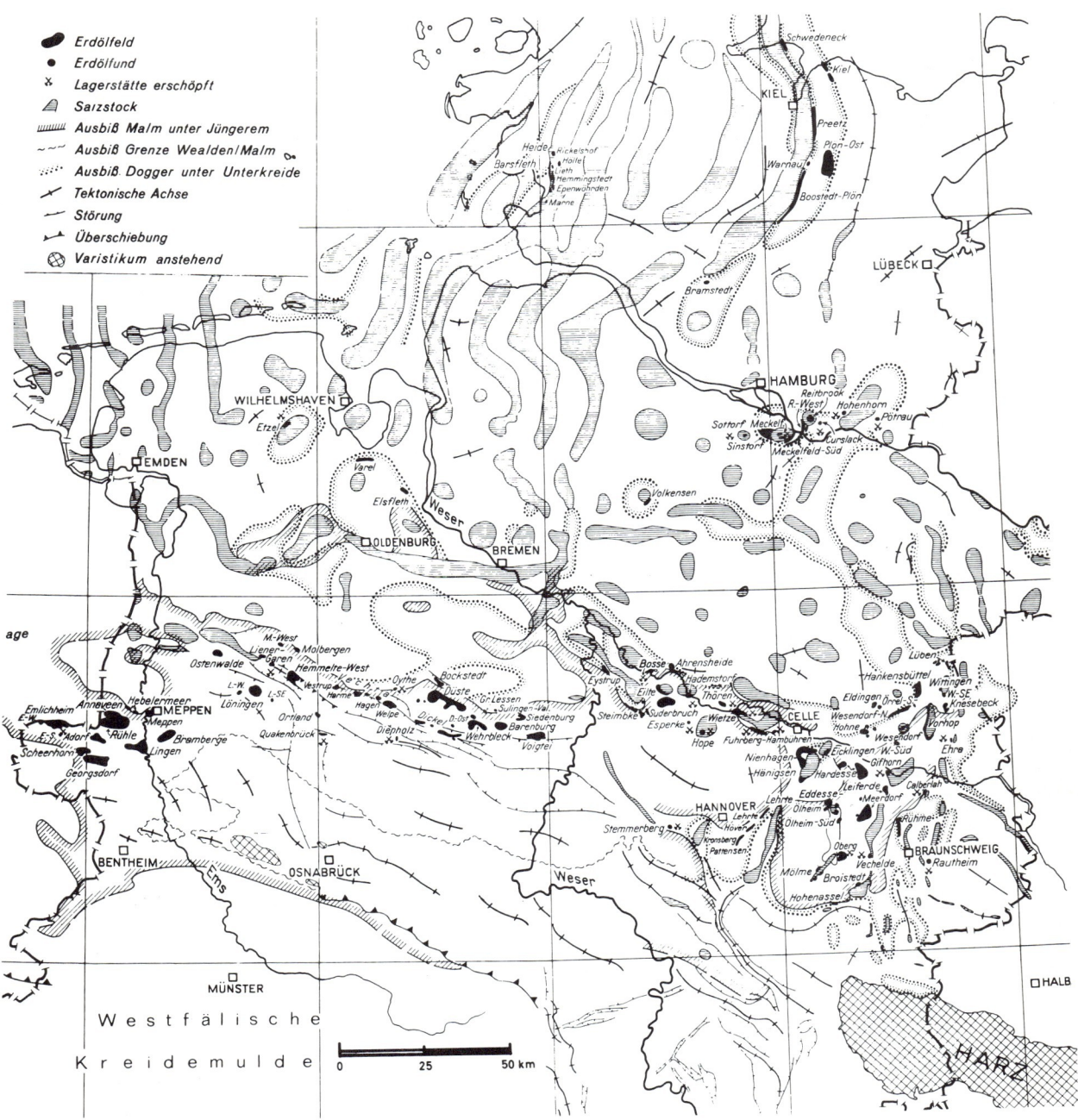

Bild V.11 Erdölgeologische Karte von Nordwestdeutschland (Niedersächs. Landesamt f. Bodenforschung, Abt. Erdöl)

wurde und mit der starken Klüftung in den Scheitelzonen die Möglichkeiten für die hohen Produktionsraten in zahlreichen iranischen Feldern schuf (Bild V.13).

Wesentlich ruhiger ging es demgegenüber auf der „stabilen" Seite des Persischen Golf-Beckens mit seinem metamorphen Untergrund des arabischen Schildes zu. Ganz flache Riesenstrukturen mit relativ geringen Closures und vorwiegend Sandspeichern nahmen hier die vom Becken bzw. aus dem Liegenden kommenden Kohlenwasserstoffe auf: die Öllagerstätten von S-Irak, Kuwait, Saudi-Arabien, Abu Dhabi, Dubai usw.

Unter Faziesfallen versteht man Speicherkörper, die in bestimmter Richtung vertonen oder sekundär durch Auslaugung oder Dolomitisierung entstanden. Hierzu gehören auch Riffe, Sandlinsenkörper, Shoestring-Sande, Delta-Bildungen und Verwitterungszonen von Granitstöcken.

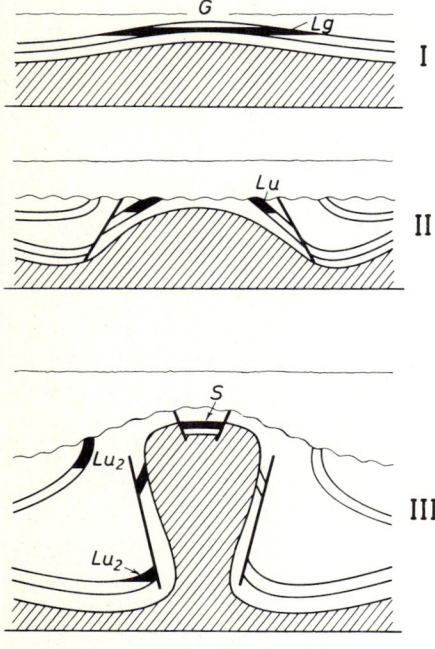

Bild V.12 Salzstockbildung und Ölansammlung

I   Anfangsstadium: Domartige Aufwölbung mit gasgesättigtem Leichtöl (Lg) und Gaskappe (G)
II Fortgeschrittenes Stadium mit Bruchbildung und Transgression (T), darunter untersättigtes Leichtöl (Lu)
III Endstadium: Pilzbildung mit gasfreiem Schwerölrest (S) und späterer Einwanderung von Leichtöl (Lu$_2$) und der Transgression an tiefer Salzstockflanke

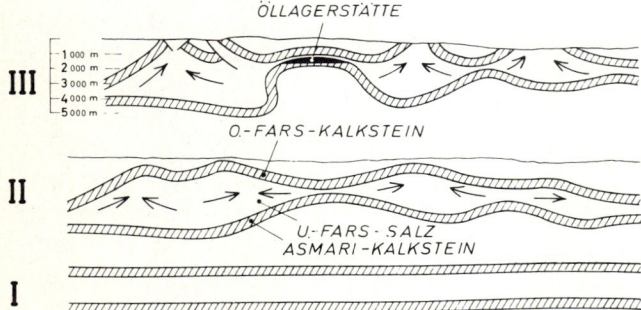

Bild V.13 Halokinese tertiären Salzes im Iran mit Strukturbildung von Masjidi-i-Suleiman (nach O'BRIEN, 1957)

2.2.3 Lagerstättendruck und -temperatur

Aus Bild V.6 ist ersichtlich, daß der jeweilige Druck im porösen System des Speichers hydrostatisch, d.h. vom spez. Gew. der „Wassersäule" bis zur Oberfläche bzw. besser bis zum potentiometrischen Niveau bestimmt ist. Damit herrschen in 2000 m Teufe bei Salzwasser (15–18 %) statische Drücke von etwa 220 bar. In von Ton abgeschlossenen Sandsteinlinsen können bei rascher Absenkung junger Sedimentbecken Unterdrücke, bei starker späterer Kompaktion bzw. Verdichtung des Porenraumes Überdrücke auftreten. Unterdrücke können Gradienten bis etwa 0,7, Überdrücke solche bis zu 2,0 haben [142].

Der aus dem Erdinnern der Erdoberfläche laufend zugeführte Wärmestrom ist lokal von den Wärmeleitfähigkeiten der jeweiligen Gesteine abhängig. Dichte Massengesteine (Granit, Basalt, Dolomitkalke, Salz) führen zu geothermischen Tiefenstufen von 35–40 m/°C, hochporöse Sedimente wie Tone und Sandsteine dagegen zu 25–30 m/°C. Bei Oberflächentemperaturen von etwa 10 °C ergeben sich im Durchschnitt Lagerstättentemperaturen von 75–80 °C in 2000, bzw. 170–180 °C in 5000 m Teufe.

Bei solchen Temperaturen und zugehörigen Drücken von 450–500 bar können sich schwere Kohlenwasserstoffe nicht erhalten. Wenn unsere großtechnischen Crackprozesse auch bei anderen Verhältnissen, nämlich 50–70 bar und 475–525 °C, ablaufen, so spielen in Jahrmillionen katalytische Vorgänge im feinporösen System doch wohl eine so wesentliche Rolle, daß in größeren Teufen als 3–4000 m Erdöle nur noch in geringem Umfang angetroffen werden können.

2.2.4 Lagerstätteninhalt

Unterhalb der Öl- oder Gasfüllung ist der Speicherraum zu 100 % mit Wasser gefüllt. Man spricht von Bodenwasser, wenn die Lagerstätte über ihre ganze Erstreckung im unteren Teil mit Wasser gefüllt ist, andernfalls von Randwasser. Die Grenze zwischen öl- und wassergefülltem Porenraum ist um so schärfer, je hochpermeabler und homogener der Sand ist. An der Oberfläche rezenter Sedimente bis zum Grundwasserhorizont findet sich Süßwasser, das nach der Tiefe zu in Salzwasser mit 100–200 g/l Salzgehalt übergeht.

Wenn bei der Einwanderung der Kohlenwasserstoffe der Gasgehalt ausgereicht hat, kommt es neben einer Sättigung des Öls mit Gas zur Ausbildung einer mehr oder weniger großen Gaskappe. Andernfalls bleibt das Öl untersättigt. Dieser Sättigungspunkt ist allerdings druck- und temperaturbezogen (Abschnitt 1.3). Bei tektonischen Bewegungen (z.B. an Salzstockrändern) entweichen leichte bzw. gasförmige Kohlenwasserstoffe vielfach, das Öl ist stark untersättigt oder sogar gasfrei und hochviskos und in seltenen Fällen u.U. für den untertägigen Ölsand-Bergbau geeignet. Durch Absinken von Beckenteilen mit in sich abgeschlossener Lagerstättenfüllung können gasgesättigte Öle das Gas einer Gaskappe in sich aufnehmen und dadurch sogar für die neue Teufe gasuntersättigt werden. Umgekehrt kann bei struktureller Aufwärtsbewegung eine sekundäre Gaskappe durch Gasentlösung gebildet werden.

Fernerhin werden oft, insbesondere bei großer vertikaler Erstreckung, innerhalb der Ölsäule selbst Unterschiede im Ölcharakter beobachtet. Meistens nimmt das spez. Gew. mit zunehmender Teufe ab. Die Jura-Öle des

Persischen Golfes z.B. haben in 1300 m Teufe ein spez. Gew. von 0,875, in 2000 m von 0,85, in 2500 m von 0,83. Bei sehr mächtigen Lagerstätten ist dagegen das höchste spez. Gew. über dem Rand- oder Bodenwasser zu beobachten, was auf die Einlösung und Abführung der leichten Komponenten im Randwasser zurückzuführen ist.

2.3 Eigenschaften von Speichergesteinen [7, 28]

2.3.1 *Porosität und Speicherpotential*

Im allgemeinen kann man sagen, daß Sande terrestrisch-fluviatil bis küstennahe abgelagert wurden, und daß Tone den ferneren Schelf- bis Tiefseebereich kennzeichnen. Küstennahe Flachwassergebiete in ariden Zonen sind bevorzugt einer Karbonatfällung unterworfen. Zu dieser Fazies gehören auch Korallen-Riffzüge, die sich in oft mehreren 100 m Höhe und mehreren 100 km Länge vor den Kontinentalrändern während der ganzen Erdgeschichte gebildet haben (Alberta, Golden Lane von Mexiko, Gr. Barriere-Riff Australien). Ihr hohes Speichervermögen und ihre direkte Beziehung zu organischer Muttersubstanz macht sie zu bevorzugten Aufschlußobjekten.

Der in etwa 1 Million Jahre um 30–100 m stattfindenden Absenkung eines Beckens geht eine starke Porositätsreduktion der Tone von etwa 80 % auf 5–15 % parallel, so daß das Beckenzentrum stärker einsinkt als der silikatisch-karbonatische Rand. Während dieser Kompaktionsperiode wandern nicht nur Kohlenwasserstoffe zum höheren Beckenrand mit seinen porösen Gesteinen, sondern in größerer Tiefe gibt es auch chemische Reaktionen in Form von Silikat- oder Karbonat-Ausfällung, die zu einer Verschlechterung des Speicherraumes führen. Daher sind geologisch alte Sandsteine meist nicht so prospektiv wie junge, unverfestigte Sande selbst in größerer Tiefe.

Gutporöse Speichersande (Tertiär) haben 25–35 %, mesozoische Sandsteine 15–25 %, schlechtporöse 5–10 % Porosität. Feinstverteilter oder lagenweise angeordneter papierdünner Ton von nur wenigen Prozent Porosität kann besonders die vertikale Durchlässigkeit stärkstens reduzieren. Die petrophysikalische Analyse der Sedimente ist daher von ganz entscheidender Bedeutung für die Entölung und die Injektion schlecht aufbereiteten Wassers, das bei Ionen-Austauschvorgängen zu Quellungen und Verstopfungen führt.

Kluftbildung in Karbonaten oder silifizierten Sandsteinen erfolgt meist durch mechanische Beanspruchung. Der hierdurch entstehende geringfügige Porenraum von maximal 4–5 % läßt oberflächennahe Wasser zirkulieren und u.U. grobkavernöse Porosifizierung entstehen.

Der Porenraum von Speichergesteinen ist vom Sedimentationsstadium her mit Süß- oder Salzwasser gefüllt, das beim Einwanderungsprozeß von Öl oder Gas verdrängt wird. Für diesen Verdrängungsvorgang ist ein bestimmter Mindestdruck, der Kapillardruck zwischen Erdöl (oder Erdgas) und Wasser, erforderlich.

Nach

$$P_c = \frac{2\sigma \cos\varphi}{r(\gamma_w - \gamma_o)} \qquad (1)$$

σ Grenzflächenspannung (dyn/cm)
φ Benetzungswinkel
r Porenradius (mm)
$\gamma_{w/o}$ spez. Gewicht Wasser/Öl

ist er im wesentlichen vom Porenradius bzw. vom Radius der engsten Verbindungskanäle zwischen den Poren abhängig. Je enger diese sind, desto höher muß der aufzuwendende Druck sein, um das benetzende Medium Wasser vom nichtbenetzenden Kohlenwasserstoff verdrängen zu lassen.

Aus Bild V.5 geht der prinzipielle Unterschied zwischen einem Speicher und einem Nichtspeicher hervor. In hochporösen bzw. hochpermeablen Sanden ist der Kapillardruck gering, in niedrigpermeablen Tonen zu hoch, als daß Kohlenwasserstoffe Wasser verdrängen und in den Porenraum einwandern könnten. Wir erhalten auf diese Weise zugleich eine Definition für den Begriff der Abdichtung einer Lagerstätte zum Hangenden. Sie gilt für die Bildung natürlicher Lagerstätten ebenso wie für die Erstellung von unterirdischen Gasspeichern vom Aquifertyp.

Wir gewinnen zugleich zwei weitere wichtige Begriffe, den des *Haftwassers* und den der *Übergangszone des Öl- oder Gas-Wasser-Kontaktes*. Bei der Einwanderung bleibt stets ein nicht weiter reduzierbarer Haftwassergehalt übrig, der bei hochpermeablen Sanden etwa 5–10 Vol.% des Porenraums, bei niedrigpermeablen 50–100 % betragen kann. Um ihn reduziert sich das Speichervolumen für Kohlenwasserstoffe bei deren Inhaltsberechnung.

Der zweite Begriff ist der des *Öl- und Gas-Wasser-Kontaktes* in Lagerstätten. Je heterogener das Speichergestein bzw. dessen Porengeometrie ist, desto höher ist die Übergangszone, d.h. die vertikale Entfernung von der 100%igen Wassersättigung bis zum minimalen Haftwassergehalt. Sie beträgt in gutpermeablen Sandsteinen nur etwa 1–2 m, in geringpermeablen oft 20–30 m oder mehr.

Mächtigkeit, Porosität, Haftwassergehalt und Formationsvolumenfaktor von Speicher und Speicherinhalt bestimmen dessen spezifischen Ölinhalt.

2.3.2 *Durchlässigkeit und Fließkapazität*

Während die Porosität das Speichervolumen repräsentiert, erhält man mit der Durchlässigkeit (Permeabilität) dessen Fließkapazität. Ihre empirisch ermittelte, in der Praxis benutzte Einheit (K) ist 1 Darcy (D) = 1000 Millidarcies (mD).

Obwohl keine direkten physikalischen Zusammenhänge zwischen Porosität und Permeabilität bestehen, so

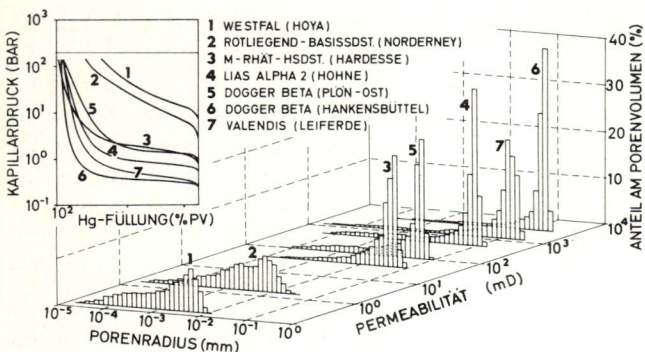

Bild V.14 Beziehungen zwischen Porenradius, Porenverteilung, Permeabilität und Kapillardruck in KWST-Speichergesteinen

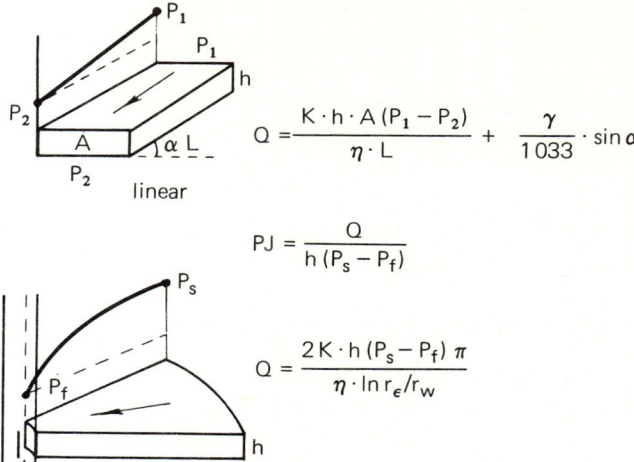

linear aus Kalkmatrix in Klüfte

Bild V.15 Durchlässigkeit von Speichergesteinen. Druckverteilung um eine Förderbohrung und deren Förderrate

Q [cm^3]	Zuflußmenge		h [cm]	Mächtigkeit
K [mD]	Permeabilität		η [cP]	Viskosität Öl
A [cm^2]	Zuflußquerschnitt		r_e [cm]	Zuflußradius
P_1-P_2 [bar]	Druckdifferenz		r_w [cm]	Bohrlochradius

kann man doch sagen, daß Sande mit 30 % Porosität etwa 10 000 mD, mit 20 % Porosität etwa 500 mD und mit 10 % Porosität etwa 1 mD Durchlässigkeit aufweisen. Die Matrix von Kalksteinen oder Tonen hat meist eine Permeabilität von nur etwa 10^0 bis 10^{-4} mD. Sie erlaubt zwar die Bewegung vom ursprünglichen im Porensystem befindlichen Wasser — kein Sediment ist völlig undurchlässig —, aber oft nicht dessen Verdrängung durch das nicht benetzende Medium Öl oder Gas.

Die Durchlässigkeit ist der charakteristischste Begriff eines Speichergesteins. Bild V.14 zeigt den Einfluß von Porenradius und dessen Verteilung am Porenvolumen auf die Permeabilität, aus dem deutlich zu erkennen ist, daß wenige große Kanäle mit kleinem inneren Reibungswiderstand hohe Permeabilität zulassen. Gleichzeitig ist der Kapilardruck und damit der Haftwassergehalt am niedrigsten.

Die *Produktions-Kapazität der Bohrungen für Erdöl* wird von der Permeabilität des Speichers und der Lagerstätten-Mächtigkeit bestimmt. Der spez. „Produktivitäts-Index" (PI), ist daher das praktische Maß für die Permeabilität des Speichergesteins (Bild V.15). Der absolute PI, auf die ganze Lagerstätte bezogen, beträgt bei 10—20 m Lagerstätte oft z.B. etwa 10—20 t/Tag/bar, bei 10 bar Druckgefälle die Fließrate daher 100—200 t/Tag. Wenn die gleiche Lagerstätte ein Öl mit 5fach höherer Viskosität abgeben würde, würde die Fördermenge nur 20—40 t/Tag betragen.

Die jurassischen Sandsteine der Ölfelder der britischen und norwegischen Nordsee haben so große Mächtigkeiten mit Ölführung, daß die damit verbundenen hohen Permeabilitäten zu Tagesförderraten von 500—1500 t führen. Ähnlich liegen die Verhältnisse in den mesozoischen Sanden der Ölfelder Saudi-Arabiens und Kuwaits.

Sofern Kalksteine und Dolomite mit ihrer niedrigen Matrix-Porosität und Permeabilität nicht kavernös oder geklüftet, d.h. faziell oder tektonisch „heterogenisiert" sind, können die Fördermengen pro Zeiteinheit nur kleiner sein als bei Sandsteinen. Demgegenüber kennen wir aber aus den nahöstlichen Karbonat-Lagerstätten 10—1000 mal höhere Förderraten bzw. Produktivitäts-Indizes als bei Sandsteinen. 1000—10 000 t/Tag/bar und Bohrung sind dort keine Seltenheit. Das Geheimnis dieser hohen Kapazitäten liegt fast stets in einer außerordentlich starken Klüftung dieser meist außerdem sehr mächtigen (50—300 m) Karbonatgesteine. Im Vorland junger Faltung gelegen, sind diese Strukturen als Antiklinalen meist einer Dehnung unterworfen gewesen, bei der die Scheitelzone völlig zerbrochen ist. Die riesige Kluftoberfläche erhält einen außerordentlich starken Zufluß und führt das Öl auf den hochpermeablen Klüften wie in Drainagekanälen ohne Druckverlust durch innere Reibung den Bohrungen zu (Bild V.16). Diese außergewöhnliche Förderkapazität darf jedoch nicht darüber hinwegtäuschen, daß die Matrixporosität den eigentlichen Speicher darstellt, obwohl das Kluftsystem nur eine Gesamtporosität von 4—5 % des gesamten Gesteinsvolumens hat.

Korallen-Riffe, durch ein interkommunizierendes Hohlraumsystem gekennzeichnet, verhalten sich mit ihren oft hohen PI ähnlich wie Kluftlagerstätten. Typisches Beispiel ist das ovale, 60 × 130 km messende Atoll-Riff der

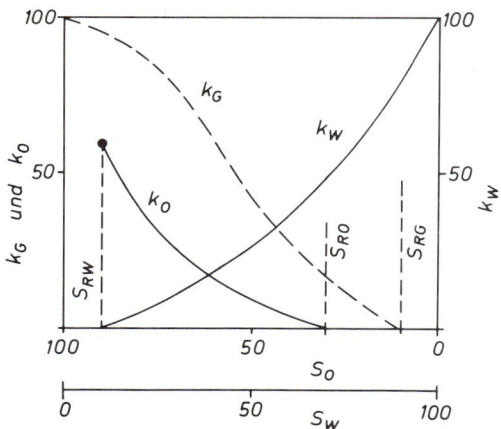

Bild V.16 Relative Permeabilität im Zwei-Phasen-Fluß

K_O relative Permeabilität Öl
K_G relative Permeabilität Wasser
K_G relative Permeabilität Gas
K_W relative Permeabilität Wasser
S_O Sättigung Öl
S_W Sättigung Wasser
S_{RO} Restölgehalt
S_{RG} Restgasgehalt
S_{RW} Haftwassergehalt

Golden Lane (Mexiko), das sich offshore fortsetzt, sowie das Horseshoe-Atoll des Scurry-Riffs (Texas), das 275 km² Fläche und 250 m Höhe hat, und die Riffzüge Albertas mit Feldern wie Leduc und Redwater.

Die *Förderkapazität einer Gasbohrung* wird mittels Isochronaltest bestimmt. Dabei wird in gleichlangen Zeitintervallen mit verschiedenen Düsen Gas gefördert bzw. danach die Bohrung eingeschlossen. Nach der Grundgleichung

$$Q = C(P_s^2 - P_f^2)^n \quad (2)$$

(P_s stat. Bodendruck, P_f Bodenfließdruck)

mit $n = 0,5$ für Turbulenz und $n = 1,0$ bei laminarem Fluß und Q (m³ (V_n)/Tag) als Förderrate läßt sich für jede beliebige Düsengröße bzw. jeden Fließdruck die zugehörige Kapazität bestimmen. Der Faktor C repräsentiert dabei die Restglieder

$$\frac{k \cdot h}{z \cdot \mu \log r_e/r_w} \quad (3)$$

des *Darcy*schen Gesetzes für radialen Zufluß (Bild V.16), z die Abweichung vom Idealgas.

2.3.3 Mehrphasen-Fluß im porösen System

Wenn der Lagerstättendruck im Laufe der Förderzeit bis zum kritischen Druck absinkt, von dem ab in zunehmendem Maße sich das Gas entlöst (Abschnitt 1.3), oder wenn infolge Druckabsenkung Rand- oder Bodenwasser in den öl- bzw. gasführenden Bereich eintritt, fließen beständig zwei Phasen durch den Porenraum. Dabei nimmt beim Öl-Gas-Fluß das Gas und beim Öl-Wasser-Fluß das Wasser beständig zu, das Öl hingegen beständig ab. Diese „effektiven bzw. relativen Durchlässigkeiten" für Gas, Öl oder Wasser sind also in Anwesenheit einer zweiten Flüssigkeit jeweils kleiner, als wenn nur eine Flüssigkeit den Porenraum durchfließt. Außerdem ist sogar die Summe der beiden Durchlässigkeiten kleiner als diejenige nur einer Phase.

Bild V.16 zeigt die Abhängigkeit der Durchlässigkeiten von der jeweiligen Sättigungsverteilung. Bei jeder Sättigung, d.h. für jedes Entölungsstadium, für jeden Zeitpunkt gibt es ein bestimmtes Verhältnis von Gas zu Öl oder von Wasser zu Öl, mit dem jeweils beide durch den Porenraum der Bohrung zufließen. Übertage äußern sie sich im Gas-Öl- oder Wasser-Öl-Verhältnis. Ersteres kann vom natürlichen Löslichkeitsverhältnis (z.B. 100–200 : 1) nach einigen Jahren auf 1000–2000 : 1 ansteigen, letzteres wird dagegen meist in % Wasser von der Öl- und Wasserförderung (Bruttoförderung) angegeben.

3 Erkundungsverfahren [7, 29, 30, 31, 124]

3.1 Geologische und geochemische Methoden

Da die Untergrundverhältnisse durch die wechselvolle geologische Geschichte denen der Oberfläche fast nie entsprechen, haben Kartierungsarbeiten als Grundlage für konstruktive Tiefenpläne oft keine genügende Aussagekraft. Die Hauptarbeit des Geologen liegt dann bei der Interpretation von Tiefbohrergebnissen. Neben der petrographischen Bestimmung der Gesteine nach Zusammensetzung, Farbe, Zustand usw. spielt der Fossilinhalt eine Hauptrolle. Hierbei ist es die Mikropaläontologie, die die Vergesellschaftungen von kleinsten Lebewesen wie Foraminiferen, Ostracoden usw. nach Art, Menge usw. untersucht und sie dann u. U. als besonders typisch für bestimmte Schichten erkennt. Daraus kann man dann auch auf weitere Lebens- und Umweltbedingungen wie Wassertiefe, Salzgehalt, Lichtverhältnisse, Bodenbeschaffenheit usw. schließen. Ohne die Mikropaläontologie wäre heute die stratigraphische Deutung von Bohrprofilen bis in den Zentimeter-Bereich mit gesicherter Altersbestimmung in vielen Fällen nicht möglich.

In den letzten Jahren sind die geologisch-geophysikalischen Untersuchungsarbeiten in großräumigen, schwer zugänglichen und sehr personal- und materialaufwendigen entlegenen Gebieten, z.B. Wüsten, Urwäldern usw. durch Satelliten-Aufnahmen nach dem Landsat-Programm der NASA ergänzt worden. Sie erlauben in vielen Fällen die Deutung von Schichtfolgen, Beckenrändern, Gesteinsarten usw. und verbessern damit den konzentrierten Einsatz spezifischer Meßmethoden in für die Erdölexploration besonders interessant erscheinenden Gebieten.

Natürlich läge es nahe, sich einer direkten Nachweismethode von höheren Kohlenwasserstoffen an der Erdoberfläche zu bedienen, um auf tiefere Lagerstätten zu schließen. Abgesehen aber von der Schwierigkeit, die Diffusionsgeschwindigkeit aufsteigenden Gases mit der wahrscheinlichen Migrationszeit des Gases und des tektonischen Einflusses in Einklang zu bringen, treten noch andere Effekte ein, die eine Erschwerung der Interpretation nach sich ziehen. Dazu gehören chromatographische Wirkungen infolge Adsorption, Migrationsselektion infolge unterschiedlicher Löslichkeit der Kohlenwasserstoffe im Wasser, bakterielle Neuproduktion usw. Obwohl das Probennahme- und Analysenverfahren dieser Methode recht einfach ist, weil man nur etwa 1 m tiefe Löcher braucht, aus denen Luft abgesaugt wird, hat es sich in Anbetracht der bestehenden Unsicherheiten bisher nicht durchgesetzt [32, 33].

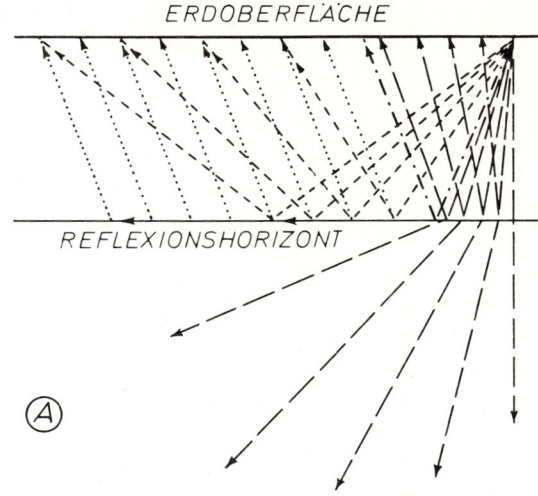

— — — REFLEXIONSSTRAHLEN U. GEBROCHENE STRAHLEN
— · — · — STRAHL BEIM GRENZWINKEL DER TOTALREFLEXION
- - - - - WEITWINKEL REFLEXIONSSTRAHLEN
· · · · · · · REFRAKTIONSSTRAHLEN

Bild V.17 Ausbreitung von Strahlen seismischer Wellen

3.2 Geophysikalische Methoden

3.2.1 Seismik [7, 34, 125]

Die Seismik untersucht die Ausbreitung und Veränderung ausgesandter Schallwellen im Untergrund. Man versucht die Strahlenwege zu rekonstruieren, die Fortpflanzungsgeschwindigkeiten in den durchlaufenen Erdschichten zu ermitteln, die reflektierenden oder refraktierenden Horizonte geologisch-lithologischen Schichtgrenzen oder -paketen zuzuordnen, sowie Profilschnitte und Pläne der Horizonte darzustellen und so den Verlauf der Erdschichten zu erkunden. Hierdurch werden Strukturen und Gesteinskörper ermittelt, die mit Erdöl oder Erdgas gefüllt sein können.

Nahe der Erdoberfläche wird Energie abgestrahlt, z.B. ein Schuß ausgelöst. Dadurch entstehen Stoßwellen, die sich im Untergrund ausbreiten und entlang einer Meßlinie an der Erdoberfläche durch Geophone registriert werden. Die Bodenbewegung wird in elektrische Wechselspannung umgewandelt und deren Ablauf auf Photofilm sichtbar oder auf Magnetband aufgezeichnet. Das Magnetband wird im Abspielzentrum bearbeitet und dann gleichfalls auf Papier ausgespielt.

In der Seismik gilt wie in der Optik das Gesetz von *Snellius* über die Wellenausbreitung in geschichteten Medien. Danach werden im Nahbereich, vom Schußpunkt aus gerechnet, die Strahlen an einer Grenzfläche teils zur Erdoberfläche reflektiert, teils in die tiefere Schicht fortgeleitet (Bild V.17). Im Nahbereich liegt der Anwendungsbereich der *Reflexionsseismik*.

Von dem Strahl, der unter dem Grenzwinkel der Totalreflexion auf die Schichtfläche auftrifft, wird nur ein Teil reflektiert, ein Teil der Energie wird in der Grenzfläche fortgeleitet und ständig unter dem Grenzwinkel der Totalreflexion zur Erdoberfläche abgestrahlt. Mit diesen refraktierten Strahlen beschäftigt sich die *Refraktionsseismik*.

Als seismische Energiequellen dienen Sprengstoff, Fallgewicht, Preßluft, Gasexplosionen oder Funkentladungen. Sie geben alle eine momentane Anregung an den Untergrund. Die Zeitdauer der Anregung ist sehr kurz, das abgestrahlte Frequenzspektrum breit. Ferner dienen Vibratoren mit einer Anregungszeit von mehreren Sekunden und einem auswählbaren Frequenzspektrum als Energiequellen (Vibroseis-Verfahren). Mit der Einführung der Seismogrammaufzeichnung auf Magnetband gelang es, schwächere Ergebnisse der sprengstofflosen Energiequellen aufzuzeichnen, mehrere solcher Aufzeichnungen anschließend zu addieren und befriedigende Seismogramme zu erhalten. Sprengstofflose Energiequellen haben sich besonders in ariden und dicht bewohnten Gebieten und bei Seemessungen als vorteilhaft erwiesen.

In einem Seismogramm werden alle Wellen aufgezeichnet, die an den Geophonen der Meßstrecke ankommen. Davon werden die gewünschten Wellen „Nutzenergie" genannt. Alle anderen werden als „Störenergie" bezeichnet.

Ein gutes Reflexions-Seismogramm sollte möglichst nur die gewünschten reellen (= primären) Reflexionen enthalten (Nutzenergie). Es enthält aber auch verschiedenartige Störenergie wie

- organisierte Störenergie, die neben der Nutzenergie gleichzeitig durch den Schuß entsteht, z.B. multiple Reflexionen, Refraktionswellen, Oberflächenwellen;

3 Erkundungsverfahren

- organisierte Störenergie, die von fremden Energiequellen herrührt, z.B. stationäre Maschinen, Wechselspannungsleitungen (Bahn), Wind;
- statistisch zufällige Störenergie.

Durch Addition von zeitlich aufeinanderfolgenden Seismogrammaufzeichnungen über die gleiche Meßstrecke wird die statistisch zufällige Störenergie abgeschwächt und die Nutzenergie verstärkt. Dies läßt sich teils auch erreichen durch simultanes (gleichzeitiges) Auslösen mehrerer räumlich verteilter Energiequellen und weiter verbessern durch Vermehrung der Anzahl der Geophone pro Seismogrammspur und Anordnung in geeigneter geometrischer Figur.

Organisierte Störenergie von Fremdquellen in einem begrenzten Frequenzbereich kann durch analoge elektrische Filter in der Meßapparatur oder im Abspielzentrum abgeschwächt oder unterdrückt werden.

Selbsterzeugte organisierte Störenergie, besonders multiple Reflexionen, kann durch die Meßmethode der Mehrfachüberdeckung abgeschwächt oder sogar ganz unterdrückt werden. Für diese Methode werden im Prinzip nach jeder Seismogrammaufzeichnung die Positionen von Geophon und Energiequelle (Schuß) so an der Erdoberfläche verändert, daß nacheinander der Strahl am gleichen Punkt es Reflexionshorizontes reflektiert wird (Bild V.18). Nach Korrektur der Einzelaufzeichnung auf den kürzesten Strahlenweg werden die reellen Reflexionssignale in gleicher Phase liegen und bei Addition die Amplituden verstärken, während andere Störsignale (wie multiple Reflexionen) nicht in Phase liegen und sich bei Addition abschwächen, teils völlig auslöschen werden.

Wegen dieser Eigenschaft hat die Methode der Mehrfachüberdeckung weite Verbreitung in der Reflexionsseismik gefunden. Zugleich erlaubt sie aber auch die Anwendung verhältnismäß schwacher Energiequellen.

Ferner kann die Qualität der Seismogramme durch die Behandlung der seismischen Daten mit den Mitteln und Methoden der Magnetbandbearbeitungszentren (Abspielzentrum, Rechenzentrum) verbessert werden. Man unterscheidet zwischen analogen und digitalen Aufzeichnungen und deren Bearbeitung.

Analog ist eine Darstellung, wenn ein Geschehen kontinuierlich, beispielsweise als Schwingung, auf einem Papierseismogramm aufgezeichnet wird. Auf einem Analog-Magnetband ändert sich beispielsweise die Stärke der Magnetisierung kontinuierlich mit dem Schwingungsablauf.

Digital wird ein Schwingungsablauf durch diskrete Werte des momentanen Schwingungsausschlages in stets gleichen Zeitabständen dargestellt. Der Ablauf wird diskontinuierlich durch Zahlenwerte beschrieben. Auf einem Digital-Magnetband wird ein solcher Zahlenwert binär als Zahl verschlüsselt, also diskontinuierlich aufgezeichnet.

Sowohl analoge wie digitale Magnetbänder lassen sich im Abspielzentrum erfolgreich bearbeiten und so die Seismogrammqualität verbessern. Die digitalen Magnetbänder bieten aber einen größeren Dynamikbereich für die Aufzeichnung der unterschiedlichen Bodenschwingungen, sind nach der Digitalisierung frei von kleinsten möglichen Zeitverzerrungen und erlauben Rechenoperationen mit einer digitalen Rechenanlage wie Korrelationen und Konvolutionen, die wegen ihres Rechenaufwandes anders nicht durchführbar sind. Während man bislang die vom Geophon analog empfangene Schwingung erst in der Meßapparatur vor der Magnetbandaufzeichnung aus analog in digital umgewandelt hat, wird zukünftig die Digitalisierung beim Geophon vorgenommen, um auch noch die möglichen Störungen bei einer Kabelübertragung zur Meßapparatur auszuschalten (Telemetrie).

Die digitale Magnetbandbearbeitung benutzt zur Diagnose Autokorrelation, Powerspektrum, Kreuzkorrelation, Frequenzanalyse mit Amplitudenspektrum und Phasenspektrum sowie Retrokorrelation. Hiermit können multiple Reflexionen, Reverberationen und der Frequenzinhalt, ferner statische Zeitkorrekturen, dynamische Zeitkorrekturen sowie Durchschnittsgeschwindigkeiten und Schichtgeschwindigkeiten ermittelt sowie auch Geschwindigkeitsprofile dargestellt werden.

Nach den berechneten Werten können Operatoren für Dekonvolution, Frequenzfilter und Mehrspurfilter sowohl zeitunabhängig wie mit der Reflexionszeit veränderlich berechnet und auf die seismischen Daten angewandt werden. Auch selbstoptimierende Filterungen und Korrekturen sind möglich.

Die digitale Bearbeitung der seismischen Daten hat die Qualität der Seismogramme wesentlich steigern können und damit ermöglicht, Gebiete und Tiefenbereiche zu vermessen, in denen die bisher mangelhafte Reflexionsqualität eine verläßliche Auswertung nicht zuließ. Mit dem Verfahren, die seismischen Amplituden in ihrem wahren Verhältnis herauszuarbeiten (real amplitude processing, bright spot,

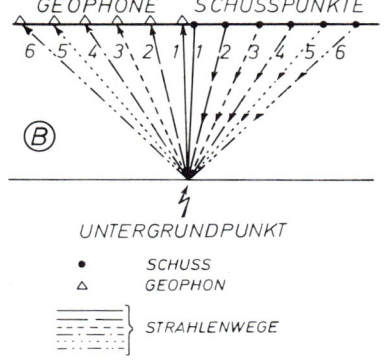

Bild V.18 Schema der Veränderung von Geophon und Schußpunkt für eine 6-fache Überdeckung eines Untergrundpunktes

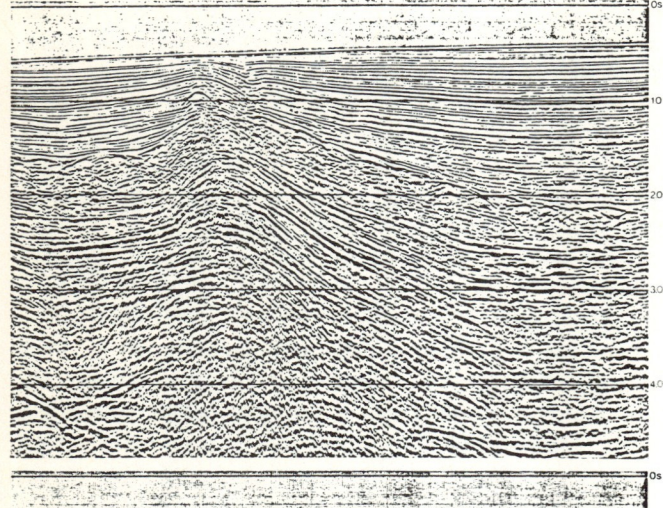
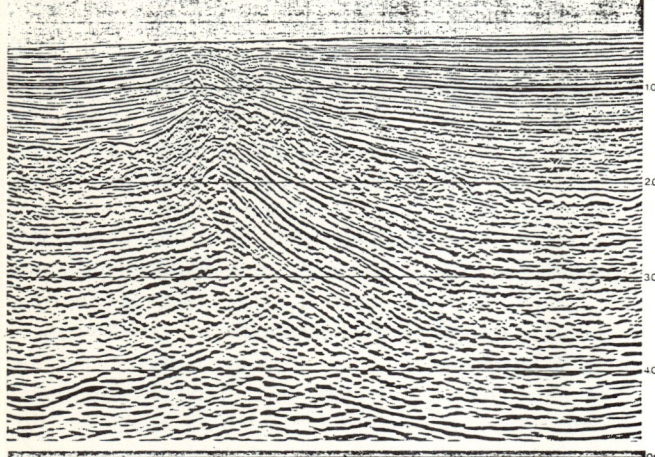
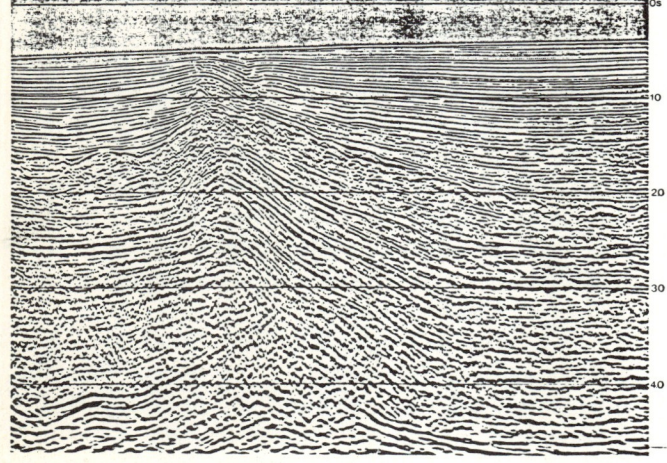

Bild V.19
Seismisches Profil (nach Prakla-Seismos 1976)
oben: Stapelsektion
mitte: Konventionelle Zeitmigration der Stapelsektion
unten: Wellengleichungs-Zeitmigration der Stapelsektion

flat spot), ist es in günstigen Fällen möglich, Gasansammlungen in mittleren Bohrtiefen aufgrund ihres verschiedenen Reflexionsverhaltens zu erkennen.

Zum Schluß der Seismogrammbearbeitung im Rechenzentrum folgt die Darstellung in Profilsektionen in Flächenschrift (Bild V.19). Dichteschrift, Linienschrift oder einer Kombination von Linienschrift mit einer der anderen Schriftarten. Gelegentlich wird als interpretatives Hilfsmittel die Intensität des dargestellten Signals durch Farbe gekennzeichnet. Entweder erfolgt die Darstellung im Zeitmaßstab oder mit Neigungsmigration der Horizonte im Zeitbereich, beziehungsweise im Tiefenbereich.

Diese Verfahren benutzen zunehmend die Migration auf der Grundlage der Wellengleichung. Bei flächenhafter Vermessung kann sogar dreidimensionale Migration der Horizonte ausgeführt werden.

Für eine verläßliche Auswertung muß man die seismischen Profile an Tiefbohrungen anschließen, in denen eine seismische und eine Schallgeschwindigkeitsmessung (Sonic-Log) mit einer Meßsonde direkt im Bohrloch ausgeführt worden ist. An den durch die Schichtung erzeugten, zahlreichen plötzlichen Geschwindigkeitssprüngen kann man die Reflexionskoeffizienten bestimmen und daraus synthetische Seismogramme herstellen, die erlauben, gemessene Reflexionen bestimmten lithologischen Grenzen oder Schichtpaketen zuzuordnen, welche durch das Bohrergebnis geologisch datiert worden sind. Die Wirkung einer sich lateral ändernden Schichtfolge kann mit guter Genauigkeit über Entfernungen von einigen Kilometern mit Wellenformanalysen simuliert und mit den gemessenen Profilen verglichen werden. Damit können Rückschlüsse auf die Änderung von wichtigen Schichten, wie Öl- und Gaszonen, hinsichtlich Mächtigkeit, Lithologie, Porosität und eventuell Porenfüllung gezogen werden.

In den Profilsektionen werden die Reflexionshorizonte zusammenhängend mit benachbarten und kreuzenden Profilsektionen nach ihrer Laufzeit ausgewertet. Horizontalunterbrechungen an Störungen, durch Auskeilen oder durch Transgressionen werden ermittelt. Sodann werden die Reflexionen in Tiefenprofilen entsprechend den für die einzelnen Formationen ermittelten Geschwindigkeiten nach Tiefe, Lage und Neigung in die richtige Position gebracht, soweit nicht schon bei der Seismogramm-Bearbeitung im Rechenzentrum geschehen. Tiefenlinienpläne beschreiben den Verlauf von Reflexionshorizonten und lassen strukturgünstige Positionen für künftige Bohrprospekte auswählen.

Mit der Seismik kann man Bohrprospekte bis über 7000 m vorbereiten. Sie ist zwar die aufwendigste geophysikalische Methode, aber auch die mit dem höchsten Aussagewert. Sie gibt ein recht genaues Bild vom Aufbau der Erdrinde und erlaubt Voraussagen über geologische Strukturen, lithologische Verhältnisse, gelegentlich Aussagen sogar über Porenfüllung. Sie ist eine indirekte Methode der Erdölsuche, d.h. für den mit der regionalen Situation vertrauten Geologen ein wichtiges Hilfsmittel zur Lokation von Bohrungen.

Seismische Verfahren wurden erstmals um 1920 angewandt. Heute sind rund 700 Meßtrupps in allen Ländern der Welt laufend tätig, davon 70 % in der westlichen und 30 % in der östlichen Hemisphäre. Von den in der W-Hemisphäre arbeitenden Trupps sind 27 % und in der O-Hemisphäre 45 % offshore eingesetzt. 1979 betrugen die Kosten der Seismik in der westlichen Welt 1,7 Mrd. DM, wovon rund 1/3 auf die Datenverarbeitung entfallen. Jeder Landtrupp kostet heute rund 180 000 US-$/Monat.

Die See-Seismik ist, bezogen auf den Profilkilometer, billiger als Landseismik und, bezogen auf die Anzahl der Seismogramme in der Stunde, produktiver, denn die Profile können vom fahrenden Schiff mit nachgeschlepptem Meßkabel viel schneller vermessen werden. Die Kilometer-Meßleistung pro Monat ist etwa 15 mal so groß wie an Land, die Kosten pro Monat sind etwa 3,5 mal so groß.

3.2.2 Gravimetrie und Magnetik

Gravimetrie und Magnetik beschäftigen sich mit der Messung natürlicher Kraftfelder. Mit der einen Methode wird die Schwerebeschleunigung, mit der anderen Methode heute vor allem die magnetische Totalintensität gemessen. Die Schwerkraftmessungen werden mit Gravimetern an der Erdoberfläche oder auf See von fahrenden Schiffen ausgeführt. Ein Meßtrupp kann etwa 500–1500 Punkte pro Monat auf dem Lande vermessen. Die magnetische Totalintensität wird vorwiegend von Flugzeugen aus mit Nuklear-Magnetometern gemessen. Die durch Flugvermessung erhaltenen Meßwerte werden in Lochstreifen oder auf Magnetband für die spätere Bearbeitung im Rechenzentrum aufgezeichnet. Das Vermessungsgebiet wird entlang von Profilen mit mehreren Kilometern Abstand überflogen und dabei alle 60–75 m ein Rechenpunkt ermittelt.

Nachdem die notwendigen Korrekturen angebracht worden sind, beschreiben die reduzierten Meßwerte in Profil- und Plandarstellung die räumlichen Variationen der Kraftfelder als „Bouguer-Anomalien" und magnetische Anomalien, welche durch sogenannte Störmassen im Untergrund hervorgerufen werden.

Als Störmassen werden alle Abweichungen in einem einheitlich gedachten regionalen Bau des Untergrundes bezeichnet, die durch abweichende Dichte oder abweichende magnetische Intensität eine Anomalie erzeugen. Zur Auswertung werden Modellannahmen mit den Meßdaten verglichen und so der wahrscheinliche Strukturbau ermittelt.

Während in der Magnetik zwischen den Sedimenten und dem mit magnetischen Mineralen stärker versehenen kristallinen Basement durch die größere Intensität gut unterschieden werden kann, wirkt sich diese Grenzfläche bei der Schweremessung nicht aus. Die Magnetik hat daher gegenüber der Gravimetrie den Vorteil, daß durch ihre Auswertung die Tiefenlage der Sedimentbasis und die Ausdehnung sedimentärer Becken für Übersichtszwecke brauchbar angegeben werden kann.

Durch Vergleich der Karten der Bouguer-Anomalien und der magnetischen Anomalien kann untersucht werden, welche Bouguer-Anomalien durch Störmassen verursacht sind, die innerhalb des Basements liegen. Hierdurch erhält die Auswertung der Gravimetrie eine bessere Korrelation zu sedimentären Strukturen. Falten und Mulden, Horste und Gräben können unterschieden und Verwerfungsbeträge bei Annahme geeigneter Dichteunterschiede in den angrenzenden Sedimentblöcken ungefähr ermittelt werden.

Flugmessung und Landmessung unterscheiden sich ähnlich wie Seeseismik und Landseismik. Die Flugmessung liefert je Zeiteinheit mehr Meßdaten und vermißt größere Areale als eine Landmessung und ist insofern billiger, bezogen auf den Profilkilometer.

Die Genauigkeit von gravimetrischen und magnetischen Interpretationen für die Lokationen von Bohrprospekten ist naturgemäß geringer als bei der Seismik, da es sich bei der Messung von Kraftfeldern um Summenwirkungen handelt, deren Anteile zumeist nur angenähert bestimmt oder auch nur geschätzt werden können. Als Übersichtsmessungen haben sie jedoch ihren Wert, ebenso bei Spezialproblemen, wenn unterschiedliche Massenverteilungen eine Rolle spielen.

4 Erfolgsaussichten des Aufschlusses

Die fachlichen Grundlagen der Aufsuchung von Lagerstätten ermöglichen häufig eine gewisse Schwerpunktbildung derart, daß die „besten" Projekte bevorzugt abgebohrt werden. So sind große Strukturen mit mächtigen Speichern und hohen Förderraten leichten Öls in geringer Tiefe in Verbrauchernähe anderen Projekten vorzuziehen, die z.B. unter dem Meer oder in großer Tiefe liegen oder mit hohen Staatsabgaben belastet sind usw.; nicht immer läßt sich indessen genügend zu den geologischen Faktoren im voraus sagen, so daß Fehlschläge bei dem Mangel einer direkten Prospektionsmethode nicht zu verwundern sind.

Noch wenig in Angriff genommene Sedimentbecken (z.B. Alaska, Sibirien) bieten naturgemäß bessere Chancen als alte abgebohrte Gebiete. So wird die fallende Tendenz in den USA verständlich, wo zwischen 1930–1940 noch 70 Felder über je 15 Mio. t Reserven gefunden wurden, 1940–1950 noch 32, 1950–1960 noch 25 und von 1960–1966 nur 5 [50].

Besondere Bedeutung kommt neugefundenen Riesenfeldern über je 700 Mio. t Reserve zu. Von 1950–1968 wurden noch 28 Mrd. t Reserven aus solchen Riesenfeldern gefunden und nur 22 Mrd. t unter je 700 Mio. t. Seitdem

Tabelle V.6 Bohr- und Fundstatistik in den USA

Zeitraum	Fündig Öl	Fündig Gas	Fehl	Fündig %	Teufe (m) Öl	Teufe (m) Gas
1941–1950	4341	1298	32 206	14,9	1345	1157
1951–1960	9115	3312	93 634	11,7	1591	2023
1961–1970	4503	2244	65 661	9,3	1829	2330
1971–1979	4154	4602	48 341	15,3	1957	2057

Tabelle V.7 Bohr- und Fundstatistik in der BR Deutschland

Zeitraum	Gesamte Bohrungen				Aufschluß-Bohrungen			
	1	2	3	4	5	6	7	8
1951–1960	6504	4945	1315	138	962	14	1685	19,5
1961–1970	3350	1629	2056	58	440	13	2575	27,0
1971–1979	1836	683	2690	41	235	17	3180	34,4

1 Bohrmeter (in 1000)
2 Zahl der Bohrungen
3 Mittlere Teufe (m)
4 Fundbohrungen
5 Zahl der Bohrungen
6 Fündig (in %)
7 Mittlere Teufe (m)
8 Aufschluß-Anteil (5 in % von 2)

wurde bis 1978 nicht ein einziges Feld dieser Kategorie entdeckt, obwohl 14 Mrd. t neuer Reserven der Kategorie unter je 700 Mio. t gefunden wurden [177].

Die Tabellen V.6 und V.7 zeigen die Bohr- und Erfolgsentwicklung in den USA und der BR Deutschland auf.

Von den 365 über 4500 m tiefen Aufschlußbohrungen in 1979 wurden 7,7 % öl- und 24,9 % gasfündig. Diese hohe Gesamtfündigkeitsrate von 32,6 % ist ein deutliches Zeichen für die mit der Tiefe zunehmende Möglichkeit, Gas zu finden. Freilich sagt diese Ziffer noch nichts aus über die angetroffene Förderkapazität. Nach der Tiefe zu verdichten sich auch die Gesteine, so daß die Förderkapazität reduziert wird.

Bohrmeter und Bohrungszahl nehmen also im Laufe der Jahre ab, dafür steigt die durchschnittliche Bohrtiefe. Die der Aufschlußbohrungen ist um fast 28 % größer als der Gesamtdurchschnitt. Das Bemühen intensiven Aufschlusses kommt auch am Ansteigen der Bohrungen zum Ausdruck, das sich prozentual seit der ersten Nachkriegsdekade fast verdoppelt hat. Von Interesse ist ferner, daß von den 1971–1979 erfolgten 41 % Neufunden aus 235 Aufschlußbohrungen 32 Gas- und 9 Ölfunde waren. Von der Gesamtzahl der 683 Bohrungen waren 62 % fündig, also einschließlich der Feldbohrungen.

Die tiefste Bohrung überhaupt ist etwa 11 000 m (UdSSR) tief, die tiefste Gasfündigkeit 7540 m (Österreich), die tiefste Ölfündigkeit 6542 m (Oklahoma).

Besonders risikovoll ist die Exploration auf große Teufen auch aus geochemischen Gründen. Erstens ist die Ausbildung der Speichergesteine wegen der hohen petrostatischen Drücke und Temperaturen infolge Silifizierung der Poren meist schlecht, d.h. Potential und Kapazität sind niedrig, und zum zweiten kann schlechte Qualität von gefundenem Gas die Wirtschaftlichkeit entscheidend beeinflussen. So waren die Ergebnisse der ersten Bohrkampagne im deutschen Nordsee-Anteil deshalb enttäuschend, weil das angetroffene Erdgas in einigen Bohrungen bis zu 65 % Stickstoff enthielt. Ein solches Gas mit niedrigem Heizwert eignet sich allenfalls zum Verschneiden von hochkalorigem, in der Nähe vorbeitransportiertem Gas.

Risikomindernd ist allerdings die Tatsache, daß sich Gasfelder wegen der nur etwa 1 % betragenden Viskosität des Gases gegenüber Öl und damit wegen des möglichen weiteren Bohrabstandes (10fach größere Drainagefläche pro Bohrung) relativ billiger entwickeln lassen. Dieser wichtige Gesichtspunkt, daß Gasfelder wesentlich größere Bohrabstände als Ölfelder zulassen, wird durch die Druckabhängigkeit der in der Lagerstätte pro Flächeneinheit befindlichen Normkubikmeter noch unterstrichen. Diesen Vorteil kann eine Öllagerstätte mit kaum kompressiblem Flüssigkeitsinhalt nicht aufweisen.

Der wichtigste Risikofaktor ist natürlich die *Fündigkeitsrate* als solche. Während sie in bekannten Öl- und Gasfeldern kaum niedriger als 75–85 % ist, liegt sie bei reinen Aufschlußbohrungen meist zwischen 10 und 20 %. In den USA fiel sie in den letzten 20 Jahren von 11,5 auf 10 %. In der BR Deutschland führten den von 1951 bis 1975 statistisch registrierten 220 „Neufunden" freilich nur 155 zu wirtschaftlich entwicklungsfähigen Öl- und Gasfeldern, was einem Absinken der statistischen Fundrate von 14 % auf die effektive von 10 % entspricht. Durch die intensive Explorationstätigkeit seit 1974 stieg die statistische Fundrate auf 17 % an. Hier wird das nomenklatorische Problem klar, was man unter „Fund" verstehen sollte.

Von Bedeutung ist auch die *Erschließungsdauer.* In 5 USA-Großbecken mit 123 Großfeldern waren 32 % nach 5, 43 % nach 10, und 22 % nach 20 Jahren gefunden [66]. Allgemein kann man davon ausgehen, daß die reine Aufsuchungsphase bis zum Fund im Durchschnitt bis zu 5 Jahren dauern kann, und daß die Entwicklung des Fundes bis zum fertigen Feld nochmals 5—10 Jahre dauert, je nachdem, welche Erschließungsprobleme dabei auftreten. Bei offshore-Gebieten, abgelegenen arktischen Zonen können die Perioden noch länger dauern.

5 Gewinnung

5.1 Bohrtechnik

5.1.1 Rotary-Bohren [39, 40]

Bei diesem Verfahren wird der auf der Bohrlochssohle arbeitende Meißel über ein hohles Bohrgestänge angetrieben, durch das kontinuierlich Spülflüssigkeit gepumpt wird, die zwischen Gestänge und Bohrlochswand wieder aufsteigt und dabei das Bohrklein zutage fördert (Bild V.20).

Die übertägige Ausrüstung besteht im wesentlichen aus dem Bohrturm oder Klappmast mit 30—50 m Höhe und einer Tragfähigkeit bis zu 680 t, dem Hebewerk von 368—2208 kW (500—3000 PS) (Seiltrommel mit Zahnradgetriebe oder Kettenvorgelege), das dem Ein- und Ausbau des Bohrgestänges und der Verrohrung dient, dem Drehtisch, der mit 80—200 U/min das Bohrgestänge in drehende Bewegung versetzt, den Spülpumpen, die die Spülflüssigkeit mit bis zu 4 m^3/min ins Bohrgestänge pumpen und den Antriebsmotoren für Hebewerk, Drehtisch und Spülpumpen mit einer Leistung bis zu 7949 kW (10 800 PS).

Das Bohrgestänge mit einem Außendurchmesser zwischen $2\frac{7}{8}$ und $5\frac{1}{2}$ Zoll ist aus legierten Stählen mit hoher Zugfestigkeit gefertigt, dem im unteren Teil Schwerstangen mit besonders dicker Wand zugegeben werden, um den für den Bohrvorgang notwendigen Bohrdruck von 8—30 t möglichst nahe dem Meißel zu konzentrieren. Als Meißel werden Rollen- oder Diamantmeißel eingesetzt (Bild V.21). Die Rollenmeißel haben mit Hartmetall besetzte Zähne, deren Länge und Anzahl sich nach der Härte der zu durchteufenden Gebirgsschicht richtet. Rollenmeißel müssen je nach Durchmesser und Gesteinshärte nach 10—30 Stunden Bohrzeit gezogen und ausgewechselt werden. Dagegen können mit Diamantmeißel Bohrzeiten von 200 Stunden und mehr erreicht werden. Hierdurch sind sie trotz des im allgemeinen geringeren Bohrfortschritts wirtschaftlich. Für das Ziehen von Kernen werden ausschließlich ringförmige Diamantkronen verwendet, in denen der zylindrische Kern stehenbleibt und mit dem Kernrohr in 9—18 m Länge zutage gebracht wird.

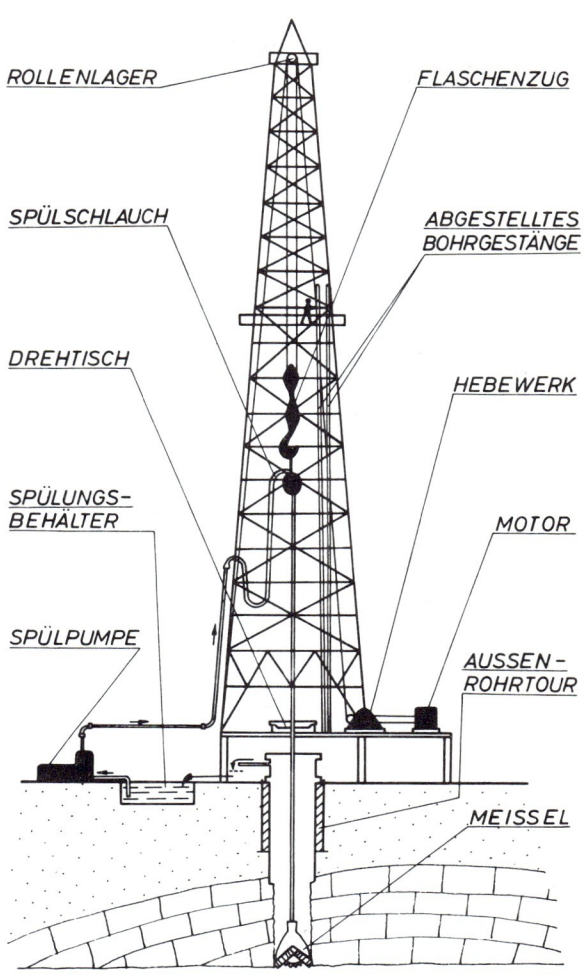

Bild V.20 Schema einer Rotary-Bohranlage

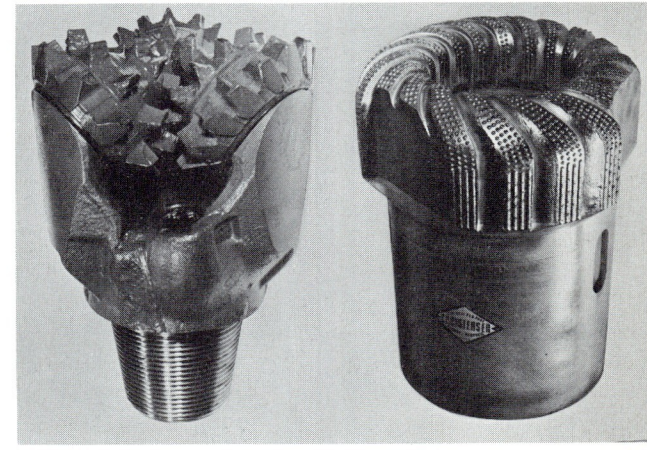

Bild V.21 Bohrmeißel (links Rollenmeißel, rechts Diamantmeißel)

5.1.2 Sonstige Bohrverfahren

Beim Turbinenbohren wird der Meißel durch eine unmittelbar darüber angeordnete Turbine, die durch den Spülungsstrom angetrieben wird, in drehende Bewegung versetzt. Die Reibung des Gestänges an der Bohrlochswand wird vermieden, die hohe Drehzahl der Turbine (ca. 500 RPM) führt zu schnellem Verschließ der Meißel. Daher wird das Turbinenbohren meist nur für Spezialzwecke, z.B. Richtbohrungen zu bestimmten Landepunkten, eingesetzt.

In der letzten Zeit sind aus den UdSSR Pläne bekanntgeworden, nach denen schon in wenigen Jahren Bohrtiefen von 15 000 m erreicht werden sollen. Mit Laser-Strahlen sollen Drücke von 2500 bar und Temperaturen von 1000 °C erzeugt werden, die das Gestein zum Schmelzen bringen.

5.1.3 Offshore-Bohren [41]

Der heutige Stand der Offshore-Bohrtechnik, vorwiegend im Golf von Mexiko entwickelt, kann wie folgt skizziert werden:

Wir unterscheiden zwischen Bohrgeräten, die schwimmen und solchen, die auf dem Meeresboden abgesetzt werden (Bild V.23). Zu den letzteren zählen:

Die *feste Plattform* ist durch gerammte Pfähle mit dem Meeresboden verbunden, von der meist mehrere z.T. über 30 in verschiedene Richtungen abgelenkte Bohrungen abgeteuft werden. Zwei übereinanderliegende Decks mit Nutzflächen von jeweils 1000–1500 m^2 dienen der Aufnahme der Rohre, Spülungsmittel, Treibstoffe, Wasser sowie der Quartiere für 40–50 Mann. Die Energieversorgung (3 680–7 949 kW, 5 000–10 800 PS) erfolgt durch Dieselmotoren. Die größte ortsfeste Plattform für 160 m Wassertiefe hat eine Gesamthöhe von 270 m und ein Gewicht von 30 000 t.

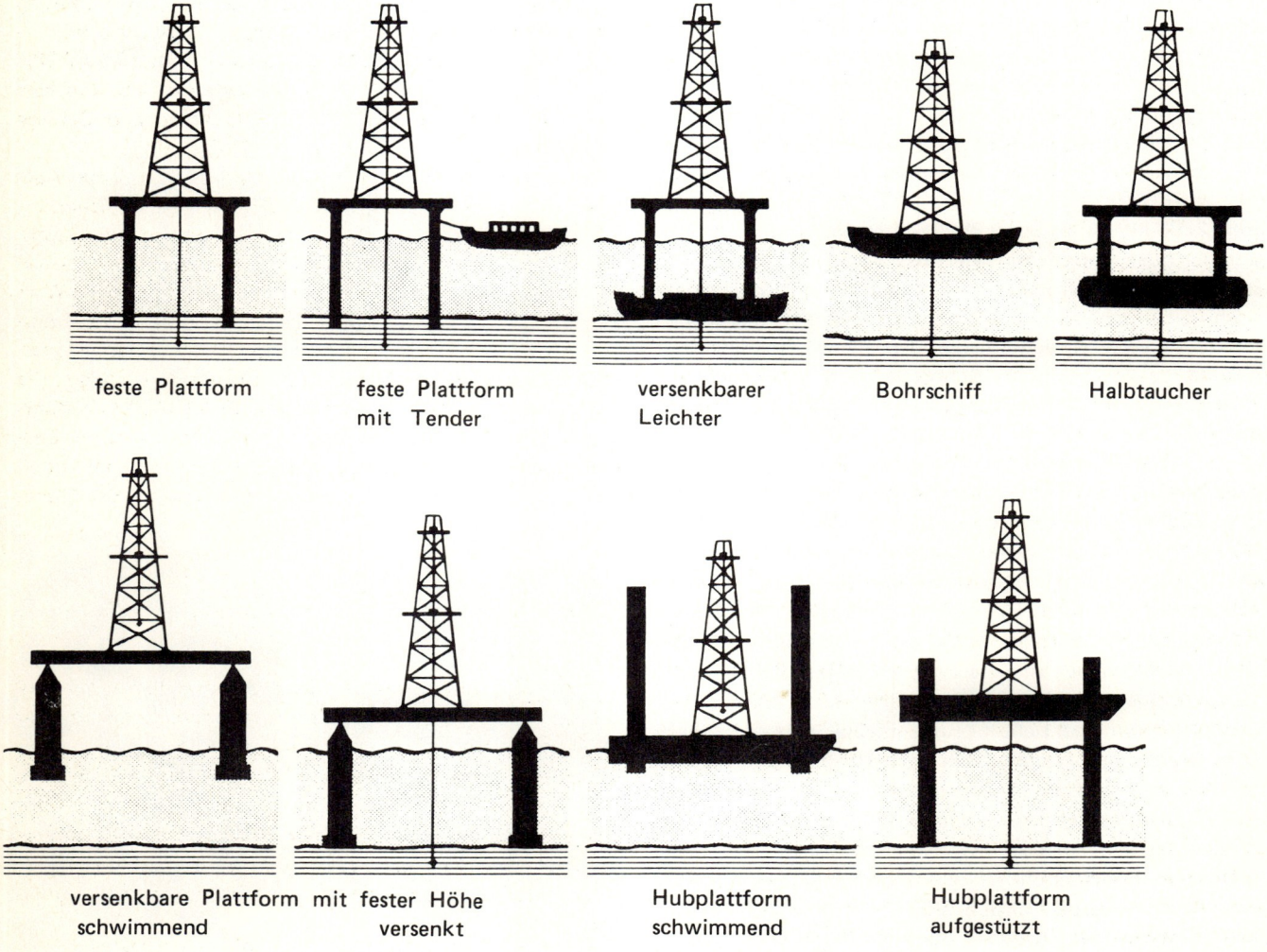

Bild V.22 Offshore-Bohrgeräte

5 Gewinnung

Die Tenderplattform. Hier befinden sich nur der Bohrturm und ein Teil der Bohrausrüstung auf der ca. 150 m² großen Plattform, alles übrige auf einem Schiff (Tender), das mit der Plattform durch Rohre und Schläuche verbunden ist.

Die Hubinsel. Diese wird mit Hilfe von Schleppern in schwimmendem Zustand zur Bohrlokation gebracht. Dort werden die 3–12 Beine bis auf den Meeresboden ausgefahren, anschließend „klettert" die Plattform an den Beinen in die Höhe, um ausreichend Abstand von der Meeresoberfläche zu gewinnen. Moderne Hubinseln können in Wassertiefen bis 110 m arbeiten und haben dann mehr als 130 m lange Beine in Rohr- und Gitterkonstruktion. Das Gewicht beträgt einschließlich Ausrüstung bis zu 15 400 t.

Der versenkbare Leichter (Bohrbarge). Dieser besteht aus zwei durch Gitterwerk verbundenen übereinanderliegenden Pontons, von denen der untere geflutet und damit auf den Meeresboden abgesenkt wird. Der Einsatzbereich dieser Konstruktion ist auf Flachwasser mit Tiefen bis zu 8 m beschränkt.

Bei den schwimmenden Bohrgeräten ist zu unterscheiden zwischen:

Bohrschiffen, die häufig unter Beibehaltung der vorhandenen Maschinenanlage für Bohrzwecke umgebaut wurden. Die größten Schiffe dieser Art haben 30–35 000 tdw bei einer Länge von etwa 200 m. Ihr Vorteil ist die schnelle Beweglichkeit, nachteilig die besonders starke Abhängigkeit von den Wetterverhältnissen.

Halbtauchern. Diese werden nach Erreichen der Lokation mit Hilfe eines Flut- und Verankerungssystems in halbgetauchtem Zustand gehalten, d.h. der aus Pontons bestehende Grundrahmen befindet sich dann 20–25 m unter der Wasseroberfläche. Durch dieses Eintauchen wird eine verbesserte Stabilität beim Angriff von Wind und Wellen erreicht. Halbtaucher können bis zu einer begrenzten Wassertiefe von 35–40 m auch auf dem Meeresboden abgesetzt werden und ähneln dann im Prinzip den „Bohrbargen".

Bei größeren Wassertiefen als etwa 150 m erweist sich eine Kombination zwischen schwimmendem Bohrgerät mit tauchender oder am Meeresboden abgesetzter Förderinstallation als wirtschaftlicher.

Mit dieser Vielzahl von Anlagentypen ist es heute möglich, jede Bohraufgabe im Bereich von 2 bis 600 m Wassertiefe zu lösen, wobei die Bohrteufen bis über 6000 m gehen. Der Schwierigkeitsgrad ist naturgemäß unterschiedlich, je nachdem, ob es sich um Bohrungen in ruhigen Gewässern (Persischer Golf, Mittelmeer), in Meeren mit extremem Tidenhub (Alaska, franz. Atlantikküste), in Taifungebieten (Golf von Mexiko, Südostasien) oder z.B. in den wegen plötzlich aufkommender Stürme und oft schwieriger Untergrundbedingungen gefürchteten Wassern der Nordsee handelt. Ein besonderes Problem stellt die Versorgung der offshore-Bohrungen dar. Zum Mannschafts- und Materialtransport werden Hubschrauber, Schnellboote und sonstige Versorgungsschiffe eingesetzt. Die Bohrmannschaften wohnen an Bord, arbeiten in 12-Stunden-Schichten und werden nach 5 bzw. 7 Tagen abgelöst.

Der Bohrvorgang bei den offshore-Bohrungen ist der gleiche wie bei Landbohrungen. Während die Bohrlochsköpfe bei Plattformen und Hubinseln hochgezogen werden, sind diese bei Bohrschiffen und Halbtauchern auf dem Meeresgrund abgesetzt. Ventile und Sicherheitseinrichtungen können von oben bedient und u.a. mit Fernsehkameras kontrolliert werden. Bei Störungen und Schäden werden Taucher eingesetzt, neuerdings auch speziell entwickelte Kleinst-U-Boote.

Während Mitte der fünfziger Jahre eine Bohrplattform für 40 m Wassertiefe ein Gewicht von 2000 t hatte, rechnet man heute für 300 m Wassertiefe mit 30–40 000 t Gewicht.

Die größte Wassertiefe für eine Offshore-Bohrung war 1980 1486 m vor Neufundland, für eine Produktionsbohrung 400 m vor der spanischen Küste. Wie hoch aber die Kosten sind, läßt sich daraus erkennen, daß die Entwicklung eines Ölfeldes in 300 m tiefem Wasser etwa das 2–5-fache gegenüber einem solchen in 30 m Wassertiefe kostet. Ausgehend von einem derzeitigen Einsatz von 400 Bohranlagen, rechnet man mit einem jährlichen Anstieg um rund 10 %.

5.1.4 Bohrlochspülung [42]

Die Spülung bringt das Bohrklein zutage. Dieses wird auf einem Sieb aufgefangen, während die Spülung selbst erneut ihren Kreislauf Pumpe – Bohrgestänge – Meißel – Ringraum – Schüttelsieb antritt (vgl. Bild V.20). Sie stützt dabei laufend die Bohrlochswand ab und hält ungewollte Zuflüsse an Öl, Gas und Wasser aus dem Gebirge mittels ihres spez. Gewichtes von 1,15–2,0 zurück.

Die Grundsubstanz der Spülung ist eine Aufschlämmung von quellfähigem Ton in Süß- oder Salzwasser, je nachdem welche Formation oder Gebirgsschicht durchteuft wird. Dazu kommen Zusätze, mit deren Hilfe spez. Gewicht, Viskosität, Wasserbindevermögen und pH-Wert eingestellt werden können. Problematisch wird die Spülungsbehandlung in Bohrungen mit hoher Sohlentemperatur. Hier wie auch bei Spülungsgewichten über 1,6 steigen die Spülungskosten bis auf Werte von 50–100 DM/m Bohrlochsteufe an. Erhebliche Mehrkosten können durch Spülungslagerung in betonierten Sammeldeponien oder durch aus Umweltgründen geforderte Aufarbeitung von Ölspülung entstehen.

5.1.5 Verrohrung, Zementation, Perforation, Teste [31]

Zur Sicherung des Bohrlochs werden Rohre eingebaut und zwar teleskopartig mit großem Durchmesser beginnend und dann nach Vertiefen der Bohrung mit jeweils kleinerem Durchmesser fortsetzend. Zwischen Rohrkolonne und Bohrlochwand wird mit Hilfe eines Zementierkopfes Zement gepreßt, der das ganze Bohrloch stabilisiert und gegen unerwünschte Zuflüsse schützt. Eine 5000 m-Bohrung in der BR Deutschland hat z.B. etwa folgendes Verrohrungs-Schema:

$18\frac{5}{8}''$ bis 600 m, $9\frac{5}{8}''$ bis 3 500 m,

$13\frac{3}{8}''$ bis 1 800 m, $7''$ bis 5 000 m.

Gewöhnlich werden die kleineren Rohrtouren nur in den untersten 500 m zementiert, so daß im Falle einer Fehlbohrung die nicht zementierten Teile geschnitten, gezogen und wieder verwendet werden können.

Bei Antreffen von Öl oder Gas wird die ölführende Partie mit Kugel- oder Hohlladungs-Perforatoren durch die zementierte Rohrtour hindurch angeschossen. Diese Projektile werden über ein Kabel gezündet und dringen 20–30 cm in den Ölsandstein ein. Durch Eigendruck der Lagerstätte oder Auszirkulieren der schwereren Spülung mit Wasser wird die Bohrung dann in Förderung genommen (vgl. Abschnitt 5.6).

Schon beim Abbohren können ohne vorherige Verrohrung Openhole-Teste mit Hilfe dicht oberhalb der zur untersuchenden Partie vorübergehend fixierter Packer durchgeführt werden. Die vermutete Lagerstätte wird dann über 1/2–1 Stunde Dauer auf Öl- oder Gaszufluß „getestet". Diese Teste sind ein wichtiges Hilfsmittel zur Bewertung einer Lagerstätte.

5.1.6 Bohrkosten

Die Bohrkosten sind abhängig von Materialverbrauch, Bohrleistung und von Teufe und Profil der Bohrung. Der stündliche Bohrfortschritt liegt zwischen 35 m/Std. in weichen Tonsteinen und 0,5 m/Std. in harten Quarziten. Eine 1500-m-Bohrung dauert etwa 5–10 Tage und kostet etwa 600 000 DM, eine 5000-m-Bohrung 120–180 Tage und kostet etwa 6 Mio. DM und mehr. Davon entfallen rund 2/3 auf Bohranlagen- und Meißelverbrauch und 1/3 auf Spülung (10–25 %), Versorgung, Transport und Testarbeiten. Beim Wert einer Offshore-Bohranlage von 45–60 Mio. DM für 40 m Wassertiefe ergeben sich Gesamtkosten von bis zu 150 000 DM/Tag, d.h. Offshore-Bohrungen sind 2–5 mal so teuer wie Landbohrungen.

5.2 Grundzüge der Öl- und Gasfeldentwicklung

Die Entwicklung einer fündigen Aufschlußbohrung zum Öl- oder Gasfeld erfolgt in zwei Hauptetappen. Zunächst wird in großen Schritten über Erweiterungsbohrungen Ausdehnung und Art der Kohlenwasserstoff-Füllung festgestellt. In gewöhnlich ein bis zwei Jahren erhält man Hinweise auf Schichtfolge, Tektonik, vor allem aber Mächtigkeit und petrophysikalische Eigenschaften der Speichergesteine und deren Inhalt. Bohrlochsmessungen und -teste ergänzen möglichst umfassende Kernuntersuchungen und Flüssigkeitsanalysen. Ziel dieser Etappe ist eine erste Berechnung der Menge vorhandener Kohlenwasserstoffe. Die Förderung wird oft noch nicht aufgenommen.

Vom vorhandenen bzw. gewinnbaren Kohlenwasserstoffvorrat bzw. deren Erlös sind letzten Endes die zur Erzielung einer Mindest-Rentabilität aufwendbaren Kosten in Form von Investitionen für Bohrungen, Leitungen und Anlagen und Betriebskosten abhängig. Da sich die Förderperiode eines Feldes über meist etwa 20–50 Jahre erstreckt, gehört zur Beurteilung der Wirtschaftlichkeit auch der Erlös- und Kostentrend. Ersterer hängt meist von der Weltmarkt- bzw. Konkurrenzsituation ab, letzterer hat meist nur Bezug auf das betreffende Produktionsland selbst. Eine möglichst frühzeitige und richtige Berechnung und Bewertung der gewinnbaren Reserven und deren langfristige Nutzung sind Ausgangspunkt für eine rationelle Kostengestaltung.

Unter den Investitionen für Ölfelder nehmen die Bohrungen meist etwa 60 % ein, sonst entfallen etwa 40 % auf Übertageanlagen und Pipelines.

Wegen der Mobilität von Öl und Gas, die den Bohrungen zentripetal auch aus großen Entfernungen zufließen, sind geologische Faktoren bei der Bestimmung des *Bohrabstandes* bzw. der Zahl der Bohrungen für die öl- oder gasführende Fläche von vorrangiger Bedeutung, besonders wenn nachgewiesene Störungen eindeutige Bohrungs-Lokationen nötig machen. Faziesänderungen, Gas- oder Wasser-Kontakte, Eigenschaften der Lagerstätte wie Permeabilität, Ölchemismus, Energieverhältnisse usw. wirken in erster Linie auf die Höhe des Entölungsgrades und die Förderrate, weniger aber den Bohrabstand ein. In allen anderen Fällen kann man davon ausgehen, daß der Bohrabstand sich vergrößern muß, wenn Mächtigkeit des Speichers und Rohölpreis abfallen. Andererseits verträgt eine Lagerstätte großer Mächtigkeit bei hohem Ölpreis und hohem Diskontsatz eine größere Zahl von Bohrungen.

Im allgemeinen liegen in den USA und Europa die Bohrabstände für Öl bei 300–500 m, in Nahost oder in der Nordsee bei 1–3 km. Die großen Abstände im Nahen Osten sind allerdings mit den Klüften der Karbonatgesteine zu erklären, die das Öl wie Kanäle auch aus großer Entfernung heranführen.

Kennzeichnend für die Ölfeldentwicklung sind:

1. Weil Kohlenwasserstoffe mit Druck und Temperatur ihre physikalischen Eigenschaften verändern, können sogenannte Sekundär- und Tertiärverfahren einen primär nicht allzu hohen Entölungsgrad oft wesentlich erhöhen. Frühzeitige Kenntnis vom voraussichtlichen Verhalten einer Lagerstätte ist wichtig. Lagerstätten und ihr Verhalten sind also in hohem Grade beeinflußbar (vgl. Abschnitt 5.3.4).
2. Die Bewertung jeder Lagerstätte erfolgt von übertage über hier registrierte Drücke, Mengen, Analysen, also indirekt. Analoge und digitale Modelle sind ein wichtiges Hilfsmittel zur Planung, Überwachung und Steuerung eines optimal zu entwickelnden Öl- oder Gasfeldes.
3. Aufschluß- und Entwicklungs-Stadium eines Fundes dauert bis zu 10 Jahren oder länger, bevor ein Geldrückfluß stattfindet. In Gasfeldern oder Ölfeldern in abgelegenen Gebieten kann die Förderung erst aufgenom-

men werden, wenn Leitungen gelegt, d.h. Reserven und Absatzverträge bekannt sind. Höhere Anfangs-Investitionen sind gerechtfertigt, wenn sie die Betriebskosten reduzieren helfen.

5.3 Lagerstättengrundlagen [7, 43, 44, 45, 46, 47]

5.3.1 Natürliche Energieformen

Über ein kommunizierendes Porensystem zur Tagesoberfläche herrscht in fast allen Lagerstätten ein hydrostatischer Druck (Bild V.6, 7). Modifikationen treten durch das ± feste Gesteinsgerüst selbst auf. Höhere Plastizität führt zu höheren Druckgradienten, schnelle Absenkung gut abgeschlossener Speicherpartien oft zu Unterdrücken. Dadurch schwanken die Druckgradienten zwischen etwa 0,8–1,6 bar/10 m. Unter diesem Druck stehen also Gase und Flüssigkeiten. Er wird als Triebfaktor bei der Öl- oder Gasförderung direkt wirksam.

Wir können folgende *aktiven Energiearten* unterscheiden:

Expansion von Gas, Öl und Wasser,
Schwerkraft von Öl und Wasser.

In der Lagerstätte führen sie zum

Randwasser- oder Bodenwassertrieb,
Gaskappentrieb,
Gasentlösungstrieb,
Schwerkraftdrainage.

Ober- und Grenzflächenkräfte zwischen den beweglichen Phasen untereinander und dem Gestein sowie die Viskosität der Flüssigkeiten wirken den Triebkräften entgegen.

Die Flüssigkeitsexpansion z.B. des Öles bei Druckabfall ist eine nur schwache Energieform. Da Öl nur mit $50 \cdot 10^{-6}$ m^3/m^3/bar expandiert, können bei einem Druckabfall einer 2000 m tiefen Lagerstätte um 100 bar hierdurch nur etwa 0,5 % gefördert werden. Auch einschließlich der Expansion gelöster Gase, ausgedrückt im Formationsvolumenfaktor (Abschnitt 1.3) können bei gasuntersättigten Ölen kaum mehr als 4–5 % mobilisiert bzw. entölt werden.

Weit wirkungsvoller sind dagegen die erwähnten anderen Energieformen einschließlich der Expansion reiner Gaslagerstätten. Aktiver Trieb des das Öl oder Gas meist unterlagernden Wassers, der mit fortschreitender Ölentnahme das Wasser immer stärker in den Öl oder Gas führenden Bereich hineinwandern läßt, so daß im Porensystem des Speichers dann zwei Phasen, nämlich Öl und Wasser oder Gas und Wasser, sich bewegen, ist weitverbreitet. Allerdings reicht die Expansion des Aquifers und damit die Druckergänzung meist nicht aus, um den fortschreitenden Druckabfall in der Lagerstätte aufzuhalten: Es kommt zu einem Abfall des Lagerstättendrucks. Bei aktivem primären oder sekundären Wassertrieb kann der Entölungsgrad 50–60 % betragen (vgl. Abschnitte 5.3.5.1 und 5.3.5.2).

In einem Ölfeld mit gasgesättigtem Öl expandiert die Gaskappe bei Ölentnahme nach unten zu in die Ölzone hinein, dort einen 2-Phasen-Fluß von Gas und Öl hervorrufend (Abschnitt 2.3.3). Denselben 2-Phasen-Fluß erhält man im ölführenden Bereich dieser Lagerstätte beim Unterschreiten des Gasentlösungsdruckes, der gewöhnlich in dieser Art Lagerstätte dem statischen Lagerstättendruck entspricht; ohne Hilfsenergie überschreiten die Entölungsgrade hierbei kaum 25 bis 35 % (vgl. 5.3.4.1 und 5.3.5.2).

Die Schwerkraft ist eine langsam wirkende, aber intensive Kraft, die nach Erschöpfung und Ausfördern des gelösten Gases als letzte Phase in Erscheinung tritt. Im Bergbau auf Erdöl (z.B. Wietze) oder in tektonisch abgeschlossenen Schollen ist sie oft die einzige Energieform. Demgegenüber ist die gravitative Auswirkung einer expandierenden Gaskappe auf die darunter liegende Ölfüllung außerordentlich wirksam. Hierdurch sind Entölungsgrade von 60–70 % und mehr erreichbar.

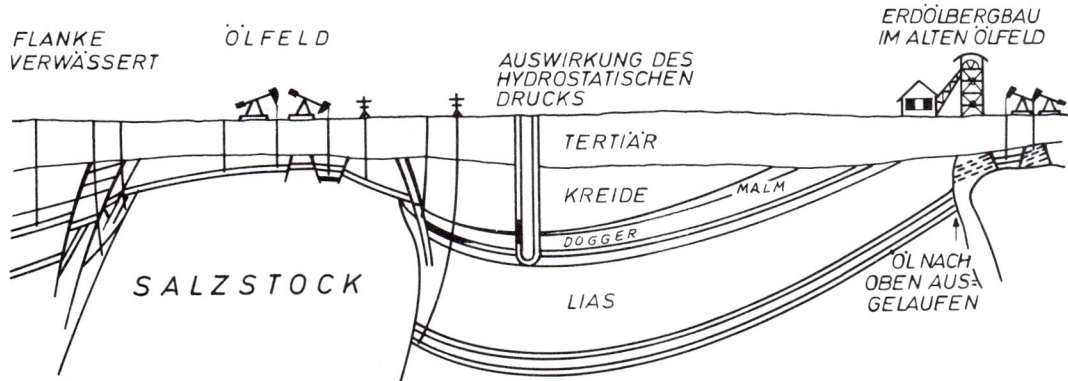

Bild V.23 Schematisches Profil zwischen zwei Salzstöcken mit energiearmen und energiereichen Lagerstätten. Ölförderung eruptiv, mit Tiefpumpen oder im Bergbau.

5.3.2 Fließverhalten in der Lagerstätte

Das ursprünglich bzw. zu einem bestimmten Zeitpunkt in der Lagerstätte befindliche Erdöl und Erdgas wird mit geologisch-volumetrischen und Material-Balance-Methoden ermittelt. Diese Verfahren werden erst in Abschnitt 5.3.5 abgewandelt, weil sie zum Begriff der Vorräte bzw. der gewinnbaren Reserven gehören.

Der eigentliche Verdrängungsvorgang von Öl durch expandierendes freies oder sich entlösendes Gas wird nach *Buckley-Leveretts* Fractional-Flow-Formel aus der Kombination der Darcy'schen Gleichung für 2 Phasen Öl und Gas bzw. Wasser ermittelt. Unter Vernachlässigung von Schwer- und Kapillarkraft gilt für Ölverdrängung durch Wasser

$$f_w = \frac{q_w}{q_w + q_o} = \frac{1}{1 + \frac{K_o}{K_w} \cdot \frac{\mu_w}{\mu_o}} \quad (4)$$

dabei sind

f_w Wasseranteil an der Förderung (%)
$q_{w/o}$ Zuflußmenge Wasser, Öl (cm³/s)
$K_{w/o}$ Relative Permeabilität Wasser, Öl (Darcy)
$\mu_{w/o}$ Viskosität Wasser, Öl (cP)

Hieraus folgt, daß der Wasseranteil vor allem vom Begriff

$$M = \frac{K_o}{K_w} \cdot \frac{\mu_w}{\mu_o}$$

dem Mobilitätsverhältnis, abhängt. Je größer die relative Permeabilität für das Öl bzw. dessen Sättigung, bzw. je niedriger seine Viskosität ist, desto kleiner ist der Wasseranteil in der Förderung. Bei Schwerölen bzw. Ölen mit höherer Viskosität lassen sich daher frühe Wasserförderungen an den Bohrungen um so eher vermeiden, je mehr das Öl erwärmt bzw. die Viskosität des verdrängenden Wassers erhöht wird.

Hier sind die Ansatzpunkte für Thermal- und Polymerverfahren (Abschnitt 5.3.4.1). Hierbei spielt auch der Benetzungszustand des Gesteins eine Rolle. Häufiger als bisher angenommen sind Speichergesteine ölbenetzt, d.h., der Kontaktwinkel Öl zu Gestein ist kleiner als 90°, und die Porenwand wird nicht vom Haftwasser sondern vom Öl unmittelbar überzogen. Da sich das Wasser im Poreninnern und nicht an seinen Wänden entlang bewegt, ist demzufolge der Entölungsgrad relativ gering. Unter den Tertiärverfahren können hier Tenside zum Umnetzen bzw. Verändern der Grenzflächenspannung führen (vgl. Abschnitt 5.3.4).

In Verbindung mit der Kontinuitätsgleichung, d.h. nach dem Prinzip, daß die Menge Wasser, die aus einem Volumensegment austritt, gleich der einwandernden Wassermenge minus dem darin verbleibenden Restwasser ist, und unter Berücksichtigung unstationärer Bedingungen im radialen Zufluß zu Bohrungen läßt sich nach dem Tangenten-Verfahren nach *Welge* eine Voraussage über den Verlauf des physikalischen Entölungsvorganges bzw. der Verwässerung an jeder Bohrung vornehmen [47].

Der Verdrängungsvorgang verläuft darüber hinaus je nach Porengröße bzw. Größenverteilung verschieden. Die Fließrate in einer Schicht A von 10 m zu 1000 mD = 10 000 mD·m ist 25 mal so groß wie in einer Schicht B von z.B. 2 m zu 200 mD = 400 mD·m. Der Entölungsgrad der gesamten Schicht von 12 m ist also zu irgendeinem Zeitpunkt kleiner als der von Schicht A, aber größer als von Schicht B. Der Endpunkt für f_w, z.B. 0,9 hängt nur von wirtschaftlichen Gesichtspunkten ab. Der dazu gehörige Entölungsgrad ist der vertikale, weil er aus der vertikalen Abfolge von Schichten unterschiedlicher Permeabilität resultiert.

Das Produkt aus physikalischem und vertikalem Entölungsgrad ist schließlich mit dem flächenhaften Entölungsgrad zu multiplizieren, um den Gesamtentölungsgrad zu erhalten.

5.3.3 Entwicklung der Öl-, Gas- und Wasserförderung

An jeder Bohrung entsteht beim Fördern von Öl, Gas oder Wasser ein Druckgefälle zur Bohrung, das um so größer ist, je niedriger die Permeabilität des Sandsteins oder je höher die Förderrate oder die Viskosität des zufließenden Mediums sind. Aus Messungen des Lagerstättendrucks mit in die Bohrung eingelassenen Meßgeräten und seiner Abhängigkeit von der Förderrate läßt sich die effektive Durchlässigkeit der Lagerstätte als Ganzes berechnen (Druckaufbaumessungen).

Da nach dem Mobilitäts-Verhältnis (siehe 5.3.2) das niedrigviskose Wasser oder das noch niedriger viskose Gas relativ schneller zur Bohrung wandern als das Öl, tritt also im Laufe der Förderzeit mit Annäherung des Randwassers oder der Gaskappe Wasser bzw. Gas neben Öl in die Bohrung ein. Sie fördert anfangs wenig, später zunehmend Wasser oder Gas mit, d.h., der Gas- bzw. Wasseranteil an der Gesamtförderung wird immer größer (Bild V.24). Da ab

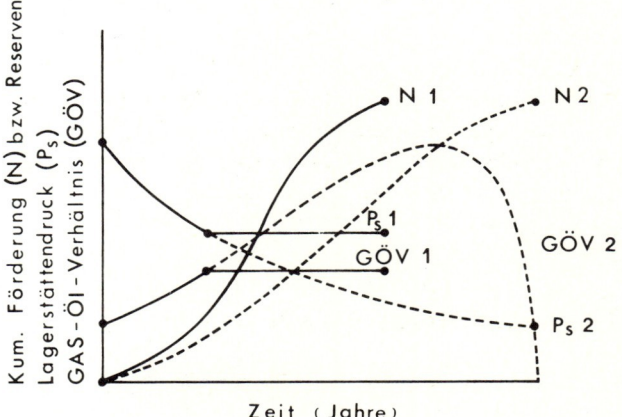

Bild V.24 Förderentwicklung eines Ölfeldes mit (1) und ohne (2) Druckerhaltungsmaßnahmen

etwa 10—20 % Verwässerung die Bohrung gewöhnlich nicht mehr selbsttätig Öl fördert, und ab da Tiefpumpen installiert werden müssen, steigen die Förderkosten so stark an, daß dann bei 90—95 %iger Verwässerung (d.h. 10 bis 20mal so viel Wasser wie Öl) die Kosten nicht mehr getragen werden können. Die Förderung wird eingestellt. Dieser Verwässerungsvorgang vollzieht sich bei randwassernahen, strukturtiefen Bohrungen u.U. schon in wenigen Wochen, bei strukturhohen Bohrungen erst nach vielen Jahren Förderzeit.

Beim Gasentlösungstrieb steigen die Gas-Öl-Verhältnisse mit Unterschreiten des Entlösungsdrucks anfangs langsam, dann aber immer rascher an, bis sie von einem Maximum dann in kurzer Frist steil abfallen, und die Drainage des restlichen Öls nur mittels Schwerkraft erfolgt. Die absoluten Werte der Gas-Öl-Verhältnisse steigen mit der Tiefe der Lagerstätte an. Zum Teil beginnen sie mit dem natürlichen Löslichkeitsverhältnis von 100—200 m³ (V_n) Gas pro 1 m³ Öl (z.B. in 2000 m Tiefe) und steigen nach drei bis fünf Jahren bis auf 1000—2000 : 1 oder mehr an (Bild V.26).

In gasuntersättigten Öllagerstätten dagegen, in denen ein Entlösungsdruck von 25—50 bar weit unter einem Lagerstättendruck von z.B. 150—300 bar liegt, tritt über das natürliche Löslichkeitsverhältnis von etwa 10—40 : 1 hinaus dann nie ein Anstieg der Gas-Öl-Verhältnisse ein, wenn der Lagerstättendruck wegen aktiven Randwassertriebs nie unter den Entlösungsdruck sinkt bzw. durch Wasserinjektion darüber gehalten wird. Hier bleibt also der Gasanfall über die ganze Lebensdauer des Feldes konstant (vgl. Bild V.1).

In jedem Falle wird mit dem Öl aber Erdölgas gefördert, das im Gegensatz zu reinen Gaslagerstätten, gewisse Mengen an Propan, Butan und Pentan führt, die in Adsorptions-Anlagen abgetrennt und als Flüssiggas bzw. Propan-Butan-Gemisch verkauft werden. Das Erdölgas selbst dient z.T. betriebsinternen Zwecken oder wird über Leitungen betriebsnahen Verbrauchern zugeführt. In der BR Deutschland werden etwa 80—90 % dieses Gases verwertet, in anderen Ländern, z.B. im Nahen Osten, aber auch in der Nordsee, mangels Absatzes täglich riesige Mengen abgefackelt. Allerdings sind in verstärktem Maße Bestrebungen im Gange, diese Gasmengen zu erfassen und, da sie in den heißen Klimaten Nahosts und Nordafrikas für Heizzwecke nicht einzusetzen sind, zu exportieren.

5.3.4 Lagerstättentechnische Verfahren

5.3.4.1 Sekundärverfahren [37, 48, 49, 120, 121]

Sekundärverfahren umfassen im weitesten Sinne Methoden, die geförderte, d.h. der Lagerstätte verlorengehende oder -gegangene Substanzen durch Injektion von

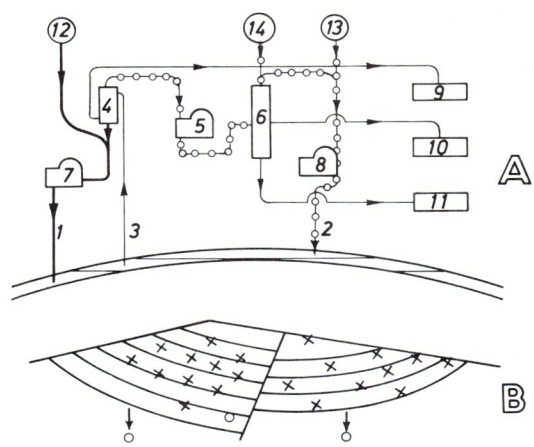

Bild V.25 Betriebsschema von Sekundärverfahren (A)

1 Injektionsbohrung Wasser	8 Gas-Kompressor
2 Injektionsbohrung Gas	9 Reinöl
3 Förderbohrung	10 Flüssiggas
4 Wasser- oder Gas-Separator	11 Gasolin
5 Kompressor	12 Fremdwasser
6 Gasaufbereitung	13 Fremdgas
7 Injektionspumpe, Wasser	14 Gasverbraucher

B. Ölfeld-Karte, Kreuze: Förderbohrungen, Pfeile: Wasser-Injektionsbohrung

Gas oder Wasser wieder ersetzen (Bild V.24), so daß zumindest der Druckabfall aufgehalten (Pressure Maintenance) oder der Druck sogar wieder aufgebaut wird (Pressure Restoration). Solche Maßnahmen können zu jedem Zeitpunkt begonnen werden, wenngleich ein möglichst früher Beginn deshalb empfehlenswert ist, weil dadurch sonst nachteilige Erscheinungen (z.B. frühzeitige Gasentlösung, Wasserfingerbildung) von vornherein vermieden werden. Druckerhaltungs- und Sekundärmaßnahmen erhöhen also den wirtschaftlichen Entölungsgrad, halten die Bohrungen z.T. am eruptiven Fließen und verkürzen die Lebenszeit eines Ölfeldes (Bild V.25).

Als Injektionsmedium dient in den meisten Fällen Wasser, weil mit ihm Volumen gegen Volumen ersetzt wird. Es wird entweder in die Randwasserzone unter das Öl oder in die ölführende Fläche direkt eingedrückt. Das erste Verfahren wird meist in relativ tiefen Lagerstätten (z.B. tiefer als etwa 1000 m), das zweite meist in flachen angewendet. Hier führen die relativ hohen Investitionen schneller zum Druck- und Fördererfolg als im ersteren Fall.

Eine Injektion von Gas ist natürlich überhaupt nur dort möglich, wo es ausreichend vorhanden ist bzw. nicht einem besseren Zweck zugeführt werden kann. Sein Wirkungsgrad kann außerdem dem der Wasserinjektion meist nicht gleichgesetzt werden, es sei denn, es wird in den strukturhöchsten Teilen in die Gaskappe eingedrückt, aus der heraus seine Expansion unter Mitwirkung des Dichte-Unterschieds zwischen Gas und Öl voll zur Geltung kommt.

1955 standen etwa 10 % und 1973 etwa 30 % der US-Förderung unter Flut-Einfluß. 1980 sollen es 40–50 % sein [50]. In der BR Deutschland waren bis 1977 in 66 Ölfeldern 167 Mio. t Reinöl und 374 Mio. m^3 Salzwasser gefördert und 458 Mio. m^3 Wasser wieder injiziert worden. Damit wurde etwa 85 % der geförderten Flüssigkeit wieder ersetzt, d.h. der Druckabfall wieder weitgehend ausgeglichen. In 1977 betrug die Verwässerung aller Felder zusammen 86 %, und auf 1 m^3 gefördertes Öl kamen 8 m^3 Flutwasser. Im Emsland mit 93 % Verwässerung der hochviskosen Öle wurden sogar 15 m^3 Wasser auf 1 m^3 Reinöl wieder eingedrückt [120, 167].

Folgende Auswirkung ergibt sich. Bei gleicher Permeabilität von 500–10 000 mD führt die Primärentölung bei niedrigviskosem Öl zu 20–45 % Entölungsgrad, bei hochviskosem Öl zu 5–13 %. Sekundäres Wasserfluten erhöht diese Werte auf 35–70 % bzw. 15–20 %. Im ersteren Beispiel handelt es sich um Ergebnisse aus Dogger-beta-Lagerstätten des Gebiets Weser-Elbe, im zweiten um U-Kreide des Emslandes, in welchem sich demzufolge gute Chancen für tertiäre Thermalverfahren ergeben [120].

5.3.4.2 Tertiärverfahren

Im Gegensatz zu den Sekundärverfahren werden bei den *Tertiärverfahren* die physikalischen Eigenschaften des Poreninhalts verändert, um den auch nach Sekundärverfahren noch hohen Restölgehalt weiter zu reduzieren. Man schätzt heute, daß damit im Weltmaßstab die Entölung bis zu einem Restölgehalt von etwa 50 % heruntergedrückt werden kann. Bei einem Ölinhalt aller Ölfelder der Welt von rund 420 Mrd. t würden damit durch Primärverfahren etwa 22 % bzw. 92 Mrd. t, durch Sekundärverfahren etwa 12 % bzw. 50 Mrd. t und durch Tertiärverfahren nochmals etwa 13 % bzw. 55 Mrd. t gewinnbar werden. Freilich hängt dies auch wesentlich von der Entwicklung der Erschließungs- und Förderkosten sowie der Rohölpreise ab, da die Tertiärverfahren allein Investitionen und Betriebskosten in Höhe von 70–90 % des Rohölpreises ausmachen. Sie sind daher erst in den letzten Jahren merklich in Gang gekommen. Da in aller Welt Ende 1977 schätzungsweise erst etwa 200 Projekte in Betrieb waren, von denen rund 2/3 auf die schon länger bekannten Thermalverfahren entfallen, dürften bemerkenswerte Erfolge kaum vor dem Jahr 2000 eintreten [121].

a)   Chemikalien-Anwendung

Polymer-Fluten: Durch Viskositäts-Erhöhung des Injektionswassers wird das Mobilitäts-Verhältnis und damit der physikalische Verdrängungseffekt sowie die Flächenentölung zu den Bohrungen verbessert. Unter den verwendeten Chemikalien zeichnen sich die Polyacrylamide durch langgestreckte Molekülketten vom Mol-Gew. über 1 Million aus. Sie wirken allerdings nicht im Salzwasser und sind daher auch nur begrenzt anwendbar. Die weniger salzempfindlichen Polysaccharide sind nur halb so wirkungsvoll. Allzu niedrige Restölsättigung und Lagerstätten-Temperaturen von über 70 °C sind freilich für beide Gruppen begrenzende Faktoren.

Tensid-Micellar-Fluten: Schon bei 0,5 % Zugabe von Petroleumsulfonat-Derivaten zum Einpreßwasser werden die Grenzflächenkräfte auf etwa 0,1 mN/cm und damit der Kapillardruck erniedrigt bzw. die Verdrängung des Öls verbessert. Starke Adsorption wird möglichst durch Gegenmittel verhindert. Bei Zusatz von Propan-Butan bildet sich eine wasser-externe Mikro-Emulsion, die salzunempfindlich ist und Grenzflächen-beseitigend wirkt. Auch hier verhindern hohe Temperaturen die Anwendung.

Alkali-Fluten: Rohöle mit hohem Gehalt an organischen Säuren sind für Na-OH-Injektion geeignet, weil sich daraus Tenside mit Wasser-benetzenden Eigenschaften bilden.

Miscible-Fluten: Hierzu gehört die Injektion von Hochdruckgas, Flüssiggas, Leichtbenzin, Isopropylalkohol und CO_2. Sie sind nur in Lagerstätten mit Leichtöl wirksam, sofern sie aus Kosten- und Beschaffungsgründen überhaupt infrage kommen. Sie bewirken Grenzflächenbeseitigung bzw. Erniedrigung der Ölviskosität infolge Volumenvergrößerung des Poreninhalts.

b)   Thermische Verfahren

Während Tensid-, Micellar- und Miscible-Fluten vor allem auf eine Veränderung bzw. Reduktion der Grenzflächenkräfte im porösen System abzielen, sollen thermische Verfahren die Viskosität des Öles so reduzieren, daß das Viskositätsverhältnis Öl zu Wasser verringert, die Zuflußrate pro Bohrung aber demzufolge vergrößert wird. Aus diesem Grunde sind diese Verfahren vorwiegend auf Schweröl-Lagerstätten, und zwar der besonderen technischen und wirtschaftlichen Eigenschaften wegen in geringer Tiefe bis meist 500–800 m durchführbar.

Das Verfahren der *Heißdampf*-Injektion und der damit verbundenen Kondensation unter Wärmeabgabe beschränkt sich praktisch auf eine Verbesserung des Zuflusses in Bohrlochnähe, indem man das periodische Huff- & Puff-Verfahren anwendet. Wenn schon die Dampferzeugung und die wärmeerhaltenden Isolierungsmaßnahmen hohe Kosten verursachen, so wird die Gewinnchance durch die niedrigen Erlöse schwerer Öle und durch z.T. bis zu 8 % betragende Schwefelgehalte weiter beeinträchtigt. In Kalifornien, dem Land mit dem meisten Schwerölvorkommen, wurden durch Dampf-Projekte 1969 in rund 7000 Bohrungen die Förderung auf das 5–10fache erhöht. Man rechnet mit einem Aufwand von 0,5–3 m^3 Dampf pro 1 m^3 Öl [52, 53].

Das einzige Verfahren, das bei 10–15 % Eigenverbrauch einen etwa 80 %igen Ölgewinn verspricht, ist die *untertägige Teilverbrennung* bei etwa 500 °C mittels Luftinjektion. Das technische Konzept dieses Verfahrens, das in einer größeren Anzahl von Feldern in Betrieb ist, ist wohlbekannt. Es findet seine Grenze vor allem in Wirtschaftlichkeitsfaktoren, weil nämlich im Laufe der Zeit die Injektionsmengen Luft und damit die Kompressionskosten ansteigen, und die Zahl der Injektionsbohrungen bzw. die Investitionen bei engen Bohrabständen relativ hoch sind. Trotzdem wird an der Verbesserung der Thermal-Verfahren (z.B. mittels gleichzeitig injizierten Sauerstoffs und Wassers) gearbeitet.

5.3.4.3 Bohrlochs- und Lagerstättenbehandlungen [54]

Neben den beschriebenen Lagerstätten-Verfahren kann die Rentabilität eines Öl- oder Gasfeldes auch durch kurzfristige Behandlungen der Bohrungen selbst gesteigert werden, sei es, um die Förderrate von Öl und Gas durch Erzeugung von zuflußsteigernden Rissen und Klüften (Fracturing) oder durch Säurung von Kalken oder kalkhaltigen, niedrigpermeablen Sandsteinen (meist mit Salzsäure) anzuheben. Umgekehrt kann dadurch natürlich in Injektionsbohrungen auch die Injektionsrate erhöht und in beiden Fällen somit die Rentabilität verbessert werden. Solche Bohrlochsbehandlungen können bis zu 30 % der eigentlichen Bohrkosten ausmachen. Da sie u. U. mehrfach wiederholt werden müssen, spielen sie für die Gesamtwirtschaftlichkeit eine nicht unwesentliche Rolle.

Beim Fracturing wird eine viskose Flüssigkeit, meist Dieselöl oder geliertes Wasser mit chemischen Zusätzen in hohen Raten und mit hohem überpetrostatischen Druck durch die Bohrung in die Lagerstätte gepreßt und dadurch ein meist vertikaler Riß erzeugt, der je nach der injizierten Menge 150–250 m ins Gestein läuft und dort mit feinkörnigem, wohlgerundetem Sand ausgefüllt bzw. dadurch am Zusammengehen bei Druckentlastung gehindert wird. Die Zuflußrate kann dadurch gesteigert werden.

5.3.5 Vorratsberechnungen und gewinnbare Reserven

5.3.5.1 Berechnung des Lagerstätteninhaltes [5, 7, 37, 43, 44, 47, 56, 57, 59, 122, 123]

Die vorhergegangenen Kapitel haben gezeigt, daß viele Faktoren zur Bildung, Ansammlung oder Erhaltung heute vorhandenen Öles oder Gases beitragen.

Von diesem in einer Lagerstätte erhalten gebliebenen Vorrat an Öl (oil-in-place) oder Gas (gas-in-place) ist allerdings nur ein Teil gewinnbar. Die Höhe der gewinnbaren Reserven und eine Vorausberechnung der alljährlich förderbaren Öl- und Gasmengen erfordert nicht nur eine eingehende Kenntnis der physikalischen und mathematischen Gesetzmäßigkeiten einer in einem feinporösen System sich bewegenden und zudem unter verschiedenen Drücken evtl. sich verändernden Substanz, sondern auch die Berücksichtigung betriebs-, volks- und marktwirtschaftlicher Tendenzen im Laufe dieser langen Förderzeit.

Grundlage sind Messungen der Speichermächtigkeit, Porosität, Permeabilität und des Haftwassergehalts an Kernen oder mittels untertägiger Log-Messung (Abschnitt 5.6). Zur Ermittlung des Druck-Volumen-Temperatur-Verhaltens (PVT) des Öls werden anfangs Ölproben von der Bohrlochssohle unter Druck genommen und im Autoklaven auf Viskosität, Gaslöslichkeit, Dichte und Kompressibilität untersucht.

Zusammen mit der anfangs seismisch fundierten und durch die zunehmende Zahl von Bohrungen allmählich gesicherten Strukturkarte wird, sobald man die Lage des Randwasserkontaktes ermittelt hat, eine Oil- oder Gasinplace-Berechnung für Erdöl nach der volumetrischen Formel möglich.

$$N_o = F \cdot h \cdot \Phi (1 - S_w) \frac{\gamma_o}{B} \qquad (6)$$

$F\,(m^2)$ Fläche,
$h\,(m)$ Mächtigkeit,
$\Phi\,(0, ...)$ Porosität,
$S_w\,(0, ...)$ Haftwasser,
$\gamma_o\,(t/m^3)$ spez. Gewicht Öl,
$B\,(1, ...)$ Formationsvolumfaktor,
$N_o\,(t)$ Tanköl-in-place.

Die volumetrischen Berechnungen dienen der Ermittlung eines statischen Zustandes. Aus der Dynamik mobiler Substanzen und ihren PVT-Beziehungen kann man das anfänglich oder zu jedem Zeitpunkt vorhandene Volumen an Kohlenwasserstoffen im Speichergestein mittels aus in Zeitabständen durchgeführter Lagerstättendruckmessungen und den jeweils geförderten Mengen Öl, Gas und Wasser mit Hilfe von Material-Balance-Rechnungen bestimmen. Die Expansion und das Gas-Öl-Verhältnis zu verschiedenen Druck-Zeitpunkten kennt man aus PVT-Messungen, so daß man bei Verwendung dieser Gleichungen für verschiedene Zeitpunkte sowohl das initiale Ölvolumen als auch die Wasserinvasion berechnen kann. Die einfachste Formel einer Material-Balance-Gleichung für ein unter Druck und Wasserinvasion stehendes Volumen, dem Öl und Wasser entnommen wird, ist

$$n = N_o (B_1 - B_o) - (W_i - w_p) \qquad (9)$$

n gefördertes Öl
N_o initiales Ölvolumen
$B_{o/1}$ Formationsvolumfaktor (vgl. Bild V.1)
W_i eingewandertes Wasser
w_p gefördertes Wasser

Regelmäßige Material-Balance-Berechnungen dienen sowohl der Berechnung des Anfangsinhaltes wie auch der Steuerung des Produktionsablaufs.

Für *Erdgas* gilt die gleiche volumetrische Beziehung

$$V_o = F \cdot h \cdot \Phi (1 - S_w) \cdot \frac{P}{P_o} \cdot \frac{T_o}{T_L} \cdot \frac{1}{Z} \qquad (7)$$

bzw.

$$V_o = V_p \frac{\frac{P_o}{Z_o}}{\frac{P_o}{Z_o} - \frac{P_1}{Z_1}} \qquad (8)$$

V_o (m³ (V_n)) Gas-in-place anfangs
V_P (m³ (V_n)) kumulierte Fördermenge
$P_{o/1}$ (bar) Lagerstättendruck zur Zeit 0 bzw. 1
T_L (K) abs. Temperatur (0 K = −273 °C)
T_o (K) Lagerstättentemperatur
$Z_{o/1}$ Abweichungsfaktor zur Zeit 0 bzw. 1

Aus Gleichung (8) geht zugleich das Prinzip der Material-Balance-Rechnung hervor, mit deren Hilfe man zu jedem Zeitpunkt aus der Beziehung Druck zu Kumulativförderung den ursprünglichen Gasinhalt im geschlossenen System errechnen kann.

5.3.5.2 Gewinnbare Erdöl-Reserven [122]

Der erreichbare Entölungsgrad schwankt je nach den Lagerstättenbedingungen in sehr weiten Grenzen. Im Einzelfall kann er bei niedrigpermeablen Lagerstätten mit hochviskosem Öl nur 5–10 %, in hochpermeablen Lagerstätten mit niedrigviskosem Öl 70–80 % betragen. Im Welt-Durchschnitt hat er sich von etwa 15 % in 1930 auf etwa 35 % in 1977 anheben lassen. Er ist das Ergebnis des jeweiligen Standes der Technik und der Wirtschaftlichkeits-Bedingungen.

Gewinnbare Reserven werden nach den in Abschnitt 5.3.2 beschriebenen Prediction-Verfahren bestimmt. Sie erlauben, für jede Bohrung den Zeitpunkt des Einsetzens der Verwässerung oder der Erhöhung des Gas-Öl-Verhältnisses und deren Verläufe in Abhängigkeit von der Kumulativförderung für jede Bohrung zu berechnen. Aus der Summe der Einzelberechnungen aller Bohrungen ergibt sich die gewinnbare Reserve des Feldes.

Der Gesamt-Entölungsgrad besteht aus dem Produkt aus physikalischer, vertikaler und flächenhafter Entölung, also z.B. 53 × 80 × 70 % = 30 % wirtschaftlich gewinnbare Reserven. Der physikalische Entölungsgrad bezieht sich auf die Entölung bzw. Konfiguration des eigentlichen Porensystems, der vertikale auf die Heterogenitäts-Beeinträchtigung, z.B. durch Tonlagen, und der flächenhafte auf die Anordnung der Bohrungen. Bei Wassertrieb-Lagerstätten dient ein maximaler Verwässerungsgrad des Öls, bei Gastrieb-Lagerstätten ein maximales Gas-Öl-Verhältnis als Kriterium für den erreichten Entölungsgrad.

Natürlich gibt es auch Extrapolationsverfahren des voraussichtlichen Förderablaufs auf empirischer Grundlage. Sie werden bevorzugt in einem fortgeschrittenen Stadium des Feldes benutzt (Bild V.26).

Bild V.27 zeigt im Schema, daß bei 2 Sandsteinen mit Porositäten im Verhältnis 12 : 35 % die gewinnbaren Ölmengen bei sonst gleichen Lagerstättenbedingungen sich wie 1 : 10 verhalten. Bild V.28 dagegen soll darstellen,

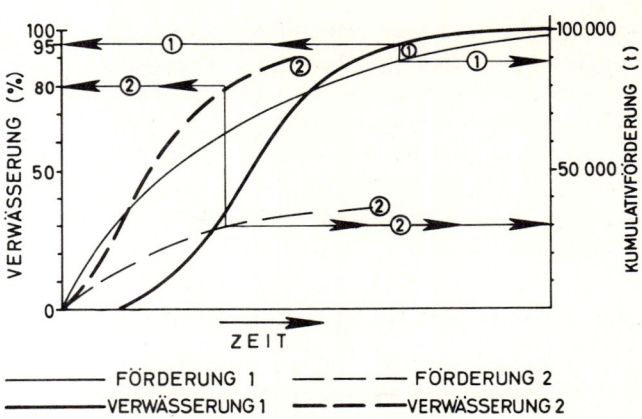

Bild V.26 Förderverlauf von 2 Erdölfeldern
(1 = Fläche, Permeabilität, Mächtigkeit groß)
(2 = Fläche, Permeabilität, Mächtigkeit klein)

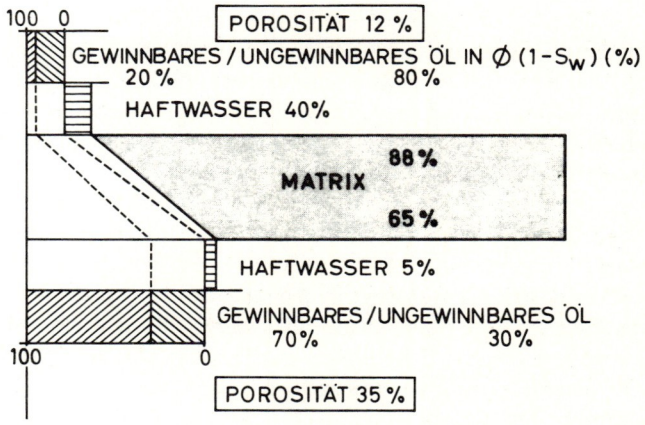

Bild V.27 Schema Ölinhalt und gewinnbares Öl in 2 verschiedenen porösen Sandsteinen

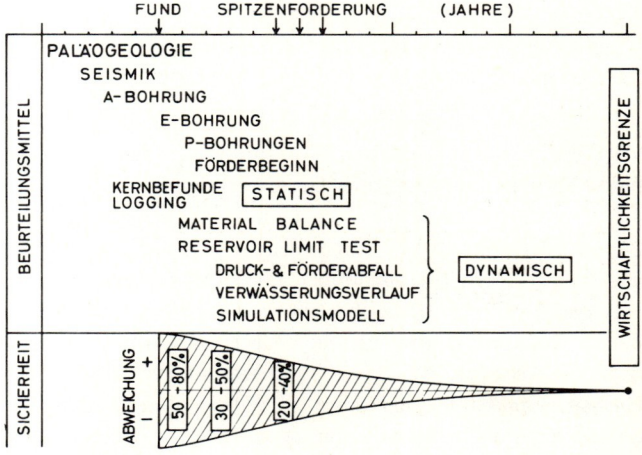

Bild V.28 Methoden und Aussage-Sicherheit bei der Reservenberechnung

wie sich die Aussage über Ölinhalt und gewinnbare Reserven im Laufe der Förderzeit von der Exploration an verbessert. Dabei werden in den ersten Jahren vorwiegend statische, später dynamische Methoden angewendet. Aber selbst etwa 5 Jahre nach dem Fund liegt der Unsicherheitsfaktor noch bei etwa 20–40 % vom endgültig erreichbaren Endergebnis, ganz abgesehen davon, daß in der Zwischenzeit auf geologischem, lagerstättenphysikalischem oder technisch-wirtschaftlichem Gebiet empirisch oder theoretisch neue Erkenntnisse oder Ergebnisse das ursprüngliche Grundkonzept verändert haben können. Auf diese Weise wird ein gewisser, sich aber immer mehr verringernder Unsicherheitsfaktor bis zum endgültigen Ende bzw. der beschlossenen Aufgabe des Feldes bestehen bleiben.

5.3.5.3 Gewinnbare Erdgas-Reserven [122]

Die volumetrische Gas-in-place-Bestimmung von Erdgas-Lagerstätten mit einem abgeschätzten Entgasungsfaktor ist oft die einzige Grundlage für den Abschluß eines Gasliefervertrags. Im Gegensatz zum Öl muß beim Erdgas eine sichere Voraussage über 10–25 Jahre gemacht werden. Der Erdgasabsatz mit Transport über investitionsintensive Pipelines erfordert gewöhnlich eine derart weitgehende Sicherheit.

Man kann nun auf der Grundlage der Formeln (7) und (8) eine relativ sichere Aussage über die gewinnbaren Reserven machen, allerdings gewöhnlich erst nach etwa zwei bis drei Jahren Förderzeit, weil der vorher eingetretene Druckabfall meist noch keine sichere Extrapolation erlaubt. Der Enddruck wird im allgemeinen durch den obertägigen Leitungsdruck gegeben, sofern man keine Kompression vorsieht.

Nur bei konstantem Gasvolumen, d.h. ohne einwirkenden Wassertrieb mit in die Lagerstätte einfließendem Randwasser, ist die Druck-Volumen-Beziehung linear und die Extrapolation auf jedes Förderstadium relativ einfach. Bei Wassertrieb verflacht die Druckkurve gewöhnlich nach gewisser Zeit und täuscht damit im Stadium wasserfreier Gasförderung ein sich vergrößerndes Gasvolumen vor. Außerdem ist wegen des entstehenden 2-Phasen-Flusses bei komplettem Wassertrieb der Entgasungsfaktor bis zur Wirtschaftlichkeitsgrenze mit etwa 50–60 % auffallend niedrig, während er bei reiner Gasexpansion ohne Wassertrieb im allgemeinen bei 70–90 % vom Gasinhalt liegt. Im ersteren Falle steigt der Entgasungsgrad mit der Ausbeutegeschwindigkeit, weil das nachdrängende Wasser den Bohrungen nur relativ langsam zufließt.

5.3.6 Die Lebensdauer von Öl- und Gasfeldern [61]

Die Betrachtung der Lebensdauer geht von der Möglichkeit aus, durch Sekundärverfahren und Maßnahmen der Druckerhaltung die Förderrate an Öl zu erhöhen und die Lebensdauer zu verkürzen. Der dadurch erzielte Zinsgewinn für vorzeitig eingenommene Rohölerlöse und die eingesparten Betriebskosten sind so wesentlich, daß selbst zusätzliche Investitionen gerechtfertigt sind, sofern nicht mit einer ständigen erheblichen Steigerung des Rohölpreises gerechnet werden muß.

Während früher Lebensdauern von 50–80 Jahren keine Seltenheit waren, versucht man heute, besonders in Ländern mit hohen Risikofaktoren, die Lebensdauer drastisch zu verkürzen. So sollte die Hälfte der überhaupt zu erwartenden gewinnbaren Erdölreserven nach etwa 10–15 Jahren gefördert sein.

Naturgemäß gibt es eine Reihe von äußeren Einflüssen wie Proration- und Conservation-Programme, die wie in den USA markt- und importabhängig sind, und die zu Förder-Allowables oder Fördereinschränkungen führen. Solche Regierungsmaßnahmen beeinflussen natürlich Lebensdauer und Wirtschaftlichkeit. Für Gasfelder hat man oft eine minimale Lebensdauer einzuhalten, die der Mindestdauer eines Lieferungsvertrags entspricht.

5.4 Fördertechnische Verfahren [37, 38]

Die fertiggestellte Bohrung ist mit einer zementierten Produktionsrohrtour ausgerüstet, in die bis zur Lagerstätte Steigrohre von 5–12 cm Durchmesser eingebaut werden. Zur Aufnahme der Förderung wird die Lagerstätte durch Futterrohre und Zementmantel perforiert. Durch die Perforationsöffnungen fließt Erdöl oder Erdgas in das Bohrloch. Zur Sicherung des Bohrlochs und zur Beherrschung des Lagerstättendrucks werden Absperrarmaturen auf dem Bohrloch montiert.

5.4.1 Eruptiv-Förderung

Eine Eruptiv-Förderung ist möglich, wenn der Lagerstättendruck bzw. der an der Bohrlochsohle herrschende Fließdruck höher als der hydrostatische Druck der Flüssigkeitssäule im Bohrloch ist. Die vorhandene Lagerstättenenergie reicht also zur Hebung des Fördermediums aus. Die Entlösung des im Öl gelösten Erdölgases unterstützt die Eruptiv-Förderung.

Das spez. Gewicht des Steigrohrinhalts vergrößert sich bei zunehmendem Wassergehalt, so daß der Kopffließdruck laufend abfällt. Dadurch, noch verstärkt durch den meist ebenfalls abfallenden Lagerstättendruck, wird die Förderrate an Öl immer kleiner. Bei Gasbohrungen ist der Kopfdruck stets viel höher als bei Ölbohrungen, sie eruptieren demzufolge im Gegensatz zu Ölbohrungen sogar oft bis an ihr Lebensende.

Der Steigrohrstrang einer Eruptiv-Bohrung mündet übertage in ein Eruptionskreuz, dessen Absperr- und Kontrollarmaturen den erforderlichen Drücken entsprechen müssen. Mit Hilfe eingebauter Düsen läßt sich die Fördermenge regulieren. Die Eruptiv-Förderraten für Öl liegen in Deutschland zwischen 30–200 t/Tag, im Nahen Osten und in der Nordsee bei 500–5000 t/Tag. Bei hohen Förderraten kann zur Vermeidung hoher Reibungsverluste über den vollen Futterrohrquerschnitt gefördert werden. Sofern es die Sicherheit erfordert, wird im unteren Bohrlochsbereich ein Packer abgesetzt, der den Ringraum abdichtet (Bild V.29). Ebenso können die Steigrohre mit Einrichtungen versehen werden, die das jederzeitige Abdichten ermöglichen. Bei Offshore-Förderbohrungen werden aufgrund der besonderen Sicherheitsanforderungen in den Bohrungen automatische Absperrventile installiert, die bei Abweichungen von den normalen Förderbedingungen die Steigrohre untertage sicher verschließen.

Die Eruptiv-Förderung ist die wirtschaftlichste Form der Förderung, da keine kostenverursachende Fremdenergie benötigt wird. Außerdem sind die Instandhaltungskosten und der Überwachungsaufwand relativ gering. Man ist bestrebt, diese Förderart möglichst lange aufrechtzuerhalten.

Bei mehreren Förderhorizonten kann eine Mehrzonenförderung eingerichtet werden, die eine getrennte Produktion aus bis zu etwa 10 Horizonten ermöglicht.

5.4.2 Förderhilfsmittel

Wenn die Eruptiv-Förderung infolge Erschöpfung der Lagerstättenenergie oder wegen Verwässerung zum Erliegen kommt, muß ein den Verhältnissen angepaßtes Förderverfahren gewählt werden (Bild V.29).

Der Anwendungsbereich von *Gestänge-Tiefpumpen* liegt zwischen 0 und 2400 m Teufe. Tiefpumpen sind an oder in den Steigrohren eingelassene Kolbenpumpen, deren Kolben über einen kombinierten Pumpgestängestrang durch einen übertage auf dem Bohrloch stehenden Tiefpumpenantrieb bis zu 30mal je Minute auf und ab bewegt werden. Die Antriebe haben eine Tragfähigkeit bis zu 18 t. Der Antrieb erfolgt durch Elektro-, Diesel- oder Gasmotore mit Leistungen bis 150 PS.

Die Anwendung der Gestänge-Tiefpumpen ist beschränkt durch die begrenzte Belastbarkeit der Werkstoffe. Immerhin lassen sich Raten bis 3000 m^3/Tag erreichen, jedoch wird im Durchschnitt mit 2–50 m^3/Tag gefördert. Häufige Pumpen- sowie Gestängedefekte können die Wirtschaftlichkeit dieser Methode stark beeinträchtigen.

Hydraulische Tiefpumpen sind gestängelose Kolbentiefpumpen, in denen der Kolben mit gereinigtem Rohöl oder Wasser angetrieben wird. Der von der Förderhöhe abhängige Betriebsdruck bis 350 atü wird von Hochdruck-

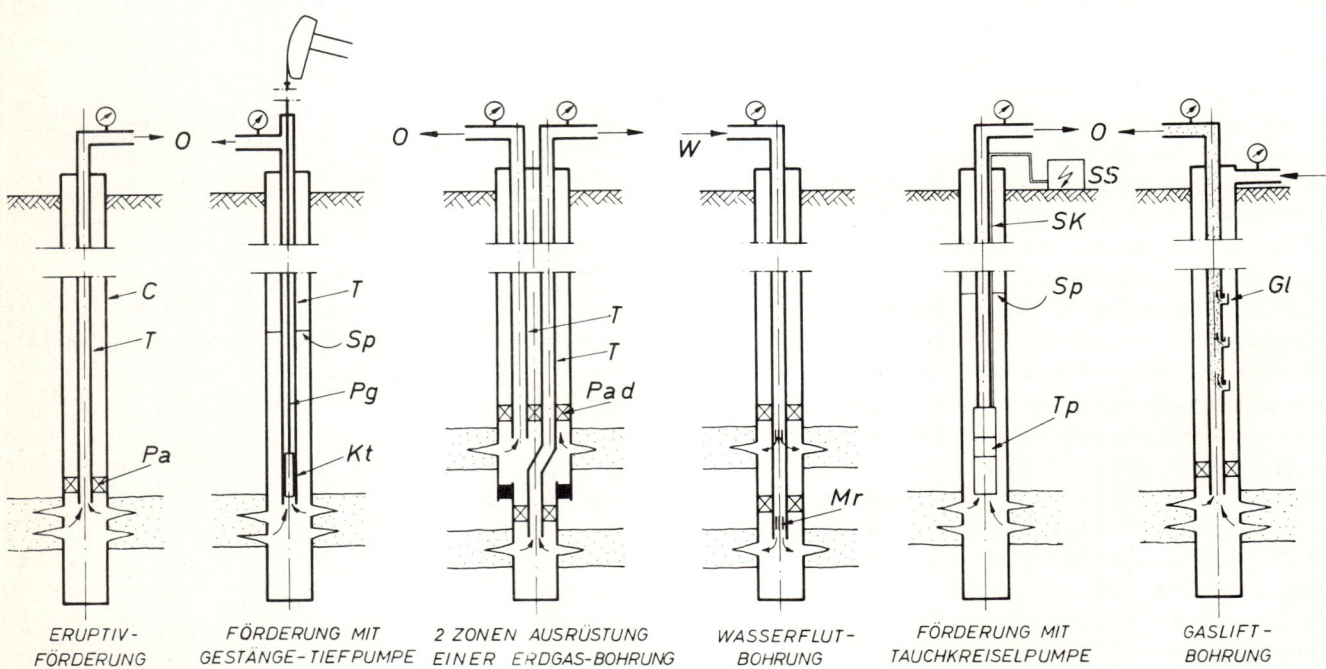

Bild V.29 Verschiedene Bohrlochinstallationen zur Förderung von Erdöl und Erdgas

O	Öl	T	Steigrohre	Pad	Doppelpacker	Gl	Gasliftmuffe
W	Wasser	Sp	Flüssigkeitsspiegel	Mr	Mengenregler	Sk	Steigrohrkabel
C	Verrohrung	Pg	Pumpgestänge	Ss	Schaltschrank		
Pa	Packer	Kt	Kolbentiefpumpe	Tp	Tauchkreiselpumpe		

5 Gewinnung

pumpen, die übertage zentral für mehrere Bohrungen installiert werden, erzeugt. Die Druckölzuführung geschieht über die Steigrohre, durch welche die Pumpen bei erforderlicher Reparatur zutage und wieder hinab gebracht werden können. Man unterscheidet offene und geschlossene Druckölsysteme. Beim offenen System mischen sich Drucköl und Fördermedium im Rücklauf, beim geschlossenen System werden Drucköl und Fördermedium getrennt zurückgeführt. Infolge einer höheren Hubzahl (bis 125 Hübe/Minute) erreichen hydraulische Tiefpumpen Förderraten von maximal 500 m³/Tag aus 3000 m Teufe. Eine Sonderbauart arbeitet nach dem Prinzip der Ejektor-Pumpe. In ihr entfallen bewegliche Teile; sie ist daher auch unempfindlicher gegen unreine Fördermedien. Die Investitionskosten sind höher als bei Gestänge-Pumpen, die Betriebskosten dagegen durch besseren Wirkungsgrad geringer. Die stufenlose Regelbarkeit dieser Pumpen gestattet die Anwendung in einem weiten Mengenbereich.

Elektrisch angetriebene Tauchkreiselpumpen werden zur Hebung großer Fördermengen eingesetzt. Die aus bis zu mehreren 100 Stufen bestehende Pumpe wird von einem Elektromotor angetrieben, dem die Energie über ein an den Steigrohren befestigtes Spezialkabel zugeführt wird. Es sind Einbauteufen bis 4200 m möglich, die Leistungen erreichen 200 kW. Der Einsatz ist begrenzt durch die mit größerer Teufe steigenden Temperaturen. Die Flexibilität in bezug auf Menge und Förderhöhe ist geringer als bei hydraulischen Tiefpumpen. Sie finden am häufigsten Anwendung bis 1500 m Teufe und Mengen bis 800 m³/Tag.

Steht genügend Gas zur Verfügung, ist das *Gaslift-Verfahren* anwendbar. Hierbei wird über mehrere automatisch arbeitende Ventile, die im Steigrohrstrang angeordnet sind, Gas über den Ringraum in die Steigrohre injiziert. Das intermittierend oder kontinuierlich zufließende Gas bewirkt eine Reduzierung des spezifischen Gewichtes der Flüssigkeitssäule und regt die Bohrung zur fortlaufenden Eruption an. Für die Hebung von 1 m³ Flüssigkeit werden 30–150 m³ (V_n) Liftgas benötigt. Zum Liften wird Hochdruckgas mit einem Druck von 30–50 bar eingesetzt. Bei großen Feldern werden also große Kompressoren-Anlagen erforderlich. In bezug auf die Betriebs- und Gaskosten ist es wichtig, daß das Gasliftgas ein Kreislaufgas ist. Der laufende Verlust ist dabei gering. In Europa kann Gasliften nur in wenigen Feldern angewendet werden.

Besonders in *Offshore-Feldern* ist man bestrebt, die Eruptivphase der Bohrungen möglichst lange aufrechtzuerhalten. Dies kann erfolgen durch Energieergänzung z.B. mittels Wasserinjektion in eigens dazu hergestellte Bohrungen. Förderhilfsmittel müssen wegen der wesentlich höheren Kosten bei notwendigen Reparaturen unempfindlich gegen das Fördermedium sein. Grundsätzlich sind zwar alle Hilfsmittel in Offshore-Bohrungen anzuwenden, die größten Vorteile bietet hier jedoch das Gaslift-Verfahren. Die Liftgas-Versorgung wird von der zentralen Produktions-

Plattform über separate Gasleitungen vorgenommen. — Bei Wassertiefen bis ca. 150 m kann die Verrohrung der größtenteils gerichtet abgeteuften Bohrungen bis zum Unterdeck einer Plattform verlängert werden, so daß der Bohrlochskopf dem einer Landbohrung gleicht. In großen Wassertiefen geht man zu Unterwasser-Bohrlochsköpfen über und verbindet die Bohrungen durch Unterwasser-Pipelines mit einer zentralen Produktions-Plattform oder mit einer zentralen Unterwasser-Produktionsanlage. Prototypen dieser Anlagen arbeiten bereits im Golf von Mexiko, im Persischen Golf und vor der Kalifornischen Küste der USA.

5.4.3 Erdgasbohrungen

Die technische Ausrüstung von Erdgasbohrungen ist ähnlich wie bei eruptiven Erdölbohrungen. Zu ihr gehört ein im Packer abgesetzter Steigrohrstrang, ein Bohrlochskopf mit Absperrarmaturen und automatische Sicherheitsventile untertage und/oder übertage, die einen sofortigen Abschluß bei Leitungsbruch gewährleisten. Aufgrund der meist höheren Drücke (bis 1000 bar) und den physikalischen Eigenschaften von Erdgas werden an die Ausrüstung besonders hohe sicherheitstechnische Anforderungen gestellt. Die Steigrohrverbindungen müssen gasdicht und das Rohrmaterial muß unempfindlich gegen Korrosion (Schwefelwasserstoff, Kohlendioxid) sein. Für die Dosierung von Korrosionsschutz- oder Lösungsmitteln zur Bekämpfung von unerwünschten Begleitstoffen des Erdgases dienen entweder der Ringraum zwischen Produktionsrohr- und Steigrohrstrang oder in den Förderstrang konzentrisch eingelassene Dosierrohrstränge. Offshore-Erdgasbohrungen sind ähnlich ausgerüstet wie eruptive Offshore-Erdölbohrungen.

5.5 Erdöl- und Erdgasmanipulation einschließlich Aufbereitung

5.5.1 Erdöl

Das mit eigenem Druck oder Förderhilfsmitteln zutage gebrachte Rohöl der Förderbohrungen wird von Stichleitungen aufgenommen und Sammelpunkten zugeführt. Hier werden die Ströme mehrerer Bohrungen gemessen und dann — allgemein noch mit eigenem Druck — in einer Hauptleitung zur zentralen Feldstation weitergefördert. Dort durchläuft das Öl eine Aufbereitung, in der es von den Beimengungen Gas, Wasser und Feststoffen befreit und dadurch raffinerieeinsatzfähig gemacht wird (Bild V.30). Zunächst ist unter Druck das Gas abzuscheiden, in erster Linie Methan, Äthan, Propan und geringe Mengen auch von Butan entsprechend den herrschenden Dampfdruckbedingungen der vorhandenen Gemische. Das freigewordene Gas wird einer industriellen Verwendung zugeführt.

Zur Entfernung von weiteren Ölbeimengungen, Wasser und Feststoffen, nutzt man ebenfalls den Unterschied im spezifischen Gewicht aus, d.h. man läßt diese schweren Stoffe im Öl absinken und scheidet sie dann ab. Da der Zeitablauf des Trennvorganges wesentlich von der Ölviskosität bestimmt wird, erniedrigt man diese durch Erwärmung des Öl auf 50—100 °C, so daß Verweilzeiten und benötigter Tankraum niedrig gehalten werden können. Mechanische Abscheidehilfen, z.B. „Labyrinthe" in Form von Holzwolle- oder Stahlwollepackungen werden mit Erfolg verwendet.

Die frühzeitige Zugabe von Chemikalien erlaubt eine Abscheidung von Wasser bereits bei Normaltemperatur als sogenannte Kaltklärung. Stabile Öl-Wasser-Emulsionen lassen sich durch die Kombination von Demulgatoren und Wärme trennen, oder in Anlagen, in denen sich die Öl-Wasser-Trennung im elektrischen Hochspannungsfeld (20 000 V) vollzieht. Sinn der beiden letzten Maßnahmen ist, die Koagulation kleinster Wassertröpfchen zu fördern und damit ihr Absinken und Ausfallen zu beschleunigen. Gegebenenfalls muß mehrstufig und bei hohem Salzgehalt zusätzlich mit Süßwasserwaschung gearbeitet werden. Der Salzgehalt des aufbereiteten Öls soll im allgemeinen bei 0,001 %, der Wassergehalt bei maximal 0,2 % liegen. Das auf diesem Wege von Wasser und Feststoffen befreite Öl ist nunmehr verladefähig.

Erdöl- und Erdgasfelder eignen sich wegen des kontinuierlichen Flusses und Verfahrensganges hervorragend für Fernsteuerung und Automation. Das in modernen Gewinnungsbetrieben weitgehend eingeschränkte Personal führt dann lediglich Kontrollen in den Anlagen durch. In ganz besonderem Maße gilt diese Entwicklung für Offshore-Betriebe, deren Zugänglichkeit erschwert und deren Gefährdung erhöht ist.

5.5.2 Erdgas [5, 178]

Methan ist der Hauptbestandteil aller Erdgase, doch werden sie von einer mehr oder weniger großen Menge weiterer Stoffe begleitet, die die Eigenschaften der Roherdgase, also der am Bohrlochkopf anstehenden Erdgase, entscheidend beeinflussen.

Man unterscheidet einmal zwischen „trockenen" und „nassen" und zum anderen zwischen „süßen" und „sauren" Erdgasen. Hierdurch werden die wesentlichsten für die Aufarbeitung, Verteilung und Weiterverarbeitung maßgebenden Eigenschaften gekennzeichnet.

Trockene Erdgase haben einen niedrigen Gehalt an höheren Kohlenwasserstoffen, weisen aber oft erhöhte Stickstoff- und Kohlendioxid-Anteile auf, während nasse Erdgase, die im allgemeinen aus Kondensatlagerstätten stammen oder als Erdölbegleitgase auftreten, mehr oder minder reich an höheren Kohlenwasserstoffen sind (bis zu 30 Vol.-%). Homologe Paraffine bis C_5 liegen in nennenswerten Konzentrationen vor, in Spuren findet man auch Kohlenwasserstoffe bis über C_{20}, des weiteren auch Aromaten, insbesondere Benzol. Weiterhin haben Roherdgase im allgemeinen einen für den Ferntransport unzulässig hohen Wasserdampfgehalt.

Süße Erdgase weisen einen Schwefelwasserstoff- bzw. Gesamtschwefelgehalt auf, der unter dem in Kap. XI.2 angegebenen für den Transport zulässigen Grenzwert liegt, während die Schwefelgehalte saurer Erdgase 20 Vol.-% und mehr betragen können. Es handelt sich hierbei vorwiegend um Schwefelwasserstoff (H_2S), in geringem Maße auch um organische Schwefelverbindungen, wie Kohlenoxisulfid, Disulfide und Mercaptane.

Anzumerken ist, daß beide Begriffsgruppen zur Charakterisierung eines Roherdgases herangezogen werden

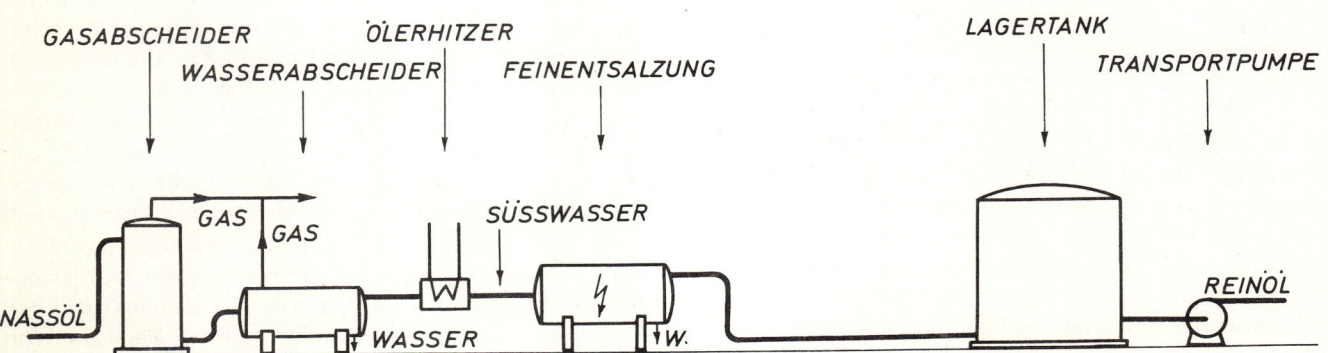

Bild V.30 Rohölaufbereitung mit elektrostatischer Feinentsalzung

5 Gewinnung

müssen; so handelt es sich bei den Erdgasen im nordwestdeutschen Raum hauptsächlich um saure, trockene Erdgase, während Erdgase aus Frankreich vornehmlich den sauren, nassen Erdgasen zuzurechnen sind.

Roherdgase müssen aus zwei Gründen aufbereitet werden: Erstens muß der Wassergehalt und gegebenenfalls der Gehalt an höheren Kohlenwasserstoffen sowie an Schwefelverbindungen so eingestellt werden, daß das Gas transport- und speicherfähig ist. Gesichtspunkte sind hier die Unterbindung von Rohrleitungskorrosion, Hydratbildung und übermäßige Auskondensation von höheren Kohlenwasserstoffen. Oberflächen- und Spannungsrißkorrosion tritt bei gleichzeitiger Anwesenheit von Wasser und Schwefelverbindungen, insbesondere H_2S, auf. Höhere Gehalte an Kohlendioxid ($> 0,5$ Vol.-%) können bei feuchtem Gas auch zur Korrosion führen, während der Stickstoff nur eine den Transport belastende inerte Komponente ist.

Unter Hydratbildung wird die Formation von schneeförmigen Gashydraten verstanden, die zur Leitungsverstopfung führen können. Sie bilden sich insbesondere bei tiefen Temperaturen bei gleichzeitiger Anwesenheit einer bestimmten Menge an höheren Kohlenwasserstoffen und Wasserdampf. Die Auskondensation von höheren Kohlenwasserstoffen kann infolge der Flüssigkeitsansammlung an Tiefstellen zu Schwierigkeiten beim Leitungsbetrieb führen. Es muß sichergestellt sein, daß auch bei Druckabsenkung im Rohrleitungssystem keine Auskondensation auftritt (retrograde Kondensation).

Zweitens ist die Einhaltung bestimmter Qualitätsnormen (vgl. Kap. XI.2) — wie Brennwert, Wobbezahl, Dichte und Schwefelgehalt — erforderlich. In vielen Fällen müssen deshalb höhere Kohlenwasserstoffe, Schwefelverbindungen, aber auch in einigen Fällen Stickstoff oder Kohlendioxid, aus dem Roherdgas abgetrennt werden. Die Separierung und getrennte Vermarktung von höheren Kohlenwasserstoffen kann auch mit einem Erlösvorteil verbunden sein. Sie werden häufig als Rohstoffe in der chemischen Industrie eingesetzt.

Meistens ist es deshalb notwendig, die Erdgasaufbereitung direkt auf dem Gasfeld vorzunehmen, wovon ein Teil oft bereits in der Nähe des Bohrlochkopfes erforderlich ist. Das Gas entströmt dem Bohrloch unter hohem Druck bis zu einigen 100 bar, von dem es auf einen für die Behandlung und den Weitertransport wirtschaftlichen Druck abgesenkt werden muß. Um hier Hydratbildung infolge Abkühlung zu vermeiden, läßt man gegebenenfalls den Entspannungsvorgang unter Wärmezufuhr in einem Erhitzer stattfinden. Die Hydratbildung läßt sich auch durch eine Methanolzudosierung einschränken. Bei nassen Erdgasen gehört auch die Abtrennung von flüssigen Kohlenwasserstoffen zur dezentralen Erdgasaufbereitung.

Trockene, süße Erdgase können nach Absenkung des Wassergehaltes auf den für den Pipeline-Transport geforderten Wert direkt in das Ferntransportnetz abgegeben werden. Die Trocknung erfolgt im allgemeinen in der Nähe des Bohrlochkopfes. Voraussetzung ist allerdings, daß die geforderten Qualitätsnormen vorliegen. Saure Erdgase und nasse Süßgase erfordern eine weitere, z.T. recht aufwendige Aufbereitung, die in einer zentralen von mehreren Erdgasbohrungen versorgten Aufbereitungsanlage vorgenommen wird. Das Grundschema einer Erdgasaufbereitungsanlage für nasses, saures Erdgas ist in Bild V.31 wiedergegeben.

Das Roherdgas wird von mehreren Erdgassonden bzw. dezentralen Erdgasaufbereitungsanlagen der zentralen Aufbereitungsanlage zugeleitet. In einer ersten Verfahrensstufe werden die flüssigen Kohlenwasserstoffe abgeschieden.

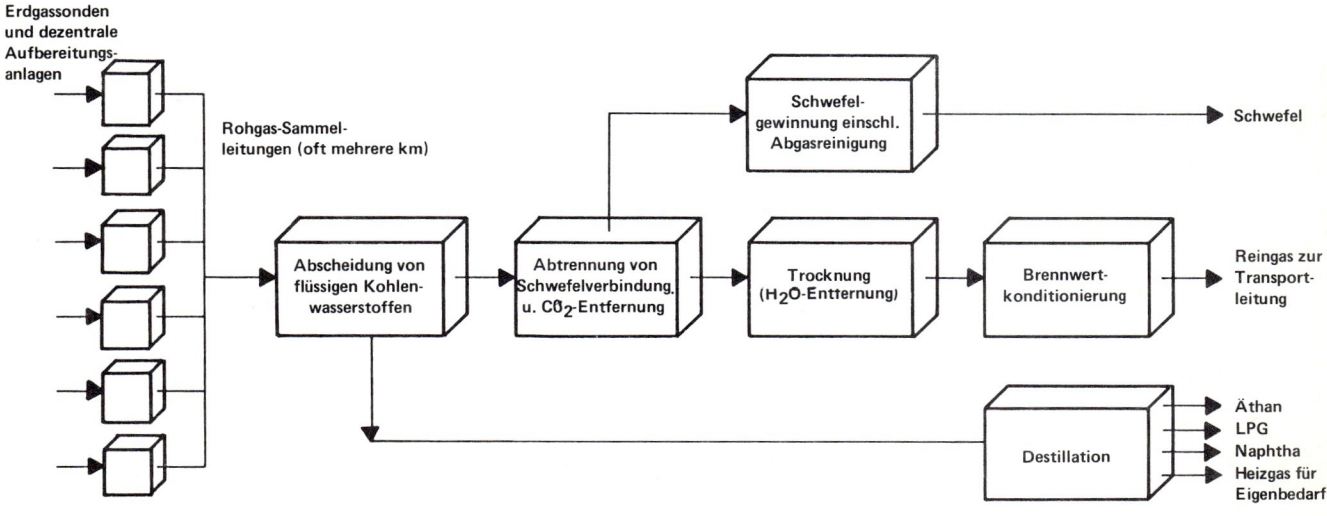

Bild V.31 Schema einer Erdgasaufbereitungsanlage

Danach erfolgt die Abtrennung von Schwefelverbindungen bzw. Kohlendioxid. Die gebräuchlichste Methode, um CO_2 und H_2S, aber auch organische Schwefelverbindungen aus dem Erdgas abzutrennen, ist die Gaswäsche, bei der diese sauren Komponenten durch chemische oder physikalische Absorption in einem speziellen Lösungsmittel gebunden werden. Dieser Vorgang läuft im allgemeinen reversibel ab, d.h., das Lösungsmittel gibt im Zuge seiner Regenerierung – die durch Druckabsenkung oder Temperaturerhöhung erfolgt – die aufgenommenen Gaskomponenten in unveränderter Form wieder frei, bevor es im Kreislauf zur Wäsche zurückkehrt. Zur Entfernung relativ geringer Schwefelwasserstoffgehalte, wie sie z.B. in dem aus dem norwegischen Teil der Nordsee stammenden Gas vorhanden sind bzw. zur Kohlendioxidentfernung eignen sich auch adsorptive Reinigungsverfahren, bei denen die zu entfernenden Komponenten sich an einem Feststoff anlagern. Auch hier erfolgt eine Regeneration des Absorbermaterials. Das die Regenerierung verlassende stark mit Schwefelverbindungen beladene Gas wird im allgemeinen einer Schwefelgewinnungseinheit zugeführt, die als Produkt verkaufsfähigen Schwefel liefert. Sowohl die Schwefelabtrennung als auch die Schwefelgewinnung setzen nur in äußerst geringem Maße umweltbelastende Schwefelverbindungen frei.

Die Erdgastrocknung wird heute hauptsächlich mit Glykolwäschen durchgeführt, die nach einem ähnlichen Prinzip wie die Wäschen zur Entfernung von Schwefelverbindungen arbeiten.

Zur Gewinnung von höheren Kohlenwasserstoffen wird das Gas abgekühlt, z.B. auf $-30\,°C$. Bei dieser Temperatur kondensiert der überwiegende Anteil der höheren Kohlenwasserstoffe aus. Es kommen auch Ölwäschen, die in einem gleichen Temperaturbereich arbeiten sowie Adsorptionsverfahren zum Einsatz.

Die gewonnenen Kohlenwasserstoffe werden in einem Destillationsprozeß in vermarktbare Komponenten getrennt (Äthan, LPG, Naphtha sowie Heizgas für den Eigenbedarf). Die größte Sauergasaufbereitungsanlage befindet sich in der Nähe von Orenburg in der Sowjetunion und gibt bis zu 5,6 Mio. m^3/h Erdgas an das Ferntransportnetz ab (entspricht ca. 34 Mio. t Öl/Jahr). Die Sauergasaufbereitungsanlage Großenkneten in der Nähe von Oldenburg gibt ca. 800 000 m^3/h gereinigtes Gas an das Erdgasnetz der Bundesrepublik ab. Dieser Komplex mit seinen zahlreichen Verfahrensanlagen ähnelt von seinem Charakter her einer größeren Raffinerie. Der Durchsatz der Anlage entspricht einer Ölproduktion von 5 Mio. t Öl/Jahr. Des weiteren wird aus dem Schwefelwasserstoff flüssiger Schwefel erzeugt und als vermarktbares Produkt abgegeben (ca. 2100 t/d).

Rohgase mit einem sehr hohen Stickstoffgehalt (bis zu 50 %) können im allgemeinen nur nach Stickstoffentzug als qualitätsgerechtes Gas an das Pipeline-Netz abgegeben werden. Die Stickstoffabtrennung erfolgt in den meisten Fällen durch einen Tieftemperaturprozeß. Bei Temperaturen zwischen -160 und $-170\,°C$ verflüssigt sich das Methan, wird abgetrennt und nach Wiederverdampfung ins Erdgasnetz gegeben. Stickstoff ist bei diesen Temperaturen noch gasförmig und entweicht in die Umgebungsluft. Da stickstoffreiche Gase meistens auch geringe Gehalte an Helium aufweisen, kann sich die Einbeziehung einer Heliumgewinnung in das Verfahren zur Stickstoffabtrennung lohnen.

Erdgase werden also direkt an ihrem Gewinnungsort in eine verbrauchsfertige umweltfreundliche Primärenergie verwandelt und unterscheiden sich in diesem Aspekt vom Erdöl, das im allgemeinen erst im Verbraucherland aufbereitet und in seine Komponenten zerlegt wird. Der für die Erdgasaufbereitung erforderliche Energieaufwand ist wesentlich geringer als der für die Rohölaufbereitung.

5.5.3 Injektionswasser

Wegen der Empfindlichkeit quellender Tone in der Lagerstätte erfolgt das Fluten meist mit Wasser von ähnlicher chemischer Zusammensetzung wie dasjenige der Lagerstätte. Aus diesem Grunde wird das Wasser vor dem Einpressen konditioniert (O_2-Entfernung zur Vermeidung von Fe_2O_3-Ausfällungen, pH-Wert-Einstellung auf leicht angesäuerten Bereich, Bakterizid-Korrosions-Inhibitor-Zugabe usw.). Bei Steigerohren und Armaturen haben sich als wirksamer Schutz Auskleidungen mit Kunststoff bewährt. Auf die Bohrlochausrüstung für Dampf-Injektion oder In-situ-Verbrennung soll hier nicht eingegangen werden.

5.5.4 Offshore-Anlagen [133]

Die technische Ausrüstung von Offshore-Feldern wird weitgehend bestimmt von der Wassertiefe, der Lagerstättengröße und -ausdehnung und den speziellen Wetterverhältnissen. Alle der Förderung dienenden Anlagen müssen auf dem begrenzten Raum von Plattformen untergebracht werden. In großen Feldern bei Wassertiefen bis ca. 75 m werden von festen Plattformen mehrere Bohrungen gerichtet abgeteuft. Rohöl oder Erdgas wird nach Messung auf einzelnen Plattformen gesammelt und durch Unterwasser-Pipelines zu einer zentralen Produktions-Plattform gefördert. Die Produktions-Plattform enthält auf übereinanderliegenden Decks alle Aufbereitungs- und Manipulationseinrichtungen zur Trennung und Fortleitung von Öl, Gas und Wasser, eine eigene Energieversorgung, die zentrale Fernsteuerungs- und Überwachungsanlage sowie Quartiere für Mannschaften (Bild V.32).

Bei begrenzten Feldesstrukturen oder größeren Wassertiefen bohrt man bis zu 60 Bohrungen von einer einzigen Plattform aus ab, und installiert nach Fertigstellung der Bohrungen sämtliche Einrichtungen auf der zentralen Produktionsplattform. Alle Konstruktionen müssen den extremen Meeresbedingungen, z.B. Jahrhundert-

5 Gewinnung

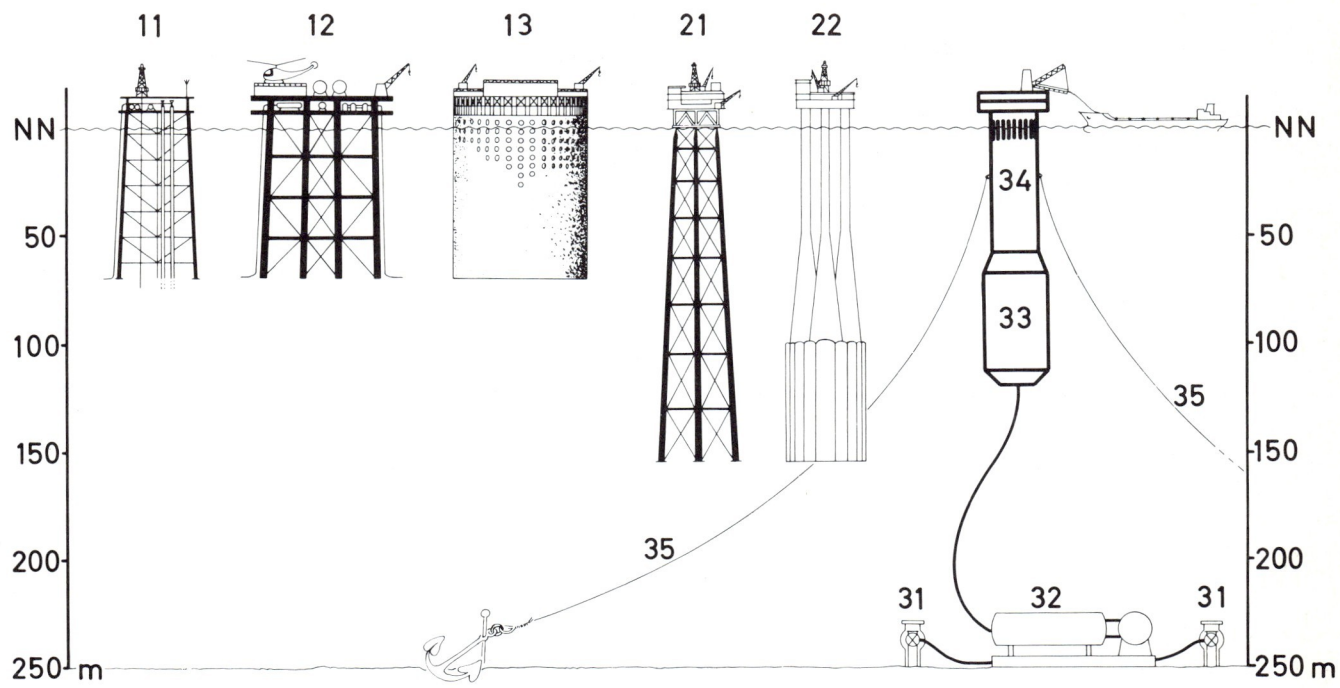

Bild V.32 Offshore-Fördersysteme für verschiedene Wassertiefen

11, 21, 22 Bohr- und Förderplattform
12 Zentrale Förderplattform
13 Stapelbehälter
31 Unterwasser-Bohrlochköpfe
32 Unterwasser-Sammelstation
33 Unterwasser-Stapeltanks
34 Unterwasser-Verladeanlage
35 Unterwasser-Verankerung

stürmen, gewachsen sein. Eine im Golf von Mexiko in 300 m Wassertiefe errichtete Bohr- und Produktionsplattform (Kosten 500 Mio. $) wurde mit 20 je 12,5 cm dicken Stahlseilen verspannt.

Plattformen für Wassertiefen von mehr als 150 m erfordern Investitionen, die eine Installation von Unterwasser-Bohrlochköpfen und Unterwasser-Produktionssystemen wirtschaftlicher werden lassen. Sämtliche hydraulisch oder elektrisch ferngesteuerten und fernüberwachten Anlagen sind nur mit Tauchkapseln erreichbar. Reparaturen sind ebenfalls nur unter Einsatz dieser Spezialkapseln möglich. An Unterwasser-Produktionssysteme werden daher höchste Anforderungen hinsichtlich Präzision und Zuverlässigkeit gestellt.

Modernste Konstruktionstechnik wird bei Offshore-Stapeltanks für Rohöl demonstriert. In der Nähe der Zentralplattform ist die Installation eines Unterwasser-Stapeltanks für die Aufnahme eines Teils der Ölförderung erforderlich. 100 km offshore Dubai im Persischen Golf hat man eine Batterie von Rohöltanks mit je 80 000 m³ Fassungsvermögen auf dem Meeresboden abgesetzt und verankert (Bild V.33). Der über das Wasser ragende Schaft des Behälters kann als Träger einer Produktionsplattform dienen. Die Tanks sind unten offen und arbeiten nach dem Verdrängungsprinzip zwischen Öl und Meerwasser. Die bisher größ-

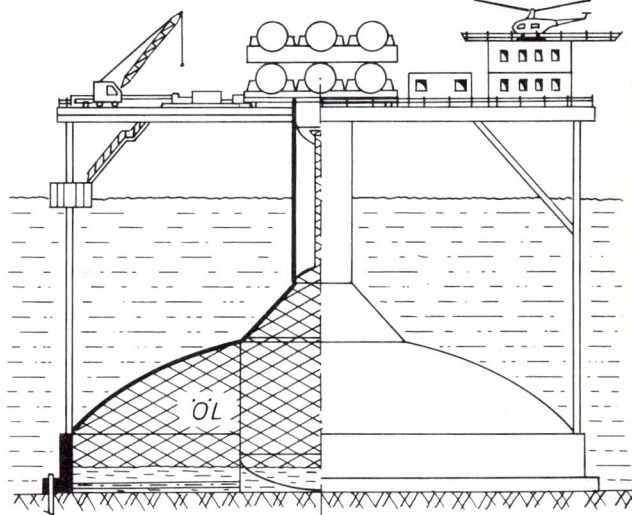

Bild V.33 Unterwasser-Speicherbehälter zur Zwischenlagerung von Rohöl vor der Küste von Dubai

ten Offshore-Tankanlagen wurden für den Einsatz in der Nordsee konstruiert. Hier werden 160 000 m³ fassende Stahlbetonbehälter auf dem Meeresboden abgesetzt, die in ihren oberen Decks zahlreiche Produktionseinrichtungen aufnehmen. Die Verladung in Großtanker erfolgt über Unterwasser-Pipelines und Verlade-Bojen, die in sicherer Entfernung von den Plattformen verankert sind. Weitere Stapeltanks mit Gesamtbauhöhen bis 160 m für Wassertiefen bis 140 m sind im Bau.

5.6 Bohrloch-Vermessung und -Perforation [5, 7, 44, 62, 63]

Es gibt viele Hilfsmittel, den Verlauf einer Bohrung zu kontrollieren. Laufend wird das zerbohrte Spülgut geologisch untersucht. In wichtigen Bereichen, z.B. zur genauen Altersdatierung oder zur Erfassung von Speicherhorizonten usw., werden Kerne gezogen, wegen der hohen Kosten (Ein- und Ausbau eines Kernbohrgerätes) allerdings auf meist nur 1–2 % der gesamten Teufe beschränkt. Es ist auch möglich, mit Hilfe eines am Kabel eingefahrenen Schußapparates Kerne seitlich aus der Bohrlochwand zu ziehen. Gaschromatographen an der Bohrung messen kontinuierlich Öl- oder Gasgehalt der Spülung, die Bohrfortschrittskurve unterscheidet die Gesteinsarten nach ihrer Härte.

In aller Welt verbreitet sind die unter der ursprünglichen Bezeichnung „Elektrisches Kernen" bekannten Bohrloch-Meßverfahren. Es gibt etwa 35 verschiedene Messungen zur Bestimmung zahlreicher, das Bohrloch und das durchbohrte Gestein charakterisierender Eigenschaften, von denen freilich nur meist 5–7 durchgeführt werden. Hierbei werden am Kabel Meßsonden eingefahren. Man mißt auf diese Weise

1. Elektrischen Widerstand (Electric, Micro-, Latero-, Microlatero-, Induction-Log),
2. Gesteinsdichte (Density-Log),
3. Schall-Laufzeit (Sonic-, Acoustic-Log),
4. Wasserstoff-Ionen-Konzentration (Neutron-Log),
5. Schichtneigung nach Prinzip 1 (Dipmeter),
6. Bohrlochdurchmesser (Kaliber-Log) und -abweichung,
7. Bohrlochtemperatur.

Mit Hilfe dieser im unverrohrten Bohrloch anwendbaren Methoden lassen sich Aussagen machen über
Schichtmächtigkeit und -ausbildung,
Lithologische Gliederung der Gesteine,
Geochemische Schichtcharakterisierung (Kohle, Salze, Karbonate),
Petrographische Eigenschaften (Porosität, Tongehalt),
Poreninhalt (Prozentual Wasser, Öl, Gas),
Interpretation seismischer Diagramme,
Lagerstättentemperatur,
Technische Angaben über den Zustand des Bohrloches (Kaliber, Neigung).

Der Vollständigkeit halber soll hier erwähnt werden, daß Bohrlochmessungen im verrohrten Bohrloch diejenigen im unverrohrten Bohrloch ergänzen. Letztere sind Messungen zur Bestimmung des Zementkopfes und der Zementbindung hinter den Rohren (Temperaturmessung, Cement Bond Log), Druckmessungen an der Bohrlochsohle zur Messung des Lagerstättendrucks und des spez. Gewichts des Steigerohrinhalts, Zuflußmessungen aus einzelnen Perforationen, Spiegelmessungen mittels Echolot und andere Prinzipien, selektive Injektionskontrolle von Flutwässern. Schließlich werden, am Kabel elektrisch gezündet, bis in größte Tiefen aus den elektrischen Logs als öl- oder gasführend erkannte Speichergesteine mittels Kugel- oder Hohlladungs-Perforatoren durch 1–2 zementierte Rohrtouren hindurch geöffnet.

Alle diese Verfahren sind dem Geologen für großregionale Korrelationen, dem Lagerstätten-Ingenieur für Entölungsmaßnahmen und dem Bohr- und Förderingenieur als technische Hilfsmittel unentbehrlich geworden.

6 Transport von Erdöl und Erdgas

6.1 Land- und Wasserfahrzeuge zum Transport von Erdöl und Mineralölprodukten [64]

Die speziell für diesen Transport konstruierten Großtankwagen auf der Straße und auf der Schiene transportieren vorwiegend Mineralölprodukte, die von der Raffinerie oder von Zwischenlägern ausgefahren werden. Hier ist die Auffächerung der Sorten und Mengen sowie der Transportziele so vielfältig, daß die Ladung häufig am wirtschaftlichsten vom Einzelfahrzeug transportiert wird. Rohöl aber wird nur dann noch mit Landfahrzeugen befördert, wenn Leitungen nicht oder im Erschließungszustand eines Erdölfeldes noch nicht wirtschaftlich sind. Als investitionsstarke Betriebsteile können Pipelines erst dann optimal ausgelegt werden, wenn die Größe des Ölfeldes bekannt ist; d.h. meist erst nach 2 bis 3 Jahren nach Fündigkeit.

Eine ganz andere Bedeutung aber kommt dem Tankschiff im Ferntransport über die Meere zu. Mit großen Einheiten, deren Ladefähigkeit heute schon 6 bis 7 mal größer ist als ihr Leergewicht kann der Seetransport sehr wirtschaftlich gestaltet werden, wenn die Hafenanlagen und Wasserwege (z.B. 25 m tief) mit diesen Schiffsgrößen Schritt halten und eine Lade- und Löschzeit von 15 bis 20 Stunden ermöglichen [64]. Da jedoch die Großtanker nur noch wenige Häfen direkt anlaufen können, wird die Verladung über kombinierte Anker- und Ladebojen zunehmend an Bedeutung gewinnen: Die Beladung erfolgt über wichtige Leitungen von der Küste zu Bojen, die im Tiefwasser verankert sind und Schlauchanschlüsse für die Verbindung mit dem Tankschiff tragen. Die optimale Geschwindigkeit der Tanker liegt bei 15 Knoten. Man ist allgemein der Auffassung, daß Klein- und Mitteltanker auch weiterhin im Kurz-

6 Transport von Erdöl und Erdgas

streckenverkehr des Mittelmeeres, der Karibischen See usw. ihre Bedeutung behalten werden.

Anfang 1979 umfaßte die Tankerflotte der Welt 3320 Einheiten mit 328 Mio. tdw Fassungsvermögen. Davon gehören 59 % privaten Reedereien und 38 % den Ölgesellschaften. 1084 Tanker (32 %) über je 100 000 tdw haben eine Gesamtkapazität von 232 Mio. tdw (71 %), und 82 Einheiten (2,6 %) über je 320 000 tdw befördern 32 Mio. tdw (10 %) der Gesamtkapazität. 270 Einheiten, vorwiegend 25 000 bis 100 000 tdw, waren Ende 1979 im Bau [144]. Unter der Flagge der nicht ölproduzierenden Länder Liberia, Griechenland, Japan und Panama fahren allein 1398 Einheiten (42 %) mit 166 Mio. tdw (50 %). Die drei derzeit größten Tanker sind je 550 000 tdw (275 000 BRT) groß.

6.2 Wasserfahrzeuge zum Transport von verflüssigtem Erdgas (LNG)

In sehr vielen Fällen sind die großen verwertbaren Erdgaslagerstätten weit von den Verbrauchern entfernt und oft durch Weltmeere getrennt. Um dieses Erdgas zu nutzen, wird es an der Küste des Erzeugerlandes mittels eines Tieftemperaturprozesses verflüssigt und dann mit wärmegedämmten Spezialtankern zum Verbraucherland transportiert. Die LNG-Transportkette, bestehend aus Verflüssigung, Schiffstransport und Wiederverdampfung, wird in dem Kap. XI, 3.6 detailliert beschrieben. In Kap. XIII, 8 wird auf die weltweiten LNG-Transportketten eingegangen.

6.3 Rohrleitungen

6.3.1 Rohrleitungen für den Öltransport

Rohrleitungen für den Öltransport sind wegen der fehlenden Kompressibilität von Flüssigkeiten relativ wenig flexibel. Wählt man ihren Durchmesser zu groß, ergeben sich hohe Investitionen und Betriebskosten für Pumpstationen. Bei zu kleinem Durchmesser wird die Leitung zwar billig, erfordert aber ebenfalls hohe Kosten für die Errichtung und den Betrieb von Pumpstationen. Das wirtschaftliche Optimum wird daher für jeden Betriebsteil einzeln berechnet.

Besondere Probleme des Drucks und der Temperatur stellen sich dem Pipelinebauer bei der Querung hoher Gebirgszüge. So müssen z.B. beim Öltransport aus den Ölfeldern des Amazonas-Quellgebietes an die Pazifik-Küste bis zu 4500 m hohe Andenpässe überquert werden. Da man derartige Großleitungen nicht für beliebige Drücke auslegen kann, muß der insgesamt benötigte Druck in mehreren Pumpstationen erzeugt werden, die in gleichen Höhenabständen übereinander am aufsteigenden Hang anzuordnen sind. Auf der anderen Seite, dem absteigenden Hang, sind entsprechend Druckreduzierstationen vorzusehen, die den Druck stufenweise auf das zulässige Maß abbauen. Doch größere Probleme stellen Tiefseeleitungen der, die sich in Küstennähe entweder dem häufig zerfurchten Meeresboden anpassen oder aber schwebend aufgehängt werden müssen.

Außer den großen Leitungen zwischen Texas und New York und Chicago, zwischen Alberta und den großen Seen, zwischen Sibirien und Europa sind die Verbindungsleitungen zwischen dem Nahen Osten und dem Mittelmeer die bekanntesten. In Europa werden die Raffinerien durch die Leitungssysteme TAL (Triest – Ingolstadt – Karlsruhe bzw. Triest – Wien), SEPL (Marseille – Karlsruhe), NWO (Wilhelmshaven – Köln), RRP (Rotterdam – Frankfurt/M.), CEL (Genua – Ingolstadt) mit Rohöl versorgt.

Das gesamte westeuropäische Rohöl- und Produktennetz hat mit einer Länge von 18 500 km eine Durchsatzkapazität von 600 Mio. t/a.

Des weiteren ist das Pipeline-System der UdSSR beeindruckend. So gab es schon 1970 in der UdSSR etwa 40 000 km Ölleitungen, z.B. aus der Ukraine nach Leuna. Der Leitungsverlauf führt durch Wüsten, Sümpfe und Tundren mit Temperaturen von -60 °C bis $+50$ °C [111].

An Land schreitet der 15 bis 25 km lange Bauabschnitt einer Ölleitung bei der Verlegung täglich um 2 km vorwärts. Die Kosten betragen je nach Durchmesser und Geländeschwierigkeit im Weltdurchschnitt z.Z. 270 000 $/km onshore und doppelt so viel offshore. Allerdings kostet eine 30''-Leitung etwa 20mal so viel wie eine 6''-Leitung bzw. etwa 9000 $/km/Zoll Durchmesser. Ab 1980 sind weltweit 29 000 km Pipeline für den Transport von Rohöl und 17 000 km für den Transport von Produkten geplant.

In der Nordsee werden bis 1990 10 000 km Leitungen verlegt. In dieser Zahl sind allerdings die Gasleitungen mit eingeschlossen. Das derzeit größte Verlegungsschiff verlegt am Tage etwa 2,5 km 30'' Rohre für 4 Mio. DM pro km.

6.3.2 Rohrleitungen für den Erdgastransport

Gas ist ein kompressibles Medium. Um möglichst kleine Transportvolumina zu erhalten, ist man bestrebt, es bei möglichst hohen Drücken zu transportieren, der heute bei modernen Gasfernleitungen maximal 80 bar beträgt. Dennoch ist zum Transport einer bestimmten Energiemenge Erdgas gegenüber dem Erdöl ein wesentlich größerer Leitungsdurchmesser erforderlich, woraus sich ergibt, daß sich der Erdgastransport wesentlich transportkostenintensiver gestaltet. Detailliertere Angaben über den Erdgasferntransport in Rohrleitungen sind in Kap. XI, 3.3 und Kap. XIII, 8 zu finden.

7 Verarbeitung von Erdöl [1, 2, 65, 96]

7.1 Technische Verfahren und Erdölprodukte

Zur Gewinnung brauchbarer Produkte aus Erdöl für bestimmte technische Verwendungen dient als erste Stufe die *destillative Auftrennung* in Fraktionen geeigneter Siedebereiche.

Die atmosphärische Destillation in Blasen kennt man seit 1860. Benzin, Leuchtpetroleum und Schmieröl waren damals die Hauptprodukte. Zur Entfernung störender Bestandteile (Ruß- und Koksbildung) sowie Erhaltung der Farbbeständigkeit der Destillationsprodukte wurde die Schwefelsäure-, Schwefeldioxid- und Erdebehandlung in die Raffinationstechnik eingeführt. Einen wesentlichen Fortschritt in der Destillationstechnik brachte die *Kolonnen-Destillation*, die nach dem Prinzip der fraktionierten Kondensation arbeitet (Bild V.34).

Das Rohöl wird hier kontinuierlich in Röhrenöfen bis etwa 350 °C erhitzt. Alle Kohlenwasserstoffe mit niedrigeren Siedetemperaturen gehen dabei in Dampfform über, höhersiedende zumindest entsprechend ihrem Partial-Dampfdruck. Dieses Dampf-Flüssigkeitsgemisch wird in das untere Drittel einer Fraktionierkolonne mit Glocke-, Teller- oder Sieb-Böden eingeführt. Die Dämpfe steigen nach oben und kondensieren fraktioniert auf den einzelnen Böden. Die niedrig siedenden Dämpfe des Benzins gehen über den Kopf der Kolonne ab und werden dann erst durch Luft- und/oder Wasserkühler kondensiert und auf Lager-Temperatur abgekühlt. Innerhalb der Kolonne bildet sich also ein aus Kohlenwasserstoffen bestehender Dampfstrom nach oben aus, der durch unten eingeleiteten Wasserdampf unterstützt wird. Das Entweichen der Dämpfe durch Sumpf- oder Seiten-Abzüge wird durch Flüssigkeits-Verschluß vermieden.

Entgegen fließt das auf einen der obersten Böden teilweise zurückgeführte Kondensat der Kopffraktion bzw. das auf den einzelnen Böden anfallende Kondensat, das dann von oben nach unten schwerer wird. Somit kann jedes Produkt mit gewünschten Siedegrenzen von einem bestimmten Boden der Kolonne abgenommen werden. Dieses Produkt fällt dann ganz gleichmäßig kontinuierlich an. Aus dieser „Atmosphärischen Kolonne" erhält man, bedingt durch die gewünschten Siedeanlagen, Naphta-, Petroleum- und Gasöl-Schnitte. Die nicht bis zur Dampfform erhitzten Erdöl-Kohlenwasserstoffe und hochsiedender Kondensat-Rücklauf werden am Boden der Kolonne abgezogen. Höhersiedende Fraktionen als Gasöl lassen sich in der „Atmosphärischen Kolonne" nicht abnehmen, da beim Erhitzen auf ca. 400 °C Spaltung und Koksbildung auftreten. Die atmosphärischen Gasöle werden hauptsächlich auf Dieselkraftstoff- und leichtes Heizöl verarbeitet, doch finden Spezialschnitte auch als Schmieröle Verwendung.

Um auch höhersiedende Schmieröl-Destillate zu erhalten und die erwähnte Spaltung zu vermeiden, wird der atmosphärische Rückstand unter möglichst hohem Vakuum in der „Vakuum-Kolonne" destilliert, wobei Spindelöl-Schnitte die verschiedenen Maschinenöl- und Zylinderöl-Destillate anfallen. Als Rückstand aus dem Vakuum-Kolonnen verbleibt bei Verwendung geeigneter Rohöle Bitumen oder ein mehr oder weniger hochviskoses Produkt, das durch Zusatz von Gasöl oder höhersiedenden Destillaten in bezug auf Viskosität und Schwefelgehalt auf die Normen des Heizölmarktes eingestellt werden muß. Geeignete Schwefel-arme Vacuum-Rückstände können durch weitere thermische Behandlung in Gas, Naphta, Mitteldestillat und Koks (Elektrodenkoks) aufgespalten werden (Bild V.35). Die Siedetemperatur erniedrigt sich schon bei 10 mm Hg Druck abs. um 150 °C. Vakuum-Anlagen arbeiten meist in diesem Druckbereich.

Zur Weiterverarbeitung der paraffinösen Schmierölfraktionen gehört eine Entparaffinierungsanlage, in der mit selektiv wirkenden Lösungsmitteln oder Gemischen, wie z.B. Methylenchlorid/Dichloräthan oder Methyläthylketon/Benzol-Toluol, bei tiefen Temperaturen (−15 °C bis −25 °C) das Paraffin in gut kristalliertem Zustand durch Filtration aus dem Destillat abgeschieden werden kann. Die entparaffinierten Destillate weisen Stockpunkte von ca. −20 °C auf und werden dann den verschiedensten Raffinationsverfahren zugeführt. Die einfachen Schmieröl-Raffinate erhält man durch Behandlung mit Schwefelsäure und Bleicherde. Die Grundöle für hochwertige Maschinen- und Motorenöle erfordern eine Solvent-Raffination mit flüssigem Schwefeldioxid oder Furfurol und anschließende

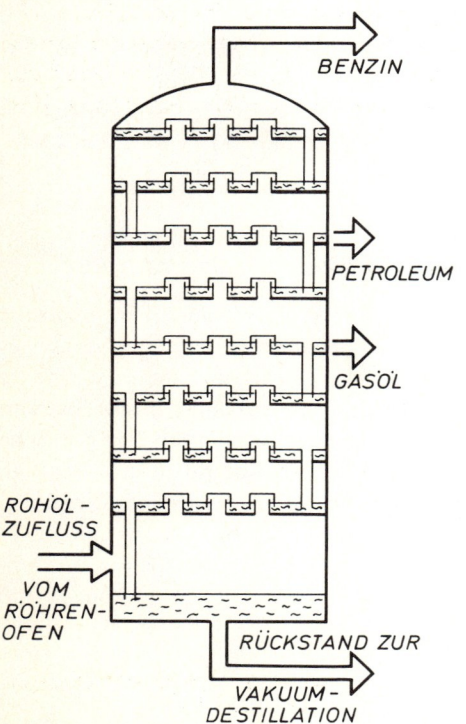

Bild V.34 Fraktionierkolonne mit Glockenböden

7 Verarbeitung von Erdöl

Endraffination der Selektiv-Raffinate durch Wasserstoff. Spezialöle, wie Transformatorenöle und Turbinenöle werden als Selektiv-Raffinate noch mit Schwefelsäure behandelt. Medizinische Weißöle lassen sich durch Raffination mit hochkonzentrierter Schwefelsäure und Neutralisation mit Lauge herstellen.

Die hier angeführten Fertigprodukt-Gruppen sind nur ein kleiner Ausschnitt aus der umfangreichen Palette der Mineralölprodukte. Ebenso umfangreich ist auch das Raffinationsprogramm. Der geschilderte Raffinerie-Typ, der im wesentlichen die Produkt-Gruppen Treibstoffe, leichtes und schweres Heizöl, Schmieröle und Bitumen umfaßt, ist auch heute noch der Grundstock jedes größeren Raffinerie-Komplexes.

Die Erfindung des Otto- und des Dieselmotors leitete einen Strukturwandel in der gewünschten Ausbeutepalette bei der Rohölverarbeitung ein. Für die Benzinfraktion und das Mitteldestillat des Erdöls gab es bis dahin keine Verwendungsmöglichkeit. Mit zunehmender Motorisierung nahm dann der Verbrauch an Treibstoffen zu. Leuchtpetroleum war inzwischen durch Gas und Elektrizität vollkommen verdrängt worden. Die Schmierölproduktion bildete, von der Rohölsituation gesehen, mengenmäßig kein Problem.

Schon frühzeitig hatte man erkannt, daß nach längerem Erhitzen unter leichtem Druck des von Benzin und Petroleum befreiten hochmolekularen Toprückstandes sich weitere Benzin- und Petroleumanteile abdestillieren ließen. Es hatte eine Spaltung stattgefunden. Die ersten größeren *thermischen Krackanlagen* zur Erhöhung der Benzinausbeute konnten in den 20er Jahren den Verarbeitungsgang des Rohöls nicht nur erweitern, sondern je nach angewandten Temperaturen, Drücken, Reaktionsdauer usw. auch eine Qualitätsverbesserung erreichen. Bild V.36 zeigt das vereinfachte Schema einer thermischen Krackanlage.

Die Einführung von Katalysatoren in die chemische Reaktionstechnik konnte auch den Krack-Prozeß günstig beeinflussen. Die Reaktion am Katalysator findet in der Dampfphase statt. Deshalb ist das Einsatzprodukt nicht Rohöl mit seinen nicht verdampfbaren, hochmolekularen, bituminösen Bestandteilen, sondern entasphaltierte Rückstandsöle oder schwere Destillate. Bei der katalytischen Krackung wird der Katalysator, Aluminiumsilicat mit Zusätzen von Chromoxid, entweder fest angeordnet oder als etwa erbsengroßes, gekörntes Material zirkuliert (Bild V.37). Das Einsatzprodukt wird in einem Röhrenofen unter Dampfzugabe schnell erhitzt und mit dem ca. 500 °C heißen Katalysator in einer Reaktionskammer zusammengebracht. Hier

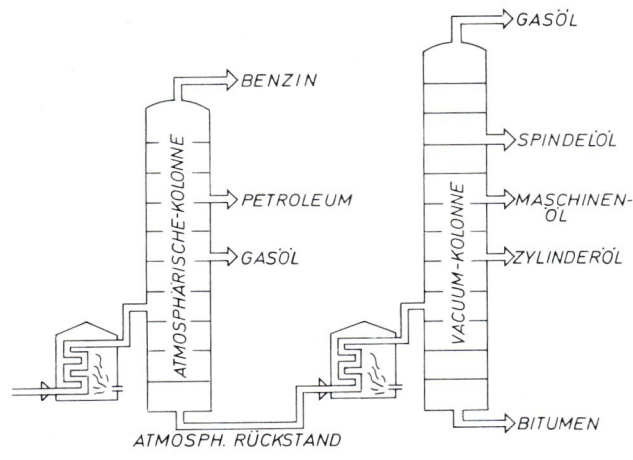

Bild V.35 Kontinuierliche atmosphärische und Vakuum-Destillation

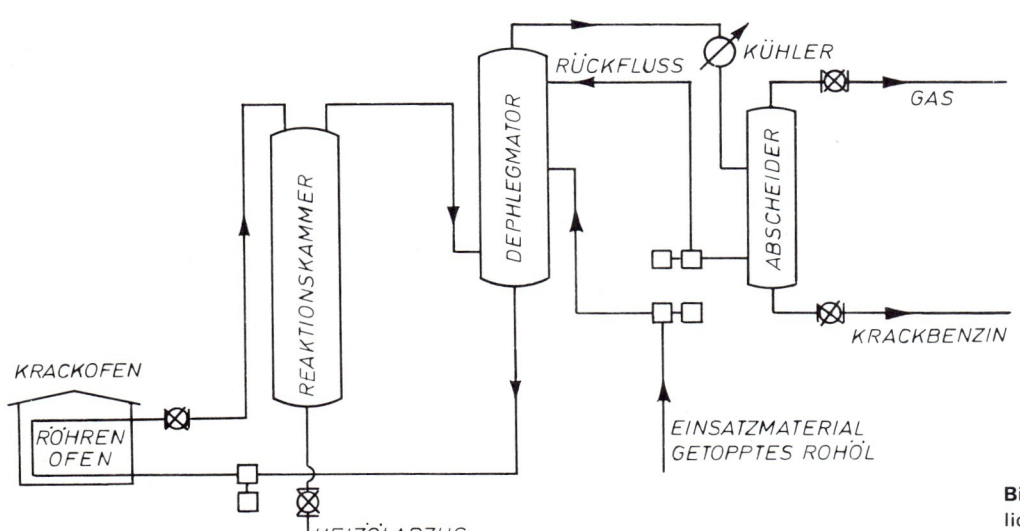

Bild V.36 Anfänge des Kontinuierlichen Krackens

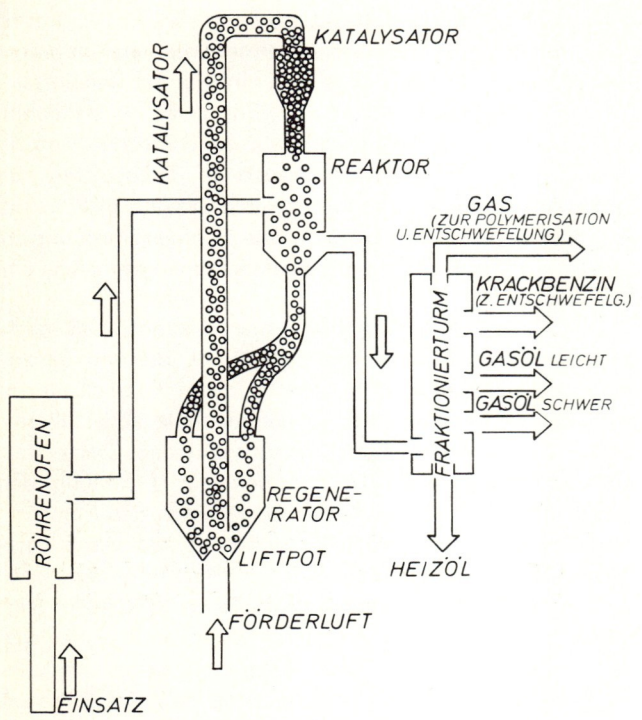

Bild V.37 Schema des Krack-Vorganges

vollzieht sich die Spaltung der Kohlenwasserstoffe, die anschließend in einer Fraktionierkolonne in Gas- sowie Benzin- und Gasöl-Fraktionen getrennt werden. Der Katalysator, auf dem sich durch die Spaltreaktion Koks ablagert, wird mit Luft regeneriert. Hierbei verbrennt der Koks und heizt den Katalysator auf die benötigte Reaktionstemperatur auf.

Diese Verfahrensweisen (thermisches und katalytisches Kracken) zur Erhöhung der Benzinausbeute und zur Verbesserung der Qualität erfüllten bis zum Ende der 50er Jahre in Europa die an sie gestellten Erwartungen. Dann zeichnete sich hier eine neue Entwicklung ab. Das in immer größeren Mengen zur Verfügung stehende Erdöl begann den bis dahin allgemein anerkannten Energieträger Kohle zu verdrängen. Der Energiebedarf stieg ständig an und konnte von der verhältnismäßig teuren Kohle nicht in wirtschaftlich befriedigender Weise gedeckt werden. Es entstand ein ganz neuer Raffinerietyp: die Heizöl-Raffinerie. Mit dem Bau dieser Raffinerien war auch ein Standortwandel verbunden. Während bis dahin alle großen Raffinerien in Küstennähe erstellt wurden, um Umladungen aus Tankern zu vermeiden, ging man mit dem Bau der neuen Raffinerien in die Industrieballungszentren und in das mit langen Transportwegen für die Fertigprodukte benachteiligte Inland. Zwangsläufig mußte aber dann parallel dazu für die neuen Raffinerien ein weitverzweigtes und verbundenes Rohöl-Pipeline-System entstehen, das vom Mittelmeer und von den Nordseehäfen aus die Neubauten versorgte (Abschnitt 6.2). Das war der dritte Strukturwandel in der Verarbeitung des Rohöls. Als Hauptprodukte fielen bei diesem Raffinerietyp leichtes und schweres Heizöl sowie hochoktaniges Fahrbenzin an.

Die Umstellung von Kohle auf Heizöl und der steigende Verbrauch an Heizöl und Treibstoffen warf ein neues Problem auf: die Verunreinigung der Luft durch Verbrennungsprodukte des in den Erdöl-Verbindungen enthaltenen Schwefels. Während für die Entschwefelung der Riesenmengen schweren Heizöls bzw. der daraus entstehenden Abgase noch kein wirtschaftliches Verfahren entwickelt werden konnte, besteht für leichtes Heizöl bzw. Gasöl und Benzin ein Verfahren, bei dem die Schwefelverbindungen an einem Katalysator durch Behandlung mit Wasserstoff in Schwefelwasserstoff und Kohlenwasserstoffe umgesetzt werden. Der Schwefelwasserstoff kann anschließend in einer sogenannten Claus-Anlage in elementaren Schwefel umgewandelt werden. Den für diesen *Entschwefelungsprozeß* benötigten Wasserstoff gewinnt man in der Heizöl-Raffinerie aus einem Verfahren, mit dem aus dem anfallenden Destillatbenzin im sogenannten Reformer ein hochwertiges Fahrbenzin mit hoher Oktanzahl entsteht.

Die fortschreitende Entwicklung im Motorenbau und besonders im Flugzeugmotorenbau während des 2. Weltkrieges verlangte nach einem Benzin mit hoher Oktanzahl. Bei der Herstellung der Krackbenzine in den thermischen und katalytischen Krackanlagen hatte sich gezeigt, daß neben Krack-Reaktionen auch Umwandlungsreaktionen (Reforming) auftraten, bei denen u.a. aus geradkettigen, paraffinischen Molekülen mit niedriger Oktanzahl verzweigtkettige Moleküle mit höherer Oktanzahl entstanden. In richtiger Deutung des Reforming-Effekts bemühte man sich, das bei der Top-Destillation anfallende Naphta in hochwertige Fahrbenzin-Komponenten umzuwandeln und fand in Platin einen ausgezeichneten Katalysator, der nicht nur isomerisierte, sondern zugleich gesättigte Ringkohlenwasserstoffe (Naphtene) in hochoktanige Aromaten umwandelte. Bei dieser Umwandlung werden große Mengen Wasserstoff freigesetzt, die, wie oben erwähnt, zur Entschwefelung des leichten Heizöls bzw. der Treibstoff-Fraktionen benötigt werden. Hier hat sich also eine echte Verbundwirtschaft zwischen den einzelnen Prozessen ergeben, die im Fließbild veranschaulicht wird (Bild V.38).

Dieser zuletzt beschriebene Typ der *Heizöl-Raffinerie* hatte in der BR Deutschland entscheidenden Anteil an der Deckung des sehr schnell steigenden Energiebedarfs, der durch Wiederaufbau und Erweiterung der gesamten Industrie entstanden war. Anfang der 60er Jahre war dann ein genügend großes Potential an Raffineriekapazität erreicht, mit dem auch die Zuwachsraten im Heizölverbrauch der nächsten Jahre gedeckt werden konnten.

Seit mehr als 20 Jahren zeichnet sich nun durch das Anwachsen der Petrolchemie, die den ganzen Kunststoff-Sektor umfaßt, ein neuer Strukturwandel ab. Die Petrolchemie verlangt als Ausgangsprodukt für die Herstellung

7 Verarbeitung von Erdöl

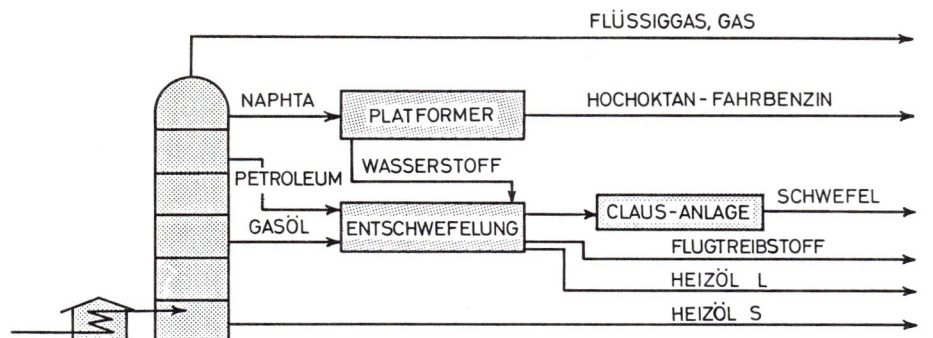

Bild V.38
Fließschema einer Heizöl-Raffinerie

der Kunststoffe, Kunstfasern, Waschmittel und dgl. ungesättigte Kohlenwasserstoffe, wie Äthylen, Propylen, Butadien und Reinst-Aromaten, wie Benzol, Toluol, Styrol und Xylole. Diese Verbindungen können aus Rohbenzin hergestellt werden, wodurch ein wachsender Bedarf an diesem Erdölprodukt eingetreten ist. Verfahrensmäßig ist es kein Problem mehr, die Benzinausbeute auf Kosten des Heizöls zu erhöhen. Mit dem *Hydro-Krack-Prozeß,* bei dem Krackreaktionen in Gegenwart von Wasserstoff durchgeführt werden, ist es möglich, Vakuum-Destillate in Benzin und Flüssiggas umzuwandeln. Dieses Verfahren benötigt zusätzlich eine Anlage zur Herstellung von Wasserstoff.

Die Weiterentwicklung des katalytischen Krackens mittels staubförmigem Katalysator — bedingt durch begrenzte Anlagenkapazität und beschränkte Variation der Ausbeute-Palette bei körnigem Kontakt — gestattet es, gewisse Mengen von Fahrbenzin und reinen Olefinen aus schwerem Destillat herzustellen, so daß das aus dem Rohöl stammende Naphta weitgehend über Reforming zur Aromaten-Produktion und/oder für die Pyrolyse für zusätzliche Olefin-Herstellung bereitgestellt werden kann.

Die Weiterverarbeitung des Rohbenzins auf petrolchemische Vorprodukte wird heute in Großanlagen durchgeführt. Entsprechende Verfahren konnten aus den schon lange betriebenen Studien der Krackreaktionen entwickelt werden. Im Vordergrund steht hier die sogenannte *Pyrolyse* von Kohlenwasserstoffen mit Wasserdampf bis zu 850 °C mit und ohne Katalysatoren. Je nach Einsatzprodukt unterscheiden sich die Verfahrensbedingungen. Da die verlangten Endprodukte meist genau definierte chemische Verbindungen sein müssen, wird ein sehr hoher Reinheitsgrad gefordert. Die zunächst als Gemisch anfallenden Gase und Flüssigkeiten werden in umfangreichen und aufwendigen Trennanlagen (z.B. Tieftemperatur-Kondensation und Feinfraktionierkolonnen) in die Einzelkomponenten zerlegt. Mehrere solcher auf die Petrolchemie ausgerichteter Raffinerien stehen in unmittelbarer Nähe großer Chemiewerke, jedoch gibt es für einzelne Produkte auch bereits umfangreiche Pipeline-Netze, die die Versorgung der Chemiewerke dadurch unabhängiger machen, daß auch von weitentfernten Raffinerien diese Produkte eingespeist und bedarfsentsprechend verteilt werden können. Da bei der Pyrolyse die Aromaten angereichert werden, und aus den thermischen Spaltprodukten verzweigte und olefinische höhermolekulare Ketten gebildet werden, fällt auch hierbei eine hochoktanige Fahrbenzin-Komponente an.

7.2 Entwicklungs-Tendenzen

Tabelle V.7 gibt nochmals einen Überblick über die Verarbeitungsanlagen, wie sie sich aufgrund der jeweils im Vordergrund des Interesses stehenden Mineralölprodukte entwickelt haben. Ausbeutezahlen sind in dieser Übersicht nicht aufgeführt, da diese sehr von der Art des eingesetzten Rohöls abhängig sind. Es ist nur zu erkennen, in welcher Richtung die einzelnen Anlagen arbeiten. Danach ist die Mineralölindustrie durchaus in der Lage, sich den jeweiligen Bedürfnissen anzupassen. Es ist nicht eine Einheits-Raffinerie entwickelt worden, sondern in den verschiedenen Raffinerien sind unterschiedliche Kombinationen entstanden, so daß die Mineralölindustrie im ganzen gesehen, sehr flexibel arbeiten kann.

In den nächsten Jahren wird besonders in W-Europa ein klarer Trend zur Kombination von petrolchemischer Fabrik und Großraffinerie einsetzen [67]. Erstere erfordern Produkte von hohem Reinheitsgrad, beide aber die Erzeugung und Verwendung leichtester, leichter und mittelschwerer Destillate. Die Anpassung an diesen Wandel erfolgt durch Erhöhung der Kapazitäten an thermischen, katalytischen und hydrierenden Spaltanlagen mit Visbreaking- und Coking-Verfahren. Hohe Investitionskosten stehen den Raffinerien in den nächsten Jahren dadurch bevor, daß durch gesetzgeberische Maßnahmen für den Umweltschutz erhöhte, z.T. umstrittene, Forderungen an die Qualität der Raffinerieprodukte (Bleigehalt im Vergaserkraftstoff, Schwefel in leichtem und schwerem Heizöl) gestellt werden, für die technische Verfahren zwar entwickelt sind, die jedoch zwangsläufig zur Erhöhung der Herstellungskosten führen. Der Trend zur Verarbeitung schwerer Rohöle hat

Tabelle V.7 Produkten-Charakterisierung von Verarbeitungs-Anlagen

Destillation		Krackanlagen		Plattformer	Hydro-Kracken
Blase	Top-Vacuum	Thermisch	Katalytisch		
	Bitumen	Heizöl	Heizöl	Flüssiggas	Flüssiggas
	Heizöl				
	Zylinderöle	Mittel-	Mittel-		Rohbenzin
	Maschinenöle	Destillate	Destillate		
	Spindelöle				
	Spindelöl				
	Gasöl				
Petroleum	Petroleum				
Rohbenzin	Rohbenzin	Fahrbenzin	Fahrbenzin	Fahrbenzin	Fahrbenzin

sich bereits in den letzten Jahren bemerkbar gemacht. So wird der Zuwachsanteil beim Schweröl (0,866–0,893) zwischen 1977 und 1985 voraussichtlich bei über 50 % liegen, bei leichteren Ölen bei nur etwa 10–15 %. Ferner wird aus Umweltgründen völlige Bleifreiheit der Motorentreibstoffe und des Heizöls angestrebt, wie dies in Japan für Normalbenzin bereits jetzt der Fall ist. Gleiches gilt für den Schwefelgehalt. Die Oktanzahl-Erhöhung wird anstelle des Bleieinsatzes durch katalytisches Reformieren erreicht, das den Aromatengehalt erhöht [175].

1950 betrug die Durchschnittsgröße der westeuropäischen Raffinerien 1,1 Mio. t/Jahr, 1977 schon 6,2 Mio. t/Jahr [144]. In Zukunft wird man versuchen, durch Erstellung zusätzlicher Veredelungsanlagen und damit ertragreicherer Produkte die Kosten mit den Absatzmöglichkeiten in Einklang zu bringen. Welche Investitionen mit Anlagen-Vergrößerungen verbunden sind, soll in folgendem Beispiel angedeutet werden. Wenn eine heutige Raffinerie von 4 Mio. jato Kapazität um 0,65 Mio. jato katalytische bzw. 1,0 Mio. jato Hydro-Kracking erweitert wird, so bedeutet das jeweils 52 bzw. 115 Mio. DM Erweiterungskosten. Die Betriebskosten für das Produkt liegen im ersteren Fall bei zusätzlich 2,15 Dpfg./l und im zweiten bei 4,4 Dpfg./l [67]. Heute liegt die Rentabilitätsgrenze für den Bau einer Raffinerie bei etwa 5 Mio. jato Rohölverarbeitung, falls nicht besonders günstige Voraussetzungen durch die Produktion von Spezialprodukten oder die Verarbeitung schwefelarmer Rohöle gegeben sind.

Diese Entwicklung wird durch eine absinkende Tendenz des Heizölbedarfs unterstützt. Bekanntlich rechnet man bei der derzeitigen Reservenlage an Erdgas in W-Europa mit einem starken Ansteigen des Erdgasverbrauchs, das damit die Rolle des Heizöls in zunehmendem Maße übernimmt.

Die Produkte der Zukunft werden Benzine mit weniger Bleialkylaten, Petroleum für Überschallflugzeuge und andere Mitteldestillate sein. Normalparaffine werden in Futtermittelfabriken in Eiweißkonzentrate umgewandelt werden, das Problem der Luft- und Wasserverschmutzung wird an Bedeutung verlieren, und die Raffinerien werden weitestgehend automatisiert und mit eigenen Kraftwerken versehen sein. Zu den 5000 Produkten der Erdöl- und Erdgas-Verarbeitung werden große Mengen solcher petrochemischer Vorprodukte kommen, deren die kaum abzuschätzende Zahl an synthetischen Fasern, Waschmitteln, Kunststoffen, Düngemitteln, Schädlingsbekämpfungsmitteln, Farben, plastischen Baustoffen usw. zu ihrer großtechnischen Darstellung bedarf.

Aus Tabelle V.8 wird ersichtlich, daß die Durchschnittsgröße der UdSSR-Raffinerien fast 6 mal größer ist als die der USA, zurückzuführen auf die unterschiedliche Infrastruktur beider Länder mit starker Dezentralisierung in USA und Konzentration auf die bevölkerungsreichen Teile der UdSSR. Außerdem wir das reziproke Verhältnis von Reserven und Verbrauch zwischen Nordamerika, Europa und Fernost einerseits und Nahost andererseits deutlich. Diese drei ersteren Gebiete verbrauchen 67 % und verfügen selbst nur über knapp 12 % der Reserven der Welt. Zudem wurde der Verbrauch nur zu 25 % aus eigenen Vorkommen gedeckt.

Tabelle V.8 Aufteilung der Raffinerie-Kapazität

Land	Reserven Mio. t	Förderung Mio. t	Raffinerie-kapazität Mio. t	Verbrauch Mio. t
Westeuropa	3 175	110	987	708
Nahost	49 240	1 104	175	89
Fernost	2 592	143	519	415
Afrika	7 584	333	83	60
Nordamerika	4 487	565	997	961
Südamerika	7 956	279	430	211
Ostblock	12 259	716	759	653
(davon UdSSR	9 115	586	548	440)
(davon China	2 740	106	80	15)
Welt gesamt	87 293	3 249	3 950	3 097

8 Lagerung von Erdöl und Erdgas

8.1 Oberirdische Lagerung in Behältern

Die Lagerung von leichtem Rohöl in Behältern ist vom technischen Standpunkt aus problemlos, da Rohöl im allgemeinen nicht korrosiv wirkt und drucklos gelagert werden kann. Eine gewisse Restentgasung kann hingenommen werden. Bei größeren Mengen werden die entweichenden Gase u.U. in ein Rohrnetz geleitet und dem Verbraucher zugeführt. Im allgemeinen aber richtet die heutige Technik ihr Augenmerk auf die Hemmung der Ölentgasung durch geeignete Tankkonstruktionen, z.B. Schwimmdachtanks, bei denen das Dach als Scheibe unmittelbar auf dem Tankinhalt schwimmt und damit einen gewissen Druck auf das Öl ausübt, oder durch helle, reflektierende Tankanstriche, die eine dampfdrucksteigernde Erwärmung des Rohöles durch Sonneneinstrahlung verhindern sollen. Das Gegenteil ist bei Lagertanks für Schweröl der Fall: Hier werden die Tanks zur Adsorption der Sonnenstrahlungsenergie schwarz gestrichen, um möglichst viel Wärme zur Viskositätsverringerung des Öls zu gewinnen. Eine Entgasung findet beim Schweröl auch bei höheren Temperaturen nicht mehr statt.

Rohöle und dessen Derivate enthalten gelegentlich Spuren von Schwefel und anderen Stoffen, die in Gegenwart von Wasser auf Stahl korrosiv wirken können. Um auch bei möglichen Korrosionsdurchbrüchen das Auslaufen und Versickern von Öl zu verhindern, werden Behälter doppelwandig ausgeführt oder aber in Wannen aus Beton oder undurchlässigem Bodenmaterial (Lehm, Ton) gestellt.

Während Rohöl drucklos und damit billig gelagert werden kann, ist für die Speicherung seiner leichteren Bestandteile größerer Aufwand zu treiben. Die Investitionskosten werden auf den Heizwert der Stoffe bezogen. Mit abnehmendem spez. Gewicht bzw. zunehmendem Dampfdruck werden die Speicheranlagen aufwendiger. Unter geringem Überdruck ist die oberirdische Lagerung von Erdgas im Gasometer nur in Ausnahmesituationen wirtschaftlich. Erdgas-Mengen in der Größenordnung von 10 Mio. bis 1000 Mio. m³ (V_n) Gas werden daher entweder tiefgekühlt flüssig gelagert, dabei nur etwa 1/500–1/600 des Normvolumens einnehmend, oder gasförmig unter Druck im Untergrund.

8.2 Unterirdische Lagerung
[69, 71, 112, 147, 149, 151, 153, 155, 158]

Das besonders in gemäßigten Klimagebieten auftretende Problem der Spitzendeckung für Heizzwecke im Winter führt zu Tagesspitzen von 5–7 : 1 im Verhältnis zum jährlichen Durchschnittswert. Erdgase, Kokereigase und Heizöle müssen daher im Winter in ausreichender Menge zur Verfügung stehen. Diesem Ziel der Vergleichmäßigung der Abgabe im System Erzeuger-Transport-Verbraucher dient die unterirdische Einlagerung. Sie erfüllt damit gleichzeitig Bevorratungsaufgaben für den Fall von technisch bedingten Lieferunterbrechungen.

Je größer die Entfernung zwischen Erzeuger und Verbraucher ist, um so näher sollen die Speicher beim Verbraucher liegen und um so rentabler wirken sie sich aus. Kurze Entfernungen rechtfertigen oft nur die Anlage eines kleinen Untertage-Speichers zur Deckung kurzfristiger Tagesspitzen. Rechtzeitiger Einsatz von PG-Luft-Zumisch-Anlagen dient dem angestrebten Ziel aber u.U. besser als ein Untergrundspeicher. Weiterführende Angaben über die Erdgasspeicherung sind Kap. XI, 3.5 zu entnehmen.

Neuerdings wird in Steinsalz-Kavernen auch Luft unter hohem Druck bis zum Gradienten von etwa 1,6 gelagert, die im Bedarfsfalle hohen Stromverbrauchs beim Herauslassen Turbinen betreibt [158].

Schließlich sind Kavernen im Steinsalz auch zur Endlagerung von Atommüll unterschiedlicher Aktivität geeignet. Dabei soll es sich um ein verhältnismäßig einheitliches Steinsalz ohne sonstige Einschlüsse handeln. Steinsalz eignet sich für diesen Zweck deshalb besonders gut, weil seine Wärme-Leitfähigkeit etwa 3 mal besser ist als die anderer Gesteine, so daß über den Zerfall anfallende Wärme relativ rasch abgeleitet wird.

Bergmännisch hergestellte Hohlräume gibt es in Europa in Kalk- und Tonsteinen Frankreichs und Belgiens sowie in großer Anzahl in den skandinavischen Ländern und der Schweiz in Graniten und verwandten Gesteinen. Sie haben zwischen 50 000–250 000 m³ Fassungsvermögen für meist Rohöl in Raffinerie-Nähe [113, 127].

Wir unterscheiden folgende Typen unterirdischer Lagerung (Bild V.38):

1. Poröse Sande in dom-förmiger Lagerung in meist 200–2000 m Tiefe zur Aufnahme gasförmiger Medien
1.1. Erschöpfte Gasfelder
1.2. Wassergefüllte Sande (Aquifer-Speicher)
2. Kavernen im dichten Gestein zur Aufnahme flüssiger oder gasförmiger Medien in 50–1800 m Tiefe
2.1. Kavernen im Salzgebirge (400–1800 m)
2.2. Hohlräume im Granit

8.2.1 Porenspeicher für Gaseinlagerung
[5, 150, 158, 160]

Gasspeicher dienen dem saisonalen Ausgleich Winter-Sommer oder Tag-Nacht oder Werktag-Sonntag. Ihr Volumen schwankt meist zwischen 50 und 5000 Mio. m³ (V_n), wovon bis 50 % regelmäßig bewegtes, im Sommer eingedrücktes, im Winter entnommenes Arbeitsgas sind. Der statistische Durchschnitt liegt weltweit bei 200 Mio. m³ (V_n) Arbeitsgas. In USA werden rund 10 % des Gasverbrauchs aus 386 Untergrund-Speichern meist in Verbrauchernähe gedeckt, in der BR Deutschland 1980 nur

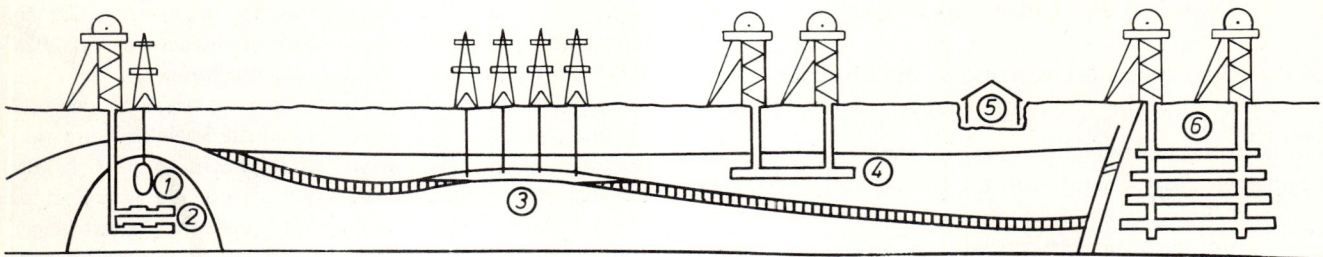

Bild V.39 Schema von Untergrund-Speichern
1   Kaverne im Salzgebirge
2   Bergbau-Hohlräume im Salzgebirge
3   Gasspeicher in Sandstein-Domung
4.6 Bergbau-Hohlräume im Kalkstein, Tongestein oder Granit
5   Gefriergruben-Behälter

etwa 3 % aus 15 Speichern. 327 der USA-Speicher liegen in erschöpften Erdöl- bzw. Erdgasfeldern und 52 in Aquiferen, in der BR Deutschland dagegen fehlt es z.Z. noch an erschöpften Erdgasfeldern, so daß 8 Speicher vom Aquifer-Typ sind. Europa und die UdSSR haben je etwa 30 Untergrundspeicher in Betrieb. Das Speicher- und Arbeitsgasvolumen der Erdgas-Porenspeicher (erschöpfte Lagerstätten und Aquiferspeicher) in der BR Deutschland in Kap. XI, 3.5 zu entnehmen.

In der Mehrzahl der Fälle erscheinen erschöpfte Erdgas-Lagerstätten am geeignetsten für Speicherung, sofern ihre alten Bohrungen technisch einwandfrei verwendbar sind. In Europa ist die Erschließung von Gasvorräten noch relativ jung, d.h., erschöpfte Gasfelder gibt es nur wenige; zum anderen liegen viele europäische Gaslagerstätten tief. Ihre spätere Umwandlung in Speicher wäre also u.U. mit hohen Investitionen und Betriebskosten verbunden. Drittens bemühen sich Gas-exportierende Länder wie UdSSR, Algerien, Nahost, Holland zum gleichen Zeitpunkt um den mitteleuropäischen Markt, auf dem die Exploration noch in vollem Gang ist. Diese Situation hat in den letzten Jahren zu einer Reihe von Speichern vom Aquifer-Typ in Deutschland, England und Frankreich in Sandsteinen bis zu etwa 750 m Teufe geführt.

Aus erschöpften Gaslagerstätten ohne Randwassertrieb kann im allgemeinen alles im Sommer injizierte Gas im Winter bis auf eine Kissengasmenge, die einen Mindestdruck aufrecht erhält, wieder entnommen werden.

Das beste Beispiel hierfür ist der Speicher Wolfersberg bei München, der als zugleich tiefster Gasspeicher der Welt (2950 m) in der lokal porös ausgebildeten Lithothamnienkalk-Lagerstätte etwa 300 Mio. m³ (V_n) Arbeitsgas neben 200 Mio. m³ (V_n) Kissengas enthält. Er arbeitet weitgehend nach den Gesetzen der Druck-Volumen-Beziehungen in einem nahezu geschlossenen unterirdischen porösen Körper [102]. Bei wassergefüllten Sanden hingegen muß das Porenwasser erst verdrängt, d.h. eine Gasblase aufgebaut werden. Im allgemeinen kann man bei voller Aufladung mit einem verbleibenden Porenwasser von noch 20–30 % rechnen. Von 70–80 % Gassättigung steht dann nur knapp die Hälfte als Nutzgas zur Verfügung, während die größere Hälfte als Kissengas in der Lagerstätte verbleibt, einerseits aus den gleichen Gründen der Druckreserve wie oben, andererseits aus physikalischen Gründen des 2-Phasen-Flusses. Bei einer gewünschten Nutzgasmenge von z.B. 100 Mio. m³ (V_n) pro Wintersaison müssen also etwa 250 Mio. m³ (V_n) vorrätig gespeichert werden. Das Verhältnis Nutzgas zu Kissengas kann im günstigen Fall 1:1 betragen. Vom Kissengas 150 Mio. m³ (V_n) ist ein Teil als echter Verlust kostenmäßig abzuschreiben, und vom andern Teil als Druckreserve gehen die Wertzinsen über die Lebensdauer des Speichers in die Kosten ein.

Das pro Saison etwa genausoviel injiziert und gefördert wird wie im Gasfeld gleicher Größe während der ganzen Lebensdauer, d.h. in 10–30 Jahren, ist die Zahl der Bohrungen in Gasspeichern stets um das Mehrfache größer als in Gasfeldern. Die Investitionen sind also höher, werden aber durch häufigen Gasumschlag auch entsprechend früher gedeckt.

8.2.2 Kavernen-Speicher
[70, 86, 114, 115, 117, 146, 148, 152, 161]

Unterirdische Kavernen dienen der Einlagerung von Rohöl, Heizöl, Flüssiggas bzw. Propan und Butan sowie von Stadtgas zur Abdeckung von Stunden- oder Tagesspitzen oder in größerer Anzahl sogar als Pufferspeicher wie z.B. für das vom Ekofisk-Feld nach Emden geführte Erdgas. Schließlich sind bereits die ersten Anlagen für Luft-Speicherung im Betrieb, die der Stromerzeugung dienen. Von über 600 in USA bestehenden Kavernen sind 90 % im Steinsalz angelegt mit einem Durchschnittsvolumen von etwa 30 000 m³ zumeist für Fertigprodukte. Eine Reserve für strategische bzw. Notzwecke ist in der Planung.

In der BR Deutschland werden über 100 Kavernen in etwa 10 norddeutschen Salzstöcken ein Durchschnittsvolumen von etwa 300 000 m³, für die Einlagerung von Rohöl und Mitteldestillaten haben. Damit werden Vorräte für etwa 4 Monate Verbrauch vorhanden sein. Die Nationale Reserve der USA soll etwa 200 Mio. m³ umfassen und für 1,5 Monate Normalverbrauch ausreichen. Auch diese Kavernen werden in Salzstöcken (von Texas und Louisiana) liegen.

In den skandinavischen Ländern gibt es jetzt etwa 200 Kavernen in Graniten in nur etwa 30–50 m unter der Erdoberfläche bergmännisch hergestellten Hohlräumen von je etwa 250 000 m³ Inhalt [127]. Insgesamt wird es in einigen Jahren in unterirdischen Behältern aufbewahrte Vorräte von etwa 450–550 Mio. m³ Erdöl und dessen Produkte in der westlichen Welt geben, denen ein Verbrauch von etwa 2,5 Mrd. t pro Jahr gegenübersteht.

In zunehmendem Maße wird auch Erdgas oder Stadtgas in Salzkavernen aufbewahrt. Auch hier spielt die BR Deutschland mit etwa 30 bestehenden und geplanten Kavernen für etwa 1,5–2 Mrd. m³ (V_n) eine führende Rolle, nachdem 1964 bei Kiel die erste überhaupt entstand (vgl. Kap. XI. 3.5). Länder wie USA, Kanada, UdSSR, Frankreich und England, also Länder mit Salzvorkommen in geeigneter Tiefe und Mächtigkeit, werden in einigen Jahren ebenfalls zunehmend die Möglichkeiten zur Erstellung unterirdischer Gaskavernen nutzen.

Wegen des hohen Wärmestroms aus dem Erdinnern erscheint die Einlagerung von Flüssig-Methan in Salzkavernen technisch und wirtschaftlich kaum erfolgversprechend. Diese Lagerung erfolgt oberirdisch [136].

Die Anlage von meist birnenförmig-vertikalen Kavernen in Salzstöcken erfolgt mittels Ausspülen durch Süßwasser über eine oder im letzteren Fall zwei Bohrungen auf direktem oder indirektem Wege oder durch Bergbau in dichtem Gestein. Spül- und Füllprozeß sind aus Bild V.40 ersichtlich. Das durchschnittliche Löslichkeits-Verhältnis von Wasser zu Salz beträgt 10 : 1. Besonders zu beachten sind gute Zementierung der Rohre oberhalb der auszuspülenden Kaverne sowie eine sichere Ableitungsmöglichkeit der anfallenden Sole. Beim Füllvorgang wird das in der Kaverne belassene Salzwasser vom Propan, Butan oder Rohöl verdrängt und übertage in Betonteichen solange aufbewahrt, bis der Kaverneninhalt benötigt wird. Sofern diese Verdrängungsvorgang mit Süßwasser durchgeführt wird, vergrößert sich jedes Mal das Volumen.

Die Kaverne steht also meist unter Flüssigkeits-Innengewicht. Da das spez. Gewicht des Gesteins aber um etwa 2 mal größer ist als der Kavernen-Inhalt, herrscht stets ein gewisser Überdruck auf die Kavernenwand, der eine Deformation des Salzes herbeizuführen sucht. Im leeren Zustand tritt eine merkliche Konvergenz der Kaverne aber erst dann ein, wenn dieser Druckunterschied größer ist als die Fließgrenze des Salzes, bei der dieses sich plastisch deformiert. Diese liegt bei 100–250 bar, Kavernen mit Flüssigkeits-Füllung lassen sich ohne Gefahr des Zusammengehens bis etwa 1800 m Tiefe anlegen [112, 114].

Das gleiche Prinzip gilt für die Füllung mit Gas jeder Art mit dem Unterschied, daß hier kein Verdrängungsprozeß mit Salzwasser als technisches Hilfsmittel stattfindet, sondern die Druck-Volumenbeziehung Speicherinhalt und Fördermenge bestimmt.

Durch unterirdische Atom-Explosion erzeugte Hohlräume im Salz oder anderem dichten Gestein könnten über 1–2 Mio. m³ Volumen haben. Entstehende Risse könnten wahrscheinlich chemisch abgedichtet werden, da sie nur begrenzte Ausdehnung haben [115].

9 Schweröle, Asphalte, Schieferöle

9.1 Schweröle, Teersande [73, 74, 80, 103]

Schweröl-, Teer- oder Asphaltsande sind entweder an oder nahe der Erdoberfläche gelegene, oft flächenhaft ausgedehnte, ölimprägnierte Sande, deren hochviskoser Ölinhalt oft nicht fließfähig ist. Während in den tiefen Öllagerstätten das einwandernde Öl in Strukturen gefangen blieb, gelangte es im Falle der Teersande nach z. T. 150 km langer Wanderung bis an die Erdoberfläche und oxydierte dabei hier zu Asphalten, während die leicht flüchtigen Paraffine verschwanden. Hierbei kam es parallel zum steigenden spez. Gewicht zu einer Anreicherung von Sauerstoff, Schwefel, Vanadium, Nickel u. a. Spurenelementen.

Der Ölinhalt der Schwerstölsande der westlichen Welt beträgt wahrscheinlich etwa 450 Mrd. t (möglicherweise sogar mehr), wozu noch die der Ostblock-Länder kommen. Der Ölgehalt aller bekannten Ölfelder der Welt

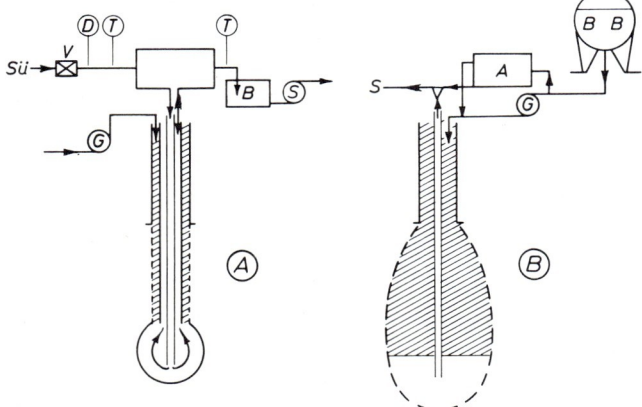

Bild V.40 Herstellung und Befüllung einer Butan-Kaverne im Salz

A Butan-Wasser-Abscheider	T Thermoregler
B Wasser-Behälter	V Sicherheitsventil
D Druckschreiber	Sü Süßwasser
S Salzwasser	BB Butan-Behälter
G Butan-Pumpe	

beträgt zusätzlich etwa 460 Mrd. t. Mit bekannten Methoden gewinnbar sind aus Schwerstölsanden etwa 75—100 Mrd. t, davon ein großer Teil durch Tagebau mit anschließender Heißwassertrennung, der andere Teil in Tiefen bis etwa 1200 m. Etwa 30 % aller bekannten Schwerstölvorkommen entfallen auf Athabasca (N-Alberta, Canada). Dieser 60 m dicke Ölsand zwischen Erdoberfläche und 600 m Tiefe in der U-Kreide erstreckt sich über ein Gebiet von der Größe Bayerns. Seite 1967 sind 3 Großprojekte als Tagebau in Betrieb bzw. im Aufbau, die eine Fördererhöhung von derzeit etwa 4 Mio. t auf 16 Mio. t im Jahr vorsehen. Daneben fällt 1 Mio. t Schwefel an. Diese Rate soll über etwa 20 Jahre konstant gehalten werden. Weitere Großprojekte sehen alljährlich mehrere hundert Bohrungen über viele Jahre vor, insgesamt etwa 20 000, die der kontinuierlichen Heißdampfinjektion dienen und zu einer Förderung von ebenfalls etwa 16 Mio. t über 25 Jahre lang führen sollen. Der Aufwand für ein Tagebau-Großprojekt der genannten Art liegt bei etwa 5 Mrd. $, so daß man mit einem Investitionsaufwand von etwa 35 000 $/BOPD (Barrel oil per day) rechnen muß, was das mehrfache des spezifischen Aufwands für Nordsee-Bohrungen bedeutet.

Weitere Schwerstölvorkommen sind aus Venezuela bekannt. Im ostvenezolanischen Orinoco-Belt befinden sich in 4 Aufwölbungen in bis zu 1200 m Tiefe mindestens 100 Mrd. t oil-in-place in Kreide-Sandsteinen. Sie werden zur Zeit erkundet und in den nächsten Jahren der Gewinnung zugeführt werden. Allerdings werden hier nur untertägige Gewinnungsverfahren angewendet werden können.

Andere größere Vorkommen sind aus Sibirien und anderen Teilen der UdSSR bekannt ebenso wie aus weiteren etwa 12—15 Ländern, von denen die arktische Melville-Insel und Madagaskar wahrscheinlich die bekanntesten sind. Die meisten dieser Vorkommen sind aber kaum bekannt, so daß alle Angaben über Resourcen und gewinnbare Reserven verfrüht sind.

9.2 Asphalt, Ozokerit [7]

Unter dieser Gruppe sind halbfeste bis feste natürliche Erdölbitumina zusammengefaßt, die entweder in Gangform auf Klüften und Spalten oder als feste Imprägnationen von Sand- und Kalksteinen vorkommen. Ozokerite, aus Paraffinölen entstanden, und Asphalte, von Asphaltölen abzuleiten, erweichen nur bei hohen Temperaturen. Die wirtschaftliche Bedeutung der hier behandelten Stoffe ist begrenzt. Das Tote Meer und Trinidad gehören zu den wenigen Asphalt-Abbaustellen der Welt.

Die Imprägnierung von porösen Kalken erfolgte beim Aufstieg meist über Klüfte und Störungszonen aus ausgelaufenen Öllagerstätten der Tiefe. Daher liegen diese Vorkommen meist in jung gefalteten Gebirgen. Produktionsländer für Naturasphalte sind Kentucky, Utah, Oklahoma, Kalifornien, Italien, Deutschland, Frankreich, UdSSR, Venezuela, Kuba u.a. Der gewonnene Asphalt wird im Straßenbau und in der Bauindustrie verwendet.

9.3 Erdöl-Bergbau [76]

Die schon seit dem 16. Jahrhundert bekannten Ölaustritte von Wietze bei Hannover, Heide in Holstein und Pechelbronn im Elsaß führten ab 1860 zu einer regen Bohrtätigkeit [77] mit einigen tausend Bohrungen auf die nur 50—250 m tiefen Ölsande. Schon um 1915 hatte man aber auch erkannt, daß der Entölungserfolg des hochviskosen Wietzer Öls (spez. Gew. 0,98) trotz der hohen Permeabilität des Wealden-Sandes nur etwa 15 % betrug. Die Deutsche Erdöl-Aktiengesellschaft begann daher zur gleichen Zeit an drei Stellen, in Wietze, in Pechelbronn und in Heide Schächte abzuteufen und ein Streckensystem zu entwickeln, das in Wietze 70 km Länge erreichte. Die Drainage des Öls erfolgte durch Schwerkraft in die im Ölsand selbst verlaufenden Strecken, wodurch der Entölungsgrad auf 35 % anstieg. Daneben wurde Öl durch Abbau des Ölsandes selbst und obertägige Heißwasser-Wäsche gewonnen. Ungenügende Wirtschaftlichkeit des insbesondere teuren Abbaues führte zur Einstellung des Betriebes 1964. Zahlreiche Erfahrungen über Schwerkraft-Entölung und erste Versuche zur Wärme-Anwendung sind aus diesem Bergwerk hervorgegangen.

Der Bergbau von Pechelbronn unterschied sich vor allem dadurch, daß die Fahrstrecken nicht im Oligozän-Ölsand selbst sondern dicht darunter verliefen, von wo aus zahlreiche Schrägbohrungen nach oben den Ölsand und damit sein auslaufendes Öl anzapften.

9.4 Ölschiefer [74, 75, 78, 79, 103]

Im Gegensatz zum Ölsand ist beim Ölschiefer das Bitumen (Kerogen) fest mit der Tonschiefer-Substanz verbunden. Es kann nur durch Wärme-Anwendung ausgeschwelt werden.

Den gesamten Schieferölvorrat der Welt schätzt man auf rund 500 Mrd. t, wovon zur Zeit freilich nur etwa 30 Mrd. t gewinnbar erscheinen, und zwar durch obertägige Schwelverfahren nach bergmännischem Abbau. Der größte Teil wird so lange ungewinnbar bleiben, bis das Problem der Untertage-Schwelung bzw. -Vergasung gelöst ist. Es ist dem der insitu-Kohlevergasung direkt verwandt.

Die Schieferölgewinnung geht in Australien, Brasilien, Frankreich, Schottland, USA und der BR Deutschland bis ins frühe 19. Jahrhundert zurück. In Württemberg begann man 1857 und setzte diese Arbeiten mit zeitweiligen Unterbrechungen bzw. auch verstärkten Bemühungen, so z.B. von 1944—1949 mit einer besonderen Art Untertage-Schwelung, bis in die letzten Jahre fort. In Estland und der Mandschurei kann man seit etwa 50 Jahren von einer wirtschaftlichen Verwertung des Ölschiefers auf Schwelöl und -gas sprechen.

9 Schweröle, Asphalte, Schieferöle

Nach den USA mit ihren großen tertiären Vorkommen von Utah, Wyoming und Colorado mit allein etwa 350 Mrd. t Ölinhalt sind die permischen Irati-Schiefer Südamerikas, die kambrischen, ordovizischen, karbonischen und tertiären Ölschiefer der UdSSR, die reichen Torbanite Südafrikas, die Alaunschiefer Kanadas, Chinas, Kongos und Schwedens, die Kännel-Schiefer Schottlands u.a.m. zu nennen.

Ölschiefer treten oft bis an die Tagesoberfläche, so daß sie im Tagebau abgebaut werden können, oder fallen auch in große Tiefen bis zu 2–3000 m ein, so daß für Vorratsberechnungen nur begrenzte Lagerstättenteile berücksichtigt werden können. Für eine solche Aussage spielt naturgemäß das technisch anwendbare Verfahren die Hauptrolle.

Stark wechselnd sind die Mächtigkeiten. Während sie in den meisten Fällen bei 3–10 m liegen, steigen sie in Brasilien und China bis auf 100 m an. Allerdings wechseln die einzelnen Pakete in ihrem Bitumen-Gehalt, so sind den 20 m dicken Greenriver-Shales (USA) 1–3 m dicke Bänke mit dem 2–3fachen durchschnittlichen Ölgehalt eingelagert. Im deutschen Posidonienschiefer hat man eine saisonal bedingte Warvenschichtung erkannt, bei der die dunklen Lagen die eigentlichen Bitumenträger darstellen, die mit im Sommer sedimentierten helleren Karbonaten wechseln. Während die Greenriver-Shales mehr in riesigen Binnenbecken abgelagert wurden, und die Kännel-Schiefer, mit Kohlen vergesellschaftet, binnenländischen Lagunen und Moorseen entstammen, weisen die deutschen Posidonienschiefer auf marinen Ursprung hin.

Höchste Ölgehalte bis zu 500 l/t sind in Australien und Alaska bekannt, während der estnische Kukkersit 2–300 l/t Öl enthält. Als wirtschaftlich gewinnbar sind aber schon Ölschiefer ab etwa 40 l/t zu bezeichnen. Hierzu gehören die Ölschiefer von Colorado, Württemberg, Schottland u.a.

Der Ölschiefer weist Heizwerte von 2,09–20,93 MJ/kg auf, kann also als solcher unter Umständen auch als Brennmaterial verwendet werden. Das Schweröl besteht zu 66–88 % aus Kohlenstoff, 7–13 % aus Wasserstoff und 1–24 % aus Sauerstoff. An Spurenelementen finden sich B, P, Br, Cr. Das Verhältnis C:N liegt bei 50–350:1, beim Rohöl auf sekundärer Lagerstätte unter 50:1.

Es werden folgende Gewinnungsverfahren unterschieden:

A. *Bergmännischer Abbau*, anschließend Zerkleinerung in 1–3 cm Brocken, Extraktion mittels *Schwelung* bzw. *Vergasung*, Veredelung der Rohprodukte, Versatz des entschwelten Schiefers. Die Schwelung bzw. Vergasung erfolgt in Horizontal- oder Vertikalöfen nach dem Prinzip Trocknung – Schwelung bei 450–550 °C – Kondensation der entstehenden Dämpfe mit Öl- und Gastrennung. Die Ausbeute steigt mit der Temperatur und erreicht bis zu 95 %.

Bei den *Horizontalöfen* läuft der Schiefer in einer Wagenkette oder über Transportroste durch die Trocknungs-, Schwel- und Kühlzone von insgesamt etwa 60 m Länge und 4 m Durchmesser mit einer Kapazität von 450–600 t. Gewöhnlich werden mehrere dieser Retorten zu einer Batterie zusammengeschlossen. In Zukunft werden wahrscheinlich größere Anlagen die Grundlage eines technisch-wirtschaftlich sinnvollen Betriebes sein.

Bei den *Vertikalretorten* wird Luft bzw. Brenngas von oben durch den von oben nach unten oder von unten nach oben auf Schrägrosten wandernden oder in bestimmten Chargen angeordneten Ölschiefer zum Aufbau einer Schwelfront hindurchgeschickt, oder aber das Brenngas durchzieht den abwärts wandernden Ölschiefer von unten her. Kreislauf-Verfahren von Schiefer und Gas stellen Modifikationen dar.

Die entsprechenden Schweröle haben meist ein spez. Gew. von 0,90–0,96 und einen Schwefelgehalt von 2–5 %. Sie lassen sich zu Benzin, Heizöl und einen hohen Rückstandsanteil verarbeiten. Außerdem fällt eine erhebliche Menge Schwelgas neben Koks, Pech, Asphalt, Ammoniak, Paraffinwachs und hin und wieder Uran und Phosphat an. Auch durch die örtlich gegebenen Möglichkeiten der Verwertung des entölten Materials als Zement, Gesteinsplatten, Kunst- und Bausteine und Straßenschotter kann die Wirtschaftlichkeit verbessert werden.

Bei Ölschiefern mit besonders hohem Bitumengehalt wie z.B. beim estnischen Kukkersit mit 35–40 % Kerogen kommt eine *direkte Verwendung als Heizmaterial* in Betracht. Im genannten Falle werden Heizwerte von 8,37–10,47 MJ/kg Schiefer erreicht, wodurch der Betrieb elektrischer Kraftwerke hier um etwa 20 % billiger ist als bei Verwendung von Kohle. Bei Kohtla Jarve ist ein neuer, vollmechanisierter Untertage-Abbau für 33 000 tato Schiefer in Erschließung, dem drei weitere folgen sollen. Neben der Stromerzeugung werden im Retortenbetrieb pro 1 t Schiefer (von 200 l Ölgehalt) 400 m³(V_n) Stadtgasqualität, 50 kg Teer (darin 1 kg Phenole, 1,5 kg Naphthalin, 0,3 kg Anthrazen), 25 kg Benzene und 3 kg Schwefel erzeugt.

Ein weiteres Verfahren stellt die *Druckvergasung des Ölschiefers* bei mindestens 700 °C und 140 bar unter Zufuhr von 100–200 m³(V_n) Wasserstoff/t Schiefer dar, bei dem 140–180 m³(V_n) Heizgas von etwa 8900 kcal aus einem sogar relativ armen Schiefer von 90 l Kerogen pro 1 t entstehen. Würde man die Greenriver-Shales von Colorado auf diese Weise vergasen, würden $170 \cdot 10^{12}$ m³(V_n) Gas gewonnen werden können.

B. *Insitu-Schwelung*

Zur Zeit wird in Colorado durch Occidental Oil Co (OXY) erstmals eine unterirdische Schwelung durchgeführt, wobei etwa 20 % Schiefer im quadratischen Stockwerk-Raster bergmännisch abgebaut und stehen bleibende Schiefer explosiv gelockert wird. Die Schwelung erfolgt durch Luftzufuhr durch ein oberes horizontales Tunnelsystem bei 465 °C, das die Schwelfront mit 2 cm/Tag nach unten drückt. 40–75 m tiefer fließt das Öl in ein unteres horizontales Tunnelsystem, aus dem das Öl abgezogen wird. Vom 460 Mio. t betragenden Ölinhalt auf der 20 km² betragenden Fläche werden in 20—25 Jahren 160 Mio. t Öl, d.h. 40 %, gewonnen werden. Die Kosten werden auf 25 $/BO geschätzt. Das Projekt wurde 1975 begonnen.

Das *Ljungström-Verfahren* im kambrischen Alaunschiefer zwischen Göteborg und Stockholm war über 20 Jahre in Betrieb und benutzte hexagonal in 2,2 m Abstand angeordnete Bohrungen, um den 17 m mächtigen, oberflächennahen Schiefer mittels Heizelektroden bei 400 °C in 4 Monaten auszuschwelen. Pro Jahr wurden etwa 30 000 m^3 flüssige Produkte, 20 Mio. m^3 (V_n) hochwertigen Gases und 9000 t Schwefel neben Ammoniak gewonnen.

10 Erdöl- und Erdgasrecht, Konzessionswesen

10.1 Konzessionsbedingungen [82, 83]

In manchen Ländern ist das Recht zum Aufsuchen und Gewinnen von Erdöl und Erdgas an das Grundeigentümerrecht gebunden, in anderen, den meisten (in Deutschland seit 1934), verleiht der Staat nach Erteilung einer Aufsuchungs-Erlaubnis für meist 3—6 Jahre mit Verlängerungsmöglichkeit das Recht der Ausbeutung an Erdölgesellschaften im Rahmen einer Konzession. Sowohl Aufsuchungs-Lizenz wie Förderkonzession sind mit bestimmten Arbeitsverpflichtungen in Form geologischer, geophysikalischer oder bzw. und abzuteufender Bohrungen verbunden. Die Gewinnungserlaubnis wird meist auf 30—50 Jahre erteilt, ist aber verlängerbar.

In konzessionsrechtlicher Beziehung wird meist die Drei-Meilen-Zone als zum festen Land gehörig angesehen, ebenso wie das bis 200 m Wassertiefe reichende Schelfgebiet des Festlandsockels nach der Genfer Konvention von 1958. Dabei erfolgt die Grenzziehung durch direkte Übereinkunft bzw. nach dem Äquidistanzprinzip von Küsten-Fixpunkten aus. Diese Seegebiete werden dann entweder in Blocksysteme aufgeteilt (Golf von Mexiko, Nordsee, England, Norwegen, Holland; Bild V.41) oder als größere Einheiten vergeben (Dänemark, Persischer Golf; Bild V.42).

Zur Zeit wird ferner im Rahmen der UNO die Frage geklärt, ob die Richtlinien der Genfer Konvention sinngemäß auch auf die Gebiete der Kontinentalränder, d.h. bis zu Wassertiefen von etwa 3000 m angewendet werden sollen; d.h. Wassertiefen, bei denen nach dem heutigen und in Kürze zu erwartenden Stand der Technik mit guten geologischen Gründen Kohlenwasserstoffe erwartet und auch ausgebeutet werden können [99, 115].

Der Staat erhält von der Förderung eine der Höhe nach unterschiedliche Abgabe als Förderzins (Overriding Royalty) vom Bruttowert des geförderten Öls, z.B. in der BR Deutschland 10 %, in anderen Ländern weniger oder etwas mehr, mitunter abhängig von der Förderrate.

Neben der Royalty fallen aber vor allem in vielen Ländern Gewinn- bzw. Erdölsondersteuern an. 1948 verlangte Venezuela, 1950 der König von Saudi-Arabien erstmalig 50 %, 1957 schloß die italienische ENI mit der iranischen Staatsgesellschaft NIOC einen Vertrag, der letzterer eine Beteiligung von 50 % an der Konzession und der iranischen Regierung außerdem 50 % des Gewinns zuteilt. Seitdem gibt es entweder Partnerschaften zwischen Staat bzw. Staats- und Gewinnungsgesellschaft, bei denen freilich die Vorteile meist eindeutig bei ersteren liegen, oder die Gewinnungsgesellschaft arbeitet überhaupt nur als Dienstleistungsbetrieb ohne unmittelbare Konzessionsrechte. Länder wie Libyen, Algerien, Irak, Syrien u. a. haben völlig verstaatlicht.

In der Nordsee gelten ähnliche Bestimmungen [145]. Im britischen und irischen Teil sind die auf dem Wege der Versteigerung erworbenen Konzessionsblocks etwa 250 km^2, im holländischen 400 km^2 und im norwegischen 520 km^2 groß. Im Gebiet der BR Deutschland und Dänemarks wurde ursprünglich das Offshore-Gebiet als Ganzes vergeben, inzwischen teilt man z.T. begrenzte Gebiete Interessenten zu. Die Explorationsphase dauert maximal 3—10 Jahre, in der bestimmte Auflagen zu erfüllen sind. Verlängerung ist möglich. Die im britischen, holländischen und norwegischen Teil fälligen Oberflächengebühren erhöhen sich jährlich. Nach Ablauf der Explorationsphase müssen 1/3—2/3 des Gebiets zurückgegeben werden. Die Förderphase über 30—40 Jahre enthält ebenfalls Oberflächengebühren, aber darüber hinaus ebenfalls im britischen, holländischen und norwegischen Gebiet die Auflage einer Staatsbeteiligung in Höhe von 50—70 %. Die Körperschafts- bzw. Erdölsondersteuer liegt zwischen 37—52 %. Darüber hinaus werden die Gesellschaften verpflichtet, das gefundene Erdöl und Erdgas nur im eigenen Lande zu verwerten, es sei denn, es liegt eine Exportgenehmigung vor.

In anderen Ländern werden oft weitere Zusagen verlangt, so z.B. einen Großteil der verbleibenden Gewinne in die weitere Exploration des Landes zu stecken, oder Raffinerien oder Petrochemische Werke zu errichten, oder für Schulen und fachliche Weiterbildung zu sorgen.

Mit diesen Bedingungen sind aber die Abgaben nicht erschöpft. Neben den ansteigenden Aufschlußverpflichtungen, in bestimmten Zeiträumen zunehmende Beträge auszugeben, werden mit Konzessionserteilung einmalige oder an bestimmte erreichte Förderraten gebundene jeweils einmalige Bonus-Zahlungen verlangt. In den meisten Ländern wird die Verpflichtung zur Bedingung gemacht, etappenweise nach jeweils 4—6 Jahren jeweils 20—25 % der verliehenen Konzessionsfläche an den Staat zurückzugeben. Dabei steht die Auswahl dieser Flächen der Gesellschaft frei.

Ein Beispiel für Konzessionsbedingungen aus 1968 findet sich in Tabelle V.9.

10 Erdöl- und Erdgasrecht, Konzessionswesen

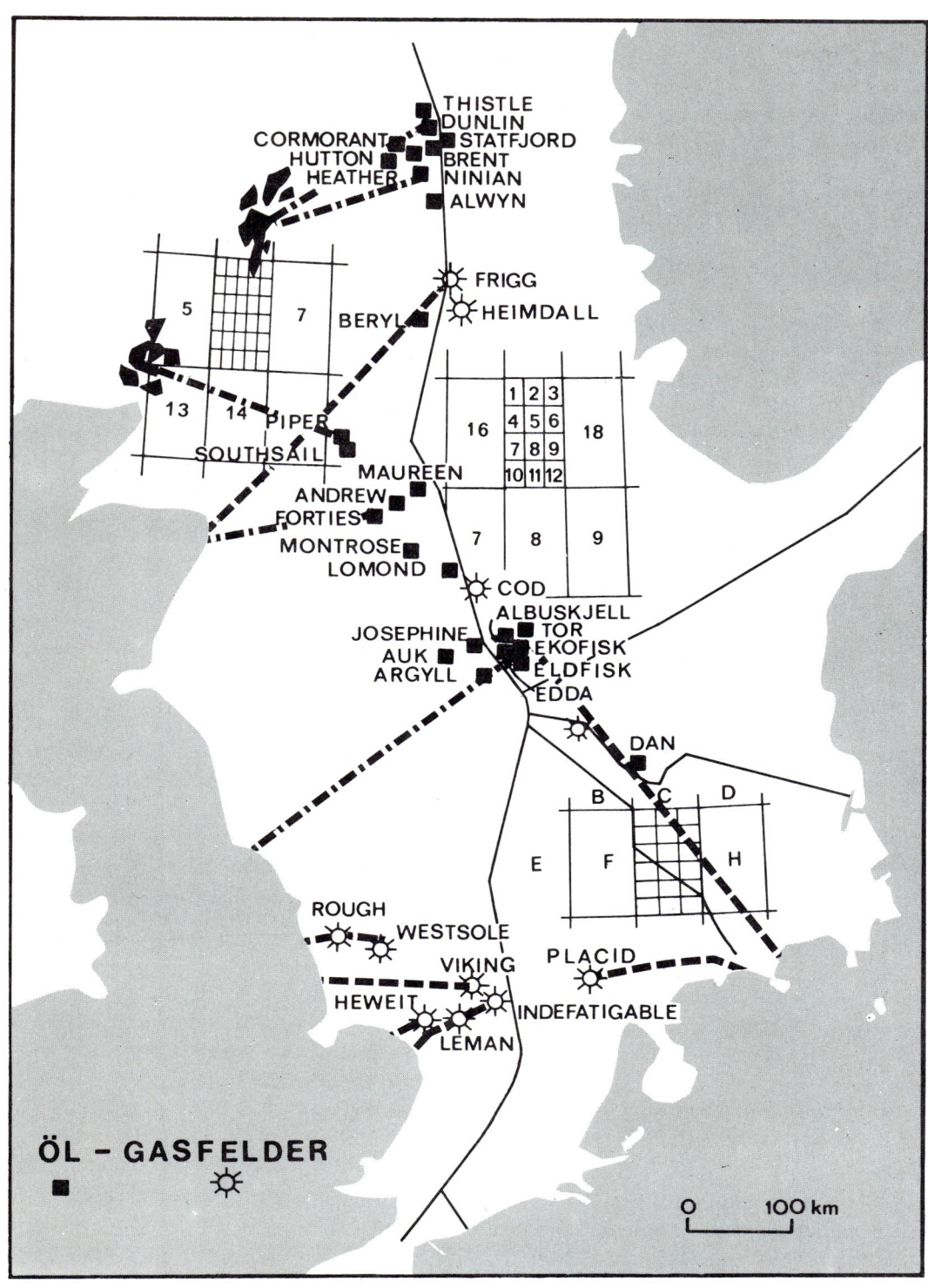

Bild V.41 Öl- und Gasfelder, Öl- und Gasleitungen sowie Schema der Blockeinteilung in der Nordsee

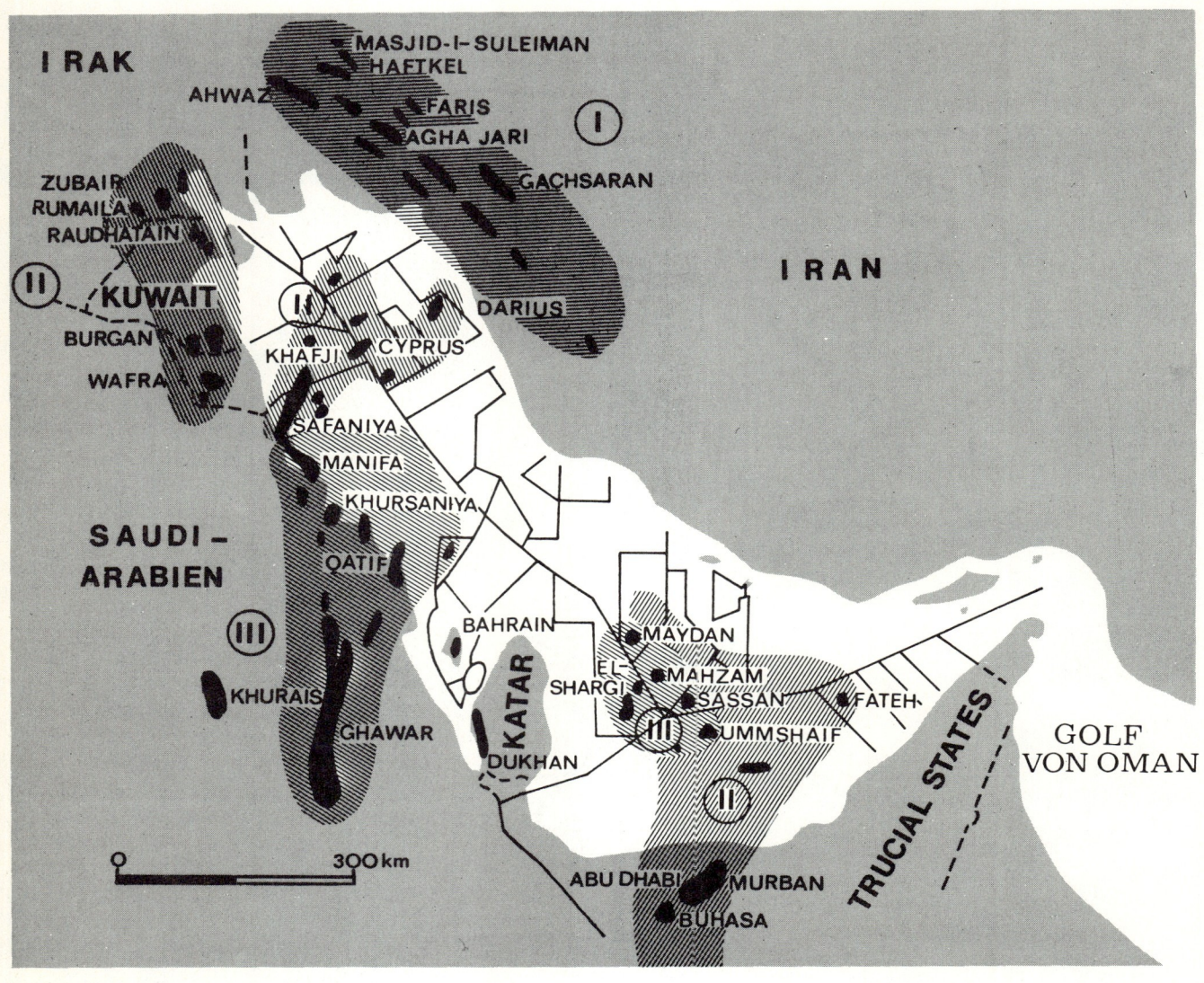

Bild V.42 Konzessionsgebiete im Persischen Golf und Verbreitung der wichtigsten Lagerstätten
I Tertiär   II Mittel- und Unterkreide   III Jura

Seit 1971 haben sich allerdings die Besitzverhältnisse in den der 1960 gegründeten Organization of Petroleum Exporting Countries (OPEC) angehörenden Ländern Iran, Irak, Saudi-Arabien, Kuwait, Quatar, Abu Dhabi, Indonesien, Libyen, Nigeria, Ecuador, Gabun und Venezuela völlig verändert. So erfolgte ab 1971 außer einer Erhöhung der Listenpreise (posted prices), die seit Oktober 1973 einseitig von den Förderländern festgelegt werden, auch eine Heraufsetzung der Gewinnsteuer von zunächst 50 % auf 55 % und in 1974 über 65 % auf sogar 85 % und der Royalty von 12,5 % auf 20 % (Tabelle V.10). Das lt. Beteiligungsabkommen (New York 20.12.1972) ab Januar 1973 vorgesehene Partizipation-Abkommen zwischen den Nahost-Ländern und den Konzessionsinhabern sah zunächst eine stufenweise Überführung von 25 % auf 51 % in Staatsbesitz bis 1982 mit entsprechenden Entschädigungszahlungen vor, wurde aber schon 1974 durch eine sprunghaft auf 60 % angehobene Staatsbeteiligung abgelöst, der eine Vervielfachung der Listenpreise mit entsprechend gestiegenen Steuereinnahmen nebenher ging. Außerdem wurde der Prozentsatz für den Preis des rückzukaufenden Staatsöls erhöht. 1975 verstaatlichte Kuwait zu 100 % und entschädigte die Konzessionäre nur mit dem Anlagen-Nettobuchwert in Höhe von etwa 190 Mio. $ und übernahm auch die technische Betriebsführung, während Saudi-Arabien zwar verstaatlichte, die Betriebsführung aber der ARAMCO überließ. Weitere Länder folgten diesem Beispiel.

Da die meisten Ölförderländer weder über ausreichende Raffinerie-Kapazität noch eine entsprechende Vertriebsorganisation verfügen, werden die Fördergesellschaften verpflichtet, den auf die Staatsgesellschaft des Förderlandes entfallenden Ölanteil als Rückkauföl zu einem Preis, der in der Nähe des Posted Price liegt, zurückzukaufen.

Durch alle diese Bedingungen erhöhten sich die Einnahmen aller OPEC-Länder von 22,5 Mrd. $ in 1973 auf 272 Mrd. $ in 1980 wobei allein auf die Erhöhung von 1978 auf 1980 155 Mrd. $ entfallen (1980: Saudi-Arabien 104, Irak 27, Libyen 23, Nigeria 20, VA-Emirate 19, Venezuela 19, Kuwait 18, Algerien 12, Iran 12, Indonesien 11, Quatar 5, Gabun 2, Ecuador 1).

Tabelle V.9 Beispiel für einen älteren Konzessionsvertrag von Abu Dhabi mit japanischen Gruppen (BOPD: Barrel Oil per Day)

	Abu Dhabi Offshore
Laufzeit (Jahre)	45
Fläche (km²)	6 500
Mind. Ausgaben in 8 Jahren	24 Mio. $
Bonus b. Zeichnung	1,65 Mio. $
Bonus b. wirtsch. Fündigkeit	3 Mio. $
Bonus b. 100 000 BOPD	3 Mio. $
Bonus b. 200 000 BOPD	4 Mio. $
Jahresgebühren	75 000 $ bis Fündigkeit 100 000 $ nach Fündigkeit
Rückgabebedingungen	25 % nach 3 Jahren 25 % nach 5 Jahren 25 % nach 8 Jahren
Gewinnsteuer	50 %
Royalty (vom posted price)	12,5 % bis 100 000 BOPD 13 % oberhalb 100 000 BOPD 14 % oberhalb 200 000 BOPD
Raffinerie-Bau	oberhalb 200 000 BOPD Raffinerie-Bau von 30 000 BOPD
Sonstige Projekte	oberhalb 300 000 BOPD Bau von Entwicklungsprojekten

10.2 Beteiligungsformen von Gesellschaften [84]

Im allgemeinen wird ein Konzessionsgebiet an nur eine Gesellschaft als Konzessionsträger verliehen. Bewerben sich mehrere Gesellschaften um dasselbe Gebiet, kann es von vornherein zur Bildung von Konsortien kommen. In geologisch unbekannten Gebieten sucht sich der Konzessionsinhaber früher oder später mitunter auch Partner, die Risiko und Erfolg mit ihm teilen. Hier gibt es die unterschiedlichsten Aufteilungen.

Beim *Joint Venture* ist jeder Partner anteilsmäßig an Kosten und Gewinn bzw. dem gewonnenen Erdöl und Erdgas beteiligt. Ein Partner wird feder- bzw. betriebsführender Operator. Beim *Working Interest* kann sich der Konzessionsinhaber einen Förderanteil von x % und die Betriebsführung vorbehalten, während ein anderer Partner die oder einen Teil der Kosten trägt. Beim *Carried Interest* behält der Konzessionsinhaber sich ein stilles Recht vor, während dem anderen das unternehmerische Risiko obliegt. Die *Overriding Royalty* stellt einen Rechtstitel auf einen Förderanteil in Geld oder Natura dar. Die vollständige Abtretung eines Working Interest unter Zurückhaltung einer Overriding Royalty wird als *Farmout* bezeichnet.

An Aufschlußbohrungen kann sich eine fremde Gesellschaft u.U. durch Zahlung eines *Dryhole-Money*

Tabelle V.10 Entwicklung der OPEC-Bedingungen am Beispiel Saudi-Arabien (für Arabian Light OIL)

		1970	1971	1972 Nov.	1973 Jan.	1973 Nov.	1974 Jan.	1974 Okt.	1974 Nov.
Posted Price (PP)	$/b	1,68	2,16	2,43	2,59	5,18	11,65	11,65	11,25
Einkommensteuer	% PP abz. Kosten	50	55	55	55	55	55	65	85
Förderzins (Royalty)	% PP	12,5	12,5	12,5	12,5	12,5	12,5	16,66	20
Staatsabgaben Government Take	$/b % PP	0,44 26,1	0,85 39,2	0,95 39,1	1,63 62,7	3,19 61,7	7,12 61,7	8,37 71,8	9,93 88,2
Konzessionärsöl	% Gesamtförderung	100	100	100	75	75	40	40	40
Rückkauföl		–	–	–	25	25	55	55	55
Staatsöl	% PP	–	–	–	77	93	94,8	93	94,8

beteiligen. Sie erhält dafür geologische und/oder technische Ergebnisse, aber keinen Förderanteil im Falle der Fündigkeit. Dagegen steht ihr gegen Zahlung eines *Bottomhole-Money* ein Recht auf Öl oder Gas in der Lagerstätte zu.

11 Finanzierung und Wirtschaftlichkeit

11.1 Investitionen der Mineralölwirtschaft [95]

Das Anlagevermögen der Mineralölindustrie der westlichen Welt betrug Ende 1977 427 Mrd. $ und repräsentiert damit einen Wert pro Beschäftigten, der etwa 10 mal so hoch ist wie in der übrigen Industrie [119]. Davon entfielen rund 39 % auf Gewinnung, 27 % auf Verarbeitung und Petrochemie, 22 % auf Transport und 12 % auf Marketing. Die Ausweitung der Tätigkeit auf nahezu alle Länder der Welt, Zwang zu hohen Investitionen und Risikobereitschaft im Interesse einer optimalen Wirtschaftsführung haben zu Konzentration und Integration geführt, so daß 70 % der Welt-Erdölversorgung in Händen von vollintegrierten Unternehmen liegen.

Ohne den Ostblock schätzte die Chase Manhattan Bank den Investitionsbedarf der Welt-Erdölindustrie von 1976–1985 auf etwa 900 Mrd. $, d.h. 3 mal so viel, wie die Mineralölindustrie in den vorhergegangenen 10 Jahren aufgewendet hat, wovon 44 % auf Gewinnung, 22 % auf Verarbeitung und 23 % auf Transport entfielen.

11.2 Bewerten von Aufschlußprojekten und Öl- und Gaslagerstätten [44, 85]

Der Aufschluß auf Erdöl und Erdgas unterscheidet sich von dem der anderen Mineralien vor allem darin, daß Kohlenwasserstoffe im Gegensatz zu Kohle und Erzen von der Oberfläche nicht nachweisbar sind. Der Anteil der Aufschlußkosten ist daher von vornherein um das Vielfache höher. Er ist in den letzten 25 Jahren zudem etwa um das Zehnfache gestiegen. Neben dem allgemeinen Preisindex-Anstieg spielen hier z.B. zunehmende Teufe, Abgelegenheit vieler Gebiete, weitaus höhere Abgaben der Konzessionäre als früher usw. die Hauptrolle. Je nach dem Schwierigkeitsgrad sind gewöhnlich etwa 20–40 % des Rohölwertes erforderlich, um 1 t geförderten Rohöls als oil-in-place wieder zu ersetzen. Von den restlichen 60–80 % müssen Abgaben, Entwicklungs- und Gewinnungskosten abgedeckt und noch ein Gewinn herausgewirtschaftet werden. Natürlich bedingen steigende Kosten technische Rationalisierungsmethoden, bzw. hohe Rohöl- oder Produktenpreise ermöglichen die Anwendung komplizierter, aber mit höheren Entölungsgraden verbundener, nämlich sekundärer und tertiärer Lagerstättenmethoden. Der Zwang, größere Tiefen aufzuschließen, ist mit höheren Kosten verbunden, ohne die Gewähr höherer Erlöse zu haben, weil nämlich mit zunehmender Teufe die Lagerstätteneigenschaften wie Porosität und Permeabilität und damit Förderrate schlechter werden. Stimulationsbehandlungen sind im allgemeinen nicht im gewünschten Maße erfolgreich. Diese Betrachtung gilt in besonderem Maße für das Problem übertiefer Lagerstätten. Ferner steigen mit der Feldesalterung und fallenden Reinölraten die spezifischen Kosten.

Für die Gesamtwirtschaftlichkeit eines Öl- oder Gasfeldes entscheidend sind natürlich Fragen wie die Entwicklung des Geldwertes, Wertentwicklung von Öl und Gas, Verzinsung und Diskontsatz, Geldeinsatz, sonstige Risikofaktoren usw. Im allgemeinen geht man bei verhältnismäßig stabilen Geldwertverhältnissen davon aus, daß hohe und frühe Investitionen sich rechtfertigen lassen, wenn Förderhöhe und damit früher Geldrückfluß durch entsprechende technische Maßnahmen sinnvoll beeinflußt werden können.

Alle Bewertungs-Methoden dienen der Abschätzung der Ertragskraft und der Risiken, der Ermittlung des Kapitalrückgewinns, der abgezinsten Bargeldentwicklung usw. mit Hilfe von Wirtschaftlichkeitsindikatoren wie Rentabilitätsquote (Kapitalverzinsung als DCF-Rate), Wirtschaftlichkeits-Index (Profit-Ratio), Zeit bis zum Rückerhalt der Investitionen (Payout-Zeit). Welchem dieser Bewertungsmaßstäbe man Vorzug und Schwergewicht beimißt, hängt von den spezifischen Bedingungen ab. Eine kurze Payout-Zeit braucht nicht mit hoher Kapitalverzinsung verbunden zu sein, und eine relativ lange Payout-Zeit kann zu einem Objekt mit hoher DCF-Rate gehören.

In jedem Falle ist fast jedes Objekt der Erdölindustrie kapitalintensiv und evtl. recht risikoreich. Die Verzinsung wird besonders verbessert von steigenden Förderraten und Rohölpreisen bzw. Netto-Erlösen und verschlechtert von hohen Bohrkosten.

Nur wenn der Investitionsbedarf niedrig und die Payout-Zeit kurz ist, wird man sich auch mit einer relativ niedrigen Verzinsung zufrieden geben. Wesentlich für jede Bewertung ist die Berücksichtigung der Vorhersage der Kosten- und Rohölpreisentwicklung und die erhebliche Vorfinanzierung während der Aufsuchungs- und Entwicklungsperiode. Erstere dauert meist 2–5 Jahre bis zur Fündigkeit, letztere 3–8 Jahre bis zur stabilen Förderhöhe, und erst danach setzt eine meist 20–30jährige Förderphase ein. In Offshore-Gebieten und bei Gasfunden oder abgelegenen Verbrauchsgebieten kann wegen der damit verbundenen u.U. langwierigen Vertragsverhandlungen und Leitungsverlegungen die Entwicklungsphase sogar noch länger dauern.

Als Beispiel für besonders erschwerte und risikoreiche Tätigkeit kann die Aufsuchung und Gewinnung in der Nordsee gelten. Ölfelder mit gewinnbaren Reserven über 75 Mio. t und Jahresförderraten von 7,5 Mio. t liegen schon an der Rentabilitätsgrenze, zumal wenn die Wassertiefen groß sind (z.B. 200 m) und die Entfernung zur Küste über 100 km liegt. Staatliche Abschöpfungssätze und strenge Konzessionsbedingungen, insbesondere Beschränkung der

11 Finanzierung und Wirtschaftlichkeit

Förderhöhe und Exportmöglichkeit können diese Rentabilitätsgrenze noch hinaufschieben und damit das Risiko vergrößern. Um auch kleinere Vorkommen rentabel entwickeln zu können, sind besonders hohe Erlöse und/oder Steuerbegünstigungen erforderlich, wenn sie zur Erweiterung der Rohstoffbasis in Westeuropa beitragen sollen. Die naturgegebenen Einflußfaktoren: wie Größe, Gestalt und Teufe des Vorkommens und seine Entfernung zur Küste, ferner seine Nachbarschaft zu anderen Vorkommen, die in einer Gruppe gemeinschaftlich ausgebeutet werden können, sowie die steuer- und konzessionsrechtlichen Gesichtspunkte machen die Voraussage über die Aussichten von Aufschluß- und Feldentwicklungsprojekten in der Nordsee zu einer recht schwierigen Aufgabe. Hinzu kommt die Unkenntnis der Inflationsentwicklung, was gerade bei der hier sehr langen Dauer bis zur Fertigstellung der Förder- und Transporteinrichtungen eine Voraussage beträchtlich erschweren kann.

Diesen besonderen Risiko-Verhältnissen der Erdölaufsuchung und -gewinnung trägt z.B. die USA-Gesetzgebung schon seit 1925 dadurch Rechnung, daß sie der Erdölgewinnung eine bis zu 27,5 %ige Steuerfreiheit (Depletion Allowance) gewährt.

In der BR Deutschland kennt man diese Steuerfreiheit nicht, weil hier das Steuerrecht den Grundsatz nicht anerkennt, daß die Erschöpfung von Bodenschätzen der Abnutzung von Gegenständen des Anlagevermögens gleichzusetzen ist, für die Abschreibungen vorgenommen werden dürfen.

Tabelle V.11 zeigt, daß man ein primär unbefriedigendes Verfahren durch die objektbezogene Bewertung eines Zusatzverfahrens (Sekundär-, Tertiärverfahren, Bohrlochsbehandlung usw.) in eine befriedigende Rentabilitätszone führen kann.

Tabelle V.12 zeigt, wie viele Förderbohrungen nötig sind, bzw. wie groß die ölführende Fläche sein muß, um bei 2 verschiedenen Rohölpreisen die Investitionen und Betriebskosten zurückzuhalten [87]. Im Beispiel sind es 24 bzw. 8 Bohrungen auf 3,6 bzw. 1,2 km² Fläche.

Aus Tabelle V.13 ist die Berechnungsart der Wirtschaftlichkeits-Kennwerte ersichtlich. Der bargewertete Gewinn-Index $\frac{5+6}{6}$ beträgt 3,50 DM/DM, die Payout-Zeit nach Förderbeginn 4,4 Jahre. Gewinnbar sind 2 Mio. t Öl durch 20 Bohrungen und max. 180 000 t Jahresförderung.

Bei der Wirtschaftlichkeitsrechnung für Auslandsprojekte stehen die hohen Abgaben an das jeweilige Förderland im Vordergrund:

1. Posted Price   35,00 $/b
2. Förderzins (20 %)   7,00 $/b
3. Förderkosten   0,50 $/b
4. Steuerbasis (1−2−3)   27,50 $/b
5. Steuerabgabe im Förderland (85 %)   23,38 $/b
6. Gesamtabgaben (2 + 5)   30,38 $/b
7. Kosten der Gesellschaft (3 + 6)   30,88 $/b
   a) gilt für 100 % Eigenöl)
   b) für 50 % Eigen- und 50 % Rückkauföl   32,04 $/b

Tabelle V.12 Wirtschaftlichkeit eines Explorations-Erfolgs

DM/t	1 Rohölpreis	150	210
	2 Förderzins (10 %)	15	21
	3 Betriebskosten (8 J. 20 t/T/B)	40	40
	(22 J. 10 t/T/B)	70	70
Mio. DM/B.	4 Überschuß (125 000 t/30 J./B.)	8,48	14,54
	5 Gegenwartswert (7 % von 4)	5,05	8,26
	6 Bohr- und anteil. Feldkosten	3,5	3,5
	7 Überschuß (5−6)	1,55	4,76
Mio. DM	8 10 Fehlbohrungen (10 % Fdgk.)	26,0	26,0
	9 Geologie, Geophysik, Konz. geb.	10,0	10,0
	10 Gesamtkosten Exploration	36,0	36,0
	11 Kritische Zahl Bohrungen (10/7)	23,2	7,6
	12 Kritische Ölfläche (15 ha/B) (km²)	3,6	1,2

Tabelle V.13 Vorausberechnung von Wirtschaftlichkeits-Kennwerten

Jahre	Investitionen	Brutto-Erlös − Betriebskosten	Einnahme Überschuß	Diskont 10 %	Barwert von 1	Barwert von 3
	1	2	3	4	5	6
0	1,5		− 1,5	1,00	1,5	− 1,5
1	5,5		− 5,5	0,91	5,0	− 5,0
2	6,0	4,0	− 2,0	0,83	4,96	− 1,65
3	4,0	7,0	3,0	0,75	3,01	2,25
4	4,0	9,5	5,5	0,68	2,73	3,76
5	4,0	12,5	8,5	0,62	2,48	5,28
6		14,5	14,5	0,56		8,19
7		14,5	14,5	0,51		7,44
8		13,6	13,6	0,47		6,07
9		11,5	11,5	0,42		4,88
10		10,5	10,5	0,39		4,05
15		6,0	6,0	0,24		1,44
20		3,5	3,5	0,15		0,52
	25,0	157,5	132,5		19,68	49,28

Tabelle V.11 Bewertung von Sekundärverfahren [85]

	Primär- förderung A	Druck- erhaltung B	C (A + B)
Investitionen (Mio. ÖSh)	45,1	7,1	52,2
Payout-Zeit (Jahre)	4,3	1,3	3,8
Profit-Ratio (Gewinn pro inv. Einheit)	0,18	4,26	0,74
kum. Barwert des Gewinns (Mio. ÖSh)	6,8	22,8	29,6

Die Förderländer behalten sich oft das Recht vor, 50 % der Ölförderung selbst auf dem freien Markt zu verkaufen. Der obige Fall b) betrifft die Möglichkeit, daß die Gesellschaft den gesamten Verkauf übernimmt. Vom Überschuß 1–7a bzw. 1–7b müssen alle anderen Kosten, z.B. der Exploration getragen werden, die meist höher als diese Spanne sind. Der Förderstaat hat keinerlei Kosten zu tragen und nimmt die Gesamtabgaben 6. und den Erlös aus 50 % Eigenvertrieb zusätzlich ein. Auf diese Weise erklären sich die hohen Einnahmen der Erdölförder- bzw. -exportländer.

12 Erdöl- und Erdgas-Ressourcen und die Probleme ihrer Nutzbarmachung

Wir wissen heute, daß geochemische und geotektonische Gründe dafür maßgeblich waren, daß Zusammensetzung und physikalische Eigenschaften der Kohlenwasserstoff-Gemische sehr wesentlich vom Druck und der Temperatur im Bildungs- und Aufenthaltsniveau der äußeren Erdrinde abhängig sind. Kleinste Moleküle können sich noch in großer Tiefe erhalten, Methan als stabilster Kohlenwasserstoff sogar bis in etwa 12 000 m Tiefe. Die tiefste Gasbohrung der Welt hat freilich erst 7482 m erreicht, die tiefste Bohrung der Welt überhaupt 9583 m. Chancen für anorganogen aus dem tieferen Bereich der Erdrinde stammendes Methan bestehen möglicherweise sogar noch in noch größeren Tiefen.

Oberhalb etwa 4500–5500 m, allerdings sehr abhängig vom thermischen Gradienten, der zwischen 10–50 °C/km liegen kann und im ersteren Falle die Grenze zwischen vorwiegend gasförmigen und flüssigen Kohlenwasserstoffen nach unten, im letzteren nach oben verschiebt, kommt nun zusätzlich Erdöl vor. Dazwischen liegt eine Übergangszone, die durch Kondensate bzw. leichteste Öle gekennzeichnet ist. Die tiefste Ölbohrung der Welt erreichte 6542 m, gebohrt in Oklahoma ebenso wie die tiefste Gasbohrung. Während der Gehalt des Öls an gelöstem Gas nach oben abnimmt, steigt die Ölviskosität an. Die strukturellen und hydraulischen Bedingungen in den großen Sedimentbecken der Welt haben Öl und Gas in den in allen Tiefen vorkommenden Fangstrukturen unterschiedlichen Baus zum Teil über sehr lange Zeit, Millionen Jahre lang, in ihren porösen Speichergesteinen aufbewahrt. Sie sind Suchobjekte der Exploration.

Aber trotz großartiger Fortschritte der angewandten Seismik und der Geochemie in den letzten Jahrzehnten sind weder die Strukturen selbst, noch das Vorhandensein von Speichergesteinen, und schon gar nicht deren Inhalt von der Erdoberfläche her nachweisbar, wenn es auch hin und wieder Fälle geben mag, in denen die Oberflächengeochemie zu Erfolgen kam. Grundsätzlich hat sich in der Fündigkeitsrate von etwa 10 % bis heute nichts geändert, aber die Ansprüche an den Begriff „Fund" bzw. „Fündigkeit" sind in weitaus stärkerem Maße als früher von Wirtschaftlichkeitskriterien abhängig. Deshalb kann man von einem wirtschaftlich zu entwickelnden Fund im allgemeinen heute nur noch in einem noch kleineren Prozentsatz sprechen.

12.1 Beziehungen zwischen Leichtöllagerstätten und Schweröl- und Ölschiefervorkommen

Wo den infolge wirksamer Kapillarkräfte verbunden mit Auftriebstendenzen migrierenden Kohlenwasserstoffen keine fangenden Fallen im Wege standen, entwichen die Erdgase unter Umständen letztlich in die Atmosphäre, während die Erdöle sich in der Nähe oder an der Erdoberfläche in porösen Sanden oder Kalken ansammelten. Zirkulierende Oberflächenwässer lösten die leichteren Komponenten heraus und oxydierten die schwereren zu hochviskosen Schwer- bis Schwerstölen, die unter entsprechenden Temperaturbedingungen überhaupt nicht mehr fließfähig sind. Außerdem haben sie sich aus den vorhandenen Sulfaten an Schwefel angereichert. Diese auch Teersande genannten Vorkommen sind lange bekannt, aber bis heute nicht genutzt.

Die in vielen Ländern weit verbreiteten Ölschiefer sind zwar genetisch nicht direkt vergleichbar, da ihr primäres Ablagerungsmilieu sich von dem der konventionellen Öllagerstätte grundsätzlich unterscheidet. Sie sind selbst fossile Faulschlammsubstanz, deren organische Substanz, das Kerogen, auf primärer Lagerstätte fest an die feine Ton- bzw. Mergelsubstanz des Trägers gebunden ist, aber sie haben bisher das gleiche Schicksal erlitten wie die Ölsande, deren Öl einem ähnlichen Muttergestein entronnen und sich nach langem Wanderweg in sekundärer Lagerstättenposition befindet. Man kennt sie und ihre Entstehung, aber man hatte bislang kaum, es sei denn in Notzeiten oder in einzelnen Ländern, Interesse an ihrer Nutzung, müssen sie doch bergmännisch gewonnen und bei Temperaturen von 450 °C und höher bis viel höher geschwelt oder vergast werden.

Freilich wird sich diese Situation bei der Fülle der Probleme der Tiefenexploration, oder sogar auch durch politische Vorgänge erzwungen, in den nächsten Jahrzehnten zu ändern beginnen. Schwerölsande und Ölschiefer werden mit der Erschwerung des Aufschlusses neuer Gebiete und mit ansteigenden Rohölpreisen zwangsläufig zunehmend an Interesse gewinnen, selbst wenn die mit ihrer Gewinnung zusammenhängenden Fragen des Bergbaus, sei es nun des Tief- oder Tagebaus oder der insitu-Schwelung, ferner der Verarbeitung auf benötigte Produkte, der meist erst zu entwickelnden Infrastruktur der betreffenden Gebiete und schließlich der Umweltvorsorge einer raschen Entwicklung zur Zeit noch hinderlich im Wege stehen. So wird voraussichtlich die Förderung aus Schwerstölsanden und Ölschiefern im Jahre 2000 nur etwa 150–200 Mio. t/J betragen, d.h. je nach gesamten Erdölverbrauch auf der Erde nur etwa 5—10 % oder sogar weniger decken.

Von den derzeit bekannten Vorkommen liegen rund 90 % der Schwerölsande und 75 % der Ölschiefer in der westlichen Einfluß-Hemisphäre, nämlich Ölsande in Kanada, Venezuela, Kolumbien, UdSSR usw. und Ölschiefer in USA, Brasilien, übriges Südamerika, UdSSR, China usw., während bekanntlich rund 2/3 der konventionell gewinnbaren Erdöl-Reserven bei den OPEC-Ländern bzw. rund 50 % im Nahen Osten liegen. Es ist anzunehmen, daß in dieser Verteilung weitgehende Verschiebungen eintreten werden, wenn die derzeit noch relativ unbekannten Sedimentgebiete besser bekannt sind. Das gilt besonders für die asiatischen, afrikanischen und arktischen Gebiete.

Nun ist interessant, daß die drei großen Gruppen an Ölvorkommen hinsichtlich ihrer Ressourcen, d.h. ihres ursprünglich vorhandenen Oil-in-place, also ihres Ölinhalts, etwa gleichwertig sind, wie folgende Tabelle zeigt:

in Mrd. t	Ursprünglicher Ölinhalt	davon gewinnbar	Entölungsgrad in %
Schwerstöl	465—720	96—136	19—21
Schieferöl	460—620	40—200	7—32
Ölfeldöl	400—725	142—272	35—37
Gesamt	1325—2065	278—608	21—29

Natürlich zeigt eine solche Zusammenstellung eine große Schwankungsbreite, weil hierin zum Teil Schätzungen, subjektive Auffassungen, Unklarheiten über technische Maßnahmen usw. enthalten sind. Deutlich wird aber, daß wir mit heutigen Methoden noch nicht in der Lage sind einen höheren Gewinnungsgrad als rund 25 % zu erzielen. Noch ist zwar der Entölungsgrad bei den Tiefenlagerstätten, die durch Tiefbohrungen entölt werden, am höchsten, und er wird in den nächsten Jahrzehnten nach Auffassung der Fachleute um weitere etwa 10 % im Welt-Durchschnitt ansteigen, ein Betrag, der in obiger Tabelle noch nicht oder nur teilweise berücksichtigt wurde, aber immerhin 35—65 Mrd. t, d.h. den derzeitigen Jahresbedarf von 10—20 Jahren ausmacht. Aber wichtig ist, daß sich noch einmal die gleiche Menge an Öl aus den Schwerstöl- und Ölschiefervorkommen gewinnen läßt. Dabei ist es noch gar nicht einmal ausgemacht, ob zu wirtschaftlich schlechteren Bedingungen, wenn man an die rapide ansteigenden Kosten der Aufsuchung und Gewinnung von Tiefenlagerstätten in abgelegenen Gebieten der Urwälder, der Wüsten, der arktischen Zonen, der Schelfgebiete bzw. des tieferen Kontinentalhanges denkt. Es ist abzusehen, wann die spezifischen Investitionen für 1 Barrel Ölförderung pro Tag in allen 3 Gruppen auf 25 000—35 000 $ klettern werden, u.U. vielleicht sogar noch höher.

Daran wird auch die Tatsache nichts ändern, daß die endgültige Reserven-Situation solange nicht klar übersehbar und schon gar nicht endgültig ist, solange von den etwa 600 Sedimentbecken der Welt erst 160 als öl- und gasführend erwiesen gelten müssen, wenngleich in weiteren 240 schon gebohrt wurde, ohne größere Erfolge zu erzielen. Schließlich muß man in einer solchen Betrachtung auch die Gasreserven einschließen, die genetisch nicht vom Erdöl zu trennen sind und die mit großer Wahrscheinlichkeit, in Heizwert-Äquivalent ausgedrückt, mindestens die gleiche Größenordnung erreichen wie die Rohölreserven. Ihre Bedeutung wird mit dem Ansteigen ihres Primärenergie-Anteils besonders klar werden.

12.2 Potentielle Gasträger und Erdgas-Potential

In den meisten Ländern sind die größeren Tiefen, in denen Erdgas im Gegensatz zum Erdöl noch vorkommen kann, noch nicht erschlossen. Das gilt selbst für das klassische Erdölland USA, in denen die Zahl der übertiefen Bohrungen von 4500 m und mehr noch weit unter 1 % aller niedergebrachten Bohrungen liegt. Aber hier setzt auch die Problematik ein: Trotz der guten Aussichten, Gas in größeren Tiefen noch antreffen zu können, ist der Weg in die teure Tiefe doch auch mit Einschränkungen versehen, weil mit zunehmender Tiefe die petrographischen Eigenschaften der Speichergesteine vor allem in den geologisch älteren Formationen sich drastisch verschlechtern können, was sowohl für den spezifischen Gasinhalt wie für die noch stärker beeinträchtigte Förderkapazität gilt.

Mit zunehmender Teufe, d.h. höheren Drücken von 500—1500 bar und Temperaturen von 150—200 °C oder mehr werden zunehmend Kohlenwasserstoffgemische kleinerer Molekülgröße angetroffen. Nach dem Liquid-Window-Konzept liegt die Grenze zwischen flüssigen und gasförmigen Kohlenwasserstoffen bei Temperaturgradienten von 2,5 °C/100 m unterhalb 4500 m und bei Gradienten von 1,3 °C/100 m bei etwa 7000 m (Bild V.43). Oberhalb etwa 200 °C sind bisher keine Gaslagerstätten bekannt geworden, wenngleich bis etwa 250 °C, also bis in Teufen von etwa 10—12 000 m Gasbildung und -erhaltung möglich ist. 99 % aller Ölvorkommen liegen demgegenüber bei Temperaturen niedriger als 150 °C. Bei hohen Temperaturen und Drücken und oxydierendem Migrationsmilieu kann aus hochmolekularer Substanz auch eine stille Verbrennung zu CO_2 erfolgen. Außerdem können Karbonate und Sulfate zur Bildung von CO_2 und H_2S als wertmindernde Gasbestandteile beitragen.

Ganz wesentlich ist aber die Diagenese der Speichergesteine. Während die Mineralisation des Porenwassers in 20—30 Mio. Jahren während des Tertiärs zu einer Verfestigung bzw. Verdichtung noch nicht ausreichte, haben 10—20 mal ältere Sandsteine des Meso- und Paläozoikums so drastische physiko-chemische Bedingungen durchlaufen, daß ihre Porosität von etwa 30 auf 2—3 % und ihre Permeabilität von der Größenordnung 10^4 auf 10^{-3}, also um den Faktor 10^7 zurückging. Hoher Kapillardruck sorgt dabei in großer Teufe für höchste Haftwasserwerte, so daß das Vo-

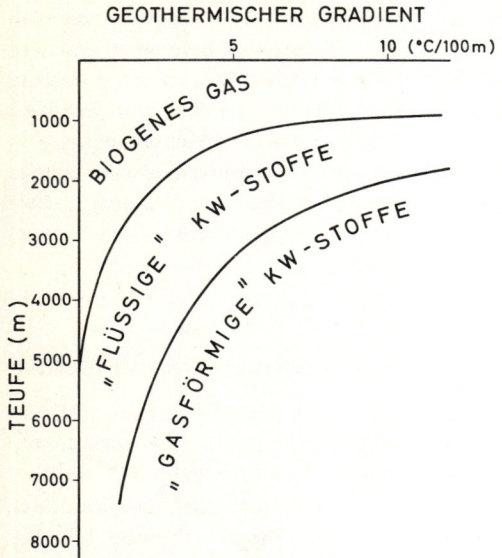

Bild V.43 Verteilung flüssiger und gasförmiger KW-Stoffe nach dem Liquid-Window-Konzept (nach Pusey 1973)

lumen für Öl- und Gasinhalt ganz klein, und die relative Permeabilität als Maß für die Förderrate so stark abfällt, daß ohne Stimulationsmaßnahmen wie Fracturing kaum eine Förderung erwartet werden kann. Etwas günstiger mögen die Verhältnisse in Riffen oder in klüftigen Dolomiten sein, aber auch hier wird man voraussetzen müssen, daß die tektonische Motivation der Kluftbildung jung oder die Diagenese gering ist und danach noch die Einwanderung der Kohlenwasserstoffe erfolgte.

In vielen Fällen wird man davon ausgehen müssen, daß in einer 6000-m-Bohrung gegenüber einer 1000-m-Bohrung die Porosität und damit das Porenvolumen auf etwa 1/5, die Permeabilität und damit die Förderkapazität auf etwa 1/100 absinken, daß aber die Bohrkosten demgegenüber auf das 25-fache ansteigen können. Die Wirtschaftlichkeit erschwerend kommt hinzu, daß sich der Kompressibilitäts-Faktor realer Gase ab etwa 3000–4000 m bei etwa 300–400 m^3 (V_n) pro 1 m^3 Porenvolumen stabilisiert, d.h., daß der Gasinhalt von dieser Tiefe ab sich spezifisch kaum mehr erhöht. Demgegenüber haben Erdgase den Vorteil niedrigster Viskosität, während selbst Leichtöle um das vielfache höherviskos sind und damit nach dem Darcysschen Fließgesetz nur die reziproke Menge pro Einheit Druckdifferenz und Zeit aus der Lagerstätte in jede Bohrung austreten lassen. Um diese negativen Faktoren auszugleichen, bedarf es der Anwendung wirksamer aber teurer Fracturing-Operationen, deren Aufgabe es ist, mit Hilfe überpetrostatischen Drucks einen ausgedehnten Riß im dichten Sandstein und damit eine größere Abgabefläche für das aus der Gesteinsmatrix ausfließende Gas oder Öl zu bilden. Solche Maßnahmen erhöhen natürlich die Kosten übertiefer Bohrungen beträchtlich.

Es darf auch nicht übersehen werden, daß die Größe der geologischen Struktur bzw. die Mächtigkeit der Lagerstätte mit zu den Kompensationsgrößen gehören, um die erhöhten Schwierigkeiten auszugleichen, wobei großer öl- oder gasführender Mächtigkeit meist eine größere Bedeutung zukommt als der strukturellen Fläche.

An dieser Situation ändert sich auch dann nichts, wenn paläozoische Sandsteine, die in größerer Tiefe gelegen haben und damit der Katagenese unterworfen waren, im Zuge tektonischer Vorgänge in geringere Tiefen gelangten, wie dieses in vielen Teilen Europas und andern Ländern der Erde der Fall gewesen ist. Im Bereich der Appalachen und O-Kentuckys wurden seit über 15 Jahren 10 000 Bohrungen niedergebracht, die etwa 10 % des mehrere Billionen m^3 (V_n) betragenden Erdgas-Vorrats gewinnen sollen. Ihre Zahl wird sich in Zukunft weiter erhöhen. Ähnliches gilt für die dichten Sandsteine des produktiven Karbon von Pennsylvanien, die aus der Kohle-Diagenese aufgefüllt wurden, und in denen ebenfalls mehrere Billionen m^3 (V_n) Erdgas liegen.

Anders in bezug auf die petrophysikalischen Eigenschaften verhalten sich aber Karbonate, deren Matrix von Haus aus dicht ist, die aber als elastisch reagierendes Gestein bei geotektonischer Beanspruchung zur Rißbildung neigt, in deren Gefolge zirkulierende aggressive Wässer kavernöse Systeme erzeugen können. Hier kehren sich die bei Sandsteinen schlechten Speicherbedingungen gerade ins Gegenteil um. So sind in den letzten Jahren in USA übertiefe Bohrungen niedergebracht worden, die die 50–500 m mächtigen klüftigen oder kavernösen, vom Karbon bis zum Ordovicium reichenden Karbonate des Midcontinent-Gebiets, also des Delaware- und Anadarko-Beckens in 6000–7000 m untersuchten und als überraschend guten Speicher nachwiesen. In den zahlreichen Lagerstätten mit zum Teil 100–200 Mrd. m^3 (V_n) gewinnbarer Reserven und Förderraten von bis zu 10 Mio. m^3 (V_n) pro Tag und mehr pro Bohrung rechnet man mit 6 Bill. m^3 (V_n) gewinnbaren Gases.

Neben den klassischen Erdgas-Lagerstätten, zu denen man auch die in großen Tiefen und niedrigpermeablen Speichern rechnen muß, gibt es noch einige Besonderheiten, auf die noch hingewiesen werden muß. So treten z.B. im rasch in jüngster geologischer Zeit absinkenden Delta des Mississippi im Golf von Mexiko mit über 25 000 m jungtertiärer Sedimente im Wechsel von Sanden und Tonen in riesigen von Ton umgebenen Sanden, die unter hohen Druckgradienten von bis zu 0,2 bar/m stehen, große Mengen von Erdgas auf, das im Porenwasser gelöst ist. Unter hohem Druck und hoher Temperatur löst sich im Wasser überraschend viel Erdgas. Zu einer Bildung freier Gaskappen konnte es wegen der raschen Sedimentabsenkung nur kommen, wenn das Löslichkeitsmaximum bei entsprechender weiterer Gaszufuhr überschritten wurde, oder wenn eine Druckentlastung möglich gewesen wäre. Wenn die Vorstellungen richtig sein sollten, daß allein im Golf von Mexiko das Mehrfache aller derzeit bekannten Erdgas-

Reserven der Erde in diesen Sanden gelöst sein sollte, dann muß man mit diesem Phänomen auch in anderen Delta-Gebieten rechnen, in denen solche geologischen und genetischen Bedingungen herrschen wie im Golf von Mexiko. Hierzu fehlen aber noch alle Untersuchungen.

Allerdings ist diese beachtliche Erscheinung vorerst mehr von wissenschaftlichem Wert als von praktischer Bedeutung, da man größere Mengen Gas bei Druckabsenkung im Bohrloch nach den Gesetzen der relativen bzw. effektiven Permeabilität nur zusammen mit großen Wassermengen gewinnen kann. Da man damit rechnet, daß im Durchschnitt etwa 10 m^3 (V_n) Gas aus 1 m^3 Wasser entlöst werden können, müßten riesige Tiefpumpen oder andere Liftaggregate eingesetzt werden, sofern man das dabei anfallende Wasser wieder beseitigen kann, was an Land nicht möglich ist.

Schließlich gehört es zu den hier diskutierten Problemen, die in arktischen Gebieten und tiefen Ozeanen verbreiteten Erdgas-Hydrate zu erwähnen. Sie sind fest und gehen nur bei Veränderung der physikalischen Bedingungen, z. B. Druckminderung oder Temperaturerhöhung in die Gasphase über. In Sibirien soll es unter der 500 m dicken Permafrost-Decke riesige Mengen von Gashydraten und darunter freies Gas geben, seit 1969 bekannt. Russische Forscher sollen auf Größenordnungen gekommen sein, nach denen die ganze Welt einige Tausend Jahre lang mit Erdgas versorgt werden könnte, wäre man in der Lage, diese Methan-Hydrate in die Gasphase zu überführen, ein Projekt, dessen Realisierung später durchaus in den Bereich des Möglichen rücken könnte. Auch von der nordamerikanischen Beaufort-See werden Gashydrate über eine Fläche von einigen tausend Quadratkilometern mit riesigen Ressourcen vermutet, wie auf der 14. Welt-Gas-Konferenz in Toronto 1979 bekanntgegeben wurde [168].

Bei der Analyse der gegenwärtig mit konventionellen Methoden entwickelten Erdgas-Vorkommen der Erde haben nur 160 bzw. 0,6 % der Riesenfelder 66 % aller Erdgas-Reserven auf sich vereinigt, und das, wie beim Erdöl, in den 400 gut oder wenigstens teilweise erschlossenen Becken [169]. Von den 3,5 Millionen Bohrungen, die bisher in aller Welt gebohrt wurden, entfallen nur 25 % auf Länder außerhalb Nordamerikas. Da sich aber diese 25 % auf 93 % Sedimentfläche der Welt verteilen, sollten sich aus diesem Verhältnis gute Aussichten für die weitere Exploration ergeben, besonders wenn man berücksichtigt, daß erst ein verschwindend kleiner Prozentsatz der Bohrungen in größere Tiefen vorgedrungen ist. Zur Zeit sind freilich erst 73 Bill. m^3 (V_n) als sicher bekannt, während man das Potential auf weitere 125 Bill. m^3 (V_n) schätzt [169]. Aber auch diese Ziffer reicht bei weitem noch nicht an das Erdöl-Äquivalent heran, das theoretisch nach Tissot & Welte [78] vom Erdgas übertroffen werden sollte. Die noch offenen Möglichkeiten werden deutlicher, wenn man die derzeitige Reservenverteilung auf die Kontinente betrachtet. Daraus ergibt sich einesteils, daß man neben den bekannten 51 Mio. km^2 prospektiver Sedimentfläche auf dem Lande noch etwa 23 Mio. km^2 offshore-Gebiete annimmt. Während man nun auf dem Lande davon ausgehen kann, daß diese Ziffer relativ begründet ist, so gilt erst recht für die Meeresgebiete, daß es sich bei diesen um einen Mindestwert handelt. Die Reservenverteilung zeigt folgendes Bild [169].

	Becken	Sedimentfläche in Mio. km^2			Reserven Bill. m^3 (V_n)
		gesamt	onshore	offshore	
UdSSR	53	14,3	10,0	4,3	30,2
Afrika	26	13,0	11,7	1,3	4,9
Nahost	1	3,5	2,2	1,3	18,9
Amerika [1]	78	20,4	14,6	5,8	11,4
Fernost	135	18,4	10,0	8,4	4,2
Europa	29	4,6	2,8	1,8	3,8
Welt	322	74,2	51,3	22,9	73,4

[1] bzw. westliche Hemisphäre

Es soll hier nicht unterstellt werden, daß der spezifische Inhalt an Erdgas in jedem Becken derselbe ist, aber die geologische Geschichte der einzelnen Erdteile ähnelt sich doch in vieler Beziehung in bezug auf epirogene und orogene Vorgänge im Zusammenhang mit den die Erdkruste seit dem Paläozoikum verändernden Plattenbewegungen. Für die großen Geosynklinalen und Randsenken gibt es auf allen Erdteilen große Parallelen.

Wie auch immer man die vorliegende Tabelle interpretiert, auffällig ist die überragende Bedeutung des Nahen Ostens mit 26 % der Reserven und der UdSSR mit 41 %. Dagegen ist der ferne Osten mit Einschluß von Ozeanien und der Antarktis wohl noch weitestgehend unterbewertet. In den bislang erkannten 135 Becken, das sind 42 % aller aufgeführten Becken der Erde, mit der zweitgrößten Sedimentfläche sind bisher nur 6,2 % aller Reserven notiert. Selbst bei großer Zurückhaltung wird man in diesem Verhältnis den Ausdruck eines niedrigen Explorationsstandes sehen müssen.

Das wird besonders verständlich, wenn man berücksichtigt, daß die Verwertung von Erdgas als primärem Energieträger entsprechende Transportmöglichkeiten, d.h. die Existenz eines kostenträchtigen Leitungsnetzes zu den Industrie- oder Bevölkerungszentren voraussetzt. Solange keine Absatzmöglichkeiten bestehen oder in Aussicht genommen sind, sind hohe Investitionen nicht gerechtfertigt. Allerdings wird diese Lücke in den nächsten Jahrzehnten weitgehend vom LNG-Transport um die halbe Welt nach USA, Europa und Japan ausgefüllt werden können. Die Vorbereitungen dafür sind in vollem Gange. Erdgas als Grundstoff für die Petrochemie wird die rapid wachsende Bevölkerung in vielen Ländern der Erde in zunehmendem Maße mit Gütern der verschiedensten Art befriedigen können.

Ein schon heute sichtbares Beispiel für ein gewaltiges Potential sowohl für Kohlenwasserstoff-Vorkommen wie auch für deren Absatz bietet die VR China, die bis zum Jahre 2000 möglicherweise eine der ersten Stellen der Weltförderung an Erdöl und Erdgas einnehmen kann. Als volkreichstes Land der Erde hat China einen großen Bedarf, und die innerhalb weniger Jahre erfolgte Anhebung ihrer Reserven auf rund 6 Mrd. t Öl und 6 Bill. m³ (V_n) Erdgas ist sicher erst ein Anfangserfolg.

Bei dieser Situation erscheint es nicht abwegig, von einem noch möglichen Gesamtpotential von etwa 200 Bill. m³ (V_n) zu sprechen, obwohl manche Schätzungen wie die von Grossling [170] mit 750 Bill. m³ (V_n) über die beim 10. Welt-Erdöl-Kongreß in Bukarest 1979 als erreichbar diskutierten 200 Bill. m³ (V_n) noch weit hinausgehen. Wie auch immer man über diese Zahlen denken mag, Tatsache bleibt, daß der Begriff gewinnbarer Reserven nicht nur an den technologischen Fortschritt, sondern besonders auch an die Wirtschaftlichkeit, also die Erlös-Kosten-Spanne gebunden ist. Solange diese eine sinnvolle, d.h. anderen Industriezweigen gegenüber konkurrenzfähige Verzinsung der laufend steigenden Investitionen erlaubt, werden die Bemühungen zur Realisierung dieser Möglichkeiten und zur Auffindung neuer Ressourcen und zur Gewinnung größerer Reserven anhalten.

Schließlich darf nicht unerwähnt bleiben, daß Erdgas, solange es nicht praktisch reines Methan darstellt, im allgemeinen höhere Kohlenwasserstoffe wie Äthan, Propan und Butan enthält. Nach vorsichtiger Rechnung entfallen Heizwert-bezogen auf 1 Mio. m³ (V_n) Erdgas rund 100 t Flüssiggas (LPG). Bei einem Gesamtpotential von 200 Bill. m³ (V_n) werden also zusätzlich 20 Mrd. t Leichtöl anfallen, ein nicht zu vernachlässigender Betrag.

Gleiches gilt für das heute noch in großen Mengen abgefackelte Erdölgas. Welche Mengen hier zur Debatte stehen, geht daraus hervor, daß z.B. das große Gebiet der Prudhoe-Bay in Alaska rund 700 Mrd. m³ (V_n) Erdölgas enthält. Bezöge man sich weltweit nur auf die derzeitig sicher gewinnbare Reserve von rund 100 Mrd. t Erdöl, dann kann man mit 15 Bill. m³ (V_n) Erdölgas rechnen, bei angenommenen 200–250 Mrd. t wären es 30–40 Bill. m³ (V_n).

12.3 Die Aussichten auf Erdöl-Erfolge

Die insgesamt bisher entdeckten Erdöl-Vorräte werden von Halbouty & Moody [171] auf 160 Mrd. t geschätzt, die aus 400 Mrd. t oil-in-place gewonnen werden können, also etwa 40 %. Bisher gefördert wurden 58 Mrd. t, so daß 102 Mrd. t Reserven übrigbleiben. Sie erhöhen sich auf 122 Mrd. t, wenn der Entölungsgrad auf 45 % gesteigert werden kann, was bei einer statistisch nachweisbaren jährlichen Verbesserung von 0,5 % infolge fortschreitender Lagerstätten-Technologie in etwa 10–15 Jahren erreichbar sein müßte, vorausgesetzt, daß sich die wirtschaftlichen Bedingungen nicht grundlegend ändern. Weitere 134 Mrd. t werden vermutet.

Es gibt andere Schätzungen. So geht Weeks [172] von einer Produktivfläche von 220 000 km² an Ölfeldern aus, die je 1,25 Mio. t gewinnbaren Öls beinhalten. Diese onshore-Ziffern reduzieren sich offshore etwas. Insgesamt jedenfalls resultieren daraus 275 Mrd. t gewinnbarer Reserve onshore und 180 Mrd. t offshore, insgesamt somit 455 Mrd. t. Mackay & North [173] schätzen außer den bekannten 120 Mrd. t gewinnbarer Reserven weitere 170–230 Mrd. t, also 290–350 Mrd. t on- und offshore. Danach schwanken also die von Experten angegebenen ab heute noch zur Verfügung stehenden Mengen zwischen etwa 230–390 Mrd. t, wovon etwa die Hälfte bis knapp die Hälfte als sicher bis wahrscheinlich gelten können. Der Rest wird vermutet, allerdings mit guten Gründen. Diese Reserven liegen in etwa 400 Becken, von denen eine größere Zahl noch nicht völlig erschlossen sind, und 200 sind praktisch unbekannt, jedenfalls was die Kohlenwasserstoff-Genese und die übrigen Bedingungen als Voraussetzung für Vorkommen anbelangt. Extreme geographische und klimatische Bedingungen wie Schnee- und Eisbedeckung, Urwälder, Wüsten und Ozeane von mehr als etwa 500 m Wassertiefe haben sich der Erschließung bislang weitgehend entzogen. Sie konnten es, solange die Reservenstatistik bis in die letzten Jahre einen Aufwärtstrend aufwies, und niedrige Rohölpreise eine mit extrem hohen Kosten verbundene Erschließung bzw. im Fundfalle Entwicklung dieser letzt genannten Becken ausschloß.

Diese Situation beginnt sich jetzt zu ändern, und der Angriff auf die Nutzbarmachung der Rohstoffe in diesen Gebieten wird um so eher einsetzen, je weniger politische Ambitionen oder ideologische Gesichtspunkte die an sich erforderliche internationale Zusammenarbeit zwischen den Völkern stören. Sichtbar wird dies ebenfalls seit etwa 10 Jahren auch in bezug auf die Schwerölvorkommen an der Erdoberfläche in Kanada, Venezuela und anderen Ländern, und die Ölschiefer in USA, Brasilien und vielen Ländern der Welt, deren Gewinnungstechnologie seit etwa 40–50 Jahren zwar bekannt ist, aber ernsthaft nicht betrieben werden konnte, solange die Rohölpreise nicht das derzeitige Niveau von 25–35 S/b erreicht hatten. Wenige Männer in wenigen Ländern in wenigen Jahren erhöhten den Rohölpreis um das 12- bis 15-fache und ermöglichten damit, wahrscheinlich zunächst unbeabsichtigt, auch die Nutzbarmachung ganz anderer Vorkommen in ganz anderen Ländern. Diese Neuorientierung erfaßte gleichermaßen die Gewinnungstechnologie in Form der Anwendung von Tertiärverfahren, d.h. der Mobilisierung von Restöl in den Lagerstätten. Man kann nicht übersehen, daß bei einem oil-in-place-Inhalt aller Lagerstätten von mindestens 500 Mrd. t mit der Erhöhung des Entölungsgrades um 1 % rund 5 Mrd. t Öl gewinnbar gemacht werden. Welche Bedeutung ein solcher Fortschritt im Entölungsverfahren hat,

12 Erdöl- und Erdgas-Ressourcen und die Probleme ihrer Nutzbarmachung

wird deutlich, wenn man ihn mit der Zahl der Bohrungen vergleicht, die nötig wären, um denselben Erfolg mit der Auffindung neuer Ölfelder zu erzielen. Rechnet man z. B. 2,5 Mio. Förderbohrungen in aller Welt, die in 10 000 Ölfeldern eine Gesamtreserve von 250 Mrd. t fördern können, dann entspricht 1 % Erhöhung des Entölungsgrades 5 Mrd. t gewinnbaren Öls, für deren Gewinnung man rund 50 000 Förderbohrungen und die dazugehörigen Aufschlußbohrungen brauchte, um diese Felder zu finden.

Die genetischen Zusammenhänge unterscheiden sich im einzelnen mit ihrer geologischen Geschichte von Becken zu Becken. Ein paläozoisch angelegtes Becken mit einer 250 Mio. Jahren alten Sedimentfüllung kann eine wesentlich ruhigere Geschichte hinter sich haben und damit im allgemeinen wahrscheinlich auch relativ günstigere Voraussetzungen für Kohlenwasserstoff-Führung mitbringen als ein 20 Mio. Jahre altes, in dem oder an dessen Rande kräftige Gebirgsbildungsvorgänge stattfanden. Aber so einfach liegen die Dinge meist nicht. Wurde ersteres von langzeitigen Erosionsvorgängen mit Diskordanzen viel jüngerer Sedimente, also großflächigen Bewegungen erfaßt, bestand die Möglichkeit, daß ursprünglich angesammelte oder noch migrierende Kohlenwasserstoffe wieder verschwanden. Von lokalen Bewegungen, die Störungen und Fazieswechsel verursachten, wie sie im Extremfall Millionen Jahre lang aufsteigende Salzstöcke nach sich zogen, wollen wir ganz absehen, obwohl einige tausend Ölfelder ihre Entstehung diesen Vorgängen verdanken.

Salzstockbewegungen strahlen infolge ihrer gewaltigen Massenbewegungen im tiefen Untergrund bis weit in die Umgebung der Salzstöcke aus und wirken sich sekundär auf Ausgleichstendenzen unterhalb ihrer Basis aus. Hinzu kommt die Schwierigkeit, seismische Elemente unterhalb dicker, noch heute als Schallmauer bezeichneter Salzschichten, richtig einzuordnen. So bleiben oft strukturelle Details unter den Salzdecken lange Zeit im Dunkel. Wie wichtig aber diese Dinge sind, zeigt sich am Beispiel Nordwestdeutschlands, wo die Rotliegend-Sande unter dem Zechstein den Fänger für Karbon-Gas bilden können. Erst in den letzten Jahren hat sich die Erkenntnis durchgesetzt, daß die meisten Gaslagerstätten ihren Inhalt der Kohle-Diagenese verdanken. Aber die Konsequenzen wurden noch keineswegs überall gezogen. Hier dürften sich weltweit noch viele Möglichkeiten eröffnen.

Ein anderes Beispiel gibt die Volksrepublik China. Bisher war fast unbekannt, daß hier in einer großen Zahl der über 30 Becken eine große, wenn nicht die größte Zahl der Erdöl-Lagerstätten terrestrischer Natur sind, eine Erfahrung die man in Europa und den USA noch vor kurzem als undenkbar angesehen hätte. Heute steht China an 7. Stelle in der Welt-Förderliste und wird, wenn die eindrucksvollen Pläne der Regierung erfolgreich verlaufen, noch weiter nach vorn rücken. So führen Erfahrungen aus unkonventioneller Aktivität zu neuen Anregungen, auch in der Erdöl- und Erdgas-Exploration. Sie können die Hoffnung stützen, daß die Voraussagen auf weitere, auch große Funde in heute geologisch noch wenig oder gar nicht erschlossenen Gebieten als nicht unbegründet angesehen werden können. Wenn auch Zahlen von 600—700 Mrd. t gewinnbarer Reserven Öl als wahrscheinlich zu hoch angesehen werden müssen, so spricht doch nichts dagegen, daß ein solcher Wert wenigstens als oil-in-place-Ressourcen angenommen werden kann. Schwerölsande sind hierbei ebensowenig eingerechnet wie Ölschiefer.

Der 10. Welt-Erdöl-Kongreß 1979 in Bukarest hat hoffnungsvolle Gebiete aufgezeigt, von denen vier sich im letzten Jahrzehnt als bedeutend herausgestellt haben: Die Nordsee, Alaska, Sibirien und Mexiko. Daß in einem so alten Erdölland wie Mexiko durch den Fund Chicontepec in der Golfküstenzone zwischen Tampico und Poza Rica noch ein Riesenvorkommen gefunden werden könnte, das Mexikos Reserven auf 6 % aller Weltreserven ansteigen läßt, mehr als USA und Kanada mit zusammen 5,3 %, und das 16 000 Bohrungen ermöglichen wird, ebensoviel wie in ganz Mexiko in den letzten 40 Jahren Bohrungen niedergebracht wurden, hätten selbst Optimisten vorher kaum für möglich gehalten. Vermutungen sprechen hier von einem Potential von sogar 45 Mrd. t, das, wenn es tatsächlich realisiert werden könnte, die gesamte wirtschaftspolitische Landschaft weltweit verändern würde.

In der Nordsee rechnet man heute mit etwa 3 Mrd. t Öl- und 3 Bill. m^3 (V_n) Gasreserven, wobei eine große Zahl kleinerer Funde noch nicht eingerechnet sind, weil ihre Entwicklung ein Wirtschaftlichkeitsproblem darstellt. Bisher wurden in 40 % aller verteilten 370 Blöcke noch keine Bohrungen niedergebracht, was freilich nicht gleichbedeutend mit guten Aussichten ist, die man bisher verfehlte. Aber die Exploration nördlich des 62. Breitengrades hat noch gar nicht begonnen, und die riesige Barents-See ist schon deshalb vielversprechend, weil sie großräumig gesehen eine Fortsetzung des russischen Petschora-Beckens darstellt, in dem es bereits eine Anzahl Öl- und Gasfelder gibt. Daß man diesem großen Meeresgebiet gute Chancen einräumt, dürften auch die bereits seit einigen Jahren andauernden Verhandlungen zwischen der UdSSR und Norwegen über die notwendige Grenzziehung zeigen.

Das Potential Sibiriens ist bei den bis heute erst 900 abgeteuften Bohrungen mit einigen Dutzend Öl- und Gasfeldern zur Zeit noch gar nicht abzuschätzen, denn abgesehen von der riesigen zur Verfügung stehenden Fläche mit 12 000—14 000 m Sediment ist erst kaum das oberste Drittel einigermaßen geologisch bekannt. Das betrifft sowohl die Öl- wie auch die Gaskapazität. Und wenn auch erhebliche Schwierigkeiten durch das Permafrost-Gebiet gegeben sind und die Erschließungsgeschwindigkeit herabgesetzt wird, so deuten doch die riesigen, zum Teil 2 m im Durchmesser messenden Gasleitungen darauf hin, daß hier in den nächsten Jahrzehnten große Liefermengen in die westlichen und fernöstlichen Abnahmeländer abgesichert sind.

Für Alaska gelten dieselben klimatischen Bedingungen wie für Sibirien. Deshalb sind mit diesen Zonen auch die besonders langen Zeiten des Aufschlusses und der Feldentwicklung verbunden. 10–15 Jahre müssen vergehen, ehe man an eine regelmäßige Förderaufnahme mit Abtransport denken kann. Damit steigen aber die Kosten schon dadurch, daß die Verzinsung der erforderlichen Investitionen deren Höhe in 10 Jahren praktisch verdoppelt. Die Nordsee hat auch in Alaska ihr Pendant, denn die Beaufort-See und das nordöstlich anschließende Sverdrup-Becken können nach etwa 160 Bohrungen bereits mit 30 Öl- und Gasvorkommen mit 3 Mrd. t Öl- und 10 Bill. m^3 (V_n) Gasreserven aufwarten, wenngleich Wassertiefen von 500 m, Abgelegenheit und Packeisbildung einer baldigen Nutzbarmachung besonders große Schwierigkeiten entgegensetzen.

Stark in den Vordergrund getreten ist seit einigen Jahren der australische Kontinent. An der über 3000 km langen Westküste sind seit 1953 etwa 250 neue Felder in etwa 1 Mio. km^2 höffigen Gebieten on- und offshore gefunden worden. Daß die etwa 100 tätigen Gesellschaften zu weiteren Erfolgen kommen werden, lassen Funde wie das Barrow Island Feld mit 100 Mio. t oil in place oder 4 in 1972 gefundene Gasfelder mit 3 Bill. m^3 (V_n) Erdgas und 50 Mio. t Kondensat erkennen. Die relativ niedrige Förderabgabe von 10–12,5 % an den Staat wird der Exploration nur förderlich sein.

Man kann in diesem Zusammenhang nur andeuten, daß insbesondere weitere offshore-Gebiete der Erschließung harren. Heute sind etwa 400 Bohrgeräte auf See tätig, und zwar vorwiegend im jeweiligen Schelfgebiet der Küstenzonen. Aber man hat auch schon vereinzelt im 1000 m tiefen Wasser des Kontinentalhanges gebohrt, und bis 1990 werden schwimmende Bohranlagen in 3000 m Wassertiefe bohren können. Hier muß man ohne Taucher auskommen, die nur bis etwa 400 m Wassertiefe eingesetzt werden können. Die technischen Schwierigkeiten lassen sich noch kaum vollständig erfassen, und die damit verbundenen Kosten lassen sich überhaupt nur rechtfertigen, wenn die Rohöl- bzw. die vom Verbraucher der Produkte bezahlten Preise entsprechend hoch sind.

Afrika, lange Zeit wahrscheinlich unterschätzt, wird seine Küstengewässer ebenso wie seine zentralen Sedimentbecken in Zukunft ebenso untersuchen lassen wie Südamerika, dessen Küstenumrandung noch völliges Neuland darstellt und dessen Amazonas-Mündung wohl auch besonderer Aufmerksamkeit bedarf. Der 2800 km lange Küstenstreifen Venezuelas soll in Tertiär und Kreide ein Potential von 3–4 Mrd. t Öl aufweisen, aus dem man im Jahre 2000 eine Förderung von 100 Mio. t erzielen will. Selbst die Umrandung des nordamerikanischen Halbkontinents, also des Heimatlandes der Erdölindustrie wird zu einem weiteren Aktionsgebiet werden, weil man abgesehen vom Golf von Texas-Louisiana und offshore Kaliforniens den anderen Küstenzonen ebenfalls Möglichkeiten beimißt.

12.4 Ausblick

Die Ausführungen zeigen, daß die geologischen Voraussetzungen vorhanden sein dürften, um eine weitere Erschließung von Erdöl- und Erdgas-Ressourcen auch in den heute noch unbekannten oder nahezu unbekannten Sedimentbecken zu ermöglichen, deren gewinnbare Reserven auch weiterhin einen sparsamen Verbrauch decken können. Daß der Verbrauch in Zukunft nicht mehr im gleichen Maße wie in den vergangenen Jahren durch Neufunde abgesichert werden kann, dürfte jedoch mit den immer schwieriger werdenden Explorationsvorhaben in den noch unbekannten, meist abgelegenen Gebieten und der Notwendigkeit zusammenhängen, in immer größere Tiefen vorzustoßen. Wenn also auch geologisch erfolgversprechend, so werden doch Wirtschaftlichkeitsprobleme verstärkt in den Vordergrund treten, sofern man von rein politischen Aspekten einmal ganz absieht. Nach DeBruyne [174] werden sich die Kosten für die Ölfeldentwicklung in den Ländern des Nahen Ostens von derzeit 2000 $/BOPD bis zum Jahre 2000 auf 6000 $/BOPD, in Gebieten wie der Nordsee von 8000 auf 14 000 $/BOPD und in schwer zugänglichen Gebieten bzw. bei schwierigen technologischen Verfahren, z. B. in der Arktis oder bei den Schweröl- und Ölschiefervorkommen, von 20 000 auf 33 000 $/BOPD erhöhen, sämtlich auf heutiger Wertbasis gerechnet. Die darin zum Ausdruck kommenden gewaltigen Investitionen, um eine bestimmte Förderkapazität über eine Reihe von Jahren zu erzielen, werden von entsprechenden Betriebskosten begleitet, die im ähnlichen Ausmaß ansteigen müssen. Das bedeutet, daß in Zukunft die Anforderungen an die Mindestgröße eines Feldes sich weiter erhöhen werden. Diese Einschränkung zwingt zu sorgfältigster Vorbereitung der Explorationsvorhaben einerseits und einer befriedigenden Preisentwicklung für Erdöl und Erdgas andererseits, damit die weiterhin bestehenden Explorationschancen wahrgenommen werden können.

Literatur

[1] *Zerbe, C.*: Mineralöle und verwandte Produkte (2 Bde.), Springer, Berlin, Heidelberg, New York 1969.

[2] Ullmanns Encyklopädie der technischen Chemie, Bd. 6 (Erdgas und Erdöl). Urban & Schwarzenberg, München, Berlin 1955.

[3] *McKinney, C. M.* und *Shelton, E. M.*: US Bur. Mines, R. J. 7059 (1967).

[4] *Möller, F.* und *Haddenhorst, H. G.*: Erdöl-Zs. H. 7, 2 (1957).

[5] *Brüning, K.*: Erdgas- und Erdölgas-Vorräte, in Taschenbuch Erdgas. Hrsg. *H. Laurien*. Oldenbourg, München 1966.

[6] *Katz, D. L.* et al.: Handbook of Natural Gas Engineers. Mc. Graw-Hill Book Comp., New York 1959.

[7] *Mayer-Güw, A.*: Erschließung und Ausbeutung von Erdöl- und Erdgasfeldern, in: *Bentz, A.* und *Martini, H. J.*: Lehrbuch der Angewandten Geologie. Enke, Stuttgart 1961 und 1968.

[8] Habitat of Oil. The American Association of Petr. Geologists. Tulsa 1958.

[9] Les Recherches et la production du pétrole en mer (offshore). Publ. Inst. Franç. Pétr., Coll. et Sém., Ed. Technip, Paris 1964.

[10] *Weeks, L. G.*: Explor. and Econ. Petr. Ind. 4 (1966).

[11] *Hunt, J. M.*: W. Oil 167, 140 (1968).

[12] *Perrodon*: Rev. Inst. Franç. Pétr. 19, 1067 (1964).

[13] *Knebel, G. M.* und *Rodriguez-Eraso, G.*: W. Oil 142, Nr. 6, 98 (1956).

[14] *Snarskij, A. N.* und *Stammberger, F.*: Z. Angew. Geol. 2, 33 (1963).

[15] *Meinhold, R.*: Z. Angew. Geol. 10, 118 (1964).

[16] *Welte, D. H.*: Erdöl Kohle 17, 417 (1964).

[17] *Kennedy, W. A.* und *Jessen, F.*: AIME (SPE) Paper 1584 (1966).

[18] *Neumann, H. J.* und *Jobelius, H.*: Erdöl Kohle 20, 622 (1967).

[19] *King-Hubbert, M.*: Proc. 7 W. Petr. Congr. Mexico 1, 59 (1967).

[20] *Hecht, F.*: Proc. 5. W. Petr. Congr., New York, Sect. I, 155 (1959).

[21] *Phillipp, W.*, *Drong, H. J.*, *Füchtbauer, H.*, *Haddenhorst, H. G.* und *W. Jankowsky*: Erdöl Kohle 16, 456 (1963).

[22] *Gussow, W. C.*: AIME (SPE) Paper 1870 (1967).

[23] *Halbouty, M.*: Salt domes. Gulf Publishing Comp., Houston 1967.

[24] *Trusheim, F.*: ZDGeol. Ges. 109, 111 (1957).

[25] *Richter-Bernburg, G.* und *Schott, W.*: Erdöl Kohle 12, 294 (1959).

[26] *Sannemann, D.*: Erdöl-Zs. 79, 499 (1963).

[27] *O'Brien*: Geologie en Mijnbow 19, 357 (1957).

[28] *Engelhard, W. v.*: Der Porenraum der Sedimente. Springer, Berlin, Göttingen, Heidelberg 1960.

[29] *Meinhold, R.*: Erdölgeologie, Akademie-Verlag, Berlin 1962.

[30] *Snarskij, A. N.*: Suche und Erkundung von Erdöl- und Erdgaslagerstätten. Akademie-Verlag, Berlin 1963.

[31] Petroleum Exploration Handbook (*W. G. Moodie*). McGraw-Hill Book Comp., New York 1961.

[32] *Meinhold, R.*: Z. Angew. Geol. 11, 76 (1965).

[33] *Kroepelin, H.*: Proc. 7. W. Petr. Congr. Mexico 1 B, 37 (1967).

[34] *Dobrin, M. B.*: Introduction to Geophysical Prospecting. McGraw-Hill Book Co. New York 1960.

[35] United States through 1980. US Dept. Int. Off. Oil und Gas (1968).

[36] *Jessen, F. K.* und *Houssière, C. R.*: W. Oil 168, Nr. 4, 55 (1969).

[37] *Frick, Th. C.*: Petroleum Production Handbook. McGraw-Hill Book Comp., New York 1962.

[38] *Craft, B. C.*, *Holden, W. R.* und *Graves, E. D.*: Well design. Drilling and Production. Prentice-Hall Inc., Englewood Cliffs, New Jersey 1962.

[39] *Prikel, G.*: Tiefbohrtechnik. Springer, Wien 1959.

[40] *Alliquander, Ö.*: Das moderne Rotary-Bohren. VEB Deutscher Verlag für Grundstoffindustrie, Leipzig 1968.

[41] Offshore (10 Arbeiten über Bohr- und Fördertechnik), Proc. 7 W. Petr. Congr. Mexico, 3, 259—340 (1967).

[42] *Grodde, K. H.*: Bohrspülungen und Zementschlämme in der Tiefbohrtechnik. O. Vieth, Hamburg 1963.

[43] *Craft, B. C.* und *Hawkins, M. F., Jr.*: Applied Petroleum Reservoir Engineering. Prentice-Hall, Inc., Englewood Cliffs, New Jersey 1959.

[44] *Campbelll, J. M.*: Oil Property Evaluation. Prentice-Hall, Inc., Englewood Cliff., New Jersey 1959.

[45] *Fanier, R. D.*: Abbau von Erdöl- und Erdgaslagerstätten. VEB Deutscher Verlag für Grundstoffindustrie, Leipzig 1963.

[46] *Snarskij, A. N.*: Die geologischen Grundlagen des Abbaus von Erdöl- und Erdgaslagerstätten. Akademie-Verlag, Berlin 1964.

[47] *Cole, F. W.*: Reservoir Engineering Manual. Gulf Publishing Comp., Houston 1969.

[48] *Rühl, W.*: Entölung von Erdöllagerstätten durch Sekundärverfahren (Beih. 4 z. Geol. Jb). Amt für Bodenforschung, Hannover 1952.

[49] *Smith, C. R.*: Mechanics of Secondary Oil Recovery; Reinhold Publ. Corp., New York 1966.

[50] The Impact of New Technology on U.S. Petroleum Exploration and Production 1946—65. The National Petroleum Council, Washington, D.C. 1968.

[51] *Rühl, W.*: Umschau 65, 292 (1965).

[52] *Farouq Ali, S. M.*: Producers Monthly 32, 10 (1968).

[53] *Burns, J.*: J. Petr. Techn. 21, Nr. 1, 25 (1969).

[54] *Cipa, W.*: Erdöl-Zs., H. 5, 3 (1960).

[55] *Coffer, H. F.* and *Spieß, E. R.*: Quart. Colo. School Mines 61, No. 3 (1966).

[56] *Shdanow, M. A.*: Methoden der Berechnung von Lagerstättenvorräten an Erdöl und Erdgas. Akademie-Verlag, Berlin 1963.

[57] *Lovejoy, W. F.* and *Homan, T. T.*: Methods of estimating reserves of crude oil, natural gas and natural gas liquids. Resources for the Future, Inc., Washington 1965.

[58] *Schoeppel, R. J.*: Oil Gas J. (8.7.1968).

[59] A Statistical study of Recovery Efficiency, API, Div. Prod. Bull. D. 14, Dallas 1967.

[60] *Müller, K.*: Erdöl-Zs. 84, 113 (1968).

[61] *Rühl, W.*: Festschr. Leobener Bergmannstag 1962.

[62] *Vögl, E.*: Erdöl-Zs. 78, 529, 579, 689 (1962).

[63] *Desbrandes, R.*: Théorie et Interpretation des Diagraphis. Ed. Technip, Paris 1968.

[64] Petr. Press Service 35, 59 (1968); 36, 57 (1969).

[65] Das Buch vom Erdöl. BP Hamburg.

[66] *Davis, L. F.*: J. Petr. Techn. 20, 467 (1968).

[67] *Uhde, H.*: Erdöl Kohle 21, 687 (1968).

[68] Petr. Press Service 35, 382 (1968).

[69] *Rühl, W.*: Die Naturwissenschaften 54, 301 (1967).

[70] *Kühne, G.*: Erdöl Kohle 18, 169 (1965).

[71] *Brüning, K.*: Erdöl Kohle 20, 370 (1967).

[72] *Graf, H. G.*: Erdöl-Zs. 83, 160 (1967), 84, 2 (1968).

[73] Athabasca (8 Arbeiten), Proc. 7 W. Petr. Congr. Mexico 3, 551—668 (1967).

[74] *Rühl, W.*: Schwerstölsande und Ölschiefer, in A. M. Stahmer: Erdöl — soweit verfügbar — Verlag Glückauf, Essen 1979.

[75] Fifth Symposium on Oil Shale, Quarterly of the Colorado School of Mines. Golden, Colo. 63, No. 4 (1968).
[76] *Hoffmann, F.* and *Rühl, W.*: Prod. Monthly 17, No, 9, 20, No. 10, 25 No. 11, 28 (1953).
[77] *Rühl, W.*: Erdöl Kohle 20, 657 (1967).
[78] *Tissot, B. P.* und *Welte, D. H.*: Petroleum formation and occurrence — Springer-Verlag Berlin/Heidelberg/New York 1978.
[79] Ölschiefer (12 Arbeiten) Proc. 7 W. Petr. Congr. Mexico 3, 659–732 (1967).
[80] The Oil Sands of Canada-Venezuela 1977 — Can. Inst. Min. Metall. CIM Spezial 17.
[81] Statistische Informationen No. 3 des Amts der Europäischen Gemeinschaften, Brüssel 1965.
[82] The Search for and Exploitation of Crude Oil and Natural Gas in the European Area of the O.E.C.D.–O.E.C.D.-Publication Office, Paris 1962.
[83] Petr. Press Service 36, 99 (1969).
[84] *Hinterhuber, H.*: Erdöl Kohle 20, 625 (1967).
[85] *Vögl, E.*: Erdöl-Zs. 81, 185 (1965).
[86] *Petersen, H.*: Erdöl-Erdgas-Zeitschrift 96, 226 (1980).
[87] *Hinterhuber, H.*: Erdöl Kohle 21, 697 (1968).
[88] *Logigan, St.* und *Suchanek, R.*: Erdöl-Zs. 78, 3 (1962).
[89] *Mayer, F.*: Erdöl-Weltatlas, Westermann, Braunschweig 1966.
[90] *Ion, D. C.*: Proc. . W. Petr. Congr. Mexico 1 B (1967).
[91] Petr. Press Service 36, 9 (1959).
[92] *Hetzer, H.*: Z. Angew. Geol. 15, 373 (1969).
[93] Petr. Press Service 35, 168 (1968).
[94] *Hark, H. U.* und *Porth, H.*: Erdöl Kohle 21, 133, 193 (1968).
[95] *Jönck, U.*: Oel 8, 256 (1967).
[96] *Riediger, B.*: Die Verarbeitung des Erdöles, Springer, Berlin, Heidelberg, New York 1969.
[97] *Stahmer, A. M.*: Erdöl-Zs. 85, 418 (1969).
[98] Forecast for the Seventies. Oil Gas J. (10.11.1969).
[99] *Amann, H.*: Techniken der Zukunft 8, 40 und 9, 37 (1974).
[100] Anonym: Petroleum International 14, 22 (1974).
[101] *Boigk, H.* und *Hark, H. U.*: Erdöl Kohle 27, 57 (1957).
[102] *Stanciu, M.*: Erdöl-Zeitschrift 90, 333 (1974).
[103] *Rühl, W.*: Oel 8, 214 (1974).
[104] *Lutz, M., Kaasschiefer, J. P. H.* und *Van Wijhe, D. H.*: 9. World Petroleum Congress, Tokyo PD 2 (1975).
[105] *Patijn, R. J. H.*: Erdöl Kohle 17, 2 (1964).
[106] *Teichmüller, R.* und *M.* in *Murchison, D.* und *Westoll, T. S.*: Coal and Coal-bearing strata, Edinburgh-London (1968).
[107] *Orudjev, S. A.* und *Muravlenko, V. L.*: 9. World Petroleum Congress, Tokyo R.P. 4 (1975).
[108] *Zhabrev, J. P., Jubov, J. P., Krylov, N. A.* und *Semenovich, V. V.*: 9. World Petroleum Congress, Tokyo PD 2 (1975).
[109] *Holmgren, D. A., Moody, J. D.* und *Emmerich, H. H.*: 9. World Petroleum Congress, Tokyo PD 1 (1975).
[110] *McGhee, E.*: Oil Gas Journal (16.12.1974).
[111] *Peer, V. A.*: Oel 8, 311 (1974).
[112] *Fürer, G.*: Erdöl-Erdgas-Zeitschrift 96, 218 (1980).
[113] Skanska-Sentab information, Stockholm 1975.
[114] *Dreyer, W. E.*: The Science of Rock Mechanics. Trans. Techn. Publications (1972).
[115] *Langer, M.*: Erdöl & Kohle 23, 275 (1970).
[116] *Pusey, W. C.*: Petroleum Times 17.1.1973.
[117] *Hofrichter, E.*: Erdöl & Kohle 27, 190 (1974).
[118] *Moody, J. D.*: 9. World Petroleum Congress, Tokyo, PD 6 (1975).
[119] *The Chase Manhattan Bank:* Capital Investments of the World Petroleum Industry, 1975.
[120] *Rühl, W.*: Erdöl-Erdgas-Zs. 92, 311 (1976).
[121] *Rühl, W.*: Oel 14, 127 (1977).
[122] *Rühl, W.*: Geolog. Rundschau, 66, 890 (1977).
[123] *Mayer-Gürr, A.*: Petroleum Engineering, F. Enke, Stuttgart 1976.
[124] *Beckmann, H.*: Geological Prospecting of Petroleum, F. Enke, Stuttgart 1976.
[125] *Dohr, G.*: Applied Geophysics, F. Enke, Stuttgart 1974.
[126] *Leicht, H.*: Erdöl & Kohle 20, 346 (1967).
[127] *Claesson, A.* und *Bertland, H.*: Erdöl & Kohle 30, 357 (1977).
[128] *Welte, D.*: Erdöl-Erdgas-Zs. 92, 413 (1976).
[129] *Rühl, W.*: Erdöl-Erdgas-Zs. 92, 416 (1976).
[130] *Graf, H. G.*: Erdöl-Erdgas-Zs. 92, 423 (1976).
[131] *Runge, C.*: Erdöl-Erdgas-Zs. 92, 364 (1976).
[132] Anonym: Erdöl & Kohle 30, 45 (1977).
[133] *Sjoerdsma, G. W.*: Erdöl-Erdgas-Zs. Intern. Edit. 1977.
[134] *Kröll, A.*: Erdöl-Erdgas-Zs. 92, 409 (1976).
[135] *Schott, W.*: Erdöl & Kohle 30, 251 (1977).
[136] *Lorenzen, H.*: Erdöl-Erdgas-Zs. 91, 81 und 112 (1975).
[137] *Bender, F.*: Erdöl & Kohle 29, 279 (1976).
[138] *Rühl, W.*: Erdöl & Kohle 32, 369 (1979).
[139] *Ziegler, P. A.*: World Oil, August 1979.
[140] Anonym: Petr. Economist 42, 329 (1975).
[141] *Rigassi, D. A.*: World Oil v. 15.8.1976.
[142] *Fertl, W. H.*: Ab normal formation pressures, Elsevier, Amsterdam, Oxford, New York 1976.
[143] *Dolinski, U.*: Untersuchung zu Fragen der Gaspreisbildung, Deutsches Institut für Wirtschaftsforschung Berlin (1977).
[144] Zahlen aus der Mineralölwirtschaft, hrsg. von BP, Ausgabe Frühjahr 1978.
[145] *Schürmeyer, G.*: Erdöl & Kohle 29, 391 und 497 (1976).
[146] *Lux, K. H., Rokahr, R.* und *Lorenzen, H.*: Erdöl-Erdgas-Zs. 93, 67 (1977).
[147] *Rischmüller, H.*: Erdöl-Erdgas-Zs. 88, 240 (1972).
[148] *Haddenhorst, H. G., Lorenzen, H., Meister, F., Schaumberg, G.* und *Vicanek, J.*: Erdöl-Erdgas-Zs. 90, 197 (1974).
[149] *Rühl, W.*: Erdöl & Kohle 24, 299 (1971).
[150] *Gralla, G. J.* und *Lübben, H.*: Erdöl & Kohle 29, 124 (1976).
[151] *Haudan, B. O.*: Erdöl-Erdgas-Zs. Intern. Edit. 1977.
[152] *Dreyer, W.*: Erdöl-Erdgas-Zs. 88, 258 (1972).
[153] Untertagespeicherung und Transport des Erdgases, Techn. Mitt. Haus der Technik Essen 68. Jg. H. 9/10 (1975).
[154] *Logigan, St.* et al.: Erdöl-Erdgas-Zs. 93, 102 (1977).
[155] *Brecht, Chr.*: Erdöl & Kohle 29, 502 (1976).
[156] *Faust, P.* und *Lorenz, M.*: Erdöl-Erdgas-Zs. 93, 265 und 271 (1977).
[157] *Pasdach, N. J.*: Erdöl-Erdgas-Zs. 93, 255 (1977).
[158] *Rühl, W.*: Erdöl & Kohle 31, 303 (1978).
[159] *Jenkins, G.*: Oil Economist Handbook, Applied Science Publ., London 1977.
[160] *Rühl, W.*: Erdöl & Kohle 31, 4 (1978).

[161] *Röhr, U.*: Erdöl-Erdgas Zs. 94, 39 (1978).

[162] *Neuweiler, F.* und *Welte, D.*: Erdöl-Erdgas-Zs. 94, 98 (1978).

[163] *ANEP 1979*, Jahrbuch der europäischen Erdölindustrie — Urban-Verlag Hamburg 1979.

[164] Ruhrgas AG: Erdöl-Erdgas-Zs. 94, 71 (1978).

[165] *Schaumberg, G., Trepohl, B.* und *Mansholt, F.*: Erdöl-Erdgas-Zs. 94, 25 (1978).

[166] *Müller, R.*: Erdöl & Kohle 28, 132 (1975).

[167] *Höfling, B.*: Erdöl-Erdgas-Zs. 94, 116 (1978).

[168] *Rosenberg, R. B.* und *Sharer, J. C.*: 14th World Gas Conference Toronto (IGU A7-79) 1979.

[169] *Meyerhoff, A. A.*: 10th World Petr. Congr. Bukarest 1979 (PD 12).

[170] *Grossling, B.:* Financial Times, London 1976.

[171] *Halbouty, M. T.* und *Moody, J. D.*: 10th World Petr. Congr. Bukarest (PD 12) 1979.

[172] *Weeks, L. G.*: AAPG Studies on Geology Nr. 1, Tulsa 1975.

[173] *Mackay, J. H.* und *North, F. K.*: AAPG Studies in Geology Nr. 1, Tulsa 1975.

[174] *DeBruyne, D.*: 10th World Petr. Congr. Bukarest 1979.

[175] *Edye, E.* und *Weitkamp, J.*: Erdöl & Kohle 33, 16 (1980).

[176] *Adler, F.* und *Miller, S.*: Glückauf 116, 75 (1980).

[177] *Mitchell, H., Reid, E.* und *Limond, W.*: BP-Kurier I/80.

[178] Ullmanns Encyklopädie der technischen Chemie 4. Auflage Band 10, S. 581—579.

VI   Uran und Thorium

O. Arnold

Inhalt

1	Radioaktivität	186
2	Geochemie	186
3	Erzminerale	186
4	Lagerstätten	187
5	Bergbau und Aufbereitung	193
6	Brennstoffkreislauf	203
7	Zukunftsaussichten des Uran	203
	Tabellen	204
	Literatur	210

1   Radioaktivität

Uran und Thorium, die beiden Elemente, die nach dem heutigen Stand der Technik die wichtigsten Rohstoffe zur Erzeugung von Kernenergie sind[1]), gehören zur Aktinidenreihe des periodischen Systems und zeigen in vieler Beziehung ähnliche chemische und physikalische Eigenschaften (vgl. Tabelle VI.18).

Infolge eines Überschusses an Kernbausteinen zerfallen diese „radioaktiven" Elemente spontan unter Aussendung von α-, β- und γ-Strahlung in immer leichtere, zunächst ebenfalls noch instabile Elemente. Die so entstehenden Zerfallsreihen der 3 natürlichen radioaktiven Elemente Uran 238, Uran 235 und Thorium 232 enden bei den stabilen Elementen Blei 206, Blei 207 bzw. Blei 208 (Tabelle VI.19). Die gasförmigen und festen Zwischenprodukte der Zerfallsreihe sollten, entsprechend ihrer Halbwertszeiten, in einem exakt berechenbaren Verhältnis zum Restbestand der Muttersubstanz vorhanden sein und mit dieser in „radioaktivem Gleichgewicht" stehen. Geochemische (Lösungsvorgänge) und physikalische Prozesse (Entweichen gasförmiger Zerfallsprodukte oder auch kernphysikalische Vorgänge wie die Abreicherung in einem „Naturreaktor in einem Lagerstättenfall in Gabon") führen jedoch zu Ungleichgewichten, die bei der Prospektion beachtet werden müssen. Naturgemäß sind diese Probleme bei oberflächennahen Sekundärerzlagerstätten größer als bei tieflagernden Primärerzlagerstätten.

2   Geochemie

Beide Elemente sind nicht ausgesprochen selten; Uran ist mit 4 ppm (g/t), Thorium mit 10–15 ppm am Aufbau der äußeren Erdkruste beteiligt; das entspricht etwa der Häufigkeit der Metalle Sn, W und Mo bzw. Pb. Die Edelmetalle Au und Pt (0,005 ppm), Ag (0,1 ppm) sind seltener als U und Th. Die geochemische Verteilung im Bereich der äußeren Erdkruste ist in Bild VI.1 veranschaulicht, das gleichzeitig einen Überblick über die Vorgänge geben soll, die zur Bildung von U- und Th-Erzlagerstätten führen. Unter Erzlagerstätten sind hier solche geologischen Einheiten zu verstehen, die eines oder beide Metalle in gewinnbarer Form und Konzentration enthalten.

Für eine Lagerstätte mit einem Urangehalt von 0,06 % muß dementsprechend das Element Uran etwa um das 150-fache seiner geochemischen Normalkonzentration angereichert sein, während für Thorium ein Anreicherungsfaktor < 100 ausreichend ist. Bei der kostengünstigen Gewinnung als Nebenprodukt (Uran in Phosphaten oder disseminated copper ores) sind weit geringere Anreicherungen notwendig (Uran in den Gold-Konglomeraten des Witwatersrandes liegt in Konzentrationen um 200–300 ppm U_3O_8 vor, die Phosphate Floridas enthalten im Durchschnitt 100–200 ppm U_3O_8). Vergleicht man diese Angaben mit den Anreicherungsfaktoren der Metalle Cu (60 $\times$), Zn (500 $\times$), Pb, Ag (1000 $\times$), so wird ersichtlich, daß die Wahrscheinlichkeit der Bildung von U- und Th-Lagerstätten relativ hoch einzuschätzen ist.

Bemerkenswert ist die Fähigkeit des Urans – in geringerem Maße auch des Thoriums – in Mischkristallreihen und in Komplexverbindungen einzugehen. Das bewirkt eine leichte Mobilisierbarkeit, die zwar Konzentrationsvorgänge begünstigt, andererseits aber auch die Möglichkeit einer Tarnung in anderen Mineralen und einer diffusen Verteilung bietet.

3   Erzminerale

Beide Elemente sind lithophil, d.h., sie kommen vorwiegend in Oxiden und Silikaten vor; Sulfide sind nicht bekannt.

---

[1]) Gegenwärtig werden Kernreaktoren fast ausschließlich mit Uran betrieben. Erst die Einführung von HTR-Reaktoren, wie z.B. AVR-Reaktor in Jülich, Fort St. Vrain (Colorado, USA) und dem in Bau befindlichen Thorium-Hochtemperatur-Reaktor THTR 300 MW in Uentrop-Schmehausen, wird die Bedeutung von Th als Kernbrennstoff zunehmen lassen.

4 Lagerstätten

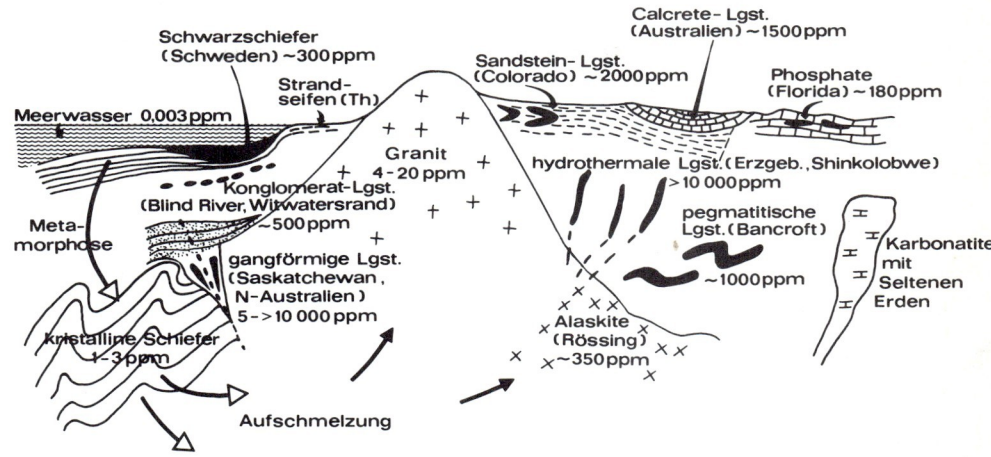

Bild VI.1
Schematisches Profil durch die äußere Erdkruste mit genetischen Lagerstättentypen des Urans

3.1 Uranminerale

Es sind über 200 definierte Minerale festgestellt, in denen Uran als wesentlicher Bestandteil auftritt; 29 davon sind als eigentliche Erzminerale zu bezeichnen, da sie höhere U-Gehalte aufweisen und bergtechnisch nutzbar gemacht werden können. Von wirtschaftlicher Bedeutung sind gegenwärtig nur etwa 10 Minerale, darunter besonders Uraninit (Pechblende), Brannerit, Euxenit und Carnotit (vgl. Tabelle VI.20).

Einige U-Minerale sind durch kräftige Färbung gekennzeichnet („Uranglimmer" Carnotit), die meisten sind grau-schwarz oder braun. Die Anwesenheit von U-Mineralen ist zwar aufgrund ihrer Radioaktivität leicht festzustellen, ihre exakte Identifizierung erfordert jedoch oftmals alle Mittel moderner Analytik. (Mikroskopie, Röntgenbeugung, chemische und physikalische Analysen.) Viele Minerale zeigen eine kräftige Fluoreszenz im UV-Licht.

3.2 Thoriumminerale

Thorium ist nur in etwa 30 Mineralen mit nennenswerten Anteilen beteiligt (Tabelle VI.20). Für die Gewinnung kommen derzeit allein Monazit, Thorit oder Uranothorit und Brannerit in Betracht. Monazit ist das wichtigste Erzmineral der Cer-Metalle (Lanthaniden-Gruppe); bei deren Verarbeitung werden 4–9 % ThO_2 als Nebenprodukt nutzbar gemacht, d.h. etwa die Hälfte des vorhandenen Thoriumgehaltes. Durch die Einwirkung ihrer eigenen radioaktiven Strahlung wird das Kristallgitter vieler U- und Th-Minerale so gestört, daß sich ihre optischen (Farbe, Doppelbrechung) und mechanischen (Härte, Spaltbarkeit) Eigenschaften auffällig verändern. Dieser „metamicte" Zustand kann z.T. durch Erhitzen wieder rückgängig gemacht werden.

Das in den Erzen enthaltene Radium (bis 0,3 g/t U) war bis 1940 wirtschaftlich wichtiger als Uran.

4 Lagerstätten

4.1 Entstehung

Die Uran- und Thoriumlagerstätten entstehen im wesentlichen in zwei Bildungsbereichen (Bild VI.1):

In tieferen Zonen der Erdkruste

Anreicherung in magmatischen Gesteinen (Silikatschmelzen) und in von diesen abstammenden hydrothermalen Lösungen.

Eine Voranreicherung von Uran findet bereits bei der Differentiation der Silikatmagmen im Verlauf ihrer Erstarrung statt, da SiO_2- und K-reiche Gesteine (Granite) bis zu hundertfach höhere Gehalte aufweisen als kieselsäurearme Gesteine (Gabbros und Ultrabasite), wie die folgende Tabelle VI.1 zeigt.

Diese Werte sind als Durchschnittsgehalte zu betrachten. Voranreicherungen in Granitmassiven bis zu 20 ppm („fertile Granite") sind wichtige Hinweise für die Prospektion.

In den letzten Jahren erlangten präkambrische Alaskite (wahrscheinlich palingen gebildete, aus hauptsächlich Quarz und Alkalifeldspat bestehende, granitoide Gesteine) größere Bedeutung. Diese enthalten stellenweise durchschnittlich 0,04 % U_3O_8 (Grube Rössing, Namibia).

Die weitere Stufe bei Konzentration wird dann in den Restschmelzen erreicht, die sich von granitischen

Tabelle VI.1 Urangehalt ausgewählter Gesteine

Ultrabasite (Dunit)	0,03 ppm U
Gabbro, Norit	0,6–2,0 ppm U
Diorit	1,4–3,0 ppm U
Granit, Syenit	2,8–8,4 ppm U

Magmen abspalten (Pegmatite) und vor allem in den Hydrothermalen Lösungen, die nach Abkühlung auf 400 °C aus der erstarrten Silikatschmelze frei werden. Diese Lösungen führen neben Alkalichloriden, Karbonaten und Quarz auch Metalle bzw. Metallsulfide, die sie in tektonischen Spalten absetzen (Erzgänge).

Eine Sondergruppe bilden magmatische Gesteine, die vorwiegend aus Karbonaten bestehen, die „Karbonatite", in denen sich Konzentrationen von U und Th im Zusammenhang mit Niob-Tantalmineralen finden.

Die Pegmatite und Karbonatite liegen mit den U-Gehalten meistens unter der Bauwürdigkeitsgrenze; sie sind nur dann interessant, wenn sie lokale Anreicherungen aufweisen, leicht und in großen Mengen zu gewinnen sind (low grade-high tonnage ore) oder mehrere gewinnbare Minerale führen. In den hydrothermalen Erzgängen treten dagegen Reicherzkörper auf, die 1–3 %, ja sogar 10–15 % U_3O_8 im anstehenden Erz enthalten können. Bis 1940 waren diese Erze die Grundlage des Uranbergbaus. Die Erzkörper der Gänge sind jedoch unregelmäßig geformt, die Gehalte schwankend und die Vorräte sind begrenzt. Daher haben sie nur noch untergeordnete Bedeutung für die Uranproduktion der Welt.

Im Nahbereich der Erdoberfläche

Konzentration durch Verwitterungs- und Transportvorgänge bei der Bildung von Sedimenten (Festland-, Küsten- und Meeresablagerungen) und sekundäre Mineralisation älterer Gesteine oder Strukturen.

Die Konzentrationsvorgänge im zweiten Bereich, an der Erdoberfläche, haben die bedeutendsten U- und Th-Lagerstätten erzeugt. Werden bei der Verwitterung und Erosion die magmatischen Gesteine vollständig zerstört, so werden auch die in geringer Menge vorhandenen U- und Th-Minerale freigelegt. Je nach ihrer Widerstandsfähigkeit gegen mechanische und chemische Angriffe werden sie dann entweder abtransportiert und an anderer Stelle als Schwermineralsande („Seifenlagerstätten") wieder abgelagert oder aufgelöst und mit Oberflächenwässern weggeführt.

Der erste Fall gilt für manche Thorium-Minerale (z.B. Thorit, Monazit) die eine entsprechende Härte besitzen und schwer löslich sind; Uranminerale konnten nur unter speziellen Verwitterungsbedingungen in der Frühzeit der Erde (Präkambrium) den mechanischen Transport überstehen. Die U-Mineralkörner, vorwiegend Uraninit, wurden von dem damals noch vegetationslosen Festland durch Flüsse an die Küste verfrachtet und dort zusammen mit Schottermassen abgesetzt. Diese Konglomeratlagerstätten sind von bemerkenswerter Ausdehnung; sie gehören zu den wichtigsten Uranvorkommen der Erde.

Normalerweise geht Uran in Lösung und kann dann über große Entfernungen wandern. In Abhängigkeit von Änderungen der pH- und Eh-Bedingungen werden Komplexminerale aus U, V, K, Cu wieder ausgefällt und es können neue Anreicherungen, die den Schwellengehalt der Bauwürdigkeit überschreiten, entstehen. Wenn diese Vorkommen in Sandsteinablagerungen auftreten, werden sie als „Sandsteinerze" bezeichnet (Bilder VI.2 und VI.3).

Weiterhin geht Uran aus der Lösung in organische Verbindungen (Humate) ein oder es wird von Tonmineralen absorbiert. Daher finden wir Anreicherungen in bituminösen Schiefern, Bauxiten, ascherreichen Kohlen (reine Steinkohle ist jedoch fast uranfrei!) sowie in Phosphaten. Die Gehalte dieser Gesteine lagen bis vor kurzem noch unter der Bauwürdigkeitsgrenze, jedoch haben Preisentwicklung und Verarbeitungstechnologie z.B. die Alaunschiefer bei Ranstad/Schweden mit ca. 300 ppm U_3O_8 in den Bereich wirtschaftlicher Gewinnung gerückt.

In diesem Zusammenhang ist auch das Meerwasser als potentielle Rohstoffquelle zu erwähnen. Der sehr geringe Urangehalt von nur 3 ppb summiert sich auf insgesamt 4 Mrd. t Uran in den Weltmeeren! Forschungsarbeiten sind insbesondere in Japan weit vorangeschritten, aber auch

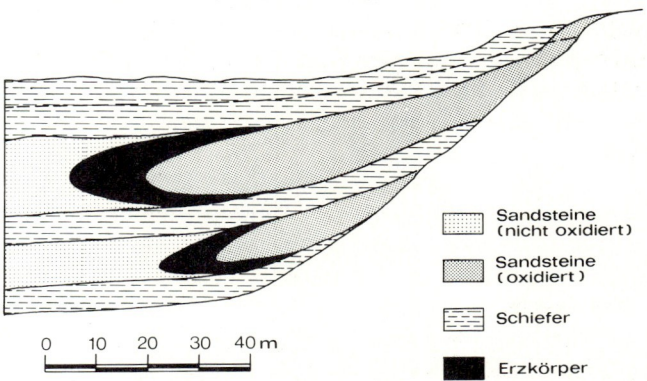

Bild VI.2 Profil durch eine „Roll-Front-Vererzung" des Powder River Beckens/Wyoming, USA

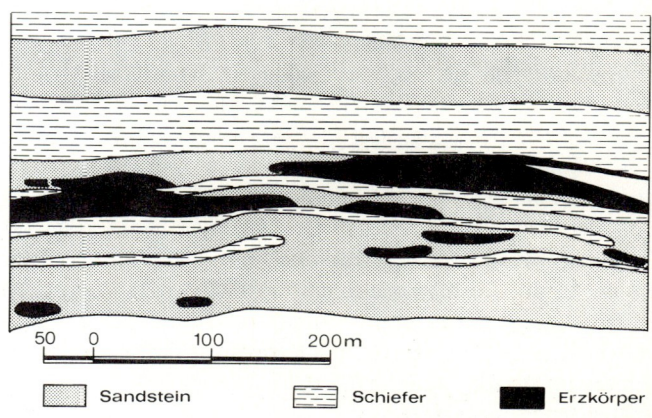

Bild VI.3 Längsschnitt durch eine Penekonkordante Lagerstätte in New Mexico, USA

4 Lagerstätten

in der BR Deutschland beschäftigt man sich mit der Herstellung von uranselektiven Absorbermaterialien. Die Gewinnungskosten werden allerdings immer noch mit > 1300 $/kg U veranschlagt.

Erst seit einigen Jahren, und zwar mit den Lagerstättenfunden in Saskatchewan (Rabbit Lake, Cluff Lake, Key Lake) und den Northern Territories in Australien (Jabiluka, Nabarlek, Ranger), hat ein neuer Lagerstättentyp, die sog. gangartigen Vererzungen („veinlike orebodies") an Bedeutung gewonnen. Nicht unwidersprochen werden diese Lagerstätten als sekundäre Vererzungen in kombinierten geochemischen-/Strukturfallen gedeutet. Bild VI.4 läßt als Querprofil durch den Gärtner-Erzkörper der Key Lake Lagerstätte den besonderen Charakter dieses Typ einer reichen Uranvererzung erkennen und Bild VI.5 die Abhängigkeit dieser Vererzung von der Tektonik und den geologischen Mulden- und Sattelstrukturen.

Lokal außerordentlich bedeutsam sind sogenannte Calcrete-Vererzungen; subrezente oberflächennahe Ausfällungen von Uran in flachen Salinarbecken subtropischer Klimate (Yeelirrie/Australien).

Neben der primären U-Anreicherung im magmatischen und der sekundären Anreicherung im sedimentären Kreislauf der Gesteine spielt die Bildung von Lagerstätten des Uran im metamorphen Bereich keine Rolle.

Eine Übersichtskarte der wichtigsten Uranlagerstätten der Erde ist im Kap. I als Bild I.7 enthalten.

4.2 Vorräte und wirtschaftliche Bedeutung der Uranerz-Lagerstätten

Seit der Entdeckung des Urans im Jahre 1789 haben vier Ereignisse entscheidend die Kenntnis von der Bedeutung des Urans als Energieträger bestimmt und den Weg vorbereitet zur Nutzung des Urans in Kernreaktoren zur Stromerzeugung. Es waren dies: die Entdeckung der Radioaktivität im Jahre 1896 durch Becquerel, die Trennung des Radiums von Uran durch *P.* und *M. Curie* im gleichen Jahre, der Nachweis der Möglichkeit der Kernspaltung von Uranatomen durch *O. Hahn* und *F. Strassmann* im Jahre 1938 und der Aufruf des ehemaligen US-Präsidenten *Eisenhower* im Jahre 1953 unter dem Leitwort „atoms for peace".

1 t Uran hat als Brennstoff in Leichtwasserreaktoren derzeit ohne Rezyklierung von U und Pu einen nutzbaren Energieinhalt von 15 000–17 000 t Steinkohleneinheiten (SKE)[1]. In Brutreaktoren eingesetzt würde 1 t

---
[1] 1 t SKE = 29,31 GJ = 29,31 · 10^9 Joule.

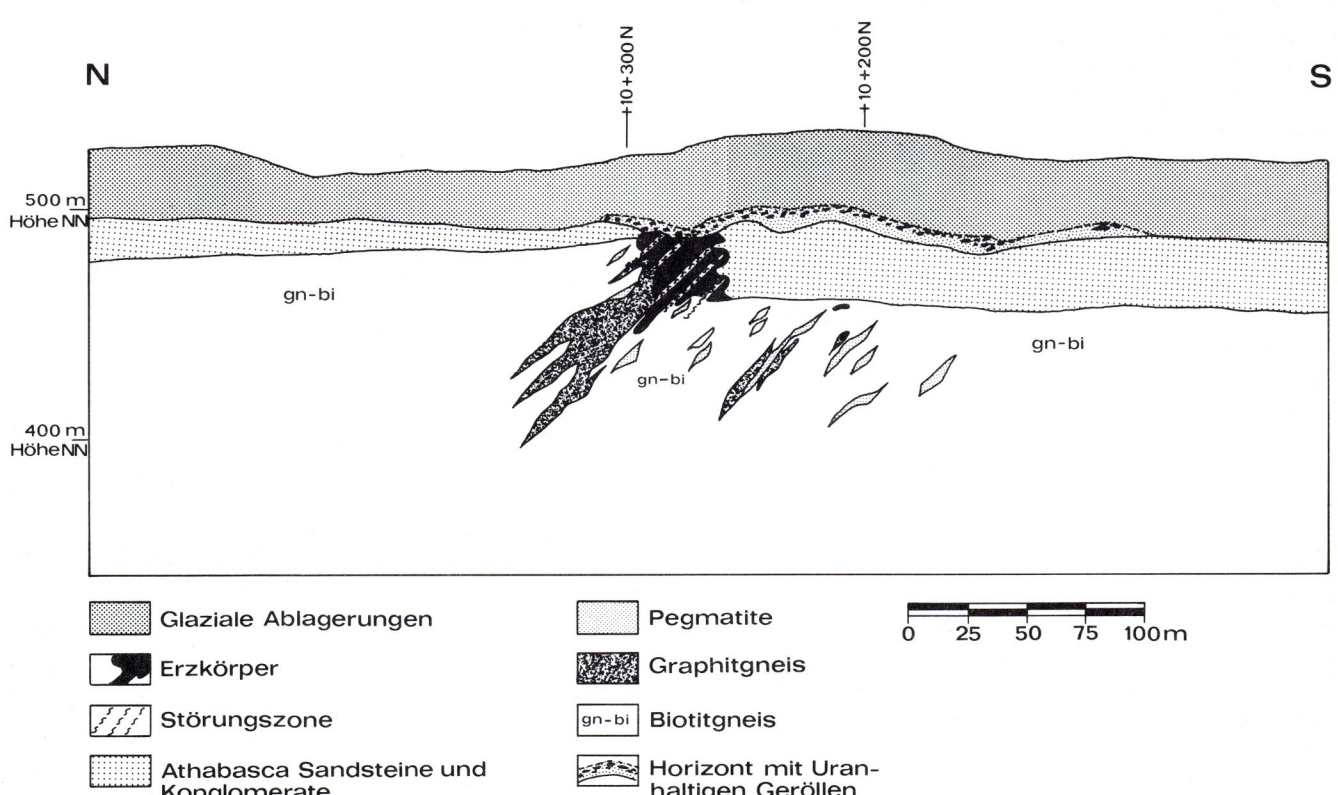

Bild VI.4 Querprofil durch den Gärtner-Erzkörper der Uranlagerstätte Key Lake

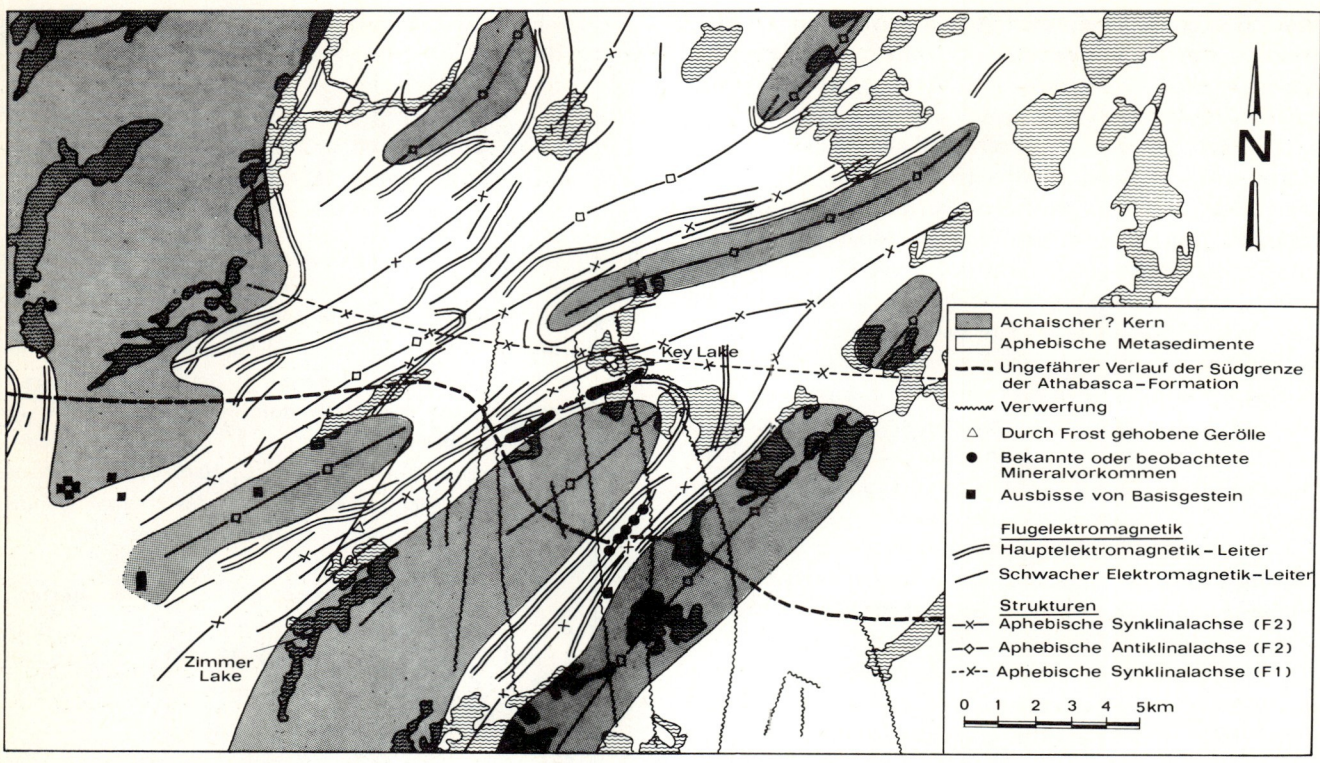

Bild VI.5 Key Lake-Gebiet, Saskatchewan: Grundgebirgsgeologie und Lage der Erzkörper

Uran das Energieäquivalent von nahezu 2 Mio. t SKE erbringen.

Die mengenmäßige Einstufung der U_3O_8-Reserven nach Kostenkategorien, früher von 8, 15, 30, heute von 30 bzw. 50 $/lb U_3O_8 in Kanada, läßt keine Aussage über den Umfang der tatsächlichen Reserven zu. Die Angabe der Kostenkategorien verleitet vielfach dazu, diese Angabe mit den Kosten gleichzusetzen, die den produzierenden Betrieben tatsächlich entstehen und daraus Rückschlüsse auf mögliche Gewinne bei den heute erzielten Verkaufserlösen zu ziehen. Die Kostenkategorien, basierend auf „forward cost" der früheren US AEC, beinhalten nur die direkten Betriebskosten und die damit verbundenen Steuern, Royalties und gewinnabhängigen Abgaben sowie die Abschreibungen der für den Betrieb unmittelbar erforderlichen Investitionen. Nicht enthalten sind die bis zur Inbetriebnahme für Prospektion, Feasibility-Studien, Engineering und Infrastruktur angefallenen Kosten, ebenfalls nicht Zinsendienst, ferner nicht die vollständigen Royalties, kalkulatorischer Gewinn und die Aufwendungen für das Aufsuchen weiterer Vorkommen als Ersatz für den Lagerstättenverzehr. Darüber hinaus ist naturgemäß nichts ausgesagt über die Randbedingungen und staatlichen Auflagen, unter denen Gewinnung und Produktion erfolgen bzw. überhaupt nur erfolgen können. Eine Einteilung der Uranreserven nach Kostenkategorien für die Erfassung der wirtschaftlich gewinnbaren Reserven ist außerdem deshalb wenig geeignet, da Änderungen aller Einflußfaktoren auf die Gesamtkosten schneller eintreten als Änderungen der Statistiken überhaupt möglich sind. Aufgrund der Angriffe auf die Reserve- und Ressourcenschätzungen nach Kostenkategorien hat die US ERDA im Juli 1977 bereits eine Kalkulation der USA Uranreserven, Stichtag 1.1.1977, aufbauend auf verschiedenen cut off grades, vorgelegt. Aus der von ERDA veröffentlichten Tabelle VI.2 ist ersichtlich, daß die sicheren Uranreserven der USA bei einem cut off grade von 0,01 % U_3O_8 1,482 Mio. t U_3O_8 betragen, bei einem cut off grade von 0,1 % U_3O_8 687 000 t $U3O_8$ und bei einem cut off grade von 0,25 % U_3O_8 329 000 t U_3O_8. In der im September 1976 von der ERDA veröffentlichten offiziellen Statistik wurden als sichere Reserven 600 000 t U angegeben. Die Auffassung, daß die Angabe der Uranreserven nach Kostenkategorien aufgegeben werden sollte, vertritt bereits seit längerem *Gärtner*, der in seinen Veröffentlichungen [12] und [14] hierauf hingewiesen hat (vgl. auch Kap. XIII. 9.2).

Aufschlußreich ist in diesem Zusammenhang auch die Begründung der Arbeitsgruppe 1 der INFCE (Internationale Bewertung des Kernbrennstoffkreislaufs), warum sie die Einteilung nach Kostenklassen beibehält:

„Die Kostenkategorien der NEA/IAEO für Uran sind recht willkürlich abgegrenzt und werden lediglich als Grundlage zur Klassifizierung der Vorräte verwendet. Diese Praxis wurde hier übernommen, um die Übereinstimmung

4 Lagerstätten

mit anderen internationalen Studien zu wahren. Zu beachten ist, daß diese Kostenkategorien nicht unbedingt diejenigen Preise wiedergeben, die zur Sicherung der weiteren Lebensfähigkeit der Uranindustrie erforderlich sind, oder diejenigen, zu denen Uran dem Verbraucher zur Verfügung steht."

Aus diesem Grunde wird nun auch in dieser Auflage des Energiehandbuches die derzeit verwendete Einteilung der Uranreserven nach Kostenkategorien übernommen. Aufstellung über die sicheren und wahrscheinlichen Vorräte [A1], [A2] in Tabelle VI.3 und über die spekulativen Vorräte [A2] in Tabelle VI.4.

Die im Gefolge der drastischen Preiserhöhung für Erdöl durch die OPEC ganz allgemein gestiegenen Preise für die verschiedenen Energieträger haben auch zu einer drastischen Erhöhung der Verkaufspreise für Uran geführt. Von einem Verkaufspreis von unter 6 $/lb U_3O_8 in 1969/1970 sind die Verkaufspreise für in 1977 abgeschlossene Lieferverträge bei Preisbasis 1977 auf gut 40 $/lb U_3O_8 gestiegen. Hierbei muß allerdings darauf hingewiesen werden, daß die Uranproduzenten aufgrund der in früheren Zeiten langfristig geschlossenen Lieferverträge nur in begrenztem Umfange Verkaufserlöse in dieser Höhe erzielen. Trotzdem muß aufgrund der politischen Einflußnahme der Regierungen der Produzentenländer erwartet werden, daß sich der Uranverkaufspreis auf diesem erhöhten Niveau in Zukunft, wenn auch mit Schwankungen aufgrund der Verzögerungen im Ausbauprogramm der Kernenergie stabilisieren und den allgemeinen Preisentwicklungen der Länder folgen wird. Es kann heute von gut 6 Mio. t Uran wirtschaftlich gewinnbaren und der westlichen Welt zugänglichen Reserven gesprochen werden, denn die offiziellen Angaben auf Basis 31.12.78, die auch von INFCE verwendet wurden,

Tabelle VI.2 USA: Sichere U_3O_8 Reserven als Funktion des cut off grade (Stand 1.1.77)

cut off grade (% U_3O_8)	t Erz × 10^6	Durchschnittsgehalt (% U_3O_8)	t $U_3O_8 \cdot 10^3$
0,01	2 882	0,05	1 482
0,02	1 926	0,07	1 333
0,03	1 340	0,09	1 193
0,04	1 007	0,11	1 086
0,05	790	0,13	993
0,06	639	0,14	913
0,07	529	0,16	844
0,08	447	0,18	784
0,09	383	0,19	733
0,10	333	0,21	687
0,11	292	0,22	646
0,12	258	0,24	609
0,13	229	0,25	576
0,14	205	0,27	546
0,15	185	0,28	518
0,16	167	0,29	492
0,17	152	0,31	468
0,18	138	0,32	447
0,19	126	0,34	426
0,20	116	0,35	407
0,21	107	0,37	390
0,22	98	0,38	373
0,23	91	0,39	357
0,24	84	0,41	343
0,25	78	0,42	329

Tabelle VI.4 Spekulative Uranvorräte nach Kontinenten

Kontinent	Zahl der Länder	spekulative Vorräte (Mio. t U)
Afrika	51	1,3–4,0
Nordamerika	3	2,1–3,6
Süd- und Mittelamerika	41	0,7–1,9
Asien und Ferner Osten	41	0,2–1,0
Australien und Ozeanien	18	2,0–3,0
Westeuropa	22	0,3–1,3
WOCA insgesamt	176	6,6–14,8

Quelle: NEA/IAEA, „World Uranium Potential, An International Evaluation", Dezember 1978.

Tabelle VI.3 Geschätzte Uranvorräte nach Kontinenten (1000 t U)

Kontinent	hinreichend gesicherte Vorräte		geschätzte zusätzliche Vorräte	
	bis zu 80 $/kg U	80 bis 130 $/kg U	bis zu 80 $/kg U	80 bis 130 $/kg U
Nordamerika	746	230	1145	759
Afrika	609	165	139	123
Australien	290	9	47	6
Europa	68	324	50	50
Asien	40	6	1	23
Südamerika	97	5	99	6
WOCA[1]) insges. (rund)	1850	740	1480	970

Quelle: NEA/IAEA, „Uranium Resources, Production and Demand", 1979.

[1]) WOCA = World Outside Centrally planned Economies Area

berücksichtigen nicht die Funde in 1979 und 1980. So hat alleine Brasilien die Gesamtreserven bis zum 30.4.80 um 31 % auf 215 300 t erhöht und liegt damit in der Weltrangliste der WOCA-Länder nach USA, Kanada, Südafrika und Australien auf dem 5. Platz. Von den mit knapp 15 Mt U angegebenen möglichen Vorräten dürften bis zum Jahre 2025 bei gleichbleibender Prospektionsaktivität etwa 50 % erfaßt werden können. Trotzdem ist bei den langen Vorlaufzeiten bis zum Produktionsbeginn aus einer neuen Lagerstätte ein Engpaß im Uranangebot, das um 2000 nicht über 165 000 t U/a ausgeweitet werden kann, zu erwarten. Es sei hierzu auf die Veröffentlichungen [A1], [A3], [B14] verwiesen. USA, Australien, Kanada und Südafrika verfügen über knapp 80 % dieser Vorräte. Für das westliche Europa ist die Situation hinsichtlich der Gesamtvorräte nicht ungünstig, wenn man insbesondere neben den französischen Vorräten die sehr großen Vorräte in den Schwarzschiefern in Schweden hinzurechnet. Hier erscheinen in der offiziellen Statistik 1975 nur 300 000 t Vorräte, während früher einmal 700 000 t als gewinnbar angegeben wurden und man heute davon ausgehen kann, daß bei den derzeitigen Erlösen und einer entsprechenden Technik aus den großen Vorkommen in Schwarzschiefern in Schweden rund 1 Mio. t Uran gewonnen werden können.

Hinweise auf die bekannten Lagerstättentypen und bekannten Ressourcen bringt Tabelle VI.5.

4.3 Thoriumerzlagerstätten

Das Interesse an Lagerstätten des Thoriums ist nach wie vor begrenzt, da die Produktion von Thorium als Nebenprodukt aus der SE-Gewinnung aus Strandseifen vorwiegend in Australien und Asien den Bedarf der Industrie mehr als decken konnte. Eine Änderung der Nachfragesituation wird wohl weitgehend von der weiteren Entwicklung der Technologie sog. „fortgeschrittener" Reaktoren abhängen.

Die BGR gibt 1977 „die mit heutigen Bergbau- und Aufbereitungsmethoden wirtschaftlich gewinnbaren" bekannten Vorräte mit ca. 4 Mio. t Thorium an. Sie verteilen sich vornehmlich auf Th-reiche Konglomerate in Kanada (bis zu 0,05 % Th im Blind River Revier) sowie Seifen in Südamerika, Südafrika, Australien, Indien und Malaysia.

Schließlich wären Thoriumerze auch aus den Primärlagerstätten, den Karbonatiten und Pegmatiten zu gewinnen.

4.4 Aufsuchung der Lagerstätten

Die Prospektion auf U- und Th-Erzvorkommen ist wegen der Radioaktivität der Erze im ersten Stadium einfacher als die Aufsuchung von anderen Metallerzen. Die großen Erfolge der Periode von 1945 bis 1957, die z.T. von Nichtfachleuten mit primitiven Mitteln errungen wurden, bewiesen dies. Damals wurden nahezu alle zu Tage ausgehenden Lagerstätten in den zugänglichen Gebieten Nordamerikas und vieler anderer Länder aufgefunden, die meisten sogar näher untersucht. Heute ist ein wesentlich größerer Aufwand erforderlich, um die tiefer liegenden Erzkörper zu erfassen.

Alle Verfahren in der Geophysik und Geochemie sind inzwischen zu einer Reife entwickelt worden, die die interdisziplinäre Zusammenarbeit von Geophysikern,

Tabelle VI.5 Gehalte und Vorräte von Uran und Thorium Ressourcen

	Gehalte		Erzvorräte einzelner Lagerstätten (Größenordnung) 1 000 t Roherz
	% U_3O_8	% Th_2O	
I. Magmatische Lagerstätten			
Granite (Syenite)	0,002	0,01	unbekannt
Pegmatite	0,05– 0,1	0,07–0,5	< 100
Karbonatite	0,05	0,05–0,8	5 000–50 000
Hydrotherm. Gänge	0,3 –25,0	bis 3 %	100– 3 000
II. Sedimentäre oder umgelagerte Lagerstätten			
Gangförmige Lagerstätten	0,5 –25,0	bis 1,0	20 000
Konglomerate	0,02 – 0,2	0,5	50 000–200 000
Sandsteine (Colorado)	0,1 – 0,3	–	300– 1 500
Schwermineral-Sande	0,03 – 0,1	0,1–1,0	< 100 000
Phosphate	0,01 – 0,03	–	
Bitumin. Schiefer	0,001– 0,03	–	< 1 000 000
Ascherreiche Kohlen	0,001		
III. Meerwasser	3 ppb	–	$4 \cdot 10^9$ t U

Mineralogen, Chemikern, Elektronikern und Logistik-Managern mit den federführenden Geologen erforderlich machen. Airborne-Methoden der Spektrometrie, kombiniert mit magnetometrischen und geoelektrischen Verfahren, gehen i.a. den bodengebundenen Anwendungen der Geochemie, Geophysik und Prospektion voraus.

Die Verarbeitung der anfallenden Daten ist oft nur noch mit Hilfe von Rechenanlagen möglich. Immer wieder werden auch neue Verfahren der Exploration ausprobiert. So hat sich die Messung der gasförmigen Zerfallsprodukte des Urans (Radonemanometrie, Track-Etch-Verfahren) bereits einen festen Platz erobert. Messungen des Helium-Gehalts im Boden oder Wasser, airborne-Methoden zur Erfassung von Wärmeanomalien über U-Lagerstätten sowie Auswertung von Satellitenphotos befinden sich bereits im Stadium der Anwendung.

Wie schwierig dennoch die Entdeckung neuer Lagerstätten ist, zeigt eine Angabe des US Geological Survey, wonach 1972 über 5000 km an Explorationsbohrungen niedergebracht wurden, ohne einen einzigen neuen Erzkörper zu treffen; lediglich die Reserven der bekannten Lagerstätten konnten verbessert bzw. gesichert werden. Als Vergleich: von 1953—58 erforderte die Erschließung des gesamten Blind River Gebiets, einschließlich der genaueren Vorratsermittlung rd. 230 km Bohrlöcher von über Tage.

Die Prospektionskosten werden hierbei entscheidend von der Entwicklung der Bohrkosten beeinflußt. Die Entwicklung der Bohrkosten in den letzten Jahren in den USA zeigt Tabelle VI.6. Die Entwicklung in den anderen Haupturanländern verlief analog, wenn sie auch meist aufgrund ungünstiger Infrastruktur von höherem Niveau aus begann.

Der Auftrieb, den die Nachfrage nach Kernbrennstoff ungeachtet der für vorübergehend eingeschätzten Schwierigkeiten beim Abbau des Rohstoffs und der Errichtung von Verarbeitungsanlagen und Kernkraftwerken ausübt, veranlaßt die Bergbauindustrie zu beachtlichen Investitionen, zum erheblichen Anteil auch in der reinen Exploration. Während 1968 für die USA, Kanada, Afrika und Australien mit mehr als 100 explorierenden Unternehmen gerechnet wurde, sind es derzeit allein für Kanada rd. 250 mit einem Prospektionsbudget von gut 100 Mio. $. Die Ausgaben von 200 Mio. $ im Jahre 1968 allein für die Uranprospektion haben in den WOCA[1]-Ländern 1979 über 630 Mio. $ erreicht [A1] und [A2].

5 Bergbau und Aufbereitung

5.1 Bergbau

Im Uranerzbergbau können bei der Vielfalt der Lagerstättentypen praktisch fast alle bekannten Abbauverfahren des Erzbergbaus, sowohl des Tagebaus als auch des Tiefbaus, angewandt werden[2]. Die Entwicklung der letzten Jahre zeichnet sich dadurch aus, daß vornehmlich für den Tiefbau neue technische Ausrüstungen und Maschinen entwickelt wurden, mit denen die bisher allgemein gebräuchlichen Abbauverfahren modifiziert und die Produktivität entscheidend erhöht werden konnten[3]. Als Beispiele für die Auswirkungen der verbesserten Erlössituation auf eine optimale Rohstoffnutzung und damit beachtliche Vergrößerung der Reservebasis sei auf Entwicklungen im französischen und kanadischen Tiefbau hingewiesen, wo aufwendigere Abbauverfahren heute möglich sind. Bild VI.6 bringt eine Darstellung des Überganges

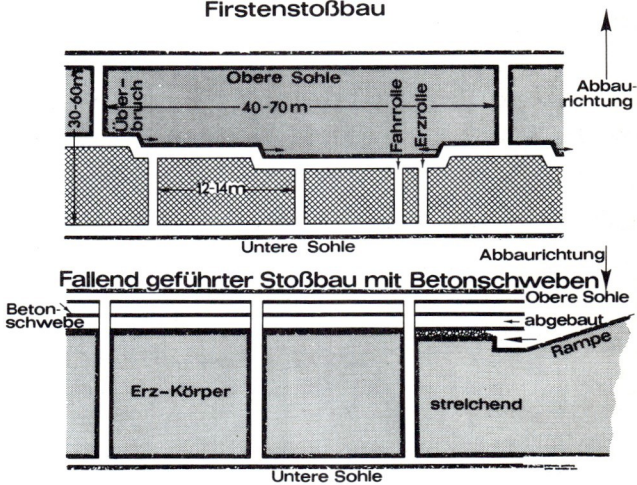

Bild VI.6 Abbauverfahren in Uran Tiefbaugruben

Tabelle VI.6 Prospektionskosten in den USA

Jahr	$[1]$/Bohrmeter
1973	4,90
1974	6,80
1975	9,50
1976	10,25
1977	11,15
1978	11,60
1979	12,75

[1] in US $ des jeweiligen Jahres

---

[1] WOCA = Welt mit Ausnahme der Länder mit Zentralverwaltungswirtschaft (WOCA = World Outside Centrally Planned Economy Areas)

[2] Eine zusammenfassende Darstellung dieser Abbautechniken bietet das Mining Engineering Handbook der Society of Mining Engineers.

[3] Hier sind vor allem zu nennen: LHD-Technik und die Einführung des Elektro-hydraulischen Bohrens.

vom Firstenstoßbau auf einen fallend geführten Stoßbau mit Betonschweben in Grubenbetrieben der Cogema in Frankreich bei Bessines im Departement Haute Vienne der Division La Crouzille. Bei diesem Abbauverfahren auf Vererzungen in Störungszonen mit Einfallen über 60^g werden 4 m Stöße hereingewonnen. Nach jedem abgebauten Stoß wird eine künstliche Firste in Form einer Stahlbetondecke über 50 cm losem Erz eingebracht. Für den nach 3 Wochen Abbindezeit unter dieser künstlichen Schwebe in Angriff genommenen Stoß ist damit bereits der Einbruch hergestellt. Damit wird sowohl die Betonschwebe geschont als auch die Leistung im Vortrieb bei 2 m Abschlägen wesentlich erhöht. Die Leistung, je Mann und Schicht, wurde von 6 auf 12 t verdoppelt, wobei ein Ausbringen der Uranreserven der Tiefbaugrube von 95 % erreicht werden kann. Bei größeren Mächtigkeiten kommt auch ein Teilsohlenbau mit Betonversatz, so wie in Bild VI.7 dargestellt, zum Einsatz [B3].

Die Probleme von Tiefbaugruben auf Ganglagerstätten können anhand des generalisierten Querprofils der Schwarzwalder Mine, Colorado, USA (Bild VI.8) erfaßt werden. Es ist verständlich, daß bei den derzeit vorübergehend rückläufigen Erlösen für Uran (Spotverkäufe für knapp über 25 $/lb U_3O_8, Stand Mai 1981) einige Tiefbaugruben keine Gewinne erwirtschaften. Die ungefähren Produktionskosten liegen derzeit im Durchschnitt in der Größenordnung, wie sie in der Tabelle VI.7 dargestellt ist.

Tabelle VI.7 Produktionskosten im Mittel für Urankonzentrat in $/U$_3O_8$

	Tagebau	Tiefbau
Prospektion	2,00	2,50
Grube	3,50	10,00
Aufbereitung einschließlich Unterbringung der Abgänge	3,70	4,50
Hilfsbetriebe, Verwaltung und Rekultivierungsverpflichtungen	3,80	5,00
Kapitalkosten [1]	8,00	9,00
Summe	21,00	31,00

[1] Kalkuliert auf den Anlagekosten Basis 1980

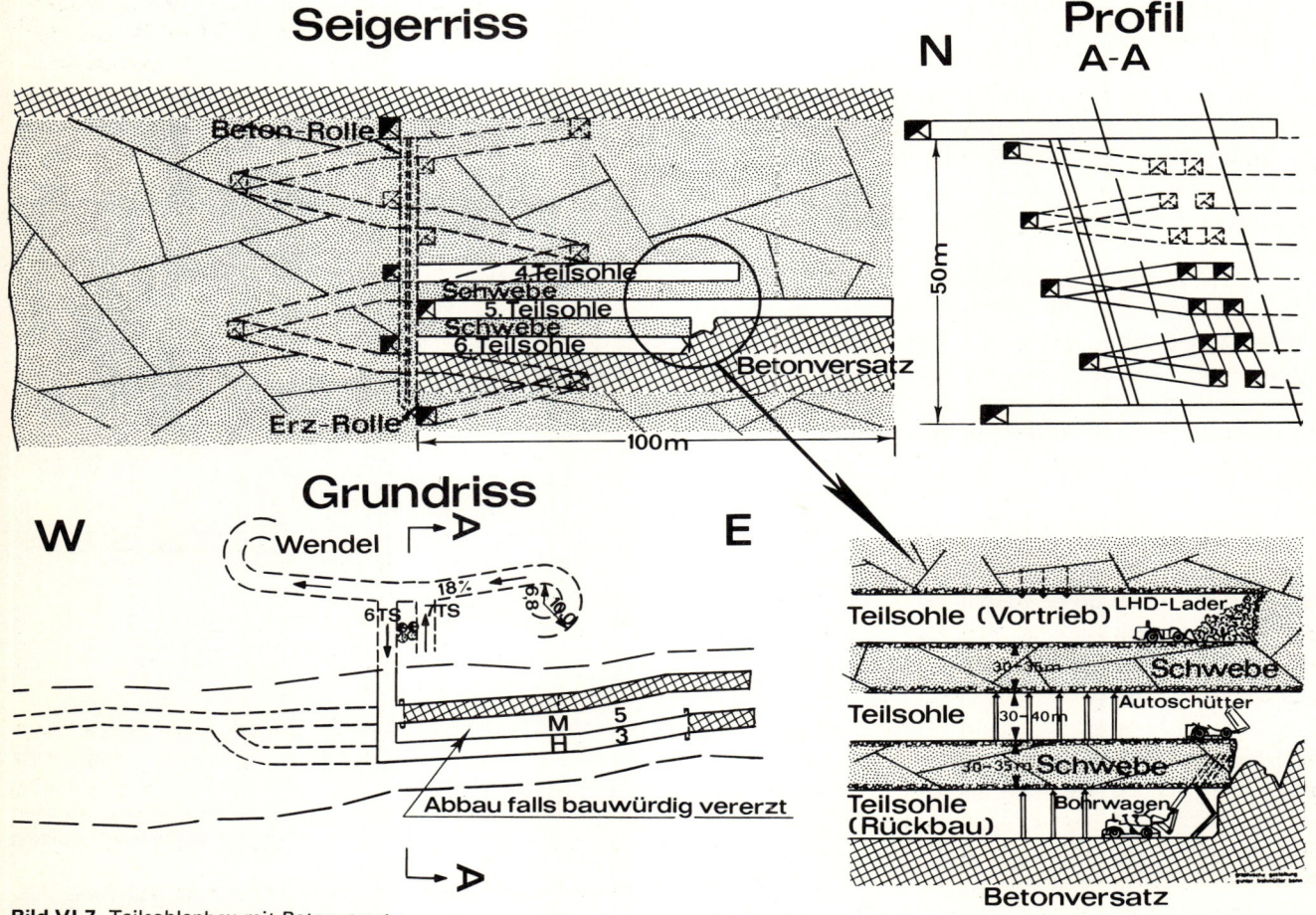

Bild VI.7 Teilsohlenbau mit Betonversatz

5 Bergbau und Aufbereitung

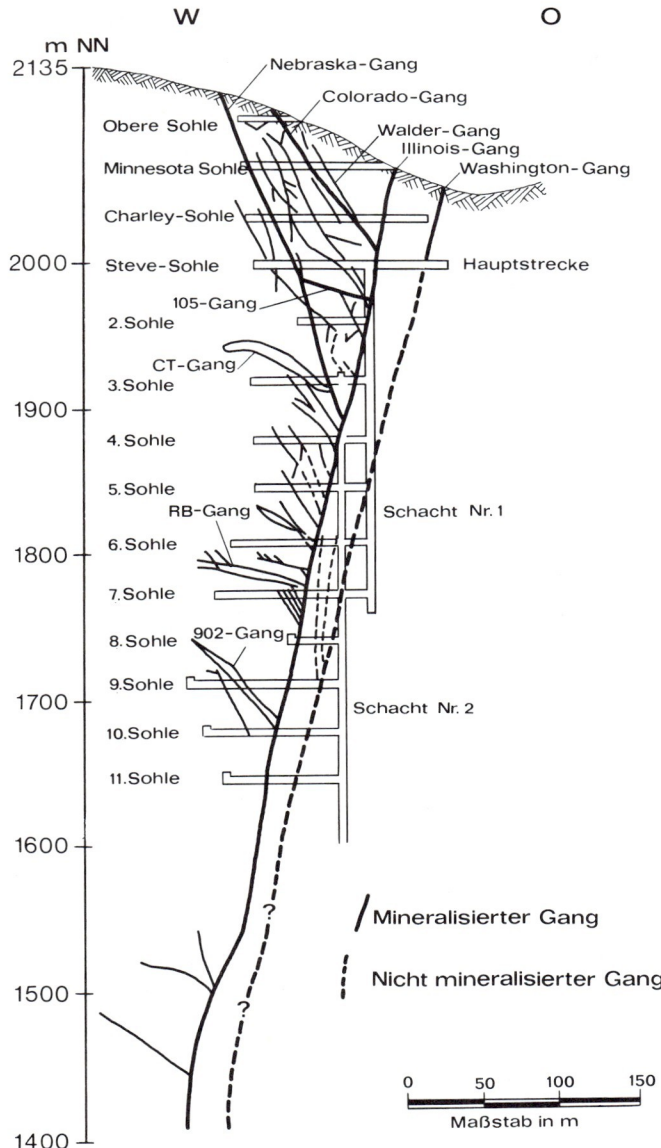

Bild VI.8 Schwarzwalder Mine, Colorado: Generalisiertes Querprofil des Gangsystems (Blickrichtung N 10 °W) nach Lahr

kosten betragen derzeit rd. 60 $/kg U_3O_8. Hierbei ist die Produktion der Lagerstätte Rössing in Namibia, die sich zum größten Uranproduktionsbetrieb der westlichen Welt entwickelt, eingerechnet. Vorgesehen ist in der ersten Ausbaustufe eine Jahresproduktion von 4500 t Uran, die in weiteren Ausbaustufen erhöht werden kann.

In den USA wird Uran durch die Uranium Recovery Corp. bei Tampa/Florida aus Naßphosphorsäure, die aus Phosphaten mit rund 200 ppm U_3O_8 hergestellt wurde, gewonnen. Es wird zunächst eine Jahresproduktion von 2000 t Uran erwartet. Bis zum Jahre 2000 könnte in der westlichen Welt die Produktion aus Naßphosphorsäure auf rund 5000 t Uran gesteigert werden. Geht man von der Weltphosphatfördermenge aus, die über 100 Mt/a liegt, dann wäre daraus theoretisch eine Jahresproduktion von rund 10 000 t U möglich.

Einen festen und bedeutsamen Platz als Uranproduktionsverfahren hat in den letzten Jahren die „in situ Laugung" in Sandsteinvorkommen in den USA erreicht. Knapp 8 % der Uranproduktion der westlichen Welt stammen aus „in situ Laugungsbetrieben".

Bild VI.9 bringt eine schematische Darstellung der Anordnung einer „in situ Laugung" aus Bohrlöchern. Neben der Wahl der geeigneten Laugungslösung in Abhängigkeit von der mineralogischen Zusammensetzung der zu laugenden Gesteinsschicht und des erforderlichen Drucks der Flüssigkeit spielt die Optimierung der Bohrlochabstände eine entscheidende Rolle für das Uranausbringen und die Wirtschaftlichkeit des Verfahrens. Bild VI.10 zeigt den schematischen Grundriß eines Brunnenfeldes. Bei geeigneten Sandsteinhorizonten zwischen Wasser hemmenden

Je nach dem Zeitraum, in dem Produktionsbetriebe errichtet wurden und dem Stand der durchgeführten Abschreibungen liegen die Grenzkosten, zu denen ohne Verluste produziert werden kann, mehr oder weniger unter den oben angegebenen Durchschnittskosten.

Im südafrikanischen Goldbergbau wird derzeit Uran in wachsendem Umfange als Nebenprodukt und aus alten Halden bei Gehalten um 50 ppm wirtschaftlich gewonnen. Beachtliche Investitionen werden in 1980 den Produktionsstand von 1959 mit 6000 t U_3O_8 voraussichtlich wieder erreichen lassen. 1985 sollten 12 500 t U_3O_8 produziert und langfristig gehalten werden. Die Produktions-

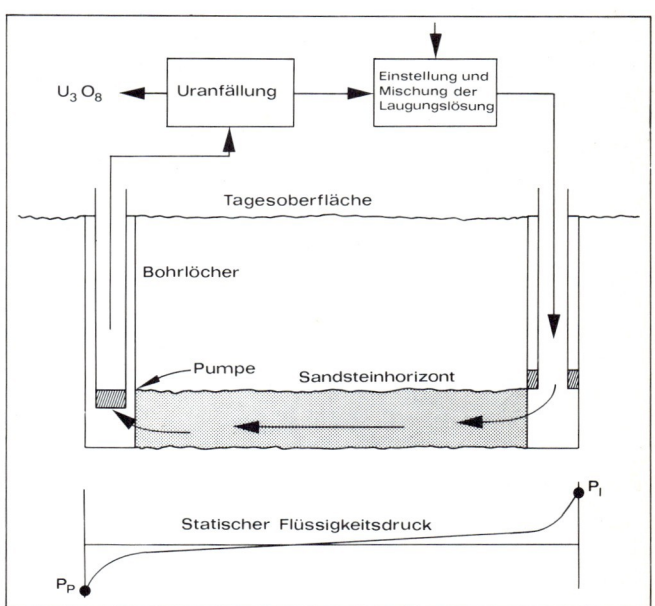

Bild VI.9 Prinzipskizze einer untertage „in situ Laugung" aus Bohrlöchern

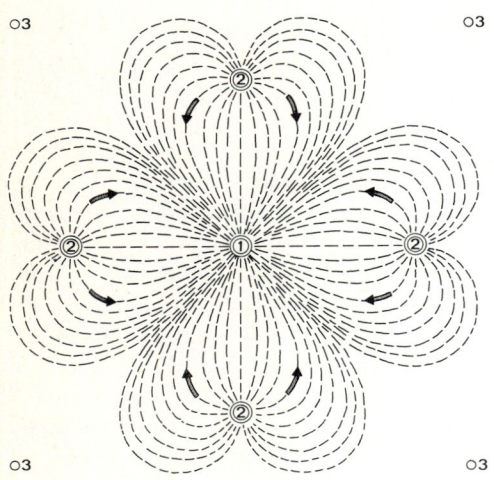

1 Förderbohrloch
2 Injektionsbohrloch
3 Beobachtungsbohrloch

Bild VI.10 Schematischer Grundriß eines Brunnenfeldes zur „in situ Laugung"

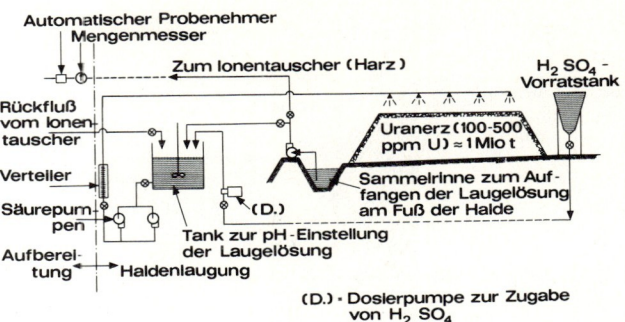

Bild VI.11 Prinzipschema der Haldenlaugung der Cogema/Frankreich bei Bessines

Sedimenten können bei einer Urangewinnung im „in situ Laugungsverfahren" die Beeinflussung der Umwelt erheblich reduziert und die Investitionskosten je Einheit auf 20–30 % eines normalen Urangewinnungsbetriebes reduziert werden. Nachteile sind:

1. geringes Uranausbringen,
2. keine exakt vorausbestimmbare Uranproduktion und
3. ein erheblich größerer Zeitbedarf für das Ausbeuten einer Lagerstätte.

Für die „in situ Laugung" haben sich folgende Laugungslösungen bewährt:

1. Bei Sandsteinerzen mit Karbonatgehalten über 10 %:

$$NH_4HCO_3$$
$$NaHCO_3$$
$$Mg(HCO_3)_2$$
$$Ca(HCO_3)_2$$

Alkalische „in situ Laugung" mit Bikarbonat und CO_2 unter Auflösung von Kalk:

$$UO_2 + \tfrac{1}{2}O_2 \rightarrow UO_3$$
$$UO_3 + 2HCO_3 \rightleftharpoons (UO_2)(CO_3)_2^{2-} + H_2O$$
$$CaCO_3 + CO_2 + H_2O = Ca^{++} + 2HCO_3^-$$

Alkalische „in situ Laugung" mit Kalziumbikarbonat, das mit Kohlendioxid in der Lagerstätte gebildet wird, erfordert Zufuhr von Sauerstoff:

$$UO_2 + \tfrac{1}{2}O_2 + Ca(HCO_3)_2 \rightarrow$$
$$[(UO_2)(CO_3)_2]^{2-} + Ca^{++} + H_2O$$

2. Bei Sandsteinerzen ohne nennenswerten Karbonatgehalt ($< 3\%$) erfolgt eine saure „in situ Laugung" mit Schwefelsäure unter Ausfällung von Gips:

$$UO_2 + \tfrac{1}{2}O_2 \rightarrow UO_3$$
$$UO_3 + H_2SO_4 = UO_2SO_4 + H_2O$$
$$UO_2SO_4 + 2H_2SO_4 = [UO_2(SO_4)_3]^{4-} + 4H^+$$
$$CaCO_3 + H_2SO_4 \rightarrow CaSO_4\downarrow + CO_2\uparrow + H_2O$$

Unter „in situ Laugung" versteht man auch das Laugen von Halden, die einen Urangehalt haben, der zu hoch für eine Einstufung als „Berge"-uranfreies Nebengestein ist und zu niedrig für eine wirtschaftliche Verarbeitung in einer konventionellen Aufbereitung ist, d.h. Gehalte zwischen 50 ppm bis etwa 500 ppm U_3O_8 (siehe hierzu Bild VI.11). Es kann unter „in situ Laugung" aber auch das Laugen von Resturanzmengen in ausgeerzten Tagebauen erfaßt sein, wobei dann im Tagebautiefsten ein kleiner See aus Laugungslösung entsteht. Hierbei wird die Zirkulation entweder durch Abpumpen von der Oberfläche oder durch Abziehen aus einem tieferen Grubenbau hergestellt. Ähnlich kann man vorgehen, wenn ausgeerzte Grubenräume unter Tage mit zerkleinertem Uranerz gefüllt werden und dieses Erz mit Laugungslösung durchströmt wird.

Enthält das Erz Pyrit, dann kann der Laugungsprozeß entweder unterstützt oder bei günstigen Bedingungen (Temperatur, S- und O_2-Gehalte) vollständig durch die Bakterien Ferrobacillus ferro-oxidans, Thiobacillus ferro-oxidans und Thiobacillus thio-oxidans übernommen werden. Diese Bakterien produzieren aus S und O_2 H_2SO_4 und reduzieren damit den Bedarf an Säure zur Laugung. Hierdurch lassen sich die Reagenzienkosten senken.

Ein Problem des Uranbergbaus ist die Strahlungsgefahr als Betriebsrisiko. Um die Strahlungsgefahr zu kennzeichnen und meßbar zu machen, wurde für den kanadischen und amerikanischen Bergbau der Begriff „working level" eingeführt. Ein „working level" ist erreicht, wenn eine spezifische Aktivität von 3,7 reziproke Sekunden Radontöchterkonzentrationen in 1 l Luft enthalten ist, bei einer α-Strahlenenergie von $1{,}3 \cdot 10^5$ MeV.

5 Bergbau und Aufbereitung

Ein Beschäftigter darf im Jahr nur insgesamt vier working level months ausgesetzt sein. Das bedeutet, daß er bei der oben genannten Konzentration und bei 173 Arbeitsstunden im Monat nur vier Monate im Jahr arbeiten darf. Bei ganzjähriger Tätigkeit darf demnach nur eine mittlere Aktivität von $1{,}11\,s^{-1}\,l^{-1}$ erreicht werden. Daher ist man beim Abbau bemüht, durch entsprechende Wettermengen, Wettergeschwindigkeiten, Zerstäubung von Wasser zur Staubniederschlagung und durch Frischwetterzufuhr die durchschnittliche Konzentration unter $1{,}11\,s^{-1}\,l^{-1}$ zu halten. Dabei werden Wetter mit höheren Radonkonzentrationen nicht mehr zu belegten Betriebspunkten geführt.

5.2 Bergrecht

Die Rechts- und Eigentumsverhältnisse des Bergbaus auf Uran in den westlichen Haupturanproduktionsländern Australien, Kanada und USA sind sehr vielgestaltig. Eine Konzessionskarte der uranhöffigen Bereiche in Nord-Saskatchewan/Kanada (Bild VI.12) zeigt wie die claims die Grenze des prospektiven Athabascasandstein-Beckenrades nachzeichnen. Entlang der unconformity aphebisches Becken/helikischer Sandstein wurden in den letzten Jahren die Lagerstätten Rabbit Lake (Gulf Minerals, Uranerz) Key Lake und Maurice Bay (Joint Venture Uranerz, Eldor,

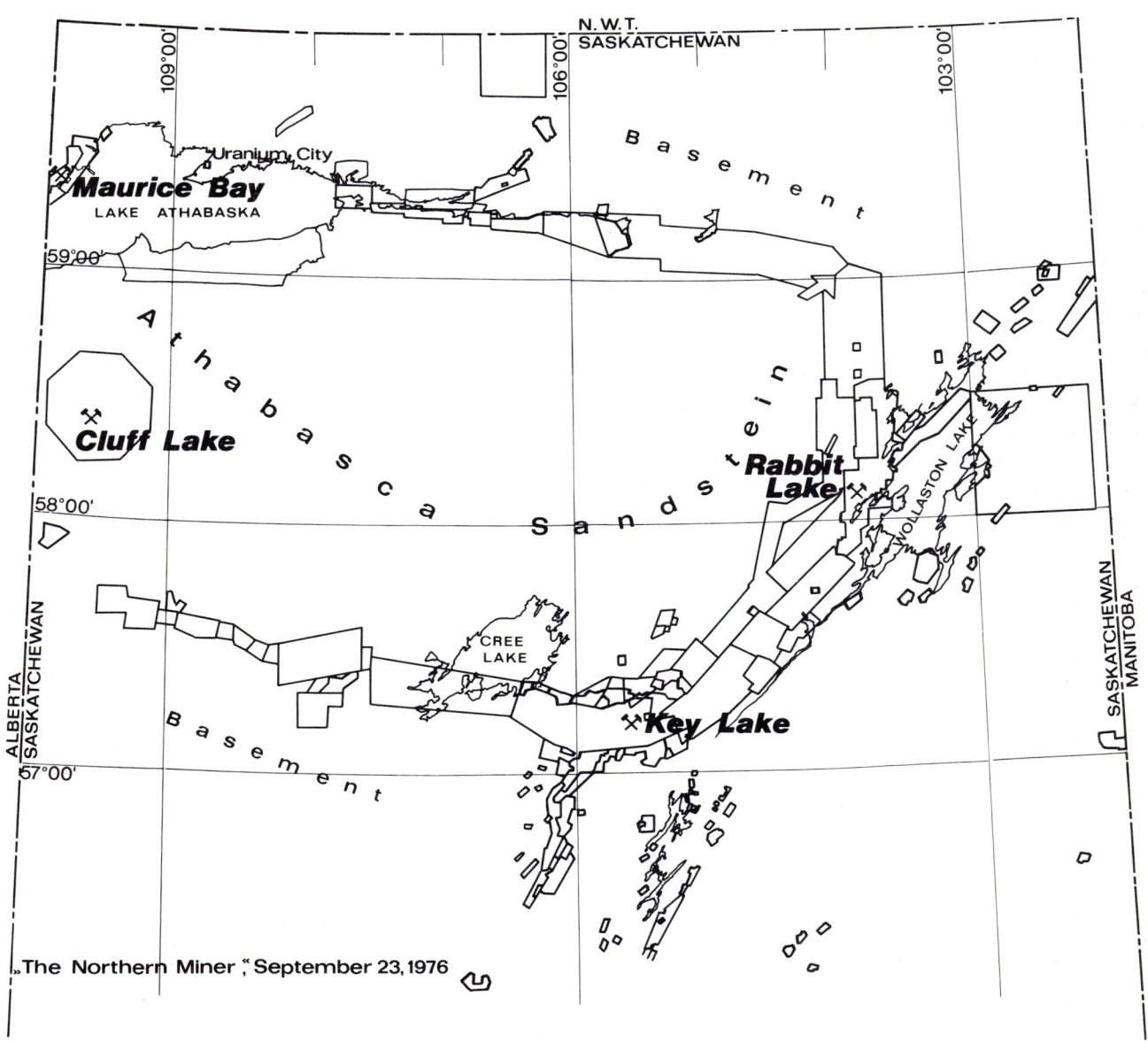

Bild VI.12 Urankonzessionen in Nord-Saskatchewan/Kanada

SMDC) und Cluff Lake (Amok) gefunden. Weitere bekanntgewordene Funde, aber bisher ohne quantifizierte Uranvorräte sind: Collins Bay, Raven & Horseshoe, West Bear, Midwest Lake.

Die unregelmäßigen Formen der Konzessionen entstehen dadurch, daß stets Gruppen von Einheitsfeldern (claims, Permits oder Leases) aneinandergereiht werden, um die Lagerstätte möglichst vollständig zu erfassen und auch, um weitere Aufschlußarbeiten abzusichern.

In den Tabellen VI.8, VI.9 und VI.12 sind wesentliche Fakten zum Erwerb von Rechten, Prospektion, Exploration und Exploitation von Uran erfaßt und veranschaulichen die vielfachen Probleme, denen sich der prospektierende Geologe und der Bergmann gegenüber sieht, bevor in einem höffigen Gebiet gearbeitet werden kann.

5.3 Aufbereitung

Der Gehalt des Uranroherzes muß im Konzentrat auf das bis zu 1500-fache angereichert werden. Da die Uranminerale in den meisten Fällen sehr feinkörnig im Gestein dispergiert und oft auch mit anderen Komponenten so intensiv verwachsen sind, daß mechanische Anreicherung als Verfahren bei der Aufbereitung des Uranerzes größtenteils ausscheiden, werden hydrometallurgische Aufbereitungsverfahren angewandt. Eingeführt und bewährt sind die beiden Standardverfahren

a) alkalische Laugung mit Ammonium oder Natriumkarbonat

b) saure Laugung mit Schwefelsäure.

Typische Beispiele für diese beiden Uranerzaufbereitungen bringen die beiden Bilder VI.13 und VI.14. Bild VI.13 stellt die Uranerzaufbereitung Homestake Partners bei Grants/New Mexico, USA dar, für eine Durchsatzleistung von 3500 t/Tag und Bild VI.14 die Uranerzaufbereitung der Kerr McGee Corp. in Grants/New Mexico, USA, für eine Durchsatzleistung von 5000 t/Tag. Die wesentlichen Prozeßschritte bei beiden Verfahren sind:

1. Zerkleinerung und Mahlung
2. Voranreicherung, z.B. radiometrisch oder gravimetrisch
3. Laugung sauer oder basisch
4. Separation der ungelösten Rückstände durch Gegenstromeindicker, Filter, Klassierer, Zyklone
5. Extraktion des gelösten Urans aus geklärten Lösungen durch feste oder flüssige Ionenaustauscher
6. Fällung des Urans durch Ammoniak bei der sauren oder durch Natronlauge bei der alkalischen Laugung

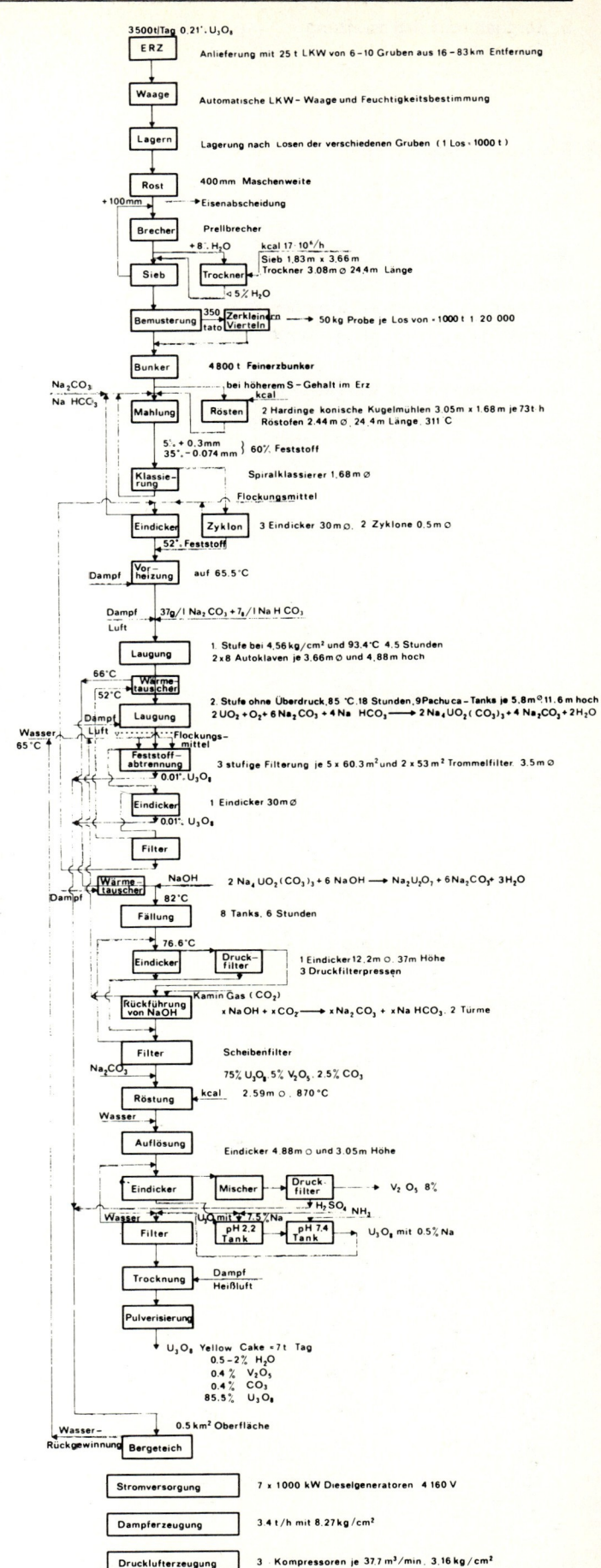

Bild VI.13 Uran-Erzaufbereitung, Homostake Partners bei Grants/New Mexico, USA

5 Bergbau und Aufbereitung

Tabelle VI.8 Bergrecht Australien (Auswahl) Juni 1980

		Exploration	Abbau
Western Australia	alt	*Mineral Claim* (1) max. 300 acres (2) 50 c/acre (3) bis zu 198 A$ (nach Größe und Lage) (4) unbegrenzt (5) 3 Arbeiter/100 acres Vollzeit; Jahresbericht; mineralbezogen	*Mineral Lease* (1) max. 300 acres (2) 2 A$/acre (3) bis zu 198 A$ (nach Größe und Lage) (4) 21 Jahre, Erneuerung einmal möglich (5) 1 Mann/6 acres Vollzeit
Western Australia	neu (ca. Juli/Aug. 80)	*Exploration Licence* (1) min. 10 km²; max. 200 km² (2) 15 A$/km² (4) 5 Jahre, nach 3. und 4. Jahr jeweils halbieren (5) 300 A$/km² (min. 30 000 A$); Kaution; Vierteljahres- und Jahresberichte	*Mining Lease* (1) max. 10 km² (2) 5 A$/km² (3) 40–1730 A$ (nach Größe) (4) 21 Jahre (5) 10 000 A$/a; Jahresberichte (6) 2 %
Northern Territories	alt	*Temporary Reserve* (1) max. 200 km² (2) 1000 A$ + 1 A$/km² (4) 1 Jahr, Erneuerung möglich (5) 200 A$/km² (min. 20 000 A$); Vierteljahres- und Jahresberichte	*Uranium Mineral Lease* (1) im Ermessen des Bergbauministers (2) 50 c/acre (3) abhängig von der Größe (4) 21 Jahre (5) Arbeitsverpflichtung
Northern Territories		*Exploration Licence* (1) max. 500 sq. miles (2) 2 A$/sq. mile (4) 1 Jahr, verlängerbar auf max. 5 Jahre, zu halbieren nach 2., 3. und 4. Jahr (5) Mindest-Operating Costs (nach Vereinbarung), Vierteljahres- und Jahresberichte	
Northern Territories	neu (ca. Okt./Nov. 80)	*Exploration Licence* (1) max. 500 sq. miles (4) 6 Jahre, nach 2, 3, 4 und 5 Jahren zu halbieren (5) Ausgabenverpflichtung gemäß Programmvorschlag; Jahresbericht	*Mining Tenement* (1) max. 4500 ha (4) 25 Jahre (5) Arbeitsverpflichtung
Northern Territories		*Exploration Retention Lease* (1) max. 400 ha (4) 5 Jahre, erneuerbar (5) im Ermessen des Bergbauministers	— *Ministerial Lease* Der Bergbauminister hat die Möglichkeit, ein Gebiet zu einer „reserve for mining" zu erklären und die Bergrechte einer Gesellschaft einer zu übertragen
Queensland, South Australia		*Exploration Licence* (1) max. 2500 km² (2) 50 c/km² (4) 2 Jahre (5) Ausgaben und Arbeiten nach Zustimmung des Bergbauministers; Vierteljahres- und Jahresberichte	*Mineral Lease* (1) max. 20 ha (2) A$/ha (4) 21 Jahre (5) Arbeitsverpflichtung
Queensland, South Australia		*Authority to Prospect* (1) beliebig, muß jährlich halbiert werden (2) 100 A$, und 10 A$/sq. minute (4) 5 Jahre (5) Arbeitsverpflichtung im Ermessen des Bergbauministers	*Mining Lease* (1) max. 130 ha (2) 10 A$/ha (4) 21 Jahre (5) Arbeits- und Ausgabenverpflichtung

(1) = Größe; (2) = jährliche Miete; (3) = Survey Fee; (4) = Zeitdauer; (5) = Bedingungen; (6) = Royalties

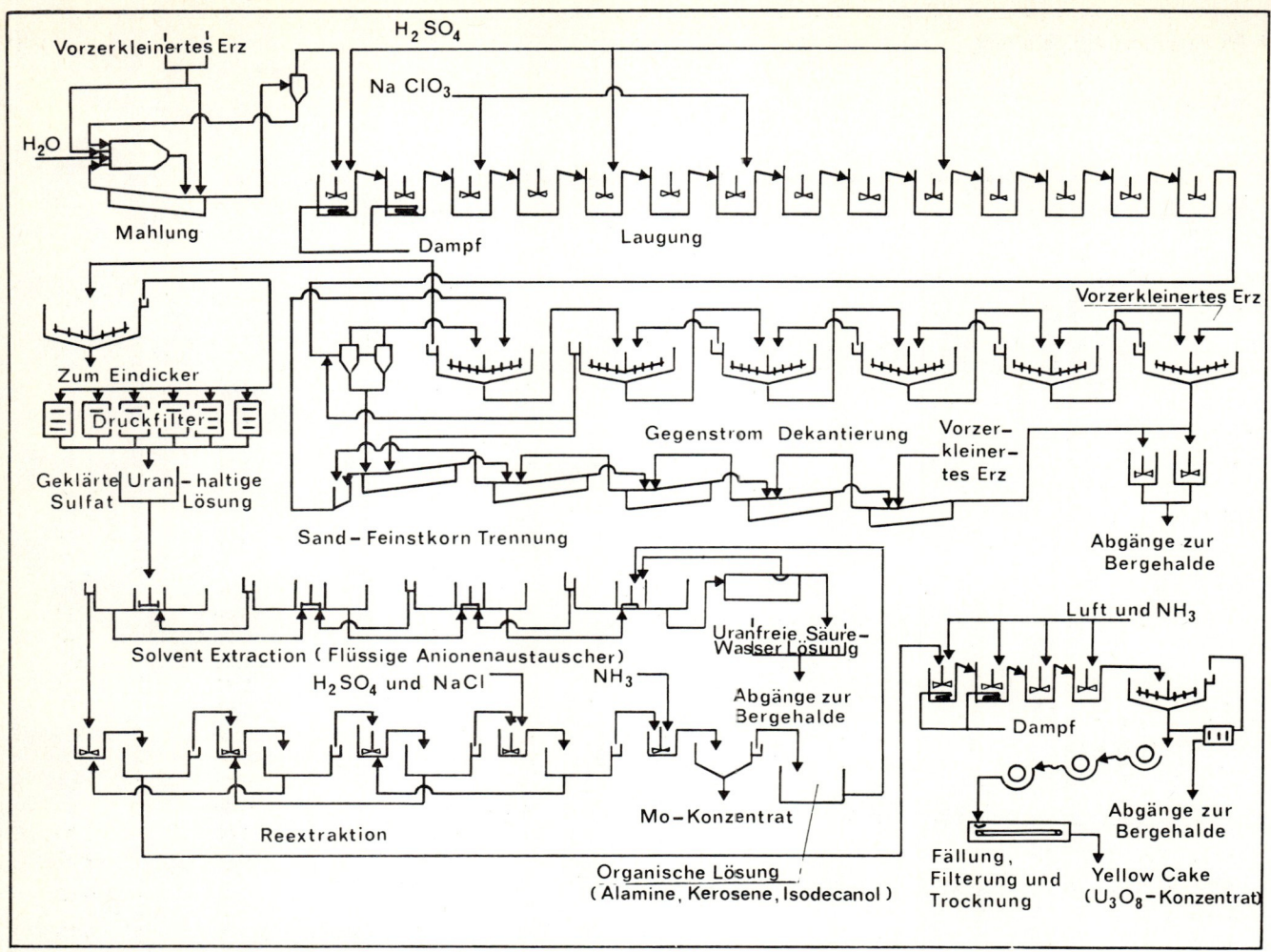

Bild VI.14 Uran-Erzaufbereitung der Kerr-McGee Corporation in Grants/New Mexico, USA

Tabelle VI.9 Bergrechte USA (Auswahl) Juni 1980

Claims (nur auf federal land)
    Rentals: keine
    Royalties: keine
    Größe: 20 acres (maximal), Länge max. 1500 ft., Breite max. 600 ft.
    Assessment work: 100 $/Jahr/Claim
    (Claims müssen markiert und innerhalb 60 bzw. 90 Tagen an die zuständigen Staats- und County-Behörden gemeldet werden)

State Leases (nur auf state land)

	Arizona	Californien	Colorado	Montana	N. Mexico	Utah	Wyoming
	(„prospecting permits")	(„prospecting permits")					
Royalties	5 %	n. Vereinbarung	10 %	10 %	12,5 %	12,5 %	5 %
Assessment work	10 $/ac/Jahr						
Rentals	2 $/ac (1. Jahr) danach 1 $/ac	n. Vereinbarung	1 $/ac (im 1. Jahr, steigend)	1 $/ac/Jahr	0,25 $/ac/Jahr	1 $/ac/Jahr	1 $/ac/Jahr
Größe	max. 640 ac	max. 160 ac		max. 640 ac	max. 640 ac	unbegrenzt	max. 1280 ac
zeitl. Begrenzung	10 Jahre	15 Jahre	10 Jahre	10 Jahre	15 Jahre	10 Jahre	10 Jahre
Sonstiges		Arbeitsprogramm muß vorgelegt werden		Bohrerlaubnis erforderlich			

Fee Leases (auf privatem Land) Bedingungen nach Vereinbarung

5 Bergbau und Aufbereitung

7. Eindickung, Trocknung und Verpackung des yellow cake als Endprodukt.

Ein Vergleich der technischen Kosten von drei typischen Anlagen, die verschiedene Erze verarbeiten, veranschaulicht die Bedeutung der verschiedenen Einflußgrößen. In der Tabelle VI.10 bedeutet I eine moderne Aufbereitung in USA, ca. 2000 tato Sandsteinerz mit 0,2 % U_3O_8, Solvent Extraktion; II eine ältere kanadische Anlage aus dem Blind River Gebiet, Konglomeraterz, 3000 tato mit 0,16 % U_3O_8, Ionen-Austauscher; III eine ebenfalls ältere Anlage in Australien, Gangerze, schlecht laugbar, 1000 tato mit 0,18 % U_3O_8.

Tabelle VI.10 Kostenaufteilung von Uranerzaufbereitungen (in %)

	I	II	III
Vorzerkleinerung	6 } 11	6 } 19	} 12
Mahlung und Eindicken	5	13	
Laugung und Trübebehandlung	43	48	54
Separation	13	15	15
Fällung und Trocknung	10	3	12
Nebenarbeiten	13	} 15	} 7
Verwaltung	10		
	100 %	100 %	100 %

(Technische Betriebskosten, ohne Kapitaldienst usw.)

Tabelle VI.11 Standard Yellow Cake Anforderungen der Konversionsanlagen

	Konversionsanlage	
	Allied Chemical (USA) Gehalte in Gew. %	Eldorado (Kanada) Gehalte in Gew. %
1. Uran (U)	75,00	60,00
2. Vanadium (V_2O_5)	0,10	0,10
3. Phosphor (PO_4)	0,10	0,35
4. Halogene (Cl, Br, J)	0,05	0,25
5. Fluor (F)	0,01	0,15
6. Molybdän (Mo)	0,10	0,15
7. Schwefel (SO_4)	3,00	*)
8. Eisen (Fe)	0,15	*)
9. Arsen (As)	0,05	1,00
10. Karbonate (CO_3)	0,20	2,00
11. Calcium (Ca)	0,05	1,00
12. Natrium (Na)	0,50	*)
13. Bor (B)	0,005	0,15
14. Kalium (K)	0,20	*)
15. Titan (Ti)	0,01	*)
16. Silicium (SiO_2)	0,50	*)
17. Magnesium (Mg)	0,02	*)
18. Wasser (H_2O)	2,00	5,00
19. Thorium (Th)	*)	2,00
20. Extrahierbare organische Substanz	*)	0,10
21. HNO_3-unlösliches Uran	*)	0,10

*) keine Standardwerte veröffentlicht.

Modifizierungen der beiden Standardverfahren z. B. durch Drucklaugung bei höherer Temperatur können einmal durch schlecht aufschließbare Erze, z. B. Brannerit oder Davidit erforderlich werden, zum andern aber auch durch neue Mineralkombinationen, wie z. B. durch das Auftreten von Graphit, Nickel, Kupfer, Kobalt, Arsen, die mehrere getrennte Abtrennungsstufen in der Aufbereitung erforderlich werden lassen.

Welche Reinheitsforderungen und Urankonzentrationen an den yellow cake bei Ablieferung von Konzentraten an die Konversionsanlage gestellt werden, zeigt die Aufstellung (Tabelle VI.11) der Forderungen von Allied Chemical, USA und von Eldorado, Kanada.

In der Vergangenheit wurde fast ausschließlich zur Kennzeichnung des Urangehaltes im Erz und im Konzentrat die Rechengröße U_3O_8 benutzt. Sie ist eine rechnerisch ermittelte Größe zur Erleichterung von Mischrechnungen mit den verschiedenen Mineralzusammensetzungen und den unterschiedlichen Verbindungen zwischen Uran und Sauerstoff. Neuerdings werden bereits vielfach alle Angaben direkt auf das Element Uran bezogen.

Zur Einsparung von Schwefelsäure dient das Verfahren, den Pyrit, der in vielen Erzen als Begleitmineral auftritt, zu oxydieren, um direkt H_2SO_4 oder $Fe_2(SO_4)_3$ zu erzeugen.

Auf der gleichen Linie liegt die Laugung mit Hilfe von Bakterien (z. B. Thiobazillus ferrooxidans), die im Kupfererzbergbau schon seit 20 Jahren verwendet wird. Nachdem die Methode zunächst nur für die Nachlaugung von Bergehalden oder von alten Abbauen eingesetzt wurde, wobei die erforderliche lange Einwirkungszeit und die Regelung des Ablaufs praktisch belanglos sind, bemüht man sich jetzt, die Reaktionen zu beschleunigen und die mikrobiologischen Prozesse unter Kontrolle zu bekommen. Es laufen Versuche mit Laugetanks, die nach biotechnischen Gesichtspunkten abwechselnd statisch und dynamisch arbeiten, um den Lebensprozeß der Bakterien optimal zu gestalten, d. h. im wesentlichen ein Gleichgewicht zwischen der Erzeugung und dem Verbrauch von Schwefelsäure einzuhalten. Besonders schwierig scheint die genauere Erfassung der Azidität und des Redoxpotentials (pH und Eh) sowie der Enzymbildung zu sein, die sich ständig im Mikrobereich verändern. Die Möglichkeit einer beträchtlichen Verbilligung der Laugung ist zweifellos gegeben, da nicht nur ein Teil der Reagenzien eingespart werden kann, sondern auch oft die Feinmahlung. Das staatliche Bergbau-

Forschungsinstitut in Ottawa (Department of Energy Mines & Resources, Research Branch), der British Columbia Research Council und das Baas Becking Laboratory in Canberra/Australien besitzen Versuchsanlagen, die bereits unter technischen Betriebsbedingungen arbeiten.

Unter Förderung durch das BMFT werden in Bonn bakterielle Laugungsversuche mit Uranerzen mit 0,05 % U aus Österreich, Kanada und den USA durchgeführt, deren bisherige Ergebnisse eine beachtliche Senkung des H_2SO_4-Verbrauchs für die Uranlaugung armer Erze erwarten lassen.

Außerdem führt die Uranerzbergbau-GmbH, Bonn, im Auftrage des Bundesministerium für Forschung und Technologie (BMFT) zusammen mit der Gesellschaft für Kernenergieverwertung in Schiffbau und Schiffahrt mbH (GKSS) Versuche zur Extraktion von Uran aus dem Meerwasser durch. Die ersten Testversuche mit einem mit der Fa. Kronos Titan entwickelten Adsorber auf Titanhydrooxidbasis auf dem Atom-Schiff Otto Hahn und in Helgoland verliefen ermutigend. Weitere Versuche haben vor Florida (USA) begonnen.

6 Brennstoffkreislauf

Bevor das Uran, das im yellow cake bereits konzentriert vorliegt, für die Energieerzeugung eingesetzt werden kann, muß es verschiedene Umwandlungsstufen durchlaufen und darüber hinaus zum Einsatz in Leichtwasserreaktoren das spaltbare Isotop ^{235}U eine Anreicherung von 0,7 auf rund 3 % erfahren. Es werden folgende Stufen des geschlossenen Brennstoffkreislaufes unterschieden:
a) Produktion von U_3O_8 nat-Konzentrat (yellow cake),
b) Reinigung des Urankonzentrats und Konversion zu UF_6 und Konversion zu U-Metall für die Magnox-Reaktoren bzw. UO_2 für Natururanreaktoren,
c) Anreicherung des Gases UF_6 von 0,7 % ^{235}U auf den gewünschten Prozentsatz ^{235}U,
d) Brennelementefertigung,
e) Energieerzeugung im Kernkraftwerk,
f) Wiederaufarbeitung der abgebrannten Brennelemente,
g) Endlagerung der Abgänge der Wiederaufarbeitungsanlage oder der abgebrannten Brennelemente,
h) Abbruch von Kernkraftwerken.

Tabelle VI.13 bringt die Uranproduktion der WOCA bis 1979 und die voraussichtliche Produktion 1980, Tabelle VI.14 die erreichbaren Produktionskapazitäten 1980 bis 2025. Der Rückgang von 1959 ist überwunden und in aller Welt ein planmäßiger Ausbau des Uranerzbergbaus in Angriff genommen worden. Trotz Verzögerungen im Kernenergieausbauprogramm in einigen Ländern der westlichen Welt zwingt die vorhersehbare Erschöpfung der Erdölvorkommen und die Verteuerung des Erdölpreises zumindest die Industrieländer zum zügigen Ausbau der Kernenergie, um die katastrophalen Folgen eines Energiemangels zu vermeiden, ihren Beitrag für die Entwicklungsländer leisten zu können und Verteilungskämpfe (Kriege) um Energiequellen zu vermeiden. Die erwartete Entwicklung der Kernenergie in der Welt zeigt Tabelle VI.15.

Die Konversion zu UF_6 ist erforderlich, da nur in der gasförmigen Phase, die bei UF_6 unter günstigen allgemeinen Bedingungen erreichbar ist, eine Anreicherung derzeit möglich ist.

Die Urankonversionskapazität in der westlichen Welt ist in Tabelle VI.16 zusammengestellt.

Der rechtzeitige weitere Ausbau der Konversionskapazität in Abstimmung mit der Entwicklung der Uranproduktion scheint nach den bisherigen Planungen durchaus gesichert.

Für den Einsatz in Leichtwasserreaktoren ist im allgemeinen eine Anreicherung auf etwa 3 % ^{235}U erforderlich. Für die Anreicherung stehen derzeit 3 erprobte Verfahren zur Verfügung. Für neu errichtete Anlagen muß bei allen Verfahren heute mit einem erforderlichen Anreicherungspreis von 100–200 $/kg Trennarbeitseinheit gerechnet werden. Über die Aufteilung der Kosten, den Energiebedarf und die Zahl der benötigten Stufen gibt die Tabelle VI.17 Auskunft.

Während Diffusionsanlagen wegen ihrer technischen Gegebenheit mit einer Mindestkapazität von etwa 8000 t TAE/a gebaut werden müssen (Bedarf eines 1300 MW Kernkraftwerkes liegt bei 140 t TAE/a) können Zentrifugen- und Trenndüsenanlagen mit ca. 200 t TAE/a begonnen und durch Parallelschaltung kontinuierlich erweitert werden. Die europäische Urencoanlage in Almelo und auch die erste in Brasilien geplante Trenndüsenanlage haben daher eine Kapazität von 200 t TAE/a, während die Eurodif-Anlagen sofort mit 8000 t TAE/a geplant werden. Wegen des niedrigen Energiekostenanteils dürfte das Zentrifugenverfahren langfristig im Vorteil sein, wenn man die bisher nur im Labor getesteten Möglichkeiten, wie z.B. das Laser-Verfahren, nicht berücksichtigt. Dies zeigt auch die Entscheidung der US ERDA, eine neue Anlage mit 8000 t TAE/a im Endausbaustadium nach dem Zentrifugenprinzip zu bauen.

In den vergangenen Jahren hatten die USA die Entscheidung über den Ausbau ihrer Anreicherungsanlagen immer wieder hinausgeschoben. Dadurch wurde es für die Länder der europäischen Gemeinschaft immer dringlicher, eigene Anreicherungsanlagen zu schaffen, um selbst über einen geschlossenen Brennstoffkreislauf zu verfügen und so in der Versorgung mit angereichertem Uran unabhängiger zu werden. Dieses Ziel wurde zwar bisher noch nicht erreicht, wird aber bis Mitte der 80er Jahre angestrebt. Ein Engpaß in der Verfügbarkeit von Trennarbeitsdienstleistungen konnte bisher vermieden werden, indem mehrere europäische Energieversorgungsunternehmen Anreicherungsdienstleistungsverträge mit der UdSSR abschlossen.

Nach einem Bericht des Wall Street Journal vom 18.12.77 soll Exxon Nuclear Co., eine Tochtergesellschaft der Exxon Corp., einen Durchbruch in der kommerziellen Gewinnung von ^{235}U mit Hilfe von Laserstrahlen erzielt haben. Die Einrichtung einer Versuchsanlage in Richland (Bundesstaat Washington), soll geplant sein. Es muß erwartet werden, daß, wenn die Isotopentrennung mit Laserstrahlen sich als großtechnisch realisierbar erweist, eine effizientere Nutzung des im Natururan enthaltenen ^{235}U (Abreicherungsgrad 0,035 % ^{235}U statt bisher 0,20 %–0,25 % ^{235}U, technisch möglich derzeit 0,1 % ^{235}U) und eine erhebliche Senkung der Trennarbeitskosten gelingt.

Nach der Rekonversion des an ^{235}U angereicherten UF_6 zu UO_2 erfolgt die Weiterverarbeitung in Brennelementefabriken. In der Brennelementefertigung besteht eine ausreichende Produktionskapazität, die dem Bedarf laufend angepaßt werden kann, da die Vorlaufzeit zur Errichtung neuer Brennelementefertigungen nur gut 2 Jahre beträgt. Bei reinen UO_2-Brennelementen rechnet man heute mit Herstellungskosten von 150 $/kg U. Bei der Herstellung von Mischoxidbrennelementen (UO_2/PuO_2) sind die Kosten um 25–50 % höher.

7 Zukunftsaussichten des Urans

Die Kernenergie ist eine notwendige und unersetzbare Quelle für die Energieversorgung der Welt. Sie ist in der Lage, in die Lücke einzutreten, die sich schon heute in der Versorgung der Welt abzeichnet. Aufgrund der langfristig zu erwartenden Entwicklung des Energiebedarfs in der Welt, vor allem auch aufgrund des großen Nachholbedarfs an Energie der Entwicklungsländer, wird die Kernenergie immer stärker in den Vordergrund treten.

Die Nachfrage nach Uran ist seit 1967 ständig gestiegen und strebt mit großen Sprüngen auf einen Jahresbedarf von 100 000 t U zu. Die Produktion hat die Nachfrage bisher trotz der in zahlreichen Staaten praktizierten Reglementierung decken können. Die Verzögerung der Kernenergieausbauprogramme in einigen westlichen Industrieländern hat 1980 zu einem Überfluß an Uranproduktion geführt. Andererseits nimmt aber auch die Vorlaufzeit für die Inbetriebnahme neuer U-Produktionskapazitäten zu. Sie beträgt, von der Entdeckung eines Vorkommens bis zum Produktionsbeginn so wie bei Kernkraftwerken von der Bauentscheidung bis zur Aufnahme der Stromlieferung fast 10 Jahre. So ist zu erwarten, daß Produktion und Nachfrage mittel- und langfristig mit einer konstanten Aufwärtsentwicklung entsprechend dem wachsendem Energiebedarf der Welt in Übereinstimmung zu bringen sind. Wegen der rückläufigen Entwicklung der Ölförderung ist für die Uranproduktion mit überproportionalen Wachstumsraten von durchschnittlich 4,7 % jährlich zu rechnen.

Tabellen VI.12 bis VI.20 S. 204 bis 210

Tabelle VI.12 Bergrechtsübersicht Canada Juli 1980

	Regelnde Gesetze	Licences	Claims		Claim Blocks
Newfoundland	Mineral Regulations 1977	keine Licence zum Claim-stecken Pflicht	40 ac/claim 5 $ Eintragung: assessment work 1. Jahr 200 $/claim 2. Jahr 250 $/claim 3. Jahr 300 $/claim	4. Jahr 350 $/claim 5. Jahr 400 $/claim möglich: Transfer Claimblock Umformung Lease	min. 16 Claims/max. 64 Claims, Assessment wie Claims Transfer 10 $ Reduktion möglich Umformung Lease möglich
Nova Scotia	Regulations under the Mineral Resources Act	keine Licence zum Claim-stecken Pflicht Exploration Licence 2 $/Jahr Development Licence 1 $/ac/Jahr nach Erlaß des Ministers	40 ac/claim nach NTS, 200 $/claim/Jahr bis zu 5 Jahren jährlich zu verlängern, Reduktion möglich		
Prince Edward Island	The Oil, Natural Gas and Minerals Act 1971		40 ac/claim nach NTS, 2 $/ac/Jahr 5 $ Eintragung/claim max. 5 Jahre Gruppierung von max. 12 Claims möglich		
New Brunswick	Mining Act and Regulations	*Prospecting Licences* Individual 10 $/Jahr Company 25–100 $/Jahr erneuerbar vor 31. Okt.	40 ac/claim 4 $ Eintraung/claim 10 $ Urkunde (notwendig) Umformung Licence-Lease möglich (2 $)	Assessment: 1. Jahr 25–8 St Mann/Tag/claim 2. Jahr 50– 3. Jahr 75– 4. Jahr 100–	
Quebec	Mining Act 1964	*Prospector's Licence* 10 $/5 claims *Development Licence*	40 ac/claim Assessment: 1. Jahr 2 $/ac folgende Jahre 4 $/ac N'52 Breitengrad 1. Forderung nach 2 Jahren		
Ontario	The Mining Act Regulations Forest Fire Prevention Act notwendig	*Prospector's Licence* Individual 5 $/Jahr Company 25–100 $/Jahr erneuerbar vor 31.3. Licence to Prospect by Technical Methods siehe Permits	40 ac/claim 10 $ Eintragung/claim 25 $ Urkunde Transfer 5 $ Gruppierung möglich	Assessment: 1 Jahr—20 Tage/claim 2–4 Jahre—40 Tage/claim 5 Jahr—200 Tage/claim	
Manitoba	Manitoba Regulations 328/24 Note Programms	keine Licence zum Claimstecken Pflicht	40 ac/claim 5 $ Eintragung/claim Berichterstattung verlangt, Gruppierung max. 1920 ac 1 mal/Jahr möglich	Assessment: 1 Jahr frei 2.–10. Jahr 5 $/ac/Jahr weitere Jahre 10 $/ac/Jahr	min. 80 ac/max. 650 acres Reduktion durch Neustecken, sonst wie Claims
Saskatchewan	The Mineral Disposition Regulations 1961	keine Licence zum Claimstecken Pflicht	40 ac/claim, in vermessenem Land 160 ac/claim = 1/4 Sect. 5 $ Eintragung/claim max. 10 Jahre Gruppierung max. 36 zusammenhängende Claims (10 $/claim) Umw. Lease 1 × pro Jahr mög.	Assessment: 2,5 $/ac	min. 960 acres max. 15 360 acres Eintragung 15 c/ac Reduktion nach 2 Jahren möglich, Umwandlung Lease möglich, Assessment: 2,5 $/ac
Alberta	Verschiedene Einzelgesetze: → Neue Mineral Act für 1980 geplant, keine weiteren Angaben	The Miners and Mineral Act. The Public Lands Act The Forest Act. Public Highways Development Act Alberta Quartz Mining Act. Alberta Coal Mines Regulations			
British Columbia	Mineral Act Regulations Note: 7 Jahres Moratorium (seit März 1980) für die Uranprospektion	*Free Miners Certificate* Individual 5 $/Jahr Company 200–400 $/Jahr nach Kalenderjahr erneuerbar	61,78 ac/claim max. 20 claims 5 $ Eintragung	Assessment: 1–3 Jahre 100 $/claim folg. Jahre 200 $/claim	
Northwest Territories	Canadian Mining Regulations unter Jurisdiktion des Canadian Federal Government	*Prospector's Licences* Individual 5 $/Jahr Company 50 $/Jahr vor dem 31.3. erneuerbar	51,65 ac/claim Eintragung 10 c/acre Dauer 10 Jahre	Assessment: 2 $/ac/Jahr 1. Arbeitsnachweis nach 2 Jahren	max. 50 Claims
Yukon	Yukon Quartz Mining Act Regulations zusätzlich Teile anderer Gesetze	keine Licence zum Claimstecken Pflicht	51,65 ac/claim, innerhalb 12 Monaten nicht mehr als 8 Claims in einem 10 mile Radius zu anderen Claims 10 $ Eintragung/claim, Gruppierung max. 16 Claims Assessment: 1 $/Claim/Jahr		

Tabellen

Permits	Leases	Sonstiges
Extended Licence (5.–10. Jahr) *Map Staked Licence (NTS-System)* *Reserved Area Licence* *Development Licence* (Unterliegen gesonderten Konditionen)	zu jeder Zeit auf Antrag beim Minister auf 25 Jahre 16 $/acre/Jahr Offizielle Vermessung gefordert	Mehraufwendungen sind auf folgende Jahre übertragbar Ablauf: 1. Stecken oder Reserved Area Licence 2. Assessment Work 1–5 Jahre 3. Extended Licence 6.–10. Jahr 4. Vermessung und Development Licence 5. Lease
Exploration Licence max. 5 sq miles; Laufzeit 5 Jahre Assessment wie Claims	max. 80 Claims, Laufzeit 20 Jahre + 20 Jahre Verlängerung, aus Development Licence oder auf Antrag. Jährliche Berichterstattung	
	Formeller Antrag beim Minister Eintragung 25 $/Lease Miete 50 c/acre/Jahr Assessment work 4 $/ac/Jahr Dauer 21 Jahre, Verlängerung möglich	Mehraufwendungen sind auf folgende Jahre übertragbar
	max. 1000 acres Offizielle Vermessung gefordert Miete 1 $/ac/Jahr Assessment work 25 Mann/Tage/Claim/Jahr, Dauer 21 Jahre, erneuerbar	Mehraufwendungen sind auf folgende Jahre übertragbar Vertraulichkeit für 2 Jahre Ablauf: Royalties nach Festlegung 1. Prospector's Licence 2. Stecken und Eintragen 3. Offizielle Vermessungen 4. Mining Licence 5. Mining Lease
min 25–max 150 sq miles; max. 10 Jahre nach Erlaß des Ministers regulär 3–5 Jahre, Rental: min 150 $ pro sq mile; Assessment: 1+2 Jahr 100 $/km² 7+8 Jahr 400 $/km² 3+4 Jahr 200 $/km² 9+10 Jahr 500 $/km² 5+6 Jahr 300 $/km²	auf Antrag und nach offizieller Vermessung + Gutachten Mining. Ing. gefordert, Verpflichtung zum Abbau Dauer 5 Jahre 3 × für 10 Jahre erneuerbar. max. 1000 acres Kosten 1 $/ac/Jahr	Mehraufwendungen sind auf folgende Jahre übertragbar Transfer: 10 $ Mining Lease schließt keine Oberflächenrechte ein mit Ausnahme der zum Abbau nötigen Vorrichtungen
Notwendig sobald technische Mittel (z. B. Geophysik) eingesetzt werden. max. 6400 acres/Dauer 3 Jahre 1000 $/Jahr. Licence min. 1 $/ac/J. Reduzierung möglich	Dauer 21 Jahre + 21 Jahre Verlängerung, 1. Jahr 1 $/ac 25 c/acre Miete nach Erlaß des Ministers. 10 Jahre Lease möglich Oberflächenrechte einschließbar	Mehraufwendungen sind auf folgende Jahre übertragbar Sonderbedingungen bei Abbau einer Lagerstätte durch Antrag auf *Patented Lands*
min. 25 600 ac/max. 11 520 ac Antrag 250 $. Sicherheit 25 000 $ Dauer 3 Jahre, Assessment: 1. Jahr 50 c/ac, 2. Jahr 2 $/ac, 3. Jahr 3 $/ac	*Explored Area Lease* nach min. Ausgabe von 500 000 $. Antrag 25 $. Miete 2 $/ac/Jahr, max. 1920 ac, Dauer 10 Jahre Gruppierung möglich *Production Lease* min. 1960 ac Dauer 10 Jahre Verlängerung bei Abbau möglich	Mehraufwendungen sind auf folgende Jahre übertragbar
min 36 sq miles/max. 300 sq miles Dauer 3 Jahre + 2 mal 1 Jahr Verlängerung möglich Fee 25 $/Jahr Rental 1000 $/Jahr Assessment 30 000–60 000 $/Jahr	Dauer 10 Jahre Assessment 5 $/ac/Jahr	Mehraufwendungen sind auf folgende Jahre übertragbar Vertraulichkeit außer spez. Vorschriften bis 6 Jahre nach Aufgabe. Sondervorschriften über Behandlung und Veredelung von Erz und Billigkeitsrecht zur Teilnahme
	Antrag nach offizieller Vermessung Nachweis von Wirtschaftlichkeit, Rekultivierung, Sicherheit Dauer 21 Jahre erneuerbar Miete 2 $/ac/Jahr Steuern min 50 $ Reduktion auf Ministererlaß möglich	Mehraufwendungen sind auf folgende Jahre übertragbar
Antrag nur zwischen 1.12. und 31.12. nach NTS 25 $/permit Eintragung. Bürgschaft über Assessment notwendig; max. 770 km² 1. Jahr 10 c/acre 2. Jahr 20 c/acre 3. Jahr 40 c/acre	nach 10 Jahren auf Antrag Eintragung 25 $ Miete 1 $/ac/Jahr Dauer 21 Jahre + 21 Jahre erneuerbar	Mehraufwendungen sind auf folgende Jahre übertragbar Royalties erst 3 Jahre nach Produktionsbeginn
	jeder Zeit zu beantragen nach offizieller Vermessung, Dauer 21 Jahre Miete: bis 51,65 ac – 50 $ mehr als 51,65 ac – pro ac 5 $	

Tabelle VI.13 Uranproduktion der westlichen Welt in t U

vor 1957	32 915 (insgesamt)	1969	17 600
1957	17 720	1970	18 615
1958	28 982	1971	18 931
1959	34 117	1972	19 880
1960	32 042	1973	19 773
1961	28 594	1974	18 472
1962	26 063	1975	19 142
1963	23 773	1976	23 055
1964	21 594	1977	28 176
1965	15 838	1978	33 931
1966	15 015	1979	38 148
1967	14 691	1980	41 200 [1]
1968	17 517		

[1] vorläufig

Tabelle VI.14 Erreichbare Produktionskapazitäten in der WOCA, basierend auf bekannten Vorräten 1980–2025 (1000 t U)

Land	1980	1990	2000	2010	2020	2025
Australien	0,6	20,0	10,0	—	—	—
Kanada	7,2	15,5	12,5	10,7	10,5	10,4
Frankreich	3,5	4,4	1,6	—	—	—
Namibia	4,1	5,0	4,6	—	—	—
Südafrika	6,5	10,4	10,0	10,0	10,0	10,0
Vereinigte Staaten	19,9	40,8	51,6	40,7	12,3	—
Niger [1]	4,0	8,5	5,5	—	—	—
Andere	3,0	6,3	11,0	9,5	11,0	—
insgesamt ohne Phosphate	48,8	110,9	106,8	70,9	43,8	20,4
Phosphate [2]	1,0	5,0	8,0	12,0	14,0	16,0
insgesamt	49,8	115,9	114,8	82,9	57,8	36,4

Quelle: Table XXIV, Chapter 4, Working Group 1 report Infce

[1] Niger hat für 1980 und 1990 höhere Produktionszahlen angegeben (4 300 und 12 000 t U/a). Da für die Jahre danach keine Daten zur Verfügung standen, wurden in dieser Tabelle die US-DOE-Modell-Ergebnisse verwendet.

[2] Uran als ein Nebenprodukt bei der Phosphorsäure-Herstellung

Tabelle VI.15 Kernenergieprogramm der Welt in GWe [1]

Jahr	1.1.1980 in Betrieb	1985	1990	1995	2000
E.G.	28,806	77,0	129,5	168,5	271,5
sonstiges westliches Europa	6,819	24,5	37,0	53,0	82,0
USA	51,804	116,0	174,0	240,0	325,0
sonstige westliche Welt	24,764	57,5	109,0	197,0	314,5
UdSSR	10,820	25,5	40,5	115,0	188,0
sonstige Länder des Ostblocks	2,750	8,4	12,9	37,0	62,0
Summe	125,763	308,9	502,9	810,5	1243,0

[1] Mittel aus Statistiken: „Jahrbuch der Atomwirtschaft 1980", INFCE-Abschlußbericht Februar 1980, atw-Schnellstatistik in Atomwirtschaft März 1980 und Meldungen in Nuclear Fuel 1979/1980.

Tabelle VI.16 Urankonversionsanlagen in der westlichen Welt. Kapazität bezogen auf Konversion von U_3O_8 in UF_6

Land	Standort	Eigentümer	Kapazität in t U je Jahr 1980	1985[1])
Frankreich	Pierrelatte	Comurhex	12 000	15 000
Großbritannien	Springfields	British Nuclear Fuels Ltd.	10 000	16 000
Kanada	Port Hope, Ont.	Eldorado Nuclear Ltd.	6 000	14 500
USA	Metropolis, Ill.	Allied Chemical	14 000	22 500
USA	Sequoyah, Okl.	Kerr McGee	9 000	9 000

Quelle: Firmenangaben und Studie von Kreutz und Kuhrt

[1]) Informationstagung „Die Versorgung Europas mit Kernbrennstoffen". 5./6.3.1979 im Hotel International, Zürich-Oerliken

Tabelle VI.17 Vergleich erprobter Anreicherungsverfahren

	Diffusion	Zentrifuge	Trenndüse
Kapitalkosten (%)	45	70	Genaue Zahlen liegen nicht vor, dürften aber etwa dem Diffusionsverfahren ähneln
Energiekosten (%)	53	3	
Betriebskosten (%)	2	27	
Energiebedarf (kWh/kg TAE)	2 300	ca. 200	2000–3000
Zahl der Stufen für 3 % Anreicherung ca.	1 000	ca. 10	ca. 500

Tabelle VI.18 Eigenschaften von Uran und Thorium

	Uran	Thorium		Uran	Thorium
Ordnungszahl	92	90	Farbe	silberweiß	platinähnlich
Atomgewicht	238,03	232,038	Dichte g/cm³	18,9	11,31
Isotope	gesamt 15	gesamt 12	Schmelzpunkt °C	1 130	1827
wichtig	231, 232, 233, 234, 235, 236, 237, 238, 240	227, 228, 229, 230, 231, 232, 234	Siedepunkt °C	3800	3530
			Tenazität	mittelhart, verformbar	weich, duktil
Isotopenanteile	238 99,3 % 235 0,7 % 234 0,005 48 %	232 99,99 %	Löslichkeit	Säuren++ Alkal.+	Säuren+ Alkal.−
Atomradius[1])	(met. Bindung) 1,38 A	1,80 A			
Ionenradien[1])	U^{6+} 0,80 A U^{4+} 0,97 A	Th^{4+} 1,02 A	Entdeckung	Klaproth 1789	Berzelius 1828

[1]) nach *Ahrens*, 1952

Tabelle VI.19 Zerfallsreihen radioaktiver Elemente [1]

Uran-Actinium-Zerfallsreihe			Uran-Radium-Zerfallsreihe			Thorium-Zerfallsreihe		
Isotop	(Histor.) Name	Halbwertszeit	Isotop	(Histor.) Name	Halbwertszeit	Isotop	(Histor.) Name	Halbwertszeit
$^{235}_{92}U \xrightarrow{-\alpha}$	Actinouran (AcU)	$7{,}13 \cdot 10^8$ a	$^{238}_{92}U \xrightarrow{-\alpha}$	*Uran I (UI)	$4{,}51 \cdot 10^9$ a	$^{232}_{90}Th \xrightarrow{-\alpha}$	*Thorium (Th)	$1{,}39 \cdot 10^{10}$ a
$^{231}_{90}Th \xrightarrow{-\beta}$	Uran Y (UY)	25,6 h	$^{234}_{90}Th \xrightarrow{-\beta}$	Uran X_1 (UX$_1$)	24,10 d	$^{228}_{88}Ra \xrightarrow{-\beta}$	*Mesothorium 1 (MsTh$_1$)	6,7 a
$^{231}_{91}Pa \xrightarrow{-\alpha}$	*Protactinium (Pa)	$3{,}43 \cdot 10^4$ a	$^{234}_{91}Pa \xrightarrow{-\beta}$	Uran X_2 (UX$_2$)	1,18 m	$^{228}_{89}Ac \xrightarrow{-\beta}$	*Mesothorium 2 (MsTh$_2$)	6,13 h
$^{227}_{89}Ac \xrightarrow{-\beta}$	*Actinium (Ac)	21,6 a	$^{234}_{92}U \xrightarrow{-\alpha}$	Uran II (UII)	$2{,}48 \cdot 10^5$ a	$^{228}_{90}Th \xrightarrow{-\alpha}$	Radiothorium (RdTh)	1,91 a
$^{227}_{90}Th \xrightarrow{-\alpha}$	Radioactinium (RdAc)	18,17 d	$^{230}_{90}Th \xrightarrow{-\alpha}$	*Ionium (Io)	$8{,}0 \cdot 10^4$ a	$^{224}_{88}Ra \xrightarrow{-\alpha}$	Thorium X (ThX)	3,64 d
$^{223}_{88}Ra \xrightarrow{-\alpha}$	Actinium X (AcX)	11,7 d	$^{226}_{88}Ra \xrightarrow{-\alpha}$	*Radium (Ra)	1622 a	$^{220}_{86}Rn \xrightarrow{-\alpha}$	Thoron (Tn) (Thorium-Emanation)	51,5 s
$^{219}_{86}Rn \xrightarrow{-\alpha}$	Actinon (An) (Actinium-Emanation)	4,0 s	$^{222}_{86}Rn \xrightarrow{-\alpha}$	*Radon (Rn) (Radium-Emanation)	3,823 d	$^{216}_{84}Po \xrightarrow{-\alpha}$	Thorium A (ThA)	0,16 s
$^{215}_{84}Po \xrightarrow{-\alpha}$	Actinium A (AcA)	$1{,}8 \cdot 10^{-3}$ s	$^{218}_{84}Po \xrightarrow{-\alpha}$	Radium A (RaA)	3,05 m	$^{212}_{82}Pb \xrightarrow{-\beta}$	Thorium B (ThB)	10,64 h
$^{211}_{82}Pb \xrightarrow{-\beta}$	Actinium B (AcB)	36,1 m	$^{214}_{82}Pb \xrightarrow{-\beta}$	Radium B (RaB)	26,8 m	$^{212}_{83}Bi \xrightarrow{-\beta}$	Thorium C (ThC)	60,6 m
$^{211}_{83}Bi \xrightarrow{-\alpha}$	Actinium C (AcC)	2,15 m	$^{214}_{83}Bi \xrightarrow{-\beta}$	Radium C (RaC)	19,7 m	$^{212}_{84}Po \xrightarrow{-\alpha}$	Thorium C' (ThC')	$3 \cdot 10^{-7}$ s
$^{207}_{81}Tl \xrightarrow{-\beta}$	Actinium C'' (AcC'')	4,78 m	$^{214}_{84}Po \xrightarrow{-\alpha}$	Radium C' (RaC')	$1{,}64 \cdot 10^{-4}$ s	$^{206}_{82}Pb$	Thorium D (ThD) (Thoriumblei)	∞
$^{207}_{82}Pb$	ActiniumD (AcD) (Actiniumblei)	∞	$^{210}_{82}Pb \xrightarrow{-\beta}$	Radium D (RaD) (Radioblei)	21 a			
			$^{210}_{83}Bi \xrightarrow{-\beta}$	Radium E (RaE)	5,0 d			
			$^{210}_{84}Po \xrightarrow{-\alpha}$	Radium F (RaF) (*Polonium)	138,40 d			
			$^{206}_{82}Pb$	Radium G (RaG) (Radiumblei)	∞			

— Verzweigungen —

1 $^{227}_{89}Ac \xrightarrow[1\%]{-\alpha} ^{223}_{87}Fr \xrightarrow[22\,m]{-\beta} ^{223}_{88}Ra$

2 $^{215}_{81}Po \xrightarrow[0{,}005\%]{-\beta} ^{215}_{85}At \xrightarrow[ca.\,10^{-4}\,s]{-\alpha} ^{211}_{83}Bi$
   Actinium K (AcK)   Actinium B' (AcB')

3 $^{211}_{83}Bi \xrightarrow[0{,}3\%]{-\beta} ^{211}_{84}Po \xrightarrow[0{,}52\,s]{-\alpha} ^{207}_{82}Pb$
   Actinium C' (AcC')

4 $^{234m}_{91}Pa \xrightarrow[1\%]{-\gamma} ^{234}_{91}Pa \xrightarrow[6{,}66\,h]{-\beta} ^{234}_{92}U$
   Uran Z (UZ)

5 $^{218}_{84}Po \xrightarrow[0{,}02\%]{-\beta} ^{219}_{85}At \xrightarrow[1{,}35\,s]{-\alpha} ^{214}_{83}Bi$
   Radium B' (RaB')

6 $^{214}_{83}Bi \xrightarrow[0{,}01\%]{-\alpha} ^{210}_{81}Tl \xrightarrow[1{,}3\,m]{-\beta} ^{210}_{82}Pb$
   Radium C'' (RaC'')

7 $^{210}_{83}Bi \xrightarrow[ca.\,10^{-4}\%]{-\alpha} ^{206}_{81}Tl \xrightarrow[4{,}20\,m]{-\beta} ^{206}_{82}Pb$
   Radium E'' (RaE'')

8 $^{216}_{84}Po \xrightarrow[0{,}01\%]{-\beta} ^{216}_{85}At \xrightarrow[ca.\,3\cdot 10^{-4}\,s]{-\alpha} ^{212}_{83}Bi$
   Thorium B' (ThB')

9 $^{212}_{83}Bi \xrightarrow[35\%]{-\alpha} ^{208}_{81}Tl \xrightarrow[3{,}1\,m]{-\beta} ^{208}_{82}Pb$
   Thorium C'' (ThC'')

[1] aus Römpp, Chemie-Lexikon 1975

Tabelle VI.20 Die wichtigsten Uran- und Thoriumminerale

a) Uranminerale (Auswahl)

Mineralname	Chemische Formel[1]	Gehalt an U_3O_8 (%)
Oxide:		
Uraninit, Pechblende	UO_2	theor. 104
Brannerit	$(U, La, Th, Y) [(Ti, Fe)_2 O_6]$	40–65
Davidit	$(Fe^{2+}, Fe^{3+}, U, Ce, La)_2 (Ti, Fe^{2+}, Cr, V)_5 O_{12}$	2–10
Polykras	$(Y, Ce, Ca, U, Th) (Ti, Nb, Ta)_2 (O, OH)_6$	–15
Euxenit	$(Y, Er, Ce, U, Pb, Ca) (Nb, Ta, Ti)_2 (O, OH)_6$	–15
Pyrochlor	$(Ca, Th, Na)_2 (Nb, Ta)_2 O_6 (O, OH, F)$	–15
Betafit	$(Ca, U)_2 (Nb, Ti, Ta)_2 O_6 (O, OH, F)$	10–20
Hydroxide:		
Becquerelit	$6 [UO_2/(OH)_2] \cdot Ca(OH)_2 \cdot 4 H_2O$	ca. 85
Schoepit	$8 [UO_2/(OH)_2] \cdot 8 H_2O$	ca. 87
Curit	$3 PbO \; 8 UO_3 \cdot 4 H_2O$	ca. 65
Gummit	Gemenge von Uranyl-Hydroxiden	
Sulfate:		
Uranopilit, Uranocker	$[6 UO_2/5 (OH)_2/SO_4] \cdot 12 H_2O \cdot 1 H_2O$	79
Zippeit, Uranblüte	$[6 UO_2/3 (OH)_2/3 SO_4] \cdot 12 H_2O \cdot 3 H_2O$	76
Johannit, Uranvitriol	$Cu [UO_2/OH/SO_4] \cdot 6 H_2O$	ca. 50
Karbonate:		
Rutherfordin	$[UO_2/CO_3]$	85
Sharpit	$[UO_2/CO_3] \cdot H_2O$	80
Phosphate:		
Torbernit	$Cu [UO_2/PO_4]_2 \cdot 10 (12–8) H_2O$	ca. 60
Autunit	$Ca [UO_2/PO_4]_2 \cdot 10 (12–10) H_2O$	ca. 60
Uranocircit	$Ba [UO_2/PO_4]_2 \cdot 10 H_2O$	ca. 60
Arsenate:		
Zeunerit	$Cu [UO_2/AsO_4]_2 \cdot 10 (16–10 (H_2O)$	56
Uranospinit	$Ca [UO_2/AsO_4]_2 \cdot 10 H_2O$	57
Vanadate:		
Carnotit	$K_2 [(UO_2)_2/V_2O_8] \cdot 3 H_2O$	62
Sengierit	$Cu_2 [(UO_2)_2/V_2O_8] \cdot 6 H_2O$	57
Tujamunit	$Ca [(UO_2)_2/V_2O_8] \cdot 5–8 1/2 H_2O$	58
Silicate:		
Coffinit	$U [SiO_4]$	60–80
Uranothorit	$(Th, U) [SiO_4]$	5–15
Uranophan	$CaH_2 [UO_2/SiO_4] \cdot 5 H_2O$	66,5
Kasolit	$Pb_2 [UO_2/SiO_4]_2 \cdot 2 H_2O$	ca. 48
Bitumina:		
Thucholit	kohlehaltiger Kohlenwasserstoff, dessen Asche U, Th, Ti, Se enthält	ca. 0,3

Definierte Minerale (1969) ca. 200

Oxide, Hydroxide	44 %
Sulfate, Karbonate usw.	35 %
Vanadate, Uranate	8 %
Silicate	12 %
Organische	~ 1 %

——— wirtschaftlich wichtig
- - - - - lokal wichtig

[1] nach *H. Strunz,* Mineralogische Tabellen, 4. Auflage, 1966

Fortsetzung Tabelle VI.20

b) Thorium-Minerale

Mineralname	Chemische Formel	Gehalt an ThO_2 (%)
Oxide:		
Thorianit	ThO_2 (mit 5–30 % UO_2)	60–95
Bröggerit	Uraninit reich an Thorium	–15
Cleveit	Uraninit UO_2 mit Y, Er, Ce, Th, Ar, He	
Poly	(Y, Ce, Ca, U, Th) (Ti, Nb, Ta)$_2$ (O, OH)$_6$	– 4
u.a. Titanate, Niobate, Tantalate		
Brannerit	(U, La, Th, Y) [(Ti, Fe)$_2$O$_6$]	
Phosphate:		
Monazit	Ce [PO$_4$]	–16
Abukumalit	(Y, Th, Ca)$_2$[(F, O)/(SiO$_4$, PO$_4$, AlO$_4$)$_3$]	
Silicate:		
Thorit (Orangit)	Th [SiO$_4$]	81,5
Huttonit	Th [SiO$_4$]	81,5
Yttrialith	Thalenit Y$_2$[Si$_2$O$_7$] mit 6–10 % ThO_2	
Auerlith	(Th, ...) ([Si, P], O$_4$)	
Thorogummit	(Th, U) [(SiO$_4$), (OH)$_4$]	
Naegit (var. Zirkon)	Zr [SiO$_4$] mit Y, Nb, Ta, Th, U	
Karyocerit	Na$_4$Ca$_{16}$ (Y, La)$_3$ (Zr, Ce)$_6$ [F$_{12}$/(BO$_3$)$_3$/ (SiO$_4$)$_{12}$] stets Th-haltig	

Definierte Minerale (1969) ca.	30
Oxide usw.	50 %
Phosphate	6 %
Uranate	16 %
Silicate	27 %

Literatur

A   *Institute, Organisationen, Zeitschriften*

[1] *Uranium:* Resources, Production and Demand. International Atomic Energy Agency (IAEA). Organisation for Economic Cooperation and Development (OECD). Paris 1977.

[2] INFCE: Internationale Bewertung des Kernbrennstoffkreislaufs. Dokumentation 1980 der IAEO, INIS Section, Postfach 590, A-1011 Wien, Österreich.

[3] Die zukünftige Entwicklung der Energienachfrage und deren Deckung. Bundesanstalt für Geowissenschaften und Rohstoffe. Hannover 1976.

[4] Nuclear Fuel. – Nucleonics Week. 1976/1980.

[5] Grundlinien u. Eckwerte für die Fortschreibung des Energieprogramms. Bulletin des Presse- u. Informationsamtes der Bundesregierung. Bonn 1977.

[6] International Symposium on Uranium. London 1977.

[7] Jahrbuch der Atomwirtschaft 1980. Düsseldorf 1980.

[8] Energiehandbuch. 3. Auflage. 1978. Vieweg Verlag, Braunschweig/Wiesbaden.

[9] Mineral Report 13. Digest of Mineral Laws of Canada. Department of Energy, Mines and Resources. Mineral Resources Division. E. C. Hodgson.

B   *Autoren*

[1] *Arnold, O.:* Uran – ein weiterer Energierohstoff im Produktionsprogramm der Rheinischen Braunkohlenwerke AG, Zeitschrift „Braunkohle, Wärme u. Energie", Jahrgang 1971, Band 23, Heft 8, S. 257–266.

[2] *Aumüller, L.,* und *Hermann, J.:* Anfall, Verwendung, Lagerung und Endbeseitigung von abgereichertem Uran. Studie im Auftrag des BMFT, Nov. 1977.

[3] *Bär, H.* und *Konietzky, B.:* Teilsohlenbau mit erhärtendem Versatz – ein produktives Abbauverfahren zur verlustarmen Gewinnung volkswirtschaftlich bedeutsamer Minerale, A623 Bergbau und Geotechnik, Tiefbautechnik, Freiberger Forschungshefte.

[4] *Balzhiser, R. E.:* Energyoptions to the year 2000. Chem. Engng. 84 (1977), S. 73/90.

[5] *Berg, D.:* New Uranium Recovery Techniques. Internat. Conf. on Uranium, Genf 1976.

[6] *Bowie, S.,* et al.: Existing and New Techniques in Uranium Exploration. IAEA Sympos., Wien 1976.

[7] *Dahlkamp, F. J.:* Uranlagerstätten. Gmelin Handbuch der Anorganischen Chemie, U, Uran, Ergänzungsband A1, Springer Verlag, Berlin, Heidelberg, New York 1979.

Literatur

[8] *Dahlkamp, F.,* und *Tan, B.:* Geology and mineralogy of the Key Lake U — Ni deposits, northern Saskatchewan, Canada, The Institution of Mining and Metallurgy, London 1976.

[9] *Fester, G. A.:* Neuere Verfahren der Uranindustrie. Sammlung chemischer und chemisch-technischer Beiträge, Neue Folge Nr. 58, Enke, Stuttgart 1962.

[10] *Fettweis, G. B.:* Warum unterscheiden sich Vorratsangaben. Erzmetall 30 (1977), S. 9/15.

[11] *Flöter, W. R.:* Auslegung von hydrometallurgischen Aufbereitungsverfahren für Uranerze. Erzmetall 30 (1977), S. 145/52.

[12] *Gärtner, E.:* Die Bedeutung des Energieträgers Uran. „Braunkohle", Heft Nr. 1/2, 1977.

[13] *Gärtner, E.:* Optimale Rohstoffnutzung — die Aufgaben des Ingenieurs für Rohstofffragen. VDI-Berichte Nr. 277, 1977.

[14] *Gärtner, E.:* Uran. Produktion und Gewinnung, Brennstoffkreislauf und möglicher Beitrag zur Energieversorgung. Jahrbuch für Bergbau, Energie, Mineralöl und Chemie 1977/78. S. 1—68.

[15] *Grey, A. J.:* Australian Uranium. Will it ever become available? Internat. Sympos. on Uranium. Supply and Demand, London 1976.

[16] *Griffith, J. W.:* The Uranium Industry — its History, Technology and Prospects. Deptm. of Energy, Mines and Resources, Ottawa 1967.

[17] *Guccione, E.:* Australia's Slow Entry into the Nuclear Age. Min. Engng. 29 (1977), Nr. 1, S. 16/19.

[18] *Hagen, M.:* Nukleares Entsorgungs-Konzept und Lösungsweg in der Bundesrepublik Deutschland. Atom u. Strom 23 (1977), S. 3/7.

[19] *Jervis, R. E.:* Radiation as Man-Made Hazard. University of Toronto 1976.

[20] *MacNabb G. M.:* North American Uranium Resources. Policies, Prospects and Pricing. Internat. Sympos. on Uranium Supply and Demand, London 1976.

[21] *Maget, P.:* Der Uranerzbergbau und seine Bedeutung für die Energieversorgung. Glückauf 111 (1975), S. 281/92.

[22] *Mandel, H.:* Uranium Demand and Security of Supply. A Consumer's Point of View. Meeting of the Uranium Institute. 1976.

[23] *Mandel, H.:* Probleme der zukünftigen Elektrizitätsversorgung der Bundesrepublik Deutschland. Vortrag. Köln 1977.

[24] *Mandel, H.:* Die energiepolitische Bedeutung der Entsorgung. Atom u. Strom 23 (1977), S. 7/10.

[25] *Maucher, A.:* Die Lagerstätten des Urans. Vieweg Verlag, Braunschweig 1962.

[26] *Merlin, H. B.:* Uranium. The Canadian Scene. Atomic Ind. Forum Conf., Genf 1976.

[27] *Meyer, H.,* und *Hartmann, L.:* Geotechnische Verfahren der Rohstoffgewinnung — Wertstoffgewinnung durch Auflösung und Auslaugung. Freiberger Forschungsheft A 573, 1977. VEB Deutscher Verlag für Grundstoffindustrie.

[28] *Michel, P.:* Méthodes de lixiviation sans broyage préalable dans le traitement des minerais d'uranium. The Institution of Mining and Metallurgy. London 1976.

[29] *Patterson, J. A.:* U.S. Uranium Production Outlook. Atomic Ind. Forum Conf., Genf 1976.

[30] *Pelley, W. E.:* A Banker Looks at Uranium Financing. Atomic Ind. Forum Conf., Genf 1976.

[31] *Römpp, H.,* und *Neumüller, O. A.:* Chemie Lexikon, 7. Auflage. Franckesche Verlagshandlung, Stuttgart 1975.

[32] *Rösler, H. J.,* und *Lange, H.:* Geochemische Tabellen. Leipzig 1965.

[33] *Rubin, B.:* Uranium roll zonation in the Southern Powder River Basin, Wyoming. — Earth Sci. Bull., vol. 3, no. 4, 1970.

[34] *Runnalls, O. J. C.:* The Canadian Uranium Supply Situation. CNA Annual Internat. Conf., Toronto 1976.

[35] *Ruzicka, V.:* New Sources of Uranium? Types of Uranium Deposits presently not known in Canada. — Can. Geol. Surv. Paper 75—26, 1975.

[36] *Thompkins, R. W.:* Radiation in Mines. Mining and Engineering Dept. Queens University. Ontario/Kanada.

[37] *Strunz, H.:* Mineralogische Tabellen. 4. Auflage. Akademische Verlagsgesellschaft Geest & Portig KG., Leipzig 1966.

[38] *Worroll, R. E.:* The Pattern of Uranium Production in South Africa. Internat. Sympos. on Uranium Supply and Demand. London 1976.

VII Wasserkraft

E. Koros

Inhalt

1 Das Wasser als Energieträger	212
2 Das Wasserkraftpotential	216
3 Ausgebaute und ausbauwürdige Wasserkräfte in der BR Deutschland	217
4 Arten der Wasserkraftwerke	217
5 Wirtschaftlichkeit von Wasserkraftwerken	227
6 Talsperren und Staudämme	230
7 Rechtliche Grundlagen für die Nutzung von Wasserkräften	231
8 Ökologische Probleme	233
9 Zukunftsaussichten der Wasserkraft	234
Literatur	236

1 Das Wasser als Energieträger

1.1 Allgemeines

Die Wasserkraft gehört zu den ältesten Energiequellen der Erde. Die Natur ist verschwenderisch. Wenn das Wasser von den Bergen in Tausenden von Rinnsalen in die Täler und zum Meere fließt, oder wenn am Meeresufer die Wogen von Ebbe und Flut in ständigem Wechsel landein-landauswärts ziehen, so wird bei diesen Naturvorgängen eine enorme Arbeit verrichtet. Daß im stürzenden Wasserfall und in der Brandung der Meere seit Urzeiten riesige Energiemengen umgesetzt werden, ist augensichtlich. Weniger offenbar wird der Kraftverzehr im fließenden Teil der Gewässer. Der sich selbst überlassene Strom verzehrt beim Fließen Energie auf doppelte Weise. Einmal bewirkt das Wasser geologische Veränderungen durch Erosion, denn es gräbt Täler und formt Erhebungen. Zum anderen verbraucht es bei seinem Fließen Energie in Wirbeln. Beides kann größtenteils genutzt werden, wenn man z. B. das Wasser staut und die Energie des Wassers mit Turbinen und Generatoren in elektrische Energie umwandelt.

In der *hydrologischen Forschung* dürften heute die USA und die UdSSR führend sein. Wurde diese Forschung früher vorwiegend deterministisch betrieben, unter Anwendung von Labormodellen, analogen und mathematischen Modellen, so bedient sich dieselbe nun mehr und mehr statistischer Methoden unter Verwendung von Verfahren der Wahrscheinlichkeitsrechnung. Diese stochastische Hydrologie fängt im allgemeinen da an, wo der deterministischen ihre natürlichen Grenzen gesetzt sind. Doch kann man in beiden Fällen mit keinen zuverlässigen Ergebnissen rechnen, wenn nicht ein großes Beobachtungsmaterial vorliegt.

Stromschnellen oder Wasserfälle sind besonders günstige Voraussetzungen für die Gewinnung von Wasserkraft, weil hier neben dem Durchfluß (Q) die Fallhöhe (H) als zweite Hauptkomponente konzentriert vorhanden ist.

1.2 Wassermengen und Wassermengenmessungen

Die genaue Kenntnis der Abflußmenge eines Flusses ist eine der wichtigsten Voraussetzungen für die Beurteilung der Ausbauwürdigkeit einer Wasserkraft. Nur eine jahrzehntelange Wasserstatistik über die Abflußmengen in Mittel-, Niedrig- und Hochwasserzeiten ermöglicht eine einwandfreie Vorausschätzung der Komponente Q. Statistiken über Niederschlag und Abfluß werden in den zivilisierten Ländern seit Beginn dieses Jahrhunderts und manchmal schon länger geführt. Zuverlässige Werte liegen aber häufig erst für die letzten Jahrzehnte vor. Eine seit 1840 geführte Statistik der Abflüsse des Rheins im Rheinland zeigt, daß Trockenperioden und nasse Perioden mit einer gewissen Regelmäßigkeit etwa alle 7 Jahre abwechseln, und daß in diesen Perioden die durchschnittliche Wasserführung um bis zu 20 % unter bzw. über dem 120jährigen Mittel liegt. In einzelnen trockenen oder nassen Jahren sind die Abweichungen vom Mittel noch viel größer. Hieraus kann man ermessen, wie schwierig es ist, Niederschlag und Abfluß in den Entwicklungsländern zu schätzen, in denen meteorologische und hydrologische Aufzeichnungen über längere Zeiträume fehlen.

Die *Niederschläge* schwanken selbst in Mitteleuropa mit seinem verhältnismäßig einheitlichen Klima örtlich und zeitlich in weiten Grenzen. So haben die den West- und Nordwestwinden ausgesetzten Voralpen zwischen Bodensee und dem Salzkammergut jährliche Regenhöhen bis zu 2500 mm. Das am Bodensee gelegene Überlingen hat im langjährigen Mittel 780 mm Niederschlag. Bregenz 1500 mm und das nur 11 km entfernte Bödele 2500 mm. Die im Regenschatten liegende Stadt Innsbruck weist dagegen nur etwa 600 mm Jahresniederschlag auf. Ungleich größere Unterschiede bestehen in tropischen Ländern, wo durch die Monsune mit ihrem meist halbjährigen Richtungswechsel sehr niederschlagsreiche und völlig trockene Zeiten miteinander abwechseln.

1 Das Wasser als Energieträger

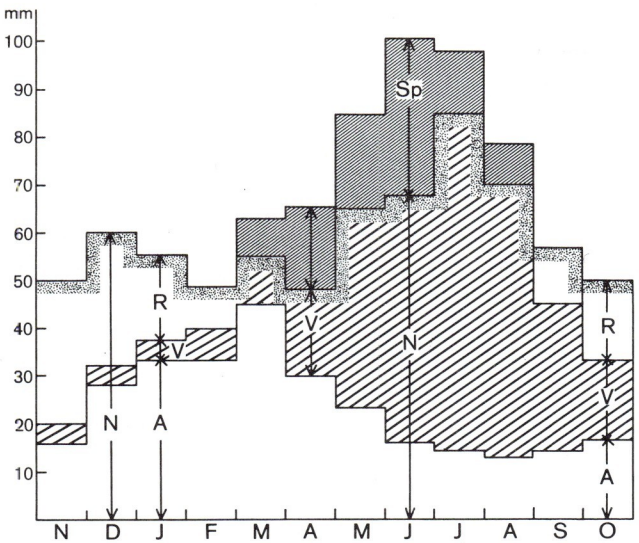

Bild VII.1 Niederschlag und Abfluß im Weser-Quellgebiet
A Abfluß N Niederschläge V Verdunstung
R Versickerung Sp Quellwasser

Von den Niederschlägen (N) kommt nur ein Teil zum oberflächlichen Abfluß (A). Ein anderer Teil wird von den Pflanzen verbraucht oder verdunstet (V). Wieder ein Teil versickert und kommt dem Grundwasser zugute (R) (vgl. Bild VII.1). Die ins Grundwasser gelangenden Niederschläge treten zu anderen Zeiten als Quellwasser wieder zutage (Sp) und kommen damit, ähnlich wie der schmelzende Schnee, mit oft erheblicher Verzögerung dem Abfluß zugute. Die starken Schwankungen des Niederschlags zwischen nassen und trockenen Jahren haben ihre Nachwirkungen auf den Abfluß oft über Monate, ja über Jahre hinaus. Es gilt

$$A = N - V - R + Sp \qquad (1)$$

Das *Abflußverhältnis* $\frac{A}{N}$ ist von den topographischen, geologischen und klimatischen Gegebenheiten des Gebiets abhängig und kann in weiten Grenzen schwanken. Es kann im Hochgebirge nahe an 1 herankommen. Für den Rhein bei Basel wird es mit 0,75, für den Rhein bei Wesel mit 0,48 und für die Elbe bei Wittenberge mit 0,28 angegeben. Da die jährliche Verdunstung und Versickerung für ein bestimmtes Gebiet im allgemeinen ziemlich konstant bleibt, schwanken die jährlichen Abflußmengen zwischen nassen und trockenen Jahren viel stärker als die Niederschlagsmengen. Typische Abflußganglinien zeigt Bild VII.2.

Das Jahresmittel der *Abflußmengen* schwankt bei den Mittelgebirgsflüssen in weiteren Grenzen als bei den Hochgebirgsflüssen, in subtropischen Gebieten mehr als in Mitteleuropa. So beträgt z. B. für den Neckar bei Plochingen, wenn man das langjährige Abflußmittel = 100 setzt, der Abfluß in einem ausgesprochenen Trockenjahr nur 44, in einem besonders nassen Jahr dagegen 190 (Bild VII.3). Für die Obere Jll in Vorarlberg mit ihrem teilweise vergletscherten Einzugsgebiet liegen die entsprechenden Zahlen bei 66 und 134 ohne Speicherwirkung. Für den Duero an der spanisch-portugiesischen Grenze gelten die Zahlen 30 und 230.

Für den *Wehr- und Talsperrenbau* ist die Ermittlung des *höchsten vorkommenden Hochwassers* (HHQ) und der zugehörigen Hochwasserganglinie von besonderer Bedeutung. Danach richtet sich unter Einbeziehung der Seeretention die Bemessung der Entlastungsbauwerke. Die zweckmäßige Form und Gestalt dieser Bauwerke wird meist in qualifizierten Versuchsanstalten ermittelt; denn es gibt Anlagen, bei denen die Kosten für die HW-Entlastung ebensohoch wie diejenigen des Dammes sind.

Ein Überströmen der Dammkrone könnte, besonders bei großen Erddämmen, verheerende Folgen haben und muß deshalb mit absoluter Sicherheit verhindert werden.

Ein charakteristisches Beispiel für die Festlegung von HHQ ist der Keban-Damm am oberen Euphrat in der Türkei. Das Einzugsgebiet beträgt 64 000 km² und liegt auf einer Höhe über dem Meere zwischen 700 und 3 750 m. Die größten Hochwässer ereignen sich während der Schneeschmelze in den Monaten März bis Mai. Seit 1936 wurde eine maximale Abflußspitze von 6 600 m³/s gemessen. Durch grafische Extrapolation einer logarithmischen Gleichung wurde ein HHQ von 13 100 m³/s errechnet, das alle 1000 Jahre einmal vorkommen kann. Aber die Geschichte der Sintflut in der Bibel gab zu denken. Für die Dimensionierung der Hochwasserentlastung wurde deshalb eine Kombination von Schneeschmelze und außerordentlichen Regenfällen angenommen. Das Einzugsgebiet wurde dazu in Höhenzonen eingeteilt und mit verschiedenen Werten belegt, je nach den mittleren Tagestemperaturen, für je 100 m Höhendifferenz zwischen 900 und 2 400 m. Als Grundlage dienten der Verlauf verschiedener typischer Schmelzhochwässer von 1944 bis 1956 sowie die im Gebiet gemessenen Temperaturen. Zusätzlich wurde der Abfluß aus einer 5tägigen Niederschlagsperiode von 158 mm Regen, von denen 69 % zum Abfluß gelangten, überlagert. Hieraus ergab sich eine Spitze von 25 000 m³/s. Man sieht aus diesem Beispiel, wie sehr man in der Hydrologie auf Schätzungen angewiesen ist, vor allem wenn keine sehr langen Beobachtungsreihen zur Verfügung stehen.

Man hat sich in den letzten Jahren viel mit *Zufluß- und Niederschlagsprognosen* abgegeben. Weder Meteorologen noch Hydrologen haben aber bis jetzt befriedigende Methoden für eine längere Vorausbestimmung gefunden. Ein wichtiges Hilfsmittel für die Darstellung des Abflußgeschehens ist die „Hydraulizität". Darunter versteht man das Verhältnis der erzeugbaren Energiemenge in der Testzeit zu der im Mittel über mindestens 20 Jahre erzeug-

Bild VII.2
Typische Abflußganglinien des Rheins

1 Rhein oberhalb des Bodensees. Reiner Hochgebirgsfluß mit Gletscherschmelze
2 Rhein unmittelbar unterhalb des Bodensees, der stark ausgleichend wirkt
3 Rhein unterhalb der Aare-Mündung bei Waldshut
4 Rhein bei Koblenz, Einfluß der Mittelgebirgsflüsse ist sichtbar

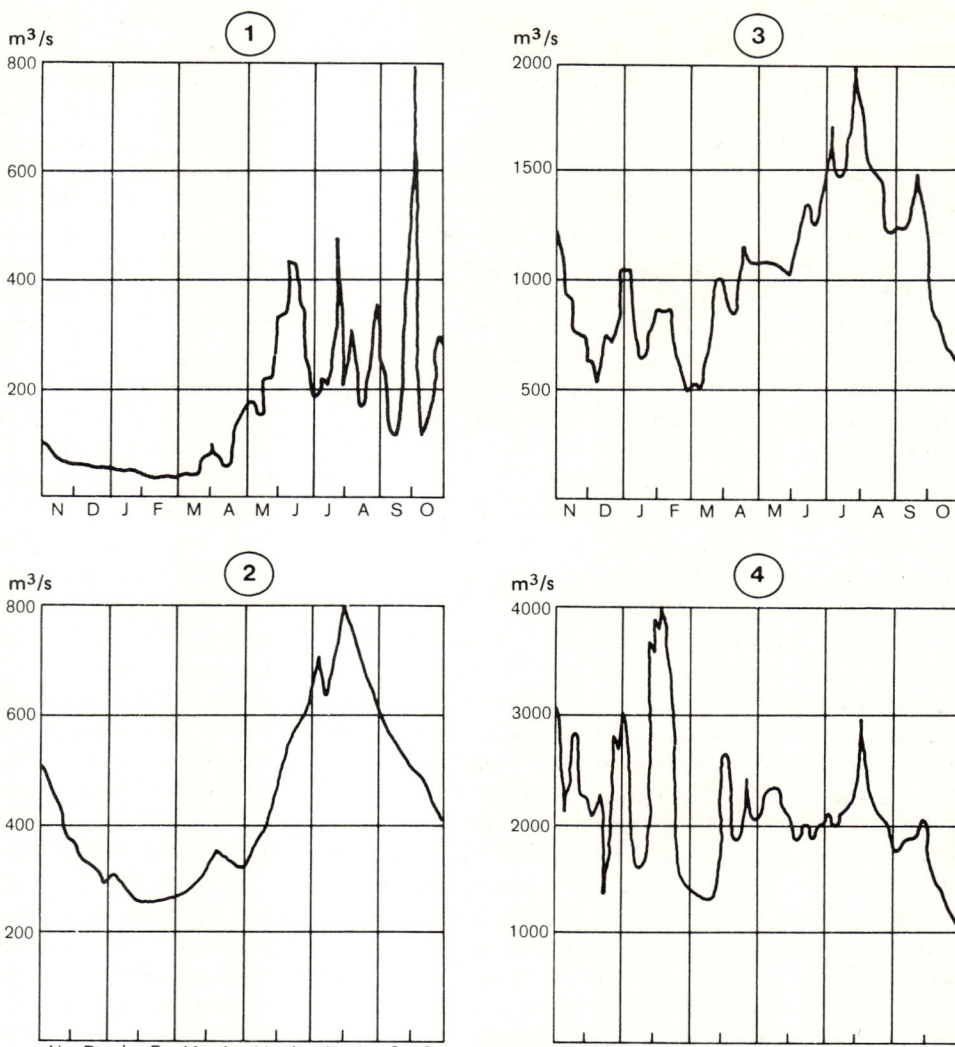

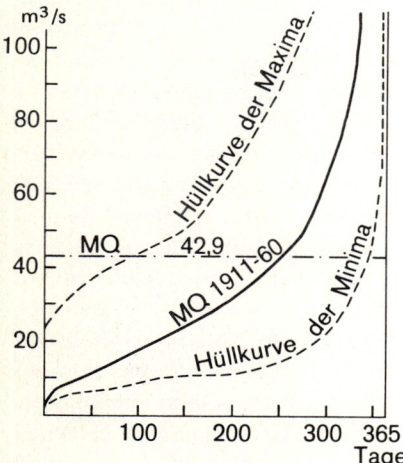

Bild VII.3 Abflußdauerlinien des Neckars bei Plochingen (1911–1960) Einzugsgebiet F = 4 002 km², NNQ = 3,7 m³/s, MQ = 42,9 m³/s, HHQ = 850 m³/s

baren Menge. Erfahrungsgemäß ändert sich der langjährige Mittelwert bei Verlängerung der Jahresreihe nurmehr geringfügig. Statt der Energiemenge kann natürlich auch der erfaßbare Zufluß genommen werden. *Wöhr* und *Frohnholzer* (München) haben sich in den letzten Jahren eingehend mit dem Problem der Abflußvorhersage in alpinen Einzugsgebieten befaßt. Anhand von Schneemessungen und von langjährigen Beobachtungen des Frühjahrsabflusses im Gebiet von Isar, Lech und Jll haben sie voraussichtliche Abflußzahlen ermittelt und mit den tatsächlichen Abflüssen verglichen. Auf mathematisch-statistischem Wege sind dadurch geringere Streuungen der Abflußvorhersage und bessere Hochwasservorhersagen erreicht worden, was z. B. für Wasserkraftbaustellen von großem Wert ist. Doch kann die Schneeschmelze einmal früher, einmal später einsetzen, so daß auch eine genaue Kenntnis der Schneevorräte keine zeitlich zuverlässige Prognose ermöglicht. Außerdem bringen durch meteorologische Konstellationen entstehende

1 Das Wasser als Energieträger

Sommerregen im Hochgebirge manchmal mehr Wasser als die Schnellschmelze. Weitere Fortschritte auf dem Gebiet der Wettervorhersage können deshalb für die Abflußprognose von großer Bedeutung werden.

Zusammenfassend kann gesagt werden, daß die Untersuchung des Wasserregimes des zu nutzenden Flusses eine der wichtigsten Vorarbeiten für die Planung von Wasserkraftanlagen ist. Ausgehend von der Abflußdauerlinie eines mittleren, eines extrem trockenen und eines extrem nassen Wasserjahres können Leistung und erzeugbare Energiemenge errechnet, die wirtschaftlich zweckmäßige Ausbaugröße bestimmt und die anzustrebende Größe von Speicherbecken ermittelt werden. Außerdem sind topografische und geologische Gegebenheiten sowie der vorgesehene Einsatz im Verbundnetz (s. Bild VII.16) von großem Einfluß auf die Auslegung der Anlage. Die Kenntnis des höchstens vorkommenden Hochwassers wie des extrem Niedrigwassers ist bei der Dimensionierung von Wehren, Talsperren und Speicherinhalten von ausschlaggebender Wichtigkeit.

Abflußmessung: Die Beziehung zwischen Wasserstand und Abflußmenge wurde früher allgemein durch Wassermessungen mit dem *Woltmannflügel* ermittelt und in Schlüssel- oder Abflußkurven festgehalten. Doch gehört diese Methode schon weitgehend der Vergangenheit an. Im gestauten Fluß – und wo sind Flüsse heute nicht gestaut – versagt sie, ebenso in Rohrleitungen und Stollen. Hier wurden einige andere Verfahren entwickelt. Die Spiralendruckmessung hat sich bei Stautreppen weitgehend durchgesetzt. Sie erfolgt in der Zulaufspirale der Turbinen und beruht darauf, daß der unterschiedliche Druck, der an verschiedenen Stellen der Turbinenspirale herrscht, meßtechnisch erfaßt und ausgewertet wird. Eine andere Methode ist die thermodynamische Mengenmessung. Diese Methode beruht auf der Tatsache, daß das Triebwasser, das beim Durchströmen der Turbinen den größten Teil seiner Energie als mechanische Arbeit an die Turbinenwelle abgibt, durch die dabei auftretende Verlustenergie eine ganz geringe Erwärmung erfährt. Da dieselbe maßgeblich von der Fallhöhe der Turbine abhängt, findet diese Methode Anwendung bei Fallhöhen von über 200 m und dient hauptsächlich der Bestimmung des Wirkungsgrades bei Abnahmeversuchen. Bei allen drei Methoden der Wassermessung beträgt die Genauigkeit bei sorgfältiger Vorbereitung, Durchführung und Auswertung zwischen 1 und 3 %.

1.3 Fallhöhe

Bei der Wahl der günstigsten Fallhöhe für ein Wasserkraftwerk spielen die topographischen und geologischen Verhältnisse nicht allein eine Rolle. Manchmal geben wasserwirtschaftliche Überlegungen den Ausschlag. Wie viele andere hat das Projekt des Lünerseewerks in Vorarlberg im Lauf einer fast 30-jährigen Vorgeschichte gewaltige Wandlungen durchgemacht, bis man sich entschloß, unter Verzicht auf einen Teil der Fallhöhe nur rd. 1000 m zwischen Lünersee und Oberwasser des Rodundwerks auszunutzen, um das Lünerseewasser alsdann gemeinsam mit dem von der Oberen Ill kommenden Wasser dem Rodundwerk zuzuleiten. Diese Lösung schließt jedoch einen späteren Kraftabstieg mit hoher Leistung in den Raum Bludenz nicht aus.

Wie die neueren Beispiele Malta (Kärnten), Selrain-Silz (Tirol) und Hornberg (Schwarzwald) zeigen, ist man allgemein bemüht die zur Verfügung stehende Fallhöhe konzentriert zu nutzen. Dies gilt auch für Flußkraftwerke (Altenwörth, Greifenstein/Donau).

Das Kraftwerk mit der größten Fallhöhe der Welt ist die Reißeckstufe in Kärnten, wo 1772 m in einem Zuge ausgenutzt werden.

Fallhöhen bis zu etwa 25 m werden heute vorwiegend mit Kaplan- oder Rohrturbinen, bis zu etwa 400 m (ausnahmsweise bis zu 600 m) mit Franzisturbinen und darüber hinaus bis zu etwa 1500 m mit Peltonturbinen ausgenützt.

Kaplanturbinen als Weiterentwicklung der heute kaum noch verwendeten Propellerturbinen werden mit stehender Welle bis 175 MW und in Rohrturbinenform bis 75 MW gebaut.

Franzisturbinen verschiedener Schnelläufigkeit gibt es bis über 700 MW (Itaipu).

Pelton- oder *Freistrahlturbinen* bringen es bis auf etwa 250 MW je Laufrad (1 MW = 1000 kW). Im übrigen kann hier auf Fragen der Ausrüstung mit hydraulischen und elektrischen Maschinen nebst Zubehör nicht weiter eingegangen werden.

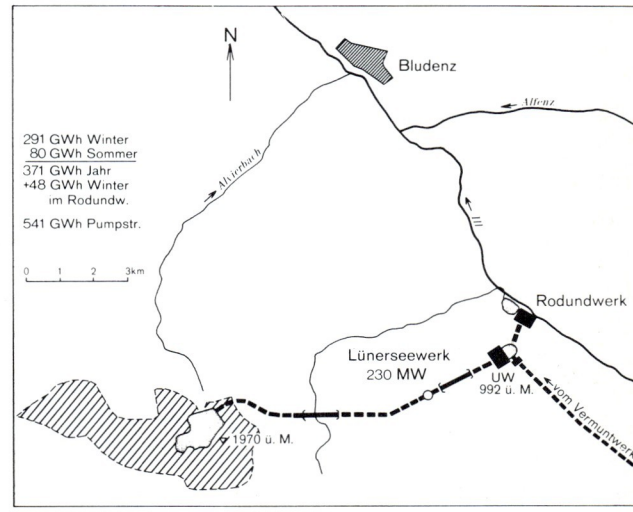

Bild VII.4 Lünersee-Projekt III (Zahlenangaben sind Höchstwerte)

2 Das Wasserkraftpotential[1]

Man muß zwischen dem Bruttowasserkraft-Dargebot (Bruttopotential), dem technisch ausnützbaren und dem wirtschaftlich ausbauwürdigen Wasserkraftdargebot unterscheiden.

2.1 Bruttopotential

Unter dem Bruttopotential (Gross Water Power Potential) versteht man das theoretische Gesamtdarbieten eines Flußgebietes. Es errechnet sich zu

$$A = 9{,}81 \, QH \text{ mal Zeit (kWh)} \qquad (2)$$

Hier ist Q (m³/s) das langjährige durchschnittliche Abflußmittel einer Flußstrecke und H (m) die Bruttofallhöhe zwischen Anfang und Ende der betreffenden Flußstrecke. Der Wirkungsgrad ist dabei mit 100 % angenommen. Das Bruttopotential eines Flusses stellt man übersichtlich mit dem sogenannten Energieband dar (Bild VII.5). Über der Länge des Flußlaufs werden Gefälle und Mittelwasser MQ aufgetragen. Als Produkt aus beiden mal der Erdbeschleunigung g ergibt sich die je km erzeugbare Rohleistung. Auf diese Weise ist sofort erkennbar, wo — bedingt durch großes Gefälle — die Leistung massiert vorhanden ist. Über Integration des Energiebandes erhält man die Bruttoleistung des Flußlaufes und durch Multiplikation mit 8760 die Jahreserzeugung. Daß hierbei eine möglichst langjährige, gesicherte Wasserstatistik zur Verfügung stehen sollte, braucht nicht betont zu werden.

---

[1] Hinsichtlich Wasserkraftpotential der Erde wird auf Kap. I.11 verwiesen.

2.2 Technisch ausnutzbares Potential (Technical Water Power Potential)

Die technisch gewinnbare Wasserkraftmenge ist erheblich geringer als das theoretisch, d.h. latent vorhandene Bruttodargebot, hauptsächlich aus folgenden Gründen:

a) das Hochwasser geht ungenützt über die Wehre; Wasserverluste entstehen durch Versickerung, Bewässerung, Trink- und Brauchwasserentnahmen;
b) Fallhöhenverluste treten beim Absenken der Staubecken und in den Triebwasserleitungen ein;
c) mechanische Verluste entstehen in Turbinen, Generatoren Umspannern;
d) der obere Abschnitt der Bäche und Flüsse, sowie der untere Abschnitt der Ströme mit geringem Gefälle kann im allgemeinen nicht ausgenützt werden.

Man kann in grober Annäherung sagen, daß das technisch ausnützbare Potential etwa 50 % des Bruttopotentials beträgt. Frühere Schätzungen des technischen Potentials liegen zum Teil weit unter den heutigen Zahlen. Die Erhöhung ist auf die Fortschritte der Tiefbautechnik, vor allem im Staudamm- und Stollenbau, auf bessere Wirkungsgrade der Maschinen und auf die Ausführung von Mehrzweckanlagen zurückzuführen. Doch wurde inzwischen auf dem Gebiet des Wasserkraftausbaus ein so hoher Stand der Technik erreicht, daß die heute geschätzten Zahlen keine große Änderung mehr erfahren werden.

2.3 Wirtschaftlich ausbauwürdiges Potential

Das wirtschaftlich ausbauwürdige Potential (Economic Water Power Potential) hängt von sehr vielen Faktoren ab, etwa von den topographischen und geologischen

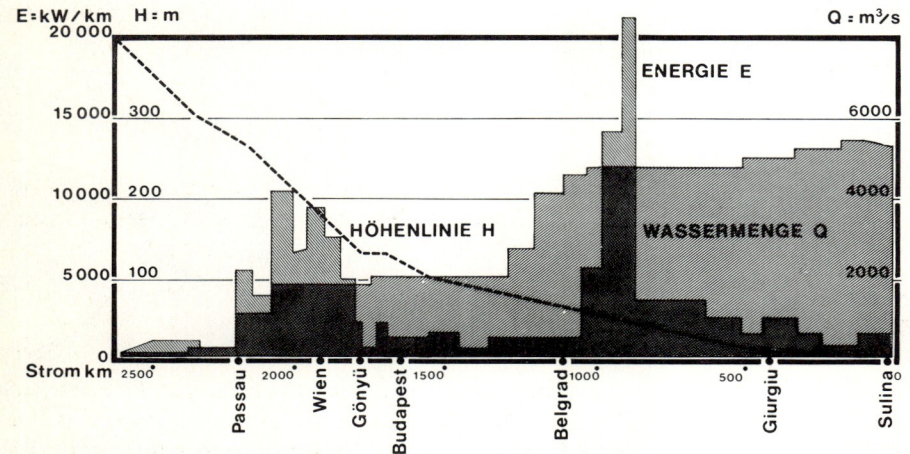

Bild VII.5

Das Energieband der Donau zeigt die Möglichkeiten für eine Stromerzeugung

Gegebenheiten des Geländes, den Kosten des Bauens, den Gestehungskosten der im Wettbewerb stehenden anderen Energiequellen, dem Stand der Verbundwirtschaft, der Anpassungsfähigkeit an die Bedürfnisse der Energieverbraucher usw. Eine ECE-Studie des Jahres 1953 gibt aufgrund ausführlicher Ermittlungen in den einzelnen Mitgliedsländern für das wirtschaftliche Potential u. a. folgende Prozentzahlen vom Bruttopotential an:

BR Deutschland   16,5 %
Frankreich   19,2 %
Österreich   19,7 %
Schweiz   18,7 %

Zusammenfassend kann gesagt werden, daß das Bruttopotential eines Flußgebiets eine feststehende Größe ist, dessen einwandfreie Ermittlung allerdings viel Beobachtungsmaterial voraussetzt. Das technisch ausnützbare Potential ist von vielen veränderlichen Faktoren abhängig. Noch mehr gilt dies für das wirtschaftlich ausbauwürdige Potential. Letzteres hat steigende Tendenz, wenn man an die Fortschritte der Tiefbautechnik und an die Entwicklung der elektrischen Verbundwirtschaft denkt, durch die große, weit vom Verbraucher entfernte Wasserkräfte (vor allem in Entwicklungsländern) verwertet werden können. Es hat gelegentlich fallende Tendenz durch die Konkurrenz anderer, billiger Energiequellen, deren Gestehungskosten aber stark von den jeweiligen Brennstoffkosten u. a. abhängig sind.

3 Ausgebaute und ausbauwürdige Wasserkräfte in der BR Deutschland

Die Laufwasserkraftvorkommen sind in Deutschland sehr ungleich verbreitet (Bild VII.6). Die wenigen noch ausbauwürdigen Laufwasserkräfte liegen an den großen Flüssen mit starkem Gefälle. Deshalb haben sich deutsche Elektrizitätsversorgungsunternehmen (EVU) schon seit Jahrzehnten an außerdeutschen Wasserkraftvorkommen beteiligt. Für Pumpspeicherwerke finden sich dagegen günstige Standorte in Deutschland noch da, wo gute topographische und geologische Voraussetzungen für die Anlage von Ober- und Unterbecken vorhanden sind, wobei die Höhendifferenz möglichst 200 m oder mehr betragen und der Weg vom Ober- zum Unterbecken kurz sein sollte.

Das Bruttopotential der Wasserkräfte der BR Deutschland und der DDR beträgt nach ECE 111,2 TWh[1], das technisch ausnützbare Potential

ohne Pumpspeicherwerke   21 841 GWh
mit Pumpspeicherwerke   27 378 GWh

Tabelle VII.1 Übersicht über die 1979 in der Bundesrepublik Deutschland vorhandene Leistung in Wasserkraftwerken und die Erzeugung in den Jahren 1978 und 1979

	Engpaßleistung (MW)	Erzeugung 1978	(TWh = Mrd. kWh) 1979
Öffentliche Versorgung	5940	15,91	16,12
Industrielle Eigenanlagen	244	1,44	1,36
Bundesbahn	338	1,02	1,05
Insgesamt	6522	18,37	18,53
Bezug vom Ausland ca.	4000 (siehe Abschnitt 5.2)		

Die inländische Leistung verteilt sich etwa hälftig auf Lauf- und Speicherwerke einschließlich Pumpspeicherwerke. Von der Erzeugung stammen rd. 3/4 aus den Laufwerken mit Schwerpunkt im Donaugebiet samt Nebenflüssen. Infolge reichlicher Niederschläge lag die Erzeugung 1978/79 etwas über den Regelwerten.

4 Arten der Wasserkraftwerke

Man unterscheidet Niederdruck- (bis etwa 30 m Fallhöhe), Mitteldruck- (etwa 30 bis 300 m) und Hochdruck-Wasserkraftwerke (über 300 m Fallhöhe), Kanal-, Fluß- und Talsperrenkraftwerke, Gezeitenkraftwerke, Laufwasser- und Speicherwasserkraftwerke und schließlich Pumpspeicherwerke.

Bei ihrer Bedeutung für die Energiewirtschaft spielt es keine große Rolle, ob es sich um ein Niederdruck- oder ein Hochdruckwerk handelt, ob das Kraftwerk an einem Kanal, oder im Flußlauf selbst in unmittelbarer Nähe des Wehrs, oder an einer Talsperre erstellt ist. Dagegen ist die Energiequalität eines Laufwasser- oder eines Gezeitenkraftwerks völlig verschieden von derjenigen eines Speicherwasserkraft- oder Pumpspeicherwerks. Dies wird in den folgenden Abschnitten erläutert.

4.1 Leistung von Wasserkraftwerken

Die *Bruttoleistung* eines Wasserkraftwerkes beträgt bei einer Schluckfähigkeit der Turbinen von Q m³/s und einer Fallhöhe von H m:

$$N_{\text{brutto}} = QH \text{ (Mpm/s)} \tag{3}$$

$$N_{\text{brutto}} = 9{,}81\, QH \text{ (kW)}. \tag{3a}$$

Die *Nutzleistung*, die ins Leitungsnetz fließt, erhält man durch Multiplikation der Bruttoleistung mit den Wirkungsgraden $\eta_{\text{Ges.}}$ der Turbinen, Generatoren und der

---

[1] *Quelle*: UN, Economic Commission for Europe

Bild VII.6
Ausgebaute Wasserkräfte in der BR Deutschland einschließlich der für die deutsche Elektrizitätsversorgung arbeitenden ausländischen Wasserkräfte (Stand 1.1.1969; der Zuwachs bis Ende 1979 ist aus den Bildern VII.18 und VII.19 ersichtlich)

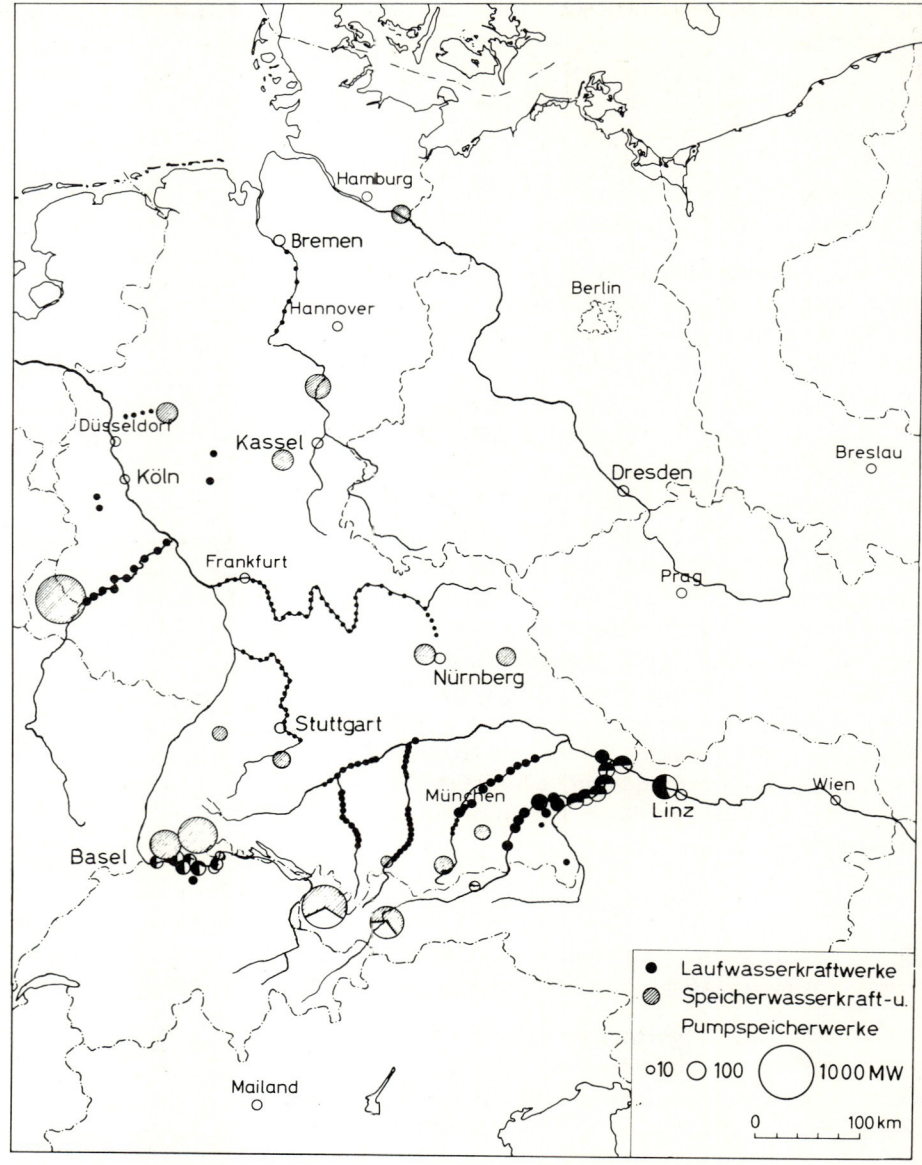

Transformatoren. Für Näherungsrechnungen kann man sie mit

$$N_{nutz} = 8\,QH \text{ (kW) im Durchschnitt} \qquad (3b)$$

oder

$$N_{nutz} = 8{,}8\,QH \text{ (kW) bei optimalen Bedingungen} \qquad (3c)$$

annehmen. Dabei sind die Wirkungsgrade der Turbinen mit 88 % bis 92 %, diejenigen der Generatoren mit 95 % bis 98 % und diejenigen der Transformatoren mit 98 % bis 99,5 % jeweils im Durchschnitt bzw. optimal angenommen.

Die Aufnahmeleistung einer *Speicherpumpe* beträgt:

$$N_P = 9{,}81\,\frac{Q_A \cdot H_f}{\eta_P} \text{ (kW)}, \qquad (4)$$

wobei Q_A die Fördermenge der Pumpe in m³/s, H_f die Förderhöhe der Pumpe in m und η_P der Gesamtwirkungsgrad von Pumpe und Pumpenmotor bedeutet.

Das *Jahresarbeitsvermögen* einer Wasserkraftanlage ergibt sich zu

$$A_{Jahr} = 9{,}81\,Q_m \cdot H_m \cdot \eta_{Ges} \cdot 8\,760 \text{ (kWh)} \qquad (5)$$

oder für Näherungsrechnungen zu:

$$A_{Jahr} = 7{,}5\,Q_m \cdot H_m \cdot 8\,760 \text{ (kWh)} \qquad (5a)$$

im Durchschnitt oder

$$A_{Jahr} = 8{,}0\,Q_m \cdot H_m \cdot 8\,760 \text{ (kWh)} \qquad (5b)$$

bei optimalen Bedingungen.

4.2 Laufwasserkraftwerke

Die nach dem ersten Weltkrieg in Deutschland erstellten zahlreichen Laufwasserkraftwerke lagen meist an künstlich angelegten Kanälen, weil man damals in geröllreichen Flüssen möglichst wenig Bauwerke ins Flußbett stellen wollte und weil auch die Wehrbautechnik noch wenig vollkommen war. Seit vielen Jahren werden Flußkraftwerke bevorzugt, bei denen das Kraftwerk neben dem Wehr und — bei schiffbaren Flüssen — neben den Schleusen angeordnet ist. Das unschöne Bild eines trocken liegenden Flußbetts, in dem sich nur armselige Sickerwässer sammeln, wird bei Flußkraftwerken vermieden. Die aus politischen Gründen als Kanalkraftwerke erstellten Oberrheinkraftwerke unterhalb Basel bei Kembs abwärts bis Vogelgrün, verursachen eine unerwünschte Absenkung des Grundwasserspiegels in der Oberrheinebene. Man vereinbarte deshalb für die neueren Kraftstufen oberhalb von Straßburg die sogenannte Schlingenlösung, d. h. man führte nach jeder Stufe das Wasser aus dem Kanal in den Rhein zurück und baute für die nächste Stufe wieder ein Wehr, das nicht nur zur Regulierung der Wasserführung zur nächsten Stufe, sondern auch zur Erhaltung des Grundwasserstandes in der Oberrheinebene dient. Die Gemeinschaftskraftwerke Gambsheim (1974) und Iffezheim (1977) unterhalb Straßburg sind als normale Flußkraftwerke gebaut.

Wenn man, technisch betrachtet, die Wahl zwischen einem Kanal- und einem Flußkraftwerk hätte, so dürfen die rein wirtschaftlichen Überlegungen nicht den Ausschlag geben. Den Nachteilen der Flußkraftwerke (mehr Wehre, geringere Nutzfallhöhe während der Hochwasserzeiten) stehen unbestreibare Vorteile gegenüber, wie Erleichterung des Schwellbetriebs, bessere Regulierung der Grundwasserverhältnisse, gefällige Eingliederung in die Landschaft und Fortfall der Vorschrift über Belassung von Mindestwassermengen im Flußbett.

Tabelle VII.2 Bauprogramm und Planungen zum 1. Januar 1980 der Wasserkraftanlagen in der Bundesrepublik Deutschland nach Angaben der EVU [1])

I. Laufkraftwerke:		im Bau i.B.	Leistung MW	Erzeugungsmöglichkeit GWh	Inbetriebnahme Jahr
Donau	Dillingen	i.B.	7,4	45,4	1981
	Höchstädt		10,0	61,6	1982
	Schwenningen		8,6	53,4	1983
	Donauwörth		8,5	54,8	1984
	Geisling	i.B.	24,0	160,0	1983
	Straubing	i.B.	20,0	138,2	1985
Altmühl	Dietfurt		0,6	3,3	1983
RMD-Kanal	Hilpoltstein		3,3	10,8	1986
Inn	Nußdorf	i.B.	48,0	226,0	1982
Isar	Landau		11,3	82,0	1981
	Ettling		11,3	82,0	1983
	Pielweichs		10,6	80,0	1985
	Isargmünd		8,3	63,0	1987
Lech	Stufe 20	i.B.	11,9	57,1	1980
	Stufe 19	i.B.	11,3	56,1	1981
	Stufe 22		11,9	57,1	1983
	Stufe 21		11,9	57,1	1984
Main	Kesselstadt		5,0	27,5	1983
	Offenbach		4,5	26,5	1986
Saar	Schoden	i.B.	3,5	18,9	1981
	Serrig		8,6	46,8	1981
	Mettlach		6,5	36,0	1983
	Rehlingen	i.B.	4,5	21,6	1982
	Saarlouis-Liedorf	i.B.	1,4	7,9	1982
	Saarbrücken		2,2	11,6	1984
Summe von 25 Werken:			255,1 MW	1484,7 GWh	
Davon im Bau:			132,0 MW	731,2 GWh	
II. Pumpspeicherwerke:		Leistung Turbinen	Pumpen		Inbetriebnahme
Häusling-Zillergründl (deutscher Anteil)		175 MW	175 MW		1984
Hotzenwald Oberstufe Mühlgraben		200 MW	200 MW		1988
Hotzenwald Atdorfstufe		1000 MW	1000 MW		—

[1]) nach Frohnholzer

4.2.1 Stufentreppen, Schwellbetrieb

Der systematische Ausbau eines Flußlaufs durch Anlage einer Stufentreppe, meist in Verbindung mit der Schiffbarmachung des Flusses, führte in den letzten Jahrzehnten in Deutschland zu einer in mancher Hinsicht interessanten Entwicklung der Laufwasserkraftwerke.

Ein typisches Beispiel ist der Ausbau der Donau zwischen Ulm und Regensburg. Die jetzige Lösung mit 19 Stufen von Fallhöhen, die zwischen 4,5 und 8 m schwanken, gestattet für Flußabschnitte von je etwa 5 bis 6 Stufen, die Verwendung von ähnlichen Wehrverschlüssen, von Turbinen gleicher Umlaufdrehzahl und dementsprechend von gleichen Generatoren und Transformatoren. Sie nimmt jedoch Rücksicht auf die Hochwasserabflußverhältnisse, auf die geologischen Verhältnisse des Untergrundes unter den Wehren und Kraftwerken, auf die einmündenden Nebenflüsse usw. Ersparnisse wurden aber hauptsächlich dadurch erzielt, daß ein und dieselbe Unternehmergruppe hintereinander mehrere Kraftstufen in Auftrag bekam und mit demselben Stammpersonal und demselben Gerät arbeiten konnte.

Ähnliche Stufentreppen entstanden am Main, am Neckar, an der Weser und an der Mosel.

Das energiewirtschaftlich wichtigste Charakteristikum der Laufwasserkraftwerke ist die *Unbeständigkeit* ihrer Energiedarbietung. Baut man ein Werk beispielsweise auf das 100-tägige Wasser aus, d. i. die Zuflußmenge, die in einem Mitteljahr an 100 Tagen überschritten wird, so muß man in Kauf nehmen, daß die Leistung in Niedrigwasserzeiten auf einen Bruchteil (im Bild VII.7 auf etwa 1/5) der Ausbauleistung zurückgeht. Man hat deshalb vor dem 1. Weltkrieg die Laufwasserkraftwerke auf etwa das 250- bis 300-tägige Wasser ausgebaut, um keine zu großen Ergänzungsleistungen zu benötigen. In den 50er und 60er Jahren ging man in den Ländern mit gut entwickelter Verbundwirtschaft zu einem Ausbau auf das 100-, ja 80-tägige Wasser.

An Flüssen mit durchgehenden Kraftwerkstreppen wird nach Möglichkeit ein *Schwellbetrieb* durchgeführt. Das in einem Speicher am Beginn der Werkskette, dem Kopfspeicher, während der Nachtstunden gesammelte Wasser steht während der Tagstunden zur Verfügung, so daß während der HT-Zeit eine größere als die zufließende Wassermenge verarbeitet werden kann. Sämtliche Stufen der Werkskette fahren alsdann „im Takt" und machen fast gleichzeitig von der Schwallwelle Gebrauch. Dies setzt ein einheitliches Kommando des Lastverteilers voraus. Der am unteren Ende der Werkskette anzulegende Ausgleichsspeicher sorgt für die nach dem Wassergesetz vorgeschriebene gleichmäßige Wasserweitergabe an die Unterlieger. Infolge Abhängigkeit der Regelgeschwindigkeit von Schwallwellen und auch hinsichtlich ihrer Leistungsgrößen sind sie kaum zur Leistungsfrequenzregelung geeignet, vielmehr werden sie zweckmäßig als Tagesblock eingesetzt. Nach

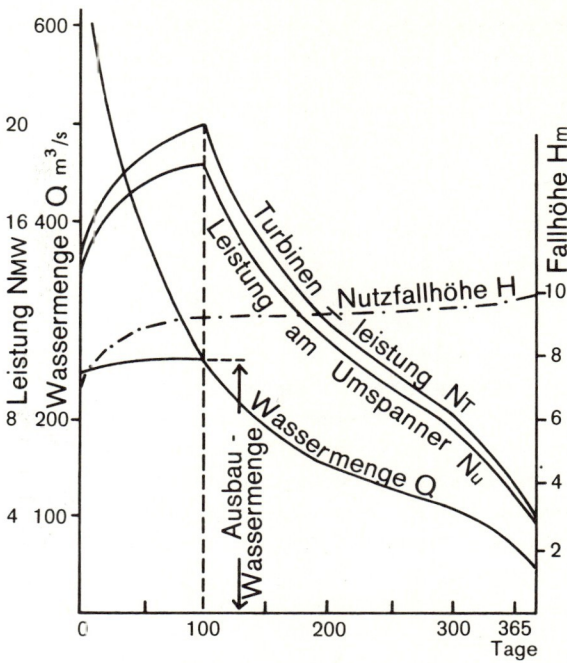

Bild VII.7 Ermittlung des Energiedarbietens aus der langjährigen Abflußdauerlinie

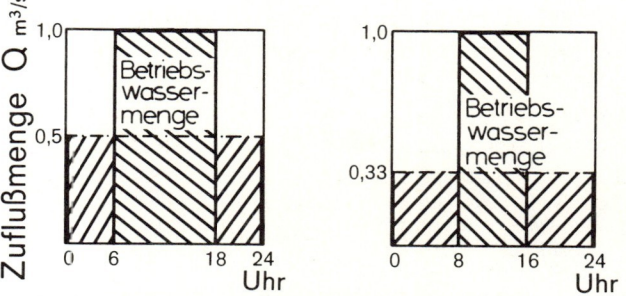

Bild VII.8 Erforderliche Speichergröße bei Schwellbetrieb:
bei 12-stündigem Betrieb: I_{nutz} = 0,25 mal Tageszufluß bei Ausbauwasser
bei 8-stündigem Betrieb: I_{nutz} = 0,22 mal Tageszufluß bei Ausbauwasser

Bild VII.8 muß der Kopfspeicher, wenn man während 12 Stunden die Ausbau-Wassermenge verarbeiten will, die Größe von mindestens 1/4 des 24-stündigen Ausbauflusses haben. Will man während 16 Stunden speichern und während 8 Stunden Schwellbetrieb machen, so ergibt sich eine Speichergröße von mindestens 0,22 des Ausbauzuflusses.

Der wichtigste Vorteil des Schwellbetriebs von Laufwasserkraftwerken ist nicht so sehr die erhöhte Erzeugungsmöglichkeit von Tagesenergie – sie hat die Größenordnung von 10 bis 12 % der Jahreserzeugung – als vielmehr eine beachtliche Erhöhung der gesicherten Leistung der Anlagen während der Niedrigwasserzeit. Die Nachteile dürfen nicht unerwähnt bleiben: Es entstehen zusätzliche

4 Arten der Wasserkraftwerke

Fallhöhenverluste infolge der Spiegelsenkung im Kopfspeicher und infolge der erhöhten Fließgeschwindigkeit des Wassers zwischen den einzelnen Kraftwerken. Die Mindererzeugung in den folgenden Haltungen beträgt erfahrungsgemäß zwischen 2 und 3 %. Infolge der häufigen Wasserspiegelschwankungen entsteht ein erhöhter Unterhaltungsaufwand an den Fluß- und Kanalufern. Bei schiffbaren Flüssen müssen ausgesprochene Schwall- und Sunkwellen vermieden werden. Ungestaute Zwischenstrecken in der Werkskette sind unerwünscht, da sonst das Taktfahren erschwert wird.

4.2.2 Wehre

Wehre sind ein wichtiger Bestandteil der Laufwasserkraftwerke. Sie dienen zur Herstellung und Regulierung des Staus. Die in den Turbinen nicht verarbeitbaren Hochwässer werden über sie abgeleitet. Häufig, aber nicht immer, bestehen die Wehre aus einem unteren festen und einem darüber befindlichen beweglichen Teil. Letzterer dient zur Regulierung und zur Einhaltung der bewilligten Stauquote. Es ist hier nicht möglich, auf die vielfältigen statischen, dynamischen, hydraulischen und tiefbaulichen Fragen einzugehen, die mit dem Bau und der Konstruktion der Wehre zusammenhängen. Ebensowenig können die mannigfaltigen Formen der beweglichen Wehrverschlüsse aufgezählt werden. Man hat es in den letzten Jahrzehnten gelernt, die Wehre äußerlich gefälliger zu gestalten, so daß man nicht mehr auf die riesigen Aufbauten und Gerüste angewiesen ist, welche zur Aufhängung und Führung der Roll- und Gleitschützen notwendig sind. Bei den Dachwehren, den Segmentverschlüssen und den Stauklappen reichen die Pfeileraufbauten meist nur noch auf Höhe des Oberwasserspiegels (Bild VII.9). Diese Verschlüsse werden öfters nur einseitig angetrieben, müssen also torsionssicher gebaut sein. Durch hydraulisch formgerechte Gestaltung des Überfallrückens des festen Wehrteils wird die Abflußleistung gesteigert.

Die *Enwicklung im Wehrbau* geht in Richtung einer weiteren Verfeinerung der Genauigkeit und der Automatik sowie einer statisch und hydraulisch besseren Ausnützung der Verschlußkonstruktionen. Dagegen ist von einer Vergrößerung der Lichtweiten bei frei tragenden Verschlüssen nichts zu erwarten, denn große Lichtweiten führen zu immer größeren Schwierigkeiten bei der Dichtung, der Auflagerung, dem Antrieb der beweglichen Stahlkonstruktion und sie sind schwingungsanfällig.

4.2.3 Krafthäuser

Die Krafthäuser — gewissermaßen das Herz der Anlagen — werden heute in ihren Abmessungen auf das nötigste beschränkt. Beim ersten Projekt für die Hochrheinstufe Rheinfelden (1889) waren 50 Maschinenaggregate vorgesehen. Der schon längst fällige Neubau dieser Anlage wird eine weit größere Wassermenge in nur 6 Aggregaten verarbeiten. Man hat in vielen Fällen zur Freiluftbauweise gegriffen, bei der auf ein eigentliches Maschinenhaus verzichtet wird und die Maschinenteile mittels eines über Krafthaus und Wehr fahrbaren Krans zu den Montageöffnungen über den Maschinen gebracht werden. Weitgehend Neuland haben die Russen bei ihrer Anlage Kiew beschritten. Das Kraftwerk ist überströmbar. Die Frühjahrshochwässer von 14 400 m^3/s werden über dem einschließlich der Fundamente nur 20 m hohen Krafthaus hinweggeführt. Letzteres wurde vorwiegend aus Fertigbetonteilen gebaut. Dies war durch eine Normung und Standardisierung der einzelnen Bauelemente möglich. 70 % der 780 000 m^3 betragenden Kubatur von Krafthaus und danebenliegender Schleuse bestehen aus Fertigteilen. Es wurden 8 verschiedene Fertigteileinheiten zwischen 30 und 55 t verwendet.

Die größten *Einheitsleistungen* von Wasserturbinen werden mit Fallhöhen zwischen 100 und 170 m erzielt. Es sind Franzisturbinen, deren Laufraddurchmesser fast 10 m erreicht und deren Leistung über 800 MW liegt. Maschinen dieser Größe, die als Grenzleistung anzusehen ist, werden in den Kraftwerken Grand Coulee III am Columbia River (USA), in Sayansk am Jenissei (Sibirien) sowie in Itaipu am Rio Parana eingebaut.

Fortschritte bei den Krafthäusern der Laufwasserkraftwerke liegen in einer weitgehenden Vereinfachung und Typisierung des baulichen Teils, der teilweisen Automatisierung und Fernbedienung der Anlagen (Bild VII.10). Die Rohrturbine mit ihrer geschmeidigen Wasserführung hat die Kinderkrankheiten hinter sich und ist ein ebenbürtiger Partner der konventionellen Kaplanturbine geworden. Die großen Flußkraftwerke Ottensheim, Abwinden-Asten und Altenwörth an der Donau sowie Gambsheim und Iffezheim am Rhein sind mit Rohrturbinen ausgerüstet. Jedoch muß von Fall zu Fall geprüft werden, ob sie gegenüber Kaplanturbinen wirtschaftliche Vorteile bringen.

4.3 Speicherwasserkraftwerke und Pumpspeicherwerke

Zur Überwindung der großen Divergenz zwischen dem unregelmäßigen Energiedarbieten der Laufwasserkraftwerke und dem Strombedarf der Verbraucher, der ebenfalls starken Schwankungen mit meist kürzerer Frequenz unterworfen ist, gibt es hauptsächlich zwei Möglichkeiten, die sich ergänzen: Ausgleich mittels Reservekraftwerken und tarifliche Maßnahmen, die den Stromverbraucher in gewissem Umfang zur Anpassung an das Energiedarbieten veranlassen. Außerdem bewirkt der seit langem vollzogene Zusammenschluß von Erzeugern verschiedener

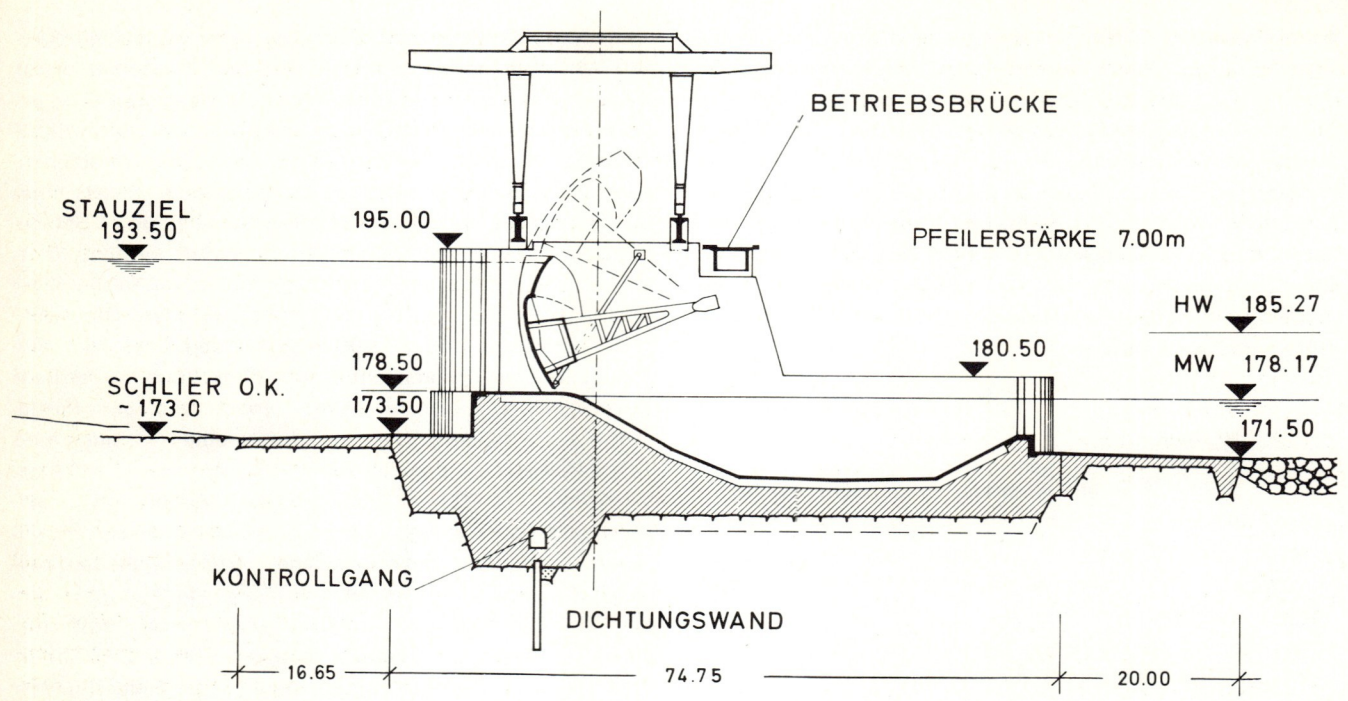

Bild VII.9 Querschnitt eines Wehres mit Segmentschütze und Klappe (Altenwörth/Donau)

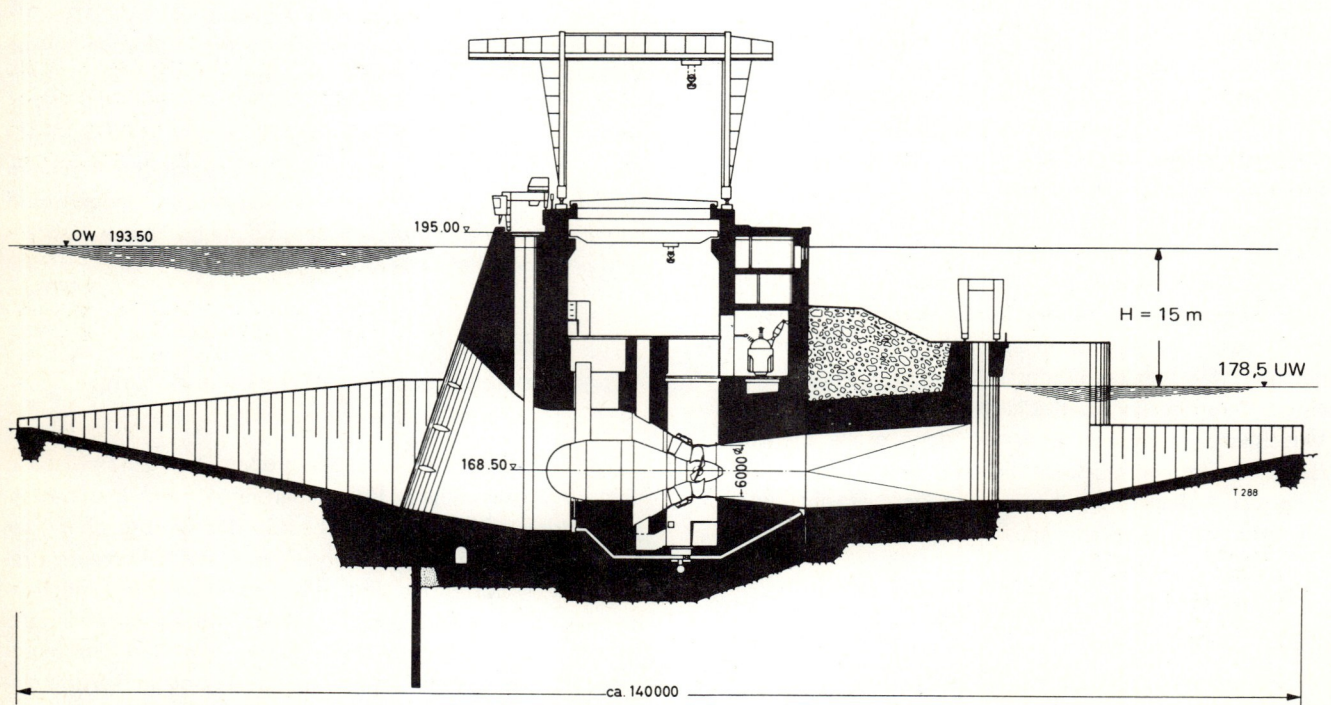

Bild VII.10 Schnitt durch das Kraftwerk Altenwörth/Donau mit 9 Kaplan-Rohrturbinen

4 Arten der Wasserkraftwerke

Art und Stromverbrauchern in einem großen Verbundnetz einen gewissen Ausgleich sowohl auf der Dargebots- als auch auf der Abnehmerseite (vgl. Abschnitt 5.2).

Die Speicher- und die Pumpspeicherwerke haben in den letzten zwei Jahrzehnten dauernd an Bedeutung gewonnen, sei es zur Frequenzhaltung oder zum schnellen Einsatz bei Ausfällen thermischer Anlagen (Reservefunktion). Pumpspeicherwerke dienen darüber hinaus der Energieveredelung. Bei ihrer Planung bestimmen geographische, geologische oder siedlungstechnische Gegebenheiten, manchmal auch wirtschaftliche Überlegungen, ob sich ein Wochen-, ein Monats-, ein Jahres- oder sogar ein Überjahresspeicher ausführen läßt (vgl. Abschnitt 6 Talsperren und Staudämme). Will man, wie dies in früheren Zeiten die Regel war, dem Speicher aus energiewirtschaftlichen Gesichtspunkten eine fest umrissene Aufgabe innerhalb eines begrenzten Versorgungsgebiets zumessen, so sind umfangreiche Berechnungen unter Annahme verschiedener Speicherprogramme durchzuführen. Dabei sind (vgl. Abschnitt 1.2) langjährige Abflußbeobachtungen die wichtigste Voraussetzung. Eine Berechnung aufgrund *mittlerer* monatlicher Abflußmengen kann zu einer völlig falschen Speicherdimensionierung führen, wie dies aus dem Beispiel der Bregenzer Ach, eines Flusses mit voralpinem Regime, hervorgeht (Bild VII.11). Die elektrische Verbundwirtschaft in ihrer heutigen und noch zu erwartenden Entwicklung hat aber, wie noch gezeigt werden soll, die ohnehin oft problematischen Speicherbewirtschaftungspläne zum Teil überflüssig gemacht.

4.3.1 Krafthäuser der Speicherwasserkraftwerke

In manchen Fällen wird das Krafthaus als Talsperren-Kraftwerk in unmittelbarer Nähe des Speichers erstellt. Wo größere Fallhöhen ausgenützt werden können, also vor allem im Hochgebirge, wird das Wasser vom Stausee aus mittels Stollen und Rohrleitungen oder Druckschächten dem Krafthaus zugeleitet. Die Krafthäuser werden vielfach in künstlichen Kavernen untergebracht. Waren es ursprünglich wehrpolitische Gesichtspunkte, die zur Verlegung der Krafthäuser ins Berginnere führten, so sind es heute hauptsächlich wirtschaftliche Überlegungen. Die Mechanisierung des Felsausbruchs, die Anwendung von Felsankern, haben dazu geführt, daß im Felshohlraumbau viel raschere Baufortschritte als früher erzielt werden und große Gewölbe, auch im tektonisch beanspruchten Gestein, sicher ausgeführt werden können. Außerdem wirkt sich die Verkürzung des teuren Druckabstiegs (manchmal geht man vom Wasserschloß senkrecht zur Krafthauskaverne) verbilligend aus. So wurde Anfang der 70er Jahre die z.Z. größte Kaverne (Ausbruchsvolumen rd. 100 000 m³) des Pumpspeicherwerks Waldeck II (Bild VII.12) in den Schiefertonen und Grauwackebänken des Unteren Karbon ausgebrochen. Anstelle eines früher üblichen Betongewölbes über der 33 m weit gespannten Maschinenhalle ist, mit Hilfe von vorgespannten Felsankern bis zu 27 m Länge, in Verbindung mit Spritzbeton, ein Naturgewölbe von großer, statisch wirksamer Stärke hergestellt worden. Neben der Erhöhung der Sicherheit konnten dadurch auch die Kosten gesenkt werden.

Aber auch die Freiluftbauweise hat nach wie vor ihre Berechtigung (Malta, Sellrain-Silz).

4.3.2 Pumpspeicherwerke

Pumpspeicherwerke wurden bis nach dem 2. Weltkrieg fast nur in Deutschland entwickelt und betrieben: Sie werden heute allgemein als ein hervorragendes Mittel zur Spitzendeckung in großen Verbundnetzen angesehen.

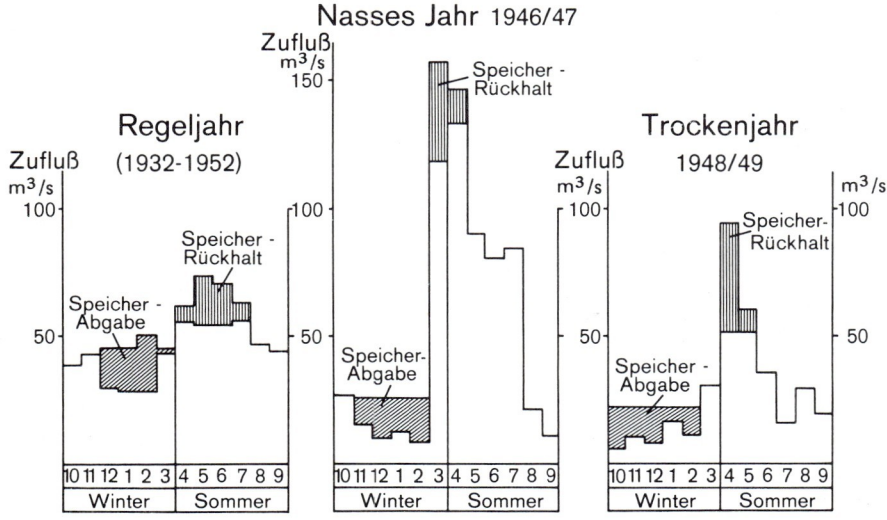

Bild VII.11
Wasserbewirtschaftung eines Speichers von **144 Mio. m³** Nutzinhalt an der Bregenzer Ach (Projekt)

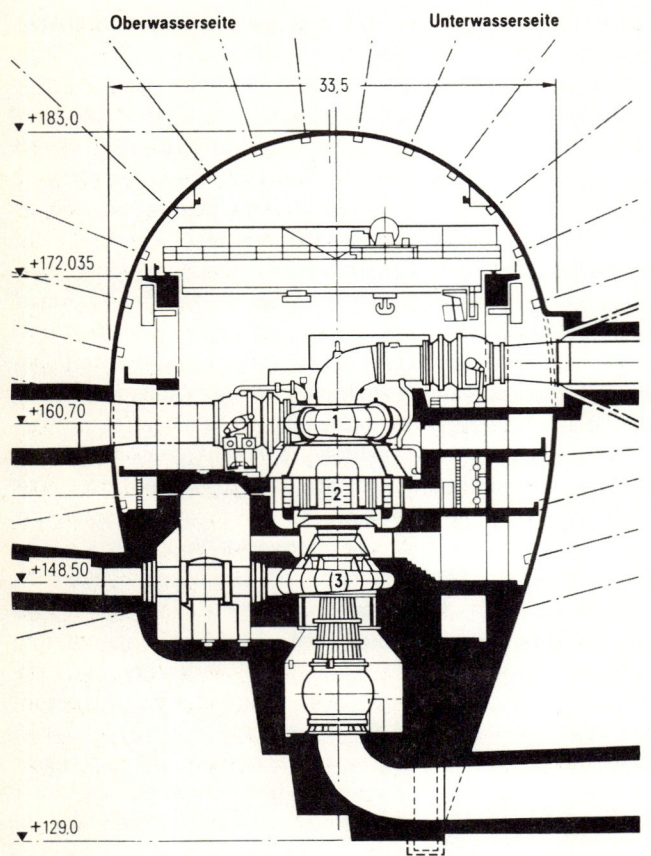

Bild VII.12 Pumpspeicherwerk Waldeck II, Querschnitt durch die Kaverne
1 Turbine   2 Generator   3 Pumpe

In allen Ländern mit hoch entwickelter Elektrizitätswirtschaft entstehen neue Pumpspeicherwerke mit Leistungen von zum Teil über 1 Million kW, und zwar um so mehr, je weniger günstige Gelegenheiten zur Erstellung von natürlichen Speicherwerken vorhanden sind. Beide Arten von Speicherwerken, die natürlichen und die Pumpspeicherwerke, haben ähnliche Eigenschaften. Da bei ihnen der Parameter Wärme entfällt, können sie sich elegant den unerwarteten Schwankungen des Strombedarfs anpassen, sind in Störungsfällen rasch einsatzbereit und eignen sich hervorragend als Ergänzung zu Laufwasserkraftwerken wie auch zu thermischen Grundlastwerken einschließlich der Atomkraftwerke. Pumpspeicherwerke habe entweder dreiteilige Maschinensätze, bestehend aus Turbine, Pumpe und Generator, der auch als Motor läuft; oder aber es sind Turbine und Pumpe in einer einzigen Maschine vereinigt (reversible Pumpturbine).

Diese neuerdings öfters gewählte Anordnung ist in den Anlagekosten billiger, hat aber nicht den gleich guten Wirkungsgrad wie die konventionelle dreiteilige Anordnung. Pumpspeicherwerke benötigen ein oberes und ein unteres Speicherbecken, zwischen denen das Betriebswasser hin- und herfließt. Der Wirkungsgrad moderner Werke liegt bei 75 %, d.h. es müssen 1,3 kWh Pumpenergie aufgewendet werden, um eine Spitzen-kWh zu erzeugen. Hohe Wirkungsgrade werden erreicht, wenn oberes und unteres Becken nahe beieinander liegen, weniger hohe, wenn infolge langer Stollen und Rohrleitungen große Reibungsverluste in Kauf genommen werden müssen. Häufig findet man Kombinationen von natürlichen Speicherwerken mit Pumpspeicherwerken, wie z.B. beim Lünersee, wo im Staubecken ein großer Jahresspeicher zur Verfügung steht. Solche Anlagen haben den großen zusätzlichen Vorteil, daß mit ihnen längere Energiemangelzeiten überbrückt werden können.

4.3.3 Luftpumpspeicherwerke

Der Vollständigkeit halber soll auch diese „neue" Art von Pumpspeicherwerken kurz erwähnt und erläutert werden, die technisch überwiegend zur Sparte Gasturbinenkraftwerk gehören. Wie bei vielen Verfahren und Entwicklungen ist der Grundgedanke schon lange bekannt; aber die Ausführbarkeit im großtechnischen Maßstab scheiterte bis vor kurzem an der wirtschaftlichen Speicherung großer Druckluftmengen.

Bekanntlich verbrauchen die weitgehend zur Deckung kurzer Belastungsspitzen eingesetzten Gasturbinenkraftwerke etwa 2/3 der Wellenleistung zur Förderung und Verdichtung der Verbrennungsluft. Wenn man nun zu dieser Verdichtungsarbeit elektrische Schwachlastenergie verwendet und die verdichtete Luft auf Vorrat hält, so kann man im Bedarfsfall mit derselben Gasturbine die rd. dreifache Leistung erzeugen, nachdem der gleichzeitige Antrieb des Luftverdichters entfällt.

Es gibt hauptsächlich 2 Arten dieser Luftspeicher: Gleichdruck- und Gleitdruckspeicher. Erstere ist in Bild VII.13 dargestellt. Hier pendelt eine vergleichsweise kleine Wassermenge auf und ab; sie hat nur die Aufgabe, im unterirdischen Luftspeicher bei wechselndem Luftvolumen immer den gleichen Druck zu halten. Bezogen auf 450 m Wassersäule ist die geringe Spiegelschwankung im oberirdischen Becken von untergeordneter Bedeutung. Für die zweite Art, die mit Gleitdruck arbeitet, ist ein Prototyp mit 290 MW Nutzleistung in Huntorf seit Ende 1977 in Betrieb. Zu einem zweistündigen Vollastbetrieb wird ein Luftspeicher von 300 000 m³ Fassungsraum benötigt, dessen Druck zwischen 65 und 45 bar gleitet. Weitere interessante Einzelheiten sind aus [24] zu entnehmen.

4.3.4 Triebwasserleitungen

Nachdem Kanalkraftwerke kaum noch gebaut werden, seien im folgenden nur Druckstollen und Druck-

4 Arten der Wasserkraftwerke

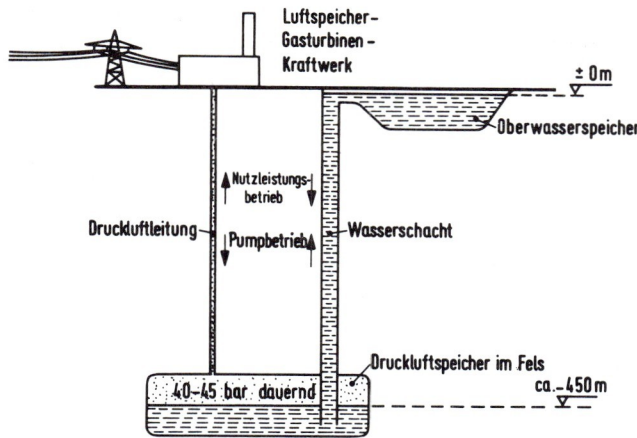

Bild VII.13 Gasturbinenanlage mit Gleichdruckspeicher

schächte für Speicher- und Pumpspeicherwerke kurz behandelt. Vor allem bei großen Abständen zwischen Ober- und Unterbecken erfordern diese Bauteile, die für die Sicherheit und Zuverlässigkeit der gesamten Anlage von beachtlicher Bedeutung sind, entsprechende Aufmerksamkeit. Früher wurden Stollen und Druckschächte konventionell „aufgefahren", d.h. mit Pressluthämmern mußte eine große Anzahl von Sprenglöchern gebohrt werden, in denen die Munition eingebracht, verdämmt und gezündet wurde. Diese wohl gefährlichsten Arbeiten an der gesamten Anlage werden seit einigen Jahren weitgehend durch Stollenbohrmaschinen verrichtet, die überdies auch im städtischen Tiefbau einige Bedeutung erlangt haben. Stollenbohrmaschinen ermöglichen ein schonendes Vorgehen im Gebirge, so daß der Aufwand für Nacharbeiten, wie Setzen von Felsankern und Injektionen, auf einen Bruchteil zurückgegangen ist.

Am Übergang des annähernd waagerechten Druckstollens zum Kraftabstieg befindet sich als „elastisches Glied" das Wasserschloß, dessen zweckmäßige Ausbildung meist umfangreiche Studien erfordert. Der Kraftabstieg selbst wird heute fast ausschließlich unterirdisch, als gepanzerter, schräger oder senkrechter Druckschacht ausgeführt. Neben Gründen der Sicherheit und Umweltschonung, geschieht dies überwiegend aus wirtschaftlichen Gesichtspunkten. Der Durchmesser der Triebwasserleitung wird in einem Optimierungsverfahren bestimmt.

4.4 Gezeitenkraftwerke

Die durch Ebbe und Flut bewegten Wassermassen enthalten ungeheure Mengen an Bewegungsenergie. Kein Wunder, daß schon viele Pläne zur Nutzung dieser Gezeitenenergie gemacht wurden. Die Schwierigkeit des Baus und Betriebs solcher Anlagen versteht man aber erst, wenn man den Charakter und die Wirkung der Gezeiten betrachtet (vgl. Kap. VIII.3).

Das erste große Gezeitenkraftwerk wurde 1961–1966 an der Rance (Bretagne) erstellt. Dort sind die Verhältnisse für ein solches Werk besonders günstig, weil die nach Norden vorspringende Halbinsel Cotentin ein Hindernis für die vom Atlantik kommenden Flutwellen bildet (Bild VII.14). Der Tidenhub in St. Malo beträgt dadurch bis zu 13,5 m. Derartig große Unterschiede zwischen Ebbe und Flut – sogenannte Springfluten – treten allerdings nur ausnahmsweise und zwar zur Zeit der Äquinoktien im März und September jeweils ein oder zwei Tage nach Vollmond und Neumond auf. Gezeiten mit geringstem Hub, die sogenannten Nippfluten, entstehen ein oder zwei Tage nach dem ersten und letzten Mondviertel. Dadurch schwankt der Tidenhub im März und September zwischen 3,3 und 13,5 m, während er im Januar und Juli sich in den Grenzen zwischen 4,5 und 10,5 m bewegt. Er ändert sich also jeden Tag.

Den höchsten Tidenhub kennt man in der Fundy-Bai zwischen Neuschottland und Neubrandenburg. Er beträgt bei Springfluten bis zu 21 m. An den Küsten gibt es täglich zweimal Ebbe und Flut. Wenn der Tidenhub bei St. Malo ausnahmsweise 13,5 m erreicht, so beträgt er an den Küsten des Atlantischen, des Indischen und des Stillen

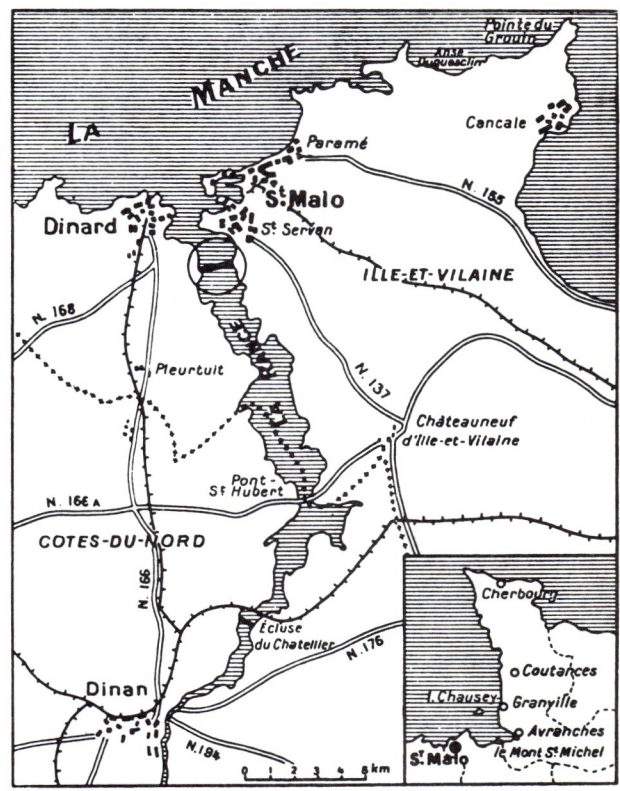

Bild VII.14 Lageplan der Rance-Bucht

Ozeans durchschnittlich 6—8 m; in der Ostsee sind es nur wenige dm und im Mittelmeer gar nur rund 10 cm. Ebbe und Flut entstehen nach den Gesetzen der Hydrodynamik, verbunden mit einer Resonanzerscheinung zwischen den periodischen Bewegungsvorgängen in Abhängigkeit von Mond- und Sonnenstand. Heute kann man das Eintreffen von Ebbe und Flut und den voraussichtlichen Tidenhub für die verschiedenen Punkte der Erde auf Jahre hinaus vorausberechnen. Außer den Einflüssen von Sonne und Mond spielen Ausdehnung und Tiefe der Meere, die Gestalt der Küsten und die vorherrschende Windrichtung eine Rolle.

Die zweite günstige Gegebenheit für die Anlage in St. Malo ist die natürliche Rance-Bucht, die an der Abschlußstelle nur 750 m breit ist. Das hier erstellte Abschlußbauwerk besteht aus 4 Teilen, einer Schleuse, einem Kraftwerk mit 24 Maschineneinheiten zu je 10 MW, einer Dammstrecke und einem Regulierwehr. Dieses Wehr diente während der Umschließung der Kraftwerksbaugrube als Durchlaßventil für die großen Wassermassen, die sich beim Wechsel zwischen Ebbe und Flut aus der Rance-Bucht heraus und wieder hinein bewegten. Seit Inbetriebnahme der Kraftwerksanlage kann mittels Pumpbetrieb die Rance-Bucht rascher gefüllt und entleert und dadurch die Fallhöhe im Kraftwerk vergrößert werden. Trotz des Gneis-Untergrundes waren die baulichen Schwierigkeiten enorm. Es zeigten sich Grenzen in der technischen Bewältigung solcher unter starker Strömung vorzunehmenden und bis zu 25 m hohen Abschlüsse der Baugruben. Die Zahl der Stellen, wo man mit wirtschaftlichen Mitteln derartige Kraftwerke erstellen kann, dürfte deshalb nicht allzu groß sein. Außerdem bringt es der Wechsel von Ebbe und Flut mit sich, daß trotz der Gefällsnutzung nach beiden Richtungen mittels Turbinenpumpen und trotz eines zusätzlichen Pumpbetriebs täglich zweimal eine Unterbrechung der Stromerzeugung eintritt (Bild VII.15), weil der Turbinenbetrieb sich nur bei Fallhöhen von mindestens 3 m lohnt und weil in den Zeiten der Nippflut sogar die maximalen Gefällshöhen unter 4 m liegen. Die Unterbrechungen der Erzeugung fallen zum Teil auch in die Spitzenzeiten, weil sie sich täglich infolge der Abhängigkeit vom Mond um etwa 50 Minuten verschieben. Die Gezeitenenergie ist deshalb unbeständig und qualitativ von geringem Wert.

Bei dem wohl größten Gezeitennutzungs-Projekt an der Passamaquoddy-Bai an der Grenze zwischen USA und Kanada lassen sich durch Dammbauten zwischen einer Reihe von Inseln zwei große, natürliche Becken gewinnen. Dies ermöglicht eine Betriebsweise, bei der keine Stromunterbrechung eintritt. Die Kraftwerksanlage befindet sich zwischen den zwei Becken und wird stets nur in einer Richtung durchströmt. Jedoch kann auch bei dieser Betriebsweise keine gleichmäßige Energie erzeugt werden. Sie schwankt mit dem 14 1/2-tägigen Wechsel von Spring- und Nippflut.

Schon lange besteht das Projekt eines Gezeitenkraftwerks an der Severn-Mündung, wo der Tidenhub maximal 15,5 m beträgt. An der Barentsee, 300 km nördlich des Polarkreises, haben die Russen mit dem Bau des Gezeitenkraftwerks Kislaja Guba begonnen. Die Küste ist dort wegen des Golfstroms eisfrei.

4.5 Gletscher-Schmelzwasser

Eine Energiequelle der Zukunft könnten unter Umständen auch einmal die *Schmelzwässer* der Gletscher *Grönlands* werden. Die schroffen Steilwände Südgrönlands bieten die Voraussetzung für Nutzfallhöhen von über 1000 m. Sie haben große Niederschlagshöhen und verhältnismäßig hohe Sommertemperaturen. Der Schweizer Hydrogeologe *Stauber* hält eine Energieausbeute während der Sommermonate von etwa 200 Mrd. kWh in etwa 20 Großkraftwerken für möglich. Die Gewinnung des Stroms dürfte billig sein, die Fortleitung bis nach Europa oder Kanada wird aber große Schwierigkeiten und Kosten verursachen.

Bild VII.15
Betriebsweise des Gezeitenkraftwerkes an der Rance bei Ebbe und Flut

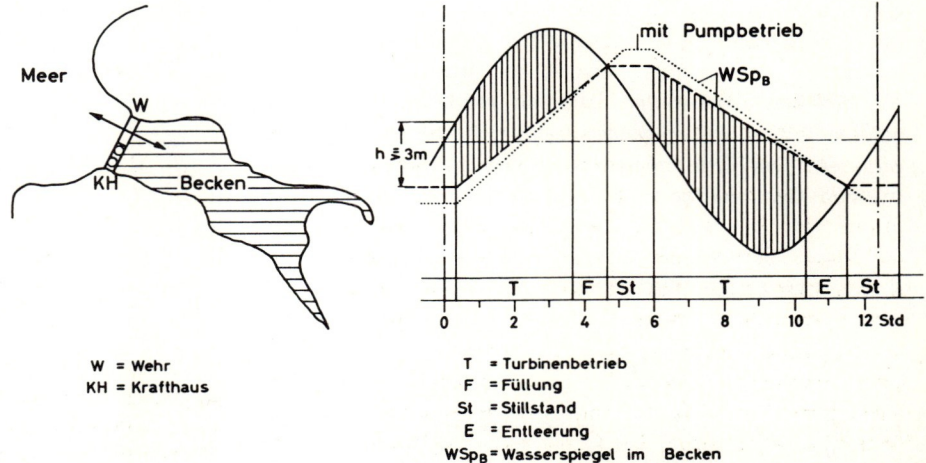

W = Wehr
KH = Krafthaus

T = Turbinenbetrieb
F = Füllung
St = Stillstand
E = Entleerung
WSp_B = Wasserspiegel im Becken

5 Wirtschaftlichkeit von Wasserkraftwerken

5.1 Allgemeine Gesichtspunkte zur Bewertung der Wasserkräfte

Es wird viel auf den „Ewigkeitswert" der Wasserkräfte hingewiesen, denn bei ihnen findet kein Abbau der Vorräte statt. Das hat die Wasserkraft vor anderen Energiearten voraus. Durch Sonnenenergie wird Wasser verdunstet und begibt sich damit immer erneut in den Kreislauf des Abflusses von Berg zu Tal und zu erneuter Verdunstung. Bei kritischer Beurteilung des Werts der Wasserkraft im Vergleich zu anderen Energiearten muß aber doch auf einiges hingewiesen werden, wodurch der „Ewigkeitswert" eingeschränkt wird.

Dem Ausbau von Wasserkräften sind Grenzen gesetzt, nicht nur durch die Rentabilität im Vergleich zu anderen Energievorkommen, sondern auch durch viele andere Dinge, wie z.B. die Schwierigkeit des Grunderwerbs bei der immer dichter werdenden Besiedlung der Industrieräume, durch die Forderungen des Landschaftsschutzes oder durch die Gepflogenheit der Behörden, die Konzessionsdauer bei Neubewilligungen auf nur 30 Jahre festzusetzen.

Über die sogenannten Kleinwasserkräfte ist bei uns in Deutschland das Urteil schon gesprochen. Ähnlich wie bei dem Mühlensterben werden immer mehr Kleinwasserkraftwerke aufgegeben, hauptsächlich weil die Bedienungskosten solcher Kleinanlagen vergleichsweise hoch sind. Eine volle Automatisierung scheidet meist aus Kostengründen aus. Wenn alte Maschinen ersetzt oder Wehre erneuert werden müssen, so reift meist der Entschluß heran, die Anlage stillzulegen.

Gegenüber allen thermischen Kraftwerksarten haben die Wasserkraftwerke jedoch einen großen Vorteil: ihre Langlebigkeit. Als eines der ältesten sei hier Rheinfelden oberhalb Basel genannt, das seit 80 Jahren ohne größere Erneuerungen in Betrieb ist.

5.2 Eingliederung in die elektrische Verbundwirtschaft (s. auch Abschnitt X.5)

Die elektrische Verbundwirtschaft mit ihren großen Höchstspannungsleitungen hat der Elektrizitätswirtschaft und damit auch der Wasserkraftwirtschaft neue Impulse gegeben. Sie hat auch neue Gesichtspunkte zur Bewertung der Wasserkraft gebracht; denn je nach der Verwendung einer Wasserkraft innerhalb eines großen Verbundsystems muß dieselbe anders bewertet werden. Eng damit zusammen hängt die Wahl der Ausbaugröße, die zweckmäßige Speichergröße. Die optimale Ausbauweise einer Wasserkraft ist nicht mehr in der Erzielung des niedrigsten Preises je kW oder je kWh zu suchen, sondern in der vorteilhaftesten Eingliederung in die bestehende und künftige Verbundwirtschaft.

Dies wird verständlich, wenn man von den *Belastungskurven* der Elektrizitätsversorgungsunternehmen (EVU) ausgeht. Die täglichen und jahreszeitlichen Schwankungen der Belastung oder das über weite Gebiete hinweg gleichzeitige Auftreten von Belastungsspitzen (Bild VII.16) sind altbekannte Probleme in der Elektrizitätswirtschaft. Mit ihrer Bewältigung ist man bis heute noch keineswegs fertig geworden. Jedoch hat die Verbundwirtschaft neue Gesichtspunkte für den Einsatz der Kraftwerke entwickelt, durch welche die Belastungsspitzen technisch besser und wirtschaftlicher gedeckt werden können. Die Verbindung aller Netze der EVU, der Abschluß von Stromaustauschverträgen zwischen den Gesellschaften und die Möglichkeit, mittels der Frequenz-Leistungs-Regelung die vereinbarten Austauschleistungen zu beherrschen und einzuhalten, eröffneten völlig neue Perspektiven für die Art und die Ausbaugröße von Kraftwerken. In die großen Netzverbände speisen heute von allen Seiten thermische und hydraulische, große und kleine, alte und moderne Kraftwerke hinein. Damit konnte jedem der Kraftwerke eine geeignete Aufgabe zugewiesen werden, die es gestattet, den Netzverband in optimaler Weise zu betreiben. Es entstanden die Begriffe der Grundlast, der Mittellast und der Spitzenlast. Die Laufwasserkräfte konnten höher ausgebaut werden; die Zeit der Pumpspeicherwerke reifte heran.

Bei dieser noch im Gang befindlichen Entwicklung eilte die Technik der Politik voraus. Die großen Ver-

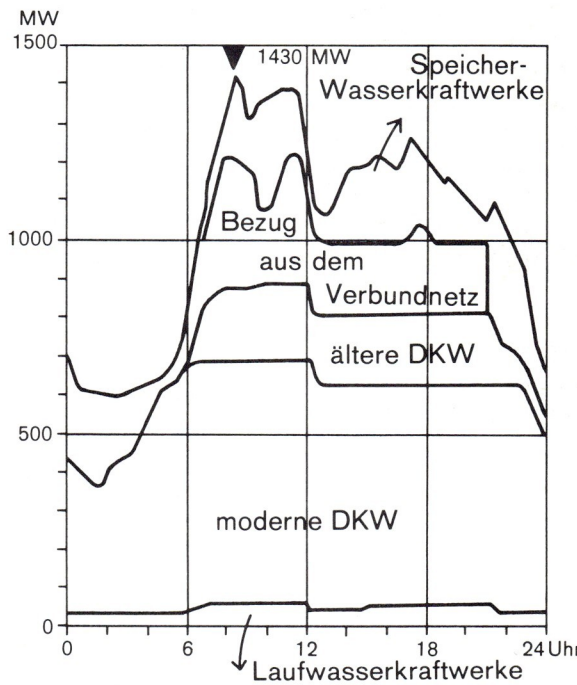

Bild VII.16 Lastkurve eines süddeutschen Überlandwerkes mit hydraulischen und thermischen Kraftwerken sowie Bezugsverträgen (11.12.1967, Niedrigwasser)

sorgungsnetze des westlichen Europa bilden heute einen einzigen großen Netzverband, der die EVU aller westeuropäischen Länder (mit Ausnahme von Großbritannien, Schweden und Norwegen) umfaßt und in den Kraftwerke von insgesamt etwa 180 Mio. kW (Stand 1980) Leistung hineinspeisen.

Die Bewertung einer Wasserkraft geschieht deshalb durch Vergleich mit einer thermischen Kraft gleicher Einsatzmöglichkeit und Qualität bei gleicher Benutzungsdauer. Die Höchstspannungsleitungen gestatten den Stromtransport zu niedrigen Kosten auf weite Entfernungen, so daß der Transport zum Verbrauchspunkt höchstens untergeordnete Korrekturen erfordert. Man erhält eine optimal wirtschaftliche Stromversorgung in einem großen Netzverbund also dadurch, daß man
1. die Grundlast mit modernen, billig arbeitenden thermischen Kraftwerken sowie mit Laufwasserkraft- oder Gezeitenkraftwerken deckt,
2. für die Mittellast ältere, anpassungsfähige thermische oder hydraulische Schwellbetriebswerke einsetzt und
3. die Spitzenlastdeckung den natürlichen Speicherwasserkraft- und den Pumpspeicherwerken sowie gelegentlich Gasturbinen überläßt.

Hinsichtlich des Stromaustauschs zwischen BR Deutschland und dem Ausland ist seit 1972 eine Wende erkennbar. Während vor diesem Zeitpunkt bei wachsendem Tauschgeschäft der Importsaldo stark angestiegen ist, zeigen die folgenden Jahre eine Degression der Einfuhr verbunden mit vermehrter Ausfuhr (vgl. Bilder X.10 und X.11). Für 1979 ist der Importsaldo, der 1972 noch bei 12 Mrd. kWh lag, auf bescheidene 0,6 Mrd. kWh geschrumpft. Trotzdem ist das „Geschäft" noch interessant, weil der Bezug überwiegend hochwertige Spitzenenergie aus den Wasserkraftländern Österreich und Schweiz darstellt, während Nacht- und Bandenergie ausgeführt wird. Bei einem Wertverhältnis der beiden Energiesorten in der Größenordnung von 4 : 1 verbleibt auf der kaufmännischen Seite ein beachtlicher Einfuhrüberschuß.

Illustriert wird die Bedeutung des Austausches auch durch einen Vergleich von Bild VII.19 mit Tabelle VII.1. Wie man sieht, übertrifft die Ausbauleistung der Speicherwerke auf Bild VII.19 ganz deutlich die Summe von 6522 MW in Tabelle VII.1, obwohl in letzterer über 3000 MW Laufwerksleistung enthalten sind. Daraus ergibt sich, daß dem deutschen Verbundnetz rund 4000 MW Spitzenleistung aus Wasserkraft ausländischer Provenienz zur Verfügung stehen.

5.3 Anlagekosten

Die Anlagekosten von Wasserkraftwerken lassen sich, besonders bei Anlagen in Entwicklungsländern, weniger genau vorausschätzen als diejenigen von thermischen Kraftwerken oder Industrieanlagen. Die geologischen Verhältnisse bei der Gründung von Wehren und Talsperren, bei der Ausführung von Stollen und Druckschächten, bei der Auswahl des Dammschütt- oder Betoniermaterials können vor allem, wenn an den Vorarbeiten gespart wurde, zu erheblichen Überschreitungen der Kostenvoranschläge führen. So wurde z.B. bei der Projektierung des syrischen Euphratdamms anläßlich der generellen geologischen Beurteilung trotz zahlreicher Bohrungen nicht wahrgenommen, daß in einer gewissen Tiefe unter dem geplanten Staudamm verschiedene, ganz dünne Schichten aus feinstem Ton anzutreffen sind. Wenn Wasser aus dem Staubecken den Weg bis zu diesen Schichten findet, so entsteht eine gefährliche Gleitschicht. Man mußte dem Damm, um ein „Ausrutschen" zu verhindern, eine viel breitere Standfläche geben als ursprünglich vorgesehen war. Dies erforderte viele Millionen Kubikmeter mehr an Schüttmaterial.

Man kann für den tiefbaulichen Teil von Wasserkraftanlagen allgemein sagen: Je mehr Geld man in die Vorarbeiten steckt, desto genauer lassen sich die Baukosten vorausschätzen.

Durch welche Faktoren lassen sich die Anlagekosten beeinflussen? Die Baukosten haben durch Zeit und Arbeitskräfte sparende Baumethoden, durch die Maschinisierung der Erd-, Fels- und Betonarbeiten eine erhebliche Senkung erfahren. Weitere Fortschritte auf dem Gebiet der Felsmechanik werden die Kosten von Stollen und Kraftwerkskavernen verbilligen helfen. Von einer Typisierung der Wasserkraftanlagen ist dagegen mit wenigen Ausnahmen nicht allzuviel zu erwarten. Dazu sind die Verhältnisse, vor allem im tiefbaulichen Sektor, zu verschieden. Eine erhebliche Verringerung der Investitionskosten ergibt sich meist durch eine Verbindung mit anderen wasserwirtschaftlichen Aufgaben. Wenn z.B. Wehr und Flußbau aus Mitteln der Hochwasserfreilegung oder der Schiffahrt finanziert werden, so wird die Energiegewinnung nur mit den Kosten des Kraftwerksbaus belastet. Bei den übrigen Anlagekosten, wie Grunderwerb, Genehmigungsauflagen, Finanzierung und Bauzinsen, macht sich gute Vorausdisposition bezahlt.

Beim Lünerseewerk in Vorarlberg setzten sich die Anlagekosten wie folgt zusammen (Grenzwerte für andere Speicherkraftanlagen in Klammern):

Baukosten für den Aufstau des Sees 5 % (kann bis 40 % betragen)
für den sonstigen Tiefbau 50 % (20 %)
für die maschinelle und elektrische Anlage 25 % (15 %)
Kosten für Grunderwerb, Vorarbeiten, Auflagen, Finanzierung, Bauzinsen 20 % (bis zu 35 %)

Man sieht, welchen Umfang neben den eigentlichen Baukosten die anderen Kosten annehmen können.

5.4 Verluste in den hydraulischen und elektrischen Maschinen

Bei der Ausnutzung einer Wasserkraft ergeben sich erhebliche Verlustquellen. Neben den Verlusten durch die Wirkungsgrade der Turbinen, Pumpen, Generatoren und Transformatoren treten andere unvermeidliche Verluste auf, die den Gesamtwirkungsgrad der Nutzung herabdrücken. Die Verluste in den Triebwasserleitungen, also Kanälen und Stollen, können allerdings durch entsprechende Dimensionierung reduziert werden. Man kann eine Optimierungsrechnung durchführen, bei der die kapitalisierten Verluste und die Kosten dieser Anlageteile ein Minimum werden. Bei der Bewirtschaftung der Staubecken entstehen Gefällsverluste und Verluste durch Verdunstung, die in tropischen Gegenden sehr groß sein können. Das Kraftwerk Kariba staut den Zambesi zu einem See mit 160 Mrd. m^3 Inhalt. Der Stausee hat eine über neunmal so große Oberfläche wie der Bodensee. Die jährliche Verdunstung auf diesem See beträgt etwa 13 Mrd. m^3, d. i. annähernd 1/3 der jährlichen Abflußmenge des Zambesi. Bei der zweckmäßigen Gesamtausnützung des Euphrats hat man festgestellt, daß es erheblich vorteilhafter ist, große und tiefe Speicher zum Ausgleich der Wasserführung im oberen, gebirgigen Einzugsgebiet in der Türkei anzulegen, als flache Becken in den Ebenen des Irak, wo der Verdunstungsverlust je Mio. m^3 nutzbarem Speicherinhalt ein Mehrfaches von dem des Kebanspeichers (Türkei) beträgt.

Je nach den geologischen Verhältnissen muß bei Speicherbecken auch mit Versickerungsverlusten gerechnet werden. Bei Kanalkraftwerken wird im Interesse einer gesunden Wasserwirtschaft die Belassung einer Mindestwassermenge im Mutterbett des Flusses vorgeschrieben. An schiffbaren Flüssen geht das Schleusungswasser für die Kraftnutzung verloren. Am Neckar werden für die Schleusungen während der Tagesstunden im Durchschnitt 5–6 m^3/s benötigt, d. i. so viel wie die Niedrigwasserführung des Flusses.

Die meisten dieser Verlustquellen lassen sich nicht verringern. Es darf nicht unerwähnt bleiben, daß die Wasserkraftmaschinen, wie auch die Generatoren und Transformatoren heute einen so hohen Entwicklungsstand erreicht haben, daß keine nennenswerten Verbesserungen des Wirkungsgrades mehr erzielt werden können, auch nicht durch Vergrößerung der Maschinenaggregate.

5.5 Mehrzweckanlagen

In § 36 des Bundes-Wasserhaushaltsgesetzes wird bestimmt, daß für Flußgebiete oder Wirtschaftsräume oder für Teile von solchen wasserwirtschaftliche Rahmenpläne aufgestellt und der Entwicklung fortlaufend angepaßt werden sollen, um die für die Entwicklung der Lebens- und Wirtschaftsverhältnisse notwendigen wasserwirtschaftlichen Voraussetzungen zu sichern. Damit wurden die Mehrzweckanlagen gesetzlich fundiert. Sie dienen der Hochwassereinschränkung, der Niedrigwasseraufbesserung, der Abwasserverdünnung, der Bewässerung, der Schiffahrt, der Erhaltung der Fischerei und – manchmal sogar nur nebenbei – der Wasserkraftgewinnung.

Die besten Beispiele für eine Ordnung der Wasserwirtschaft riesiger Gebiete liefern die USA, die im Totalausbau ganzer Flußsysteme am meisten geleistet haben. Das große Musterbeispiel ist der vor einigen Jahrzehnten begonnene und jetzt abgeschlossene Tennessee-Ausbau, der aus einem ausgesprochenen Notstandsgebiet eines der bestentwickelten Gebiete der USA gemacht hat. Die Tennessee-Valley-Authority, eine staatliche Gesellschaft mit privatwirtschaftlicher Arbeitsweise, hat mit 9 Staukraftwerken am Tennessee und 25 Talsperren an den Zubringern einen vollkommenen Hochwasserschutz am Tennessee erreicht. Die Schiffahrt hat heute den 60fachen Jahresumschlag, die billige Wasserkraftenergie hat an die 3000 Industrien angelockt, und es konnte ein vielseitiges Programm der Bewässerung und Aufforstung durchgeführt werden. Ähnlich große Mehrzweckanlagen entstanden in den Trockengebieten im Westen der USA: am Columbia-River, der das größte Wasserkraftpotential der USA aufweist, oder am Colorado-River, von dem aus die reichen Landwirtschaftsgebiete in Kalifornien bewässert werden und Energie erhalten. Der im Gang befindliche Ausbau des Missouri mit über 100 Staubecken vermindert die Hochwasserschäden, die 1941–1951 mit 1,5 Mrd. Dollar beziffert wurden, bringt Bewässerungsmöglichkeiten und großen Energiegewinn. Große Mehrzweckanlagen sind in Indien, in Pakistan, in der UdSSR, am Euphrat, in Südost-Australien, am Mekong und in vielen anderen Gebieten in Planung und Ausführung.

In Deutschland gibt es zahlreiche kleine Beispiele für Mehrzweckanlagen. Die Speicher im Ruhr- und Wuppergebiet dienen der Trinkwassergewinnung, dem Hochwasserschutz und der Abwasserverdünnung. Die Kraftwerke am Hochrhein, an Neckar, Mosel, Main und Weser erleichtern die Finanzierung der Schiffbarmachung. Das Wasserregime des Bodensees wurde durch Überleitung von Wasser aus dem Trisanna- und Rosannagebiet, sowie durch die vielen Alpenspeicher in der Schweiz und in Vorarlberg verbessert, so daß die Energieminderung, die durch die großen Trinkwasserentnahmen aus dem Bodensee bei den Kraftwerken am Hochrhein eingetreten ist, mehr als ausgeglichen ist.

5.6 Gestehungskosten der Wasserkraftenergie

Bei einem Vergleich der Wasserkraftenergie mit thermischer Energie darf nicht allein von den Investitionskosten je kW ausgegangen werden. Die Langlebigkeit von Wasserkraftanlagen äußert sich in weit geringeren Abschreibungen, auch liegen die Betriebskosten einschließlich des

Aufwands an Bedienungskosten erheblich tiefer als bei den thermischen Anlagen. Dadurch ergeben sich bei einem Pumpspeicherwerk mit Investitionskosten von 800 bis 1000 DM/kW keine höheren Gestehungskosten je kWh, als bei Gasturbinenwerken mit Investitionskosten von etwa 500 DM/kW. Dabei ist noch nicht berücksichtigt, daß Pumpspeicherwerke durch ihren Bedarf an Pumpstrom bei Nacht zu einer rationelleren Auslastung von thermischen Anlagen (vor allem der Atomkraftwerke) beitragen und daß man bei der ausgezeichneten Verfügbarkeit der Wasserkraft geringere Reserveleistungen bereitstellen muß. Zugunsten der Wasserkraft spricht heute auch die weit geringere Umweltbelastung.

Von Einfluß auf die Gestehungskosten bei Pumpspeicherwerken ist ihre Benutzungsdauer. Infolge zunehmender Auffüllung der Last-„Täler" durch die Nachtspeicherheizung ist sie in den letzten Jahren zurückgegangen.

Im übrigen setzen sich die Gestehungskosten wie bei thermischen Anlagen aus dem weitgehend festen Anteil für Betrieb, Instandhaltung, Verwaltung (BIV) und dem Kapitaldienst zusammen. Arbeitsabhängige Kosten fallen außer Pumpstromkosten kaum an. Als Beispiel für die Kostenrechnung wird auf [25] verwiesen.

6 Talsperren und Staudämme

Die moderne Wasserwirtschaft verlangt immer mehr Staumöglichkeiten des Wassers und damit den Bau von Talsperren und Staudämmen. Die Technik dieser Bauwerke hat in den letzten Jahrzehnten große Fortschritte gemacht, so daß heute Anlagen riskiert werden, die man noch vor nicht zu langer Zeit für unmöglich hielt. Die Betontechnologie wie auch das rasche Einbringen großer Betonmassen auf beengtem Raum hat Fortschritte erzielt. Die Erkenntnisse auf dem Gebiet der Felsmechanik gestatten die zuverlässige Gründung hoher Staumauern, auch wenn das anstehende Felsgestein tektonisch gestört ist. Das Kräftespiel im Untergrund der Talsperren kann allerdings noch nicht genügend vorausgesagt werden. Im auffallenden Gegensatz dazu steht die theoretisch weit entwickelte Berechnung von Betonkörpern, besonders von Gewölbeschalen. Bogensperren werden heute bei widerstandsfähigen Felsflanken in beinahe beängstigend geringer Dicke gebaut (Bild VII.17).

Die Technologie der Schüttkörper bei Erddämmen und Steindämmen, ihre Standfestigkeit und Durchlässigkeit hat heute dank der Erkenntnisse der Bodenmechanik einen hohen Stand erreicht. Es wurden Verfahren entwickelt und praktisch erprobt, durch die der durchlässige Untergrund unter Talsperren und Staudämmen auf große Tiefen abgedichtet werden kann, so daß kein Wasser unter dem Abschlußdamm hinweg oder seitlich verlorengeht.

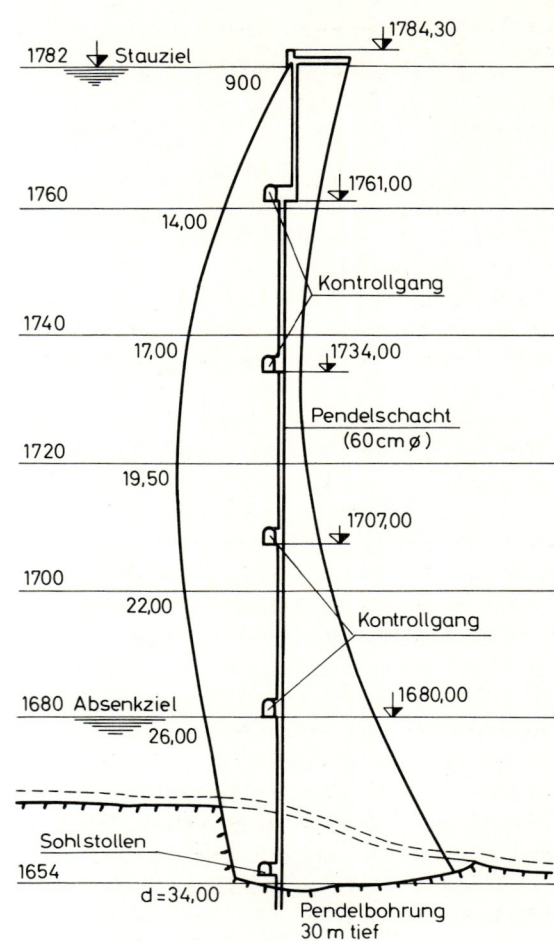

Bild VII.17 Bogenstaumauer Schlegeis (Tirol)

Nahm Deutschland zu Beginn dieses Jahrhunderts eine führende Rolle im Talsperrenbau ein, so sind inzwischen in allen Ländern der Erde große Stauwerke entstanden. Nach einem Register der Internationalen Kommission für große Talsperren[1]) (über 15 m Höhe, mehr als 100 000 m³ Stauraum), bestanden Ende 1971 auf der ganzen Welt 12832 Talsperren. Im Bau waren 1282 Talsperren, in Planung 1342 Talsperren. Mit Abstand die meisten liegen in den USA, an 2. Stelle folgt Japan. Das gleiche gilt hinsichtlich der Planungen.

Nach *N. Schnitter* (Wasser- und Energiewirtschaft 1974, S. 23/25 sind die drei *höchsten Staumauern* (mit Fertigstellungsjahr):

Grande Dixence, Gewichtsmauer in der Schweiz	(1962)	285 m hoch
Inguri, Bogenmauer in Georgien	(1976)	272 m hoch
Vajont, Bogenmauer in Italien, außer Betrieb	(1961)	262 m hoch

---

[1]) siehe Water Power 1973, S. 429

Die drei *größten Staumauern* sind:		Mauervolumen
Sayansk, Gewichtsmauer in Sibirien	(1977)	9,12 Mio. m³
Grand Coulee, Gewichtsmauer in USA	(1942)	7,45 Mio. m³
Grande Dixence, Gewichtsmauer in der Schweiz	(1962)	5,96 Mio. m³

Die drei *höchsten Staudämme* sind:		
Nurek in Tadschikistan (UdSSR)	(1977)	317 m hoch
Mica in Kanada (B.C.)	(1973)	242 m hoch
Esmeralda in Kolumbien	(1975)	237 m hoch

Die drei *größten Staudämme* sind:		Schüttvolumen
Tarbela in Pakistan	(1976)	142 Mio. m³
Fort Peck in Montana, USA	(1940)	96 Mio. m³
Oahe in Süd-Dakota, USA	(1963)	70 Mio. m³

Die drei *größten Stauseen* sind:		totaler Stauinhalt
Owen Falls (Aufstau des Victoriasees)	(1954)	204,8 Mrd. m³
Bratsk in Sibirien (UdSSR)	(1964)	169,3 Mrd. m³
Sadd-el-Aali in Ägypten (Assuan)	(1970)	164,0 Mrd. m³

Die Talsperren in der BR Deutschland (Ende 1971 waren 94 in Betrieb und 18 im Bau) nehmen sich gegenüber diesen Dimensionen wie Zwerge aus. Die größte Staumauer in der BR Deutschland ist die Möhnetalsperre mit einem Mauervolumen von 267 000 m³; der größte Staudamm mit dem größten Stausee, die Schwammenaueltalsperre in der Eifel, hat ein Schüttvolumen von 2,6 Mio. m³ und einen Stauinhalt von max. 200 Mio. m³.

Bei der großen Bedeutung, die der Schaffung weiterer Staumöglichkeiten sowohl für die Energiegewinnung, als auch für Bewässerung und andere Zwecke zukommt, muß der Frage der Sicherheit der Talsperren ein Wort gewidmet werden. In den vergangenen 20 Jahren haben einige schwere Talsperrenunglücke die Welt aufhorchen lassen. Man denkt an die Bogenstaumauern Malpasset oberhalb Fréjus und Vajont sowie an den Tetondamm (USA). Verschiedener Art waren die Ursachen. Wenn der Untergrund nachgibt, wie bei Malpasset, so nützt die beste, mit mehrfacher Sicherheit versehene Berechnung einer Bogenstaumauer nichts. Ungenügendes Studium der geologischen Gegebenheiten oder ungenügende Beobachtung des Verhaltens des Untergrunds nach der Belastung durch die Sperre und des Wasserdrucks waren schon manchmal die Ursache von Talsperrenunglücken. Bei dem äußerst folgenschweren Unglück an der Vajontsperre in Oberitalien war es ein gewaltiger Bergrutsch, der in das Staubecken niederging und eine Flutwelle verursachte, die über die Sperrenkrone hinweg zu Tal stürzte. Die Sperre selbst, die zweithöchste Bogenmauer der Welt, hat diesem Wasserschwall standgehalten.

Die zweite Gefahrenquelle, das Hochwasser, kann besonders bei Erddämmen den Bruch herbeiführen. Der Bereich des Unvorhersehbaren in der Hochwasserhydrologie ist zwar noch groß, verringert sich aber mit zunehmender Erkenntnis auf dem Gebiet der Meteorologie. Durch reichliche Dimensionierung der Entlastungsbauwerke läßt sich das Überflutungsrisiko einengen. Der Bruch des über 100 Jahre alten Tittesworth-Damms in Staffordshire ließ erkennen, daß ein Damm, auch wenn er schon jahrzehntelang im Dienst stand, keinen Beweis für künftige Standfestigkeit liefert. Die laufende Überprüfung mit neuzeitlichen, bodenkundlichen Methoden kann auch solche Gefahrenquellen praktisch ausschalten.

Hierzu sind beispielsweise in Österreich für jede Talsperre ein Hauptverantwortlicher und ein Stellvertreter bestimmt. In einem Gefahrenfall, der außerhalb kriegerischer Ereignisse kaum vorstellbar ist, besitzen sie entsprechende Befugnisse und Vollmachten, um die Talbewohner vor Schaden zu bewahren. Wenn man miterlebt, mit welch großer Umsicht und Sorgfalt Talsperren z.B. im deutschsprachigen Raum in Betrieb genommen und laufend überwacht werden, kann man sich ruhig an ihrem „Fuß" niederlassen. Man muß sich der Bedeutung von Staumöglichkeiten des wertvollen Gutes Wasser stets bewußt bleiben. Sie sind nicht nur die Voraussetzung für die Erzeugung von qualitativ wertvoller Spitzenenergie und für den Schutz menschlicher Siedlungen gegen Hochwasser, sondern letzten Endes die Hoffnung hungernder Völker.

Eine wichtige Frage ist die Dichtung der Staudämme und der Stauräume. Hier wurden mit Erfolg neue Methoden entwickelt. Während man früher bei Staudämmen nur die Abdichtung mit Lehm- oder Tonkernen kannte, haben sich in den letzten zwei Jahrzehnten, vor allem in Deutschland, Bitumendichtungen durchgesetzt, die meist auf der wasserseitigen Böschung als mehrschichtiger Oberflächenbelag, manchmal als Dammkern aus Bitumenbeton, ausgeführt werden.

Die Angriffe während des 2. Weltkrieges auf die Edertal-, die Möhnetal- und die Sorpetalsperre haben die Überlegenheit der Erddämme gegenüber Mauersperren gezeigt. Erstere halten, wenn der Stausee rechtzeitig ein Stück abgesenkt wird, infolge ihrer großen Breite, die sie dann in Höhe der Wasserlinie haben, auch den Angriffen durch schwerste Bomben stand. Eine Bitumenhaut auf der wasserseitigen Böschung kann beschädigt werden; ihre Wiederherstellung setzt voraus, daß der Wasserspiegel bis zur Schadensstelle abgesenkt werden kann.

Talsperren und Staudämme können heute auch gegen stark durchlässigen Untergrund abgedichtet werden. Werden sie auf durchlässigem Fels errichtet, so werden Injektionsschleier bis zum undurchlässigen Untergrund ausgeführt. Besteht der Untergrund aus Sand oder Geröll, so finden Wände aus Tonbeton Verwendung, oder es werden Injektionen mit Bentonitsuspensionen durchgeführt. Beim Sylvensteindamm, in Mattmark und in Serre-Ponçon gelang es auf diese Weise, auf eine Tiefe bis zu 100 m abzudichten.

7 Rechtliche Grundlagen für die Nutzung von Wasserkräften

7.1 Staatliche Gesetzgebung

Das Wasser wird in der Gesetzgebung der meisten Staaten als öffentliches Gut behandelt. Daraus entspringt die Verpflichtung für den Staat als dem Vertreter der Allgemeininteressen, darüber zu wachen, daß die Wasserkraftnutzung nicht in einer das Gemeinwohl schädigenden Weise erfolgt.

Der eine Weg zur Erreichung dieses Ziels ist die Monopolisierung der Wasserkraft durch den Staat. Dies wurde in Deutschland nach Ende des ersten Weltkriegs eine Zeitlang lebhaft erörtert. In autoritär regierten Staaten wird dieser Weg heute häufig gewählt.

Die andere Möglichkeit ist, daß der Staat sich auf gesetzlichem Wege ein Verfügungsrecht über die Wasserkräfte des Landes vorbehält und die Verwertung der Wasserkräfte auf Zeit (z. B. für 3–8 Jahrzehnte) privaten oder öffentlich-rechtlichen Unternehmen überläßt. Manchmal tritt auch der Staat als Unternehmer auf und unterwirft sich denselben Bedingungen wie andere Nutzer. So wurden durch das Badenwerk (Murgwerk), das Bayernwerk (Walchenseewerk, Mittlere und Untere Isar), die Preussenelektra (Waldeck, Erzhausen, Werke an der Weser), die Electricité de France, die Schwedische Wasserfallverwaltung, die British Electricity Authority (alles Unternehmungen, die in der Hand des Staates stehen) zahlreiche große Wasserkräfte ausgebaut und betrieben.

Das Verfahren für die Bewilligung einer Wasserkraftnutzung ist bei uns in der BR Deutschland durch das Wasserhaushaltsgesetz, ein Bundesrahmengesetz vom Jahre 1957, sowie durch die Wassergesetze der Länder geregelt. Die Bewilligung ist Sache der Länder. Für die Genehmigung der hochbaulichen und maschinellen Teile der Anlagen gelten die Bestimmungen der Gewerbeordnung. Die Wasserkraftprojekte, auch Änderungen derselben, werden öffentlich aufgelegt, so daß alle, deren Interessen durch den Ausbau berührt werden, Einspruch erheben können. So notwendig und berechtigt dies ist, so muß leider festgestellt werden, daß sich die Bewilligungsverfahren in der BR Deutschland oft endlos in die Länge ziehen. Es bleibt häufig nichts anderes übrig, als den Bau mit einer vorläufigen Bewilligung und damit mit einer Rechtsunsicherheit zu beginnen. Bemühungen um eine Vereinfachung und Beschleunigung des Verfahrens hatten bisher nur geringen Erfolg. Die Vielzahl der wasserwirtschaftlichen Interessen in dicht bevölkerten Gegenden haben zur Folge, daß Lasten für Bau und Betrieb auferlegt werden, durch welche die Wirtschaftlichkeit stark beeinflußt wird. Schon manche Anlage konnte deshalb nicht gebaut werden. Vom Standpunkt des Staats, der den volkswirtschaftlichen Wert einheimischer Energievorkommen auch heute nicht aus den Augen verlieren darf, müßte manchmal anders entschieden werden. Vorgänge in Bayern, Österreich und am Rhein zeigen, daß bei Kostenbeteiligung der öffentlichen Hand, die dem Schutz vor Sohlenerosion und vor HW-Schäden entspricht, noch tragbare Stromgestehungskosten herauskommen.

In steuerlicher Hinsicht sind Wasserkraftanlagen infolge ihrer großen Kapitalintensität viel stärker belastet als thermische Anlagen. Die steuerliche Begünstigung um 50 %, die man im Jahre 1944 den Wasserkraftanlagen zugebilligt hatte, wurde bis zum 31.12.1977 verlängert. Bemühungen um eine weitere Verlängerung sind im Gange. Damit ist aber noch lange keine steuerliche Gleichstellung mit thermischen Anlagen erreicht.

7.2 Grenzflüsse, Internationale wasserrechtliche Regelungen

Wo Gewässer durch das Gebiet verschiedener Staaten fließen, vermißt man oft das Vorhandensein eines internationalen Wasserrechts. Mit der rasch zunehmenden Bedeutung des Wassers sind die nationalen Wasserwirtschaften gegen jeden Zwang äußerst empfindlich geworden. Die „International Law Association" hat 1956 in Dubrovnik völkerrechtliche Grundsätze für die Austragung zwischenstaatlicher, wasserrechtlicher Fragen generell aufzustellen versucht. Die Meinungen waren aber sehr geteilt. Ein beachtlicher Gedanke wurde kurz danach von Sektionschef Graf *Hartig*/Wien entwickelt: das *Kohärenzprinzip*. Zum Verständnis muß daran erinnert werden, daß man bei internationalen Flüssen zwei Begriffe unterscheiden muß: die übertretenden Gewässer, die die Grenze queren und die längs geteilten Gewässer, bei denen der Fluß die Grenze bildet. Bei letzteren ist es üblich, daß sich beide Staaten dahin einigen, daß jedem die Hälfte der Nutzung zusteht. Dies kann so erfolgen, daß (wie am unteren Inn und bei Jochenstein an der Donau) die Kraftstufen von einer internationalen Gesellschaft ausgebaut und betrieben werden, oder daß (wie beim Hochrhein) die Kraftstufen abwechselnd vom einen oder vom andern Staat gebaut werden. In beiden Fällen steht die gewonnene Energie den beiden Staaten je hälftig zu.

Schwierigere Probleme entstehen bei übertretenden Gewässern, vor allem, wenn vom oben liegenden Staat eine Änderung des Wasserregimes vorgenommen wird, sei es durch die Erstellung von Speichern mit dem dabei auftretenden Verdunstungsverlust, sei es durch Entnahme von Wasser für Bewässerung, sei es durch Überleitung in ein anderes Flußgebiet. Bei den zahlreichen zwischenstaatlichen Wasserrechtsstreitigkeiten haben sich die beteiligten Staaten hauptsächlich zwei Prinzipien zu eigen gemacht:

Das *Integritätsprinzip* sieht in dem Wasser, das sich zwar noch auf dem Gebiet des Oberliegerstaates befindet, von dort aber seinen natürlichen Abfluß zum Unterliegerstaat nimmt, bereits ein werdendes Zubehör des Unterliegerstaates. Es lehnt daher jede Schmälerung oder sonstige Veränderung des Abflusses ab.

Das *Territorialitätsprinzip* besagt, daß einem Staat alles auf seinem Gebiet befindliche Wasser gehört und er frei darüber verfügen darf.

8 Ökologische Probleme

Beide Prinzipien gereichen dem einen der beiden Staaten zum einseitigen Vorteil, das Territorialitätsprinzip dem Oberliegerstaat, das Integritätsprinzip dem Unterliegerstaat. Bei Streitigkeiten ist eine Einigung meist nur auf dem Kompromißwege möglich.

Hier scheint das obenerwähnte Kohärenzprinzip eine moderne Lösung auf rechtlicher Grundlage zu bieten. Man kann das Prinzip des Zusammenhangs, der Kohärenz, etwa wie folgt darstellen: Jedes Flußgebiet bildet eine physikalische Einheit, die in einer hoch entwickelten Wasserwirtschaft in der Regel auch eine wirtschaftliche Einheit ist und damit rechtlich *eine Sache* darstellt. Eine Zerschneidung durch Staatsgrenzen ändert nichts an dem Umstand, daß es sich um *eine* Sache handelt. Auf seinem Gebiet ist jeder Staat souverän, jedoch nur insoweit, als die Verfügung über seinen Teil nicht — gewollt oder ungewollt — zu einer Beanspruchung der ganzen Sache wird. Ein Staat, der jenseits der Grenze empfindliche Veränderungen bewirkt, maßt sich Rechte an, die ihm nicht zustehen. Verfügungen, die auf die ganze Sache oder auf einen größeren als den nationalen Teil abzielen, bedürfen vorheriger Verhandlungen. Dabei darf jeder Staat beanspruchen, daß er wichtige Nutzungen und Maßnahmen wirklich tätigen kann, ohne hierbei unbillig behindert oder belastet zu werden. Führen zwischenstaatliche Verhandlungen infolge sachlicher Gegensätze zu keiner Einigung, so empfiehlt sich die Bildung gemischter Kommissionen unter Beiziehung neutraler Institutionen.

8 Ökologische Probleme

8.1 Speicherwerke

Der Bau eines Speicherwerks bedeutet meist die Errichtung einer Talsperre mit Überflutung mehrerer qkm Gelände sowie Wasserentzug aus Bach- und Flußabschnitten, weil das Triebwasser in der Regel durch Stollen und Schächte den Turbinen zugeleitet wird (Ausleitungskraftwerk). Wie über 50-jährige Erfahrung zeigt — Lauffer und Moscher weisen dies anhand von Beobachtungen und Messungen nach [26, 27, 28] — handelt es sich hier um Eingriffe, die gemessen am wirtschaftlichen Nutzen sehr wohl verantwortet werden können.

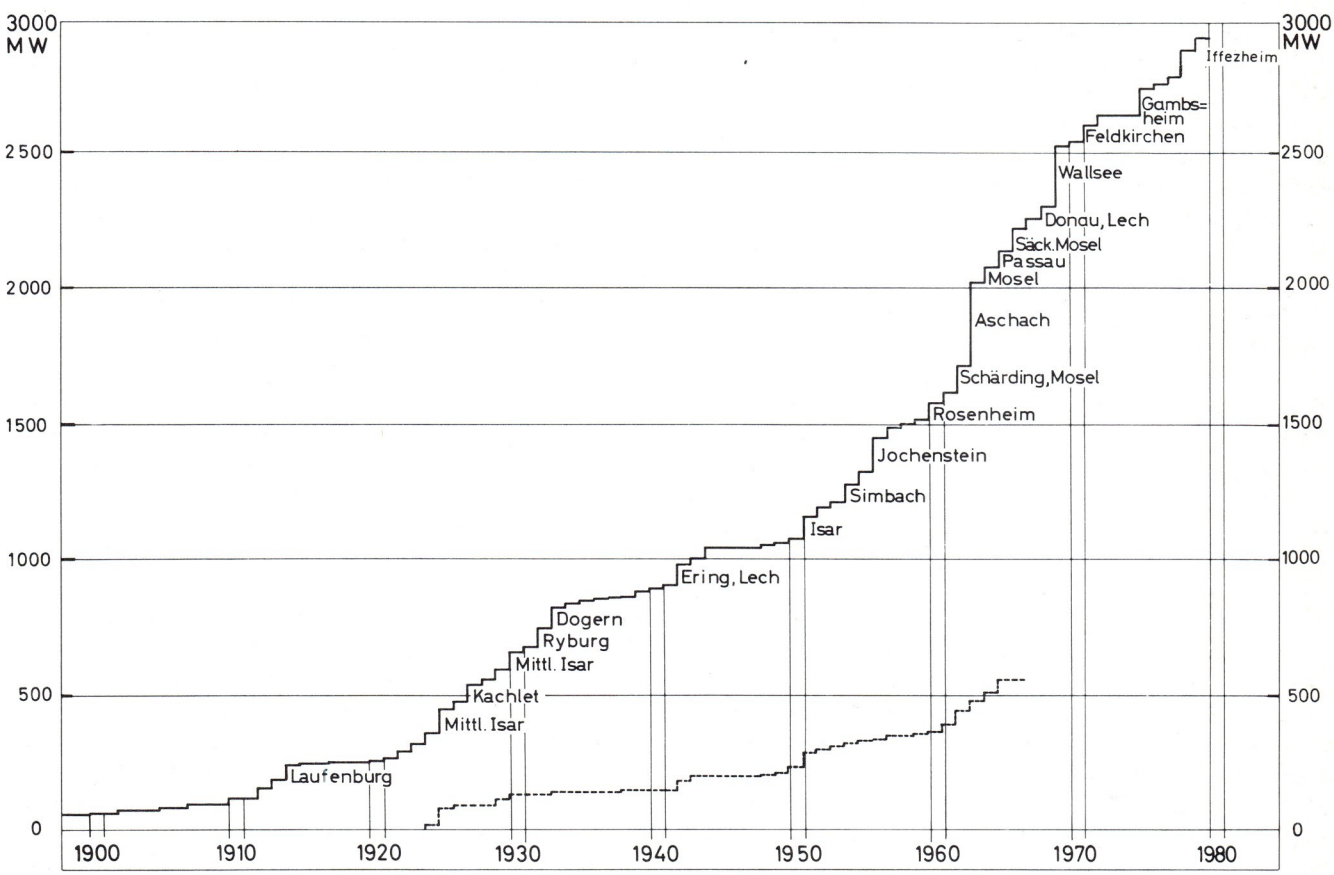

Bild VII.18 Ausbauleistung der Laufwasserkräfte in der BR Deutschland 1900–1980 einschl. der für die deutsche Elektrizitätsversorgung in Anspruch genommenen ausländischen Wasserkräfte (gestrichelte Linie: Anteil der schwellbetriebsfähigen Werke)

Es ist hier nicht möglich all das Für und Wider im einzelnen anzuführen, geschweige denn es kritisch zu werten, zumal dies stark vom persönlichen Standpunkt abhängt. Unbestreitbar ist aber die Tatsache, daß in einer Industriegesellschaft auf engem Raum gewisse Wunschträume in Richtung „zurück zur Natur" unerfüllbar sind. Übrigens sind es verschwindend wenige, die ehrlich bereit wären auf den durch elektrischen Strom geschaffenen Komfort zu verzichten und im Extremfall das Leben eines Eremiten im Wald zu führen.

Trotzdem soll keineswegs dem hemmungslosen Konsum das Wort geredet werden; denn eines nicht allzufernen Tages müssen wir mit dem Einkommen auf dem Energiesektor auch auskommen, wenn wir der Nachwelt nicht einen geplünderten Planeten zurücklassen wollen. Dies bezieht sich ganz überwiegend auf die nichtregenerierbaren Energieträger (was auch an anderer Stelle deutlich gemacht wird). Beim Wasser und im besonderen bei Hochdruckanlagen mit großen Speicherbecken erscheint auch nach weiterem Ausbau die Bilanz zwischen Nutzen und Schaden durchaus positiv. Allein der absolute Hochwasserschutz weiter Strecken und Flächen dürfte die Nachteile wie Entzug landwirtschaftlich genutzter Flächen und Beeinträchtigung der Fischerei meistens aufwiegen. Positiv wird von vielen der große Touristenzustrom zu Talsperren und Speicherseen gewertet. An einigen Stellen mußten sogar Selbstbedienungsgaststätten zur Verpflegung der Massen eingerichtet werden. Mit welcher Umsicht und Sorgfalt heute bei der Planung eines großen Speicherkraftwerks vorgegangen wird, zeigt Widmann [29] am Projekt Dorfertal-Matrei in Osttirol.

Maßnahmen auf dem Sektor Wasserkraft sind im Notfall großenteils reversibel. Abgesehen von der Stillegung ausgesprochener Kleinanlagen ist bisher zwar kein Fall bekannt, aber es wäre denkbar nach Ablauf der Konzession das beanspruchte Gelände seinem früheren Zweck zurückzugeben oder sonst sinnvoll darüber zu verfügen.

Andere Maßstäbe gelten wohl für die großen Stauseen in tropischen Ländern. Wie Hartung [30] am Beispiel des Assuanstaudammes zeigt, sind hier noch eine Reihe von flankierenden Maßnahmen in vielerlei Hinsicht erforderlich, um das ganze Flußsystem in ein neues Gleichgewicht zu bringen und den Erfolg zu sichern.

8.2 Flußkraftwerke

Manche der oben angeführten Gesichtspunkte gelten auch hier. Sehr erwünscht in Trockenzeiten ist die Aufbesserung des Niederwassers durch Zuschuß aus dem Speicher und zwar sowohl für die Energieerzeugung als auch für die Verbesserung der Qualität des mit Abwasser mehr oder weniger belasteten Flusses.

Das Problem schlechthin ist bei Flußkraftwerken die Verminderung der Selbstreinigungskraft durch die langsamere Fließgeschwindigkeit in der Stauhaltung. Eine quantitative Aussage hierüber kann nicht gemacht werden, da die Parameter wie Verschmutzungsgrad, Art der Verschmutzung, Fließgeschwindigkeit u.a.m. von Fall zu Fall zeitlich und örtlich verschieden sind. Günstig zu werten ist die vergrößerte Wasserfläche sowohl im ästhetischer Hinsicht als auch für den Sauerstoffhaushalt.

Wie verschieden die Meinungen über ein und dasselbe Projekt sein können, möge am Beispiel der Salzach zwischen Salzburg und der Mündung in den Inn gezeigt werden. Trotz des bedeutenden Potentials von 820 GWh/a konnte sich die Bayerische Regierung im Gegensatz zur österreichischen nicht entschließen dem 4-stufigen Projekt zuzustimmen, weil nach Pressemeldungen „Beeinträchtigungen der Natur, der Wasserwirtschaft, des Denkmalschutzes, des Fremdenverkehrs und der Naherholung befürchtet werden".

9 Zukunftsaussichten der Wasserkraft

Vorhandene Wasserkraftwerke werden — wenn man von ausgesprochenen Kleinwasserkräften absieht — stets ein willkommenes Glied in der Reihe der Kraftwerksarten darstellen. Sie liefern nach erfolgter Abschreibung sehr billigen Strom. Der Neubau von Laufwasserkraftwerken wird sich bei uns in Deutschland im wesentlichen auf Mehrzweckanlagen beschränken. In Ländern mit großen Flüssen hat der Ausbau von Laufwasserkräften dagegen noch eine große Zukunft, trotz des Fortschritts der Atomkraftwerke.

Alle thermischen Grundkraftwerke verlangen eine Ergänzung durch Spitzenkraftwerke. Wasserkraftspitzenwerke haben große Vorzüge gegenüber solchen auf thermischer Grundlage. Sie können auf Lastschwankungen in kürzerer Frist reagieren und haben den unbestrittenen Vorteil raschester Einsatzbereitschaft in Störungsfällen. Die gefürchteten Netzzusammenbrüche lassen sich am besten vermeiden, wenn rasch regulierbare Wasserkraftspeicherwerke zur Verfügung stehen. Da es in Deutschland kaum noch Ausbaumöglichkeiten für natürliche Speicherwerke gibt, rücken die Pumpspeicherwerke für die Spitzendeckung mehr und mehr ins Blickfeld. Die Kombination Kernkraft — Pumpspeicherwerk verspricht günstig zu werden und zu den geringsten Gesamtkosten zu führen, weil

1. die Kernkraftwerke sehr geringe Brennstoffkosten haben, also billigen Pumpstrom liefern und
2. die Pumpspeicherwerke neben ihrer Spitzenfunktion mit der Auffüllung der Speicher in der Nacht und an Wochenenden zu der für Kernkraftwerke sehr erwünschten Vergrößerung ihrer Benutzungsdauer beitragen.

Namhafte Fachleute sind der Auffassung, daß mindestens 7 bis 10 % der installierten Leistung in einem Verbundnetz von Speicher- und Pumpspeicherwerken

8 Ökologische Probleme

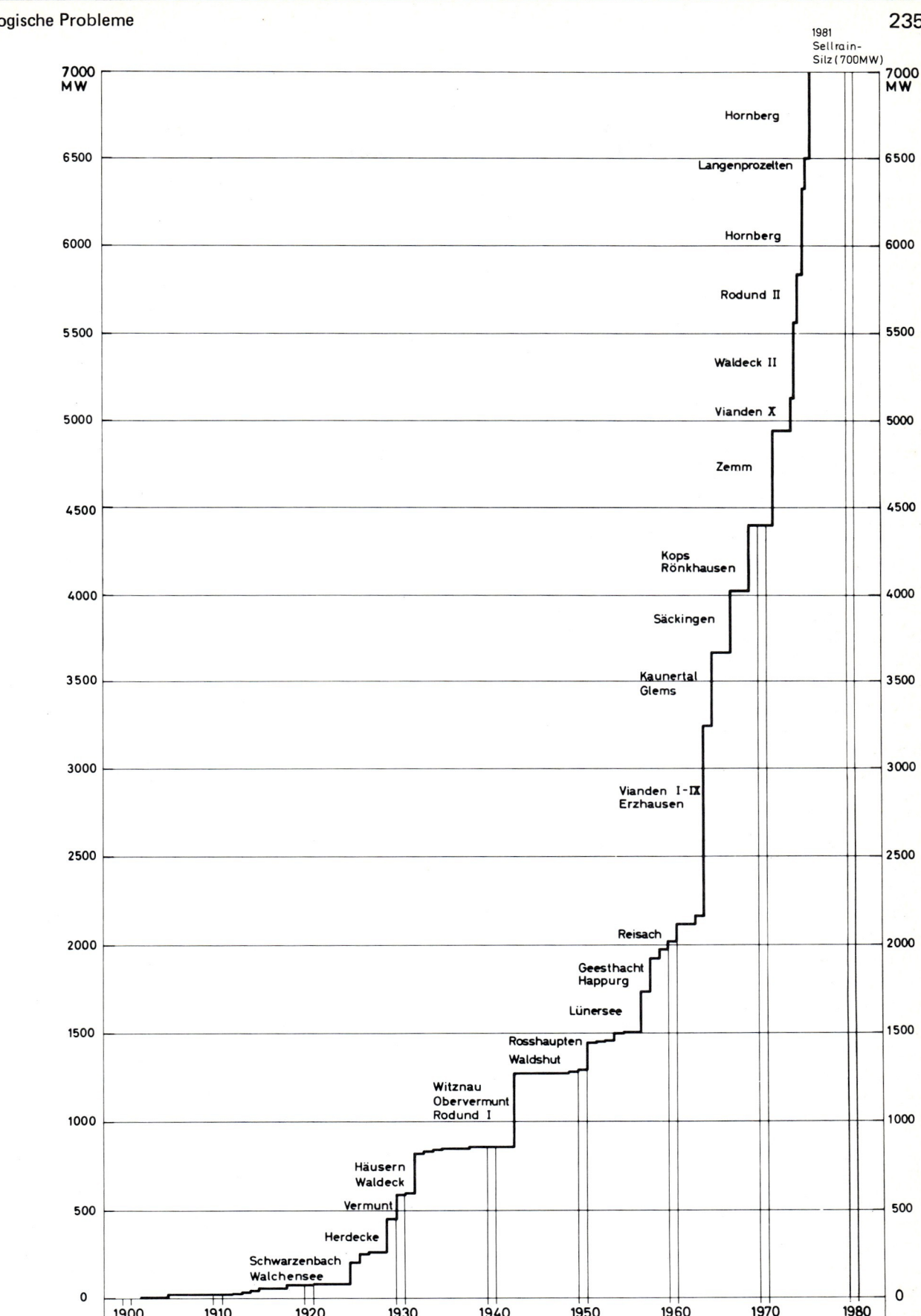

Bild VII.19 Ausbauleistung der Speicherwasserkräfte und Pumpspeicherwerke in der BR Deutschland 1900—1980 einschl. der für die deutsche Elektrizitätsversorgung in Anspruch genommenen ausländischen Wasserkräfte

stammen sollten. Hierbei stellen Langzeitspeicher mit einer Kapazität von 50 und mehr Vollaststunden eine besonders wertvolle Reserve dar.

In Ländern, die günstige Speichermöglichkeiten aufweisen (z. B. im Alpengebiet) könnte die Kombination natürliche Speicherkraftwerke/Kernkraftwerke an Bedeutung gewinnen. Dabei beobachtet man die Tendenz, daß die Speicherwerke höher ausgebaut werden als früher.

Die Bilder VII.18 und VII.19 zeigen ein langsames Anwachsen der Laufwasserkraftanlagen, dagegen ein sprunghaftes Ansteigen der Leistung von Speicherwasserkraftwerken in Deutschland während der letzten 15 Jahre.

Aufgrund der vorliegenden Projekte, gegen die zum Teil erhebliche Bedenken von Seiten des Naturschutzes geltend gemacht werden, wird die Entwicklung in den nächsten 10 Jahren voraussichtlich ruhiger verlaufen als bisher. Diese Aussage beruht auch auf der engen Verflechtung und Abhängigkeit von Energiewirtschaft und allgemeiner Volkswirtschaft, deren Wachstumsraten deutlich geringer geworden sind und kaum mehr die früheren Sätze erreichen werden.

Literatur

[1] *Ludin:* Wasserkraftanlagen, Springer, Berlin 1934.
[2] *Economic Commission for Europe, Genf*: Hydro-Electric Potential in Europe 1953.
[3] *Press, H.:* Wasserkraftwerke. Band 1, Talsperren 1953; Band 2, Wehre 1954, 204 S.; Band 3, Wasserkraftwerke 1954, 340 S.; alle 3 Bände Ernst & Sohn, Berlin.
[4] *Weltkraftkonferenz Wien 1956*: zahlreiche Berichte in den Abteilungen H_1 und H_2.
[5] *Wolf, M.:* Enzyklopädie der Energiewirtschaft, II. Band, Belastungskurven und Dauerlinien in der elektrischen Energiewirtschaft. 555 S. Springer, Berlin 1959.
[6] *Hartung, F.:* Neuzeitliche Gesichtspunkte im Großwehrbau. Elektrizitätswirtschaft, S. 485–496 (1960).
[7] *Terzaghi, K., Peck, R. B.:* Die Bodenmechanik in der Baupraxis. 585 S. Springer, Berlin 1961.
[8] *Weltkraftkonferenz Melbourne 1962*: zahlreiche Berichte, teilweise in Brennstoff, Wärme, Kraft, Jahrgang 1962 und 1963.
[9] *Christaller, H.:* Ausbau von Wasserkraftspeicherwerken im Hinblick auf die Entwicklung der elektrischen Verbundwirtschaft. Die Wasserwirtschaft, S. 135–142 (1963).
[10] *Frohnholzer, J.:* Systematik der Wasserkräfte der BR Deutschland, Stand 1962. Selbstverlag der Bayr. Wasserkraftwerke AG., München 1963.
[11] *Neumann, R.:* Geologie für Bauingenieure. 784 S. Ernst & Sohn, Berlin.
[12] *Christaller, H.:* Der Bau des Gezeitenkraftwerks an der Rance. Die Wasserwirtschaft, S. 67–72 (1965).
[13] *Press, H.:* Wasserwirtschaft, Wasserbau und Wasserrecht. 266 S. Werner Verlag, Düsseldorf 1966.
[14] *Mosony, E.:* Wasserkraftwerke. Band I, Niederdruckanlagen, 1148 S.; Band II, Hochdruckanlagen, Kleinstkraftwerke und Pumpspeicheranlagen, 1243 S.; beide Bände VDI-Verlag, Düsseldorf 1966.
[15] *Press, H.:* Talsperren, Wasserkraft- und Pumpspeicherwerke in der BR Deutschland. Deutsches Nationales Komitee der Internationalen Kommission für große Talsperren. 220 S. Ernst & Sohn, Berlin.
[16] *Weltkraftkonferenz Moskau 1968*: zahlreiche Berichte. BWK 1969.
[17] *Economic Commission for Europe, Genf*: The Hydro-Electric Potential of Europe's Water Resources. The Future Role of Pumped-Storage Schemes for Peak-Load Hydro-Electric Supply, United Nations, New York 1968.
[18] *Weltenergiekonferenz Bukarest 1971*: siehe BWK 1972.
[19] *Weltenergiekonferenz Detroit 1974*: siehe BWK 1975.
[20] *Mermel, T. W.:* New world register of dams reveals construction trends. Water Power 1973, S. 428 ff.
[21] *Schnitter, N.:* Statistische Übersicht über den Stand 1973 des Talsperrenbaus der Welt. Wasser- und Energiewirtschaft 1974, S. 23 ff.
[22] *Koros, E.:* Wasser- und Energiewirtschaft der Vorarlberger Illwerke. Wasserwirtschaft S. 67–70 (1973).
[23] *Frohnholzer, J.:* Wasserkraftausbau der nächsten 10 Jahre in der Bundesrepublik Deutschland. Energiewirtschaftliche Tagesfragen, 26. Jg. (1976), S. 653 ff.
[24] *Herbst, H. C.:* Luftspeicher-Gasturbinen-Kraftwerk, eine neue Möglichkeit der Spitzenstromerzeugung VDI-Berichte Nr. 236, S. 133 ff.
[25] *Klinger, F.* und *Steinbrugger, F.:* Gesamtkosten, Finanzierung, Aufwands- und Ertragsvorschau der Kraftwerksgruppe Malta. Österreichische Zeitschrift für Elektrizitätswirtschaft (ÖZE) 1979.
[26] *Lauffer, H.:* Die Auswirkung der Speicherkraftwerke auf die Umwelt. Öster. Wasserwirtschaft 1975.
[27] *Moschen, H.:* Der Einfluß der Speicher und Überleitungen auf die Wasserführung des Inn in Tirol. Öster. Wasserwirtschaft 1977.
[28] *Lauffer, H.:* Die Talsperren und Flußstauwerke in Österreich und der Wasserkraftausbau. Öster. Wasserwirtschaft 1977.
[29] *Widmann, R.:* Die Entwicklung des Speicherkraftwerkprojekts Osttirol. Öster. Wasserwirtschaft 1977.
[30] *Hartung, F.:* 75 Jahre Nilstau bei Assuan, Entwicklung und Fehlentwicklung. Bericht Nr. 40 der Versuchsanstalt für Wasserbau, TU München 1979.
[31] *VDEW:* Das schlaue Blättchen; die öffentliche Elektrizitätsversorgung 1978/79.

VIII Sonstige Energieträger

H. K. Schneider   D. Schmitt   M. Meliß

Inhalt

1	Allgemeines	237
2	Geothermische Energie	239
3	Gezeitenenergie	242
4	Sonnenenergie	242
5	Energiepolitische Würdigung	252
	Literatur	253

1 Allgemeines

Der Glaube, daß Energie praktisch unerschöpflich sei und jederzeit in den gewünschten Formen und preisgünstig zur Verfügung stehe, ist seit den umwälzenden Ereignissen auf dem Welterdölmarkt wachsender Skepsis gewichen. Zwar dürfte der Anstieg der Energiepreise, unterstützt durch inzwischen eingeleitete energiesparpolitische Maßnahmen, vor allem in den Industrieländern zu einem rationelleren Umgang mit Energie führen und energieintensive Prozesse wie Produkte zurückdrängen, das weitere wirtschaftliche Wachstum, die Beseitigung des Hungers und die Linderung der Not in weiten Teilen der Welt sowie die Sicherstellung des Rohstoffbedarfs werden jedoch auch in Zukunft einen zumindest mittelfristig noch weiterhin ansteigenden Energieeinsatz erfordern.

Selbst bei einem weiteren Anstieg des Energieverbrauchs der Welt wäre zweifellos die Sorge um eine in absehbarer Zeit eintretende Erschöpfung der Weltenergiereserven insgesamt nicht akut. Die heute nachgewiesenen, „sicheren", Reserven stellen nur einen Bruchteil der gesamten Energieressourcen dar. Sie sind eine Funktion der bisher getätigten Investitionen in der Energiesuche und werden auf der Basis des jeweiligen Standes der Technik und des heutigen Preisniveaus geschätzt. Mit steigenden Energiepreisen, verbesserten Explorations- und Gewinnungstechniken und wachsenden Investitionen wird statt der Kategorie „sichere Reserven" die der „insgesamt förderbaren Ressourcen" immer bedeutsamer. Hierdurch verschiebt sich der Zeitpunkt, in dem hypothetisch die Energiereserven erschöpft sind — bei bestimmten Annahmen über den Anstieg des Energieverbrauchs — in die Zukunft.

Immerhin jedoch führt selbst die Annahme eines auf z.B. 3 %/a reduzierten Anstiegs des Energieverbrauchs (gegenüber 4—5 %/a, in der Vergangenheit) bereits in der ersten Hälfte des kommenden Jahrhunderts zu einer Erschöpfung der gesamten heute als wirtschaftlich gewinnbar angesehenen fossilen Energiereserven der Welt, gegen Ende des kommenden Jahrhunderts zu einer Erschöpfung der insgesamt als gewinnbar angesehenen fossilen Energieressourcen und schon im Laufe des 22. Jahrhunderts zur Erschöpfung der insgesamt als gewinnbar angesehenen fossilen Energieressourcen sowie der Uranreserven, sogar wenn Brütereinsatz unterstellt wird.

Zweifellos können erhebliche Bedenken gegen die Annahme von Wachstumsraten in Höhe von etwa 3 %/a vorgebracht werden, selbst wenn diese gegenüber den in der Vergangenheit realisierten beträchtlich reduziert wurden, aber ansonsten für die Zukunft als auch langfristig gültig angesehen werden. Gleichzeitig scheint aber auch die Annahme einer reibungslosen Substitution einzelner knapper werdender Energieträger durch reichlicher verfügbare kaum zulässig, da hierdurch den vielfältigen damit voraussichtlich verbundenen Problemen nicht adäquat Rechnung getragen würde. Vor allem die möglicherweise noch vor Ende dieses Jahrhunderts zu erwartende Kulmination der Weltölförderung mit darauf folgendem rapiden Produktionsabfall wirft gravierende Versorgungsprobleme auf, die allenfalls bei frühzeitigem Einsatz entsprechender Anpassungsstrategien mit vertretbarem Aufwand lösbar erscheinen. Daher stellt sich die Aufgabe, die noch verfügbare Zeit zu nutzen. Wissenschaft und Technik sind aufgerufen, neue Wege zu finden, um das Wachstum des Energieverbrauchs und die Erschließung aller vorhandenen Energiequellen zu optimieren. Besondere Bedeutung kommt hierbei der Entwicklung und dem verstärkten Einsatz der bisher nicht oder nur in geringem Umfang genutzten regenerativen sowie quasi unerschöpflichen Energiequellen zu. Das Interesse an diesen Energiequellen ist aber auch deshalb in jüngster Zeit so gestiegen, weil sie dazu beitragen können, die mit steigendem Energieeinsatz verbundene Umweltbelastung zu reduzieren und die regionale Energieversorgungssicherheit insbesondere in energiearmen Ländern zu verbessern.

Wirtschaftlichkeit und Umweltverträglichkeit, die im einzelnen noch zu belegen sind, dürften jedoch auch bei den regenerativen Energiequellen langfristig die Kriterien sein, die über ihren zukünftigen Beitrag zur Energieversorgung und den Zeitpunkt ihres Einsatzes entscheiden werden.

Die regenerativen Energieströme entspringen drei primären Energiequellen sehr unterschiedlicher Größe, wie Bild VIII.1 zeigt. Der Energiestrom, der uns jährlich von der Sonne in Form elektromagnetischer Strahlung zufließt ist mit 5,6 Mio. EJ[1] ($1,9 \cdot 10^{14}$ t SKE) um fast vier Größenordnungen größer als der aus der Temperaturdifferenz zwischen Erdinnerem und Erdoberfläche resultierende geothermische Wärmestrom (996 EJ/a bzw. $3,4 \cdot 10^{10}$ t SKE/a). Dieser wiederum übertrifft die aus der Planetenbewegung resultierende Gezeitenenergie noch um das Zehnfache (94 EJ/a bzw. $3,2 \cdot 10^9$ t SKE/a). Nicht nur von diesen theoretischen Potentialen, sondern auch von der Zahl der Energieumwandlungsmöglichkeiten und der daraus resultierenden nutzbaren Energieformen her gesehen, weist die solare Strahlungsenergie die größere Bedeutung der drei Quellen auf. Sie kann über natürliche Energieumwandlungen indirekt oder aber mittels technischer Energiewandler direkt in alle heute benötigten Sekundärenergieträger überführt werden (Bild VIII.2). Nur einer der in den Bildern angeführten Energieströme trägt bereits heute in nennenswertem Umfang zur Weltenergieversorgung bei: die Laufwasserenergie. Ihr ist aus diesem Grunde ein eigenes Kapitel (Kapitel VII) gewidmet. Alle übrigen Energiequellen sollen im folgenden kurz beschrieben werden, um die Frage ihrer möglichen energiepolitischen Bedeutung für die BR Deutschland zu beantworten. Als Zeitrahmen wird dabei das Jahr 2000 gewählt, da mit hoher Wahrscheinlichkeit anzunehmen ist, daß in den vor uns liegenden 20 Jahren noch technische, ökonomische und energiepolitische Änderungen eintreten werden, die längerfristige Aussagen sehr unsicher machen.

[1] EJ = Exajoule = 10^{18} J

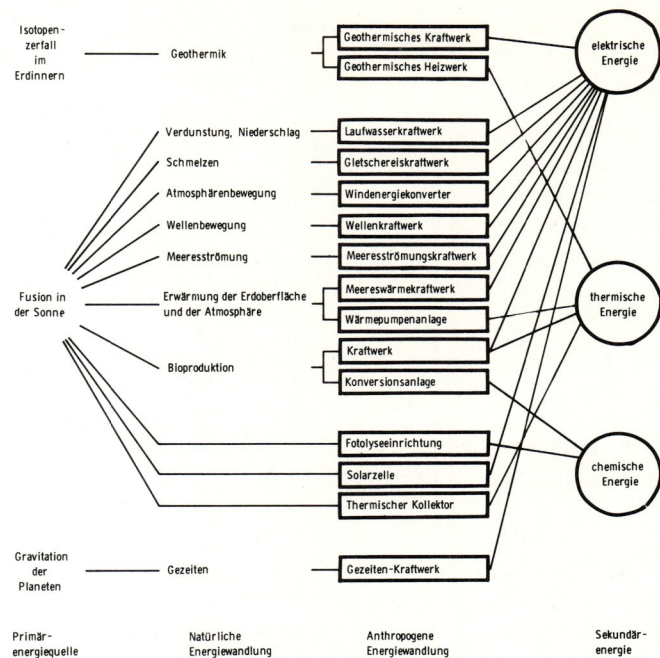

Bild VIII.2 Regenerative Energiequellen

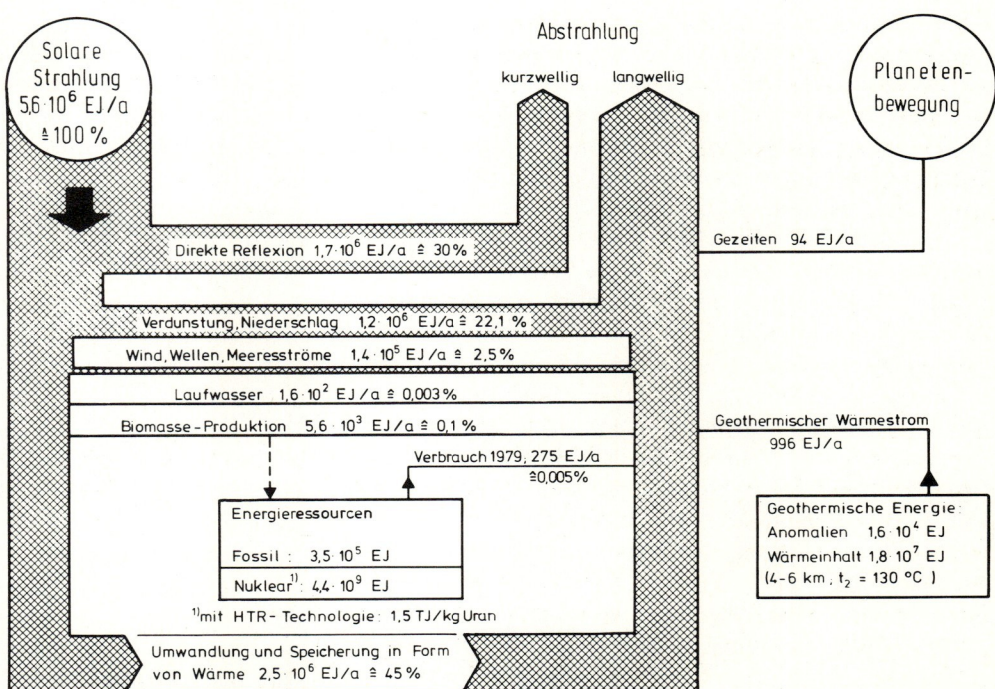

Bild VIII.1 Energieflußbild der Erde

2 Geothermische Energie

2.1 Überblick

Geothermische Energie kann — in einer weiten Definition — als die natürliche Wärme der Erde bezeichnet werden, deren Temperatur mit wachsender Tiefe zunimmt. Es handelt sich hierbei neben der Ursprungswärme der Erde (30 %) um die beim Zerfall radioaktiver in natürlichen Gesteinen enthaltender Isotope (^{238}U, ^{235}U, ^{40}K, ^{232}Th u.a.) frei werdende Wärme (70 %). Der normale Wärmegradient der äußeren Erdschichten (Geothermische Tiefenstufe) — in Europa im Mittel ein Temperaturanstieg um 1 °C pro 30 m Teufe — läßt auf einen gewaltigen Energievorrat der Erde schließen. Dies ist jedoch kein Kriterium für eine wirtschaftliche Nutzung dieses Energiepotentials. Abgesehen von der Tatsache, daß selbst modernste Bohrverfahren kaum Teufen von über 7000 m erreichen, bestehen erhebliche Zweifel, ob eine wirtschaftliche Nutzung der Erdwärme, vor allem aus sehr großen Tiefen, überhaupt möglich sein wird, weil die Wärme nur auf verhältnismäßig niedrigem Temperaturniveau vorliegt und mit sehr geringer Leistungsdichte (63 kW/km^2) auftritt. In vielen Fällen ist zudem zu befürchten, daß aufgrund der geringen Wärmeleitfähigkeit des Gesteins entweder eine baldige Erschöpfung der genutzten Wärmequelle eintreten wird oder nur ein sehr kostspieliger intermittierender Betrieb möglich ist.

Die Nutzung geothermischer Energie konzentriert sich bislang auf Gebiete, in denen besonders günstige Bedingungen vorliegen, das Magma nahe an die Erdoberfläche tritt und zu einer anomalen Erwärmung des Gesteins oder im Gestein eingeschlossenen Wassers führt. Sofern solche aufgeheizten Wasserreservoire einen natürlichen Zugang zur Erdoberfläche besitzen, werden Dampf- oder Wasserdampfgemische in Geysiren oder heißen Quellen ausgetragen. Diese Vorkommen finden sich in Gebieten junger geologischer Aktivität (Vulkanismus, Gebirgsbildung), wie rund um den Pazifik, auf den Inseln im Mittelatlantik, in Ostafrika oder auch in Italien.

Unter den heute diskutierten Nutzungsmöglichkeiten der geothermischen Energie stehen vier Arten im Vordergrund des Interesses:

- Trockendampfsysteme
  Trockener, überhitzter Dampf, der den geothermischen Reservoiren entnommen wird oder entströmt, wird z.B. unmittelbar zur Beaufschlagung einer Turbine benutzt.
- Naßdampfsysteme
  Unter Druck stehende Wasserreservoire liefern bei Ausströmen ein Wasserdampfgemisch mit einer Temperatur von etwa 180–370 °C. Der Dampf kann abgeschieden werden und zur Stromerzeugung oder Prozeßdampfversorgung dienen, das heiße Wasser Heizungs- und Klimatisierungssystemen zugeführt werden.
- Heißwasserquellen
  Diese liefern unter Normaldruck stehendes Wasser von 50–80 °C, das nur über Wärmeaustauscher und den Einsatz niedrigsiedender Flüssigkeiten (Freon, Isobutan usw.) zur Stromerzeugung herangezogen werden kann. Ein Einsatz für Heizzwecke und in Treibhäusern ist denkbar. Eine Abart stellen unter hohem Druck und hohen Temperaturen von 160–290 °C stehende Heißwasserquellen dar, wie sie z.B. für die Golfküste der Vereinigten Staaten nachgewiesen sind.
- Nutzung heißer Gesteinsformationen
  Mittels Bohrungen wird Wasser in heißes Gestein geführt, das erhitzt an der Erdoberfläche zur Stromerzeugung oder für andere, vor allem Niedertemperaturwärmezwecke genutzt werden kann.

2.2 Potential

Über das insgesamt vorhandene nutzbare Potential an geothermischer Energie liegen keine zuverlässigen Schätzungen vor. Dies hat im wesentlichen zwei Gründe:

1. Geothermische Vorkommen wurden bislang wegen der hohen dafür erforderlichen Kosten nicht intensiv exploriert.

Tabelle VIII.1 Theoretische Potentiale der geothermischen Energie

	$E_{th,7}$		$E_{th,4-6}$		E_{Ano}		$P_{th,30}$		P_{HFU}	
	J	t SKE	J	t SKE	J	t SKE	J/a	t SKE/a	J/a	t SKE/a
Welt [1]	$1{,}25 \cdot 10^{26}$	$4{,}3 \cdot 10^{15}$	$1{,}8 \cdot 10^{25}$	$6{,}1 \cdot 10^{14}$	$1{,}6 \cdot 10^{22}$	$5{,}5 \cdot 10^{11}$	$6{,}0 \cdot 10^{23}$	$2{,}0 \cdot 10^{13}$	$3{,}0 \cdot 10^{20}$	$1{,}0 \cdot 10^{10}$
EG	$1{,}25 \cdot 10^{24}$	$4{,}3 \cdot 10^{13}$	$1{,}8 \cdot 10^{23}$	$6{,}1 \cdot 10^{12}$	?	?	$6{,}0 \cdot 10^{21}$	$2{,}0 \cdot 10^{11}$	$3{,}0 \cdot 10^{18}$	$1{,}0 \cdot 10^{8}$
BRD	$1{,}70 \cdot 10^{23}$	$3{,}4 \cdot 10^{12}$	$3{,}1 \cdot 10^{22}$	$1{,}0 \cdot 10^{12}$	$> 3{,}5 \cdot 10^{17}$ [2]	$> 1{,}2 \cdot 10^{7}$ [2]	$1{,}0 \cdot 10^{21}$	$3{,}4 \cdot 10^{10}$	$5{,}0 \cdot 10^{17}$	$1{,}7 \cdot 10^{7}$

[1] nur Landfläche   [2] nur Oberrheingraben

$E_{th,7}$ = thermisches Energiepotential bis 7 km Tiefe bei Abkühlung auf 80 °C
$E_{th,4-6}$ = thermisches Energiepotential des Tiefenintervalls von 4 bis 6 km bei Abkühlung auf 130 °C
E_{Ano} = thermisches Energiepotential der geothermischen Anomalien
$P_{th,30}$ = jährliches Leistungspotential bei Nutzung von $E_{th,4-6}$ in 30 Jahren (ohne Wärmestrom)
P_{HFU} = jährliches Leistungspotential bei ausschließlicher Nutzung des Erdwärmestroms (HFU = Heat Flux Unit ≈ 4,2 µJ/cm^2 s)

2. Das Potential kann ganz unterschiedlich definiert werden.

Der letztgenannte Grund ist in Tabelle VIII.1 anschaulich dargestellt. Betrachtet man nur den aus der Temperaturdifferenz zwischen Erdinnerem und Erdoberfläche resultierenden Wärmestrom als Potential, so liegt dies weltweit nur in der gleichen Größenordnung wie der gesamte Energiebedarf. Auf die BR Deutschland bezogen wäre dieses Potential zu vernachlässigen (4 % des Energiebedarfs von 1979).

Sieht man dagegen die in der Lithosphäre gespeicherte Wärme als geothermisches Potential an, so ergeben sich völlig andere Verhältnisse: Die bis 7 km Tiefe vorhandene Energie (bei Abkühlung auf 80 °C) liegt um mehr als fünf Größenordnungen über dem Weltenergieverbrauch, in der BR Deutschland beträgt das entsprechende Verhältnis fast vier Größenordnungen. Beschränkt man sich bei der Abschätzung nur auf das Tiefenintervall zwischen 4000 m und 6000 m und eine Abkühlung auf 130 °C ($P_{th, 4-6}$), so könnte geothermische Energie rechnerisch den heutigen Gesamtenergiebedarf noch 2000 Jahre lang decken. In der BR Deutschland würde das entsprechende Wärmepotential lediglich 85 Jahre weit reichen.

2.3 Bisherige Nutzung und Entwicklungsstand

Die bisherige Nutzung geothermischer Vorkommen beschränkt sich auf die ebenfalls in Tabelle VIII.1 aufgeführten Anomalien. Dies sind Orte, die einen überdurchschnittlich hohen Temperaturgradienten bei gleichzeitigen oberflächennahen Vorkommen von Wasser oder Dampf aufweisen. Weniger als zwei Dutzend derartiger Anomalien werden heute ausgebeutet.

Am meisten fortgeschritten ist die Nutzung trockener Dampfvorkommen. Tabelle VIII.2 zeigt die Betriebsdaten der wichtigsten geothermischen Kraftwerke.

Auch die BR Deutschland verfügt über geothermische Anomalien. Die bisher durchgeführten und laufenden Explorationen lassen jedoch absehen, daß wegen der niedrigen Temperaturen und dem daraus folgenden schlechten Wirkungsgrad bei der Elektrizitätserzeugung Erdwärme voraussichtlich nur zu Heizzwecken eingesetzt werden kann. Dieses setzt überdies voraus, daß trockenes, heißes Gestein zur Nutzung herangezogen werden kann. Das Prinzip des hierfür in den USA entwickelten Hot-Dry-Rock-Verfahrens ist in Bild VIII.3 dargestellt. In einer Tiefenregion ausreichender Temperatur wird dabei ein künstliches Riß-System erzeugt, in das kaltes Wasser eingepumpt wird. Das Wasser erwärmt sich und wird über Förderbohrungen einem Kraftwerk zugeführt, wo es zur Wärme- oder Stromversorgung genutzt werden kann. Daß dieses Verfahren technisch realisierbar ist, wurde kürzlich auch bei Urach in der schwäbischen Alb nachgewiesen. Ähnliche Untersuchungen im Oberrheingraben sind vorgesehen, wobei jedoch noch keine wirtschaftlichen Nutzanwendungen analysiert werden sollen.

2.4 Wirtschaftlichkeit und Ausblick

Die Wirtschaftlichkeit der bisher genutzten geothermischen Energie ist, wie Tabelle VIII.2 zeigt, erwiesen. Hierbei ist allerdings zu berücksichtigen, daß es sich bei den wenigen, bisher betriebenen geothermischen Kraftwerken im wesentlichen um Anlagen handelt, die trockene Dampfquellen nutzen, bei denen vergleichsweise geringe technische Probleme bestehen, obwohl die Dampfzustände bei weitem nicht mit denen moderner fossil gefeuerter Kraftwerke vergleichbar sind. Naßdampfquellen deren Vorkommen wesentlich höher eingeschätzt werden, werfen demgegenüber größere technische Probleme auf, da eine Trennung des Wasser-Dampf-Gemisches erfolgen muß oder über einen Wärmetauscher die Energie an ein niedrig siedendes Medium übertragen werden muß. Niedrige Wirkungsgrade und hohe Kosten lassen die Nutzung dieser Quellen bereits wesentlich weniger aussichtsreich erscheinen. Eine Verwertung des hierbei anfallenden heißen Wassers kommt

Tabelle VIII.2 Betriebsdaten von geothermischen Kraftwerken

Geothermisches Feld	Reservoir Temperatur (°C)	Fluid	Tiefe (m)	Gesamtleistung (MWe)	Stromerzeugungskosten (Dpf/kWh)
The Geysers (USA)	245	Trockendampf	2500	908	1,63
Larderello (Italien)	245	Trockendampf	1000	390	0,83–1,05
Travale (Italien)	180	Trockendampf	688	15	—
Cerro Prieto (Mexiko)	300	Naßdampf	1500	75	1,44–1,72
Matsukawa (Japan)	230	Trockendampf	1100	20	1,61
Wairakei (Neuseeland)	245	Naßdampf	—	290	1,8
Pautzhetsk (Kamchatka, UdSSR)	200	Naßdampf	600	5	2,5
Namafjall (Island)	280	Naßdampf	900	3	0,88–1,23

Quelle: A. Max, 1977

2 Geothermische Energie

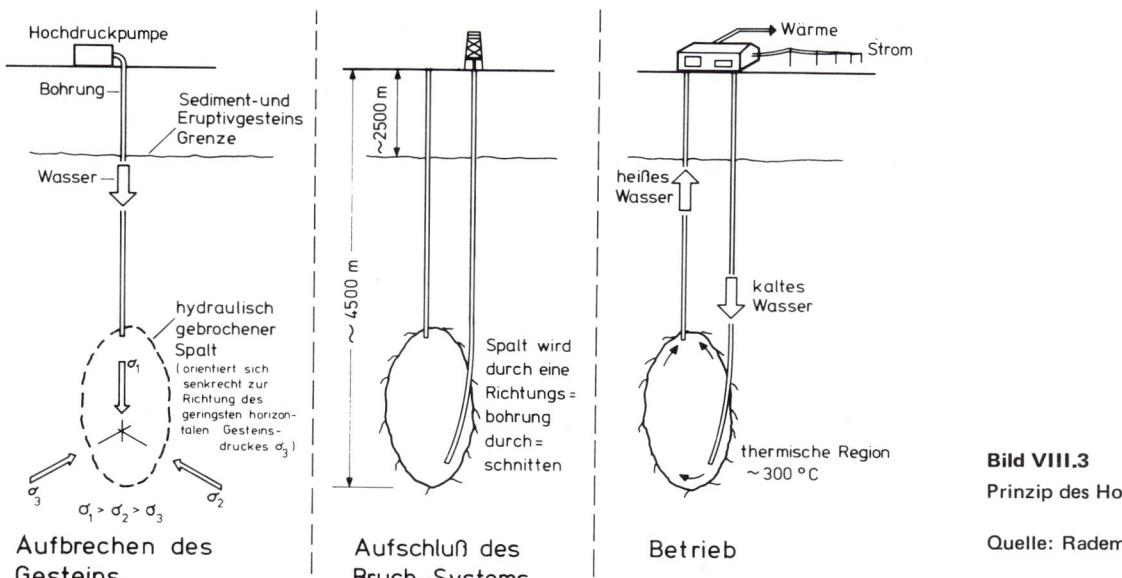

Bild VIII.3
Prinzip des Hot-Dry-Rock-Verfahrens

Quelle: Rademacher, 1980

wegen der Transportkostenempfindlichkeit nur in unmittelbarer Nähe der geothermischen Lagerstätte infrage, kann hier aber häufig konkurrenzlos billig angeboten werden, wie die Nutzung in Island zeigt. Dennoch kommt dieser Nutzung nur lokale oder allenfalls regionale Bedeutung zu.

Noch schwieriger sind die Wirtschaftlichkeitsbedingungen bei einer Nutzung von Heißwasserquellen für eine Elektrizitätsversorgung. Ein Einsatz für Gebäudeheizung und Warmwasserbereitung, für die Beheizung von Treibhäusern oder für die Meerwasserentsalzung scheint wesentlich günstiger. Er ist zwar ebenfalls an den lokalen Verbrauch gebunden, kann aber im Falle einer konsequenten Nutzung einen bedeutenden Beitrag zur regionalen Energieversorgung leisten. So sind z.B. in Reykjavik 90 % aller Häuser an ein geothermisches Heißwassersystem angeschlossen.

Am wenigsten weit entwickelt ist die Nutzung heißer Gesteinsformationen. Trotz der in Los Alamos und Urach erfolgreich durchgeführten Hot-Dry-Rock-Versuche erscheint es fraglich, ob eine Wirtschaftlichkeit dieser Art der Nutzung geothermischer Energie mit der im Zuge einer Verknappung fossiler Energieträger zu erwartenden Preissteigerung eintreten wird. Das liegt in der voraussichtlichen Kostenstruktur von Hot-Dry-Rock-Kraftwerken begründet, wo für die erforderlichen Förder- und Reinjektionsbohrungen etwa 80 % der gesamten Investitionskosten anfallen. Die Kostenkomponenten umfassen hier überwiegend den Materialverschleiß der Bohreinrichtungen und den Treibstoffverbrauch, also Teilkosten, die von allgemeinen Kostensteigerungen mit betroffen werden.

Die Forschungsarbeiten über die Nutzung der geothermischen Energie sind weltweit erheblich angestiegen. Dies gilt sowohl für die Aufsuche neuer Quellen als auch für die Entwicklung bzw. Verbesserung von Verfahren zur Nutzung dieser Energiequelle. Die bereits genutzten Felder werden systematisch ausgebaut. So werden die z.Z. geplanten Stromerzeugungsanlagen die Gesamtkapazität verdoppeln, was sich allerdings recht bescheiden ausmacht: Auch nach Beendigung dieses Ausbaus wird auf der ganzen Welt nur eine Leistung auf geothermischer Basis zur Verfügung stehen, die zwei Blöcken eines modernen Kernkraftwerkes entspricht.

Neben der ungeklärten Frage, welches nutzbare geothermische Potential in welchen Regionen vorhanden ist, dürfte für die ökonomische Beurteilung entscheidend sein, um welchen Typ es sich handelt, in welcher Tiefe die Energie zur Verfügung steht und welche Lebensdauer erwartet werden kann. Liegt die Lagerstätte verbrauchsfern, so muß evtl. eine nicht unbeträchtliche Transportkostenbelastung einkalkuliert werden.

Von erheblicher Bedeutung für die Entwicklung der geothermischen Energie kann die mit der Nutzung von Dampf- und Heißwasserquellen verbundene Umweltbelastung sein. Darüber hinaus führen Beimengen von Feststoffen und Chemikalien, wie Schwefel, Bor, Ammoniak, Schwefelwasserstoff und Salze teilweise zu Korrosion. Eine Abgabe an die Umwelt ist in der Regel untragbar, eine Reinjektion dieser Stoffe ist nicht immer möglich und wirkt kostensteigernd. Schließlich sind die Probleme einer langfristigen Wasserentnahme hinsichtlich Bodensenkungen oder in ihrem Einfluß auf die Erdbebentätigkeit noch nicht hinreichend geklärt.

Die Möglichkeiten zur Nutzung dieser Energiequelle in der BR Deutschland müssen nach heutigem Kenntnisstand für die absehbare Zukunft als sehr begrenzt angesehen werden. Lediglich in einzelnen Regionen der Erde mit besonders günstigen Bedingungen kann die geothermische Energie etwa bis zur Jahrhundertwende einen nennenswerten, voraussichtlich jedoch insgesamt nur bescheidenen Beitrag zur Deckung des Energiebedarfs leisten.

3 Gezeitenenergie

3.1 Beschreibung und Potential

Ebenso wie die Sonnenenergie regeneriert sich die Gezeitenenergie ständig. Die Gezeiten entstehen durch die periodischen, auf der Erde wirksam werdenden Schwankungen der Gravitationskräfte von Erde, Sonne, Mond und Planeten. Diese Kräfteverschiebungen äußern sich im Steigen und Fallen des Meeresspiegels (Tidenhub).

Der Tidenhub beträgt weltweit im Mittel etwa 1 m. Das theoretische Potential der Gezeitenenergie wird auf etwa 95 EJ geschätzt, dies entspricht gut 30 % des gegenwärtigen Energieverbrauchs der Welt. Für eine Nutzung der Gezeitenenergie kommen jedoch nur wenige Standorte in der Welt infrage, an denen im Schnitt ein Tidenhub von mehr als 3 m auftritt. An solchen Standorten werden Tidenhübe von max. ca. 20 m erreicht. Daher muß auch das technisch nutzbare Potential wesentlich niedriger angesetzt werden. Erste Schätzungen beziffern es auf 160–180 GW mit einem jährlichen Arbeitsvermögen von 320–360 TWh; dies entspricht nur 1,5 % des gesamten theoretischen Potentials. Andere Schätzungen liegen noch wesentlich niedriger. Für einen überdurchschnittlich hohen Tidenhub sind neben den Gravitationskräften vor allem die geographischen Verhältnisse, wie Ausdehnung und Tiefe von Meeresbuchten oder Flußmündungen sowie deren Eingangsöffnungen verantwortlich. Zur Nutzung der Gezeitenenergie kann das in eine solche Bucht oder Flußmündung sowohl hinein- als auch herausfließende Wasser zum Antrieb von Wasserkraft-Turbinen herangezogen werden. Dabei kann der Bau eines Damms, der eine Bucht oder Flußmündung abschließt, das Gefälle zwischen Becken und Meeresniveau erhöhen. Immer sind jedoch periodische Unterbrechungen der Stromerzeugung in Kauf zu nehmen, die auch in Spitzenlastzeiten anfallen, da die mittlere Tidendauer jeweils etwas über 12 Stunden beträgt und somit eine zyklische Verschiebung von Ebbe und Flut stattfinden.

3.2 Bisherige Nutzung, Wirtschaftlichkeit und Ausblick

Bis heute ist lediglich an einer einzigen Stelle in der Welt ein größeres Gezeitenkraftwerk errichtet worden. Es handelt sich um die Anlage in der Rance-Mündung bei St. Malo in Nordfrankreich, die seit 1966 in Betrieb ist. Bei einem mittleren Tidenhub von rd. 8,5 m sind 240 MW installiert. Bei dem Kraftwerk handelt es sich um eine Prototypanlage, aus deren Betrieb sich keine detaillierten Aussagen über die Wirtschaftlichkeit solcher Kraftwerke ableiten lassen. Über einen Ausbau bis auf etwa 10 GW_{el} wurde ein Projektvorschlag erarbeitet, man befürchtet jedoch, daß es dabei zu Verringerungen des Tidenhubes an der englischen Küste von etwa 1,5 m kommen wird. Ausbaupläne für das Rance-Kraftwerk scheiterten daher bislang am Einspruch Englands.

Weltweit wurden bislang etwa 3 Dutzend mögliche Standorte für Gezeitenkraftwerke untersucht.

Eine generelle Aussage über die Wirtschaftlichkeit der Nutzung der Gezeitenenergie ist nicht möglich, da die jeweiligen Bedingungen stark variieren. Für die Beurteilung der Wirtschaftlichkeit erweisen sich neben den Kosten die periodischen Verschiebungen der Tide als außerordentlich nachteilig, da hiermit die Stromerzeugung aus Gezeitenkraftwerken als nicht immer verfügbar angesehen werden muß, was die Bereitstellung entsprechender Reserven für Spitzenzeiten voraussetzt. Pläne, diesen Nachteil von Gezeitenkraftwerken durch den Bau von Mehrkammersystemen zu beheben, haben sich bis heute nicht als wirtschaftlich erwiesen. Auch der Vorschlag zur konsequenten Auslegung von Gezeitenkraftwerken zur Spitzenlastdeckung konnte bisher nicht realisiert werden.

Die Errichtung von Gezeitenkraftwerken führt, bedingt durch die außergewöhnlichen Umstände, zu außerordentlich hohen Baukosten, die Standortgebundenheit der Anlagen resultiert in hohen Fortleitungskosten. Da wie bei Wasserkraftwerken auch bei Gezeitenkraftwerken die variablen Kosten vernachlässigbar gering sind, wird sich auch bei stark steigenden Preisen für fossile und fissile Energieträger die Wirtschaftlichkeit kaum zugunsten der Gezeitenenergie verbessern. Insgesamt dürfte selbst bei optimistischer Einschätzung der zukünftigen Entwicklungsmöglichkeiten der Beitrag der Gezeitenenergie zur Deckung des Energiebedarfs sehr begrenzt bleiben.

Für die BR Deutschland selbst kommt eine Nutzung der Gezeitenenergie schon aus technischen Gründen nicht in Betracht, da der Tidenhub hier noch nicht einmal 3 m beträgt.

4 Sonnenenergie

4.1 Überblick

Solare Strahlungsenergie kann, wie Bild VIII.2 zeigt, auf direktem und indirektem Wege genutzt werden. Die heute bekannten Technologien können die Strahlungsenergie dabei sowohl in elektrische, als auch in thermische und chemische Energie umwandeln. Die meisten dieser Technologien sind seit vielen Jahren bekannt. Noch zu Beginn unseres Jahrhunderts wurde der überwiegende Teil unseres Energiebedarfs durch Wasserkraft, Windenergie, sowie durch Verbrennung von Holz und landwirtschaftlichen

Abfällen gedeckt. Erst der exponentiell wachsende Einsatz fossiler Energieträger drängte die Nutzung solarer Energie auf wenige Prozentpunkte in der Energiebilanz zurück. Auch die chemische Energie von Kohle, Öl und Gas stellt im Grunde umgewandelte Sonnenenergie dar. Ihr „Produktionsprozeß" dauerte jedoch viele Millionen Jahre und kann sicherlich nicht als regenerative Energiequelle angesehen werden. Die heutigen verstärkten Bemühungen zur Nutzung der Sonnenenergie zielen darauf ab, Aggregate und Systeme zu entwickeln, die es ermöglichen, die Sonnenenergie unter wirtschaftlichen Bedingungen zur Deckung des Energiebedarfs heranzuziehen.

4.2 Potential

Der Strahlungsstrom, der die Sonne verläßt, beträgt an ihrer Oberfläche 63 000 kW/m². Den äußeren Rand der Erdatmosphäre erreicht zwar nur eine durchschnittliche Strahlung von 1,35 kW/m², doch entspricht dies immerhin rd. $4,3 \cdot 10^{10}$ J/m² · a (1,5 t SKE/m²) und Jahr oder rd. $5,6 \cdot 10^{24}$ J/a (190 000 Mrd. t SKE/a) insgesamt. Dieser Energiefluß übersteigt damit den jährlichen Primärenergieverbrauch der Welt um rund das 20 000-fache.

Wie Bild VIII.4 zeigt, erreichen aber lediglich 45 % der an der Grenze der Erdatmosphäre einfallenden Sonnenenergie die Erdoberfläche und werden von den Land- und Wasserflächen der Erde absorbiert. Der größere Teil wird durch die Atmosphäre oder die Erdoberfläche zurückgestreut oder reflektiert (30 %) bzw. in der Atmosphäre absorbiert (25 %). Nach Hubbert wird nur ein Bruchteil (ungefähr 2,5 %) der die Erdoberfläche erreichenden Sonnenenergie in Windenergie, sowie die Energie der Meereswellen und Meeresströme umgewandelt. Ein noch geringerer Anteil (0,1 %) wird von Pflanzen in der Photosynthese eingefangen und gespeichert, und dennoch bildet dieser Prozeß die Basis für die heute und auf absehbare Zeit vorwiegend genutzten fossilen Energievorräte der Erde.

Das riesige Energiepotential der Sonne steht regional nur in unterschiedlichem Maße zur Verfügung. Die einfallende Sonnenstrahlung nimmt stark mit dem Breitengrad ab — dieser Effekt wird auf der nördlichen Erdhalbkugel im Winter durch den jahreszeitlichen Verlauf des Sonnenstandes noch verstärkt — sie ist bei Bewölkung bzw. hoher Luftfeuchtigkeit diffus, wird teilweise absorbiert oder reflektiert und fällt in jedem Falle wegen des Tag-Nacht-Wechsels diskontinuierlich an. Von den 1,35 kW/m², die die äußere Erdatmosphäre im Mittel erreichen, verbleiben z.B. im Durchschnitt über ein Jahr gerechnet unter den optimalen Bedingungen der östlichen Sahara rd. 0,29 kW/m², in Berlin nur 0,114 kW/m². Ihre Verfügbarkeit ist

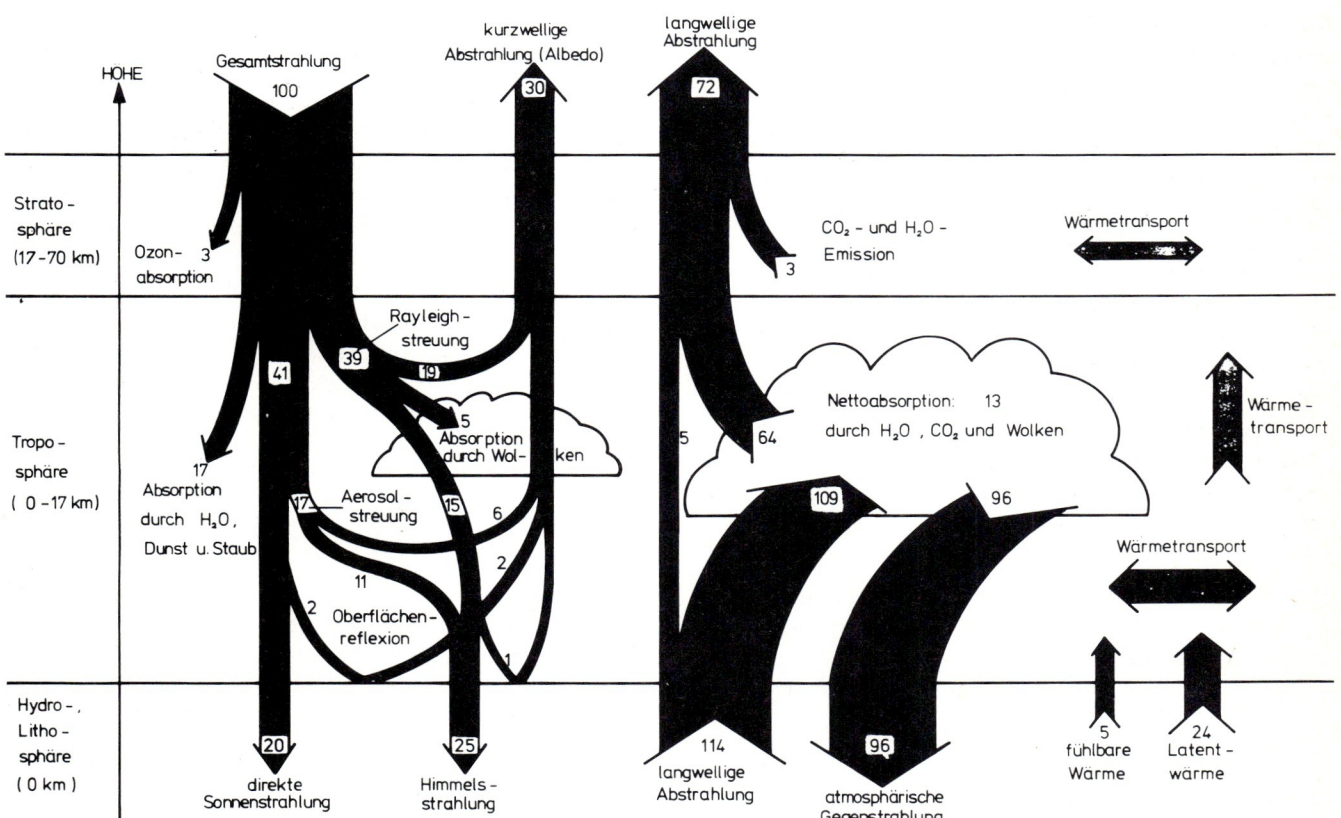

Bild VIII.4 Strahlungsbilanz des Systems Erde-Atmosphäre (globale Mittelwerte)

zudem starken Schwankungen unterworfen. Je nach Bewölkungsdichte und Jahreszeit kann die Strahlungsintensität tagsüber bis zu 0,02 kW/m² absinken. Für die direkte Nutzung solarer Strahlungsenergie ergeben sich hieraus erhebliche Probleme.

4.3 Bisherige Nutzung und Entwicklungsstand

4.3.1 Allgemeines

Die einzigen heute in nennenswertem Umfang zur Energiebereitstellung eingesetzten Technologien zur Nutzung von Sonnenenergie sind Laufwasser- und Speicherkraftwerke, die in Kapitel VII dieses Buches ausführlich beschrieben sind. Die übrigen in Bild VIII.2 aufgeführten Technologien haben entweder ihre frühere Bedeutung in der Energieversorgung wieder verloren (wie etwa die Windenergiekonverter) oder befinden sich im Stadium der Entwicklung (wie etwa terrestrische Solarzellenanlagen). Ihr heutiger Stand der Technik soll im folgenden kurz skizziert werden, wobei die Unterteilung gemäß der von ihnen bereitgestellten Sekundärenergieträger gewählt wird.

4.3.2 Elektrizitätserzeugung

Gletschereiskraftwerke

Eine den Laufwasserkraftwerken sehr nahe stehende Technologie zur Stromerzeugung stellen die sog. Gletschereiskraftwerke dar. Das von Gletschern abschmelzende Wasser soll mit Hilfe konventioneller Wasserkraftwerke zur Energieumwandlung herangezogen werden. Das Potential dieser Energiequelle ist jedoch technisch nur zu einem geringen Teil nutzbar und an bestimmte Regionen der Welt gebunden. So beträgt beispielsweise für ganz Grönland das technisch nutzbare Potential nur etwa 0,3 EJ/a, also etwa 0,1 % des Weltenergieverbrauchs. Die Nutzung wäre überdies mit erheblichen Problemen des Kraftwerkbetriebes und des Energietransportes verbunden. Diese Probleme, verbunden mit einer möglichen negativen Umweltbeeinflussung, lassen einen Beitrag der Gletschereisenergie zur weltweiten Energieversorgung nicht erwarten.

Windenergiekonverter

Solare Strahlung hält neben dem Wasserkreislauf der Erde auch die Bewegung der Erdatmosphäre aufrecht. Das theoretische Potential dieser Energiequelle liegt in der Größenordnung von 2 % der eingestrahlten Sonnenenergie und beträgt weltweit ungefähr 10^5 EJ/a ($3{,}6 \cdot 10^{12}$ t SKE/a). Tatsächlich ist dieses Potential der Windenergie jedoch nur bis in geringe Höhen ab einer Mindestgeschwindigkeit des Windes und nur bis zu einer Höchstgeschwindigkeit nutzbar und kann auch nicht beliebig weit ausgebaut werden,

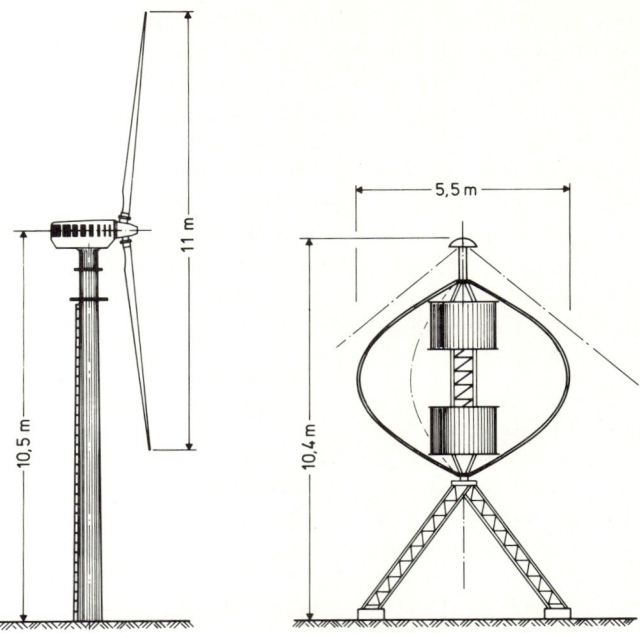

Bild VIII.5 Horizontalachsen- und Vertikalachsenrotor der kW_{el}-Leistungsklasse

da Windenergiekonverter (WEK) stets einen bestimmten Abstand zueinander aufweisen müssen.

Windräder und Windmühlen zählen zu den ältesten Energieaggregaten und wurden bislang überwiegend zur Bereitstellung mechanischer Energie verwendet (Be- und Entwässerung, Mahlen von Getreide, Maschinenantrieb). Die heutigen Entwicklungen zielen dagegen überwiegend auf die Stromerzeugung ab. Zwei unterschiedliche Konzepte freifahrender Windturbinen werden dabei untersucht: die Horizontalachsen und die Vertikalachsenrotoren. Bild VIII.5 zeigt als Beispiel für den erstgenannten Typ einen sog. Darrieus-Rotor, für den letztgenannten ein zweiblättriges Kleinwindkraftwerk. Der theoretisch maximale Umwandlungswirkungsgrad der Windenergienutzung beträgt 59 % (sog. Betz-Leistungsbeiwert). Die bei der Energiewandlung auftretenden aerodynamischen und mechanischen Verluste reduzieren diesen Wert für die Stromerzeugung auf 25 % bis 32 %.

Die Vertikalachsen-WEK haben den Vorteil, daß sie nicht der ständig wechselnden Windrichtung nachgeführt werden müssen. Darüber hinaus ist von Vorteil, daß der Lastabgriff unmittelbar am Fuß der Anlagen erfolgen kann, wobei keine besonderen Übertragungsprobleme auftreten. Von Nachteil ist die erforderliche Abspannung der Rotoren, insbesondere aber das im Vergleich zu den Horizontalachsen-WEK ungünstigere Anlaufverhalten. So benötigt der in Bild VIII.5 dargestellte WEK zwei Savonius-Rotoren, um den Darrieus-Rotor in Gang zu setzen. Erst bei einer Windgeschwindigkeit von etwa 5 m/s an aufwärts gibt der Darrieus-Rotor Leistung ab.

4 Sonnenenergie

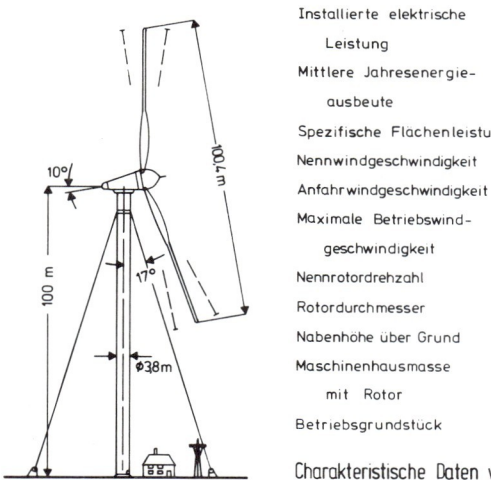

Charakteristische Daten von Growian I		
Installierte elektrische Leistung	3	MW
Mittlere Jahresenergieausbeute	12	GWh
Spezifische Flächenleistung	380	W/m²
Nennwindgeschwindigkeit	11,8	m/s
Anfahrwindgeschwindigkeit	6,3	m/s
Maximale Betriebswindgeschwindigkeit	24	m/s
Nennrotordrehzahl	18,5	min⁻¹
Rotordurchmesser	100,4	m
Nabenhöhe über Grund	100	m
Maschinenhausmasse mit Rotor	240	t
Betriebsgrundstück	ca. 800	m²

Bild VIII.6 Konzeptvorschlag von „GROWIAN"

Quelle: MAN

Das Schwergewicht der technologischen Entwicklung von WEK zur Stromerzeugung lag eindeutig auf den Horizontalachsen-Maschinen. Eine 100-kW-Anlage von Prof. Hütter wurde in den 60er Jahren erfolgreich in Deutschland betrieben, angesichts der damals herrschenden Energiesituation jedoch nicht weiterentwickelt. Erst die Ölpreiskrise von 1973 gab den Anstoß zu neuen Arbeiten. Die NASA erstellte eine leistungsgleiche Anlage, die auf den im Betrieb mit der Hütter-Anlage gemachten Erfahrungen beruhte. Zwei Zielrichtungen der Entwicklung zeichnen sich weltweit heute ab:

1. Kleinwindenergiekonverter (Leistung bis max. 50 kW), die zur dezentralen Versorgung entlegener Verbraucher und in Gegenden mit fehlender Energie-Infrastruktur eingesetzt werden können. Einfache, robuste und wartungsarme Anlagen könnten erfolgreich in Entwicklungsländern eingesetzt werden.
2. Großanlagen (Leistung von 1 MW an aufwärts) zur Elektrizitätserzeugung mit Netzeinspeisung.

Nur die letztgenannten könnten in Ländern wie der BR Deutschland in nennenswertem Umfang zur Stromerzeugung beitragen. Schätzt man mit Hilfe der theoretisch berechenbaren Leistungscharakteristik derartiger Anlagen das technische Windenergiepotential der BR Deutschland ab, ergibt sich ein maximal möglicher Beitrag von etwa 220 TWh/a. Damit könnten rein rechnerisch etwa 60 % der Stromerzeugung unseres Landes (1979: 375 TWh/a) gedeckt werden. Allerdings müßten dazu etwa 30 000 Einzelanlagen der Größe von GROWIAN (Bild VIII.6) errichtet werden. Dieser WEK befindet sich z.Z. in der Nähe von Brunsbüttel im Bau. Frühestens Mitte der achtziger Jahre könnte nach dem erfolgreichen Probebetrieb der Anlage der Bau weiterer Prototypen erfolgen. Je etwa 100 Anlagen sollen dann zu einem Kraftwerksverbund zusammengeschlossen werden. Selbst ein dann gestartetes umfangreiches Bauprogramm würde in der BR Deutschland bis zum Jahr 2000 jedoch nur einen Beitrag der Windenergie zur Deckung des Primärenergiebedarfs in Höhe von 90 PJ/a[1]) erwarten lassen. Bezogen auf den erwarteten Gesamtverbrauch von 14,6 EJ/a sind dies lediglich 0,6 %. Etwa 1800 Anlagen der Leistungsklasse von GROWIAN müßten dazu betrieben werden.

Wellenkraftwerke

Auch die Energie der Meereswellen ist im wesentlichen als über den Wind umgeformte und auf die Bewegung der Wellen übertragene Sonnenenergie anzusehen. Sie weist dem Wind gegenüber den Vorteil auf, daß sie eine erheblich verstärkte Energiedichte besitzt. Das Gesamtpotential einer Welle ist in erster Linie abhängig von Wellenhöhe und Wellenfrequenz. Informationen über diese Daten liegen jedoch weltweit nur für wenige Standorte vor. Das Potential der Wellenenergie kann daher nur sehr grob abgeschätzt werden

$$(850-8500 \text{ EJ/a} \hat{=} 2,9 \cdot 10^{10} - 2,9 \cdot 10^{11} \text{ t SKE/a}).$$

Für die deutsche Nordsee sind typische Wellenhöhen etwa 1,5 m bei einer Frequenz von 6,4 s. Daraus ergibt sich eine Gesamtleistung von etwa 14 kW je Meter Wellenfront. Gelänge es also, die gesamte Energie der deutschen Nordseeküste zu nutzen, so könnten damit 3,6 GW Leistung bereitgestellt werden.

Für einige Sonderzwecke kleintechnischer Art (Leuchtbojen usw.) werden Wellenenergiewandler bereits heute eingesetzt, eine großtechnische Nutzung zur Stromerzeugung, die prinzipiell in küsten- und verbrauchsnahen Standorten denkbar wäre, hat jedoch noch nicht stattgefunden. Zur Zeit werden in wellenbegünstigten Regionen der Welt z.B. in England und Japan einige großtechnische Umwandlungssysteme näher untersucht. Ob derartige Anlagen jemals einen nennenswerten Beitrag zur Energieversorgung leisten können, hängt davon ab, ob die Probleme bezüglich der Lebensdauer der Anlagen, ihrer möglichen Auslastung, der Energiespeicherung und des Energietransports wirtschaftlich gelöst werden können. Für die BR Deutschland ist angesichts der möglichen Umweltbeeinträchtigungen und des geringen technischen Potentials nicht mit einem nennenswerten Beitrag der Wellenenergie zur Elektrizitätsversorgung zu rechnen.

Meeresströmungskraftwerke

Diese Aussage trifft ebenso auf zwei weitere Technologien zur indirekten Nutzung solarer Strahlungsenergie zu: die Meeresströmungs- und Meereswärmekraftwerke. Die Ausgleichsströmungen der Weltmeere, die sich infolge regional unterschiedlich einfallender Sonnenstrahlung ausbilden, könnten ähnlich dem Laufwasser mit Hilfe von

---
[1]) PJ = Peta Joule = 10^{15} J

Turbinen zur Stromerzeugung genutzt werden. Eine Potentialabschätzung dieser Energiequelle zeigt jedoch, daß hierbei kaum ein Beitrag zur Energieversorgung der Welt geleistet werden kann: Im größten Meeresstrom, dem Golfstrom, könnte beispielsweise lediglich eine Gesamtleistung von 2 GW_{el} installiert werden. In Anbetracht der außerordentlich großen technischen Realisationsprobleme und der möglichen negativen klimatischen Umweltauswirkungen dürfte diese Energiequelle kaum jemals zur Energiebedarfsdeckung herangezogen werden.

Meereswärmekraftwerke

Wie Bild VIII.4 zeigt, wird der größte Teil solarer Strahlungsenergie in der Atmosphäre und den festen und flüssigen Bestandteilen der Erdoberfläche in Form von Wärme gespeichert. Etwa 20 % der gesamten eingestrahlten Energie wird allein in den tropischen Weltmeeren in Wärme umgewandelt. Diese Energie könnte über offene oder geschlossene Rankine-Prozesse zur Stromerzeugung genutzt werden. Das theoretische Potential einer solchen Meereswärmenutzung beträgt zwar $7{,}32 \cdot 10^5$ EJ/a ($2{,}5 \cdot 10^{13}$ t SKE/a), ist jedoch nur lokal an küsten- und verbrauchernahen Standorten nutzbar. Wegen der geringen verfügbaren Temperaturdifferenzen (ca. 20 K) ist die Energiewandlung maximal mit Wirkungsgraden bis 3 % durchführbar.

Besonders in den USA werden entsprechende Kraftwerksprozesse unter dem Namen OTEC (Ocean Thermal Energy Conversion) z.Z. intensiv untersucht, die BR Deutschland beteiligt sich im Rahmen der IEA (Internationale Energie Agentur) mit geringen Mitteln.

Neben Problemen der Energiespeicherung und des Energietransports gibt es für OTEC-Anlagen noch eine Fülle technischer Probleme zu überwinden (Korrosion, Verankerung, Betriebsweise usw.), die ihren Einsatz in sonnenbegünstigten Zonen unserer Welt — wenn überhaupt — nicht vor Ende dieses Jahrhunderts erwarten lassen. In der BR Deutschland sind Meereswärmekraftwerke aufgrund der klimatischen Gegebenheiten nicht einsetzbar.

Biokonversionsanlagen

Auch die Bioproduktion könnte zur Stromerzeugung in konventionellen Kraftwerken genutzt werden. Weltweit werden jährlich etwa 29 EJ (1 Mrd. t SKE) Biomasse in Form von Holz, Dung, Stroh und sonstigen landwirtschaftlichen und städtischen Abfällen verbrannt. Dies jedoch überwiegend zur Wärmebereitstellung. Lediglich in hochindustrialisierten Ländern wie der BR Deutschland kommen Müllverbrennungsanlagen zum Einsatz, deren Stromerzeugung in der Regel jedoch nur für den Eigenverbrauch der Anlage ausreicht. Pyrolyseanlagen und Fermentationsanlagen (Biogasanlagen) zur Erzeugung flüssiger oder gasförmiger Brennstoffe aus Biomasse, denen Stromerzeuger nachgeschaltet werden, befinden sich im kleinen Maßstab (kW-Bereich) in der Entwicklung.

Weltweit stehen etwa $1{,}6 \cdot 10^{11}$ t Trockensubstanz als Netto-Primärproduktion von Biomasse zur Verfügung. Bei vollständiger Verbrennung ergäbe dies ein theoretisches Potential von 2930 EJ/a (10^{11} t SKE/a), also etwa das Zehnfache des Weltenergieverbrauchs. Das Pflanzen, Abernten, Einsammeln und Aufbereiten der Biomasse erfordert jedoch so große Energiemengen, daß diese Art der Energiebereitstellung auf Sonderanwendungen wie die Versorgung entlegener Gebiete oder die Beseitigung von Biomasse-Abfällen beschränkt bleiben wird. Angesichts der Ernährungssituation erscheint auch eine rein energetische Nutzung der Biomasse wenig sinnvoll. In dichtbesiedelten Ländern wie der BR Deutschland dürfte darüber hinaus der Mangel bebaubarer Nutzböden die Stromerzeugung aus Biomasse unrealisierbar machen.

Solarzellen-Generatoren

Neben den genannten indirekten Nutzungsmöglichkeiten der Sonnenenergie zur Elektrizitätserzeugung könnten auch direkte Verfahren zum Einsatz kommen. Hier sind an erster Stelle die sog. Solarzellen zu nennen, die als Energieumwandler im extraterrestrischen Bereich bereits lange ihre Bewährungsprobe bestanden haben (1958 erste Ausrüstung eines Satelliten mit Silizium-Zellen). Theoretisch steht einer solchen Direktumwandlung solarer Strahlung mit Hilfe photovoltaischer Prozesse die gesamte auf die Erdoberfläche einfallende Strahlung zur Verfügung: ca. $4 \cdot 10^6$ EJ/a ($1{,}4 \cdot 10^{14}$ t SKE/a). Technisch wird dieses Potential jedoch durch die niedrigen Wirkungsgrade der Solarzellen von etwa 10 % (maximal nur ca. 30 %) eingeschränkt. Einer Nutzung des damit immer noch außerordentlich hohen Potentials steht insbesondere die geringe Leistungsdichte solarer Strahlung und ihr diskontinuierlicher Anfall entgegen, die großflächige Wandler und effektive Energiespeicher erfordern. Angesichts der heutigen Kosten von Solarzellen (ca. 40 000 DM/kWp) ist ein großtechnischer Einsatz in unserem Jahrhundert kaum zu erwarten.

Die beiden Grundprobleme der direkten Nutzung solarer Strahlungsenergie, geringe Leistungsdichte und Diskontinuität, führten zu Überlegungen, Solarkraftwerke in Form von großen Energiesatelliten im geostationären Orbit unterzubringen. Neben thermodynamischen Kraftwerksprozessen wird dabei insbesondere die Verwendung von Solarzellen-Generatoren diskutiert. Bild VIII.7 zeigt das Prinzip einer solchen Energiestation im Weltall, die den von den Solarzellen gelieferten Strom in Form von Mikrowellenenergie auf die Erde senden soll. Derartige Projekte weisen allerdings noch eine Reihe ungelöste Probleme auf, wie beispielsweise die Lage- und Bahnregelung des Satelliten, den Transport der erforderlichen Materialien in den Weltraum, die möglichen „Umwelt"-Auswirkungen im All und der Atmosphäre usw. Mit einer Realisierung ist daher in unserem Jahrhundert nicht zu rechnen.

4 Sonnenenergie

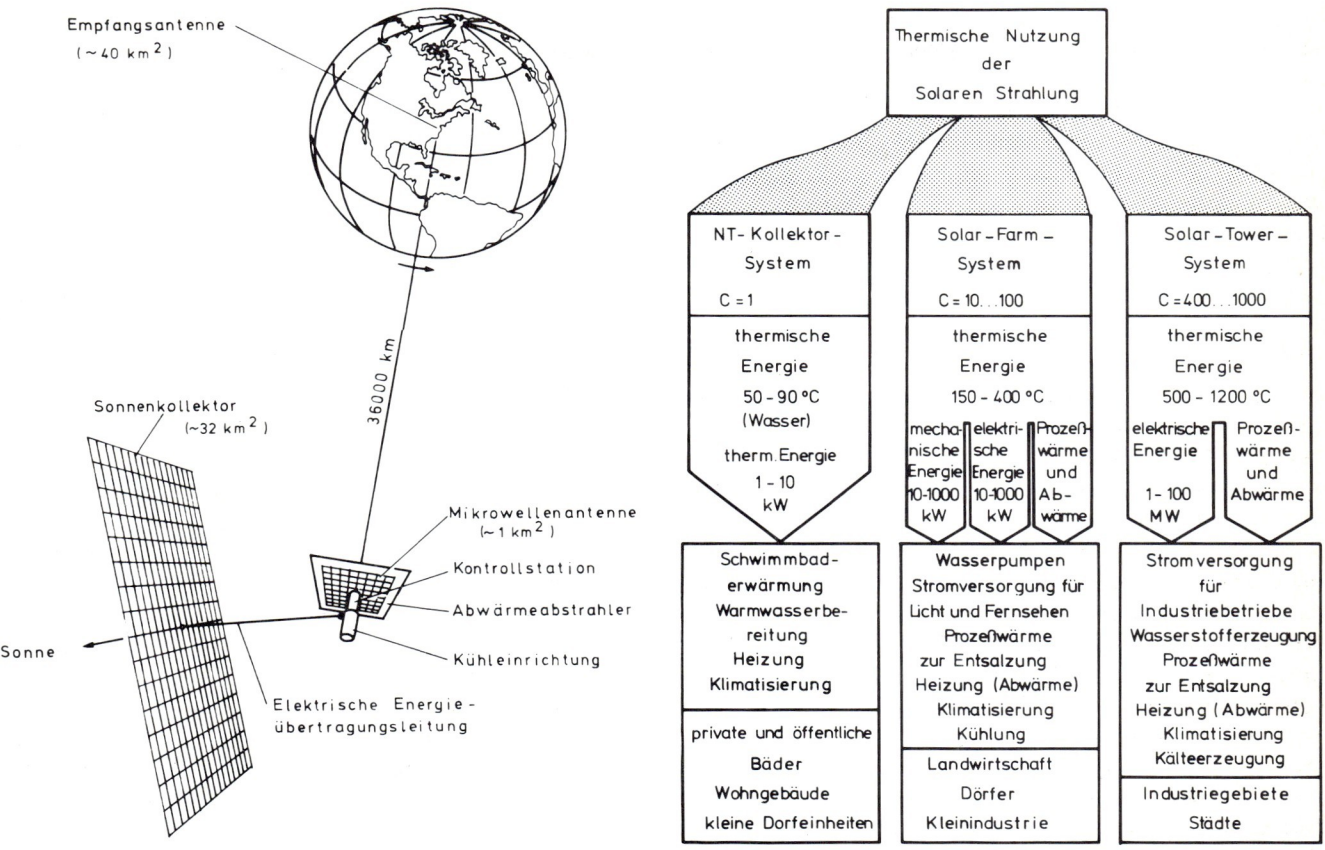

Bild VIII.7 Prinzip extraterrestrischer Sonnenenergienutzung (5 GW)

Bild VIII.8 Thermische Nutzungsmöglichkeiten der Solaren Strahlung

Solarthermische Kraftwerke

Eine weitere Möglichkeit der Strombereitstellung aus Sonnenenergie ergibt sich durch den Einsatz thermischer Kollektoren bei entsprechender Nachschaltung eines Kraftwerksprozesses. Drei Systemtypen bieten sich hierfür an (Bild VIII.8): Niedertemperatur-(NT-)Kollektoranlagen, Solar-Farm-Systeme und Solar-Tower-Anlagen.

NT-Kollektoren werden üblicherweise zur Bereitstellung von Warmwasser eingesetzt (s. Abschnitt 4.3.3), sie können jedoch auch ihre Wärme an eine niedrigsiedende Flüssigkeit abgeben und damit einen Kreisprozeß zur Krafterzeugung antreiben. Solche Kraftwerke im Leistungsbereich bis etwa 10 kW wurden in jüngster Zeit intensiv untersucht. Sie zeichnen sich allerdings durch sehr niedrige Wirkungsgrade (1–3 %) und erheblichen apparativen Aufwand aus. Ihr Einsatz wird sich daher auf Sonderzwecke der Energieversorgung in abgelegenen Gebieten (z.B. Entwicklungsländer) beschränken und keinen nennenswerten Beitrag zur Weltenergieversorgung leisten. Solar-Farm- und Solar-Tower-Anlagen arbeiten dagegen mit konzentrierenden Kollektoren. Diese müssen zwar stets der Sonne nachgeführt werden, erreichen jedoch je nach Konzentrationsverhältnis Arbeitstemperaturen von mehr als 1000 °C. Damit können Kraftwerksprozesse, vergleichbar denen in fossilen Kraftwerken, betrieben werden. Weltweit befinden sich mehrere Dutzend solcher Anlagen in der Planung, im Aufbau bzw. im Probebetrieb. Detaillierte Aussagen über das Betriebsverhalten und insbesondere die Wirtschaftlichkeit lassen sich allerdings noch nicht machen.

Da konzentrierende Kollektoren nur die direkte Strahlung nutzen können, bleibt ihr Einsatz auf Regionen mit hohem Anteil dieser Strahlung an der Gesamtstrahlung beschränkt. Messungen der direkten und diffusen Strahlungskomponente solarer Energie werden jedoch weltweit nur an wenigen Orten durchgeführt, so daß sich hieraus keine genauen Potentialabschätzungen ableiten lassen. In etwa korrespondiert die direkte Solarstrahlung jedoch mit der Zahl der Sonnenscheinstunden, die fast an jeder meteorologischen Station der Welt gemessen wird. Als Einsatzort konzentrierender Kraftwerke ergibt sich daraus das Gebiet mit Sonnenscheinstunden von etwa 3000 h/a.

In der BR Deutschland, die nur eine mittlere Sonnenscheindauer von etwa 1600 h/a aufweist, würden diese Kraftwerke eine viel zu geringe Verfügbarkeit haben. Ihr Einsatz in unserem Lande ist daher nicht zu erwarten.

Von den insgesamt zur Verfügung stehenden Technologien der Stromerzeugung aus Sonne könnten also aus den diskutierten Gründen neben den Laufwasserkraftwerken in der BR Deutschland nur noch Windenergiekonverter bis zum Jahr 2000 einen Beitrag zur Stromversorgung leisten.

4.3.3 Wärmebereitstellung

Windenergiekonverter

Die bereits in Abschnitt 4.3.2 näher erläuterten Windenergiekonverter könnten auch zur Bereitstellung von Wärme eingesetzt werden. Dabei ist physikalisch sowohl die direkte (über Rührwerke) als auch die über eine elektrische Zwischenumwandlung indirekte Umsetzung (über Heizstäbe) der mechanischen Energie möglich. Intensiv verfolgt wird z.Z. nur der zweite Weg, wobei als Anwendungsgebiet die Hausheizung und Warmwasserbereitung untersucht wird. Windenergieheizungen dieser Art können zwar u.U. für abgelegene Einsatzorte genutzt werden, einen nennenswerten Beitrag zur Energieversorgung dicht besiedelter Gebiete wie der BR Deutschland ist jedoch schon wegen der Aufstellungsprobleme der WEK nicht zu erwarten.

Wärmepumpen-Anlagen

Wärmepumpen (WP) sind Anlagen, die die durch solare Strahlung hervorgerufene Erwärmung der Erdoberfläche und der Atmosphäre für die Wärmebereitstellung nutzen. Gegenwärtig werden vier Wärmepumpenarten verfolgt:

1. Brüdenverdichter-WP,
2. Dampfstrahl-WP,
3. Kompressions-WP,
4. Absorptions-WP.

Die drei erstgenannten werden bereits in größerer Zahl in Industrie und Gewerbe eingesetzt, die Absorptionswärmepumpe befindet sich dagegen noch in der Entwicklung. Erst in jüngster Zeit wurden Anlagen zur Raumheizung und Warmwasserbereitung auch am deutschen Markt angeboten. Die größte Bedeutung besitzt z.Z. die elektromotorisch angetriebene Kompressionswärmepumpe (Bild VIII.9). In ihr wird eine niedrigsiedende Flüssigkeit in einem Kreisprozeß geführt: Eine Wärmequelle, z.B. Wasser, bringt das Kältemittel über einen Wärmeaustauscher, den Verdampfer, zum Verdampfen. Der Dampf wird vom Verdichter angesaugt und auf einen erheblich höheren Druck verdichtet. Mit der Druckerhöhung steigt auch die Temperatur des Dampfes, die mechanische Arbeit des Kompressors wird in Wärme umgewandelt. Dieser Kompressor wird

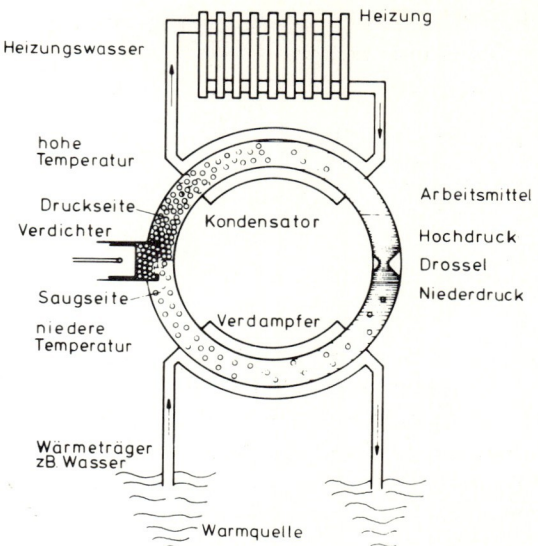

Bild VIII.9 Prinzipskizze einer Wärmepumpe

z.Z. überwiegend durch einen Elektromotor angetrieben. In der Entwicklung befinden sich jedoch auch Gas- und Dieselmotorantriebe, diese werfen z.Z. noch insofern Probleme auf, als die für den Wärmepumpeneinsatz in kleinen Leistungsgrößen erforderlichen Standzeiten nicht sichergestellt werden können, was sich in mangelnder Verfügbarkeit — aber auch in hohen Anlage- und Wartungskosten niederschlägt. Gas- bzw. dieselbetriebene Wärmepumpen weisen aber den Vorteil auf, daß deren Abwärme gleichzeitig noch zur Wärmebereitstellung genutzt werden kann. In einem zweiten Wärmeaustauscher, dem Kondensator, gibt der Dampf einen Teil seiner Wärme an das Heizungswasser ab. Dabei kondensiert der Dampf. Die noch immer unter Druck stehende Flüssigkeit wird schließlich über ein Expansionsventil entspannt. Das kalte, flüssige Arbeitsmittel tritt nun wieder in den Verdampfer ein, der Kreislauf beginnt von vorn. Zur Beurteilung der Leistungsfähigkeit der Wärmepumpe dient die Leistungszahl E, d.i. das Verhältnis der am Kondensator abgegebenen Wärmemenge zu der dem Verdichter zugeführten (elektrischen) Energie. Maximale Leistungszahlen liegen heute um $E = 3$, d.h., die Wärmepumpe liefert 3 mal soviel Wärme wie ihr elektrischer Strom zugeführt wird. Energetisch interessanter zur Beurteilung dieser Technologie ist der sog. Primärenergienutzungsgrad, d.i. das Verhältnis der abgegebenen Wärme zu der zum Betrieb der WP notwendigen Primärenergie, z.B. Naturgas bzw. der zur Erzeugung der zum Betrieb der WP benötigten Sekundärenergie (für die Stromerzeugung z.B. erforderliche Kohle.

Die wichtigsten Primärenergienutzungsgrade weist Tabelle VIII.3 aus. Der Vergleich mit den konventionellen Heizungssystemen zeigt, daß der Einsatz jeder Wärmepumpenart zu einer Senkung des Primärenergiebedarfs führen

4 Sonnenenergie

Tabelle VIII.3 Primärenergienutzungsgrade verschiedener Heizungssysteme

Heizungssystem	Primärenergienutzungsgrad
Elektrische Wärmepumpe	0,9–1,0
Öl- oder gasbetriebene Wärmepumpe	1,3–1,5
Absorptionswärmepumpe	1,4–1,6
Öl- oder Gasheizung	0,6–0,8
Elektrische Widerstandsheizung	0,3

kann. Die elektromotorisch angetriebene Wärmepumpe kann jedoch bestenfalls diejenige Energiemenge in Form von NT-Wärme bereitstellen, die ihr in Form von Primärenergie hinzugeführt wird. Die dieselbetriebenen Kompressionswärmepumpen stellen etwa das Eineinhalbfache des Primärenergieeinsatzes als Sekundärenergie zur Verfügung. Absorptionswärmepumpen besitzen abgesehen von den Lösungsmittelpumpen keine bewegten Teile, weisen also noch den Vorteil möglicherweise geringerer Störanfälligkeit auf. Sie sind allerdings technisch für kleine Anwendungen noch nicht soweit entwickelt wie Kompressionswärmepumpen. Der weitaus überwiegende Teil der z.Z. installierten ca. 7000 Wärmepumpen im Haushaltsbereich sind daher elektromotorisch betriebene Kompressionswärmepumpen, die üblicherweise im Bivalentbetrieb gefahren werden. Das bedeutet, daß die Wärmepumpe bei einer bestimmten Außentemperatur, die vom EVU vorgegeben wird, ihren Betrieb einstellt und durch ein nicht-leitungsgebundenes Heizungssystem ersetzt wird. Für die Wärmeversorgung sind also zwei Systeme erforderlich. Wärmepumpen können natürlich monovalent betrieben werden, also die Energieversorgung allein übernehmen. Dies erfordert jedoch eine wesentlich größere Dimensionierung als im Bivalentbetrieb. Eine energiepolitische Beurteilung dieser Systeme hat diese Aspekte neben der einzelwirtschaftlichen Wirtschaftlichkeit explizit in die Betrachtung einzubeziehen.

Neben „reinen" Wärmepumpensystemen werden heute zur Nutzung solarer Energie vorrangig im Haushaltssektor Kombinationen mit Solarabsorbern und Solarkollektoren untersucht. Diese Energiewandler, die im folgenden noch näher beschrieben werden, können ebenfalls als Wärmequelle für WP eingesetzt werden. Die Kollektoren können dabei mittelbar oder unmittelbar mit der WP gekoppelt werden. Ein Beispiel für mittelbare Kopplung ist das sog. Kollektordach. Hierbei wird durch Verwendung transparenter Dachziegel und Unterlegung eines Absorbers die gesamte Dachfläche als Kollektor eingesetzt und die Warmluft einer z.B. im Dachraum aufgestellten Wärmepumpe zugeführt (Bild VIII.10). Die Anforderungen an die front- und rückseitige Wärmedämmung können bei solchen Kollektor-Wärmepumpen-Systemen gering gehalten werden, weil der Kollektor praktisch bei Umgebungstemperatur arbeitet. Dies führt soweit, daß auf eine frontseitige Abdeckung völlig verzichtet wird. Aus dem Kollektor-Dach-System wird ein Absorber-Dach-System.

Beide Kombi-Systeme sind jedoch im Prinzip in ihrer Anwendung nicht auf das Dach beschränkt. Unter dem Begriff „Energiedächer", „Energiezaun" u.a. werden heute Systeme angeboten, bei denen der Verdampfer der WP als Kompakt-Wärmeaustauscher beispielsweise im Garten aufgestellt wird (unmittelbare Ankoppelung der WP).

Das theoretische Potential, das den WP-Anlagen und Kombinationen zur Verfügung steht, umfaßt die gesamte in der Atmosphäre, Lithosphäre und Hydrosphäre gespeicherte Sonnenenergie. Zur Nutzung der entsprechenden Wärmequellen Umgebungsluft, Erdreich und Wasser werden heute allein in der BR Deutschland rund 7000 Wärmepumpen eingesetzt. Für 1980 wird mit bis zu 20 000 weiteren Anlagen gerechnet. Unter der Annahme, daß WP-Systeme und -Kombinationen im Haushaltsbereich ähnlich schnell eingeführt werden können wie die (Öl-)Zentralheizung und daß der Industrie und dem Kleinverbrauch auch gas- oder ölmotorisch betriebene WP-Systeme sowie Absorptionsanlagen zur Verfügung stehen, könnte diese Technologie im Jahr 2000 etwa 0,73 EJ/a (25 Mio. t SKE/a) Primärenergie einsparen. Dies entspricht etwa 6 % des für dieses Jahr erwarteten Gesamtenergiebedarfs.

Niedertemperatur-Kollektoranlagen

Neben der Wärmepumpe wird zur Wärmebereitstellung aus Solarenergie insbesondere der Niedertemperatur-Kollektor untersucht. Bild VIII.11 zeigt einige Ausführungsformen dieses im allgemeinen als Flachkollektor ausgeführten Energiewandlers. Die Arbeitsweise ist denkbar einfach: Die kurzwellige Gesamtstrahlung fällt durch lichtdurchlässige Abdeckungen (im Fall a von Bild VIII.11 beispielsweise 2 Glasscheiben) auf einen Absorber. Dieses meist aus Metall, hier in Form einer speziell geformten Aluminiumplatine, bestehende Element wandelt die Strahlung in Wärme um, die es teilweise an ein Wärmeleitmedium abgibt, teilweise aber auch wieder in Form von langwelliger Wärmestrahlung abstrahlt. Diese Art der Strahlung kann jedoch die transparente Abdeckung nicht passieren, so daß die Energie

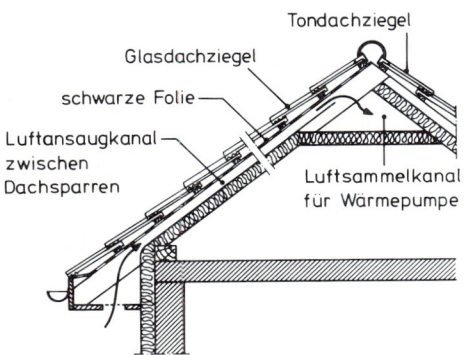

Bild VIII.10 RWE-Kollektordach der 1. Generation

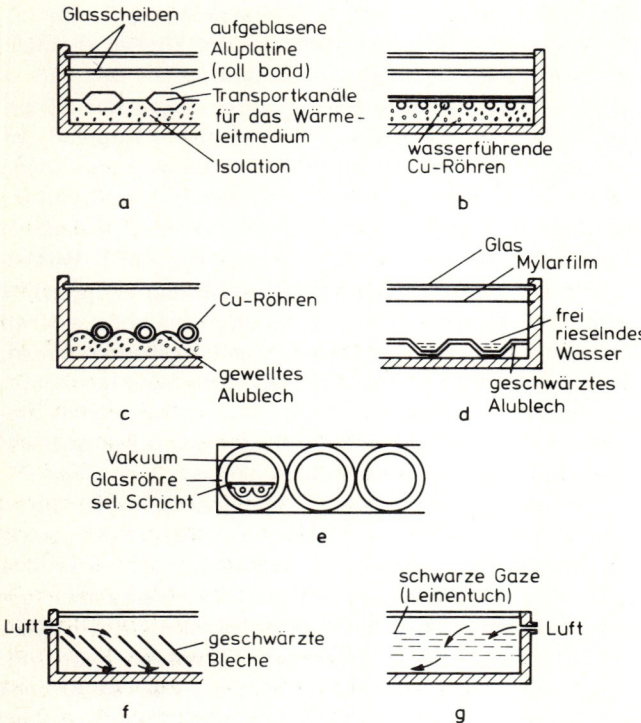

Bild VIII.11 Verschiedene Ausführungsformen von Flachkollektoren

zur Temperaturerhöhung im Kollektor führt (sog. Treibhaus-Effekt). Der Umwandlungswirkungsgrad des Kollektors kann dabei durch selektive Beschichtungen des Absorbers und/oder der Abdeckung verbessert werden.

Trotz des bereits angeführten recht hohen technischen Potentials der NT-Kollektoranlagen bleiben solche Systeme zumindest im betrachteten Zeitraum voraussichtlich ohne größeren Einfluß auf die Energiebilanz der BR Deutschland. Dies liegt insbesondere an der ungünstigen jahreszeitlichen Verteilung der solaren Strahlungsenergie in unserem Lande. Detaillierte Untersuchungen haben gezeigt, daß ein Einsatz von NT-Solaranlagen zur Brauchwasserbereitung im Sommer technisch möglich und nahezu wirtschaftlich ist. Bereits die Jahresbereitstellung von Brauchwasserwärme, mehr jedoch noch von Heizungswärme, stößt auf das Problem der saisonalen Energiespeicherung, das nach dem derzeitigen Stand wirtschaftlich unüberwindbar ist. Analysiert man ähnlich wie bei den Wärmepumpen den Beitrag, den NT-Kollektoranlagen im Fall der günstigsten Ausbaustrategie im Jahre 2000 leisten könnten, so ergibt sich eine Primärenergieeinsparung von etwa 0,12 EJ/a (4 Mio. t SKE/a). Die dazu erforderlichen Anlagen reichen von einfachen offenen Systemen bis zu technisch ausgefeilten hocheffizienten Sammlern, die Kollektorwirkungsgrade schwanken entsprechend zwischen 10 % und 70 %.

Biokonversionsanlagen

Auf die Bedeutung der Biomasse zur weltweiten Energiebereitstellung wurde bereits hingewiesen. Auch in der BR Deutschland werden noch jährlich etwa 2 Mio. m³ Brennholz zum Heizen und Warmwasserbereiten verwendet (1979: $1,8 \cdot 10^6$ m³/a). Dies entspricht etwa 0,2 % des Primärenergiebedarfs. Obwohl in jüngster Zeit die Nachfrage nach Holz- und Vielstoffkesseln wieder erheblich gestiegen ist, läßt sich eine stärkere Entlastung unserer Energiebilanz durch Biomasse-Verbrennung oder andere biotechnologische Verfahren nicht absehen.

4.3.4 Brennstoffbereitstellung

Biomasse-Umwandlungs- und Photolyseeinrichtungen

Brennstoffe könnten aus Sonnenenergie über Biokonversionsanlagen, thermochemische Verfahren und Photolyseeinrichtungen bereitgestellt werden. Der letztere Weg erfordert Technologien zur künstlichen Spaltung beispielsweise von Wasser in Wasserstoff und Sauerstoff durch solare Strahlung. Bislang befinden sich Versuche, diesen in der Natur im großen Stil ablaufenden Prozeß technisch nachzuvollziehen jedoch noch im Bereich der Grundlagenforschung.

Auch einige Verfahren der thermochemischen Konversion können Brennstoffe bereitstellen. Neben der Verbrennung (Holzkohle, Gaskohle) sind dies insbesondere Verfahren der Pyrolyse und der Vergasung. Bei den erstgenannten wird Biomasse durch Einwirkung großer Hitze (Temperaturen zwischen 500 und 1000 °C) unter Luftabschluß chemisch zersetzt, wobei feste, flüssige und/oder gasförmige Kohlenwasserstoffverbindungen anfallen. Unter Vergasung versteht man die Umsetzung von Biomasse zu gasförmigem Brennstoff unter Verwendung von Vergasungsmitteln wie Luft und/oder Dampf (Teiloxydation). Die Fermentation baut Biomasse (meist anaerob, d.h. unter Luftabschluß) im wäßrigen Milieu mikrobiell ab, wobei nur Temperaturen zwischen 30 und 50 °C auftreten. Als Produkte fallen entweder Äthanol oder Biogas (Gasgemisch aus 60–70 % Methan und 30–40 % Kohlendioxid) an. Versuche, solche Brennstoffe beispielsweise im Verkehrssektor einzusetzen, laufen weltweit (z.B. Äthanol in Brasilien) und auch in der BR Deutschland. Aufgrund der noch nicht sehr weit fortgeschrittenen Entwicklung der Biokonversionsverfahren, der evtl. Konkurrenz der Biomasseproduktion zur Nahrungsmittelproduktion und der Wirtschaftlichkeit der Technologien kann der weltweite Beitrag dieser Energiequelle zur Energieversorgung nicht genau abgeschätzt werden.

4.4 Wirtschaftlichkeit und Ausblick

Generelle Aussagen über die Wirtschaftlichkeit der Sonnenenergie sind wegen der Vielfalt der zur Verfügung stehenden Technologien nicht möglich. Darüber hinaus sind die Kosten extrem standortabhängig, so daß selbst für relativ genau untersuchte Technologien, wie z.B. kleine Windenergiekonverter, die Strom- bzw. Wärmegestehungskosten stark schwanken können, je nachdem, wo sich der Konverter im Einsatz befindet. Ein genereller Nachteil von Wirtschaftlichkeitsaussagen etwa in Form spezifischer Investitionskosten liegt in der nicht einheitlichen Bezugsgröße. Kosten von Solarzellen werden beispielsweise stets auf Idealbedingungen des Strahlendurchgangs durch die Atmosphäre bezogen: etwa 1 kW/m^2, Kosten von Windenergiekonvertern dagegen auf die Auslegungsleistung der Anlage bei definierter Windgeschwindigkeit. Derartige Kostenangaben sind ohne ergänzende Aussagen über die Verfügbarkeit oder die Energiebereitstellungskosten weder vergleichbar noch allein aussagefähig.

Nach strengen betriebswirtschaftlichen Maßstäben arbeiten von diesen Energiewandlern nur die Wasserkraft- und geothermischen Kraftwerke wirtschaftlich. Windenergiekonverter, Biomasse-Fermenter und kleine Solargeneratoren können für die Versorgung entlegener Verbraucher relativ wirtschaftlicher sein als herkömmliche netzunabhängige Versorgungssysteme. Dabei liegt allerdings über die Lebensdauer der Anlagen noch keine ausreichende Erfahrung vor. Dies gilt auch für die Wärmepumpen- und Niedertemperatur-Kollektoranlagen, die ebenfalls unter bestimmten Betriebsbedingungen die Schwelle der Wirtschaftlichkeit erreichen können.

Einfache solare Warmwasserbereiter haben in millionenfacher Ausfertigung in den sonnenreichen Gebieten der Erde ihre Wirtschaftlichkeit bereits unter Beweis gestellt. Sie könnten unter günstigen Bedingungen auf absehbare Zeit auch in der BR Deutschland vor allem dort wirtschaftlich werden, wo fossil beheizte konventionelle Anlagen während der Sommermonate mit niedrigem Wirkungsgrad arbeiten. Bei den heutigen Preisrelationen sind aber in der BR Deutschland selbst Anlagen für die Warmwasserbereitung nicht wirtschaftlich, falls eine ganzjährige Deckung des Warmwasserbedarfs sichergestellt werden soll. Dies gilt in noch weit stärkerem Maße für die Nutzung der Sonnenenergie für Raumheizzwecke. Der völlig entgegengesetzte Verlauf von Sonnenenergieangebot und Raumwärmebedarf im Jahresverlauf, der Mangel an ausreichenden, geeigneten Dachflächen für die Installation von Kollektoren, vor allem aber Kostenerwägungen lassen eine Nutzung der Sonnenenergie für diesen Anwendungsbereich bei uns realistischerweise zunächst nur als Zusatzheizung in der Übergangszeit erwarten. Da selbst für diese Zwecke die Kosten der Sonnenenergienutzung trotz Subventionen z.T. noch bedeutend höher sind als die konventioneller Energiequellen und der Einführung der Sonnenenergie auch noch eine Reihe sonstiger Hemmnisse entgegenstehen, kann auch bei steigendem Energiepreisniveau allenfalls mit einer allmählichen Penetration dieser Systeme in der Bundesrepublik Deutschland gerechnet werden.

Selbst erhebliche Kostensenkungen im Bereich der Sonnenenergienutzung zur Stromerzeugung, z.B. um den Faktor 10 für die Produktion von Solarzellen, ein erheblicher Anstieg des Wirkungsgrades und weitere Rationalisierungserfolge würden unter mitteleuropäischen Verhältnissen erst dann zu einer Kostengleichheit der solaren mit der nuklearen Stromerzeugung führen, wenn bei dieser mehr als eine Verdopplung der Erzeugungskosten eintreten würde. Ein solcher Kostenanstieg müßte aber auch die Kosten von Sonnenkraftwerken stark beeinflussen, zumal für die Herstellung von Solarzellen erhebliche Energiemengen benötigt werden. In seiner wirtschaftlichen Auswirkung ungeklärt ist auch der Umstand, daß Sonnenenergiekraftwerke großen Ausmaßes Komponenten erfordern würden, die in Auslegung und Größe alles Bisherige übertreffen. Die hohen Übertragungskosten, die z.B. bei Errichtung von Sonnenkraftwerken in sonnenreichen Regionen für die Versorgung entfernter Verbraucher anfallen würde, sowie die Kosten für die Bereitstellung der entsprechenden Reserve, die bei Sonnen- und Windkraftwerken eine besondere Rolle spielen, sind in den Kalkulationen bisher viel zu wenig beachtet worden. Neue Übertragungssysteme, z.B. in Form von Wasserstoff, könnten diese Probleme voraussichtlich zwar stark mindern, doch stehen sie bisher nicht in anwendungsreifer Form zur Verfügung. Die Stromerzeugung auf Sonnenenergiebasis dürfte daher auf absehbare Zeit den Sonderbedingungen eines Einsatzes in abgelegenen Regionen bei kleinem Bedarf vorbehalten bleiben. Ein Aufbau extraterrestrischer Sonnenenergiekraftwerke scheitert schon an technischen Problemen. Die Kosten hierfür sind vorläufig nicht kalkulierbar.

Die Kosten der Nutzung der Windenergie werden in erheblichem Maße durch die geringe Verfügbarkeit und Auslastung, die relativ niedrige Energiedichte und damit durch hohe spezifische Kapitalkosten bestimmt, die bisher die Vorteile einer Nutzung des „freien" Windenergieangebotes überkompensieren. Standortprobleme und bislang noch nicht ausreichend berücksichtigte Umweltprobleme für Windkraftsysteme wie für Sonnenenergiekraftwerke dürften in entlegenen Regionen keine große Rolle spielen, begrenzen jedoch in Gebieten wie Mitteleuropa die Einsatzmöglichkeiten solcher Energiewandler.

Für die vor uns liegenden 20 Jahre ist mit einem verstärkten Einsatz regenerativer Energiequellen in der BR Deutschland zu rechnen. Bild VIII.12 zeigt den nach heutigen Gesichtspunkten maximal möglichen Einfluß auf die Primärenergiebilanz. Es wird ersichtlich, daß der stärkste Einfluß durch den Wärmepumpen-Einsatz zu erwarten ist. Dies liegt daran, daß hier eine Fülle reiner und kombinierter Systeme zur Verfügung steht, die einen großen Teil des Wärmemarktes der BR Deutschland abdecken können.

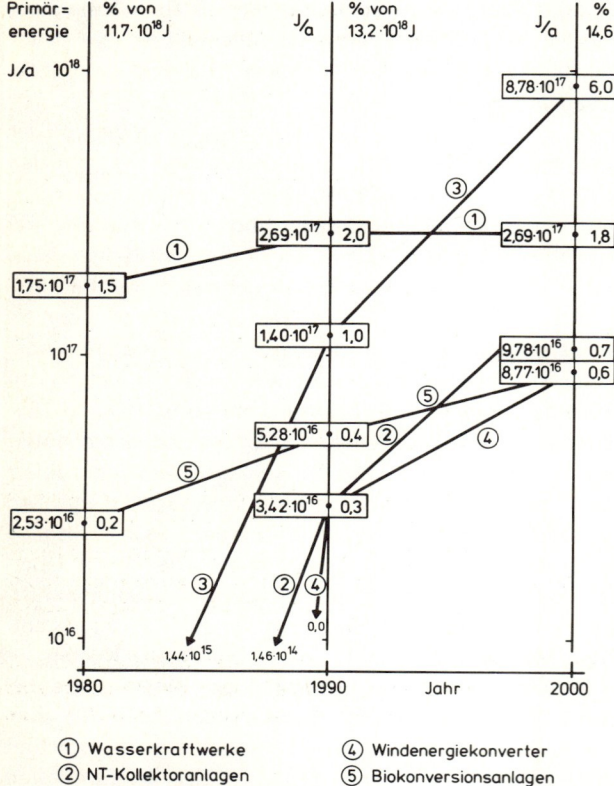

Bild VIII.12 Unter günstigen Voraussetzungen erreichbare Substitutionspotentiale an fossilen Energieträgern durch regenerative Energieströme in der Bundesrepublik Deutschland

① Wasserkraftwerke
② NT-Kollektoranlagen
③ Wärmepumpen-Anlagen
④ Windenergiekonverter
⑤ Biokonversionsanlagen
Kein darstellbarer Beitrag von geothermischen Kraft- und Heizwerken und Solarzellengeneratoren

Hierbei dürften vornehmlich bivalent ausgelegte Wärmepumpen in neuen speziell hierauf konzipierten Häusern zum Zuge kommen. Dies erfordert vorerst keinen Zubau von neuen Erzeugungs- und Transportkapazitäten. Es ist zu erwarten, daß zunächst Strom, nach befriedigendem Abschluß der z.Z. laufenden Entwicklungsarbeiten auch Gas, zum Einsatz kommen wird. Die dieselbetriebene WP paßt kaum in eine energiepolitische Landschaft des „weg vom Öl". Monovalente WP setzen den z.Z. umstrittenen Zubau neuer Kraftwerkskapazität voraus, würden aber das Möglichkeitsfeld des Wärmepumpeneinsatzes zusätzlich erweitern. Bei einem Primärenergieverbrauch im Jahr 2000 von 14,6 EJ/a (500 Mio. t SKE/a) könnte auf diese Anlagen ein Anteil von etwa 6 % entfallen. Dies wäre fast das Vierfache aller bis dahin im Betrieb befindlichen Wasserkraftwerke.

Der Beitrag sowohl der NT-Kollektoranlagen als auch der Windenergiekonverter und Biokonversionsanlagen (überwiegend Holz- und Vielstoffkessel) wird auf weniger als 1 % des Primärenergieverbrauchs geschätzt.

Insgesamt könnten also regenerative Energiequellen (außer Wasserkraft) 1,4 EJ/a (50 Mio. t SKE) zur Deckung des Primärenergieverbrauchs erbringen, das heißt maximal einen Beitrag von 10 %. Um dieses Ziel zu erreichen, müssen jedoch noch erhebliche Forschungs- und Entwicklungsanstrengungen unternommen und entsprechend begleitende Maßnahmen (Standardisierung, Normung, Demonstration, Information, Ausbildung usw.) ergriffen werden.

5 Energiepolitische Würdigung

Damit dürfte selbst unter relativ optimistischen Annahmen in den nächsten Jahrzehnten nur ein insgesamt begrenzter, dennoch beachtenswerter Beitrag der regenerativen Energiequellen zur Deckung des Energiebedarfs in der BR Deutschland zu erwarten sein.

Große Hoffnungen werden auf die nunmehr auf breiter Ebene angelaufenen Forschungs- und Entwicklungsarbeiten gesetzt. Bemerkenswert ist hierbei neben der beträchtlichen staatlichen Förderung das Engagement der Wirtschaft. Schon bei geringen zusätzlichen realen Preissteigerungen für fossile Energieträger, auf die sich Energiewirtschaft und Energiepolitik in jedem Falle einstellen sollten, dürften sich die bislang noch notwendigen Subventionen für die Einführung der am aussichtsreichsten erscheinenden Technologien zur Nutzung der regenerativen Energiequellen, vor allem der indirekten Nutzung der Sonnenenergie zur Deckung des Niedertemperaturbedarfs bereits erübrigen. Die Aufnahme der Massenproduktion entsprechender Geräte und Lernprozesse bei der Aggregatebauindustrie lassen eine Kostensenkung erwarten, die die Wirtschaftlichkeit dieser Anlagen weiter verbessert. Neben der hiermit erzielbaren Energieeinsparung erscheint unter gesamtwirtschaftlichen Aspekten vor allem die Umweltentlastung im Endenergiebereich sowie die nicht unbeträchtliche Möglichkeit zur Substitution von Mineralöl bedeutsam. Von den übrigen Technologien zur Nutzung der regenerativen Energiequellen kann gleichwohl angesichts der in der BR Deutschland vorliegenden natürlichen Bedingungen sowie des bislang erreichten Entwicklungsstandes z.Z. keine entscheidende Entlastung unserer durch die hohe — und noch zunehmende — Importabhängigkeit geprägten Energieversorgungsbilanz erwartet werden. Alleine das riesige Potential insbesondere der Sonnenenergie und die angesichts des relativ frühen Entwicklungsstadiums nicht auszuschließende Möglichkeit technologischer Durchbrüche rechtfertigen jedoch intensive öffentliche Hilfe für Forschung und Entwicklung sowie für die Markteinführung bereits entwickelter Technologien.

Hinzu kommt, daß regenerative Energiequellen für die Entwicklungsländer angesichts der immer problematischeren Deckung ihres Energiebedarfs mit fossilen Energieträgern zentrale Bedeutung besitzen und die Industrieländer aus der sozialen Verantwortung zur Entwicklung und Einführung entsprechender Technologien nicht entlassen werden können.

Es gilt angesichts der langfristig zunehmenden Verknappung fossiler Energieträger und der in Jahrzehnten zu bemessenen Ausreifungs- und Einführungszeiten neuer Technologien bereits heute die Grundlagen für den Übergang auf das Nachölzeitalter zu legen, in dem der Nutzung regenerativer Energiequellen entscheidende Bedeutung beizumessen sein wird.

Literatur

[1] *Brabandt, G.* und *Möller, U.:* Zur Wirtschaftlichkeit geothermischer Kraftwerke nach dem "Hot-dry-rock"-Verfahren, Elektrizitätswirtschaft, Jg. 78 (1979), Heft 5, S. 154–157.

[2] *Max, A.:* Geologische, technische, wirtschaftliche und ökologische Aspekte der Nutzung geothermischer Energie, Doktorvortrag an der RWTH-Aachen, Aachen, 21.12.1979.

[3] *BMFT/PLE:* Jahresbericht 1979 über Rationelle Energieverwendung, Fossile Primärenergieträger, Neue Energiequellen. Bonn/Jülich 1980.

[4] *Rademacher, H.:* Energie aus heißem Gestein entnommen. VDI-Nachrichten, 14.3.1980.

[5] *AGF/ASA:* Energiequellen für morgen? Nichtnukleare-nichtfossile Primärenergiequellen. Programmstudie in 7 Einzelbänden, Umschau Verlag, Frankfurt 1976.

[6] *Meliß, M.:* Möglichkeiten und Grenzen der Sonnenenergienutzung in der BR Deutschland mit Hilfe von Niedertemperaturkollektoren, Jül-Spez-25, Jülich, Dezember 1978.

[7] *Kleemann, M.:* Energie aus solarthermischer Stromerzeugung, Vortrag zu halten auf der 3rd Miami International Conference on Alternative Energy Sources, 15–17 Dec. 1980, Miami Beach, Florida.

[8] *Meyer-ter-Vehn:* Sonnenenergie – Energie für die Zukunft. F. Dümmlers, Frankfurt 1979.

[9] *Meliß, M.:* Regenerative Energiequellen, jährliche Veröffentlichung im April-Heft von BWK. Bisher erschienen:
BWK 29 (1977) Nr. 4, April
BWK 30 (1978) Nr. 4, April
BWK 31 (1979) Nr. 4, April
BWK 32 (1980) Nr. 4, April

[10] *BMFT* (Hrsg.): PESA – Praktische Erfahrungen mit bestehenden Solaranlagen, Promotor Verlag, Karlsruhe, März 1980.

[11] *Jarass, L.* et al.: Windenergie: Eine systemanalytische Bewertung des technischen und wirtschaftlichen Potentials für die Stromerzeugung der BR Deutschland, Springer, Berlin/Heidelberg/New York 1980.

[12] *Häfele, W., Wagner, H.-J.:* Potential der erneuerbaren Energiequellen in der BR Deutschland, Vorlage I/K/30 der Enquête-Kommission „Zukünftige Kernenergie-Politik", Bonn, 22.4.1980.

IX Kernenergie

G. Schmidt

Inhalt

Zur Lage	254
1 Kernenergie und Stromerzeugung	254
2 Kernkraftwerke: Technischer Teil	257
3 Kernkraftwerke: Wirtschaftlicher Teil	270
4 Ökologie	274
5 Nukleare Entsorgung	275
6 Nichtverbreitungsvertrag	277
7 Ausblick: Die kontrollierte Kernfusion	277
Literatur	280

Zur Lage

In der Energiepolitik spielen Prognosen über die Entwicklung des Energiebedarfs eine wesentliche Rolle. Diese Prognosen bilden die Grundlagen für Investitionsentscheidungen, so z.B. bei Kraftwerken (Bauzeit 7–10 Jahre) und neuen Technologien wie Kohlevergasung und Kohleverflüssigung (1–2 Jahrzehnte).

Energiefachleute meinen und fürchten, daß wir schon heute am Rande einer weltweiten Ölrationierung leben, die Vorteile eines freien Energiemarktes schwinden zusehends. Mit einiger politischer Weitsicht hätten die politisch Verantwortlichen schon während der ersten Ölpreiskrise im Jahre 1973 die steigenden Ölpreise in den folgenden Jahren voraussehen müssen. Wieviel besser stünde die BR Deutschland da, wenn mehr für die Kohle, Kernenergie, Kohleveredlung sowie für Einsparung von Energie getan worden wäre. Statt wenig greifender Energieprogramme ist letztlich nur erreicht worden, daß z.B. der Bau neuer Anlagen zur Stromerzeugung bis heute praktisch zum Erliegen gekommen ist.

Entfaltet haben sich in dieser Zeit lediglich die Initiativen der Kraftwerks- und speziell der Kernkraftwerksgegner z.T. mit einer bisher nie erreichten Vehemenz. Wenn auch heute zu erkennen ist, daß die Höhe insbesondere der nuklearen Kontroverse überschritten ist, so ist doch festzuhalten, daß die Abhängigkeit vom Öl unverändert geblieben ist. Allein Energiesparen sowie das Einsetzen von Wärmepumpen (Stromverbrauch) sowie von Alternativenergien wie Sonnen-, Wind-, Gezeiten-, Bioenergie und geothermischer Energie schließen die sich schon jetzt abzeichnende Energielücke nur in völlig unzureichendem Maße. Sie gaukeln — jedenfalls für unseren Lebensraum — nur den Ansatz einer Lösung des Problems vor. Ob gewünscht oder nichtgewünscht bleibt der einzige Ausweg aus der Energiemisere:

Kohle plus Kernenergie, letztere vorläufig noch in Form von Leichtwasserreaktoren später aber auch in Form von Hochtemperaturreaktoren und Schnellen Brütern.

Kohle plus Kernenergie schaffen die Voraussetzungen nicht nur für das Fortbestehen sondern auch für die weitere Entwicklung einer leistungsfähigen Industriegesellschaft unter gleichzeitiger Loslösung vom Öl. Nach dem jetzigen Stand der Erkenntnis schaffen wir nur mit den Technologien der Kohle und der Kernenergie die Atempause, um das Zeitalter der Fusionstechnik zu erreichen.

Die Sicherheit deutscher Reaktoren ist optimal, weitere Verbesserungen ergeben sich aus der Praxis. Ein Störfallablauf wie der in Harrisburg (USA, 1979) ist in deutschen Kernkraftwerken nicht denkbar. — Die Entsorgung deutscher Kernkraftwerke ist — wie so vieles andere — zu einem Politikum ausgeartet (Gorleben, 1979). Die technische Realisierbarkeit der für Kernkraftwerke erforderlichen Entsorgung unter Berücksichtigung sämtlicher Sicherheitsmaßnahmen ist gegeben, allein das Zögern der Politiker hat das Projekt eines integrierten nuklearen Entsorgungszentrums vorläufig scheitern lassen. Erst in jüngster Zeit bieten sich Teillösungen in Form von Zwischen- und Kompaktlagern sowie in Form regionaler Wiederaufarbeitungsanlagen an, die wahrscheinlich noch rechtzeitig so weit verwirklicht werden, daß der Betrieb bestehender Kernkraftwerke sowie der Bau und die Genehmigung neuer Anlagen nicht behindert werden. Zur Zeit ist die Gefahr, in der Kerntechnologie den Anschluß an die internationale Entwicklung zu verlieren, keineswegs gebannt.

Im Juni 1980 hat die Enquête-Kommission „Zukünftige Kernenergiepolitik" des Deutschen Bundestages zwar ein Votum für die Nutzung der Kernenergie abgegeben, gleichzeitig aber die Frage über den endgültigen Einsatz der Kernenergie unverständlicherweise bis 1990 zurückgestellt. Das mit Sicherheit zu erwartende Energiedilemma läßt sich nur vermeiden, wenn bereits in den 80er Jahren neben Kohlekraftwerken jährlich 2 Kernkraftwerke mit je 1 300 MW elektrischer Leistung in Betrieb gehen. Volkswirtschaftlich gesehen besteht schon heute die Gefahr, daß stromintensive Industriezweige in Länder mit billigerem Kernenergiestrom abwandern.

Die 3. Fortschreibung des bundesdeutschen Energieprogramms läßt keine neuen Impulse für die Kernenergie erwarten.

1 Kernenergie und Stromerzeugung

Auf mittlere Sicht wird sich die Kernenergienutzung in den Industrieländern vorwiegend auf die Stromerzeugung konzentrieren. Angesichts der im Vergleich zu konventionellen Wärmeerzeugungsverfahren relativ niedrigen Brennstoffkosten kann auf längere Sicht die nuklear erzeugte Wärme auch in Form von Prozeßdampf oder — bei höheren Temperaturen — über ein Trägergas für verschiedene Prozesse mit hohem spezifischen Wärmebedarf eingesetzt werden.

Die Stromerzeugung aus Kernenergie ist heute bereits wirtschaftlich so interessant, daß sich die Elektrizitätsversorgungsunternehmen mit dieser Stromerzeugung befassen müssen. In der BR Deutschland sind diese Unternehmen lt. Gesetz dazu verpflichtet, Strom ausreichend und rationell zu erzeugen und so preiswert wie möglich anzubieten. Auf Industriestaatenebene können später auch Wettbewerbsfragen eine wichtige Rolle spielen.

Einen der bedeutendsten Schritte auf dem Wege der Verbesserung der Primärenergienutzung stellt fraglos die Ankopplung der Fernheizung an den Prozeß der Stromerzeugung dar. Die in den mit fossilen Brennstoffen betriebenen Kraftwerken anfallende Abwärme wird bei geringer Leistungseinbuße bereits heute aus 10 % der in der BR Deutschland installierten Kraftwerksleistung zu Heizzwecken genutzt. Die Einbeziehung der Kernkraftwerke in diesen Prozeß ist eine Zukunftsaufgabe, die jedoch eng mit der Realisierbarkeit von Kraftwerksstandorten in Verbrauchernähe verbunden ist.

Unabhängig vom Kernkraftwerksstandort kann der Strom bei ausreichender Netzkapazität schon jetzt für Heizzwecke in Form von Elektrospeicherheizungen und Wärmepumpen (Ausnutzung der Nachtlasttäler und Schwachlastzeiten) genutzt werden, ein lohnenswerter Ansatz, Öl vom Wärmemarkt nicht unwesentlich zu verdrängen.

1.1 Deckung des Energiebedarfs

1.1.1 Welt

Die Vorgänge auf dem Weltenergiemarkt in den letzten 10 Jahren bedeuten keine grundsätzlich neue Entwicklung; sie zwingen jedoch mit einer bisher unbekannten Heftigkeit zu einer Beschleunigung des langfristig ohnehin notwendigen Strukturwandels unserer Energieversorgung.

Der Energiebedarf der Welt wird nahezu restlos durch die festen Brennstoffe Steinkohle, Braunkohle, Torf und Holz, die flüssigen bzw. gasförmigen Brennstoffe Erdöl und Erdgas, durch Wasserkraft und seit einiger Zeit zusätzlich aus den Kernbrennstoffen Uran und Thorium gedeckt. 70 bis 80 % des Energiebedarfs wird als Wärmeenergie benötigt. Für den weltweiten zwischenstaatlichen Handel mit primären Energieträgern haben bisher jedoch lediglich Steinkohle und Erdöl erhebliche Bedeutung, während der Export von Erdgas und Kernbrennstoffen in größerem Umfang gerade erst begonnen hat.

Sichere Natururanreserven der westlichen Welt über 2 Mio. t können den Bedarf bei der augenblicklichen Leichtwasserreaktorstrategie zur Stromerzeugung bis weit über das Jahr 2000 decken. Eine Übersicht über die Uranvorräte sowie über Thoriumreserven befindet sich in Kapitel XIII.

Eine Strategie mit den in der Erprobung befindlichen Reaktoren, den Schnellen Brütern, bringt eine wesentliche Schonung der Uranreserven. Der Energiewert der Uranreserven ist nämlich beim vorgesehenen Einsatz im Schnellen Brüter um ein bis zwei Größenordnungen höher als bei der Verwendung in den z.Z. in Betrieb befindlichen Reaktoren.

Frühere Prognosen über den künftigen Weltenergiebedarf sind nach den substantiellen Preiserhöhungen für Energieträger der letzten Jahre stark revidiert worden. Für die BR Deutschland beschloß die Regierung Ende 1977 eine Zweite Fortschreibung ihres erstmals kurz vor der 73er Ölpreiskrise vorgelegten Energieprogramms. Die Schwerpunkte dieses Programms liegen bei einem umfangreichen Energiesparprogramm, einer massiven Förderung des Einsatzes deutscher Steinkohle und einem wohl abgewogenen Kernenergiekonzept.

Weltweit muß bei einem jährlichen Zuwachs von 3 bis 4 % damit gerechnet werden, daß der Energiebedarf bis zur Jahrhundertwende voraussichtlich auf das Zwei- bis Dreifache des heutigen Bedarfs ansteigen wird.

Geht man davon aus, daß der Energiebedarfszuwachs durch Kohle, Erdöl, Erdgas und Wasserkraft gedeckt werden soll, so müßte von jeder dieser Primärenergien um die Jahrhundertwende das Zwei- bis Dreifache der heutigen Fördermenge erwartet werden. Das ist aus technischen und wirtschaftlichen Gründen undenkbar.

Aber auch die Kernenergie kann vorerst nur in begrenzter Weise den Energiebedarfszuwachs decken, so daß, ebenfalls weltweit betrachtet, bis zur Jahrhundertwende die Energieerzeugung aus organischen Brennstoffen nahezu verdoppelt werden muß. Da auch dies nicht erreicht werden kann, bleibt als einziger Ausweg aus der sich bereits abzeichnenden Energielücke nur die rationellere Verwendung der Energie. Nahezu in jedem Industriestaat der Welt müßte ein Energiesparprogramm analog dem Programm der BR Deutschland nicht nur aufgestellt, sondern auch unverzüglich realisiert werden. Eine andere Alternative zur angespannten Energielage der Welt gibt es nicht.

1.1.2 Bundesrepublik Deutschland

In der BR Deutschland steht langfristig an Primärenergien nur die heimische Kohle in Form von Steinkohle und Braunkohle zur Verfügung.

Erdgas wird ebenso wie Erdöl zum größten Teil importiert und nur bedingt zur Stromerzeugung eingesetzt.

Energieverbrauch 1980 391 Mio. t SKE (Ölanteil 47,8 %)

Bild IX.1 Energieverbrauch in der BR Deutschland (1979)

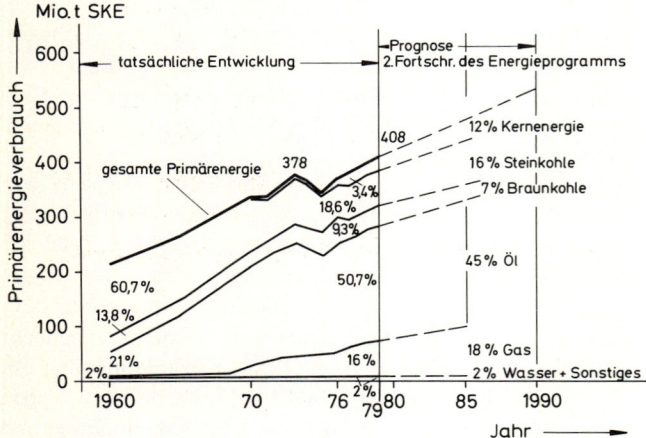

Bild IX.2 Entwicklung des Primärenergieverbrauchs in der BR Deutschland

Die eigenen Vorräte an Uran sind unbedeutend. Auf dem Weltmarkt ist Uran ausreichend verfügbar.

Die Aufteilung des Energieverbrauchs auf die einzelnen Energieträger und der Anteil aus heimischen Rohstoffquellen zeigt Bild IX.1. Daraus wird die Importabhängigkeit von Öl und Erdgas besonders sichtbar. Beim Uran sieht es unter diesem Aspekt noch problematischer aus. Dennoch kann der notwendige Uranbedarf aus westlichen Staaten erworben werden. Deutsche Bergwerksgesellschaften, die sich in aller Welt mit staatlicher Unterstützung an der Uranprospektion und -gewinnung beteiligen, sind allein in der Lage, 60 % des deutschen Bedarfs zu decken (Aktivitäten der DEMINEX, vgl. Kapitel XIII). Es muß jedoch damit gerechnet werden, daß eine Verknappung des Urans am Weltmarkt auftritt, die wiederum die Brüterentwicklung forcieren wird.

Die Entwicklung der Mengenanteile der einzelnen Primärenergieträger geht aus Bild IX.2 hervor.

Die Stromerzeugung benötigte in den letzten Jahren ca. 30 % des gesamten Energieverbrauchs.

Die Elektrizitätswirtschaft s. Kapitel X) hat sich entsprechend den verminderten Zuwachsraten des Bruttosozialproduktes in den letzten Jahren dem elektrischen Bedarf angepaßt und ihren Kraftwerksausbau verlangsamt (Bilder IX.3 und IX.4).

Veränderungen im Primärenergieeinsatz sind besonders bei der Steinkohle und dem Erdgas zu verzeichnen. Statt des für 1980 erwarteten 20 %igen Stromerzeugungsanteils aus Kernkraftwerken wurde nur ein ca. 11 %iger Anteil (42 TWh, Öläquivalent ~9 Mio. t) aus 14 Anlagen (ca. 9 300 MW) erzielt. Weltweit sind 1979 216 000 GWh erzeugt worden, womit die BR Deutschland hinter den USA und Japan noch kurz vor Frankreich liegt (Welt: 240 Anlagen mit 125 000 MW elektrischer Leistung).

Die Steinkohle hat ihren Marktanteil nicht auf Kosten der Kernenergie sondern aufgrund des verstromten Erdgases verloren.

Aus dem Verlauf der Kurven für das Bruttoinlandsprodukt (BIP ≈ Bruttosozialprodukt) und den gesam-

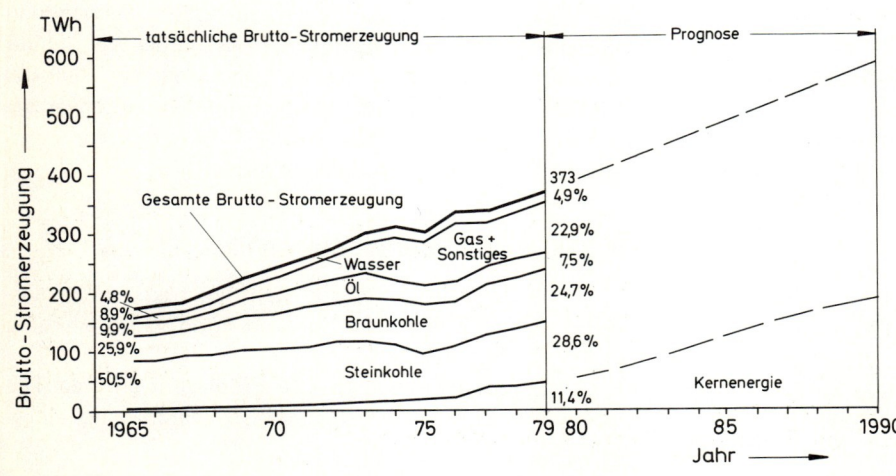

Bild IX.3 Brutto-Stromerzeugung in der BR Deutschland

ten Stromverbrauch (Bild IX.5) kann trotz aller Unsicherheit der Prognosen geschlossen werden, daß auch in den nächsten Jahren die Wachstumsrate des Stromverbrauchs über der Wachstumsrate des Bruttoinlandsproduktes liegen wird. Selbst bei einer vorsichtigen, volkswirtschaftlich nicht befriedigenden Prognose von 3 % für die Wirtschaftswachstumsraten der nächsten zehn Jahre muß mit einem jährlichen Stromverbrauchszuwachs um 5 % gerechnet werden. Anzeichen für ein Wirtschaftswachstum ohne einen ständigen Primärenergiemehrverbrauch („Entkopplung") lassen sich erst in jüngster Zeit erkennen.

Da in der BR Deutschland die Wasserkräfte ausgebaut sind, die Braunkohle, die evtl. auch zur Vergasung genutzt werden soll, nur noch wenig Erweiterungsmöglichkeiten aufweist, bieten sich für die Deckung des Elektrizitätsbedarfs nur noch Steinkohle und Kernenergie als Primärenergieträger an.

Die Errichtung zusätzlicher Öl- und Erdgaskraftwerke würde dem energiepolitischen Ziel der BR Deutschland, die Abhängigkeit insbesondere vom Mineralöl zu mindern, widersprechen. Steinkohlenkraftwerke allein bieten keine ausreichende Alternative, da die hier erforderlichen zusätzlichen Brennstoffmengen von der deutschen Steinkohle nicht zur Verfügung gestellt werden können, von Standortproblemen für Kohlekraftwerke ganz zu schweigen.

Es besteht danach kein Zweifel, daß zukünftig Steinkohle als auch Kernenergie ihren Beitrag zur Sicherung der Stromversorgung leisten müssen. Aufgrund der Kostenstruktur hat dabei die Kernenergie ihren Platz im Grundlastbereich, während die Steinkohle zur Deckung der Mittel- und Spitzenlast benötigt wird.

Hierbei muß vorausgesetzt werden, daß die neuen Kohlekraftwerksprojekte auch realisiert werden können. Bei fossilgefeuerten Kraftwerken ist das Umweltproblem (Bedingung des Bundesimmissionsschutzgesetzes) vorherrschend.

2 Kernkraftwerke: Technischer Teil

Die technische Erörterung der Kernenergienutzung geht von den Voraussetzungen aus, daß
1. die Kernenergie z.Z. nur zur Elektrizitätserzeugung einsetzbar ist, und daß
2. in Industriestaaten und bei ähnlichen klimatologischen Bedingungen wie in der BR Deutschland oder auch in USA ca. 30 % der Primärenergie vom Elektrizitätsbedarf beansprucht werden.

2.1 Sicherheit der Kernkraftwerke

Die Elektrizitätswirtschaft bekennt sich seit jeher zu dem Grundsatz, daß der Sicherheit von Kernkraftwerken und dem Schutz der Bevölkerung vor etwaigen Gefahren

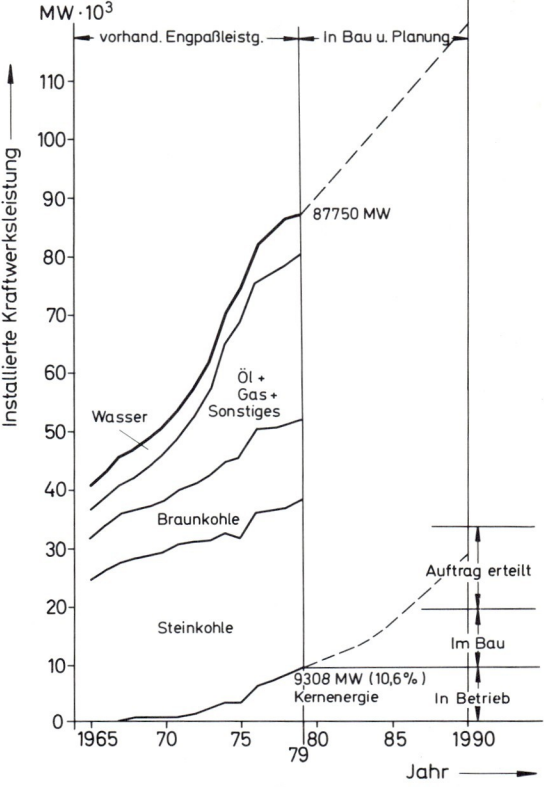

Bild IX.4 Installierte Kraftwerksleistung in der BR Deutschland

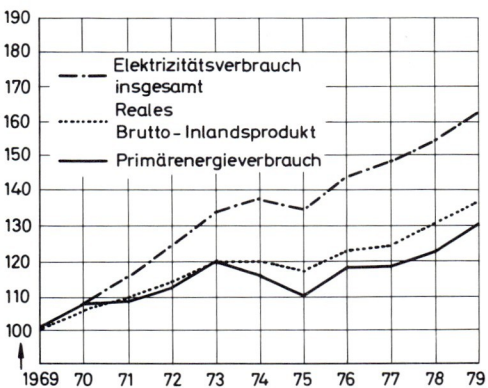

Bild IX.5 Jährliche Zuwachsraten (Index 1969 = 100)

der Kernenergie absolute Priorität zukommt. Dieser Forderung tragen die in der BR Deutschland geltenden Sicherheitsbestimmungen und nach diesen Vorschriften errichteten Kernkraftwerke in optimaler Weise Rechnung. Diese vorausschauenden Maßnahmen haben ein so hohes Maß an Sicherheit bewirkt, daß in 25 Jahren friedlicher Nutzung der Kernenergie keine Person durch die ihr innewohnende Gefährdung geschädigt worden ist.

Neuere wahrscheinlichkeitstheoretische Ansätze zur Bestimmung der Zumutbarkeit des Einsatzes der Kerntechnik zur Elektrizitätserzeugung können vorläufig nur bedingt eine zahlenmäßige Abschätzung der hypothetischen Störfallwahrscheinlichkeiten liefern, da auf der ganzen Welt erst Erfahrungen von kumulierten 2000 Betriebsjahren aus ca. 200 Kernkraftwerken vorliegen. Durch den hohen Standard technischer Schutzeinrichtungen bei Kernkraftwerken wird die Wahrscheinlichkeit für das Eintreten eines schweren Störfalles mit Spaltproduktfreisetzung in die Umgebung extrem niedrig gehalten.

Das Restrisiko, das noch verbleibende Risiko der Kernkraftwerkstechnologie, für einen hypothetischen Unfall, d.h. für einen Unfall, den es bisher noch nie in einem Kernkraftwerk gab, das entscheidenden Einfluß auf die Umgebung hat, liegt unter dem Risiko von Naturkatastrophen. Es erreicht z.Z. die Größenordnung, im Leben von einem Meteoriten getötet zu werden.

Das in den USA entwickelte Störungsmodell ist für deutsche Kernkraftwerke wesentlich erweitert worden. Das bedeutet, daß beim Auftreten des größten anzunehmenden Unfalls (GAU) die deutschen Sicherheitsvorrichtungen den entsprechenden Vorrichtungen anderer Hersteller- und Betreiberländer überlegen sind, was sich auch auf den Preis der Anlagen auswirkt. Der Harrisburg-Störfall (USA, 28.3.1979) liefert keinen Anlaß, das bisherige deutsche Reaktorsicherheitskonzept und -forschungsprogramm in Frage zu stellen.

Bei den heutigen Kernkraftwerken mit Leichtwasserreaktoren ist es üblich, als GAU den Bruch einer Kühlmittelleitung anzusetzen. Neben den wichtigsten und aufgrund von theoretischen und experimentellen Untersuchungen gelösten Problemen (Notkühlung und Intaktbleiben der Sicherheitshülle) müssen alle Kernkraftwerke gegen Flugzeugabsturz, Erdbeben (Stärke VIII) und Gaswolkenexplosion gesichert sein. Selbst dem eventuellen Eindringen von Saboteuren und Terroristen wird mit Maßnahmen begegnet. Hintereinander geschaltete Schutzbereiche sowie dazwischenliegende mechanische Barrieren (mehrfach ausgelegt) versperren jedem Eindringling den Weg zu störungsempfindlichen Stellen der Anlage.

In jüngster Zeit wurden von deutschen Reaktorsicherheitsexperten (u.a. *A. Birkhofer*) Methoden und Annahmen der amerikanischen Reaktorsicherheitsstudie WAS 1400 (Rasmussen-Report 1974) soweit wie möglich auf deutsche Anlagen- und Standortverhältnisse übertragen, um damit das Risiko durch Störfälle in deutschen Kernkraftwerken abzuschätzen. Aus durchgeführten Risikoanalysen kann gefolgert werden, daß Zuverlässigkeitsanalysen eine ausgewogene Beurteilung der sicherheitstechnischen Auslegung erlauben (Gesellschaft für Reaktorsicherheit in Köln, 1979/80). Die gleichbleibende Sicherheit von kerntechnischen Anlagen wird durch wiederkehrende Prüfungen gewährleistet, die aufgrund von Rechtsvorschriften und von Auflagen der zuständigen Behörden und Gremien in regelmäßigen Zeitabständen durchgeführt werden.

Die Strahlenbelastung der in Kernkraftwerken Beschäftigten ist geringer als die für beruflich Strahlenbeschäftigte zulässige. Durch die Ableitung der radioaktiv kontaminierten Abluft und des radioaktiv kontaminierten Abwassers werden an keinem Ort in der Umgebung von einem oder mehreren Kernkraftwerken auch nur zeitweilig Personen zu mehr als einem Viertel der natürlichen Strahlenbelastung ausgesetzt.

Hier weitergehende Verbesserungen vorzunehmen, die durchaus technisch machbar sind — wie z.B. die Gesamtabluftfilterung beim Kernkraftwerk Stade —, bringt keinen nennenswerten Sicherheitsgewinn. Die Strahlenbelastung bei den derzeitigen radioaktiven Ableitungen im Betrieb liegt auch im Nahbereich im Jahresmittel weit unter 1 mrem und damit unter 1 % der natürlich bedingten Strahlenbelastung.

Die Untersuchungen über die unterirdische Bauweise von Kernkraftwerken sind noch nicht abgeschlossen. Den Vorteilen dieser Bauweise stehen gravierende Nachteile geologischer und hydrologischer Art gegenüber.

2.2 Grundlagen der Kernkraftwerkstechnologie

Kernkraftwerke sind thermische Kraftwerke, die ihre Wärme aus der Kernspaltungsenergie beziehen. Die Wärme für den Kraftwerksprozeß entsteht bei der Spaltung des Urankerns zu über 90 % in den Brennelementen.

Natürliches Uran besteht zu 99,29 % aus dem schwer spaltbaren Uran-238 und zu 0,71 % aus dem spaltbaren Uran-235. Unter Uran-238 und Uran-235 werden zwei Isotope (s. Erläuterungen) des Urans verstanden.

Zum Verständnis der Spaltung von Atomkernen sei vorausgesetzt, daß sich der Atomkern aus zwei Arten von Kernbestandteilen (Nukleonen) fast gleicher Masse, den Protonen und den Neutronen, zusammensetzt. Protonen besitzen eine positive Elementarladung, die Neutronen sind ungeladen. Zwischen Neutronen und Protonen herrschen starke Kernbindungskräfte. Um den positiv geladenen Kern bewegen sich auf bestimmten Bahnen in der Atomhülle die negativ geladenen Hüllelektronen. Im Normalzustand ist die Anzahl der Hüllelektronen gleich der Anzahl der Protonen im Atomkern (elektrisch neutrales Atom). Die Masse eines Elektrons beträgt etwa 1/1840stel der Masse eines Protons bzw. Neutrons. Die Anzahl der Protonen eines Elements wird als Kernladungszahl oder Ordnungszahl bezeichnet. Die Gesamtzahl der Protonen und Neutronen im Atomkern ist gleich der Massenzahl.

Die Kernspaltung selbst läßt sich durch das Modell eines flüssigen Tropfens zumindest qualitativ deuten. Das Tropfenmodell versagt jedoch gegenüber Feinheiten, die

2 Kernkraftwerke: Technischer Teil

z.T. von anderen Kernmodellen (z.B. Schalenmodell, Kollektivmodell, Compoundkernmodell, optisches Modell) erfaßt werden können. Schwere Kerne neigen nach dem Tropfenmodell zu einer länglichen Form, was bei ausreichender Anregungs- bzw. Schwingungsenergie des beim Neutronenbeschuß gebildeten Zwischen- oder Compoundkerns über eine Einschnürung zu einer Spaltung führen kann.

Im Falle des Uran-235-Kerns (^{235}U oder U-235) fliegen zwei mittelschwere Atomkerne (z.B. Molybdän-95 und Lanthan-139) als Folge der elektrischen Abstoßung mit großer kinetischer Energie (ca. 10 % der Bindungsenergie der Kerne) als Bruchstücke davon, die sich in der umgebenden Materie (bei Kernkraftwerken vorwiegend im Brennelement des Reaktorkerns) durch Reibung in Wärme umwandelt. Die bei der Spaltung entstehenden Atomkerne werden Spaltprodukte oder Spaltfragmente genannt (Bild IX.6).

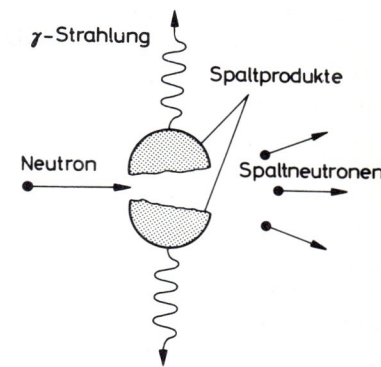

Bild IX.6 Spaltung des ^{235}U-Kerns durch thermische Neutronen

Neben den Spaltprodukten werden bei der Spaltung des ^{235}U-Kerns durch ein langsames (thermisches) Neutron zwei bis drei schnelle Neutronen (Spaltneutronen) frei, die weitere ^{235}U-Kerne spalten können. Die Wahrscheinlichkeit zur Fortsetzung der Kettenreaktion ist erst nach Abbremsung (Moderation) der Spaltneutronen durch Stöße mit den Kernen eines Moderators (z.B. leichtes oder schweres Wasser, Graphit) bis auf thermische Geschwindigkeit (rd. 1/30 eV) besonders groß. Auch dieser kinetische Energieverlust wird zum größten Teil in Wärmeenergie umgewandelt.

Die Energieverteilung je Spaltung eines ^{235}U-Kerns zeigt nachstehende Tabelle:

Durchschnittliche Energieverteilung für eine Spaltung des ^{235}U-Kerns in MeV.

Prompte Spaltungsenergie
1. Kinetische Energie der Spaltprodukte   168 MeV
2. Kinetische Energie der schnellen Neutronen   5 MeV
3. Energie der prompten γ-Strahlen   5 MeV

Radioaktiver Zerfall der Spaltprodukte
4. β-Strahlung   7 MeV
5. γ-Strahlung   6 MeV
6. Neutrinos (unabsorbierbar)   (11 MeV)

Reaktionen mit Neutronen ohne Spaltungen
7. β- und γ-Strahlung   7 MeV

Absolut absorbierte Energie im Reaktorkern und Schild   198 MeV
Absolut gewonnene Energie im Primärkühlmittel   192 MeV
192 MeV = $3{,}1 \cdot 10^{-11}$ J = $7{,}4 \cdot 10^{-12}$ cal
1 J (Joule) = 1 Ws

Der überwiegende Teil der Energieumsetzung in Wärme erfolgt im Brennstoff, ein Teil wird im Kühlmittel

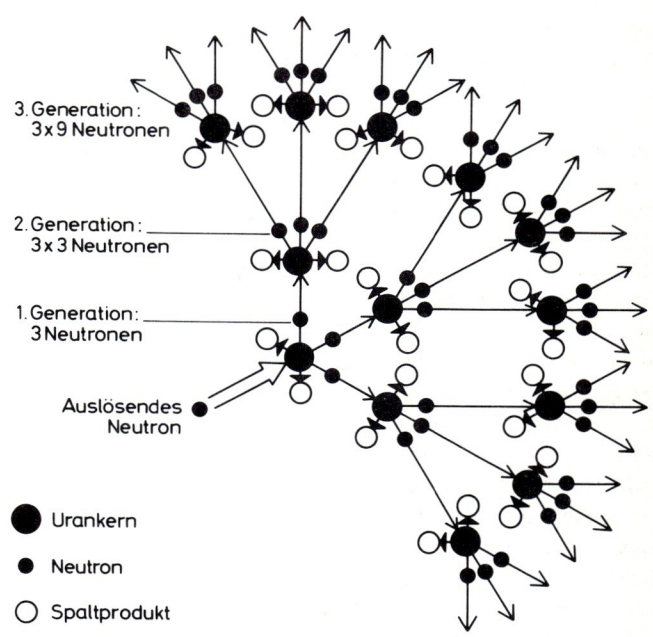

Bild IX.7 Schema der Kettenreaktion

und Moderator direkt absorbiert (4—7 %) und der Rest im thermischen und biologischen Schild (1 %). Daher müssen nicht nur die Brennstäbe, in deren Achse beim Betrieb ca. 2 000 °C herrschen, gekühlt werden sondern auch die Strahlung absorbierenden Teile.

Innerhalb der Uranmasse ergibt sich die Möglichkeit für eine sich selbst unterhaltende Kettenreaktion, die bei genügend vorhandenen ^{235}U-Kernen lawinenartig anschwillt (Bild IX.7).

Will man jedoch keinen explosionsartigen Ablauf der Kettenreaktion sondern eine bestimmte Leistung, so bedarf es einer Anordnung, in der eine Kettenreaktion gesteuert und kontrolliert abläuft. Die Steuerung erfolgt durch Steuer- oder Regelstäbe aus neutronenabsorbierendem Material. In einer solchen Anordnung, einem Reaktor, überschreitet die Kettenreaktion weder alle Grenzen, noch kommt sie wegen Neutronenmangels zum Erliegen. Zur Unterhaltung der Kettenreaktion muß der Reaktor so gesteuert werden, daß stets eines der bei einer Spaltung freiwerdenden zwei bis drei Neutronen wieder eine Spaltung herbeiführt. Zum Anfahren eines Reaktors bedient man sich einer zusätzlichen Neutronenquelle.

In den meisten der heute arbeitenden Kernkraftwerke werden die Spaltneutronen im Reaktor durch Wasser abgebremst (moderiert), ehe sie die Kettenreaktion fortführen können. Wasser (H_2O = Leichtwasser) wird nur dann als Moderator verwendet, wenn die Neutronenbilanz dies zuläßt, wenn z.B. mit ^{235}U angereichertes Uran als Brennstoff genügend Spaltneutronen zur Aufrechterhaltung der Kettenreaktion liefert. Bei Leichtwasserreaktoren muß das seltene Isotop ^{235}U gegenüber seiner natürlichen Häufigkeit (0,71 %) auf 2–3 % angereichert werden.

Neben der Wärmeenergie durch Kernspaltung mittels langsamer oder thermischer Neutronen wird in jedem Reaktor, der mit einem Isotopengemisch aus ^{238}U und ^{235}U arbeitet, in geringem Maße auch das Plutoniumisotop ^{239}Pu erzeugt, das durch Anlagerung eines Spaltneutrons an den ^{238}U-Kern über Zwischenkerne gebildet wird. Der ^{239}Pu-Kern wiederum läßt sich ebenso wie der ^{235}U-Kern mit thermischen Neutronen spalten. Durch weitere Neutronenanlagerungen an den ^{239}Pu-Kern entsteht ein Gemisch aus verschiedenen Plutoniumisotopen, das nur unter gewissen Umständen (Anreicherung des ^{239}Pu-Isotops) waffentauglich ist. Ein ähnlicher Umwandlungsprozeß ist mit dem in der Natur ebenso häufig wie Uran vorkommenden Element Thorium (Th) möglich. Durch Anlagerung eines Neutrons an den ^{232}Th-Kern entsteht über Zwischenkerne der ^{233}U-Kern, der ebenfalls durch thermische Neutronen spaltbar ist.

Zur Aufrechterhaltung der Kettenreaktion wird, wie Bild IX.7 zeigt, ein Neutron gebraucht. Da bei der Spaltung des ^{235}U-Kerns zwei bis drei Neutronen frei werden, besteht grundsätzlich die Möglichkeit, mittels eines Reaktors unter bestimmten physikalischen Voraussetzungen aus dem schwer spaltbaren ^{238}U bzw. ^{232}Th mehr spaltbares Material zu erzeugen als gleichzeitig unter Energieerzeugung verbraucht wird. In diesem Fall spricht man vom Brutprozeß, den Reaktor nennt man Brüter. Bei den „Schnellen Brütern", die schnelle (ungebremste) Neutronen verwenden, wird mehr spaltbares ^{239}Pu erzeugt, als ^{238}U verbraucht wird, bei den „Thermischen Brütern", die überwiegend thermische Neutronen verwenden, wird mehr spaltbares ^{233}U erzeugt, als ^{232}Th verbraucht wird.

Das Ziel ökonomischer Brennstoffnutzung besteht darin, möglichst den gesamten schwer spaltbaren Brennstoff (^{238}U bzw. ^{232}Th) in Spaltstoff (^{239}Pu bzw. ^{233}U) umzuwandeln. Die bisherige Entwicklung der Schnellen Brüter läßt eine je nach gewählter Brutrate bis zu 100 mal bessere Ausnutzung des nuklearen Brennstoffes als bei den heutigen Kernkraftwerken mit Leichtwasserreaktoren erkennen. Das hat für den Abbau von Uranvorkommen erhebliche Konsequenzen; Funde mit geringem Urangehalt sind dann noch wirtschaftlich abbauwürdig.

Schnelle Brüter haben eine besonders hohe Brutrate, die je nach Typ zwischen 1,1 und 1,5 neu erzeugten spaltbaren Kernen je Spaltung liegt. Bei Thermischen Brütern wird eine Brutrate erwartet, die wegen der größeren Absorption der thermischen Neutronen nur knapp 1 überschreitet.

2.3 Reaktoraufbau und Reaktortypen

Die in Betrieb und Bau befindliche Kernkraftwerksleistung erstreckt sich überwiegend auf die Druck- und Siedewasserreaktoren, die wegen ihrer Wasserkühlung und -moderierung als Leichtwasserreaktoren bezeichnet werden. Diese Reaktorbaulinien stellen heute die wirtschaftliche Basis der Nutzung der Kernenergie in Kernkraftwerken weltweit dar.

2.3.1 Druckwasserreaktoren

Bei Kernkraftwerken mit Druckwasserreaktoren (Bild IX.8) wird die im Reaktor (a) durch Kernspaltungen erzeugte Wärme mittels eines geschlossenen Reaktorkühlsystems (Primärkreislauf) in den Dampferzeugern (b) an den Speisewasser-Dampfkreislauf (Sekundärkreislauf) übertragen. Der in den Dampferzeugern erzeugte Dampf treibt den Turbogenerator (d) wie im herkömmlich fossil geheizten Dampfkraftwerk an. Der Umlauf des Primärwassers wird durch die Hauptkühlmittelpumpen (c) erzwungen. Durch einen an das Primärkreislaufsystem angeschlossenen elektrisch beheizten Druckhalter wird ein hoher Überdruck (z.B. 155 bar) erzeugt und so ein Sieden des Wassers trotz der relativ hohen Reaktoraustrittstemperatur (z.B. 320 °C) verhindert. Die Wände der Rohre im Dampferzeuger trennen die beiden Kreisläufe druckdicht. Dadurch können keine

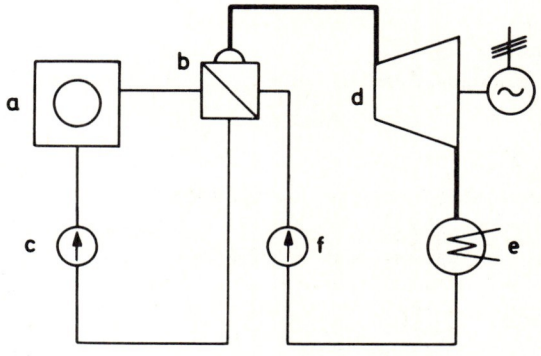

Bild IX.8 Schaltbild eines Kernkraftwerkes mit Druckwasserreaktor
a Reaktor, b Dampferzeuger, c Hauptkühlmittelpumpe, d Turbine mit Generator, e Kondensator, f Speisewasserpumpe

2 Kernkraftwerke: Technischer Teil

radioaktiven Stoffe aus dem Reaktorbereich direkt in den Speisewasser-Dampfkreislauf gelangen, was als ein gravierender Vorteil dieses Reaktortyps angesehen wird.

In den Dampferzeugern wird Sattdampf oder schwach überhitzter Dampf (z.B. 54 bar, 269 °C) erzeugt. An einen Reaktor sind mehrere (2 bis 4) Primärkreisläufe (Loops) mit einer entsprechenden Zahl von Dampferzeugern und Umwälzpumpen angeschlossen.

Der Reaktorkern (Core) befindet sich innerhalb des Reaktordruckbehälters (Bild IX.9). Bei den heutigen Druckwasserreaktoren besteht das Core aus einer größeren Anzahl meist äußerlich gleicher Brennelemente, die ihrerseits aus einzelnen Brennstäben von rd. 1 cm Durchmesser zusammengesetzt sind. Ein Teil der Brennelemente enthält Steuerstäbe, deren Neutronen-absorbierende Finger von oben in das Brennelement eingreifen.

Die Brennstäbe enthalten als Brennstoff gesinterte Tabletten (Pellets) aus angereichertem UO_2 mit etwa 3 % ^{235}U-Gehalt. Als Hüllrohrwerkstoff für die Brennstäbe werden heute nur noch Zirkonlegierungen verwendet.

Die in den Brennstäben erzeugte Wärme wird durch das in den Brennelementen mit etwa 4 m/s Geschwindigkeit von unten nach oben strömende Wasser abgeführt. Das Wasser übernimmt bei diesem Reaktortyp demnach zwei Funktionen, es ist Moderator und Kühlmittel zugleich.

Die mittlere Einsatzzeit der Brennelemente liegt z.B. bei 1000 Vollasttagen oder rd. 3 Kalenderjahren. In der Praxis wird meist ein sogenannter 3-Zonen-Zyklus gefahren, bei dem einmal pro Jahr ein Drittel des Brennstoffeinsatzes erneuert wird und die im Core verbleibenden Brennelemente zur Erzielung einer möglichst gleichmäßigen Leistungsdichteverteilung und eines möglichst gleichmäßigen Uranabbrandes innerhalb des Reaktors umgesetzt werden.

Die Reaktorleistung wird mit Hilfe von Neutronenabsorbern geregelt. Für schnelle Reaktivitätsänderungen werden die bereits erwähnten Steuerstäbe eingesetzt. Langsamer erfolgende Reaktivitätsänderungen werden in der Regel mit flüssiger, im Wasser gelöster Borsäure beherrscht, deren Konzentration mit Hilfe geeigneter Hilfssysteme in weiten Grenzen variiert werden kann.

Die Reaktordruckbehälter bestehen bei allen Druckwasserreaktoren aus Stahl. Der Druckbehälter-Innendurchmesser beträgt beispielsweise beim 1300-MW-Kernkraftwerk vom Typ Biblis 5000 mm, die Wanddicke des Zylindermantels 243 mm, die Gesamtmasse 530 t.

Alle unter Druck stehenden Komponenten des Primärkreislaufes befinden sich im allgemeinen in einem zylindrischen oder kugelförmigen Reaktorgebäude aus Stahlbeton, das zusätzlich einen leckdichten Sicherheitsbehälter (Containment) enthält. Der Sicherheitsbehälter, in der BR Deutschland als Volldruckcontainment ausgelegt, kann auch im Falle des vorgenannten größten anzunehmenden Unfalls (GAU) noch diesen inneren Störfall beherrschen.

2.3.2 Siedewasserreaktoren

Die ebenfalls mit H_2O moderierten und gekühlten Siedewasserreaktoren unterscheiden sich von den Druckwasserreaktoren vor allem dadurch, daß im Reaktor ein Sieden des Primärkühlwassers zugelassen wird. Der so im Reaktor erzeugte Dampf kann — ohne Zwischenschaltung von Dampferzeugern, d.h. ohne Temperaturverluste — direkt in die Turbine strömen (Bild IX.10). Dadurch ergibt sich

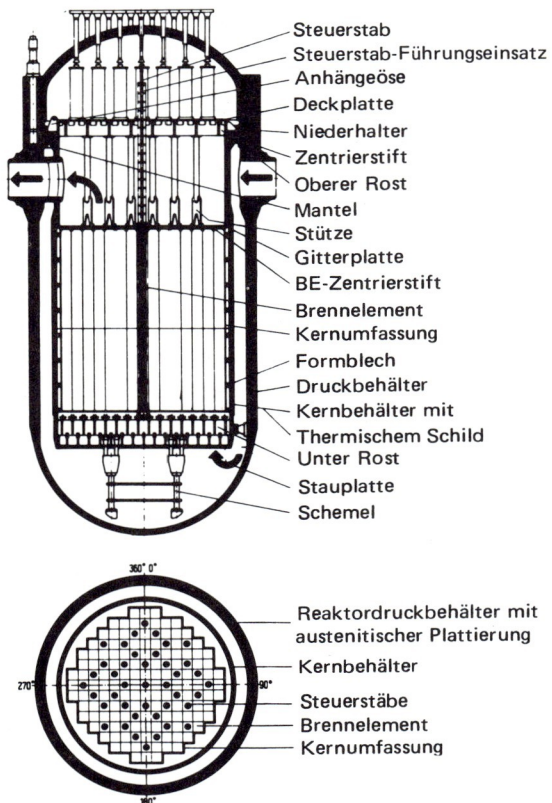

Bild IX.9 Reaktordruckbehälter mit Einbauten

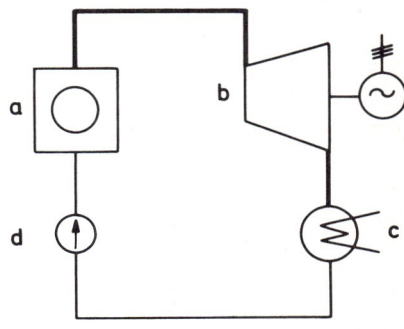

Bild IX.10 Schaltbild eines Kernkraftwerkes mit Siedewasserreaktor
a Reaktor, b Turbine mit Generator, c Kondensator, d Speisewasserpumpe

eine Vereinfachung des Kreislaufs, d.h., große Dampferzeuger und der Druckhalter können entfallen. Der Reaktorbetriebsdruck (72 bar) ist bei etwa gleicher Kühlmitteltemperatur niedriger als beim Druckwasserreaktor. Dafür ist der gesamte Kühlmittel-Dampfkreislauf mehr oder weniger radioaktiv. Das Core ist ähnlich aufgebaut wie bei Druckwasserreaktoren, doch sind die erzielbaren Leistungsdichten wegen des Dampfanteils im Kühlmittel geringer.

Die Druckgefäße der Siedewasserreaktoren sind um das 2- bis 3-fache größer als die der Druckwasserreaktoren. Durch das direkte Einkreissystem kann der thermische Wirkungsgrad um 1–2 % gegenüber Druckwasserreaktoren auf ca. 35 % angehoben werden.

2.3.3 Schwerwasserreaktoren

Das im natürlichen Wasser zu etwa 0,015 % enthaltene schwere Wasser D_2O (D = Deuterium) unterscheidet sich von H_2O durch eine sehr viel geringere Neutronenabsorption und ein etwas schlechteres Bremsvermögen. In reiner Form bietet sich daher D_2O als günstiger, wenn auch teurer Moderator an. Die angeführten physikalischen Eigenschaften des D_2O gestatten die Verwendung von natürlichem Uran (0,71 % ^{235}U) ebenfalls als Oxid anstelle des bei H_2O-Moderator erforderlichen angereicherten Urans (etwa 3 % ^{235}U). Der aufwendige Verfahrensschritt der Urananreicherung wird hierdurch vermieden.

D_2O-Reaktoren sind bei gleicher Leistung stets wesentlich größer als Leichtwasserreaktoren. Die Anlagekosten liegen dementsprechend höher.

Nur in den Ländern, in denen D_2O zu niedrigen Kosten herstellbar ist (z.B. Kanada) und in denen auf eine Anreicherungs- und Wiederaufarbeitungstechnologie verzichtet werden soll (z.B. Atucha I und II, Argentinien), hat dieser Reaktortyp Eingang gefunden.

2.3.4 Graphitmoderierte Reaktoren

Graphit hat neutronenphysikalisch ähnliche Eigenschaften wie D_2O. Graphitmoderierte Reaktoren können daher grundsätzlich ebenfalls mit natürlichem Uran betrieben werden. Sie erfordern jedoch ein 50- bis 100-fach größeres Moderatorvolumen und eine 10fach größere kritische Natururanmenge als D_2O-Reaktoren. Sie sind deshalb (bei gleicher Leistung) stets sehr viel voluminöser als H_2O-moderierte Reaktoren.

2.3.5 Anreicherungsverfahren

Zur erforderlichen Anreicherung des Urans bei Leichtwasserreaktoren sind z.Z. nachstehende Verfahren möglich.

Das *Diffusionsverfahren* bringt in der Einzelstufe höchstens 0,4 % Anreicherung, benötigt deshalb mehr als 1 000 Stufen hintereinander und verbraucht 3,1 MWh/Uran-Trennarbeitseinheit (UTA), das entspricht etwa 3–4 % der aus dem Uran erzeugten elektrischen Energie. Nach diesem Verfahren können in USA $17 \cdot 10^6$ UTA/a erzeugt werden, die europäische Anlage Eurodiff in Frankreich soll Anfang der 80er Jahre $10 \cdot 10^6$ UTA/a leisten.

Das *Trenndüsenverfahren* hat eine Anreicherung von 3 % in der Einzelstufe, benötigt nur einige hundert Stufen, hat einen ähnlichen Energieverbrauch wie die Diffusion, aber keine beweglichen Teile und ist für kleinere Anlagen wirtschaftlich.

Die *Gaszentrifuge* erreicht bei 500 m/s Umfangsgeschwindigkeit 15 % Anreicherung in der Einzelstufe, bereitet Schwierigkeiten in der Lagerung, Dämpfung und Fertigungsgenauigkeit, ist aber heute dank der Verbundwerkstoffe, die genügende Reißlänge haben, einsatzbereit. Dieses Verfahren benötigt 250 kWh/UTA (8 % des Diffusionsverfahrens), kann aber in einer Zentrifuge nur bis 100 UTA/a leisten, weshalb für 10^6 UTA 100 000 Einheiten nötig sind. Die gemeinsam von der BR Deutschland, den Niederlanden (Almelo) und Großbritannien (Capenhurst) entwickelten Anlagen könnten bei Bedarf 1985 ca. $10 \cdot 10^6$ UTA/a leisten.

2.3.6 Standardisierung der Kernkraftwerke mit Leichtwasserreaktoren

Die heutigen Leichtwasserreaktoren sind noch entwicklungsfähig und werden dadurch eine beträchtliche Steigerung ihrer Wettbewerbsfähigkeit erfahren.

Die Tatsache, daß die Leistungen von Kernkraftwerken aus Gründen der Wirtschaftlichkeit 1 300 MW erreicht haben, und die damit verbundenen Baumassen haben diese Kraftwerke zu markanten technischen Bauwerken werden lassen.

Die angestrebte Standardisierung von Kernkraftwerken würde sowohl für Hersteller als auch Betreiber Vorteile in Abwicklung und Betrieb ergeben. Bisher sind in der BR Deutschland nur Standards in Brennelement-, Regelungs- und Überwachungstechnik, Konstruktionsart und Material von Wärmeaustauschern und Umwälzpumpen erkennbar. Der Wiederholungseffekt dürfte etwa gleiche spezifische Investitionsersparnisse ergeben wie die Kostendegression durch Verdopplung der Leistungsgröße.

Für Länder ohne eigene Ölvorkommen mit relativ kleinen Versorgungsnetzen werden standardisierte Kleinkernkraftwerke mit einem Zweikreis-Siedewasserreaktor mit Naturumlauf des Kühlmittels und Leistungen von 200 bis 400 MW angeboten (evtl. auch zur Meerwasserentsalzung und Fernwärmeerzeugung).

2.3.7 Neue Reaktorkonzepte

Als neue Reaktorkonzepte, die in den nächsten 10 bis 15 Jahren den Kernkraftwerksmarkt beeinflussen werden, sind die *Hochtemperaturreaktoren* und die *Schnellen Brüter* anzusehen.

2.3.7.1 Hochtemperaturreaktoren

Kernkraftwerke mit Hochtemperaturreaktoren lassen große Brennstoffabbrände erwarten und arbeiten mit einem verbesserten thermischen Wirkungsgrad um 40 %. Diese Baulinie wurde in der BR Deutschland bereits Ende der 50er Jahre konzipiert.

Mit dem Bau des ersten Hochtemperaturreaktors, AVR (Arbeitsgemeinschaft Versuchsreaktor GmbH), mit einer elektrischen Leistung von 15 MW wurde Ende 1961 in Jülich begonnen. Charakterisiert wird der AVR durch Verwendung von Graphit als Moderator und Helium als Kühlmittel.

Die Brennelemente des AVR bestehen aus Graphitkugeln von 6 cm Durchmesser und 1 cm Wanddicke. Sie enthalten in ihrem Innern Brennstoffkörnchen aus hochangereichertem UO_2 (93 % ^{235}U) oder aus UO_2-ThO_2-Mischungen, die mit einer praktisch gasdichten Hülle aus pyrolytisch abgeschiedenem Kohlenstoff umgeben sind (beschichtete Teilchen, „coated particles"). Das Brennelement wird mit einem Gewindestopfen verschlossen (Bild IX.11).

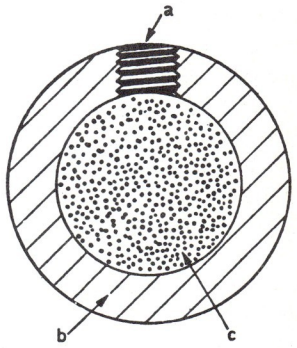

Bild IX.11
AVR, Schnitt durch ein Brennelement
a Gewindestopfen
b Graphitkugel
c Beschichtete Teilchen

Der Reaktorkern besteht aus einem zylindrischen, nach unten konisch zulaufenden Raum, der mit 100 000 Brennstoff- und Moderatorkugeln gefüllt ist. Durchmesser und Höhe des Zylinders betragen jeweils 3 m. Der gesamte Primärkreislauf, bestehend aus Kugelhaufen, Dampferzeuger und Kühlgasgebläse, wird von einem Druckbehälter umschlossen (Bild IX.12).

Die Erfahrungen mit einem 950-°C-Gasbetrieb beim AVR-Reaktor versprechen einen großen technologischen Entwicklungssprung, der für die Kohledruckvergasung von Bedeutung sein kann.

Der im Bau befindliche Thorium-Hochtemperaturreaktor im Kraftwerk Schmehausen mit einer Blockgröße von 300 MW (THTR-300, Uentrup) stellt eine Weiterentwicklung des AVR dar. Erbauer ist das Firmenkonsortium BBC, Hochtemperatur-Reaktorbau GmbH und Nukem. Das im Reaktorkern erhitzte Primärgas Helium gibt im Dampferzeuger seine Primärenergie an den sekundärseitigen Wasser-Dampf-Kreis ab.

Die Komponenten des Primärkreislaufes — Reaktorkern mit Reflektor, Gebläse mit Regelschieber, Dampferzeuger, Gasführung (6-Loop-System) — und die Einrichtungen zur Reaktorsteuerung und -überwachung sind in einem Spannbetonbehälter integriert.

Das Core besteht aus einer ungeordneten Schüttung 675 000 kugelförmiger Brenn- und Moderatorelemente. Ein

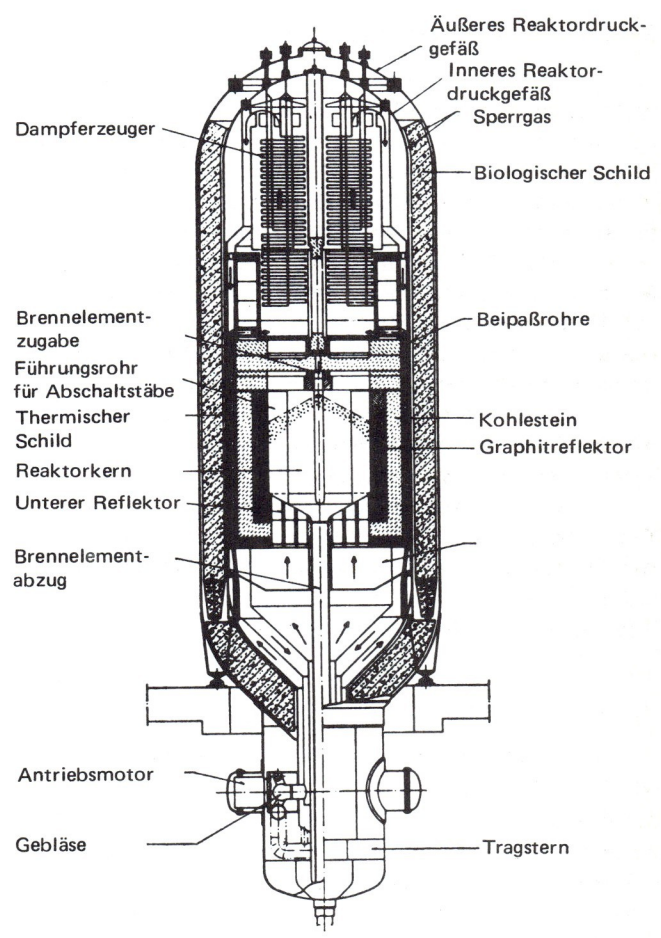

Bild IX.12 AVR, Reaktor

Zylinder von 5,6 m Durchmesser und etwa 6 m Höhe wird aus einem Graphitmantel gebildet, der als Reflektor dient und allseitig das Core umgibt (Leistungsdichte 6 MW/m^3).

Die Core-Austrittstemperatur des als Kühlgas verwendeten Heliums beträgt über 750 °C, die Turbineneintrittstemperatur des Wasserdampfes 530 °C.

Helium-Hochtemperatur-Einkreisanlagen mit Gasturbine (HHT), die zunächst mit 850 °C Eintrittstemperatur geplant sind, können die Abwärme bei höheren Temperaturen als der Dampfprozeß in Trockenkühltürmen mit erträglichen Abmessungen abführen. Ferner läßt sich die erzeugte Wärme wegen ihres hohen Temperaturniveaus unmittelbar als Prozeßwärme in der chemischen Verfahrenstechnik nutzen.

2.3.7.2 Schnelle Brüter

Schnelle Reaktoren arbeiten mit schnellen, nicht abgebremsten Neutronen, sie enthalten daher keinen Moderator. Da die Wahrscheinlichkeit von Kernspaltungen bei hohen Neutronengeschwindigkeiten relativ klein ist, erfordern Schnelle Reaktoren einen relativ hoch mit Spaltstoff angereicherten Brennstoff und ein kompaktes Core (10fache Leistungsdichte gegenüber Leichtwasserreaktoren). Als Kühlmittel kommen nur Substanzen, die nicht moderieren, wie z.B. Natrium, in Frage.

In der BR Deutschland wurde — wie auch in den USA, der UdSSR, Großbritannien und Frankreich — bereits 1960 im Kernforschungszentrum Karlsruhe begonnen, einen Schnellen Brutreaktor zu konzipieren und wesentliche Vorarbeiten zur Entwicklung einer solchen Anlage zu leisten. Aufbauend auf diese Arbeiten wurde im April 1973 unter niederländischer und belgischer Beteiligung mit dem Bau des Prototyp-Kernkraftwerks Kalkar am Niederrhein mit einer elektrischen Leistung von 300 MW (SNR-300) begonnen. Ob der Prototyp noch in den 80er Jahren in Betrieb gehen wird, hängt von zukünftigen energiepolitischen Entscheidungen ab.

Der unmoderierte Reaktorkern des SNR-300 ist sehr kompakt aufgebaut. Das Volumen des Reaktorkerns beträgt ca. 7 m³ bei einem Durchmesser von ca. 2,6 m und einer Höhe von ca. 1,35 m. Im Innern des zylinderförmigen Kerns befinden sich die Brennelemente (Spaltzone), an die sich radial nach außen die Brutelemente anschließen (Brutzone, Brutmantel, Blanket). Als Brennstoff wird Uran-Plutonium-Mischoxid, als Brutstoff Uranoxid mit abgesenktem Gehalt an ^{235}U (abgereichertes Uran) eingesetzt. Die zylinderförmigen Brenn- und Brutstäbe sind mit Edelstahl umhüllt.

Die Abfuhr der Wärme aus dem Reaktorkern erfolgt mit Hilfe von flüssigem Natrium. Natrium hat eine sehr hohe Wärmeleitfähigkeit. Es wird in dem relativ kleinen Reaktorkern um fast 170 °C aufgeheizt und tritt mit einer Temperatur von ca. 550 °C (12 bar) aus dem Reaktorkern aus. Da Natrium sehr heftig mit Wasser reagiert und im Reaktorkern stark radioaktiv wird, schließt man an den Primärkühlkreislauf nicht direkt einen Dampfkreislauf an, sondern schaltet einen weiteren Natriumkreislauf (Zwischenkühlkreislauf) zwischen den Primärkühlkreislauf und den Dampfkreislauf (thermischer Wirkungsgrad der Gesamtanlage um 39 %).

Mit dem kommerziellen Einsatz von Brüterkraftwerken der Leistungsklasse ab 1000 MW ist frühestens in der ersten Hälfte der 90er Jahre zu rechnen.

Am erfolgreichsten hat sich bisher das französische Brüterprogramm erwiesen. Der 250-MW-Prototyp Phénix in Marcoule erreichte nach nur 5 jähriger Bauzeit im März 1974 Vollast und arbeitet seitdem bei einem Lastfaktor um 0,8 nahezu ungestört. Brennelementschäden sind nicht aufgetreten, Natrium-Leckageschäden konnten behoben werden. Der Bau eines 1200-MW-Demonstrations-Kraftwerkes Superphénix unter deutscher Beteiligung wird vor 1984 vollendet sein (weitere Projekte: Superphénix II und III). Damit ist Frankreich der BR Deutschland um eine Reaktorgeneration voraus. Neben Frankreich hat die UdSSR ein weit fortgeschrittenes Brüterprogramm (u.a. ein Brüterkraftwerk BN-600 in Betrieb und ein 1600-MW-Projekt).

2.4 Kernkraftwerke in der BR Deutschland

Die praktische Entwicklung der Kernkraftwerkstechnologie in der BR Deutschland setzte mit dem Bau und der Inbetriebnahme des Versuchsatomkraftwerkes Kahl im Juni 1961 ein. Es handelt sich hier um ein von AEG-Telefunken mit amerikanischem Know-how (General Electric) errichtetes Kernkraftwerk mit Siedewasserreaktor kleiner Leistung (16 MW).

1980 waren 14 Kernkraftwerksblöcke (9 300 MW) in Betrieb. Im Bau sind 9 Kernkraftwerke mit nahezu 10 000 MW elektrischer Leistung (Tabelle IX.1).

2.4.1 Versuchs- und Demonstrationskraftwerke

Nach dem Versuchsatomkraftwerk Kahl wurden ab 1962 drei verschiedenartige Demonstrationskraftwerke in Gundremmingen (SWR), Obrigheim (DWR) und Lingen (SWR mit Überhitzer) mit einer elektrischen Leistung um je 300 MW errichtet. Investitions- und Betriebsrisiko der Betreiber wurden durch Bürgschaften und staatliche Hilfen abgesichert.

Das Kernkraftwerk Lingen hat eine elektrische Leistung von 267 MW, wovon nur 162 MW nuklear mit einem Siedewasserreaktor erzeugt werden. Der nachgeschaltete, mit Öl gefeuerte Überhitzer gestattet den Einsatz eines 3 000-tourigen Turbogenerators aus einem herkömmlichen Dampfkraftwerk. Diese Technologie hat sich wirtschaftlich nicht bewährt. Die Anlage liegt still. Das Kernkraftwerk Gundremmingen (Block A) wurde nach 11 jährigem Betrieb wegen verschärfter Sicherheitsauflagen ebenfalls stillgelegt.

Die drei verschiedenen Reaktorkonzepte brachten den Betreibern und den deutschen Kernkraftwerksherstellern so viele Erfahrungen und Betriebsergebnisse, daß der kommerzielle Durchbruch mit der Bestellung der Kernkraft-

halten. Hierdurch werden besonders die Forderungen äußerer Einwirkungen besser beherrscht.

nehmen. Die Daten der stillgelegten Kernkraftwerke KRB und KWL dienen lediglich zum Vergleich.

2.4.3 Kernkraftwerke mit Druckwasserreaktoren

Das Kernkraftwerk Stade (KKS) an der Unterelbe (662 MW) stellt in seiner technischen Konzeption eine Weiterentwicklung des Kernkraftwerks Obrigheim dar.

Mit dem Bau des Kernkraftwerks Biblis, Block A am rechten Rheinufer (1204 MW) wurde bereits eine Verdopplung der Leistungsgröße des Kernkraftwerks Stade vorgenommen. Der Kraftwerksblock wurde mit dem ersten Einwellenturbosatz dieser Größe in Europa ausgerüstet.

Biblis, Block A ging 1974 in Betrieb, Block B (1300 MW) nahm 1976 den Betrieb auf. Mit dem Kernkraftwerk Unterweser (KKU) bei Esensham (1300 MW) zählen diese Anlagen zu den größten mit diesem Reaktortyp arbeitenden Kernkraftwerken der Welt.

Bei dem Gemeinschaftskernkraftwerk Neckar (GKN) bei Gemmrigheim/Neckarwestheim (855 MW) muß wegen der Auslegung der Turbinenleistung auf derjenigen des Dampferzeugers (Loopleistung) die Gesamtleistung an das System Biblis angepaßt werden.

Das Kernkraftwerk Mülheim-Kärlich (1295 MW) ist das erste in der BR Deutschland, das nicht mit einem KWU-Reaktor sondern mit einem Babcock-Druckwasserreaktor (USA-Lizenz von BBC) ausgerüstet wird. Das Kernkraftwerk ist für einen Rückkühlbetrieb mit Naturzug-Kühlturm ausgelegt.

Die Kernkraftwerke Süd bei Wyhl/Oberrhein (1362 MW) und Brokdorf an der Unterelbe (1362 MW) zählen zu den z.Z. umstrittensten Projekten. Rechtlich bestehen keine Bedenken gegen die Fortführung der Bauarbeiten.

Technische Daten enthält Tabelle IX.3.

2.4.4 Besondere Kernkraftwerksanlagen

Das mit Kernenergie getriebene Schiff N.S. „Otto Hahn" (38 MWth) besitzt einen Druckwasserreaktor (FDR), der von der Arbeitsgemeinschaft Deutsche Babcock & Wilcox/Interatom geliefert worden ist. Das Schiff hat seit 1969 über 650 000 Seemeilen zurückgelegt. Aus wirtschaftlichen Gründen ist der Betrieb des Schiffes 1980 eingestellt worden. Mit nuklearem Antrieb ist damit auf unbestimmte Zeit unterbrochen.

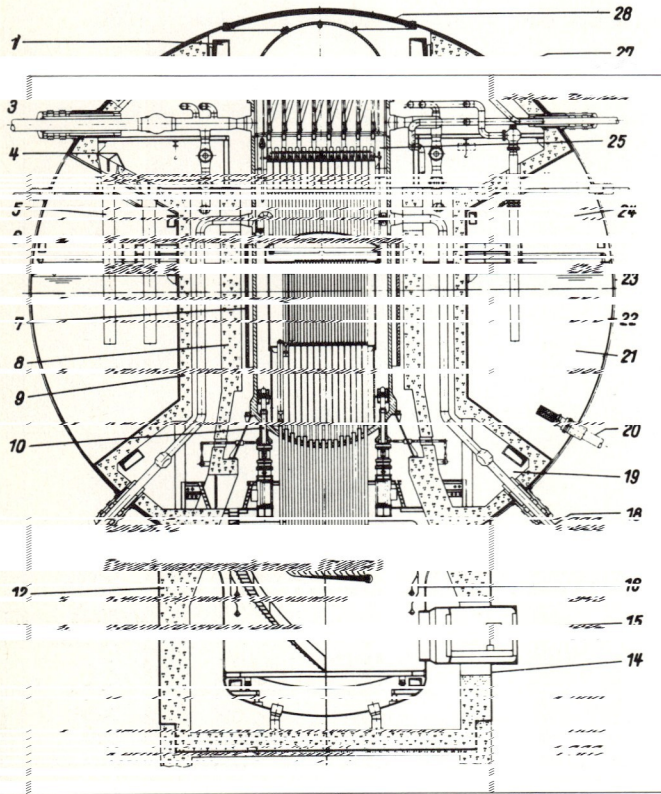

Bild IX.13 Reaktor mit Sicherheitsbehälter und Druckabbausystem des Kernkraftwerks Isar

1 Lüftung
2 Montageöffnung
3 Frischdampfleitung
4 Betondecke mit Durchströmöffnungen
5 Kondensationsrohre
6 Rundlauf
7 Isolierung
8 Biologischer Schild
9 Innenzylinder
10 Interne Kühlmittel-Umwälzpumpe
11 Steuerstabantriebe
12 Fundament
13 Bodenwanne
14 Dichthaut
15 Personenschleuse
16 Schnellabschaltsystem
17 Montageöffnung
18 Speisewasserleitung
19 Unterer Ringraum
20 Saugstutzen für Gebäudesprühen
21 Kondensationskammer (Wasserbereich)
22 Druckschale (Sicherheitsbehälter)
23 Dichthaut
24 Kondensationskammer (Luftbereich)
25 Reaktordruckbehälter mit Einbauten
26 Splitterschutzbeton
27 Oberer Ringraum
28 Beladedeckel

Das Kernkraftwerk Krümmel an der Elbe (1316 MW) wird im Zeitpunkt der Inbetriebnahme das größte Kernkraftwerk in Europa sein. Das Druckabbausystem zeigt Bild IX.13. Das Druckabbausystem im Ernstfall eines Kernkraftwerks besteht aus einem Reaktordruckbehälter und die Zwangsumwälzpumpe.

Das Kernkraftwerk Gundremmingen wird durch zwei Blöcke von je 1320 MW ersetzt (Block B und Block C). Die neuen Blöcke werden ebenfalls mit Druckabbausystem ausgerüstet und werden als erste ihrer Art einen zylindrischen Beton-Sicherheitsbehälter mit innenliegender Stahldichthaut erhalten.

Tabelle IX.2 Kernkraftwerke (Siedewasserreaktoren) in der BR Deutschland — Hauptdaten

Kurzbezeichnung Standort Betreiber Inbetriebnahme		KRB Gundrem- mingen RWE/BAG 1966	KWL Lingen VEW 1968	KWW Würgassen Preag 1973/75	KKB Brunsbüttel HEW/NWK 1976	KKP 1 Philipps- burg EVS/BW 1978/79	KKI Ohu BAG/Is. Amp. 1979	KKK Krümmel HEW/NWK 1982
el. Leistung (netto)	MWe	237	256	640	771,2	864	870	1 260
el. Leistung (brutto)	MWe	252	267/162	670	806,2	900,3	907	1 316
Reaktor-Wärmeleistung	MWth	801	520	1 912	2 292	2 575	2 575	3 690
Wirkungsgrad (brutto)	%	31,5	32,6	33,4	35,17	34,96	35,2	35,4
Leistungsdichte	kW/l Core	40,9	38,7	50,6	50,6	51,1	51,1	51,6
Leistungsdichte	kW/kg Uran	17,1	16,2	22,1	22,1	22,3	22,3	23,7
Wärmeverbrauch (brutto)	kcal/kWh	2 730		2 454	2 445	2 460	2 442	2 412
Wärmeverbrauch (netto)	kcal/kWh	2 900	2 900	2 570	2 560	2 570	2 545	2 520
Menge	t U	46,7	32,2	86,6	103,74	115,44	115,44	155,82
Anreicherung (Nachladg.)	% U 235	2,3	2,2	2,6	2,66	2,23	2,63	2,6
Verhältnis Moderator/Brennstoff							2,38	2,38
BE-Zahl	Zahl	368	284	444	532	592	592	840
Stäbe je BE	Zahl	36	36	7 × 7	8 × 8	8 × 8	8 × 8	8 × 8
Abbrand	MWd/kgU	16,5	17,4	27,5	27,5		27,5	27,5
Kühlmittel	10^3 t/h	12,250	12,000	26,500	34,000	38,200	37,300	55,600
Kühlmittel t_E	°C	266	280	272		278,1	287	278
Kühlmittel t_A	°C	286	286,5	285,4	285,4	285,4	286,5	286,4
Kühlmitteldruck	bar	70	70,5	70	70	70	70,5	70,6
Kühlkreisläufe	Zahl	3	2	2	8	9	8	10
FD-Menge	t/h	1 020	1 756	3 522	4 097,3	4 600	5 007	7 185,5
FD-Druck	bar	69,5	50/42	65,7	65,7	67	67	67
FD-Temperatur	°C	284	530/230	281,5	281,5	281,5	280	281,5
Containment $\emptyset_i$/Höhe	m/m	30/60	30/63	27	27	27	27	26,9/51,3
Auslegungsdruck	bar	3,55	3,8	4,35	3,4	3,4	3,0	4,6
Kühlwassertemperatur	°C	8,6	11,5	9,5	11	10		11
Kühlwassermenge	t/h	47 000	33 000	95 000	120 000	154 000		225 000
Druckgefäß $\emptyset_i$	m	3,710	3,600	5,300	5,800	5,85	5,85	6,780
Druckgefäß Gesamthöhe	m	16,410	14,750	20,300	21,095	21,1	21,4	22,380
Gewicht	t	282	210	528	545	620	570	790

Der Mehrzweckforschungsreaktor (MZFR) Karlsruhe (57 MW) ist ein mit Schwerem Wasser (D_2O) moderierter und gekühlter Druckwasserreaktor, in dem Natururan als Brennstoff verwendet wird. Er wurde im September 1965 erstmals kritisch und spielte als Prototypanlage für das Kernkraftwerk Atucha (Argentinien) eine entscheidende Rolle.

Bei dem AVR (s. Abschnitt 2.3.7.1), handelt es sich um den ersten Reaktor der Welt mit kugelförmigen Brennelementen.

Der in Uentrup bei Hamm entstehende und ebenfalls in Abschnitt 2.3.7.1 beschriebene Thorium-Hochtemperaturreaktor (THTR) wird durch Absorberstäbe, die sich in Bohrungen des Graphitreflektors bewegen, geregelt und durch direkt in den Kugelhaufen einfahrende Stäbe abgeschaltet. Der THTR könnte 1983 in Betrieb gehen. Über den Weiterbau der HTR-Linie ist noch nicht entschieden worden.

Die Kompakte Natriumgekühlte Kernreaktoranlage (20 MW) im Kernforschungszentrum Karlsruhe (KNK) verwendet Zirkonhydrid als Neutronenmoderator (INTERATOM). KNK stellt eine wichtige Vorstufe für den Bau natriumgekühlter schneller Brutreaktoren in der BR Deutschland dar. 1976 wurde in die Anlage ein schneller Reaktorkern (KNK-II) eingesetzt (Bild IX.16).

Bild IX.17 zeigt den Reaktorquerschnitt des in Abschnitt 2.3.7.2 beschriebenen Schnellen Brüters SNR-300, der in Kalkar (Niederrhein) entsteht.

2.5 Exportierte deutsche Kernkraftwerke

Mit sehr hoher Verfügbarkeit arbeitet seit Mitte 1974 die erste exportierte Anlage, das 340-MW-Kernkraftwerk Atucha I (Argentinien). Zur Energieerzeugung dient ein mit Schwerwasser moderierter und gekühlter Natururanreaktor (s. Abschnitt 2.3.3).

Bild IX.14
Schaltplan von Biblis A

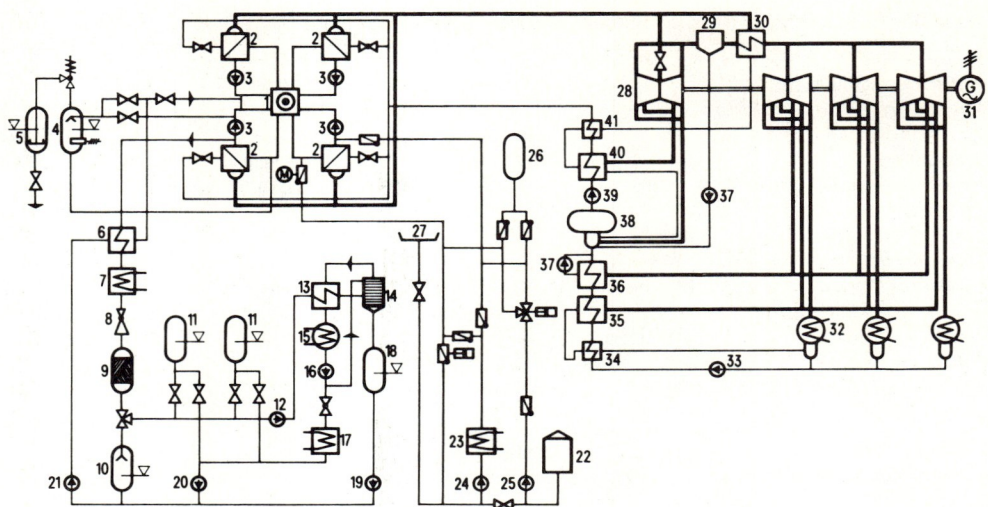

1 Reaktor
2 Dampferzeuger
3 Hauptkühlmittelpumpen
4 Druckhalter
5 Druckhalter-Abblasetank
6 Rekuperativ-Wärmetauscher
7 HD-Nachkühler
8 Druckreduzierstation
9 Ionenaustauscher
10 Volumenausgleichsbehälter
11 Kühlmittelspeicher
12 Verdampferspeisepumpe
13 Vorwärmer der Kühlmittelaufbereitung
14 Verdampferkolonne
15 Kondensator der Kühlmittelaufbereitung
16 Kondensatpumpe
17 Nachkühler der Kühlmittelaufbereitung
18 Borsäurebehälter
19 Borsäure-Pumpe
20 Rückspeisepumpe
21 HD-Förderpumpe
22 Flutbehälter
23 Nachwärmekühler
24 Nachkühlpumpe
25 Sicherheitseinspeisepumpe
26 Druckspeicher
27 Reaktorgebäudesumpf
28 Turbine
29 Wasserabscheider
30 Zwischenüberhitzer
31 Generator
32 Kondensatoren
33 Hauptkondensatpumpe
34 ND-Kondensatkühler
35 Vakuum-Vorwärmer
36 ND-Vorwärmer
37 Nebenkondensatpumpe
38 Speisewasserbehälter und Entgaser
39 Hauptspeisepumpe
40 HD-Vorwärmer
41 HD-Kondensatkühler

Nach den europäischen Exporterfolgen u.a. in Holland (Borselle), Österreich (Tullnerfeld), Spanien (Trillo) und Schweiz (Gösgen) sind weitere große Exporterfolge in außereuropäischen Ländern zu verzeichnen.

Der Bau der beiden bei der KWU bestellten Kernkraftwerke (je 1300 MW) am Persischen Golf (Bushehr) wurde 1979 von der iranischen Regierung halbfertig gestoppt.

Anfang 1980 waren weltweit außerhalb der BR Deutschland 14 deutsche Kernkraftwerke in Betrieb, im Bau oder in der Planung.

2.6 Kernkraftwerke in der DDR

Mitte 1966 wurde das erste Kernkraftwerk der DDR am Stechlinsee, 9 km von Rheinsberg entfernt, in Betrieb genommen. Es besitzt einen Druckwasserreaktor (Druckröhrenreaktor) sowjetischer Konstruktion von ca. 80 MW in Blockschaltung mit Sattdampfturbine.

Der erste 440-MW-Block im Kernkraftwerk Nord-1 in Lubmin bei Greifswald (Bezirk Rostock) lieferte Ende 1973 den ersten Strom in das Verbundnetz. Der zweite 440-MW-Block (Kernkraftwerk Nord-2) ging 1975, der dritte Block 1978 in Betrieb. Die Anlage sieht noch einen weiteren 440-MW-Block vor. Sämtliche Blöcke erhalten Druckwasserreaktoren des Typs Nowo-Woronesch, sie besitzen nicht das für westliche Reaktoren geforderte Volldruckcontainment (Sicherheitsbehälter).

Wegen der rapiden Abnahme der Braunkohlenvorräte in der DDR sind noch weitere Kernkraftwerke vorgesehen, so z.B. bei Stendal (Bezirk Magdeburg). Bis 1990 sollen 13 Kernkraftwerke sowjetischer Bauart errichtet werden.

2.7 Kernkraftwerke anderer Länder

Weltweit betrug 1980 die installierte nukleare Leistung nahezu 125 000 MW aus über 240 Kernkraftwerksblöcken mit überwiegend Leichtwasserreaktoren, ca. 385 Blöcke mit einer elektrischen Gesamtleistung von angenähert 400 000 MW sind im Bau oder bestellt.

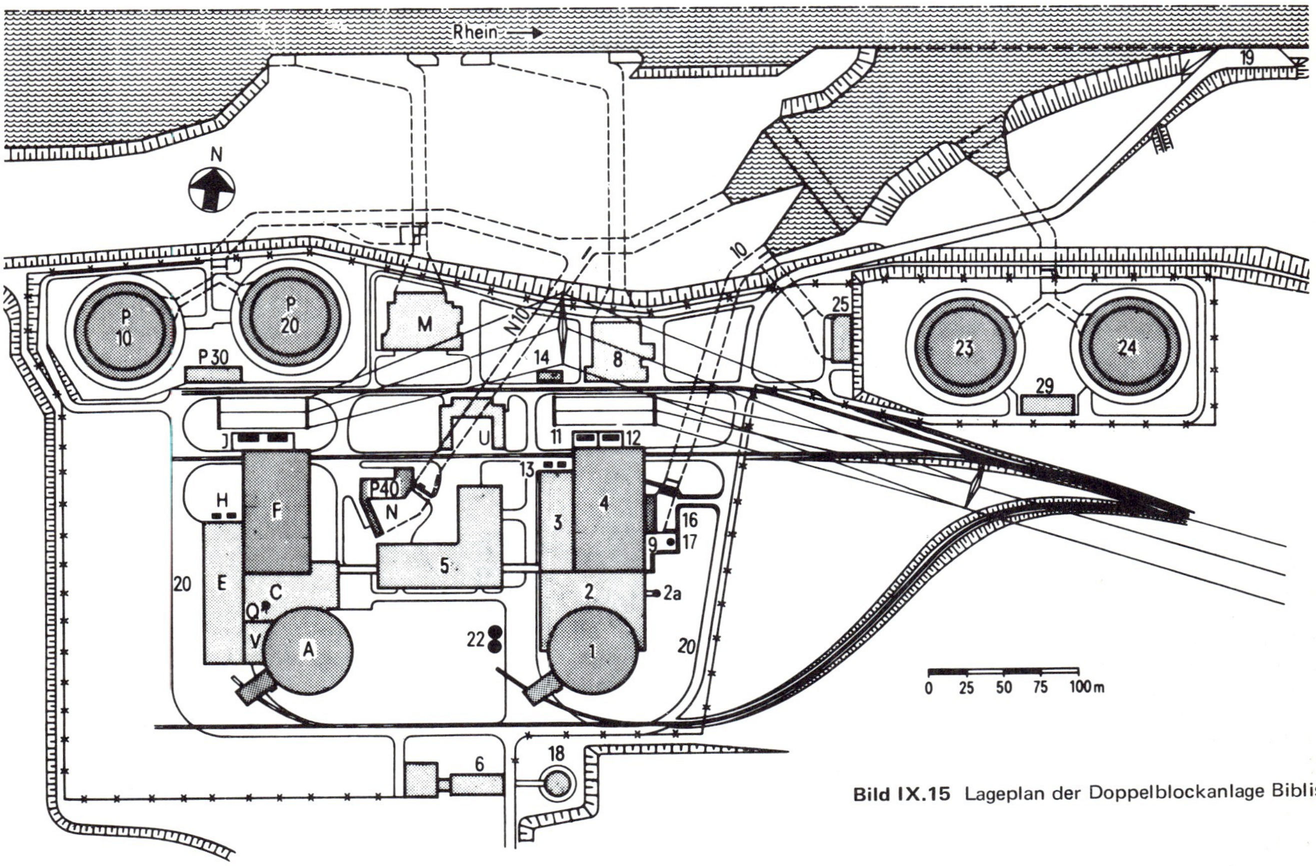

2 Kernkraftwerke: Technischer Teil

Bild IX.15 Lageplan der Doppelblockanlage Biblis

Block A

1. Reaktorgebäude
2. Reaktorhilfsanlagengebäude
2a. Abluftkamin
3. Schaltanlagen- und Betriebsgebäude
4. Maschinenhaus
5. Nebenanlagengebäude
6. Verwaltungsgebäude
8. Kühlwasser-Pumpenhaus
9. Sammelbecken
10. Kühlwasser-Rücklaufkanal
11. 380-kV-Schaltanlagen
12. Blocktransformatoren
13. Eigenbedarfstransformatoren
14. Fundament für Reserveblocktransformator
16. Regenwasserpumpwerk
17. Kläranlage
18. Informationszentrum
19. Schiffslände
22. Deionatbehälter
23 + 24. Kühltürme
25. Kühlturmpumpenbauwerk
29. Kühlturmschalthaus

Block B

A. Reaktorgebäude
C. Reaktorhilfsanlagengebäude
E. Betriebs- und Schaltanlagengebäude + Notstromdieseltrakt
F. Maschinenhaus
H. Eigenbedarfstransformatoren
J. 220-kV/380-kV-Freiluftschaltanlage + Blocktransformatoren
M. Kühlwasserreinigungs- und Pumpenbauwerk
N. Sammelbecken
N10. Kühlwasser-Rücklaufkanal
Q. Abluftkamin
P10 + P20. Kühltürme
P30. Kühlturmschalthaus
P40. Kühlturmpumpenbauwerk mit Abwasserhebewerk
U. Garagengebäude
V. Zwischentrakt

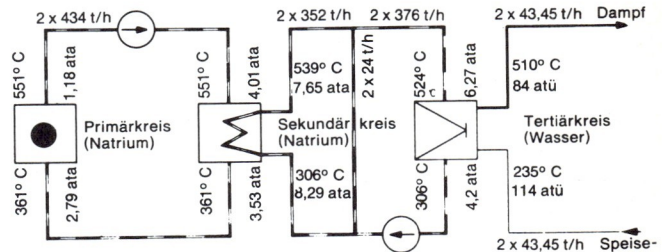

Bild IX.16 Schaltbild der KNK-Anlage

Tabelle IX.3 Kernkraftwerke (Druckwasserreaktoren) in der BR Deutschland — Hauptdaten

Kurzbezeichnung Standort Betreiber Inbetriebnahme		KWO Obrigheim EVS/BW 1969	KKS Stade NWK/HEW 1972	RWE A Biblis RWE 1974	GKN Neckar- westheim TWS/NW/DB 1975	RWE B Biblis RWE 1976	KKU Unterweser Preag/NWK 1978	Mülheim- Kärlich RWE
el. Leistung (netto)	MWe	328	630	1 150	805	1 240	1 230	1 215
el. Leistung (brutto)	MWe	345	662	1 204	855	1 300	1 300	1 295
Reaktor-Wärmeleistung	MWth	1 050	1 900	3 540	2 510	3 752	3 733	3 760
Wirkungsgrad (brutto)	%	32,85	34,8	34,9	34,1	34,9	34,8	34,7
Leistungsdichte	kW/l Core	66,3	85,6	85,3	94,6	92,3	92	104
Leistungsdichte	kW/kg U	29,9	33,7	34,7	38	36,7	36,7	39,4
Wärmeverbrauch (brutto)	kcal/kWh	2 617	2 468	2 467	2 521	2 470	2 470	2 460
Wärmeverbrauch (netto)	kcal/kWh	2 750	2 600	2 720	2 581	2 600	2 660	2 800
Urangewicht des Kerns	t U	35,2	56,2	102,7	61,9	102,7	102,7	95
Anreicherung (Folgekern)	% U 235	3,0	3,0	3,0		3,0	3,0	3,27
Wasser-Brennstoff- Volumenverhältnis			2,09	2,06		2,06	2,06	
BE-Zahl	Zahl	121	157	193	177	193	193	205
Stäbe je BE	Zahl	180	205	236	205	236	236	208
Abbrand (Gleichgew.-Kern)	MWd/kg U	25,2	31,5	31,5				34,3
Kühlmittel	t/h	22 000	44 000	72 000	52 000	72 000	72 000	68 400
Kühlmittel t_E	°C	283	288,4	284,6	290,5	290,1	290,1	297
Kühlmittel t_A	°C	312	316,4	316,6	316,6	322,9	322,9	329
Kühlmitteldruck	bar	144	155	155	155	155	155	155
Kühlkreisläufe	Zahl	2	4	4	3	4	4	2
FD-Menge	t/h	1 706	3 592	6 540	4 544	7 160	7 160	7 180
FD-Druck	bar	50	53	51	55	54	54	69
FD-Temperatur	°C	262,7	265	265	270	266,7	268,7	312
Containment $\emptyset_i$/Höhe	m/m	44	48	56	50	56	56	56
Auslegungsdruck	bar	3,04	3,85	4,8	4,8	3,8	4,7	5,68
Kühlwassertemperatur	°C	12	9,8	9,5	13,5	12	11	24,9
Kühlwassermenge	t/h	52 000	107 000	190 000	141 300	220 000	212 000	121 800
Druckgefäß $\emptyset_i$	m	3,44	4,08	5,0	4,30	5,0	5,0	4,63
Druckgefäß Gesamthöhe	m	9,83	10,4	13,25	10,949	13,247	13,247	12,9
Gewicht ca.	t	195	280	530	350	530	490	480
Loop-Leistung Dampfdurchsatz	t/h	11 000	11 000	18 000	18 000	18 000	18 000	34 200
Heizfläche	m²	2 700	2 900	4 510	4 335	4 335	4 335	
Gewicht Dampferzeuger	t	160	160	298	298	280	280	490
Leistg. d. Kühlmittelp.	MW	2,7	3,0	6,27	6,5	6,5	6,5	6,8

Schwerwasserreaktoren erreichten nur in Kanada und Argentinien größere Bedeutung. Die gasgekühlten Natururan-Reaktoren wurden in Frankreich und Großbritannien nach anfänglichen Erfolgen aufgegeben. Der Einsatz von Druckröhrenreaktoren ist auf Kanada und auf die UdSSR (und damit auf die DDR) beschränkt.

In Europa treiben nur die Franzosen den Kernkraftwerksbau und damit ihre Unabhängigkeit vom Öl mit aller Macht voran. Über 30 nahezu zeichnungsgleiche Blöcke sind im Bau oder in der Planung, so z.B. das Kernenergiezentrum Cattenom (5 200 MW) nahe der deutschen und luxemburgischen Grenze. Frankreich als potentieller Atomstromexporteur!

Das für 1990 gesteckte Comecon-Projektziel an nuklearer Leistung: 40 000 bis 45 000 MW.

3 Kernkraftwerke: Wirtschaftlicher Teil

3.1 Strom- und Wärmebedarf

In der BR Deutschland gehen z.Z. gegen 30 % des Verbrauches an Primärenergie in die Elektrizitätserzeugung, der größte Primärenergieanteil entfällt auf den Wärmeenergiebedarf. Andererseits fallen bei der Stromerzeugung bis zu 65 % des gesamten Energieeinsatzes als Ab-

3 Kernkraftwerke: Wirtschaftlicher Teil

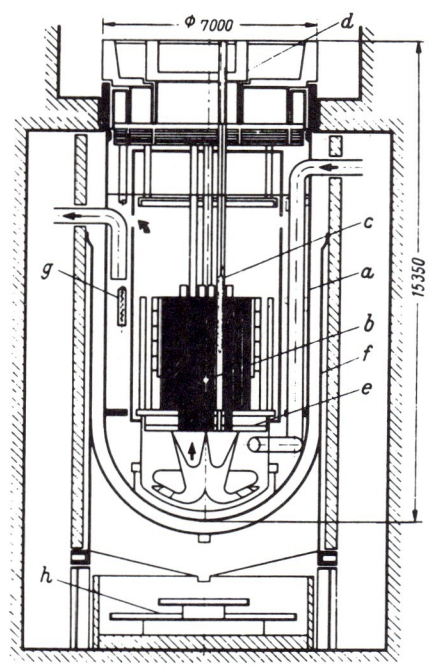

a Reaktortank
b Reaktorkern
c Abschaltstab
d Drehdeckelsystem
e Kerntragplatte
f Doppeltank
g Tauchkühler des Notkühlsystems
h Bodenkühleinrichtung

Bild IX.17 Schnitt durch den SNR-300

wärme vorwiegend im Turbinenkondensator an. Natürlich wird es nie möglich sein, diese Wärmemenge in vollem Umfang zu nutzen, aber die Kraft-Wärme-Kopplung verdient wie bei fossil gefeuerten Kraftwerken heute auch bei künftigen Kernkraftwerken doch größere Aufmerksamkeit. Ihre verstärkte Anwendung würde uns in die Lage versetzen, den Ölverbrauch wesentlich zu drosseln.

Neueste Studien über eine sinnvolle Verwendung der in Kraftwerken anfallenden Abwärme führen zu dem Ergebnis, daß schon in 10–12 Jahren die technischen und ökonomischen Voraussetzungen erfüllt sein könnten, über 20 % der Wohnungen mit Fernwärme zu beliefern. Das würde eine Einsparung an fossilen Brennstoffen von 15–20 Mio. t SKE pro Jahr bedeuten. Eine Fernwärmeversorgung aus Kernkraftwerken kommt erst dann in Frage, wenn die Standorte für diese Anlagen sich den Ballungszentren mit großem Wärmebedarf unter 10–20 km nähern.

Da die BR Deutschland große Vorkommen an Braun- und Steinkohle hat, bietet es sich an, Erdöl und Erdgas möglichst weitgehend durch Kohlevergasung und -verflüssigung zu substituieren. Speziell durch den Einsatz von nuklearer Prozeßwärme aus Hochtemperaturreaktoren können diese Kohleveredelungsprozesse kostengünstig, kohlesparend und umweltfreundlich durchgeführt werden. Solche Prozesse verlaufen um so wirtschaftlicher, je höher die Prozeßtemperatur ist; daher werden bereits für eine erste Anlage 950 °C Gastemperatur angestrebt. Als Veredlungsprodukte kommen hauptsächlich Methan (CH_4), Reduktions- bzw. Synthesegas ($H_2 + CO$), Wasserstoff, synthetisches Benzin und Methanol in Betracht (vgl. Studie des Projekts „Prototypanlage Nukleare Prozeßwärme", KFA Jülich, Dezember 1976). Nach dieser Studie weist synthetisches Naturgas (SNG) aus nuklearen Vergasungsanlagen, die nach 1990 in Betrieb gehen, sowohl bei Braunkohle- als auch bei Steinkohleeinsatz erhebliche Wettbewerbsvorteile gegenüber dem sich ständig verteuernden leichten Heizöl und Erdgas auf.

3.2 Stromerzeugungskosten (Kostenanalyse)

Ein Überblick über die Stromerzeugungskosten bei Kernkraftwerken soll am Beispiel der Leichtwasserreaktoren gegeben werden, für die sich bereits ein betriebswirtschaftlich genau kalkulierbarer Strompreis gebildet hat.

Für die verhältnismäßig komplizierten Kostenberechnungen bietet sich die Barwertmethode an, bei der alle Ausgaben und Einnahmen unter der Annahme eines zeitlich konstanten Zinssatzes auf einen bestimmten Zeitpunkt umgerechnet werden, so daß sich ein vergleichbarer Wert, der Barwert, ergibt.

3.2.1 Anlagekosten

Als Richtwert für die spezifischen Anlagekosten eines 1300-MW-Kraftwerks mit Druck- oder Siedewasserreaktor gilt z.Z. ein Betrag um 1800 DM/kW (ohne Erstkern). Hiervon entfallen ca.

20 % auf das nukleare Dampferzeugungssystem,
20 % auf den Turbosatz und die Nebenanlagen,
10 % auf die elektrische Ausrüstung,
17 % auf den Bauteil und
33 % auf Grundstückskosten, Bauzinsen, Nebenkosten u.a.

Auf Prüfung und Überwachung der Anlage entfallen 2,5 % der Anlagekosten.

3.2.2 Betriebs- und Unterhaltungskosten

Erfahrungswerte zeigen, daß trotz erschwerter Wartungs- und Reparaturmöglichkeit im nuklearen Teil die Betriebs- und Unterhaltungskosten von Kernkraftwerksblöcken in der gleichen Größenordnung wie diejenigen konventioneller Anlagen liegen. Bei verstärkter Entschwefelung im Betrieb von Kohlekraftwerken wird der jährliche Reparatur- und Wartungsaufwand den der Leichtwasser-Kernkraftwerke überschreiten. Die Personalkosten verschieben infolge der unterschiedlichen Blockgrößen – 600 MW fossil und 1300 MW nuklear – die Betriebs- und Unterhaltungskosten zugunsten des Kernkraftwerkes.

Bei einer Aufteilung der Stromerzeugungskosten in Anlage-, Brennstoff- und Betriebskosten würden auf letztere 10–15 % entfallen.

3.2.3 Brennstoffkreislaufkosten

Die Berechnung der Brennstoffkreislaufkosten bei Kernkraftwerken ist zweifelsohne komplizierter als bei den mit fossilen Brennstoffen betriebenen Kraftwerken. Während die Brennstoffkosten fossil betriebener Kraftwerksblöcke nur aus den reinen Primärenergiekosten ab Zeche oder Raffinerie plus Transport- und Lagerkosten bestehen und zeitlich kurzfristig (ca. 1/2 Jahr) angepaßt werden können, muß für Kernkraftwerke der Brennstoff erheblich länger disponiert werden. Dieses Verfahren schließt eine größere Versorgungssicherheit mit ein.

Im Falle eines mit angereichertem Uran arbeitenden Kernkraftwerkes ist jede Brennstoffcharge Gegenstand einer Reihe von Operationen, die sich über eine ziemlich lange Zeit, im Mittel 4–6 Jahre, erstrecken. Alle diese Operationen verursachen letztlich Kosten, in einigen Fällen auch Gutschriften des Restbrennstoffs. Bei Verwendung von Uran als Brennstoff handelt es sich dabei im wesentlichen um folgende Operationen: Förderung des Erzes, Gewinnung des Erzkonzentrates, Vorgang der Isotopenanreicherung unter Überführung in Uranhexafluorid (UF_6), Verarbeitung zu dem als Brennstoff geeigneten Uran, nämlich als Reinmetall oder Legierung, als Sinterkörper (keramische Elemente), als Oxid, Karbid oder dergleichen, sodann Herstellung der Brennelemente unter Verwendung eines Hüllmaterials (nichtrostender Stahl, Zircaloy, Graphit oder dergleichen), Transport zum Reaktorstandort, Lagerung am Standort, Einbringen und Bestrahlung, Abklingenlassen im Kühlbecken, Transport des bestrahlten Brennstoffes zur chemischen Aufbereitung, Rückgewinnung der wiederverwendbaren ursprünglich vorhandenen oder durch Bestrahlung im Reaktor erzeugten Spaltstoffe (Uran und Plutonium), Abtransport dieser Spaltstoffe zur Vorbereitung der Wiederverwendung als Brennstoff und schließlich endgültige Beseitigung der radioaktiven Abfälle (Entsorgung).

Die Verfahren zur Anreicherung des Urans verwenden entweder die Diffusion von Gasen durch poröse Membranen oder die Einwirkung der Zentrifugalkraft auf strömendes Gas (Gaszentrifuge, Trenndüse). Während die letztgenannten Verfahren z.Z. in Pilotanlagen erprobt werden, sind große Gasdiffusionsanlagen – vor allem in den USA – seit längerer Zeit in Betrieb. Trennverfahren mit Hilfe von Laserstrahlen sind im Entwicklungsstadium (vgl. Abschnitt 2.3.5).

Die amerikanischen Anreicherungsanlagen könnten allein den Bedarf der westlichen Welt voraussichtlich bis 1982 decken.

Das angereicherte Uran ist als UF_6 das Ausgangsmaterial für die Herstellung der Brennelemente. Es wird zunächst in Urandioxid (UO_2) umgewandelt und dann zu gesinterten UO_2-Tabletten (Pellets) verarbeitet. Diese werden in dünnwandige Zircaloy-Rohre gefüllt, die durch Verschweißen mit Endkappen gasdicht und druckfest verschlossen werden und so die Brennstäbe bilden, die dann mit den übrigen Strukturteilen als Stabbündel zu Brennelementen montiert werden.

Der Einsatz der Brennelemente in den Reaktor erfolgt nach einem genauen Einsatzplan. Die abgebrannten hochradioaktiven Brennelemente werden nach einer Abkühl- und Abklingzeit von einem halben Jahr oder länger (evtl. Zwischenlagerung bis zur Wiederaufarbeitung) in Spezialbehältern vom Kernkraftwerk zu einer Aufarbeitungsanlage befördert. Dort wird das beim Abbrand der Brennelemente im Reaktor nicht verbrauchte Uran (Resturan) und das erbrütete Plutonium von den zumeist radioaktiven Spaltprodukten abgetrennt; letztere werden in eine für eine sichere Endlagerung geeignete Form übergeführt (s. auch Kapitel 5 Nukleare Entsorgung).

Die Aufarbeitung der abgebrannten Brennelemente ist wirtschaftlich gerechtfertigt, da der Wert des Resturans und des erbrüteten Plutoniums die Kosten für die Aufarbeitung übersteigt.

Mit der Wiederaufarbeitung abgebrannter Brennelemente und Endlagerung des radioaktiven Abfalls ist der Brennstoffkreislauf der Kernkraftwerke im wesentlichen abgeschlossen. Das Problem der Lagerung und Wiederaufarbeitung ist technisch gelöst, wie eine seit Jahren ungestört arbeitende große Anlage in Frankreich beweist (Cap de la Hague).

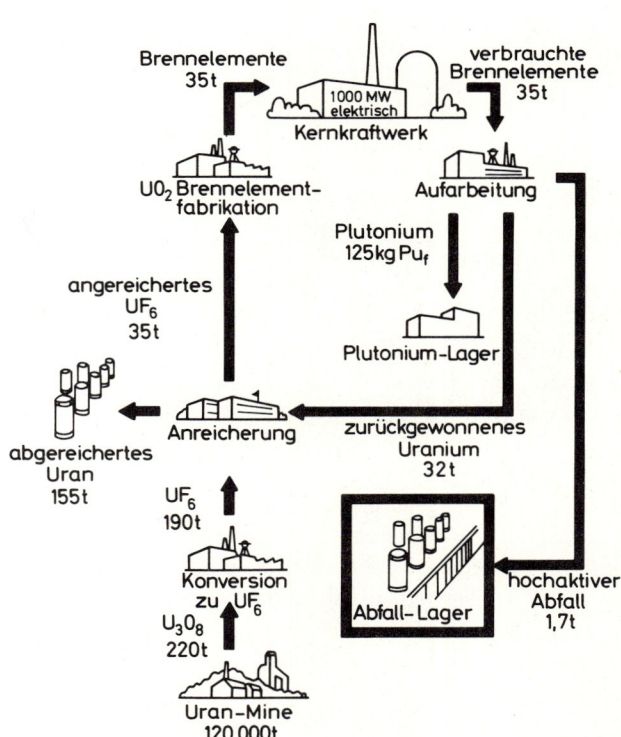

Bild IX.18 Brennstoffkreislauf und Rückführung von Uran

Bild IX.18 zeigt den gesamten Brennstoffkreislauf eines 1 000-MW-Leichtwasserreaktors mit Rückführung von Uran.

Der Wert des bei der Aufarbeitung in Form von Nitraten gewonnenen Resturans und Plutoniums kann nur durch eine Wiederverwendung des Kernbrennstoffs realisiert werden. Das Resturan, das etwa 0,8–1,0 Gew. % ^{235}U enthält, wird nach seiner Konversion von Uranylnitrat zu UF_6 als Ausgangsmaterial für die Anreicherung verwendet und kann dann als angereichertes Uran wieder in den Reaktor eingesetzt werden.

Das Plutonium kann sowohl in Schnellen Brutreaktoren als auch in Leichtwasserreaktoren als Kernbrennstoff verwendet werden. Bis ein nennenswerter Bedarf an Plutonium für Schnelle Brutreaktoren existiert, kann eine Realisierung des Plutoniumwertes nur über einen Einsatz des Plutoniums in thermische Reaktoren, das Pu-Recycling, erfolgen. So wurde bereits 1973 beim Brennelementwechsel im Kernkraftwerk Obrigheim (KWO) das im Reaktor erzeugte Plutonium wiedereingesetzt.

3.2.4 Aufschlüsselung der Brennstoffkreislaufkosten

Bei der preislichen Aufschlüsselung der Brennstoffkreislaufkosten soll von einem Natururanpreis von 140 DM/kg U_3O_8 (im Tagebau gewonnen) ausgegangen werden. Inwieweit der derzeitige Anreicherungspreis von ca. 180 DM pro kg UTA gehalten werden kann, ist fraglich. Ein Ansteigen des Anreicherungspreises wird erwartet.

Bei der Brennelementfertigung ist mit überdurchschnittlichen Erhöhungen des Fertigungspreises in den nächsten Jahren zumindest bei Uranbrennelementen nicht zu rechnen (z. Z. 650 DM/kg UO_2).

Im Bereich der Wiederaufarbeitung einschließlich des Transportes ist die Lage von der preislichen Seite noch nicht geklärt. Soviel steht fest, daß in den letzten Jahren die Wiederaufarbeitung die empfindlichsten Preiserhöhungen des gesamten Brennstoffkreislaufes erfahren hat.

Für die Endlagerung des hochaktiven Abfalls gibt es viele technisch realisierbare Vorschläge, jedoch noch keine großtechnische Erfahrung. Die heute angenommenen Preise werden noch steigen, zumindest bis zum großtechnischen Einsatz der Zwischen- und Endlagerung.

Die Rückvergütungspreise für Uran und Plutonium aus der Wiederaufarbeitungsanlage hängen nicht nur von der Funktionsfähigkeit der Anlagen sondern auch vom Natururanpreis ab.

Die Brennstoffkreislaufkosten einschließlich Wiederaufarbeitung und Entsorgung liegen z.Z. bei 22 % der Stromerzeugungskosten (vgl. auch *H. Michaelis*, Kernenergie).

3.2.5 Stromerzeugungskostenvergleich von Kernkraftwerken und konventionellen Wärmekraftwerken

Bei einem 1 300-MW-Kernkraftwerk mit Druckwasserreaktor kann man überschlägig nach heutigem Stand mit Stromerzeugungskosten um 7,0 Pf/kWh rechnen, der Lastfaktor ist 0,7, d.h. die Anlage ist zu 70 % (6 150 Benutzungsstunden pro Jahr) ausgenutzt.

Bei konventionellen Wärmekraftwerken sind die Anlagekosten niedriger, die Brennstoffkosten jedoch erheblich höher als bei Kernkraftwerken. Bei einem subventionierten Kohlepreis um 180 DM/t beträgt allein der Brennstoffverbrauchsanteil der Stromerzeugungskosten ca. 6,5 Pf/kWh (ohne Entschwefelung), was bei gleicher Auslastung der Anlage wie oben zu Stromerzeugungskosten von ca. 10 Pf/kWh führt.

Unter Berücksichtigung eines nichtsubventionierten Kohlepreises und der Kosten für Entschwefelung ist die Stromerzeugung je kWh aus Steinkohle in der Grundlast ca. 4 Pf teurer als in großen Kernkraftwerken.

Vom rein wirtschaftlichen Gesichtspunkt müßte demnach der künftige Strombedarf überwiegend durch Kernkraftwerke im Grundlastbereich (4 500–7 000 Benutzungsstunden pro Jahr) gedeckt werden.

Als reales Beispiel für die obige Kostenrelation sei erwähnt, daß nach Angaben des Betreibers (RWE) der vom 1 204-MW-Kernkraftwerk Biblis A im ersten Betriebsjahr (1975/76) erzeugte Strom bereits eine Ersparnis von 300 Mio. DM gegenüber dem Strom aus zwei Steinkohle-Kraftwerken von je 600 MW Leistung erbracht hat. Analoge Einsparungen verzeichnet das seit 1972 ununterbrochen in Betrieb befindliche 662-MW-Kernkraftwerk Stade.

Die übermäßigen Preiserhöhungen bei fossilen Brennstoffen in den letzten Jahren haben die absoluten Einsparungen bei der nuklearen Stromerzeugung noch größer werden lassen.

Künftige Hochtemperaturreaktoren dürften gegenüber Leichtwasserreaktoren höhere Anlagekosten aber etwas niedrigere Brennstoffkreislaufkosten infolge des besseren thermischen Wirkungsgrades haben.

Für Schnelle Brüter gilt im Prinzip ähnliches. Die Erwartung niedriger Brennstoffkreislaufkosten stützt sich hier vor allem auf die zu erreichende Brutrate und die weitgehende Unabhängigkeit dieser Kosten von den Preisen für Natururan und Trennarbeit.

3.3 Kernenergie und Volkswirtschaft

Die Stromkostenverbilligungen durch Kernenergie werden zweifellos der gesamten Wirtschaft direkt oder indirekt zugute kommen. Eine die Wirtschaftsentwicklung eines Landes beeinflussende Strompreisstabilität läßt sich mittelfristig nur erreichen, wenn wirksame Alternativen zu den sich ständig verteuernden fossilen Brennstoffen, insbesondere zum Öl, vorhanden sind. Eine Alternative ist mit Sicherheit die Kernenergie, sie zeigt mit ihrer Technik und dem dazugehörigen Know-how (vorläufig noch ein wichtiger Exportartikel) einen, nicht den einzigen Weg aus dem energiepolitischen Dilemma, vorausgesetzt, daß der Bau moderner Referenzanlagen im eignen Land aus politischen Gründen nicht gestoppt wird.

Sicherlich läßt sich die Kernkraftwerksentwicklung nicht primär aus Exportüberlegungen heraus motivieren, zumal bestenfalls nur ein Drittel bis zur Hälfte der Anlageinvestition überhaupt als Exportvolumen in Frage kommt. Der Hauptnutzen der Kernkraftwerke liegt im Inlandeinsatz. Dennoch läßt sich abschätzen, daß bereits in den 80er Jahren jährlich mehrere Mrd. DM an Kernkraftwerksexporten aus der BR Deutschland möglich sind. Diese Exportertragszahl kann man den erforderlichen Importen von Kernbrennstoffen in der Größenordnung von 0,5 Mrd. DM gegenüberstellen.

Die teuren Ölimporte haben die Leistungsbilanz der BR Deutschland stark defizitär gemacht. Um 10 Mrd. DM hätten 1980 an Devisen eingespart werden können, wenn die geplanten Kernkraftwerke gebaut worden wären.

4 Ökologie (Umweltbeeinflussung)

Die Emissionen von Gasen und Staub sowie die Abwärme, die als Verlustwärme beim Energieumwandlungsprozeß entsteht, sind die unsere Umwelt beeinflussenden Größen. Die Wahl der Kraftwerksstandorte wird in zunehmendem Maße von den zulässigen Immissionen für die Kraftwerksumgebung bestimmt. Selbst bei modernen Feuerungsanlagen rufen Kohle und Öl große Umweltbelastungen hervor, die Gesundheitsschäden bewirken, während Gas und Kernenergie sehr gut abschneiden.

4.1 Emissionen

Untersuchungen der letzten Zeit führen zu der Erkenntnis, daß es noch vor der Jahrhundertwende notwendig werden könnte, fossile Rohstoffe nicht mehr zu verbrennen, weil die Anreicherung der Atmosphäre mit Kohlendioxid (CO_2) und Schwefeldioxid (SO_2) dann existenzbedrohende Auswirkungen zeitigen könnte (vgl. u.a. Klimakonferenz 1978 in Berlin). So kann eine verstärkte CO_2-Emission bis zum Jahre 2000 zu einer globalen Temperaturerhöhung um 3 °C führen (Treibhauseffekt).

Der Vergleich der ökologischen Auswirkungen von Kernkraftwerken nach den heutigen Kriterien des Umweltschutzes ergibt folgendes Bild:

Die Emission der verschiedenen Kraftwerkstypen wurde unter der Voraussetzung ermittelt, daß jeder Typ den gesamten elektrischen Energiebedarf der BR Deutschland im Jahre 1970 erbracht hätte, und ins Verhältnis zu den maximal zulässigen Konzentrationen der Schadstoffe gesetzt. Bildet man den Quotienten aus zulässiger und tatsächlich verursachter Schadstoffbelastung (Schädigungsindex) für kohle-, erdgas- und nuklearbetriebene Kraftwerke, so stehen diese in einem Verhältnis von 1000 : 100 : 1.

Die bisherigen Betriebserfahrungen mit Kernkraftwerken weisen Abgaberaten für radioaktive Stoffe in Höhe von etwa 1 % der natürlichen Strahlenbelastung (Bild IX.19) auf. Selbst bei einer Anhäufung von kerntechnischen Anlagen werden die Ganzkörperdosisraten, überwiegend durch das Radionuklid Krypton-85 (^{85}Kr) hervorgerufen, noch erheblich unter den zulässigen Werten liegen, lokal sind aber wesentlich höhere Konzentrationen möglich.

Für die Ableitung radioaktiver Stoffe mit dem Abwasser gilt, daß die Anreicherung von Nukliden hier über mehrere Größenordnungen verschieden sein kann, sie wird durch eine Vielzahl von Parametern, wie die Wasserqualität, die Temperatur, die Trübheit des Wassers sowie die Fließgeschwindigkeit und die Sedimentationsvorgänge, bestimmt. Die Einführung der verschärften Strahlenschutzverordnung von 1976 hat in der Abgaberate für Wasser und Luft nicht die Kernkraftwerke sondern die medizinische Nukleartechnik zu einer Änderung gezwungen.

4.2 Abwärme

Bei der Umwandlung von Primärenergie in elektrischen Strom entstehen nichtvermeidbare Abwärmeverluste. Diese Abwärme wird je nach Umweltbedingung an einen Fluß oder die Umgebungsluft abgegeben. Als Möglichkeiten der Wärmeabfuhr bieten sich

die Frischwasserkühlung,
die Kreislaufkühlung mit Naßkühltürmen,
die Kreislaufkühlung mit Trockenkühltürmen
und Kombinationen an.

Quelle	von	bis
Kosmische Strahlung	30 (Meeresniveau)	60 (1500 m)
Boden	40 (Sedimente)	150 (Granit)
Körpereigene Stoffe	20	20
natürlich	90	230
Hauswände	20 (Holz)	50 (Ziegel)
Röntgendiagnostik	25 (BRD)	55 (USA)
Bombenfallout	5	5
künstlich	50	110
Summe	140	340
Kernkraftwerke	0,2 (Menschheit im Jahr 2000)	1 (Anrainer)

Bild IX.19 Strahlenbelastung des Menschen in mrem pro Jahr

Der Kühlwasserbedarf bei Kernkraftwerken mit Leichtwasserreaktoren beträgt gegenüber fossil gefeuerten Dampfkraftwerken das 1,6fache. Das Abwärmeproblem ist daher kein spezifisches Kernkraftwerksproblem. Bei Frischwasserkühlung, die kaum noch durchführbar ist, werden 28 °C als maximale Wiedereinleitungstemperatur gestattet, dies kann den Einsatz einer Ablaufkühlung (Naßkühlturm) erforderlich machen. Damit soll ein erhöhter Sauerstoffverbrauch des Gewässers begrenzt werden. Bei der geschlossenen Rückkühlung über Naßkühltürme wird als negativ angesehen, daß sich bei bestimmten Wetterlagen Schwaden bilden.

Das Auftreten von Wärmeverlusten ist das zentrale Problem der Umweltbelastung in den nächsten Jahrzehnten. Ein Weg zur Lösung dieses Problems wäre die verstärkte Abwärmenutzung z.B. durch die Kraft-Wärme-Kopplung (s. Abschnitt 3.1).

5 Nukleare Entsorgung

Die Entsorgung von Kernkraftwerken, d.h. die Wiederaufarbeitung der abgebrannten Brennelemente, die Konditionierung und Endlagerung radioaktiver Abfallstoffe, hat sich in den letzten Jahren überraschend als eines der wichtigsten Kernenergieprobleme mit starker politischer Komponente herausgebildet, obgleich die Wiederaufarbeitung seit mehr als 30 Jahren mit Erfolg in vielen Industrieländern praktiziert wird.

Das eigentliche Risikopotential bei der Entsorgung bezieht sich auf die hochradioaktiven Spaltprodukte (ca. 4 %) und Transurane (1 % Plutonium) im Brennelement, die bei der Wiederaufarbeitung meist in flüssiger Form anfallen. Die nichtwiederverwendbaren hochradioaktiven Spaltprodukte (Abfälle) müssen durch eine geeignete Endlagerung vom biologischen Lebensraum des Menschen für lange Zeiträume isoliert werden.

Die Schlüsselfunktion für die langfristige und zuverlässige Isolierung hat das Endlager selbst. Für die BR Deutschland ist auf Grund eingehender Untersuchungen festgelegt worden, daß dies eine tiefliegende Steinsalzformation (Salzstock) sein wird, in der bergmännisch Hohlräume für die Einlagerung der hochaktiven Abfälle geschaffen werden. Durch die Versuchseinlagerungen in dem ehemaligen Salzbergwerk Asse ist jetzt schon bewiesen, daß eine gefahrlose Tieflagerung von schwach- und mittelaktiven Abfällen großtechnisch möglich ist. Bei den hochaktiven Abfällen bringt die Wärmeerzeugung zusätzliche Schwierigkeiten. Die Wärme kann aber einerseits durch die Konzentration der Spaltprodukte und andererseits durch oberirdische Vorkühlungen so geregelt werden, daß sie in vorbestimmten Grenzen bleibt. Die geologische Stabilität der Salzstöcke kann man aus ihrer erdgeschichtlichen Entwicklung sehen. So ist z.B. der Salzstock Gorleben vor etwa 100 Millionen Jahren gebildet worden. Es sind keine geologischen Gründe zu sehen, warum er nicht weitere Millionen Jahre stabil sein sollte. Eine endgültige Beurteilung der Eignung eines Salzstockes ist jedoch erst nach Erforschung dessen innerer Struktur möglich (Flach- und Tiefprobebohrungen).

Eine Entsorgung der in Betrieb befindlichen Kernkraftwerke in der BR Deutschland findet schon heute statt. Neben den staatlichen Anlagen in Frankreich (La Hague) und Großbritannien (Windscale), in die Brennelemente deutscher Kernkraftwerke zur Wiederaufarbeitung transportiert werden, gibt es in der BR Deutschland ein praktikables Konzept für die Behandlung und Endlagerung der hochaktiven langlebigen Abfälle (Wiederaufarbeitungsanlage Karlsruhe, WAK).

Ab Mitte der 80er Jahre wird wegen fehlender Kapazitäten der ausländischen Anlagen, insbesondere der französischen Anlage, eine deutsche Wiederaufarbeitungsanlage notwendig. Das Projekt für ein großes deutsches Entsorgungszentrum (Gorleben) wurde 1979 überwiegend aus politischen Gründen auf unbestimmte Zeit zurückgestellt. Mehrmals gekürzte Kernenergieprogramme sowie schleppende Genehmigungsverfahren lassen überdies die für Anfang der 90er Jahre vorgesehene deutsche Anlage mit einer Wiederaufarbeitungskapazität von 1500 t Uran/a als überdimensioniert und damit als unwirtschaftlich erscheinen. Als Ersatz für die große Anlage bieten sich über die BR Deutschland verteilte kleinere Anlagen mit Kapazitäten von je 350 t Uran/a an. An der Endlagerung in Gorleben sollte schon allein aus geologischer Sicht festgehalten werden.

Das gesamte nukleare Entsorgungskonzept sieht drei Verfahrensschritte vor:
1. Zwischenlagerung der abgebrannten Brennelemente in Wasserbecken evtl. über längere Zeiträume (Kompaktlager); Trockenlagerung ist ebenfalls vorgesehen,
2. Wiederaufbereitung der Brennelemente in der Wiederaufarbeitungsanlage,
3. Endlagerung des radioaktiven Abfalls.

5.1 Zwischenlagerung

Das vielfach erwogene System von vergrößerten Zwischenlagern im Kraftwerk oder als Eingang zur Wiederaufarbeitungsanlage könnte das Brennelement-Aufarbeitungssystem vereinfachen, denn bei einer Lagerung der Brennelemente von ca. 5 Jahren sinkt deren Radioaktivität auf ca. 10 % des Ausgangswertes. Eine Handhabung innerhalb der Anlage wäre einfacher.

Die Zwischenlagerung verbrauchter Kernbrennstoffe ist nach dem heutigen Stand der Technik für die Umwelt gefahrlos möglich. Auch bei der Lagerung defekter Brennelemente werden die sogenannten beweglichen Spaltprodukte Jod, Cäsium und Tritium wegen ihrer festen chemischen Bindung im Brennstoff und im Hüllmaterial nur in sehr geringen Mengen freigesetzt und können mit den üblichen chemischen Wasserreinigungsverfahren problemlos beherrscht werden.

5.2 Wiederaufarbeitung

Im Wiederaufarbeitungsprozeß werden vorerst das Strukturmaterial (Brennelementköpfe und Hüllen) und dann die Spaltprodukte von nicht ausgenutztem Brennstoff getrennt. Nach Auflösung der Brennelemente in Salpetersäure werden Uran und Plutonium durch Extraktion mit einem organischen Lösungsmittel abgetrennt. Die Brennstoffe können für neue Brennelemente nach einem Anreicherungsverfahren wieder genutzt werden. Durch das Recycling wird langfristig mit ca. 30 % Brennstoffersparnis gerechnet. Der anfallende hochradioaktive Abfall ist eine salpetersaure Lösung mit einer Aktivität von 10^4 Ci/Liter und einer durchschnittlichen Wärmeentwicklung von 10–20 W/Liter. Man lagert und kühlt ihn einige Jahre in dieser wäßrigen Form. Kernstück der Behandlung ist die Überführung dieser für die Endlagerung ungeeigneten Flüssigkeit in ein festes und stabiles Produkt. Dabei wird das Volumen der Lösung stark reduziert und verfestigt. Aus einem 1 300-MW-Kernkraftwerk müssen ca. 3 m³/a hochradioaktiver Abfall (Waste) zur Endlagerung gebracht werden.

Bei dem chemischen Aufarbeitungsprozeß können die radioaktiven Substanzen im Abgas mit erprobten Methoden der Abgasreinigung in chemischen Anlagen und mit der bekannten Gas-Trenntechnik für Edelgase soweit zurückgehalten werden, wie es die Strahlenschutzverordnung fordert.

Das Risiko des Entsorgungskonzepts beruht auf folgenden Fakten:
1. Abgabe von Radioaktivität aus der Wiederaufarbeitungsanlage,
2. Plutoniumverwendung außerhalb des Brennstoffkreislaufs und
3. Isolierung der hochradioaktiven Abfälle aus unserer Biosphäre.

Vergleichende Sicherheitsstudien haben ergeben, daß das Gefahrenpotential einer Wiederaufarbeitungsanlage demjenigen eines Kernkraftwerkes gleichgesetzt werden kann.

Das Risiko bei der Wiederaufarbeitung liegt nicht in der Wiederaufarbeitungsanlage selbst sondern in der Plutoniumverwendung außerhalb des Brennstoffkreislaufs. Die Verhinderung einer Plutonium-Entwendung und des Plutonium-Mißbrauchs sind die eigentlichen Probleme.

Aus diesem Grunde wird sich beim weiteren internationalen Ausbau der Kernenergienutzung die Risikofrage im wesentlichen auf die Beherrschung der Plutonium-Flußkontrolle des Spaltstoffinventars sowohl im Kernkraftwerk als auch in der Wiederaufarbeitungsanlage konzentrieren.

5.3 Endlagerung

Die Einlagerung der Abfälle zur Endlagerung kann auf zweierlei Weise erfolgen, in Salzkavernen und in stillgelegten Bergwerken. Der grundlegende Unterschied zwischen beiden Lagerungsstätten ist, daß die Kaverne im Gegensatz zum Bergwerk ein einziger großer, nicht begehbarer Raum ist. Kavernen können Hohlraumvolumen von 100 000 m³ und mehr haben, so daß sie auch einem hohen Anfall an radioaktiven Abfällen gewachsen sind. In einem einzigen Salzstock können mehrere Kavernen angelegt werden. Allein in Norddeutschland gibt es ca. 200 Salzstöcke, das sind pilzartige oder sattelförmige Salzmassen mit einer Ausdehnung bis zu einigen Kilometern. Nach der Befüllung

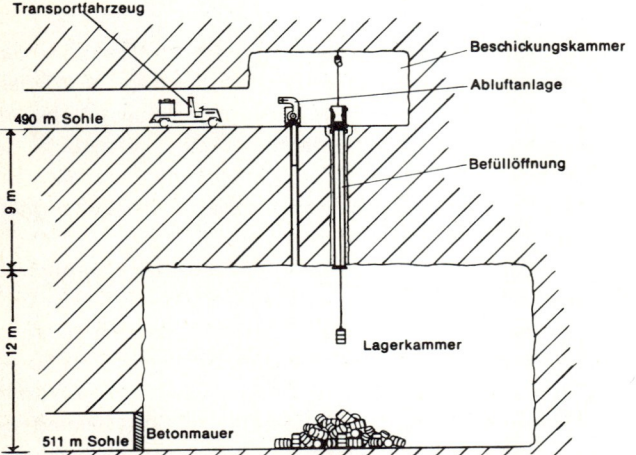

Bild IX.20 Einlagerung mittelaktiver Abfälle

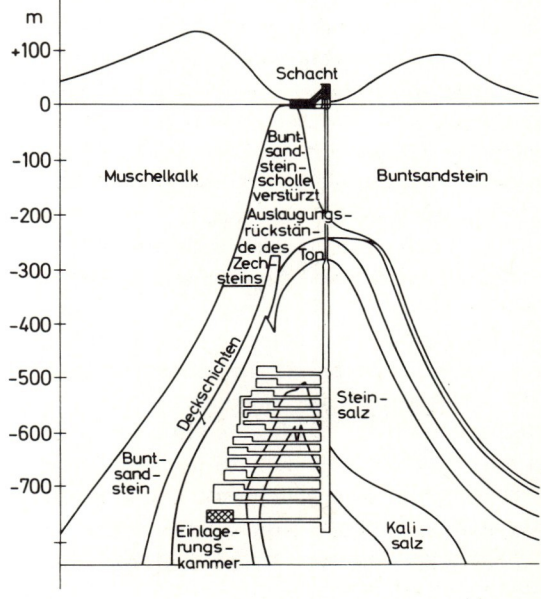

Bild IX.21 Geologischer Schnitt durch das Salzbergwerk Asse

einer Kaverne wird das Bohrloch zubetoniert, so daß ein sicherer Abschluß zur Umwelt gewährleistet ist.

Bild IX.20 zeigt die Einlagerung mittelaktiver Abfälle im Salzbergwerk Asse II bei Wolfenbüttel. Bild IX.21 gibt einen vereinfachten geologischen Schnitt durch das Salzbergwerk Asse wieder.

Das Risiko der Endlagerung besteht darin, daß über das Transportmittel Wasser starke Abfallradioaktivität langfristig in unseren menschlichen Lebensbereich zurückgelangen kann. Das Konzept der Endlagerung im Steinsalz sieht daher drei Barrieren vor, die diesen Transport verhindern, und deren Wirksamkeit auch ohne menschliche Eingriffe erhalten bleibt.

1 Verfestigung

Der ursprünglich flüssige Abfall wird verglast. Die extrem geringe Löslichkeit von Gläsern sorgt dafür, daß durch Wasser nur 1/10000 bis 1/100000 der ursprünglichen Aktivität ausgelaugt werden kann.

Für die Verglasung der hochradioaktiven Abfallstoffe kann unter drei Verfahren gewählt werden. In der BR Deutschland und im Ausland werden die drei Varianten bereits über Laborversuche hinaus im halbtechnischen Maßstab und zum Teil auch schon mit hochradioaktivem Material erprobt (s. *Baumgärtner,* Literaturverzeichnis).

2 Lagertiefe

Die Einlagerung der Abfall-Glasblöcke in ca. 1000 m Tiefe eines Salzstocks verlangsamt und erschwert ein Einspülen von Radioaktivität durch das Grundwasser an die Oberfläche.

3 Salzformationen

Die Steinsalzformationen befinden sich nicht in einer für Wasser zugänglichen Boden- oder Gesteinsschicht. Die Salzmassen wirken für die Glasblöcke wie Gefäße und verhindern entweder überhaupt den Zutritt von Wasser oder einen Austausch. Die Unveränderlichkeit der Salzformationen wird auf viele Millionen Jahre geschätzt, während nach 1000 Jahren die Radiotoxizität des Abfallagers im Salz mit der Radiotoxizität der ursprünglichen Uranerzmenge vergleichbar ist, aus der der Brennstoff hergestellt wurde.

6 Nichtverbreitungsvertrag (Kernwaffensperrvertrag)

Der am 1. Juli 1968 gleichzeitig in London, Moskau und Washington unterzeichnete Vertrag über die Nichtverbreitung von Kernwaffen (NV-Vertrag) ist am 5. März 1970 in Kraft getreten.

Die Ratifizierung des Vertrags durch Japan und die im Mai 1975 erfolgte Ratifizierung durch die Mitglieder des Gemeinsamen Marktes (bzw. von EURATOM) bedeuten, daß alle großen Industriestaaten, die keine Kernwaffenstaaten sind, dem Vertrag beigetreten sind und sich verpflichtet haben, ihre Nuklearindustrie der Sicherheitskontrolle durch die Internationale Atomenergie-Organisation (IAEO) in Wien zu unterstellen.

Frankreich weigert sich nach wie vor, dem Kernwaffensperrvertrag beizutreten; die Regierung in Paris bekennt sich jedoch zu dem Ziel der Nichtverbreitung von Kernwaffen.

Die Lieferanten von Spaltmaterial, nuklearer Ausrüstung und nuklearem Know-how unterwerfen sich der Bedingung, nur an solche Länder zu liefern, die sich verpflichten, kein Material zur Herstellung nuklearer Sprengkörper abzuzweigen, und die sich der Kontrolle der Wiener Behörde unterstellen. Damit werden auch die Bedingungen umrissen, unter denen z.B. die BR Deutschland das Brasilien-Geschäft (Uran gegen Kernkraftwerke) abschließen mußte. Die brasilianische Regierung ihrerseits hat die Kontrollen durch die Wiener Behörde akzeptiert, ohne den NV-Vertrag selbst zu unterzeichnen.

Trotz des NV-Vertrages wird eine große Anzahl von Ländern in naher Zukunft in der Lage sein, sich ein Kernwaffenarsenal zuzulegen, so z.B. Irak, Pakistan, Indien, Taiwan, Argentinien, Israel und Südafrika.

7 Ausblick: Die kontrollierte Kernfusion

Die Lage auf dem Energiemarkt spricht dafür, die Kernenergie nach Abwägen sämtlicher Risiken als zusätzlichen Primärenergieträger einzusetzen. Lokalpolitische Einwände gegen diesen Einsatz müssen nicht nur beachtet sondern auch geprüft werden. Falls sich Alternativlösungen anbieten, sollen sie genutzt werden (Standortfragen).

Die Umweltbelastung durch Kernkraftwerke ist gering, die Sicherheit der Anlagen hat sich erwiesen. Die neuen Reaktorkonzepte wie Hochtemperaturreaktoren und Schnelle Brutreaktoren müssen sich als Demonstrationsanlagen bewähren, ehe sie die Leichtwasserreaktortechnologie ergänzen.

Eine Prognose für das Jahr 2000 fällt schwer. Der Stromverbrauch wird — orientiert an dem Bruttosozialprodukt — mehr oder weniger steigen, da Elektrizität u.a. auch eine bequeme Energie ist und zur Erhaltung und Steigerung der Lebensqualität beiträgt. Für die Elektrizität ist ferner von Vorteil, daß in naher Zukunft der Ölanteil zur Stromerzeugung auf ein Mindestmaß gesenkt werden kann. Es sprechen wichtige Gründe dafür, daß die Kernenergie einen großen Teil des Mehrbedarfs an Primärenergie decken muß.

Die Kernfusion könnte eine Möglichkeit zur langfristigen Energieversorgung für die Zeit nach dem Jahre 2000 bieten, wenn es gelingt, die komplizierten physikalischen, aber auch technischen Probleme des stabilen Einschlusses heißer, dichter Plasmen, des Energietransfers und der Werkstoffe zu lösen. Für eine technische Nutzung der Fusionsenergie bieten sich die Verschmelzungsprozesse der Isotope des Wasserstoffs — Deuteriums (D) und Tritium (T) — an. Allerdings werden bei der Kernfusion durch den hohen Neutronenfluß die Strukturmaterialien des Reaktors in starkem Maße aktiviert und große Mengen von radioaktivem Tritium erzeugt.

Von den verschiedenen Richtungen, die auf dem Weg zum Fusionsreaktor bisher beschritten wurden, haben sich in den letzten Jahren insbesondere zwei als erfolgversprechend herausgestellt: das Tokamak-Prinzip und die sogenannte Laser-Fusion. Aufgrund sehr ermutigender Ergebnisse wird heute das Tokamak-Prinzip favorisiert. Gegenwärtig wird in der EG ein großer Tokamak, der Joint European Torus (JET), als Gemeinschaftsprojekt (Fusionsforschungszentrum Culham) gebaut. Nach dem jetzigen Stand der Entwicklung ist mit der Errichtung eines Fusions-Versuchsreaktors nicht vor 1990 zu rechnen.

Der Elementarvorgang eines Fusionsprozesses ist verhältnismäßig einfach und physikalisch seit langem bekannt. Bei der Kernverschmelzung handelt es sich im Unterschied zur Kernspaltung um die Synthese eines schwereren Kerns aus zwei leichteren. Dazu müssen diese wegen ihrer gleichartigen elektrischen Ladung gegen die abstoßende Coulomb-Kraft einander so nahe gebracht werden, daß die kurzreichenden anziehenden Kernkräfte zur Wirkung kommen und sich ein neuer Kern bildet.

Wie der Massendefekt zeigt, kommen nur die leichtesten Atomkerne für einen exothermen Fusionsprozeß in Betracht.

Der D-T-Prozeß ist hinsichtlich der Größe des Wirkungsquerschnittes und damit auch der Wahrscheinlichkeit eines Fusionsprozesses bei sonst gleichen Umständen deutlich vorteilhaft gegenüber dem D-D-Prozeß.

Während Deuterium in großen Mengen im natürlichen Wasser vorhanden ist (0,015 Gewichts-%), muß das radioaktive Tritium künstlich gewonnen werden. Dazu bieten sich Brutreaktionen in Lithium durch Neutronenbeschuß an.

Ein erfolgversprechender Weg zum Fusionsreaktor nutzt den Einfluß eines Magnetfeldes auf geladene Teilchen aus. Beim Tokamak wird mit Hilfe stationär betriebener Spulen in einem Torus ein achsenparalleles starkes Magnetfeld erzeugt (Bild IX.22). Bringt man in dieses Magnetfeld ein heißes Plasma, so findet man infolge des inhomogenen Magnetfeldes eine Drift des Plasmas gegen die äußere Wand. Verhindern kann man diese Driftbewegung nur mit Hilfe eines zweiten Magnetfeldes. Beim Tokamak wird dieses Feld durch einen im Plasma selbst fließenden Strom erzeugt.

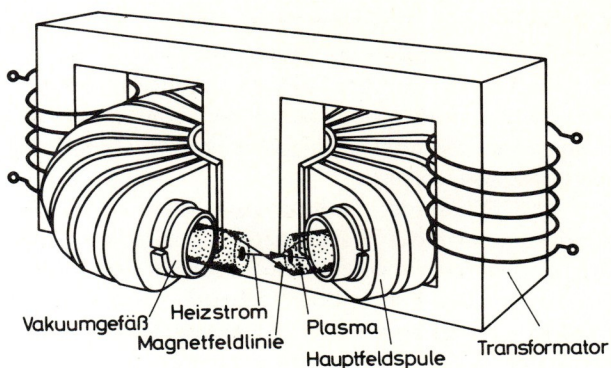

Bild IX.22 Tokamak

Um auf die angepeilten Temperaturen zwischen 50 und 100 Mio. °C zu kommen, ist neben einer Heizung durch Einstrahlung von Hochfrequenzenergie der Einschuß energiereicher neutraler Wasserstoffteilchen in das Plasma möglich.

Ein wesentlicher Vorteil der Fusionsreaktoren gegenüber den Spaltreaktoren ist der Wegfall des äußeren Brennstoffkreislaufes mit der Wiederaufarbeitung abgebrannter Kernbrennstoffe, die Spaltprodukte und Transurane hoher Aktivität und Radiotoxizität enthalten. Als größter Auslegungsstörfall gilt für den Fusionsreaktorbetrieb eine plötzliche Freisetzung von mehreren Kilogramm Tritium. Da bei Fusionsreaktoren die Rückgewinnung von Tritium Bestandteil des Reaktorsystems ist, reduziert sich das Entsorgungs- und Abfallproblem ausschließlich auf Tritium und die aktivierten Strukturmaterialien.

Neben der Kernfusion bietet sich für die Zukunft die verstärkte Nutzung von Sonnenenergie, Windenergie, geothermischer Energie, Bio- und Gezeitenenergie an. Das Interesse an diesen Energieträgern ist aber auch deshalb so stark gestiegen, weil diese Energiequellen dazu beitragen können, die Umweltbelastung des steigenden Energieeinsatzes zu reduzieren und die Energieversorgung der an traditionellen Energieträgern armen Länder zu verbessern (s. Kapitel VIII Sonstige Energieträger).

Erläuterungen zum Text

Abbrand	Maß für den verbrauchten Brennstoff der Brennstoffladung eines Kernreaktors. Abbrand bezeichnet den auf den anfänglichen Brennstoff-Gehalt bezogenen Prozentsatz an Brennstoff, der während des Reaktorbetriebes verbrannt worden ist.
Anreicherungsfaktor	Verhältnis der relativen Häufigkeit eines bestimmten → Isotops in einem Isotopengemisch zur relativen Häufigkeit dieses Isotops in einem Isotopengemisch natürlicher Zusammensetzung.

Erläuterungen zum Text

Anreicherungsgrad	→ Anreicherungsfaktor minus 1.
Barn	Einheit zur Angabe von → Wirkungsquerschnitten von Teilchen.
Bindungsenergie	Die erforderliche Energie, um aneinander gebundene Teilchen (unendlich weit) zu trennen.
Brüten	Umwandlung von nichtspaltbarem in spaltbares Material.
Brutrate	Das Verhältnis von gewonnenem Spaltstoff zu verbrauchtem Spaltstoff.
Ci	Einheitenkurzzeichen für Curie.
Core	Spaltzone eines Kernreaktors.
Elektronvolt	Ein Elektronvolt ist die von einem Elektron oder sonstigen einfachgeladenen Teilchen gewonnene kinetische Energie beim Duchlaufen einer Spannungsdifferenz von 1 Volt.
Endlagerung	Endgültige Lagerstätte für radioaktive Abfälle („Atommüll").
Gaszentrifugenverfahren	Verfahren zur Isotopentrennung, bei dem schwere Atome von den leichten durch Zentrifugalkräfte abgetrennt werden.
GAU	Größter anzunehmender Unfall. Der schwerste Störfall in einer kerntechnischen Anlage, für den gemäß Übereinkunft bei der Auslegung der Anlage Maßnahmen getroffen werden müssen, die die Beherrschung des Störfalls und seiner Folgen sicherstellen.
Isotope	Atome derselben Kernladungszahl (d. h. desselben chemischen Elements), jedoch unterschiedlicher Nukleonenzahl.
Joule (J)	1 J = 1 Ws = $2{,}388 \cdot 10^{-4}$ kcal
Kalorie (cal)	1 cal = 4,1868 Joule
Kritische Masse	Kleinste Spaltstoffmasse, die unter festgelegten Bedingungen eine sich selbsterhaltende Kettenreaktion in Gang setzt.
KWU	Kraftwerk Union AG, Mülheim/Ruhr
lb. (pound)	1 pound = 453,6 g
Massendefekt	Massendefekt bezeichnet die Tatsache, daß die aus Protonen und Neutronen aufgebauten Atomkerne eine etwas kleinere Ruhemasse haben, als der Summe der Ruhemassen der Protonen und Neutronen entspricht. Die Massendifferenz entspricht der freigewordenen → Bindungsenergie.
Millirem	1 Millirem (mrem) = 1/1 000 rem. → Rem
Moderator	Zur → Moderierung von Neutronen geeignetes Material (z. B. H_2O „leichtes Wasser", D_2O „schweres Wasser", Graphit).
Moderierung	Vorgang, bei dem die kinetische Energie der Neutronen durch Stöße ohne merkliche Absorptionsverluste vermindert wird.
Neutronen, thermische	Neutronen im thermischen Gleichgewicht mit dem umgebenden Medium. Thermische Neutronen haben bei 293,6 K eine wahrscheinlichste Neutronengeschwindigkeit von 2 200 m/s, das entspricht einer Energie von 0,0253 eV.
Notkühlung	Kühlsystem eines Reaktors zur sicheren Abführung der Nachwärme bei Unterbrechung der Wärmeübertragung zwischen Reaktor und betrieblicher Wärmesenke (Dampfturbine).
Pellets	Gesinterte Brennstofftabletten (8–15 mm Durchmesser, 10–15 mm Länge), mit denen die Brennstoffhüllrohre gefüllt werden.
Plasma	Insgesamt elektrisch neutrales Gasgemisch aus Ionen, Elektronen und neutralen Teilchen. Hochtemperatur-Wasserstoff-Plasmen dienen als Brennstoff in kontrollierten Fusionsversuchen.
Reaktivität	Maß für das Abweichen eines Reaktors vom kritischen Zustand. Ist die Reaktivität positiv, steigt die Reaktorleistung an. Bei negativer Reaktivität sinkt der Leistungspegel.
Recycling	Wiederverwendung des in bestrahltem Brennstoff enthaltenen Spaltstoffs, der durch chemische Wiederaufarbeitung gewonnen, erneut angereichert und dann zu neuen Brennelementen verarbeitet wird.
Redundanz	Informationstheoretische Bezeichnung für das Vorhandensein von an sich überflüssigen Elementen, die keine zusätzlichen Informationen liefern.
Rem	Einheit der Äquivalentdosis (Rem: radiation equivalent man), Einheitenkurzzeichen: rem. Die Äquivalentdosis, das Produkt aus der Energiedosis und dem jeweiligen Qualitätsfaktor der Strahlung, ist ein Maß für die Schädlichkeit einer Strahlung für den Menschen. 1 Rem ist gleich 1/100 J/kg.
Schneller Brutreaktor	Kernreaktor, dessen Kettenreaktion durch schnelle Neutronen aufrechterhalten wird und der mehr spaltbares Material erzeugt als er verbraucht.
Schweres Wasser	Deuteriumoxid, D_2O; Wasser, das an Stelle der leichten Wasserstoffatome Deuteriumatome enthält.
Steinkohleneinheit (SKE)	1 kg SKE entspricht einem mit 7 000 Kilokalorien (29 307 600 J) festgelegten Heizwert. 1 kg Natururan entspricht 13 300 kg SKE oder 8 334 kg Erdöl oder 40 000 kWh.
Thermonukleare Reaktion	Kernreaktion, bei der die beteiligten Teilchen die erforderliche Reaktionsenergie aus der thermischen Bewegung beziehen. (Kernfusionsreaktionen)
Tokamak (russ.; Tok = Strom)	Toroidale Anordnung für plasmaphysikalische Experimente zur Untersuchung → thermonuklearer Reaktionen.
Trennarbeit	Die Trennarbeit — auch Urantrennarbeit (UTA) genannt — ist ein Maß für den zur Erzeugung von angereichertem Uran zu leistenden Aufwand.
Trenndüsenverfahren	Durch die Expansion des Gasstrahls in einer gekrümmten Düse bewirken die Zentrifugalkräfte eine Trennung der leichten von der schweren Komponente.

UTA	→ Trennarbeit
Wiederaufarbeitung	Chemische und metallurgische Bearbeitung abgebrannter Brennelemente zum Zwecke der Abtrennung der Spaltprodukte und Rückgewinnung des Kernbrennstoffs.
Wirkungsgrad	Bei Kraftwerken das Verhältnis der geleisteten Nutzarbeit zu der gleichzeitig zugeführten Energie. Herkömmliche Wärmekraftwerke haben einen Wirkungsgrad von bis zu 40 %.
Wirkungsquerschnitt	Maß für die Wahrscheinlichkeit des Auftretens einer Reaktion. Einheit: das → Barn (Einheitenzeichen: b), 1 Barn ist gleich 10^{-28} m^2.
Yellow cake	Uranerzkonzentrat mit 70–80 % Uran.
Zircaloy	Zirkonlegierung als Hüllwerkstoff für Brennstäbe.

Literatur

Baumgärtner, F. (Hrsg.): Chemie der Nuklearen Entsorgung, Teile I bis III, Thiemig-Taschenbücher, München 1978/80.

Bokelund, H. u.a.: Behandlung hochradioaktiver Abfälle, atomwirtschaft **21**, 352, Düsseldorf 1976.

Euler, K. J. und *A. Scharmann* (Hrsg.): Wege zur Energieversorgung, Thiemig-Taschenbücher Band 60, München 1977.

Farmer, F. R. (Hrsg.): Nuclear Reactor Safety, Academic Press, New York 1977.

Koelzer, W.: Lexikon zur Kernenergie, Kernforschungszentrum Karlsruhe 1980.

Mandel, H.: Die energiepolitische Bedeutung der Entsorgung, Atom und Strom **23**, 7, Frankfurt 1977.

Michaelis, H.: Kernenergie, Deutscher Taschenbuch Verlag, München.

Müller, W. und *B. Stoy*: Entkopplung. Wirtschaftswachstum ohne mehr Energie? Deutsche Verlags-Anstalt, Stuttgart 1977.

Münch, E. (Hrsg.): Tatsachen über Kernenergie, Verlag W. Girardet, Essen 1980.

Oberbacher, B.: Nutzen der Kernenergie, Erich Schmidt Verlag, Bielefeld 1979.

Oldekop, W.: Einführung in die Kernreaktor- und Kernkraftwerkstechnik, Teile I und II, Thiemig-Taschenbücher Bd. 53 und 54, München 1975.

Rauch, H. und *M. Schneeberger*: Grundlagen des nuklearen Brennstoffkreislaufes, E und M, **94**, 70, Wien 1977.

Redaktionsschluß 1.7.1981

Schaefer, H. (Hrsg.): Struktur und Analyse des Energieverbrauchs der BR Deutschland, Techn. Verlag Resch, Gräfelfing 1980.

Scheuten, G. H.: Wiederaufarbeitung als industrielle Aufgabe. Vortrag auf der Reaktortagung des Deutschen Atomforums 1977.

Schieweck, E.: Weltenergie-Evolution. Glückauf-Verlag, Essen 1976.

Schmidt, G.: Problem Kernenergie – Eine kritische Information, Vieweg Verlag, Braunschweig 1977.

Schmidt, G., Wahl, D. J., Bröcker, B.: Kernenergieerzeugung (Übersichten). Brennstoff-Wärme-Kraft, **26** bis 32, Nr. 4 (1974 bis 1980).

Schneider, H. K. und *H. Frewer*: Die Zukunft unserer Energiebasis, Westd. Verlag, Opladen 1977.

Seifritz, W.: Sanfte Energietechnologie Hoffnung oder Utopie?, Thiemig-Taschenbücher Bd. 92, München 1980.

Smidt, D.: Reaktorsicherheitstechnik ..., Springer-Verlag 1979.

Stoy, B.: Wunschenergie Sonne, Energie-Verlag, Heidelberg 1977.

Winnacker, K.: Schicksalsfrage Kernenergie, Econ-Verlag, Düsseldorf, Wien 1978.

Ringbuch der Energiewirtschaft: Verlags- und Wirtschaftsgesellschaft der Elektrizitätswerke VWEW, Frankfurt.

Der Rasmussen-Bericht WASH-1400 (NUREG 75/014) – Übersetzung der Kurzfassung: Hrsg. Institut für Reaktorsicherheit, Köln 1976 (IRS-S-13).

Das Veto; Atombericht der Ford Foundation. – (Umschau-Verlag), 1977.

Weißbuch Energie, ASM-Akzente, Verlag Bonn Aktuell, Stuttgart 1980.

11. Weltenergiekonferenz 1980 München, Fach- und Generalberichte (engl., franz., deutsch) World Energy Conference London SWIA 1980.

Prototypanlage Nukleare Prozeßwärme (PNP), Statusbericht, KFA Jülich 1976.

Zeitschriften

atom-informationen: Deutsches Atomforum e.V., Bonn
atomwirtschaft – atomtechnik: Handelsblatt-Verlag, Düsseldorf
Atom und Strom: VWEW, Frankfurt (Main)

Populäre, z.T. polemische Literatur

Hermann, A.: Weltreich der Physik, Bechtle-Verlag, Esslingen 1980.
Hoffmann, H.: Atomkrieg – Atomfrieden, Bernard und Graefe-Verlag, München 1980.
Jungk, R.: Der Atomstaat.
Zischka, A.: Der Kampf ums Überleben ...
Gruhl, H.: Ein Planet wird geplündert.
Gerwin, R.: Die Weltenergieperspektive ...
Hilscher, G.: Energie im Überfluß.
Vogler, O.: Herausforderung Ölkrise (1981).

X Elektrizitätsversorgung

W. Mackenthun   A. Mareske

Inhalt

1	Allgemeines	281
2	Rechtliche Grundlagen	283
3	Planungsgrundsätze und Investitionen	285
4	Stromerzeugungsanlagen	287
5	Netzanlagen	293
6	Stromwirtschaft	297
7	Elektrizitätsanwendung	303
8	Informationstechnik der Elektrizitätsversorgung	305
9	Fernwärmeversorgung	307
10	Elektrizitätsversorgung und Umweltschutz	309
11	Öffentlichkeitsarbeit	312
	Literatur	313

1 Allgemeines

Die elektrische Energie und die mit ihrer Erzeugung und Verteilung befaßte Elektrizitätswirtschaft sind durch fünf wesentliche Merkmale gekennzeichnet, die sie in bestimmten Bereichen von anderen Primär- und Sekundärenergieträgern grundsätzlich unterscheiden und ihr spezifische Gesetzmäßigkeiten aufzwingen. Es sind dies

- die Leitungsgebundenheit bei der Fortleitung und Verteilung elektrischer Energie,
- die mangelnde Speicherfähigkeit elektrischer Energie in nennenswertem Umfang (nur über andere Energieformen möglich, z.B. Pumpspeicherung, Dampfspeicherung, Luftspeicherung),
- die allgemeine Anschluß- und Versorgungspflicht der Unternehmen der öffentlichen Energieversorgung mit dem sich daraus ergebenden Investitionszwang,
- die außergewöhnliche Kapitalintensität der öffentlichen Elektrizitätsversorgung,
- die staatliche Fach-, Preis- und Kartellaufsicht über die Versorgungsunternehmen.

An der Gesamtversorgung der BR Deutschland mit elektrischer Energie sind sowohl Unternehmen der öffentlichen und industriellen Versorgung als auch bundesbahneigene Werke beteiligt. Öffentliche und industrielle Kraftwerke speisen vorwiegend auf den Höchstspannungsebenen 380 und 220 kV in ein Verbundnetz ein und werden synchron bei einer Frequenz von 50 Hz betrieben. Die Kraftwerke der Deutschen Bundesbahn oder der von ihr bezogene Strom versorgen ein eigenes, separates 110-kV-Netz.

Die Elektrizitätsversorgung der BR Deutschland wird hauptsächlich (87 % im Jahre 1979) von den Unternehmen der öffentlichen Versorgung (EVU) sichergestellt, in deren Netze auch große industrielle Kraftwerke vorwiegend aus dem Steinkohlenbergbau einen über den Eigenbedarf hinausgehenden Anteil ihrer Erzeugung abgeben (Bild X.1).

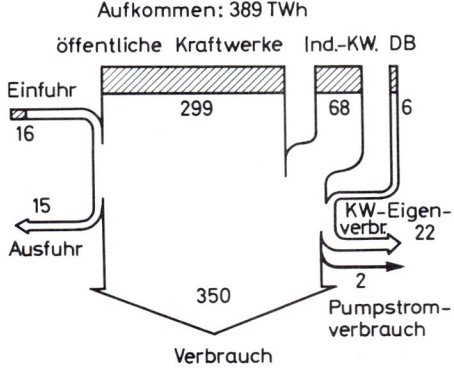

Bild X.1 Elektrizitätsversorgung in der BR Deutschland

Die Struktur der westdeutschen EVU ist sowohl hinsichtlich der rechtlichen Organisation als auch nach der wirtschaftlichen Aufgabenstellung und Bedeutung sehr unterschiedlich. Es gibt alle Arten der rechtlich möglichen Organisationsformen (AG, GmbH, OHG, KG, kommunaler Eigenbetrieb, private Unternehmen sowie Eigenbetriebe und Eigengesellschaften), wobei die 119 Aktiengesellschaften — am Stromabsatz gemessen 82,6 % der nutzbaren Stromabgabe — vorherrschen.

Bei der Aufgliederung der EVU nach der Kapitalbeteiligung werden drei Hauptgruppen unterschieden:

1. *Unternehmen der öffentlichen Hand* mit 95 % oder mehr Kapital von Bund, Ländern, Landkreisen, Gemeindeverbänden und Gemeinden (441 Unternehmen),
2. *Gemischtwirtschaftliche Unternehmen* mit einem Anteil der öffentlichen Hand von weniger als 95 % und des privaten Kapitals von weniger als 75 % (104 Unternehmen),
3. *Private Unternehmen* mit 75 % und mehr privatem Kapital.

Unternehmen in reinem Privatbesitzt (136) sind durch ihren Anteil von 2,7 % an der nutzbaren Abgabe nur von geringer Bedeutung für die Gesamtversorgung. Generell werden die Versorgungsunternehmen unabhängig von den Besitzverhältnissen nach wirtschaftlichen Grundsätzen im Rahmen der für die Elektrizitätswirtschaft geltenden Gesetze und Verordnungen geführt.

Auch die wirtschaftliche Bedeutung der einzelnen Unternehmen ist sehr unterschiedlich, da die Versorgungsbetriebe entsprechend ihrer geschichtlichen Entwicklung nach Art und Umfang sehr ungleich sind. Die in der Deutschen Verbundgesellschaft (DVG) zusammengeschlossen 9 Elektrizitätsversorgungsunternehmen, die miteinander im Verbundbetrieb arbeiten, überdecken in ihren Arbeitsbereichen die BR Deutschland. Die Versorgung wird ergänzt durch eine Reihe von Regionalunternehmen, die mittlere und kleinere Regionen versorgen, und durch Kommunalunternehmen, die einzelne Gemeinden mit Strom beliefern. Ferner gibt es reine Erzeugerwerke, die Strom nur an Weiterverteiler abgeben, gemischte Erzeuger- und Verteilerwerke und reine Verteilerunternehmen. Eine weitere Unterteilung läßt sich vornehmen in solche Unternehmen, die nur Elektrizitätsversorgung betreiben, und in sogenannte Querverbundunternehmen (meist auf kommunaler Ebene), zu deren Aufgabe neben der Elektrizitätsversorgung in örtlich jeweils verschiedenen Kombinationen die Fernwärmeversorgung, die Gasversorgung, die Wasserversorgung und sogar Verkehrsbetriebe (z.B. Stadtwerke München) gehören können; in ihnen muß der Wettbewerb auf dem Verbrauchermarkt intern nach wirtschaftlich optimalen Gesichtspunkten ausgetragen werden.

Die drei an der Gesamtstromversorgung der BR Deutschland beteiligten Gruppen — die Unternehmen der öffentlichen Versorgung, die industriellen Eigenanlagen und die Bundesbahn — sind getrennt organisiert. 680 Unternehmen der öffentlichen Versorgung sind in der Vereinigung Deutscher Elektrizitätswerke e.V. (VDEW) und ihren angegliederten Landesverbänden zusammengeschlossen (Stand 1979). Neben den VDEW-Mitgliedswerken gibt es zwar noch etwa 300 weitere, meist kleine und kleinste Unternehmen, deren geringe Bedeutung schon daraus hervorgeht, daß sie mit nur etwa 1 % an der öffentlichen Stromerzeugung und -abgabe beteiligt sind. Der Trend zur Konzentration und Rationalisierung hält auch weiterhin an.

Der zweite Partner in der (west-)deutschen Gesamtversorgung sind die industriellen Eigenanlagen mit einem im Gegensatz zu anderen Ländern verhältnismäßig hohen Versorgungsanteil, der absolut ständig zugenommen hat, relativ allerdings rückläufig ist (1953: 39,1 %, 1963: 37,0 %, 1973: 25,3 %, 1979: 18,0 %). Diese Unternehmen sind meist Mitglied in der Vereinigung Industrielle Kraftwirtschaft e.V. (VIK). Industrieeigene Kraftanlagen werden auch in Zukunft, namentlich bei gleichzeitigem Auftreten von Kraft- und Wärmebedarf, ihre Berechtigung und Bedeutung behalten. Ein Teil der in Eigenkraftanlagen erzeugten elektrischen Energie wird auf Grund privatwirtschaftlicher Verträge in das Netz der öffentlichen Versorgung abgegeben; 1979 waren es 6,5 % des Gesamtstromaufkommens in der BR Deutschland bei 35 % der Nettostromerzeugung der Industrie.

Wenn auch die Deutsche Bundesbahn (DB) mit nur 1,7 % an der Deckung des Gesamtstromaufkommens der BR Deutschland beteiligt ist, so leistet sie doch mit der Elektrifizierung des Streckennetzes einen wichtigen rationalisierenden und umweltverbessernden Beitrag. Ende 1979 waren einschließlich der Hamburger S-Bahn 10 726 Streckenkilometer elektrifiziert, d.s. 37,6 % des Gesamtstreckennetzes der DB. Der Anteil der elektrischen Transporte von Personen und Gütern betrug jedoch schon rd. 83 %. Der Strom wird aus bahneigenen Wärme- und Wasserkraftanlagen sowie bahneigenen Maschinen in Kraftwerken der öffentlichen Versorgung und über Umformeranlagen zur Verfügung gestellt — z.T. mit 16 2/3-Hz-Einphasenmaschinen, z.T. aus dem 50-Hz-Netz über Bahnstromumformer — und über bahneigene Netze den Einspeisepunkten in der Fahrleitung zugeführt [3].

Wegen der großen Bedeutung für die Sicherheit und Wirtschaftlichkeit der Elektrizitätsversorgung darf ferner der Stromaustausch mit dem benachbarten Ausland nicht außer Acht gelassen werden, auf den in Abschnitt 5.3 näher eingegangen wird.

Die Bedeutung der Elektrizitätswirtschaft hat im Rahmen der Gesamtwirtschaft zugenommen. Besonders in einer Zeit der Verknappung der Resourcen, instabiler Energiepreise und Importabhängigkeiten spielt ihr Energieverbrauchsanteil in der Primärenergiebilanz der Bundesrepublik (siehe Tabelle X.1) und die Verteilung auf die einzelnen Primärenergieträger eine besondere Rolle. Vor 10 Jahren hatte die Elektrizitätswirtschaft nur einen Gesamtbilanzanteil von rd. 20 %, heute beträgt er bereits rd. 30 %. Ähnlich ist die Bedeutung der Elektrizitätswirtschaft in anderen Industriestaaten bei etwa gleichen klimatischen Bedingungen. Der Zusammenhang zwischen dem Wirtschaftswachstum, ausgedrückt durch die prozentuale Zunahme des realen Bruttoinlandprodukts, und der Entwicklung des Primärenergie- und Elektrizitätsverbrauchs wird seit der Ölkrise des Jahres 1973 mit besonderer Aufmerksamkeit verfolgt (siehe Bilder X.2 und IX.5). Der Gesamtstromverbrauch lag in den Zuwachsraten bis 1977 deutlich über den Werten für den Primärenergieverbrauch und dem Bruttoinlandprodukt. Wenn auch in den letzten zwei Jahren die Zuwachsrate unterhalb des Primärenergiebedarfs lag, so ist er dennoch gleichsinnig mit den beiden anderen Einflußgrößen mitgewachsen. Durch Preissteigerungen für Erdöl und anderer Energieträger, der Devise „Weg vom Öl", ein bewußteres Verhalten beim Energieeinsatz auch im privaten Verbraucherbereich wurden bisher schon Energieeinsparungen erzielt und sind in Zukunft noch verstärkt

1 Allgemeines / 2 Rechtliche Grundlagen

Tabelle X.1 Energieeinsatz der Elektrizitätswirtschaft 1979

Energieträger	Gesamte Elektrizitätswirtschaft			Öffentliche Versorgung (Erzeugung, Einfuhrüberschuß und Einspeisung aus Eigenanlagen)		
		Anteil am			Anteil am	
		gesamten Primärenergieverbrauch	Einsatz der Elektrizitätswirtschaft		gesamten Primärenergieverbrauch	Einsatz der öffentlichen Versorgung
	Mill. t SKE[1])	%	%	Mill. t SKE[1])	%	%
Steinkohle	34,4	45,4	28,7	30,0	39,6	28,4
Kokerei- und Gichtgas	2,9	3,8	2,4	0,7	0,9	0,7
Braunkohle	33,0	86,6	27,5	32,9	86,4	31,1
Mineralöl	7,9	3,8	6,6	5,0	2,4	4,7
Raffineriegas	0,4	0,2	0,3	0,2	0,1	0,2
Erdgas	20,2	30,9	16,8	17,6	27,0	16,6
Wasserkraft[2])	5,6	100,0	4,7	4,8	86,4	4,5
Stromeinfuhrüberschuß	0,2	100,0	0,2	0,2	96,0	0,2
Kernenergie	13,9	100,0	11,6	13,7	98,4	13,0
Sonstige[3])	1,5	62,5	1,2	0,6	25,0	0,6
Gesamteinsatz	120,0 (3517 PJ)	29,4	100,0	105,7 (3 098 PJ)	25,9	100,0

[1]) Steinkohlen-Einheiten: 1 Mill. t SKE = 29,3076 PJ
[3]) Müll-, Klär- und Grubengas, Brennholz usw.
[2]) Ohne Erzeugung aus Pumpspeicherung
Quellen: Arbeitsgemeinschaft Energiebilanzen und BMWi III B 2

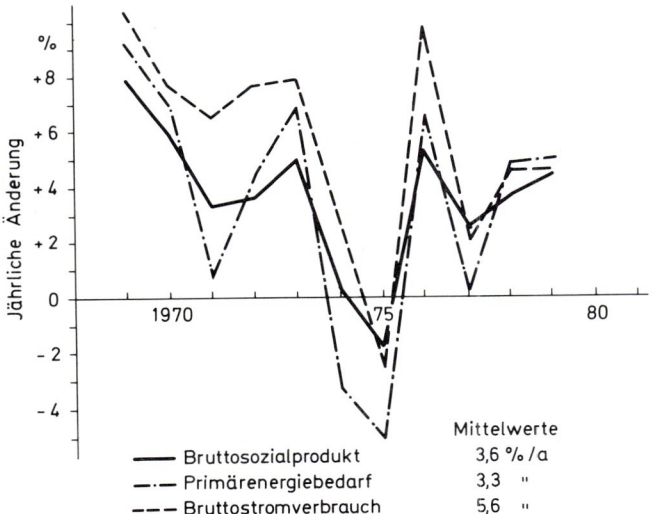

Bild X.2 Energie und Wirtschaftswachstum

zu erwarten. Für die nächsten Jahre müssen Prognosen daher mit noch größerer Skepsis und Unsicherheit bewertet werden. Substitutionseffekte, die sich auf einen vermehrten Strombedarf auswirken, sind bisher noch nicht zu erkennen.

Die Primärenergiestruktur der Elektrizitätsversorgung hat sich ebenfalls gewandelt. Der Kohleanteil (Stein- und Braunkohle) machte 1969 noch 72,5 % aus, während er bis heute auf 60 % zurückgegangen ist trotz einer Steigerung der Absolutmengen auf 67 Mio. t SKE. Die Ölabhängigkeit mit einem Anteil von maximal 11 % im Jahre 1970 hat in diesem Wirtschaftszweig bis auf einige regionale Besonderheiten keine große Rolle gespielt. Im Zuge der Beschränkung des Öleinsatzes in vorhandenen Kraftwerken der öffentlichen Versorgung konnte der Ölanteil auf 5 % der für die Stromerzeugung beanspruchten Primärenergie reduziert werden und wird auch in naher Zukunft mit rd. 6 Mio. t SKE absolut konstant bleiben. Der umweltfreundliche Erdgaseinsatz in Kraftwerken mit seinem Anteil von 16 % wirkt sich zunehmend bei absehbarer veränderter Mengen- und Preissituation nachteilig auf die Stromerzeugung aus. Zur Deckung des Strommehrbedarfs, gleichgültig in welcher Höhe auch immer, und für die zu substituierenden Primärenergieträger der Stromerzeugung in Form von Erdgas und Öl stehen nur Kohle und Kernenergie zur Verfügung. Nur ein ungehinderter, planmäßiger Ausbau auf der Grundlage dieser Primärenergieträger kann die gesicherte und wirtschaftliche Stromerzeugung gewährleisten und so zur Stabilität und zum Erhalt unseres Lebensstandards und des Wirtschaftswachstums beitragen.

2 Rechtliche Grundlagen

In der BR Deutschland gibt es kein umfassendes Energierecht. Die Rechtsgrundlagen für die Versorgung mit elektrischer Energie richten sich im wesentlichen danach, ob es sich um das Verhältnis zwischen EVU und Staat oder zwischen EVU und seinen Kunden handelt. Je nachdem finden öffentlich-rechtliche oder privatrechtliche Vorschriften Anwendung [7, 8, 9].

Die in Abschnitt 1 geschilderten besonderen Merkmale der Elektrizitätsversorgung führten zu Ordnungsvorschriften für die Elektrizitätsversorgung (zugleich auch für die Gasversorgung) in Form des *Gesetzes zur Förderung der Energiewirtschaft (Energiewirtschaftsgesetz)*, das am 13.12.1935 erlassen wurde. Dieses Gesetz definiert zunächst den Begriff „Öffentliche Versorgung", führt für Unternehmen der öffentlichen Versorgung eine Anschluß- und Versorgungspflicht ein und räumt Energieaufsichtsbehörden eine besondere Kontrolle über Aufnahme der Energieversorgung und den Betrieb von Energieversorgungsunternehmen ein. Dazu gehören u.a. die sogenannte Investitionskontrolle (eine Anzeigepflicht für Erzeugungs- und Fortleitungsanlagen) sowie das Recht des Staates, Unternehmen, die ihrer Versorgungsaufgabe nicht gerecht werden, von der weiteren Versorgung der Allgemeinheit auszuschließen. Andererseits können Versorgungsunternehmen die Enteignung von Grundeigentum sowie die Berechtigung zur Mitbenutzung (Durchleitung oder Leitungsüberquerung) von öffentlichen und privaten Grundstücken und Straßen beantragen und erhalten, wenn ein Nachweis der Notwendigkeit zur Erfüllung der Versorgungsaufgabe erbracht wird und privatrechtliche Konzessions- oder Gestattungsverträge auf Widerstand der Grundstückseigentümer stoßen.

Zusammen mit anderen Gesetzen, z.B. mit dem für die Gesamtwirtschaft geltenden Preisgesetz, enthält das Energiewirtschaftsgesetz die Rechtsgrundlage für eine Reihe von preisrechtlichen Verordnungen, die im wesentlichen das Verhältnis der EVU zu ihren Kunden regeln. Zu der Energieaufsicht auf Grund des Energiewirtschaftsgesetzes kommt nämlich durch die bindende Vorschrift des Preisgesetzes für weite Teile der Strompreisbildung noch eine Preisaufsicht. Weiterhin unterliegt die Elektrizitäts-, Gas- und Wasserwirtschaft noch einer besonderen Mißbrauchsaufsicht der Kartellbehörden als Ausgleich für die Ausnahmestellung, die den Unternehmen der öffentlichen Energieversorgung nach dem Gesetz gegen Wettbewerbsbeschränkungen auf Grund ihrer technisch-wirtschaftlichen Besonderheiten eingeräumt ist.

Weitere Einflußnahmen des Staates auf die Erzeugung und Verteilung elektrischer Energie ergeben sich u.a. aus dem *Bundesbaugesetz* von 23.6.1960 in der Fassung der Bekanntmachung vom 18.8.1976, aus dem *Wasserhaushaltsgesetz* vom 6.8.1964 in der Fassung der Bekanntmachung vom 16.11.1976, aus dem *Bundesimmissionsschutzgesetz* vom 15.3.1974 und dessen *Verordnungen* sowie den *Naturschutzgesetzen der Länder*, ferner aus dem *Gesetz über das Maß- und Eichwesen (Eichgesetz)* vom 11.7.1969 (insbesondere aus der neuen *Eichordnung* vom 15.1.1975 zur Angleichung der Rechtsvorschriften der EG-Mitgliedsstaaten). Hinsichtlich des Einsatzes von Primärenergieträgern sind von einschneidender Bedeutung die drei *Verstromungsgesetze* vom 12.8.1965 in der Fassung vom 8.8.1969, 5.9.1966 in der Fassung vom 29.3.1976 und 13.12.1974 in der Fassung vom 29.3.1976, die den verstärkten Einsatz von Gemeinschaftskohle und die Einschränkung des Verbrauchs von Mineralölerzeugnissen und Erdgas in den Kraftwerken der BR Deutschland bezwecken. Im April 1980 wurde eine Ergänzungsvereinbarung zwischen dem Gesamtverband des deutschen Steinkohlenbergbaus (GVSt) und der VDEW, VIK und DB über den verstärkten Einsatz deutscher Steinkohle in der Elektrizitätswirtschaft abgeschlossen. Für den Bau und Betrieb von Kernkraftwerken ist das *Gesetz über die friedliche Verwendung der Kernenergie und den Schutz gegen ihre Gefahren (Atomgesetz)* vom 23.12.1959 in der Fassung vom 31.10.1976 (Vierte Novelle zum Atomgesetz) und den Allgemeinen Verwaltungsvorschriften, Richtlinien, Sicherheitskriterien, Empfehlungen vom 21.10.1977 [24] erlassen worden. Es regelt zusammen mit der *Strahlenschutzverordnung* vom 13.10.1976 sowie vom 24.12.1977, der *Atomrechtlichen Verfahrensverordnung* vom 18.2.1977, der *Atomrechtlichen Deckungsvorsorge-Verordnung* vom 25.1.1977 technische und rechtliche Probleme auf dem Kernenergiegebiet.

Für das Verhältnis der EVU zu ihren Kunden gibt es eine Reihe grundsätzlicher Bestimmungen. Gestützt auf das Energiewirtschaftsgesetz von 1935 wurden z.B. die *Bundestarifordnung Elektrizität* vom 14.11.1973 (Neufassung der 1. Tarifordnung vom 25.7.1938), heute geltend in der Fassung vom 1.1.1974 mit der Änderungsverordnung, gültig ab 1.4.1980, und eine Reihe weiterer preisrechtlicher Verordnungen erlassen. Nach langjährigen Vorarbeiten ist die „Verordnung über Allgemeine Bedingungen für die Elektrizitätsversorgung von Tarifkunden (AVB-EltV) am 1.4.1980 anstelle der AVB für die Versorgung mit elektrischer Arbeit im Niederspannungsbereich in Kraft getreten [9]. Das bedeutet, daß die AVB-EltV Inhalt und Umfang der Tarifabnehmerverträge bestimmen. Soweit Sonderabnehmer, d.h. also Abnehmer von elektrischer Energie, die nicht als Tarifabnehmer anzusehen sind, beliefert werden, wird der Inhalt ihrer Verträge weitgehend ebenfalls in Anlehnung an die Allgemeinen Versorgungsbedingungen gestaltet. Abweichungen ergeben sich entweder aus wirtschaftlichen oder aus technischen Gesichtspunkten.

Auf Grund der *Preisfreigabeanordnung* von 1948, geändert 1967, sind lediglich die Grundpreise für die Tarifabnehmer im Gewerbe- und Landwirtschaftsbereich von der Preisaufsicht ausgenommen. Für die gesamte übrige Preisbildung sowohl im Tarif- als auch im Sonderabnehmerbereich unterliegen die EVU der Preisaufsicht. Hier sind z.B. in der *Bundestarifordnung Elektrizität* gewisse Höchstarbeitspreise vorgeschrieben. Für Sonderabnehmer gelten die nach der Preisstop-Verordnung von 1936 sich ergebenden Preise ebenfalls als Höchstpreise, jedoch sind auf der

Grundlage der VO-Pr 18/52 nach Maßgabe der regelmäßig vereinbarten Preisänderungsklauseln Anpassungen an die jeweilige Entwicklung der Kosten möglich. Darauf achten — gegebenenfalls auch im Wege des Peisvergleichs mit benachbarten Unternehmen — sowohl die Preisaufsichts- als auch die Kartellbehörden.

Die Rechtsgrundlagen für die Elektrizitätswirtschaft haben sich seit der Jahrhundertwende vielfach gewandelt und wurden laufend ausgebaut. So ist auch künftig mit einer stetigen Ergänzung des Energierechts und der darauf Bezug nehmenden Verordnungen zu rechnen.

3 Planungsgrundsätze und Investitionen

Die Planungen der EVU für den Ausbau ihrer Erzeugungs-, Fortleitungs- und Verteilungsanlagen haben zur Grundlage Prognosen für den Strombedarf, da vorausgesetzt wird, daß auch in Zukunft jederzeit die Stromversorgung der zu versorgenden Gebiete mit elektrischer Energie sicherzustellen ist. Die Anforderungen an die öffentliche Stromversorgung werden zukünftig ganz wesentlich davon abhängen, welche Aufgaben ihr im Rahmen der Gesamtstromversorgung (öffentliche Versorgung, Industrie u. DB) sowie der gesamten Energieversorgung der Bundesrepublik zugewiesen wird. Es müssen trotz aller wirtschaftlichen Unsicherheiten Entwicklungen über 10 bis 12 Jahreszeitspannen abgeschätzt werden, um die Bauvorhaben rechtzeitig realisieren und auch die notwendigen Primärenergien beschaffen zu können. Da der größte Teil der Investitionsgüter Nutzungsdauern von 25 bis 50 Jahren aufweisen sollen, sind die Entscheidungen mit langfristigen Auswirkungen verbunden. Derartige Prognosen sind daher nicht als zuverlässige Vorhersagen, sondern als Anhaltswerte zu verstehen, die einer ständigen Fortschreibung und Korrektur in Anlehnung an die tatsächliche Entwicklung bedürfen. Die Prognosemethoden wurden verfeinert, jedoch hat die Sicherheit für das Eintreffen der Vorhersagen nur beschränkt zugenommen [19, 20, 21]. Die Verzahnung der Weltwirtschaft, unvorhergesehene Ereignisse im politischen und wirtschaftlichen Raum beeinflussen wesentlich den Strombedarf. Daher orientieren sich meist die Zielvorstellungen der EVU wegen der Verpflichtung zu einer gesicherten Stromversorgung an den oberen Prognosedaten, die dann kurzfristig korrigiert werden. Dieser schwierige Steuerungsprozeß wirkt sich bei starker positiver wie negativer Abweichung von den Prognosen, besonders durch die kapitalintensiven Bauten wie Kraftwerke, Umspannwerke und Hochspannungsleitungen infolge langer Bauzeiten, hoher Investitionen und Bauzinsen nachteilig aus. Als besonders belastendes Element zeigen sich in den letzten Jahren die Kraftwerksneubauten auf der Kernenergie- und Kohlebasis. Daher sind Planungen, entsprechend der wirtschaftlichen Konjunkturlage antizyklisch zu investieren, nicht mehr durchzusetzen. Andererseits zeigen die bisherigen Erfahrungen, daß Kriegs- und Krisenzeiten wohl vorübergehende Einbrüche in die allgemeine Stetigkeit des Belastungsanstieges brachten, aber langfristig wieder ein Ausgleich erfolgte. Wenn also die gewünschten Spareffekte zunächst auftreten, so sind die Substitutionseffekte durch verknappende andere Energieträger, besonders Öl und langfristig wahrscheinlich auch Gas, noch nicht abzuschätzen.

Weitere Unsicherheiten beruhen auf den noch nicht überschaubaren Auswirkungen von staatlichen und privaten Maßnahmen zum Wirtschaftswachstum einerseits und von Appellen zu sparsamerem Energieverbrauch andererseits, schließlich verunsichern auch Erschwernisse und Verzögerungen im Ausbau der Erzeugungsanlagen eine langfristige Vorausschau und Vorsorge für ein ausreichendes Energiedargebot, wie es in der Vergangenheit als selbstverständlich hingenommen wurde.

Wichtige Gesichtspunkte sprechen auch künftig für eine höhere Zuwachsrate der Elektrizitätsversorgung im Vergleich zu der Zunahme des Gesamtenergieverbrauchs in der BR Deutschland: der Zwang zu weiteren Rationalisierungsmaßnahmen in der Industrie, die Zunahme stromintensiver Prozesse und die unverminderten Ansprüche im privaten, landwirtschaftlichen und gewerblichen Bereich. Schließlich spielt auch die zunehmende Elektrifizierung auf dem Verkehrssektor (im Fern-, Nah- und Ortsverkehr, möglicherweise auch im Individualverkehr) eine nicht unerhebliche Rolle.

Die Investitionen der öffentlichen Elektrizitätsversorgung in der BR Deutschland sind 1979 auf den Wert von 1977 zurückgegangen (siehe Tabelle X.2). Entscheidend dafür war der Einbruch bei den Kraftwerksinvestitionen (−25 %). Der für 1980 vorhergesagte Anstieg auf 10 Mrd. DM [11], ist nicht eingetreten. Im Erzeugungsbereich konnten die Genehmigungshemmnisse noch nicht abgebaut werden. Die Investitionen im Verteilungsbereich werden mit einer Zuwachsrate von 4 %/a fortgeschrieben und damit der Strombedarfsentwicklung angepaßt. Die Aufteilung auf die Bereiche Erzeugungsanlagen, Fortleitungs- und Verteilungsanlage und Sonstiges zeigt Bild X.3.

Die öffentliche Elektrizitätsversorgung steht unter zunehmendem Kostendruck. Die außerordentlichen Preissteigerungen für leichtes und schweres Heizöl und die daran teilweise geknüpften Marktpreise für Erdgas und Steinkohle (Bild X.4) führen bei den EVU zu erheblichen Mehrbelastungen und engen die Finanzierungsspielräume stark ein. Der sehr mäßig gestiegene Uranpreis konnte aus Kapazitätsmangel durch die verzögerten Kernkraftwerke zur Substitution nur geringfügig genutzt werden. Der Uranpreis wird bei verstärkten Ausbauprogrammen in der Welt auch wieder ansteigen. So schlagen die Brennstoffkosten auf die Stromerzeugung voll durch und führten zu erheblichen Strompreiserhöhungen von über 10 %.

Außerdem sind im Kraftwerks- und Verteilungsanlagenbau erhebliche Aufwendungen für Umweltschutzmaßnahmen erforderlich, die nicht nur die Investitionen erhöhen,

Tabelle X.2 Zehn Jahre wirtschaftliche Entwicklung in der öffentlichen Elektrizitätsversorgung

		1969	1971	1973	1975	1977	1978	1979
Investitionen	Mrd. DM	3,74	6,42	8,42	10,17	8,27	8,91	8,18
Umsatz aus der Abgabe an Verbraucher	Mrd. DM	13,83	16,52	21,38	27,53	31,54	34,47	35,96
Beschäftigte	1000	139,8	142,7	150,1	150,2	153,3	155,8	158,0
Löhne und Gehälter[1]	Mio. DM	2 242	2 863	3 747	4 622	5 310	5 660[2]	6 090[2]
Lohn je Arbeiterstunde[1]	DM	7,01	9,10	11,75	15,76	17,57	18,51[2]	19,84[2]
Löhne und Gehälter[1] je kWh Abgabe an Verbraucher	Pf	1,50	1,60	1,72	2,05	2,10	2,12[2]	2,18[2]
Abgabe an Verbraucher je Beschäftigten	MWh	1 072	1 256	1 448	1 504	1 645	1 719	1 764

[1] Ohne gesetzliche und freiwillige Sozialleistungen
[2] Aus Teilergebnissen hochgeschätzte Zahlen, da endgültige Ergebnisse noch nicht vorliegen

Quelle [2]:
Investitionen und Beschäftigte VDEW
Andere Ausgangsdaten BMWi III B 2 und Statistisches Bundesamt

	Investitionen in Mio. DM			Anteile an den Investitionen in %		
	1969	1974	1979	1969	1974	1979
Erzeugungsanlagen	874	4580	2700	23	47	33
Fortleitungs- und Verteilungsanlagen	2316	4240	4410	62	43	54
Sonstiges	550	940	1070	15	10	13
Investitionen insgesamt	3740	9760	8180	100	100	100

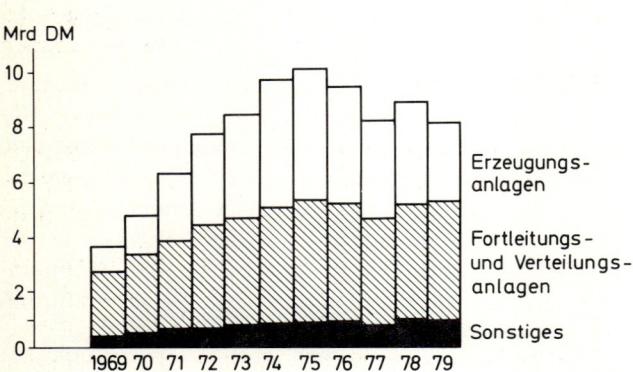

Bild X.3 Investitionen der öffentlichen Elektrizitätsversorgung [2]

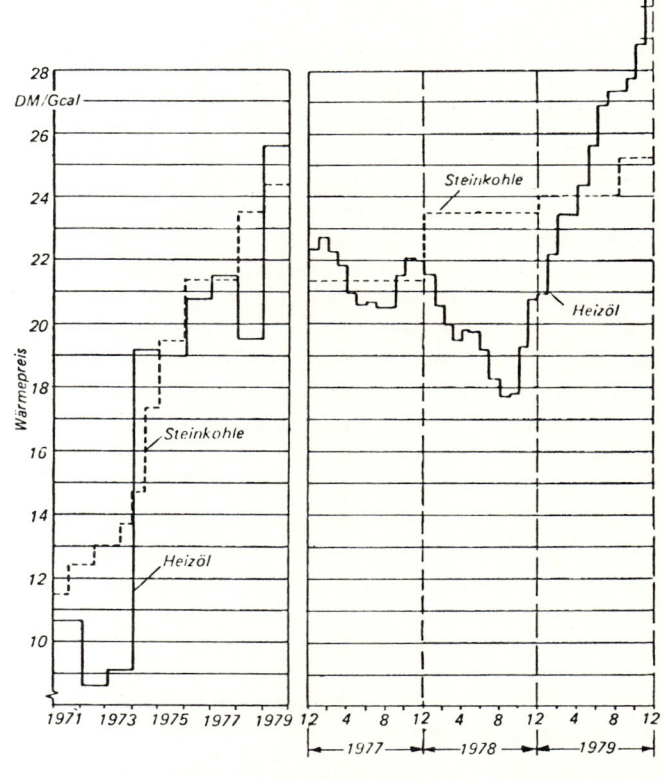

Steinkohle: Listenpreis ab Zeche (*Quelle:* Preislisten für Ruhrkohle)
Heizöl S: Jahres- bzw. Monatsdurchschnittspreis ab Raffinerie in Leichtern von 650 t und mehr (*Quelle:* Stat. Bundesamt)
Frachtkosten frei Kraftwerk Heilbronn (Stand: 1.9.1979):
bei Steinkohle 3,75 DM/Gcal
bei Öl 1,34 DM/Gcal

Bild X.4 Entwicklung der Brennstoffpreise für Kraftwerke in der Bundesrepublik Deutschland (ab Zeche bzw. ab Raffinerie) [10]

sondern auch Verzögerungen und damit höhere Bauzinsen verursachen. Der Investitionsstau in diesem Wirtschaftszweig wird z.Z. auf mehrere Mrd. DM geschätzt, die auch der Herstellerindustrie und damit dem Arbeitsmarkt verloren gehen.

Die Mittel für die Investitionen werden zum einen Teil aus erwirtschafteten Eigenerträgen (darin Abschreibungen und Rücklagen), zum anderen Teil durch Inanspruchnahme des allgemeinen Kapitalmarktes aufgebracht. Die Aufrechterhaltung der Kreditwürdigkeit der EVU in der Öffentlichkeit und die Höhe der heutigen Kreditzinsen mit der sich daraus ergebenden Verteuerung der Bauvorhaben erfordern einen möglichst hohen Anteil der Eigenleistungen. Ausreichende Erträge sind aber auch im Stromgeschäft nur über eine Anpassung der Strompreise an die allgemeine Kostenentwicklung zu erreichen [25, 26, 27].

Die Dresdner Bank hat zur „Weltenergiekonferenz in München 1980" eine Broschüre über den Investitionsbedarf in der Energiewirtschaft vorgelegt [23]. Für die Bundesrepublik wird dieser bis zum Jahre 2000 auf 760 Mrd. DM veranschlagt, das sind rd. 5 % der westlichen Welt. Nach den Erwartungen werden rd. 300 Mrd. DM auf die Elektrizitätswirtschaft entfallen. Schwerpunkte der Ausgaben werden im Bereich der Kernenergie erwartet. Für die Mitgliedsstaaten der Europäischen Gemeinschaft wird in den nächsten 10 Jahren mit einem Aufwand für den Energiesektor von rd. 400 Mrd. ECU oder bis zu 2 % des BIP der Gemeinschaft gerechnet.

Der Investitionsbedarf der industriellen Kraftwirtschaft hat durch den Kraftwerksausbau im Bergbaubereich in den letzten Jahren wieder zugenommen, um einen eigenen verstärkten Kohleabsatz sicherzustellen. Die Investitionsentwicklung ist aus Tabelle X.3 zu ersehen. Für 1979 war wieder ein Rückgang um 34,8 % zu verzeichnen; ab 1980 ist ein Anstieg zu erwarten.

Tabelle X.3 Investitionen der industriellen Kraftwirtschaft [1]

Investitionen Jahr	Mio. DM	Änderung zum Vorjahr %
1975	271	+ 6,3
1976	419	+ 54,6
1977	267	− 36,3
1978	333	+ 24,7
1979	217	− 34,8

4 Stromerzeugungsanlagen

4.1 Allgemeiner Überblick

Die Elektrizitätswirtschaft installiert und betreibt entsprechend der örtlich recht unterschiedlich verfügbaren Primärenergie verschiedene Kraftwerkstypen zur Stromerzeugung. Man unterscheidet zwischen Wasserkraft- und thermischen Kraftwerken. Zu den thermischen Erzeugungsanlagen gehören auch die Kernkraftwerke. Sowohl im europäischen Bereich als auch speziell in der BR Deutschland hat die installierte Wasserkraftleistung nur einen Anteil von rd. 10 % bzw. 7,6 %, während die thermischen Kraftwerke den Rest von 90 % und mehr ausmachen. Diese europäische Struktur ist von Land zu Land verschieden.

Die Kernkraftwerksleistung — z.Z. in der BR Deutschland mit einem Anteil von 10 %, in Großbritannien und Frankreich von 7 % und USA von 9 % — weist weltweit die höchste Zuwachsrate auf, auch wenn ihr Ausbau starken Restriktionen unterworfen ist. Wie die Weltenergiekonferenz in München 1980 bestätigt hat, wird der Weltkohlemarkt die Erwartungen in den nächsten 20 Jahren nicht erfüllen können und nur der Einsatz von Kernenergie die Energieversorgung entspannen. Dementsprechend ist die Gesamt-Nettoengpaßleistung auf Kernenergiebasis in der EG bis Ende 1980 bereits auf 33 000 MW (+ 2,5 % gegenüber Stand Ende 1979) angewachsen.

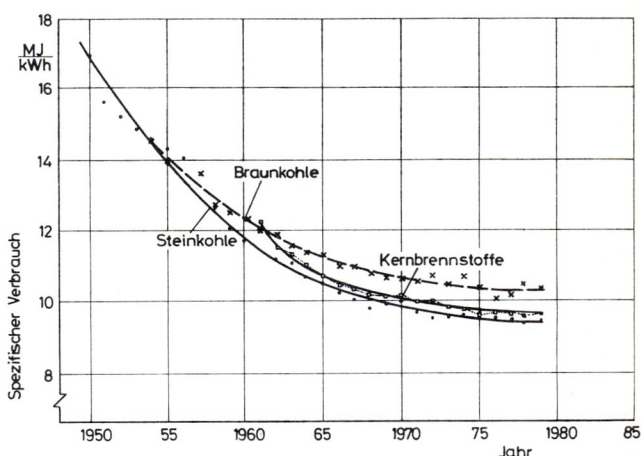

Bild X.5 Spezifischer Bruttoverbrauch für Steinkohle, Braunkohle und Kernbrennstoffe in öffentlichen Kraftwerken der BR Deutschland
Quelle: Die Elektrizitätswirtschaft in der BRD

Im nächsten Jahrzehnt wird der Kraftwerksausbau auf Kohle- und Kernenergiebasis erfolgen (s. Tabelle X.4 u. Bild X.5). Die Brutto-Engpaßleistung der BR Deutschland betrug 1980 nach [2]

in der öffentlichen Versorgung	71 551 MW
in der industriellen Kraftwirtschaft	14 829 MW
bei der Bundesbahn	1 370 MW
insgesamt	87 750 MW

Die 277 Wasserkraftwerke der öffentlichen Versorgung mit einer installierten Leistung von 5 933 MW lagen noch über der Anzahl von 237 der thermischen Kraftwerke mit 65 618 MW. In den letzten 10 Jahren hat sich die Engpaßleistung mehr als verdoppelt. Über 70 % der thermischen Kraftwerksleistung hat Blockgrößen von über 300 MW.

Folgende maximale Blockleistungen sind für die einzelnen Primärenergien im Einsatz:

	brutto	netto
Kernenergie (Biblis B)	1 300 MW	1 240 MW
Steinkohle (Scholven F)	740 MW	687 MW
Braunkohle (Neurath)	600 MW	567 MW
Heizöl (Scholven)	692 MW	640 MW
Erdgas (Meppen)	600 MW	585 MW
Wasser (Pumpspeicher Hotzenwald)	235 MW	235 MW

Die Turbinenleistungen der Laufwasserkraftwerke liegen bei maximal 28 MW. In der Leistungsbilanz der Bundesrepublik ist zwar noch ein weiterer Ausbau der Laufwasserkapazität um 110 MW bis 1983 geplant, doch kann man dann von einer Erschöpfung ausbaufähiger Wasserkraftleistungen in unserem Lande sprechen. Das schließt zwar eine Beteiligung an ausländischen Alpenwasserkräften nicht aus, jedoch bilanzieren die daraus resultierenden Stromeinfuhren generell als Importe.

Die thermodynamischen Wirkungsgrade der angewandten Kreisprozesse sind nicht mehr zu steigern, so daß der Bruttowärmeverbrauch kaum noch zu senken ist (siehe Bild X.5). Umweltschutzmaßnahmen wie z.B. die Entschwefelungsanlagen für moderne fossilgefeuerte Kraftwerke werden den Wirkungsgrad der Energieumwandlung infolge des 2 bis 3 % höheren Eigenbedarfs wieder ansteigen lassen. Bei der Wiederaufheizung der Rauchgase ist mit noch höherem Primärenergie-Eigenbedarf der Kraftwerksblöcke zu rechnen. Innerhalb der Europäischen Gemeinschaft weisen insgesamt die Kraftwerke der BR Deutschland einen höheren spezifischen Primärenergieverbrauch auf. Dies ist auf den relativ hohen Anteil an Braunkohlen- und Steinkohlenverstromung von über 50 % zurückzuführen. Die öl- oder gasgefeuerten Kraftwerke in den Niederlanden und Italien liegen infolge des geringeren Eigenbedarfs im Gesamtverbrauch günstiger. Nur noch bessere energetische Nutzungsgrade — z.Z. max. 40 % — sind durch die an die Stromerzeugung zeitgleich gekoppelten Prozesse — eine Maßnahme zur rationelleren Energienutzung — zu erzielen. Eine bessere Primärenergienutzung kann durch den Ausbau der Kraft-Wärme-Kopplung erreicht werden (siehe Abschnitt X.9). Die verfügbaren Kraftwerksstandorte und die Probleme zur Durchsetzung neuer Standorte schränken jedoch diese Maßnahmen zur besseren Energienutzung stark ein.

Tabelle X.4 Brutto-Engpaßleistung nach Auslegung der Kraftwerke für die Energieträger 1969 bis 1979 [2]

	1969 MW	1971 MW	1973 MW	1975 MW	1977 MW	1978 MW	1979 MW	Ausnutzungsdauer 1979 h/a[2])
Wasserkraftwerke								
Laufwasser	2 030	2 110	2 106	2 159	2 172	2 282	2 283	5 887
Speicherwasser	244	245	245	250	257	234	226	2 881
Pumpspeicher mit natürlichem Zufluß	919	919	912	922	922	922	922	1 014
Pumpspeicher ohne natürlichen Zufluß	1 111	11 126	1 128	1 820	2 502	2 502	2 502	444
Zusammen	4 304	4 400	4 391	5 151	5 853	5 940	5 933	2 714
Wärmekraftwerke								
Kernenergie	933	963	2 415	3 504	7 217	8 517	9 150	4 702
Braunkohle und Torf[3])	7 519	8 358	10 413	12 729	13 290	13 290	13 290	6 615
Steinkohle	7 028	7 135	8 552[1])	8 297	9 610[1])	8 986	9 636	4 371
Mischfeuerung Steinkohle mit Heizöl oder Gas[3])	9 107	10 162	10 775	10 467	9 978	10 242	11 234	4 068
Heizöl einschl. Mischfeuerung Heizöl mit Gas	2 363	2 588	4 979	8 503	10 901	11 443	11 436	1 827
Erdgas einschl. Mischfeuerung Erdgas mit Heizöl	1 053	1 943	3 968	8 746	9 806	10 530	10 522	4 491
Sonstige	72	130	132	266	294	332	350	1 091
zusammen	28 075	31 279	41 234[1])	52 512	61 096[1])	63 340	65 618	4 380
insgesamt	32 379	35 679	45 625[1])	57 633	66 949[1])	69 280	71 551	4 240
jährliche Zunahme		1 225	1 968	3 957	4 242	2 006	2 331	2 271

[1]) Ab Januar 1972, bzw. ab Januar 1976 zählen bisherige Bergbaukraftwerke zur öffentlichen Versorgung, als Zunahme ist nur der Neuzugang ausgewiesen.
[2]) Bei Berechnung der Ausnutzungsdauer sind Leistungsänderungen im Berichtsjahr berücksichtigt.
[3]) Tschechische Hartbraunkohle bis 1974 unter Mischfeuerung Steinkohle, ab 1975 unter Braunkohle aufgeführt.

4 Stromerzeugungsanlagen

Für die Erfüllung der Lastanforderungen werden nach ihrem Einsatz drei Arten von Kraftwerken unterschieden:

Grundlastanlagen,
Mittellastanlagen,
Spitzenlastanlagen.

Grundlastanlagen sind Anlagen mit möglichst niedrigen Brennstoff- bzw. Primärenergiekosten und daher zwangsläufig hohen Investititionskosten. Dies sind in der Bundesrepublik vor allem Laufwasserkraftwerke und thermische Kraftwerke auf der Basis Braunkohle und Kernenergie. Die heimische Steinkohle mit einem heutigen Listenpreis von 189 DM/t (= 27 DM/Gcal) — siehe auch Bild X.4 — ist rd. doppelt so teuer wie die aus Übersee importierte und kann daher trotz Subventionen bis auf regionale Ausnahmen nur beschränkt im Grundlastbereich eingesetzt werden. Aus Kapazitätsmangel an Kernkraftwerksleistung wird rd. 10 % der erforderlichen Grundlast aus Steinkohle-Kraftwerken in den nächsten 8 bis 10 Jahren zu erhöhten Kosten abgedeckt werden müssen.

Reine Spitzenlastanlagen sind die Speicher- und Pumpspeicher-Kraftwerke und Gasturbinen. Bei den relativ ausgeglichenen Tagesbelastungsdiagrammen beträgt ihr Anteil nur 10 bis 20 %. Diesen Anlagen fallen auch noch Aufgaben zur Deckung der Minuten- und Stundenreserve zu.

Die Ausnutzungsdauer, die man als Kriterium für den wirtschaftlichen Kraftwerkseinsatz ansehen kann, schwankt stark je nach Versorgungsaufgabe. Grundlastanlagen weisen Ausnutzungsdauern von 6000–7000 h/a auf, während Spitzenanlagen unter 1000 h/a liegen sollten. Die mögliche Ausnutzungsdauer des gesamten Kraftwerksparks eines Versorgungsgebietes hängt stark von den täglichen Belastungsdiagrammen ab. Für die Bundesrepublik liegt die Ausnutzungsdauer bezogen auf die Engpaßleistung der öffentlichen Versorgung z.Z. bei 4100 h/a und die Benutzungsdauer (bezogen auf die Höchstlast) nahe den 6000 h/a (Bild X.6 [37]). Die Benutzungsdauer hat damit ein Niveau erreicht, das keine erheblichen Verbesserungen mehr erwarten läßt.

Warum die EVU besonders stark den Einsatz der Kernenergie forcieren, die besonders im Genehmigungsverfahren erhebliche Schwierigkeiten bereiten und zu gerichtlichen Auseinandersetzungen führen, zeigt Bild X.7. Die Abhängigkeit der Stromgestehungskosten im Grundlastbereich, d.h. zwischen 4500 bis 7000 h/a, fällt eindeutig zugunsten der Kernenergie aus. Da die EVU zu wirtschaftlichen Stromerzeugungskosten verpflichtet sind und damit auch einen entscheidenden Beitrag zur Stabilität des Landes leisten, müssen sie den erschwerten Kraftwerks-Ausbau in Kauf nehmen. Steinkohlenkraftwerke, basierend auf der heimischen Steinkohle, unterliegen besonders in den Feuerungsanlagen umfangreichen Umweltschutzauflagen (siehe Abschnitt X.10). Dadurch werden auch hier die Investitionskosten stark erhöht und die Betriebskosten angehoben.

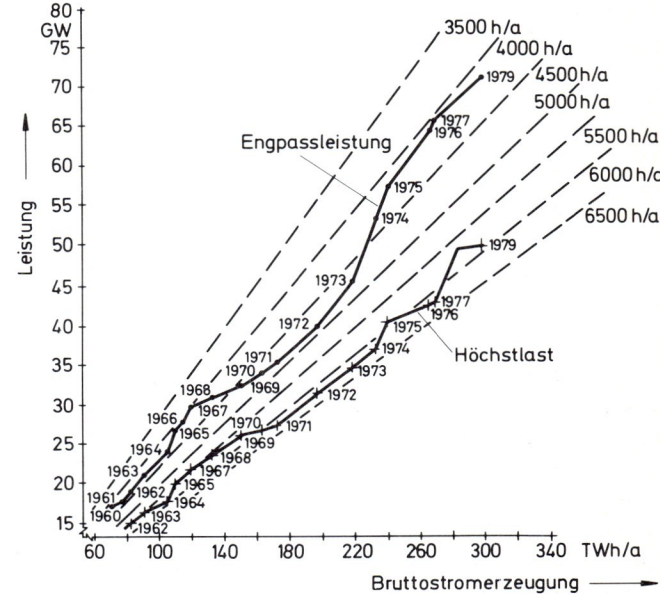

Bild X.6 Engpaßleistung der öffentlichen Versorgung

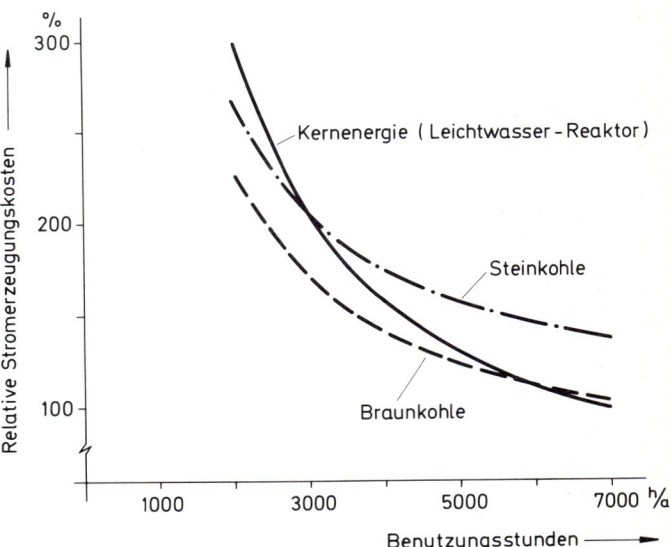

Steinkohle : Blockgröße 740 MW
          Wärmepreis 5,4 DM/GJ

Braunkohle : Blockgröße 600 MW
          Wärmepreis 3,3 DM/GJ

Kernenergie: Blockgröße 1320 MW
          Wärmepreis 1,2 DM/GJ

Bild X.7 Stromerzeugungskosten

Tabelle X.5 Kraftwerke für die öffentliche Stromversorgung der BR Deutschland, die im Bau oder beschlossen sind (Stand: 1. Januar 1980) [5]

Ort, Name und Brennstoff		Zuwachs in MW netto im Jahre								
		1980	1981	1982	1983	1984	1985	1986	1987	1988
a) *Kernkraftwerke*										
Philippsburg 1	SWR	864[1])	1 225							
Grafenrheinfeld	DWR		1 225							
Krümmel	SWR				1 260					
Gundremmingen B + C	SWR				2 × 1 244					
Mülheim-Kärlich	DWR				1 223					
Grohnde	DWR					1 300				
Philippsburg 2	DWR					1 281				
Kalkar	SNR						218[2])			
Schmehausen	HTR						300			
Brokdorf	DWR							1 290		
Biblis C	DWR							1 228		
Neupotz A	DWR								1 247	
Wyhl, KWS 1	DWR									1 284
Lippe-Ems 1	DWR									1 230
GK Neckar 2	DWR									[3])
(zuzügl. 150 MW DB)										
Summe a)		16 374 MW	—	1 225	—	4 971	2 581	518	2 518	1 247	2 514
b) *konventionelle Wärmekraftwerke*										
Mehrum	Steinkohle/Öl	650[1])								
Bergkamen	Steinkohle		680							
Elverlingsen	Steinkohle			300						
Bexbach	Steinkohle					690				
Mannheim GKM	Steinkohle					400				
Gersteinwerk, davon							700			
1 × 100 MW Gasturbine	Steink./Erdg.									
Heilbronn	Steinkohle						665			
Altbach	Steinkohle						420			
Sonstige < 280 MW			801	404	226	—	—	—	—	—
Summe b)		5 286 MW	801	1 084	526	1 090	—	1 785	—	—	—
c) *Wasserkraftwerke*										
Laufwasser			26	6	55	24	—	—	—	—	—
Summe c)		111 MW	26	6	55	24	—	—	—	—	—
d) Bezug von Industrie			−87	−58	654[4])	641[4])	—	−83	—	—	—
e) Bezug vom Ausland			200	590	−79	—	192	—	—	138	—
f) Abbau alter Anlagen (geschätzt)			400	400	400	400	400	400	400	400	400
g) Gesamt = a + b + c + d + e − f		20 279 MW	540	2 447	756	6 326	2 373	1 820	2 118	985	2 114
Zusätzliche Projekte in Planung:										
Kernenergie			—	—	—	—	—	—	—	2 600
Steinkohle			—	19	—	795	1 035	285	—	1 375
Braunkohle			—	—	—	887	567	567	567	—
Öl/Erdgas			120	—	235	—	850	—	630	—
Laufwasser/Pumpspeicher			—	43	107	45	15	3	8	—

[1]) In Probebetrieb seit 1979
[2]) Deutscher Anteil, außerdem 93 MW für Niederlande und Belgien (gesamt 311 MW)
[3]) 800 MW, Inbetriebnahme 1989
[4]) Steinkohlenkraftwerk Voerde 1 + 2 (2 × 654 MW)

Kernkraftwerke: DWR = Druckwasserreaktor, SNR = Schneller Natriumbrüter
HTR = Gasgekühlter Hochtemperaturreaktor, SWR = Siedewasserreaktor

4 Stromerzeugungsanlagen

Neue Öl- und Gaskraftwerke stehen wegen der Unsicherheit über die langfristige Verfügbarkeit der Primärenergie, deren Kosten und der Genehmigungsbeschränkung in der Bundesrepublik nicht mehr zur Disposition.

Die gegenwärtige Struktur der Energieversorgung in den Entwicklungsländern ist nach Ermittlung der OPEC in etwa so aufgebaut: über 65 % auf Ölbasis, 25 % auf Kohle und 7 % auf Erdgas. Der Anteil der elektrischen Energie am Energieverbrauch beträgt nur 6 %. Die Struktur wird sich nur wenig ändern. Für diese Länder spielen Dieselkraftwerke und Gasturbinenanlagen auch eine entscheidende Rolle, weil kleine Netze, d.h. Strominseln versorgt werden.

Sogenannte „regenerative" Stromerzeugungsanlagen, wie Windkraftwerke, Wellen- und Gezeitenkraftwerke und Solar-Kraftwerke, werden in den nächsten zehn Jahren kaum nennenswerte Beiträge zur Stromerzeugung liefern. Das 3-MW-Modellprojekt Growian kann z.B. nur über 30 % der Jahresdauerlinie seine volle Leistung erbringen und den Strom zu ca. 35 Dpf/kWh erzeugen. Auch die Sonnenkraftwerke nach dem Turm- oder Farmkonzept liegen erst im Bereich von wenigen MW und werden im europäischen Raum, mit Ausnahme von Spanien, keine Bedeutung haben.

Die Elektrizitätswirtschaft hat die Forschungsaufgaben, soweit sie die Strom- und Wärmeversorgung betreffen, teilweise selbst angeregt und auch schon seit Jahren an ihren Lösungen gearbeitet (z.B. Kühlwasserprobleme, Entschwefelung von Rauchgasen, Kohledruckvergasung, Hochtemperaturreaktor- und Brüter-Technik, Energiespeicherung und -transport, Sonnenenergienutzung für Haushaltswärmebedarf, Wärmepumpe, Elektrofahrzeuge). Daneben gibt es aber eine Reihe sehr aktueller und umstrittener Probleme, die bei jedem neuen Kraftwerksprojekt auftreten und ohne Verzögerung zur Entscheidung drängen, wenn ein Unternehmen seiner Versorgungsaufgabe gerecht werden soll. Hierunter fallen z.B.:

Standortplanung,
Probleme der Naß- und Trockenkühltürme,
Materialfragen, z.B. bei Gasturbinen und Reaktoren,
Strahlenschutzprobleme,
Zwischen- und Endlagerung radioaktiver Stoffe,
Netzeinbindung und Energieabführung,
Reservehaltung und Aushilfslieferungen.

Diese sind in der nahen Zukunft nur durch eine Reihe von Einzeluntersuchungen zu lösen, um der gestellten Aufgabe und Verpflichtung gerecht zu werden.

4.2 Kraftwerksbau und -betrieb

Die Ausweitung der Kraftwerkskapazität verlangt die Bereitstellung von Standorten für neue Kraftwerksanlagen oder die Erweiterungsmöglichkeiten auf bestehendem Kraftwerksgelände. Über 50 % der Neubauten erfolgte als Erweiterungen. Vorwiegend Kernkraftwerke wurden auf neu erschlossenen Standorten errichtet. Für die derzeitige Kraftwerksplanung stellt sich nicht mehr die Frage, „welcher Standort optimal ist", sondern „welcher Standort ist überhaupt realisierbar". Damit ist eine Flexibilität der Versorgung nach anderen energiewirtschaftlichen Kriterien verlorengegangen.

Der Wasser-Dampf-Kraftwerksprozeß ist durch die Festigkeitseigenschaften der Kessel- bzw. Turbinenwerkstoffe an seine Grenzen gestoßen. Auch nach Erreichen der 1 000 °C am Eintritt der Gasturbine sind z.Z. nicht mehr viele Wirkungsgradverbesserungen zu erwarten. So liegen die wirtschaftlichen Vorteile in der Vergrößerung der Blockleistungen. Damit laufen einher die Erhöhung der Leistungsdichte mit einer Senkung der Wärme- und Strömungsverluste und einer Verringerung der wärmedurchströmten Trennflächen zwischen den einzelnen Arbeitsstoffen. Wenn auch eine starke Reduzierung der Kraftwerks-Grundflächen erfolgte, so stiegen doch die Gebäude, vorwiegend die Kesselhäuser, auf über 100 m Bauhöhe an. Außerdem sind die Naturzugkühltürme dominierende Baukörper für die Nachbarschaft. Diese optischen Veränderungen haben auch einen Einfluß auf die Proteste der Anlieger. Die Flächen- und Baukörperveränderungen für konventionelle Kohle- und Kernkraftwerke zeigt Bild X.8.

Weitere Möglichkeiten zur Senkung der spezifischen Herstellungskosten liegen im Normungs- und Typisierungsbereich. Besonders bei Kernkraftwerken zwingt die Entwicklung des Aufwandes an Ingenieurstunden im Begutachtungs- und Genehmigungsverfahren (z.B. KKW Grafenrheinfeld 3,15 Mio. h für die atomrechtliche Begutachtung [13]) zu diesen Maßnahmen. Dies sind bisher nur Vorschläge. Selbst zeichnungsgleiche Doppelblockanlagen, die Ersparnisse von 15 bis 20 % erwarten lassen, haben sich kaum verwirklichen lassen.

Der Betrieb erfordert zunehmend den Einsatz elektronischer Geräte bei der Kraftwerksautomatisierung. Eine Anlage zu automatisieren bedeutet, sie mit Einrichtungen auszustatten, die mit Hilfe logischer Schaltungen koordinierende Funktionen, z.B. An- und Abfahren, Lastwechsel, übernehmen und so das Betriebspersonal entlasten können. Die elektronische Leittechnik und Prozeß-Datenverarbeitung eines vollautomatisierten Wärmekraftwerks gewährleistet bestmögliche Ausnutzung des Brennstoffs, vermindertes Auftreten von Störungen durch rechtzeitige Warnung, Verhinderung von Fehlschaltungen durch einen weitgehenden Fehlerschutz, rasches und schonendes An- und Abfahren des Kraftwerksblocks sowie eine Darstellung und Aufzeichnung des Betriebsgeschehens. In Wasserkraftwerken ist ein vollautomatisierter Betrieb schon lange üblich, in Kernkraftwerken weit ausgebaut.

Neue Entwicklungsansätze im Zusammenhang damit, daß der Wasser-Dampf-Prozeß nicht weiter verbessert werden kann und mit konventionellen Mitteln eine hin-

a) Konventionelle Kraftwerke

Baujahr	1900-05	1906-12	1913-24	1925-36	1937-44	1952	1956	1966	1973
Entwicklung der Kessel									
Dampf-Leistung t	1-4	22	30	55	75	2×200	450	960	1.800
Grundriss									
Turbinen-Leistung MW	1-5	11,5	15	32	50	100	150	300	600
Entwicklung von Turbine und Fundament									
Installierte Leistung MW	24	45	190	290	440	100	150	300	600
Bebaute Fläche m²/MW	160	100	82	79	58	32	23	21	15
Umbauter Raum m³/MW	3.200	2.270	2.080	2.033	1.480	1.213	900	780	740

b) Kernkraftwerke

Baujahr	1966	1972	1973	1974
Entwicklung der Reaktoren				
Dampf-Leistung t	1.020	3.592	4.544	6.538
Grundriss				
Turbinen-Leistung MW	250	662	856	1.200
Entwicklung von Turbine und Fundament				
Installierte Leistung MW	250	662	856	1.200
Bebaute Fläche m²/MW	19	11	10	10
Umbauter Raum m³/MW	675	380	355	340

Bild X.8
Entwicklungstendenzen im Kraftwerksbau in der Bundesrepublik Deutschland seit 1900;

reichende Senkung der Brennstoffkosten von Kraftwerken auf der Grundlage fossiler Brennstoffe kaum erreichbar ist, zielen auf die Energiedirektumwandlung ab. Hauptsächlich folgende fünf Verfahren werden untersucht:

    das thermoelektrische Verfahren,
    die thermischen Radionuklid-Batterien,
    die thermionischen Konverter,
    die galvanischen Brennstoffzellen und
    der magneto-hydrodynamische Generator.

Für die Elektrizitätserzeugung im großen werden sie bis zum Ende dieses Jahrhunderts kaum Bedeutung erlangen [34].

Mit dem Einsatz großer Blockeinheiten steht die Verfügbarkeit und Zuverlässigkeit der Kraftwerke im Vordergrund. Die Arbeitsverfügbarkeit von fossilbefeuerten Blockanlagen liegt in den letzten 10 Jahren in der BR Deutschland bei über 80 %. Auch Kernkraftwerke, vorwiegend die mit Druckwasser-Reaktoren, haben sich diesem Standard angepaßt. Es gibt Differenzierung je nach eingesetztem Brennstoff. Es ist kein Unterschied zwischen 100–300 MW Einheiten und 600 MW Einheiten festzustellen. Dies zeigt den hohen technischen Stand dieser immer komplizierter werdenden Kraftwerkstechnologie.

5 Netzanlagen

5.1 Allgemeines

Um die elektrische Energie, die zeitgleich mit den Verbrauchsanforderungen der verschiedenen Stromkunden in den Kraftwerken erzeugt werden muß, zum Verbraucher zu leiten, haben die EVU ein dichtes Versorgungsnetz aufgebaut. Das gesamte Leitungsnetz hat je nach Spannungsebene unterschiedliche Anteile der gesamten Transport- und Verteilungsaufgaben zu bewältigen. Das 380- und 220-kV-Netz mit seinen Leitungen und Umspannanlagen dient dem weiträumigen Transport zwischen den Kraftwerken und den Verbraucherschwerpunkten. Auf dieser Spannungsebene wird vorwiegend der Energieaustausch auch mit dem Ausland abgewickelt.

Das unterlagerte 110-kV-Hochspannungsnetz übernimmt die regionale Verteilung. In den großen Städten wird diese Spannungsebene verstärkt ausgebaut und auch einige Großbetriebe haben einen direkten Versorgungsanschluß.

Das Mittelspannungsnetz mit Leitungen über 1 kV bis 60 kV dient der weiteren Verteilung. Viele Sondervertragskunden sind direkt an diese Versorgungsebene angeschlossen. Die Mittelspannungsebene endet an den Transformatoren-Stationen. An dieser Stelle wird die Umwandlung auf die Niederspannung vorgenommen, mit der die Mehrheit der Kunden beliefert wird. Für den wirtschaftlichen Ausbauzustand des Netzes sind die Netzverluste, die beim Transport und beim Umspannen der elektrischen Energie entstehen, eine maßgebende Kenngröße. Diese Verluste konnten in den letzten 20 Jahren von 9 % des gesamten Stromverbrauchs auf 5,4 % gesenkt werden. Die Investitionen in den Netzen aller Spannungsstufen übersteigen stets die der Kraftwerke.

Die gesamte Stromkreislänge aller Freileitungen und Kabel betrug Ende 1979 1 023 372 km. Die Netze wurden in den letzten 10 Jahren um 39 % vergrößert. Dabei ergaben sich unterschiedliche Veränderungen bei den verschiedenen Spannungsstufen und den Ausbauanteilen der Freileitungen und Kabelnetze. Einen Überblick gibt Tabelle X.6. Verstärkt und ausgebaut wurde besonders das 380-kV-Netz und das Niederspannungskabelnetz. Beim Vergleich des Erscheinungsbildes deutscher Netze mit dem ausländischer Netze fällt auf, daß die Verteilungsnetze mit 220/380 V und 10 bzw. 20 kV in den geschlossenen Ortschaften, selbst in kleinen Orten, weitgehend verkabelt sind und die Hochspannungsleitungen mit zwei, heute aber meistens mit vier oder noch mehr Stromkreisen ausgerüstet werden. Damit trägt der Leitungsbau den Anforderungen des ästhetischen Aussehens und der Knappheit an Leitungstrassen Rechnung.

5.2 Das deutsche Verbundnetz

Der Ausbau von Kraftwerken orientierte sich bisher nach dem Gewinnungsort der Primärenergie und einer günstigen Lage zu den Verbrauchsschwerpunkten. Diese beiden Kriterien schließen eine Reihe von speziellen Standortproblemen mit ein, wie z.B. die Brennstofftransport- und -lagerprobleme, die Kühlungs- und Entsorgungsbedingungen und andere verschiedenartige Umweltbedingungen sowie die Lage zum überregionalen Höchstspannungsnetz.

Durch den wirtschaftlichen Einsatz großer Kraftwerkseinheiten $\geq$ 300 MW auf der Basis Braunkohle, Kernenergie und Steinkohle muß die erzeugte elektrische Energie über große Entfernungen transportiert werden. Z.Z. speisen rd. 20 000 MW Engpaßleistung in die 380-kV-Ebene ein. Auf dieser Spannungsebene wird die stärkste Einbindung neuer Kraftwerksleistung erwartet. Vorwiegend kleinere (100 bis 300 MW) und ältere thermische Kraftwerksblöcke, Gasturbinen, Laufwasser- und Pumpspeicher-Kraftwerke sind in die 110- bzw. 220-kV-Netze eingebunden. Ihr Anteil beträgt z.Z. rd. 40 % der installierten Kraftwerksleistung.

Das deutsche Verbundnetz nimmt aufgrund seiner Lage und seiner Struktur eine zentrale Position innerhalb des Westeuropäischen Verbundnetzes ein (siehe Bild X.9 [5]). Die Kraftwerke und Höchstspannungsnetze sind meist im Eigentum der 9 Verbundunternehmen. Jedes Verbundunternehmen ist dementsprechend auch für die Planung und den Betrieb seiner Erzeugungs- und Übertragungsanlagen selbst verantwortlich. Innerhalb der Deutschen Verbundgesellschaft (DVG) koordinieren die Verbundunternehmen alle mit dem Verbundnetz zusammenhängenden Aufgaben.

Der Verbundbetrieb hat seine Vorteile vor allem beim Stromaustausch über große Räume. Beim Parallelbetrieb der Netze kann ein Belastungsausgleich zwischen klimatischen und strukturellen Unterschieden oder bei Störungen erfolgen und so die Betriebsmittel wirtschaftlich und mit größerer Versorgungssicherheit eingesetzt werden.

Tabelle X.6 Stromkreislängen von Freileitungen und Kabeln in den Netzen der öffentlichen Versorgung der BR Deutschland [2]

Überwiegende Betriebsspannung kV	Stromkreislängen in km			
	von Freileitungen		von Kabeln	
	1969	1979	1969	1979
380	2 118	8 070	—	16
220	12 656	17 278	17	20
110	32 365	43 569	1 481	2 861
> 20—60	15 829	11 618	16 930	7 642
> 1—20	139 783	154 706	98 680	159 057
Mittelspannung	155 612	166 324	105 610	166 699
Niederspannung	266 464	267 001	159 823	351 534
Insgesamt	469 215	502 242	266 931	521 130

X Elektrizitätsversorgung

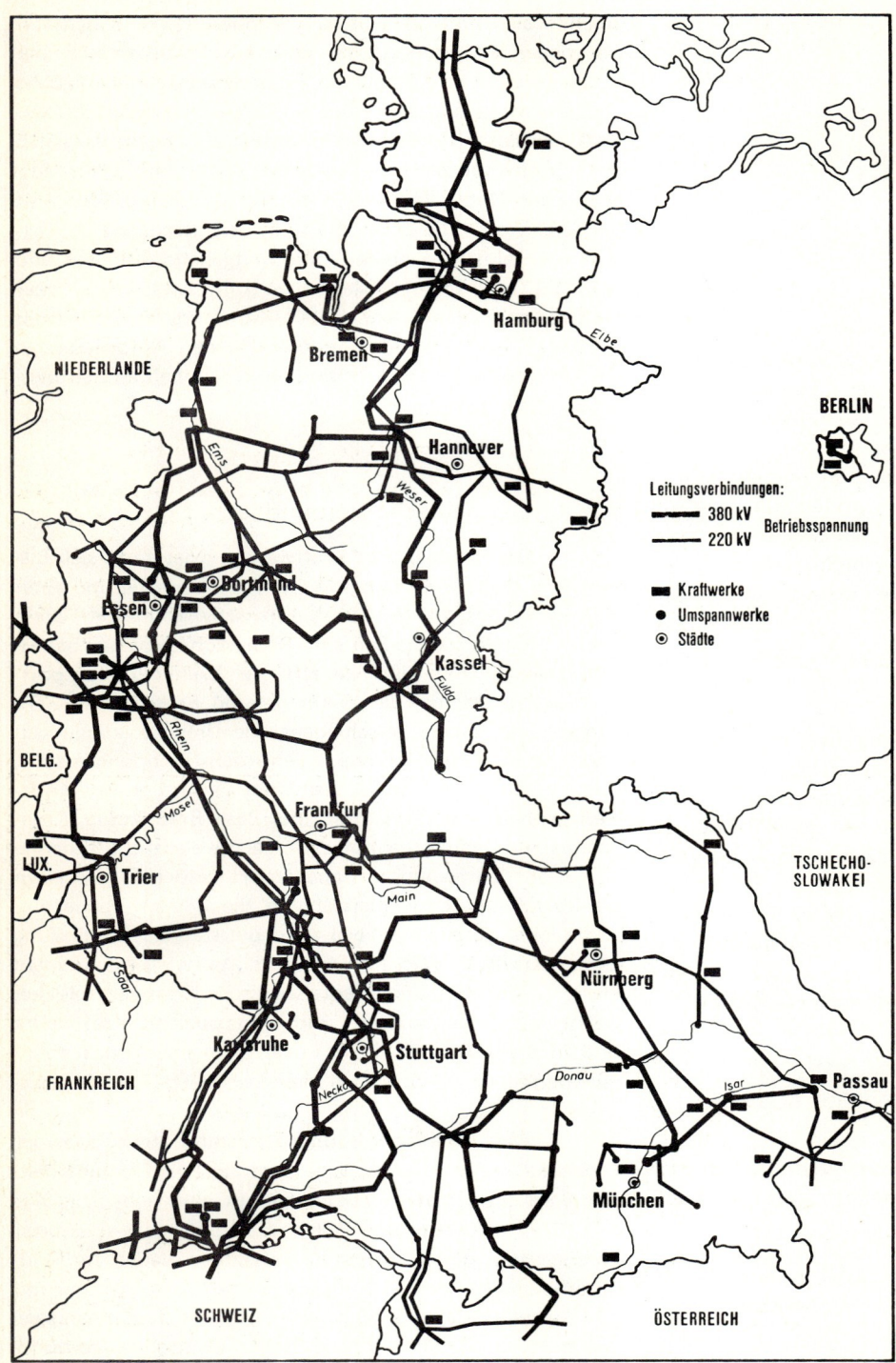

Bild X.9
Leitungsverbindungen mit Betriebsspannungen 380 kV und 220 kV sowie große Kraftwerke der öffentlichen Stromversorgung (Stand 1.1.1980: rd. 8 100 km 380-kV-Stromkreise und rd. 17 350 km 220-kV-Stromkreise)

So können ungeplant anfallende Überschußenergien aus Wasserkraftanlagen weitgehend genutzt werden. Bei Blockausfällen in Kraftwerken, besonders bei der zunehmenden Zahl großer Einheiten, kann der Leistungsmangel durch die Gesamtheit der im Parallelbetrieb betriebenen Kraftwerksblöcke nach Maßgabe ihrer Leistungszahlen im Sekundenbereich zum größten Teil ausgeglichen und damit die Frequenzeinbrüche oberhalb der Grenzen gehalten werden, die sonst zu einem frequenzabhängigen Lastabwurf führen würden. Längerfristige Kraftwerksreserven für den Minuten- und Stundenbereich können durch benachbarte Partner leichter, teilweise gemeinsam und damit in geringerer Höhe vorgehalten werden. So erfüllen die zusammengeschalteten Höchstspannungsnetze im Verbundbetrieb neben reinen Transportaufgaben noch weitere vielfältige technische und wirtschaftliche Versorgungsaufgaben.

Der weitere Ausbau des deutschen Verbundnetzes wird vorwiegend durch die Übertragung von Reserveleistungen und Ausgleich von Leistungsüberschüssen und -defiziten bestimmt. Die wirtschaftliche 380-kV-Spannungsebene wird in Deutschland für die Verbundaufgaben noch sehr lange, voraussichtlich über das Jahr 2000 hinaus, als höchste Spannungsebene ausreichen. Durch Mehrfachleitungen, z.B. mit vier 380-kV-Stromkreisen auf einem Mastgestänge, werden die wenigen verfügbaren Trassen optimal genutzt. Gegen die sich dabei ergebende Höhe der Masten bestehen aus der Sicht des Umweltschutzes bisher keine gravierenden Einwände.

Das 380-kV-Netz im Lastfall 140 000 MW (heutige Basis rd. 60 000 MW) wird voraussichtlich eine Stromkreislänge von über 20 000 km haben, sein mittlerer Stationsabstand wird auf 50 km absinken [14].

Das Verbundnetz in Berlin-West mit einer Höchstlast von z.Z. 1570 MW muß seit der Spaltung der Stadt 1948/49 als Inselnetz betrieben werden, da die Verbindungen zu den Nachbarnetzen unterbrochen wurden [22].

5.3 Das westeuropäische Verbundnetz

Das deutsche Verbundnetz bildet einen Teil des Westeuropäischen Verbundnetzes, das sich von Dänemark bis Portugal und Süditalien erstreckt. Die BR Deutschland ist das Land mit der größten Zahl von Austauschpartnern und verfügt fast über ein Drittel der im Verbund zusammengeschlossenen Kraftwerksleistungen. Grundlage für den Austausch bilden Abmachungen der einzelnen EVU. Hauptaustauschpartner sind die Wasserkraftländer Österreich und

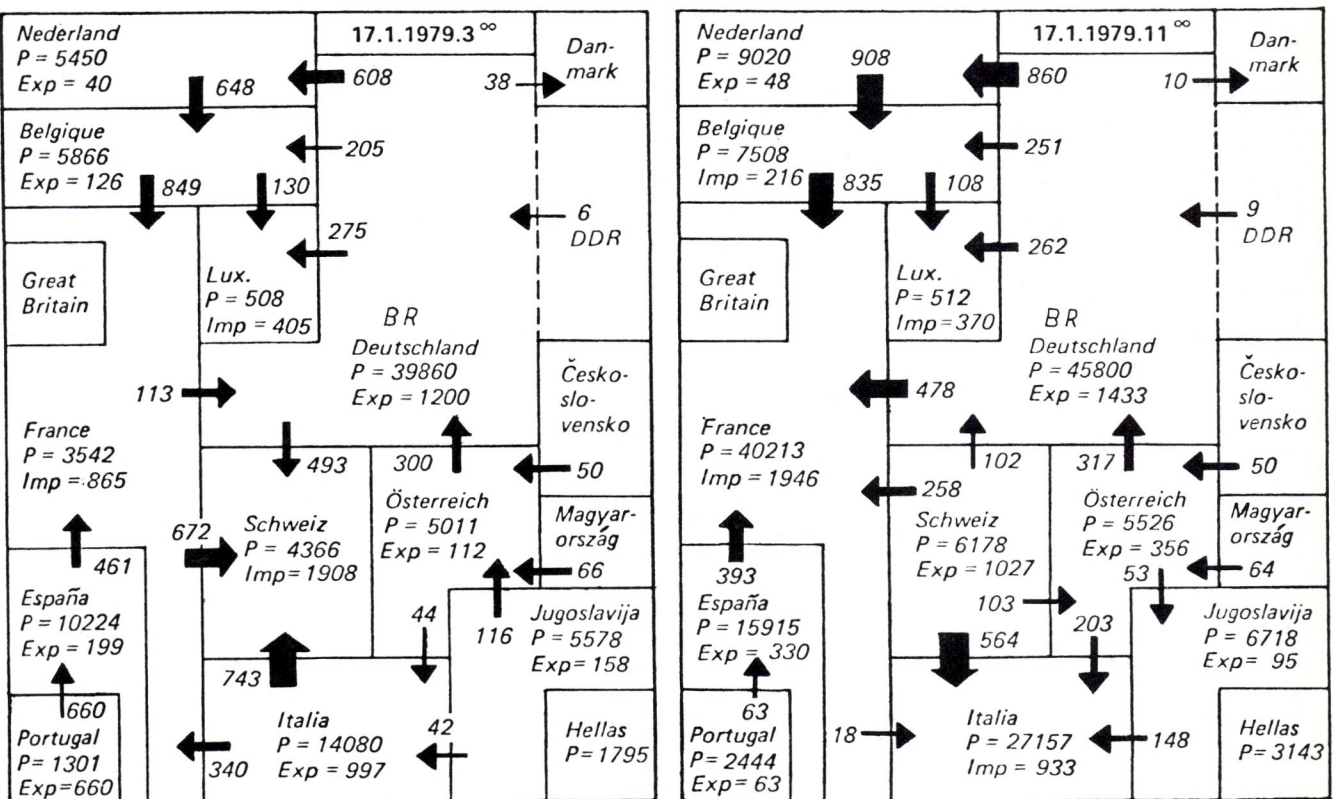

Bild X.10 Leistung des Energieflusses am 17.1.1979, 3.00 Uhr und 11.00 Uhr; Angaben in MW [10]
P Netzlast des Landes   Imp Importüberschuß   Exp Exportüberschuß

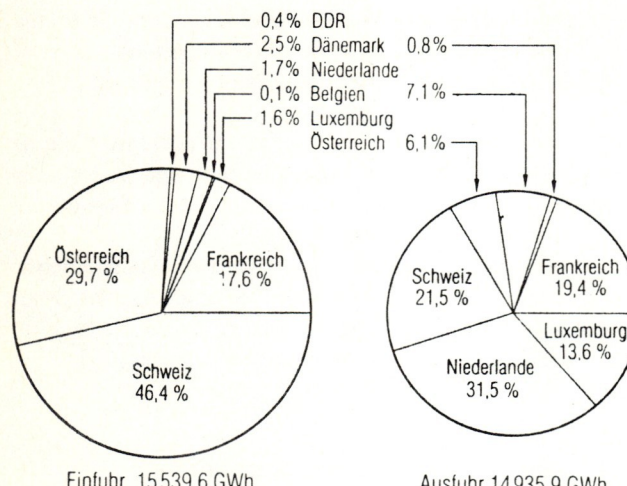

Bild X.11 Stromaustausch im Jahre 1979 ohne Fahrstrom der Deutschen Bundesbahn [1]

die Schweiz (Bilder X.10 und X.11). Daher hängt der Stromaustausch auch stark von den Wasserverhältnissen ab. Ein starker Ausfuhrüberschuß war 1979 mit Frankreich zu verzeichnen. Der Austausch mit Luxemburg ist auf die Pumpstromlieferung und den Speicherleistungsbezug aus Vianden zurückzuführen. Außerdem laufen über das deutsche Verbundnetz auch Lieferungen aufgrund von Verträgen zwischen ausländischen Partnern, z.B. der Schweiz und den Niederlanden. Alle Netze in Westeuropa sind zusammengeschaltet, alle Kraftwerke Westeuropas fahren parallel und damit die gleiche Frequenz. Großbritannien und die skandinavischen Länder Schweden/Norwegen sind über Hochspannungs-Gleichstrom-Übertragungsanlagen mit diesem Netz verbunden. Dagegen besteht mit der DDR und mit dem Verbundnetz der COMECON-Länder kein Parallelbetrieb. Österreich tauscht zwar mit einigen Ländern des Ostblocks Strom aus, aber nur im Richtbetrieb mit getrennt geschalteten Maschinen oder über die HGÜ-Kurzkupplung mit der CSSR.

Die Lastverteiler der westeuropäischen Verbundunternehmen arbeiten auch im westeuropäischen Verbundnetz gleichrangig und ohne eine zentrale europäische Lastverteilung zusammen. Zur Zeit der Winterhöchstlast 1980 waren die Verbundnetze der westeuropäischen EVU mit rd. 190 000 MW im Parallelbetrieb zusammengeschaltet (zum Vergleich: Engpaßleistung der BR Deutschland zum gleichen Zeitpunkt 55 000 MW). Die Transportkapazität der Verbindungsleitungen zwischen den UCPTE-Mitgliedsländern ist in den letzten zwanzig Jahren um fast das Zehnfache gestiegen.

Die Richtlinien für den Stromaustausch und den gemeinsamen Betrieb des Verbundnetzes, z.B. für den Stromaustausch bei unterschiedlichem Wasserdargebot oder für die Erfassung und den Ausgleich des ungewollten Stromaustausches, werden von den Organisationen UCPTE (Union pour la Coordination de la Production et du Transport de l'Electricité), UFIPTE (Union Franco-Ibérique pour la Coordination de la Production et du Transport de l'Electricité), SUDEL (Groupe Régional pour la Coordination de la Production et du Transport de l'Electricité) und NORDEL (Regionalgruppe der nordischen Länder für den Stromaustausch) gemeinsam beraten.

Die UCPTE wurde 1951 auf Empfehlung der OECD (Organisation for Economic Cooperation and Development) gegründet mit dem Ziel, die in den Mitgliedsländern (Belgien, BR Deutschland, Frankreich, Italien, Luxemburg, Niederlande, Österreich und Schweiz) vorhandenen oder zu errichtenden Stromerzeugungsanlagen optimal auszunutzen, die in bestehenden Wasserkraftwerken nicht genutzten Erzeugungsmöglichkeiten nutzbar zu machen sowie den internationalen Stromaustausch zu erleichtern und zu erweitern. Sie ist keine juristische Person, hat keine eigene Verwaltung und arbeitet frei von behördlichem Einfluß. Eine enge Zusammenarbeit der UCPTE in Fragen des Verbundbetriebes besteht mit den nach 1960 gegründeten ähnlichen Organisationen in Westeuropa: mit der UFIPTE für Frankreich, Spanien und Portugal, mit der SUDEL für Italien, Österreich, Jugoslawien und Griechenland sowie mit der NORDEL für Dänemark, Finnland, Island, Norwegen und Schweden (Bild X.12).

5.4 Hochspannungs-Gleichstrom-Übertragung

Die besonderen Eigenschaften der Hochspannungs-Gleichstrom-Übertragung (HGÜ) haben in der Welt bisher überwiegend zu Anwendungen geführt, bei denen die HGÜ sowohl technische als auch wirtschaftliche Vorteile gegenüber einer Drehstromübertragung aufweist oder sogar die einzige technisch mögliche Lösung darstellt, und zwar
- bei der Übertragung über größte Entfernungen,
- bei der Notwendigkeit zur leistungsfähigen Verkabelung, z.B. bei längeren Seekabelübertragungen,
- zur Kopplung asynchroner Netze.

Die nach dem Stand Oktober 1979 im Betrieb, im Bau oder in der Projektierung befindlichen HGÜ-Anlagen sind mit ihren Hauptdaten und Inbetriebsetzungsterminen in Tabelle X.7 zusammengestellt und in Bild X.12a geographisch dargestellt.

Deutschland war führend in der Entwicklung der HGÜ-Technik (erste Versuchsanlage 200-kV-Verbindung Kraftwerk Elbe – Berlin vor Inbetriebnahme 1945 demontiert) und spielt auch heute wieder mit dieser Technik eine wichtige Rolle auf dem Weltmarkt. Die weitere Forschung wird von der Forschungsgemeinschaft für Hochspannungs- und Hochstromtechnik e.V. (FGH) getragen, in der Elektrizitätsversorgung und Großfirmen der Elektroindustrie zusammenarbeiten.

Bild X.12
Internationale Verbundsysteme in Europa [35]

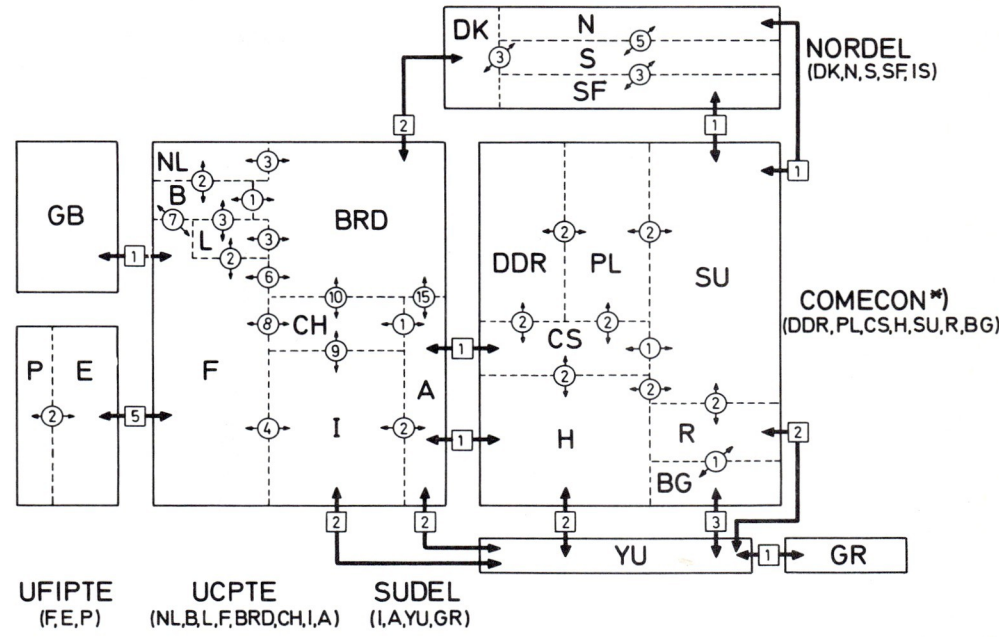

In der BR Deutschland werden vorläufig keine Aufgaben für eine HGÜ-Übertragung gesehen, weil sie gegenüber der Drehstrom-Übertragung bei den im Verbundnetz vorhandenen Entfernungen wirtschaftlich keinen Vorteil bringt. Jedoch kann für besondere technische Aufgaben, wie z.B. Entkopplung von Netzgruppen, Leistungsflußregelung, Verminderung der Kurzschlußleistung und Kabelübertragung, die HGÜ-Technik nützlich sein.

6 Stromwirtschaft

Während die Elektrizitätswirtschaft Anfang dieses Jahrzehntes noch überdurchschnittlich hohe Zuwachsraten zu verzeichnen hatte, trat infolge der Ölkrise 1973 mit ihren negativen Auswirkungen auf die Gesamtwirtschaft auch ein Rückgang der Zuwachsraten beim Stromverbrauch ein; der Gesamtenergieverbrauch der Bundesrepublik war zeitweise sogar rückläufig. Im Zuge der nachfolgenden Konjunkturbelebung stieg die Stromzuwachsrate 1976 erstmals wieder auf über 8 %, um mit dem erneuten Abflauen der allgemeinen Konjunktur auf Werte um 4 % (1977: 2,7 %, 1978: 4,92 %, 1979: 4,6 %) abzusinken. Die vielfältigen Bemühungen, mit der knapper und teurer werdenden Energie sparsam umzugehen und sie möglichst wirkungsvoll einzusetzen, lassen für den Wirtschaftsraum der Bundesrepublik weiterhin durchschnittliche Zuwachsraten von 4 % erwarten. Die Daten zeigen die starke Abhängigkeit der Elektrizitätswirtschaft von der allgemeinen Wirtschaftsentwicklung. Besonders der Haushaltsbereich weist z.Z. wesentlich geringere Zuwachsraten auf als in den vorangegangenen Jahren. Bisher hatte der Haushaltsbereich mit einem Anteil von 29 % des gesamten Nettoverbrauchs einen stabilisierenden Effekt.

Das Beispiel einer Strombilanz für die BR Deutschland zeigt die Darstellung der Einzelsparten von Herkunft und Verbleib der elektrischen Energie im Jahre 1976 (Bild X.13). Aus diesem Flußbild gehen sowohl die Beiträge der drei Versorgungsträger (öffentliche, industrielle und bahneigene Versorgung) an dem Gesamtstromaufkommen als auch deren Anteile an der Bedarfsdeckung der einzelnen Verbrauchergruppen und Industriezweige hervor.

Mit Rücksicht auf die häufigen Veränderungen und Eingriffe auf dem Primärenergiesektor in der Nachkriegszeit sind die Rückwirkungen auf die Primärenergieanteile bei der Stromerzeugung von besonderem Interesse; in Bild X.14 ist diese Entwicklung über eine größere Zeitspanne dargestellt. Bei der Darstellung der künftigen Kraftwerksbauten unter Ziff. 4.1 wurde bereits angedeutet, daß mit erneuten Veränderungen der Verhältniszahlen zu rechnen ist.

Tabelle X.7 Hochspannungs-Gleichstrom-Anlagen in der Welt, Stand Oktober 1979

Nr.	Anlage	Übertragungslänge, km			Spannung, kV x Zahl der Stromkreise	Leistung MW	Inbetriebnahme	Bemerkung
		Freileitung	Kabel	insgesamt				
a)	Quecksilberdampfventil-Anlagen in Betrieb							
1	Gotland (Schweden)	0	96	96	150	30	1954/70	Erweiterung um Thyristorbrücke 1970
2	Cross Channel 1 (England-Frankreich)	0	7 + 50 + 8	65	± 100	160	1961	
3	Wolgograd-Donbass (UdSSR)	470	0	470	± 400	720	1962–65	
4	Konti-Skan (Dänemark-Schweden)	55 + 40	25 + 60	180	250	250	1965	
5	Sakuma (Japan)	—	—	—	125 x 2	300	1965	50/60-Hz-Kupplung
6	Neuseeland	535 + 35	39	609	± 250	600	1965	
7	Sardinien (Italien)	86 + 156 + 50	16 + 105	413	200	200	1967	Anschluß Korsika 1984/85
8	Vancouver, Pol 1 (Kanada)	insgesamt 41	insgesamt 33	74	± 260	312	1968/69	
9	Pacific Intertie (USA)	1362	0	1362	± 400	1440	1970	Erweiterung 1984 auf + 500 kV, 2000 MW
10	Nelson River, Bipol 1 (Kanada)	890	0	890	± 450	1620	1973–77	
11	Kingsnorth (England)	0	59 + 23	82	± 266	640	1974	Einspeisung in Verdichtungsraum
b)	Thyristorventil-Anlagen in Betrieb							
12	Eel River (Kanada)	—	—	—	80 x 2	320	1972	Asynchrone Kupplung
13	Skagerrak (Dänemark-Norwegen)	85 + 28	127	240	± 250	500	1976/77	Erweiterung auf 1000 MW möglich
14	David A. Hamil (USA)	—	—	—	50	100	1977	Asynchrone Kupplung
15	Cabora Bassa — Apollo (Mozambique-Südafrika)	1414	0	1414	± 533	1920	1977–79	
16	Vancouver, Pol 2 (Kanada)	insgesamt 41	insgesamt 33	74	– 280	370	1977/79	
17	Square Butte (USA)	749	0	749	± 250	500	1977	
18	Shin-Shinano (Japan)	—	—	—	125 x 2	300	1977	50/60-Hz-Kupplung
19	Nelson River, Bipol 2 (Kanada)	930	0	930	± 250	900	1978	Endausbau 1985: ± 500 kV, 1800 MW
20	CU (Underwood-Minneapolis, USA)	710	0	710	± 400	1000	1979	
c)	Thyristorventil-Anlagen in Bau bzw. projektiert							
21	Hokkaido-Honshu (Japan)	27 + 97	44	168	125	150	1979	Endausbau: ± 250 kV, 600 MW
22	UdSSR-Finnland	—	—	—	± 85 x 3	1070	1981	Asynchrone Kupplung
23	Inga — Shaba (Zaire)	1700	0	1700	± 500	560	1981	Endausbau: ± 500 kV, 1120 MW
24	Acaray (Paraguay — Brasilien)	—	—	—	26	50	1981	50/60-Hz-Kupplung
25	Itaipu (Brasilien)	783/806	0	783/806	600 x 2	6300	1983–85	
26	Dürnrohr (Österreich)	—	—	—	183		1983	Asynchrone Kupplung
27	Ekibastus — Centre (UdSSR)	2400	0	2400	± 750	6000	1984	
28	Cross Channel 2 (England-Frankreich)	0	17 + 46 + 5	68	± 270 x 2	2000	1984	
29	Nelson River, Bipol 3 (Kanada)	930	0	930	± 500	2000	1990	

Quelle: Forschungsgemeinschaft für Hochspannungs- und Hochstromtechnik e.V., Mannheim-Neckarau 1981

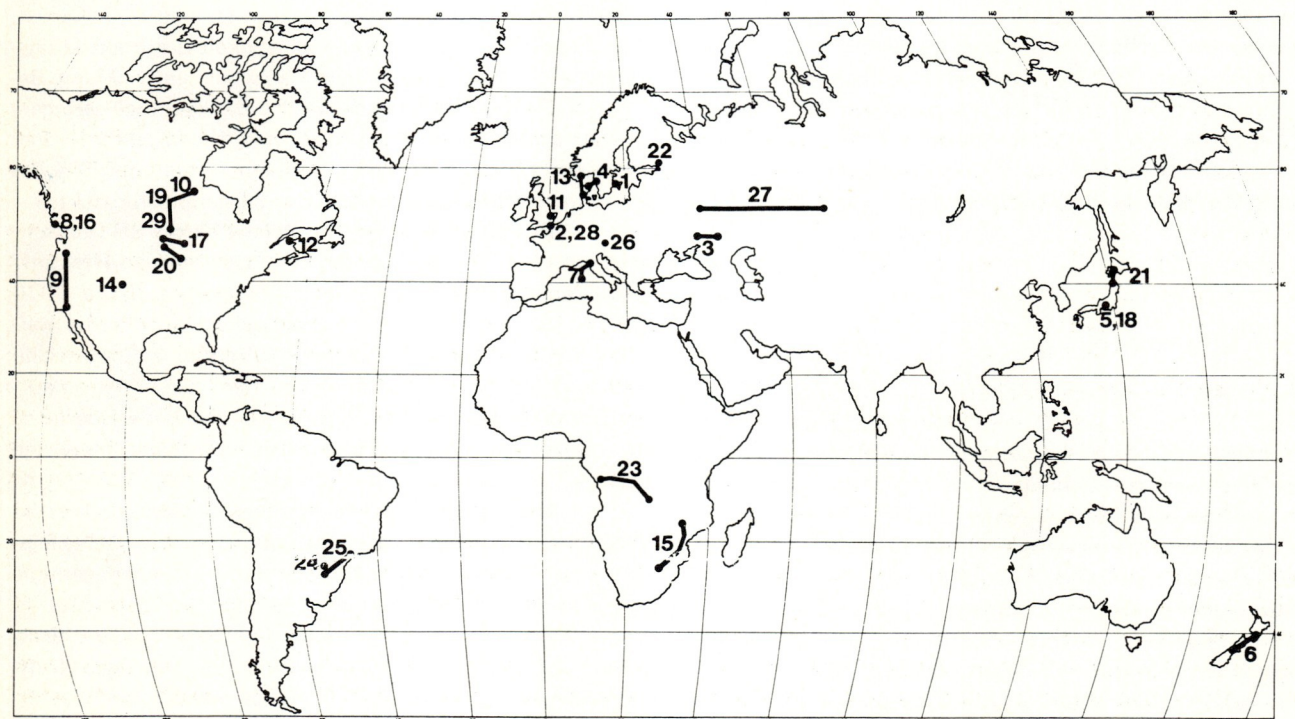

Bild X.12a Geographische Lage der HGÜ-Anlagen in Tabelle X.7

6 Stromwirtschaft

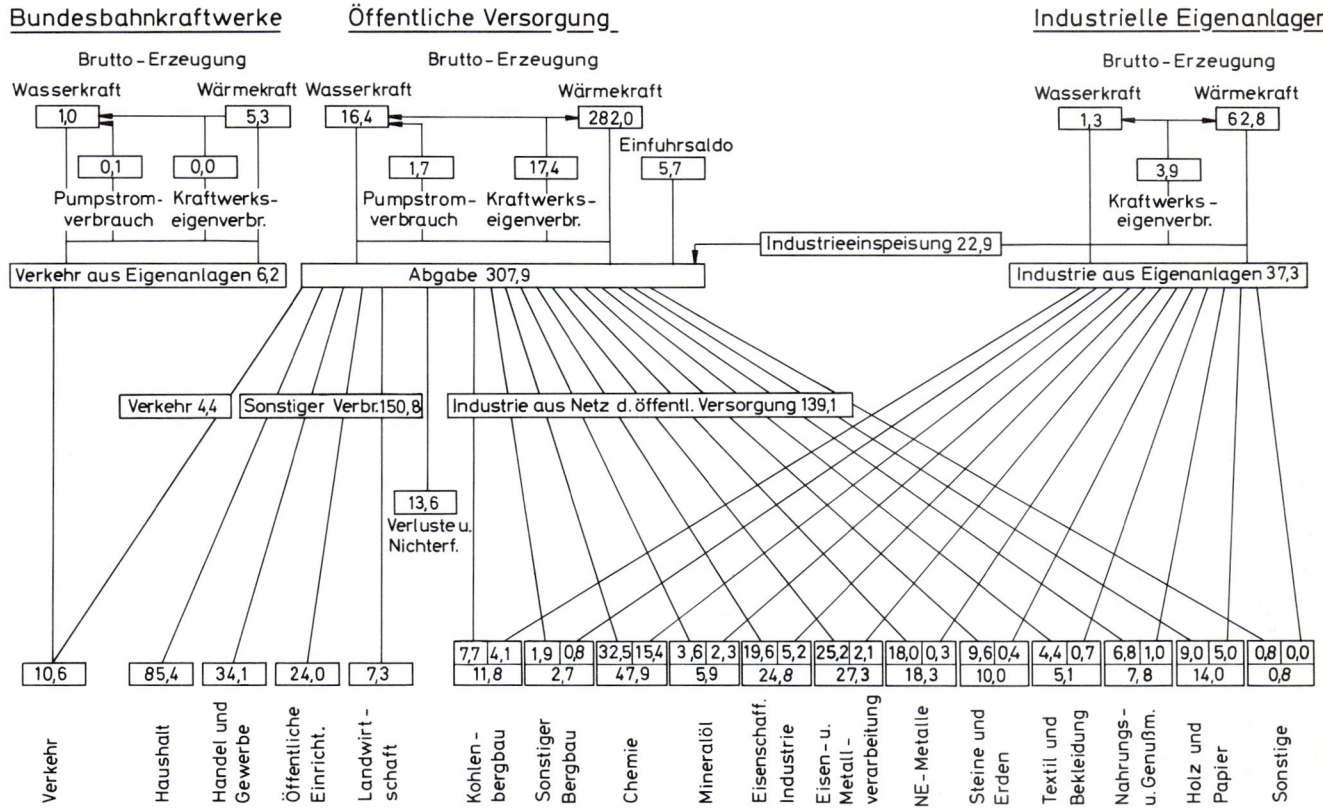

Bild X.13 Die Elektrizitätsversorgung der BR Deutschland 1980 einschl. Berlin (West) in Milliarden kWh [4]

Aus dem Netz der öffentlichen Versorgung wurden 1979 rd. 287 TWh an Tarifkunden und Sondervertragskunden mit elektrischer Energie beliefert. Die Tarifkunden werden nach den „Allgemeinen Bedingungen für die Elektrizitätsversorgung von Tarifkunden AVB-Elt V" [9] und nach den veröffentlichten Allgemeinen Tarifen [17] versorgt. Zu den Tarifkunden zählen Haushalte sowie gewerbliche und landwirtschaftliche Betriebe. Auf die Tarifkunden entfallen etwa 40 % der gesamten Stromabgabe aus dem öffentlichen Netz. Größere Anlagen, vor allem Industriebetriebe, werden nach einzeln abgeschlossenen Sonderverträgen versorgt, größtenteils mit Muster-Preisregelungen [18].

Entsprechend der Zusammensetzung der Kosten aus leistungs- und arbeitsabhängigen Kosten sehen die Preisregelungen für beide Kundengruppen im allgemeinen zwei Preisbestandteile vor:
- einen festen Betrag als Grundpreis bei den Allgemeinen Tarifen und als Leistungspreis entsprechend der in Anspruch genommenen Leistung bei den Sonderverträgen,
- einen Preis für die abgenommene elektrische Arbeit (Arbeitspreis je kWh).

Da der Anteil der festen Kosten sehr hoch ist — bei niederspannungsseitiger Versorgung im Durchschnitt etwa zwei Drittel —, enthält der Arbeitspreis allerdings meistens auch einen Teil der festen Kosten.

Der Durchschnittspreis je abgenommene kWh hängt von der Benutzungsdauer der in Anspruch genommenen Leistung ab, wie es von der Kostenverursachung her gerechtfertigt ist, bzw. bei den Grundpreistarifen von der Höhe des Verbrauchs im Verhältnis zum Grundpreis. Infolgedessen ergeben sich die Durchschnittspreise je kWh bei den jeweiligen Abnahmeverhältnissen nach der gleichen Preisregelung in weiten Bereichen, da sie mit höherer Benutzungsdauer degressiv verlaufen. Durch die Aufteilung des Entgelts auf Leistungspreis und Arbeitspreis werden die Kunden an den Kostenvorteilen, die sich durch die höhere Ausnutzung der Versorgungsanlagen ergeben, beteiligt.

Im Interesse der Kunden mit ihren sehr unterschiedlichen Abnahmeverhältnissen werden überwiegend zwei, häufig drei Preisregelungen mit unterschiedlicher Steilheit zur Wahl angeboten. Die steilere Preisregelung enthält jeweils einen niedrigeren Arbeitspreis und einen höheren Grundpreis oder Leistungspreis als die flachere

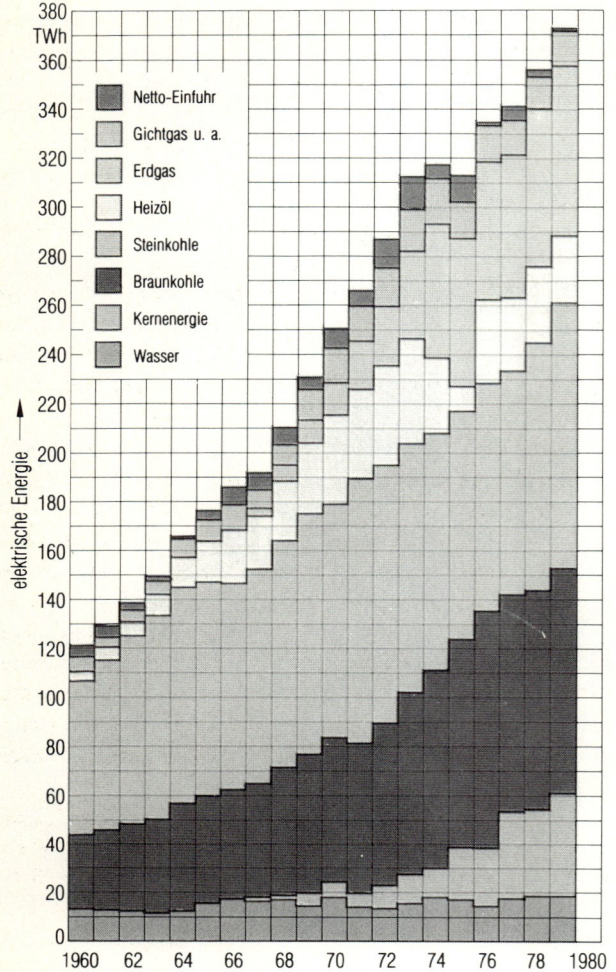

Bild X.14 Deckung des Strombedarfes in der Bundesrepublik Deutschland aus Brutto-Erzeugung der Kraftwerke der öffentlichen Versorgung, der Industrie und der Deutschen Bundesbahn sowie dem Einfuhrüberschuß [1]

Preisregelung. Der Kunde hat somit eine Wahlmöglichkeit, die es ihm gestattet, den Strompreis nach seinen individuellen Abnahmeverhältnissen so günstig wie möglich zu gestalten (geringe Abnahme: flacher Tarif, hohe Abnahme: steiler Tarif). Während bestimmter tariflicher Schwachlaststunden — vor allem in der Nacht — wird gewöhnlich ein niedrigerer Arbeitspreis als in der übrigen Zeit angeboten; hieraus ergeben sich Vorteile, wenn die Mehrkosten (u.a. für die Messung) durch die Höhe des Nachtstromverbrauchs in Verbindung mit der Arbeitspreisdifferenz aufgewogen werden.

Die Grundpreistarife wurden vor über 40 Jahren entwickelt und durch die *Tarifordnung für elektrische Energie* vom 25.7.1938 bindend vorgeschrieben. Auch nach der *Bundestarifordnung Elektrizität* vom 26.11.1971 in der Fassung vom 14.11.1973, die am 1.1.1974 die Tarifordnung von 1938 abgelöst hat, sind die EVU verpflichtet, mindestens zwei Grundpreistarife mit unterschiedlichen Arbeitspreisen und unterschiedlichen Grundpreisen anzubieten. Daneben muß ein Kleinverbrauchstarif angeboten werden, der neben dem (entsprechend höheren) Arbeitspreis nur einen Verrechnungspreis enthält. Somit haben die Tarifkunden in aller Regel die Wahl zwischen drei unterschiedlich steilen Tarifen. Zusätzlich kann der Schwachlasttarif, wie der frühere Nachtstromtarif jetzt heißt, gewählt werden.

Die Bundestarifordnung Elektrizität enthält für die Grundpreistarife I und II sowie für den Schwachlasttarif Höchst-Arbeitspreise; diese Werte entsprechen jedoch infolge der Entwicklung, auf die noch näher eingegangen wird, trotz einer Anhebung durch die *Änderungsverordnung* vom 14.11.1973 nicht den heutigen Kostengegebenheiten.

Der Grundpreis wird seit Inkrafttreten der Bundestarifordnung Elektrizität gewöhnlich in einen Verrechnungspreis (für Messung, Verrechnung und Inkasso) und einen Bereitstellungspreis aufgeteilt. Der Bereitstellungspreis richtet sich in Abhängigkeit von der Art des Bedarfs nach unterschiedlichen Bezugsgrößen, z.B. bei Haushaltbedarf hauptsächlich nach Anzahl, Art und Größe der Räume, bei gewerblichem, beruflichem und sonstigem Bedarf im wesentlichen nach der Nennleistung der vorhandenen Verbrauchseinrichtungen (mit unterschiedlicher Preisstellung für Beleuchtungsanlagen und andere Anlagen).

Anpassungen der Arbeitspreise der Allgemeinen Tarife und der Grundpreise für Haushaltsbedarf an die gestiegenen Kosten bedürfen nach wie vor der preisrechtlichen Genehmigung; die übrigen Änderungen der Allgemeinen Tarife sind der zuständigen Behörde anzuzeigen. Seit 1.4.1980 ist die Änderungsverordnung zur „Bundestarifordnung Elektrizität" (BTO) in Kraft getreten. Diese Rechtsverordnung soll im wesentlichen die Strompreisdegression bei steigendem Verbrauch aufheben. Die Bundesregierung verspricht sich davon eine Signalwirkung für ein zunehmendes Energiebewußtsein. Im Bereich der Sonderverträge für elektrische Energie ist seit Erlaß der *Verordnung PR 18/52* vom 26.3.1952 die Anwendung und Vereinbarung von Preisänderungsklauseln und Blindstromklauseln unter Beachtung bestimmter Vorschriften generell zulässig.

Verfolgt man die Entwicklung der Strompreise in den vergangenen zwei Jahrzehnten, so erkennt man, daß sie viele Jahre hindurch nahezu stabil waren und erst Anfang der siebziger Jahre wieder in Bewegung geraten sind. Die Periode annähernd stabiler Strompreise dauerte etwa 17 Jahre — von 1953 bis 1970 —, bei Sondervertragspreisen sogar bis 1971. Die Strompreise für landwirtschaftliche sowie gewerbliche und sonstige Kunden haben sich fast ebenso entwickelt wie die für Haushalte.

Für diese langjährige Stabilität der Strompreise trotz allgemeiner Lohn- und Preissteigerungen lagen folgende

Gründe vor. In den sechziger Jahren konnten die EVU den Lohn- und Preissteigerungen durch eine Reihe von Maßnahmen entgegenwirken, mit denen die Kostensteigerungen, deren Steigerungsraten in dieser Zeit erheblich niedriger waren als in den siebziger Jahren, ganz oder teilweise aufgefangen wurden. Die Auswirkung der Personalkosten-Steigerung auf mehr als das Dreifache in der Zeit von 1953 bis 1970 konnte durch innerbetriebliche Rationalisierung vermindert werden; die Steinkohlenpreiserhöhungen um 65 % ließen sich durch Senkung des spezifischen Wärmeverbrauchs in den Kraftwerken mittels Nutzung des technischen Fortschritt mildern. Ein Teil der Materialpreissteigerungen konnte durch die seinerzeit vorhandene Degression der spezifischen Anlagekosten mit steigender Anlagengröße ausgeglichen werden. Darüber hinaus trug die bessere Ausnutzung der Verteilungsanlagen in Verbindung mit einer Absatzsteigerung zur Verringerung der spezifischen Kosten bei.

Etwa ab 1969/1970 verlief die Kosten- und Preisentwicklung nicht mehr stetig, vielmehr erreichten besonders die Steigerungen bei Löhnen und Gehältern binnen kurzem fast den doppelten Wert. Die rasch angestiegenen Kostenerhöhungen konnten auch von der übrigen Wirtschaft nicht mehr aufgefangen werden. In starkem Maße verteuerte sich die Errichtung von Kraftwerken und Netzanlagen, nicht zuletzt durch die gleichzeitig beträchtlich angestiegenen Zinssätze, die sich um so stärker auswirken, als sie für immer längere Bauzeiten zu zahlen sind. Als weitere Zusatzkosten treten wachsende Aufwendungen für Umweltschutzmaßnahmen hinzu. Diese Verteuerungen wirken um so schwerer, als sich die kostendämpfenden Maßnahmen immer mehr ihren naturgegebenen Grenzen nähern.

In welchem Ausmaß die für die Elektrizitätswirtschaft wichtigen Preise von Januar 1970 bis Juni 1980 gestiegen sind, zeigt nachstehende Aufstellung, errechnet aus Zahlen des Statistischen Bundesamtes in %:

Steinkohle	+ 158,1 %
Schweres Heizöl	+ 316,8 %
Bauleistungen an Betriebsgebäuden	+ 73,0 %
Stahlkonstruktionen	+ 50,0 %
Dampfkessel und Behälter	+ 94,0 %
Kraftmaschinen	+ 83,9 %
Elektromotoren und Generatoren	+ 64,9 %
Transformatoren	+ 48,6 %

In der gleichen Zeitspanne sind — ebenfalls nach den amtlichen Indexzahlen — die Strompreise wie folgt gestiegen (ab 1975 mit Ausgleichsabgabe nach dem 3. Verstromungsgesetz):

Strompreise für Haushalte	+ 70,0 %
Strompreise für die Landwirtschaft	+ 68,5 %
Strompreise für Gewerbe und Handel	+ 63,9 %

Die Strompreisindizes geben die Preisentwicklung bei bestimmten Abnahmefällen wieder; diese Abnahmefälle werden zum Preisvergleich über Jahre hinweg beibehalten. Tatsächlich steigt aber der durchschnittliche Verbrauch je Kunde an. Durch den bereits geschilderten Aufbau der Grundpreistarife und ferner durch den Übergang zu einem günstigeren Tarif infolge des Mehrverbrauchs verminderte sich der Preis bisher, der tatsächlich je verbrauchte kWh zu zahlen ist.

In den Jahren 1970/1971 war der Durchschnittserlös noch rückläufig, als die Preise bereits anstiegen. Für die letzten 7 Jahre, für die Angaben vorliegen, kann festgestellt werden, daß z.B. 1973 der Durchschnittserlös aus der Abgabe an Tarifkunden immer noch niedriger war als 1968, und erst danach ließ sich eine schrittweise Anpassung an die gestiegenen Kosten nicht mehr vermeiden. Dennoch muß es überraschen, daß trotz der starken Verbrauchszunahme, z.B. bei der statistisch erfaßten Verbrauchergruppe der Arbeitnehmer-Haushalte mit mittlerem und höherem Einkommen, der Anteil für elektrische Energie an deren gesamten Verbrauchsausgaben nach wie vor nur wenige Prozent beträgt.

Die Strompreise für Sondervertragskunden waren in den sechziger Jahren nicht nur stabil, sondern konnten infolge der geschilderten kostensenkenden Maßnahmen und Momente vielfach sogar gesenkt werden (z.B. Herabsetzung der Nachtstrompreise und Angebot steilerer Preisregelungen).

In Tabelle X.8 und Bild X.15 ist die Entwicklung der Erlöse der EVU im Tarif- und Sonderabnehmerbereich seit 1976 dargestellt. Die Erlöse sind gegenüber 1978 um 4,3 %, die erlösbringenden Stromlieferungen um 4,1 % angestiegen. Daraus folgt eine gemittelte Steigerung der

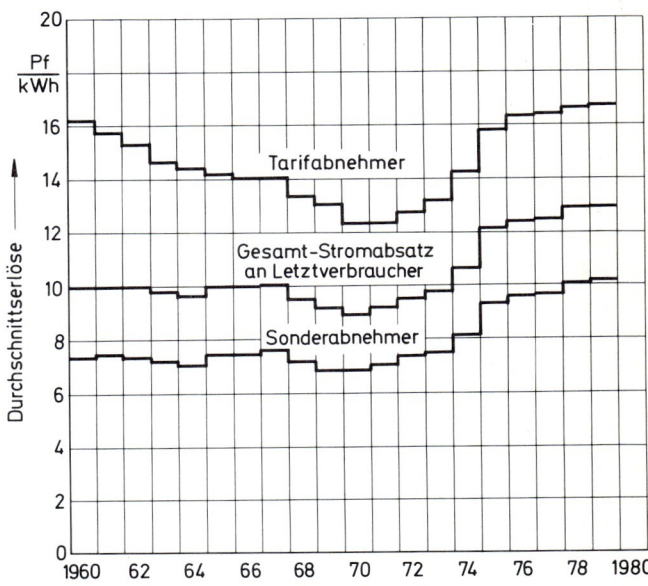

Bild X.15 Entwicklung der Durchschnittserlöse der EVU

Tabelle X.8 Durchschnittserlöse aus der Stromabgabe nach einzelnen Abnehmergruppen [1]

Abnehmergruppe		1976	1977	1978	1979
Sonderabnehmer					
Erlös	Mio. DM	13 604,6	14 291,7	15 602,1	16 393,1
Abgabe	GWh	142 592,8	147 520,0	154 532,4	161 490,5
spezifischer Erlös	Pf/kWh	9,54	9,69	10,10	10,15
Tarifabnehmer					
Erlös	Mio. DM	16 586,7	17 251,5	18 864,9	19 565,7
Abgabe	GWh	101 775,0	105 682,9	113 285,2	117 229,8
spezifischer Erlös	Pf/kWh	16,30	16,32	16,65	16,69
insgesamt					
Gesamt-Erlös	Mio. DM	30 191,3	31 543,2	24 467,0	35 958,8
Gesamt-Abgabe	GWh	244 367,8	252 202,9	267 817,6	278 720,3
spezifischer Erlös	Pf/kWh	12,35	12,46	12,87	12,90

Anmerkung: Alle Erlöse ohne Ausgleichsabgabe und Mehrwertsteuer.
In den Lieferungen an Tarifabnehmer ist der Heizstromabsatz nach Sonderverträgen enthalten.

Tabelle X.9 Stromkostenvergleich

		600 kWh		1 200 kWh		3 500 kWh		20 000 kWh*	
		1973	1978	1973	1978	1973	1978	1973	1978
Hamburg	Pfg	20,35	31,30	17,20	25,72	13,80	19,93	6,77	9,68
München	Pfg	25,50	34,10	19,65	26,36	14,20	19,95	6,84	9,76
Paris	Centimes	39,19	58,04	29,07	43,85	20,56	34,12	12,39	23,27
Straßburg	Centimes	38,28	56,69	28,42	42,89	20,16	33,46	12,19	22,86
Italien	Lire	26,99	33,07	26,47	35,62	22,12	59,13	—	—
Rotterdam	Cent	18,33	29,31	13,86	23,86	8,73	18,07	5,43	13,33
Brüssel	BFR	3,81	5,83	3,03	4,51	1,89	3,16	1,05	2,00
Luxemburg	LFR	3,19	4,15	2,44	3,25	1,76	2,30	0,97	1,32
Kopenhagen	Öre	26,9	53,5	23,2	46,4	18,3	38,2	11,0	27,0

* bei 20 000 kWh sind darin 15 000 kWh Nachtstromverbrauch enthalten

spezifischen Erlöse um rd. 0,5 %. Einen Überblick über die Strompreise größerer EVU (Anzahl etwa 200) vermitteln die von der VDEW von Zeit zu Zeit herausgegebenen Übersichten [17, 28].

Seit dem 1.1.1975 wird nach dem *Gesetz über die weitere Sicherung des Einsatzes von Gemeinschaftskohle in der Elektrizitätswirtschaft* (3. Verstromungsgesetz) auf die Verkaufserlöse aus der Stromlieferung an Endverbraucher sowie auf den Wert der im eigenen Unternehmen selbst verbrauchten Eigenerzeugung eine Ausgleichsabgabe erhoben, die anfangs 3,24 % betrug, ab 1.4.1976 auf 4,5 % erhöht wurde und nach dem *Gesetz zur Änderung energierechtlicher Vorschriften* — mit der Novellierung vor allem des 3. Verstromungsgesetzes — vom 24.12.1977 ab 1.1.1978 regional gestaffelt ist (zwischen 5,3 % in Nordrhein-Westfalen als oberem Wert und 3,5 % in Schleswig-Holstein als unterem Wert). Diese Beträge werden mit den Stromrechnungen eingezogen und an den „Ausgleichsfonds zur Sicherung des Steinkohleneinsatzes" beim Bundesamt für gewerbliche Wirtschaft abgeführt. Die Mehrwertsteuer von derzeit 13 % wird auf die Strompreise einschließlich der Ausgleichsabgabe erhoben.

Das statistische Amt der Europäischen Gemeinschaften (Eurostat) hat für einige europäische Städte einen Stromkostenvergleich angestellt (Tabelle X.9).

In Brüssel ist der Strom am teuersten, Frankreich weist die niedrigsten Strompreise auf. Auch wenn der Versuch unternommen wurde, eine Vergleichbarkeit herzustellen, so mußte diese Arbeit unter anderen Ungleichheiten wie die der Kaufkraft in den einzelnen Ländern leiden. Die Sicherheit der Versorgung, der andere Lebensrhytmus ohne Ladenschlußgesetz (z.B. Italien) und andere Abschreibungszeiten konnten nicht berücksichtigt werden. Daher ist der Vergleich nur beschränkt gültig.

7 Elektrizitätsanwendung

Die Anwendungsmöglichkeiten der elektrischen Energie in Industrie, Haushalt, Handel, Gewerbe, Landwirtschaft, Verkehr, Medizin usw. sind allgemein bekannt. Der Katalog des Einsatzes dieser Energieart erweitert sich ständig mit dem Bedürfnis nach Substitution anderer Energieträger, sauberer und bequemer Energieumwandlung am Verwendungsort, Einsparung von Arbeitskräften, besserer Primärenergieausnutzung, neuartigen technologischen Anwendungen, Erhöhung des öffentlichen Komforts im Verkehr oder des privaten Komforts im Haushalt usw. Diese Tendenz läßt sich bei einer Analyse sowohl der bisherigen als auch der künftigen Verbrauchsentwicklung erkennen, wenn auch die einzelnen Verbrauchersparten unterschiedliche Zuwachsraten aufweisen.

Eine Zehnjahresübersicht des Stromverbrauchs der Hauptabnehmergruppen aus dem öffentlichen Netz vermittelt Tabelle X.10. Sie ermöglicht nicht nur die absolute Zunahme jeder Gruppe, sondern auch die Verschiebungen der Verbrauchsanteile zwischen den einzelnen Gruppen in dieser Zeitspanne abzulesen. Z.B. weisen Industrie, Handel, Gewerbe und Landwirtschaft etwa eine Verdoppelung, der Haushaltssektor jedoch eine Verdreifachung des Verbrauchs auf. Letzterem soll deshalb eine kurze Sonderbetrachtung gewidmet werden, während auf eine Schilderung der Verhältnisse in den übrigen Abnehmerbereichen verzichtet werden muß.

Einerseits hat die Anzahl der Haushaltskunden in dieser Zeitspanne zugenommen. Darüber hinaus hat sich der mittlere Jahresstromverbrauch je Haushaltskunde in dem Jahrzehnt 1969/79 von 1910 auf 3465 kWh/Jahr erhöht. Ohne Nachtstromspeicherheizung stieg der Verbrauch von 1980 auf 2740 kWh/Jahr. Zwei Umstände spielten bei dieser ungewöhnlichen Zunahme eine wichtige Rolle: der Elektrifizierungsgrad mit Haushaltsgeräten und die Verbreitung der elektrischen Raumheizung. Vom Ende der 50er Jahre bis zum Ende der 70er Jahre entwickelte sich die Ausstattung mit den wesentlichen Elektrohausgeräten pro 100 Haushalte wie folgt [2]:

	1959	1979
Elektroherde	36	74
Kühlschränke	32	93
Gefriergeräte	–	51
Heißwasserbereiter	10	43
Waschmaschinen	25	89
Geschirrspülmaschinen	–	19
Wäschetrockner	–	7
Fernseher	22	95

Vergleicht man den Bestandszuwachs an Elektrohausgeräten mit den Zuwachsraten des Haushaltsstromverbrauchs, so kann man feststellen, daß der Stromverbrauch der Haushalte insbesondere in den letzten Jahren wesentlich schwächer zugenommen hat im Vergleich zur starken Zunahme des Elektrogerätebestandes in den Haushalten.

Hieraus geht deutlich hervor, daß einerseits die Informations- und Beratungstätigkeiten der Elektrizitätsversorgungsunternehmen für eine sinnvolle Gerätenutzung und andererseits die Bemühungen, im Zusammenwirken mit den Geräteherstellern eine Verbesserung des Wirkungsgrades elektrotechnischer Gebrauchsgüter herbeizuführen, erfolgreich waren.

Bei allen Anwendungs- und Geräteraten ergibt sich ein mit der Zeit zunehmender Verbrauch. Bild X.16 zeigt den Haushaltsstromverbrauch aufgeteilt auf die einzelnen Geräte. Der Lichtstromverbrauch ist von einem Anteil von 26 % im Jahre 1960 auf rd. 10 % im Jahre 1977

Tabelle X.10 Jährlicher Stromverbrauch der Verbrauchergruppen aus dem öffentlichen Netz in den Jahren 1973 bis 1979, in GWh

	1973	1974	1975	1976	1977	1978	1979
Industrie[1])	115 992	119 684	112 582	123 311	126 907	132 147	138 402
Verkehr	3 812	3 676	3 909	4 116	3 780	3 948	4 287
öffentliche Einrichtungen	14 979	16 005	17 284	19 331	20 415	22 134	23 432
Landwirtschaft	6 084	6 139	6 339	6 541	6 683	7 135	7 261
Haushalt	60 152	63 834	67 810	72 112	75 183	80 694	83 232
Handel und Gewerbe	25 103	25 470	27 180	28 963	30 400	32 569	33 530
insgesamt	226 122	234 808	235 104	254 374	263 368	278 627	290 144
Verluste und Nichterfaßtes	14 634	14 383	14 772	15 230	14 461	12 370	13 335
Stromverbrauch einschließlich Netzverluste	240 756	249 191	249 876	269 604	277 829	290 997	303 479

[1]) einschließlich Durchleitungen von Eigenanlagen über das öffentliche Netz:
1973 = 7 617 GWh, 1976 = 8 833 GWh, 1978 = 9 655 GWh,
1974 = 7 856 GWh, 1977 = 9 172 GWh, 1979 = 9 985 GWh.
1975 = 8 155 GWh [1]

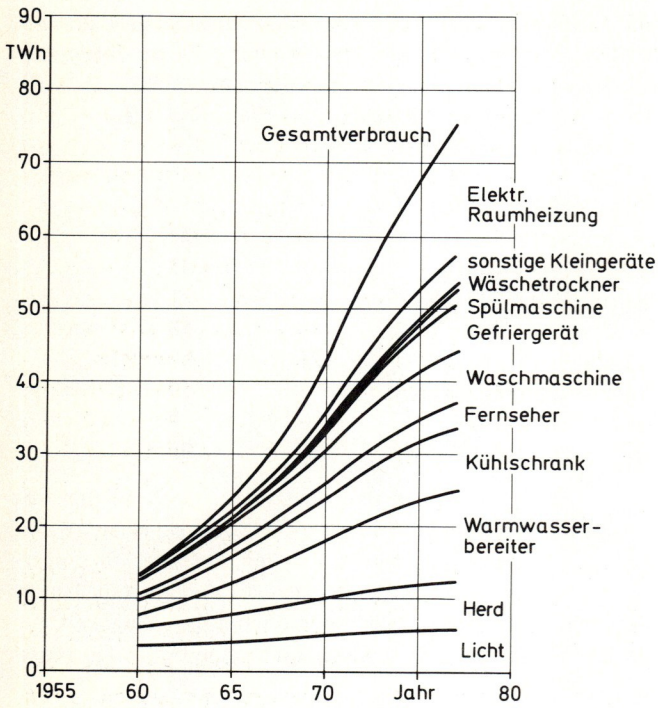

Bild X.16 Struktur des Haushaltsenergieverbrauchs

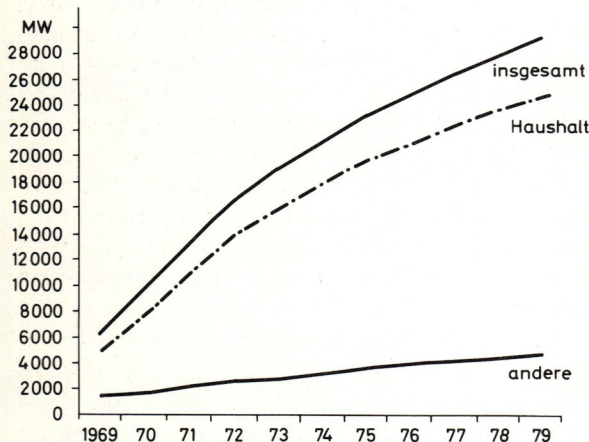

Bild X.17 Anschlußwert der Raumspeicherheizung 1969 bis 1979

nimmt ihr Anteil wieder ab, jedoch ihr absoluter Beitrag am gesamten Stromverbrauch wächst noch weiter, weil die Anzahl der Haushalte noch weiter steigt.

Die elektrische Raumheizung hat auch weiterhin zugenommen (Bild X.16). Bis zum Jahresende 1979 waren rd. 2 Millionen Kunden im Rahmen der vorhandenen Versorgungskapazitäten mit einem Anschlußwert an elektrischer Speicherheizung von 29 100 MW ausgestattet. Das entspricht in etwa einer Vervierfachung in den letzten 10 Jahren. Diese elektrische Raumheizung konnte vergleichsweise 5 Mio. t Heizöl ersetzen.

Die Nachtstromspeicherheizung hat mit dazu beigetragen, daß ein verstärkter wirtschaftlicher Kraftwerkseinsatz während der Nachtstunden möglich wurde und damit der Grundlastanteil stieg (Bild X.18). Während 1969 die Leistungsanforderung in der Nacht noch auf 58,2 % der Höchstlast zurückgingen, beliefen sie sich 1979 auf 81,5 %. Nachdem dieses Ziel erreicht worden ist, können neue Abnehmer für elektrische Raumheizung nur in dem Maße zu Nachtstromtarifen beliefert werden, wie Schwachlastenergie zusätzlich aus neuen Kraftwerken zur Verfügung steht und die Verteilungsanlagen noch freie Kapazitäten aufweisen.

Es soll nicht unerwähnt bleiben, daß von der Diskussion über die elektrische Raumheizung u.a. neue Impulse für einen besseren Wärmeschutz in der Bautechnik ausgegangen sind — in der Nachkriegszeit aus Kostengründen leider ein sehr vernachlässigtes Gebiet.

geschrumpft. Im gleichen Zeitraum stieg der Anteil für elektrische Warmwasserbereitung von 13,4 % auf 21,5 %. Mit der Einführung neuer Haushaltsgeräte (z.B. Gefriergeräte, Spülmaschinen) ergibt sich eine prozentuale Zunahme am Stromverbrauch. Nach Erreichen eines gewissen Sättigungsgrades (z.B. Herd, Kühlschrank, Waschmaschine)

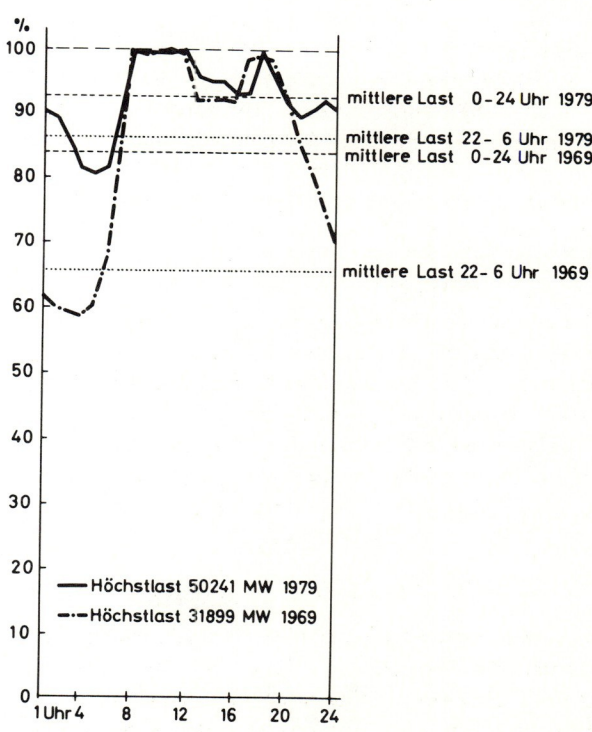

Bild X.18 Netzbelastung in Prozent der Höchstlast 1969 und 1979

Eine gleiche Entwicklung kann auch der Einsatz der Wärmepumpentechnik nehmen, um Ölsubstitutionen zu bewirken. Der ZVEI gibt in seiner Produktionsstatistik an, daß die Hersteller von Elektro-Wärmepumpen für Haushaltheizungen allein im Jahr 1980 rd. 22 000 Anlagen verkauft haben. Für die Warmwasserbereitung wird ein Zuwachs in der gleichen Größenordnung erwartet. Darüber hinaus dient die Wärmepumpentechnik im Rahmen der integrierten Energieversorgung der Mehrfachnutzung der eingesetzten Energie durch Wärmerückgewinn. Die Technik sinnvollen Stromeinsatzes wird in Kaufhäusern, Supermärkten, Krankenhäusern sowie Büro- und Verwaltungsgebäuden bereits seit Jahren erfolgreich praktiziert.

Bei der Analyse des Haushaltsverbrauchs über eine längere Zeitspanne ist zu beachten, daß auch die Veränderung der Haushaltanzahl von Bedeutung ist. Während jedoch in der Vergangenheit ein nicht unerheblicher Anteil der Verbrauchszunahme auf neue Haushalte zurückzuführen war (daher eine höhere Zuwachsrate im Gesamthaushaltsverbrauch gegenüber dem mittl. Einzelhaushaltsverbrauch), ist in Zukunft mit einem schwächeren Wachstum in der BR Deutschland zu rechnen [29].

8 Informationstechnik der Elektrizitätsversorgung

8.1 Allgemeines

Die an die Verfügbarkeit der Systeme der Elektrizitätsversorgung gestellten Anforderungen lassen sich infolge der mit der Belastungsdichte zunehmenden Anzahl der Einspeise- und Abnahmepunkte und damit der komplizierten Netzstruktur nur durch einen umfassenden und sorgfältig geplanten Ausbau der EVU-eigenen Informationstechnik erfüllen. Zielrichtung für die Informationstechnik ist die Erhöhung der Verfügbarkeit des Systems, eine Verfeinerung im wirtschaftlichen Einsatz der Stromquellen und Rationalisierung im Netzbetrieb. Dazu müssen höchste Sicherheitsanforderungen gestellt und erfüllt werden; insbesondere bei Häufung äußerer störender Einwirkungen, z.B. Wetterkatastrophen, muß die Informationstechnik funktionsfähig bleiben, um die Auswirkungen der Störungen auf das Gesamtsystem so gering wie möglich zu halten.

8.2 Grundformen der Übertragungstechnik

Im Bereich der betrieblichen Information lassen sich wegen der weitläufigen Verteilung der Funktionsgruppen (Kraftwerke, Umspannwerke, Schaltwerke) die Anforderungen an die Verfügbarkeit der Übertragungstechnik im allgemeinen nur durch betriebseigene Kanäle erfüllen. Dabei bevorzugen die EVU naturgemäß die im eigenen Trassenraum geführten Kanäle, die im folgenden betrachtet werden. Für besonders wichtige Informationen müssen unabhängige Zweiwege bestehen [30].

In dichtbesiedelten Gebieten mit hoher Lastdichte und kurzen Entfernungen der Betriebsstellen werden normale *Fernmeldeerdkabel* oder solche mit erhöhter Kunststoffisolation verwendet. Sie liegen im gleichen Kabelgraben mit Starkstromkabeln. Die Technik der Fernmeldefreileitungen am Mittelspannungsgestänge wurde durch Anwendung *selbsttragender Luftkabel* abgelöst. Diese werden auf allen Spannungsebenen wegen ihrer betrieblichen Vorteile verwendet. Die Trägerfrequenztechnik in Form einer Einkanaltechnik, die *Trägerfrequenztechnik auf Hoch- und Höchstspannungsleitungen*, wurde die Grundlage der Übertragungstechnik der Hochspannungsnetze und ist heute noch im Ausbau.

Der wachsende Umfang der Informationen, insbesondere der Fernwirktechnik, erforderte eine Erweiterung des verfügbaren Kanalraumes. Sie erfolgte durch Überlagerung der verfügbaren drahtgebundenen Kanäle im Niederspannungsbereich mit schmalbandigen *Wechselstrom-Telegraphiekanälen* und im Hochfrequenzbereich durch Anwendung der *Trägerfrequenztechnik*. Der damit möglichen Informationskonzentration sind aber aus Sicherheitsgründen enge Grenzen gezogen. Daher geht die Entwicklung auf eine redundante Struktur von Drahtkanälen, die mit Kleinkanalsystemen überlagert werden.

Auf der Suche nach geeigneten Mitteln, einen genügend hohen Stand der Sicherheit der Übertragungstechnik durch Strukturredundanz der Primärkanäle zu erhalten, bot sich der Betriebsfunk an. Im ersten Zug wurde der *UKW-Rundstrahlfunk* für die Zwecke des ortsbeweglichen Störungsdienstes eingeführt. Damit wurde eine erhebliche Erhöhung der Versorgungssicherheit durch Beschleunigung der Fehlerfeststellung und -beseitigung erzielt. Im Jahre 1980 waren etwa 2000 Leitstellen mit rd. 35 000 beweglichen Funkgeräten in der Strom-, Gas-, Wasser- und Fernwärmeversorgung in Betrieb.

Eine besonders geeignete Lösung für die Forderungen der Fernwirktechnik, die Übertragungssicherheit durch Strukturredundanz der primären Trägerkanäle zu erhöhen und die Schnelligkeit der Informationsübertragung zu steigern, bot die *Richtfunktechnik*. Sie wurde durch die Entwicklung der für die Zwecke der Elektrizitätsversorgung besonders geeigneten Schmalbandsysteme im Bereich von 7,1 bis 7,4 GHz gefördert und wird vornehmlich zur Verbindung wichtiger Netzstellen im Bereich der Übertragungsnetze angewendet.

Bei allen erwähnten Formen der Übertragungstechnik hat sich weitgehend die Ausführung in Halbleitertechnik durchgesetzt. Sie bewirkte eine wesentliche Erhöhung der Kanalverfügbarkeit und damit auch eine wesentliche Herabsetzung des Wartungsaufwandes. Für den Bedarf an einfachen Einkanal-Richtfunkgeräten, besonders für Zwecke der Fernwirktechnik, sind Frequenzen im 430-MHz-Band bereitgestellt.

8.3 Technik der Betriebsnachrichtennetze

Hierzu gehören Betriebssprech- und -schreibnetze. Sie übermitteln frei wählbare Informationen. In der Elektrizitätsversorgung steht die Technik der Sprechnetze im Vordergrund. Sie müssen insbesondere bei Störungen des Gesamtsystems den an der Ortung, Einengung des Wirkungsumfanges und Beseitigung der Störungen beteiligten Fachleuten einen Informationsaustausch höchster Priorität ohne Wartezeiten ermöglichen. Entsprechend dem Stand der Technik verlief die Entwicklung der Sprechnetze vom technisch ungeordneten Verkehr zwischen Nebenstellen zur *Einheitswähltechnik*. Das ist eine auf die besonderen Sicherheitsforderungen der Elektrizitätsversorgung zugeschnittene geordnete Fernwähltechnik. Abgesehen von der Benutzung des Telexnetzes sind Betriebsschreibnetze in der deutschen Elektrizitätsversorgung nicht sehr zahlreich. Anstelle der Schreibverbindungen tritt die zeitbegrenzte Aufnahme der „Schaltgespräche" der Leitstellen mit Bandgeräten.

8.4 Fernwirktechnik

Die Fernwirktechnik ist der Bereich der durch Verdrahtung fest gebundenen Informationen. Ihr wesentlicher Teil – die *Fernbedienungstechnik* – ist das Bindeglied zwischen technischen Betriebseinrichtungen und Informationsverarbeitung. Sie hat die Aufgabe, die essentiellen Betriebsgrößen in Überwachungsrichtung (Melden, Messen) und Wirkrichtung (Steuern, Stellen) durch Informationen abzubilden. Zur technisch-wirtschaftlichen Optimierung der Lösung der gestellten Aufgabe steht ein breiter Fächer von Verfahren zur Verfügung. Er beginnt im Anlagenbereich mit *Leitungsmultiplexverfahren*, setzt sich im Nahbereich mit den *Frequenzmultiplexverfahren* fort und endet bei den *Zeitmultiplexverfahren* für den Fernbereich. Durch Anwendung der modularen Bausteintechnik sind diese Verfahren leicht an Änderungen im Gesamtsystem anpaßbar. Der Übergang zur Ausführung in Halbleitertechnik gestattet, die Forderungen nach größerer Übertragungssicherheit und -schnelligkeit zu erfüllen. Ohne die inzwischen entstandenen Fernwirknetze hätten sich die heute gestellten Anforderungen an Verfügbarkeit und Wirtschaftlichkeit des Systems der Elektrizitätsversorgung nicht erfüllen lassen. Mit dem Lastanstieg muß der Ausbau verstärkt fortgesetzt werden.

Das Wachstum der Haushalt- und Gewerbebelastungen in der Niederspannungsebene machte eine Steuerung dieser Belastungen aus Sicherheitsgründen notwendig. Diese Aufgabe löst die *Rundsteuertechnik*. Durchgesetzt haben sich die Zeitmultiplexverfahren, die dem Energienetz Pulse einer definierten Tonfrequenz überlagern [33]. In Technischen Richtlinien sind die zu benutzenden Steuerfrequenzen, zulässige Größen der Tonfrequenzspannungen sowie allgemeine Anforderungen an die Gestaltung der Technik als Grundlagen für ein geordnetes Wachstum dieser zukunftsträchtigen Technik festgelegt. Auch in der Rundsteuertechnik setzt sich die Ausführung von Sendern und Empfängern in Halbleitertechnik immer weitgehender durch. Durch geeignete Verschlüsselung der Impulsstruktur lassen sich die ständigen Anforderungen einerseits an Erhöhung des Informationsumfangs und andererseits der Übertragungssicherheit erfüllen. Der Informationsinhalt umfaßt vornehmlich Aufgaben zur Optimierung des Belastungsverlaufs und zur Steuerung von Meß- und Zähleinrichtungen. Die rasche Ausbreitung dieser Sonderform der Fernwirktechnik zeigt, wie notwendig ihre Einführung im Allgemeininteresse und besonders im Interesse der Versorgungssicherheit war.

8.5 Informationsverarbeitung

Der Verwicklungsgrad der Struktur des Systems der Elektrizitätsversorgung erfordert die Auflösung in hierarchisch geordnete Teilsysteme (Übertragungsebene, Verteilungsebene usw.). Um bei wachsender Belastung und demgemäß wachsender Anzahl der Funktionsglieder, Funktionsgruppen und Anlagen innerhalb der Teilsysteme diese sicher führen zu können, erfolgt die Zusammenfassung der Informationen mittels Fernbedienungstechnik in Leitstellen (Anlagenwarten, Netzwarten, Netzleitstellen, Lastverteiler). Die Informationsverarbeitung obliegt den Fachleuten der Leitstellen, also Menschen. Mit dem Anschwellen des Informationsumfanges in den Leitstellen werden die Grenzen der menschlichen Verarbeitungsfähigkeit zunehmend überschritten. Daher wird das Leitstellenpersonal durch Einführung technischer Verarbeitungsmethoden entlastet.

In der Schutz- und Regeltechnik wird seit jeher die *technische Informationsverarbeitung* mit analog oder digital arbeitenden Rechenelementen, die den zu überwachenden Funktionsgliedern mit fester Verdrahtung der Verarbeitungsfunktionen zugeordnet sind, angewendet. Aus Sicherheitsgründen sind diese Einrichtungen den zu überwachenden Funktionsgliedern und Funktionsgruppen unmittelbar zugeordnet. Die Informationen werden somit dezentral an der Stelle des Gesamtsystems verarbeitet, wo sie anfallen und ohne große Umwege zur Wirkung kommen sollen. Neben der größeren Funktionssicherheit ergeben sich außerdem einfachere Verarbeitungspläne und kürzeste Funktionszeiten.

Für übergeordnete Verarbeitungsfunktionen, wie Systemoptimierung im Normalbereich, Überwachung der

Fehlerträchtigkeit des Systems, Minimierung von Wirkweite und Zeitdauer von Störungen, werden *frei programmierbare Rechner* in zunehmendem Maße eingesetzt. Nachdem die Entwicklung einen breiten Fächer von Rechenanlagen mit einheitlicher Sprache, angefangen von Kleinstrechnern, die bereits im Anlagenbereich angewendet werden können, bis zu den Großrechnern geschaffen hat, beginnt auch in diesem Bereich die dezentrale Informationsverarbeitung sich durchzusetzen. Der offensichtliche Vorteil dieser Struktur, bei der jedem Bereich die Informationsverarbeitungsfunktionen zugewiesen werden, die seinen Entscheidungsbereich unmittelbar betreffen, ist größere Einfachheit der Verarbeitungsfunktionen, geringere Abhängigkeit von der Übertragungstechnik und Begrenzung der Wirkweite von Störungen bei Ausfall von Rechnern auf kleinste Bereiche.

Um den hohen Anforderungen an die Verfügbarkeit des Gesamtsystems auch bei Rechnerführung zu genügen, wird im allgemeinen parallel zum Rechner die Systemführung mittels menschlicher Informationsverarbeitung durch Netzsteuertafeln mit oder ohne Trennung der Darstellung von Wirk- und Überwachungsinformationen vorgenommen, oder es wird durch parallele Rechner eine entsprechende Erhöhung der Verfügbarkeit durch Strukturredundanz sichergestellt [38].

8.6 Elektrische Beeinflussungstechnik

Die ständig steigenden Anforderungen an die Verfügbarkeit des Systems der Elektrizitätsversorgung bei zunehmendem Verwicklungsgrad seiner Struktur machen es notwendig, die Systemverträglichkeit zwischen Informationstechnik und Energiesystemen beim Eintreten von Betriebsvorfällen zu sichern. Dies ist die Aufgabe der elektrischen Beeinflussungstechnik [50, 51].

9 Fernwärmeversorgung

9.1 Stand der Fernwärmeversorgung

Unter Fernwärmeversorgung versteht man die Lieferung von Wärme in Form von Heizwasser oder Dampf sowohl für Raumheizzwecke und Brauchwassererwärmung als auch für Produktionszwecke aus zentralen Heizkraftwerken oder Heizwerken. Dem Wunsch der Bevölkerung nach Komfort kann besonders auf dem Heizungssektor durch die Fernwärmeversorgung entsprochen und gleichzeitig ein positiver ökologischer Einfluß bewirkt werden. Die zeitgleiche Auskopplung der Fernwärmeerzeugung aus dem Stromerzeugungsprozeß im Kraftwerk, dem sogenannten Heizkraftwerk, wird als Kraft-Wärme-Kopplung bezeichnet. Der Ausbau der Kraft-Wärme-Kopplung ist die wirkungsvollste Maßnahme der rationellen Energienutzung unserer Zeit. Während der Heizperiode kann unter geringfügigem Brennstoffmehraufwand eine Primärenergienutzung von 65 bis 90 % erreicht werden, jedoch muß gleichzeitig im Stromerzeugungsprozeß eine elektrische Leistungseinbuße in Kauf genommen werden.

Die Emissionen der Schadstoffe aus der fossilen Verbrennung der Heizungsanlagen, die als Immissionen unsere Umwelt beeinflussen, können allein schon bei der Verlagerung zum Heizkraftwerk durch das unterschiedliche Emissionsniveau der Kamine die Gesamtimmission entlasten. Verstärkt wird dies noch durch den verminderten Brennstoffeinsatz. Hauptprobleme der Fernwärmeversorgung stellen der Ausbau der kostenträchtigen Netze, die Heizreservefragen und die Beschaffung bzw. Bewertung der elektrischen Minderleistung dar.

Im Jahre 1979 lieferten 109 Unternehmen rd. 188 859 TJ Wärmeenergie in 474 Fernwärmeverteilungsnetze mit einer Gesamt-Streckenlänge von 6 030 km. Die Heizkraftwerke hatten hieran einen Anteil von rd. 66 %, der Rest wurde aus reinen Heizwerken (21 %) und durch Fremdbezug (rd. 13 %) von der Industrie gedeckt. Gegenüber dem Vorjahr erhöhte sich die gesamte Wärmeenergie aus den Fernheiznetzen um 2,4 %.

Die Wärme-Nennleistung der Heizkraftwerke erhöhte sich im Jahre 1979 auf 17 858,4 MJ/s; die zugehörige elektrische Leistung stieg um 10,5 % auf insgesamt 6 639,5 MW. Mit dieser Leistung wurden rd. 9,7 TWh Strom erzeugt (+ 5,7 %). Tabelle X.11 gibt einen Überblick über diese Daten der Heizkraftwerke für die Jahre 1977 bis 1979.

Der Gesamt-Anschlußwert aller aus Heizkraftwerken und Heizwerken versorgten Wärmeabnehmer betrug 1979 26 602 MJ/s gegenüber 25 872 MJ/s im Jahre 1978 (+ 2,7 %). Die Wärmehöchstlast lag mit 15 334 MJ/s um rd. 1 % unter dem Wert von 1978 (15 482 MJ/s) [1].

Die Wärmehöchstlast ist naturbedingt von den Witterungsverhältnissen während der Heizperiode abhängig.

Die Aufteilung der Wärmeleistung und Netzeinspeisungen in den einzelnen Bundesländern zeigt Tabelle X.12. Am stärksten ist die Fernwärmeversorgung aus Heizkraftwerken in den Ballungsgebieten Berlin und Hamburg ausgebaut. In den anderen Bundesländern wird die Entwicklung stark von den einzelnen Städten mit unterschiedlicher Versorgungsstruktur geprägt.

Tabelle X.11 Leistung der Heizkraftwerke

		1977	1978	1979
Netzeinspeisung	TJ	108 279	120 684	125 701
Wärmenennleistung	MJ/s	16 832	17 248	17 858
elektrische Nennleistung	MW	5 851	6 011	6 640
Stromerzeugung	GWh	8 156	9 162	9 708

Tabelle X.12 Wärmeleistung und Netzeinspeisung in den Bundesländern [1]

Bundesland	Wärmenennleistung der HKW MJ/s	Netzeinspeisung aus HKW TJ	Anteil der in HKW erzeugten Wärme %
Schleswig-Holstein	947,8	7 069	76
Hamburg	1 818,0	18 100	88
Bremen	173,3	463	20
Niedersachsen	2 311,2	15 317	67
Nordrhein-Westfalen	4 557,7	28 802	52
Hessen	978,2	6 734	62
Rheinland-Pfalz	262,8	1 348	53
Bayern	2 219,2	16 260	77
Saarland	235,7	1 510	38
Baden-Württemberg	2 566,3	16 603	66
Berlin	1 788,1	13 495	84

Die Heiznetze werden nach der Höhe des Anschlußwertes klassifiziert. Die Größenklassen sind wie folgt gestaffelt:

Klasse 1 bis 5,7 MJ/s Anschlußwert,
Klasse 2 5,8–28,9 MJ/s Anschlußwert,
Klasse 3 29,0–115,0 MJ/s Anschlußwert,
Klasse 4 größer als 115,0 MJ/s Anschlußwert.

Die Verteilung zeigt Bild X.19. Der verstärkte Einsatz von Heizkraftwerken (HKW) und damit ihr rationeller Energieeinsatz wird besonders in den großen Netzen der Klasse 4 deutlich. Es bestätigt sich die Aussage, daß vorwiegend in großen Netzen die Kraft-Wärme-Kopplung wirtschaftlich angewendet wird.

In Bild X.20 ist der Brennstoffeinsatz der Fernwärmeerzeugung und deren zeitliche Entwicklung für die einzelnen Primärenergieträger dargestellt. Bemerkenswert ist die starke Zunahme vom Gaseinsatz in den letzten Jahren. Hier spiegeln sich Umweltschutzauflagen wider, die Emissionsbegrenzungen besonders in Ballungsgebieten vorschreiben. Der Einsatz von leichtem Heizöl ist zurückgegangen. Ein verstärkter Kohleeinsatz wird erst zu verzeichnen sein, wenn die Entschwefelungsproblematik für kleinere Erzeugungsanlagen geklärt ist.

9.2 Entwicklungsmöglichkeiten

Trotz volkswirtschaftlicher und ökologischer Vorteile der Fernwärmeversorgung über Heizkraftwerke, die einen beschleunigten Ausbau wünschenswert erscheinen lassen, bleibt der Einsatz von Fernwärme auf Gebiete hoher Wärmedichte — insbesondere große und mittlere Städte — beschränkt. Dies hat seine Ursache vor allem darin, daß die Wärmeverteilkosten mit abnehmender Wärmedichte pro-

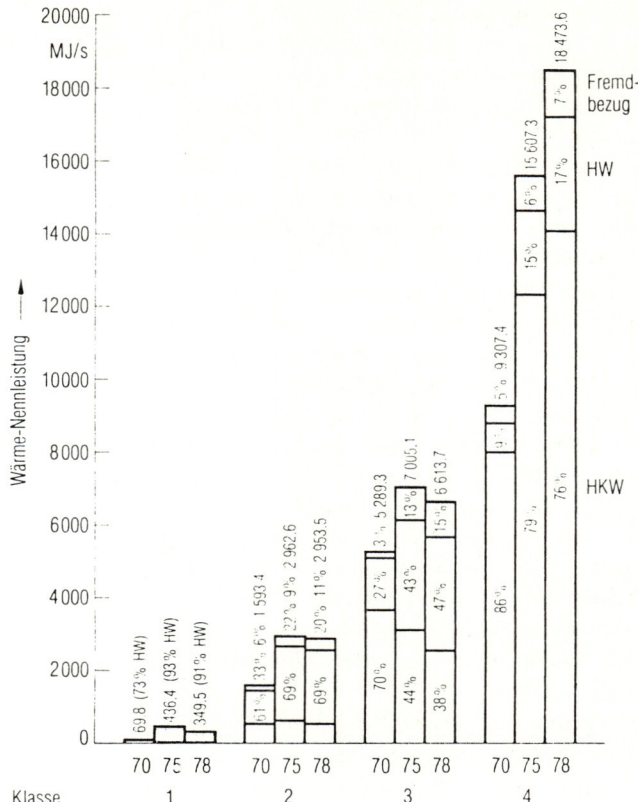

Bild X.19 Entwicklung der Wärmeengpaßleistung, unterteilt nach Netzgrößenklassen, für die Jahre 1970, 1975 und 1978 [40]

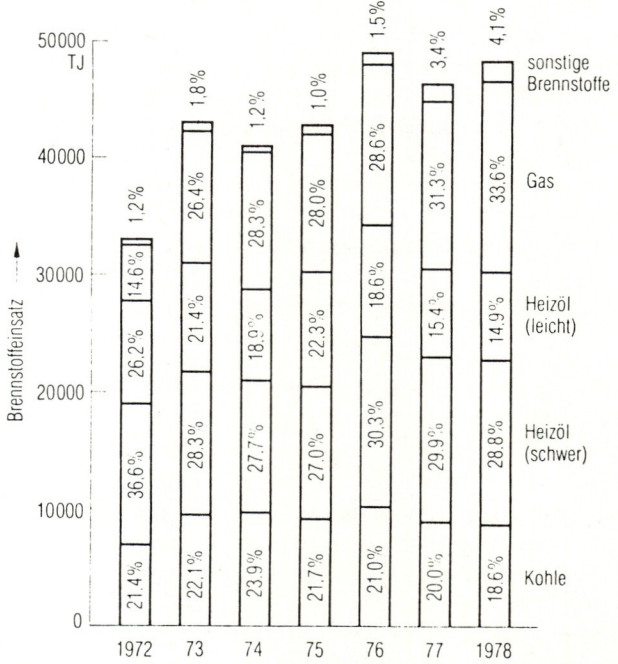

Bild X.20 Brennstoffeinsatz der Fernwärmeerzeugung [40]

gressiv ansteigen. Ausgehend von den jeweiligen örtlichen Bebauungsstrukturen und der Wärmebeschaffungssituation muß daher in jedem Einzelfall geprüft werden, ob und inwieweit eine Fernwärmeversorgung auf- bzw. ausgebaut werden kann.

Nach der Ölpreiskrise des Jahres 1973 wurde in mehreren Studien unterschiedlichen Detaillierungsgrades untersucht, inwieweit Fernwärmeversorgung über Heizkraftwerke im Bereich der Niedertemperaturwärme zur Bedarfsdeckung unter wirtschaftlichen Gesichtspunkten beitragen kann. Umfangreiche Angaben finden sich in der Gesamtstudie Fernwärme [42], die das Bundesministerium für Forschung und Technologie in Auftrag gegeben hatte und deren Ergebnisse seit Ende 1976 vorliegen. Für vier ausgewählte Ballungsgebiete wurden gesonderte Einzelanalysen — vor allem im Hinblick auf eine Versorgung mit nuklear erzeugter Wärme — durchgeführt.

Ausgehend von der für das Jahr 1990 zu erwartenden Bebauungsstruktur war zu klären, in welchem Umfange Fernwärme über Heizkraftwerke kostengünstiger bereitgestellt werden könnte als vergleichsweise über eine Gaswärmeversorgung. Die Ergebnisse lassen sich wie folgt zusammenfassen:

1. Mittel- und langfristig, d.h. rechnerisch bezogen auf das Jahr 1990, bietet sich der Fernwärmeversorgung ein beachtliches Entwicklungspotential. Als oberer Grenzwert könnte die Fernwärmeversorgung rd. 25 % des gesamten Niedertemperaturwärmebedarfs bis 200 °C decken. Allein 60 % des Raumwärmebedarfes liegen in nur 13 bis 16 Großpotentialen. Die größte Zuwachserwartung liegt vorwiegend in den Gebieten, die heute schon ausgedehnte Fernwärmeversorgungen aufweisen.
2. Durch den verstärkten Ausbau der Heizkraftkopplung lassen sich rd. 14 bis 20 Mio. t SKE Brennstoffe — vorwiegend leichtes Heizöl — einsparen.
3. Durch die Substitutionen einer Vielzahl von Einzelemittenten, die gegenwärtig Schadstoffe aus niedriger Quellhöhe emittieren, ließen sich bei Verlagerung der Wärmeerzeugung in zentrale Heizkraftwerke und Heizwerke wesentliche Immissionsverbesserungen erzielen.
4. Sowohl die in Ziff. 1 genannten 13 bis 16 Großpotentiale als auch rd. 50 kleinere Potentiale könnten aus Großkraftwerken wärmeseitig versorgt werden. Darüber hinaus bestünde die Möglichkeit, für rd. 100 kleinere Wärmepotentiale spezielle Heizkraftwerke zu errichten bzw. zu erweitern. Die elektrische Leistungsbilanz würde durch die Wärmeauskopplung aus großen Anlagen und den Zubau kleinerer Heizkraftwerke maximal um rd. 6 000 MW verändert.

Die sehr breit angelegten Untersuchungen beschreiben nicht nur den gegenwärtigen technischen Stand der Fernwärmeversorgung und das mögliche Entwicklungspotential, sondern stellen gleichzeitig eine Analyse notwendiger Randbedingungen für einen forcierten Ausbau

dar. Eine besondere Bedeutung kommt hierbei der Grundaussage zu, daß Fernwärme in Anlagen, die aus elektrizitätswirtschaftlichen Gründen ohnehin als reine Stromerzeugungsanlagen gebaut werden müßten, besonders kostengünstig bereitgestellt werden kann. Da Fernwärme selbst bei großen Wärmeleistungen ca. 15 bis 20 km und nur in besonders günstigen Fällen 30 km transportiert werden kann, setzt die Erreichung des in der Studie als möglich ermittelten Ergebnisses allerdings voraus, daß unter Beachtung der elektrizitätswirtschaftlichen Randbedingungen — auch für Kernkraftwerke — verbrauchsnahe Standorte verwirklicht werden können. Um die aus energiepolitischen Gründen erwünschte Erweiterung der Fernwärmeversorgung wirtschaftlich zu gestalten, wäre darüber hinaus eine staatliche Förderung zumindest zur Abdeckung der zu erwartenden Anlaufverluste notwendig.

Eine sinnvolle Einfügung der Fernwärmeversorgung über Heizkraftwerke als eine Möglichkeit der rationellen Energieverwendung in den Gesamtkomplex leitungsgebundener Energieträger erfordert eine sorgfältige und vorausschauende Planung, sowohl im Bereich der jeweils zuständigen Versorgungsunternehmen als auch der Gebietskörperschaften. Hierfür könnten örtliche Versorgungskonzepte eine gute Voraussetzung bieten.

Die in den letzten Jahren ins Gespräch gekommenen Blockheizkraftwerke (BHKW), — Nutzung der Abwärme aus Gas- oder Dieselmotorenanlagen — für punktuell hohe Wärmedichten, werden wegen des Brennstoffeinsatzes Öl oder Gas nur beschränkte Bedeutung erlangen [38, 39]. Diese Kleinstheizkraftwerke werden nur dort als wirtschaftlich interessante Variante angesehen, wo die Heizversorgung ohnehin schon auf der Erdgas- oder Ölbasis erfolgt, der Strombezugspreis über dem der Eigenerzeugung liegt und für das Wärmeversorgungsgebiet nie die Chance einer Versorgung aus der sonst üblichen Kraft-Wärme-Kopplung besteht. Auch die Einspeisung in das öffentliche Netz wirft eine Reihe elektrotechnischer Probleme auf, die einen unkontrollierten Einsatz beschränken können.

10 Elektrizitätsversorgung und Umweltschutz

Die EVU werden als Energieumwandler ständig mit den Problemen des Umweltschutzes konfrontiert. In einer hochindustrialisierten Welt ist ein gewisses Maß an Beeinträchtigungen der natürlichen Gegebenheiten und der persönlichen Interessensphäre unvermeidbar. Diese Nachteile, mit denen Bequemlichkeiten und Wohlstand des Einzelnen in einer weitgehend technisierten Umgebung und hoher Bevölkerungsdichte erkauft werden, sollten jedoch mit Rücksicht auf Gesundheit und Lebensqualität unter Beachtung des Grundsatzes der Verhältnismäßigkeit der Mittel auf eine entsprechend dem jeweiligen Stand der Technik geringstmögliche Beeinflussung gemindert werden.

Die Elektrizitätswirtschaft hat schon vor der allgemeinen Diskussion des Begriffs „Umweltschutz" sich der hiermit zusammenhängenden Probleme angenommen und praktikablen, finanziell tragbaren Lösungen zugeführt. Als Beispiel seien hier die Staubemissionen aus Kraftwerken genannt. Durch die hohen Abscheidegrade der Elektrofilter (heute > 99 %) konnte in der Bundesrepublik von 1950 bis 1979 der Staubauswurf um ca. 1/5 des Wertes von 1950 verringert werden trotz einer 50 %igen Steigerung der Stromerzeugung aus den hauptsächlich Flugstaub emittierenden Braun- und Steinkohlekraftwerken. Der Staubauswurf ist meist nur noch für ältere Kraftwerke ein Problem. Diese Umweltschutzbedingungen können in den Genehmigungen eingehalten werden [12].

Für fossil gefeuerte Kraftwerke als Neubauten oder Erweiterungen konzentrieren sich z.Z. die Emissionsauflagen auf die Schadstoffe Schwefeldioxid (SO_2) und die Stickoxide (NO_x). Sie wirken sich deshalb als Umweltschutzauflage im Genehmigungsverfahren so erschwerend aus, weil die zusätzlichen Emissionen meist auf eine schon sehr hohe Immissions-Vorbelastung in der Standortumgebung treffen. Die Entwicklung dieser beiden Schadstoffe für die Energiebilanz der BR Deutschland und der Anteil der Elektrizitätswirtschaft zeigen die Bilder X.21 und X.22 [31].

Die gesamten SO_2-Emissionen haben auch ohne die Auswirkungen der nunmehr behördlich vorgeschriebenen Rauchgasentschwefelung eine bereits seit 1970 leicht rückläufige Tendenz. Dies dürfte mit der Minderung des Schwefelanteils der eingesetzten Primärenergie zusammenhängen. Der Bau von Rauchgasentschwefelungsanlagen verschiedener Verfahren wird in den kommenden Jahren die SO_2-Emissionen reduzieren, jedoch auch erhebliche Kosten verursachen, die an den Verbraucher weitergegeben werden müssen. Die Rechtsunsicherheit mit der Anwendung der TA-Luft hat sich in den Prozessen um die Genehmigung des Steag/RWE Steinkohlenkraftwerkes Voerde (2 × 700 MW) gezeigt. Hier gilt es, durch die Novellierung des Bundes-Immissionsschutzgesetzes für klarere und vor allem praktikablere Umweltschutzbedingungen zu sorgen. Die Probleme zur Verwendung oder Beseitigung der Produkte aus den Rauchgasentschwefelungsanlagen werden in der Zukunft an Bedeutung gewinnen.

Die Stickoxidemissionen steigen nach den Berechnungen in Bild X.22 bis 1985 erst noch an, um dann abzufallen. Die Gefährdung durch Stickoxide in der Luft beruht im wesentlichen auf dem NO_2-Anteil. NO_2 kann beim Menschen zu Erkrankungen der Atemwege führen. Vegetationsschäden sind bei den berechneten Konzentrationen in Deutschland nicht zu erwarten. Zur Minderung der NO_x-Belastung in Kraftwerken sind Maßnahmen zur Brennstoffveredlung, zur Verbrennungsbeeinflussung und zur Abgasreinigung in der Diskussion. In der Bundesrepublik stehen Emissionsminderungen durch Verbrennungsbeeinflussung (veränderte Feuerräume und geänderte Brenner) im Vordergrund der Untersuchungen. Allein der Übergang von Schmelzfeuerung auf Trockenfeuerung reduziert die NO_x-Emissionen.

Aus den Bildern wird gleichfalls deutlich, welcher Anteil an Emissionen aus den fossilen Kraftwerken kommt. Die Anteile sinken infolge des hohen Emissionsniveaus der Schornsteine bei der Immissionsbetrachtung erheblich. Auf der Basis von Ausbreitungsrechnungen wurden von der Landesanstalt für Immissions- und Bodennutzungsschutz in Essen 1972 für verschiedene Emittentengruppen im Ruhrgebiet Relationsfaktoren für die Emissionen zu Immissionen ermittelt. Wenn man die Kraftwerke gleich 1 setzt, ergeben sich bei gleichen Emissionen für die Industrie 3,4-fach höhere Immissionen, für den Hausbrand 7,2-fache und für den Verkehr 8,5-fache Werte. Für die derzeitige Emissionsbilanz der Bundesrepublik verursachten die Kraftwerke einen Immissionsanteil von rd. 16 % sowohl für die SO_2- als auch für die NO_x-Belastung. Mit weiteren Reduzierungen ist durch die kostspieligen Umweltschutzmaßnahmen

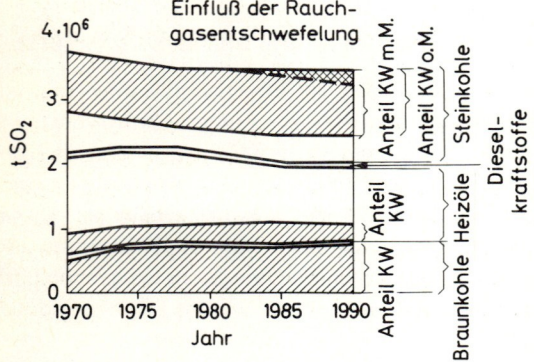

Bild X.21 Schwefeldioxidemissionen in Kraftwerken

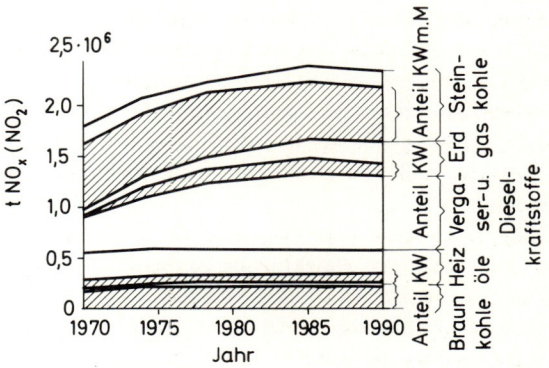

Bild X.22 Stickoxidemissionen in Kraftwerken

10 Elektrizitätsversorgung und Umweltschutz

in den nächsten Jahren zu rechnen. Auch der Einsatz der Kernenergie kann hier einen erheblichen Beitrag leisten.

Gleichfalls ist dieses Prinzip der Anrechenbarkeit der Emissionsverminderung auf Grund der Substitution von Einzelfeuerstätten beim Einsatz von leitungsgebundenen Energien (Fernwärme, Gas, Strom) für die Erzeugungsanlage noch nicht zur Anwendung gekommen — Empfehlung der Enquête-Kommission Nr. 38 [32] —. Dies würde erst den Freiraum schaffen, um mit Hilfe von Heizkraftwerken in Ballungsgebieten die gekoppelte Strom- und Fernwärmeerzeugung verstärkt auszubauen (siehe Abschnitt X.9). Hierdurch ist nicht nur ein sinnvoller Umweltschutz zu praktizieren, sondern auch gleichzeitig eine Primärenergieersparnis zu erzielen. Auch das Abwärmeproblem wird dadurch vermindert.

In neuester Zeit wird die Gefahr, die mit dem Anstieg des CO_2 in der Atmosphäre um jährlich rd. 1 ppm durch die wachsende Nutzung fossiler Brennstoffe in Verbrennungsprozessen verbunden ist, diskutiert. Auch die Elektrizitätswirtschaft ist ein großer Brennstoffverbraucher (rd. 26 %). Die globalen CO_2-Bilanzen, die man in der Literatur findet, weisen wesentliche Unsicherheiten auf. Der Erkenntnisstand in der CO_2-Frage rechtfertigt heute noch keine Drosselung des Verbrauchs fossiler Brennstoffe, wenn er energiewirtschaftlich notwendig ist. Dennoch ist der deutsche Steinkohlenbergbau an der Erforschung der CO_2-Frage interessiert und beteiligt [36].

Kernkraftwerke weisen nach den Kriterien des Umweltschutzes günstigere Emissionen als fossile Kraftwerke auf. Es entfallen, da kein Verbrennungsprozeß stattfindet, die Sauerstoffentnahme und die Schadstoffabgabe von Staub, SO_2, NO_x und CO_2. Dafür sind die genau zu messenden Emissionen radioaktiver Stoffe mit der Abluft oder dem Abwasser Umweltschutzauflagen unterworfen. Die so verursachte Strahlenbelastung muß gemäß Strahlenschutzverordnung „so gering wie möglich" gehalten werden. Die Emissionen aus Kernkraftwerken liegen meist unter 1 mrem/a und sind vergleichsweise zur natürlichen Strahlenexposition für die innere und äußere Strahlenbelastung des Körpers ohne signifikante Bedeutung (siehe Kapitel IX). Nach neueren Messungen der Physikalisch-Technischen Bundesanstalt (PTB 1978) ist das Strahlenrisiko in der Umgebung eines modernen Steinkohlenkraftwerks — auf gleiche elektrische Leistung und gleichen Einsatz bezogen — etwa 100 mal so groß wie in der Umgebung eines Kernkraftwerkes.

Der Betrieb von Wärmekraftwerken ist ferner nicht ohne eine Kondensation des Turbinenabdampfes im notwendigen Vakuum am Turbinenaustritt möglich. Die Abwärme eines reinen Kondensationskraftwerks wird aber mit einer Temperatur abgegeben, die nur wenige Grade über der Umgebungstemperatur liegt und daher kaum nutzbar zu machen ist. Wärmewirtschaftlich am günstigsten ist die Flußwasserkühlung (bei etwa 50 % aller Kraftwerke der öffentlichen Versorgung). Wo diese wegen zu hoher Vorbelastung des Flusses oder wegen zeitweise zu geringer Wasserführung nicht in vollem Umfang und zu jeder Jahreszeit ausreicht, muß entweder auf eine Mischkühlung (im Kühlwasser-Rücklauf) oder ganz auf einen geschlossenen Kühlkreislauf mit künstlich oder natürlich belüfteten Kühltürmen (bis über 200 m Bauhöhe bei Naturzug) zurückgegriffen werden. Dies ist leider nicht nur mit erheblichen Anlagenmehrkosten, sondern auch mit einer Verschlechterung des Gesamtwirkungsgrades (wegen der gegenüber Flußwasser meist höheren Lufttemperatur) verbunden. Heute wird kaum noch ein Neubau ohne Rückkühlanlage oder Mischkühlung genehmigt. Im übrigen hat sich erwiesen, daß sich die geringfügige Erwärmung des Flusses am Kraftwerksausfluß im Unterwasser und im Austausch mit der Umgebungsluft alsbald wieder ausgleicht und die mit der Rückführung verbundene Belüftung des Flußwassers fördert. Außerdem ist die Entnahme von Flußwasser stets mit einer Abscheidung grober Verunreinigungen durch Rechen und Siebe verbunden, um die Vermutzung der Kondensatoren so gering wir möglich zu halten. Die Kühlturmtechnologie wurde ebenfalls erheblich verbessert, so daß der Tropfenauswurf fast auf den Wert Null gebracht werden konnte und somit klimatische und sonstige Benachteiligungen der Umgebung nicht zu erwarten sind.

Probleme für Kraftwerke ergeben sich auch aus der neuen Wassergesetzgebung. Obwohl Wärme im Abwasser-Abgabengesetz nicht als schädlich erwähnt wird und von der Abgabepflicht ausgenommen wird, ist langfristig das Kühlwasser als Abwasser entsprechend den Mindesteinleitungsbedingungen anzusehen. Damit ist zu erwarten, daß vor allem die sich absetzenden Stoffe im Kühlwasser aus allen Kühlarten der Abwasser-Abgabe unterliegen. Überwiegend positive Effekte sind durch die Einleitung von Kühlwasser bei Ablaufkühlung über Temperaturverlauf und Sauerstoffgehalt von Vorflutern zu erzielen. Um solche Verbesserungen zu erreichen, bedarf es allerdings einer gewissen Flexibilität von Behörden und Kraftwerksbetreibern.

Zum Umweltschutz gehört auch der Lärmschutz. Da Geräuschemissionen von Kraftwerks- und Umspannanlagen ein Bestandteil des Genehmigungsverfahrens sind, müssen die Anlagen entsprechend ihrer Einbettung in die Umgebung, die nach TA-Lärm Immissionspegel aufweist, mit Schallschutzmaßnahmen errichtet werden. Geschlossene Gebäude und mit Schalldämpfern versehene Abblaseventile sind die Folge. Kritischer Punkt innerhalb der schalltechnischen Planung sind oft die Kühltürme. Dem Nachbarschaftsschutz sowie dem Schutz des Kraftwerkspersonals nach der Arbeitsstättenrichtlinie kann, wenn auch mit sehr unterschiedlichem Kostenaufwand, Rechnung getragen werden.

Die Errichtung neuer Freileitungen wird aus Mangel an geeigneten Trassen und wegen eines verstärkten Natur- und Landschaftsschutzes immer schwieriger. Eine Verkabelung von Überlandleitungen verbietet sich allein schon aus Kostengründen (etwa der bis zehnfache Preis gegenüber Freileitungen) und kommt nur für Mittel- und Niederspannungsnetze in geschlossenen Wohngebieten, allenfalls noch an Verkehrskreuzungspunkten infrage. Die Energieverteilung muß daher mit möglichst hoher Leistungskonzentration, also hohen Übertragungsspannungen, oder über möglichst kurze Verbindungen aus verbrauchsnahen Erzeugungsanlagen zu den Verbrauchsschwerpunkten durchgeführt werden.

Im Bereich der Energieanwendung dürfte die elektrische Energie wohl die umweltfreundlichste Energieform sein, denn sie bietet sich dem Verbraucher für fast alle Anwendungsgebiete jederzeit ausreichend und gebrauchsfertig an, ohne Schadstoffe oder lästige Abfälle zu hinterlassen. Hierin ist auch der Hauptgrund für einen überproportionalen Zuwachs des Strombedarfs gegenüber anderen Energieträgern zu suchen. Deshalb würde es unübersehbare Folgen haben, wenn es durch Fehlbeurteilungen oder äußere Widerstände und Erschwernisse zu einem Energiemangel kommen sollte, der langfristig und unausweichlich mit drastischen Einschränkungen in der Wirtschaft und im persönlichen Bereich verbunden wäre, denn ein solcher Zustand kann nicht kurzfristig sondern infolge langer Bauzeiten erst im Laufe vieler Jahre beseitigt werden.

Die bisher geschilderten Zusammenhänge sind nicht ohne Berücksichtigung der gesetzlichen Seite des Umweltschutzes zu betrachten. Am 1. April 1974 trat das Bundes-Immissionsschutzgesetz (BImSchG) in Kraft. Gestützt auf die im Grundgesetz neu gefaßte Gesetzgebungskompetenz des Bundes vereinheitlicht es den Kernbereich des bis dahin sehr zersplitterten Umweltschutzrechtes. Trotzdem verbleibt den Bundesländern immer noch genügend Spielraum für den Erlaß spezieller Landes-Immissionsschutzgesetze und -vorschriften. Die Verfahrensvorschriften des BImSchG sowie die mit ihm verfolgten Ziele der Luftreinhaltung und des Lärmschutzes, die weitgehend mit Hilfe von Durchführungsverordnungen und Verwaltungsvorschriften verwirklicht werden, machen es zu einem für die Elektrizitätswirtschaft bedeutungsvollen Gesetz.

Die jetzige Regelung unterscheidet zwischen einem förmlichen Verfahren für Anlagen mit besonders schädlichen Einwirkungen auf die Umwelt und einem vereinfachten Verfahren für Anlagen mit weniger gefährlichen Umwelteinwirkungen. Sie ersetzt zum Teil die bislang für das Genehmigungsverfahren maßgebenden Vorschriften der Gewerbeordnung und sanktioniert nunmehr die bisherige, von den Gerichten gebilligte Verwaltungspraxis, so z.B. die Erteilung von Vorbescheiden und Teilgenehmigungen. Von den bisher zum BImSchG ergangenen Verordnungen und Verwaltungsvorschriften erlangt die Technische Anleitung zur Reinhaltung der Luft (TA Luft) vom August 1974 die größte Bedeutung. Sie weist Immissions- und Emissionswerte aus, die bei dem Bau und Betrieb z.B. von Kohle-, Öl- und Kernkraftwerken beachtet werden müssen. Obwohl die TA Luft formalrechtlich eine nur verwaltungsinterne Regelung ohne materielle Gesetzeskraft darstellt, legt sie doch die Entscheidung der Landesbehörden in der Praxis weitgehend fest. Das ist um so bedenklicher, als diese Verwaltungsvorschrift in Verbindung mit dem BImSchG Umweltschutzüberlegungen in sachlich nicht gerechtfertigtem Maße den Vorrang vor anderen wichtigen Belangen einräumt.

Das gesteigerte Umweltbewußtsein hat auch zu verstärkten gesetzgeberischen Anstrengungen des Bundes und der Länder auf dem Gebiet des Naturschutzes geführt. Auf Bundesebene liegt der Entwurf eines Naturschutzrahmengesetzes vor; die Länderparlamente haben z.T. schon Natur- und Landschaftsschutzgesetze verabschiedet, andere Länder arbeiten an ihnen. Einheitlich sehen die Gesetze oder Gesetzesvorhaben einen Naturalausgleich für Eingriffe in die Natur und Landschaft durch den Verursacher vor. Wenn eine Naturalrestitution nicht möglich ist, soll gemäß einiger Gesetzentwürfe die Verpflichtung zur Zahlung einer sogenannten Ausgleichsabgabe bestehen. Es ist abzusehen, daß hiervon die Versorgungsunternehmen mit ihren überwiegend in Außenbereichen befindlichen Anlagen ungleich schwerer als andere Wirtschaftsunternehmen betroffen würden.

Eines dürfte allen Umweltschutzmaßnahmen gemeinsam sein: sie werden die Gesamtkosten der Stromerzeugung und -verteilung erhöhen, soweit sie sich nicht schon kostensteigernd ausgewirkt haben. Eine Rückwirkung auf die Strompreise ist nicht zu vermeiden, wenn die EVU jetzt und in Zukunft solchen überspannten Forderungen entsprechen müssen.

11 Öffentlichkeitsarbeit

Fast jedes größere Unternehmen der öffentlichen Elektrizitätsversorgung unterhält schon mehr oder weniger lange eine Public-relations-Abteilung (PR-Abt.), deren Aufgabe es ist, die Öffentlichkeit über die Tätigkeit des EVU und über die Situation und aktuellen Probleme des ganzen Wirtschaftszweiges zu unterrichten. Außerdem übernehmen Beratungsabteilungen die Beratung der Kunden über die technisch-wirtschaftliche Anwendung der elektrischen Energie in Haushalt, Gewerbe, Landwirtschaft und in der Industrie.

Übergeordnete, den gesamten Wirtschaftszweig betreffende Informationsaufgaben gegenüber den Behörden, der übrigen Wirtschaft und den verschiedenen Abnehmergruppen sowie den Kommunikationsorganen (Presse, Rundfunk, Fernsehen usw.) werden vor allem von den Informationsabteilungen der elektrizitätswirtschaftlichen Verbände wahrgenommen. Für die unmittelbare und mittelbare Abnehmerberatung wurde gemeinsam von der Elektrizitätswirtschaft und der Elektroindustrie die *Hauptberatungsstelle für Elektrizitätsanwendung e. V. (HEA)* geschaffen, die für alle einschlägigen Bereiche der Elektrizitätsanwendung umfangreiches Beratungsmaterial erarbeitet und verbreitet sowie auf Tagungen und Kursen Erfahrungen austauscht und Fachwissen erweitert.

Zu einer weiteren Konzentration soll die 1972 von den vier für die Elektrizitätsversorgung zuständigen Verbänden ARE, DVG, VDEW und VKU gegründeten *Informationszentrale der Elektrizitätswirtschaft e. V. (IZE)* führen, die auf zwei Sachgebieten, der *Öffentlichkeitsarbeit* und der *Produktinformation*, tätig ist. Für das Anschauungsmaterial werden alle zur Verfügung stehenden Medien eingesetzt, um das Wissen über die technischen Grundlagen der Elektrizitätsversorgung und über neue Technologien, wie z. B. die Kernenergienutzung, für ein breites Publikum leicht verständlich zu machen.

Dem Ziel einer Aufklärung der Öffentlichkeit, insbesondere der Jugend, und des Erfahrungsaustausches der Fachleute auf dem weitreichenden Gebiet der Kernenergie dient auch die Tätigkeit des *Deutschen Atomforums e. V. (DAtF)* mit seinen regelmäßigen Informationstagungen, regionalen Aussprachenveranstaltungen und Wanderausstellungen. Elektrizitätswirtschaft, Kernindustrie und Wissenschaftler sind die aktiven Träger dieser Vereinigung.

Alle diese Einrichtungen und Tätigkeiten auf dem Gebiet der Öffentlichkeitsarbeit sollen dem Verständnis für die Zusammenhänge und Bedürfnisse dieses Wirtschaftszweiges dienen, dessen Funktionsfähigkeit in der Vergangenheit von der Allgemeinheit zumeist als selbstverständlich hingenommen wurde. Hat doch die deutsche Elektrizitätswirtschaft ihre durch Tradition und Gesetz gestellte Aufgabe nach privatwirtschaftlichen Grundsätzen, mit unternehmerischer Initiative und in freier Verantwortung voll erfüllt. Sie hat bei der Deckung ihres Primärenergiebedarfs vor allem stets den Gesichtspunkt der *Sicherheit* und *Preiswürdigkeit* vorangestellt, und zwar durch eine sinnvolle und optimale Durchmischung aller sich anbietenden Energieträger. Sie sieht sich aber in wachsendem Maße staatlichen Einflußnahmen und mangelndem Verständnis in der Öffentlichkeit ausgesetzt, die ihre Aufgabe erheblich erschweren. Letztlich hat unter den Rückwirkungen dieser Schwierigkeiten die gesamte Volkswirtschaft der Bundesrepublik und damit rückwirkend die Allgemeinheit zu leiden.

Literatur

[1] *Bundesministerium für Wirtschaft,* Ref. III B2: Die Elektrizitätswirtschaft in der Bundesrepublik im Jahre 1979. Z. Elektrizitätswirtschaft 79 (1980) 23.

[2] *VDEW – Vereinigung Deutscher Elektrizitätswerke,* Frankfurt/Main: Die öffentliche Elektrizitätsversorgung im Bundesgebiet 1979.

[3] *K. Bauermeister:* Der elektrische Zugbetrieb der Deutschen Bundesbahn im Jahre 1979, Z. Elektrische Bahnen 78 (1980) H. 1.

[4] *VDEW*: Das schlaue Blättchen 1980.

[5] *Deutsche Verbundgesellschaft –DVG –,* Heidelberg: Bericht 1978 u. 1979.

[6] *DVG, VGB, VIK* und *VDEW:* Begriffsbestimmungen in der Energiewirtschaft, VWEW, 3. Ausg. 1980.

[7] Energiewirtschaftsgesetz nebst Durchführungsverordnungen und weitere Bestimmungen des Energierechts. VWEW, Frankfurt/Main, 2. Ausg. 1967.

[8] *Scheuten/Tegethoff*: Das Recht der öffentlichen Energieversorgung – Gesetzestexte und Kommentar. 2 Ringbücher DIN A5, ca. 2000 S. in Teillieferungen, Energiewirtschaft u. Technik Verlagsges. mbH, Gräfelfing bei München.

[9] *W. Antoni, Ch. Häusler, H. P. Hermann, G. Meyer-Wöbse, K. Schmidt, F. Schneider*: Das Recht der Elektrizitätswirtschaft 1979, Z. Elektrizitätswirtschaft Jg. 79 (1980), H. 6.

[10] *A. Schnug,* Elektrizitätswirtschaft, Z. Brennstoff-Wärme-Kraft, Jg. 32 (1980) H. 4.

[11] ifo 71,0, Investitionsbericht, Erhebung 1978/79 öffentliche Elektrizitätsversorgung.

[12] VGB-Tätigkeitsbericht 1979/80.

[13] *W. Keller,* Neue Wege bei Planung und Begutachtung von Kernkraftwerken, Z. VGB Kraftwerkstechnik 60 (1980) H. 6.

[14] *H. G. Busch,* Stand und Entwicklung der Stromerzeugung in der Bundesrepublik Deutschland (DVG-Bericht), CIGRE, Studienkomitee Nr. 31, Sitzung Juli 1979.

[15] DVG-Bericht Juli 80: Langfristige Vorschau für die öffentliche Stromversorgung der Bundesrepublik Deutschland 1979–1991.

[16] *VDEW,* Energie sparen durch Änderung der Tarife?

[17] Allgemeine Tarifpreise für elektrische Energie – Stand Juli/Okt. 1978, VWEW, Frankfurt (Main), 8 Hefte in Sammelordner.

[18] Strompreise für Sondervertragskunden – Eine vergleichende Übersicht. VWEW, Frankfurt (Main), Stand 1.10.1975.

[19] Anwendung statistischer Methoden in der Praxis der Elektrizitätsversorgung. VWEW, Frankfurt (Main), 3 Bände.

[20] *Schnell, P.,* Energiebedarfsprognosen in der Elektrizitätswirtschaft und ihre praktische Nutzanwendung. Elektrizitätswirtschaft 76 (1977) 16, S. 521–530.

[21] *Mandel, H.,* Möglichkeiten und Grenzen von Substitutionsprozessen im Energiebereich. Elektrizitätswirtschaft 75 (1976) 13, S. 428–438.

[22] *Von Gersdorff,* Kraftwerke in Berlin, Z. Elektrizitätswirtschaft, Jg. 78 (1979) H. 24.

[23] Dresdner Bank, Investitionsbedarf in der Energiewirtschaft.

[24] *J. Pfaffelhuber,* Das Kernenergierecht unter besonderer Berücksichtigung atomrechtlicher Genehmigungs- und Planfeststellungsverfahren, Z. Energiewirtschaftliche Tagesfragen 28 (1978) H. 3.

[25] *Institut für Bilanzanalysen:* Die Elektrizitäts-Wirtschaft in der BR Deutschland, Institut für Bilanzanalysen GmbH, Frankfurt (Main), Schriftenreihe Branchenanalysen Nr. 25/1975.

[26] *Neinhaus, B.:* Die wirtschaftliche Entwicklung der großen Elektrizitätsversorgungsunternehmen in den letzten 20 Jahren nach ihren Jahresabschlüssen. Energiewirtschaftl. Tagesfragen 21 (1971) 6, S. 321–331.

[27] *Ponto, J.:* Perspektiven der Energiefinanzierung. Elektrizitätswirtschaft 76 (1977) 12, S. 375–378.

[28] *Rittstieg, G.*, Die Kostenentwicklung der Stromversorgung im nächsten Jahrzehnt und ihre Auswirkungen auf die Strompreise, Elektrizitätswirtschaft 76 (1977) 16.

[29] *VDEW,* Überlegungen zur künftigen Entwicklung des Stromverbrauchs privater Haushalte in der Bundesrepublik Deutschland bis 1990. VDEW, Frankfurt (Main) 1977.

[30] *Lehmhaus, F.,* 25 Jahre Verbund — Verbundbetrieb in Gegenwart und Zukunft. Energiewirtschaftl. Tagesfragen 25 (1975) S. 455 ff.

[31] *H. Trenkler,* Versuch einer Bilanzierung der Umwelteinflüsse der Elektrizitätswirtschaft im Rahmen des gesamtwirtschaftlichen Systems, Z. BWK 32 (1980) Nr. 9, S. 380.

[32] Empfehlungen der Enquête-Kommission „Zukünftige Kernenergie-Politik".

[33] Grundzüge der Tonfrequenz-Rundsteuertechnik und ihre Anwendung. VWEW, Frankfurt (Main) 1971.

[34] Energiequellen und ihre Chancen, 65seitiger Sonderdruck aus dem Geschäftsbericht der Kraftwerk Union 1973, August 1974.

[35] *Deutsche Verbundgesellschaft,* Bericht 1972 — 25 Jahre DVG (1948—1973). DVG. Heidelberg Okt. 1973.

[36] *H. Lieth, J. Seeliger, G. Zimmermeyer,* Die CO_2-Frage aus geoökologischer und energiewirtschaftlicher Sicht, Z. BWK 32 (1980) Nr. 9.

[37] *H. Schäfer,* Struktur und Analyse des Energieverbrauchs der BR Deutschland. Technischer Verlag Resch KG, Gräfelfing, München, 1980.

[38] *A. Mareske,* Anwendung der Kraft-Wärme-Kopplung in zentralen Heizkraftwerken oder dezentralen Blockheizkraftwerken, Z. BWK 31 (1979) Nr. 11.

[39] *H. Neuffer,* Heizkraftwirtschaft-Fernwärmeversorgung, Z. BWK 32 (1980) Nr. 4.

[40] *P. Kröhner,* Hauptbericht der Fernwärmeversorgung 1978, Z. Fernwärme international FWI 8 (1979) H. 5.

[41] Fernwärmeversorgung aus Heizwerken — Planung, Bau und Betrieb, VWEW, 2. Aufl. 1981.

[42] *W. Schikarski,* Abwärme und ihre Auswirkungen, Elektrizitätswirtschaft 75 (1976) 25, S. 970—972.

[43] Gesamtstudie Fernwärme über die Möglichkeit der Anwendung der Fernwärmeversorgung über Heizkraftwerke in der BR Deutschland. Studie im Auftrag des Bundesministeriums für Forschung und Technologie, 1977.

[44] Planstudien für die Ballungsgebiete Berlin, Bonn/Köln/Koblenz, Mannheim/Ludwigshafen/Heidelberg und Oberhausen, westliches Ruhrgebiet, Studien im Auftrag des Bundesministeriums für Forschung und Technologie, 1976.

[45] *Pündter, K.*: Mensch und Fernwirktechnik — Zwei Pole in Schaltwarten? Elektrizitätswirtschaft 76 (1977) 17, S. 579—585.

[46] *G. Klätte,* Die Aufgaben der elektrischen Energie im Wärmemarkt der Zukunft, Z. Elektrizitätswirtschaft 78 (1979) Nr. 25.

[47] *Boll, G.,* Geschichte des Verbundbetriebes — Ein Rückblick zum 20 jährigen Bestehen der Deutschen Verbundgesellschaft e.V., Heidelberg. VWEW, Frankfurt (Main) 1969.

[48] *Frohnholzer, J.,* Tendenzen der Stromerzeugung in 17 europäischen Ländern für elf Jahre von Oktober 1963 bis September 1975. Elektrizitätswirtschaft 75 (1976) 6, S. 126—144.

[49] *K. Knizia,* Zum Abschluß der 11. Weltenergiekonferenz München, Z. VGB Kraftwerkstechnik 60 (1980) H. 9.

[50] *Zube, B., Hoffmann, R., Räuber, H., Püffel, Hl.,* u.a., VDEW-Fernwirktagung 1974 in Bremen (9 Aufsätze), Elektrizitätswirtschaft 73 (1974) 16, S. 427—464.

[51] *Schiedsstelle für Beeinflussungsfragen*: Technische Empfehlungen der Schiedsstelle für Beeinflussungsfragen. VWEW, Frankfurt (Main), bisher 9 Empfehlungen (wird fortgesetzt).

[52] *Dennhardt, A.*: Elektrische Beeinflussungstechnik, Hütte IV B, S. 1403—1509. Verlag Ernst & Sohn, Berlin — München.

[53] Arbeitsgemeinschaft Energiebilanzen: Energiebilanzen der Bundesrepublik Deutschland 1950—1979, 2 Ringbücher DIN A4 (Ergänzungslief. jährl.).

XI Gasversorgung

Chr. Brecht   G. Hoffmann[1])

Inhalt

1	Die Gasquellen	315
2	Die Gasarten — Eigenschaften und Qualitäten	321
3	Gastransport, -verteilung und -speicherung	324
4	Die Gaswirtschaft	335
5	Gasverwendung	338
6	Neue, auf dem Gas basierende Energiesysteme	342
7	Öffentlichkeitsarbeit	344
	Literatur	344

1 Die Gasquellen

1.1 Allgemeine Angaben

Bis in die 20er Jahre wurde das für die öffentliche Versorgung benötigte Gas aus Kohle bzw. Koks durch Entgasung oder Vergasung erzeugt. Um das schwächere, aus der Vergasung stammende Gas auf den Brennwert des durch Entgasung gewonnenen Kohlegases anzuheben, wurde dieses in vielen Fällen mit gasförmigen Kohlenwasserstoffen angereichert, die hauptsächlich durch thermische Spaltung von Heizöl gewonnen wurden. Dieses Gas diente der lokalen Gasversorgung und wurde für Brenn-, Koch- und Beleuchtungszwecke eingesetzt [1].

Ein überregionales Gasnetz entstand erst Mitte der 20er Jahre, und zwar im Zusammenhang mit dem Bau von Großkokereien. Das bei der Erzeugung von Koks anfallende Kokerei- oder Koksofengas wurde nach Reinigung und Kompression in dieses ständig wachsende Ferngasnetz eingespeist und so für die allgemeine Versorgung nutzbar gemacht. Das Kokereigas wurde in Deutschland sowie in Belgien zur Basis der öffentlichen Gasversorgung; in anderen Ländern überwog weiterhin das in Gaswerken erzeugte Gas.

Ende der 50er Jahre wurde in Westeuropa die Gaserzeugung aus Kohle wegen der niedrigen Erdölpreise unwirtschaftlich. Von Sonderfällen abgesehen, wurden Erdölfraktionen — vom Flüssiggas über Rohbenzin bis zum Schweröl — die Rohstoffe für die Erzeugung von Stadtgas. In Italien und Frankreich begann der Ausbau der Versorgung mit Erdgas aus inländischen Lagerstätten. Von 1960 an wurde auch in anderen Ländern Europas — wie zuvor in den USA — Erdgas die Basis der Gaswirtschaft. Wesentlich trug hierzu die Entdeckung der riesigen Gasvorkommen in Nordholland (Slochteren) bei.

Z.Z. werden nur noch in wenigen Ländern Brenngase in speziellen Anlagen erzeugt, so z.B. in der CSSR und der DDR durch Druckvergasung von Braunkohlen und in Berlin (West) und Großbritannien aus Rohbenzin, im letzteren Fall allerdings nur zur Spitzenbedarfsdeckung.

Das bei der Kokserzeugung anfallende Kokereigas wird allerdings weiterhin ein Bestandteil der öffentlichen Gasversorgung bleiben, und in diesem Zusammenhang sei auf die separaten Kokereigasnetze im Ruhr- und Saargebiet sowie in Teilen der DDR, der CSSR und in Polen verwiesen.

Tabelle XI.1 gibt eine Übersicht über die wichtigsten in der BR Deutschland im Rahmen der öffentlichen Gaswirtschaft verteilten Gase.

1.2 Erdgas

Über das Vorkommen und die Gewinnung des Erdgases ist bereits in den Kap. I.9 und V.5 ausführlich berichtet worden. Aufgrund der überraschend großen Funde in den Niederlanden (Groningen/Slochteren), in Nordwestdeutschland und vor der englischen Nordseeküste ist Erdgas zur eigentlichen Basis der Gaswirtschaft fast aller europäischen Staaten geworden. Hinzu kamen und kommen Lieferungen aus der Sowjetunion und den Offshore-Gebieten vor den Niederlanden und Norwegen. Des weiteren ist eine Belieferung der BR Deutschland sowie anderer westeuropäischer Staaten mit verflüssigtem Erdgas (LNG) aus Nigeria geplant. Algerisches Erdgas wird in Zukunft nicht nur in Form von verflüssigtem Erdgas, sondern auch pipelinegebunden nach Westeuropa fließen (vgl. Kap. XIII.8 und Kap. XI.3.6).

1.3 Kokereigas und Stadtgas

Koks wird durch Erhitzen von Steinkohlen bestimmter Qualität unter Luftabschluß auf eine Endtemperatur von 900 °C und höher in gemauerten außen beheizten Kammern der Koksofenbatterie erzeugt. Hierbei zersetzt sich die Kohlesubstanz unter Bildung von Koks und flüchtiger dampf- und gasförmiger Substanzen, wie Teer, Teeröle, Benzol und anderer Kohlenwasserstoffe sowie Kokerei-Rohgas.

---
[1]) In Zusammenarbeit mit H. W. v. Gratkowski

Tabelle XI.1 Beispiele für die Eigenschaften von Gasen der öffentlichen Versorgung

Gasfamilie und Gruppe Gasart	I B Kokerei-Ferngas	II L Slochteren-Erdgas	II L Erdgas aus Nordwestdeutschl.	(II L) SNG aus Rohbenzin	II H Erdgas aus der Nordsee (Ekofisk + Placid)	II H Sowjetisches Erdgas	II H Algerisches Erdgas
Gasanalyse Vol. %							
CO_2	2,0	0,90	0,80	9,5	1,6	0,27	—
N_2	8,1	14,33	10,00	—	0,7	2,98	0,60
O_2	0,5	—	—	—	—	—	—
CO	5,5	—	—	0,1	—	—	—
H_2	56,3	—	—	2,9	—	—	—
CH_4	25,0	81,30	88,00	87,5	86,6	92,60	87,5
C_nH_m [1])	2,6	—	—	—	—	—	—
C_2H_6	—	2,70	1,00	—	7,7	3,00	8,5
C_3H_8	—	0,50	0,20	—	2,35	0,77	2,5
C_4H_{10}	—	0,17	—	—	0,80	0,22	0,85
$C_5H_{12}(C_5+)$	—	0,10	—	—	0,25	0,16	0,05
$H_{o,n}$ MJ/m³	19,582	35,169	35,944	35,219	43,752	40,356	44,556
kWh/m³	5,439	9,769	9,984	9,783	12,153	11,210	12,377
$H_{u,n}$ MJ/m³	17,350	31,736	32,405	31,723	39,586	36,425	40,315
kWh/m³	4,819	8,816	9,002	8,812	10,996	10,118	11,199
relative Dichte d	0,376	0,645	0,611	0,633	0,652	0,600	0,638
Wobbe-Index MJ/m³	31,935	43,791	45,983	44,267	54,184	52,092	55,782
kWh/m³	8,871	12,164	12,773	12,296	15,051	14,470	15,495
Max. Zündgeschwindigkeit Luft, kalt m/s	0,95	0,41	—	—	—	—	—
Min. Luftbedarf (stöch.) m³/m³ Gas	4,248	8,421	8,603	8,418	10,433	—	10,623
Max. Flammentemperatur °C [2])	1971	1920	1925	1922	—	—	—

[1]) Gemisch aus vorwiegend ungesättigten höheren Kohlenwasserstoffen im Kokerei-Ferngas.
[2]) Bei Verbrennung mit der minimalen Luftmenge.

Aus diesem Rohgas werden in verschiedenen Verfahrensstufen Staub, Teere, Schweröle, Naphthalin, Benzol, Schwefelwasserstoff, Ammoniak, Cyanwasserstoff und Wasser entfernt. Dieses fein gereinigte Gas wird auf etwa 8 bar komprimiert und an die öffentliche Versorgung abgegeben. Die Reinheit des Gases muß den Vorschriften [2] entsprechen; die analytische Bestimmung der Hauptbestandteile und der Verunreinigungen erfolgt nach festgelegten Vorschriften [3].

Eine typische Analyse für Kokereigas ist in Tabelle XI.1 aufgeführt, die zulässigen Schwankungen für den Wobbe-Index in Tabelle XI.2.

1.4 Flüssiggas (LPG)

Zu den Flüssiggasen (LPG = Liquefied Petroleum Gas) zählen Propan und Butan sowie Gemische aus beiden. Diese fallen in Raffinerien sowie bei der Erdöl- und in vielen Fällen auch bei der Erdgasgewinnung als Nebenprodukte an. In Flüssiggasen, die aus Raffinerien stammen, können auch Propen und Buten enthalten sein.

Insbesondere in den Erdölgewinnungsländern des Nahen Ostens wurden lange Zeit die Flüssiggase abgefackelt. Z.Z. werden hier — aber auch in der Nordsee — LPG-Sammelsysteme mit großer Kapazität in Betrieb genommen, so daß mit einem starken Anstieg der weltweiten Exportverfügbarkeit zu rechnen ist. Diese lag 1980 bei 21 Mio. t und wird 1985 bei 51 Mio. t und 1990 bei 55 Mio. t liegen [4].

LPG läßt sich bei Umgebungstemperatur in Druckgefäßen lagern, während die Einlagerung in drucklosen Großbehältern eine Kühlung erforderlich macht (Propan auf $-42\,°C$, Butan auf $-10\,°C$). Flüssiggase werden drucklos bei entsprechend abgesenkter Temperatur mit Spezialschiffen transportiert.

Bei dem Einsatz von Flüssiggas sind infolge unterschiedlicher brenntechnischer Kennwerte gegenüber Erdgas modifizierte Brennersysteme und Gasvordrücke erforderlich.

1 Die Gasquellen

Tabelle XI.2 Kenndaten der 1. und 2. Gasfamilie

Gruppe		Erste Gasfamilie (Kurzzeichen S)		Zweite Gasfamilie (Kurzzeichen N) Erdgas	
		Stadtgas A	Kokereigas B	L	H
Wobbe-Index W_o	MJ/m³	22,61–28,05	26,38–33,08	41,03–48,57	46,89–56,52
	kWh/m³	6,28– 7,79	7,33– 9,19	11,40–13,49	13,03–15,70
Brennwert $H_{o,n}$	MJ/m³	16,75–19,68	18,00–20,93	31,82–47,31	
	kWh/m³	4,64– 5,47	5,00– 5,82	8,84–13,14	
Relative Dichte d		0,40– 0,60	0,35– 0,55	0,55– 0,70	
Schwefelwasserstoff, max.		2 mg/m³		5 mg/m³	
Schwefel, gesamt, max.[1]		200 mg/m³		150 mg/m³	

[1]) weitere Gasbegleitstoffe in [2]

Ein erdgasähnliches Austausch- bzw. Zusatzgas läßt sich aus Flüssiggas auf 2 Arten herstellen, einmal durch Mischung mit Luft und zum anderen durch Spaltung mit nachgeschalteter Methanisierung (Kap. 3.5).

1.5 Gaserzeugung durch Spaltung von flüssigen Kohlenwasserstoffen

Die Erzeugung von Versorgungsgas der 1. Gasfamilie (vgl. Tabelle XI.2) durch Spalten von Kohlenwasserstoffen mit Wasserdampf an Katalysatoren hat z.Z. nur noch örtliche Bedeutung (vgl. Kap. 1.1). Die meisten der früher erstellten Anlagen arbeiten heute aufgrund des hohen Preisniveaus der flüssigen Kohlenwasserstoffe nicht mehr. Moderne Hochdruckverfahren, wie sie von der British Gas Corporation (CRG = Catalytic Rich Gas Process), von Lurgi und BASF (Recatro-Verfahren) und von der Japan Gasoline Corporation entwickelt wurden, sind zur Erzeugung eines Austauschgases (SNG) für Erdgas modifiziert worden. Bei diesem Verfahren werden die höheren Kohlenwasserstoffe (Siedeende bis 160 °C) bei einer Temperatur von 430–450 °C und einem Druck von 25–40 bar an hochaktiven Nickelkatalysatoren gespalten. Das in diesem Schritt erzeugte Gas (Reichgas) kann anschließend durch Hydrierung, Methanisierung und CO_2-Auswaschung in Erdgasaustauschgas (SNG) überführt werden. Bild XI.1 zeigt eine schematische Darstellung einer solchen Anlage, in der allerdings keine Verfahrensdetails, wie Rückführungen und Zwischenaufheizungen wiedergegeben werden [5, 6, 7].

Die Erzeugung von SNG durch Spaltung von flüssigen Kohlenwasserstoffen könnte in der Zukunft zur Spitzenbedarfsdeckung im Zusammenhang mit der Zunahme des weltweiten LPG-Angebotes wieder an Bedeutung gewinnen.

1.6 Gaserzeugung durch Kohlevergasung

1.6.1 Kohlevergasung im Rahmen der Gaswirtschaft

Bei den verschiedenen Energieprognosen, die in der letzten Zeit erstellt worden sind, geht man davon aus, daß der Energieverbrauch, wenn auch mit abgeschwächter Tendenz, weiterhin weltweit zunehmen wird. Dieser Energieverbrauch wird zu über 90 % von den drei Hauptenergieträgern Erdöl, Kohle und Erdgas gedeckt; die Kernenergie ist daran mit ca. 3 % beteiligt. 1978 wurden weltweit 4,3 Mrd. t SKE Erdöl, 2,85 Mrd. t SKE Kohle und 1,8 Mrd. t SKE Erdgas gefördert. Setzt man diese Produktionszahlen in Relation zu den nach derzeit bekannten Methoden wirtschaftlich gewinnbaren Mengen der einzelnen Primärenergieträger, so ergeben sich recht unterschiedliche statistische Reichweiten. Demnach erschöpfen sich – unter Zugrundelegung des derzeitigen Verbrauchs – die Vorräte an Erdöl nach ca. 30 und die an Erdgas nach ca. 50 Jahren, während die Kohlevorräte – und hier sind so-

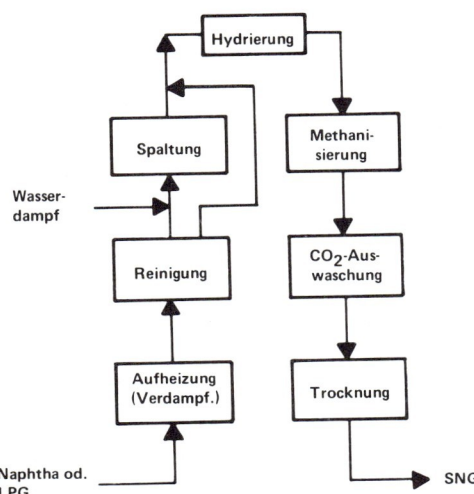

Bild XI.1 Fließschema einer SNG-Erzeugungsanlage auf Naphtha- oder LPG-Basis

wohl die Braunkohle- als auch Steinkohlevorräte gemeint — noch für ca. 200 Jahre reichen. Wesentlich größere Kohlevorkommen lagern in Teufen über 1500 m, die nach heutigen Maßstäben jedoch noch nicht wirtschaftlich abgebaut werden können. Diese sehr großen Kohlevorräte befinden sich fast ausschließlich in Staaten, die nicht zu den Hauptlieferländern des Erdöls gehören. Fast die Hälfte der Weltkohlevorräte lagern in Nordamerika, Australien, Westeuropa und Südafrika. Die wirtschaftlich gewinnbaren Vorräte der Bundesrepublik sind ebenfalls mit ca. 35 Mrd. t SKE nicht unbeträchtlich. Unter Zugrundelegung des heutigen Verbrauchs (1980) würden diese Vorräte für ca. 250 Jahre ausreichen.

Um der Verknappung von Erdöl und Erdgas in den nächsten Jahrzehnten entgegenzuwirken, wird die Kohle wieder stärker an unserer Energieversorgung teilhaben müssen, insbesondere auch auf Verbrauchssektoren, die heute durch Erdölprodukte und Erdgas versorgt werden. Erdölprodukte und Erdgas werden im überwiegenden Maß auf dem Wärmemarkt — und hier insbesondere für Heizzwecke — eingesetzt. Aus Umweltschutz- und Komfortgründen ist auf diesem Sektor ein direkter Kohleeinsatz nicht möglich. So wird bei der direkten Verbrennung von Steinkohle oder Koks unter der Voraussetzung der gleichen erzeugten Wärmemenge 300 bis 1000 mal soviel Schwefeldioxid freigesetzt, wie bei der Verbrennung von Erdgas. Vielmehr ist es hierfür erforderlich, die Kohle in gasförmige oder flüssige Produkte umzusetzen, die den heutigen Umweltanforderungen voll gerecht werden.

Auf diesem Gebiet gibt es, insbesondere in Deutschland, schon eine lange Tradition. Die Anfänge der großtechnischen Umsetzung von Kohle in Kohlegas und flüssige Kohlenwertstoffe liegen mehr als 50 Jahre zurück, und es gibt bereits seit langem ausgereifte Verfahren zur Herstellung von Gas aus Kohle, das als Brenngas oder als Synthesegas Verwendung findet; Synthesegas, hauptsächlich aus Wasserstoff und Kohlenmonoxid bestehend, ist der Ausgangsstoff vieler chemischer Produkte, wie z.B. Ammoniak und Methanol. Mittels der Fischer-Tropsch-Synthese kann aus Synthesegas Benzin hergestellt werden. Mit der Entwicklung des Mobil-Oil-Verfahrens — der Benzinerzeugung aus Methanol — ergibt sich ein weiterer Weg der Gewinnung von Vergasertreibstoffen aus Synthesegasen [13]. In der Zukunft ist auch an einen direkten Methanoleinsatz in Kraftfahrzeugmotoren gedacht. Die Treibstoffgewinnung aus Synthesegas auf Basis Kohle konkurriert mit der direkten Kohlehydrierung, die allerdings z.Z. nicht mehr großtechnisch eingesetzt wird.

1.6.2 Gesamtkomplex einer Kohlevergasungsanlage

Die Kohlevergasung wird heute in einzelnen Teilen der Welt im großtechnischen Maßstab zur Gewinnung von Synthesegas eingesetzt, das insbesondere der Treibstoffherstellung dient. Drei Verfahren, das Lurgi-Verfahren, das Winkler-Verfahren und das Koppers-Totzek-Verfahren sind großtechnisch bewährte und derzeit eingesetzte Verfahren zur Kohlevergasung, die mit akzeptablen Wirkungsgraden arbeiten. Das Lurgi-Verfahren hat — vom Mengendurchsatz her betrachtet — mit Abstand die weiteste Verbreitung in der Welt gefunden. So werden heute in Südafrika 10 Mio. t Steinkohle pro Jahr in der Lurgi-Druckvergasung eingesetzt. Das erzeugte Synthesegas wird mittels der Fischer-Tropsch-Synthese zu flüssigen Brenn- und Kraftstoffen sowie z.T. auch chemischen Vorprodukten weiterverarbeitet. Von 1955 bis 1967 wurde im Ruhrgebiet großtechnisch Versorgungsgas aus Steinkohle nach dem Lurgi-Verfahren erzeugt und in das weitverzweigte Kokereigasnetz abgegeben. Diese Kohlevergasungsanlage hatte eine Leistung von ca. 900 Mio. m^3 pro Jahr (Brennwert 5 kWh/m^3). Die Kohlegasproduktion wurde aus wirtschaftlichen Gründen wegen des Vordringens des billigeren Erdgases eingestellt [9].

Insbesondere in den USA, in Großbritannien und in der BR Deutschland werden die genannten Verfahren der Kohlevergasung weiter entwickelt. Zusätzlich befinden sich auch gänzlich neue Verfahrensprinzipien in der Erprobung. Über die verschiedenen Verfahren der Kohlevergasung wird in den Kapiteln III.4.3 und IV.4.3 berichtet [63], während hier die Einbindung des Vergasungsteils in den viel umfangreicheren Komplex einer Gesamtanlage zur Kohlevergasung behandelt werden soll.

In Bild XI.2 ist das Fließschema einer konventionellen Kohlevergasungsanlage wiedergegeben. Daraus ist zu ersehen, daß neben den eigentlichen Vergasern, dem

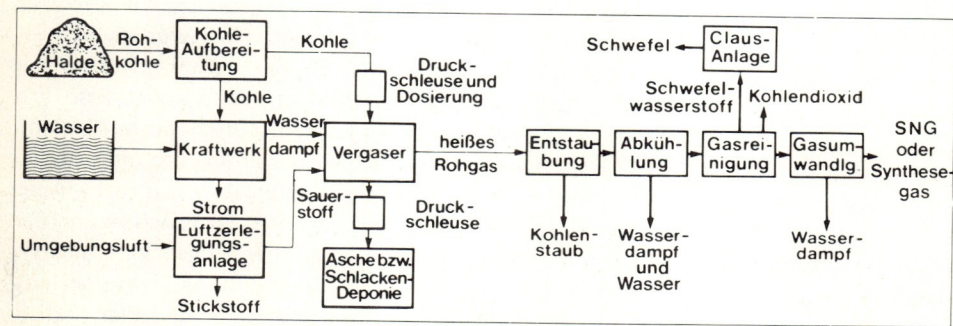

Bild XI.2

Fließschema einer konventionellen Kohlevergasungsanlage

1 Die Gasquellen

Herzstück der Kohlevergasungsanlage, eine Reihe weiterer Verfahrensstufen erforderlich sind, um aus Kohle Erdgasaustauschgas (SNG), Stadtgas oder Synthesegas zu erzeugen. Die Vergasung erfordert nur etwa 15 % der Gesamtinvestitionen. Allerdings beeinflußt das gewählte Kohlevergasungsverfahren in den meisten Fällen auch Art und Größe der dargestellten weiteren Verfahrenskomplexe, wirkt sich also stark auf deren Investitions- und Betriebskosten aus.

Der Vergasungsanlage vorgeschaltet sind Kohleaufbereitung, Kraftwerk und Luftzerlegungsanlage. In der Kohleaufbereitung erfolgt entweder eine Feinstmahlung der Kohle (Staubvergasungsverfahren) oder eine Abtrennung der feinkörnigen Kohlebestandteile (Fest- bzw. Wanderbettverfahren). Insbesondere das Kraftwerk, in dem unter anderem der für die Vergasung erforderliche Wasserdampf erzeugt wird, und die Luftzerlegungsanlage als Sauerstofflieferant für die Vergasung erfordern beträchtliche Anteile der Gesamtinvestitionen der Kohlevergasungsanlage. Dampf- und Sauerstoffbedarf sind bei den einzelnen Vergasungsverfahren recht unterschiedlich.

Das den Vergaser verlassende heiße Rohgas enthält Wasserstoff, Kohlenmonoxid, Kohlendioxid und Wasserdampf sowie in geringerem Umfang auch Schwefelwasserstoff, organische Schwefelverbindungen, Ammoniak und Staub; beim Lurgi-Verfahren auch einen beträchtlichen Methananteil sowie Teere, Öle und Phenole.

Dieses Gemisch aus vielen Komponenten kann in dieser Form noch nicht verwendet werden. Erst durch eine Gasreinigung und Gasumwandlung erhält man die gewünschten Endprodukte.

Nach Entstaubung und Abkühlung gelangt das Rohgas in die Gasreinigung. In der Abkühlungsstufe werden größere Mengen Wasserdampf gewonnen, der insbesondere zum Antrieb der Verdichter in der Luftzerlegungsanlage dient. Desweiteren wird hier aus dem Rohgas Wasser abgeschieden. Beim Lurgi-Verfahren sind in diesem Wasser Teere, Öle, Phenole und Ammoniak gelöst. Es muß in mehreren Stufen aufbereitet werden, um — biologisch gereinigt — in einen Fluß oder Kanal eingeleitet zu werden. Der gewonnene Teer wird zum Vergaser zurückgeführt, während Phenole, Öle und Ammoniak vermarktbare Produkte darstellen.

Die Aufgabe der Gasreinigung ist es, Kohlendioxid und Schwefelverbindungen aus dem Rohgas zu entfernen. Weiterhin können bei einigen Vergasungsverfahren, z.B. dem Lurgi-Verfahren, Restbestandteile an höheren Kohlenwasserstoffen im Rohgas enthalten sein, die abgetrennt werden müssen. Es werden im allgemeinen Waschverfahren eingesetzt, bei denen die zu entfernenden Komponenten in einem speziellen Lösungsmittel gebunden werden. In einer zweiten Verfahrensstufe werden die gelösten Komponenten wieder abgetrennt.

Während Kohlendioxid an die Umgebungsluft abgegeben wird, werden die Schwefelverbindungen in einer nach dem Erfinder benannten Anlage, einer Claus-Anlage, nahezu vollständig in elementaren Schwefel überführt, der verkauft bzw. gelagert werden kann. Mehr als 99 % des in der Kohle enthaltenen Schwefels können so wiedergewonnen werden. Dies ist einer der Gründe der Umweltfreundlichkeit von Kohlevergasungsverfahren.

Das die Gasreinigung verlassende Gas besteht im wesentlichen aus Kohlenmonoxid und Wasserstoff und weist bei einigen Kohlevergasungsverfahren auch einen beträchtlichen Methananteil auf. Dieses Gas kann bereits als mittelkaloriges Brenngas (Stadtgas) oder als Synthesegas eingesetzt werden. Sein Brennwert ist mit 2,6 bis 3,7 kWh/m^3 allerdings noch beträchtlich geringer als der des Erdgases (8,8 bis 13,2 kWh/m^3).

In der Gasumwandlung wird nun aus Kohlenmonoxid und Wasserstoff Methan gebildet. Sie besteht aus zwei Stufen, der Konvertierung und der Methanisierung. In der Konvertierung wird ein Teil des im Gas nach der Gasreinigung enthaltenen Kohlenmonoxids durch Reaktion mit Wasser in Wasserstoff umgewandelt. Hierdurch wird das für die nachfolgende Methanisierung erforderliche Verhältnis von Kohlenmonoxid zu Wasserstoff eingestellt. In der Methanisierungsstufe bildet sich aus Kohlenmonoxid und Wasserstoff Methan und eine gewisse Wassermenge. Da aus 4 Volumenanteilen ($CO + H_2$) nur ein Volumenanteil Methan (CH_4) gebildet wird, tritt eine starke Volumenverringerung ein. Der Brennwert erhöht sich entsprechend. Das Wasser, das sich bei der Reaktion gebildet hat, wird in einer nachfolgenden Kondensations- und Trocknungsstufe entfernt. Das Produktgas besteht fast ausschließlich aus Methan und ist in allen Eigenschaften mit Erdgas vergleichbar. Es wird deshalb als Erdgasaustauschgas (SNG = Substitute Natural Gas) bezeichnet. Der Schwefelgehalt ist wegen der schwefelempfindlichen Katalysatoren in der Methanisierungsstufe geringer als der des ohnehin schon schwefelarmen Erdgases. Das Erdgasaustauschgas wird daraufhin an das Erdgasnetz abgeben. In den meisten Fällen ist eine Druckerhöhung erforderlich. Hierdurch ist eine kostengünstige Kohlegasverteilung möglich — vor allem durch Nutzung der durch die Erdgasverteilung und -speicherung geschaffenen Infrastruktur. Bei einem evtl. Ausfall der Kohlevergasungsanlage ist über den Erdgasverbund weiterhin eine Versorgung der Verbraucher gewährleistet.

Abschließend sei erwähnt, daß sich mehrere Verfahren der Gasreinigung und Gasumwandlung im Zusammenhang mit den genannten Verfahren der Kohlevergasung großtechnisch bewährt haben und sich derzeit im Einsatz befinden. Die eingesetzten Gasreinigungsverfahren ähneln sehr stark denen, die zur Schwefelwasserstoffentfernung aus Erdgas eingesetzt werden (vgl. Kap. V.5.5). Mehrere Anlagen dieser Art, die sich durch eine hohe Umweltfreundlichkeit auszeichnen, arbeiten im nordwestdeutschen Raum auf den Erdgasfeldern [12].

1.6.3 Kohlevergasung im Vergleich zur Kohlehydrierung und Kohleverstromung

Als Sekundärenergien, die aus Kohle erzeugt werden können, kommen
- Gas,
- flüssige Brenn- bzw. Kraftstoffe und
- Strom

in Frage.

Hinsichtlich der Erzeugung einer umweltfreundlichen Sekundärenergie auf Kohlebasis konkurrieren diese Energieträger miteinander. Aufgrund der unterschiedlichen Verfahrenswege zur Erzeugung ergeben sich allerdings erhebliche Unterschiede in
- der Primärenergienutzung,
- der Umweltfreundlichkeit der Erzeugung und
- den spezifischen Investitionskosten je Einheit nutzbarer Sekundärenergie beim Verbraucher.

Von allen Kohleumwandlungsverfahren ermöglicht die Kohlevergasung die höchste Primärenergienutzung. Verglichen mit dem Einsatz der Kohle zum Zweck der Stromerzeugung ist die bei der konventionellen Vergasung der Kohle gewinnbare Energiemenge in der Form von Erdgasaustauschgas (SNG) mehr als doppelt so hoch. Selbst unter Einbeziehung aller Transportverluste (Gas für den Antrieb von Kompressoren) und des Wirkungsgrades beim Endverbraucher ist die gewinnbare Energiemenge aus der Kohle beim SNG um mehr als die Hälfte höher als beim Strom. Das bedeutet, daß bei gegebenem Bedarf an Nutzwärme der notwendige Kohlebedarf bei der konventionellen Vergasung nur 2/3 dessen beträgt, was bei der Verstromung eingesetzt werden muß. Dies hat zur Folge, daß die Kohlereserven geschont werden und eine wesentlich bessere Ausnutzung der geförderten Kohle gewährleistet wird. Weiterhin haben amerikanische Untersuchungen gezeigt, daß gas- und staubförmige Emissionen bei der SNG-Erzeugung 5 bis 10 mal geringer als bei der Erzeugung der gleichen Energiemenge in Form von Strom sind [14]. Hierbei ist eine Kraftwerksausrüstung mit modernsten Rauchgasentschwefelungseinrichtungen vorausgesetzt. Bei der künftigen generellen Planung von Energieerzeugungsanlagen sollte man diesen Gesichtspunkt im Auge behalten. In diesem Zusammenhang ist zu erwähnen, daß die Hälfte des heute erzeugten Stroms auf dem Wärmesektor Anwendung findet, also hier mit Öl und Gas konkurriert.

Auch gegenüber der Kohleverflüssigung weist die Kohlevergasung eine höhere Primärenergienutzung auf. Während aus 1 t Steinkohle (1 t SKE), 0,35 t flüssige Brenn- und Kraftstoffe erzeugt werden können [8], ist aus der gleichen Kohlenmenge die Gewinnung von 500 bis 550 m^3 SNG möglich, so daß ca. 30 % mehr Wärmeinhalt produziert werden (Bild XI.3). Desweiteren haben Kohlevergasungsanlagen einen niedrigen Wasserbedarf und geben nur biologisch gereinigte Abwässer ab. Die bei der Vergasung entstehende Asche ist ebenso wie Kraftwerksasche ohne Nachbehandlung deponierfähig.

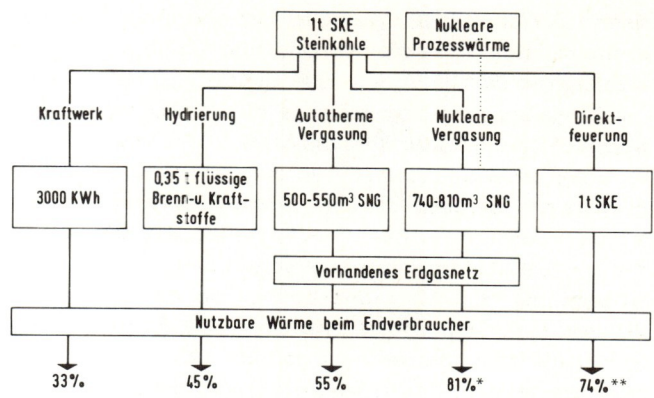

Bild XI.3 Ausnutzungsgrade von Kohleumwandlungsprozessen

1.6.4 Kohleveredlungsprogramm der BR Deutschland

In der BR Deutschland ist 1980 ein großes Programm zur Kohleveredlung angelaufen, in dessen Rahmen z.Z. die Vorprojekte für 10 großtechnische Demonstrationsanlagen für die Kohlevergasung laufen. Diese Anlagen sind für einen Durchsatz von bis zu 3 Mio. t Steinkohle pro Jahr bzw. bis zu 5 Mio. t Rohbraunkohle pro Jahr konzipiert. Es ist zu erwarten, daß noch im Jahre 1981 die Entscheidung über den Bau von großtechnischen Demonstrationsanlagen fallen wird. Diese Erstanlagen werden vorzugsweise konventionelle Vergasungstechnik einsetzen, da die in Kap. III.4.3 und IV.4.3 beschriebenen weiter- bzw. neuentwickelten Kohlevergasungsverfahren noch nicht im großtechnischen Maße verfügbar sind. In [10] werden alle Verfahren der Kohlevergasung des In- und Auslandes in tabellarischer Form beschrieben. In diesem Zusammenhang ist zu erwähnen, daß in den USA mit der Komponentenbestellung für eine großtechnische Kohlevergasungsanlage zur Erzeugung von SNG — basierend auf dem Lurgi-Verfahren — begonnen wurde. Diese Anlage soll ab 1983/84 ca. 1,2 Mrd. m^3/Jahr SNG erzeugen [11].

1.6.5 Zeitfaktor bei der großtechnischen Einführung der Kohlevergasung

Ein wichtiger Gesichtspunkt bei der großtechnischen Einführung der Kohlevergasung ist der erforderliche Zeitaufwand. Der Bau einer kommerziellen Kohlevergasungsanlage mit konventioneller Vergasungstechnologie erfordert bis zur Inbetriebnahme 5 bis 10 Jahre, je nach Ablauf der Genehmigungsverfahren.

Insbesondere für die Weiterentwicklung und im besonderen Maße für die Neuentwicklungen sind lange Zeitspannen erforderlich, um ein Verfahren großtechnisch einzusetzen, d.h. mehrere Vergaser kommerzieller Größe parallel zu betreiben.

Nach dem erfolgreichen Versuchsbetrieb eines Vergasers mit 1 bis 12 t/h Durchsatz, der im allgemeinen 2 bis 3 Jahre dauern wird, ist der Bau und Betrieb eines Vergasers kommerzieller Größe erforderlich, um danach entscheiden zu können, ob dieser Vergasertyp im großtechnischen Einsatz die erwarteten Ergebnisse liefert. Es ist eine Zeitspanne von 5 bis 7 Jahren erforderlich — und dies setzt ein recht erfolgreiches Versuchsprogramm ohne größere Zwischenfälle voraus — um entscheiden zu können, ob das weiterentwickelte Kohlevergasungsverfahren in Konkurrenz zu anderen Verfahren im großtechnischen Maßstab Vorteile aufweist. Für Planung und Bau einer kommerziellen Kohlevergasungsanlage werden noch einmal minimal 5 Jahre benötigt. Dies setzt sowohl eine zügige Abwicklung der Genehmigungsverfahren voraus, als auch keine Verzögerung durch aus dem Umweltschutz herrührende Einsprüche. Weiterentwickelte Kohlevergasungsverfahren können großtechnisch erst ca. 1990 Gas produzieren. Bei den angegebenen Zeitperioden ist zu berücksichtigen, daß sich diese überlappen.

Ab wann die Kohlevergasung in Großanlagen wirtschaftlich betrieben und in die Gasversorgung der BR Deutschland integriert werden kann, ist heute noch ungewiß. Die Markteinführung ist insbesondere von der Verfügbarkeit der Kohle und der Wettbewerbsfähigkeit des Kohlegases gegenüber den anderen Energieträgern am Wärmemarkt abhängig. Trotz des jüngsten Anstiegs der Energiepreise lagen die Kosten für Kohlegas 1980 noch über dem allgemeinen Preisniveau des Wärmemarktes. Möglich erscheint, daß Kohlegas ab Mitte der 90er Jahre zunehmend einen stabilisierenden Effekt auf die gesamte Gasdarbietung in den einzelnen Ländern Westeuropas ausüben könnte. Für die BR Deutschland ist als Perspektive vorstellbar, daß das Kohlegas sich Anfang des nächsten Jahrhunderts im Rahmen der Gesamtgasdarbietung schrittweise dem Umfang der heutigen Erdgas-Inlandsproduktion nähert. Unter dem Aspekt der Diversifizierung und der relativen Sicherheit dieses überwiegend vom Import abhängigen Energiebereiches wäre ein solcher Beitrag des Kohlegases zur Gasversorgung von außerordentlicher Bedeutung.

1.7 Sonstige Brenngase

Zu den sonstigen Brenngasen zählen:
- Grubengase,
- Gase aus Kläranlagen,
- Biogase,
- Raffinerierestgase und Restgase der chemischen Industrie,
- Gichtgase.

Diese Gase haben stark unterschiedliche Heiz- bzw. Brennwerte (zwischen 0,9 bis 20 kWh/m^3). Im folgenden sind aus Gründen der Energiestatistik alle Mengenangaben auf einen Brennwert von 9,77 kWh/m^3 umgerechnet.

Unter Grubengas, das auch als Flözgas bezeichnet wird, versteht man das bei der Kohleflözerschließung aus Sicherheitsgründen (Vermeidung von schlagenden Wettern) abgesaugte Gas. Dieses Gas ist stark methanhaltig und wird entweder in der Schachtanlage selbst verbraucht oder bei der Kokserzeugung sowie in Kraftwerken eingesetzt. 1979 sind in der BR Deutschland 0,334 Mrd. m^3 Grubengas angefallen [15].

In Kläranlagen wird der anfallende Restschlamm einem Faulungsprozeß unterworfen, bei dem sich Methan bildet. Dieses Gas wird hauptsächlich für den Eigenbedarf der Kläranlagen, wie z.B. in Gasmotoren für den Antrieb der Belüfter eingesetzt. 1979 betrug die Gasmenge aus Kläranlagen 0,243 Mrd. m^3.

Biogas wird vorwiegend aus tierischen und pflanzlichen Abfällen gewonnen (Kap. 6.3).

Raffinerierestgase sind Nebenprodukte der Rohölverarbeitung und bestehen hauptsächlich aus Äthan, Propan, Butan und Pentan. Restgase ähnlicher Zusammensetzung fallen auch in der chemischen Industrie, z.B. Äthylenproduktion, an. Das Mengenaufkommen ist mit 6,46 Mrd. m^3/Jahr (1979) nicht unerheblich. Sie werden nicht an das öffentliche Gasnetz abgegeben, sondern als Brenngase in der Industrie oder als chemischer Rohstoff verwendet.

Gichtgase weisen ebenso ein beträchtliches Mengenaufkommen auf. So wurden 1979 6,02 Mrd. m^3 Gichtgas erzeugt. Dieses Gas, das auch als Hochofengas bezeichnet wird, hat einen relativ niedrigen Brennwert (ca. 0,95 kWh/m^3), so daß eine geringe Erdgaszumischung erforderlich ist, um es brennfähig zu machen. Gichtgas dient hauptsächlich dem Hütteneigenbedarf, insbesondere zur Vorwärmung der dem Hochofen zugeleiteten Luft. In vielen Fällen werden die Brennkammern bei der Kokserzeugung auch mit Gichtgas beheizt.

In den meisten Fällen werden die „sonstigen Brenngase" nicht an das öffentliche Netz abgegeben; somit unterliegen sie auch keinen Qualitätsvorschriften. Die Brenner, bei denen diese Gase eingesetzt werden, sind entsprechend der verwendeten Gaszusammensetzung eingestellt.

2 Die Gasarten, -eigenschaften und -qualitäten

2.1 Allgemeine Angaben

Der brennbare Anteil der verschiedenen technischen gasförmigen Brennstoffe besteht im wesentlichen aus einem Gemisch verschiedener Kohlenwasserstoffver-

Tabelle XI.3 Brennwerte, Heizwerte und relative Dichten der wichtigsten Brenngaskomponenten

		Brennwert $H_{o,n}$		Heizwert $H_{u,n}$		relative Dichte d
		MJ/m³	kWh/m³	MJ/m³	kWh/m³	
Wasserstoff	H_2	12,745	3,541	10,783	2,996	0,0695
Kohlenmonoxid	CO	12,633	3,509	12,633	3,509	0,9671
Methan	CH_4	39,819	11,062	35,883	9,968	0,5549
Äthan	C_2H_6	70,293	19,527	64,345	17,875	1,048
Äthylen bzw. Äthen	C_2H_4	63,414	17,616	59,457	16,517	0,9753
Propan	C_3H_8	101,242	28,125	93,215	25,895	1,555
Propylen bzw. Propen	C_3H_6	93,576	25,995	87,575	24,328	1,479
iso-Butan	iC_4H_{10}	133,119	36,980	122,910	34,144	2,086
n-Butan	nC_4H_{10}	134,061	37,242	123,610	34,339	2,094
Butylen bzw. Buten[1])	C_4H_8	125,568	34,883	117,400	32,614	2,015
Acetylen	C_2H_2	58,473	16,244	56,493	15,694	0,906

[1]) Mittelwert aus n − 1 Buten, n − 2 Buten und i − Buten
Die Angabe m³ bezieht sich auf trockenes Gas im Normzustand (0 °C, 1,01325 bar)

bindungen sowie aus elementarem Wasserstoff und Kohlenmonoxid. Die beiden letzteren sind in Naturgasen normalerweise nicht enthalten. Die wichtigsten Komponenten sind in Tabelle XI.3 zusammengefaßt [17, 18]. Es gehören auch einige höhere, ungesättigte und aromatische Kohlenwasserstoffe dazu, die meist nur in sehr kleinen Anteilen im Gas vorliegen.

Weiterhin können als brennbare Verunreinigungen in technischen Brenngasen Schwefelwasserstoff (H_2S), organische Schwefelverbindungen sowie Ammoniak (NH_3), Blausäure (HCN) und Dicyan (C_2N_2) vorkommen. Insbesondere bei Schwefelwasserstoff, aber auch bei anderen Schwefelverbindungen darf ein bestimmter oberer Wert aus Korrosionsgründen nicht überschritten werden. Dieser zulässige Oberwert ist von dem Wasserdampfgehalt der Brenngase abhängig. Beide sind in der DVGW-Vorschrift G 260 spezifiziert (DVGW = Deutscher Verein des Gas- und Wasserfaches) [2].

Die Brenngase enthalten auch in z.T. relativ hoher Konzentration nicht brennbare Einzelgase — „Inerte" — genannt, wie Stickstoff (N_2) und Kohlendioxid (CO_2). In einigen Gasen, so z.B. Kokereigas, können auch geringe Anteile an Sauerstoff (O_2) von der Reinigung vorhanden sein. Die reinen Einzelkomponenten werden nur in Ausnahmefällen (Wasserstoff, Propan, Acetylen) als technische Brenngase verwendet [16].

Das Brennverhalten der meisten technischen Brenngase wird durch ihre Zusammensetzung, d.h. durch den Anteil der einzelnen Komponenten, bestimmt. Für Gase, die im Rahmen der öffentlichen Gasversorgung an Verbraucher der Industrie, des Gewerbes oder an Haushalte geliefert werden, sind verbindliche Richtlinien über die Gasbeschaffenheit vom DVGW aufgestellt worden.

Viele Brenngase, die bei technischen Verfahren in der Industrie, wie in Raffinerien, der chemischen Industrie und der eisenschaffenden Industrie als Nebenprodukte anfallen, werden vornehmlich im Werk selbst verbraucht oder an spezielle, darauf eingerichtete Abnehmer geleitet. Für diese Brenngase bestehen keine Qualitätsvorschriften.

Für chemische Synthesen, wie die Ammoniak-, Methanol- oder Oxosynthese werden große Gasmengen bestimmter Zusammensetzung, wie z.B. $3H_2 + 1N_2$, $2,2H_2 + 1CO$, $1H_2 + 1CO$ benötigt oder reine Komponenten, wie Wasserstoff, reines Methan oder auch reines Kohlenmonoxid (vgl. Kap. 5.4).

2.2 Die wichtigsten Kenndaten

Der Brennwert ($H_{o,n}$)

Der Brennwert — auch früher als oberer Heizwert bezeichnet — ist die Wärmemenge (Reaktionsenthalpie), die bei der vollständigen Verbrennung von 1 m³ trockenem Gas im Normzustand (1 m³ bei 0 °C, 1,01325 bar) frei wird. Hierbei wird vorausgesetzt, daß die Verbrennungsprodukte auf die Ausgangsbedingungen von 1,01325 bar und 25 °C zurückgeführt werden und daß das bei der Verbrennung sich bildende Wasser vollständig kondensiert wird, also im flüssigen Zustand vorliegt. Der Brennwert läßt sich sehr genau mit eichfähigen Kalorimetern bestimmen und wird deshalb für Abrechnungszwecke herangezogen [19].

Der Heizwert ($H_{u,n}$)

Der Heizwert — auch früher als unterer Heizwert bezeichnet — ist bis auf eine Ausnahme wie der Brennwert definiert; es wird vorausgesetzt, daß das gesamte sich bei der Verbrennung bildende Wasser dampfförmig vorliegt, also keine Auskondensation stattfindet. Brenngase enthalten im allgemeinen freien oder gebundenen Wasserstoff, der sich bei der Verbrennung in Wasserdampf umsetzt. Da

2 Die Gasarten, -eigenschaften und -qualitäten

beim Heizwert per Definition keine Kondensationswärme freigesetzt wird, liegt er unter dem Brennwert. Beim Einsatz der Brenngase ist — abgesehen von einer neueren technischen Entwicklung, dem Brennwertgerät (vgl. Kap. 5.6) — nur der Heizwert ausnutzbar [19].

Die Angabe von $H_{o,n}$ und $H_{u,n}$ erfolgt in MJ/m^3 oder kWh/m^3, wobei der letztgenannten Maßeinheit im Rahmen der Gaswirtschaft der Vorzug gegeben wird. Die früher verwendete Angabe in kcal/m^3 oder Mcal/m^3 ist zwar nicht mehr gesetzlich zulässig, aber heute noch eine vielfach gebräuchliche Hilfsgröße. Sie läßt sich wie folgt umrechnen:

$$1 \text{ Mcal/m}^3 = 1000 \text{ kcal/m}^3 = 4{,}1868 \text{ MJ/m}^3$$
$$1 \text{ Mcal/m}^3 = 1000 \text{ kcal/m}^3 = 1{,}163 \text{ kWh/m}^3$$

Die relative Dichte d

Die relative Dichte oder auch das Dichteverhältnis ist der Quotient aus der Dichte des Gases und der Dichte der trockenen Luft unter gleichen atmosphärischen Druck- und Temperaturbedingungen (s. DIN 1871). Sie ist maßeinheitslos.

Der Wobbe-Index

Der Wobbe-Index (früher: Wobbezahl) gilt als Kennwert für die Wärmebelastung. Verschieden zusammengesetzte Brenngase mit gleichem Wobbe-Index und unter gleichem Druck (Fließdruck) ergeben am Brenner annähernd die gleiche Wärmebelastung. Solche Gase sind somit austauschbar, falls nicht zu große Unterschiede in anderen Kennwerten, wie z.B. der Zündgeschwindigkeit, auftreten [19].

Im allgemeinen wird der obere Wobbe-Index W_o verwendet, der wie folgt aus dem Brennwert $H_{o,n}$ und dem Dichteverhältnis d gebildet wird. $W_o = \frac{H_{o,n}}{\sqrt{d}}$. Der untere Wobbe-Index, der selten verwendet wird, bildet sich analog aus dem Heizwert $H_{u,n}$ und d. Der Wobbe-Index hat also die Maßeinheit MJ/m^3 oder kWh/m^3.

Der Gasgeruch

Viele Gase der öffentlichen Gaswirtschaft sind im Ausgangszustand geruchsfrei. Diesen Gasen wird aus Sicherheitsgründen in Spuren ein geruchsintensiver Stoff zudosiert (Odorierung). Hierdurch kann der Gasabnehmer unverbrannt austretendes Gas schon in kleinsten Mengen erkennen [20].

Weitere Kennwerte

Hierzu zählen u.a. Zündtemperatur, Zündgrenzen, Zünd- bzw. Flammengeschwindigkeit, Flammentemperatur, Verbrennungsluftbedarf, Abgasvolumen und Abgaszusammensetzung. Sie sind in [19] erläutert.

2.3 Die Gasfamilien

Gase, die sich brenntechnisch ähnlich verhalten, also ähnliche Wobbe-Indizes und Zünd- bzw. Flammengeschwindigkeiten aufweisen, lassen sich — wie in Tabelle XI.2 angegeben — in Gasfamilien zusammenfassen. Die für die öffentliche Gaswirtschaft bindende Vorschrift G 260 [2] nennt drei Gasfamilien und eine Sondergruppe (Kohlenwasserstoff/Luft-Gemische). Innerhalb der ersten und zweiten Gasfamilie sind die Gesamtbereiche der Wobbe-Indizes aus gerätetechnischen Gründen in weitere Gruppen unterteilt worden. Verschiedene, aber jeweils zur gleichen Gruppe gehörende Gase, sind austauschbar. Gase verschiedener Gruppen können gegeneinander nur ausgetauscht werden, wenn sie umgewandelt oder durch Zusätze, z.B. Flüssiggas oder Luft, einander angepaßt werden.

Die erste Gasfamilie

In ihr sind Gase zusammengefaßt, die jahrzehntelang — bis Mitte der 60er Jahre — die Basis der öffentlichen Gaswirtschaft bildeten. Es handelt sich hierbei um wasserstoffreiche Brenngase, die entweder durch Entgasung von Kohle bei der Kokserzeugung oder durch Kohle- bzw. Öl- oder LPG-Vergasung erzeugt werden.

Des weiteren können in dieser Gasfamilie auch Gase vertreten sein, die durch Spaltung von flüssigen Kohlenwasserstoffen und Einstellung auf den entsprechenden Wobbe-Index gewonnen werden (vgl. Kap. 1.5) [2].

Die zweite Gasfamilie

Die zweite Gasfamilie umfaßt Naturgase. Das sind im wesentlichen aus natürlichen Vorkommen stammende Erd- und Erdölgase, die ab 1960 zunehmend an Bedeutung gewannen. Flözgase und Gase aus Kläranlagen haben nur ein sehr geringes Mengenaufkommen.

Die einzelnen Erd- und Erdölgaslagerstätten enthalten Gase stark unterschiedlicher Zusammensetzung. „Trockenes" Erdgas weist einen geringen Gehalt an höheren Kohlenwasserstoffen auf, während dieser Anteil bei Erdgasen aus Kondensatlagerstätten und Erdgasen, die bei der Erdölproduktion anfallen (Erdölgas), höher ist. Des weiteren ergeben sich große Unterschiede im Kohlendioxid- und Stickstoffgehalt. Wegen sich daraus ergebender stark unterschiedlicher Wobbe-Indizes und somit der Brenneigenschaften dieser Gase ist eine Unterteilung in zwei Gruppen (L und H) erforderlich [2].

In der BR Deutschland werden im Ferngasverbund neben Erdgasen vom Typ L aus den nordwestdeutschen

Feldern und aus dem holländischen Vorkommen Groningen/Slochteren in zunehmendem Maße Erdgase vom Typ H aus der Sowjetunion, der holländischen und norwegischen Nordsee und in Zukunft auch aus Nigeria (LNG) und möglicherweise auch aus Algerien verteilt.

Wie vorher erwähnt, sind Gase verschiedener Gruppen nicht gegeneinander austauschbar. Mit der Sommers/Ruhrgas-Methode [21] wurde ein z.Z. schon häufig verwendetes Verfahren zum flexiblen Gaseinsatz gefunden (vgl. auch 4.1).

Die dritte Gasfamilie

In der dritten Gasfamilie sind Flüssiggase (LPG) vertreten. Sie sind nicht mit Erdgas, das zu Transportzwecken verflüssigt wird (LNG), zu verwechseln. Sie umfassen:
- Propan (nach DIN 51622),
- Propan-Butan-Gemische für Haushaltszwecke (nach DIN 51622 mit höchstens 60 Gew.-% an Butan).

3 Gastransport, -verteilung und -speicherung

3.1 Allgemeine Angaben

Gasquellen und Gasverbraucher liegen nur in seltenen Fällen nahe beieinander, so daß das Gas oft über erhebliche Entfernungen zu den Verbrauchern transportiert werden muß. In den meisten Fällen erfolgt der Ferntransport in Stahlrohrleitungen unter hohem Druck. Des weiteren werden auch in zunehmendem Maße die Erdgasvorkommen überseeischer Gebiete genutzt. In diesem Fall wird Erdgas im verflüssigten Zustand zu den Verbraucherländern transportiert.

Auf dem Gebiet des rohrleitungsgebundenen Gastransports werden z.Z. große Fortschritte gemacht. Akzente sind hier die Verwendung höherer Drücke und größerer Rohrnennweiten sowie die Unterwassertechnologie.

Da sich je nach Provenienz die Zusammensetzung des Erdgases ändern kann (u.a. Brennwert, Wobbe-Index), sind die Erdgase für den Verbrauch nicht allgemein einsetzbar, bzw. können nicht gegenseitig ausgetauscht werden. Dies hat dazu geführt, daß die Versorgungsgebiete der meisten westeuropäischen Länder zweigeteilt wurden. Ein Teil wird mit niedrigkalorigem Erdgas (L-Gas), z.B. Groninger Erdgas, versorgt, während der andere Teil hochkaloriges Erdgas (H-Gas), z.B. aus der Nordsee oder der UdSSR erhält. Durch Konditionierung (z.B. Rauchgas-, Luftzumischung oder andere Maßnahmen) kann der Brennwert des H-Gases auf den des L-Gases abgesenkt werden, während der Stickstoffentzug eine praktizierte Maßnahme der Umwandlung von L- in H-Gas ist [22, 23].

3.2 Struktur der Transport- und Verteilungssysteme

Die Nutzung der Energie- und Rohstoffart Gas setzt eine kontinuierliche Belieferung der Verbraucher voraus, die auch bei Ausfall von Gasbezugsquellen gesichert sein muß. Die von den Verbrauchern geforderte Menge ist saisonal und tageszeitlich sehr unterschiedlich. Der Gasbezug von den Erdgasquellen erfolgt hingegen in der Mehrzahl der Fälle mit fast konstanter Menge, um die Erdgasgewinnungs-, Aufbereitungs- und Ferntransporteinrichtungen technisch und wirtschaftlich optimal zu nutzen. Der Mengenausgleich zwischen dem weitgehend konstanten Bezug und dem variablen Verbrauch erfolgt über eine größere Anzahl von unterirdischen Erdgasspeichern, die nach Möglichkeit in Verbrauchernähe angeordnet sind. Diese dienen auch der Reservehaltung beim Ausfall von Lieferquellen.

Die Produktion und der Transport des Gases – vornehmlich des Erdgases – zum Endverbraucher wird in den meisten Fällen nicht von einem Unternehmen durchgeführt.

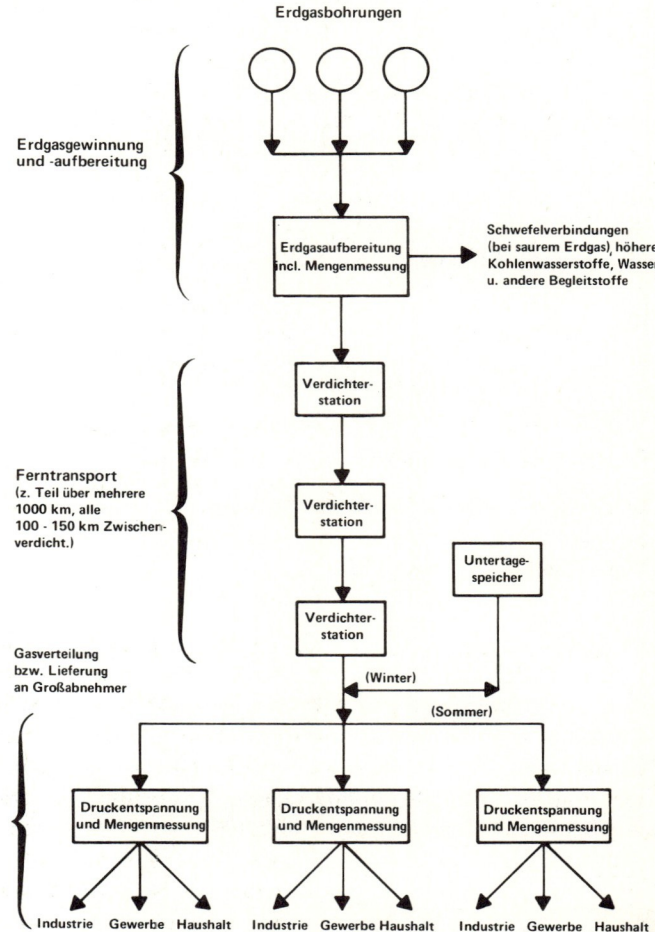

Bild XI.4 Schematische Darstellung des Erdgasweges von der Quelle bis zum Endverbraucher

3 Gastransport, -verteilung und -speicherung

Häufig sind daran bis zu 3 Unternehmen mit folgenden Aufgabengebieten beteiligt (Bild XI.4):
- Erdgasgewinnung und Aufbereitung,
- Erdgasferntransport,
- Erdgasverteilung.

Der internationale Ferntransport, der immer stärker an Bedeutung gewinnt, wird oft von mehreren nationalen oder internationalen Gesellschaften abschnittsweise vorgenommen. Diese Gesellschaften verfügen über Transporteinrichtungen, die nach technischen und wirtschaftlichen Gesichtspunkten optimiert sind. Je nach den Verhältnissen können zwei benachbarte Funktionsbereiche von einer Gesellschaft wahrgenommen werden. So kann z.B. die Fördergesellschaft gleichzeitig den Transport oder die Transportgesellschaft gleichzeitig auch die Gasverteilung vornehmen.

3.3 Der Ferntransport in Rohrleitungen

3.3.1 Transportkapazitäten

Gas ist ein kompressibles Medium. Um möglichst kleine Transportvolumina zu erhalten, ist man bestrebt, es bei möglichst hohen Drücken zu transportieren.

Moderne Ferngasleitungen werden heute mit Höchstdrücken von 67,5 bzw. 80 bar betrieben [33], ältere Leitungen bei Drücken zwischen 20 und 40 bar. Bei Offshore-Leitungen kommen Drücke bis zu 180 bar zur Anwendung (vgl. Kap. 3.3.4). Wie aus Tabelle XI.4 zu ersehen ist, werden ab etwa 1985 auch Leitungen mit einem Höchstdruck von 120 bar zum Einsatz kommen. Gastransportleitungen verfügen [24] über eine extrem hohe Energietransportkapazität. So transportiert eine moderne, derzeit in Westeuropa in Betrieb befindliche Erdgasleitung mit 1200 mm Durchmesser und 80 bar Betriebsdruck ca. 20mal soviel Energie wie die größte Strom-Überlandleitung mit drei 380-kV-Systemen je Mast (Bild XI.5).

Nicht nur höhere Drücke, sondern auch tiefere Temperaturen steigern die Transportkapazität einer Erdgasleitung. Somit wird — wie in Bild XI.6 dargestellt — z.B. die Transportkapazität einer Erdgasleitung durch eine Temperaturabsenkung um ca. 85 °C verdoppelt [24].

Der Energieaufwand für Verdichtung und Kühlung ist geringer als der für die Verdichtung bei Umgebungstemperatur. Des weiteren besteht in Permafrostgebieten nicht die Gefahr des Einsinkens in den Boden durch Auftauen. Aus diesen Gründen sind die UdSSR und Kanada daran interessiert, auf −60 °C abgekühltes Gas in isolierten Leitungen zu transportieren [25].

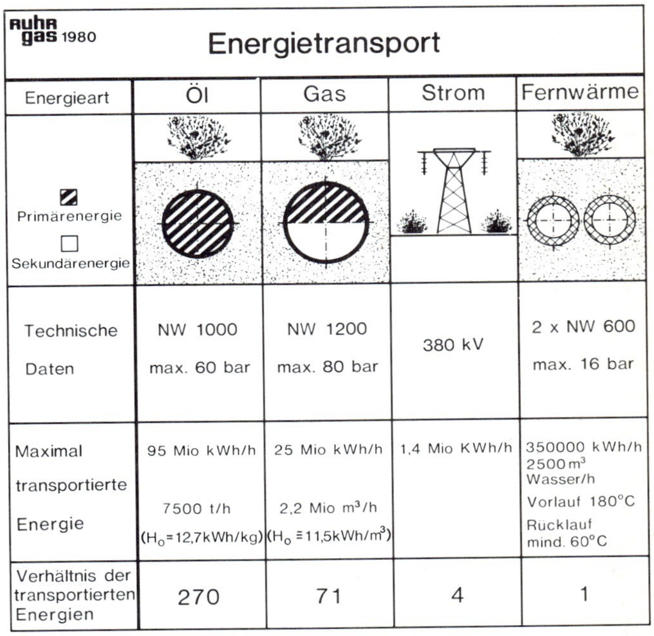

Energieart	Öl	Gas	Strom	Fernwärme
Primärenergie / Sekundärenergie				
Technische Daten	NW 1000 max. 60 bar	NW 1200 max. 80 bar	380 kV	2 × NW 600 max. 16 bar
Maximal transportierte Energie	95 Mio kWh/h 7500 t/h (H_o = 12,7 kWh/kg)	25 Mio kWh/h 2,2 Mio m³/h ($H_o \equiv 11,5$ kWh/m³)	1,4 Mio kWh/h	350000 kWh/h 2500 m³ Wasser/h Vorlauf 180°C Rücklauf mind. 60°C
Verhältnis der transportierten Energien	270	71	4	1

Bild XI.5 Transportkapazitäten bei den verschiedenen Energiearten

Tabelle XI.4 Entwicklung der Technik des Pipelinetransports

Jahr	Betriebsdruck (bar)	Durchmesser (mm)	förderbare Jahresmenge (10^6 m³)	Transportkapazität der Leitung[1]) (MW)	Treibgasanteil auf 1000 km (%)
1910	2	400	80	110	8,1
1930	20	500	648	891	5,2
1965	66,2	900	8 320	11 440	2,4
1979	80	1 420	26 000	35 750	1,8
etwa 1985	120	1 620	52 000	71 500	1,4

[1]) basierend auf Nordseegas (H_u = 11 kWh/m³)

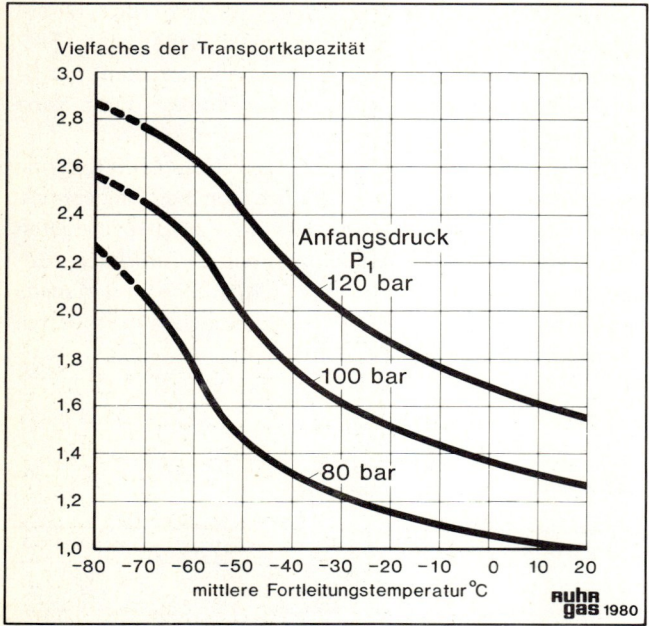

Bild XI.6 Steigerung der Transportkapazität durch Abkühlung des Gases und Druckerhöhung (bezogen auf eine Transportkapazität bei 80 bar und 20 °C)

3.3.2 Planung neuer Transportsysteme

Bei der Planung neuer Gastransportsysteme wird außer dem konkreten Momentanbedarf die künftige Auslastung zugrunde gelegt. In der Regel wird versucht, einen Zeitraum von mindestens 25 Jahren zu berücksichtigen. Anhand langfristiger Bedarfszahlen wird die technisch/wirtschaftlich optimale Auslegung der Transporteinrichtungen geplant. Hierbei wird auch untersucht, in welchem Maße der Einsatz von Spitzengasanlagen bzw. Gasspeichern zur Abdeckung von Verbrauchsspitzen und zum saisonalen Ausgleich sinnvoll ist und bei der Auslegung des Transportsystems Berücksichtigung finden muß.

Die wichtigsten variablen Faktoren bei der Planung eines aus Leitungen, Verdichteranlagen und Spitzengasanlagen bzw. Gasspeichern bestehenden Versorgungssystems sind:
- Einzelleitung oder parallel verlegte Leitungen,
- der Leitungsdurchmesser,
- der maximale Betriebsdruck,
- die Anzahl und der Abstand erforderlicher Zwischenverdichtungsanlagen,
- das Verdichtungsverhältnis der Zwischenverdichtungsanlagen,
- Einsatz von Spitzengasanlagen oder Gasspeichern.

Da sich diese Faktoren gegenseitig beeinflussen, hängt die Dimensionierung der Leitungen im wesentlichen vom vorgesehenen Maximaldruck, dem Verdichtungsverhältnis sowie dem Abstand der geplanten Zwischenverdichtungsanlagen ab. Bei den Verdichteranlagen lassen sich aus den erforderlichen Verdichtungsverhältnissen und den spezifischen Daten des zu verdichtenden Gases Art, Größe und Leistungsbedarf der zu erstellenden Maschineneinheiten festlegen. Oft wird auch der künftige Anstieg des Gasbedarfs durch einen zeitlich gestaffelten Zu- oder Ausbau der Verdichterstationen berücksichtigt. Auf diese Weise wird die Gastransportleistung der Gasleitung entsprechend den Verbrauchsbedürfnissen graduell erhöht.

Bei der Planung neuer Transportsysteme bedient man sich recht komplexer mathematischer Modelle, deren Ziel es ist, die vorgenannten Einflußgrößen wirtschaftlich zu optimieren. Auf diese Berechnungsmethoden kann hier nicht eingegangen werden; es sei jedoch auf die wichtigsten Veröffentlichungen hierzu hingewiesen [26, 27].

3.3.3 Bau von Gastransportleitungen

Die allgemeine Linienführung einer Gasfernleitung wird — nach Geländeerkundung — zunächst mit den zuständigen Landesplanungsstellen abgestimmt. Aus Kostengründen wird die Anzahl von schwierigen Leitungspassagen, wie Bahn-, Straßen- und Flußunterquerungen so gering wie möglich gehalten.

Nach Zustimmung aller zuständigen Behörden kann die Leitungsführung im Gelände vermessen werden.

Die Leitungsverlegung erfolgt unterirdisch in einem 10—15 m breiten Schutzstreifen, in dem auch nach erfolgter Rohrleitungsverlegung die Nutzungsrechte des Besitzers eingeschränkt sind. Im allgemeinen ist eine uneingeschränkte landwirtschaftliche Nutzung möglich, während eine Bebauung nicht zulässig ist. Bild XI.7 zeigt den Bau der Main-Unterquerung in der Nähe von Würzburg. Diese Ferngasleitung hat einen Durchmesser von 1 100 mm und 80 bar Betriebsdruck.

Durch Verhandlungen — insbesondere auch über entsprechende Entschädigungen — muß erreicht werden, daß sich die Grundeigentümer mit dem Bau einer Leitung einverstanden erklären. Nach dem Energiewirtschaftsgesetz ist es für die öffentliche Gasversorgung auch möglich, Teilenteignungsverfahren anzustreben, bei denen der Eigentümer verpflichtet wird, den Bau einer Leitung und deren späteren Bestand auf seinem Grundstück gegen Entgelt zu dulden [28].

Mit Ausnahme der Ortsgasverteilung, wo auch Kunststoffrohre, Graugußrohre und Rohre aus duktilem Gußeisen verwendet werden, kommen für den Erdgastransport nur Stahlrohre, insbesondere solche mit hoher Festigkeit in Frage. Alle Stahlrohre sind werksseitig innen zur Verminderung der Rohrrauhigkeit und somit des Druckverlustes mit Kunststoff ausgekleidet, während sie außen aus Korrosionsschutzgründen im allgemeinen mit Polyäthylen ummantelt sind. Die zum Einsatz kommenden Stahlrohre sind in DIN 17172 genormt, während ihre Berechnung in

3 Gastransport, -verteilung und -speicherung

DIN 2413 festgelegt ist. Weitere Vorschriften und Richtlinien befassen sich mit der Außenisolierung der Rohre, dem kathodischen Korrosionsschutz, dem Verlegen, dem anzuwendenden Schweißverfahren, den Prüfungen usw. [29, 30, 31].

Nach Aushebung des ca. 2–2,5 m tiefen Grabens und Antransport der einzelnen, ca. 16 m langen Rohrleitungsschäfte, werden diese zu einem kontinuierlichen Strang verschweißt. Die einzelnen Schweißnähte werden geröntgt, evtl. wärmebehandelt und dann außen isoliert.

Anschließend wird dieser kontinuierliche Rohrleitungsstrang von schweren Seitenbaumtraktoren in den Graben abgesenkt und dann mit steinfreiem Boden überdeckt, so daß nach Beendigung dieser Arbeiten der ursprüngliche Landschaftszustand weitgehend wiederhergestellt ist, ein sicherlich herausragender Beitrag zum „optischen Umweltschutz". Bild XI.7 zeigt den Leitungsverlauf durch einen Weinberg. Über der Leitung werden schon bald wieder Weinstöcke wachsen.

Mit der Leitung werden — zumindest in der BR Deutschland — elektrische Kabel verlegt, die der Übertragung von Meßwerten und der Übermittlung von Steuerbefehlen sowie des gasnetzeigenen Fernsprechverkehrs dienen.

Für den kathodischen Korrosionsschutz werden in Abständen von ca. 30 km Gleichstrom-Einspeisestellen vorgesehen. Hierunter versteht man einen Korrosionsschutz durch einen an die Gasleitung angelegten Gleichstrom niederer Spannung, der Korrosion an Isolierungsfehlstellen mit Sicherheit verhindert [32, 33].

An den Tiefpunkten der Leitung sind Kondensattöpfe angeordnet, die der Abscheidung von geringeren Mengen an höheren Kohlenwasserstoffen dienen, die beim Transport auskondensiert sind. So wird bei entsprechender Wartung der Rohrleitung und durch Transport von Gas, das weitestgehend frei von korrodierenden Bestandteilen ist, erreicht, daß Gasfernleitungen mit Sicherheit eine Lebensdauer haben, die mehr als 50 Jahre beträgt. Heute noch sind Stahl-Gasleitungen aus dem Jahre 1912 in Betrieb.

Nach einer Wasserdruckprobe zum Nachweis der Festigkeit und Dichtheit und einer Überprüfung der Leitung auf Beulenfreiheit wird die Leitung von inneren Verunreinigungen befreit und getrocknet. Hierzu wird ein Molch, ein Rundkörper mit Gummimanschetten oder ein Molchzug, bestehend aus mehreren Molchen, durch die gesamte Länge der Leitung gedrückt. Als Treibgas verwendet man Erdgas und als Trocknungsmittel Methanol, das in die Zwischenräume des Molchzuges gefüllt wird. Dadurch werden die Trocknung, die Reinigung und die Gasfüllung in einem Arbeitsgang durchgeführt.

Anschließend wird die Leitung auf den erforderlichen Betriebsdruck gebracht und ist damit in Betrieb. Auf der Baustelle einer großen Ferngasleitung, die pro Tag 500–800 m fortschreitet, sind ca. 450 Leute beschäftigt.

Bild XI.7 Bau einer großen Ferngasleitung (Main-Unterquerung in der Nähe von Würzburg)

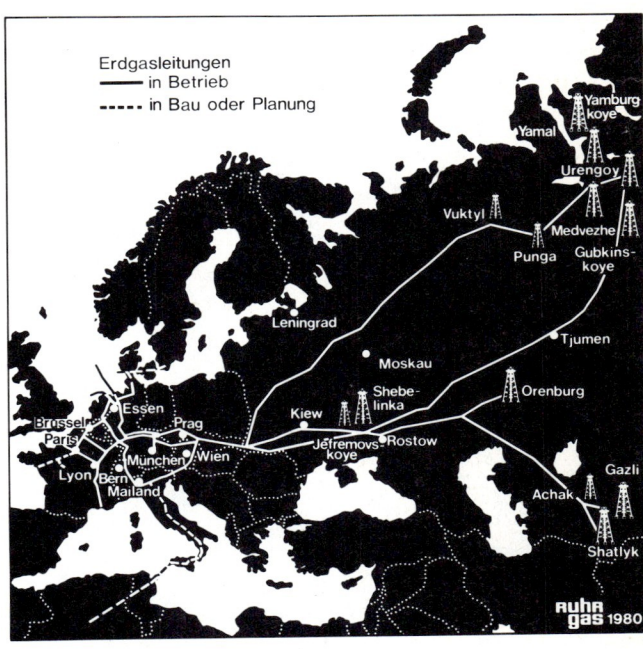

Bild XI.8 Erdgas aus der UdSSR für Westeuropa

In Bild XI.8 ist das Ferngasleitungssystem aus der UdSSR nach Westeuropa wiedergegeben. Hierbei wird z.B. über eine Entfernung von ca. 4500 km Erdgas aus den Permafrostgebieten Westsibiriens in die BR Deutschland transportiert.

3.3.4 Bau von Offshore-Leitungen

Die Erdgasgewinnung in den Schelf-Gebieten der Erde befindet sich zur Zeit in einer expansiven Entwicklungsphase. Ein erheblicher Teil der zukünftigen Erdgasmengen wird aus dem Meeresboden gefördert werden. Die Offshore-Erdgasgewinnung wird in Kap. V.5 beschrieben.

Für die Verlegung von Offshore-Leitungen ist eine besondere Technik entwickelt worden. Auf einem Spezialschiff werden die betonummantelten Rohre in waagerechter Position aneinandergeschweißt, in S-Form auf den Meeresgrund abgesenkt und anschließend eingespült [34].

Eine der größten heute betriebenen Offshore-Leitungen ist die Ekofisk-Leitung (Bild XI.9), die über eine Länge von 440 km aus dem norwegischen Teil der Nordsee nach Emden führt. Weitere Daten sind: 914 mm (36") Rohrleitungsdurchmesser, 132 bar Eingangsdruck, 2 Zwischenverdichterstationen auf Plattformen und 22 Mrd m³/a Transportleistung.

Bild XI.9 Erdgas aus der Nordsee

Offshore-Leitungen werden heute über größere Entfernungen in Tiefen bis zu ca. 150 m verlegt. Leitungen in Tiefen bis zu 300 m befinden sich in der Planung. Hierfür sind auch wegen des höheren, zum Meeresgrund hängenden Stranggewichtes größere Verlegungsschiffe erforderlich. Über kürzere Entfernungen ist es allerdings auch heute schon möglich, Leitungen in tieferen Gewässern zu verlegen. So ist der 1. Bauabschnitt einer Erdgasleitung von Tunesien nach Italien durch die Straße von Sizilien und Messina abgeschlossen. Diese aus 4 Parallelsträngen bestehende Leitung hat einen Durchmesser von 508 mm (20") und erreicht eine Wassertiefe von max. 608 m. Bei einem maximalen Leitungsdruck von 180 bar beträgt im Endausbau die Transportkapazität ca. 19 Mrd. m³/a. Für die Verlegung wurde ein neuartiges Halbtaucher-Verlegungsschiff eingesetzt [35, 36].

Weitere Offshore-Erdgasleitungen verbinden die Erdgasfelder der britischen Nordsee mit Mittelengland und Schottland und ermöglichen des weiteren eine Nutzung der holländischen Offshore-Felder.

Norwegen plant ein Pipeline-System zur Anlandung von Erdgas aus Statfjord und angrenzenden Felder sowie aus Heimdal. Diese Leitung soll nach Norwegen in die Nähe von Stavanger geführt werden. Nach teilweiser Abtrennung von Äthan, Propan und Butan sowie höheren Kohlenwasserstoffen und nach Abzug des norwegischen Eigenverbrauchs an Methan sollen die verbleibenden Mengen per Pipeline zu einer Zwischenplattform in der Höhe des Sleipner-Feldes transportiert werden, wo sie in ein großdimensioniertes, von Heimdal nach Ekofisk verlaufendes System eingebunden werden. Die Gesamtlänge des geplanten Systems beläuft sich auf ca. 850 km.

In dieses oder ein erweitertes System ist auch die spätere Einkopplung der 1979 entdeckten riesigen Erdgasvorkommen möglich. In einem Gebiet südöstlich des Statfjord-Feldes (Wassertiefe ca. 300 m) wird ein förderbares Erdgasvolumen von max. 2000 Mrd. m³ vermutet.

Beim Verlegen von Pipelines in Wassertiefen von 1000–2000 m versagen die bisher in flacheren Gewässern benutzten Verfahren. Statt der S-förmigen Krümmung der Rohrleitung zwischen Verlegeschiff und Meeresboden ist dann aus Festigkeitsgründen der Übergang zu einem Bogen in J-Form erforderlich. Eine solche Verlegetechnik, die auch den Einsatz von Stumpfschweißverfahren erfordert, wird z.Z. von einem deutschen Firmenkonsortium erarbeitet [34].

Die Überwachung und Wartung von Offshore-Leitungen erfolgt mit Kleinst-U-Booten. Aus diesen wird ein Fernsehbild an ein Begleitschiff übertragen.

3.3.5 Verdichteranlagen

Beim Erdgastransport nimmt infolge innerer und äußerer Reibungsverluste in der Rohrleitung der Druck bei gleichzeitiger Volumenzunahme ab. Um ihn jeweils wieder auf das ursprüngliche oder ein höheres Niveau anzuheben, müssen Gasverdichter eingesetzt werden. Optimierungsrechnungen für das System „Leitung/Verdichter" sind erforderlich, um herauszufinden, in welchen Abständen jeweils eine erneute Verdichtung zweckmäßig ist, oder ob ein größerer Leitungsdurchmesser und höherer Druck bei Einsparung eines oder mehrerer Zwischenverdichter beim Ferntransport wirtschaftlicher ist. Je höher der mittlere Gasdruck gehalten wird, desto geringer ist bei unverändert gedachter Gasmenge der Druckabfall und somit die aufzuwendende Verdichterarbeit [37, 38].

Als günstigste Lösung haben sich z.B. bei Erdgasleitungen von 900 mm Durchmesser und 67,5 bar maximal zulässigem Betriebsdruck ein Druckfall von 67,5 auf 50 bar, bei einer Distanz zwischen 2 Verdichterstationen von etwa 100 km herausgestellt. Die transportierte Erdgasmenge liegt in diesem für den Erdgastransport in Westeuropa typischen Beispiel bei etwa 1 Mio. m^3/h (8 Mrd. m^3/a). Bei dem niedrigen Druckverhältnis (Relation zwischen Eingangs- und Ausgangsdruck), der großen Fördermenge und der erforderlichen hohen Leistung erweist sich der Einsatz von Turboverdichtern mit Gasturbinenantrieb als besonders günstig. In einigen Fällen werden auch Kolbenverdichter mit Gasmotorantrieb eingesetzt, insbesondere dann, wenn hohe Verdichtungsverhältnisse bei geringeren Gasmengen vorliegen. Bei Turboverdichtern können höhere Verdichtungsverhältnisse einmal durch Mehrstufenverdichtung in einem Verdichter und zum anderen durch Serienschaltung von mehreren einstufigen Turboverdichtern erreicht werden.

Da jede Verdichtung mit einem Temperaturanstieg in Abhängigkeit des Druckverhältnisses verläuft, ist bei in Serie betriebenen Maschinen die Zweckmäßigkeit von Zwischenkühlern zu prüfen, um die aufzuwendende Verdichtungsarbeit der nachgeschalteten Maschinen unter wirtschaftlichen und technisch vertretbaren Gesichtspunkten zu ermitteln.

Eine Nachkühlung ist immer dann notwendig, wenn die Gastemperatur nach der Verdichtung höher liegt als die Temperatur, die für die Auslegung der Leitung und Wahl der Isolierung in Ansatz gebracht worden ist.

Bei der Wahl von Kolbenverdichtern ist die Frage des Druckverhältnisses problemlos; hier stehen statt dessen Fragen der Mengenregelung und des Ausgleichs einer pulsierenden Verdichtung im Vordergrund.

Wie bereits erwähnt, werden zum Antrieb der Gasverdichter entweder Gasturbinen oder Gasmotoren verwendet, bei denen als Brennstoff das Erdgas der Transportleitung eingesetzt wird. Hieraus resultiert auch die Umweltfreundlichkeit der Verdichterstationen. Der Wirkungsgrad einer Gasturbine ist auch bei Ausnutzung der in den Abgasen enthaltenen Energie etwas geringer als der eines Gasmotors.

Der für die Verdichtung des Erdgases einzusetzende Energieanteil ist sehr gering und in Tabelle XI.4 für eine Transportentfernung von 1000 km angegeben. Der Treibgasanteil für eine Transportentfernung von 1000 km liegt heute zwischen 1,8 und 3 % des transportierten Gases. Hier sind – entsprechend Tabelle XI.4 – in der Zukunft noch erhebliche Einsparungen zu erwarten [24] (Bild XI.10).

Alle Maschinen und Anlageteile der Verdichterstationen sind so automatisiert, daß sie im allgemeinen von einer Betriebszentrale ferngesteuert und fernüberwacht werden können (Bild XI.11).

Etwas andere Verhältnisse als beim Erdgas liegen beim Kokereigas vor (vgl. Kap. 1.3). Das Kokereigas fällt in den Kokereien mit nur geringem Überdruck an. Es wird hinter den Koksöfen soweit gereinigt, wie es – abgesehen

Bild XI.10
Große Turboverdichteranlage mit Gasturbinenantrieb (Verdichterleistung: 3 × ca. 10 MV)

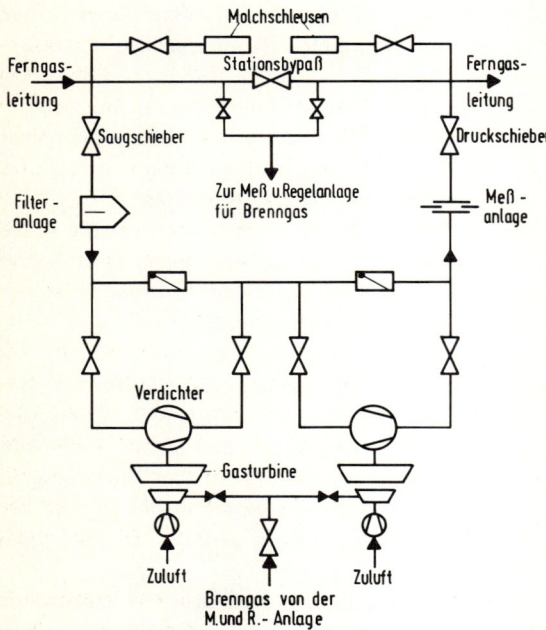

Bild XI.11 Schematische Darstellung einer Verdichterstation mit Mengenmeßanlage

von sonstigen Qualitätsvorschriften — für die zweistufige Verdichtung auf 8 bar, dem Transportdruck des Netzes im Ruhrgebiet, erforderlich ist. Für die Grundverdichtung in den Kokereien werden wegen der großen Volumina in diesem Druckbereich meist Turboverdichter verwendet, denen ein Kühler nachgeschaltet ist.

3.3.6 Gasmengenmessung

Im Bereich der Ferngaswirtschaft müssen sehr große Gasmengen unter Drücken bis zu 85 bar — in Zukunft auch bis zu 120 bar — gemessen werden. Im Zusammenhang mit Kavernenspeichern wird heute schon die Gasmengenbestimmung bei Drücken bis zu 250 bar durchgeführt. Die vom Produzenten an die Ferngasgesellschaften sowie von diesen an die Verteilungsgesellschaften und Großabnehmer gelieferten Gasmengen und deren Brennwerte müssen für die Abrechnung genau erfaßt werden. Bei Gaslieferungen wird die gelieferte Energiemenge bezahlt, die ein Produkt aus Volumen und Brennwert darstellt ($m^3 \times kWh/m^3 = kWh$). Für die Messung ist der Einsatz eichfähiger Meßverfahren erforderlich. Der Brennwert H_o wird in der Regel beim Gaslieferanten für ein gesamtes Qualitätsgebiet gemessen.

Während bei großen Gasmengen das Volumen mittels Blendenmessung bestimmt wird, werden kleinere Gasmengen meistens mit Drehkolben- oder Turbinenrad-Gaszählern bestimmt. In Zukunft werden hier auch Wirbelzähler eingesetzt werden.

In einem Zustandsmengenumwerter erfolgt die Umrechnung von Betriebs- auf Normzustand. Hierbei spielt die Kompressibilität von realen Gasen eine wichtige Rolle.

Bei der Blendenmessung wird über die Ermittlung des Differenzdruckes und die Messung der Betriebs- und Normdichte das Normvolumen bestimmt (Normzustand: 0 °C, 1,01325 bar, trocken). Durch gleichzeitige Brennwertmessung wird in einer Rechenanlage automatisch hieraus der Energiefluß ermittelt (kWh/h).

Bei der Bestimmung kleinerer Gasmengen, insbesondere bei der Übergabe an Verteilungsgesellschaften und Kommunen, erfolgt heute die Ermittlung des Normvolumens über mechanische Zustandsmengenumwerter; hier sollen in der Zukunft elektronische Umwerter mit Mikroprozessoren eingesetzt werden.

Auch hier gibt es Bestrebungen, den Brennwert — falls kontinuierlich in der Station gemessen — dem Umwerter zuzuführen, um damit kontinuierlich vor Ort die Energiemenge zu bestimmen.

3.3.7 Überwachung und Instandhaltung

Ebenso wie der Bau von Hochdruck-Gasfernleitungen unterliegt auch die Rohrnetzüberwachung und -instandhaltung besonderen Richtlinien. Sie beinhalten die Maßnahmen, die der Betreiber von Ferngasleitungen zur ordnungsgemäßen Durchführung seiner Aufgaben zu ergreifen hat [39, 40, 41].

Die Hochdruckleitung ist im Gelände durch gelbe Schilderpfähle gekennzeichnet. Es wird einmal eine regelmäßige Streckenkontrolle durch Überfliegen mit dem Hubschrauber durchgeführt und zum anderen werden — insbesondere schwierige Leitungsabschnitte — durch Begehung oder Befahrung mit geländegängigen Fahrzeugen inspiziert. So kann die Leitungsdichtheit überprüft werden. Des weiteren kann festgestellt werden, ob bauliche Veränderungen in der Nähe der Leitung diese gefährden könnten.

Die Leitungsüberwachung erfolgt von Betriebsstellen aus, die bei Tag und Nacht besetzt sind. Die Standortauswahl dieser Betriebsstellen erfolgt nach verkehrstechnischen Gesichtspunkten.

Zur Leitungswartung gehört auch die kontinuierliche Überprüfung des kathodischen Schutzpotentials. Eine Änderung dieses Potentials läßt eine Beschädigung der Rohrleitungsisolierung vermuten, die wiederum durch gezielte Messung lokalisiert werden kann.

Die Beschädigung einer Leitung durch äußere Einflüsse, z.B. durch Bagger, kann nicht vollkommen ausgeschlossen werden. Kleinere Gasundichtigkeiten können durch Reparaturüberwürfe bei vollem Gasfluß provisorisch abgedichtet werden. Ist eine größere Rohrleitungsreparatur, z.B. das Einschweißen eines neuen Rohrleitungsstückes erforderlich, so ist es in vielen Fällen aufgrund des stark vermaschten Gasnetzes möglich, den entsprechenden Rohrleitungsteil außer Betrieb zu nehmen. Die Verbraucher werden dann über einen anderen Maschenteil versorgt.

Ist aus Versorgungsgründen eine Außerbetriebnahme nicht möglich, so hat man mit dem — allerdings recht aufwendigen — Stoppleverfahren eine Möglichkeit, die Gasfernleitung ohne Unterbrechung des Gasflusses instandzusetzen. Hierbei wird eine Umgehungsleitung um die schadhafte Stelle gelegt und verbunden. Während der Schadensbehebung fließt das Gas durch die Umgehungsleitung, die nach Reparaturbeendigung wieder außer Dienst genommen wird. Bei allen Arbeiten an Gasleitungen, sei es bei einer Schadensbeseitigung oder bei einer Reparaturarbeit, sind die besonderen Vorschriften zu beachten, die eine Gefährdung der Arbeitenden sowie der Umgebung ausschließen.

Gasfernleitungen sind bei sachgemäßer Wartung mit Abstand das sicherste Energieversorgungssystem, und hierbei ist nicht nur die Versorgungssicherheit angesprochen.

Insbesondere der harte Winter 1978/79 hat die Zuverlässigkeit der Gasversorgung im gesamten Bundesgebiet demonstriert. Die Versorgung von der Außenwelt abgeschnittener Verdichterstationen und Betriebsstellen erfolgte hierbei über Hubschrauber.

3.3.8 Gasnetzsteuerung

In Kap. 4 ist in Bild XI.18 das Ferngasleitungsnetz der BR Deutschland dargestellt, das von mehreren Ferngasgesellschaften betrieben wird. Dieses Leitungsnetz, dessen Gesamtlänge 1978 ca. 18 000 km betrug (vgl. Kap. 4.4), erfordert mit seiner Vielzahl von Einspeisestellen, Speichern und Abgabestellen eine weitgehend zentrale Überwachung und Steuerung, die auch als „Dispatching" bezeichnet wird. Auch die Gasabnehmer der Ferngasgesellschaften, wie regionale und kommunale Gasgesellschaften sowie Kraftwerke und große Industriebetriebe, verfügen über solche Dispatching-Zentralen [42, 43, 44].

Die hauptsächliche Aufgabe dieser Dispatching-Zentralen ist die technische Abwicklung des Gastransports, und hier soll im folgenden in erster Linie der Gasferntransport beschrieben werden.

Rahmenbedingungen für diese technische Abwicklung sind die Verträge der Gaslieferanten auf der einen und der Gasabnehmer auf der anderen Seite. In Kap. 3.5 wird auf die sehr unterschiedliche Struktur dieser Verträge eingegangen. Kernpunkte sind die sehr gleichmäßige Lieferstruktur von den Produzenten, die stark schwankende Bezugsstruktur der Abnehmer und unterbrechbare Liefer- und Abnahmeverträge. Wichtigstes Planungselement für die Dispatching-Zentrale einer Ferngasgesellschaft ist die Bedarfsprognose der Abnehmer. Auf der Basis einer solchen Prognose wird vom Dispatcher eine bedarfsdeckende Erdgasmenge von den Produzenten angefordert. Um die Transport- und Speicherkosten zu minimieren, wird durch Optimierungsprogramme vorgegeben, wie dabei der Gasfluß von den einzelnen Netzeinspeisestellen und Speichern zu erfolgen hat. In den Programmen wird durch Strategieüberlegungen berücksichtigt, daß bei Eintreten einer Störsituation die geforderte Gaslieferung im Rahmen des technisch Möglichen noch aufrechterhalten werden kann.

Von der Dispatching-Zentrale aus werden in den Knotenpunkten, in denen Erdgase unterschiedlicher Provenienz, d.h. mit unterschiedlichen Qualitätsmerkmalen anstehen, Mischungen vorgenommen und zwar so, daß, den Regelwerken der Gaswirtschaft entsprechend, in der Qualität möglichst konstantes Gas für regionale und überregionale Versorgungsgebiete geliefert wird. An anderen Stellen wiederum wird hochkaloriges Erdgas durch Zumischung von Inertgas, Rauchgas oder Luft im Brennwert dem niederkalorigen Gas angepaßt; wobei bei allen Mischungsvorgängen die unterschiedlichen Laufzeiten zu den Abnehmerschwerpunkten beachtet und in Rechnersystemen simuliert werden.

Eine weitere Aufgabe der Dispatching-Zentrale, die in der letzten Zeit infolge gestiegener Energiekosten an Bedeutung gewinnt, ist die Minimierung des Antriebsgasverbrauchs für die Gasverdichtung. Untersuchungen haben gezeigt, daß durch einen optimalen Einsatz der Verdichteranlagen, d.h. beliebiger Tausch von Verdichterkapazität in zusammenhängenden Transportsystemen, etwa 6—8 % der gesamten Antriebsgasmenge eingespart werden können. Diese Untersuchungen führten zur Entwicklung eines Rechenmodells, mit dem stündlich der optimale Verdichtereinsatz berechnet wird. Vorgabe ist hier, daß am Endabgabepunkt nie ein höherer Druck vorliegt, als er für die Weiterverteilung erforderlich ist.

Wie aus Bild XI.17 zu erkennen, hat die BR Deutschland eine zentrale Stellung im europäischen Erdgasverbund. Aus diesem Grunde sind die Dispatching-Zentralen der BR Deutschland mit denen der umliegenden Länder verbunden.

Zur Bewältigung der genannten Aufgaben ist des weiteren ein ständiger kommunikativer Verbund mit sämtlichen Punkten des Gasnetzes (Informationspunkten) erforderlich, an denen Änderungen auftreten können. Hierzu zählen Änderungen der Gasmenge, der Gasqualität und des Gaszustandes, wie z.B. Druck und Temperatur, sowie Änderungen der Betriebszustände, einmal ausgehend von technischen Aggregaten, wie z.B. Verdichtern und Regler-Anlagen, und zum anderen Stör- und Alarmmeldungen. In der BR Deutschland werden meist kabelgebundene, mit der Leitung verlegte Informationssysteme eingesetzt.

Die Dispatching-Zentralen der einzelnen Ferngasgesellschaften sowie der regionalen und kommunalen Gasgesellschaften sind untereinander verbunden und rund um die Uhr mit Personal besetzt.

Die Ausgestaltung der Dispatching-Zentralen richtet sich nach dem Umfang der gestellten Aufgaben. Während bei den regionalen und kommunalen Gasgesellschaften kleine Zentralen ausreichen, die sich allerdings auch schon einfacher Prozeßrechner bedienen, ist die Dispatching-Zentrale einer großen Ferngasgesellschaft ein komplexes Gebilde, bestehend aus mehreren Prozeßrechnern, Anzeigetafeln und Monitoren, die von einer Anzahl von Operateuren überwacht und bedient werden. Der Dispatching-Zentrale einer großen Ferngasgesellschaft werden z.B. Daten von ca. 12000 Informationspunkten zugeführt, die dort verarbeitet und gespeichert werden. Die Übertragung der Meldungen, Meß- und Zählwerte erfolgt entweder ereignisorientiert spontan, d.h., vom Zeitpunkt des Ereignisses vor Ort, bis zur Ankunft in der Dispatching-Zentrale vergehen nur einige Sekunden, oder in zyklischen kurzen Zeitabständen (2–3 Minuten).

Resultierend aus diesen Informationen werden von der Dispatching-Zentrale ca. 600 Befehle, wie z.B. Leistungserhöhung eines oft hunderte von Kilometern entfernt liegenden Verdichters, und Sollwerte ausgegeben.

Mögliche, der Dispatching-Zentrale gemeldete Betriebsstörungen werden sofort an die entsprechende Betriebsstelle (Kap. 3.5.7) gemeldet, die sich dann unverzüglich mit der Behebung des Schadens befaßt.

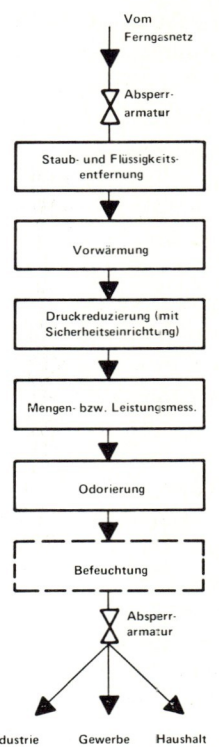

Bild XI.12
Schematischer Aufbau einer Übernahmestation aus dem Ferngasnetz

3.4 Gasverteilung

Während der Gasferntransport aus wirtschaftlichen Gründen bei hohen Drücken erfolgt, liegen die Drücke der Gasverteilungsnetze der Stadtwerke und der industriellen Großabnehmer zwischen 0,1 und 6 bar (Überdruck) [45]. Die Übernahme aus dem Fernleitungsnetz erfolgt in einer Gasdruckregelanlage, die allerdings in den meisten Fällen auch noch andere Aufgaben, wie die der Staubentfernung, Mengenmessung, Odorierung und eventuell der Gasbefeuchtung übernimmt. Die Mengenmessung erfolgt nach den in Kap. 3.3.6 geschilderten Prinzipien, während eine Gasodorierung aus Sicherheitsgründen vorgenommen wird, um das ansonsten geruchlose Erdgas bei einem eventuellen unbeabsichtigten Ausströmen durch Geruch zu erkennen. Vor der Einspeisung in ältere Verteilungsnetze muß Erdgas in vielen Fällen befeuchtet werden, um ein Austrocknen der Stemmuffenverbindungen zu verhindern.

Der schematische Aufbau einer Übernahmestation ist in Bild XI.12 dargestellt.

In vielen Fällen ist eine Gasvorwärmung erforderlich, um ein zu starkes Abkühlen des Gases bei hoher Druckabsenkung — bedingt durch den Joule-Thompson-Effekt — zu vermeiden. Infolge der Abkühlung könnten Rohrleitungsverstopfungen durch Hydratbildung auftreten [46].

Zum Schutz nachgeschalteter Einrichtungen und zur Vermeidung von Versorgungsstörungen werden Sicherheits-Absperreinrichtungen eingebaut, die unzulässige Drucküber- und -unterschreitungen vermeiden. In dem eigentlichen Gasdruckregelgerät erfolgt die Druckreduzierung auf den erforderlichen Ausgangsdruck, unabhängig von der momentanen Gasabnahme der angeschlossenen Verbraucher und unabhängig von der Höhe des jeweils anstehenden Leitungsdruckes. Gasdruckregelgeräte müssen bei größter Betriebssicherheit ständig wechselnde Druckdifferenzen beherrschen und für große Leistungsbereiche ausgelegt werden. Gasdruckregelanlagen liegen in Durchsatzbereichen zwischen 100 und mehr als 100 000 m^3/h und benötigen in den meisten Fällen keine zusätzliche Energieversorgung. Das eventuell für die Gasaufheizung erforderliche Gas wird der Leitung selbst entnommen.

3.5 Reservehaltung und Spitzenbedarfsdeckung

Im Gegensatz zur Elektroenergie besitzt das Gas den Vorzug der Speicherfähigkeit. Wie bereits in Kap. 3.2 erwähnt, ist nur durch relativ konstante Belieferung aus den Erdgasquellen eine wirtschaftlich optimale Nutzung der Erdgasgewinnungs-, -aufbereitungs- und -ferntransporteinrichtungen möglich. Dies gilt insbesondere für aus fernen Ländern (z.B. der UdSSR) oder von Offshore stammendes Gas, dessen Anteil in den Jahren noch zunehmen wird. Die neuen Erdgasimporte sind mit einer sehr gleichmäßigen Bezugsstruktur vereinbart worden. Sie verpflichten das Ferngasunternehmen, das Gas an jedem Tag des Jahres in gleich hohen Mengen abzunehmen — mit 7000 bis 8000 Benutzungsstunden im Jahr. Hieraus ergibt sich für die Erdgasimporteure die Notwendigkeit, die Bezugsstruktur an die stark schwankende Abnahmestruktur der Kunden anzupassen, die im wesentlichen von den Temperaturschwankungen im jahreszeitlichen und täglichen Rhythmus, aber auch vom industriellen Nachfragerückgang am Wochenende abhängig ist [47, 48, 49].

Bild XI.13 gibt den monatlichen Gasabgabeverlauf der Jahre 1977 bis 1979 wieder. In Zukunft ist — bedingt durch eine erwartete Zunahme des Heizgasanteils — mit einer noch ausgeprägteren Winterspitze zu rechnen.

Im folgenden wird diskutiert, welche Maßnahmen zum Ausgleich dieser täglichen und saisonalen Schwankungen des Gasverbrauchs ergriffen werden. Hierzu zählen:
- Erdgasspeicherung in unterirdischen Speichern,
- unterbrechbare Gaslieferverträge,
- Abdeckung kurzzeitiger Verbrauchsspitzen durch LPG/Luft-Mischanlagen, oberirdische Gasspeicher, und LNG-Peakshaving-Anlagen.

Die mit Abstand größte Bedeutung bei der Gasspeicherung haben Untertagespeicher, die in Schwachlastzeiten — insbesondere im Sommer — gefüllt werden. Ihre Standorte liegen im Idealfall in den regionalen Verbrauchsschwerpunkten oder an den Endpunkten großer unterirdischer Transportleitungssysteme. Solche Untertagespeicher bieten auch die Gewähr der gesicherten Gasversorgung bei Ausfall von Gasbezugsquellen.

Bei der Untertagespeicherung unterscheidet man zwischen Porenspeichern und Kavernenspeichern, die in Kap. V.8 detailliert behandelt werden. Bei der Porenspeicherung erfolgt diese in porösen durchlässigen Gesteinsschichten in Tiefen bis zu 3 000 m. Das Speichergestein lagert in einer geschlossenen geologischen Struktur, von einer undurchlässigen Schicht — im allgemeinen aus Tonstein — überdeckt. Zu den Porenspeichern gehören einmal Aquiferspeicher, bei denen die Poren ursprünglich mit Wasser gefüllt waren — das Speichervolumen wird durch Verdrängung des Wassers geschaffen — und zum anderen ehemalige Erdgas- bzw. Erdölfelder.

Nur 40 bis 60 % des gesamten Gasinhalts eines Porenspeichers stehen als Nutzgas oder Arbeitsgas zur Verfügung. Die restliche Menge bleibt als Kissengas zur Vermeidung von Wasserüberflutung des Speichers im Untergrund.

Bei der Kavernenspeicherung werden in Salzvorkommen künstliche Hohlräume durch Ausspülung geschaffen. Die dafür geeigneten Salzlager oder Salzstöcke befinden sich fast ausschließlich in Norddeutschland und ermöglichen noch das Anlegen von weiteren zahlreichen Speichern. Die Kavernen haben ein Hohlraumvolumen von bis zu 400 000 m³ und weisen im allgemeinen einen höheren Arbeitsgasanteil als Porenspeicher auf.

Porenspeicher mit ihrer geringen Entnahme- und Einpreßleistung werden hauptsächlich für den saisonalen Ausgleich eingesetzt, während Kavernenspeicher sich auch aufgrund ihrer hohen Entnahmeleistungen zur Deckung kurzfristiger Abnahmespitzen eignen.

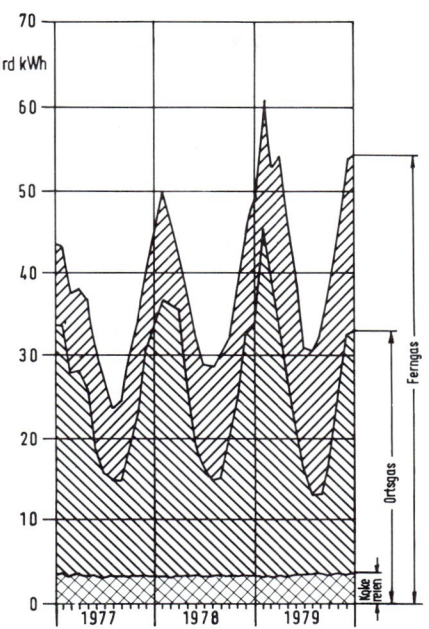

Bild XI.13 Monatliche Gasabgabe der Kokereien, Fern- und Ortsgasgesellschaften (in Mrd. kWh)

Tabelle XI.5 Unterirdische Erdgas-Speichereinrichtungen in der BR Deutschland (Mitte 1980)

Speichertyp	maximales Speichervolumen (V) (Mio. m³)	maximales Arbeitsgasvolumen (V) (Mio. m³)
Erschöpfte Lagerstätten	1 900	930
Aquiferspeicher	1 395	555
Salzkavernen	1 045	675
	4 340	2 160

In der BR Deutschland sind z.Z. 15 Untertagespeicher mit einem maximalen Arbeitsgasvolumen von 2,16 Mrd. m³ in Betrieb (Tabelle XI.5).

Wie bereits erwähnt, nimmt in der Zukunft der Anteil der Erdgaslieferungen mit gleichmäßigem Bezug zu, während beim Verbrauch eine gegenläufige Entwicklung erwartet wird. Aller Voraussicht nach wird also die Speicherkapazität noch erheblich vergrößert werden. So wird z.Z. der Speicher Bierwang bei München — mit heute ca. 500 Mio. m³ Arbeitsgasvolumen einer der größten europäischen Erdgasspeicher — auf 850 Mio. m³ Arbeitsgas erweitert.

Es ist einmal möglich, durch Speicherung Verbrauchsspitzen auszugleichen, zum anderen kann man diese durch unterbrechbare Lieferverträge dämpfen. Sie beruhen auf vertraglichen Vereinbarungen zwischen den Gasverbrauchern — insbesondere industriellen Großabnehmern — und den liefernden Ferngasgesellschaften, die den Ferngasgesellschaften das Recht gibt, in den kalten Monaten des Jahres — nach entsprechender Vorankündigung — die Gaslieferungen zu unterbrechen. Der Verbraucher verwendet statt dessen andere Brennstoffe, z.B. Heizöl oder Flüssiggas. Derartige Verträge sehen für die Verbraucher besonders günstige Tarife vor, da die Ferngasgesellschaften anderweitige Maßnahmen zur Deckung des Spitzenbedarfs einsparen.

Flüssiggas/Luft-Mischanlagen sind wegen ihres relativ geringen Investitionsaufwandes für kurzzeitige und in der Menge begrenzte Liefermengen vorteilhaft. In der BR Deutschland sind ca. 100 Anlagen mit Mischgasabgabeleistungen zwischen 200 und 15 000 m³/h installiert. Ein Teil der Mischanlagen beliefert unabhängige, nicht an das Ferngasnetz angeschlossene Gasversorgungsunternehmen, die anderen dienen der Abdeckung von Verbrauchsspitzen. Bei der Spitzenversorgung wird dieses brennwertgleiche Mischgas nur in einem bestimmten Verhältnis dem Erdgasstrom zugemischt [50, 51].

3.6 Verflüssigtes Erdgas (LNG)

In sehr vielen Fällen sind die großen verwertbaren Erdgaslagerstätten weit von den Verbrauchern entfernt und oft durch Weltmeere getrennt. Daher hat es schon früh nicht an Anstrengungen gefehlt, auch eine Überseeversorgung mit Erdgas aufzubauen, für die nur der Transport von verflüssigtem Erdgas (LNG) in Frage kommt [52, 53]. Allerdings macht — wie in Kap. 3.3.4 erwähnt — der leitungsgebundene Unterwasser-Erdgastransport große Fortschritte, so daß sich in einigen Fällen gegenüber dem Transport von verflüssigtem Erdgas eine Konkurrenzsituation ergibt. So wird in Zukunft ein Teil des algerischen Erdgases nicht mehr verflüssigt und als LNG transportiert werden, sondern leitungsgebunden nach Europa ließen.

Das auf den Erdgasfeldern gewonnene Gas wird nach Reinigung und Trocknung per Pipeline zur Küste des Produzentenlandes transportiert. Dort wird es auf −161 °C abgekühlt, wobei es sich verflüssigt. Es nimmt dann bei atmosphärischem Druck etwa 1/600 seines ursprünglichen Volumens ein. Das verflüssigte Erdgas enthält aufgrund der Verfahrensführung der Verflüssigungsanlage außer sehr geringen Anteilen an gelöstem Stickstoff keinerlei Verunreinigungen. Das Verhältnis von Methan zu höheren Kohlenwasserstoffen ist sowohl von der Zusammensetzung des Eingangsgases als auch von der Betriebsweise der Verflüssigungsanlage abhängig. Bei der Erdgasverflüssigung werden gleichzeitig auch oft höhere Kohlenwasserstoffe, wie Äthan, Propan usw. abgetrennt und separat vermarktet. Die neuesten Anlagen, die in Algerien und anderen Ländern in Betrieb genommen wurden, haben eine Kapazität von rd. 10 Mrd. m³/a und bestehen aus 6 voneinander unabhängigen Straßen.

Interesse finden z.Z. auch die Pläne zum Bau schwimmender Verflüssigungsanlagen zur Nutzung von Offshore-Erdgasfeldern, für die sich eine Pipeline-Verlegung aus wirtschaftlichen Gründen ausschließt.

Der Energiebedarf für die Verflüssigung beträgt zwischen 11 und 16 % des eingesetzten Reinerdgases.

In wärmegedämmten Tanks wird das LNG bis zur Verschiffung zwischengespeichert. Hierbei haben sich neben Tanks aus kältebeständigen Sonderstählen auch Stahlbetontanks bewährt. Anschließend wird es mit Spezialtankern zum Bestimmungsort transportiert. Diese haben mehrere voneinander getrennte Tanks aus kältebeständigen Materialien, die mit einer starken Wärmedämmschicht umgeben sind. Völlig läßt sich ein Verdampfen trotz bester Wärmedämmung nicht unterbinden. Die verdampfte Gasmenge wird als Brennstoff an Bord verbraucht. LNG-Tanker mit einem Fassungsvermögen von 75 000 m³ sind seit ca. 10 Jahren im Einsatz, während neuere Tanker ein Fassungsvermögen von 125 000 m³ aufweisen und somit 75 Mio. m³ Gas transportieren können. Überlegungen zum Bau von Schiffen mit einem Fassungsvermögen von 330 000 m³ LNG existieren bereits. Mit hoher Wahrscheinlichkeit kann aber angenommen werden, daß LNG-Tanker nicht in die Größenordnung der heutigen Rohöl-Supertanker mit max. 500 000 t Tragfähigkeit hineinwachsen werden.

Die positiven Erfahrungen mit mehr als 4 700 LNG-Fahrten (one way Strecken) von mehr als 40 Tankern über die Weltmeere in den letzten 16 Jahren spiegeln den hohen Sicherheitsstand und Sicherheitserfolg der LNG-Ketten

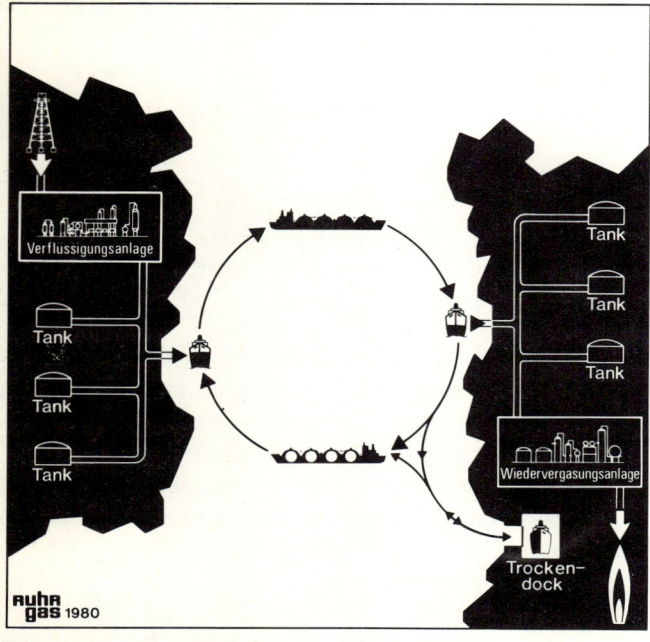

Bild XI.14 Schematische Darstellung einer LNG-Kette

wieder. Hierbei wurde eine Entfernung zurückgelegt, die etwa dem 370fachen Erdumfang entspricht.

Im Entladeterminal des Empfängerlandes wird das LNG — ähnlich wie im Produzentenland — in flüssiger Form zwischengelagert, um anschließend — je nach Bedarf — in einer Wiederverdampfungsanlage in den gasförmigen Zustand gebracht zu werden. Hierbei wird das LNG im flüssigen Zustand auf den Leitungsdruck des Gasnetzes gebracht (60—80 bar) und anschließend unter Zuführung von Wärme verdampft. Im Normalfall wird hierbei die fühlbare Wärme des Meerwassers ausgenutzt, nur an kalten Wintertagen ist eine Erdgaszusatzbeheizung erforderlich.

Der Gesamtverlust, d.h. der Energieverlust von der Erdgasquelle bis zum wiederverdampften Erdgas liegt bei 15—20 % und höher, je nach Länge der Seereise.

In einigen Fällen, insbesondere in Japan und Frankreich, wird ein Teil der LNG-Kälte zum Betreiben von Tiefkühlhäusern und zur Erzeugung von flüssigem Sauerstoff und Stickstoff herangezogen.

Der LNG-Transport erfolgt heute in festen Transportketten. Das heißt, eine gewisse Anzahl von Tankern fährt nach einem festen Fahrplan zwischen Verflüssigungsanlage und Entladeterminal (Bild XI.14).

Über die Entwicklung des LNG-Transports wird im Kap. XIII berichtet.

Wie bereits erwähnt, konkurrieren in vielen Fällen der Pipeline- und LNG-Transport miteinander. In Bild XI.15 sind die Transportkosten von LNG und rohrleitungsgebundenem Erdgastransport in Abhängigkeit von der Transportentfernung aufgetragen. Dieser Kostenvergleich ist in [24] näher erläutert.

Anhand Bild XI.15 lassen sich die folgenden Feststellungen treffen:
- Der eigentliche LNG-Seetransport ist weitaus kostengünstiger als der Gastransport per Pipeline. Beim LNG-Transport kommen jedoch die Verflüssigungs- und Wiederverdampfungskosten hinzu.
- Die Technologie für LNG-Systeme ist aufwendiger als die für Pipelinesysteme.
- Das LNG bietet eine höhere Transportflexibilität.

Der LNG-Transport kommt daher in Betracht, wenn die Pipeline-Alternative aus technischen oder politischen Gründen nicht gegeben ist oder wenn — wegen entsprechend großer Transportentfernungen — der LNG-Transport wirtschaftlich günstiger als der Pipeline-Transport ist.

Die LNG-Zwischenlagerung in einem Anlandeterminal bietet auch die Möglichkeit, LNG per LKW oder Bahn zu den Verbrauchern zu transportieren; einmal zum Abdecken extremer Winterspitzen (vgl. Kap. 3.5) und zum anderen zur Versorgung von Insellagen, die noch nicht durch eine Ferngasleitung erschlossen sind [54].

4 Die Gaswirtschaft

4.1 Allgemeine Angaben zur Gaswirtschaft

Die Gaswirtschaft der BR Deutschland unterteilt sich in die öffentliche und übrige Gaswirtschaft. Zur öffentlichen Gaswirtschaft gehören die Erdgasproduzenten, die Ferngaswirtschaft, die Ortsgaswirtschaft und die Kokereien, soweit sie Gas an das öffentliche Netz abgeben. Mit der „übrigen Gaswirtschaft" wird einmal die Verwertung von Raffineriegasen, z.B. in der chemischen Industrie, und zum

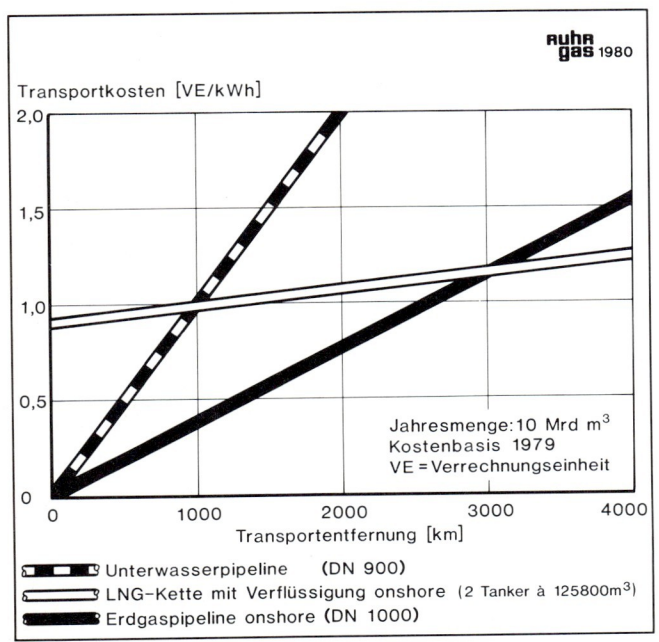

Bild XI.15 Kostenvergleich LNG-Kette gegenüber Pipeline-Transport

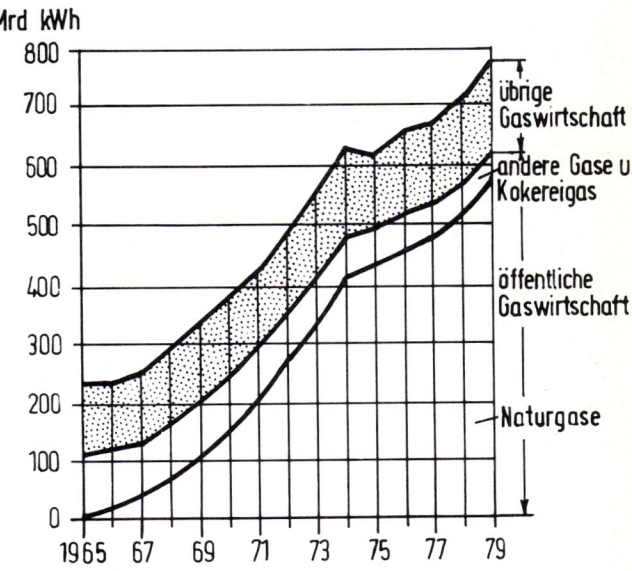

Bild XI.16 Gasabgabe der öffentlichen und übrigen Gaswirtschaft 1965—1979 (in Mrd. kWh)

Tabelle XI.6 Anteile der Gasarten am gesamten Gasaufkommen der BR Deutschland (1979)

Naturgas	71,8 %	
Erd- und Erdölgas		71,7 %
Gruben- und Klärgas		0,7 %
Gas aus Mineralölprodukten	13,9 %	
Raffineriegas		7,4 %
Flüssiggas (LPG)		4,9 %
Gas aus Öl und Benzin		1,6 %
Gas aus Kohle	14,2 %	
Kokereigas		7,3 %
Hochofengas		6,9 %
Generatorgas		–

anderen die Nutzung von Hochofengasen und nicht ins öffentliche Netz eingespeisten Kokereigasen erfaßt [55].

In Bild XI.16 ist die Gasabgabe der öffentlichen und übrigen Gaswirtschaft von 1965 bis 1979 dargestellt. 1979 wurden rund 628 Mrd. kWh (64,3 Mrd. m³ oder 69,8 Mio. t SKE (Steinkohleneinheiten)) von der öffentlichen Gaswirtschaft an die Verbraucher abgegeben. Die Gasabgabe der übrigen Gaswirtschaft belief sich auf 131,9 Mrd. kWh (13,5 Mrd. m³ oder 14,6 Mio. t SKE), so daß der gesamte Gasverbrauch 759,9 Mrd. kWh (77,8 Mrd. m³ oder 84,4 Mio. t SKE) betrug. Die öffentliche Gaswirtschaft hat somit einen Anteil von ca. 83 % an der Gesamtgaswirtschaft.

Das gesamte Gasaufkommen in der BR Deutschland betrug 1979 847,6 Mrd. kWh (86,8 Mrd. m³ oder 93,9 Mio. t SKE). Die Differenz zwischen dem Gasaufkommen und der Gasabgabe ist im wesentlichen durch Betriebsverbräuche, Speichersalden und Verluste bestimmt. An diesem Gasaufkommen hatte – entsprechend Tabelle XI.6 – 1979 Naturgas, fast ausschließlich Erd- und Erdölgas, einen Anteil von 71,7 %, während der Anteil aus Gasen aus Mineralölprodukten sowie Kokerei- und Hochofengasen je ca. 14 % betrug.

Dem Erd- und Erdölgas kommt mit über 70 % eine dominierende Stellung am gesamten Gasaufkommen zu. Der Anteil von Erd- und Erdölgas am Aufkommen der öffentlichen Gaswirtschaft liegt mit 90,7 % (1979) noch darüber. Die Erdgaswirtschaft hat dabei eine beachtliche Aufwärtsentwicklung zu verzeichnen. Der Erdgasverbrauch hat sich in den letzten 12 Jahren mehr als verzehnfacht. Der Anteil des Erdgases am Primärenergieverbrauch wuchs in der gleichen Zeit dementsprechend von 2 auf 16 %. Erdgas ist somit – neben Mineralöl und Kohle – zum dritten Eckpfeiler der Energieversorgung der BR Deutschland geworden. Auch in der Zukunft ist mit einer weiteren Erhöhung des Erdgasangebotes zu rechnen. So wird von der Gaswirtschaft angestrebt, das Erdgasangebot bis 1990 weiter aufzustocken.

Aufgrund bereits abgeschlossener Verträge und (Ende 1980) realistisch erscheinender neuer Importprojekte dürfte dieses das wahrscheinliche Ergebnis der Entwicklung bis Ende der 80iger Jahre sein.

Es erscheint heute ebenfalls möglich, daß Erdgas auch langfristig – und das heißt über das Jahr 2000 hinaus – einen Anteil von etwa 17–18 % am gesamten Primärenergieverbrauch der BR Deutschland deckt. Dieser Anteil wird in den 80er Jahren erreicht werden. Hierfür sind hinreichende Erdgasreserven in der Welt vorhanden, die für einen Verbrauch auch in der BR Deutschland in den kommenden Jahren erschließbar sein dürften.

Auch künftig wird sich die Erdgasversorgung auf einer breitgefächerten Palette von Bezugsquellen abstützen, die sich deutlich von der Verteilung der Ölimportquellen der BR Deutschland unterscheidet [56].

1980 kam das Erdgas zu 32 % aus deutscher Förderung und zu 68 % aus Importen, aus den Niederlanden (36 %), der Sowjetunion (17 %) und Norwegen (15 %). Von den Importmengen kamen somit 75 % aus westeuropäischen Quellen und 25 % aus der Sowjetunion. Insgesamt wurde das Erdgasaufkommen 1980 zu 83 % aus westeuropäischen Vorkommen gedeckt. Der Anteil der Bezüge aus westeuropäischen Quellen wird mit der weiteren Erhöhung des Erdgasangebotes in den kommenden Jahren abnehmen, doch wird 1990 nach heutigem Stand noch immer der überwiegende Teil des erwarteten Erdgasaufkommens unseres Landes aus westeuropäischer Förderung stammen.

Die Gasversorgung Westeuropas und auch der BR Deutschland basiert auf 2 Erdgasqualitäten, dem H-Gas mit einem Brennwert von durchschnittlich 12 kWh/m³ und dem L-Gas mit durchschnittlich 10 kWh/m³ (vgl. Kap. 2.3). Außerdem wird in einigen Regionen, so z.B. im Ruhrgebiet und im Saarland, auch Stadtgas bzw. Kokereigas eingesetzt mit Brennwerten von durchschnittlich 5 kWh/m³. Diese unterschiedlichen Erdgasqualitäten werden jeweils in bestimmten, voneinander abgegrenzten Versorgungsgebieten vermarktet. Die Grenzen dieser Gebiete werden allerdings fortschreitend dem sich ändernden Bedarf und der möglichen Darbietung angepaßt. Dann werden Netzteile von einer auf die andere Gasqualität umgestellt. Daneben muß laufend ein Mengen- und Spitzenausgleich zwischen den einzelnen Gasarten möglich sein, um einen optimalen Einsatz des Gases zu gewährleisten. Die technische Lösung erfolgt im wesentlichen mit 2 Maßnahmen,

- zum einen wird eine Anzahl geeigneter Großabnehmer bivalent versorgt, sie können also je nach Versorgungslage kurzfristig von einer auf die andere Gasqualität umschalten,
- zum anderen sind an einigen dafür besonders geeigneten Stellen im Netz Einrichtungen geschaffen worden, die die Umwandlung der Gasqualität ermöglichen, und zwar von einer Qualität mit höherem Brennwert in ein Gas mit niedrigerem Brennwert. Technische Möglichkeiten sind hier die Rauchgaszumischung und – in beschränktem Umfang – auch die Zumischung von verdichteter Luft.

4 Die Gaswirtschaft

Darüber hinaus ist die Austauschbarkeit von L-Gas und H-Gas für die Anpassung der Geräte von besonderer Bedeutung. Mit der SRG-Methode (Sommers-Ruhrgas-Methode) steht ein erprobtes Verfahren zur Verfügung, das den Einsatz unterschiedlicher Erdgase bei gleicher Geräteeinstellung ohne Nachteile für den Kunden ermöglicht [58].

Langfristiges Ziel ist es, nur noch Gasverbrauchsgeräte mit fester einheitlicher Einstellung für Erdgas schlechthin anzuschließen, um kostspielige Umstellungsvorgänge reduzieren zu können.

4.2 Anteile der verschiedenen Gasverbraucher

In Tabelle XI.7 ist die Gasabgabe (1979) der öffentlichen Gaswirtschaft, unterteilt nach Verbrauchergruppen, wiedergegeben. Die ersten 8 Verbrauchergruppen repräsentieren die gesamte Industrie, deren Verbrauch sich auf ca. 266 Mrd. kWh beläuft, also ca. 42 % der Gesamtabgabe der öffentlichen Gaswirtschaft ausmacht.

Zum Bedarf der chemischen Industrie ist zu bemerken, daß hier das Gas überwiegend als Brennstoff und nur in geringerem Maße als Rohstoff (vgl. Kap. 5.4) eingesetzt wird.

Insbesondere der Gasverbrauch im Haushaltsbereich hat in den letzten Jahren stark zugenommen und beträgt heute 19 % des Gasverbrauchs aus dem Netz der öffentlichen Gaswirtschaft, und es wird erwartet, daß dieser Trend anhält.

4.3 Europäischer Erdgasverbund

Für die Einschleusung der Erdgasmengen aus allen Himmelsrichtungen nach Westeuropa und damit auch in die BR Deutschland steht das weiträumige europäische Erdgasverbundnetz zur Verfügung, das fast alle Länder des westeuropäischen Kontinents miteinander verbindet. Über diesen Erdgasverbund sind die Länder des Kontinents bereits heute per Pipeline oder über LNG-Terminals mit den Regionen verbunden, in denen rd. die Hälfte der gesamten Welterdgas-Ressourcen liegt, in der Nordsee, auf dem Kontinent, in der Sowjetunion und in Nordafrika.

Technisch und wirtschaftlich ist es heute auch bereits möglich, den europäischen Erdgasverbund über Transportschienen an die Erdgasvorkommen des Mittleren Ostens anzuschließen.

Positive Perspektiven für die „Erdgaszukunft" Westeuropas ergibt auch eine Gegenüberstellung der geographischen Verteilung der Welterdgasreserven mit den heute realistisch erscheinenden Transportwegen: 76 % der gesamten nachgewiesenen Welterdgasreserven liegen näher zu Westeuropa als zu den anderen großen Energieverbrauchsschwerpunkten der Welt; bei den gesamten möglichen Welterdgasressourcen sind es 57 %. Das Erdgastransportsystem der BR Deutschland ist heute schon mit dem System grenzüberschreitender Ferngasleitungen auf dem westeuropäischen Kontinent eng verknüpft. Das im Aufbau befindliche europäische Erdgasverbundsystem ist äußerer Ausdruck der Integration innerhalb der westeuropäischen Gasindustrie.

Tabelle XI.7 Die Gasabgabe der öffentlichen Gaswirtschaft, unterteilt nach Verbrauchergruppen (1979)

Verbrauchergruppen	Mrd. kWh	Anteile in %
Bergbau	7,078	1,13
Chemische Industrie	81,92	13,04
Industrie der Steine und Erden, Glas und Keramik	36,21	5,77
Eisenindustrie	95,56	15,22
NE-Metallerzeugung	9,49	1,51
Leder-, Textil-, Bekleidungsindustrie	5,81	0,93
Ernährungs-Gewerbe, Tabakverarbeitung	9,18	1,46
Sonstige Industrie	20,49	3,26
Öffentliche Kraftwerke	172,81	27,52
Haushalte	116,85	18,60
Handel und Kleingewerbe, Landwirtschaftliche Betriebe	21,89	3,49
Öffentliche Einrichtungen	21,63	3,44
Heizwerke und Heizzentralen	13,65	2,17
Sonstige Abnehmer	2,87	0,46
Ausfuhr	3,73	0,59
Nicht abgerechnete Mengen	8,88	1,41
Gesamtabgabe	628,04	100 %

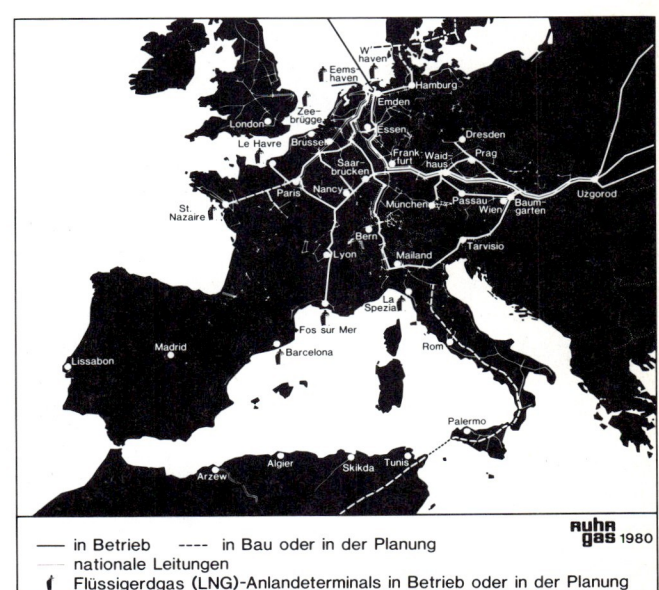

Bild XI.17 Europäischer Erdgasverbund

4.4 Das Ferngasnetz der BR Deutschland

Die Erdgas- und Kokereigasleitungen der Ferngasgesellschaften in der BR Deutschland hatten 1978 eine Leitungslänge von 13 550 km und die der Erdgasförder- bzw. Liefergesellschaften eine Länge von 4 760 km. Hierbei handelt es sich ausschließlich um Hochdruckleitungen, d.h. Leitungen, die mit einem Druck größer 1 bar (Überdruck) beaufschlagt werden können [57]. Das Ferngasnetz der BR Deutschland steht in einem Verbund mit anderen europäischen Ferngassystemen. Es werden, wie aus Bild XI.18 zu erkennen ist, alle Ballungsräume der BR Deutschland mit Erdgas bzw. im Falle des Ruhrgebiets und des Saarlandes auch mit Kokereigas versorgt. In Westberlin erfolgt die Gasversorgung mit Gas aus Benzinspaltanlagen (vgl. Kap. 1.5). Das Erdgasnetz wird z.Z. weiter ausgebaut. Ziel ist es, auch weniger dicht besiedelte Gebiete an das Erdgasnetz anzuschließen. Es steht mit einer größeren Anzahl von Untertagespeichern im Verbund. Das Ferngasleitungsnetz der BR Deutschland dient auch der Durchleitung großer Gasmengen, so z.B. aus der Sowjetunion nach Frankreich und aus den Niederlanden nach der Schweiz und Italien.

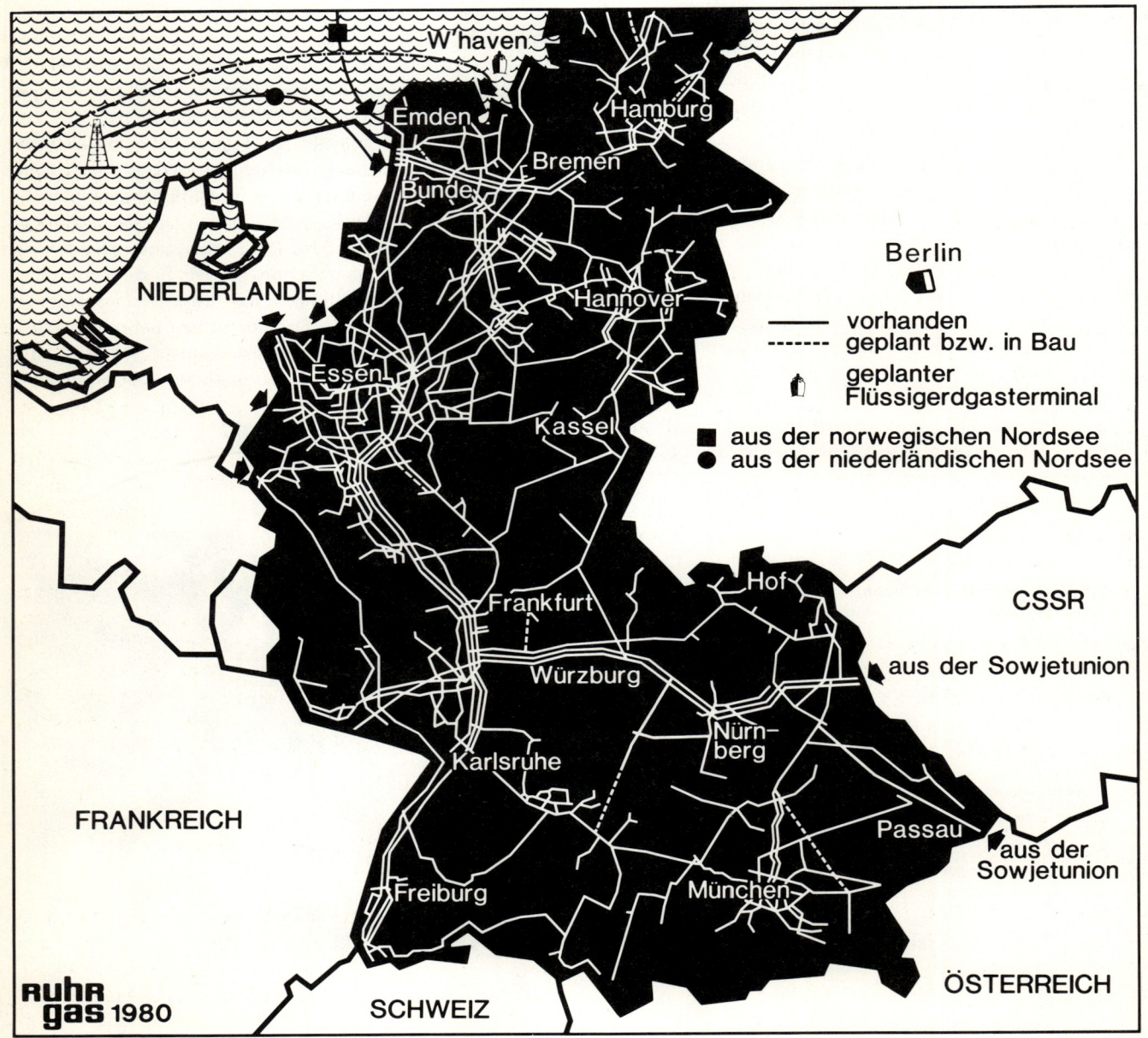

Bild XI.18 Das unterirdische Ferngasleitungsnetz der Bundesrepublik Deutschland

5 Gasverwendung

5.1 Allgemeine Angaben

Die technischen Brenngase — und hier hat Erdgas eine dominierende Bedeutung — werden sowohl als Rohstoff als auch als Brennstoff verwendet. Bei dem Einsatz als Rohstoff ist die Zusammensetzung der Erdgase von Bedeutung. Allerdings ist die Menge des Erdgases, die als Rohstoff eingesetzt wird, sehr beschränkt und beträgt nur etwa 3 % des gesamten Erdgasverbrauchs.

Beim Einsatz als Brennstoff ist die Zusammensetzung ebenfalls wichtig, weil sich aus ihr die Brenneigenschaften ergeben, die durch Kennzahlen wie Brennwert, Heizwert, Wobbe-Index, Zündgeschwindigkeit und Flammentemperatur charakterisiert werden.

Erdgas als Brennstoff sowie andere technische Brenngase und Flüssiggase weisen eine Reihe von Vorzügen gegenüber festen und flüssigen Brennstoffen auf. Diese beruhen unter anderem auf dem unterschiedlichen Aggregatzustand, der Zusammensetzung und der Umweltfreundlichkeit. Bedingt durch die saubere Verbrennung und genaue Regulierbarkeit lassen sich bei Gas unter bestimmten Voraussetzungen höhere Wirkungsgrade als bei festen und flüssigen Brennstoffen erreichen. Des weiteren entfallen Kosten für Transport, Lagerung und Aufbereitung des Brennstoffes. Zur Aufbereitung zählen, je nach Brennstoffart, Mahlung und Vorwärmung, Zerstäubung oder Verdampfung. Es ist auch keine Rückstandsbeseitigung erforderlich.

Erdgas zeichnet sich durch eine hohe Umweltfreundlichkeit aus. Bei gleicher Wärmemenge und gleicher Luftzahl wird z.B. bei der Verbrennung von leichtem schwefelarmen Heizöl ca. 80mal soviel Schwefeldioxid (SO_2) an die Umgebung abgegeben wie bei der Erdgasverbrennung. Feststoffauswurf in Form von Staub und Ruß findet nicht statt. Mehr als 50 % der Immissionen in den Städten und Ballungsgebieten werden durch Kleinfeuerstätten verursacht. Durch verstärkten Erdgaseinsatz in Haushalten, im Gewerbe und bei öffentlichen Einrichtungen wird die Umweltbelastung der Städte und Ballungsgebiete erheblich verringert [59, 60, 61].

Erdgas ist ungiftig, sollte es in Folge eines Leitungsschadens einmal zu einer Gasleckage kommen, so ist diese durch den typischen Geruch des odorierten Gases schon bei sehr kleinen austretenden Gasmengen sofort feststellbar. Bei Gasaustritt ist keine Verschmutzungsgefahr von Boden und Gewässern gegeben [62].

Die älteste und früher bedeutendste Gasverwendung als „Leuchtgas" zur Straßen- und Hausbeleuchtung ist heute nur noch von untergeordneter Bedeutung. Brenngase werden heute für vielfältige Anwendungszwecke in Haushalt, Gewerbe, Industrie und Kraftwerken eingesetzt.

5.2 Gasverwendung in Haushalt und Gewerbe

Ca. 44 % des Endenergieverbrauchs der BR Deutschland wurden 1979 in Haushalt und Gewerbe verwendet. Gas hat daran — mit steigender Tendenz — z.Z. einen Anteil von ca. 16 %. Gas wird zur Raumbeheizung, Warmwassererzeugung sowie zum Kochen und Backen verwendet.

Bei der Hausbeheizung wird am häufigsten die Gaszentralheizung eingesetzt, zu der auch die Etagenbeheizung zählt. Diese zeichnet sich gegenüber der Ölheizung durch größere Umweltfreundlichkeit, höheren Jahreswirkungsgrad, höheren Bedienungskomfort, geringeren Wartungsaufwand und Raumersparnis durch entfallende Brennstofflagerung aus. Die Etagenheizung erfolgt oft mittels einer Beheizungseinrichtung, die in einen Erdgasboiler integriert ist. Es wird ein hoher Wirkungsgrad erreicht, da hier die bei der Zentralheizung entstehenden Wärmeverluste durch längere Transportwege entfallen und Stillstandsverluste des Gerätes als Nutzwärme der Wohnung zugute kommen. Der gesamte Wärmebedarf einer Wohnung wird nach dem tatsächlich gemessenen Verbrauch abgerechnet, so daß sich hier eine wesentlich größere Energieeinsparungsmöglichkeit für den Wohnungsinhaber ergeben kann, als bei einer konventionellen Heizungsabrechnung, die nur zu max. 60 % nach dem Energieverbrauch erfolgt.

Gas wird schon seit über 80 Jahren zum Kochen und Backen verwendet. Kochen mit Gas ist wirtschaftlich, weil keine Wärmeverluste durch Speicherung in Kochplatten auftreten, die nicht ausgenutzt werden können. Die zugeführte Wärme läßt sich schnell und stufenlos regulieren.

Die Sicherheitseinrichtungen bei Gasheizungen und Gasherden sind heute so hoch entwickelt, daß ein unbeabsichtigter Austritt von unverbranntem Gas praktisch ausgeschlossen werden kann.

Aus den genannten Gründen ist Gas auch im Gewerbe wie z.B. in Bäckereien, Fleischereien und in der Gastronomie vielseitig verwendbar und führt oft zu betriebswirtschaftlichen Vorteilen. Durch den Einsatz von Gas lassen sich sehr gleichmäßige Produktqualitäten erzielen. Bei der Gasbeheizung von Treibhäusern können die kohlendioxidreichen Abgase in diese geleitet werden und dort zu einem beschleunigten Pflanzenwachstum führen.

5.3 Gasverwendung in der Industrie und in Kraftwerken

Erdgas und Kokereigas werden in der Industrie für viele Anwendungsfälle eingesetzt [64]. Für die Gasverwendung sprechen neben wirtschaftlichen Gesichtspunkten auch Aspekte des Umweltschutzes und hohe Produktqualität. Der Gasverbrauch in den einzelnen Industriebereichen ist in Kap. 4.2 dargestellt.

In der Eisen- und Stahlindustrie wird Gas hauptsächlich zur Erzeugung der notwendigen Wärme, auch für Schmelzprozesse sowie zum Beheizen von Glühöfen eingesetzt. Von Vorteil ist hier die gute Regelbarkeit der Erdgasverbrennung, die einmal weite Regelbereiche ermöglicht und zum anderen die genaue Einhaltung bestimmter Temperaturen und Ofenatmosphären gestattet. Hohe Abgastemperaturen können durch Hochleistungsrekuperatoren zur Verbrennungsluftvorwärmung genutzt werden. Die genaue Einhaltung der notwendigen Prozeßtemperaturen bzw. Temperaturprofile verbessert bei den meisten Wärmebehandlungsverfahren die Produktqualität oder vermindert den Ausschuß. Sie wäre in vielen Fällen bei Verwendung der meisten flüssigen oder festen Brennstoffen nicht in dem geforderten Maße gegeben.

Bei bestimmten Wärmebehandlungsverfahren, z.B. in der Eisen- und Stahlindustrie und der keramischen Industrie, werden oft reduzierende Rauchgasatmosphären verlangt, die beim Einsatz von Erdgas bei Einhaltung eines bestimmten Temperaturbereiches ohne störende Rußbildung eingestellt werden können. Hierdurch kann in vielen Fällen ebenfalls eine bessere Produktqualität erreicht werden.

Bedingt durch die rückstandslose Erdgasverbrennung ist auch eine weitgehende Wärmerückgewinnung aus den Abgasen möglich, da hier keine Wirkungsgradverschlechterung durch Belegen der Wärmetauscherflächen mit Feststoffen, wie Asche oder Ruß, erfolgt. Aus dem gleichen Grunde ist es auch nicht erforderlich, Staubfilter auf der Abgasseite nachzuschalten. Bei der Verbrennung von Erdgas ist aufgrund des extrem niedrigen Schwefelgehaltes auch keine rauchgasseitige Hoch- und Niedertemperaturkorrosion zu befürchten, wodurch niedrigere Abgastemperaturen möglich sind, die die Abgasverluste vermindern und den Wirkungsgrad verbessern.

Gasfeuerstätten haben gegenüber Ölfeuerungen — insbesondere bei kleinen und mittleren Leistungen — wesentliche Vorzüge. Zu nennen wären geringere Umweltbelastungen sowie ein sehr geringer Aufwand für die Brennstoffaufbereitung, -zuführung und -dosierung. Aufgrund der extrem niedrigen Umweltbelastungen bei der Gasverbrennung können Industriebetriebe mit Gasfeuerungen auch in Gebieten mit relativ hoher Immissionsvorbelastung neu angesiedelt werden. Des weiteren können in vielen Fällen geringere Schornsteinhöhen erforderlich sein.

Bei der industriellen Großraumbeheizung können durch den Einsatz von Gas-Infrarot-Deckenstrahlern wesentliche Einsparungen gegenüber konventionellen Heizungsarten erreicht werden, weil die Wärmeübertragung durch Strahlung direkt und weitgehend verlustlos erfolgt.

Gas wird auch in erheblichem Umfang in Kraftwerken — insbesondere zur Spitzenstromerzeugung — eingesetzt. Hier konkurriert die Stromerzeugung aus Gas mit der aus Öl und Kohle. Als Vorzüge sind hier für Gas die relativ niedrigen Investitionskosten pro erzeugter Stromeinheit, die Umweltfreundlichkeit, die den Einsatz von kleineren dezentralen Stromerzeugungseinheiten in immissionsvorbelasteten Gebieten möglich macht, sowie die schnelle Betriebsbereitschaft zu nennen.

Industrielle Verbraucher, insbesondere mit hohen Anschlußleistungen, wie z.B. Kraftwerke, die eisenschaffende Industrie, Glashütten und Zementwerke, können unter bestimmten Voraussetzungen auch Heizöl und Kohle einsetzen. Aus diesem Grunde werden mit ihnen möglicherweise Gaslieferverträge über unterbrechbare Lieferungen abgeschlossen (vgl. Kap. 3.5).

5.4 Gas als Rohstoff

Gas — insbesondere Erdgas — wird als Rohstoff in der Chemie und in der Stahlindustrie eingesetzt. Insbesondere in der Chemie bestimmt die Zusammensetzung der Gase ihre Nutzungsmöglichkeiten [65].

Das im Rahmen der öffentlichen Versorgung verteilte Erdgas enthält vorwiegend Methan, höhere Kohlenwasserstoffe nur in geringem Anteil sowie Kohlendioxid (CO_2) und Stickstoff (N_2). Vor Abgabe in die Ferngasnetze werden die in manchen Rohgasen enthaltenen höheren Kohlenwasserstoffe, wie Äthan (C_2H_6), Propan (C_3H_8) und Butan (C_4H_{10}) weitgehend abgetrennt. Das aus dem Rohgas abgetrennte Äthan und Propan dient als Rohstoff für die auf Äthylen und Propylen basierende Kunststoffchemie. Ein von der Ferngaswirtschaft mit Erdgas beliefertes chemisches Werk nutzt deshalb in den meisten Fällen nur Methan (CH_4) als chemischen Rohstoff. Somit ist die Verwendung von Erdgas hauptsächlich auf die Erzeugung von Synthesegas für die Ammoniak- und Methanolerzeugung beschränkt. Für die Erzeugung von Ammoniak-Synthesegas sind alle Erdgase geeignet, während für die Methanolproduktion nur stickstoffarme Erdgase in Frage kommen. Die Synthesegaserzeugung aus Erdgas kann aber nur bei niedriger Erdgasbewertung, wie z.B. in Erdölförderländern, die dieses Gas früher abfackelten, gegenüber der Synthesegaserzeugung aus schweren Heizölen, Raffinerierückständen und in der Zukunft auch aus Kohle konkurrieren.

Für einige andere Verfahren, wie die Erzeugung von Schwefelkohlenstoff (CS_2), Blausäure (HCN) und chlorierten Methanderivaten von Chlormetyl (CH_3Cl) bis zum Tetrachlorkohlenstoff (CCl_4) sowie der Acetylenerzeugung (C_2H_2) werden im Vergleich zur Synthesegaserzeugung nur relativ geringe Mengen Methan (Erdgas) benötigt. In der Zukunft könnte auch der großtechnischen Proteinerzeugung aus Erdgas eine große Bedeutung zukommen, die einen wichtigen Beitrag im Kampf gegen den Hunger, insbesondere gegen den Eiweißmangel in vielen Teilen der Welt, leisten könnte. Neben der direkten mikrobiologischen Oxydation von Methan [67] wird bei der Proteinerzeugung von der ICI der Umweg über Methanol gewählt.

In der Stahlindustrie gewinnt in Ländern mit einem niedrigen Erdgaspreisniveau in zunehmendem Maße die Direktreduktion von Eisenerzen zu Eisenschwamm gegenüber dem klassischen Hochofenverfahren an Bedeutung. Die dabei eingesetzten kohlenmonoxid- und wasserstoffhaltigen Reduktionsgase werden durch Erdgasspaltung erzeugt [66].

Flüssiggase (LPG) werden in der chemischen Industrie für viele Anwendungsfälle als Rohstoff eingesetzt, so z.B. in großen Mengen für die Erzeugung von Äthylen, einem der wichtigsten Grundstoffe der chemischen Industrie.

Wie aus Tabelle XI.1 zu ersehen ist, enthält Kokereigas einen großen Anteil an Wasserstoff, der sich nach dem heutigen Stand der Technik aus diesem abtrennen läßt. Es werden Überlegungen angestellt, diesen Wasserstoff bei der Kohlehydrierung bzw. bei der Schwerölkonversion einzusetzen.

Zusammenfassend kann gesagt werden, daß die Nutzung von Erdgas, Kokereigas und Flüssiggas als Rohstoff trotz eines hohen Bedarfs einiger Sparten der Chemie auch in der Zukunft anteilmäßig recht beschränkt bleiben wird.

5.5 Gas als Treibstoff

Gas — insbesondere Erdgas — ist ein ausgezeichneter Motortreibstoff, der eine hohe Klopffestigkeit besitzt und sehr sauber verbrennt, so daß niedrige Schadstoff-Emissionswerte erreicht werden [68]. Da Erdgas im Schmieröl des Motors nicht gelöst wird, führt der Einsatz von Erdgas gegenüber dem Betrieb mit anderen Brennstoffen zu einer merklichen Motorschonung. Die Umstellung eines Vergasermotors auf Erdgas ist einfach und billig, während an Dieselmotoren größere Veränderungen vorzunehmen sind. Allerdings ergeben sich bei der Erdgasverwendung in Kraftfahrzeugen — bedingt durch andere Tanksysteme — erhebliche Zusatzkosten.

Für den Motorbetrieb ist es gleich, ob das Erdgas gasförmig komprimiert oder im tiefkalten Zustand — verflüssigt in einem wärmeisolierten Tank — mitgeführt wird. In der Praxis hat sich allerdings nur in beschränktem Maße der Einsatz von komprimiertem Erdgas (CNG = Compressed Natural Gas) in Kraftfahrzeugen durchgesetzt, wie z.B. in den USA, der UdSSR sowie in Italien und den Niederlanden.

In der BR Deutschland lassen die z.Z. geltenden Steuerbestimmungen die Verwendung von CNG im Kraftfahrzeug zu teuer werden.

Im Zusammenhang mit der Markteinführung der Gaswärmepumpe kann der Erdgaseinsatz bei stationären Verbrennungsmotoren zunehmend an Bedeutung gewinnen (vgl. Kap. 5.6).

Die Kfz-Umrüstung auf Flüssiggasbetrieb ist wesentlich einfacher als auf Erdgasbetrieb, da weder Hochdrucktanks noch wärmeisolierte Tanks erforderlich sind. Im Zusammenhang mit dem stark zunehmenden Flüssiggasaufkommen (vgl. Kap. 1.4) gewinnt der Einsatz von Flüssiggas (LPG) hier zunehmend an Bedeutung, insbesondere in Ländern, in denen der LPG-Einsatz in Kraftfahrzeugen steuerlich begünstigt ist, wie z.B. in Frankreich und den Niederlanden.

5.6 Technologien zur Einsparung von Erdgas

Hinsichtlich der Einsparung von Erdgas stehen zwei Gründe im Vordergrund, einmal die Kostenminimierung des Energieverbrauchs beim Verbraucher und zum anderen die Ressourcenschonung, um die Nutzungszeit des Energieträgers Erdgas zu verlängern [70].

Der Einsatz der Primärenergie Erdgas stellt von Natur aus eine sparsame Form der Energieverwendung dar, da außer vergleichsweise kleinen Aufwendungen für Aufbereitung und Transport bei dieser Primärenergie nur geringe Energieverluste durch Umwandlung in eine Sekundärenergie, z.B. die Wärmeenergie, entstehen. Erdgas ermöglicht daher bei richtiger Anwendung bereits in konventionellen Gasgeräten eine sehr sparsame Ausnutzung der Primärenergie.

Sinnvollerweise setzen die Bemühungen zur Energieeinsparung dort an, wo aufgrund des hohen Einsparpotentials der volkswirtschaftliche Nutzen am größten ist. Da, wie aus Bild XI.19 zu ersehen ist, ca. 3/4 des Gesamtenergieverbrauchs der BR Deutschland in den Wärmemarkt fließen, müssen die Schwerpunkte der Energieeinsparmaßnahmen auf diesem Sektor liegen.

Der Energieverbrauch eines Einfamilienhauses betrug 1979 durchschnittlich 8,4 t Steinkohleneinheiten (SKE) pro Jahr, wovon 71 % auf die Heizung, 11 % auf die Warmwasserbereitung und 18 % auf Haushaltsgeräte entfielen; bei Mehrfamilienhäusern ist die Verbrauchsstruktur ähnlich. Über 80 % des Energiebedarfs entfallen demnach auf die beiden Sektoren „Raumheizung" und „Warmwasserbereitung". Für diese Gebiete sind in den letzten Jahren neue, auf Gas basierende Technologien entwickelt und z.T. schon bis zur Anwendungsreife gebracht worden, die beachtliche Energieeinsparungen ermöglichen. In diesem Zusammenhang sollen kurz Gaswärmepumpe, Haushaltswärmezentrum, Brennwertgerät und Blockheizkraftwerke vorgestellt werden [69].

Bei den Gaswärmepumpen unterscheidet man zwischen Kompressions- und Sorptionswärmepumpen [71]. Bei der Kompressionswärmepumpe dient ein Verbrennungsmotor, in dem Gas eingesetzt wird, als Kompressorantrieb. Dabei werden gleichzeitig die heißen Motorabgase und die

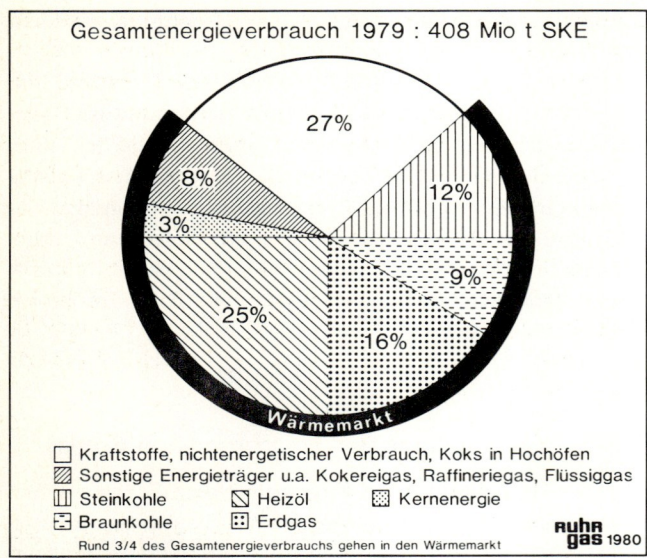

Bild XI.19 Anteile der verschiedenen Energieträger am Gesamtenergieverbrauch 1979

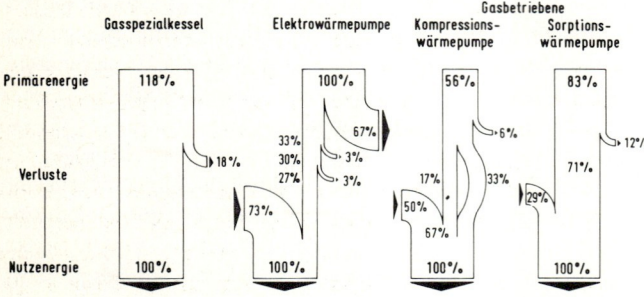

Bild XI.20 Primärenergieeinsatz verschiedener Heizsysteme

Motorkühlung genutzt. Bei der Sorptionswärmepumpe wird anstelle eines mechanischen Kompressors ein „thermischer" Kompressor verwendet, der mit einer Gasbeheizung arbeitet. Die Sorptionswärmepumpe, die einen wesentlich geringeren Anteil an beweglichen Teilen als die Kompressionswärmepumpe aufweist, arbeitet nach einem ähnlichen Prinzip wie ein gasbetriebener Kühlschrank.

Die Gaswärmepumpe ermöglicht Energieeinsparungen zwischen 30 und 60 % gegenüber konventionellen Kesselheizungen. Bild XI.20 zeigt anschaulich für jeweils gleichen Heizwärmebedarf den notwendigen Primärenergieverbrauch alternativer Heizsysteme. Größere und mittlere Versorgungseinheiten — basierend auf der gasbetriebenen Kompressionswärmepumpe — haben sich bereits heute vielfach im Betrieb bewährt. Gaswärmepumpen für kleinere Versorgungseinheiten befinden sich auf dem Weg zur Marktreife. Prototypen werden bereits in der Praxis eingesetzt.

Wie bei allen neuen Technologien ist die Frage der Wirtschaftlichkeit entscheidend für ihre Durchsetzung am Markt. Es kann angenommen werden, daß die Gaswärmepumpe bei steigenden Energiepreisen gute Chancen im Vergleich zur Elektrowärmepumpe haben wird. Aus volkswirtschaftlicher Sicht ist erwähnenswert, daß die Elektrowärmepumpe gegenüber der Gaswärmepumpe den ca. 1,6fachen Primärenergiebedarf erfordert.

An das Haushaltswärmezentrum [72] sind neben der Heizung und Warmwassererzeugung alle wesentlichen Wärmeverbraucher im Haushalt angeschlossen. Mit ihm kann der Primärenergiebedarf von Spülmaschine, Waschmaschine und Wäschetrockner bis zu 60 % im Vergleich zur Bereitstellung der von diesen Geräten benötigten Wärme durch elektrische Beheizung verringert werden.

Bei den auf dem Markt befindlichen mit Öl oder Gas betriebenen Heizungsanlagen wird nur die Wärme, die dem Heizwert des jeweiligen Energieträgers entspricht, bis zu einem gewissen Grad ausgenutzt. Wie in Kap. 2.2 beschrieben, liegt der Brennwert, bei dem auch die Kondensationswärme des sich bei der Verbrennung bildenden Wasserdampfes genutzt wird, um ca. 11 % höher als der Heizwert von Erdgas. Brennwertheizgeräte für große Leistungen sind bereits heute schon vielfach im Einsatz, während sich Geräte für kleine und mittlere Leistungen (zwischen 12 und 25 kW) in der Erprobungsphase befinden. In allen Leistungsbereichen sind Energieeinsparungen von mehr als 15 % möglich.

Mit Erdgas betriebene Blockheizkraftwerke [73, 74] wandeln von der eingesetzten Primärenergie etwa 55 % in Nutzwärme und 30 % in elektrischen Strom um und können durch ihren hohen Jahresanlagenwirkungsgrad — je nach Anlagenkonzeption — 32 bis 40 % der Primärenergie einsparen, die für die herkömmliche getrennte Strom- und Wärmeerzeugung benötigt wird. Sie befinden sich schon an mehreren Stellen in der BR Deutschland mit Anlagenleistung von 0,6–27 MW thermischer bzw. 0,2–9 MW elektrischer Leistung im Einsatz. Technisch realisierbar sind Anlagen bis hinab zu 30 kW thermischer Leistung.

Neben diesen technischen Neuentwicklungen, die aber in vielen Einzelaggregaten aus technisch bewährten Komponenten bestehen, sei auf die zahlreichen Maßnahmen hingewiesen, die der Wirkungsgradverbesserung von konventionellen Gasfeuerstätten dienen und die den spezifischen Energieverbrauch reduzieren. Zu den Maßnahmen, die zwischenzeitlich von der Geräteindustrie, z.T. bereits bis zur Marktreife, entwickelt wurden, gehören spezielle Gaszentralheizungsgeräte für Niedertemperaturheizungen, die gleitende Leistungsanpassung an den tatsächlichen Wärmebedarf bei Gaszentralheizungsgeräten, die integrierte Regelautomatik bei Gasheizungsautomaten, die verbesserte Wärmedämmung der Geräte sowie der Einsatz von thermisch oder motorisch gesteuerten Abgasklappen, die die Abgaswärmeverluste verringern.

Die Geräteindustrie hat sich das Ziel gesteckt, durch gerätetechnische Weiterentwicklung den mittleren

Jahreswirkungsgrad neuerstellter konventioneller Wärmeerzeugungsanlagen bis 1985 um 10 bis 12 % zu erhöhen.

Des weiteren ergeben sich auch im industriellen Bereich erhebliche Energieeinsparungsmöglichkeiten. Ein wichtiger Ansatzpunkt ist hierbei die Vorwärmung der Verbrennungsluft durch die in den heißen Abgasen enthaltene Wärme. Insbesondere bei industriellen Wärmebehandlungsprozessen, wie z.B. Glühöfen in der eisenverarbeitenden Industrie, ergeben sich dadurch Brennstoffersparnisse von über 20 % bei einer Verbrennungsluftvorwärmung auf ca. 400 °C. Der Trend geht hierbei — unter Verwendung neuer Materialien, wie z.B. austenitischer Stähle — zu immer höheren Verbrennungslufttemperaturen, die heute schon über 600 °C liegen können. Energieeinsparungen können auch durch den Einsatz von neu entwickelten energiesparenden Brennern bzw. Brennstoff/Luft-Regeleinrichtungen sowie Isolierungen aus hochtemperaturbeständigen keramischen Fasermatten erreicht werden. Wesentliche Energieeinsparungen sind auch durch verfeinerte Regelungstechnik und Aufspüren und Beseitigen von „Wärmelöchern" mit Infrarotkameras möglich. Des weiteren ist es in vielen Fällen sinnvoll, die Prozeß- und Produktabwärme für industrielle Raumheizungszwecke einzusetzen und gezielte Wartungsarbeiten turnusmäßig durchzuführen.

Kostenrechnungen zeigen, daß sich bei dem heutigen Energiepreisniveau Investitionen für Energieeinsparungen oft in relativ kurzer Zeit amortisieren.

Es sollte auch nicht unerwähnt bleiben, daß Energieeinsparung praktizierter Umweltschutz ist.

6 Neue, auf Gas basierende Energiesysteme

6.1 Nukleare Fernenergie

Bei diesem System wird in Kopplung mit einem Hochtemperaturreaktor (HTR) nukleare Wärme durch eine endotherme (wärmeverbrauchende) Reaktion chemisch gebunden und die entstehenden Produkte kalt in einem Rohrleitungssystem zu den möglicherweise weit entfernten Verbrauchsschwerpunkten transportiert. Dort wird unter Freisetzung der aufgenommenen Reaktionswärme die umgekehrte Reaktion unter Neubildung des gespaltenen Produkts durchgeführt, die Reaktionswärme genutzt und das gebildete Produkt erneut zur Spaltanlage zurückgeführt [75].

Konkret ist hierbei das folgende System ausgewählt worden: In Kopplung mit einem Hochtemperaturreaktor wird Methan katalytisch mit Wasserdampf gespalten; der Hochtemperaturreaktor liefert also die für die Spaltung erforderliche Energiemenge. Nach Abkühlung der etwa 850 °C heißen Spaltgase unter optimaler Ausnutzung der fühlbaren Wärme wird das aus CO und H_2 bestehende Gemisch zu den weitentfernten Methanisierungsanlagen transportiert und in Methan zurückverwandelt. Die dabei frei werdende Reaktionswärme kann — ähnlich wie bei der Fernwärme — für die Versorgung von Haushalten und Industriebetrieben mit warmem Wasser, insbesondere für Beheizungszwecke, herangezogen werden. Es ist auch eine gekoppelte Strom- und Wärmeerzeugung möglich.

Das gebildete Methan kann einmal in einer 2. Pipeline zur Spaltanlage zurückgeführt werden, zum anderen ist auch an einen Methanverbrauch in der Nähe der Methanisierungsanlage gedacht (offenes System). Das System soll mit einem Druck von 20 bis 40 bar betrieben werden. Allerdings ist gegenüber einer Versorgung mit Erdgas beim geschlossenen System die ca. 20fache Gasmenge (Volumen) zu transportieren.

6.2 Wasserstoff

Großes Interesse findet als Zukunftsprojekt eine mögliche Gasversorgung mit Wasserstoff. Wasserstoff ist der umweltfreundlichste Brennstoff, nur ist seine Erzeugung z.Z. noch viel zu teuer. Der Rohrleitungstransport von Wasserstoff scheint, soweit es den Ferntransport angeht, mit überwindbaren technischen Problemen behaftet zu sein. So wird in der BR Deutschland seit vielen Jahren Wasserstoff über eine Pipeline von den chemischen Werken Hüls (nordöstliches Ruhrgebiet) in den Kölner Raum transportiert. Wasserstoff könnte u.U. auch in Erdgas-Transportsystemen eingesetzt werden. Nach allen bis heute gemachten Erfahrungen ist bei modernen Rohrleitungsstählen im normalen Temperaturbereich des Gastransports nicht mit wasserstoffbedingter Materialversprödung zu rechnen. Da Wasserstoff und Erdgas etwa den gleichen Wobbe-Index haben, ist auch die Energietransportkapazität für eine gegebene Leitung — bei gleichen Anfangs- und Enddrücken — für Wasserstoff und Erdgas annähernd gleich. Beim Wasserstoff muß allerdings das 3—3,5 fache Volumen in den Zwischenverdichterstationen komprimiert werden. Da Wasserstoff unterschiedliche physikalische Eigenschaften als Erdgas aufweist, ist gegenüber Erdgas mit einem ca. 5,5 fachen höheren Verdichtungsaufwand zu rechnen. Desgleichen ergeben sich aufgrund des größeren Volumens wesentlich höhere Speicherkosten. Abschätzungen in den USA haben ergeben, daß die Transportkosten je Energieeinheit beim Wasserstoff immer noch erheblich unter den Stromtransportkosten liegen [76].

Bei der Weiterverteilung und Verwendung sind allerdings noch manche Fragen offen (Undichtigkeiten der Rohrverbindungen, Verhalten von Kunststoffrohren, Entwicklung neuer Brennertypen).

Das Hauptproblem liegt jedoch in der Wasserstofferzeugung. Hier wird einerseits versucht, den Bedarf an elektrischer Energie bei der Elektrolyse zu senken (Hochtemperatur-Elektrolyse von Dampf, zusätzliche chemische Depolarisation an den Elektroden); ein anderer Weg wäre die thermolytische Spaltung von Wasser mittels nuklearer

Prozeßwärme, doch sind die bisher experimentell untersuchten chemischen Kreisprozesse alle recht kompliziert, so daß heute die Entwicklungspriorität bei der elektrolytischen Wasserstofferzeugung liegt. In diesem Zusammenhang sind französische Erwägungen zu erwähnen, den Schwachlaststrom von Kernkraftwerken zur Wasserstofferzeugung für die chemische Industrie zu nutzen.

6.3 Biogas

Unter Biogas versteht man Gas, das aus pflanzlichen und tierischen Abfällen gewonnen wird. Es wird aber auch in der Zukunft daran gedacht, schnell wachsende Pflanzen — insbesondere Unterwasserpflanzen — zu züchten, um diese zur Biogaserzeugung einzusetzen [78].

Die pflanzlichen und tierischen organischen Materialien werden in speziellen Anlagen mit Hilfe von anaeroben Mikroorganismen sauerstofflos vergoren. Es entsteht dabei Gas, das zu 50—60 % aus Methan besteht. Der Rest ist vorwiegend Kohlendioxid sowie Spuren von Wasserstoff, Wasserdampf und Schwefelwasserstoff. Weiterhin fällt ein Restschlamm an, der sich in vielen Fällen für Düngezwecke einsetzen läßt.

In der BR Deutschland wird in zwei Biogasanlagen Kuhdung eingesetzt. Weit größere Bedeutung haben Biogasanlagen in Entwicklungsländern. So gibt es z.B. in Indien z.Z. ca. 50 000 kleine Biogasanlagen zur Brenn- und Leuchtgaserzeugung [79].

6.4 Brennstoffzellen

In Brennstoffzellen wird ein gasförmiger und evtl. in der Zukunft auch flüssiger Brennstoff mittels eines elektrochemischen Prozesses direkt in elektrischen Strom umgewandelt. Ihr Wirkungsgrad ist deshalb nicht durch den Carnot-Wirkungsgrad, dem maximalen Wirkungsgrad der herkömmlichen Stromerzeugung, begrenzt. Es wird deshalb in der Zukunft für möglich gehalten, Wirkungsgrade bis zu 50 % zu erreichen [80].

Die Entwicklung von Brennstoffzellen wird verstärkt seit ca. 20 Jahren insbesondere im Rahmen des Weltraumprogramms besonders in den USA untersucht.

Die Hoffnung, in kurzer Zeit Brennstoffzellen für die öffentliche Energieversorgung zu entwickeln, die einen Einsatz von leichten Kohlenwasserstoffen, wie Erdgas oder LPG, zur direkten Stromerzeugung gestatten, erwies sich als nicht realisierbar. Das einzige derzeit als aussichtsreich angesehene Konzept ist weiterhin die Wasserstoffzelle. Erdgas oder Flüssiggas (LPG) müssen dagegen vor ihrer elektrochemischen Verbrennung in der Brennstoffzelle zunächst in katalytischen Röhrenspaltöfen zu CO/H_2 und durch Konvertierung in H_2/CO_2-Gemische umgewandelt werden; deren H_2-Gehalt kann dann elektrochemisch mit Luft verbrannt werden. Diese Verfahrensweise ist mit erheblichen Energieverlusten verbunden, die bei kleineren Anlagen stark ansteigen. Weiterhin ist das elektrochemische Verhalten der Brennstoffzelle nicht so wirkungsvoll, wie man es aufgrund von Laborversuchen erhofft hatte.

Grobe Anhaltszahlen sind: Bei Einsatz von Methan ist der Energieumwandlungsgrad bei der Erzeugung von Strom mittels Brennstoffzellen rd. 40 %, kann aber bei Nutzung der Abwärme auf etwa 80 % gesteigert werden. Dieser Gesamtwirkungsgrad entspricht in etwa dem eines Blockheizkraftwerkes. Wegen der Geräuschlosigkeit der Brennstoffzellen und des relativ kleinen Abgasvolumens werden weiterhin Prototypen von etwa 30 MW elektrischer Leistung in den USA entwickelt, die dem bekannten Konzept des Blockheizkraftwerkes zur Wärme- und Stromversorgung bestimmter nicht zu großer Wohnbezirke entsprechen. Z.Z. sind 4-MW-Einheiten, die in zukünftigen Kraftwerken als Modul eingebaut werden, in der sogenannten „Felderprobung".

Das Ziel der Kleinst-Brennstoffzellen-Entwicklung, die unter dem Namen TARGET-Programm bekannt wurde, konnte nicht erreicht werden, da sich gezeigt hat, daß die Anlage wegen ihrer Empfindlichkeit durch eine Fachkraft überwacht werden muß und daher erst ab einer bestimmten Betriebsgröße die Wirtschaftlichkeit gegeben ist.

7 Öffentlichkeitsarbeit

Die größeren der etwa 500 Gasversorgungsunternehmen in der BR Deutschland betreiben Öffentlichkeitsarbeit über eine eigene Public-Relations-Abteilung. Aufgabe der PR-Abteilungen ist es, die Öffentlichkeit über die Tätigkeiten des Gasversorgungsunternehmens, seinen Beitrag zur sicheren Energieversorgung sowie über allgemeine Entwicklungen des Erdgases im jeweiligen Versorgungsgebiet als auch darüber hinaus zu unterrichten.

Die Aufgaben der Public-Relations-Abteilungen gliedern sich schwerpunktmäßig in

- die indirekte Information der Öffentlichkeit über die Presse, also die Pressearbeit: Die Presse übernimmt hierbei die Funktion eines Informationstransformators, indem sie berichtend aber auch kommentierend die Öffentlichkeit über die Aktivitäten des Gasversorgungsunternehmen unterrichtet, sowie
- die direkte Information der Öffentlichkeit: Das Gasversorgungsunternehmen wendet sich hier in direkter Ansprache an die verschiedenen Zielgruppen in der Öffentlichkeit, die für das Unternehmen Relevanz haben, von den Verbrauchern über Marktpartner, andere Wirtschaftsunternehmen — wie z.B. Banken — bis hin zu Bildungseinrichtungen, wissenschaftlichen Institutionen und Verbänden.

Vielfach ist die Öffentlichkeitsarbeit in den örtlichen Gasversorgungsunternehmen, also die direkt den Endverbraucher beliefernden Stadtwerke, organisatorisch verbunden mit der Marketing-Abteilung des Hauses. Insbesondere bei den — mehr als 10 — überregionalen Gasversorgungsunternehmen (Ferngasgesellschaften), die wiederum die örtlichen GVU's mit Erdgas beliefern, sind diese Funktionen hingegen entsprechend ihren unterschiedlichen Aufgabenstellungen auch organisatorisch getrennt: Während die Öffentlichkeitsarbeit als gesamtunternehmenspolitisches Instrument über die Aktivitäten des Unternehmens informiert, liegt die Aufgabe des Marketing darin, als absatzpolitisches Instrument im Wege der Produktinformation den Erdgasabsatz des Unternehmens zu unterstützen.

Sprecher der gesamten deutschen Gaswirtschaft in der Öffentlichkeit ist der Bundesverband der deutschen Gas- und Wasserwirtschaft e.V. (BGW) mit Sitz in Bonn. Der BGW verfügt ebenfalls über eine Organisationseinheit Öffentlichkeitsarbeit/Presse. Für die technisch-wissenschaftlichen Belange des deutschen Gas- und Wasserfachs ist der DVGW Deutscher Verein des Gas- und Wasserfachs e.V. mit Sitz in Eschborn zuständig.

Mehrere deutsche Gasversorgungsunternehmen — Anfang 1981 waren es 19 — haben sich zur Arbeitsgemeinschaft für sparsamen und umweltfreundlichen Energieeinsatz e.V. (ASUE) zusammengeschlossen. Die ASUE hat sich die Förderung von Forschung, Entwicklung und Verbreitung energiesparender und umweltfreundlicher Technologien zum Ziel gesetzt und betreibt in diesem Rahmen eine intensive Öffentlichkeitsarbeit.

Insgesamt sind sowohl die Verbände und Organisationen der Gaswirtschaft als auch die Unternehmen darum bemüht, die Öffentlichkeit über den bedeutenden Beitrag, den das Erdgas als dritter Eckpfeiler der Energieversorgung der BR Deutschland leistet und in Zukunft leisten wird, zu informieren. Im Vordergrund steht dabei die Information über

- die langfristige Verfügbarkeit dieses umweltfreundlichen Energieträgers,
- über den Beitrag, den Erdgas aufgrund seiner spezifischen Eigenschaften als direkt beim Verbraucher eingesetzte Primärenergie leistet sowie
- über den Beitrag des Erdgases zur Diversifikation der Energieträger und Energiebezugsquellen — mit anderen Bezugsschwerpunkten als die Mineralölimporte —, die eine Erhöhung der Sicherheit der gesamten Energieversorgung der BR Deutschland unterstützt.

Literatur

[1] *Grosskinsky, O.*: Handbuch des Kokereiwesens Band I und II Karl Knapp Verlag, Düsseldorf 1955 und 1956

[2] *Deutscher Verein des Gas- und Wasserfachs (DVGW)*: G 260 Technische Regeln für die Gasbeschaffenheit, Jan. 73 ZfGW-Verlag, Frankfurt/M.

[3] Rohstoff Kohle, Eigenschaften, Gewinnung, Veredlung, Verlag Chemie, Weinheim, New York 1978, S. 176–184

[4] *Zfk*: Zeitung für kommunale Wirtschaft 9/80

[5] *O'Sullivan, M. T.*: SNG-Energie-Alternative, Erdöl-Erdgas-Zeitschrift, 93. Jahrgang, Juni 1977

[6] *Hebden, D., Timmins, C., King, W. E. H.*: Basis concepts of SNG production from petroleum products, 13. Internat. Gas Konferenz London 1967, Bericht IGU/B 2–76

[7] *Seifert, G., Göhler, P., Schwingnitz, M.*: Entwicklung der Spaltung von Kohlenwasserstoffen in der DDR — Energietechnik, 26. Jahrgang 12/76

[8] *Peters, W.*: Kohle statt Erdöl und Erdgas, Stahl und Eisen 100 (1980), Nr. 24, S. 1470/73

[9] *Peyrer, H. P.*: „Ruhr 100" — Eine Weiterentwicklung der Lurgi-Druckvergasung, Erdöl-Erdgas-Zeitschrift 98 (1978), S. 362/67

[10] *Brecht, Chr., Gratkowski, H. W. v., Hoffmann, G.*: Vergasung und Hydrierung von Kohle — Eine tabellarische Übersicht der in- und ausländischen Entwicklungen sowie der großtechnisch eingesetzten Verfahren. gwi gas wärme international (1980), Heft 7, S. 367/78

[11] SNG — plant due in '83 Oil and Gas Journal, Juni 16, 1980, S. 62/68

[12] *Trénel, K.*: Erdgasaufbereitungsanlage Großenkneten, OEL-Zeitschrift für die Mineralölwirtschaft, Aug. 78, S. 210/15

[13] Über Methanol zum Kohlebenzin, OEL-Zeitschrift der Mineralölwirtschaft, April 1980, S. 104

[14] Why coal gasification is superior to electrification, Pipe Line Industry, Sept. 77, S. 46/48

[15] Das Absaugen von Methan im deutschen Steinkohlenbergbau im Jahre 1978, Glückauf 115 (1979), Nr. 20, S. 1012/13

[16] Deutscher Normenausschuß (DNA) DIN 1430 — Brennbare technische Gase

[17] Gasförmige Brennstoffe und sonstige Gase, Dichte und relative Dichte bezogen auf den Normzustand — DIN 1871, Mai 1980

[18] Brennwerte und Heizwerte gasförmiger Brennstoffe — DIN 51850, April 80

[19] Eigenschaften der Versorgungsgase der 1. und 2. Gasfamilie, Gastechnische Briefe Nr. 12, ZfGW-Verlag, Frankfurt/M., S. 1–16

[20] Deutscher Verein des Gas- und Wasserfachs (DVGW) G 280, Richtlinien für die Gasodorierung, 4/71, ZfGW-Verlag, Frankfurt/M.

[21] Deutscher Verein des Gas- und Wasserfachs (DVGW) G 686, ZfGW-Verlag, Frankfurt/M.

[22] *Döring, H., Sommers, H.*: Probleme beim Einsatz von Erdgasen unterschiedlicher Qualität, gwf-gas/erdgas 113 (1972), Nr. 8. S. 378/85.

[23] *Holle, Th.*: Austauschbarkeit in der industriellen Gasanwendung, gwi gas wärme international Heft 4/1978, S. 204/09

[24] *Tuppeck, F.*: Perspektiven für den internationalen Transport von Energieträgern, dargestellt am Beispiel des Erdgastransportes, Erdöl-Erdgas-Zeitschrift, 95. Jg. Juni 1979, S. 189/95

[25] Anon., "Sowjets study ways to increase gas transmission capacity", Oil und Gas Journal 20.11.1978, S. 131/34

[26] *Herning, F., Wolowski, E.*: Kompressibilitätszahl und Realgasfaktor von technischen Gasen, gwf-gas/erdgas 105 (1964), S. 64/69 und S. 450/56

[27] *Recknagel, H.*: Bericht über die Praxis der Rohrnetzberechnung, gwf-gas/erdgas, 117 (1976), Nr. 1, S. 18/27

[28] *Steinmann, K.*: Der Betrieb von Erdgastransportleitungen, Erdöl-Erdgas-Zeitschrift 10/80, S. 358/63

[29] *Delvendahl, K. H.*: Anforderungen beim Bau von Pipelines mit großem Durchmesser, Erdöl-Erdgas-Zeitschrift 95 Jg., Febr. 1979, S. 47/50

[30] *Geilenkeuser, H.*: Neue Anforderungen und Technologien beim Bau von Erdgasleitungen, gwf-gas/erdgas 115 (10), S. 448/54 (1974)

[31] DVGW Arbeitsblatt G 463, Errichtung von Gasleitungen von mehr als 16 bar Betriebsüberdruck aus Stahlrohren

[32] *Baeckmann, W. D. v.*: Kathodischer Korrosionsschutz von polyäthylenumhüllten Rohrleitungen, 3 R International, 17. Jg., Heft 7, Juli 1978, S. 443/47

[33] *Baeckmann, W. D. v.*: Das Kathodische Schutzpotential von Fehlstellen der Rohrumhüllung, WuK 18 (1966), Nr. 1, S. 25/35

[34] *Langer, J.*: Technik und Wirtschaftlichkeit des Rohrleitungstransports von Öl und Gas im Meer, Erdöl-Erdgas-Zeitschrift, 95. Jg., Febr. 1979, S. 38/42

[35] Saipem sets new pipelay record, Pipe Line Industry, Juli 1980, S. 39/42

[36] *Rauch, S. H.*: Gasleitungsbau in 600 m Meerestiefe — Erfahrungen mit dem Rohrverleger "Castoro Sei", in der Straße von Messina, gwf-gas/erdgas 121 (1980), Heft 6, S. 225/29

[37] *Decker, W.*: Verdichter- und Antriebsmaschinen für den Erdgastransport, Erdöl-Erdgas-Zeitschrift, 91. Jg., Mai 1975, S. 150/56

[38] *Vogel, G.*: Verdichterstation im Ruhrgasnetz, OEL-Zeitschrift für die Mineralölwirtschaft, Juli 1978, S. 194/98

[39] *Buchmann, H. H.*: Neue Technologien bei der Überwachung von HD-Erdgastransportleitungen größerer Nennweite, gwf-gas/erdgas 115 (1974), Heft 1, S. 18/24

[40] Deutscher Verein des Gas- und Wasserfachs (DVGW) G 466, Überwachung von Ferngasleitungen, ZfGW-Verlag, Frankfurt/M.

[41] *Larcher, J.*: Spezielle Probleme beim Bau großvolumiger Gaspipelines, am Beispiel der Trans-Austria-Gasleitung, Erdöl-Erdgas-Zeitschrift 93. Jg., Jan. 1977, S. 29/33

[42] *Stahlknecht, R.*: Bereitstellung, Verteilung und Überwachung von Gas-Gasdispatching, Erdöl-Erdgas-Zeitschrift 94. Jg., Juni 1978, S. 209/14

[43] *Binder, U. W.*: Entwicklung der technischen Komunikationsmittel, DVGW Schriftenreihe Gas Nr. 23 (1978), S. 146/78, ZfGW-Verlag, Frankfurt/M.

[44] *Graf, H. G.*: Dispatching von Erdgas, Erdöl-Erdgas-Zeitschrift 78 (9), 1971, S. 309/22

[45] *Drewniok, G., Schlemm, F.*: Erdgasübergabestation der Stadtwerke Bremen, Erdöl-Erdgas-Zeitschrift 83 (2), 1967, S. 34/42

[46] Deutscher Verein des Gas- und Wasserfachs (DVGW) G 285, Hinweise für Hydratinhibierung in Erdgasen mit Methanol, 9 (1974), ZfGW-Verlag, Frankfurt/M.

[47] *Haeberlin, A.*: Optimierung der Gasversorgung durch unterbrechbare Lieferungen und Spitzendeckungsanlagen, gwi gas wärme international Band 26, Nr. 11, Nov. 1977, S. 532/35

[48] *Brecht, Chr.*: Gasspeicherung in Poren- und Kavernenspeichern, Erdöl und Kohle/Erdgas, 29. Jg., Nov. 1976, S. 37/42

[49] *Schindewolf, E.*: Untertagespeicherung — Bindeglied zwischen Erdgasbezug und Erdgasmarkt, gwf-gas/erdgas, 121. Jg., 1980, Heft 10, S. 455/62

[50] *John, M., Joos, L.*: Möglichkeiten und Grenzen der Zumischung von Butan/Luftgemischen zu Erdgasen und Einfluß der Zumischung auf das Brennverhalten der Gasverbrauchseinrichtungen im Haushalt, gwf-gas/erdgas 121 (1980), Heft 2, S. 55/64

[51] *Heike, Th.*: Spitzendeckung in erdgasversorgten Gemeinden durch Mischanlagen für Flüssiggas/Luft und andere Möglichkeiten, gwf-gas/erdgas (1973), Nr. 1, S. 30/37

[52] *Schwier, K.*: Technik der LNG-Kette am Beispiel der deutschen Flüssigerdgas-Importverträge, gwf-gas/erdgas 121 (1980), Heft 10, S. 468/74

[53] *Puclavec, V.*: Rückverflüssigung des Boil-off auf Flüssigerdgastankern, Erdöl-Erdgas-Zeitschrift 89 (8), 1973, S. 293/97

[54] *Backhaus, H.*: Grundlagen des Flüssigerdgastransportes mit Straßentankfahrzeugen, Erdöl-Erdgas-Zeitschrift 91 (8), 1975, S. 248/53

[55] *Pfletschinger, W., Ritzmann, G., Kegel, W.*: Die Entwicklung der Gaswirtschaft in der BR Deutschland im Jahre 1979, gwf-gas/erdgas 121. Jg. 1980, Heft 9, S. 382/409

[56] *Späth, F.*: Energiepolitische Perspektiven für das Naturgas, Beitrag im Buch, „Argumente in der Energiediskussion", (Hauff, V.), Juni 1980, Neckar-Verlag Villingen, S. 69/90

[57] 100. BGW-Gasstatistik, Tabelle 45, Bundesverband der deutschen Gas- und Wasserwirtschaft, ZfGW-Verlag, Frankfurt/M.

[58] *Sommers, H., Joos, L.*: Die SRG-Methode — Ein Beitrag zur Austauschbarkeit unterschiedlicher Erdgase — Vortrag anläßlich der 12. IGU-Konferenz 1973 in Nizza (IGU/E 29—73)

[59] *Sommers, H., Rado, L., Joos, L.*: Gasanwendung im Dienste des Umweltschutzes, gwf-gas/erdgas 115 (1974), Heft 2, S. 69/80

[60] *Kolar, J.*: Die Bedeutung des Erdgases für die Reinhaltung der Luft in Städten, Wärme, Heft 1/2, Band 78, S. 1/11

[61] *Schmitt, A.*: Ist Luftreinhaltung im Hausbrandbereich notwendig? — Ergebnisse einer Untersuchung im Bundesland Nordrhein-Westfalen — Gasverwendung, Heft 5/1971, S. 194/199

[62] *Kett, U.*: Erdgas, unser sicherster Brennstoff, gwf-gas/erdgas 120 (1979), Nr. 3, S. 148/50

[63] *Gratkowski, H. W. v.*: Kohlevergasung, Ullmanns Enzyklopädie der technische Chemie, 3. Auflage, Band 10, S. 376/458, Ergänzungsband (1970) S. 389/92

[64] Erdgas-Information: Industrie — Berichte und Informationen über wirtschaftliche Energieanwendung, Ruhrgas AG, 4300 Essen, Bereich VV

[65] *Gratkowski, H. W. v.*: Erdgas als Rohstoff für die Chemie in der Sicht der Gaswirtschaft der BR Deutschland, gwi gas wärme international 18 (1969), Nr. 8, S. 275/82

[66] *Franke, H. F., Gratkowski, H. W. v.*: Verfahren der Reduktionsgasherstellung, Stahl und Eisen 99 (1979), Heft 17, S. 897/903

[67] *Klass, D. L.*: Mikrobiologische Oxidation von Erdgas zu Protein, gwi gas wärme international 17 (1968) Nr. 7, S. 249/55, ZfGW-Verlag, Frankfurt/M.

[68] *Heyden, L. v., Rostek, H., Wilmers, G.*: Gasförmige Emissionen von Verbrennungsmotoren bei stationärem Betrieb mit Erdgas, gwi gas wärme international, Heft 6, 1976, S. 304/08

[69] *Brecht, Chr.*: Technologien zur Einsparung von Erdgas, gwf-gas/erdgas 121 (1980), Heft 8, S. 323/30

[70] BGW/DVGW-Komission „Rationelle Energieverwendung": Erdgas — Sein Beitrag zur Energieeinsparung, Bonn 1979

[71] *Heyden, L. v.*: Gaswärmepumpen, gwi gas wärme international 28 (1979), Nr. 11, S. 692/96

[72] *Berg, H., Jannemann, Th.*: Das Haushaltwärmezentrum, Gas-Zeitschrift für rationelle Energieverwendung, 30 (1979), S. 105/08

[73] *Hein, K.*: Gasbetriebene Blockheizkraftwerke und Heizzentralen, gwf-gas/erdgas 119 (1978) Nr. 3, S. 119/25

[74] *Löffel, H.*: Kraft-Wärme-Kopplung in Mittelbetrieben, gwi gas wärme international Band 29 (1980), Heft 7, S. 391/96

[75] *Decken, C. B., Höhlein, B.*: Energieversorgung durch nukleare Kernenergie, Erdöl und Kohle, Erdgas, Petrochemie vereinigt mit Brennstoff-Chemie, Bd. 33, Heft 7, Juli 1980, S. 305/08

[76] *Gregory, D. P.*: Wasserstoff — Brennstoff der Zukunft, gwi gas wärme international 26 (1977), S. 124/34

[77] *Donat, G., Esteve, B., Roncato, J.-P.*: Thermochemical production of hydrogen, myth or reality? (franz./engl.) Revue de l'Energie (1977), S. 252/68.

[78] *Stadelmann, M.*: Erdgas auf Seetankfarmen, gwi gas wärme international, Band 29 (1980), Heft 5, S. 273/75

[79] *Kumar, D.*: Biogas-Technology in India, gwi gas wärme international, Band 29, 1980, Heft 5, S. 271/73

[80] *Willis, R. H.*: Energieeinsparung und Kostensenkung durch integrierte Energieversorgungssysteme mit Brennstoffzellen, gwi gas wärme international 25 (1976), Nr. 6, S. 273/78

Handbücher und Zeitschriften

Das Gas- und Wasserfach, später: gwf-gas/erdgas. Verlag R. Oldenbourg, München.

gwi gas wärme international, Vulkan-Verlag, Essen.

Erdöl und Kohle, Erdgas, Petrochemie vereinigt mit Brennstoff-Chemie. Industrie-Verlag von Herrenhausen, 7022 Leinfelden.

Erdöl-Erdgas-Zeitschrift. Urban Verlag, Hamburg/Wien, GmbH.

Brennstoff-Wärme-Kraft (BWK). VDI-Verlag, Düsseldorf.

Berichte der internationalen Gas Union (IGU), in 3 jährigem Turnus veröffentlicht. International Gas Union, London SW 1X 7ES 17 Grosvenor Crescent.

Taschenbuch Erdgas, herausg. von H. Laurien, 2. Auflage 1970. Verlag R. Oldenbourg, München.

Gas Engineers Handbook, herausg. von American Gas Association, Inc., Verlag The Industrial Press, New York, 1965.

Gasversorgungstechnik, VEB Deutscher Verlag für Grundstoffindustrie (1979). Herausg. W. Altmann, M. Engshuber und J. Kowaczeck.

Gas-Verbrennung-Wärme (GWI-Arbeitsblätter), Bd. I und II, Schuster, F., Leggewie, G., Škunca, I., Vulkan-Verlag, Essen

XII Wege und Techniken zur rationelleren Energiebedarfsdeckung

H. Schaefer

Inhalt

1 Vorbemerkungen	348
2 Ansatzpunkte für rationelleren Energieeinsatz	348
3 Probleme und Grenzen rationeller Energienutzung	356
4 Schlußbemerkung	357
Literatur	358

1 Vorbemerkungen

Unsere Gesellschaft kann auf eine moderne Energietechnik nicht verzichten, wenn sie die heutigen Strukturen menschlichen Zusammenlebens und den erreichten Lebensstandard aufrechterhalten will. Die langfristige Sicherung einer hinreichend preisgünstigen und umweltfreundlichen Energieversorgung ist deshalb zwingend notwendig.

Aufgrund der energiewirtschaftlichen Situation der BR Deutschland und der Struktur unserer Energieversorgung ist die Forderung verständlich, Energie sparsamer, wirtschaftlicher und sinnvoller als bisher anzuwenden.

Die Möglichkeiten eines rationelleren Energieeinsatzes liegen teilweise im nichttechnischen, vielfach im technischen und überwiegend im energetischen Bereich. Ihre Realisierung erfordert im allgemeinen weniger die Einführung neuer Technologien als vielmehr das Koordinieren und Nutzen vorhandener Erkenntnisse und bewährter Techniken. Sie lassen sich kurz folgendermaßen charakterisieren:

- Vermeiden unnötigen Nutzenergieverbrauchs,
- Senken des spezifischen Nutzenergieverbrauchs für bestimmte Anwendungszwecke,
- Verringerung des auf den Nutzenergiebedarf bezogenen Primärenergiebedarfs,
- verstärkte Nutzung ständig verfügbarer Energiequellen,
- Energierückgewinnung, wo dies technisch und wirtschaftlich sinnvoll erscheint.

Ein beträchtliches latentes Potential für rationelleren Energieeinsatz ist freisetzbar, wenn es gelingt, dem Laien die physikalisch-technischen Zusammenhänge plausibel zu machen, die ihn zu einer richtigen Bewertung einzelner Nutzenergiearten führen und ihn darüber hinaus erkennen lassen, wie er durch die Art der Handhabung energietechnischer Anlagen ohne Einbuße an Produktivität oder Komfort den spezifischen Energieaufwand senken kann.

2 Ansatzpunkte für rationelleren Energieeinsatz

Die Notwendigkeit, Energie rationeller, d.h. haushälterisch und zweckmäßig einzusetzen, ist keine neue Forderung. Mit ihr wurde die Menschheit schon in früherer Zeit konfrontiert. Der verschwenderische Umgang mit Brennholz hat im Altertum verheerende Folgen gehabt, von denen das Schicksal der kleinasiatischen Städte, wie Milet, Priene und Ephesus, heute noch Zeugnis ablegt; England wurde vor dem totalen Kahlschlag seiner Wälder nur durch die Erfindung der Dampfmaschine und der damit möglichen Steigerung der Kohleförderung bewahrt. Seit sich der Mensch der Energietechnik bedient, um sich in seinem Handeln von den Umweltbedingungen zu lösen, hat es vielfältige Anstrengungen gegeben, den Energieeinsatz günstiger zu gestalten. Dabei kommt den technischen Entwicklungen der letzten 200 Jahre eine besondere Bedeutung zu. Sie befreien uns von dem Zwang, die fossilen Energieträger in ihrer Ursprungsform einzusetzen. Durch Gasanstalten, Raffinerien und Kraftwerke wurde es möglich, den einzelnen Verbrauchern veredelte Energieträger zu liefern, deren Einsatz rationeller und ökologisch günstiger war.

Wenn heute in verstärktem Maße ein rationeller Energieeinsatz gefordert werden muß, so hat das im wesentlichen drei Gründe:

1. Der gesamte Weltenergiebedarf stützt sich zu über 90 % auf fossile Energieträger, die quantitativ begrenzt und nicht mehr reproduzierbar sind. An ihrem Vorkommen ist das Erdöl mit rd. 16 % und das Erdgas mit rd. 10 % beteiligt. Der Anteil von Erdöl und Erdgas macht aber am gesamten Weltenergieverbrauch etwa 65 % aus. Eine Lösung der weltweiten Abhängigkeit von flüssigen Energieträgern ist deshalb ein zwingendes Gebot.

2. Jeder Energieumsatz zeitigt Wirkungen auf die Ökologie, die durchaus nicht immer ungünstig sein müssen. So trägt z.B. heute die thermische Belastung über Verdichtungsräumen mit zu den notwendigen höheren Luftaustauschraten bei und erhöht in unseren Breiten die Dauer der Sonneneinstrahlung auf Stadtgebiete gegenüber dem Umland im Winterhalbjahr. Die nachteiligen Wirkungen setzen uns jedoch Grenzen, die wir allerdings heute vielfach noch nicht quantifizieren können.

3. Wie wohl das Angebot an fossilen und nuklearen Brennstoffen und an Sonnenenergie sehr groß ist, ist die Verfügbarkeit beschränkt, und dadurch werden die Kosten der Energiebedarfsdeckung erheblich steigen.

2 Ansatzpunkte für rationellen Energieeinsatz

Ansatzpunkte für einen rationellen Energieeinsatz ergeben sich für uns aus der Analyse der Energiebilanz der BR Deutschland, die schematisch mit den wesentlichen Zahlen für das Jahr 1977 in Bild XII.1 dargestellt ist.

Der Eigenbedarf und die Verluste im Energiesektor machen rd. 28 % des Primärenergieverbrauchs aus. Davon entfallen etwa drei Viertel auf den Eigenbedarf und die Verluste bei Stromerzeugung und beim Stromtransport. Die Verluste der Energiewandlung im Endverbrauch liegen bei rd. 38 % des Primärenergieverbrauchs. Sie machen also das 1,5-fache der Verluste im Energiesektor aus. So gesehen, muß die Priorität der Rationalisierungsmaßnahmen stärker auf dem Gebiet des Endverbrauchs liegen. Dies um so mehr, als verbesserte Nutzungsgrade im Energiesektor trotz hohen Aufwands nur in geringem Umfang zu realisieren sind. Im Endverbrauch und damit bei der Energieanwendungstechnik gibt es hingegen wesentlich einfachere, leichter realisierbare Wege zu steigenden Nutzungsgraden.

Zudem ist im Energiesektor bei der notwendigen Hinwendung zu neuen Technologien, die die Ölabhängigkeit mindern, also z.B. der Kohlevergasung oder -verflüssigung, mit beträchtlich sinkenden Nutzungsgraden zu rechnen. Diese können wohl kaum kompensiert werden durch die bei der Stromerzeugung realisierbaren Maßnahmen zur Erhöhung der Nutzungsgrade der eingesetzten Primärenergie, wie z.B. durch eine verstärkte Wärme-Kraft-Kopplung oder auch durch den Bau von Zweistoffanlagen, wie sie kombinierte Gas-Dampfturbinenprozesse darstellen.

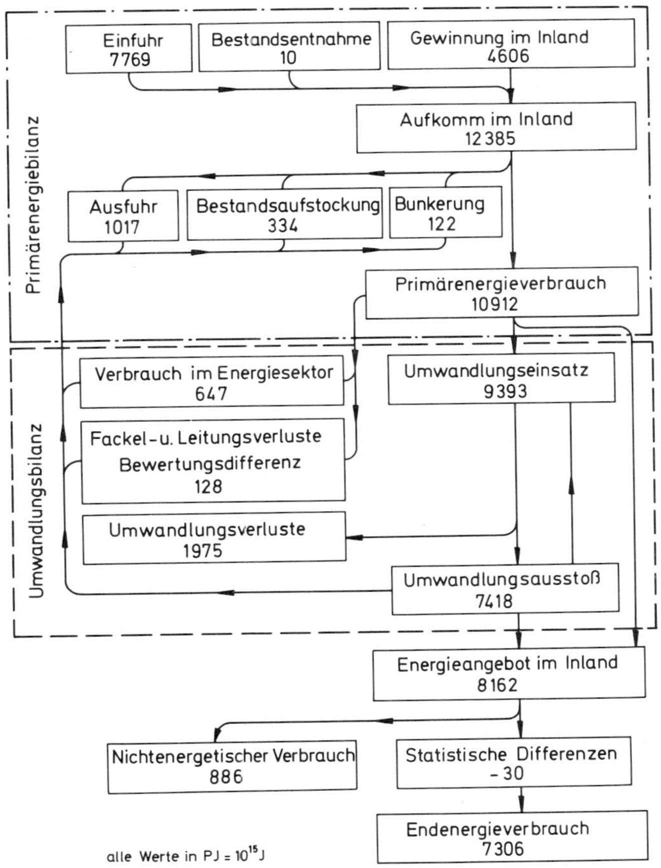

In Tabelle XII.1 sind den Zahlenwerten des Energieverbrauchs und den Verlusten im Umwandlungsbereich die Verluste bei der Umwandlung der Endenergie in Nutzenergien, wie Licht, Wärme und Kraft, gegenübergestellt. Der Nutzungsgrad g für die Zeile 1 ergibt sich aus den Zahlenwerten der Energiebilanz als Verhältnis des Ausstoßes, bezogen auf den Einsatz der verschiedenen Umwandlungsprozesse im Energiesektor. Die in den Zeilen 2 bis 5 angegebenen Nutzungsgrade sind Schätzwerte, die aus Hochrechnungen von Einzeluntersuchungen der FfE[1] und des IfE[2] stammen. Sie schließen nur die Verluste der Umwandlung von Endenergie in die Nutzenergie, also Licht, Wärme, Kraft und Nutzelektrizität, ein.

Tabelle XII.1 Verluste bei der Energiegewinnung, -umwandlung und -umformung in der BR Deutschland 1978

		Energieeinsatz PJ	Verluste PJ	g %
1.	Umwandlungssektor	9462	2803	0,71
2.	Endverbrauchsbereich	7605	4378	0,45
2.1	Haushalt und Kleinverbrauch	3326	1829	0,50
2.2	Industrie	2597	1169	0,55
2.3	Verkehr	1588	1318	0,17
2.4	Militärische Dienststellen	94	62	0,33

Beim Endverbrauch läßt sich eine Reihung von Sektoren hinsichtlich ihrer Bedeutung für das Rationalisierungspotential leicht aus Tabelle XII.2 gewinnen.

Tabelle XII.2 Anteil der Umwandlungsverluste im Endverbrauch in der BR Deutschland 1978

	Anteile in % am	
	Endenergieverbrauch	Umwandlungsverlust
Haushalt und Kleinverbrauch	44	42
Industrie	34	27
Verkehr	21	30
Militärische Dienststellen	1	1

(Zahlen auf volle Prozente gerundet)

Bild XII.1 Schema der Energiebilanz der BR Deutschland

(alle Werte in PJ = 10^{15} J)

Primärenergiebilanz:
- Einfuhr 7769
- Bestandsentnahme 10
- Gewinnung im Inland 4606
- Aufkommen im Inland 12 385
- Ausfuhr 1017
- Bestandsaufstockung 334
- Bunkerung 122
- Primärenergieverbrauch 10912

Umwandlungsbilanz:
- Verbrauch im Energiesektor 647
- Umwandlungseinsatz 9393
- Fackel- u. Leitungsverluste Bewertungsdifferenz 128
- Umwandlungsverluste 1975
- Umwandlungsausstoß 7418
- Energieangebot im Inland 8162
- Nichtenergetischer Verbrauch 886
- Statistische Differenzen −30
- Endenergieverbrauch 7306

---

[1] Forschungsstelle für Energiewirtschaft, München
[2] Lehrstuhl und Laboratorium für Energiewirtschaft und Kraftwerkstechnik der TU München

Haushalt und Kleinverbrauch stehen an oberster Stelle, gefolgt vom Verkehrsbereich, und erst an dritter Stelle steht die Industrie. Diese Reihenfolge ergibt sich auch, wenn die denkbaren Möglichkeiten einer rationelleren Energieverwendung mit dem Verhältnis aus erzielbarer Verbesserung und dafür einzusetzendem Aufwand gewertet werden. Da der Schwerpunkt des industriellen Verbrauchs in energieintensiven Branchen liegt — zu denen neben der Grundstoffindustrie auch manche aus dem Bereich der Mittel- und Kleinindustrie gehören, wie z.B. die Zuckerindustrie, die Textilausrüstungsanstalten und andere mehr — sind dort die üblichen und gängigen Wege zum rationelleren Energieeinsatz weitgehend schon in die Tat umgesetzt. Weitere Maßnahmen sind — bezogen auf die erzielbaren Erfolge — im allgemeinen sehr aufwendig.

Führt man sich die Aufteilung des Endenergieverbrauchs auf die einzelnen Anwendungszwecke vor Augen, wird die dominierende Rolle des Wärmebedarfs deutlich. Die Raumheizung mit 39 % und die Prozeßwärme mit rd. 36 % Anteil am gesamten Endbedarf der BR Deutschland im Jahre 1977 beanspruchen drei Viertel des gesamten Energieeinsatzes. Der Verkehr macht etwas über 20 % des restlichen Endenergieverbrauches aus, und für die stationäre Kraftbedarfsdeckung in Industrie, Haushalt und Kleinverbrauch werden rd. 5 % eingesetzt. Der Anteil der Endenergie für die Lichtbedarfsdeckung liegt bei 0,7 %.

Legt man diese Aufteilung zugrunde, so steht an der obersten Stelle der Prioritäten für Maßnahmen zu rationellerem Energieeinsatz die Raumheizung, gefolgt von der Prozeßwärme und dem Kraftbedarf im Verkehr. Daran schließt sich die Kraftbedarfsdeckung in der Industrie, im Haushalt und Kleinverbrauch an. Eingriffe bei der Lichtbedarfsdeckung wären, wenn überhaupt, nur wegen ihrer Signalwirkung ins Auge zu fassen.

Wege zu einer rationelleren Energienutzung lassen sich grundsätzlich in fünf Gruppen zusammenfassen:
- Vermeiden unnötigen Verbrauchs
- Senken des spezifischen Nutzenergiebedarfs
- Verbessern der Nutzungsgrade
- Energierückgewinnung
- Nutzung regenerativer Energiequellen

2.1 Vermeiden unnötigen Verbrauchs

Unnötiger Verbrauch entsteht durch Leerlauf von Maschinen und Anlagen, durch Überheizen von Räumen, Zapfen zu großer oder zu heißer Warmwassermengen usw., also generell dann, wenn die Nutzenergieerzeugung keine zusätzliche Produktivität, Dienstleistung oder Komfortsteigerung erbringt. Hier ist mit technischen Mitteln wenig, mit Aufklärung der Öffentlichkeit über grundlegende physikalische Verhältnisse dagegen recht viel zu erreichen. Wegen der zumindest intuitiv jedem bewußten Bedeutung des Lichts als Quell allen organischen Lebens wird es überbewertet. Auch Kraft wird aufgrund unserer Erfahrung mit Muskelarbeit hoch bewertet. Demgegenüber wird Wärme extrem unterschätzt, da wir mit unseren Sinnen wohl Temperaturen, nicht aber Wärmemengen wahrnehmen können. Wer denkt schon daran, daß man mit 1 Kilowattstunde eine 60-W-Glühlampe rd. 17 Stunden lang brennen lassen, 400 Liter Wasser 6 mal auf die Höhe des Kölner Doms heben, aber nur zwei Minuten duschen kann?

Für die hier notwendige Aufklärung kommt der Schulausbildung eine große Bedeutung zu. Es wäre zu wünschen, daß die Technik weniger verteufelt und wichtige physikalisch-technische Grundkenntnisse besser vermittelt würden. Zugleich sollten sich die Medien mehr um sachgerechte Darstellungen bemühen.

Wie wichtig Aufklärung ist, zeigt sich auch bei der Argumentation für die Einführung der Sommerzeit. Verblüffenderweise wird das Argument einer besseren Anpassung der Aktivitäten des Menschen an den natürlichen Verlauf der Tageshelle kaum, dagegen das einer erwarteten Energieeinsparung ständig vorgebracht. Es wird nicht eingesehen, daß einer Primärenergieeinsparung von etwa 500 bis 600 · 10^3 t SKE durch verminderten Beleuchtungsstromverbrauch aus zweierlei Gründen ein Mehrbedarf gegenüber steht. Einmal dürfte die Fahrleistung der PKWs durch die geänderte Gestaltung der abendlichen Freizeit höher werden. Zum Zweiten schließt die gewählte Dauer der Sommerzeit eine nicht unerhebliche Anzahl von Heiztagen ein. An diesen Tagen muß dann die Nachtabsenkung zu Zeiten der tiefsten Außentemperatur im Tagesgang, dem „Kälteloch", bereits wieder aufgehoben werden. Damit wird der Brennstoffbedarf für Heizzwecke um 300 bis 500 · 10^3 t SKE steigen. Wir werden also Energie aus Kohle, Wasserkraft und Kernenergie durch Öl substituieren.

2.2 Senken des spezifischen Nutzenergiebedarfs

Vor allem durch technische Maßnahmen kann der Nutzenergiebedarf für bestimmte Zwecke in vielen Fällen noch reduziert werden. Gute Wärmedämmung der Gebäude in Verbindung mit gut steuer- und regelbaren Heizsystemen senken den Bedarf an Heizwärme. In gleichem Sinne wirkt eine gesteigerte passive Sonnenenergienutzung durch zweckmäßige Orientierung der Gebäude, insbesondere der Hauptfensterflächen. Eine architektonische Gestaltung der Außenfassaden, die die Räume im Sommer gegen Sonneneinstrahlung abschatten und eine Baugestaltung mit großer Wärmespeicherfähigkeit der Raumumschließungsflächen vermeidet oder senkt den Bedarf an Kühlung. Aerodynamische Formgebung von Fahrzeugen und Verkleinern ihres Gewichts vermindern den spezifischen Bedarf für bestimmte Transportleistungen. Die Wahl energetisch optimaler Technologien, z.B. Trocknen mit mechanischer anstelle von thermischer Energie verringert den Energiebedarf je Kilogramm entzogenen Wassers auf ein Hundertstel. Verdampfen unter

2 Ansatzpunkte für rationelleren Energieeinsatz

Vakuum oder Kochen unter Druck, spanlos statt spanend Umformen, Kleben statt Schweißen, Stoffrückführung, günstige lichttechnische Gestaltung von Räumen sind weitere Beispiele in dieser Hinsicht.

Auch ein stärkerer Übergang vom Individualverkehr auf Massenverkehrsmittel würde den Nutzenergiebedarf senken. Wenn 50 Personen im Straßenverkehr einen Kilometer weit befördert werden, verbrauchen sie als Einzelfahrer im PKW jeweils 3,8 MJ an Primärenergie. Setzt man diesen Bedarf gleich 100 %, so ergibt sich bei der Beförderung mit einem Linienbus eine Verringerung auf 7,4 %, mit der Straßenbahn auf 40 %, wobei die Auslastung dieser Verkehrsmittel dann 50 bzw. 23 % beträgt.

Das Rückführen von Stoffen kann gleichermaßen zur Energieeinsparung beitragen. Der kumulierte Energieverbrauch für die Herstellung einer Euro-Glasflasche mit 0,5 l Inhalt vermindert sich bei einer Erhöhung des Scherbenanteils von 17 % auf 36 % hinsichtlich des Stromverbrauchs um 2,5 %, hinsichtlich des Brennstoffverbrauchs um 11 % und hinsichtlich des gesamten Endenergieverbrauchs um 10 %[1].

Damit ist schon der Bereich der Verpackung angesprochen, der hinsichtlich des kumulierten Energieverbrauchs für ein bestimmtes Produkt eine oft unterschätzte Rolle spielt. Untersuchungen des IfE durch Flaschar haben gezeigt, daß am kumulierten Primärenergieverbrauch in Höhe von 14 700 kJ/kg für Joghurt in 175-g-PVC-Bechern mit Alu-Verschluß der Energieaufwand zur Herstellung der Verpackungen mit 41 % den größten Anteil ausmacht, gefolgt von dem der Produktionskette bis zur Rohmilcherzeugung mit 32 %. Erst an 3. Stelle folgt mit 21 % Anteil der Energieaufwand in der Molkerei, deren Anteil man wohl intuitiv sehr viel höher eingeschätzt hätte.

Ein Wechsel der Werkstoffe kann zu teilweise erheblichen Verminderungen des Energieaufwandes führen. Zum Beispiel vermindert sich der Primärenergieaufwand für eine zweiteilige 0,33 l Weißblechdose mit Aluminium-Deckel von 3500 kJ um 37 % auf 2200 kJ für eine gleiche Dose mit Weißblechdeckel.

Andererseits wird man aus Gründen der Verfügbarkeit auch Werkstoffsubstitutionen vornehmen, die einen gegenteiligen Effekt haben. Das Ersetzen von Kupfer als Leitermaterial durch Aluminium in der Elektrotechnik erhöht den kumulierten Primärenergieverbrauch für gleiche Leitfähigkeit um das rd. 1,5-fache.

2.3 Verbessern der Nutzungsgrade

Durch konstruktive Verbesserung von Maschinen und Anlagen und vor allem durch Einbezug der modernen Mittel der Steuer- und Regeltechnik läßt sich der spezifische Energieverbrauch in vielen Fällen noch erheblich senken. Das gilt für manche Haushaltgeräte, wie z.B. die Waschmaschine, bei denen durch neue Technologien Einsparungen von 25 % absehbar sind, oder auch für den Einsatz von Einzweckgeräten. So hat z.B. das Einzweckgerät Kaffeemaschine etwa den halben Energiebedarf für gleiche Kaffeemengen gegenüber der Verwendung der Mehrzweckgeräte Herd und Topf für das Kaffeekochen.

Auch im Bereich des Straßenverkehrs sind auf längere Sicht beträchtliche Einsparungen absehbar, u.a. durch elektronische Steuerung von Zündung und Kraftstoffeinspritzung sowie lastabhängige Zylinderabschaltung. Unter Einschluß der durch Formgebung und Gewichtsreduzierung möglichen Verringerung der Fahrwiderstände kann langfristig der spezifische Kraftstoffverbrauch von PKWs etwa halbiert und der von LKWs auf etwa 70 % reduziert werden.

Ein wichtiges Beispiel für eine Steigerung der Nutzungsgrade ist die gekoppelte Erzeugung von Strom und Wärme. Für die Kraft-Wärme-Kopplung, die in der BR Deutschland schon vielfach und seit langem praktiziert wird, eröffnen sich interessante weitere Ausbaumöglichkeiten unter Einbezug neuer Techniken. Gegenüber der reinen Kondensationsstromerzeugung können die Nutzungsgrade der eingesetzten Primärenergie nahezu verdoppelt werden. Dabei sind auch die Blockheizkraftwerke mit gasbetriebenen Verbrennungskraftmaschinen eine beachtenswerte ergänzende Alternative zu den bisherigen Heizkraftwerken mit Dampf- oder Gasturbinen.

Bei einer Kraft-Wärme-Kopplung (KWK) sind die energetischen Verluste im Vergleich zu einer ungekoppelten Stromerzeugung in einem Kondensationskraftwerk bedeutend geringer, wie Bild XII.2 für verschiedene Techniken der Kraft-Wärme-Kopplung jeweils für Nenndaten zeigt. Ihre Höhe und auch das Verhältnis zwischen Strom- und Wärmeausbeute hängt hauptsächlich von der Anlagenart, der Anlagengröße und dem Temperaturniveau der ausgekoppelten Wärme ab. Die sehr unterschiedliche Stromausbeute der verschiedenen Varianten sind keineswegs das ausschlaggebende Kriterium für eine richtige Wahl. Das erreichbare Temperaturniveau der Heizwärme und die Bedarfsstruktur des zu versorgenden Objektes sind von gleichrangiger Bedeutung. Die effektive Brennstoffeinsparung bei der KWK hängt weiterhin vom saisonalen Bedarfsgang der elektrischen Energie und der Heizwärme ab. Die durch den Entnahmekondensationsbetrieb mögliche Heizkraftkopplung führt zu einem um 20 % geringeren jährlichen Brennstoffeinsatz; denn nur in den Zeiten, in denen ein volles Ausfahren der Entnahme möglich ist, werden Einsparungen bis zu 35 % erreicht.

Sehr entscheidend für eine Verbesserung der Nutzungsgrade ist die energetisch richtige Betriebsweise und der zweckmäßige Einsatz der vorhandenen Energietechniken. Bei allen energietechnischen Vorgängen ist ein

---

[1] 17 % Scherben: Strom 316 Wh; Endenergie 8980 kJ; Primärenergie 10 110 kJ
36 % Scherben: Strom 308 Wh; Endenergie 8010 kJ; Primärenergie 9110 kJ

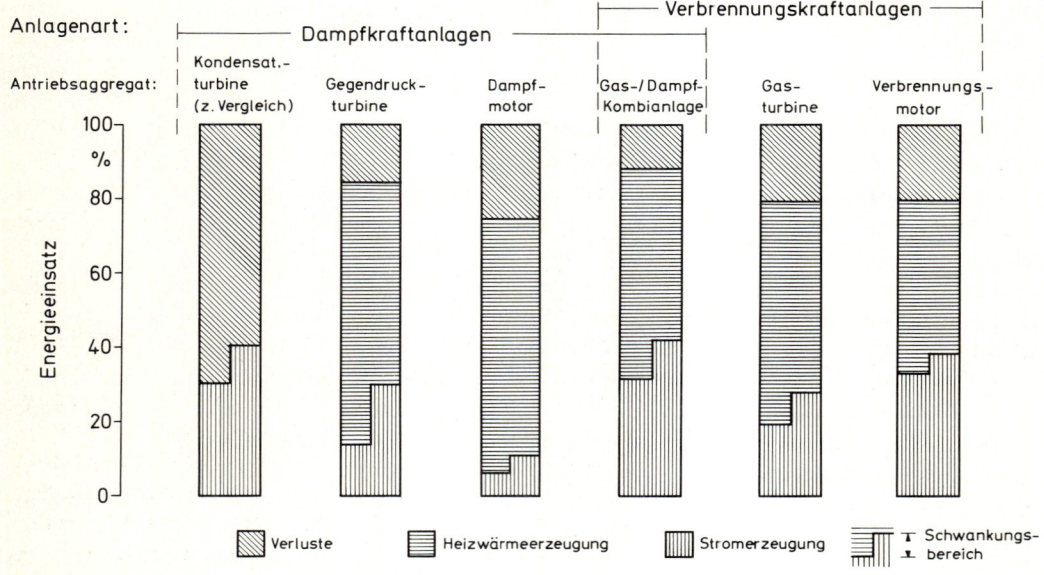

Bild XII.2 Verschiedene Techniken der Kraft-Wärme-Kopplung

oft erheblicher Teil des Energieaufwandes nicht von der Belastung abhängig, sondern wird nur durch die Größe und Art der Anlage oder Maschine bestimmt. Daher sinkt der spezifische Verbrauch mit steigender Belastung. Eine möglichst hohe Auslastung der Geräte- und Anlagenkapazität sowie das Vermeiden von Leerbetriebs- und Pausenzeiten — gleich, ob Haushaltwaschmaschine, Schmiedeofen, PKW, Kesselanlage oder Flugzeug — können den Nutzungsgrad entscheidend verbessern.

Wichtig ist auch eine Anpassung der installierten Geräteleistungen an den tatsächlichen Bedarf. Dies gilt vor allem auch für Antriebe, bei denen Überdimensionierung nicht nur zu unnötig hohen Investitionskosten, sondern auch zu erhöhtem Energieverbrauch führt. Wie Bild XII.3 zeigt, ist der mit steigender Nennleistung höhere Wirkungsgrad von Elektromotoren kein Argument für eine Überdimensionierung. Trägt man nämlich die Wirkungsgrade nicht über der relativen, sondern der absoluten Belastung auf, wie dies im unteren Diagrammteil dargestellt ist, wird der Nachteil der Überdimensionierung deutlich.

Bei Werkzeugmaschinen entfallen ca. 30 % des Energiebedarfs auf den Leerbetrieb in Pausenzeiten. Hinzu kommt die Unkenntnis des realen Kraftbedarfs der einzelnen Produktionsschritte, die zu einer Überdimensionierung der Antriebe und somit zu größeren Motorverlusten führt. Ein Weg zu verminderten Verlusten besteht hier in der Umschaltung des Elektromotors von Dreieck- auf Sternschaltung, sofern die Wicklungsstränge des Antriebs für die Netzspannung ausgelegt sind und sofern der Motor mit weniger als 35 % seiner Nennlast belastet ist.

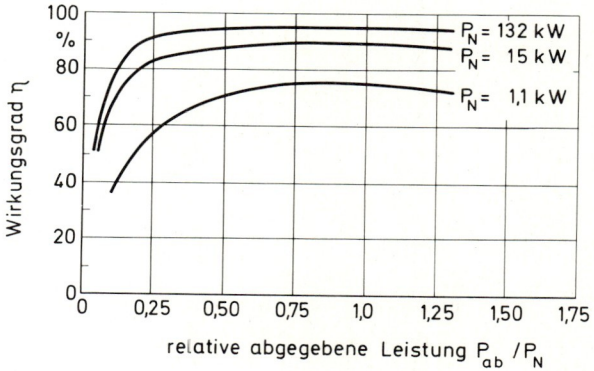

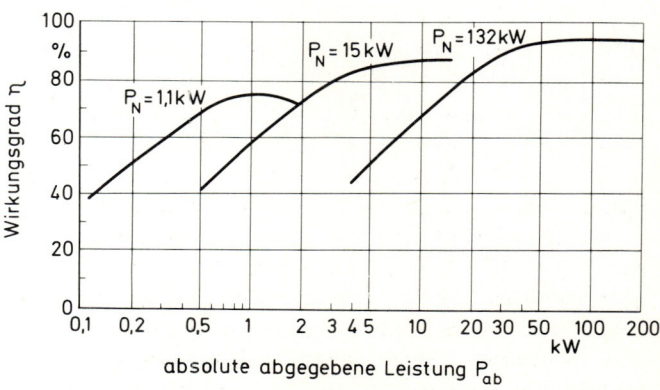

Bild XII.3 Leistung-Wirkungsgrad-Diagramm für Elektromotoren

2 Ansatzpunkte für rationelleren Energieeinsatz

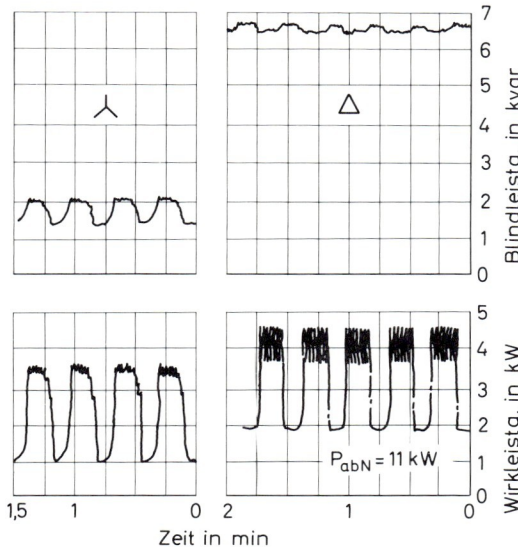

Bild XII.4 Leistungsaufnahme einer Kurbelpresse beim Stanzen

In Bild XII.4 ist im rechten Teil die Wirk- und Blindleistungsaufnahme des 11-kW-Motors einer Kurbelpresse wiedergegeben, die Ständerbleche stanzt. Es wird jeweils ein Blechstreifen eingeschoben, aus dem 8 Ständerbleche gestanzt werden. Die Nennleistungsaufnahme des Antriebes beträgt 13,1 kW, die mittlere Leistungsaufnahme betrug demgegenüber nur 4,1 kW. Die Blindleistung lag im Mittel bei 6,5 kvar, der Leistungsfaktor lag bei 0,53. Der Antrieb dieser Maschine wurde auf Sternbetrieb umgeschaltet. Hierdurch sank wie im linken Teil zu sehen ist, der Blindleistungsbedarf um etwa 68 % auf 2,1 kvar, der Wirkleistungsbedarf um 15 % auf etwa 3,5 kW und der Scheinleistungsbedarf um 47 %. Der Leistungsfaktor stieg auf 0,85. Die Wicklungserwärmung beträgt im Sternbetrieb nur noch rd. 25 % der Erwärmung im Dreieckbetrieb. Es wurde hier bewußt ein Beispiel genommen, bei dem der Ausnutzungsfaktor im Dreieckbetrieb noch relativ hoch lag. Wie sich die Vorteile bei noch geringerer Auslastung erhöhen, zeigt jedoch in diesem Beispiel der Leistungsbedarf in den jeweiligen Leerbetriebszeiten zwischen den Arbeitsschüben. Er geht von rd. 1,9 kW auf rd. 1,0 kW zurück.

Bei Maschinen mit wechselnder Belastung, also z.B. auch bei Förderbändern u.a., kann man die Umschaltung von Dreieck- in Sternbetrieb und umgekehrt mit lastabhängigen Schaltern automatisieren. Bei Maschinen, die im Anlauf sehr hohe, im normalen Betrieb jedoch geringere Leistungen verlangen, wie z.B. pneumatische Förderanlagen und Zentrifugen, ist es sehr vorteilhaft, den Anlauf im Dreieckbetrieb durchzuführen und nach dem Hochlauf auf Sternbetrieb umzuschalten.

2.4 Energierückgewinnung

Nur bei der elektrischen Traktion und Fahrzeugen, die Schwungradspeicher besitzen — und das ist einer ihrer Vorzüge — läßt sich mechanische Energie beim Bremsen zurückgewinnen. Ansonsten handelt es sich bei der Energierückgewinnung immer um Wärmerückgewinnung.

Derartige Verfahren sind nicht neu. Schon Leonardo da Vinci entwarf eine „Abgasturbine" für seinen Bratenspieß, und der bayrische König Ludwig II ließ eine derartige Anlage in der Küche des Schlosses Neuschwanstein einbauen. Im gewerblichen Bereich wird Wärmerückgewinnung schon seit langem und in vielfältiger Art betrieben; in Teilbereichen ist auch hier noch Entwicklungsarbeit nötig. Wichtiger jedoch ist das Einführen des Bekannten und Bewährten auch dort, wo die Wärmerückgewinnung bisher nicht Eingang fand. Während bei klimatisierten Gebäuden eine Wärmerückgewinnung durch regenerative Wärmeaustauscher und den Einsatz von Wärmepumpen heute zum üblichen Stand der Technik gehört, setzt eine Übertragung dieser Techniken in den Haushalt und den Kleinverbrauch eine Modifizierung und zum Teil Neuentwicklungen voraus. Dies um so mehr, als hier die fachkundige Aufsicht und Wartung beim Betrieb der Anlagen fehlt.

Problematisch ist bei der Wärmerückgewinnung oft das niedrige Temperaturniveau der Abwärme. Hier bietet die Wärmepumpe eine Möglichkeit zur Nutzung derartiger Wärmeströme. Allerdings liegt der obere erreichbare Temperaturbereich heute noch bei etwa 60 °C. Daher ist ihr Einsatz für die Raumheizung an Heizsysteme gebunden, die mit niederer Temperatur betrieben werden können, wie z.B. Fußboden-, Decken- oder Wandheizung.

Ein weiteres Problem ergibt sich vielfach aus der Disparität zwischen den Orten und Zeiten des Abwärmeanfalls und des Bedarfs an Niedertemperaturwärme. Die Installation von zusätzlichen Speichern kann hier zumindest in gewissem Umfang den notwendigen zeitlichen Ausgleich schaffen.

Mit der Abwärmeverwertung können auch ökologische Wirkungen verbunden sein. Nutzt man die Abwärme in Haushaltsabwässern mittels Wärmepumpen — und diese Abwässer enthalten etwa 15 % des gesamten Haushaltenergieverbrauchs —, senkt man damit die Temperatur des Abwassers am Klärwerkeinlauf und vermindert damit die Qualität der Klärung in vorhandenen Kläranlagen.

Hier wie in anderen Fällen muß geprüft werden, ob Eingriffe an einer Stelle des Gesamtsystems Energieversorgung nicht zu negativen Wirkungen an anderen Stellen führen. Es ist dann zu prüfen, inwieweit diese Wirkungen gemindert werden können. Im besprochenen Fall kann durch bautechnische Vorkehrungen, Wärmerückgewinnung und optimale Nutzung der anfallenden Biogase die Energiebilanz der Klärwerke beträchtlich verbessert werden, so daß sinkende Einlauftemperaturen ohne Wirkung auf den Klärprozeß bleiben.

Auch direkte Rückwirkungen auf die energetische Güte anderer Systemkomponenten können auftreten und müssen beachtet werden. Wenn man z.B. Sonnenenergie oder Abwärme zur Warmwasserbereitung einsetzen will, ist fast immer eine zentrale Anlage notwendig. Gegenüber einer dezentralen Warmwasserbereitung wird dadurch aber für gleiche gezapfte Warmwassermengen der Wärmebedarf wegen des Wärmeaustrages aus den Rohrleitungen größer.

2.5 Nutzung regenerativer Energiequellen

Regenerative Energiequellen sind zum überwiegenden Teil direkte oder indirekte Sonnenenergie, wie Windenergie, Wasserkräfte, Erdreichwärme und chemisch gebundene Energien der Biomasse. Dazu kommen geothermische Energie aus kernphysikalischen Vorgängen des Erdinnern, Energien aus den Massenanziehungskräften zwischen Erde und Mond und die Abwärme aus anthropogenem Energieverbrauch. Sie zu nutzen ist auf vielfältige Weise möglich, wobei sich heute technische und vor allem wirtschaftliche Grenzen stellen, die sich in Zukunft sicher noch wesentlich verschieben können.

Diese regenerativen Energiequellen sind neben der Nutzung der Kernbrennstoffe und der evtl. nutzbaren Energie aus Kernfusion langfristig gesehen für eine Ablösung der Verwendung fossiler Energieträger von wesentlicher Bedeutung.

Beachtet werden muß bei der Nutzung dieser Energiequellen, daß sie gegenüber den fossilen Energieträgern auf Technologien aufbauen, die einen höheren Bedarf an Hilfsenergien haben, wobei meist nur elektrische Energie infrage kommt. Bei Ölzentralheizungsanlagen hat der elektrische Energieaufwand für Brenner, Pumpen und Steuerung einen Anteil zwischen 1 und 1,5 % an der insgesamt ausgebrachten Wärme. Bei Anlagen mit Solarkollektoren liegt dieser Anteil bei ca. 10 %. Zudem wird der Raum- und Flächenbedarf sowie der Materialaufwand je Leistungseinheit im allgemeinen größer als bei konventionellen Systemen sein müssen, da die Leistungsdichten der natürlichen regenerativen Energiequellen gering sind.

Auch sind die Wirkungen auf die Umwelt zu beachten, die bei einer großtechnischen Nutzung regenerativer Energiequellen auftreten. Die Verschiebung der Strahlungsbilanz (Albedo) bei der Sonnenenergienutzung, die Bildung von Hohlräumen im Erdinnern durch Kontraktion beim Entzug geothermischer Energie, die Veränderung der Erdrotation durch Gezeitenkraftwerke, der verminderte Luftaustausch und Wasserdampftransport beim Abbau der Windenergie durch Windkraftwerke oder das Entstehen von Kaltluftseen bei Luftwärmepumpen sind dafür nur einige Beispiele.

Chancen für den Einsatz von Solarkollektoren bieten sich am ehesten bei der Beheizung von Schwimmbädern, und auch bei der Warmwasserbereitung ist die Schwelle der

Bild XII.5 Unterschiedlicher Wärmebedarf bei solarbeheizten und ölbeheizten Freibädern

Wirtschaftlichkeit nahezu erreicht. Der jährliche Wärmebedarf für die Freibadbeheizung läßt sich, wie Bild XII.5 zeigt, durch Anlagen zur Wärmerückgewinnung aus Dusch- und Filterspülwässern, dunkle Fliesen zur Erhöhung der Globalstrahlungsabsorption und Abdeckung der Wasseroberflächen außerhalb der Benutzungszeit auf nahezu ein Drittel senken. Durch zusätzliche Nutzung der Sonnenenergie mit Hilfe einer Kollektor- und Wärmepumpenanlage werden nur noch 10 Primärenergieeinheiten benötigt gegenüber 134 bei einem ölbeheizten Freibad ohne Zusatzeinrichtungen.

Beim Einsatz der Sonnenenergie für die Heizung wird im allgemeinen eine Wärmepumpe notwendig werden; zudem dürfte hier das Energiedach, das die Prinzipien eines Solarkollektors mit denen eines flächigen Luft-Wärme-Austauschers verbindet, günstiger sein als Flachkollektoren.

Bei der Verwendung von Wärmepumpen ist als Wärmequelle Grundwasser oder Erdreich energetisch am günstigsten, da in beiden Fällen die saisonalen Temperaturschwankungen gering sind. Die Einsatzmöglichkeiten werden begrenzt aus ökologischen und wasserwirtschaftlichen

2 Ansatzpunkte für rationelleren Energieeinsatz

Gründen einerseits und wegen des Flächenbedarfs andererseits. Damit dürften überwiegend solche Wärmepumpen zum Einsatz kommen, die Außenluft als Wärmequelle benutzen, die überall beliebig verfügbar ist. Ihren Nachteil sinkender Temperaturen bei steigendem Wärmebedarf wird man häufig dadurch ausgleichen, daß man bivalente Anlagen baut.

Als Antrieb für Wärmepumpen stehen für Kleinleistungen zur Zeit praktisch erprobt nur Elektromotoren zur Verfügung, bei größeren Leistungen ist die Wärmepumpe mit Verbrennungskraftmaschine eine sehr interessante Variante, insbesondere wenn es sich um gasgefeuerte Maschinen handelt.

Bei den Wärmepumpen dominieren heute auch im Rahmen der Forschung und Entwicklung die Kompressionswärmepumpen. Zunehmend wendet man sich jedoch auch mit Recht wieder dem Prinzip der Absorptionswärmepumpe zu, die im Grundsatz alt ist, bei der aber durch intensive Befassung mit möglichen Stoffpaaren sich neue Möglichkeiten der Anwendung abzeichnen. Interessant ist dabei vor allem die Möglichkeit, die Nutzwärme derartiger Anlagen bei Temperaturen auch über 100 °C anbieten zu können.

Die mit thermischen Solarkollektoren erzeugte Wärme läßt sich über Dampfmotoren oder Turbinen in mechanische Energie umwandeln, womit ein Generator zur Erzeugung elektrischer Energie angetrieben werden kann.

Eine Lösungsmöglichkeit stellt die Solar-Turm-Anlage dar. Ein großes Spiegelfeld konzentriert die Sonnenstrahlen auf den Empfänger, der sich an der Spitze des Turmes befindet. Dort wird wie in einem Kraftwerkskessel Wasser verdampft und mit diesem Dampf eine Turbine betrieben. Zur Zeit wird eine derartige Anlage in Neu-Mexiko gebaut und eine Anlage entsteht mit deutscher Unterstützung gerade in Spanien. Man erhofft sich einen Gesamtwirkungsgrad von 20 %.

Mit einem niedrigeren Gesamtwirkungsgrad würden sogenannte Solar-Farm-Anlagen arbeiten. Hier arbeitet man mit an Dachrinnen erinnernden Zylinder-Parabol-Kollektoren, in deren Brennlinien sich die Rohre des Arbeitsmittelkreislaufs befinden. Die Turbineneintrittstemperaturen liegen zwischen 300 und 600 °C.

Schon aufgrund der zu geringen Sonnenscheindauer wird in der BR Deutschland ein Einsatz von solarthermischen Kraftwerken kaum in Frage kommen. Das Haupthindernis liegt jedoch in dem Flächenbedarf für die Kollektorsysteme. Ein 1000-MW-Kraftwerk benötigt eine Spiegelfläche von ca. 5 km^2. In abgelegenen Gebieten mit fehlender Infrastruktur (Straßen, Übertragungsleitungen, Servicestationen u.a.) könnten jedoch einfach konzipierte solare Stromerzeugungsanlagen auch heute schon die Lebensbedingungen der Menschen verbessern helfen. Für diese Einsatzbereiche sind auch die wenigen Prototypen entwickelt worden, mit denen sich elektrische Leistungen von 10 kW bis 1 MW erreichen lassen.

Ein weiteres Verfahren der Nutzung von Sonnenstrahlung zur Elektrizitätserzeugung beruht auf dem photovoltaischen Effekt. Die dabei eingesetzten Solarzellen können sowohl diffuse als auch direkte Strahlung umwandeln. Ein Solarzellenkraftwerk von 1000 MW Spitzenleistung hat demnach einen Flächenbedarf allein für die Solarzellen von 10 km^2 und würde bei einer in unseren Breiten möglichen spezifischen Energieerzeugung von 100 kWh/m^2 im Jahr 1 TWh an elektrischer Energie erzeugen. Zur Versorgung einer Stadt mit Elektrizität müßte z.B. Hamburg ca. 39 % seiner bebauten Fläche zur Verfügung stellen.

Als Anlagekosten werden für die Silizium-Solarzellen-Generatoren von den Herstellern 50 000–130 000 DM/kW angegeben. In absehbarer Zeit wird sich eine Anwendung auf wenige Bereiche beschränken, wo die Kosten nicht die entscheidende Rolle spielen, wie es z.B. bei der Weltraumfahrt der Fall ist. Dort im Weltraum sollte auch nach Meinung einiger Techniker unsere Stromerzeugung in der Zukunft stattfinden. Dabei soll in großflächigen Satelliten in einer Umlaufbahn mit Hilfe photovoltaischer oder solarthermischer Prozesse eine Leistung von etwa 4–20 GW erzeugt, in Mikrowellenleistung transformiert und zur Erde gesendet werden. Der große Vorteil ist die Unabhängigkeit von der Tages- und Jahreszeit, den Witterungsverhältnissen und der geographischen Lage.

Neben den schwierigen technischen Problemen und den hohen Kosten sind vor allem der riesige Flächenbedarf für die Empfängerstation nebst Sicherheitsareal und die Gefahren für die Umwelt durch eine mögliche — unter Umständen willkürliche — Ablenkung des Mikrowellenstrahls wesentliche Hemmnisse einer Realisierung. Ein solches extraterrestrisches Sonnenkraftwerk wird daher in absehbarer Zukunft kaum Realität werden.

Etwa zwei Prozent des Energieinhalts der an der Atmosphäre auftreffenden Sonnenstrahlung werden in Windenergie umgesetzt; das sind etwa $3 \cdot 10^{16}$ kWh im Jahr. Diese Bewegungsenergie weist jedoch wie die Sonnenstrahlung eine sehr geringe Energiedichte auf und ist starken örtlichen und zeitlichen Schwankungen unterworfen.

Zum Antrieb einer Windkraftmaschine ist eine Windgeschwindigkeit von mindestens 3 m/s für einen wirtschaftlichen Einsatz notwendig. Diese Geschwindigkeit entspricht einer mittleren Strömungsleistung von 40 W/m^2 Rotorfläche und annähernd dem gleichen Wert pro m^2 Grundfläche. Windkraftanlagen zur Stromerzeugung — meist gekuppelt mit Akkubatterien — werden heute bis zu Leistungen von 150 kW gebaut und haben Wirkungsgrade von etwa 30 %. Für die großtechnische Stromerzeugung kommen Windkraftanlagen nur bedingt infrage; nur in relativ großen Höhen (200–300 m) sind halbwegs stetige Windverhältnisse anzutreffen. Eine Versuchsanlage (GROWIAN) mit 3 MW Leistung wird in Norddeutschland erprobt. Dem erreichbaren Nutzen steht ein technisch hoher Aufwand sowie die optische und akustische Belastung gegenüber.

In gewissem Umfang wird eine Nutzung der Biomasse für energietechnische Zwecke schon heute realisiert, so z.B. bei der Müllverbrennung in Heizwerken oder Heizkraftwerken oder bei der Biogasverwendung in Kläranlagen. Hier stehen noch erhebliche Erweiterungsmöglichkeiten offen. Gearbeitet wird zur Zeit an Methoden der Strohverbrennung sowie auch an pyrolytischen Umsetzungsverfahren. Auch die Biogaserzeugung kann noch nennenswert gesteigert werden.

In der BR Deutschland ist in erster Linie eine Verwendung organischer Abfälle anzustreben, während für ein „Energy farming" die Voraussetzungen nicht sehr günstig sind.

3 Probleme und Grenzen rationeller Energienutzung

Wenn die Frage rationeller Energieverwendung heute verstärkt angesprochen wird, so entspricht dies nur der Herausforderung aufgrund unserer derzeitigen Situation, den technischen Fortschritt in dieser Richtung zu forcieren. Allerdings werden bei allem sonst vorhandenen Mißtrauen gegenüber Technik und den Fachexperten häufig zu große Erwartungen an eine durchgreifende Verbesserung in kurzer Zeit gestellt. Man glaubt vielfach mit technischen Mitteln sei im Grundsatz alles machbar und man könne eine Idee in sich immer verkürzenden Zeitspannen bis zur erprobten, praxisreifen, betriebstüchtigen, sicheren, wartungsarmen und preiswerten Ausführung entwickeln. Man verkennt dabei, daß technische Entwicklungen immer noch beträchtliche Zeitspannen benötigen, um sie vom ersten Durchdenken bis zur Praxisreife zu führen. Schon allein wegen der Notwendigkeit, neben analytischen Betrachtungen und Laboruntersuchungen zusätzliche Erprobungen in der Praxis durchzuführen, muß mit Zeiten von einigen, oft von vielen Jahren gerechnet werden.

Ebenso wie in allen Bereichen ist auch ein rationellerer Energieeinsatz nicht umsonst zu realisieren. Selbst das große Potential von Möglichkeiten, durch sinnvolleren Gebrauch und Einsatz der vorhandenen energietechnischen Mittel rationeller den Bedarf zu decken, erfordert hohen Aufwand für den dafür notwendigen Prozeß der Information und des damit zu bewirkenden Umdenkens beim Einzelnen.

Vielfach wird das energetisch günstigere System gegenüber dem bisherigen mehr materiellen Aufwand benötigen, d.h. Energie wird durch Kapital ersetzt. Das zeigt sich schon bei einer verstärkten Wärmedämmung. Die Vorteile einer stärkeren Wärmedämmung, aber auch den relativ sinkenden Nutzen mit steigendem Aufwand zeigt Bild XII.6 für eine Außenwand. Ausgangspunkt dieser Betrachtung ist

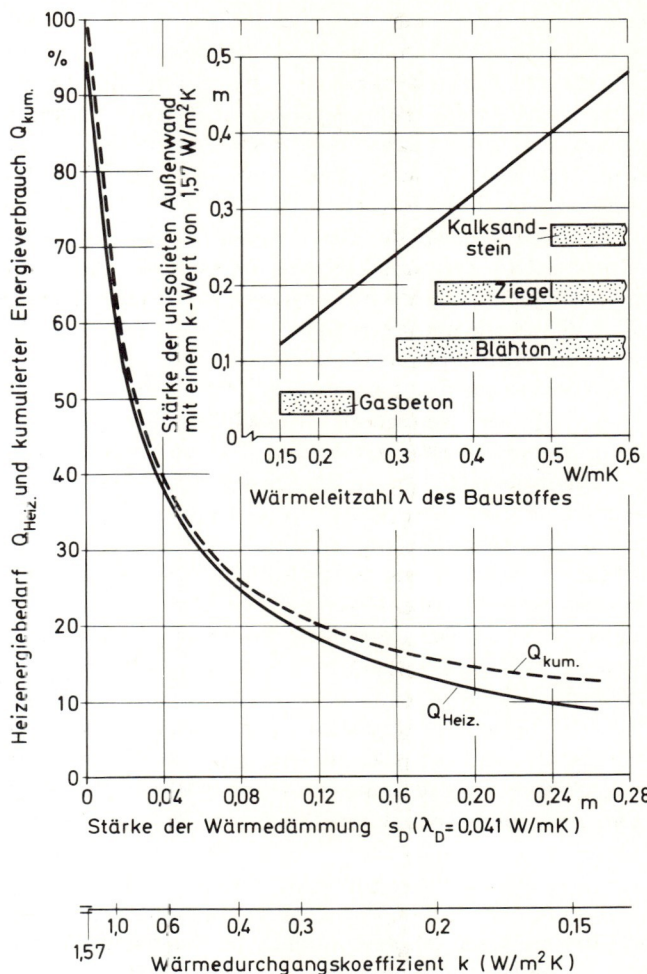

Bild XII.6 Nutzen der Wärmedämmung für eine Außenwand

eine unisolierte Außenwand mit einem k-Wert von 1,57, deren Abmessungen in Abhängigkeit von den verschiedenen Baustoffen im oberen Diagrammteil aufgezeigt ist. Setzt man den Transmissionswärmeverlust einer derartigen Wand zu 100 %, ergibt sich eine Reduzierung des Heizenergiebedarfs um 55 Punkte auf 45 % bei einer zusätzlichen Isolierung mit 3 cm Stärke, also rd. 15 Punkte im Durchschnitt pro cm Isolationsaufwand. Eine Verdoppelung der Isolationsdicke führt demgegenüber zu einer zusätzlichen Ersparnis um 15 Punkte, so daß sich im Durchschnitt ein Wert von 12 Punkten pro cm Isolationsdicke ergibt. Eine Vervierfachung führt zu einer nochmaligen zusätzlichen Ersparnis um 12 Punkte, aber dabei sinkt der durchschnittliche Nutzen auf knapp 7 Punkte pro cm Isolationsdicke. Bei sehr hohen Isolierdicken ist darüberhinaus der Energieaufwand für die Herstellung der Isolation und ihr latenter Energieinhalt nicht mehr vernachlässigbar. Dies zeigt die im Bild ebenfalls eingetragene gestrichelte Kurve Q_{kum}.

Durch den zusätzlichen Kapitalaufwand ändern sich nicht nur die absoluten Kosten; vielfach bedeutender sind die Veränderungen der Kostenstruktur in Richtung auf einen steigenden Anteil der Festkosten gegenüber den beweglichen und dem daraus resultierenden Zwang, hohe Benutzungsdauern der installierten Kapazitäten anzustreben, um wirtschaftliche Bedingungen zu erreichen. Zudem wird im allgemeinen die verwendete Technik komplexer, weniger transparent und die Wirkungsprinzipien für den Laien, aber auch den einzelnen Fachmann, immer undurchschaubarer. Wartung und Reparatur verlangen zunehmend speziell geschulte und qualifizierte Kräfte und werden dadurch zu einem noch bedeutenderen Kostenfaktor als bisher.

Der Aufwand an elektrischer Energie für die Hilfs-, Steuer- und Regelfunktionen ist auch bei den meisten anderen Techniken zum rationellen Energieeinsatz in der Gesamtbilanz ein nennenswerter und unersetzlicher Faktor. Gleichgültig, ob es sich um Systeme für die Abwärmenutzung, die Wärmerückgewinnung oder die Nutzung von direkter oder indirekter Sonnenenergie handelt, ist grundsätzlich gegenüber den bisherigen Technologien mit einem Anstieg des Anteils der Hilfsenergie, bezogen auf die bereitgestellte Nutzenergie, zu rechnen.

Die volkswirtschaftliche Beurteilung und Wertung von Maßnahmen zur rationelleren Energienutzung setzt die Quantifizierbarkeit der dafür relevanten Daten voraus und wird deshalb in der Praxis vielfach problematisch. Schon bei Wärmerückgewinnungstechniken war und ist aus meßtechnischen und statistischen Gründen eine Ausweisung ihrer Wirkung auf die End- und Primärenergiebilanz z.B. der BR Deutschland kaum möglich. Bei der Nutzung von Umweltenergie stellt sich dieses Problem verstärkt.

Bei der betriebstechnischen und -wirtschaftlichen Beurteilung von Rationalisierungsmaßnahmen muß beachtet werden, daß die energetische Güte der Prozesse im allgemeinen nicht mit einer Kennzahl beschreibbar ist. So ist z.B. der Wirkungsgrad oder Nutzungsgrad nicht allein ausschlaggebend für die Beurteilung verschiedenartiger Techniken ein und desselben Anwendungszwecks. Das soll am Beispiel zweier heute gebauter PKW der Mittelklasse verdeutlicht werden. Aufgetragen sind in Bild XII.7 für die beiden Fahrzeuge einige wesentliche Daten, die auf den Bedarf an Fahrenergie einwirken. Das die Reibungsarbeit mitbestimmende Wagengewicht und die Querspantfläche — mit ein Maß für den Luftwiderstand — sind bei beiden Wagen nur unwesentlich verschieden. Der Luftwiderstandsbeiwert bei Fahrzeug 1 ist jedoch um 30 % größer als bei Fahrzeug 2. Diese Kenngröße geht aber entscheidend in die Luftwiderstandsarbeit ein; sie liegt bei einer hier angesetzten konstanten Geschwindigkeit von 140 km/h für das Fahrzeug 1 um rd. 36 % höher als bei Fahrzeug 2. Die Rollreibungsarbeit ist bei gleicher Bereifung bei PKW 1 um etwa 7 % größer, die gesamte Fahrenergie um 28 %. Damit tritt bei Fahrzeug 1 ein um 29 % höherer Kraftstoffverbrauch auf. Es ist also vor allem wegen des Luftwiderstandsbeiwertes energetisch deutlich ungünstiger. Im Nutzungsgrad, den man für Fahrzeuge zweckmäßigerweise als gesamte Fahrenergie bezogen auf den Endenergieeinsatz definiert, kommt der wesentliche energetische Vorteil der günstigeren aerodynamischen Gestaltung von Wagen 2 überhaupt nicht zum Ausdruck; denn er liegt für beide Fahrzeuge bei praktisch gleichen Werten.

Vielfach ist eine eindeutige, quantitative Angabe der Energieeinsparung nicht möglich. Entscheidend ist nämlich nicht nur der Wirkungsgrad von Anlagen oder Systemkomponenten, sondern daneben auch deren richtige Bemessung im Einzelfall und die Art des Einsatzes. Ein großer Elektromotor hat einen günstigeren Wirkungsgrad im Nennbetrieb als ein kleiner. Sein Wirkungsgrad bei Teillasten kann jedoch beträchtlich niedriger sein als der eines der Last angepaßten kleineren Motors. Oft wird nicht beachtet, daß verbesserte Wirkungsgrade an Systemkomponenten sich nicht additiv, sondern multiplikativ auf die Einsparungen auswirken. Eine Verbrauchssenkung um 15 % durch einen besseren Kessel und eine weitere Senkung um ebenfalls 15 % durch verbesserte Regelung am nachgeschalteten Heizsystem senken den Verbrauch um 27,8 % und nicht um 30 %. Fragwürdig sind Angaben über Einsparungsraten auch deshalb, wenn die Basis, auf die sie bezogen sind, und die Prämissen, unter denen sie gelten, oft nicht angegeben sind; Fehlinterpretationen sind dann unausweichlich.

Tabelle XII.1 Vergleichsdaten für zwei PKW der Mittelklasse

	Einheit	PKW 1	PKW 2	PKW 1 / PKW 2
Wagengewicht	kg	1175	1098	1,07
Querspantfläche	m^2	1,87	1,80	1,04
Luftwiderstandsbeiwert	—	0,450	0,345	1,30
Luftwiderstandsarbeit *	Wh/km	212,8	157,0	1,36
Rollreibungsarbeit *	Wh/km	64,3	60,0	1,07
Gesamte Fahrenergie *	Wh/km	277,1	217,0	1,28
Kraftstoffverbrauch *	Wh/km l/100km	1170 12,8	905 9,9	1,29
Nutzungsgrad	%	23,7	24,0	0,99

* bei v=konst.=140 km/h

4 Schlußbemerkung

Dank der Anstrengungen im technischen und wissenschaftlichen Bereich — und dies nicht nur in den letzten Jahren — stehen uns heute eine Reihe zum Teil auch wirtschaftlich alternativer Technologien zur Verfügung, den spezifischen Energieaufwand gegenüber der bisherigen Situation zu senken. Alle realistischen Wege sollten auch parallel genutzt werden. Es gibt sicher nicht *den* Weg zum energetischen Heil, und es ist dringend vor Lösungen zu warnen, die eine monolithische Struktur haben.

In allen Bereichen wird entscheidend sein, energiebewußtes, physikalisch richtiges Handeln des Einzelnen zu erreichen und das Bewußtsein für die Bedeutung derartigen Handelns wachzuhalten. Die dafür notwendige Aufklärung über die grundlegenden energietechnischen Sachverhalte soll zudem den Bürger schützen vor falschen Erwartungen, vor Fehlentscheidungen und ihn in die Lage versetzen, Vorschläge und Strategien zu Energiefragen hinreichend beurteilen zu können. Nicht billige Effekthascherei aus wirtschaftlichen oder politischen Interessen sondern realistische, vernünftige Problemlösungen können weiterhelfen.

Literatur

[1] *Rumpf, H.-G.* u.a., Energie und sinnvolle Energieanwendung Energie Verlag, Heidelberg 1976.

[2] BMW: Energie verbrauchen, aber mit Vernunft.

[3] *Hugel, G.* und *H. Schmitz,* Betriebliche Energiewirtschaft. Anleitung für Klein- und Mittelbetriebe. Beuth Verlag, Berlin, Köln 1977.

[4] *Riesner, W.,* Rationelle Energieanwendung. VEB Deutscher Verlag für Grundstoffindustrie, Leipzig 1974.

[5] VDI: Aktuelle Wege zu verbesserter Energieanwendung. VDI-Berichte Nr. 250. Verlag des Vereins Deutscher Ingenieure, Düsseldorf 1975.

[6] VDI: Möglichkeiten und Grenzen der rationellen Energieverwendung, VDI-Berichte Nr. 275, Verlag des Vereins Deutscher Ingenieure, Düsseldorf 1976.

[7] VDI: Energieanwendung im Endverbrauch. Analyse — Planung — Technik, VDI-Berichte Nr. 282, Verlag des Vereins Deutscher Ingenieure, Düsseldorf 1977.

[8] Forschungsstelle für Energiewirtschaft: Technologien zur Einsparung von Energie in den Endverbrauchssektoren Haushalt und Kleinverbrauch, Industrie und Verkehr (insgesamt 5 Bände), Studie im Auftrag des BMFT, München 1975.

[9] *Schaefer, H.,* Verbesserung der Energienutzung — Heutige und zukünftige Möglichkeiten, atomwirtschaft — atomtechnik 20 (1975), Nr. 9.

[10] *Schaefer, H.,* Energienutzung und -einsparung. VDI-Berichte Nr. 236, Verlag des Vereins Deutscher Ingenieure, Düsseldorf 1975.

XIII   Weltwirtschaft der primären Energieträger

W. Gocht

Inhalt

1	Allgemeines	359
2	Energievorräte der Welt	359
3	Weltproduktion und Weltverbrauch	360
4	Internationale Organisationen und ihre Energiepolitik	362
5	Braunkohle — Welthandel und Vorräte	366
6	Steinkohle — Welthandel und Vorräte	367
7	Erdöl — Welthandel und Vorräte	369
8	Erdgas — Welthandel und Vorräte	378
9	Uran und Thorium — Welthandel und Vorräte	380
10	Wasserkraft	382
	Tabellen	382
	Literatur	387

1   Allgemeines

Bei den zwischenstaatlichen Wirtschaftsbeziehungen kommt den einzelnen Energieträgern eine unterschiedliche Bedeutung zu, die vor allem aus der regionalen Rohstoffverteilung, der Transportfähigkeit, der Transportkostenbelastung und dem Preis resultiert. Über die strenge Abgrenzung der weltwirtschaftlichen Güterbewegungen hinaus üben auch die Höhe von Produktion und Eigenverbrauch, der Bedarfstrend und die potentiellen Vorräte an Substitutions-Energieträgern in den jeweiligen Erzeuger- bzw. Verbraucherländern als wesentliche Kriterien ihren Einfluß auf die Weltwirtschaft der primären Energieträger aus. Hinzu kommen rohstoffpolitisch motivierte Änderungen (größere Versorgungssicherheit, Diversifizierung) der Export- oder Importstrukturen.

Der Energiebedarf der Welt wird noch immer vorrangig durch die festen Brennstoffe Steinkohle, Braunkohle, Torf und Holz, die flüssigen bzw. gasförmigen Brennstoffe Erdöl und Erdgas, durch Wasserkraft und seit einiger Zeit zusätzlich aus den Kernbrennstoffen Uran und Thorium gedeckt. Für den weltweiten zwischenstaatlichen Handel mit primären Energieträgern haben Steinkohle und Erdöl traditionelle Bedeutung, während der Export von Erdgas und Kernbrennstoffen in größerem Umfang erst um 1970 begann, seitdem aber ständig wächst.

Die Welthandelsbilanz (Tabelle XIII.1) unterstreicht die hervorragende Stellung von Erdöl, das aus OPEC-Ländern in großen Mengen in die Industrieländer und in geringeren Mengen in andere Entwicklungsländer geliefert wird. Auch die Industrieländer untereinander handeln in gewissem Umfang mit fossilen Brennstoffen, wie auch die Ostblockländer untereinander (Intrablockhandel). Das Handelsvolumen nahm global in den letzten 20 Jahren stetig zu. Während 1960 erst 36 % des Rohöls über den Außenhandel gingen, sind es 1980 schon 54 %, bei Erdgas stieg der Anteil sogar von 1 % auf 13 % im gleichen Zeitraum, bei Kohle von 6 % auf 8,5 %.

2   Energievorräte der Welt

Mit mehr als der Hälfte des zur Verfügung stehenden Gesamtwärmeäquivalentes der sicher nachgewiesenen Energierohstoffvorräte der Welt (Tabelle XIII.2) sind die Kohlen die wichtigsten Primärenergieträger.

Zwar weist Rohöl aus konventionellen Lagerstätten nur einen Anteil von knapp 12 % an den Gesamt-

Tabelle XIII.1 Welthandel in fossilen Brennstoffen (f.o.b. in Mio. US-$) 1978

Export nach von	Industrieländer	Entwicklungsländer	OPEC-Länder	Ostblock
Industrieländer	33 931	3 352	861	387
Entwicklungsländer	119 714	35 461	1 260	2 238
davon OPEC-Länder	103 042	29 550	410	2 026
Ostblock	11 967	1 687	9	10 068

Quelle: Yearbook of International Trade Statistics 1979, New York, 1980.

Tabelle XIII.2 Die nachgewiesenen, ausbringbaren Vorräte an Primärenergieträgern (Stand: 1980)

Energieträger	Energiewert kcal/kg	Energiewert MJ/kg	Reservemenge	Wärmeäquivalent 10^9 Gcal	Wärmeäquivalent 10^{12} GJ	Anteil %
Steinkohlen	7 000	29,31	487 771 Mio. t	3414	14,3	44,9
Braunkohlen	1 900	7,95	394 039 Mio. t	749	2,7	9,9
Brenntorf	3 000	12,56	15 819 Mio. t	47	0,2	0,6
Erdöl	10 100	42,29	89 041 Mio. t	899	3,8	11,8
Ölschiefer (> 42 ℓ/t)	5 000	20,93	39 498 Mio. t	197	0,8	2,6
Schweröl aus Sanden	9 800	41,03	40 001 Mio. t	392	1,6	5,2
Erdgas/Erdölgas	8 000	33,49	69 996 Mrd. m³	560	2,3	7,4
Uran[1]	375 000	1570,00	2,3 Mio. t	862	3,6	11,4
Wasserkraft[2]	2 377	9,95	200 000 Mrd. kWh	475	2,0	6,2

[1] Einsatz in konventionellen Reaktoren
[2] für 100 Jahre

Quelle: BGR: Survey of Energy Resources, Hannover 1980

Tabelle XIII.3 Die geologischen Gesamtvorräte der wichtigsten Primärenergieträger (Stand: 1980)

Energieträger	Energiewert kcal/kg	Energiewert MJ/kg	Vorratsmengen	Wärmeäquivalent 10^9 Gcal	Wärmeäquivalent GJ	Anteil %
Steinkohlen	7 000	29,31	6 161 365 Mio. t	43 129	180,6	71,5
Braunkohlen	1 900	7,95	5 994 736 Mio. t	11 388	47,7	18,9
Brenntorf	3 000	12,56	261 618 Mio. t	785	3,3	1,3
Erdöl	10 100	42,29	53 387 Mio. t	539	2,3	0,9
Erdgas	8 000	33,49	137 655 Mrd. m³	1 101	4,6	1,8
Schweröl aus Sanden	9 800	41,03	76 314 Mio. t	748	3,1	1,2
Ölschiefer	5 000	20,93	300 175 Mio. t	1 501	6,3	2,5
Uran[1]	375 000	1570,00	3,1 Mio. t	1 162	4,9	1,9

[1] Einsatz in konventionellen Reaktoren

Quelle: Survey of Energy Resources, Hannover 1980

reserven auf, doch sind zusätzliche Reserven in Ölschiefern und besonders in Ölsanden vorhanden. Die erheblichen Mengen von Rohölen in Schwerstölsanden (Tabelle XIII.2) können bei den ständig steigenden Preisen der Konkurrenzenergien zu immer größeren Teilen kostendeckend gewonnen werden. — Der Energiewert der Uranreserven ist bei Einsatz im „Schnellen Brüter" etwa 100 mal größer als bei der Verwendung in konventionellen Reaktoren.

Neben den sicher nachgewiesenen Vorräten sind für Bedarfsdeckungsprognosen auch die voraussichtlich gewinnbaren, also potentiellen Energievorräte der Welt bedeutsam. In einer weltweiten Erhebung der Bundesanstalt für Geowissenschaften und Rohstoffe für die 11. Weltenergie-Konferenz 1980 in München wurden die in Tabelle XIII.3 zusammengestellten Vorräte ermittelt.

3 Weltproduktion und Weltverbrauch

Die Gesamtenergieproduktion richtet sich normalerweise nach der Gesamtnachfrage, wobei die Entwicklung des Weltenergiebedarfes hauptsächlich von zwei Faktoren bestimmt wird: vom Wachstum der Bevölkerung und von der Höhe des Lebensstandards. Zwischen 1900 und 1962 hat sich die Weltbevölkerung verdoppelt (auf etwa 3,1 Mrd.), und bis zum Jahre 2000 soll es nach Vorausberechnungen der UNO rund 6,5 Mrd. Menschen auf der Erde geben. Dieser Zuwachs wird zusammen mit einer fortschreitenden Industrialisierung und dem angestrebten höheren Lebensstandard eine weitere Steigerung des Energieverbrauches mit sich bringen.

1979 erreichte der Weltenergieverbrauch 8 705 Mio. t SKE im Gegensatz zu nur 4418 Mio. t SKE im Jahre

3 Weltproduktion und Weltverbrauch

Tabelle XIII.4 Produktion und Verbrauch von Primärenergie

Region	Gesamtproduktion (Mio. t SKE)			Gesamtverbrauch (Mio. t SKE)			Verbrauch pro Einwohner (kg SKE)		
	1952	1962	1979	1952	1962	1979	1962	1972	1979
Westeuropa	547	572	801	636	909	1 576	2 731	4 000	4 253
Nordamerika	1 250	1 533	2 378	1 252	1 654	2 761	8 058	11 526	11 305
Lateinamerika	177	331	515	78	161	400	600	950	1 129
Afrika	33	99	582	42	72	158	248	363	460
Asien (außer Nahost)	113	186	370	117	255	755	274	481	755
Naher Osten	142	408	1 619	19	36	134	439	857	1 861
Australien und Ozeanien	25	34	132	34	49	102	3 026	4 275	4 582
Ostblock	588	1 349	3 163	582	1 281	2 819	1 255	1 825	2 027
Welt insgesamt	2 876	4 512	9 560	2 760	4 418	8 705	1 423	1 984	2 019

Quellen: UN; Statistical Yearbook, New York 1960—1979. Yearbook of World Energy Statistics 1979; New York, 1981.

1962 (vgl. Tabelle XIII.4). Innerhalb von 14 Jahren hat sich damit der Gesamtverbrauch fast verdoppelt.

Gedeckt wurde die Nachfrage 1979 etwa zu 44,8 % von Erdöl, zu 28,4 % von Kohle, zu 18,6 % von Erdgas, zu 5,9 % von Wasserkraft und zu 2,2 % von Atomenergie. Noch 1966 war Kohle mit rund 42 % vor Erdöl mit rund 38 % an der Bedarfsdeckung beteiligt.

Deutlich verschieden sind die regionalen Entwicklungstendenzen bei Produktion und Verbrauch der primären Energieträger (Tabelle XIII.4). Während in Nord- und Lateinamerika sowie im Ostblock die Produktion in der Größenordnung des Bedarfszuwachses gesteigert werden konnte, blieb in Westeuropa die Primärenergie-Erzeugung trotz stark gestiegenen Verbrauchs bis 1975 fast konstant und steigt erst nach Erschließung der Nordseefelder etwas an. Deutliche Verbrauchssteigerungen erlebte Asien, woran in erster Linie Japan beteiligt war. Höhere Produktionsraten dagegen sind in Afrika (Libyen, Algerien, Nigeria) und im Nahen Osten zu erkennen, die ausschließlich die Erdöl- und Erdgasförderung betreffen.

Wie ausgeprägt der Energieverbrauch an die Industrialisierung gebunden ist, zeigt ein Blick auf den unterschiedlichen Pro-Kopf-Verbrauch einzelner Länder (Tabelle XIII.5) und Regionen (Tabelle XIII.4). Der Verbrauch in Westeuropa ist doppelt so hoch wie der Weltdurchschnitt, der nordamerikanische Verbrauch sogar fast sechsmal so hoch, während beispielsweise die afrikanischen Agrarländer einen sehr geringen Energieverbrauch aufweisen. Unter den 188 von der UNO erfaßten Staaten der Erde hatten 31 noch im Jahre 1979 einen Konsum von weniger als 100 kg SKE pro Kopf der Bevölkerung und etwa die Hälfte (78 Länder) von weniger als 500 kg SKE/Einw. Das von der Carter-Regierung vergeblich proklamierte Energiesparprogramm für die USA sollte übrigens bewirken, daß der Pro-Kopf-Verbrauch auf etwa 7000 kg SKE gesenkt und damit dem Niveau in Westeuropa angeglichen wird.

Zahllos sind die Prognosen der Wirtschaftsforschungsinstitute, der Banken (Chase Manhattan Bank als „Hausbank" amerikanischer Ölkonzerne), der großen Mineralölgesellschaften (BP, Shell) und der überregionalen Wirtschaftsorganisationen (OECD, EG) über den künftigen Energiebedarf. Bis 1972 wurde allgemein von einer langfristigen Zuwachsquote von 4—5 % pro Jahr ausgegangen. Auf der Grundlage dieser Daten ergab sich ein Welt-Energieverbrauch von etwa 10 Mrd. t SKE für 1980 und von etwa 20 Mrd. t SKE für das Jahr 2000.

Nach den substanziellen Preiserhöhungen für Energieträger 1973/74 mußten die Prognosen stark revidiert werden, da Energiesparprogramme und rückläufige Konjunktur zu einer Veränderung des Bedarfstrends führten. Für Deutschland basieren die neuen Vorausberechnungen auf jährlichen Zuwachsraten um 3 %.

Tabelle XIII.5 Energieverbrauch pro Kopf 1979 (in Äquivalenten von kg Steinkohle)

USA	11 361	Sudan	128
Kanada	10 785	Nigeria	78
Schweden	5 697	Ruanda	20
BR Deutschland	5 992		
Großbritannien	5 135	Kuwait	6 927
Frankreich	4 297	Japan	3 723
Italien	3 041	Iran	1 140
Portugal	1 131	Indien	178
Argentinien	1 879	Nepal	11
Mexiko	1 492		
Brasilien	767	Australien	6 196
Bolivien	400	DDR	7 016
Haiti	52	Sowjetunion	5 558
Südafrika	2 375	China	729
Ägypten	473	Weltdurchschnitt	2 019

Quelle: Yearbook of Wolrd Energy Statistics 1979, New York, 1981.

Der Weltenergiebedarf schließlich wurde 1981 auf rund 11 Mrd. t SKE im Jahre 1985 (Verbrauch 1980 9 Mrd. t SKE), auf 15 Mrd. t SKE (Exxon) im Jahre 2000 geschätzt. Das erfordert in den nächsten 20 Jahren Investitionen von etwa 20000 Mrd. DM (bei 4 % Inflation).

Völlig verändert haben sich in den Prognosen die Aussagen über die Struktur der künftigen Bedarfsdeckung. Sektoranalysen zeigen nun nicht mehr einen gravierenden Rückgang des relativen Anteils der Steinkohle, sondern einen etwa gleichbleibenden Prozentsatz, wogegen bei Erdöl kein wachsender, sondern ein rückläufiger Anteil an der gesamten Bedarfsdeckung der kommenden zwei Dekaden projektiert wird. Erdgas soll seine Bedeutung nur noch etwas erhöhen können, während der Kernenergie mittelfristig und regenerativer Energie langfristig die entscheidende Rolle bei der Schließung der Energielücke zukommt.

Mit dem erwarteten absoluten Bedarfszuwachs wird auch der Welthandel und ganz allgemein die weltwirtschaftliche Bedeutung der primären Energieträger weiter zunehmen, da die naturgegeben unterschiedliche Verteilung der Bodenschätze auf der Erde einen erhöhten Rohstoffaustausch nach sich ziehen muß. Neben Erdöl und Kohle werden die neueren Energieträger Erdgas und Kernbrennstoffe im zwischenstaatlichen Warenverkehr weiter an Bedeutung gewinnen.

4 Internationale Organisation und ihre Energiepolitik

Erst seit einiger Zeit haben sich Organisationsformen auf den Märkten von Erdöl und Erdgas herausgebildet, die allerdings noch weitgehend auf die Erzeuger- bzw. Exportländer beschränkt sind. Ziel dieser Produzentenvereinigungen ist eine gemeinsame Wirtschaftspolitik in bezug auf die Gewinnung und den Handel mit diesen wichtigen primären Energieträgern. Eine besondere Stellung nimmt dabei der Erdöl-Markt ein, wo die Beziehungen zwischen Export- und Importländern in einem gegenseitigen (allerdings nicht immer ausgewogenen) Abhängigkeitsverhältnis bestehen. Unter den Organisationsformen der Energiewirtschaft kommt daher dem internationalen Kartell der Erdölexportländer große Bedeutung zu.

4.1 OPEC, OAPEC

Die Gründung der „Organization of Petroleum Exporting Countries" (OPEC) wurde auf einer Konferenz in Bagdad beschlossen, die vom 10.–14. September 1960 auf Einladung der irakische Regierung stattfand und an der Vertreter der Regierungen von Irak, Iran, Kuwait, Saudi-Arabien und Venezuela teilnahmen. Unmittelbarer Anlaß der Konferenz war damals die Senkung der Rohölpreise, die einem Angebotsdruck nachgeben mußten. Das Bestreben der OPEC-Länder richtet sich seitdem auf die Beeinflussung der Preisbildung für Erdöl und auf eine ständige Erhöhung ihrer Erlöse.

Die Anzahl der Mitgliedsländer hat sich durch die Aufnahme von Qatar (1961), Indonesien (1962), Libyen (1962), Abu Dhabi (1967, ab 1974 als Vereinigte Arabische Emirate), Algerien (1969), Nigeria (1971), Ecuador (1973) und Gabun (1975) auf 13 erhöht. Für die Aufnahme neuer Mitglieder ist eine Dreiviertel-Mehrheit erforderlich, wobei jedes der 5 Gründungsmitglieder noch zusätzlich ein Veto-Recht besitzt. Am Veto des Irak scheiterte beispielsweise 1972 die Aufnahme von Trinidad.

Als Organe der OPEC fungieren die „Konferenz" als höchste Instanz mit zwei ordentlichen Tagungen im Jahr, der „Gourverneursrat" (Board of Governors) und das „Generalsekretariat" mit exekutiven Funktionen. Der Generalsekretär (1971/72: *N. Pachachi*; 1973/74; *A. Khene*; 1975/76: *M. O. Feyide*; 1977/78: *Ali Jaidah*; 1979/80: *René Ortiz*) und die 5 Departments des Sekretariats (Verwaltung, Wirtschaft, Recht, Information, Technik) sind vor allem für die Durchsetzung der Resolutionen der Konferenz verantwortlich. Das OPEC-Sekretariat wurde 1961 zunächst in Genf gegründet, verlegte aber seinen Sitz im Juni 1965 nach Wien, weil in der Schweiz keine Anerkennung als internationale Körperschaft erreicht werden konnte.

Zu den Aufgaben des OPEC-Sekretariats gehört in erster Linie die Pflege der Solidarität unter den Mitgliedsländern. Die Konferenz-Beschlüsse dienten zunächst einer einheitlichen „Erdölpolitik", die vor allem die Harmonisierung der Konzessionsverträge, der Abgaberegelungen und der nationalen Erdölgesetzgebung anstrebte.

Auf den Konferenzen der OPEC-Länder werden die Forderungen der Mitgliedsländer als Resolutionen formuliert. Gemäß Statut hat der kartellartige Zusammenschluß folgende Ziele:

a) Ermöglichung einer einheitlichen Erdölpolitik zur Wahrung einzelstaatlicher und gemeinsamer Interessen.
b) Stabilisierung der Exportpreise und Exporterlöse.
c) Gewährleistung einer effizienten, wirtschaftlichen und regelmäßigen Versorgung der Importländer.
d) Angemessene Verzinsung des Investitionskapitals der Erdölindustrie.

Im Juli 1962 wurden die ersten Resolutionen verabschiedet, die vor allem eine Erhöhung der Steuern und Abgaben anstrebten. Im Juni 1968 kündigte sich eine Neuorientierung an, denn es wurde eine schrittweise Übernahme von Gewinnung und Verarbeitung des Rohöls in staatliche Kontrolle der OPEC-Länder gefordert, die durch eine Beteiligungspolitik erreicht werden sollte.

Eine preventive Preispolitik wurde aufgrund von Produktionsüberschüssen bis zum Ende der Sechziger Jahre beibehalten. Mit der Änderung der Marktpositionen hin zum Verkäufermarkt änderten sich auch die Machtverhältnisse, was zu einer aggresiven Preispolitik führte, die Ende

4 Internationale Organisation und ihre Energiepolitik

1973 und in der 2. Hälfte 1979 ihre vorläufigen Höhepunkte erreichte.

Der Umschwung wurde signalisiert auf der 21. OPEC-Konferenz vom 9.–12.12.1970 in Caracas. Mit der Resolution 120 forderten die Mitglieder eine Anhebung des Gewinnsteuersatzes auf 55 % und eine allgemeine Erhöhung des Steuerreferenz-Preises („posted price"). Auf Konferenzen zwischen Exportländern und Mineralölgesellschaften konnten diese Ziele schon bald erreicht werden. Auf der Konferenz von Teheran (12.1.–14.2.1971) wurden zwischen Iran, Irak, Saudi-Arabien, Kuwait, Qatar und Abu Dhabi auf der einen Seite und 22 Mineralölgesellschaften auf der anderen Seite eine Erhöhung des Steuerreferenz-Preises um über 25 % erzielt. Die Konferenz von Tripolis (24.2.–2.4.71) brachte ähnliche Vereinbarungen für Libyen, Algerien und zum Mittelmeer transportierte Rohöle zustande. Die Verträge wurden mit festgelegten jährlichen Erhöhungen für die Dauer von 5 Jahren geschlossen. Zusatzabkommen von 2 Konferenzen in Genf (20.1.72 und 1.6.73) sahen außerdem noch Preissteigerungen um 8,49 % und 11,9 % zur Kompensation der Dollar-Abwertungen vor. Am 16.10.1973 jedoch wurden auf einer Tagung in Kuwait alle diese Verträge einseitig von den Golf-Ländern für nichtig erklärt und der „posted price" in souveräner Entscheidung fast verdoppelt.

Die OPEC-Resolution 155 vom 28.6.1973 stellte schon fest, daß die Industrieländer in eine starke Abhängigkeit von der Versorgung mit Erdöl und Erdgas geraten waren und die Erdöl-Exportländer mit ihren Rohstofflieferungen nun ein sehr effektives Instrument zur Erreichung eines wirtschaftlichen Wohlstandes in ihren Ländern haben. Diese 3 Monate vor dem Oktober-Krieg in Nahost verabschiedete Resolution zeigt deutlich, daß politische Motive während der sogenannten Ölkrise 1973/74 nur Vorwand für wirtschaftliche Machtpolitik waren. Aus der Chronologie der Ölkrise sollen nur folgende Daten erwähnt werden:

- 16.10.73 Golf-Förderländer erhöhen den posted price um 70 %.
- 17.10.73 OAPEC-Länder beschließen Förderkürzungen um 5 % pro Monat,
- 19.10.73 Libyen stoppt als erstes OAPEC-Land die Öllieferungen an die USA,
- 21.10.73 Algerien stoppt als erstes OAPEC-Land die Öllieferungen an die Niederlande,
- 23.12.73 Golf-Förderländer erhöhen den posted price um weitere 125 %,
- 17.3.74 Lieferstop gegen USA wird aufgehoben,
- 10.7.74 OAPEC beendet Lieferboykott gegen die Niederlande.

Während also Lieferbeschränkungen nur kurzfristig verhängt worden waren, blieben die innerhalb von 3 Monaten vervierfachten Listenpreise (vgl. Bild XIII.2) bestehen.

Zu den wichtigsten Auswirkungen der Rohölpreis-Erhöhungen gehören:

a) die sprunghaft gestiegenen Einnahmen schaffen in einigen Exportländern die Voraussetzung für deren raschere wirtschaftliche Entwicklung.
b) die Zahlungsbilanzen der Importländer werden stark belastet, was zu erheblichen Handelsdefiziten führt,
c) das Weltwährungssystem kann durch vagabundierende Öldollars einer harten Bewährungsprobe unterworfen werden,
d) die dringend notwendigen Forschungen zur besseren Nutzung der Energieträger und zur Suche nach alternativen Energiequellen wurden angeregt,
e) rohstoffarme Entwicklungsländer sind besonders hart betroffen.

Die Einnahmen der OPEC-Länder (vgl. Tabelle XIII.6), zunächst erzielt durch Erhebung von Förderzinsen und Einkommenssteuern, seit Mitte der 70er Jahre dann immer stärker durch Erlöse aus staatlichen Rohöl-Verkäufen, entwickelten sich wie folgt:

- 1960: ca. 1,5 Mrd. US-$
- 1965: ca. 4 Mrd. US-$
- 1966: 4,4 Mrd. US-$
- 1967: 4,9 Mrd. US-$
- 1968: 5,9 Mrd. US-$
- 1969: 6,5 Mrd. US-$
- 1970: 7,73 Mrd. US-$
- 1971: 11,98 Mrd. US-$
- 1972: 14,37 Mrd. US-$
- 1973: 22,51 Mrd. US-$
- 1974: 91,90 Mrd. US-$
- 1975: 94,70 Mrd. US-$
- 1976: 116,60 Mrd. US-$
- 1977: 123,60 Mrd. US-$
- 1978: 115,80 Mrd. US-$
- 1979: 199,00 Mrd. US-$
- 1980: 272,00 Mrd. US-$

Tabelle XIII.6 Erdöl-Einkünfte der OPEC-Länder (in Mio. US-$)

Land	1966	1971	1974	1977	1979
Saudi-Arabien	777	2 149	22 600	38 600	57 700
Iran	593	1 944	17 500	21 600	20 800
Irak	394	840	5 700	9 800	23 400
Venezuela	1 112	1 702	8 700	6 100	12 000
Kuwait	707	1 400	7 000	7 900	16 000
Nigeria	–	915	8 900	9 600	16 100
Libyen	479	1 766	6 000	8 900	16 300
Ver. Arab. Emirate	100	431	5 500	9 000	12 800
Indonesien	240	284	3 300	4 700	8 100
Algerien	–	350	3 700	4 300	8 800
Qatar	92	198	1 600	2 000	3 800
Gabun	–	–	700	600	1 400
Ekuador	–	–	700	500	1 800
OPEC-Länder insgesamt	4 949	11 979	91 900	123 600	199 000

Quellen: Z. Petroleum Economist, London July 1978, 1980 – Shell International, London 1977

Hauptsächliche Quellen für die Einnahmen der OPEC-Länder waren früher:
- die Gewinnsteuer („Einkommenssteuer", im Mutterland der Mineralöl-Gesellschaften daher abzugfähig), die in den Sechziger Jahren bei 50 % lag, ab Herbst 1970 auf 55 % angehoben wurde und im Laufe des Jahres 1974 von 60 % auf bis zu 85 % stieg.
- der Förderzins („royalty"), der Mitte der Fünfziger Jahre 10 % betrug, in den Sechziger Jahren 12,5 % und im Laufe des Jahres 1974 über 14,5 % und 16,67 % bis zu 20 % heraufgesetzt wurde.

Seit 1979 sind praktisch alle Konzessionen ausländischer Mineralölgesellschaften in Staatseigentum überführt worden. Die Erlöse aus dem Export von Rohöl oder Produkten werden jetzt direkt durch Verkäufe der staatlichen Ölgesellschaften der OPEC-Länder erzielt.

Die Verstaatlichung vollzog sich über die oben erwähnte Beteiligungspolitik („participation"). Nachdem 1971 Algerien und Irak sowie 1972 Libyen eine staatliche Beteiligung an den Altkonzessionen von 51 % erzwang, trat am 1.1.1973 auch ein Abkommen der Golfstaaten Saudi-Arabien, Abu Dhabi und Qatar in Kraft, das einen Stufenplan für die Partizipation vorsah. Die dem Exportland aus diesem Beteiligungsvertrag zustehende Förderquote sollte zunächst bis 1978 auf 25 % steigen und frühestens 1982 51 % erreichen. Doch auch über diese Verträge setzen sich die OPEC-Länder 1974 hinweg, denn auf einer Konferenz im Juni 1974 in Quito wurden die Beteiligungen generell auf 60 % erhöht, teilweise rückwirkend ab Januar 1974. Immer mehr Staaten entschlossen sich auch zur vollständigen Übernahme der Ölförderung, wie Mitte 1974 der Iran oder Kuwait und Venezuela Anfang 1975. Da die Exportländer zunächst noch nicht über eigene Verkaufsorganisationen verfügten, verpflichteten sie die internationalen Ölgesellschaften zum Rückkauf des Staatsöls.

Auf einer OPEC-Konferenz im Dezember 1976 in Qatar kam es zu unüberbrückbaren Gegensätzen über erneute Preiserhöhungen. Die Ergebnisse waren 5 % Steigerungen für den Steuerreferenzpreis in Saudi-Arabien und den Vereinigten Arabischen Emiraten, 7 % Steigerung in Indonesien und 10 % Steigerung in den anderen OPEC-Mitgliedsländern. Dieses gespaltene Preissystem konnte im Juli 1977 nach Beschlüssen der OPEC-Konferenz in Stockholm überwunden werden, da Saudi-Arabien und die Emirate einer Angleichung der Preise zustimmten, die anderen OPEC-Länder im Gegenzug auf weitere Erhöhungen verzichteten.

Die Differenzen über eine gemeinsame Preispolitik waren Anfang 1978 der Anlaß zur Bildung eines „Long-term Strategy Committee" aus 5 OPEC-Mitgliedern, das nach wenigen Monaten einen Vorschlag für eine langfristige Preispolitik unterbreitete, der deutlich die Handschrift des saudiarabischen Erdölministers Yamani verriet. Danach sollten Preisanpassungen nach 3 wesentlichen Marktfaktoren erfolgen, nämlich nach den Inflationsraten, dem Dollarwechselkurs und den Wachstumsraten des BSP in westlichen Industriestaaten. — Mitte 1979 widersetzten sich Iran, Algerien und Libyen diesem Preis-Anpassungsmechanismus und verselbständigten ihre Preispolitik. Ein Kompromiß kam vorübergehend 1980 zustande, als Saudi-Arabien den Preis für sein leichtes Rohöl, der als Orientierungshilfe für andere Rohölsorten gilt, auf erst 30 $/bbl und im Dezember auf 32 $/bbl anhob und andere OPEC-Länder für einige Zeit auf Erhöhungen verzichteten.

Der Krieg zwischen Iran und Irak bleibt nicht ohne Einfluß auf die OPEC. Zwar konnte die Konferenz in Bali Mitte Dezember 1980 wie geplant durchgeführt werden, doch mußte zuvor die Feier zum zwanzigjährigen Bestehen der OPEC abgesagt werden und auch die Beteiligung des Iran an neuen Preisabsprachen ist ungewiß. Zur Unterstützung der finanzschwachen Entwicklungsländer hat die OPEC 1976 einen Sonderfonds geschaffen, der 1980 von 1,6 Mrd. $ auf 4 Mrd. $ erhöht wurde. Aus dem Fonds sollen Kredite und Zahlungsbilanzhilfen für die MSAC-Länder gewährt werden.

Neben der OPEC hat sich als zweites internationales Kartell auf dem Ölmarkt die OAPEC („Organization of Arab Petroleum Exporting Countries") mit Sitz in Kuwait City, gebildet. Anfang 1968 als lose Vereinigung von den arabischen OPEC-Mitgliedern Saudi-Arabien, Kuwait, Irak und Libyen gegründet, traten im Mai 1970 zunächst Algerien, Abu Dhabi, Bahrain, Dubai und Qatar bei, nach einer Satzungsänderung, die auch die Aufnahme arabischer Nicht-OPEC-Länder vorsah, Ende 1971 Ägypten, Syrien und Bahrain. Neben rein wirtschaftlichen Zielen wurde schon 1968 eine Stärkung der arabischen Welt durch Nutzung des Erdölexportes als politische Waffe angestrebt. 1974 proklamierte die OAPEC den Aufbau einer gemeinsamen Tankerflotte, die 1978 bereits 8 Tanker mit 2,1 Mio. dtw umfaßte (Arab Maritim Petroleum Transport Co.). 1975 wurde von 7 OAPEC-Mitgliedern die Arab Shipbuilding and Repair Yard Co. gegründet, die Ende 1977 das erste Großdock in Bahrain in Betrieb nahm. Die Arab Petroleum Investment Co. (1976) und die Arab Petroleum Services Co. (1977) sollen die Eigenständigkeit bei Projektfinanzierungen und bei Explorationen fördern.

4.2 Energiepolitik der Verbraucherländer

Wichtigstes Ziel energiepolitischer Konzepte in Industriestaaten ist eine Verminderung der Importabhängigkeit. Die USA haben Anfang 1974 mit dem „Project Independence" die Wege zur Verwirklichung dieses Zieles aufgezeigt. Durch Einsparungen bzw. rationellere Verwendung von Energieträgern, durch Entwicklung einheimischer Rohstoffvorkommen und durch Erforschung und Nutzbarmachung alternativer Energieträger sollte bis 1985 eine weitgehende nationale Autarkie erreicht sein.

4 Internationale Organisation und ihre Energiepolitik

Allein für Forschungen auf dem Gebiet der Gaserzeugung (SNG aus Kohlen, Ölschiefern, Abfallstoffen, Pflanzen u. a.) wurden 1758 Mrd. $ veranschlagt. Es war jedoch schon 1976 abzusehen, daß die hochgesteckten Ziele des Projektes nicht erreicht werden können. Von der Carter-Administration wurde deshalb ein Energiesparprogramm vorgeschlagen mit weitreichenden Konsequenzen, auch hinsichtlich des privaten Verbrauchs von Erdöl-Produkten. Im amerikanischen Kongreß scheiterten wesentliche Teile des Sparprogrammes. Der Rest wird kaum den erwarteten Erfolg bringen können.

Nicht alle einzelnen Industriestaaten besitzen die natürlichen Voraussetzungen für eine derartige Energiepolitik, wohl aber regionale Wirtschaftsräume wie die EG.

Zwar erteilte der Ministerrat bereits im Oktober 1957 den 6 EWG-Mitgliedern den Auftrag, die Grundzüge einer Energiepolitik zu entwickeln, doch erst mit der „Ersten Orientierung für eine gemeinschaftliche Energiepolitik" der EG-Kommission (KOM 68-1040 vom 10.12.68) war ein Handlungsrahmen ausgearbeitet worden. Als Aktualisierung und Ergänzung gilt das Dokument KOM 72-1200 vom 4.10.72, das insgesamt 46 Vorschläge zur rationellen Verwendung, zu Erschließungsprogrammen, zu Forschungsperspektiven und zum Umweltschutz enthält. Für besonders erstrebenswert wird dabei die Verbesserung der Kooperation zwischen Erzeuger- und Verbraucherländern gehalten. Die Versorgungsstörungen und die Ölpreiserhöhungen 1974 haben darüber hinaus zu weiteren internationalen Initiativen der importabhängigen Staaten geführt. Auf einer Energie-Konferenz am 3. Februar 1974 in Washington wurde der Grundstein für eine Strategie von zunächst 16, später 19, jetzt 21 der 24 OECD-Länder gelegt. Das „International Energy Programme" (IEP) enthält Regelungen über Bevorratung, Verbrauchseinschränkungen sowie einen simultanen Rohölverteilungsplan. Für die Durchführung des IEP soll die „Internationale Energieagentur" (IEA) sorgen, deren Direktionskomitee im November 1974 konstituiert wurde und deren Sekretariat seinen Sitz bei der OECD in Paris hat. Als Organe der IEA fungieren ein Verwaltungsrat, ein Geschäftsführender Ausschuß, vier Ständige Gruppen und das Sekretariat. Im Verwaltungsrat verteilen sich die 157 Stimmen nach dem Ölverbrauch der Mitgliedsländer (BR Deutschland 11, USA 51, Japan 18). Ständige Gruppen sind für Notstandsfragen, Ölmarkt, langfristige Zusammenarbeit und Beziehungen zu Förderländern gebildet worden. Die IEP verabschiedete im Oktober 1977 ihre energiepolitischen Grundsätze (vgl. Nachwort), die sich auf Maßnahmen zur Begrenzung von Rohöleinfuhren und zur Pflicht-Bevorratung konzentrieren. Ein International Data Reporting System der IEA verwertet die Marktdaten von 45 Mineralölgesellschaften.

Auch nationale Energieprogramme und Energiegesetze helfen, die Versorgung der Industriestaaten sicherzustellen. In Deutschland sind als Beispiele zu nennen: das Gesetz zur Förderung der Verwendung von Steinkohle („1. Verstromungsgesetz") vom August 1965 (vgl. Abschnitt X.2), das Gesetz zur Sicherung des Steinkohleneinsatzes in der Elektrizitätswirtschaft („2. Verstromungsgesetz") vom September 1966, das Gesetz über die weitere Sicherung des Einsatzes von Gemeinschaftskohle in der Elektrizitätswirtschaft („3. Verstromungsgesetz") von 1974, das Gesetz zur Sicherung der Energieversorgung bei Gefährdung oder Störungen der Einfuhren von Mineralöl und Erdgas („Energiesicherungsgesetz") vom November 1973 oder das Energieforschungsprogramm der Bundesregierung vom Februar 1974, das für Forschungen auf Gebieten der Kohlevergasung, Kohleverflüssigung, Bergbautechnik, Prospektionstechnologie und Energieverwendung insgesamt 1,5 Mrd. DM bereitstellte.

Nach der Novellierung des Bevorratungsgesetzes müssen die Importeure von Erdöl-Erzeugnissen seit 1.10.1976 für 70 Tage und die Verarbeiter für 90 Tage Pflichtvorräte einlagern.

Auch die anderen OECD-Länder haben die „strategischen" Vorräte erhöht. Die 21 Mitglieder der Internationalen Energie-Agentur kamen 1977 überein, bis 1980 einen 90-Tage-Bedarf einzulagern.

4.3 Weitere überregionale Vereinigungen und Konferenzen der Energiewirtschaft

Eine überregionale Produzentenvereinigung im Rahmen der westeuropäischen Montanunion besteht seit 20. Mai 1968. Zu den Mitgliedern dieser „Europäischen Kohlebergbaulichen Vereinigung" (ACE) mit Sitz in Brüssel zählen Belgien, BR Deutschland, Frankreich, Großbritannien und Spanien. Wichtigstes Organ ist ein Delegiertenrat, dessen Arbeit dem Hauptziel der Organisation, der Förderung der Zusammenarbeit der Kohleproduzenten in den Mitgliedsländern, gewidmet ist. 1973 wurde zusammen mit amerikanischen Kohle-Produzenten ein „International Committee for Coal Research" gegründet.

Bereits seit 21.3.53 besteht der „Studienausschuß des westeuropäischen Kohlebergbaues", eine wissenschaftliche Vereinigung mit Sitz in Brüssel, der kohlebergbauliche Organisationen der BR Deutschland, Frankreichs, Belgiens, der Niederlande und seit 1.1.73 auch Großbritanniens angehören.

Gemeinsame wissenschaftlich-technische Interessen der Erdöl-Industrie von Erzeuger- und Verbraucherländern vertritt der Welt-Erdölkongreß (WEK), der einen ständigen Rat aus Vertretern der Mitgliedsländer Algerien, Argentinien, Belgien, BR Deutschland, Frankreich, Großbritannien, Irak, Iran, Italien, Japan, Kanada, Mexiko, Niederlande, Österreich, Rumänien, Sowjetunion, USA und Venezuela unterhält und auf den internationalen Kongressen in London (1933), Paris (1937), Den Haag (1951),

Rom (1955), New York (1959), Frankfurt/Main (1963), Mexico City (1967), Moskau (1971), Tokyo (1975) und Bukarest (1979) den neuesten Forschungsstand präsentierte.

In nahezu allen Mitgliedsländern wurden National-Komitees ins Leben gerufen. Das Deutsche National-Komitee hat sein Sekretariat in Frankfurt/Main.

Einen wichtigen Unterausschuß des Welt-Erdölkongresses bildet das Scientific Program Committee, dem seit 1967 Mitglieder aus der BR Deutschland, Frankreich, Großbritannien, Italien, Niederlande, Sowjetunion und USA angehören.

Der Förderung der technischen Belange der Gasindustrie dient die Internationale Gas-Union („Union Internationale de l'Industrie du Gaz") mit Sitz in London. Die IGU wurde 1933 von 11 Staaten in Paris gegründet und umfaßt derzeit 33 Mitglieder. Durch Abhaltung internationaler Kongresse („Internationaler Kongreß der Gasindustrie") wird die fachwissenschaftliche Arbeit gefördert.

Ergänzend soll noch die Weltenergiekonferenz (World Energy Conference) mit Sitz in London erwähnt werden, die sich vor allem mit Fragen der Entwicklung des Energieverbrauchs und mit Problemen der Energieumwandlung, des Energietransportes und der Energiespeicherung beschäftigt. Ein Nationales Komitee für die BR Deutschland (DNK) hat sich in Düsseldorf etabliert. Die 9. Weltenergiekonferenz fand im September 1974 in Detroit/USA statt, die 10. Konferenz 1977 in Istanbul/Türkei und die 11. Konferenz 1980 in München.

Führende Mineralölgesellschaften gründeten im März 1974 die „International Petroleum Industry Environmental Conservation Association" in London, die Interessen der Unternehmen bei Umweltschutz-Programmen der UN oder nationaler Behörden vertreten soll. — Zahlreiche Ölgesellschaften und auch Tankerreedereien sind im übrigen der „International Convention for the Prevention of Pollution of the Sea by Oil" beigetreten, die 1969 als Ergänzung zur Konvention gegen die Verunreinigung der Meere verabschiedet wurde.

Verbraucherinteressen Westeuropas auf dem Gebiet des Brennstoffhandels werden koordiniert durch die „European Fuel Trade Association" (EUROCOM) mit Sitz in Lausanne, der Belgien, die BR Deutschland, Frankreich, Großbritannien, Italien, Luxemburg, die Niederlande, Österreich, Schweiz und Spanien angehören.

Daneben bestehen in den einzelnen Industriezweigen der Energiewirtschaft verschiedene nationale wissenschaftlich-technische Gesellschaften und Institutionen wie in Deutschland die Deutsche Gesellschaft für Mineralölwissenschaft und Kohlechemie (DGMK) in Hamburg, der Steinkohlebergbauverein in Essen, der Deutsche Braunkohlen-Industrie-Verein in Köln, die Torfforschung GmbH in Bad Zwischenahn, der Deutsche Verein von Gas- und Wasserfachmännern (DVGW) in Frankfurt/M. oder die Gesellschaft für Kernforschung in Karlsruhe und das Deutsche Atomforum in Bonn.

5 Braunkohle — Welthandel und Vorräte

5.1 Wichtige Export- und Importländer

Obwohl die Braunkohle 1979 mit rd. $290 \cdot 10^6$ t SKE (ca. 900 Mio. t) nur mit rd. 3 % am gesamten Primärenergieverbrauch der Welt beteiligt war, besitzt sie doch für die Förderländer eine große Bedeutung. So stützt sich die Energieversorgung in der DDR, in Jugoslawien und in der CSSR bis zur Hälfte auf einheimische Braunkohle. In der Sowjetunion und in der BR Deutschland, wo neben der Braunkohle andere Energieträger aus reichhaltigen Quellen gewonnen bzw. bedeutende Energiemengen eingeführt werden, betragen die entsprechenden Anteilsätze zwischen 5 und 10 %.

Die Braunkohlenförderung der Welt war im Jahre 1979 mit rd. $950 \cdot 10^6$ t etwa doppelt so hoch wie 1955. Die DDR weist absolut und relativ, d.h. gemessen an ihrem gesamten Primärenergieaufkommen, die höchste Braunkohlenförderung in der Welt auf (1979: $255 \cdot 10^6$ t = 27 % der Weltförderung). Neben dem Einsatz in Braunkohlenkraftwerken, die in der DDR über 80 % der Stromerzeugung bestreiten, wurden im Jahre 1975 aus Braunkohle rund $49 \cdot 10^6$ t Briketts, $6 \cdot 10^6$ t Koks und $5 \cdot 10^9$ m^3 Gas erzeugt. Zwischen 1970 und 1975 war die Braunkohlenförderung der DDR infolge auslaufender Tagebaue rückläufig, danach ist wieder ein Anstieg zu verzeichnen.

In fast allen anderen Revieren der Welt stieg die Erzeugung (vgl. Tabelle XIII.19), da der Beitrag einheimischer Energieträger zur Sicherung der Versorgung oder als Preisregulator allgemein erhöht wird. In den Förderländern ist die Braunkohle ein wichtiger energiepolitischer Faktor, da sie den Zielsetzungen der Energiepolitik einer ausreichenden, sicheren und preisgünstigen Versorgung entspricht.

Wegen ihres geringeren Heizwertes und ihres hohen Asche- und Wassergehaltes ist der Transport der Rohbraunkohle über weite Strecken im allgemeinen nicht wirtschaftlich; sie hat deshalb nur regionale Bedeutung. Der internationale Handel mit Braunkohle und Braunkohleprodukten ist gering und beschränkt sich auf Europa (Tabelle XIII.7). Die wichtigsten Ausfuhrländer sind Polen, die DDR und die Tschechoslowakei. Polen liefert vor allem Rohbraunkohle in die DDR, die Tschechoslowakei Hartbraunkohle in die BR Deutschland, und die DDR exportiert vornehmlich Braunkohlenbriketts.

5.2 Vorräte

Die bisher ermittelten Braunkohlenvorräte der Welt (alle Kategorien) betragen fast 6000 Mrd. t (vgl. Tabelle XIII.3) und reichen damit für viele Jahrhunderte. 57 % der Reserven entfallen auf den Ostblock, wobei die UdSSR allein mit etwa 3300 Mrd. t über riesige Vorräte verfügt. Auch in den USA sind erhebliche Mengen Braun-

6 Steinkohle — Welthandel und Vorräte

6.1 Exportländer

Im Jahre 1979 wurde nach Angaben des Gesamtverbandes des deutschen Steinkohlenbergbaues mit 3744 Mio. t die bis dahin höchste Weltkohleförderung erreicht, wobei Steinkohle mit 2792 Mio. t den Hauptanteil hatte. Mit Ausnahme von Westeuropa nimmt überall die Produktion und der Verbrauch von Kohle stetig zu. Gleichzeitig wurde auch der zwischenstaatliche Handel intensiviert und hat 1978 ein Volumen von 230 Mio. t erlangt.

Im Gegensatz zur Braunkohle wird Steinkohle weltweit gehandelt und besitzt nach Erdöl und Erdgas unter den Primärenergieträgern die größte weltwirtschaftliche Bedeutung. Das regionale Produktionsdefizit von Asien (besonders Japan) wird vor allem von USA, Australien und Kanada gedeckt, dasjenige von Westeuropa (Italien, Frankreich) durch Lieferungen aus der BR Deutschland, USA und dem Ostblock (Polen). Allerdings entfielen 70 Mio. t von den 230 Mio. t des Außenhandelsvolumens auf eine Art Binnenhandel innerhalb der Wirtschaftsblöcke EG, COMECON und USA/Kanada.

Die Vereinigten Staaten, mit 655 Mio. t (= 23 % der Weltproduktion) vor der Sowjetunion (554 Mio. t = 20 %) 1979 das Land mit der höchsten Steinkohleförderung, führten auch mit großem Abstand die Liste der Exportländer an (vgl. Tabelle XIII.9). Die amerikanischen Lieferungen gingen vor allem nach Kanada (1978: 13 Mio. t) und nach Japan (8,9 Mio. t), aber auch nach Italien, Frank-

Tabelle XIII.7 Export und Import von Braunkohlen, Braunkohlenbriketts und Braunkohlenkoks, 1977

Wichtige Exportländer	Export in t	Wichtige Importländer	Import in t
Polen	3 387 000	DDR	3 387 000
DDR	2 366 000	BR Deutschland	2 558 000
CSSR	1 654 000	Ungarn	573 000
BR Deutschland	449 000	Österreich	526 000
Jugoslawien	217 000	CSSR	318 000
Ungarn	69 000	Jugoslawien	205 000
Frankreich	15 000	Frankreich	180 000
Österreich	8 000	Italien	82 000
Kanada	2 000	Schweiz	39 000
		Luxemburg	36 000
		Belgien	22 000
		Polen	20 000
		Dänemark	15 000
		Spanien	13 000
		Niederlande	8 000
		Schweden	5 000

Quelle: Annual Bulletin of Coal Statistics for Europe 1977, United Nations 1978

Tabelle XIII.8 Sicher nachgewiesene, gewinnbare Braunkohlenreserven der Welt 1980 (in Mrd. t)

BR Deutschland	35,15	UdSSR	129
Griechenland	1,55	DDR	25
Spanien	0,55	Jugoslawien	16,5
Westeuropa	35,24	Polen	12
USA	116	Bulgarien	3,7
Kanada	4,3	CSSR	2,86
		Ungarn	4,0
Afrika	0,17	Rumänien	1,1
Türkei	1,7	Osteuropa (Comecon)	177,6
Indonesien	0,53	Australien	33,9
Indien	1,59	Welt	394
Thailand	0,1		
Japan	0,02		
Asien	5,1		

Quelle: BGR: Survey of Energy Resources, Hannover 1980

kohle nachgewiesen (2150 Mrd. t aller Kategorien). Die BR Deutschland besitzt mit 35 Mrd. t gewinnbaren Reserven einen wichtigen Vorrat an einheimischer Primärenergie, die kostengünstig gefördert werden kann und damit preisregulierend wirkt. Die derzeit sicher nachgewiesenen, ausbringbaren Braunkohlenreserven der Welt machen nur etwa 7 % der Gesamtvorräte aus, würden aber bei gleichbleibender Förderung wie im Jahre 1979 etwa 400 Jahre reichen (vgl. Tabelle XIII.8, aber auch Tabelle I.5).

Tabelle XIII.9 Export und Import von Steinkohle 1979

Exportland	Exportmenge 1 000 t	Importland	Importmenge 1 000 t
USA	61 035	Japan	58 554
Polen	44 134	Frankreich	30 190
Australien	40 412	Kanada	18 192
BR Deutschland	30 467	Italien	13 368
UdSSR	28 768	Belgien	11 302
Südafrika	23 373	UdSSR	10 451
Kanada	13 952	BR Deutschland	9 809
CSSR	6 438	DDR	9 383
Großbritannien	3 129	Dänemark	7 697
Frankreich	2 580	Bulgarien	6 843
Japan	1 159	USA	6 579
Niederlande	1 031	Finnland	6 412
Italien	823	Niederlande	6 276
Belgien	681	Rumänien	5 690
DDR	285	CSSR	5 494
Norwegen	104	Österreich	4 495
Sonstige	8 068	Sonstige	55 704

Quelle: Statistik der Kohlenwirtschaft e.V., Essen und Köln 1980

reich und die BR Deutschland. 1980 erreichten die Exporte der USA schon 90 Mio. t und sollen 1985 auf 105 Mio. t steigen. Wichtigstes Exportland war 1978 Polen. Von den 37,4 Mio. t gingen 10 Mio. t in die UdSSR, 4,8 Mio. t nach Frankreich, 3,2 Mio. t nach Italien, 2,4 Mio. t in die CSSR, 4 Mio. t nach Finnland und 1,9 Mio. t in die DDR. 1980 und 1981 mußte Polen seine Exporte erheblich einschränken (1980 nur noch 32,5 Mio. t, 1981 vermutlich nur etwa 25 Mio. t).

Einer Schätzung der Europäischen Kommission zufolge kann sich der Weltkohlenhandel bis 1985 auf 230–255 Mio. t (ohne Intrablock-Handel) ausweiten, und wird noch weiter wachsen, denn im Jahre 2000 müssen vermutlich 280 Mio. t Kohle allein von den EG-Ländern importiert werden (davon BR Deutschland 30–40 Mio. t), die vornehmlich aus Australien und Kanada kommen sollen. Dafür müssen vor allem die Transportkapazitäten ausgebaut werden. Kohleschiffe mit Tragfähigkeit bis 250 000 t sind im Gespräch.

Zu den fünf bedeutenden Steinkohle-Exportländern gehört bislang aber noch die BR Deutschland, deren Ausfuhren 1978 (30,5 Mio. t) zu 70 % an die EG-Partner gingen, nämlich nach Frankreich 8,5 Mio. t, nach Luxemburg 2,6 Mio. t, nach Belgien 4,4 Mio. t und nach Italien 2,6 Mio. t.

Einen indirekten Einfluß auf die künftige Höhe der deutschen Exporte und Importe hat die im Juli 1969 gegründete Einheitsgesellschaft des Ruhrbergbaus, die Ruhrkohle AG, die durch den Zusammenschluß von 24 Zechengesellschaften etwa 93 % der Steinkohleförderung des Ruhrgebiets vereint. Im Ausland mußte nämlich zunächst nach neuen Absatzmöglichkeiten gesucht werden, zumal eine Anpassung der Produktionskapazitäten an den jeweiligen Bedarf gesetzlich vorgeschrieben wurde und die Ruhrkohle AG seither alle Anstrengungen unternahm, der Gefahr umfangreicher Zechenschließungen entgegenzuwirken. Schon bald schmolzen aber die Halden und die Ruhrkohle AG gründete sogar 1974 eine amerikanische Tochtergesellschaft (Ruhr-American Coal Corp.), die 10 Minen in Virginia und Kentucky erschloß, doch mußte 1979 der Betrieb nach hohen Verlusten zumindest vorübergehend eingestellt werden. Die andere Tochter, Ruhrkohle Trading Corp. in New York, wird auch weiterhin für US-Exporte nach Deutschland zuständig sein.

6.2 Importländer

Den größten Importbedarf haben 5 Industrieländer ohne umfangreiche Eigenförderung (Tabelle XIII.9).

Kanada verfügt zwar über ausreichende Reserven in seinen westlichen Provinzen, doch der Ausweitung der Produktion stehen die billigen Angebote aus dem Nachbarland USA entgegen, aus dem praktisch die gesamte Importkohle für Kanada stammt.

Für *Japan*, wo der rasch steigende Energiebedarf auch zu einer weiteren Erhöhung der Steinkohle-Importe zwang (1967: 25 Mio. t, 1976: 61 Mio. t), sind Australien (1976: 26,0 Mio. t), die USA (17,5 Mio. t) und Kanada (10,4 Mio. t) Hauptlieferanten. Auch die Sowjetunion setzte ihre Exporte nach Japan fort (3,3 Mio. t).

Frankreich bezieht fast die Hälfte seines Importbedarfes aus der BR Deutschland (1976: 7,5 von 22 Mio. t). Die *Sowjetunion* erhält Steinkohle aus Polen (10 Mio. t).

Italien verfügt über keine nennenswerten Lagerstätten und ist deshalb auf die Einfuhr von Steinkohle angewiesen. Von den 12,7 Mio. t (1976) lieferten die USA 3,2 Mio. t, Polen 3,4 Mio. t, die BR Deutschland 2,4 Mio. t und die Sowjetunion 1,3 Mio. t.

Trotz eines Produktionsüberschusses im eigenen Lande und erzwungenen Kapazitätsverminderungen führte die *BR Deutschland* (relativ billige) Kohle aus USA ein. Von den Gesamtimporten in Höhe von 8,299 Mio. t (ohne Lieferungen an US-Streitkräfte) entfielen 1976 auf

USA	2,2 Mio. t	Frankreich	0,6 Mio. t
Polen	2,2 Mio. t	Großbritannien	0,5 Mio. t
Südafrika	0,7 Mio. t	Kanada	0,5 Mio. t

Tabelle XIII.10 Steinkohlenvorräte der Welt (in Mio. t)

Region	derzeit wirtschaftlich gewinnbare Vorräte	Gesamtvorräte
Westeuropa	70 036	335 351
BR Deutschland	23 991	186 300
Großbritannien	45 000	145 000
Frankreich	550	200
Belgien	440	2 617
Osteuropa	134 155	2 572 270
UdSSR	104 000	2 480 000
Polen	27 000	84 000
CSSR	2 700	5 500
Asien	113 926	1 423 213
China	99 000	1 326 000
Indien	12 610	91 139
Japan	1 050	nicht vorhanden
Nordamerika	108 780	1 165 413
USA	107 183	1 072 000
Kanada	1 607	93 413
Lateinamerika	3 459	10 238
Afrika	32 525	144 356
Südafrika	25 290	33 762
Australien und Ozeanien	25 437	503 133
Welt insgesamt	487 771	6 161 365
davon Ostblock	134 155	2 572 270

Quelle: BGR: Survey of Energy Resources, Hannover 1980

6.3 Vorräte

Die Steinkohlenvorräte der Welt sind sehr groß. Allein die sicher nachgewiesenen, ausbringbaren Vorräte betragen rund 488 Mrd. t, die kalkulierten Gesamtreserven sogar über 6000 Mrd. t (vgl. Tabelle XIII.10), so daß keine Verknappung dieses Rohstoffes in absehbarer Zeit zu befürchten ist. Für viele Länder wie Südafrika, Australien und Indien ist die Steinkohlenförderung wichtigste Basis der Energieversorgung. Ähnlich wie bei Braunkohle liegt ein Großteil der Vorräte im Ostblock, wo die Kohle eine Vorrangstellung einnimmt.

7 Erdöl — Welthandel und Vorräte

7.1 Rohöl-Exportländer

Zwischen 1950 und 1979 hat sich die Erdölproduktion der Welt mehr als versechsfacht. Dadurch erhöhte sich der Anteil dieses Rohstoffes an der Energieversorgung so stark, daß Erdöl 1967 erstmals einen größeren Beitrag zur Deckung des Weltenergiebedarfs leistete als Kohle.

Besonders ausgeprägt ist schon seit Jahrzehnten der Welthandel mit Rohöl, denn 1979 gingen 54 % der gesamten Rohölproduktion (einschließlich Ostblock) über den Welthandel (bei Steinkohle betrug dieser Anteil dagegen nur 8,2 %). Mit Ausnahme von Nordamerika und dem Ostblock entstand zunächst eine deutliche Trennung zwischen Produzentenländern ohne nennenswerten Eigenverbrauch und Verbraucherländern ohne ausreichende Gewinnungsmöglichkeiten. Hieraus resultierte die gegenseitige Abhängigkeit zahlreicher Export- und Importländer, zumal die OPEC-Länder heute den überwiegenden Teil ihrer Staatseinnahmen dem Ölreichtum verdanken und aufgrund ihrer noch traditionell einseitigen Wirtschaftsstruktur auf den Rohölexport angewiesen sind. Allerdings konnten einige OPEC-Länder (Venezuela, Indonesien, Algerien, Iran) die hohen Einnahmen zum Aufbau der einheimischen Industrie nutzen und verbrauchen nun einen immer größeren Teil der Rohöl-Produktion im eigenen Lande.

Eine Darstellung von Produktionsüberschuß oder -defizit in den Großräumen der Erde (Bild XIII.1) gibt wichtige Hinweise auf die Richtungen der Ölströme (vgl. auch Tabelle XIII.11).

Eine exponierte Marktposition auf der Anbieterseite des Erdöl-Weltmarktes kommt lagerstättenbedingt dem arabisch-iranischen Raum zu, denn von hier wurden rund 57,6 % aller Exporte getätigt. Die Mitgliedschaft dieser Länder in OPEC und OAPEC (vgl. Abschnitt XIII.4.1)

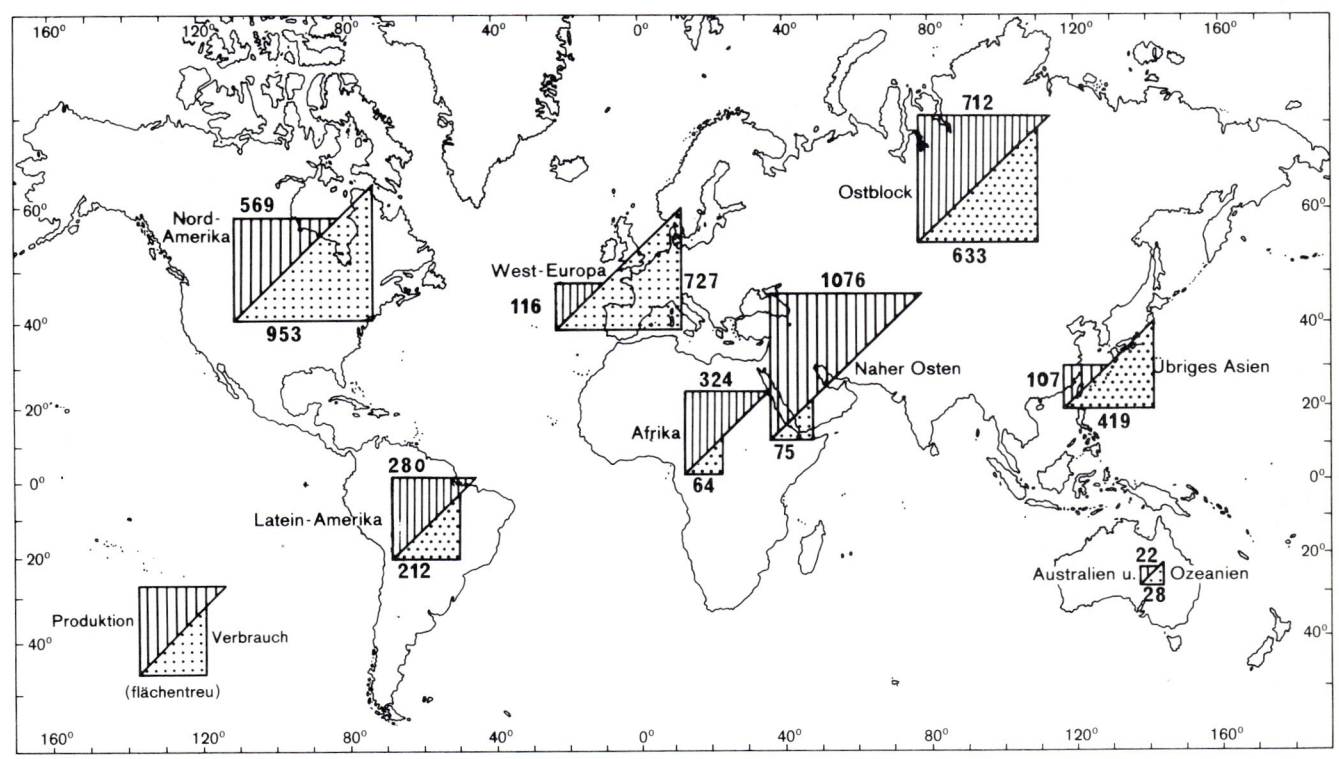

Bild XIII.1 Produktion und Verbrauch von Rohöl 1979, nach Regionen (in Mio. t)

Tabelle XIII.11 Rohöl-Welthandel (Ölströme) 1979 (in Mio. t)

Import/Export	West-europa	Nord-amerika	Latein-amerika	Naher Osten	Südost-asien	Austra-lien	Nord-afrika	West-afrika	Ost-block	Welt [2]
Westeuropa	–	5,6	14,5	430,6	1,2	–	89,1	50,0	56,1	647,1
Nordamerika	17,5	22,6	125,5	104,6	25,5	0,4	64,8	58,9	–	419,8
Lateinamerika	–	12,1	11,5	74,5	1,2	–	6,0	19,6	10,0	134,8
Japan	–	1,8	0,5	205,2	58,2	0,7	0,7	–	8,0	275,6
Südostasien	–	0,8	–	86,7	–	–	–	–	9,0	98,0
Australien	–	0,2	–	14,0	4,4	–	–	–	–	18,6
Afrika	7,1	–	1,2	22,2	0,5	–	1,0	3,0	1,7	36,7
Welt [1]	25,8	48,4	188,6	1009,6	92,0	1,1	163,8	131,4	87,8	1751,6

[1] einschließlich Exporte mit unbekanntem Ziel
[2] einschließlich Importe anderer Herkunft

Quelle: The British Petroleum Co.; BP statistical review of the world oil industry 1979, London 1980

und die Gründung nationaler Ölgesellschaften hat zur konsequenten Ausnutzung der Marktmacht geführt.

Jedes OPEC-Land hat seine staatliche Mineralöl-Gesellschaft:

SONATRACH in Algerien, Corporacion Estatal-Petrolera Ecuatoriana (CEPE) in Ecuador, PERTAMINA in Indonesien, National Iranian Oil Co. (NIOC) im Iran, Iraq National Oil Co. (INOCO) im Irak, Kuwait National Petroleum Co. (KNPC) in Kuwait, Libyan National Oil Corp. (LIPETCO) in Libyen, Nigerian National Oil Corp. in Nigeria, Qatar General Petroleum Corp. (QGPC) in Qatar, General Petroleum and Mineral Organization (Petromin) in Saudi-Arabien, Abu Dhabi National Oil Co. in den Vereinigten Arabischen Emiraten und Corporacion Venezolana del Petroleo (CVP) in Venezuela.

Durch die Explorationserfolge in anderen Regionen (Nordsee, Alaska, Sibirien, Mexiko, Andenländer, SO-Asien) hat sich allerdings das regionale Monopol im Nahen Osten in den letzten Jahren etwas abgeschwächt.

Spätestens Anfang 1979 hatte sich die Struktur des Welthandels tiefgreifend geändert. Die Politik der staatlichen Beteiligungen an ausländischen Mineralölgesellschaften begann Anfang der Siebziger Jahre und endete 1979 mit der fast totalen *Kontrolle* der Exportländer über die Förderung und die Ausfuhr von Rohöl. Es kam damit zu einer effektiven Trennung zwischen Exportländern und Importländern, die zuvor durch die integrierten Aktivitäten der internationalen Gesellschaften nicht vorhanden war. Aus den statistischen Daten der OPEC ist zu entnehmen, daß die direkte Erdölförderung durch Staatsgesellschaften in den Mitgliedsländern von 2 % im Jahr 1970 auf 80 % im Jahr 1979 gestiegen ist und auch der direkte Export von 0 % 1970 auf 46 % in 1979 zunahm.

Als gewisses Gegengewicht zur OPEC und den staatlichen Ölgesellschaften der Exportländer beginnen einige Verbraucherländer mit der nationalen Organisation der Erdöl-Einfuhren und haben zu diesem Zweck die Gründung von Mineralölversorgungsgesellschaften (INOC, Erap, Deminex) vollzogen. Zu den Aufgaben der „Deutschen Erdölversorgungsgesellschaft mbH" in Düsseldorf, die im April 1969 durch Umgründung der Deminex von 8 deutschen Ölgesellschaften geschaffen wurde, gehören die Erschließung neuer Lagerstätten außerhalb der EG, der Erwerb und die Beteiligungen an rohölfördernden Gesellschaften, der Abschluß langfristiger Lieferverträge, der Erdöltransport und Eigenbeteiligungen an Projektkosten.

Die Bundesregierung gewährte der DEMINEX bis 1980 bedingt rückzahlbare Darlehen für die Erdölexploration und Zuschüsse zum Erwerb von Lagerstätten in Höhe von 1375 Mio. DM und die Gesellschafter steuerten 500 Mio. DM bei. Seit der Umstrukturierung 1974 halten die VEBA 54 %, Union Rheinische Braunkohlen Kraftstoff AG und Wintershall je 18,5 % sowie die Saarbergwerke 9 % des DEMINEX-Kapitals.

Die neuen Erdöl-Förderländer der EG haben sogar staatliche Mineralölgesellschaften gegründet, die sich mehrheitlich an der Rohöl- und Erdgas-Förderung aus der Nordsee beteiligen. In Großbritannien entstand so Ende 1975 die British National Oil Corp. (BNOC), in Norwegen die Statoil.

7.2 Rohöl-Importländer, Raffineriestandorte, Tankerflotte, Tankerrouten

Der Standort der Raffinerien ist entscheidend für die Richtung der Rohölströme. Zahlreiche große Anlagen liegen in den Verbraucherländern, die deshalb auf die Einfuhr von Rohöl angewiesen sind. Nach der Durchsatzkapazität kann für die zwölf größten Raffinerien folgende Reihenfolge aufgestellt werden (westliche Welt, nach International Petroleum Encyclopedia), Anfang 1981:

Raffinerie (Standort, Eigentümer)	Kapazität (Rohöl-Durchsatz)	
	bbl/day	Mio. t/Jahr
1. St. Croix/Virgin (Hess)	728 000	36,4
2. Baytown/USA (Exxon)	640 000	32,0
3. Amuay/Venezuela (Lagoven)	631 000	31,5
4. Abadan/Iran (NIOC)	586 000	29,3
5. Pernis/Niederlande (Shell)	530 000	26,5
6. Milazzo/Italien (Mediterranea)	505 000	25,3
7. Freeport/Bahamas (BOR)	500 000	25,0
8. Baton Rouge/USA (Exxon)	500 000	25,0
9. Rotterdam/Niederlande (BP)	494 000	24,7
10. Pulau Bukom/Singapur (Shell)	460 000	23,0
11. Gonfreville/Frankreich (CFR)	454 000	22,7
12. Aruba/Nld. Antillen (Lago)	430 000	21,5

Die 761 Raffinerien der westlichen Welt verfügten Ende 1980 über eine Gesamtkapazität von 5417 Mio. t/Jahr, während die Rohöl-Produktion 1980 nur 2334 Mio. t betrug. Die Überkapazitäten (in Westeuropa waren 1980 die Raffinerien nur zu 70 % ausgelastet) werden sich noch erhöhen, denn zahlreiche Raffinerien werden bis 1985 ausgebaut oder auch neu erstellt, darunter Großanlagen in Saudi-Arabien (Al Jubail, Rabigh, Yanbu), Irak (Baiji), Abu Dhabi (Ruweis), Libyen (Ras Lanuf) und Indonesien (Batam Island). Dabei wird tendenziell die Verarbeitung von Rohöl immer stärker in die Förderländer verlegt, die künftig hochwertige Produkte und nicht nur Rohöl verkaufen wollen.

Für den zwischenstaatlichen Transport des Rohöls sind neben den Pipelines (vgl. Kap. V.6.2) die Tankschiffe von besonderer Bedeutung (vgl. auch Kap. V.6.1). Dabei muß zwischen den Flaggen, unter denen die Tanker laufen, und den Eigentumsverhältnissen unterschieden werden. Ein erheblicher Teil der Reedereien läßt ihre Tankerflotte unter sog. „billigen Flaggen" fahren. In diesen Fällen sind die Schiffe in Liberia oder Panama (mitunter auch in Honduras oder Costa Rica) registriert, um finanzielle Vorteile aus den niedrigen Steuern, Gebühren und geringen Sozialverpflichtungen dieser Länder zu ziehen. Dadurch erklärt sich auch der hohe Anteil dieser Staaten an der Welt-Tankertonnage. Von den 324 794 174 dwt[1]) Ende Juni 1981 entfielen auf:

Liberia	758 Tanker mit	100,3 Mio. dwt (30,87 %)
Japan	202 Tanker mit	30,0 Mio. dwt (9,25 %)
Großbritannien	253 Tanker mit	24,8 Mio. dwt (7,63 %)
Norwegen	158 Tanker mit	24,0 Mio. dwt (7,38 %)
Griechenland	315 Tanker mit	22,8 Mio. dwt (7,03 %)
USA	311 Tanker mit	16,2 Mio. dwt (4,97 %)
Frankreich	80 Tanker mit	15,0 Mio. dwt (4,61 %)
Panama	155 Tanker mit	12,2 Mio. dwt (3,75 %)
Spanien	65 Tanker mit	8,5 Mio. dwt (2,61 %)
Italien	94 Tanker mit	8,0 Mio. dwt (2,48 %)
UdSSR	205 Tanker mit	6,1 Mio. dwt (1,86 %)
BR Deutschland	32 Tanker mit	5,1 Mio. dwt (1,56 %)
Dänemark	39 Tanker mit	4,9 Mio. dwt (1,50 %)
Singapur	65 Tanker mit	4,7 Mio. dwt (1,46 %)
sonstige	606 Tanker mit	40,2 Mio. dwt (13,04 %)

Interessant ist auch die Verteilung der Tonnage unter den verschiedenen Eigentümern. Die internationalen Mineralölgesellschaften besaßen 1392 Tanker mit 126 Mio. dwt oder 38,9 % der Welttankerflotte, unabhängige Reeder dagegen 1805 Tanker mit 185 Mio. dwt oder 56,9 %. Der Rest (141 Tanker) entfällt auf staatliche Reedereien. Allerdings verfügen die Mineralölkonzerne durch langfristige Charterverträge mit privaten Reedern über insgesamt 40 % der Tankerflotte (u.a. Shell 10,3 %, Exxcon 8,4 %, Texaco 5,4 %, BP 5,3 %, Mobil 4,4 %, Socal 3,7 %, Gulf 2,6 %). Bisher sind die OPEC-Länder nur mit 12 Mio. dwt oder 3,7 % an der Tankerschiffahrt beteiligt, doch soll sich das in absehbarer Zeit ändern. Die im Juni 1971 gegründete panarabische Reederei Arab Haribim Petroleum Transport erwirkte 1975 besonderen Flaggenschutz für arabische Tankschiffe und erreichte 1980 ein Anwachsen der arabischen Flotte auf mehr als 10 Mio. dwt (1976: 30 Tanker mit 3 Mio. dwt, 1977: 61 Tanker mit 6,6 Mio. dwt). — Außerdem gründete Mobil Oil eine gemeinsame Tankergesellschaft mit Petromin/Saudi-Arabien.

Die Rohöl-Handelsflotte nahm Anfang der Siebziger Jahre sehr rasch zu, denn über 60 % der aufgeführten Tankertonnagen wurden zwischen 1970 und 1976 in Dienst gestellt, doch ein Kapazitätsüberhang zeichnete sich schon 1974 ab und es kam zu umfangreichen Stornierungen von Aufträgen bei den Werften. — Der Trend zu immer größeren Einheiten hält an. Ende 1980 wurde die in Japan gebaute „Seawise Viant" mit 560 000 dwt als derzeit größter Tanker an ihren Besitzer, die Universal Petroleum Carrier Incorp. in Hongkong, ausgeliefert. Allerdings gilt derzeit als optimale Größe 200 000–300 000 dwt. Ohne Zweifel ist der Einsatz von VLCC-Schiffen („Very Large Crude Carrier", Tanker über 200 000 dwt) rentabler. 1976 lag die Rentabilitätsschwelle für 200 000 dwt bei WS 25[1]), bei 30 000 dwt dagegen bei WS 100. Doch der Entwicklung der Supertanker sind auch noch andere Grenzen gesetzt, denn die Immobilität nimmt zu. Natürliche Barrieren sind Wasser-

---

[1]) Stand 1. Januar 1981 nach Angaben von John I. Jacobs, World Tanker Fleet Review, London (vgl. auch Kap. V.6.1). — Die Tragfähigkeit von Tankern wird in deadweightton (dwt = 1016 kg) angegeben. Eingeschlossen sind dabei das Gewicht von Ladung, Ballast, Brennstoff, Wasser, Verpflegung und Mannschaft.

[1]) WS = Worldscale, Abkürzung für World-Wide Tanker Nominal Freight Scale, einem Indexsystem für Tankerraten. Für wesentliche Routen wird eine „Flat-Rate" als WS 100 festgesetzt. Die tatsächlichen Frachtraten schwanken nach Marktlage. So wurden im Durchschnitt des Jahres 1979 für die Route Persischer Golf — Westeuropa nur WS 48 gezahlt, für die Route Mittelmeer — Nordsee dagegen WS 139 und für Karibik — USA sogar WS 191.

tiefen von Kanälen oder Meeresengen. Hinzu kommt, daß nur wenige Häfen für den Tiefgang der VLCC ausgebaut sind, nur wenige Werften Reparaturen ausführen können und ein hohes Umweltverschmutzungs-Risiko besteht. Die bisherigen Schiffsbrüche von Großtankern, wie 1967 die „Torrey Canyon" vor den Scilly-Inseln, 1974 die „Metula" der Shell in der Magellan-Straße vor Südchile und 1978 die „Amoco Cadiz" nördlich von Brest haben bereits riesige Schäden verursacht, wie Seevögel getötet, Fischgründe ruiniert und Strände verschmutzt. Im Dezember 1977 kam es bereits zur ersten Kollision von zwei VLCC. Vor der südafrikanischen Küste stießen die unter liberianischer Flagge fahrenden Tanker „Venoil" und „Venpet" (je 330 000 dwt) zusammen, doch konnte der Ölteppich mit Chemikalien eingedämmt werden. Die Schadenssummen werden dabei immer höher. Die französische Regierung allein fordert für Fischerei- und Tourismusschäden durch die Amoco Cadiz rund 300 Mio. US-$. Damit werden die Versicherungsprämien in die Höhe getrieben.

Eine fast noch größere Gefahr geht aber von den alten Tankern aus, die 20–30 Jahre lang die Weltmeere befahren haben und in reparaturbedürftigem Zustand sind. Immerhin gingen 1976 allein 20 solcher Tanker verloren und verschmutzten die Ozeane mit 240 000 t Rohöl.

Die UNO hat übrigens durch ihre Inter-Governmental Maritime Consultative Organization einen International Oil Pollution Compensation Fund zur Verfügung gestellt, der 1979 auf 28,5 Mio. £ erhöht wurde.

Auch spezielle Routenprobleme treten bei Supertankern auf. Selbst nach der Wiedereröffnung des Suez-Kanals werden nur Einheiten bis 70 000 dwt (bei Ballastfahrt bis 220 000 dwt) passieren können. Größere Schiffe müssen vom Persischen Golf auch weiterhin den Weg um das Kap der Guten Hoffnung machen (Route Ahmadi/Kuwait – Kap – Rotterdam 11 293 sm; Ahmadi – Suez-Kanal – Rotterdam 6 473 sm). Auch die zweitwichtigste Route Persischer Golf – Japan kennt ein natürliches Hindernis. Tanker mit über 200 000 dwt müssen wegen Untiefen die Straße von Malakka meiden und den um fast 1000 sm längeren Weg durch die Straße von Lombok/Indonesien wählen.

Der Ausbau der Verlade- und Löschanlagen hat erst begonnen. Zwar sind im Persischen Golf entsprechende Außenpiers entstanden (Insel Kharg/Iran, Insel Halul/Quatar, Ras Tanura/Saudi-Arabien, Ahmadi/Kuwait), doch in Westeuropa kann nur an wenigen Orten gelöscht werden. Neben dem südwestirischen Hafen Bantry Bay, in dem Öl aus Tankern bis 300 000 dwt umgeladen werden kann, stehen in Großbritannien noch Finnart (bis 330 000 dwt) und Milford Haven (300 000 dwt) sowie auf dem Kontinent Rotterdam (250 000 dwt), Wilhelmshaven (250 000 dwt), Le Havre (250 000 dwt) und Cap d'Antifer (500 000 dw) zur Verfügung.

Unter den wichtigsten Rohölimportländern sind einige westeuropäische Industrieländer zu finden, deren Eigenförderung sehr gering ist. Die Rohöl-Einfuhren der EG-Partner gingen nach dem Rekordjahr 1973 zunächst bis 1977 etwas zurück, stiegen aber dann erneut und betrugen 1980 nur noch 429 Mio. t (1979: 514 Mio. t), woran hauptsächlich beteiligt waren (in Mio. t – in Klammern wichtigste Lieferländer):

Frankreich	109,4	(Nahost, Nigeria, Algerien)
Italien	88,6	(Nahost, Libyen, UdSSR)
BR Deutschland	97,9	(siehe unten)
Niederlande	49,8	(Nahost, Nigeria)
Großbritannien	43,3	(Kuwait)
Belgien	32,0	(Nahost)
Dänemark	6,1	(Nahost)

Die umfangreichsten Einfuhren verzeichneten 1979 jedoch die USA mit 420 Mio. t (Hauptimporteure waren Venezuela, Saudi-Arabien, Nigeria, Algerien und Kanada). Damit mußten die USA immerhin schon fast die Hälfte ihres Rohölbedarfes einführen. Japan steht an 2. Position der Importländer mit 276 Mio. t 1979 und bezog besonders aus Iran, Saudi-Arabien, Qatar, Indonesien und seit 1974 auch aus China (1974: 4 Mio. t, 1975: 8 Mio. t, 1976: 6 Mio. t). Daneben gibt es Importländer, die Rohöl nur zur Weiterverarbeitung erhalten. Prägnantes Beispiel sind die Niederländischen Antillen, die selbst keine Erdölgewinnung aufweisen, aber Rohöl aus Venezuela in den Raffinerien verarbeiten. Auch Trinidad und Bahrain gehören zu dieser Gruppe von Ländern, da hier die Raffineriekapazitäten größer sind als die Eigenproduktion.

Die deutschen Importe lagen 1980 bei 97,9 Mio. t (1979: 107,4 Mio. t). Bei den Lieferanten nahm Saudi-Arabien (24,6 Mio. t) die Spitze ein, gefolgt von Nordsee-Öl (17,6 Mio. t), Lybien (15,0 Mio. t), Nigeria (11,0 Mio. t), Algerien (6,3 Mio. t), den Vereinigten Arabischen Emiraten (6,3 Mio. t), Iran (5,6 Mio. t), Irak (2,9 Mio. t) und der Sowjetunion (2,8 Mio. t).

Die Raffineriekapazität lag mit 150,4 Mio. jato um mehr als 50 % über den Rohöl-Einfuhren, was zu zusätzlichen Kostenbelastungen führt.

Im gesamten EG-Bereich steigt allerdings der Import von einigen *Mineralöl-Produkten*, was tendenziell zum Rückgang der *Rohöl*-Einfuhren beigetragen hat.

7.3 Internationale Mineralölgesellschaften

Die großen internationalen Mineralölgesellschaften sind noch immer die wichtigsten Handelspartner der Importländer.

In vielen Rohöl-Exportländern mußten allerdings in den Siebziger Jahren die Konzessionsgebiete erzwungenermaßen aufgegeben werden. Förderkonzessionen sind nur noch ausnahmsweise erhältlich, etwa in Saudi-Arabien oder in den Emiraten am Golf, in Thailand oder im Sudan, doch sind Besteuerung (royalties, income tax) und Obligationen (Explorationsaufwand, Investitionen, Beschäftigung und

Training einheimischer Arbeitskräfte) immer höher angesetzt. – Das Konzessionswesen wurde weitgehend durch Verträge ersetzt, von denen 3 Grundtypen üblich sind: ein Beteiligungsvertrag (production sharing contract), ein „Risiko"-Vertrag (risk service contract) und ein Dienstleistungsvertrag (non-risk service contract, work contract). Durch den Abschluß solcher Verträge oder auch durch Beteiligungen an der Rohölförderung (joint venture operating agreement) verfügen die internationalen Mineralölgesellschaften noch immer über entscheidende Angebotsmengen auf dem Weltmarkt. Allein die 7 mächtigsten internationalen Konzerne (die „Sieben Schwestern") hatten 1980 ein Rohölaufkommen von 981 Mio. t, was 42 % der Gesamtproduktion der westlichen Welt entspricht (vgl. Tabelle XIII.12).

Die Ölpreiserhöhungen 1973/74 und 1979 bescherten auch den internationalen Ölgesellschaften erhebliche Gewinne. Dabei profitierten sie von überhöhten Preisen während der Preisexplosion und von „windfall profits". Die internationalen Gesellschaften haben bisher ihre Gewinne zum überwiegenden Teil wieder in Bereichen der Mineralölindustrie investiert (vgl. Tabelle XIII.12), denn der Investitionsbedarf ist riesig.

Nach Berechnungen der Chase Manhattan Bank belief sich das Brutto-Anlagevermögen der Mineralölindustrie in der westlichen Welt Ende 1973 auf 147 Mrd. US-$. Zwischen 1960 und 1976 sind Investitionen von mehr als 250 Mrd. $ getätigt worden und zusätzlich mußten für Lagerstätten-Explorationen fast 20 Mrd. $ aufgewendet werden. Eine Prognose dieser Bank sagt einen Kapitalbedarf der Mineralölindustrie zwischen 1976 und 1985 von 900 Mrd. $ und zusätzlich für Explorationen von rund 100 Mrd. $ voraus, was mit Zinsen einen Investitionsfonds in Höhe von 1345 Mrd. $ voraussetzt. Für 1978 legte die Chase Manhattan Bank gerade die neuesten Zahlen vor. Die gesamten Investitionen der Ölindustrie beliefen sich auf 72,4 Mrd. $ (ohne Ostblock) gegenüber 65 Mrd. $ 1977. 26,5 Mrd. $ oder 36 % entfielen allein auf USA, aber auch der Anteil Westeuropas mit 13 Mrd. $ ist bemerkenswert, wobei die Erschließung der Nordsee-Felder die größte Summe verschlang. Die höchsten Investitionen waren für Explorationen und Förderung bereitzustellen (37,7 Mrd. $, vorzugsweise für Bohrungen), während die Verarbeitung in Raffinerien 10,7 Mrd. $ und das Transportwesen 8,7 Mrd. $ erforderten.

Die Finanzierung der gewaltigen Investitionen ist nicht gesichert, im Gegenteil, denn die Selbstfinanzierungsquote der großen internationalen Mineralölgesellschaften sinkt ständig, von 90 % im Jahre 1960 auf 69 % 1972 und vermutlich auf 55 % 1985 (750 Mrd. $ von 1345 Mrd. $).

Nach dem Verlust der Kontrolle über bedeutsame Rohöl-Fördergebiete in OPEC-Ländern haben die internationalen Mineralölgesellschaften alternative Untersuchungsstrategien begonnen. Immer konsequenter entstehen Energiekonzerne, die sich nicht nur auf dem Gebiet der Gewinnung und Bearbeitung von Erdöl und Erdgas engagieren, sondern auch Aktivitäten im Kohlebergbau, im Uranbergbau oder bei regenerativen Energien entwickeln.

Die Diversifizierung betrifft beispielsweise Kohlevergasung und Kohleverflüssigung, die für Forschungsprogramme von allen größeren Gesellschaften begonnen wurden. Die größte Pilotanlage in USA hat Exxon in Baytown/Texas erstellt, mit einem Kohleeinsatz von 250 t täglich. Shell und Texaco werden Vergasungsanlagen in Deutschland betreiben, die jeweils 150 t Kohle/Tag verarbeiten. Shell hat für 1984 sogar noch größere Pläne, wenn ein 1000 t/Tag Prototyp in Moerdijk/Niederlande fertiggestellt ist. Schon 1983 soll eine gleichgroße Anlage von Texaco in Bastrow/Kalifornien den Betrieb aufnehmen. Gulf Oil plant schließlich für 1984/85 den Beginn einer Produktion von etwa 7000 t/Tag flüssiger und gasförmiger KW aus einer Kohle-Verflüssigungsanlage (6000 t Kohleeinsatz/Tag). – Gulf und Atlantic Richfield haben sich darüber hinaus an Projekte unterirdischer Kohlevergasung in USA herangewagt.

Natürlich haben die Mineralölgesellschaften auch in die Verarbeitung von Ölschiefern investiert, wobei Exxon

Tabelle XIII.12 Betriebs- und Finanzdaten der bedeutsamsten Mineralölgesellschaften 1980

	Exxon	Royal Dutch Shell	BP	Texaco	Mobil	Gulf	Socal
Rohölaufkommen (Mio. t)	200,4	186,8	119,5	165,8	99,3	58,5	150,5
Raffineriedurchsatz (Mio. t)	207,5	188,4	96,0	127,8	99,0	69,3	109,3
Erdgas-Verkäufe (Mrd. m^3)	96,0	82,1	4,1	41,8	48,5	29,7	19,9
Reingewinn (Mio. US-$)	5 650	4 450[1]	2 870[1]	2 240	2 813	1 407	2 401
Investitionen (Mio. US-$)	7 617	5 854[1]	3 420[1]	2 691	4 049	3 001	3 599
Anlagevermögen (Mio. US-$)	30 311	29 636[1]	15 048[1]	11 758	15 840	10 886	8 780

[1]) aus der Währungsparität Ende 1980 ermittelt (1 £ = 2,0 US-$)

Quellen: Geschäftsberichte der Gesellschaften, Petroleum Economist, London Mai 1981

Tabelle XIII.13 Die wichtigsten Rohölhandelssorten und Notierungen (in US $/bbl)

		Verkaufspreise				
		Ende 1976	Mitte 1978	Ende 1979	Ende 1980	Mitte 1981
Arabian Light	(34° API) fob Ras Tanura	11,51	12,70	18,00	31,46	32,00
Arabian Heavy	(27° API) fob Ras Tanura	11,04	12,02	17,17	29,00	31,00
Iranian Light	(34° API) fob Kharg	11,62	12,81	23,50	35,37	37,00
Kuwait	(31° API) fob Mena el Ahmedi	11,23	12,22	20,49	31,50	35,50
Abu Dhabi/Murban	(39° API) fob Dschebel Danna	11,92	13,26	21,56	31,56	36,56
Dubai	(32° API) fob Fateh	11,45	12,50	—	—	—
Qatar/Dukhan	(40° API) fob Umm Said	11,85	13,19	21,42	33,42	37,42
Irak/Basrah	(36° API) fob Chor es Amaja	11,50	12,60	21,96	31,96	35,96
Libyen	(40° API) fob Marsa el Brega	12,62	13,85	26,22	36,78	40,78
Algerien	(alle Sorten) fob Arzew	13,10	14,10	26,27	37,00	40,00
Nigeria	(34° API) fob Bonny	13,16	14,12	26,26	37,02	40,02
Indonesien	(alle Sorten) fob Pangkalan Susu	12,80	13,55	23,50	31,50	35,00
Venezuela	(35° API) fob Oficina	12,80	13,99	22,45	34,85	38,06
USA: Texas-Ost	(alle Sorten) ab Feld, alte Konzessionen	5,20	—	—	—	[1]
USA: Texas-West	(32° API) ab Feld, alte Konzessionen	5,13	5,50	5,98	6,62	[1]
USA: Texas-West	(32° API) neue Konzessionen	11,12	12,29	13,33	14,77	34,14
Kanada	(21,9° API) Lloydminster	9,05	12,75	13,75	16,75	31,53
Großbritannien	(Forties) 36,5°	—	—	—	36,25	35,00
Norwegen	(Ekofisk) 42°	—	—	—	37,15	35,75
China	(Daquing) 33°	—	—	—	33,125	36,50
Mexiko	(Isthmus) 34°	—	—	—	34,50	34,50

[1]) ab 28.1.81 abgeschafft
Quelle: Petroleum Economist

allein 35 Mrd. $ im Auge hat. Bei der Erschließung von Uranlagerstätten haben sich Mobil Oil mit einem neuen „Leaching"-Prozeß, Exxon mit einem Laser-Prozeß und Gulf/Shell mit ihrer gemeinsamen Tochter General Atomic mit einem Forschungsprogramm zur Kernfusion engagiert.

Schließlich sind die Gesellschaften aktiv an Programmen zur Nutzung von Sonnenenergie und von Biomasse beteiligt.

7.4 Preisentwicklung

Die Welthandelspreise für Rohöl variieren sehr erheblich je nach Exportland oder Exportregion (vgl. Tabelle XIII.13). Neben den effektiven Preisen gab es offizielle Notierungen, nämlich die staatlich festgesetzten Steuerreferenzpreise („posted price"), die aber spätestens 1979 abgeschafft wurden. Der Steuerreferenzpreis der beiden für Deutschland wichtigsten Rohöl-Exportqualitäten änderte sich wie folgt (ab 1.7.79 staatlicher Verkaufspreis): Arabian Light (34° API) fob Ras Tanura (siehe Bild XIII.2). Libya Crude Oil (40° API) fob Marsa el Brega:

```
1961 (Exportbeginn) – August  1970:  2,23 $/bbl
                      September 1970:  2,55 $/bbl
                      April     1971:  3,45 $/bbl
```

September 1973: 4,60 $/bbl
Oktober   1973: 8,93 $/bbl
Januar   1974: 15,77 $/bbl
April   1975: 15,00 $/bbl
Juni   1975: 14,60 $/bbl
Oktober   1975: 16,06 $/bbl
Juli   1976: 16,35 $/bbl
Mai   1978: 18,17 $/bbl
Januar   1979: 19,25 $/bbl
Juli   1979: 23,45 $/bbl
Oktober   1979: 26,22 $/bbl
Januar   1980: 34,67 $/bbl
Juni   1980: 36,50 $/bbl
Dezember 1980: 36,78 $/bbl
Januar   1981: 40,78 $/bbl

Am 6.4.1981 haben übrigens in London die International Petroleum Exchange (IPE) ihre Tätigkeit auf, die vor allem als Terminbörse fungiert und neben Rohöl- insbesondere Heizöl-Kontrakte schließt.

Vom 1.10.1975 an wurden die Rohölpreise in OPEC-Ländern nach einer Konferenz in Wien um weitere 10 % erhöht und blieben dann bis Ende 1976 stabil. Auf der Konferenz von Qatar im Dezember 1976 kam es erstmals zur Spaltung der Preisbildung, da Saudi-Arabien und die Vereinigten Arabischen Emirate nur einen Aufschlag von 5 % vornahmen, die anderen OPEC-Länder dagegen von

10 %. Nach langwierigen Verhandlungen konnte ab 1. Juli 1977 wieder ein einheitliches Preisniveau erreicht werden, indem Saudi-Arabien nachzog und die anderen Mitglieder auf schon beschlossene Erhöhungen verzichteten.

Seit 1977 wurde von einigen, seit 1979 dann von allen OPEC-Ländern auf eine Festsetzung von Steuerreferenzpreisen verzichtet, da diese nur zur Berechnung der Abgaben diente, die ausländische Mineralölgesellschaften für die Rohöl-Produktion in den OPEC-Ländern entrichten mußten. Da aber die Exportländer die Lagerstätten ganz in staatliche Kontrolle überführt hatten, wurde ein posted price überflüssig.

Die zweite Preisexplosion fand 1979 statt. Obwohl im Dezember 1978 stufenweise Anhebungen von insgesamt 14 % für 1979 vereinbart worden waren, wurde Mitte des Jahres diese moderate Preispolitik von Iran, Algerien und Libyen verlassen, woraufhin eine Art Preiserhöhungswettlauf entbrannte, der fast eine Verdoppelung der ohnehin hohen Ölpreise zur Folge hatte. Saudi-Arabien zögerte am längsten, doch stimmte es schließlich im Herbst 1980 zu, den Preis für Arabian Light, der als Orientierungsbasis für andere Rohölsorten gilt, auf 30 $/bbl und im Dezember 1980 auf 32 $/bbl zu erhöhen. Ein deutlicher Nachfrage-Rückgang führte Mitte 1981 zu Preisnachlässen in denjenigen OPEC-Ländern, die deutlich mehr als Saudi-Arabien (32 $/bbl) verlangen.

7.5 Vorräte

Von den etwa 9000 Ölfeldern der Welt liegen rund 70 % in den USA, während in Kanada bisher rund 300, in Lateinamerika ebenfalls rund 300, in der UdSSR schätzungsweise 600 und im übrigen Europa rund 500 Felder erschlossen werden konnten. Abgesehen von Einzelfeldern setzte die eigentliche Explorationstätigkeit im Nahen Osten und Nordafrika erst nach dem II. Weltkrieg ein, wobei seither rund 200 Ölfelder gefunden worden sein dürften.

Die Vorratssituation hat sich bereits völlig zugunsten des arabisch-iranischen Raumes verschoben. Gegenwärtig verfügt die Neue Welt nur über 14 % der sicheren Reserven, Mittelost und Nordafrika dagegen über 57 % (Tabelle XIII.14). Im Ostblock konnten 14 %, im Fernen Osten 2 % und in Westeuropa 3 % nachgewiesen werden.

In einigen Regionen hat die intensive Suche zur Erschließung neuer Lagerstätten geführt. So verfügen jetzt Großbritannien und Norwegen in der Nordsee, Mexiko im Golfgebiet und Nigeria im Niger-Delta (offshore) sowie China und Indien über erheblich höhere Rohölreserven als 1970.

Zusätzliche Funde in Westsibirien haben die Reservensituation der Sowjetunion verbessert. Zwischen 1969 und 1977 stiegen die Vorratsmengen von 6 Mrd. t auf

Tabelle XIII.14 Sichere Rohöl-Reserven der Welt 1979 (in Mio. t)

Länder	Esso[1]	BGR[2]
Saudi-Arabien	22 261	23 000
Kuwait	9 007	9 100
Iran	7 870	8 100
Irak	4 159	4 400
Abu Dhabi (VAE)	3 673	4 300
Neutrale Zone	917	890
Oman	325	340
Qatar	497	550
Dubai	192	—
Syrien	288	280
Naher Osten	49 240	50 960
USA	3 572	3 748
Mexiko	4 400	4 058
Venezuela	2 550	2 621
Kanada	915	729
Argentinien	334	341
Brasilien	167	164
Ekuador	145	222
Kolumbien	101	100
Trinidad	100	90
Peru	87	77
Amerika	12 443	12 234
Libyen	3 086	3 300
Nigeria	2 348	2 500
Algerien	1 102	1 130
Ägypten	428	440
Angola	167	150
Gabun	69	270
Afrika	7 584	8 032
Großbritannien	2 115	1 906
Norwegen	772	550
Italien	95	51
BR Deutschland	66	42
übrige	127	99
Westeuropa	3 175	2 648
Indonesien	1 306	1 400
Malaysia	363	137
Indien	349	320
Brunei	245	200
Ferner Osten	2 263	2 057
Australien	274	221
Sowjetunion	9 115	9 700
China	2 740	2 700
übrige	404	236
Ostblock	12 259	12 636
Welt insgesamt	87 293	89 041

Quellen: [1] Esso AG: Oeldorado, Hamburg 1980
[2] BGR: Survey of Energy Resources, Hannover 1980

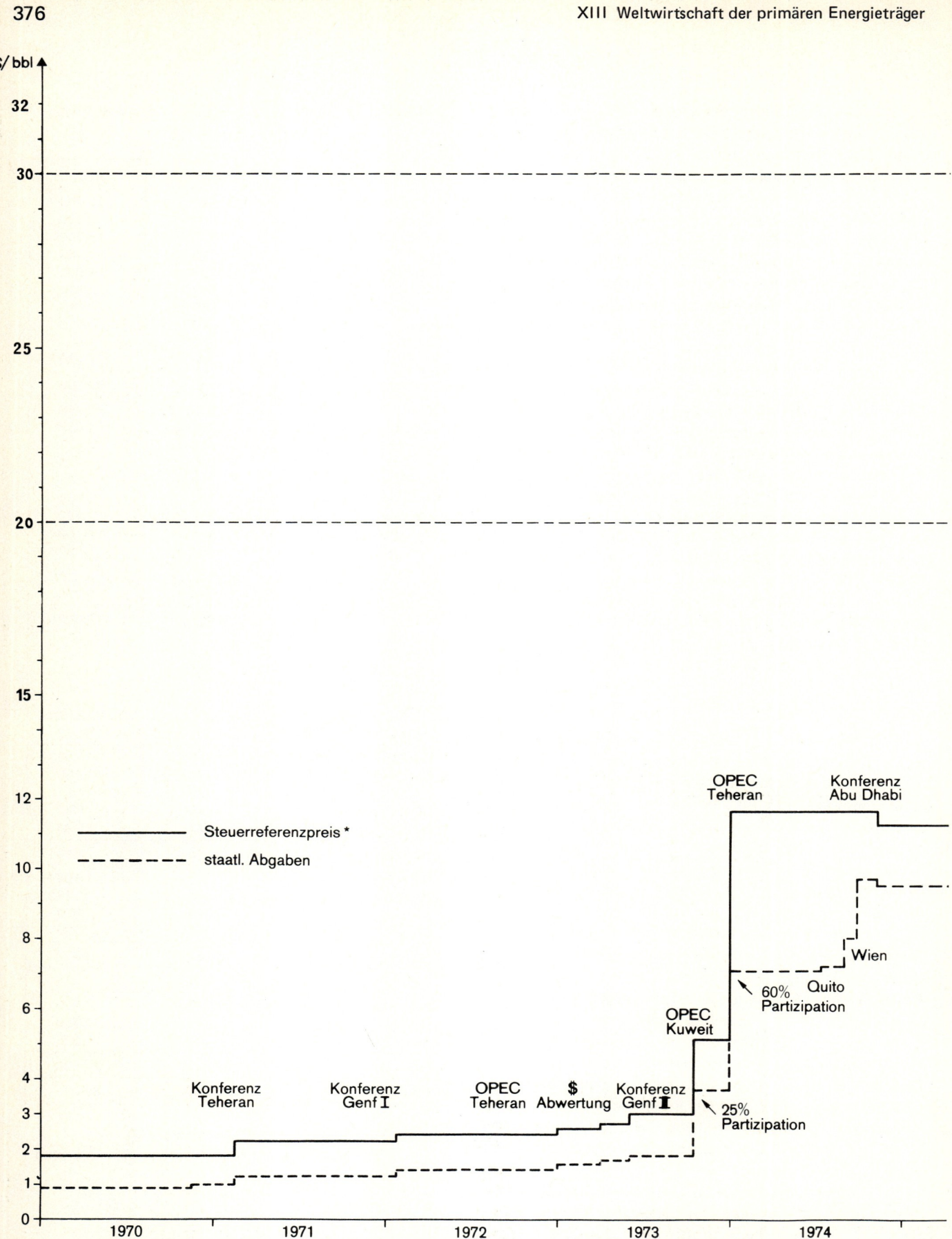

Bild XIII.2 Entwicklung des Rohölpreises (posted price) für Arabian Light 34° API und der Staatsabgaben (bis Ende 1976) in Saudi-Arabien

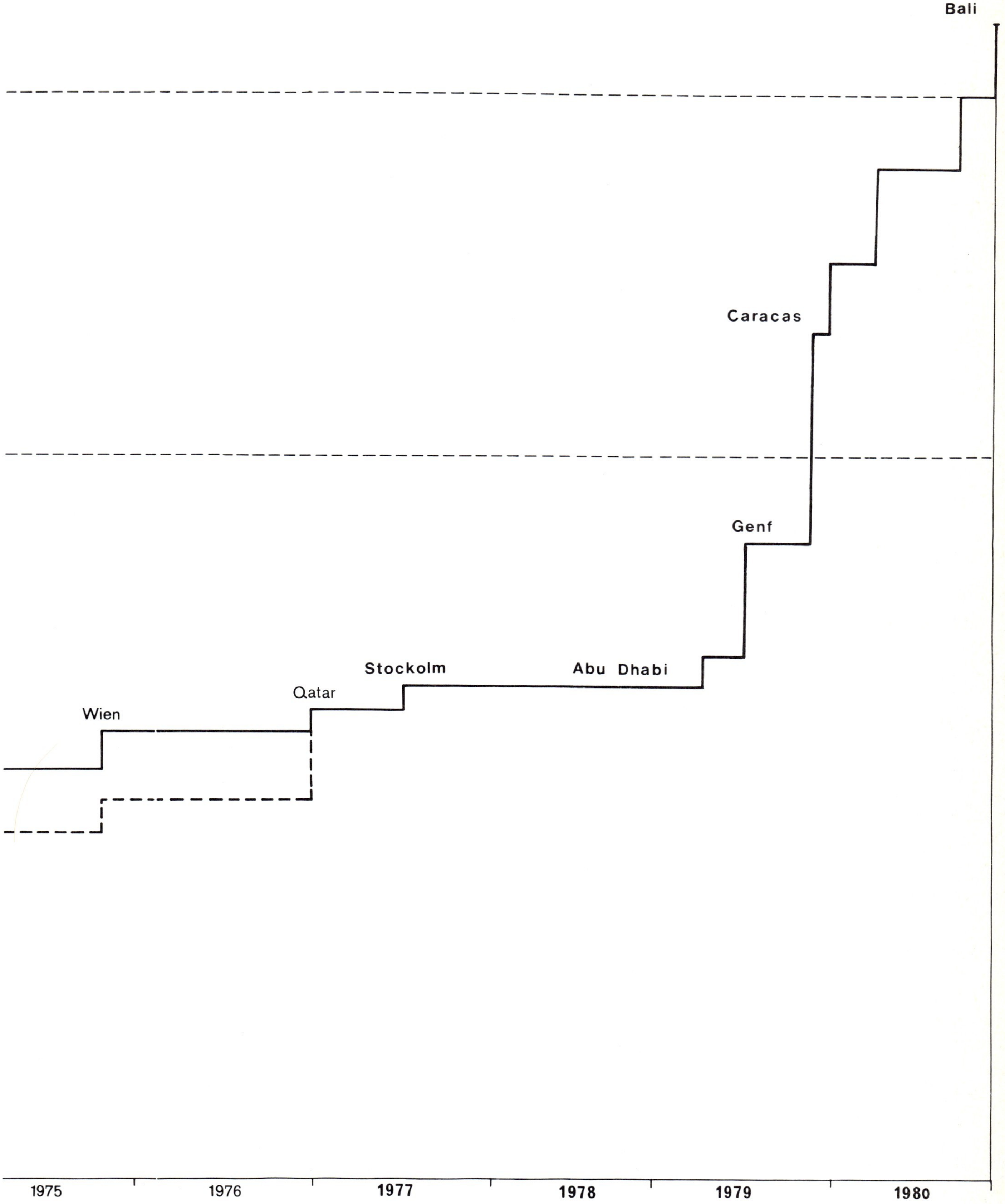

7 Erdöl – Welthandel und Vorräte

Bali

Caracas

Genf

Stockolm   Abu Dhabi

Qatar

Wien

1975   1976   1977   1978   1979   1980

10 Mrd. t. Doch wird ein Produktionsmaximum für 1985 erwartet, mit fallenden Reserven danach.

Die weltweite Explorationstätigkeit hat zu dem Ergebnis geführt, daß die Reserven trotz ständig steigender Förderung bis 1974 zunahmen, dann jedoch rückläufige Tendenzen erkennbar wurden.

Angaben über die potentiellen Vorräte an Erdöl, die aus regionalgeologischen Kenntnissen der Sedimentbecken ermittelt werden können, schwanken stark. Auf dem Welterdölkongreß 1971 in Moskau wurden noch Schätzungen von 510 Mrd. t (*Weeks*) abgegeben, während 1975 in Tokio wesentlich pessimistischere Prognosen vorherrschten. *Moody* bezifferte 1975 das Gesamtpotential künftig gewinnbarer Erdölvorräte auf 273 Mrd. t. Die BGR ermittelt für die 11. Weltenergiekonferenz 1980 schließlich nur noch 53,4 Mrd. t (zusätzlicher) potentieller Vorräte, die außer den sicheren, gewinnbaren Reserven von 89 Mrd. t zu erwarten sind. Die kumulative Erdölproduktion bis Ende 1980 belief sich übrigens auf rund 60 Mrd. t.

8 Erdgas — Welthandel und Vorräte

8.1 Wichtige Export- und Importländer, LNG- und LPG-Transporte

Erdgas gehört zu den primären Energieträgern, die in den Siebziger Jahren eine große Bedeutung erlangten. Bis 1972 waren die Gewinnung und gleichzeitig der Verbrauch noch weitgehend auf Nordamerika und den Ostblock beschränkt, obwohl sich die Weltproduktion zwischen 1960 und 1972 mehr als verdoppelt hatte.

Der Bedarf an Importenergie in Westeuropa, Japan und auch USA führte dann zum Bau von interkontinentalen Pipeline-Systemen und zur Entwicklung von Flüssiggastankern (LNG und LPG). Innerhalb weniger Jahre wurde so der weltweite Handel mit Erdgas möglich. Die Bezugsverträge haben normalerweise eine Laufzeit von 20 Jahren. 1980 erreichte der Welthandel mit Erdgas etwa 185 Mrd. m^3.

Die Erdgasverflüssigung (Verflüssigungstemperatur: $-161\,°C$) ist den technischen Anstrengungen zu verdanken, die amerikanische, englische und französische Firmen Ende der 50er Jahre unternahmen. Die Kosten für eine Anlage mit der Kapazität von 5 Mrd. m$_n^3$/Jahr beliefen sich 1975 auf 200–250 Mio. $ (Betriebskosten: 30–70 cts/1 Mio. BTU). 1959 machte der erste kleine Spezialtanker, die „Methane Pioneer" seine erste Atlantikreise, während 1964 der erste größere Flüssiggastanker (27 400 t) für regelmäßige Fahrten zwischen Arzew/Algerien und Canvey Island/England in Dienst gestellt wurde.

Anfang 1981 befuhren 56 LNG-Tanker (LNG = Liquefied Natural Gas) die Weltmeere, während in den Auftragsbüchern der Werften noch 17 LNG-Tanker standen, wodurch die Transportkapazitäten auf insgesamt 7,38 Mio. m^3

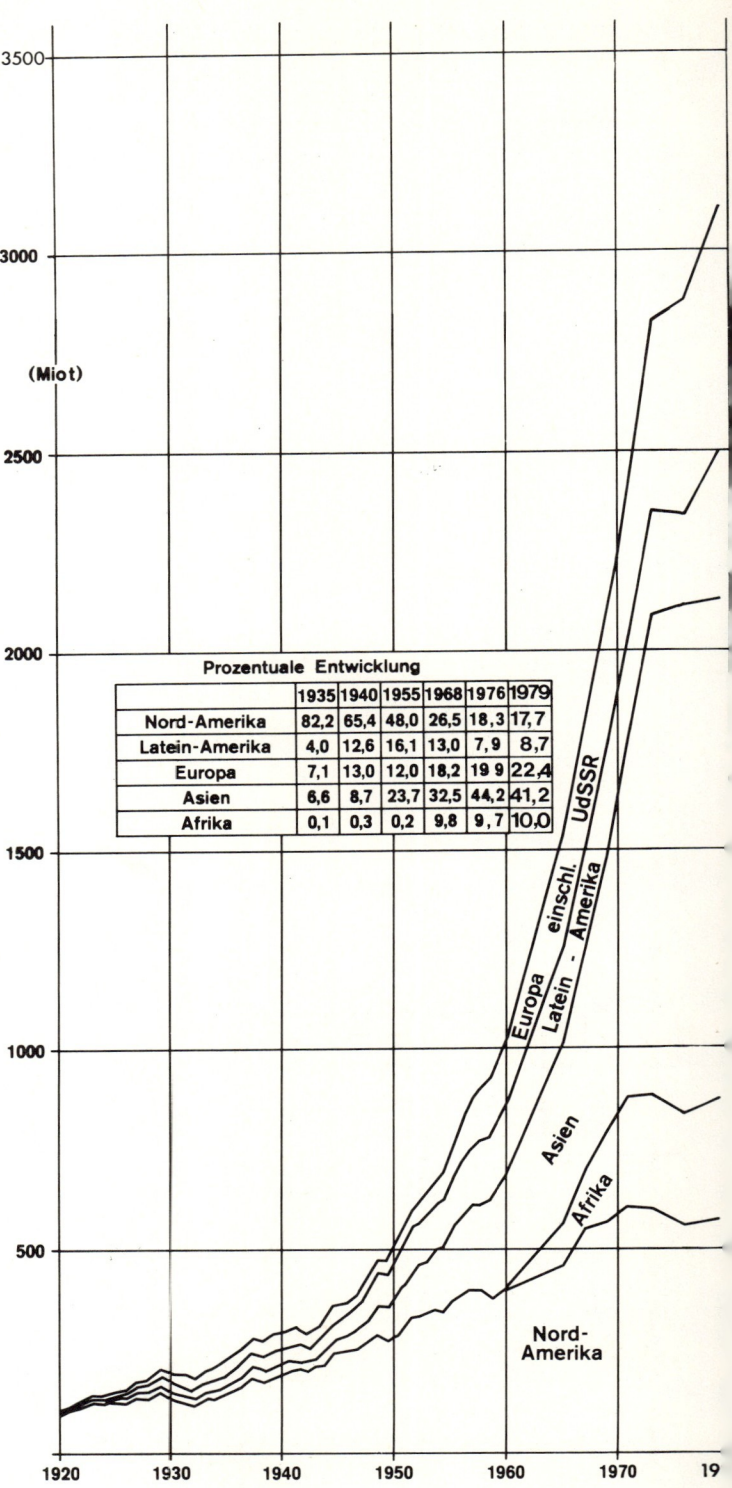

Bild XIII.3 Entwicklung der Erdöl-Förderung in Großräumen der Welt

8 Erdgas – Welthandel und Vorräte

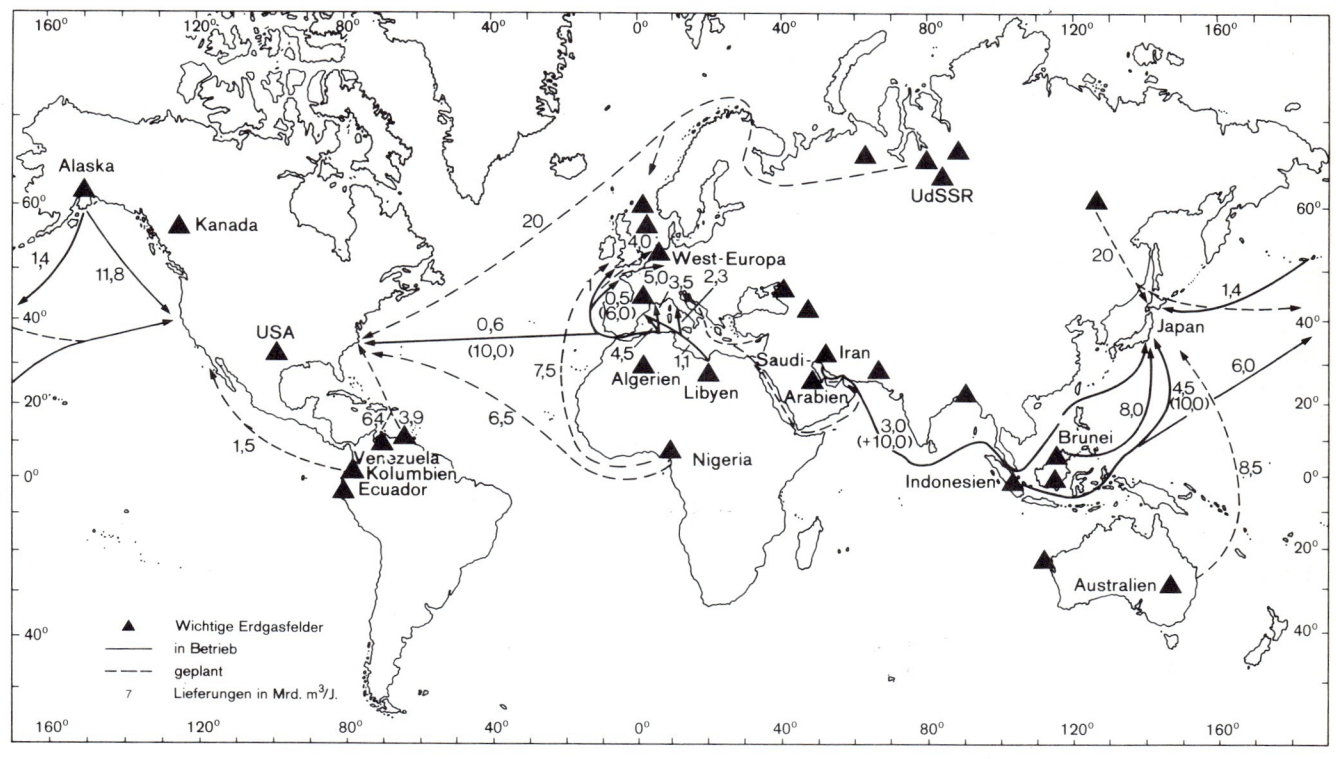

Bild XIII.4 Weltweite LNG-Transporte (Quelle: Ruhrgas AG, 1977)

erhöht werden. Diese Neubauten haben praktisch alle eine Kapazität von 125 000 m³. Auch in diesem Bereich tendiert die Tankschiffahrt zu Überkapazitäten, weil zwischen 1982 und 1985 weitere neue Schiffe für den LNG-Transport erwartet werden.

1980 existierten 13 LNG-Ketten auf den Weltmeeren, mit einer Kapazität von 47 Mrd. m³/Jahr. (1979 wurden 39 Mrd. m³ Erdgas in verflüssigter Form exportiert.) Die wichtigsten Routen sind (vgl. Bild XIII.4): Von Arzew und Skikda in Algerien nach Canvey Island/Großbritannien (ab 1964), nach Le Havre und Fros/Frankreich (ab 1965/1973), nach Boston/USA (ab 1976) und Barcelona/Spanien (ab 1976). – Von Marsa el Brega in Libyen nach Barcelona/Spanien (ab 1970) und nach La Spezia/Italien (ab 1970). – Von Lumut/Brunei nach Yokohama/Japan (ab 1972), von Badak/Indonesien nach Osaka/Japan (ab 1977) und nach Los Angeles/USA (1978) sowie von Abu Dhabi nach Tokio/Japan (ab 1976). In den nächsten Jahren werden die Strecken Trinidad (Tip) – USA (Corpus Christi), Nigeria (Bonny) – USA (Ostküste), Australien/Japan, Kalimantan/Indonesien (Arun) – Japan und USA (Los Angeles), von Algerien (Arzew) nach Cave Point (USA), Zeebrügge (Belgien), St. Nazaire (Frankreich), BR Deutschland (Gasterminal Wilhelmshaven) und St. John (Kanada), von Melville Island/Kanada und von Kolumbien in die USA sowie von der UdSSR nach Japan und USA hinzukommen.

Außer LNG wird aber auch LPG (liquid petroleum gas) von OPEC-Ländern exportiert. 1975 waren dies 7,9 Mio. t (vornehmlich 3,1 Mio. t aus Saudi-Arabien, 1,7 Mio. t aus Venezuela, 1,4 Mio. t aus Kuwait, 1,3 Mio. t aus Iran). 1985 dürfte die LPG-Exportkapazität auf etwa 43 Mio. t angewachsen sein (Nahost 25, Nordafrika 9, Indonesien 1, Nordsee 5,5). LPG wird auf kleinen Tankern transportiert. 1981 waren 132 Einheiten mit insgesamt 5,9 Mio. t Fassungsvermögen im Einsatz.

Neben dem relativ teuren Transport von LNG ist der Erdgas-Transport durch Bau von Pipelines erweitert worden. Die „International Gas Union" bezifferte den Bestand an Gastransportleitungen 1978 auf 750 000 km. Weitere 83 000 km waren 1979 im Bau oder geplant. Pauschal kann davon ausgegangen werden, daß rund 80 % des internationalen Gashandels über Pipelines abgewickelt werden. Die für Westeuropa wichtigsten Stränge führen derzeit aus Sibirien und der Ukraine sowjetisches Erdgas heran (14 000 km Leitungen). Durch Anschlüsse an dieses Leitungssystem können Lieferungen nach der BR Deutschland, nach Frankreich, Österreich und Italien erfolgen. 1980 exportierte die Sowjetunion etwa 25 Mrd. m³ nach Westeuropa, ab 1984 sollen es jährlich 40 Mrd. m³ zusätzlich sein. Von der algerischen Regierung wurde im April 1970 der Bau einer Pipeline von Hassi R'Mel über Skikda und Cap Bon/Tunesien nach Sizilien beschlossen, die 174 km auf dem Meeresgrund in 100–550 m Tiefe verlegt werden muß. In Zusammenarbeit mit ENI sollen 12–15 Mrd. m³/Jahr Erdgas bis Rom oder sogar bis Mailand gebracht werden. Ein anderes Gas-Pipeline-Projekt ist von Sonatrach mit Enagas (Spanien) und Gaz de France geplant. Ab 1983 soll durch eine offshore-Leitung zwischen Arzew und Almeria (Tiefen bis 1500 m) nach Madrid und Paris Gas geliefert werden (Kosten: 4–5 Mrd. $).

Zu den Exportländern Europas gehören die Niederlande und Norwegen. Aus den Niederlanden bezieht Deutschland bereits seit Mitte der 60er Jahre Erdgas, während eine Nordsee-Leitung (431 km) seit 1977 in Betrieb ist, um jährlich 6 Mrd. m_n^3 aus dem norwegischen Ekofisk-Feld nach Emden zu bringen. Nach Ekofisk wird in den 80er Jahren eine weitere Leitung aus dem Heimdal-Feld führen, um auch einige Mrd. m³ aus der nördlichen Nordsee bis nach Emden liefern zu können (Gesamt-Import 1980: 47 Mrd. m³ gegenüber 43,8 Mrd. m³ 1979).

8.2 Erdgas-Preise

Das Preissystem im internationalen Erdgas-Handel ist schwer durchschaubar. Mit den Rohöl-Preisen sind auch die Preise für Erdgas kräftig gestiegen. Dabei werden in der Regel Lieferverträge mit Gleitklauseln abgeschlossen, die nicht selten als vertraulich gelten. Die Gaspreise für Bezüge aus der Sowjetunion können außerdem leicht unterschätzt werden, wenn die günstigen Kredite für Röhrenlieferungen unberücksichtigt bleiben.

Zwischen 1975 und 1979 haben sich die durchschnittlichen Erdgas-Preise etwa verdoppelt (von etwa 1 US-$ pro 1 Million Btu auf etwas über 2 US-$, vgl. Tabelle XIII.15). Allerdings ist die Varianzbreite mindestens gleichgroß geblieben, denn 1975 reichte diese von 0,47 $ bis 2,07 $, während 1979 der niedrigste Preis bei 0,72 $ und der Höchstwert bei 3,65 $ lagen.

Das OPEC „Gas Committee" hat seit 1975 an einer Preisstrategie für Erdgas-Exporte gearbeitet und legte das Ergebnis auf der Konferenz im Juni 1980 in Algier vor. Künftig soll eine kontinuierliche Angleichung an den Ölpreis auf der Basis der Heizwerte (Btu) erfolgen. Uneinig war die OPEC nur noch in der Frage, ob die fob-Preise oder die cif-Preise als Paritätsgrundlage dienen (bisher sind cif-Preise im Erdgas-Geschäft üblich). Dabei müssen die vergleichsweise hohen Kosten für Verflüssigung, Transport und Wiedervergasung von LNG, aber auch die Verdampfungsverluste (0,2 % pro Tag) berücksichtigt werden.

Die Angleichung bedeutet eine erhebliche Preiserhöhung. Unter Zugrundelegung der Rohölpreise Ende 1980 würde Erdgas aus Libyen etwa 6,40 $/Mill. Btu kosten, LNG aus Algerien 6,60 $ oder LNG aus Indonesien 5,50 $.

8.3 Vorräte

Zwischen 1965 und 1979 stiegen die sicheren Erdgasvorräte der Welt von 25 Bill. m³ auf 74 Bill. m³ (Tabelle XIII.16). Dabei konnten die meisten Reserven in der Sowjetunion ermittelt werden. Die offiziellen Angaben darüber schwanken stark, doch darf der Nachweis von 30 Bill. m³ und somit 40 % aller Vorräte als sicher angenommen werden. In den USA spielt der Verbrauch von Erdgas bereits eine wichtige Rolle, da etwa 25 % des gesamten Primär-Energiebedarfes von Erdgas gedeckt werden, doch bereitet der bedrohliche Rückgang der Reserven Sorge (1969: 9,5 Bill. m³, 1977: 6,1 Bill. m³, 1979: 5,5 Bill. m³). Zugenommen haben dagegen die Vorräte im Iran, in Nigeria, in Mexiko, in Kanada und auch in der Nordsee, so daß sich für Westeuropa die Versorgungslage verbessert hat.

9 Uran und Thorium – Welthandel und Vorräte

9.1 Exporte und Importe

Nach dem 2. Weltkrieg wurden die Kernbrennstoffe lange Zeit als strategisches Material betrachtet, deren Gewinnung und Handel einer strengen staatlichen Kontrolle in den Erzeugerländern unterworfen waren. Angaben über Exporte und Importe von Uran und Thorium sind daher äußerst lückenhaft und fehlen aus dem Ostblock völlig. Wichtigste Produzentenländer der westlichen Welt sind Kanada und USA, wichtigstes Exportland dagegen die Republik Südafrika, wo Uran vornehmlich als Neben-

Tabelle XIII.15 Import-Preise für Erdgas (in US-$ pro Mill. Btu)

Importland	Herkunftsland	Preis 1975	Preis 1979
BR Deutschland	Niederlande	0,93	1,90
	Norwegen	–	2,15
	Sowjetunion	0,64	2,50
Frankreich	Niederlande	1,07	2,16
	Norwegen	–	1,91
	Algerien (LNG)	0,96	2,42
Italien	Niederlande	0,63	1,25
	Libyen (LNG)	0,79	1,45
	Sowjetunion	0,54	1,15
USA	Kanada	1,07	2,57
	Algerien (LNG)	0,72	1,81
Japan	USA (LNG)	1,40	2,37
	Brunei (LNG)	1,67	2,20
	Indonesien (LNG)	–	3,45
	Abu Dhabi (LNG)	–	2,31
DDR	Sowjetunion	0,60	2,30

9 Uran und Thorium — Welthandel und Vorräte

Tabelle XIII.16 Sichere Erdgasvorräte der Welt 1980 (in $10^9 \, m_n^3$)

Niederlande	1 685	Iran	10 700
Norwegen	714	Saudi-Arabien	2 096
Großbritannien	708	Kuwait	1 128
BR Deutschland	183	Qatar	878
Italien	180	Irak	768
Dänemark	115	Abu Dhabi	640
Frankreich	93	Bahrain	283
übrige	64	Oman	140
Westeuropa	**3 742**	Syrien	134
USA	5 519	Dubai	45
Kanada	2 496	**Naher Osten**	**16 812**
Nordamerika	**8 015**	Indonesien	1 100
Mexiko	1 733	Malaysia	480
Venezuela	1 190	Pakistan	447
Argentinien	461	Bangladesh	265
Trinidad	200	Indien	260
Bolivien	153	Thailand	215
Kolumbien	120	Brunei	210
Chile	71	Afghanistan	70
Brasilien	45	Japan	60
Ekuador	43	Taiwan	26
Peru	31	Burma	4
Lateinamerika	**4 047**	**Ferner Osten**	**3 137**
Algerien	2 700	Australien	847
Nigeria	1 455	Neuseeland	190
Libyen	695	UdSSR	30 600
Tunesien	100	China	750
Ägypten	85	Rumänien	135
Angola	40	Polen	125
Kongo (Brazz.)	30	Ungarn	115
Gabun	24	DDR	80
andere	7	Jugoslawien	60
Afrika	**5 136**	CSSR	13
		Albanien	12
Welt insgesamt	**73 848**	Bulgarien	5
		Ostblock	**31 895**

Quelle: Petroleum Economist, August 1980

produkt des Goldbergbaues gewonnen werden kann. Südafrika verzeichnete 1978 Ausfuhren von knapp 3000 t U_3O_8 in Erzkonzentraten, vornehmlich nach Großbritannien. Kanada lieferte 1977 rund 1000 t U_3O_8-Konzentrate nach USA, wo der Gesamtimport in den letzten Jahren tendenziell eingeschränkt wurde (1962: 10 429 lg. ts U_3O_8, 1970: 665 sh. t, 1972: 2284 sh. t, 1974: 1300 sh. t), stoppte dagegen 1977 zur Durchsetzung verschärfter Sicherheitsauflagen für fast 12 Monate alle Verkäufe nach Westeuropa. — 1977 reihte sich S. W. Afrika/Namibia in die bedeutsamen Exportländer ein und lieferte ca. 3000 t U_3O_8 aus Rössing nach Europa.

Die Versorgung Frankreichs ist neben der Inlandsproduktion durch Bezüge aus der Republik Madagaskar und aus Gabun sichergestellt. Aus Madagaskar kommt fast ausschließlich das thoriumhaltige Mineral Monazit.

Der Welthandel mit Kernbrennstoffen dürfte weiter zunehmen, da die Bedeutung von Uran und Thorium für die Energiewirtschaft steigt. Ende 1968 gab es in der Welt 64 Atomkraftwerke mit einer Nettokapazität von 12 807 MW, doch bereits Mitte 1978 waren es Kernkraftwerke mit einer Nettokapazität von 79 075 MW in 34 Ländern. 1978 waren außerdem 195 Kernkraftwerke mit 175 751 MW im Bau und weitere 152 mit 151 237 MW bestellt.

Der Welthandel mit Kernbrennstoffen wird sich künftig auf immer mehr Länder ausdehnen. Dabei muß unterschieden werden zwischen dem Handel mit Erzkonzentraten (yellow cake) aus Bergbauländern in Industrieländer und dem Handel mit angereichertem Uran bzw. Brennelementen. Die Urananreicherung und Brennelementherstellung ist noch auf wenige Länder beschränkt. In den USA betreibt die Energy Research and Development Administration (ERDA, bis Okt. 1974 Atomic Energy Commission) 3 Anreicherungsanlagen, in Frankreich (Pierrelatte, AEG), in Großbritannien (Capenhurst, AEA), in Deutschland (Karlsruhe, Nuc. Res. Centre), in Südafrika (Valindaba, UCOR), in der UdSSR (Sibirien) und in der VR China (Lanchow) produziert jeweils 1 Anlage. Eine Fertigung von Brennelementen geschieht auch nur in den wichtigsten Industrieländern. Die USA verzichteten in den letzten Jahren auf die Erweiterung der Kapazitäten, so daß Westeuropa auf Lieferverträge mit der UdSSR angewiesen war.

Urananreicherungsanlagen und besonders Kernkraftwerke erfordern einen sehr hohen Entwicklungskosten- und Investitionsbedarf (2—3 Mrd. $). Daraus resultiert die Tendenz zur Bildung multinationaler Konzerne. Als Beispiel kann die General Atomic International dienen, die Gulf und Shell zu gleichen Teilen gehört und die sich als Hersteller und weltweiter Verkäufe von gasgekühlten Hochtemperatur-Reaktoren (HTGR) etablierte.

Der Export von Kernkraft-Anlagen ist bisher auf die USA (Westinghouse mit 39 Reaktoren in 11 Ländern, General Electric mit 23 Reaktoren in 8 Ländern), die Sowjetunion (Technopromexport mit 37 Reaktoren in 7 Ländern), die BR Deutschland (KWU, 8 Anlagen), Frankreich, Großbritannien und Schweden begrenzt.

Die Preise für „yellow cake" aus USA haben sich zunächst kräftig erhöht. Wurden 1972 noch 6 US-$ pro pound berechnet, waren es Mitte 1977 schon 42,55 $/lb und bei Termingeschäften für 1980 sogar 51,75 $/lb, sind 1981 aber deutlich zurückgegangen.

9.2 Vorräte

Die überwiegende Menge der Erzvorräte der westlichen Welt wurde in USA, Australien, Schweden, Südafrika und Kanada erschlossen (vgl. Kap. VI). Viele andere

Länder werden daher künftig auf Rohstofflieferungen aus diesen Gebieten angewiesen sein. Bei den Angaben über Uran-Reserven ist auch eine Unterteilung in Kostenkategorien üblich, wobei die Kategorie I zunächst bis 8, dann bis 10, 15, 30 und 1978 sogar 50 $/lb U_3O_8 bzw. 80 $/kg U_3O_8 Uranerze einschloß, die bis zu diesen Kostenhöhen rentabel abgebaut werden konnten. Die Kategorien II und III hatten meist die doppelten bzw. dreifachen Kostengrenzen. Durch die ständige Verschiebung der Kostengrenzen entstanden jedoch in den letzten Jahren viele Mißverständnisse. Die bisher nachgewiesenen Erzreserven reichen aus, um den Bedarf an Kernbrennstoffen über Jahrzehnte zu decken. Eine Übersicht über die Vorratssituation gibt Tabelle XIII.17.

Neben den Uranerzen sind auch Thoriumerze als Kernbrennstoffe wichtig. In USA waren 1974 allein 10 gasgekühlte Hochtemperatur-Reaktoren mit Thorium-Brennelementen im Einsatz. Hauptsächlich wird gegenwärtig Monazit aus Strandseifen als Thoriumerz bergbaulich gewonnen. Die Thorium-Erzreserven beliefen sich 1980 auf 1 283 000 sh.t ThO_2-Inhalt. Davon entfielen auf Indien 398 000 sh.t, auf Kanada 262 000 sh.t, auf die USA 218 000 sh.t und auf Norwegen 166 000 sh.t, bei einem Preis von 15 US-$ pro lb ThO_2.

10 Wasserkraft

Die Wasserkraft hat zwar nur einen Anteil von knapp 6 % an der gesamten Weltenergieproduktion, doch von etwa 20 % an der Erzeugung von Elektrizität. Während in Westeuropa und Nordamerika das vorhandene Wasserkraftpotential schon stark genutzt wird, verfügen zahlreiche Länder, Südamerikas, Afrikas und Asiens noch über erhebliche Nutzungsmöglichkeiten (Tabelle XIII.18).

Die weltwirtschaftliche Bedeutung der Wasserkräfte dagegen beschränkt sich auf Gemeinschaftsprojekte von Nachbarländern zur Installierung neuer Kraftwerkskapazitäten, denn als Primärenergieträger ist Wasser kein Handelsgut.

Über die Zusammenarbeit der Alpenländer bei der Nutzbarmachung von Hydroenergie wurde im VII. Kapitel ausführlich berichtet. Aber auch in Entwicklungsländern werden vergleichbare Anstrengungen unternommen. Ein Beispiel dafür bietet das Mekong-Projekt in Südostasien, das 1957 begonnen wurde und 10 Staudämme im Mekong selbst sowie weitere 24 Staustufen in seinen Nebenflüssen vorsieht, um Thailand, Laos, Vietnam und die Rep. Khmer (Kambodscha) mit Strom zu versorgen. Die politischen Verhältnisse verhinderten die Verwirklichung des ehrgeizigen Projektes. Aber auch in Zentralamerika und im südlichen Afrika (Limpopo, Kunene) bestehen Wasserkraftwerke, die teilweise Nachbarländer mit Strom versorgen.

Tabelle XIII.17 Uranvorräte der westlichen Welt 1979

	Sichere Reserven	
	bis 80 $/kg	80–130 $/kg
USA	530,0	178,0
Australien	290,0	9,0
Schweden	1,0	300,0
Südafrika	247,0	144,0
Kanada	215,0	20,0
Niger [1]	160	—
Brasilien	74,2	—
BR Deutschland	60,0	—
Frankreich	39,6	15,7
Gabun [1]	37,0	—
Indien	29,8	—
Algerien	28,0	—
Argentinien	23,0	5,1
Zentralafrik. Republik	18,0	—
Mexiko [1]	8,3	—
Japan	7,7	—
Portugal [1]	6,7	1,5
Türkei	4,3	—
Zaire [1]	1,8	—
Philippinen [2]	0,3	—
Südkorea	—	4,4
Italien	—	1,2
Dänemark	—	27,0
Westliche Welt	1 781,7	705,9

[1] 1978 [2] 1977

Quelle: Bundesanstalt für Geowissenschaften und Rohstoffe. Survey of Energy Resources, 1980.

Tabelle XIII.18 Wasserkrafterzeugung in der Welt (in Mrd. kWh)

	1978	1979
USA	928	931
Kanada	651	630
UdSSR	478	523
Lateinamerika	542	544
Japan	202	231
Norwegen	232	253
Schweden	115	122
Frankreich	174	168
Italien	142	144
Afrika	139	145
Südasien	124	124
Südostasien	106	110
Osteuropa	62	63
Schweiz	98	92
China	93	105
Spanien	124	143
Australien/Ozeanien	99	109
Jugoslawien	75	77
Österreich	67	73
BR Deutschland	53	47
übrige	145	155
Welt	4 649	4 788

Quelle: BP Statistical Review, London 1979

Tabelle XIII.19 Braunkohlengewinnung der Welt (in 1000 t)

Land	1953	1960	1970	1972	1974	1976	1978	1980
Österreich	5 574	5 937	3 670	3 750	3 630	3 180	3 070	2 952
Dänemark	798	2 309	130	—	—	—	—	—
Frankreich	1 948	2 276	2 780	2 960	2 760	3 190	2 730	2 585
BR Deutschland	86 372	97 999	107 770	110 420	126 040	134 530	123 590	129 862
Griechenland	444	2 550	7 680	11 320	14 270	22 240	21 680	23 930
Italien	758	794	1 390	860	1 960	2 020	1 890	1 934
Niederlande	252	4	—	—	—	—	—	—
Portugal	71	156	!0	—	—	—	—	—
Spanien	1 790	1 762	2 830	3 060	2 880	4 050	8 270	16 020
Türkei	942	1 911	4 360	5 340	6 340	7 700	8 780	10 400
Westeuropa	98 949	115 734	130 620	137 710	157 880	176 910	170 010	187 683
Albanien	105	291	670	700	850	850	1 050	1 100
Bulgarien	8 077	15 416	28 850	26 890	23 990	25 180	25 350	29 100
CSSR	34 350	58 403	81 780	85 560	82 790	89 470	95 290	94 500
DDR	172 752	225 465	260 580	248 450	243 470	246 880	253 270	257 000
Ungarn	19 016	23 676	23 680	22 180	22 550	22 320	22 720	23 430
Polen	5 633	9 327	32 760	38 220	39 830	39 300	41 000	36 866
Rumänien	2 042	3 363	14 140	16 550	19 790	19 700	20 100	25 200
UdSSR	96 107	138 261	144 740	152 470	157 180	163 000	162 870	164 000
Jugoslawien	10 321	21 430	27 780	30 340	32 980	35 700	39 010	45 446
Osteuropa	348 403	495 632	614 980	621 360	623 430	642 400	660 660	676 642
China	?	?	?	?	?	?	?	?
Indien	—	47	3 550	3 070	3 010	3 900	3 630	4 436
Japan	1 486	1 409	200	100	80	50	40	25
Nordkorea	402	3 842	5 700	5 000	7 890	8 400	11 500	13 100
sonstige Länder Asiens	531	734	1 690	1 650	2 820	3 220	3 860	5 186
Asien	2 419	6 032	11 140	9 820	13 800	15 570	19 030	22 747
Kanada	1 833	1 969	3 470	2 980	3 480	4 680	5 060	5 570
USA	2 586	2 491	5 410	9 980	14 060	22 980	35 290	39 377
Nordamerika	4 419	4 460	8 880	12 960	17 540	27 660	40 350	44 947
Chile	107	68	—	—	—	—	—	—
Lateinamerika	107	68	—	—	—	—	—	—
Afrika	—	—	—	—	—	—	—	—
Australien	8 390	15 207	24 200	23 630	27 300	30 940	31 190	33 130
Neuseeland	1 772	2 247	1 920	1 640	2 150	1 990	140	196
Ozeanien	10 162	17 454	26 120	25 270	29 450	32 930	31 330	33 326
Welt[1]	464 459	639 380	791 740	807 120	842 100	895 470	921 380	965 345
davon Ostblock[1]	349 045	499 494	620 680	626 360	631 320	650 800	672 160	689 742

[1] ohne China

Quelle: Statistik der Kohlenwirtschaft, Essen, verschiedene Jahrgänge.

Tabelle XIII.20 Steinkohlenförderung der Welt (in 1 000 t)

Land	1953	1960	1970	1974	1976	1978	1980
Belgien	30 060	22 469	11 360	8 110	7 240	6 590	6 324
Frankreich	52 588	55 960	37 350	22 890	21 880	19 690	18 136
BR Deutschland	142 070	143 255	111 270	101 480	96 320	90 100	94 492
Irland	167	208	150	70	50	30	63
Italien	1 131	737	300	10	10	—	—
Niederlande	12 297	12 498	4 330	760	—	—	—
Norwegen	428	404	490	430	540	460	288
Portugal	478	434	270	230	190	180	180
Spanien	12 194	13 783	10 750	10 250	10 490	12 050	12 770
Türkei	3 664	3 653	4 570	4 970	4 650	4 380	4 510
Großbritannien	227 805	196 711	144 560	109 220	122 200	121 700	128 208
West-Europa	483 329	450 495	325 400	258 420	263 570	252 180	264 971
Bulgarien	269	570	400	310	290	280	270
CSSR	18 925	26 214	28 800	27 970	28 270	28 260	28 200
DDR	2 638	2 721	1 040	590	450	110	35
Ungarn	1 238	2 847	4 150	3 210	2 940	2 950	3 072
Polen	88 719	104 438	140 100	162 000	179 300	192 620	193 115
Rumänien	2 537	3 405	6 400	7 110	7 100	7 280	7 050
UdSSR	224 315	374 925	474 000	524 000	546 000	557 480	552 000
Jugoslawien	925	1 283	650	600	590	470	396
Ost-Europa	339 566	516 403	655 540	725 790	764 940	789 450	784 138
VR China	69 680	42 000	360 000	450 000	480 000	618 000	606 000
Taiwan	2 993	3 962	4 480	2 930	3 200	2 840	
Indien	36 557	52 593	73 690	83 930	100 990	101 140	107 825
Indonesien	897	658	170	160	190	260	
Japan	46 531	51 067	39 700	20 335	18 400	19 060	17 930
Nord-Korea	1 173	112 128	30 880	48 290	66 430	63 060	45 600
Pakistan	593	831	1 250	1 300	1 500	1 180	
Vietnam	887	2 595	3 000	2 000	3 100	4 100	
sonstige	—	—	550	1 280	1 400	1 450	29 530
Asien	159 482	166 140	513 720	610 225	675 210	811 090	806 885
Kanada	12 591	8 020	11 590	17 370	20 800	25 570	30 480
USA	440 337	391 526	550 390	536 920	580 000	574 170	723 574
Nordamerika	452 934	399 574	561 980	554 290	600 800	599 740	753 054
Argentinien	37	175	620	620	610	430	
Brasilien	1 430	1 277	2 370	2 500	2 600	3 900	5 400
Chile	2 038	1 297	1 380	1 370	1 500	1 060	800
Kolumbien	1 230	2 600	3 300	3 150	3 600	3 340	
Mexiko	764	1 074	3 010	4 030	5 200	5 800	7 100
sonstige	239	197	190	150	150	210	6 300
Lateinamerika	5 738	6 620	10 870	11 820	13 660	14 740	19 600
Algerien	295	119	10	10	10	10	
Zaire	315	163	100	120	100	120	
Marokko	565	412	440	580	710	720	
Mozambique	162	270	350	430	370	380	
Nigeria	711	571	60	300	300	290	
Rhodesien	2 618	3 559	3 000	3 500	3 100	3 660	3 132
Südafrika	28 459	38 173	54 610	65 020	75 730	90 430	111 000
Zambia	—	—	630	820	800	520	sonst. 2 700
Afrika	33 125	43 267	59 200	70 780	81 120	96 130	116 832
Australien	18 706	22 931	49 600	63 540	73 890	79 890	81 200
Neuseeland	786	813	460	390	460	1 960	1 920
Ozeanien	19 647	23 892	50 060	63 930	74 350	81 850	83 120
Welt	1 493 221	1 606 391	2 176 770	2 295 290	2 473 650	2 648 180	2 829 600
davon Ostblock	409 552	525 776	1 018 540	1 226 080	1 314 470	1 474 610	1 435 738

Quellen: Statistik der Kohlewirtschaft, Essen, verschiedene Jahrgänge

Tabelle XIII.21 Weltrohölförderung in Mio. t

Land	1960	1970	1974	1975	1976	1977	1978	1979	1980
USA	380,4	533,7	494,9	473,9	454,4	462,8	488,1	478,6	485,0
Kanada	25,8	70,0	97,0	83,5	70,8	73,0	74,4	83,2	82,0
Nordamerika	406,2	603,7	591,9	557,4	525,2	535,2	562,5	561,8	567,0
Venezuela	147,9	193,0	156,0	125,3	118,9	116,4	115,4	122,8	113,0
Mexiko	14,1	21,9	27,0	39,8	44,5	51,7	66,0	80,8	110,0
Argentinien	9,1	20,0	21,2	20,3	20,2	21,8	23,6	23,9	25,0
Trinidad	6,1	7,2	9,0	11,2	11,0	11,9	11,6	11,1	11,3
Kolumbien	7,9	11,1	8,7	8,1	7,6	7,6	6,6	6,4	5,8
Brasilien	3,9	8,0	8,3	8,4	8,7	8,1	8,0	8,5	9,3
Peru	2,5	3,4	3,5	3,7	3,7	3,9	7,7	9,4	9,8
Bolivien	0,4	1,3	2,1	—	1,9	1,9	—		
Chile	0,9	1,6	1,4	1,1	1,1	0,9	0,8	1,0	1,5
Ekuador	0,4	0,2	10,0	7,9	9,0	8,6	9,7	10,5	10,0
Lateinamerika	193,2	267,7	247,2	228,1	226,6	232,8	249,4	276,1	297,3
Iran	52,1	191,7	301,0	267,7	294,0	276,4	260,4	151,4	74,0
Saudi-Arabien	62,1	176,9	412,0	343,9	428,8	453,2	409,8	475,2	495,0
Kuwait	81,9	137,4	112,0	92,4	109,1	94,3	97,0	127,2	86,0
Irak	47,5	76,6	95,0	110,9	112,0	110,9	127,6	168,0	138,0
Abu Dhabi	—	33,3	68,0	67,3	76,5	79,7	69,7	71,1	65,0
Neutrale Zone	7,3	26,7	28,5	25,8	—[1]	—[1]	23,9		
Qatar	8,2	17,2	24,7	21,0	23,5	21,4	23,4	24,4	22,8
Oman	—	17,2	14,2	17,1	18,1	16,9	15,8	14,6	14,2
Dubai	—	4,3	12,0	12,6	15,3	15,5	18,0	17,7	17,5
Bahrain	2,3	3,8	3,4	3,1	2,9	2,8	2,7	2,5	2,5
Türkei	0,4	3,5	3,5	3,1	2,6	2,6	2,9	2,9	2,6
Syrien	—	4,3	5,8	9,6	10,0	8,9	10,0	8,5	8,5
Mittlerer Osten	261,9	693,0	1 080,1	974,5	1 094,6	1 084,0	1 061,2	1 065,9	926,7
Libyen	—	159,2	77,0	71,3	91,9	100,1	95,2	99,0	85,6
Algerien	8,5	47,2	49,0	45,8	50,1	47,3	57,2	53,2	44,9
Nigeria	0,9	53,4	112,0	88,8	102,3	104,3	95,1	113,5	101,0
Gabun	0,9	5,5	13,0	11,3	11,3	11,2	10,8	10,3	10,1
Ägypten	3,3	16,4	7,5	11,7	16,6	22,0	24,2	26,0	30,0
Angola	—	5,1	8,9	8,4	6,3	8,2	8,2	6,7	8,0
Afrika	13,6	281,7	258,5	237,3	285,1	300,1	290,7	319,2	290,8
BR Deutschland	5,5	7,5	6,2	5,7	5,5	5,4	5,1	4,8	4,7
Österreich	2,5	2,8	2,3	2,0	1,9	1,9	1,8	1,7	1,6
Frankreich	2,0	2,3	1,1	1,0	1,1	1,1	1,1	1,2	1,3
Niederlande	1,9	1,9	1,6	1,6	1,6	1,5	1,5	1,6	1,6
Italien	2,0	1,4	0,9	1,0	1,1	1,0	1,5	1,8	2,0
Norwegen	—	—	1,7	9,3	13,7	13,6	17,2	18,3	23,7
Großbritannien	0,1	0,1	0,4	1,6	12,0	40,1	54,0	77,9	80,0
West-Europa	13,9	15,9	13,8	22,2	39,1	66,8	82,2	108,9	116,7
Indonesien	20,8	42,1	71,5	65,0	74,8	83,2	81,0	79,1	77,5
Brunei/Sarawak	4,6	7,8	13,5	9,4	11,1	10,3	10,1	12,0	11,5
Indien	0,4	6,8	7,3	8,1	8,6	9,6	11,0	12,8	10,0
Australien	—	8,3	17,9	19,9	19,6	20,3	20,9	20,5	18,8
Ferner Osten	25,8	65,0	110,2	102,4	124,2	134,9	123,0	144,4	135,6
andere westliche Länder	1,8	16,0	23,5	—	—	—	—		
Westliche Welt	916,3	1 943,1	2 325,2	2 121,9	2 294,8	2 354,4	2 397,6	2 476,3	2 334,1
Sowjetunion	148,0	352,7	457,0	490,8	520,0	551,5	572,5	586,0	603,0
Rumänien	11,5	13,4	14,2	14,6	14,8	14,8	13,7	12,3	12,0
China	5,5	20,0	65,0	77,0	87,0	95,5	104,0	106,2	106,0
Jugoslawien	0,9	2,9	3,5	3,7	3,9	3,9	4,1	4,1	4,2
Ungarn	1,2	1,9	2,0	2,0	2,1	2,2	2,2	2,0	2,1
andere	1,1	2,2	4,4	2,8	2,8	2,7	3,0		
Ostblock	168,2	393,1	545,1	88,1	630,6	670,6	699,5	714,9	732,1
Welt insgesamt	1 084,5	2 336,2	2 870,3	2 710,0	2 925,4	3 025,0	3 097,1	3 191,2	3 066,2

[1]) bei Saudi-Arabien und Kuwait berücksichtigt

Quellen: BP: Statistical Review 1975, London 1977, Esso: Oeldorado 1979, Hamburg 1980.

Tabelle XIII.22 Erdgasförderung der Welt (Mrd. m^3)

Land	1950	1960	1965	1970	1972	1974	1976	1978	1980
BR Deutschland	0,1	0,6	2,5	12,3	17,2	20,2	18,8	20,9	19,0
Niederlande	–	0,4	1,6	31,4	61,6	84,7	96,0	87,8	88,0
Frankreich	0,2	4,5	5,1	6,9	7,5	7,6	6,6	7,9	7,6
Italien	0,5	6,5	7,8	12,5	14,2	15,6	14,8	13,1	11,6
Österreich	0,5	1,5	1,7	1,9	2,0	2,2	2,2	2,4	2,1
Großbritannien	–	–	–	11,1	26,5	32,0	37,6	38,2	35,4
West-Europa	1,3	13,5	18,7	76,1	129,0	162,3	176,0	183,0	197,7
USA	240,1	427,2	454,2	621,9	637,5	611,7	560,3	565,6	576,8
Kanada	1,3	15,3	40,9	67,0	81,0	86,0	89,4	71,6	74,0
Nordamerika	241,4	442,5	495,1	688,9	718,5	697,7	649,7	637,2	650,8
Venezuela	–	31,6	6,5	9,0	9,9	13,5	11,2	15,0	14,7
Mexiko	2,4	9,7	11,9	18,8	19,4	15,9	16,8	21,5	27,0
Argentinien	0,8	3,6	4,2	6,0	6,6	7,2	7,9	8,0	9,0
Chile	–	2,2	1,7	2,7	4,0	3,6	2,5	3,5	3,2
sonstige	–	–	3,3	4,9	5,0	6,6	6,6	10,2	10,4
Lateinamerika	3,2	47,1	27,6	41,4	44,9	46,8	45,0	58,2	64,3
Libyen	–	– –	–	–	1,0	5,0	6,0	5,0	3,8
Algerien	–	–	1,9	2,8	3,1	6,0	7,3	14,1	23,0
Nigeria	–	0,2	0,1	0,1	0,1	0,2	0,2	0,5	2,5
sonstige	–	–	0,01	0,1	0,1	1,0	1,0	1,4	1,7
Afrika	–	0,2	2,0	3,0	4,3	12,2	14,5	21,0	31,0
Iran	–	7,1	1,2	11,2	17,8	22,3	22,0	18,8	8,0
Kuwait	–	7,8	1,8	4,0	4,8	5,3	5,3	6,3	8,0
Irak	–	7,1	0,8	0,8	1,0	1,3	1,3	1,7	0,5
Saudi-Arabien	–	8,1	0,8	2,9	3,1	6,2	7,0	5,0	8,8
sonstige	–	0,5	0,1	0,5	0,9	6,4	6,6	12,0	13,0
Mittlerer Osten	–	30,6	4,7	19,4	27,6	41,5	42,2	43,8	38,3
Indonesien	–	2,4	3,2	3,1	3,9	1,1	1,1	6,5	12,0
Japan	0,1	0,7	2,0	2,6	2,7	2,6	2,4	2,6	2,3
Pakistan	–	0,6	1,6	3,6	3,6	5,0	5,0	5,9	7,0
Afghanistan	–	–	–	2,6	2,4	2,9	3,1	2,7	2,0
sonstige	–	–	0,6	1,7	1,9	8,7	12,2	14,3	14,0
Ferner Osten	0,1	3,7	7,4	13,6	14,5	20,3	23,8	32,0	37,3
Australien	–	–	–	1,5	2,5	4,5	5,3	7,2	9,5
UdSSR	8,0	47,200	127,1	198,0	229,0	260,6	320,8	372,4	433,0
China	–	–	–	–	3,9	34,0	40,0	65,8	98,0
Rumänien	2,0	6,519	1,7	22,6	28,2	30,2	32,0	34,4	33,3
Ungarn	0,4	0,342	1,1	3,5	4,1	5,1	5,4	7,4	6,0
Polen	0,2	0,549	1,4	5,2	5,5	5,7	6,0	8,0	6,5
sonstige	–	–	2,1	3,9	7,9	10,5	11,1	11,6	11 4
Ostblock	10,6	54,5	147,4	233,2	278,6	346,1	415,3	499,6	588,2
Welt insgesamt	256,6	592,1	702,9	1 077,1	1 219,9	1 331,4	1 371,8	1 482,0	1 617,1

Quellen: Esso AG: Oeldorado, Hamburg 1979, Ruhrgas AG, Essen

Literatur

[1] *Adelman, M. A.:* The World Petroleum Market. — London 1975.

[2] *Beuthaus, F.* et al.: Rohstoff Kohle. — Weinheim — New York 1978.

[3] *Bischoff, G.:* Die Energievorräte der Erde. Möglichkeiten und Grenzen wirtschaftlicher Nutzung. — Glückauf 110, 582—591, Essen 1974.

[4] British Petroleum Co.: BP Statistical Review of the World Oil Industry. — London 1974—1980.

[5] *Brown, R.* et al.: World Requirements and Supply of Uranium. — Atomic Ind. Forum Conf., Genf 1976.

[6] *Bundesanstalt für Geowissenschaften und Rohstoffe:* Entwicklung der Energienachfrage und deren Deckung — Perspektiven bis zum Jahre 2000. — Hannover 1976.

[7] *Bundesanstalt für Geowissenschaften und Rohstoffe:* Survey of Energy Resources 1980. — 11th World Energy Conference, München 1980.

[8] *Burchard, H.-J.:* Methoden und Grenzen der Energieprognosen. — BP, Hamburg 1968.

[9] *Considine, D. M.:* Energy Technology Handbook. — Mc-Graw-Hill, New York 1977.

[10] *Europäisches Informationsbüro für Kohlefragen:* Nachrichten und Kommentare. — Seit 1963, Brüssel.

[11] *Ezra, D.J.:* Die Zukunft der europäischen Energieversorgung. — Jb. Bergbau, Energie, Mineralöl und Chemie 81, Essen 1972.

[12] *Fettweis, G. B.:* Weltkohlenvorräte. — Bergbau, Rohstoffe, Energie, Bd. 12, 435 S., Glückauf-Verlag, Essen 1976.

[13] *Förster, F.:* ANEP, Jahrbuch der Europäischen Erdölindustrie. — Hamburg 1974.

[14] *Friedensburg, F.* und *Dorstewitz, G.:* Bergwirtschaft der Erde. — 7. Aufl., Enke, Stuttgart 1976.

[15] *Gärtner, E.:* Uran, Produktion und Gewinnung, Brennstoffkreislauf und möglicher Beitrag zur Energieversorgung. — Glückauf, Essen 1977.

[16] *Geißler, E.* (Hrsg.): Energiesysteme, Systemanalytische Ergebnisse des Jahres 1976; — Köln 1977.

[17] *Gocht, W.:* Wirtschaftsgeologie. — Springer, Berlin/Heidelberg/New York 1978.

[18] *Grenow, M.:* On Fossil Fuel Reserves and Resources. — IIASA, Laxenburg 1978.

[19] *Kehrer, P.:* Energie-Resourcen der Erde. Grenzen aus geowissenschaftlicher Sicht. — Geol. Rdsch. 66, 697—711, Stuttgart 1977.

[20] *Langlois, J.P.:* The Uranium Market and its Characteristics. — Uranium Institute, 3. Int. Symp. on Uranium Supply and Demand, London 1978.

[21] *Mandel, H.:* Uranium Demand and Security of Supply. — Meeting of the Uranium Institute, London 1977.

[22] *Mayer, F.:* Weltatlas Erdöl und Erdgas. — Westermann, Braunschweig 1976.

[23] *Mechan, R.:* Uranium Ore Reserves. — Uranium Ind. Seminar, US Dep. Energy, Washington 1978.

[24] *Meyerhoff, A.:* Proved and Ultimate Reserves of Natural Gas and Natural Gas Liquids in the World. — 10th World Petroleum Congress, Bukarest 1979.

[25] *Michaelis, H.:* Europäische Rohstoffpolitik. — Glückauf, Essen 1976.

[26] *OECD-NEA/IAEA:* Uranium Resources, Production and Demand. — Joint Report on the Working Party on Uranium Resources, Paris 1977.

[27] *OECD-NEA/IAEA:* World Uranium Potential. — Paris 1978.

[28] *OPEC:* The Statute of the Organization of the Petroleum Exporting Countries. — Wien 1971.

[29] *Reintges, H.* und Mitarbeiter: Jahrbuch für Bergbau, Energie, Mineralöl und Chemie 1976. — Glückauf, Essen 1976.

[30] *Schmidt, H.:* Energiewirtschaft und Energiepolitik in Gegenwart und Zukunft. — Duncker & Humblot, Berlin 1966.

[31] *Schurr, S. H.* and *Homan, P. T.:* Middle Eastern Oil and the Western World. — Elsevier, New York 1971.

[32] *Skinner, W. R.:* Oil and Petroleum Year Book. — London.

[33] *Statistik der Kohlenwirtschaft e.V.:* Der Kohlenbergbau in der Energiewirtschaft der Bundesrepublik im Jahre 1974/ 1979, Essen 1975—1980.

[34] *The Petroleum Publishing Co.:* International Petroleum Encyclopedia. — Tulsa 1974—1980.

[35] *Tugendhat, Chr.:* Erdöl. Treibstoff der Weltwirtschaft. — Sprengstoff der Weltpolitik. — (Rowohlt) Hamburg 1972.

[36] *United Nations:* Statistical Yearbooks 1966—1979. — New York.

[37] *United Nations:* World Energy Supplies. — Series I., New York.

[38] *Uranium Institute:* The Balance of Supply and Demand, 1978—1990. — Mining Journal Books, London 1979.

[39] *US Bureau of Mines:* Minerals Yearbooks. — Washington.

[40] *World Bank:* Coal development potential and prospects in the developing countries. — Washington 1979.

[41] *World Energy Conference, Conservation Commission:* World Energy, Looking ahead to 2020. — 274 S., London 1978.

Zeitschriften

Esso-Magazin, Hamburg.
Erdöl und Kohle, Erdgas und Petrochemie, Hamburg.
Oel-Zeitschrift für Mineralölwirtschaft, Hamburg.
Oil and Gas Journal, Tulsa/Oklahoma, USA.
The Petroleum Economist (Petroleum Press Service) seit 1934, London.
Zeitschrift für Energiewirtschaft (Vieweg) seit 1977.

Nachwort

Die politischen Perspektiven der Energieversorgung

U. Lantzke

Die 4. Auflage des Energiehandbuchs erscheint am Anfang eines für die zukünftige Energieversorgung entscheidenden Jahrzehnts. Während die 70er Jahre als das Jahrzehnt der beiden Ölschocks und damit der Bewußtseinsbildung in die Geschichte eingehen werden, ist zu hoffen, daß die 80er Jahre zum Jahrzehnt des dynamischen Wandels und der Bewährung werden. Denn solange sich die Ölverbraucherländer nicht aus der bisweilen totalen Abhängigkeit vom Öl befreien können, müssen sie immer wieder mit Lieferunterbrechungen, wirtschaftlichen und politischen Nötigungen rechnen. Sie müssen Währungskrisen, Rezessionen und protektionistische Anfechtung hinnehmen. Sie müssen mit dem immer dringender werdenden Wunsch der Entwicklungsländer nach Teilhabe am Reichtum dieser Erde leben und sie werden schließlich weder mit der Inflation noch mit der Arbeitslosigkeit fertig werden. Mit Recht haben daher die Staatsoberhäupter und Regierungschefs der sieben größten westlichen Industrienationen auf dem letzten Weltwirtschaftsgipfel in Venedig übereinstimmend festgestellt, daß es „ohne Lösung der Energiefrage keine Lösung für alle anderen Probleme" geben kann.

Die politische Dimension des Energieproblems läßt sich grob in 3 Bereiche einteilen:

- *innenpolitisch:* Die Krisen des Winters 1973/74 sowie des Jahres 1979 und ihre Auswirkungen auf die Weltwirtschaft haben uns vor Augen geführt, wie sehr Wirtschaftswachstum und Vollbeschäftigung von einer ausreichenden und sicheren Energieversorgung zu angemessenen, sich nicht sprunghaft verändernden Preisen abhängen. Seit Ende 1978 stieg der durchschnittliche Verkaufspreis der OPEC-Länder um nahezu 150 %. Die Situation ist, rein zahlenmäßig, durchaus mit der ersten Krise von 1973/74 vergleichbar. Der Preisanstieg entspricht sowohl nominal als auch real den damaligen Ausmaßen. Auch die zusätzliche Transferbelastung ist mit ca. 2 % des Bruttosozialprodukts der Industrieländer etwa die gleiche wie damals. Die Folgen davon sind, daß sich die Erwartungen für ein zwar reduziertes aber doch noch erträgliches Wirtschaftswachstum in den meisten Industrieländern praktisch auf Null reduziert haben. Was die Inflationsrate anbetrifft, so liegt die direkte rechnerische Wirkung der Ölpreise bei über 1 %. Betrachtet man jedoch die Gesamtwirkung einschließlich der Steigerung anderer Energiepreise und sonstige dadurch ausgelöste Preiserhöhungen, so kann sich dieser Prozentsatz leicht auf 3–4 % erhöhen. Es ist durchaus nicht sicher, ob die Volkswirtschaften und die sozialen Strukturen der Verbraucherländer noch mehr solcher Schocks in Zukunft ertragen werden.

- *außenpolitisch hinsichtlich der Zusammenarbeit zwischen den Industrieländern:* Die Ereignisse 1979 haben einmal mehr klar gemacht, daß die Sicherung unserer Energieversorgung sowohl kurz- als auch langfristig nicht mehr von einzelnen Nationen im Alleingang erreicht werden kann. Die fatale preistreibende Wirkung eines Wettlaufs um verfügbare Ölmengen, die Verflechtung der westlichen Volkswirtschaften sowie der immense Aufwand für neu zu entwickelnde Energietechnologien und Energieversorgungssysteme lassen den Industrieländern keine andere Wahl. So wie es unannehmbar wäre, einzelne Energieverbrauchergruppen innerhalb eines Landes unterschiedlich zu versorgen, so ist es politisch undenkbar, eine solche Situation für die großen Verbraucherländer zu akzeptieren. Der amerikanische Verbraucher wird zu dem von ihm erwarteten erheblichen Einsparungsbeitrag nur bereit sein, wenn er von ähnlichen Anstrengungen in Europa und Japan überzeugt ist. Und umgekehrt würden alle Bemühungen der anderen Verbraucherländer fruchtlos bleiben, wenn die USA, die fast die Hälfte des Energieverbrauchs der Industrieländer auf sich vereinigen, nicht wirklich energische Anstrengungen unternehmen, ihren Öldurst zu zügeln. Das aber macht eine Abstimmung und Koordinierung auf internationaler politischer Ebene erforderlich.

- *außenpolitisch hinsichtlich der Zusammenarbeit mit den Ölproduzentenländern und mit den ölverbrauchenden Entwicklungsländern:* Hierbei geht es darum, noch unterschiedlichere Interessen miteinander zu vereinigen, auch wenn über das Oberziel (stabilere Verhältnisse der Weltwirtschaft) im Grunde Einvernehmen herrscht. Der Energiedialog sowohl mit den OPEC-Ländern als auch mit den ölverbrauchenden Entwicklungsländern besteht aus mühsamen, oft nur kleinen Schritten, die zudem in der allgemeinen politischen Weltlage eingebettet sind und damit von ihr abhängen. Hinzu kommt, daß sich dieser Dialog nicht isoliert auf die Energiefrage beschränken läßt, sondern praktisch alle im Nord-Süd-Dialog anhängigen Fragen einschließt, angefangen vom Technologie- und Ressourcentransfer bis hin zur Neuordnung der Weltwirtschaft.

Die finanziellen Folgen der Ölpreissteigerung übersteigen die Leistungsfähigkeit der Entwicklungsländer bei weitem. Die Ölrechnung der Entwicklungsländer dürfte in diesem Jahr etwa 60 Mrd. $ ausmachen. Im Vergleich dazu betrug 1979 die gesamte öffentliche Entwicklungshilfe der OECD-Länder 20 Mrd. $, also ein Drittel dieser Summe.

Wie sehen nun die politischen Lösungsansätze in den verschiedenen Bereichen aus und welche Fortschritte sind hier bereits gemacht worden:

- Im innenpolitischen Bereich gilt es, beschleunigt alternative Energiequellen zu entwickeln und diese – da das Potential heimischer Energiequellen in den einzelnen

Nachwort

Verbraucherländern unterschiedlich ist — in ausreichendem Maße über die Weltmärkte zur Verfügung zu stellen; es gilt, entsprechend industrielle Aktivitäten anzuregen oder zu fördern und bestehende Hemmnisse abzubauen; es gilt sicherzustellen, daß Energie sparsamer und rationeller verbraucht wird — und die Erfahrungen der vergangenen Jahre haben gezeigt, daß die Preis-Nachfrageelastizität bei Energie zumindest beim Endverbraucher relativ gering ist, so daß der Preis nicht der einzige regulierende Faktor sein wird; es gilt sicherzustellen, daß Energiepreise realistisch, d.h. letztlich entsprechend den Wiederbeschaffungskosten gestaltet werden; und es gilt schließlich, in verstärktem Maße vorausschauende Forschung und Entwicklung zu betreiben, um den Übergang von einer ölbestimmten zu einer dann auf anderen Energieformen basierenden Weltwirtschaft vorzubereiten und ohne größere Friktionen zu gestalten. In alledem kommt der Energiepolitik eine Leitfunktion zu. Der Neubau oder Ausbau von Energieanlagen erfordert immer längere Planungszeiträume, weil berechtigte Belange des Umweltschutzes, aber häufig auch übersteigerte Anforderungen oder gar prinzipielle Gegnerschaft seitens Teilen unserer Bevölkerung die Genehmigungsverfahren immer mehr in die Länge ziehen. Da ein ins Gewicht fallender Beitrag neuer, „exotischer" Energiequellen, ja selbst der Kohlevergasung und -verflüssigung nicht vor Ende dieses Jahrhunderts erwartet werden kann, wird die Hauptlast auch in den 80er und 90er Jahren bei den herkömmlichen Energieträgern liegen. Dann aber ist ein bedeutender Beitrag der Kernenergie unerläßlich, wollen oder — richtiger — können wir nicht auf Öl zurückgreifen.

Es müssen jetzt unverzüglich durch eine zielstrebige und unbeirrte Energiepolitik die Voraussetzungen geschaffen werden, daß in den nächsten 10 Jahren die Kohleförderung verdoppelt, die Stromproduktion aus Kernenergie verdreifacht und unser Energiebedarf pro Einheit BSP um 20 % reduziert werden kann. Im Laufe der 70er Jahre wurden in den Industrieländern bereits Fortschritte gemacht und die ersten Weichen zur Umstrukturierung unseres Energieversorgungssystems gestellt. So wurde z.B. zwischen 1974 und 1978 das Verhältnis von Energieverbrauch und Wirtschaftswachstum von 1 auf 0,53 gesenkt und die einheimische Energieproduktion gesteigert, so daß die Ölimporte der OECD-Länder 1978 auf dem gleichen Stand wie im Jahre 1973 gehalten werden konnten. Angesichts des weiter steigenden Energiebedarfs wäre es aber falsch sich auf den Lorbeeren auszuruhen. Vielmehr müssen die Anstrengungen verdoppelt werden, damit die Ansätze zu einer Strukturveränderung nicht versiegen, sondern fortgeführt und dauerhaft gemacht werden können.

- Das deutlichste Zeichen eines kooperativen Ansatzes zur Lösung der Energieprobleme innerhalb der Industrieländer ist die Internationale Energie-Agentur.

Sie ist 1974 gewissermaßen als Notgemeinschaft der Ölverbraucher gegründet worden. Damals stand das „oil-sharing" im Vordergrund; dieser Allokationsmechanismus soll im Krisenfall für eine gerechte Verteilung des vorhandenen Öls sorgen. Er liegt anwendungsbereit in der Schublade. Der Schwerpunkt der Aktivitäten in der IEA hat sich inzwischen längst verlagert. Er liegt heute in der Koordinierung und allmählichen Konvergenz der Energiepolitiken der 21 Mitgliedsländer. Ein konkretes, nach außen sichtbares Zeichen dieser intensiven Zusammenarbeit sind die Einsparziele, auf die sich die 21 IEA-Länder geeinigt haben. Der Anteil des Erdöls am gesamten Energiebedarf soll von gegenwärtig 52 % bis 1990 auf rund 40 % gesenkt werden. Außerdem wurde beschlossen, das bisherige Gruppenziel von 26,2 Millionen Barrel Nettoöleinfuhr in der Größenordnung von etwa 4 Millionen Barrel zu senken. Damit machen diese Länder einerseits klar, daß sie ihre energiepolitischen Anstrengungen nicht lediglich als nationale Angelegenheit ansehen. Und indem sie gleichzeitig eine Obergrenze für die Ölimportnachfrage setzen, die künftig von ihren Ländern ausgeht, schaffen sie zugleich ein Element der Stabilität und Vorhersehbarkeit in den internationalen Wirtschaftsbeziehungen. Dieser Denkansatz ist sowohl von den Europäischen Gemeinschaften als auch von den Teilnehmerstaaten des Wirtschaftsgipfels übernommen worden. Die Zusammenarbeit zwischen der IEA und diesen beiden Gruppierungen innerhalb der Familie der Industrieländer funktioniert gut. Daß insbesondere der Wirtschaftsgipfel sich von Mal zu Mal stärker mit Energiethemen befaßt, zeigt, wie sehr Energie zum Prüfstein der Kohäsion und Solidarität der westlichen Industrieländer geworden ist.

- Im dritten Bereich sind die bisherigen Fortschritte am geringsten, da die Interessengegensätze am stärksten sind. Kommt es den ölverbrauchenden Staaten vor allen Dingen auf stabile Lieferverhältnisse und berechenbare Preisentwicklungen an, so stehen bei der OPEC eine optimale Nutzung und Sicherung ihrer Einkünfte im Vordergrund.

Die OPEC-Länder produzieren etwa die Hälfte des auf der Welt geförderten Erdöls. Aber sie bestreiten fast die Gesamtheit des Welthandels mit Öl, also des Öls, das auf dem Weltmarkt zur Versorgung anderer Länder zur Verfügung steht. Mit den Ölpreiserhöhungen von 1973/74 und von 1979/80 ist der Geldstrom in diese Länder gewaltig angeschwollen. Trotz ihres „Reichtums" sind sie Entwicklungsländer geblieben. Keines der OPEC-Länder hat bisher eine Wirtschaftsstruktur entwickeln können, die seinen Bewohnern Arbeit und Brot garantieren könnte, wenn einmal die Überschüsse aus dem Ölexport zu Ende gehen sollten. Das gilt vor allem für die bevölkerungsarmen Länder des Nahen Ostens, für die sog. „low absorbers". Das Entwicklungsproblem ist deswegen das Hauptproblem der Wirtschaftspolitik dieser Länder.

Zugleich hat der Fall des Iran gezeigt, daß eine Forcierung des Entwicklungstempos soziale und kulturelle Sprengwirkungen haben kann. Für den Modernisierungsprozeß in diesen Ländern wird man deshalb eher Generationen als Jahre ansetzen müssen.

Die meisten OPEC-Länder werden daher bemüht sein, ihre Ölreserven zu strecken, um den Zustrom an Geld so lange wie möglich aufrecht zu erhalten. „Extension rather than expansion" ist das Leitmotiv. Da der Kapazitätsausbau stagniert, besteht die Gefahr, daß in einigen Jahren nicht genügend Förderkapazität vorhanden sein wird, um eine dann möglicherweise wünschenswerte Steigerung der Ölproduktion zu realisieren.

Die westlichen Verbraucherländer werden diesen Tendenzen nur in dem Maße entgegenwirken können wie sie dazu beitragen, die langfristigen Entwicklungsaussichten der OPEC-Länder zu verbessern. Das kann auf verschiedene Weise geschehen. Einmal durch den Transfer industriellen Know-Hows, der freilich komplementäre Anstrengungen auf Seiten der OPEC-Länder voraussetzt. Zum anderen durch eine Öffnung westlicher Märkte für die Produkte der im Frühstadium befindlichen petrol- und petrochemischen Industrie der OPEC-Länder. Schließlich kann auch das Angebot inflationssicherer Anlagemöglichkeiten für überschüssige Öleinkünfte, die nicht sofort in zusätzliche Importe umgesetzt werden müssen, dazu beitragen, daß es zu einer Verständigung zwischen den Industriestaaten und ölproduzierenden Ländern kommt.

Bei den ölverbrauchenden Entwicklungsländern, die zu den Hauptleidtragenden der Ölverteuerung gehören, steht die finanzielle Entlastung im Vordergrund, etwa durch neue Kreditfazilitäten, sowie die Finanzierung von Explorationsprojekten im Bereich von Öl und Gas, die die Probleme ihrer Energieversorgung auf längere Sicht erleichtern können.

Ein Zusätzliches können und müssen die Industrieländer tun, nämlich ihre technologischen Fähigkeiten ausschöpfen und sich neue Energiequellen erschließen, damit am Ölmarkt mehr Spielraum bleibt für die Energiebedürfnisse der Entwicklungsländer.

Mit der Schilderung dieser drei Bereiche sind die politischen Perspektiven der Energieversorgung — wie sie sich uns heute darstellen — hinreichend umrissen. Die Sicherung unserer zukünftigen Energieversorgung ist nicht mehr Sache eines einzelnen Unternehmens, ja eines einzelnen Staates, sie ist zur weltweiten Aufgabe geworden, zu der allerdings alle Beteiligten, Verbraucher wie Energiewirtschaft, Regierungen wie Bevölkerung, Konsumenten wie Produzentenländer konzertiert beitragen müssen.

Sachwortverzeichnis

A

Abbau 89
    -Begleitstrecken 90
    -Betriebspunkt 92, 93
    -Führung 89, 91
    -Konzentration 92
    -Richtung 91
    -Technik 12
    -Verfahren 89, 91
    -Verluste 79
Abbrand 278
Abfluß-Dauerlinie 215
    -Ganglinien 214
    -Mengen 213
    -Messung 215
Abraum-Anfall 56
    -Förderung 55
    -Mengen 58
    -Wagen 63
Abscheidehilfen 154
Absetzer 57, 58, 60
Absorber-Dach-System 249
Absorptionswärmepumpe 248, 249, 355
Abteufen 81, 82
Abwärme 255, 271, 274, 311, 353
    -Verluste 274
Abwasserverdünnung 229
Äthan 321, 340
Äthanol 250
Airborne-Methoden 193
Aktive Energiearten 145
Aktivkohlenherstellung 102
Aktivkokse 111
Alkali-Fluten 148
Alkohol 32
Allothermes Verfahren 107
Alternativenergien 254
Ancit-Verfahren 104
Ankerausbau 78
Anlage-Kosten 228, 271
    -Vermögen 174
Anreicherung 272
    -Faktor 278
    -Grad 279
    -Verfahren 207, 262
Anthrazit 15, 16, 17, 18, 19, 49, 52
Anthrazitische Magerkohlen 16
Arbeits-Gas 165, 333
    -Preis 299
Aromaten 120
Aschegehalt 12, 14, 18, 76
Asphalt 35, 168
    -Kalke 51
    -Sande 167
    -See 51
Assuanstaudamm 234
Athmosphärische Kolonne 160
Atom-Gesetz 284
    -Kraftwerke 224, 230, 381
Aufbereitungsmaschinen 102
Aufschließen 81
Aufschluß-Bohrungen 37, 140
    -Form 76
    -Kosten 174
    -Projekt 174
Auger-Mining 79, 80
Ausbau 85
    -Arten 96
    -Technik 112
Ausgasung 78
Ausleitungskraftwerk 233
Ausrichtung 82, 84
    -Schema 83
Autotherme Vergasung 105

B

Bagger 56, 57
    -Leistung 64
    -Straße 63
Band-Anlagen 57, 63, 64
    -Berge 80
    -Förderung 62
    -Sammelpunkt 64
    -Straßen 64
Bau-Feldgröße 81
    -Würdigkeit 4
Beeinflussungstechnik 307
Benzin 19, 105
Bergbau-Kosten-Standardsystem 92
Berge 102
Bergius-Pier-Verfahren 108
Berg-Recht 197, 199, 200, 202
    -Technik 112
Beteiligungsformen 173
Betonversatz 194
Betriebs-Größe 80
    -Kosten 271
    -Nachrichtennetze 306
    -Punktförderung 112
    -Überwachung 61, 100
Bevorratungsgesetz 365
Bewetterung 88, 89
BFL-Formkoksverfahren 104
Biogas 250, 321, 344
Biokonversionsanlagen 246, 250, 252
Biomasse 250, 354, 356, 374
    -Fermenter 251
Bitumen 12, 34
    -Kohle 50, 51
Bituminierung 50
    -Prozeß 51, 66
Bivalentbetrieb 249
Blasversatz 98
    -Leitung 98
Blendenmessung 330
Blindschacht 87, 88
Block-Einteilung 171
    -Heizkraftwerke 309, 341, 342, 351
Bockschildausbau 97, 98
Bodenwasser 132
    -Trieb 145
Bogenstaumauer 230, 231
Bogheadkohlen 13, 19, 51
Bohr-Abstand 140, 144
    -Barge 143
    -Bergbau 79, 80
    -Geräte 25
    -Kosten 144, 174, 178
Bohrloch-Behandlung 149
    -Installationen 152
    -Perforation 158
    -Spülung 143
    -Vermessung 158
Bohr-Meißel 141
    -Schiffe 143
    -Technik 141
Bohrung 22, 30
Bohrwagen 84
Bottomhole-Money 174
Bouguer-Anomalien 139
Brauchwasser-Bereitung 250
    -Wärme 250
Braunkohle 9, 11, 49, 54, 65, 66, 287, 366
    -Becken 12, 13
    -Bergbau 54, 55, 62, 63
    -Brikett 54, 66, 67, 367
    -Brikettabsatz 67
    -Einsatz 65
    -Flöze 54
    -Förderung 54, 66, 366
    -Gewinnung 382
    -Koks 66, 69, 367
    -Kraftwerke 67, 366
    -Lager 55
    -Lagerstätten 9, 10, 14
    -Produzent 65
    -Reserven 18, 367
    -Reviere 55
    -Staub 66, 67, 69, 70
    -Strom 54, 67
    -Synthesegas 73
    -Tagebau 63
    -Vorkommen 13, 20, 54, 55
    -Vorräte 9, 13, 14, 66, 366
Brenn-Elemente 261, 264, 272, 275, 276, 380
    -Gase 321, 339
    -Holz 250
    -Holzverbrauch 7
Brennstoff-Bereitstellung 250
    -Handel 366
    -Kosten 285
    -Kreislauf 202, 272
    -Kreislaufkosten 272, 273
    -Preise 286
    -Zellen 344
Brennwert 317, 319, 322, 330, 342
Brikett 65, 69
    -Erzeugung 69
Brikettierkohle 56
Brikettierung 102
Brikett-Verladung 69
Bruchbau 97, 98
    -Streb 98
Brüdenverdichter-Wärmepumpe 248
Brüten 279
Brunnen-Feld 196
    -Galerie 62
Brutelemente 264
Brutto-Stromerzeugung 289
    -Wasserkraftpotential 45
Bundes-Bahnkraftwerke 299
    -Baugesetz 284
    -Immissionsschutzgesetz 284, 310, 312
    -Tarifordnung Elektrizität 284, 300
Butan 316, 321, 340

C
Carried Interest 173
CNG 341
Core 279

D
Dampf-Kraftanlagen 352
   -Quellen 47
     -Strahl-Wärmepumpen 248
     -Vorkommen 240
Darcysche Gleichung 146
Deckgebirge 61
Deckgebirgsbeschaffenheit 77
Destillation 160
     -Produkte 160
Deutsche Bundesbahn 282, 287
Deutscher Steinkohlenmarkt 115
Deutsches Atomforum 313
Dichte 122
Dieselkraftwerke 291
Diffusionsverfahren 262
Dilatationskontraktionsverlauf 100
Direkt-Hydrierung 108
     -Reduktion 341
Dispatching 331
Doppelwalzen-Lader 94
     -Schrämlader 95
Drehkolbengaszähler 330
Druck-Abbausystem 266
     -Röhrenreaktor 268, 270
     -Stollen 225
     -Vergasung 169, 315, 318
     -Wasserreaktor 260, 265
Dryhole-Money 173
Durchlässigkeit 133
DVG 282, 293
Dysodilkohlen 51

E
Eichgesetz 284
Einheitswähltechnik 306
Einsatzkohlen 76
Einschienenhängebahnen 99
Einsohlenbergbau 83
Elektrische Energie 281
     -Verbundwirtschaft 223, 227
Elektrizitäts-Anwendung 303
     -Erzeugung 10, 244
     -Versorgung 281, 286, 309
     -Wirtschaft 281, 297
Elektrolyse 343
Elektrowärmepumpe 342
Emissionen 274, 310
Endlager 275
Endlagerung 165, 273, 276, 279
Energie-Anlagen 389
   -Arten 145
   -Band 216
   -Bedarf 255, 359, 361, 362
   -Bedarfsdeckung 348
   -Bedürfnisse 390
   -Bilanz 349
   -Dialog 388
   -Einsatz 283, 348
   -Einsparung 341, 351
   -Fächer 249
   -Fluß 295
   -Flußbild 238
   -Formen 145
   -Forschung 111
   -Forschungsprogramm 106
   -Gewinnung 348
   -Krise 1
   -Lücke 255, 362
   -Politik 364, 389
   -Potential 243
   -Preise 237, 388, 389
   -Problem 388
   -Produktion 360, 389
   -Programm 255
   -Quellen 238, 388
   -Reserven 237
   -Rohstoffvorräte 359
   -Rückgewinnung 353
   -Satelliten 246
   -Sicherungsgesetz 365
   -Sparprogramm 255
   -Speicherung 245, 246, 250, 366
   -Strom 238, 252
   -Systeme 343
   -Technologie 388
   -Träger 237, 252, 283, 342, 361, 389
   -Trägervorkommen 4
   -Transport 245, 246, 325, 366
   -Umformung 349
   -Umwandlung 349, 366
   -Verbrauch 237, 244, 246, 256, 360, 361, 389
   -Versorgung 66, 74, 348, 388
   -Versorgungssysteme 388
   -Vorräte 359
   -Wandler 249
   -Wirtschaft 113, 365
   -Wirtschaftsgesetz 284, 326
   -Zaun 249
Engpaßleistung 296
Entgasung 315
Entölungs-Grad 145, 146, 150, 168, 177, 180, 181
   -Methoden 22
Entparaffinierungsanlage 160
Entschwefelung 109, 110, 111
   -Prozeß 162
Entsorgung 254, 272
Entwässerung 101
Erdbautechnik 61
Erdbraunkohlen 13
Erdgas 2, 37, 52, 107, 121, 122, 154, 288, 315, 336, 339, 359, 362
   -Absatz 40
   -Aufbereitungsanlage 155
   -Austauschgas 105, 317, 319
   -Bohrungen 153
   -Export 41
   -Felder 23, 39, 40
   -Förderung 386
   -Funde 328
   -Gebiete 124, 125
   -Hydrate 179
   -Lagerstätten 37, 38, 40, 41, 125, 178
   -Lagerung 165
   -Leitungen 327, 328, 329
   -Manipulation 153
   -Muttergestein 38, 51
   -Netz 338
   -Pipeline 38
   -Porenspeicher 166
   -Potential 177
   -Preise 379
   -Recht 170
   -Reserven 34, 37, 126, 151, 178
   -Reservenverteilung 179
   -Ressourcen 176
   -Speicherung 333
   -Transport 159, 379
   -Trocknung 156
   -Unterwasserpipelines 328
   -Verbrauch 336, 349
   -Verbund 331, 337
   -Verflüssigung 378
   -Verkäufe 373
   -Vorkommen 21, 38
   -Vorräte 378, 380, 381
Erdgeschichtliche Zeittafel 53
Erdöl 2, 20, 51, 153, 362, 369, 389
   -Becken 22
   -Bergbau 168
   -Bildung 51
   -Bitumina 168
   -Bohrungen 30
   -Eigenschaften 121
   -Einfuhren 370
   -Einkünfte 363
   -Exploration 20, 29, 370
   -Exportländer 362
   -Felder 23, 24, 25, 31, 33, 120
   -Förderländer 370
   -Förderung 23, 27, 32, 39, 378
   -Fraktionen 315
   -Gas 121, 180, 336
   -Gebiete 21, 124
   -Lagerstätten 20, 22, 23, 30, 121, 125, 181
   -Lagerung 165
   -Manipulation 153
   -Markt 362
   -Politik 362
   -Produkte 160
   -Produktion 23, 369
   -Produktionsgebiete 29
   -Recht 170
   -Reserven 22, 126, 150
   -Ressourcen 176
   -Transport 159
   -Verarbeitung 160
   -Verbrauch 23
   -Vorkommen 21, 121
   -Vorräte 180
Erdreichwärme 354
Erdwärme 239, 240
Erschließungsdauer 141
Eruptiv-Förderung 151
Erz 5
Erzeugerwerke 282
Erz-Lagerstätten 186
   -Minerale 186
Eß-Kohle 16, 17
   -Magerkohle 49

Sachwortverzeichnis

Etagenbaggerung 58
Europäische Kohlebergbauliche
    Vereinigung 365
EVU 227, 281, 284, 285, 287, 289, 293, 295
Explorations-Bohrungen 26
    -Tätigkeit 377
Exporterlöse 362

F

Fahrlader 86
Fahrungszeit 81
Fallen 127
    -Typen 128
Fallhöhe 215, 226
Faul-Gas 321
    -Kohle 50
Faulschlamm 51
Faulschlammgesteine 51
Feinkoks 67
Feldes-Aufklärung 112
    -Ausnutzung 81
Fermentationsanlagen 246
Fernbedienungstechnik 306
Ferngas-Leitung 327
    -Leitungsnetz 338
    -Netz 332, 338
Fernheizung 255
Fernwärme 115, 271
    -Versorgung 282, 307
Fernwirktechnik 306
Festbett-Reaktor 105
    -Vergasung 106
Fettkohlen 15, 16, 17, 18, 19, 20
    -Flöze 78
Firstenstoßbau 193
Fischer-Tropsch-Anlagen 108
    -Synthese 72, 105, 109, 111, 318
Flachkollektor 249, 250
Flamm-Fettkohle 49
    -Kohlen 15, 16, 17
Fließ-Kapazität 133
    -Verhalten 146
Flöz-Bergbau 83
Flöze 5, 17, 18, 54, 77
Flöz-Einfallen 77
    -Gas 321
    -Mächtigkeiten 10, 15, 17, 77
    -Streckenauffahrung 86
    -Streckenvortrieb 86, 87
    -Wellenseismik 79
Flotation 101
Flüchtige Bestandteile 18, 20, 100
Flüssig-Erdgas 41
    -Gas 122, 180, 316, 324, 341
    -Gastanker 378
Flugmessung 139
Fluß-Kraftwerke 215, 219, 234
    -Wasserkühlung 311
Förder-Bohrungen 39
    -Hilfsmittel 152
    -Kapazität 22, 135, 178
    -Kosten 19
    -Rate 174
    -Technik 112
    -Zins 170, 364

Formkoksherstellung 104
Fossile Brennstoffe 359
Fossilinhalt 135
Frachtkostenbelastung 65
Fraktionierkolonne 160
Franzisturbinen 215, 221
Freistrahlturbinen 215
Frequenzmultiplexverfahren 306
Fündigkeitsrate 140, 176
Fusions-Energie 278
    -Prozeß 278
    -Reaktor 278

G

Gas-Abgabe 337
    -Abgabeverlauf 333
    -Diffusionsanlagen 272
    -Druckregelanlagen 332
    -Entlösungsdruck 121, 122
    -Entlösungstrieb 145, 147
    -Erzeugungsanlagen 105
    -Fabrik 69
    -Familie 317, 323
    -Feld 25, 39
    -Feldentwicklung 144
    -Fernleitung 326
    -Ferntransport 325
    -Flammkohlen 16, 17, 18, 20
    -Funde 23
    -Gehalt 20
    -gekühlte Reaktoren 265
    -Generatoren 105
    -Geruch 323
    -Kappe 132, 178
    -Kappentrieb 145
    -Kohlen 15, 16, 17, 18, 78
    -Kraftwerke 291
    -Lagerstätten 174
    -Leitungen 39, 41
    -Liftverfahren 153
    -Mengenmessung 330
    -Netzsteuerung 331
    -Qualität 336
    -Quellen 315
    -Reinigung 319
    -Reserve 23, 181
    -Reservehaltung 332
    -Speicher 133, 326
    -Speicherung 324
    -Spitzenbedarfsdeckung 332
    -Träger 177
    -Transport 324
    -Transportsysteme 326
    -Turbinen 329
    -Turbinenanlage 225, 291
    -Turbinenkraftwerk 224
    -Turbinenwerke 230
    -Verbraucher 337
    -Versorgung 282, 315
    -Versorgungsunternehmen 344
    -Verteilung 324, 332
    -Verwendung 339
    -Wärmepumpe 341
    -Wäsche 156
    -Wirtschaft 335
    -Zentrifuge 262, 272
    -Zentrifugenverfahren 279

GAU 258, 261, 279
Gebirgsdruck 112
Gefrierverfahren 82
Gelifikation 50
Generatorgas 106, 336
Geothermische Energie 2, 46, 47, 239
    -Kraftwerke 240, 251
Geothermisches Heißwassersystem 241
    -Potential 240, 241
Geothermische Tiefstufe 239
Gesamt-Energieverbrauch 342
    -Stromversorgung 282, 285
Gesenkbohrmaschine 88
Gestänge-Tiefpumpen 152
Gesteinstreckenvortrieb 84
Gewinnung 92, 141
    -Gerät 79, 92, 97
    -Grad 177
    -Kosten 65
    -Technik 92
    -Teufe 78
Gezeiten-Energie 238, 242
    -Kraftwerk 47, 217, 225, 226, 291, 354
Geysir 239
Gichtgase 321
Glanz-Braunkohle 14
    -Kohle 12, 13, 15, 16, 19
Gleichdruckspeicher 224, 225
Gleichstrom-Einspeisestellen 327
Gleit-Druckspeicher 224
    -Hobel 93, 94
    -Technik 95
Gletscher-Eiskraftwerke 244
    -Schmelzwasser 226
Gondwana-Becken 21
    -Kohlen 15, 20
    -System 19
    -Typ 32
Graphitmoderierte Reaktoren 262
Gravimetrie 139
Gravitationskräfte 242
Grenz-Flächenkräfte 148
Grenzflüsse 232
Großraumbeheizung 340
Großraumtanker 371
GROWIAN 245, 291, 355
Gruben-Bau 82, 84
    -Feld 77, 80, 81
    -Gas 321, 336
    -Klima 77, 88, 89, 112
    -Koks 103
    -Kraftwerk 69
    -Warte 100
    -Wasser 78
    -Wetter 78
Grund-Lastwerke 224
    -Preis 299
    -Tarife 300
    -Wasser 61
Gurtbandförderung 99
Gyttja 50

H

Haber-Bosch-Synthese 111
Haftwasser 133
Halb-Koks 103
    -Leitertechnik 306

-Taucher 143
Haldenlaugung 196
Hartbraunkohle 49, 50
Haus-Beheizung 339
  -Brandversorgung 67, 69
Haushalts-Stromverbrauch 303
  -Verbrauch 305
Heißdampf-Injektion 148, 168
Heißwasser-Quelle 47, 239, 241
  -Systeme 46
  -Verfahren 36
Heizenergiebedarf 356
Heizkraft-Kopplung 309
  -Werke 307, 308
Heizöl 288
  -Raffinerie 162, 163
  -S 286
Heizsysteme 342
Heizung 354
  -Systeme 248, 249
Heizwärme 350
  -Erzeugung 352
Heizwerke 307
Heizwert 7, 12, 14, 18, 19, 50, 54, 55, 69, 76, 122, 169, 180, 322, 342
Helium-Hochtemperatur-Turbine 264
Herdofenprinzip 69
Hiltsche Regel 49
Hochdruck-Gasfernleitungen 330
  -Leitungen 338
Hochleistungsstreben 98
Hochofen-Gas 336
  -Koks 104
Hochspannungs-Gleichstrom-Anlager 298
  -Leitungen 293, 305
  -Netz 293
  -Übertragung 296
Hochtemperatur-Koks 103
  -Reaktor 73, 74, 107, 254, 263, 273, 343, 381, 382
  -Winkler 71
Hochwasser 231
  -Einschränkung 229
  -Schutz 229
Holz 2, 6, 7, 49
  -Bestände 7
  -Produktion 7
  -Reserven 6, 7
  -Verbrauch 7
  -Wirtschaft 6
Horizontal-Kammerofen 103
  -Kammerverkokung 103
  -Öfen 169
Hot-Dry-Rock-Verfahren 240, 241
HTR 107, 343
  -Wärme 107
HTW-Vergasungsverfahren 71
  -Versuchsanlage 71
Hubinsel 143
Humifikation 50
Humus-Anreicherung 70
  -Kohlen 49
Hydraulische Tiefpumpen 152
Hydraulizität 213
Hydrieranlage 69
Hydrierende Kohleverflüssigung 73
  -Vergasung 108

Hydrierung 35, 108, 109
Hydroenergie 381

I
IEA-Länder 389
Import-Abhängigkeit 256
  -Kohle 115, 116, 117
Inerte 322
Informations-Technik 305
  -Verarbeitung 306
Injektionswasser 156
Inkohlung 9, 49, 50, 51
  -Grad 12, 15, 50
  -Prozeß 52
  -Reihe 49
in-situ-Laugung 196
  -Schwelung 169
  -Vergasung 107
Integritätsprinzip 232, 233
International Committee for Coal Research 365
Internationale Energieagentur 365, 389
Internationale Gas Union 366
International Energy Programme 365
in-the-seam-mining 84
Investitions-Kontrolle 284
  -Zwang 281
Isotope 279

J
Joint Venture 173

K
Kammer-Pfeiler-Verfahren 169
Kanalkraftwerke 219, 224, 229
Kaplan-Rohrturbine 222
  -Turbine 215, 221
Karbonkohlen 18
Kavernenspeicher 166, 333
Kennelkohlen 13, 51
Kern-Brennstoffe 287, 354, 381, 382
  -Energie 2, 74, 186, 203, 254, 273, 288, 289, 362, 389
  -Forschung 366
  -Fusion 277, 278, 354, 374
  -Kraftwerk 234, 236, 254, 264, 265, 267, 270, 287, 290, 292, 311, 381
  -Leistung 287
  -Programm 206, 275
  -Reaktorwärme 107
  -Schiff 266
  -Sicherheit 257
  -Spaltung 189, 258
  -Technologie 258, 264
  -Waffensperrvertrag 277
Kerogen 34, 50, 51, 176
Ketten-Kratzerförderer 95
  -Reaktion 259
  -Schrämmaschinen 93
  -Stegförderer 92
Kippstrosse 63
Kissengas 166
Kleinkraftwerk 262
Kleinstheizkraftwerke 309
Kleinverbrauchstarif 300
Kleinwasser-Kräfte 227

  -Kraftwerke 227
Kleinwind-Energiekonverter 245
  -Kraftwerk 244
Kohärenzprinzip 232, 233
Kohle 2, 5, 359
  -Aufbereitung 102
  -Becken 17, 20
  -Bildung 49
  -Chemie 110, 366
  -Druckvergasung 109
  -Einfuhrregelung 117
  -Flöze 15, 18, 56
  -Förderung 19, 55
  -Gas 115, 315
  -Genese 50
  -Hobel 92
  -Hydrierung 108, 320, 341
  -Kraftwerke 76
  -Lagerstätten 19, 49
  -Öl 108, 115
  -Produktion 18
  -Reserven 11
  -Stoff 49
  -Stoffgehalt 50
  -Transport 64
  -Veredlung 102
  -Veredlungsprogramm 320
  -Verflüssigung 108, 271, 320, 372, 389
  -Vergasung 70, 71, 74, 104, 271, 317, 373, 389
  -Vergasungsverfahren 107
  -Verstromung 109, 320
  -Vorkommen 15, 17, 18
  -Vorräte 17, 116, 318
  -Wasserstoff 49, 52, 120
  -Wasserstoff-Genese 50
  -Wertstoffe 110
  -Wertstoffgewinnung 102
Kohlendioxidemission 311
Kokerei 104
  -Gas 315, 329, 336, 339, 341
Koks 65
  -Erzeugung 69, 103
  -Grus 103
  -Kohle 15, 17, 76, 103
  -Kohlenförderung 16
  -Kohlenvorräte 15, 18
  -Kühlung 104
  -Öfen 103, 104
  -Ofenbatterie 315
  -Ofengas 315
Kolbenverdichter 329
Kollektor 249, 251
  -Dach-System 249
  -Systeme 355
  -Wärmepumpen-Systeme 249
Kolonnen-Destillation 160
Kompakt-Hobel 93
  -Lager 254
Kompressibilitäts-Faktor 178
  -Verhalten 123
Kompressionswärmepumpen 248, 249, 354
Kondensat-Anlagen 26
Kondensationskraftwerk 311

Sachwortverzeichnis

Kondensat-Lagerstätten 123
   -Reserven 34
Konventionelle Kraftwerke 292
Konzessions-Gebiete 172
   -Wesen 170, 372
Kopffließdruck 151
Koppers-Totzek-Verfahren 105, 107, 318
Korallenriffe 134
Korrosionsschutz 327
Krack-Anlagen 161
   -Prozeß 161
Krafthäuser 221
Kraft-Wärme-Kopplung 307, 351
Kraftwerk 247
   -Ausbau 287
   -Automatisierung 291
   -Bau 291
   -Betrieb 291
   -Investitionen 285
   -Kohle 66
   -Leistung 257
   -Neubauten 285
   -Treppen 220
   -Typen 287
   -Verbund 245
Kraftwirtschaft 287
Kreidekohlen 19
Kritische Masse 279
Kühlturmtechnologie 311
Kühlwasserbedarf 275

L

Lademaschine 85
Lärmschutz 311
Lagerstätten 4, 15, 122
   -Druck 122, 132, 151
   -Explorationen 373
   -Gebiete 4
   -Grundlagen 145
   -Inhalt 132, 149
   -Temperatur 132
Landmessung 139
Landschafts-Gestaltung 58, 62
   -Schutzgesetz 312
Langzeitspeicher 236
Lanthaniden-Gruppe 187
Laser-Fusion 278
Lastkurve 227
Laufwasser-Energie 238
   -Kraftwerk 217, 227, 234, 244, 248, 288
Leichtöl 126, 180
   -Lagerstätten 176
Leichtwasser-Reaktor 189, 202, 254, 260, 262, 273, 289
Leistungs-Gebundenheit 281
   -Wartung 330
Leitungs-Multiplexverfahren 306
   -Systeme 159
   -Verbindungen 294
Leuchtgas 339
LHD-Technik 87
Liegendauftrieb 61
Lignit 9, 15
   -Vorkommen 14
Limnische Kohlen 16
Liquid-Window-Konzept 177
Ljungström-Verfahren 170
LNG 159, 315, 324, 334, 377
   -Tanker 334, 378
   -Transport 179, 335, 379
Löffelbagger 79
Löschanlagen 371
LPG 316, 324, 336, 341, 378, 379
Luft-Hebeverfahren 62
   -Pumpspeicherwerk 224
   -Speicherung 166
   -Wärmepumpen 354
   -Widerstandsbeiwert 357
Lurgi-Verfahren 106, 318

M

Magerkohlen 16
Magnetik 139
MAK-Werte 89
Massentransport 63
Material-Balance-Gleichung 149
Mattbraunkohle 13, 14
Meeres-Strömungskraftwerke 245
   -Wärmekraftwerke 245, 246
Meerwasserentsalzung 241
Megahobel 93
Mehrkammersysteme 242
Mehrphasen-Fluß 135
Mehrzweck-Anlagen 229, 234
   -Forschungsreaktor 267
Methan 50, 52, 78, 319, 340, 343
Mechanisierung 73, 74, 105
Methanol 111
Methan-Reformierung 73, 74
   -Tanker 41
Migration 127
Mikro-Paläontologie 135
Mikrowellenenergie 246
Mineralöl-Gesellschaften 366, 372
   -Produkte 122
   -Versorgungsgesellschaften 370
   -Wissenschaft 366
Miscible-Fluten 148
Mittel-Gut 102
   -Öl 30, 126
   -Spannungsnetz 293
   -Temperaturkoks 103
Mittenkettenförderer 95
Mobilitätsverhältnis 146
Mobil-Oil-Prozeß 109
   -Verfahren 109
Molch 327
Monazit 381, 382
   -Sande 44
Moorversuchsstation 8
MSAC-Länder 364
Müllverbrennung 356
   -Anlagen 246
Muttergestein 23, 52

N

Nachtabsenkung 350
Nachtstrom-Preise 301
   -Speicherheizung 303, 304
   -Tarife 304
Naphtene 120
Naßdampf-Quellen 240
   -Systeme 239
Natrium 264
   -gekühlte Reaktoren 265
Natürliche Energieformen 145
Natur-Gas 323, 336
   -Schutzgesetze 284, 312
   -Uranreaktor 267
Nebengestein 78
   -Beschaffenheit 77
Netz-Anlagen 293
   -Einspeisung 307, 308
Neutron 259, 264
Niederschlag 212, 213
Niederspannung 293
Niedertemperatur (NT-)Kollektoranlagen 247, 249
   -Wärme 309
Niedrigwasseraufbesserung 229
Nordsee-Felder 372
Norm-Dichte 330
   -Volumen 330
Nukleare Entsorgung 275
   -Fernenergie 74, 343
Nußkohlen 102
Nutzenergiebedarf 349
Nutzungsgrade 350

O

OAPEC 362, 364, 369
Oberflächengebühren 170
Öffentliche Versorgung 284, 287, 299, 317
Öffentlichkeitsarbeit 312
Ökologie 274, 347
Öl-Beimengungen 154
   -Feld 28, 377
   -Feldentwicklung 144
   -Funde 23
   -Kraftwerke 291
   -Krise 1, 372
   -Lagerstätten 32, 174
   -Preise 387
   -Preiskrise 245
   -Reserven 389
   -Sande 18, 34, 35, 37, 168, 177, 360
   -Sandsteine 51
   -Sandvorkommen 35, 37
   -Schiefer 18, 34, 35, 51, 168, 169, 177, 180, 360
   -Schiefervorkommen 32, 35, 176, 177
   -Schock 388
   -Ströme 370
   -Träger 22
Örterpfeilerbau 90
Offshore 40
   -Anlagen 156
   -Bohranlage 144
   -Bohren 142
   -Bohrungen 26
   -Exploration 26
   -Felder 28, 153
   -Fördersysteme 157
   -Lagerstätten 21
   -Leistungen 328
Olefine 120
OPEC 31, 37, 172, 362, 369, 373, 379, 388

-Bedingungen 173
-Gas Committee 379
-Konferenz 362
-Resolution 363
-Sekretariat 362
organische Energieträger 49
Overriding Royalty 170, 173
Ozokerit 168

P

Paraffin 29, 120
Participation 364
Pechkohle 12
Pellets 261
Peltonturbinen 215
Pentan 321
Perforation 143
Permeabilität 23, 37, 133, 134, 174, 177, 178
Photolyse 250
Photosynthese 243
Pipeline 370
   -Systeme 377
Plattform 25, 26, 142
Plattformer 164
Plutonium 272, 273, 276
Polymer-Fluten 148
Porenspeicher 165, 333
Porosität 23, 133, 134, 177, 178
Pott-Broche-Verfahren 108
Precarbon-Verfahren 104
Preis-Explosion 376
   -Freigabeanordnung 284
   -Nachfrageelastizität 389
Primäre Energieträger 359
Primärenergie 255, 270, 288, 320, 341
   -Bedarf 245
   -Bilanz 282
   -Einsparung 350
   -Nutzung 307
   -Nutzungsgrad 248, 249
   -Struktur 283
   -Träger 359, 360
   -Verbrauch 251, 256, 336, 349, 366
Primärerzlagerstätten 186, 192
Produktions-Kosten 22, 92
   -Überschüsse 362
Produktivitäts-Index 134
Produzentenvereinigungen 362
Pro-Kopf-Verbrauch 361
Propan 316, 321, 324, 340
Propellerturbinen 215
Prospektionskosten 193
Prozeß-Dampf 255
   -Wärme 271, 349
Pump-Speicherwerk 217, 221, 223, 230, 234, 235
   -Turbine 224
Pyrolyse 163, 250
   -Anlagen 246

Q

Qualitätsnormen 155
Querschlag 82
Querverbundunternehmen 282

R

Radioaktivität 186, 189, 276
Raffinerie 373
   -Durchsatz 373
   -Gas 335, 336
   -Kapazität 164
   -Restgase 321
   -Standorte 370
Randwasser 132
   -Trieb 145
Rauchgas-Atmosphäre 340
   -Entschwefelungsanlagen 310
Raum-Beheizung 339
   -Heizung 304, 350, 353
Reaktionswärme 343
Reaktor-Aufbau 260
   -Druckbehälter 261
   -Gebäude 261
   -Kern 261, 263, 264, 271
   -Sicherheitsstudie 258
   -Typ 260
Recycling 279
Reduktionsgas 106
Reflexionsseismik 136, 137
Reforming-Effekt 162
Refraktionsseismik 136
Regenerative Energiequellen 354
Reinkohle 102
Reißhakenhobel 93
Rekultivierung 56, 62, 79
Rentabilitätszone 175
Revierselbstkosten 78
Richt-Funktechnik 305
   -Strecken 82
Röhrenspaltofen 73
Roh-Braunkohle 366
   -Erdgase 154
   -Gas 319, 340
   -Kohlenbunker 69
Rohöl 120, 122, 359, 369
   -Aufkommen 373
   -Einfuhren 372
   -Export 369
   -Exportländer 369, 372
   -Exportqualitäten 374
   -Fördergebiete 373
   -Handelssorten 374
   -Importländer 370, 372
   -Preise 362, 363, 374, 375, 380
   -Produktion 369
   -Reserven 377
   -Verbrauch 371
   -Verkäufe 363
   -Welthandel 370
Rohr-Leitungen 159
   -Turbine 221
Rohstoff-Kosten 73
   -Versorgung 74
Room-and-Pillar-System 78, 90
Rostgenerator 106
Rotary-Bohranlage 141
   -Bohren 141
   -Verfahren 82
Royalty 170, 364
Rückbau 91
Ruhrkohle AG 368
Rummel-Otto-Schlackenbadgenerator 107
Rundsteuertechnik 306

S

Sättigungsverteilung 135
Salz-Kavernen 276
   -Kohle 55
   -Kohlenfelder 12
Salzstock 128, 145, 275, 333
   -Bewegungen 181
Sandsteinerze 188
Sapropel 50
Sapropelete 51
Sapropel-Tonsteine 123
Satelliten-Aufnahmen 135
Sauergas-Aufbereitungsanlage 156
Sauerstoff 250
Schacht-Ansatzpunkt 81
   -Ausbau 81
   -Bohrverfahren 82
Schaufelradbagger 57
Schelf 23
   -Gebiet 20, 27, 29
Schichtleistung 92
Schieferöl 35, 167, 177
   -Gewinnung 168
   -Vorrat 168
Schienenflurbahn 99
Schildausbau 96, 97, 98
Schlagkopfmaschine 87
Schmieröldestillate 160
Schneidscheibenlader 95
Schnelle Brüter 254, 255, 260, 263, 264, 267, 273, 360
Schnellhobel 93
Schräg-Bau 90
   -Maschine 92
   -Schächte 81
Schrämwalze 93
Schürfkübelbagger 79
Schungit 17
Schwach-Gas 107
   -Lasttarif 300
Schwefel 29, 39
   -Abtrennung 156
   -Dioxid-Emissionen 109
   -Gehalt 18, 76
Schwel-Gas 169
   -Koks 103
Schwellbetrieb 220
Schwelung 169
Schwerkraftdrainage 145
Schweröl 35, 126, 167
   -Vorkommen 36, 37, 176, 180
Schwerstöl 177
   -Sande 167, 168, 360
   -Vorkommen 168, 177
Schwertrübe-Sinkscheider 101
   -Zyklonen 101
Schwerwasserreaktor 262, 265, 270
Scraper 79
Sedimentationsbecken 28
Sediment-Becken 5, 20, 123
   -Gebiete 125
   -Tafeln 5
See-Seismik 139

Sachwortverzeichnis

Seifenlagerstätten 188
Seismik 136
Seismogramm 136, 137
    -Bearbeitung 138
Seitenkipplader 85
Sekundär-Energie 320
    -Energieträger 244
    -Lagerstätten 186
Senklader 88
Setzmaschine 101
Shell-Koppers-Prozeß 107
Sicherheitsbehälter 266
Sieben Schwestern 373
Siede-Bereich 122
    -Wasserreaktor 261, 264, 265
SIGUT 83
Silikatschmelzen 187
Sinterbrennstoffe 69
SNG 71, 73, 105, 271, 317, 319, 365
Sohlenabstand 82, 83
Solar-Absorber 249
    -Farmanlage 354
    -Farmsysteme 247
    -Generatoren 251
    -Kollektoren 249, 354, 355
    -Kraftwerke 246, 291
    -thermische Kraftwerke 247
    -Tower-Anlagen 247
    -Turm-Anlage 355
Solarzellen 246, 251, 355
    -Anlagen 244
    -Generatoren 246
    -Kraftwerk 355
Sommers-Ruhrgas-Methode 324, 337
Sonnenenergie 2, 45, 242, 246, 354, 374
    -Kraftwerke 251
    -Nutzung 247, 350
Sonnenkraftwerke 251, 291
Sonnenscheindauer 248
Sonnenstrahlung 243
Sortierung 101
Spaltprodukte 275
Speicher 165, 166
    -Fähigkeit 281
    -Gestein 23, 52, 133
    -Kraftwerke 236, 244
    -Potential 133
    -Wasserkräfte 235
    -Wasserkraftwerke 217, 218, 221, 223, 227
Speicherwerke 223, 233
Spitzen-Energie 228
    -Gasanlagen 326
    -Kraftwerke 234
    -Lastdeckung 242
    -Stromerzeugung 340
Spülversatz 98
Spurenelemente 50
Stadtgas 107, 315, 319, 336
Stampfbetrieb 104
Staub-Erzeugung 69
    -Kohle 65
    -Vergasungsverfahren 106, 319
Staudämme 230, 231
Steinkohle 11, 15, 19, 38, 49, 76, 286, 367

    -Aufbereitung 100, 101
    -Bergbau 76, 78, 80, 90
    -Bergbauverein 366
    -Briketts 102, 103
    -Exportländer 367
    -Flöze 77, 78
    -Förderung 98, 367, 384
    -Importe 368
    -Kraftwerke 109, 289
    -Lagerstätten 76, 78
    -Reserven 18, 367
    -Tagebau 79
    -Veredlung 102
    -Vorkommen 17, 19
    -Vorräte 15, 20, 368, 369
Steuerreferenzpreis 363, 364, 374, 377
Stickoxidemissionen 310
Stickstoffabtrennung 156
Stinkschiefer 38, 52
Stockpunkt 122
Störfallwahrscheinlichkeiten 258
Stollen-Bau 80
    -Betrieb 80
Stoppleverfahren 331
Strahlen-Belastung 258, 274, 311
    -Schutzverordnung 274
Strahlungs-Bilanz 353
    -Energie 238, 246, 250
    -Gefahr 196
    -Intensität 244
    -Strom 243
Streb 77
    -Ausbau 82, 90
    -Betrieb 91
    -Förderer 97
    -Förderung 95
Streckenvortrieb 85, 91
Sturzversatz 98
Strom-Austausch 228, 282, 296
    -Bedarf 270
    -Erzeugung 65, 67, 102, 109, 244, 245, 254, 256, 283, 352
    -Erzeugungsanlagen 287
    -Erzeugungskosten 271
    -Kostenvergleich 302
    -Kreislänge 293, 295
    -Preis 300
    -Preisbildung 68, 284
    -Transport 228
    -Verbrauch 257, 303
    -Versorgung 294
    -Wirtschaft 297
Stufentreppen 220
Sumpfphasehydrierung 72
Super-Phénix 264
    -Tanker 371
Synthesegas 71, 105, 109, 318, 319, 340

T

Tagebau 19, 56, 61, 69, 79, 80
    -Verfahren 20
Tagesschächte 81
Talsperren 230, 231, 233
    -Bau 213
TA-Luft 312
Tanker-Flotte 370

    -Routen 370
Tankschiffe 371
TARGET-Programm 344
Tauchkreiselpumpen 153
Technikumsanlagen 108
Teer 110
    -Gehalt 12
    -Inhaltsstoffe 110
    -Sande 35, 36, 37, 51, 167
Teil-Abbauverfahren 79
    -Schnittmaschine 86, 87
    -Sohlenbau 194
    -Sohlenbruchbau 90
Tektonik 77, 78
Tenden 86
Tenderplattform 143
Tensid-Micellar-Fluten 148
Territorialitätsprinzip 232, 233
Tertiär-Förderverfahren 34
    -Verfahren 148, 180
Teufe 76
Texaco-Verfahren 106
Thermische Brüter 260
    -Grundkraftwerke 234
    -Kraftwerke 258, 287
    -Neutronen 279
Thermokatalyse 51
Thermolytische Spaltung 343
Thermometamorphose 50
Thorium 42, 44, 186, 260, 380
    -Erzlagerstätten 192
    -Gehalte 192
    -Hochtemperaturreaktor 263, 267
    -Lagerstätten 187
    -Minerale 187, 210
    -Reserven 42, 44, 382
    -Vorkommen 42, 44
    -Vorräte 192, 382
Tidenhub 47, 225, 226, 242
Tiefbau 79, 80
    -Gruben 79
Tief-Bohrergebnisse 135
    -Seeleitungen 159
    -Tagebau 55, 58
    -Temperatursysteme 47
Tokamak 279
    -Prinzip 278
Torf 2, 8, 49, 366
    -Kraftwerk 8
    -Lagerstätten 8
    -Moorflächen 8
    -Produktion 8
    -Reserven 8
    -Vorräte 8
Träger-Frequenztechnik 305
    -Gas 255
Transport 158
Transurane 275
Treibhaus 241
    -Effekt 250, 274
Treibstoff 35
Trennarbeit 279
Trenndüse 272
    -Verfahren 262, 279
Triebwasserleitungen 224
Tritium 278

Trockendampf 46
   -Systeme 239
Trockene Dampfquellen 240
Trockengas 123
Trockenkohle 69
   -Erzeugung 69
Trockentorfen 9
Turbinenbohren 142
Turbinenrad-Gaszähler 330
Turboverdichter 329

U

Überland-Leitungen 312
   -Werk 227
Übernahmestation 332
Übertragungstechnik 305
Umsiedlung 62
Umwandlungsverluste 109
Umwelt-Beeinflussung 274
   -Belastung 277
   -Schutz 79, 104, 163, 309, 321, 365, 366
   -Schutzmaßnahmen 285
Untergrundspeicher 166
Unterhaltungskosten 271
Untertage-Schwelung 168
   -Speicher 333
   -Vergasung 107, 168
Unterwasser-Produktionssystem 157
Uran 5, 42, 186, 258, 272, 379
   -Anreicherung 45, 380
   -Erzaufbereitung 198, 200
   -Erzbergbau 193, 202
   -Erzlagerstätten 189
   -Gehalt 186
   -Konversionsanlagen 207
   -Konversionskapazität 202
   -Lagerstätten 42, 187, 374
   -Laugung 201
   -Minerale 187, 209
   -Produktion 202, 206
   -Produktionsverfahren 195
   -Reserven 42, 44, 45, 190, 191, 255, 360, 382
   -Tiefbaugruben 193
   -Vorkommen 45
   -Vorräte 189, 382

V

Vakuum-Kolonne 160
VDEW 282
Verbrennungskraftanlagen 352
Verbund-Netz 223, 228, 234, 293, 295
   -Systeme 297
Verdichteranlagen 328
Veredlung 68
   -Anlage 69
   -Produkt 64, 74
   -Verfahren 102
Verflüssigung 72, 74, 102
Vergasung 70, 74, 102, 109, 169, 250, 315
   -Reaktor 105
   -Verfahren 106
Verkehrsbetriebe 282
Verkippung 55

Verkokung 69, 102, 103, 104
Verladeanlagen 371
Verrohrung 143
Versatz 97
Versorgungs-Betriebe 282
   -Gas 317
   -Pflicht 281
   -Schiffe 25
   -Unternehmen 281
Verstromung 74, 320
   -Gesetze 284, 302, 365
Verteiler-Unternehmen 282
   -Werke 282
Vertikal-Retorten 169
Vertorfung 49, 50
Verwässerung 147
Verwendung 66
Vibroseis-Verfahren 136
VIK 282
Viskosität 122
VLCC 372
   -Schiffe 371
Vollschnittmaschine 85, 86
Vollversatz 98
   -Streben 98
   -Verfahren 97
Vorbau 91
Vorrat 9, 16, 379
   -Berechnung 149
Vorrichtung 82
   -Bau 82
Vorschubsysteme 95
Vortriebs-Geschwindigkeit 85
   -Technik 112

W

Wärme-Anomalien 46
   -Austauscher 248, 353
   -Bedarf 270
   -Bereitstellung 248
   -Dämmung 350, 356
   -Engpaßleistung 207, 308
   -Erzeugung 109
   -Kraftkopplung 349
   -Kraftwerke 273, 288, 290, 311
   -Leistung 307, 308
   -Löcher 342
Wärmepumpen 248, 341, 353
   -Anlagen 248
   -Kollektoranlagen 251
   -Systeme 249
   -Technik 305
Wärmerückgewinnung 353
Waldgebiete 6
Walzenschrämlader 93
Warmwasserbereitung 251
Wasser 18, 288
   -Dampf-Kraftwerksprozeß 291
   -Gehalt 12, 14, 18, 20
   -Gesetzgebung 311
   -Haltung 61
   -Haushaltsgesetz 284
   -Hochdrucksysteme 47
Wasserkraft 2, 45, 212, 354, 382
   -Anlage 45, 46
   -Energie 229

   -Erzeugung 381
   -Gewinnung 229
   -Potential 45, 46, 216
   -Werke 215, 217, 234, 242, 244, 251, 287, 288, 290
Wassermengenmessungen 212
Wasserschloß 225
Wasserstoff 250, 343
   -Zelle 343
Wasser-Trieb 145
   -Turbinen 221
   -Verdampfung 107
   -Versorgung 282
   -Zuflüsse 78
Wehr 221, 222
   -Bau 213
Weichbraunkohle 12, 49, 50
Wellenenergie 47
   -Wandler 245
Wellenkraftwerke 245, 291
Weltenergie-Bedarf 255, 270
   -Konferenz 360, 362, 366, 378
   -Produktion 382
Welt-Erdöl-Kongreß 180, 181, 365, 366
   -Gas-Konferenz 179
Welthandel 380
   -Vorräte 378
Weltkohlen-Handel 368
   -Studie 113, 115
Welt-Rohölförderung 385
   -Währungssystem 363
   -Wirtschaftsgipfel 388
Wendelrutschen 99
Wetter-Führung 81, 84
   -Kühlung 88, 89
Wiederaufbereitung 272, 273, 276, 280
   -Anlage 254, 275
Windenergie 2, 244, 251, 354, 355
   -Heizungen 248
   -Konverter 244, 248, 251, 252
   -Nutzung 244
Windkraft-Anlage 355
   -Werke 251, 291, 354
Wind-Mühlen 244
   -Räder 244
   -Turbinen 244
Winkler-Verfahren 105, 106, 318
Wirbelschicht-Feuerung 109, 110
   -Vergaser 107
Wirbelzähler 330
Wirkungsgrad 280, 357
Wirtschaftlichkeit 174
   -Kennwerte 175
Wobbe-Index 317, 323
   -Zahl 316, 323
Working Interest 173

Z

Zeitmultiplexverfahren 306
Zementation 143
Zerfallsreihen 208
Zug-Betrieb 63
   -Förderung 98
Zweisohlenbergbau 82, 83, 84
Zwischen-Lager 254
   -Lagerung 272, 275

Wolfgang Lienemann / Ulrich Ratsch / Andreas Schuke / Friedhelm Solms (Hrsg.)

Alternative Möglichkeiten für die Energiepolitik

Argumente und Kritik
1978. 288 Seiten. 15,5 X 22,6 cm. Folieneinband

Seit der „Ölkrise" von 1973/74 und den Auseinandersetzungen um den Bau der Kernkraftwerke Wyhl und Brokdorf ist die Energiepolitik zum öffentlichen Thema geworden. Die „grünen Listen" haben erste Erfolge bei Landtagswahlen errungen; wegweisende Gerichtsentscheidungen zum Kernkraftwerksbau stehen z.T. noch aus. Gleichwohl sind die energiepolitischen Diskussionen kaum versachlicht, die öffentlich getauschten Argumente wenig differenzierter geworden. Noch immer geht es um ein vorwiegend emotional geführtes Pro und Contra der Kernenergie, mit Schwergewicht auf den ökologischen und sicherheitstechnischen Problemen.

Das Buch prüft auf breiterer Basis die Beurteilungskriterien energiepolitischer Argumente und diskutiert Vorschläge für alternative Möglichkeiten der Energieversorgung. Den einleitenden Thesen folgen unterstützende, fachwissenschaftlich fundierte Argumente, namhafte Energieexperten antworten darauf mit kritischen Stellungnahmen. Dabei finden nicht nur die technischen, ökonomischen und ökologischen Gesichtspunkte Beachtung, vielmehr werden auch die gesellschafts- und rechtspolitischen, die außenpolitischen und die militärstrategischen Voraussetzungen und Folgen energiepolitischer Optionen analysiert und es werden die ethischen Maßstäbe für deren Beurteilung dargelegt. Entsprechend dem offenen Stand der Diskussion gibt das Buch nicht vor, Patentrezepte und fertige Antworten bieten zu können.

Die zentrale These des in diesem Buch kontrovers geführten Diskurses lautet, daß ein stabiles Energieszenario mit einem nur geringen Kernenergieanteil technisch durchführbar, ökonomisch vertretbar und bezüglich seiner ökologischen und sozialen Folgen unbedenklicher sei als die auf Wachstum ausgerichtete Energiepolitik, nicht zuletzt aus Verantwortung für zukünftige Generationen.

Westdeutscher Verlag

Zeitschrift für ENERGIE WIRTSCHAFT

Die Zeitschrift bringt Beiträge zu allen energiepolitischen und energierechtlichen Fragen der Gegenwart. Sie ist nicht auf bestimmte Energieträger und Umwandlungsstufen spezialisiert, sondern behandelt die gesamte Energieproblematik mit ihren kurz- und langfristigen Aspekten unter ökonomischen und juristischen Gesichtspunkten. Sie berichtet über aktuelle Entwicklungen und zukünftige Perspektiven im Bereich der Energiewirtschaft und fördert den kritischen Dialog zwischen Wissenschaft, Politik und Praxis. In der Zeitschrift werden ordnungs- und wettbewerbspolitische Fragen des nationalen Raums, Probleme der Messung und Beurteilung der Leistungsfähigkeit alternativer Lenkungssysteme im internationalen Bereich, rechtliche Gestaltungsaspekte, Energieprognosen und Energiemodelle sowie Wirtschaftlichkeitsgesichtspunkte der technischen Angebote aufgegriffen. Zu diesen Fragen sollen auch die wichtigsten Entscheidungen der Gerichte veröffentlicht werden.

Die Zeitschrift soll die wirtschaftlichen und rechtlichen Entscheidungsgrundlagen der energieproduzierenden und energieverbrauchenden Gruppen transparenter gestalten und die Öffentlichkeit über die unterschiedlichen Interessenlagen der einzelnen Wirtschaftssubjekte informieren.

4 Ausgaben und 1 Sonderheft
pro Jahrgang
Umfang je Ausgabe 64 Seiten
im Format DIN A 4

Herausgeber:
Prof. Dr. Hans K. Schneider,
Energiewirtschaftliches Institut
an der Universität Köln,
Albertus-Magnus-Platz, 5000 Köln 41,
Tel.: (0221) 4 70 22 58

Redaktion:
Dr. Heinz Jürgen Schürmann
Energiewirtschaftliches Institut
an der Universität Köln,
Albertus-Magnus-Platz, 5000 Köln 41,
Tel.: (0221) 4 70 26 26

Verlag:
Friedr. Vieweg & Sohn
Verlagsgesellschaft mbH
Postfach 5829
6200 Wiesbaden 1